建筑结构设计 常见及疑难问题解析

（第二版）

徐 建 主编

中国建筑工业出版社

图书在版编目（CIP）数据

建筑结构设计常见及疑难问题解析/徐建主编. —2 版.
北京：中国建筑工业出版社，2013.8（2022.1重印）
ISBN 978-7-112-15647-4

Ⅰ.①建… Ⅱ.①徐… Ⅲ.①建筑结构-结构设计-问题
解答 Ⅳ.①TU318-44

中国版本图书馆 CIP 数据核字(2013)第 165321 号

本书针对建筑结构设计中常见和疑难问题，由长期从事工程设计、规
范编制和科研教学人员进行解析。其内容包括：荷载和地震作用、混凝土
结构、钢结构、钢-混凝土组合结构、砌体结构、地基与基础及木结构中
的八百多个问题。问题的汇集尽量做到具有系统性、代表性、实用性，问
题的解析尽量做到精练、清晰、详尽。是帮助建筑工程技术人员释疑解惑
的参考书。

本书可供从事建筑结构设计、科研、施工、工程管理人员及大专院校
有关专业师生使用，亦可供注册结构工程师应试者参考。

* * *

责任编辑：咸大庆　刘瑞霞
责任设计：张　虹
责任校对：肖　剑　关　健

建筑结构设计常见及疑难问题解析
（第二版）
徐　建　主编

*

中国建筑工业出版社出版、发行（北京西郊百万庄）
各地新华书店、建筑书店经销
北京科地亚盟排版公司制版
北京建筑工业印刷厂印刷

*

开本：787×1092 毫米　1/16　印张：48½　字数：1150 千字
2014 年 1 月第二版　　2022 年 1 月第八次印刷
定价：**149.00 元**
ISBN 978-7-112-15647-4
（38332）

《建筑结构设计常见及疑难问题解析》
编　委　会

前　言

《建筑结构设计常见及疑难问题解析》
全书内容

在建筑结构设计、施工、科研、教学及工程管理过程中，会出现一些常见的问题，有些问题通过深入的学习规范标准可以找出答案，但也有一些问题规范标准中阐述得并不清楚，甚至有矛盾之处。工程设计千变万化，疑难问题也会不断出现，许多问题从规范和手册中难以找到答案。本书由长期从事工程设计、规范编制和科研教学人员，对建筑结构设计中的常见和疑难问题进行汇集整理，并分类进行解析。本书自 2007 年出版后，经过多次印刷，获得工程设计人员的好评。由于目前本书涉及的主要标准都已经重新修订，本书也需作相应再版。

编写综合性的常见和疑难问题解析是一个新的尝试，因此本书问题的汇集尽量做到具有系统性、代表性和实用性，问题的解析尽量做到精练、清晰、详尽。希望通过本书的编著，对建筑结构设计具有实用价值，对结构工程设计、科研、施工、教学和工程管理人员有所帮助，对注册结构工程师应试者也有所裨益。

本书共分七篇，主要内容包括：荷载和地震作用、混凝土结构、钢结构、钢-混凝土组合结构、砌体结构、地基与基础、木结构，共涉及的问题有八百多个。

本书由徐建主编。各篇编写分工如下：第一篇　荷载和地震作用　沙志国（北京筑都方圆建筑设计公司）、陈富生（中国建筑设计研究院）；第二篇　混凝土结构　张维斌（中国中元国际工程公司）；第三篇　钢结构　余海群、谭晋鹏、卢理杰（中冶京诚工程技术有限公司）；第四篇　钢-混凝土组合结构　聂建国、樊健生（清华大学）；第五篇　砌体结构　徐建（中国机械工业集团公司）；第六篇　地基与基础　孙宏伟（北京市建筑设计研究院）；第七篇　木结构　孙惠镐（北京建筑工程学院）。黄尽才、凌秀美、刘力峰、孙忱、冀筠、高慧贤、刘梅、陶慕轩、王宇航、朱力、胡红松、丁然、马晓伟、刘晓刚、周荫、王媛、李伟强、方云飞、魏海燕等同志也参加了本书的编写工作。

本书编写过程中参考了有关的规范标准和文献资料，在此一并致谢。本书中不当之处，敬请指正。

目　录

第一篇　荷载和地震作用

第二篇　混凝土结构

第三篇　钢　结　构

第四篇 钢-混凝土组合结构

第五篇 砌体结构

第六篇 地基与基础

第七篇 木 结 构

第一篇 荷载和地震作用

第一章 荷 载

第一节 荷 载 分 类

1.1.1 新颁布的《建筑结构荷载规范》GB 50009—2012 的适用范围有何特点？

【解析】《建筑结构荷载规范》GB 50009—2012 在第 1.0.2 条及其条文说明中明确其适用范围限于工业及民用建筑的主体结构及其围护结构的设计；对建筑结构的地基基础设计，其上部结构传至基础的荷载也应以《建筑结构荷载规范》为依据。

除《建筑结构荷载规范》给出的荷载及间接作用外，尚有一些建筑工程其他性质的荷载需要确定。例如设计电视塔、无线电塔楼、送电杆塔等类似结构时，应考虑结构构件、架空线、拉绳表面裹冰后引起的荷载等，需由《高耸结构设计规范》GB 50135 规定；储存散料的储仓荷载需由《钢筋混凝土筒仓设计规范》GB 50077 规定；烟囱结构的温差作用需由《烟囱设计规范》GB 50051 规定；设计给水排水工程构筑物时的水压力和土压力需由《给水排水工程构筑物结构设计规范》GB 50069 规定；对某些专用房屋的楼面均布活荷载尚应符合相关规范的规定。

1.1.2 荷载与作用有何区别？

【解析】作用是指能使结构产生效应（包括内力、变形、应力、应变、裂缝等）各种原因的总称。其中包括施加在结构上的集中力或分布力所引起的直接作用和能够引起结构外加变形或约束变形的间接作用。对结构上的作用过去也曾笼统地统称为荷载，这在我国和许多国家均如此。实际上由于大部分的作用是由各种负载力形成的，因此将它们称为荷载也未尝不可。但是荷载这个术语用于间接作用并不恰当，例如温度变化、材料的收缩和徐变、焊接变形、地基变形或地面运动引起的作用等，这类作用在结构设计时都不是以力的形式输入结构系统，而是通过温度、变形和加速度等强制或约束变形输入结构系统。若将它们称为荷载将会混淆两种性质不同的作用而产生误解，例如有人曾将地震作用称为地震荷载，从而误认为地震荷载是施加于结构上而与场地和结构本身无关的外力。当然在设计中事先考虑了场地和结构自身因素而采用地震力的形式施加在结构上时，而称之为地震荷载，那也是可以的。而《建筑结构荷载规范》GB 50009—2012 仅对涉及建筑结构的荷载和温度作用作出规定，对其他间接作用除地震作用由《建筑抗震设计规范》GB 50011—2010 作出规定外，均暂时尚未在规范中列入。

1.1.3　荷载怎样分类?

【解析】荷载（包括各种作用）不应仅以其量值的大小而给以区分，而应根据设计需要按其性质分类如下：

1. 按随时间的变化分类

此项分类是荷载最重要的分类，它直接关系到荷载随时间而变化的概率模型选择，当分析结构可靠度及结构按各类极限状态设计时均需要此项分类。它可分为三类荷载：

（1）永久荷载

在结构使用年限内，其值不随时间变化，或其变化与平均值相比可以忽略不计，或其变化是单调的并能趋于限值的荷载。例如结构自重、土压力、预应力等。

（2）可变荷载

在结构使用年限内，其值随时间变化，且其变化与平均值相比不可以忽略不计的荷载。例如楼面活荷载、屋面活荷载和积灰荷载、吊车荷载、风荷载、雪荷载等。

（3）偶然荷载

在结构使用年限内不一定出现，一旦出现其值很大且持续时间很短的荷载。例如爆炸力、撞击力、龙卷风荷载等。

2. 按随空间的变化分类

按空间的变异性对荷载进行分类，是由于进行荷载效应组合时，必须考虑荷载在空间的位置及其所占面积的大小，可分为两类荷载：

（1）固定荷载

此类荷载的特点是在结构上出现的空间位置固定不变，但其量值可能具有随机性。例如，房屋建筑楼面上位置固定的设备荷载、屋盖上的水箱等。

（2）自由荷载

其特点是荷载可以在结构的一定空间上任意分布，出现的位置及量值都可能是随机的。例如，楼面上的人员荷载等。

3. 按结构的反应特点分类

按结构的反应特点对荷载进行分类，是由于进行结构分析时，对某些出现在结构上的荷载需要考虑其动力效应（加速度反应）。因而可将荷载划分为静态和动态两类：

（1）动态荷载（动荷载）

此类荷载在结构上引起不能忽略的加速度，在结构分析时应考虑其动力效应，按结构动力学方法进行计算。但有一部分动态荷载例如民用建筑中楼面上的活荷载，本身可具有一定的动力特征，但它使结构产生的动力效应可以忽略不计，因而仍划分为静态荷载。还有一部分动荷载例如工业建筑中的吊车荷载，在设计中可采用增大其量值，即采用乘以动力系数的方法按静态荷载处理。

（2）静态荷载（静荷载）

此类荷载的特点是在结构上不产生加速度效应，可按结构静力学的一般方法进行分析和计算。

4. 按有无限值分类

此项分类是考虑到在选择荷载的概率模型时，很多典型的概率分布类型的取值往往是无界的，而实际上很多随机荷载的量值由于客观条件的限制而具有不能被超越的界限值（例如具有敞开泄压口的内爆炸荷载等）。选用这类有界荷载的概率分布类型时，应考虑其特点而进行以下分类：

（1）有界荷载：具有不能被超越的且可确切或近似掌握其限值的荷载。

（2）无界荷载：没有明确界限值的荷载。

5. 其他分类

例如，当进行结构疲劳验算时，可按荷载随时间变化的周期对其进行低周期性和高周期性分类；当考虑结构徐变效应时，可按荷载作用在结构上持续期的长短分类。

总之，荷载的不同分类各有其不同的用途。例如吊车荷载，按随时间的变化分类它为可变荷载，应考虑它对结构可靠性的影响；按随空间的变化分类它为自由荷载，应考虑它在结构上的最不利位置；按结构的反应特点分类它为动态荷载，应考虑它对结构的动力影响。可见对每一种荷载的分类须依据荷载的具体性质按设计需要进行分类。现行国家标准《建筑结构荷载规范》GB 50009—2012 的荷载是以按时间的变化为主进行分类，并在一些需要情况下考虑了按荷载空间位置的变化和按结构的动力反应特性分类对设计的影响。

1.1.4　荷载的计量单位是什么？

【解析】目前我国工程界的计量单位是采用以国际单位制（SI）为基础的法定计量单位代替过去工程单位制。但是国际单位制实施以来有一部分结构设计人员在处理某些工程问题时会发生两种计量单位的混淆，特别是对重力和重量的区别时有混淆。以往将 1kg 质量（mass）物体承受的重力（gravity）以 1kgf 来计量，或称重量（weight）为 1kg，由于含义不同的质量和重量共用一个计算单位，极易与国际单位制中的重力定义混淆，国际单位制中力和重力的计量单位为牛顿（N），它表示 1kg 质量的物体产生 $1m/s^2$ 加速度所需要的力，即 $1N=1kg \cdot m/s^2$，可见在国际单位制中重力和重量的定义和以往不一样，为避免由此可能产生的混淆，我国工程界将重量与质量视为同义，采用 kg 计量，而力和重力是以牛顿（N）计量，使其有明确的区别。由于一般情况下荷载量值较大，材料的自重和其他荷载一般都是以千牛顿（kN）计量。

第二节　结构设计中的荷载代表值

1.1.5　什么是荷载代表值？

【解析】由于在结构设计时需要考虑结构构件可能处于各种不同设计状况的不利受力状态，并通过设计和验算使结构构件满足相关的结构设计规范要求。在不同极限状态设计时，应采用不同的荷载值，这些荷载值即荷载的代表值，它们可以是荷载标准值，也可以是可变荷载的伴随值如组合值、频遇值或准永久值。

1.1.6 如何确定荷载标准值？

【解析】按现行国家标准《工程结构可靠设计统一标准》GB 50153—2008 规定：当有充分观测数据时，荷载的标准值应按在设计基准期 50 年内最不利荷载概率分布的某个统计特征值确定；当有条件时，可对各个荷载统一规定该设计特征值（Characteristic Value）的概率定义；但该标准对确定特征值的概率未作统一规定；当观测数据不充分时，荷载的标准值也可根据工程经通过分析判断后，协议一个公称值（Nominal Value）作为荷载标准值；对有明确界限的有界荷载，荷载的标准值应取其界限值。

《建筑结构荷载规范》GB 50009—2012 根据上述规定，针对建筑结构设计中的某些类型荷载的实际情况，采用不同方法确定其标准值。现举例如下：

1. 结构自重标准值

由于结构构件或非承重构件、建筑配件的自重为永久荷载，其变异性不大，而且多为正态分布，一般以其分布的平均值作为结构自重的标准值，因此结构设计时可按结构设计规定的设计尺寸与材料单位体积的自重计算确定。对自重变异性较大的材料和构配件，其自重的标准值应根据对结构的不利或有利状态，分别取上限值或下限值。

2. 楼面活荷载标准值

根据对住宅、办公室和商店的楼面活荷载进行调查和统计的结果，并考虑荷载随空间和时间的变异性，采用了适当的概率统计模型（极值Ⅰ型分布），给出满足工程设计的保证率以确定其标准值。此外还考虑到国外同类型荷载标准值的规定及今后发展变化的趋势，最终确定出现行《建筑结构荷载规范》规定的住宅、办公室和商店的楼面活荷载最小标准值。对其他类别房屋的楼面活荷载标准值，由于缺乏系统的统计资料，仍按以往的设计经验，并参考国际标准化组织 1986 年颁布的《居住和公共建筑的使用和占用荷载》ISO 2103 而加以确定。例如藏书库、档案室的楼面活荷载，不会随时间变化而且可控制，但对此类房屋尚无系统的统计资料，仅能根据 20 世纪 70 年代初期的调查结果，得知其活荷载一般为 3.5kN/m² 左右，个别超过 4kN/m²，最重可达 5.5kN/m²，在 GBJ 9—87 修订时，参考 ISO 2013 的规定，其活荷载标准值采用 5kN/m²，并给出当书架高度大于 2m 时，书库活荷载标准值尚应按每米书架高度不小于 2.5kN/m² 采用，以防止书架高度过高时的实际楼面荷载超载导致结构不安全。此外规范还对无固定走道密集书柜的书库规定其楼面活荷载应采用不小于 12kN/m²。

3. 风、雪荷载

国外对荷载规范习惯上都以规定的平均重现期 T_R 来定义风、雪荷载的标准值。平均重现期是指连续两次超过标准值 Q_K 的平均时间间隔，当荷载的分布函数 $F_Q(x)$ 为已知时，荷载标准值 Q_k 与重现期 T_R 有下述的近似关系：

$$F_Q(Q_K) = 1 - 1/T_R \tag{1.1.1}$$

式中 $F_Q(Q_K)$ ——可变荷载（风、雪）在设计基准期内的概率分布函数，此分布函数采用极值Ⅰ型分布；

T_R ——重现期（年），现行建筑结构荷载规范规定对确定基本风压和基本雪压取 50 年。

同时重现期 T_R 与分位值对应的概率 P 和定义标准值的设计基准期 T 还存在下述的近似关系：

$$T_R \approx \{1/\ln(1/p)\}T \qquad (1.1.2)$$

4. 吊车竖向荷载

按吊车竖向荷载设计结构时，有关吊车的技术资料一般情况由工艺提供，其中最重要的数据是吊车的最大和最小轮压，荷载规范取吊车最大轮压作为吊车竖向荷载的标准值。

1.1.7 怎样确定可变荷载组合值？

【解析】当作用在结构上的可变荷载有两种或两种以上时，由于全部可变荷载同时达其单独出现时可能达到的最大值概率极小，因此，除主导活荷载（产生最大效应的荷载）仍可以其标准值为代表值外，其他伴随活荷载均采用在设计基准期内的最大荷载，也即以小于其标准值的组合值为荷载代表值。《工程结构可靠性设计统一标准》GB 50153—2008 定义可变荷载组合值是使组合后的荷载效应的超越概率与该可变荷载单独出现时其标准值产生的荷载效应的超越概率趋于一致的荷载代表值；或组合后使结构具有规定可靠指标的荷载值。其值可通过组合值系数（$\psi_c \leqslant 1$）对荷载标准值的折减来表示的荷载代表值。

由于考虑到目前对可变荷载取样统计的局限性，因此《建筑结构荷载规范》GB 50009—2012 暂不明确荷载组合值的确定方法，主要是采用根据工程设计经验，偏保守地加以确定。如对一般情况下组合取值 0.7；对书库、档案库、储藏室、通风机室、电梯机房的楼面活荷载及机械、冶金、水泥工厂在生产过程中有大量排灰的厂房和其临近建筑的屋面积灰荷载其组合值系数取 0.9，而对高炉附近建筑的屋面积灰荷载的组合值系数取 1.0；对风荷载取 0.6。这些情况下的取值是为了避免与以往设计结果有过大差别。此外，《建筑结构荷载规范》GB 50009—2012 在有关条文说明中建议在任何情况下，组合值系数不低于频遇值系数。

1.1.8 怎样确定荷载标准永久值？

【解析】按现行国家标准《工程结构可靠性设计统一标准》规定，可变荷载标准永久值可按下述原则确定：

1. 对在结构上经常出现的部分可变荷载，可将其出现部分的均值作为准永久值 $\Psi_q Q_k$ 采用（Ψ_q 为准永久值系数，Q_k 为可变荷载标准值）。

2. 对不易判别的可变荷载，可以按荷载值被超越的总持续时间与设计基准期的规定比率确定，此比例可取 0.5。

但是结合我国建筑结构中的可变荷载的实际情况，按严格的统计定义来确定准永久值目前还比较困难，因而我国建筑结构规范中大部分的准永久值系数是根据工程经验并参考国外标准的相关内容后确定的。

1.1.9 怎样确定可变荷载频遇值？

【解析】根据《工程结构可靠性设计统一标准》GB 50153—2008 规定，可变荷载频遇值是按在设计基准期 50 年内被超越的总持续时间占设计基准期的规定比率（其值一般不大于 0.1）确定的荷载值；或按被超越的频率限制在规定频率内或单位时间平均超越次数确定的荷载值。它通常采用荷载标准值乘以频遇值系数确定。欧洲的荷载规范中对可变荷载的频遇值作出了具体规定，我国《公路桥涵设计通用规范》JTG D60—2004 中也在正常使用极限状态验算中规定了各种可变荷载频遇值的取值。但是对建筑结构行业，由于以往对可变荷载频遇值缺乏深入的研究，建筑结构设计人员对它尚不够熟悉，因此虽然 GB 50009—2012 中列出了各类可变荷载的频遇值，但目前各种建筑结构设计规范中均未在正常使用极限状态验算时采用它。

第三节 荷 载 组 合

1.1.10 计算荷载基本组合的效应设计值 S_d 时应注意那些问题？

【解析】现行国家标准《建筑结构荷载规范》GB 50009—2012 第 3.2.3 条中用强制性条文规定了基本组合效应设计值 S_d 的确定原则。采用公式（1.1.3）及公式（1.1.4）计算。

1. 由可变荷载控制的效应设计值，应按下式计算：

$$S_d = \sum_{j=1}^{m} \gamma_{Gj} S_{Gjk} + \gamma_{Q_1} \gamma_{L_1} S_{Q_i} + \sum_{i=2}^{n} \gamma_{Qi} \gamma_{Li} \Psi_{ci} S_{Qik} \qquad (1.1.3)$$

式中 　γ_{Gj}——第 j 个永久荷载的分项系数；

　　　γ_{Qi}——第 i 个可变荷载的分项系数；其中 γ_{Q_1} 为主导可变荷载 Q_1 的分项系数；

　　　γ_{Li}——第 i 个可变荷载考虑设计使用年限的调整系数，其中 γ_{L_1} 为主导可变荷载 Q_1 考虑设计使用年限的调整系数；

　　　S_{Gjk}——按第 j 个永久荷载标准值 G_{jk} 计算的荷载效应值；

　　　S_{Qik}——按第 i 个可变荷载标准值 Q_{ik} 计算的荷载效应值；其中 S_{Q1k} 为诸可变荷载效应中起控制作用者；

　　　Ψ_{ci}——第 i 个可变荷载 Q_i 的组合值系数；

　　　m——参与组合的永久荷载数；

　　　n——参与组合的可变荷载数；

2. 由永久荷载控制的效应设计值，应按下式进行计算：

$$S_d = \sum_{j=1}^{m} \gamma_{Gj} S_{Gjk} + \sum_{i=1}^{n} \gamma_{Qi} \gamma_{Li} \Psi_{ci} S_{Qik} \qquad (1.1.4)$$

以下问题必须引起结构设计人员重视：

（1）应从公式（1.1.3）及公式（1.1.4）中选取最不利的效应设计值作为控制设计的依据。

当采用电子计算机进行辅助设计时，结构分析中采用的经考核和验证的软件，其技术条件通常均符合国家现行有关规范的要求，因而不致发生计算判断错误。但当采用手算时，必须比较公式（1.1.3）及公式（1.1.4）的计算结果，确定最不利的效应设计值，避免发生判断错误，特别是对 S_{Q1k} 无法明显判断时，应依次以各可变荷载效应作为 S_{Q1k}，并选取其中最不利的荷载组合的效应设计值。

（2）应考虑设计使用年限对可变荷载代表值的影响

由于现行《建筑结构荷载规范》中的荷载标准值是按 50 年设计基准期确定，而结构设计使用年限应根据建设工程项目的业主对该工程提出的使用要求（如安全性、耐久性、重要性等）确定，两者的年限不一定完全相同，因此为满足该工程的设计使用年限要求，应在基本组合效应设计值计算中考虑设计使用年限对可变荷载代表值的影响。现行荷载规范对不同类型的可变荷载采用不同的考虑方法。

对楼面和屋面活荷载考虑设计使用年限的调整系数 γ_{L1} 应按表 1.1.1 采用。

楼面和屋面活荷载考虑设计使用年限的调整系数 γ_{L1}　　　　表 1.1.1

结构设计使用年限（年）	5	50	100
γ_{L1}	0.9	1.0	1.1

注：1. 当设计使用年限不为表中数值时，调整系数 γ_{L1} 可按线性内插确定；
　　2. 对荷载标准值可控制的活荷载（不会随时间明显变化的荷载，如书库、储藏室、机房、停车库以及工业楼面均布活荷载等），设计使用年限调整系数 γ_{L1} 取 1.0。

对雪荷载和风荷载，应取重现期为设计使用年限，按现行荷载规范第 E.3.3 条的规定确定基本雪压和基本风压，或按有关规范的规定采用。

（3）除效应基本组合外，荷载偶然组合及正常使用极限状态的标准组合、频遇组合或准永久组合的效应设计值中均不考虑设计使用年限对可变荷载代表值的影响。其原因是：①由于荷载偶然组合中的偶然荷载具有很大的不确定性，在结构设计使用年限内不一定出现，因此在该组合中无法考虑设计使用年限对可变荷载代表值的影响；②由于正常使用极限状态的重要性不如承载能力极限状态，此外也为了简化计算，因此在相应的标准组合、频遇组合或准永组合中均不考虑设计使用年限对可变度荷载代表值的影响。

1.1.11　计算荷载偶然组合的设计值 S_d 时应注意些什么问题？

【解析】现行国家标准《建筑结构荷载规范》GB 50009—2012 第 3.2.6 条规定荷载偶然组合的设计值可按下列两种情况确定：

1. 用于承载能力极限状态计算的效应设计值 S_d 应按下式进行计算：

$$S_d = \sum_{j=1}^{m} S_{Gjk} + S_{Ad} + \psi_{f1} S_{a1k} + \sum_{i=2}^{n} \psi_{qi} S_{Qik} \qquad (1.1.5)$$

式中　S_{Ad}——按偶然荷载标准值 A_d 计算的荷载效应值；

$\quad\psi_{f1}$——第 1 个可变荷载的频遇值系数；

$\quad\psi_{qi}$——第 i 个可变荷载的准永久值系数。

2. 用于偶然事件发生后受损结构整体稳固性验算的效应设计值应按下式进行计算：

$$S_d = \sum_{j=1}^{m} S_{Gjk} + \psi_{f1} S_{Q1k} + \sum_{i=2}^{n} \psi_{qi} S_{Qjk} \qquad (1.1.6)$$

在计算荷载偶然组合设计值 S_d 时应注意以下问题：

（1）该组合设计值 S_d 仅适用于荷载与荷载效应为线性的情况。

（2）计算荷载偶然组合设计值 S_d 尚需符合相关的结构设计规范要求。例如《混凝土结构设计规范》GB 50010—2010 规定，当进行偶然作用下结构防连续倒塌验算时，作用宜考虑结构相应部位倒塌冲击引起的动力系数；《高层建筑混凝土结构技术规程》JGJ 3—2010 规定在采用拆除构件方法验算抗连续倒塌剩余结构构件承载力时；由偶然作用产生的剩余结构构件效应设计值应乘以效应折减系数（对中部水平构件取 0.67 对其他构件取 1.0）。

（3）计算荷载偶然组合设计值 S_d 时除需进行偶然作用发生时结构构件的承载力验算外，尚需进行偶然事件发生后，受损结构整体稳固性验算。这是《建筑结构荷载规范》GB 50009—2012 新修订的规定，结构工程师应加以重视并熟悉它。

1.1.12 为什么在正常使用极限状态验算时需要采用不同的荷载效应组合设计值，例如标准组合、频遇组合或准永久组合效应设计值等？

【解析】正常使用极限状态验算是为了防止结构或结构构件达到或超过影响到其正常使用和耐久性的某项规定限值的状态（例如变形、裂缝、振幅、加速度、最大应力限制等）。由于对不同的结构或结构构件有不同正常使用要求，因而在设计规范中规定有各种不同的限值。为了进行验算，也就需要不同的荷载效应组合设计值。考虑到可变荷载在设计基准期内其量值随时间变化的不同特性，在实际工程中通常需要采用以下三种不同的荷载组合的效应设计值进行正常使用极限状态验算：

1. 荷载标准组合的效应设计值：宜用于不可逆的正常使用极限状态验算。例如对严格不允许出现裂缝的预应力混凝土受弯构件，控制其不允许出现裂缝状况的验算应采用此种荷载组合。

2. 荷载频遇组合的效应设计值：宜用于可逆的正常使用极限状态验算。例如对一般要求不允许出现裂缝的预应力混凝土受弯构件，验算其在可变荷载作用时产生裂缝，但卸除可变荷载后裂缝闭合情况应采用此种荷载组合。

3. 荷载准永久组合的效应设计值：宜用于荷载长期效应起决定性因素的正常使用极限状态设计。例如建筑结构中的钢筋混凝土受弯构件（屋面梁、楼面梁等）的裂缝宽度验算需要采用此种荷载组合。

正常使用极限状态的可逆与不可逆的划分很重要，此划分决定荷载效应组合的选用。可逆与不可逆不能只按所验算构件的情况确定，而是需要与周边构件联系起来共同考虑。例如以钢梁的挠度为例，在弹性范围内受荷时钢梁将发生挠度，但完全卸荷后，钢梁将消除挠度，因而其挠度计算是可逆的，应采用荷载频遇组合验算。但是假若钢梁下方有隔墙，钢梁与隔墙之间未作专门处理，钢梁的挠度会使隔墙损坏，则仍被认为是不可逆的，则应采用荷载标准效应组合验算。

第四节 永 久 荷 载

1.1.13 怎样确定建筑结构和非承重结构构件、建筑配件的自重标准值？

【解析】现行国家标准《建筑结构荷载规范》附录 A 列出了常用材料和构件的自重，

设计人员在情况符合该附录情况下可直接采用。但实际工程中遇到的情况往往超出附录 A 的范围，因此设计人员需要解决在设计中如何确定未列入附录 A 的材料或结构自重标准值的问题。确定其值时应遵循以下原则：

1. 由于房屋建筑中的各种建筑材料的自重均为永久荷载，其变异性不大，而且多为正态分布，因此一般情况以其分布的均值作为自重的标准值。结构设计时可按设计规定的结构尺寸和建筑做法以建筑材料单位体积的自重（或单位面积的自重）平均值确定其标准值。

2. 对某些自重变异性较大（如自重与含水量有密切关系等）的材料或构件，考虑到其自重变异会影响结构的安全性，因此在设计中应根据该材料或构件对结构有利或不利，分别取自重的下限值或上限值。

应该指出附录 A 关于混凝土空心小砌块的自重为 $11.8kN/m^3$，是未考虑灌孔混凝土或设置构造柱影响的自重标准值，根据设计经验当其用于不同高度的房屋时，由于规范对此类砌体墙的灌孔率也不相同，因此考虑灌孔混凝土和设置构造柱影响的混凝土空心小砌块墙体的自重标准值：对少层房屋可取 $13kN/m^3$；对多层房屋可取 $17.5\sim18kN/m^3$；对高层房屋可取 $20\sim25kN/m^3$。

1.1.14 什么情况下水压力才可按永久荷载考虑？

【解析】《建筑结构荷载规范》将水压力视为永久荷载。但规范未区分形成该水压力的水位变化时间是否迅速或缓慢，其变化缓慢时可将该水压力视为永久荷载，而《给水排水工程构筑物结构设计规范》GB 50069—2002 规定：当确定水位可能急剧变化的地表或地下水压力（侧压力、浮托力等）时则应将水压力视为可变荷载。此规定符合我国多年来的工程经验。

1.1.15 怎样确定土压力？

【解析】现行荷载规范对土压力的计算未作明确规定。然而在实际工程设计中却经常需要计算作用在挡土结构构件（如地下室外墙、地沟侧壁、挡土壁、基坑支护结构构件等）上的侧向土压力。准确确定挡土结构构件的侧向土压力是一个十分复杂的工程问题，因为影响土压力的因素很多：诸如挡土结构构件的位移、旋转或移动，挡土结构构件的截面形状（矩形、梯形、L 形等），挡土结构构件所采用的建筑材料类别（如素混凝土、钢筋混凝土、各种砌体等），填土地面坡度和地面荷载、填土内地下水情况等，因而土压力有较大的不确定性，常需要根据工程经验判断各种理论计算的结果，确定合适的侧向土压力。

由于缺乏足够数量的观测资料和大规模的试验资料，在设计中通常采用古典的库仑理论或朗金理论，通过修正和简化来确定土压力。按照上述理论，侧向土压力可根据挡土结构构件的位移情况分为静土压力、主动土压力和被动土压力。当土体内剪应力低于其抗剪强度，在侧向土压力作用下的结构构件处于无任何位移或转动的弹性状态时，取静止土压力；当挡土结构构件沿侧向土压力的方向开始位移的方向相同或转动而处于极限平衡时，取主动土压力；当挡土结构构件沿与侧向土压力相反方向开始位移或转动而处于极限平衡时，取被动土压力。在实际工程中主要考虑主动土压力和静止土压力，但有时也要考虑被动土压力。

国家标准《建筑地基基础设计规范》GB 50007—2012 在库仑土压力理论的基础上附加考虑土体滑动破裂上的凝聚力和地面坡度、地面均布荷载等因素的影响，导出了计算主动土压力公式，并在该规范第 6.6.3 条中，对边坡支挡结构的土压力计算作出了明确规定。行业标准《建筑基坑工程技术规范》JGJ 120—2012 第 3 章土压力中对主动土压力、被动土压力的计算均作出明确的规定；再如国家标准《建筑边坡工程技术规范》GB 50330—2002 第六章对静止土压力和按修正的库仑理论计算的主动土压力和被动土压力也作出详细的规定。这些规定均可供结构设计人员采用。

对作用在地下构筑物或地下室顶板上的竖向土压力标准值，应按下式计算：

$$F_{sck} = n_s \gamma_s H_s \qquad (1.1.7)$$

式中 F_{sck}——竖向土压力（kN/m²）；

n_s——竖向土压力系数，一般可取 1.0，当结构物的平面尺寸长宽比大于 10 时，n_s 宜取 1.2；

γ_s——回填土的重力密度（kN/m³），一般情况下可按 18kN/m³ 采用；

H_s——地下构筑物顶板上的覆土高度（m）。

第五节　楼面活荷载

1.1.16　怎样确定《建筑结构荷载规范》GB 50009—2012 中未列入规范的民用建筑楼面均布活荷载标准值？

【解析】现行国家标准《建筑结构荷载规范》第 5 章第一节表 5.1.1 列出了常用民用建筑楼面均布活荷载标准值及其组合值、频遇值和准永值系数，但由于实际工程中遇到的情况远比表 5.1.1 复杂且范围更广，在此情况下需要设计人员合理地确定该工程的楼面活荷载标准值。通常可采用以下方法解决工程中遇到的这类问题：

方法一：根据在楼面上活动的人和设备的不同状态可以粗略地将其标准值 L_k 分为下列七个档次：

1. 活动的人很少　　　　　　　　　　　　　$L_k = 2.0 \text{kN/m}^2$
2. 活动的人较多且有设备　　　　　　　　　$L_k = 2.5 \text{kN/m}^2$
3. 活动的人很多且有较重的设备　　　　　　$L_k = 3.0 \text{kN/m}^2$
4. 活动的人很集中，有时很挤或有较重的设备　$L_k = 3.5 \text{kN/m}^2$
5. 活动的性质比较剧烈　　　　　　　　　　$L_k = 4.0 \text{kN/m}^2$
6. 存储物品的仓库　　　　　　　　　　　　$L_k = 5.0 \text{kN/m}^2$
7. 有大型的机械设备　　　　　　　　　　　$L_k = 6.0 \sim 7.5 \text{kN/m}^2$

可对照上述类别和档次确定该工程的楼面活荷载标准值，但有特别重的设备时，例如医院中的核磁共振设备室、银行的金库和保管箱用房等应根据实际情况另行考虑。

方法二：搜集有关行业标准及规范确定本工程的楼面均布活荷载标准值。例如，中华人民共和国原商业部标准《商业仓库设计规范》SDJ 01—88 及《物资仓库设计规范》SDJ 09—95 中对仓库类房屋的楼面等效均布活荷载取值有较详细的规定，可供设计类似房屋参考；再如医院中的医技楼内不少用房设置不同类型的医疗器械和设置，其楼面活荷载标准值可参考《全国民用建筑工程设计技术措施（2009）结构册第一分册（结构体系）》附录 F 选用。另如当电梯井道不直通房屋基础时，在电梯基坑下方的有人房间其房间顶板的楼面荷载应考虑电梯坠落时产生的冲击力（3 倍电梯轿厢自重及载人额定重量）且不小于 $4kN/m^2$ 的均布活荷载等。总之应搜集现有的有关标准及规范以便对楼面活荷载标准值有可靠依据地取值。

方法三：设计人员与建设工程的业主充分分析和协商，确定楼面活荷载标准值协议值的取值，并在工程建成后的使用期内严格控制其楼面荷载实际情况的等效均布活荷载不得超过上述协议值。

1.1.17　如何正确确定楼面均布活荷载标准值的折减系数？

【解析】现行国家标准《建筑结构荷载规范》（以下简称《规范》）考虑到作用在楼面上的活荷载，不可能以标准值的大小同时布满在所有的楼面上，因此规定在设计梁、墙、柱和基础时，可根据房屋的不同用途分类，对实际楼面上活荷载分布的变异情况，对楼面活荷载标准值进行折减，即将楼面活荷载乘以一定的折减系数。《规范》并且以强制性条文对折减系数进行取值规定，因而在设计中必须贯彻落实。

1. 实际楼面梁时的折减系数取值不应小于下列规定：

（1）对《规范》表 5.1.1 中第 1（1）项当楼面梁从属面积超过 $25m^2$ 时，折减系数应取 0.9；

（2）对《规范》表 5.1.1 中第 1（2）～7 项当楼面梁从属面积超过 $50m^2$ 时，折减系数应取 0.9；

（3）对《规范》表 5.1.1 中第 8 项的单向板楼盖次梁和槽形板的纵肋，折减系数应取 0.8；

单向板楼盖的主梁应取 0.6；双向板楼盖的梁应取 0.8；

（4）对《规范》表 5.1.1 中第 9～13 项应采用与所属房屋类别相同的折减系数。

2. 设计墙、柱和基础时的折减系数取值不应小于下列规定：

（1）对《规范》表 5.1.1 中第 1（1）项应按表 1.1.2 的规定采用；

活荷载标准值按楼层的折减系数　　　　　　　　　　　　　　　　表 1.1.2

墙、柱、基础计算截面以上的楼层数	1	2～3	4～5	6～8	9～20	>20
计算截面以上各楼层活荷载总和的折减系数	1.00（0.90）	0.85	0.70	0.65	0.60	0.55

注：当楼面梁的从属面积超过 $25m^2$ 时，应采用括号内的系数。

（2）对《规范》表 5.1.1 中第 1（2）～7 项应采用与其楼面梁相同的折减系数，即应取 0.9；

（3）对《规范》表 5.1.1 中第 8 项的客车停车库，当为单向板楼盖时，折减系数应取 0.5，对双向板楼盖和无梁楼盖应取 0.8；

（4）对《规范》表5.1.1中第9～13项应采用与所属房屋类别相同的折减系数。

（5）对《规范》表5.1.1中第8项的有消防车活荷载的停车库，在设计墙、柱时，消防车活荷载可按实际情况考虑；设计基础时可不考虑消防车荷载。对常用顶板跨度且上方有覆土的停车库可按覆土厚度对消防车活荷载进行折减，详见《规范》附录B。

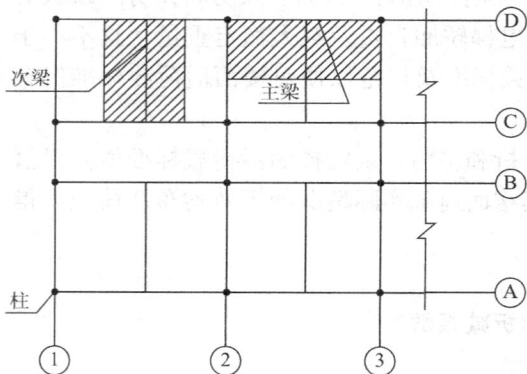

图1.1.1　某框架结构现浇钢筋混凝土楼盖平面图

3. 楼面结构上的局部荷载可按《规范》附录C的规定，换算为等效均布活荷载标准值后按上述1、2款的有关规定确定折减系数。

在确定折减系数时，应注意以下问题：

（1）有人对"楼面梁"提出应如何正确理解的问题，不清楚是指主梁还是次梁。实际上楼面梁应理解为承受楼面荷载的梁。因此当楼盖设有主次梁时，此时的楼面梁既包括主梁和次梁，如图1.1.1所示，次梁有其从属面积，主梁也有其从属面积，只要符合上述第1款的规定，即可对楼面活荷载标准值折减。图1.1.1所示为某现浇混凝土框架结构某楼层平面图中的次梁及纵向主梁的从属面积为各自的阴影面积。应该指出图中的次梁及纵向主梁必须具有足够的刚度，使楼板的受力符合边支承的计算假定。

（2）当设计规范表5.1.1中的第1（1）项房屋的柱、墙、基础，在确定活荷载按楼层折减系数时，该活荷载是专指楼面活荷载，不包括不上人的屋面活荷载和屋面积灰荷载。并应注意到规范表5.1.2中确定折减系数时楼层数是指计算截面以上的楼层数量，而不是其他。

1.1.18 无覆土汽车通道现浇钢筋混凝土单向板（板跨度不小于2m）楼盖中的楼面梁应如何确定消防荷载作用下的效应？

【解析】现行《建筑结构荷载规范》表5.1.1规定：汽车通道的单向板（跨度不小于2m）楼盖，消防车的均布活荷载标准值应取不小于35kN/m²。此均布荷载是否可直接用于设计此类楼盖中的楼面梁（即楼面梁上作用有梁从属面积乘以35kN/m²的消防车均布活荷载标准值）？笔者认为答案是否定的，原因是：一、消防车均布活荷载是根据重型消防车，全车总重300kN，最大轮压为60kN，作用在0.6m×0.2m的局部面积上及对板产生绝对最大弯矩位置上确定的楼板均布活荷载；二、根据《建筑结构荷载规范》关于设计楼面梁时楼面活荷载标准值的折减系数规定：对汽车通道单向板楼盖的次梁应取0.8，主梁取0.6。因此直接用消防车均布活荷载标准值作为设计荷载不够合理。

此外，笔者认为折减系数对消防车荷载并不是最合理确定楼面梁的效应计算方法，因此建议在必要时宜考虑楼面梁的实际情况，如梁的跨度大小、支承情况（嵌固或者简支）、消防车可能的最不利布置等情况，并据此计算楼面梁的最不利效应（支座或跨中截面的最大弯矩，支座边缘截面的最大剪力等），使楼面梁的设计更加合理。

1.1.19 怎样确定工业建筑楼面等效均布活荷载？

【解析】对一般金工车间、仪器仪表生产车间、半导体器材车间，棉纺织车间、轮胎厂准备车间和粮食加工车间，当缺乏资料时，可按《建筑结构荷载规范》GB 50009—2012附录D采用。对其他类型的工业建筑，当有此类建筑的有关规范时（如行业标准《电信专用房屋设计规范》YD/T 50003—2005 等）可直接采用其有关的楼面等效均布活荷载。

对无现成资料的工业用房，应按实际情况考虑其楼面在生产使用或安装检修时，由设备、管道、运输工具及可能拆移的隔墙产生的局部荷载，按《建筑结构荷载规范》附录C的规定确定楼面等效均布活荷载（包括计算次梁、主梁和基础时的楼面活荷载）。但应注意以下问题：

1. 工业建筑楼面（包括工作平台）上无设备区域的操作荷载，包括操作人员、一般工具、零星原料和成品的自重，可按均布活荷载标准值 $2.0kN/m^2$ 考虑；

2. 在设备所占区域内可不考虑操作荷载和堆料荷载；

3. 生产车间的参观走廊活荷载标准值可采用 $3.5kN/m^2$，生产车间的楼梯活荷载可按实际情况采用，但不宜小于 $3.5kN/m^2$；

4. 工业建筑楼面活荷载的组合值系数、频遇值系数和准永值系数除《建筑结构荷载规范》附录D给出的以外，应按实际情况采用，但在任何情况下，组合值和频遇值系数不应小于 0.7，准永久值系数不应小于 0.6；

5. 按《建筑结构荷载规范》附录C确定双向板上局部荷载（包括集中荷载）的等效均布荷载时，可按单向板相同的原则，按四边简支板的绝对最大弯矩等值方法确定。对双向板上不同位置的局部荷载产生绝对最大弯矩值的计算方法可参考《建筑结构荷载设计手册》等有关资料。

第六节　屋面活荷载

1.1.20 屋面活荷载取值时应注意些什么问题？

【解析】对房屋建筑不上人的屋面，现行《建筑结构荷载规范》规定应承受 $0.5kN/m^2$ 的屋面均布活荷载标准值，其原因首先是考虑在使用阶段作为维修时所必需的荷载；其次是根据我国规范曾规定对不上人屋面的屋面均布活荷载为 $0.3kN/m^2$，但是对某些钢筋混凝土结构屋面构件，由于屋面超重、超载或施工质量偏低，特别是在无雪地区曾发生质量事故。因此，为了进一步提高屋面结构的可靠度，从 GBJ 9—87 开始，将不上人的钢筋混凝土屋面均布活荷载提高到 $0.5kN/m^2$（如有根据也可提高到 $0.7kN/m^2$，这样也就更接近国外设计规范的水平）。此外，由于现行《建筑结构荷载规范》对承载力极限状态荷载效应基本组合已规定应从可变荷载效应控制的组合和由永久荷载效应控制的组合中选择最不利值进行承载力设计，因而也提高了钢筋混凝土结构构件重屋盖的可靠度。现行《建筑结构荷载规范》还规定：对不同结构应按有关设计规范的规定，但标准值不得低于 $0.3kN/m^2$。这是考虑到在现行《钢结构设计规范》GB 50017—2003 第 3.2.1 条对支承轻屋面的构件或结构（檩条、屋架、框架等），当荷载效应组合中仅有一种可变荷载参与组合且受荷水平投影面积超过 $60m^2$ 时，规定屋面均布活荷载标准值应取 $0.3kN/m^2$。

在实际工程设计中以下情况设计人员应予以重视；

1. 不上人的屋面均布活荷载可不与雪荷载和风荷载同时参与荷载组合。

2. 对上人的屋面或当兼作其他用途时，例如屋面兼作餐厅、兼作露天舞池等，应按相应楼面活荷载采用。对上人的屋面（包括兼作其他用途时）不应再遵守可不与雪荷载和风荷载同时参与组合的规定。原因是上人的屋面活荷载与不上人的屋面活荷载在性质上有着重要差别。

3. 对屋顶花园的屋面活荷载 $3.0kN/m^2$，规范明确不包括花圃土石等材料的自重，因此在屋面结构设计中必须考虑屋顶花园中上述材料自重产生的永久荷载效应的影响。

4. 当施工或维修荷载较大时，对不上人屋面的均布活荷载应按实际采用。

5. 对因屋面排水不畅、堵塞等引起的积水荷载，应采取构造措施加以防止；必要时，应按积水的可能深度确定屋面活荷载。

6. 为适应我国人民生活水平提高的需要及方便设计，GB 50009—2012 增加了屋顶运动场地均布活荷载标准值（$3kN/m^2$）及其组合值系数、频遇值系数和准永久值系数的规定。但应注意此活荷载标准值仅考虑不可能出现人员活动比较剧烈的情况。若有可能出现人员密集且活动剧烈情况时则应提高至 $4.0kN/m^2$。

1.1.21 施工和检修活荷载如何参与荷载组合？

【解析】《建筑结构荷载规范》GB 50009—2012 规定，设计屋面板、檩条、钢筋混凝土挑檐、悬挑雨篷等构件时，其施工或检修集中活荷载标准值不应小于 1.0kN，并应在最不利位置处进行验算。

在实际工程中会遇到对上述构件如何进行承载力计算的基本组合问题。对何项活荷载参与组合，应该考虑该项活荷载是否有参与组合的可能性及其对承载力有可能产生不利影响。而不上人的屋面均布活荷载和雪荷载与风荷载在规范中已明确不同时参与组合，因此一般情况下应考虑施工和检修荷载与不上人屋面均布活荷载同时参与组合或施工和检修荷载与雪荷载同时参与组合等情况，并确定最不利的效应组合。由于施工或检修时人员无法在大风时作业，因此可不必考虑与风荷载组合的问题。但是《钢结构设计手册》认为施工或检修集中的荷载不与屋面均布活荷载或雪荷载同时参与组合，作者认为此看法不一定合适。

1.1.22 确定楼梯、看台、阳台和上人屋面等的栏杆活荷载标准值产生的效应时应注意些什么问题？

【解析】考虑到楼梯、看台和上人屋面等的栏杆在紧急情况下对人身安全保护的重要作用，GB 50009—2012 作为强制性条文，明确规定栏杆活荷载的标准值。在确定其产生的效应时应注意以下问题：

1. 规范规定的栏杆活荷载标准值是设计时必须遵守的最低要求，设计人员应根据工程的实际情况确定其标准值。例如在设计有大量人员通过的临空走道栏杆及其楼梯栏杆时，便可适当提高栏杆活荷载标准值，以确保行人安全。

2. 对住宅、宿舍、办公楼、旅馆、医院、托儿所、幼儿园的栏杆活荷载仅考虑顶部水平活荷载标准值 $1.0kN/m^2$ 产生的效应，不考虑竖向活荷载产生的效应。

3. 对学校、食堂、剧场、电影院、礼堂、展览馆、体育馆、大商场等的栏杆活荷载产生的效应，除考虑栏杆顶部的水平活荷载标准值不小于 $1.0kN/m^2$ 产生的效应外，尚应考虑竖向活荷载标准值不小于 $1.2kN/m^2$ 产生的效应，但水平活荷载与竖向活荷载产生的效应应分别考虑，不应同时作用。这是因为本款涉及的栏杆其使用要求有别于第 2 款，此外考虑竖向活荷载效应对提高这类栏杆中的连接部位及某些水平构件的安全性将更有效。

第七节 吊车荷载

1.1.23 吊车（又称起重机）工作级别与吊车工作制有何区别？

【解析】2001 年以前的我国荷载规范（GBJ 7—89）规定：吊车荷载的计算与吊车工作制有关，并将吊车工作制划分为轻级、中级、重级、超重级四个等级。吊车工作反映了吊车工作的不同繁重程度。而吊车产品也是根据这四个等级进行划分并生产。但是自国家标准《起重机设计规范》GB 3811—83 颁布实施后，吊车产品已改按工作级别划分并生产。

根据现行国家标准《起重机设计规范》GB 3811—2008 的规定，工作级别按以下方法确定：首先确定吊车的使用等级，吊车的使用等级 U 是指根据吊车在设计预期寿命期内可能完成的总工作循环次数 C_T 分为 10 个等级（$U_0 \sim U_9$），见表 1.1.3。

起重机的使用等级   表 1.1.3

使用等级	起重机总工作循环数 C_T	起重机使用频繁程度
U_0	$C_T \leqslant 1.60 \times 10^4$	很少使用
U_1	$1.60 \times 10^4 < C_T \leqslant 3.20 \times 10^4$	
U_2	$3.20 \times 10^4 < C_T \leqslant 6.30 \times 10^4$	
U_3	$6.30 \times 10^4 < C_T \leqslant 1.25 \times 10^5$	
U_4	$1.25 \times 10^5 < C_T \leqslant 2.50 \times 10^5$	不频繁使用
U_5	$2.50 \times 10^5 < C_T \leqslant 5.00 \times 10^5$	中等频繁使用
U_6	$5.00 \times 10^5 < C_T \leqslant 1.00 \times 10^6$	较频繁使用
U_7	$1.00 \times 10^6 < C_T \leqslant 2.00 \times 10^6$	频繁使用
U_8	$2.00 \times 10^6 < C_T \leqslant 4.00 \times 10^6$	特别频繁使用
U_9	$C_T > 4.00 \times 10^6$	

其次确定吊车荷载状态级别，吊车的起升荷载状态 Q 是反映吊车工作的繁重程度，按荷载谱系数 K_P 分为 4 级（$Q_1 \sim Q_4$），见表 1.1.4。

起重机（吊车）的荷载状态级别及荷载谱系数　　　　　**表 1.1.4**

荷载状态级别	起重机的荷载谱系数 K_P	说　明
Q_1	$K_P \leqslant 0.125$	很少吊运额定荷载，经常吊运较轻荷载
Q_2	$0.125 < K_P \leqslant 0.250$	较少吊运额定荷载，经常吊运中等荷载
Q_3	$0.250 < K_P \leqslant 0.500$	有时吊运额定荷载，较多吊运较重荷载
Q_4	$0.500 < K_P \leqslant 1.000$	经常吊运额定荷载

　　如果已知起重机各个有代表性的起升荷载值的大小及相应的工作循环数的资料，则可用式（1.1.8）算出该起重机的荷载谱系数：

$$K_P = \sum \left[\frac{C_i}{C_T} \left(\frac{P_{Qi}}{P_{Qmax}} \right)^m \right] \tag{1.1.8}$$

式中　K_P——起重机的荷载谱系数；

　　　C_i——与起重机各个有代表性的起升荷载相应的工作循环数，$C_i = C_1$，C_2，$C_3 \cdots$，C_n；

　　　C_T——起重机总工作循环数，$C_T = \sum\limits_{i=1}^{n} C_i = C_1 + C_2 + C_3 + \cdots + C_n$；

　　　P_{Qi}——能表征起重机在预期寿命内工作任务的各个有代表性的起升荷载，$P_{Qi} = P_{Q1}$，P_{Q2}，P_{Q3}，$\cdots$，P_{Qn}；

　　　P_{Qmax}——起重机的额定起升荷载；

　　　m——幂指数，为了便于级别的划分，约定取 $m = 3$。

　　展开后，式（1.1.8）变为：

$$K_P = \frac{C_1}{C_T} \left(\frac{P_{Q1}}{P_{Qmax}} \right)^3 + \frac{C_2}{C_T} \left(\frac{P_{Q2}}{P_{Qmax}} \right)^3 + \cdots + \frac{C_n}{C_T} \left(\frac{P_{Qn}}{P_{Qmax}} \right)^3 \tag{1.1.9}$$

　　由式（1.1.9）算得起重机荷载谱系数的值后，即可按表 1.1.4 确定该起重机相应的荷载状态级别。

　　如果不能获得起重机设计预期寿命期内吊起的各个有代表性的起升荷载值的大小及相应的工作循环数资料，因而无法通过上述计算得到它的荷载谱系数及确定它的荷载状态级别，此时，可以由制造商和用户协商选出适合于该起重机的荷载状态级别及确定相应的荷载谱系数。

　　最后根据起重机的 10 个使用等级和 4 个荷载状态级别，将起重机整机的工作级别划分为 A1～A8 共 8 个级别，见表 1.1.5。

起重机（吊车）整机的工作级别　　　　　**表 1.1.5**

荷载状态级别	起重机的荷载谱系数 K_p	起重机的使用等级									
		U_0	U_1	U_2	U_3	U_4	U_5	U_6	U_7	U_8	U_9
Q_1	$K_P \leqslant 0.125$	A1	A1	A1	A2	A3	A4	A5	A6	A7	A8
Q_2	$0.125 < K_P \leqslant 0.250$	A1	A1	A2	A3	A4	A5	A6	A7	A8	A8
Q_3	$0.250 < K_P \leqslant 0.500$	A1	A2	A3	A4	A5	A6	A7	A8	A8	A8
Q_4	$0.500 < K_P \leqslant 1.000$	A2	A3	A4	A5	A6	A7	A8	A8	A8	A8

　　考虑到我国结构设计人员的习惯和工程经验可按表 1.1.6 的对应关系确定吊车工作级别：

	吊车的工作制等级与工作级别的对应关系		表 1.1.6	
工作制等级	轻级	中级	中级	超重级
工作级别	A1、A2、A3	A4、A5	A6、A7	A8

注：1. 吊车工作制为轻级是指：安装、维修用梁式起重机，电站用桥式起重机；
　　2. 吊车工作制为中级是指：机械加工、冲压、钣金、装配等车间用软钩桥式起重机；
　　3. 吊车工作制为重级是指：繁重工作车间及仓库的软钩桥式起重机，冶金工厂用普通软钩起重机、间断工作的电磁、抓斗桥式起重机；
　　4. 吊车工作制为超重级是指：冶金工厂专用桥式起重机（例如脱锭、夹钳、料耙等起重机）、连续工作的电磁、抓斗式起重机。

1.1.24　怎样确定吊车竖向荷载代表值（最大轮压、最小轮压）及动力系数？

【解析】吊车荷载属于可变荷载，吊车的荷载具有随机性，其变化的幅度与吊车的类型、车间的生产性质密切相关。调查表明吊车的荷载虽然受到额定起重量的限制，但仍有部分吊车超载运行。因而可以认为吊车荷载是随时间和空间而变异的一种可变荷载，宜用随机过程的概率模型进行描述。但是要取得吊车竖向荷载的精确统计资料相当困难。为解决实际工程设计需要，根据以往荷载规范对吊车竖向荷载取值经验和实测数据的基础取额定最大轮压为该概率分布函数 0.95 的分位值作为吊车竖向荷载标准值。

在设计中采用的吊车竖向荷载标准值除吊车的最大轮压外尚有最小轮压。其中最大轮压通常在吊车生产厂提供的各类吊车技术资料中已明确给出，但最小轮压却往往需要由设计者自行计算（原因是吊车技术资料中无最小轮压或给出值不正确），其计算公式可采用如下：

对吊车桥架每端有两个车轮的吊车，如起重量不超过 50t 的电动吊钩桥式起重机，其最小轮压：

$$P_{min} = \frac{G+Q}{2}g - P_{max} \tag{1.1.10}$$

对吊车桥架每端有四个车轮的吊车，如起重量超过 50t 但小于 125t 的电动吊钩桥式起重机，其最小轮压：

$$P_{min} = \frac{G+Q}{4}g - P_{max} \tag{1.1.11}$$

对桥架每端有八个车轮的吊车，如起重重量超过 125t 的电动吊钩桥式起重机等，其最小轮压：

$$P_{min} = \frac{G+Q}{8}g - P_{max} \tag{1.1.12}$$

式中　P_{min}——吊车的最小轮压（kN）；
　　　P_{max}——吊车的最大轮压（kN）；
　　　G——吊车总重量（t）；
　　　Q——吊车额定起重量（t）；
　　　g——重量加速度，取 9.81m/s^2。

当计算吊车梁及其连接的强度时，应考虑吊车的动力效应，根据工程经验此动力效应可简化为将吊车最大竖向荷载标准值乘以动力系数后按静力结构计算。动力系数对悬挂吊车（包括电动葫芦）及工作级别为 A1～A5 的软钩吊车可取 1.05；对工作级别为 A6～A8 的软钩吊车、硬钩吊车和其他特种吊车可取 1.1。必须指出吊车荷载的动力系数并没有真正反映吊车在实际工作中的动力效应，它取值偏低的原因是由于其荷载分项系数取值与以往设计经验相比偏大，也就是认为在分项系数中已经部分考虑了荷载的动力效应。

1.1.25 怎样确定吊车水平荷载标准值？

【解析】吊车纵向和横向水平荷载主要分别由吊车的大车和横行小车的运行机构在启动或制动时引起的惯性力产生，惯性力为运行重量与运行加速度的乘积，但必须通过启动或制动轮与吊车轨道间的摩擦传递给厂房的结构。因此，吊车的水平荷载取决于启动或制动轮的轮压与吊车轨道间滑动摩擦系数的数值。

现行荷载规范规定，吊车纵向水平荷载标准值应按作用在吊车一端轨道上全部制动轮最大轮压之和的 10% 采用。经我国长期工程实践的考验，尚未发现此项规定存在不安全问题。太原重机学院曾对一台起重量为 300t 中级工作制电动桥式吊车纵向水平制动力进行过测试，结果证实实测值与规范规定值相近。由于实测和统计的资料较少，因此吊车纵向水平荷载标准值与以往的取值相同，并且和国外规范的规定值也相近。该荷载的作用点位于大车车轮与吊车轨道的接触点，其方向与轨道方向一致。顺便指出，目前我国生产的吊车产品，对工作级别为 A1～A8 的每台吊车，其桥架每端轨道上各有一个主动车轮为制动轮，其余车轮均为非制动轮。

现行荷载规范规定吊车横向水平荷载标准值，应取横行小车重量与额定起重量之和的百分比并乘以重力加速度；对软钩吊车，当额定起重量不大于 10t 时应取 12%；当额定起重量为 16～50t 时，应取 10%；当额定起重量不小于 75t 时，应取 8%；对硬钩吊车应取 20%。并规定吊车横向水平荷载标准值应等分于桥架两端，分别由轨道上的车轮平均传至轨道，其方向与轨道垂直，并考虑反正两个方向的刹车情况。

经实测和统计，上述横向水平荷载的规定与实测数据较吻合。将吊车横向水平荷载在桥架两端平等分配的规定，虽然与实际情况略有出入，但却是一种便于设计应用的计算方法，也与欧美规范规定相同。

此外尚应注意到国家标准《钢结构设计规范》GB 50017—2003 第 3.2.2 条规定：在计算重级工作制（其工作级别为 A6～A8）吊车梁或吊车桁架及其制动结构的强度、稳定性以及连接（吊车梁或吊车桁架、制动结构、柱相互之间的连接）的强度时，还应考虑由吊车摆动引起的横向水平力，作用于每个轮压处的此水平力标准值可由下式进行计算：

$$H_k = \alpha P_{k,max} \tag{1.1.13}$$

式中 $P_{k,max}$——吊车最大轮压标准值；

α——系数，对软钩吊车 $\alpha=0.1$；抓斗或磁盘吊车宜采用 $\alpha=0.15$；硬钩吊车宜采用 $\alpha=0.2$。

该条还规定此水平力不与荷载规范规定的吊车横向水平荷载同时考虑。

1.1.26 怎样考虑多台吊车的荷载折减？

【解析】设计厂房排架时，考虑参与组合吊车的台数应根据所计算的排架结构能同时产生效应的吊车台数确定。它主要取决于柱距大小和厂房跨间的数量，在同一跨度内，2台吊车以邻接距离运行的情况较为常见，但3台吊车邻接运行却很罕见，即使发生，由于柱距所限，能产生主要影响的也只有2台。对多跨厂房，在同一柱距内同时出现超过2台吊车的机会增多，但考虑隔跨吊车对结构的影响减弱，为了计算上方便，现行《建筑结构荷载规范》规定，在计算吊车竖向荷载时，对单层吊车的单跨厂房的每个排架，参与组合的吊车台数不宜多于2台；对单层吊车的多跨厂房的每个排架不宜多于4台；对双层吊车的单跨厂房宜按上层和下层吊车分别不多于2台进行组合；对双层吊车的多跨厂房宜按上层和下层吊车分别不多于4台进行组合，且当下层吊车满载时，上层吊车应按空载计算，上层吊车满载时，下层吊车不应计入。而在计算吊车水平荷载时，由于同时制动的机会很小，对单跨或多跨厂房的每个排架，参与组合的吊车台数不应多于2台。

实际调查结果表明，无论在设计中的吊车荷载是由2台或4台吊车引起并同时都达到最大荷载，而且均在最不利的位置处产生吊车竖向荷载标准值和水平荷载标准值的情况不可能出现。因而从概率的观点考虑，应对多台吊车的竖向荷载及水平荷载的标准值予以折减。

为了确定合理的多台吊车荷载折减系数，我国曾进行过大量实测吊车的工作，根据所得资料，经过整理分析，得出以下结论：吊车竖向荷载的折减系数与吊车工作的荷载状态有关，随吊车工作荷载状态级别由 Q_1 到 Q_4（表1.1.4）而增大，随额定起重量的增大而减小；同跨两台吊车和相邻跨两台吊车的竖向荷载折减系数相差不大。因此在对实际吊车竖向荷载分析基础上，并参考国外规范的有关规定，现行荷载规范对参与组合的吊车台数为2~4台时，不同工作级别的吊车（A1~A5 及 A6~A8）规定了不同的吊车折减系数（表1.1.7），并将其规定直接引用于吊车水平荷载的折减。应该指出规定的折减系数数值偏于保守。此外必须指出对吊车的单跨或多跨厂房，计算排架时，参与组合的吊车台数及荷载的折减系数，当情况特殊时应按实际情况考虑。

多台吊车的荷载折减系数　　　　　　　　表 1.1.7

参与组合的吊车台数	吊车工作级别	
	A1~A5	A6~A8
2	0.90	0.95
3	0.85	0.90
4	0.80	0.85

第八节　雪　荷　载

1.1.27　怎样确定基本雪压？

【解析】1. 基本雪压的取值原则

雪压是指单位水平面积上的雪重，单位以 kN/m^2 计。根据当地气象台（站）观察并收集的每年最大雪压，经统计得出 50 年一遇的最大雪压即为当地的基本雪压。观察并收集雪压的场地应符合下列要求：

(1) 观察场地周围的地形为空旷平坦；

(2) 积雪的分布保持均匀；

(3) 拟建设项目地点应在观察场地的地形范围内或它们具有相似的地形。

年最大雪压 S（kN/m²）按下式确定：

$$S = h\rho g \tag{1.1.14}$$

式中　h——年最大积雪深度，按积雪表面至地面的垂直深度计算（m），以每年 7 月份至次年 6 月份间的最大积雪深度确定；

　　　ρ——积雪密度（t/m³）；

　　　g——重力加速度，其值取 9.8m/s²。

由于我国大部分气象台（站）收集的资料是年最大积雪深度，但缺乏相应完整的积雪密度数据，因此在计算年最大雪压时，积雪密度按各地区的平均积雪密度取值，对东北及新疆北部地区取 0.15t/m³，对华北及西北地区取 0.13t/m³，其中青海取 0.12t/m³；对淮河及秦岭以南地区一般取 0.15t/m³，其中浙江、江西取 0.2t/m³。

为了满足实际工程中在某些情况下，需要确定重现期不是 50 年的最大雪压要求，现行建筑结构荷载规范已对部分城市给出重现期为 10 年、50 年和 100 年的最大雪压数据，供设计人员选用。当已知重现期为 10 年及 100 年的最大雪压值，要求确定重现期为 R 年时的最大雪压值也可直接按下式进行插值估算：

$$x_R = x_{10} + (x_{100} - x_{10})(\ln R / \ln 10 - 1) \tag{1.1.15}$$

式中　x_R——重现期为 R 年的最大雪压值（kN/m²）；

　　　x_{10}——重现期为 10 年的最大雪压值（kN/m²）；

　　　x_{100}——重现期为 100 年的最大雪压值（kN/m²）。

2. 基本雪压的确定

(1) 当城市或拟建设地点的基本雪压在现行建筑结构规范中没有明确数值时，可按下列方法确定：

① 若当地有 10 年或 10 年以上的年最大雪压资料时，可通过资料的统计分析确定其基本雪压。统计分析时，年雪压最大值采用极值 I 型的概率分布，其分布函数为：

$$F(x) = \exp\{-\exp[-\alpha(x - u)]\} \tag{1.1.16}$$

式中　α——分布的尺度参数；

　　　u——分布的位置参数，即其分布的众值。

当有大量样本时，分布的参数与均值 μ 和标准差 σ 的关系按下式确定：

$$\alpha = 1.28255 / \sigma \tag{1.1.17}$$

$$u = \mu - 0.57722 / \alpha \tag{1.1.18}$$

当由有限个样本数量 n 的均值 x 和标准差 S 作为 μ 与 σ 的近似估计值时，取

$$\alpha = c_1 / S \tag{1.1.19}$$

$$u = x - c_2 / \alpha \tag{1.1.20}$$

式中系数 c_1 和 c_2 见表 1.1.8。

n	c_1	c_2	n	c_1	c_2	n	c_1	c_2
10	0.9497	0.4952	24	1.0864	0.5296	38	1.1363	0.5424
11	0.9672	0.4996	25	1.0915	0.5309	39	1.1388	0.543
12	0.9833	0.5035	26	1.0991	0.532	40	1.1413	0.5436
13	0.9972	0.507	27	1.1004	0.5332	41	1.1436	0.5442
14	1.0095	0.51	28	1.1047	0.5343	42	1.1458	0.5448
15	1.0206	0.5128	29	1.1086	0.5353	43	1.143	0.5453
16	1.0316	0.5157	30	1.1124	0.5362	44	1.1499	0.5458
17	1.0411	0.5181	31	1.1159	0.5371	45	1.1519	0.5463
18	1.0493	0.5205	32	1.1193	0.538	46	1.1538	0.5468
19	1.0566	0.522	33	1.1226	0.5388	47	1.1557	0.5473
20	1.0628	0.5236	34	1.1255	0.5396	48	1.1574	0.5477
21	1.0696	0.5252	35	1.1285	0.5403	49	1.159	0.5481
22	1.0754	0.5268	36	1.1313	0.5418	50	1.1607	0.5485
23	1.0811	0.5283	37	1.1339	0.5424	∞	1.2826	0.5772

按式 (1.1.16) 的分布函数, 重现期为 50 年对应的超越概率为 2%; 重现期为 100 年对应的超越概率为 1%。

若要确定重现期 R 年的最大雪压值 X_R, 根据式 (1.1.16)、式 (1.1.19)、式 (1.1.20) 可求得如下:

$$X_R = u - \frac{1}{\alpha}\ln\left[\ln\left(\frac{R}{R-1}\right)\right] \tag{1.1.21}$$

因此重现期为 50 年的基本雪压值 S_0 可按下式计算:

$$S_0 = u - \frac{1}{\alpha}\ln\left[\ln\left(\frac{50}{50-1}\right)\right] = u + 2.5278/\alpha \tag{1.1.22}$$

② 若当地的最大雪压资料不足 10 年, 可通过与长期资料或有规定基本雪压的附近地区进行对比分析确定该地的基本雪压。

③ 当地没有雪压资料时, 可通过对气象和地形条件的分析, 并参照现行《建筑结构荷载规范》中的全国基本雪压分布图上的等压线, 用插入法确定其基本雪压。

（2）山区的基本雪压

山区的积雪通常比附近平原地区积雪大, 并且随山区地形海拔高度的增加而增加。其原因主要是由于海拔较高地区的气温较低, 降雪的机会增多, 并且积雪融化延缓。为合理确定山区的基本雪压, 必须对当地山区的雪压沿海拔高度变化的关系进行统计分析, 因而各国的荷载规范均建议应尽量采用山区当地气象台站的记录作为依据, 以保证当地山区基本雪压的可靠性。

当没有山区的气象资料时, 通常以山区附近平原地区的基本雪压作为参考值, 根据经验适当提高后确定山区基本雪压值。由于我国对山区雪压的研究尚少, 现行《建筑结构荷载规范》规定在无实测资料的情况时, 可按当地临近空旷平坦地面的雪荷载值乘以系数 1.2。采用此规定比较粗糙, 因此必要时设计人员应对拟建工程地点的山区积雪实际情况进行调查研究, 确定合理的山区基本雪压。

1.1.28 怎样确定雪荷载标准值？

【解析】屋面水平投影面上的雪荷载标准值与屋面的积雪及其分布形式有关，可通过下式确定：

$$S_k = \mu_r S_0 \tag{1.1.23}$$

式中 S_k——雪荷载标准值（kN/m²）；

   μ_r——屋面积雪分布系数；

   S_0——基本雪压（kN/m²）。

影响屋面积雪分布系数的主要因素是：

1. 风速

在下雪过程中，风会把部分本将飘落在屋面上的雪，吹积到房屋附近的地面上或其他较低的物体上。当风速较大或房屋处于风口位置时，部分已经堆积在屋面的雪也会被吹走。因而导致平屋面或小坡度屋面（坡度小于10°）上的雪压普遍比临近地面上的雪压小。

2. 房屋的外形

单跨房屋和等高多跨房屋的屋面雪荷载与屋面坡度密切相关。一般情况下屋面雪荷载随屋面坡度的增加而减小（屋面坡度按屋面与水平面的夹角计算），主要原因是风的作用和雪被滑移所致。当风吹过屋脊时，在屋面的迎风一侧会因"爬坡风"效应使风速增大，吹走部分积雪。坡度越陡这种效应越明显。在屋脊后的背风一侧风速会下降，风中加裹的雪和从迎风面吹过来的雪往往在背风一侧屋面上漂积。因而，对双坡屋面及单跨曲线形屋面，风作用除了使总的屋面积雪减少外，还会引起屋面的不均衡雪荷载。对多跨双坡屋面及曲线形屋面，积雪会向屋面谷区滑移或缓慢地蠕动，使屋面谷区雪荷载增加。因此，现行《建筑结构荷载规范》规定应按两种不同的不均匀积雪分布情况计算。对多跨单坡的锯齿形屋面也与其他多跨屋面类似，在天沟附近区域积雪一般较大，因此，现行《建筑结构荷载规范》规定应按两种不同的不均匀积雪分布情况考虑。这些规定是新增加的内容。

具有挡风板的工业厂房屋面，在天窗与挡风板之间范围的屋面积雪也比较大。

此外，在高低跨屋面的情况下，由于风对雪的漂积作用，会将较高屋面的雪吹落至较低屋面上，在低屋面形成局部较大的漂积雪荷载。在某些情况下这种积雪非常严重，可能出现该处最大雪压为三倍于地面的积雪。低屋面上这种漂积雪荷载的大小及其分布形状与高低屋面的高差有关。当高差不太大时，漂积雪荷载将沿墙根在一定范围内呈三角形分布；当高差较大时，漂积雪靠近墙根处一般不十分严重，但分布在较大的范围内。为简化计算方便设计，现行《建筑结构荷载规范》规定对高低屋盖交接部位的在低屋面处两倍高差范围内屋面取漂积雪荷载比其他屋面范围的雪荷载增大并考虑高低跨处建筑物宽度尺寸的影响，按两种不同的不均匀积雪分布情况确定该处的积雪分布增大系数，其值为2~4。

现行《建筑结构荷载规范》根据近年来我国屋面积雪发生事故的经验教训，并参考国外规范的规定，对屋面积雪分布系数进行了多处修订，结构设计人员应引起重视。

3. 屋面温度

冬季采暖房屋的屋面积雪一般比非采暖房屋小，这是因为屋面散发热量使部分积雪融化，同时也使雪的滑移更易发生。这类房屋在檐口处可冻结为冰凌及冰块，并堵塞屋面排水，造成屋面渗漏及对结构产生不利的荷载影响，因而应引起设计人员的重视。

我国现行《建筑结构荷载规范》为简化计算方便设计，不考虑屋面温度对积雪分布的影响。但一些多雪国家的荷载规范确有相应规定。

1.1.29　怎样确定雪荷载的准永久值系数？

【解析】由于我国的幅员广大，各地气候差异很大，积雪情况不尽相同。因而现行《建筑结构荷载规范》根据确定荷载准永久值的原则，将全国划分为三个区域，对积雪时间较长的地区称为Ⅰ区，该区域雪荷载准永久值系数取 0.5；对积雪时间不长的区域称为Ⅱ区，该区域的雪荷载准永久值系数取 0.2；对积雪时间很短或终年不积雪的区域称为Ⅲ区，该区域的雪荷载准永久值系数取 0。为便于设计应用，现行《建筑结构荷载规范》给出了雪荷载准永久值系数分区图。

1.1.30　设计建筑结构和屋面承重构件应如何考虑雪荷载的不同分布情况？

【解析】为了保证建筑结构和屋面承重构件的安全，对雪荷载敏感的大跨度、轻质屋盖结构，由于此类结构的雪荷载经常是控制荷载，极端雪荷载作用下容易造成结构整体破坏，后果特别严重，因此应采用 100 年重现期的雪压值。此外，尚应在设计建筑结构和屋面承重构件时考虑最不利情况的积雪分布，这是根据我国工程实践经验的总结。据此现行《建筑结构荷载规范》规定应采用下列积雪分布情况进行建筑结构及屋面承重构件设计：

1. 屋面板和檩条按积雪不均匀分布的最不利情况采用；
2. 屋架和拱壳应分别按积雪全跨均匀分布、不均匀分布和半跨均匀分布三种情况的最不利情况采用；
3. 框架和柱可按积雪全跨均匀分布情况采用。

第九节　风　荷　载

1.1.31　怎样确定基本风压？

【解析】确定建筑物和构筑物上的风荷载时，必须依据当地气象台、站历年来的最大风速记录进行统计计算确定基本风压。现行《建筑结构荷载规范》对基本风压按以下规定的条件确定：

1. 测定风速处的地貌要求平坦和空旷（一般应远离城市中心区），通常以当地气象台、站或机场作为观测点；
2. 在距离地面 10m 的高度处测定风速；
3. 以时距 10min 的平均风速作为统计的风速基本数据；
4. 在风速基本数据中，取每年的最大风速作一个统计样本；
5. 最大风速的重现期为 50 年（即 50 年一遇）；
6. 历年最大风速的概率分布曲线采用极值Ⅰ型。

在求得重现期为 50 年的最大风速后，按下式确定基本风速：

$$w_0 = \frac{1}{2}\rho v^2 \qquad (1.1.24)$$

式中　w_0——基本风压（kN/m²）；

　　　v——重现期为 50 年的最大风速（m/s）；

　　　ρ——空气密度，理论上与空气温度和气压有关，可根据所在地的海拔高度 z（m）按公式 $\rho = 1.25e^{-0.001z}$（kg/m³）估算。

当缺乏空气密度资料时，为偏于安全可假定海拔高度为零，并取 $\rho = 1.25$kg/m³，因而公式（1.1.24）可改为：

$$w_0 = \frac{1}{1600}v^2 \qquad (1.1.25)$$

现行《建筑结构荷载规范》通过全国基本分压分布图给出了全国基本风压等压线的分布，同时对部分城市给出有关的风压值，考虑到设计中有可能需要不同重现期的风压设计资料，在附录中列出了重现期为 10 年、50 年、100 年的风压值。当已知重现期为 10 年及 100 年的风压值要求确定重现期为 R 年的风压值时，可按公式（1.1.15）进行估算。

现行《建筑结构荷载规范》为保证结构构件具有必要的抗风安全，规定在任何情况下对 50 年一遇的基本风压取值不得小于 0.3kN/m²；对于高层建筑、高耸结构以及对风荷载敏感的其他结构，基本风压应适当提高。为此，《高层建筑混凝土结构设计规程》JGJ 3—2010 第 4.2.2 条规定，对风荷载比较敏感的高层建筑，承载力计算时风荷载应按基本风压的 1.1 倍采用。此外《高耸结构设计规范》GB 50135—2006 也规定，确定风荷载的基本风压值应按现行国家标准《建筑结构荷载规范》的规定采用，但不得小于 0.35kN/m²；对于特别重要的或对风荷载比较敏感的高耸结构，其风压值可取 100 年一遇的风压值。

当建设工程所在地的基本风压无规定时，可选择以下方法确定其基本风压值：

方法一：根据当地气象台、站的年最大风速实测资料（不得少于 10 年的年最大风速记录），按基本风压的定义，通过统计分析后确定。分析时，应考虑样本数量的影响。

方法二：若当地没有年最大风速实测资料时，可根据附近地区规定的基本风压或长期的实测资料，通过气象和地形条件的对比分析确定。也可按全国基本风压分布图中的建设工程所在位置按附近的基本风压等压线插入确定。

在分析当地的年最大风速时，往往会遇到其测量风速的条件不符合基本风压规定的条件，因而必须将实测风速资料换算为标准条件，然后再进行分析。参考文献〔32〕中列有在各种情况下如何换算的资料，可供参考。

1.1.32　怎样确定风压高度变化系数 μ_z？

【解析】风压随高度的不同而变化，原因是在地球大气边界层内风速随地面的高度增大而增大。风速随高度的规律主要与地面粗糙度和温度沿高度的变化有关。通常认为在离地面或海面高度为 300～550m 时，风速不再受地面粗糙度的影响，而完全受高空气压梯度的控制，该高度称为梯度风高度，相应的风速也称梯度风速。现行《建筑结构荷载规范》规定按地貌不同将地面粗糙度分为四类，即 A、B、C、D 四类：

A 类指近海海面和海岛、海岸及沙漠地区；

B 类指田野、乡村、丛林、丘陵以及房屋比较稀疏的乡镇和城市郊区；

C 类指密集建筑的城市市区；

D 类指有密集建筑群且房屋较高的城市市区。

风压高度系数 μ_z 应按地面粗糙度指数和假设的梯度风高度按式（1.1.26）～式（1.1.29）计算确定。对四类地面粗糙度地区的地面粗糙度指数分别取 0.12（A 类）、0.16（B 类）、0.22（C 类）和 0.3（D 类），且相应的梯度风高度取 300m、350m、400m、450m，在此高度以上风压不发生变化。据此，对四类地区的风压高度变化系数的计算公式如下：

$$A 类：\mu_z = 1.284(z/10)^{0.24} \tag{1.1.26}$$

$$B 类：\mu_z = 1.000(z/10)^{0.30} \tag{1.1.27}$$

$$C 类：\mu_z = 0.544(z/10)^{0.44} \tag{1.1.28}$$

$$D 类：\mu_z = 0.262(z/10)^{0.60} \tag{1.1.29}$$

式中 z——离地面或海平面高度（m）。

针对 4 类地貌，风压高度变化系数分别规定了各自的截断高度，此截断高度考虑到该范围内的风压受紊流的影响，对应 A、B、C、D 类分别取为 5m、10m、15m 和 30m，即高度变化系数取值分别不小于 1.09、1.00、0.65 和 0.51。

在确定城区的地面粗糙度类别时，若无地面粗糙度指数的实测可按下述原则近似确定：

1. 以拟建房 2km 为半径的迎风半圆影响范围内的房屋高度和密集度来区分粗糙度类别，风向原则上应以该地区最大风的风向为准，但也可取其主导风；

2. 以半圆影响范围内建筑物的平均高度 h 来划分地面粗糙度类别，当 $h \geq 18m$ 时，为 D 类，$9m < h < 18m$，为 C 类，$h \leq 9m$，为 B 类；

3. 影响范围内不同高度的面域可按下述原则确定，即每座建筑物向外延伸距离为其高度的面域内均为该高度，当不同高度的面域相交时，交叠部分的高度取大者；

4. 平均高度 h 取各面域面积为权数计算。

目前有些城市颁布的地方标准中已对该城市内各区域的地面粗糙度类别作出具体规定，为结构设计人员提供依据。但当无明确规定时则需按上述原则近似确定。

现举例确定某工程新建房屋所在城区的地面粗糙度类别如下：该城区最大风的风向为西偏北 45°，以拟建房屋为中心，2km 为半径的迎风半圆影响范围内，将既有房屋划为面积均等的 4 区域（图 1.1.2），各区域考虑既有房屋高度和密集度影响的房屋平均高度：1 区 h_1 为 21m；2 区 h_2 为 18m；3 区 h_3 为 8m；4 区 h_4 为 9m。因此 1～4 区域考虑权数计算房屋的平均高度 $h = \frac{1}{4}(h_1 + h_2 + h_3 + h_4) = \frac{1}{4}(21 + 18 + 8 + 9) =$

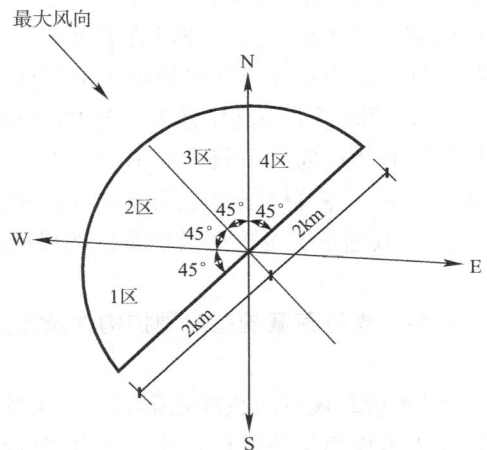

图 1.1.2 某工程所在地 2km 半径范围内房屋区域划分

14m。故知该工程所在地的地面粗糙度可近似确定为 C 类。

1.1.33 怎样确定风荷载体型系数 μ_s？

【解析】由于建筑物体型的不同，在其表面上所受的风压与基本风压并不相同，且各处的分布也不均匀。为了表征建筑物表面各部分风压力（或风吸力）的实际情况，荷载规范采用了建筑物的风荷载体型系数 μ_s，用以描述实际压力（或吸力）与来流风的速度压的比值。μ_s 表示了建筑物表面在稳定风压作用下的静态压力的分布规律。其值主要是与建筑物的体型和尺度有关，也与周围环境和地面粗糙度有关。由于 μ_s 涉及关于固体与流体相互作用的流体动力学问题，要完全从理论上确定受风影响的建筑物表面的压力（或吸力），目前还做不到。因此现行《建筑结构荷载规范》根据国内外风洞试验资料和参考国外规范的规定，在表 8.3.1 中给出了 39 项不同类型的房屋和构筑物的体型系数 μ_s 供设计人员参考应用。并指出当实际工程中房屋和构筑物的体型与表 8.3.1 中的体型不同时，可参考有关资料采用，当无参考资料可以借鉴时，宜由风洞试验确定。此外对重要且体型复杂的房屋和构筑物还规定必须由风洞试验确定。

由于我国房屋和构筑物的外形和体量日趋复杂和增大，目前已有不少重要工程的风荷载体型系数 μ_s 采用风洞试验确定。我国的风洞试验室数量也日益增多，为解决疑难的风荷载问题提供了方便的条件。实际上风洞试验并非仅是以确定风荷载体型系数为单一的目的，它能够测试房屋在风洞模拟条件下整体结构包括动力反应在内的全部影响。

应当指出建筑结构受邻近结构物的影响，在规范表 8.3.1 中各类型房屋的体型系数 μ_s 中并没有考虑，而实际上过去的设计中，往往认为有挡风的有利因素而对它忽略了。但是工程实践和风洞试验结果表明，若临近的房屋比所考虑受风荷载的房屋矮小许多，而且这些房屋相距很近，属干扰影响的部分只是所考虑受风荷载房屋的底下部位，对整个结构分析不致产生很大影响，因而在设计时可以不予考虑其影响。但是若邻近的房屋与所考虑受风荷载的房屋高度接近或大于后者的 1/2 以上时，则其干扰影响较大。特别是群集的高层建筑，相互间距较近时其干扰影响更大。因而荷载规范规定此时宜考虑风力相互干扰的群体效应；其考虑方法一般可将表 8.3.1 中单独建筑物的体型系数 μ_s 乘以相互干扰增大系数，规范规定相互干扰系数可按下列规定确定：

1. 对矩形平面高层建筑，当单个施扰建筑与受扰建筑高度相近时，根据施扰建筑的位置，对顺风向风荷载可在 1.00～1.10 范围内选取，对横风向风荷载可在 1.00～1.20 范围内选取；并可根据《建筑结构荷载规范》第 8.3.2 条的条文说明的图 8 确定其值。

2. 其他情况可比照类似条件的风荷载试验资料确定，必要时宜通过风洞试验确定。

1.1.34 现行荷载规范对围护构件及其连接的风荷载计算有哪些重要修订？

【解析】现行荷载规范第 8.1.1 条及第 8.3.3～8.3.6 条对围护构件及其连接的风荷载计算规定作出重要修订，其主要内容可归纳如下：

1. 全部围护构件及其连接的风荷载均应考虑阵风系数的影响。此项修订反映在规范公式（8.11.2）中的阵风系数 β_{gz} 不再只是对计算玻璃幕墙的考虑。

2. 计算围护构件及其连接的风荷载时，局部体型系数 μ_{s1} 区分为三种不同情况：

（1）封闭式矩形平面房屋的墙面及屋面可按规范表 8.3.3 的规定取值，该表比修订前规定详细和合理；

（2）对突出墙面及屋面的构件如檐口、雨篷、遮阳板、边棱处的装饰条等突出构件 μ_s 取－2.0；

（3）对其他房屋和构筑物可按规范第 8.3.1 条的规定体型系数的 1.25 倍取值（即按表 8.3.1 规定的体型系数 μ_s 乘以增大系数 1.25）。

3. 计算非直接承受风荷载的围护构件（如檩条、墙梁、幕墙结构中的支承构件等）风荷载时，局部体型系数可按构件的从属面积折减，但折减的规定有修订，反映在规范第 8.3.4 条的有关规定内。

4. 建筑物在风荷载作用下产生的内部压力的局部体型系数应考虑以下三种不同情况：

（1）对封闭式建筑物的取值与修订前相同，即按其外表面风压的正负情况取－0.2 或 0.2；

（2）对仅一面墙有主导洞口的建筑物，按主导洞口对应位置的 μ_{s1} 值及主导洞口开洞率的不同确定内压的局部体型系数；主导洞口开洞是指单个主导洞口面积与墙面全部面积比，对更复杂情况一般需要通过风洞试验确定内部风压值；

（3）对不属于上述两种情况的其他情况应按开放式建筑物的 μ_s 取值。

5. 给出了离地面不同高度处、不同地面粗糙度类别情况下的围护结构（包括门窗）阵风系数 β_{gz}（见规范第 8.6 节）。

以上修订内容与参考文献 [14] 有相似处但又有所不同，需引起结构工程师的注意。

1.1.35 怎样确定围护结构构件的阵风系数 β_{gz}?

【解析】由于风的脉动性，因此作用在建筑物表面围护结构构件上的风压也是脉动的。而现行荷载规范给出建筑物体型系数是建筑物表面各不同位置处风压的平均值与来流风速度压的比值，将其直接作为围护结构构件设计时的风荷载标准值显然不合适。此外还应考虑到围护结构构件一般情况下其刚性较大，在结构效应中可不考虑风荷载的共振分量，因而应当采用具有一定保证率的极值风压。现行荷载规范采用下式确定极值风压：

$$\hat{p} = \beta_{gz}\bar{p} \tag{1.1.30}$$

式中　$\hat{p}$——作用在围护结构构件表面上的极值风压（最大或最小风压）；

$\bar{p}$——作用在围护结构构件表面上的平均风压；

β_{gz}——阵风系数。

为了确定阵风系数，通常假定围护结构表面风压和来流风的速度压相同，即认为体型系数不随时间而变化。进而应用流体力学原理推导出公式（1.1.31）：

$$\beta_{gz} = \frac{\hat{p}}{\bar{p}} = 1 + 2g_t I_u \tag{1.1.31}$$

式中　g_t——峰值因子；其值取决于预定风压的保证率，取值越大则保证率越高，现行荷载规范将其取为 2.5；

I_u——湍流度（它被定义为风速的均方根与平均风速的比值，可反映空气流动紊乱的程度），其值取决于地貌特性和距离地面的高度等因素。

27

现行荷载规范对沿不同高度 z 处湍流度 I_z 取值为 $I_z(z)=I_{10}\left(\dfrac{z}{10}\right)^{-\alpha}$，式中 α 为不同地貌下风剖面粗糙度指数，对应于 A、B、C、D 类地貌其值为 0.12、0.15、0.22、0.30；I_{10} 为不同地貌距地面 10m 高度处的名义湍流度，对应于 A、B、C、D 类不同粗糙度地貌分别为 0.12、0.14、0.23、0.39，其取值比原规范有所提高。

根据公式（1.1.31）即可得出现行荷载规范表 8.6.1 的阵风系数 β_{gz} 值。此外荷载规范还考虑到由于近地面处风的不确定性较高，湍流度剖面也和平均风速剖面一样规定了截断高度，对四类地貌的截断高度取值分别为 5m、10m、15m 和 30m，相应的阵风系数 β_{gz} 不大于 1.65、1.70、2.05 和 2.40，即认为在此类截断高度以下的范围内围护结构构件的 β_{gz} 应取定值。由于原规范对幕墙以外的其他围护结构不考虑阵风系数，因此对后者的风荷载会明显增加，这是考虑到近年来轻型屋面围护结构发生风灾破坏的事件增多而作出的修订。但对低矮房屋非直接承受风荷载的围护结构构件（如檩条等）的风荷载影响不大。

1.1.36　现行荷载规范关于顺风向风振和风振系数的规定有些什么重要修订？

【解析】现行荷载规范和 2006 版的荷载规范（以下称原规范）相同，均规定对于高度大于 30m 且高宽比大于 1.5 的房屋，以及基本自振周期 T_1 大于 0.25s 的各种高耸结构，应考虑风压脉动对结构产生顺风向风振的影响。顺风向风振响应计算按结构随机振动理论进行。对一般悬臂结构，例如高层建筑、塔架、烟囱等均可仅考虑结构第一振型的影响，结构的顺风向风荷载现行规范规定按下列公式确定 z 高度处的风振系数 β_z：

$$\beta_z = 1 + 2g_t I_{10} B_z \sqrt{1+R^2} \tag{1.1.32}$$

式中　g_t——峰值因子，可取 2.5；

　　　I_{10}——距地面 10m 高度处的名义湍流强度，对应于 A、B、C、D 类地面粗糙度，可分别取 0.12、0.14、0.23、0.39；

　　　R——脉动风荷载的共振分量因子；

　　　B_z——脉动风荷载的背景分量因子。

而原规范对 z 高度处的风振系数 β_z 采用下式计算：

$$\beta_z = 1 + \frac{\xi \nu \varphi_z}{\mu_z} \tag{1.1.33}$$

式中　ξ——脉动增大系数；

　　　ν——脉动影响的系数；

　　　φ_z——振型系数；

　　　μ_z——风压高度变化的系数。

对比上列两个计算风振系数 β_z 公式可看出，两者的表达方式不尽相同，但实质相近，其中原规范公式中的脉动增大系数 ξ，当风速谱采用 Davenport 谱时，可推导得 $\xi = \sqrt{1+R^2}$，即原规范中规定的脉动增大系数与共振分量分子间存在一一对应的关系；而 $\dfrac{\nu \varphi_z}{\mu_z}$ 可推导其值等于 $0.5 \times 35^{1.8(\alpha-0.16)} B_z$，因此原规范的风振系数可表达为下式：

$$\beta_z = 1 + \frac{\xi \nu \varphi_z}{\mu_z} = 1 + \frac{0.5 \times 35^{1.8(\alpha-0.16)}}{2g_t I_{10}}\left(2g_t I_{10} B_z \sqrt{1+R^2}\right) \tag{1.1.34}$$

两者表达的区别在系数 $0.5 \times 35^{1.8(\alpha - 0.16)} / (2g_t I_{10})$。

综上所述，现行荷载规范关于顺风向风振和风振系数有关规定，在原则上与原规范基本相同，但风振系数的表达式和国际上主流的表达式接轨，为今后的风工程问题研究和交流提供方便；此外，从现行荷载规范修订组对一些高层结构的试算结果看出，某些情况下由于顺风向风振系数比原规范增大，将合理地导致结构由顺风向风振引起的效应有所增加。

1.1.37 现行《建筑结构荷载规范》对横风向风振有些什么重要修订？

【解析】由于在风荷载作用下，不但顺风向可能发生风振，而且在一定条件下也能发生横风向的风振，它是由不稳定的空气动力形成，其性能远比顺风向更为复杂。原规范（2006 年版的《建筑结构荷载规范》）仅对圆形截面的结构的横风向风振的有关计算作出规定。而对非圆形截面的结构规定甚少。因而其内容尚不能解决我国日益增多的高层建筑的横风向风振设计问题。为此同济大学对常见的高层建筑形状共 15 组，利用高频动态测力天平技术对这些高层建筑的横风向风振问题进行风洞试验和理论研究，根据其成果提出了纳入现行《建筑结构荷载规范》第 8.5 节及附录 H.2 矩形截面及凹角或削角矩形截面的高层建筑横风向风振的有关条文。这些条文反映了近年来我国科研工作的新成果，填补了原规范的横风向风振计算内容，和国外规范相比，现行规范的设计公式有较高的可信度且表达形式简单、反映的影响参数也较多。但是必须指出对平面或立面较复杂的高层建筑和高耸结构的横风向风振的等效风荷载由于其问题的复杂性，尚难提出解析解，因而对这类结构的横向风振问题宜通过风洞试验确定。

1.1.38 什么情况下需要考虑扭转风振响应？

【解析】扭转风力是由于建筑物各个立面风压的不对称作用产生，与风的紊流及在建筑物背风面尾流中的漩涡有关。一般认为对大多数的高层建筑，因风压引起的扭矩相对很小，因而可不考虑。但对有些平面不对称的高层建筑，特别是结构质心和刚心偏离，则扭转风振的影响不可忽视。现行《建筑结构荷载规范》根据风洞试验的结果，参考国外规范的规定，提出需要考虑扭转风振的范围及扭转风振等效风荷载的计算公式如下：

对平面形状为矩形的高层建筑，当满足下列条件时，可按现行规范的规定确定其扭转风振等效风荷载：

1. 建筑物的平面形状在整个高度范围内基本相同；

2. 刚度中心及质量中心的偏心率小于 0.2；其值可取两者的偏心距与结构侧向刚度的回转半径之比值；

3. $H/\sqrt{BD} \leqslant 6$ 及 $D/B = 1.5 \sim 5$ 范围内（其中 H 为建筑物的总高度，B 为迎风面的宽度，D 为建筑物平面的进深），且 $T_{T1} v_H / \sqrt{BD} \leqslant 10$（其中 T_{T1} 为结构第 1 扭转振型的周期（s），v_H 为结构顶部风速（m/s））。

4. 符合以上条件的矩形截面高度建筑扭转风振等效荷载标准值可按下式计算：

$$w_{Tk} = 1.8 g_t w_0 \mu_H C'_T \left(\frac{z}{H}\right)^{0.9} \sqrt{1 + R_T^2} \qquad (1.1.35)$$

式中　w_{Tk}——扭转风振等效风荷载标准值（kN/m²），计算扭矩时应乘以迎风面面积和宽度；

　　　μ_H——结构顶部风压高度变化系数；

　　　g_t——峰值因子，可取 2.5；

　　　C_T'——风致扭转系数（其计算公式见现行荷载规范附录 H.3.3 条规定）；

　　　R_T——扭转共振因子（其计算公式见现行荷载规范附录 H.3.4 条规定）。

根据以上内容可看出，一般情况下，当建筑物迎风面宽度 B 大于其进深 D 时，扭转风荷载主要由顺风向风压的不对称作用产生，此时产生的扭矩作用相对较小可不考其影响。此外建筑物高度低于 150m 时或者 $H/\sqrt{BD}<3$ 或 $\dfrac{T_{T1}v_H}{\sqrt{BD}}<0.4$ 时，风致扭矩效应不明显，也可不考虑其影响。

对刚度及质量的偏心率（偏心距/转半径）>0.2 的矩形截面高层建筑，现行规范的有关扭转风振等效风荷载的规定不适用，建议应在风洞试验的基础上有针对性地进行研究，确定扭转风振的影响。

1.1.39　现行《建筑结构荷载规范》对高层建筑顺风向和横风向风振加速度计算有些什么重要修订？

【解析】现行《建筑结构荷载规范》增加了高层建筑顺风向和横风向风振加速度的计算内容条文（详见现行规范附录 J），其原因一方面是高层建筑设计中从使用舒适度性能的要求，需要计算在 10 年一遇的风荷载标准值作用下，要求结构顶点的顺风向和横风向风振最大加速度值满足限值规定；另一方面是现行规范中虽然给出了风振系数及高层建筑顺风向、横风向风振的计算方法，据此可确定高层建筑在风荷载作用下的位移、内力，但却未包括风荷载作用下加速度的计算内容，因此必须在修订过程中增加其内容。

对体型和质量沿高度均匀分布的高层建筑，采用悬臂梁作为计算模型，在仅考虑第一振型情况下，利用 Davenport 风速谱和 Shiotani 空间相关模型，可得顺风向风振加速度计算公式如下：

$$a_{D,z}=2g_t I_{10}w_R\mu_s\mu_z B_z\eta_a B/m \qquad (1.1.36)$$

式中　$a_{D,z}$——高层建筑 z 高度顺风向风振加速度（m/s²）；

　　　g_t——峰值因子，可取 2.5；

　　　I_{10}——距地面 10m 高度处的名义湍流度，对应 A、B、C、D 类地面粗糙度，可分别取 0.12、0.14、0.23、0.39；

　　　w_R——重现期为 R 年的风压（kN/m²）；

　　　B——迎风面宽度（m）；

　　　m——结构单位高度质量（t/m）；

　　　μ_z——风压高度变化系数；

　　　μ_s——风荷载体型系数；

　　　B_z——脉动风荷载的背景分量因子，其计算公式见现行荷载规范式（8.4.5）；

　　　η_a——顺风向风振加速度的脉动系数。

此外现行荷载规范根据采用风洞试验方法对方形截面超高层建筑的横风向气动力谱和气动阻尼进行识别，建立了体型和质量沿高度均匀分布的矩形截面高层建筑的横风向风振加速度的计算公式如下：

$$a_{L.Z} = \frac{2.8 g_t w_R \mu_H B}{m} \Phi_{L1}(z) \sqrt{\pi S_{FL} C_{sm} / [4(\xi_1 + \xi_{a1})]}$$ (1.1.37)

式中　$a_{L.Z}$——高层建筑 z 高度横风向风振加速度（m/s²）；

μ_H——结构顶部风压高度变化系数；

S_{FL}——无量纲横风向广义风力功率谱，可按现行荷载规范附录 H.2.4 条确定；

C_{sm}——横风向风力谱的角沿修正系数，可按现行荷载规范附录 H.2.5 条的规定采用；

$\Phi_{L1}(z)$——结构横风向第 1 阶振型系数；

ξ_1——结构横风向第一阶振型阻尼比；

ξ_{a1}——结构横风向第一阶振型气动阻尼比，可按现行荷载规范附录 H 公式（H.2.4.3）计算。

必须指出现行规范有关高层建筑结构顺风向和横风向风振加速度的计算公式具有一定的适用范围，对复杂体型的高层建筑不适用，因此实际工程中应考虑到此问题的复杂性。

第十节　温　度　作　用

1.1.40　怎样表达建筑结构构件任意截面上的温度分布？

【解析】由于气温变化、太阳辐射及使用热源等原因会引起建筑结构构件的温度作用。由使用热源引起的温度作用应由工艺或专门规范作出规定。现行《建筑结构荷载规范》仅针对气温变化引起的温度作用，并规定作用在结构或构件上的温度作用应采用其温度的变化来表示。一般情况下将单个结构构件任意截面上的温度分布表示为四个分量叠加（图 1.1.3）。

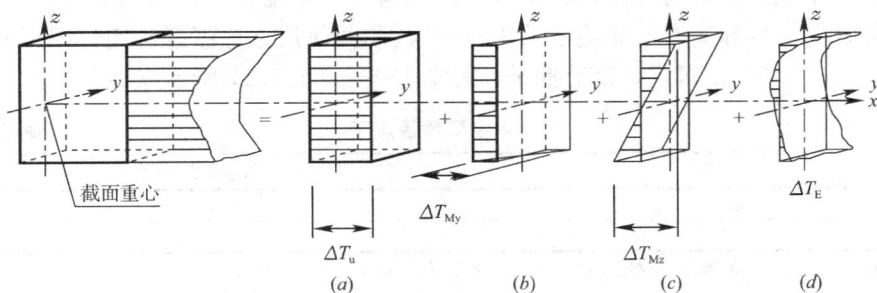

图 1.1.3　构件截面上的温度分布

（a）均匀分布的温度；（b）沿 y 轴线性分布的温度；（c）沿 z 轴线性分布的温度；（d）自平衡非线性分布的温度

在以上四个分量中，均匀温度分量一般主导结构的温度变形，并可能控制整体结构设计。对框架结构、排架等结构均匀温度作用的取值和结构分析，我国建筑工程界已积累了一定的工程经验。但对复杂结构（如框架-剪力墙结构）、不同材料部件组成的结构、大体积混凝土结构等情况，尚缺少成熟的成套理论分析及实践经验。因此现行《建筑结构荷载规范》对其尚未作出规定。

1.1.41 如何确定均匀温度作用的标准值？

【解析】由于气温的四季变化引起均匀温度作用标准值，按现行荷载规范规定应考虑两个不同的工况对结构构件的影响及产生的效应。

1. 对结构最大温升的工况：

$$\Delta T_k = T_{s,max} - T_{0,min} \tag{1.1.38}$$

式中　ΔT_k——均匀温度作用标准值（℃）；

　　$T_{s,max}$——结构最高平均温度（℃）；

　　$T_{0,min}$——结构最低初始平均温度（℃）。

2. 对结构最大降温的工况：

$$\Delta T_k = T_{s,min} - T_{0,max} \tag{1.1.39}$$

式中　$T_{s,min}$——结构最低平均温度（℃）；

　　$T_{0,max}$——结构最高初始平均温度（℃）。

结构最高平均温度 $T_{s,max}$ 和最低平均温度 $T_{s,min}$ 宜分别根据基本气温 T_{max} 和 T_{min} 按热工学的原理确定。基本气温一般情况可取建设工程当地 50 年重现期的月平均最高气温 T_{max} 和月平均最低气温 T_{min}，现行荷载规范已在附录 E 中给出，若未给出时，可根据当地气象台记录的气温资料，经统计分析确定，若当地没有记录气温资料时，可根据附近地区规定的基本气温通过气象和地形条件对比分析确定；也可比照现行规范附录 E 中图 E6.4 和图 E6.5 近似确定。

需要指出，由于金属结构及对气温变化较敏感的结构，宜考虑极端气温的影响，基本气温 T_{max} 和 T_{min} 可根据当地气候条件适当增加或降低。

合理确定结构的最高平均温度 $T_{s,max}$、最低平均温度 $T_{s,min}$ 和结构最低初始温度 $T_{0,min}$、最高初始平均温度 $T_{0,max}$ 是保证结构在温度作用下的安全性、经济性的关键，应按热工学原理，考虑太阳辐射、室内外温差、季节、结构构件所在位置（距地面的高度）、结构材料的热传导性能（传导速率、导热系数等）、结构的截面尺寸等因素确定。根据欧洲规范（EN1991-1-5：2003）的规定，部分摘录如表 1.1.9～表 1.1.11 所示以供参考。

房屋内部环境温度 T_{in}　　　　　　　　　　　　　　表 1.1.9

季　节	温度 T_{in}（℃）
夏季	T_1
冬季	T_2

注：T_1 和 T_2 的值可由各国自行规定，但无规定时可取 $T_1=20$℃，$T_2=25$℃。

在地面以上的房屋外部环境温度 T_{out}　　　　　　　表 1.1.10

季　节	系　数		温度 T_{out}（℃）
夏季	与房屋表面颜色有关	浅亮 0.5	$T_{max}+T_3$
		浅色 0.7	$T_{max}+T_4$
		深色 0.9	$T_{max}+T_5$
冬季			T_{min}

注：最高气温 T_{max} 和最低气温以及太阳辐射影响的温度值可由各国自行规定。当无规定时，对北纬 45°到 55°之间的地区建议东北向构件可取 $T_3=0$℃，$T_4=2$℃，$T_5=4$℃；西南或水平向的构件可取 $T_3=18$℃，$T_4=30$℃，$T_5=42$℃。

季 节	地面以下深度	外部温度 T_{out}（℃）
夏季	小于 1m 大于 1m	T_6 T_7
冬季	小于 1m 大于 1m	T_8 T_9

注：$T_6 \sim T_9$ 值可由各国自行规定。当无规定时，对北纬 $45° \sim 55°$ 之间的地区，建议可取 $T_6 = 8℃$，$T_7 = 5℃$，$T_8 = -5℃$，$T_9 = -3℃$。

但是由于我国幅员广大，气候各异，以上关于气温的修正，仅可作为参考，各地区的建设工程尚需积累符合当地情况的数据。

结构温度的变化是由于气温的变化通过热传导而引起，因而热传导速率可用下式表示：

$$\frac{\Delta Q}{\Delta t} = kA \, \frac{\Delta T}{h} \tag{1.1.40}$$

式中　ΔQ——传到的总热能；

　　　Δt——热传导所花的时间；

　　　k——热传导系数（导热系数），对混凝土可取 $10.6\text{kJ}/(\text{m} \cdot \text{h℃})$；

　　　ΔT——温差（℃）；

　　　A——传导所经过的截面面积；

　　　h——截面的厚度。

结构初始平均温度是结构形成整体时的平均温度。对超长混凝土结构往往设有后浇带，因而混凝土后浇带从浇筑混凝土到混凝土达到设计强度时，需要半个月至约一个月，因而其初始平均温度可取后浇带封闭时的月平均气温。对钢结构由于形成整体时的时间较短（通过焊接或栓接合拢形成整体），一般可取合拢时的日平均气温，且当合拢时有日照时，应适当考虑日照的影响。实际工程设计时，很难确定结构形成整体的时间，因而通常采用结构初始温度按一个合适的区间取值。此区间值应考虑施工的可行性，便于施工过程中控制合拢时间。

确定结构最大温升和最大温降后便可根据结构材料的线膨胀系数，按结构力学方法计算温度作用在结构内部引起的效应。对混凝土结构设计其温度作用时，应考虑混凝土收缩和徐变的影响。混凝土的收缩作用是永久作用，其影响可近似采用等效降温法。我国《铁路桥涵设计基本规范》TB 10002—2005 中规定：对于整体灌注的钢筋混凝土结构，相当于降低温度 15℃，对于分段灌注的钢筋混凝土结构，相当于降低温度 10℃。可供结构设计人员参考。对于混凝土的徐变作用也是永久作用，其影响是可减小温度作用产生应力，但由于温度作用是拉压反复变号的作用且变化速度较快，由此产生的徐变则变化速度较慢，而且很难定量，因此建议不宜过多考虑其有利影响。通常混凝土结构为静不定结构，分析其温度作用时，必然会涉及结构的抗侧刚度 EI，对允许开裂的构件我国《公路钢筋混凝土及预应力混凝土桥涵设计规范》JTG D62—2004 第 4.2.1 条规定其刚度可取 $0.8E_cI$（其中 I 为结构构件毛截面惯性矩，E_c 为混凝土的弹性模量），此规定也可供结构工程师参考。

第十一节 偶 然 荷 载

现行《建筑结构荷载规范》考虑到实际工程设计的需要，增加了由于爆炸和撞击灾害引起的荷载。

1.1.42 怎样确定爆炸荷载？

【解析】1968年在英国伦敦地区新罕姆市23层Ronan Point公寓大楼发生煤气爆炸事件后，在建筑结构设计中开始考虑爆炸荷载以抵御这类事故造成的严重灾害。尽管这类事件出现的概率很小，但是一旦出现，如果设计中考虑不周，而造成像在Ronan Point公寓大楼墙板那样发生连续坍塌的后果，是工程界所不能接受的。因此，作为偶然事件如何考虑爆炸荷载，在建筑结构设计中开始在欧洲得到重视。

我国过去很少出现这类事件，然而随着城市建设的发展，情况已经有了改变，在住房设计中考虑由于爆炸引起的偶然设计状况也应成为必须的内容。由于我们过去对此比较陌生，缺乏这方面的设计经验，因此现行荷载规范主要参考国外规范并结合我国的工程经验进行补充修订。

现行荷载规范考虑的爆炸荷载主要是由炸药、燃气、粉尘引起的建筑物突然产生的高温和高压引起的结构构件上的作用力（爆炸荷载），除炸药可以产生建筑物外部或内部爆炸荷载外，燃气、粉尘主要引起建筑物内部爆炸荷载。此类爆炸荷载为便于结构构件设计宜采用等效静力均布荷载。

对常规炸药爆炸引起的爆炸荷载结构构件等效均布静力荷载标准值可按下式计算：

$$q_{ce} = K_{dc} p_c \qquad (1.1.41)$$

式中　q_{ce}——作用在结构构件上的等效均布静力荷载标准值；

p_c——作用在结构构件上均布动荷载最大压力，与炸药量和爆炸发生地（爆心）至作用点距离有关，可按《人民防空地下室设计规范》GB 50038—2005附录B及第4.3节的规定计算；

K_{dc}——动力系数，根据结构在均布动荷载作用下的动力分析结构，按最大内力等效的原则确定。

由常规炸药爆炸后引起的结构构件等效均布静力荷载的计算步骤，可根据现行荷载规范第10.2.2条的条文说明进行。

由燃气、粉尘爆炸引起的等效均布静力荷载 p_k 可按下列公式计算并取两者中的较大值：

$$p_k = 3 + p_v \qquad (1.1.42)$$

$$p_k = 3 + 0.5 p_v + 0.04 \left(\frac{A_v}{V}\right)^2 \qquad (1.1.43)$$

式中　p_v——通口板（一般指窗口的平板玻璃）的额定破坏压力（kN/m^2），可根据行业标准《建筑玻璃应用技术规程》JGJ 113的有关规定确定；

A_v——通口板的面积（m^2）；

V——爆炸空间体积（m^3）。

上述公式仅适用于以下环境条件：

(1) 发生爆炸房间的爆炸空间体积 V 应小于 1000m^3；

(2) 通口板的面积 A 与爆炸空间体积 V 之比应在 $0.05 \sim 0.15$ 范围内。

其余情况下的爆炸荷载的等效均布静力荷载另行确定。

为了降低爆炸压力并限制其后果，可采取以下措施：

(1) 应用具有较低额定破坏压力的通口板，以便泄爆；

(2) 将具有爆炸风险的区域与其他区域隔离；

(3) 限制具有爆炸风险区域的面积；

(4) 在具有爆炸风险区域与其他区域之间应有明确的保护措施，以免爆炸和其影响扩大范围。

由于燃气和粉尘爆炸过程十分短暂，因而可以考虑构件设计抗力的提高，根据试验研究提高值与爆炸持续时间有关，实际工程设计时可参考有关标准（例如欧洲规范《由撞击和爆炸引起的偶然作用》EN1991-1-7 等）及相关的研究成果。

1.1.43 现行《建筑结构荷载规范》对撞击荷载的规定有哪些特点？

【解析】现行《建筑结构荷载规范》关于撞击荷载的规定有以下特点：

1. 规范仅对电梯竖向失控掉落、汽车与建筑撞击、直升飞机非正常着陆引起的撞击荷载进行规定，其他情况未予规定。

2. 规范考虑到撞击荷载的特性（如偶然性、持续时间很短但量值很大等），为便于设计规定其等效静力撞击力标准值，因而在结构构件遭受撞击荷载的承载力极限状态计算的效应设计值中对撞击荷载设计值可不再考虑动力系数，直接取用撞击荷载标准值。此外，尚应按荷载规范第 3.2.6 条的规定按公式（3.2.6-2）进行撞击事件发生后受损结构整体稳固性验算所需的效应设计值计算，并应对参与组合的其他永久荷载和可变荷载设计值均不乘以荷载分项系数。

第二章 地震作用

第一节 地震作用基本规定

1.2.1 为什么要对抗震设防的所有建筑按现行国家标准《建筑工程抗震设防分类标准》GB 50223 确定其抗震设防类别及其抗震设防标准?

【解析】我国是一个多地震国家,又是一个发展中国家,为了根据我国现有技术和经济条件的实际情况,达到减轻地震灾害的影响又合理控制建设投资,因而有必要按照遭受地震破坏后可能造成人员伤亡、经济损失和社会影响的程度及建筑功能在抗震救灾中的作用,将建筑工程划分为不同的类别,区别对待,采取不同的抗震设计要求。应该指出的是国家规定所有的建筑工程进行抗震设计时均应确定其抗震设防分类,但由于既有建筑工程的情况复杂,其抗震设防分类及标准需要根据实际情况处理,因此 GB 50223 的规定不包括既有建筑。

虽然行业很多,建筑工程类型复杂,但仍可将其分为四个抗震设防类别并具有相应的抗震设防标准:

1. 特殊设防类:指使用上有特殊设备,涉及国家公共安全的重大建筑工程和地震时可能发生严重次生灾害等特别重大灾害后果,需要进行特殊设防的建筑。简称甲类。其设防标准应按高于本地区抗震设防烈度提高一度的要求加强该建筑工程的抗震措施,但抗震设防烈度为 9 度时,应按比 9 度更高的要求采取抗震措施。同时,应按批准的地震安全评价的结果且高于本地区抗震设防烈度的要求确定其地震作用。

在实际建筑工程中有这类抗震设防要求的工程很少。只有防灾救灾建筑中的三级医院承担特别重要医疗任务的门诊、医技、住院用房,承担研究、中试和存放剧毒的高危险传染病病毒任务的病毒预防与控制中心的建筑或其区段;电力建筑中的国家和区域的电力调度中心;邮电通信建筑中的国际出入口局、国际无线电台、国家卫星通信地球站、国际海缆登陆站;广播电视建筑中的国家级、省级的电视调频广播发射塔建筑(当混凝土结构塔高度大于 250m 或钢结构塔的高度大于 300m 时)及国家级卫星地球站上行站;以及科学实验建筑中的研究、中试生产和存放具有高放射性物品、剧毒的生物制品、化学制品、天然和人工细菌、病毒的建筑等属于特殊设防类建筑工程。

2. 重点设防类:指地震时使用功能不能中断或需尽快恢复的生命线相关建筑,以及地震时可能导致大量人员伤亡等重大灾害后果,需要提高设防标准的建筑。简称乙类。其抗震设防标准应按高于本地区抗震设防烈度一度的要求加强其抗震措施;但抗震设防烈度为 9 度时应按比 9 度更高的要求采取抗震措施;地基基础的抗震措施,尚应符合有关规定。同时,应按本地区抗震设防烈度确定其地震作用。

在实际工程中属于这类设防的建筑工程不少,特别是在总结我国地震震害的经验教训后,考虑到我国现阶段的国民经济已有较大发展,因而 2008 年以来对中小学校、幼儿园、

二、三级医院、体育场馆、博物馆、文化馆、图书馆、影剧院、商场、交通枢纽等人员密集的公共服务设施，国家标准 GB 50223 规定应当按照高于当地一般房屋建筑的抗震设防要求进行抗震设防，增强其抗震能力。以上建筑的抗震设防标准均确定为乙类。

3. 标准设防类：指大量的一般性建筑工程，按标准要求进行设防的建筑（除特殊、重点和适度设防类以外的建筑），简称为丙类。对这类建筑应按本地区抗震设防烈度确定其抗震措施和地震作用，达到在遭遇高于当地抗震设防烈度的预估罕遇地震影响时不致倒塌或发生危及生命安全的严重破坏的抗震设防目标。也即这类房屋可按《建筑抗震设计规范》的标准要求有关规定进行抗震设计。

4. 适度设防类：指使用上人员稀少且震损不致产生次生灾害、允许在一定条件下适度降低抗震设防要求的建筑。简称丁类。其抗震设防标准允许比本地区抗震设防烈度的要求适当降低其抗震措施，但抗震设防烈度为 6 度时，不应降低。一般情况下仍应按本地区抗震设防烈度确定其地震作用。

在实际工程中属于这类设防的建筑工程较少，例如储存价值低物品的单层仓库，且其中活动人员少、无次生灾害，可划为适度设防类房屋。

由于《建筑工程抗震设防分类标准》中不可能将各行各业涉及的建筑工程对其进行细致抗震设防分类规定，在实际工程设计中可根据以下因素的综合分析后对该标准未明确分类房屋确定其设防分类：

1. 遭受地震后建筑破坏可能造成的人员伤亡、直接和间接经济损失和社会影响的大小。

2. 城镇的大小、行业的特点、工矿企业的规模。

3. 建筑使用功能失效后，对全局的影响范围大小，抗震救灾影响及恢复的难易程度。

4. 建筑各区段的重要性有显著不同时，可按区段划分抗震设防类别，但下部区段的设防类别不应低于上部区段。

5. 不同行业的相同建筑，当所处地位及地震破坏所产生的后果和影响不同时，其抗震设防类别可不相同。

1.2.2 《建筑抗震设计规范》GB 50011—2010 的地震动参数有哪些重大变更？

【解析】《建筑抗震设计规范》GB 50011—2010 采用的地震动参数主要有"设计基本加速度"和"设计特征周期"等。前者是国家规定我国各地区抗震设防烈度所对应的 50 年设计基准期超越概率 10% 的地震加速度设计取值；后者是设计反应谱（地震影响系数曲线）中关键的参数，它可反映设计近震、远震和场地类别对水平地震作用的影响，并以设计地震分组形式来表达。

2008 年汶川地震后国家标准《中国地震动参数区划图》进行了局部修改，此修改内容涉及东经 105° 以西的绝大多数城镇及东经 105° 以东处于北纬 34° 至 41° 之间的多数城镇，改变其设计地震分组级别。在全国约 2500 个抗震设防城镇中，设防烈度不变而设计地震分组有变化的城镇共 1000 多个，约占 40%，其中大多数是提高了设计地震分组级别（即意味着提高其地震作用）。变化较多的省份有：河北省占城镇总数的 74%，山东省占城镇总数的 75%，山西省占城镇总数的 55%，福建省占城镇总数的 54%，河南省占城镇总数的 45%，四川省占城镇总数的 76%，云南省占城镇总数的 82%，甘肃省占城镇总数的

中对基本周期大于 5s 的结构，及对扭转效应明显或基本周期小于 3.5s 的结构，规定楼层最小地震剪力系数取值（也即规定在多遇地震发生时楼层最小水平地震剪力值），以保证结构有足够的抗震能力。对存在竖向不规则的结构，突变部分的薄弱层，其楼层最小剪力系数尚应增大不小于 1.15 倍（即乘以不小于 1.15 的系数）。

1.2.7 当抗震结构计算所得的任一楼层水平地震剪力小于现行《建筑抗震设计规范》第 5.2.5 条规定的最小剪力限值时应如何进行调整？

【解析】《建筑抗震设计规范》GB 50011—2010 第 5.2.5 条规定，结构任一楼层的水平地震剪力应符合下式要求：

$$V_{Eki} > \lambda \sum_{j=i}^{n} G_j \tag{1.2.4}$$

式中　V_{Eki}——第 i 层对应于水平地震作用标准值的楼层剪力；

　　　　λ——剪力系数，不应小于表 1.2.1 规定的楼层最小地震剪力系数值，对竖向不规则结构，突变部分的薄弱层，尚应乘以 1.15 的增大系数；

　　　　G_j——第 j 层的重力荷载代表值。

楼层最小地震剪力系数值

表 1.2.1

类　别	6 度	7 度	8 度	9 度
扭转效应明显或基本周期小于 3.5s 的结构	0.008	0.016（0.024）	0.032（0.048）	0.064
基本周期大于 5.0s 的结构	0.006	0.012（0.018）	0.024（0.036）	0.048

注：1. 基本周期介于 3.5s 和 5.0s 之间的结构，按插入法取值；
　　2. 括号内数值分别用于设计基本地震加速度为 0.15g 和 0.3g 的地区。

当不满足公式（1.2.4）的要求时，根据《建筑抗震设计规范》条文说明、规范问题解答及笔者的理解可采用以下调整方法：

1. 当较多楼层或底部楼层剪力不满足公式（1.2.4）时：

若振型分解反应谱法计算结果中有较多楼层的地震剪力系数不满足公式（1.2.4）要求（例如 15% 以上的楼层）或底部楼层剪力系数小于最小剪力系数要求太多（例如小于 85%），则说明结构的整体刚度偏弱或结构自重太重，应调整结构体型增强结构刚度或减轻结构自重，不能简单采用放大楼层剪力系数的方法。

2. 当底部的总剪力略小而上部各楼层的剪力均满足公式（1.2.4）要求时，可根据结构基本周期的不同采用下列三种情况调整：

（1）情况一：结构基本周期位于设计反应谱（即地震影响系数曲线）的加速度控制段，即 $T_1 < T_g$ 时，各楼层均需乘以同样大小的增大系数 η，其值按公式（1.2.5）确定，此外，调整后的第 i 层楼层水平地震剪力按公式（1.2.6）确定。

$$\eta \geqslant [\lambda]/\lambda_1 \tag{1.2.5}$$

$$V'_{Eki} = \eta V_{Eki} = \eta \lambda_i \sum_{j=1}^{n} G_j \quad (i = 1, \cdots, n) \tag{1.2.6}$$

式中　η——楼层水平地震剪力增大系数；

$[\lambda]$——规范第 5.2.5 条表 5.2.5（即本书表 1.2.1）规定的楼层最小地震剪力系数值；

λ_1——调整前结构底层的水平地震剪力系数值；

V'_{Eki}——调整后的第 i 层楼层水平地震剪力标准值；

V_{Eki}——调整前的第 i 层楼层水平地震剪力标准值。

（2）情况二：当结构基本自振周期位于设计反应谱的位移控制段，即 $T_1 > 5T_g$ 时，各楼层均需按底部的剪力系数的差值增加该层的水平地震剪力，调整后的各楼层水平地震剪力按公式（1.2.7）及公式（1.2.8）确定。

$$\Delta\lambda = [\lambda] - \lambda_1 \tag{1.2.7}$$

$$V'_{Eki} = V_{Eki} + \Delta\lambda V_{Eki} \quad (i = 1, \cdots, n) \tag{1.2.8}$$

式中 $\Delta\lambda$——底部剪力系数的差值。

（3）情况三：当结构基本周期位于设计反应谱的速度控制段，即 $T_g \leqslant T_1 \leqslant 5T_g$ 时，顶层增加值可取情况一和情况二的平均值，中间各层的增加值可近似按线性分布确定。即底层水平地震剪力按公式（1.2.9）调整，顶层按公式（1.2.10）调整。

$$V'_{Ek1} = V_{Ek1} + \Delta\lambda V_{Ek1} \tag{1.2.9}$$

$$V'_{Ekn} = (V_{Ekn} + \Delta\lambda V_{Ekn} + \eta V_{Ekn})/2 \tag{1.2.10}$$

式中 V'_{Ek1}——调整后的底层楼层水平地震剪力标准值；

V'_{Ekn}——调整后的顶层楼层水平地震剪力标准值。

3. 当仅有除底部以外的少数楼层（数量少于 15%）不满足公式（1.2.4）时，可仅对该楼层进行水平地震剪力调整，使其满足规范要求。但调整时宜考虑楼层位置、基本周期的具体情况，参考上述第 2 款的调整原则确定是否对不满足要求的楼层以上部位的楼层也进行调整。

4. 调整楼层水平地震剪力后，原先计算的倾覆力矩、内力和位移均需要相应调整。此外表 1.2.1 的楼层最小剪力系数值是最低要求值。不考虑阻尼比不同的影响，各类结构如钢结构、隔震和消能减震结构等均需一律遵守，采用时程分析时也需符合最小地震剪力的要求。

1.2.8 如何计算抗侧力结构的层间受剪承载力？

【解析】《建筑抗震设计规范》表 3.4.3-2 中规定：抗侧力结构的层间受剪承载力小于相邻上一楼层的 80% 时，该结构即为竖向不规则的楼层承载力突变类型。而在第 3.4.4 条第 2 款中又规定楼层承载力突变时，薄弱层抗侧力结构的受剪承载力不应小于相邻上一楼层的 65%。

但是《建筑抗震设计规范》未给出如何计算楼层受剪承载力的计算公式。对砌体结构房屋楼层受剪承载力较易计算，结构工程师并不感到对其计算有困难，但对钢筋混凝土结构则感到不知如何计算，笔者根据个人认识和理解将竖向构件的受剪承载力计算公式列出以供参考：

1. 框架柱受剪承载力计算

根据《混凝土结构设计规范》GB 50010—2010 框架柱的受剪承载力 V_c（当柱无其他水平荷载时）按下列公式计算：

$$V_c = \frac{M_{cua}^t + M_{cua}^b}{H_n} \qquad (1.2.11)$$

式中　H_n——柱净高；

M_{cua}^t、M_{cua}^b——柱上端、下端分别按实际配筋截面面积和材料强度标准值，且考虑承载力调整系数计算的正截面抗震受弯承载力所对应的弯矩值。

（$M_{cua}^t + M_{cua}^b$）应分别按顺时针和反时针方向计算。对称配筋且上下端配筋相同的矩形截面框架柱，其 $M_{cua}^t = M_{cua}^b$。

$$V_c = 2M_{cua}/H_n \qquad (1.2.12)$$

此时对大偏心受压柱 M_{cua} 可按下列公式求出：

$$N = \frac{1}{\gamma_{RE}}\alpha_1 f_{ck}bx \qquad (1.2.13)$$

$$Ne = N[\eta e_i + 0.5(h_0 - a_s')] = \frac{1}{\gamma_{RE}}[\alpha_1 f_{ck}bx(h_0 - 0.5x) + f_{yk}'A_s'(h_0 - a_s)]$$

$$(1.2.14)$$

消去 x，并取 $h = h_0 + a_s$，$a_s = a_s'$ 可得

$$M_{cua} = \frac{1}{\gamma_{RE}}\left[0.5\gamma_{RE}Nh\left(1 - \frac{\gamma_{RE}N}{\alpha_1 f_{ck}bh}\right) + f_{yk}'A_s'(h_0 - a_s')\right] \qquad (1.2.15)$$

式中　N——重力荷载代表值产生的柱轴向压力设计值；

　　　H_n——框架柱净高；

　　　γ_{RE}——承载力抗震调整系数：对轴压比不小于 0.15 的偏心受压柱，可取 $\gamma_{RE} = 0.80$；

　　　α_1——考虑混凝土强度等级影响的系数；

　　　f_{ck}——混凝土轴心受压强度标准值；

　　　b——框架柱截面宽度；

　　　x——框架柱截面混凝土受压区高度；

　　　h——框架柱截面高度；

　　　f_{yk}'——纵向受压钢筋强度标准值；

　　　A_s'——受压区实配纵向受拉钢筋截面面积；

　　　a_s——受压区钢筋合力点至框架柱受压区外边缘的距离；

　　　h_0——框架柱截面的有效高度。

当每一楼层的各框架柱受剪承载力计算完毕后，该楼层 i 的受剪承载力 V_{ci} 即可求得如下：

$$V_{ci} = \Sigma V_c \qquad (1.2.16)$$

式中　V_{ci}——第 i 层的受剪承载力。

2. 剪力墙楼层受剪承载力计算

根据混凝土规范，各楼层每一墙肢剪力墙受剪承载力 V_w 应按下列公式计算：

$$V_w = \frac{M_{wua}}{M}V \qquad (1.2.17)$$

式中　M——高层范围内的最大弯矩计算值；

　　　V——与 M 对应的剪力计算值；

　　　M_{wua}——高层范围内按实钢配筋截面面积、材料强度标准值、轴力 N 并考虑承载力调整系数（γ_{RE} 可取 0.85）计算的正截面抗震受弯承载力所对应的弯矩值，有

翼墙时应计入墙两侧各一倍翼缘厚度范围内纵向配筋。

计算 M_{wua} 比较复杂，因为剪力墙段一般为非对称截面，配筋通常也是非对称，必须作某些简化方可算出，可参见参考文献 [37] 第三章。此外，由于截面和配筋的非对称，当地震沿墙段平面内正反两个方向作用时，M_{wua} 并不相同，所以两方向的 V_w 也不相等。因此在判断楼层承载力突变的条件时必须注意，即 V_w 应分别采用正、反两个方向的值。计算 M_{wua} 值可根据《混凝土结构设计规范》第 6.2.19 条的规定按大偏心受压构件计算，其计算方法同计算 M_{cua} 相同。

对剪力墙结构房屋第 i 楼层各墙肢的受剪承载力总和可求得如下：

$$V_{wi} = \Sigma V_w \tag{1.2.18}$$

3. 对框架-剪力墙结构房屋的楼层受剪承载力计算

对应于 i 楼层，全部竖向抗侧力构件的受剪承载力可按下式求得：

$$V_{cw} = \Sigma V_c + \Sigma V_w \tag{1.2.19}$$

式中　V_{cw}——框架-剪力墙结构房屋的第 i 楼层的受剪承载力；

　　　ΣV_c——第 i 楼层全部框架柱的受剪承载力；

　　　ΣV_w——第 i 楼层全部剪力墙肢的受剪承载力。

4. 由于判断楼层受剪承载力突变的条件时可采用相对指标，因此作为简化，对框架结构房屋或剪力墙结构房屋，在计算 M_{cua} 和 M_{wua} 时，均可取 $\gamma_{RE} = 1.0$。

1.2.9　对建筑中非结构构件应怎样进行其他地震作用计算？

【解析】建筑中的非结构构件是指除承重骨架体系以外的固定构件和部件，主要包括非承重墙体，附着于墙面和屋面结构的构件，装饰构件和部件，固定于楼面的大型储物架等，以及支承于建筑结构的附属机电设备，如电梯、照明和应急电源、通信设备、管道系统、采暖和空气调节系统、烟火监测和消防系统、公用天线等。震害表明这些非结构构件若不进行抗震设计，则有可能在地震中遭到破坏，因此《建筑抗震设计规范》规定对这类构件的抗震设计包括三部分内容：一是在建筑结构抗震计算时应计入非结构构件的影响；二是对非结构构件采取抗震措施，防止其在地震中遭受破坏；三对少数类别重要的非结构构件需进行地震作用计算。

非结构构件需进行地震作用计算的方法，应根据其连接构造、所处部位的特征和建筑高度，分别采用等效侧力法、楼面反应谱法或弹性时程分析法，并符合下列规定：

1. 各构件和部件的地震力应施加于其重心，水平地震作用应沿任一水平方向。

2. 一般情况下，非结构构件自身重力产生的地震作用可采用等效侧力法计算；对支承于不同楼层或防震缝两侧的非结构构件，除自身重力产生的地震作用外，尚应包括地震时支承点之间相对位移产生的作用效应。

3. 建筑附属设备（含支架）的体系自振周期大于 0.15s 且其重力超过所在楼层重力的 1%，或建筑附属设备的重力超过所在楼层重力的 10% 时，宜采用楼面反应谱方法计算，当附属设备与楼盖为刚性连接时，可直接将设备与楼盖作为一个质点计入整个结构分析中得到设备所受的地震作用。

4. 高度超过 80m 的建筑结构，其非结构构件的水平地震作用应采用楼面反应谱方法计算。对按现行《建筑抗震设计规范》规定应采用弹性时程分析法作补充计算的结构，其非结构构件的地震作用计算宜采用弹性时程分析法。

1.2.10　如何才能使钢筋混凝土房屋上部结构的底部符合嵌固要求？

【解析】在对建筑结构进行水平地震作用计算时，通常均假定建筑结构为一悬臂结构，下部为嵌固端。假若高层建筑嵌固端能够位于室外地面附近则水平地震作用产生的效应较小，因而对设计较有利。但是计算简图是否能够反映建筑结构的实际受力情况是设计人员必须认真考虑的问题。因此《建筑抗震设计规范》规定为使钢筋混凝土建筑上部结构的底部符合嵌固条件应符合下列要求：

当地下室顶板作为上部结构的嵌固部位时，应符合：

1. 地下室顶板应避免开设大洞口；地下室在地上结构相关范围的顶板应采用现浇梁板结构，相关范围以外的地上结构顶板宜采用现浇梁板结构；其楼板厚度不宜小于180mm，混凝土强度等级不宜小于C30，应采用双层双向配筋，且每层每个方向的配筋率不宜小于0.25%。

所谓相关范围《建筑抗震设计规范》在第6.1.14条条文说明中指出"一般可从地上结构（主楼，有裙房时含裙房）周边外延不大于20m"的范围；但《高层建筑混凝土结构技术规程》JGJ 3—2010在第5.3.7条条文说明提出"一般指地上结构外扩不超过三跨的地下室范围"。可见两者略有不同。

2. 结构地上一层的侧向刚度，不宜大于相关范围地下一层侧向刚度的0.5倍，地下室周边宜有与其顶板相连的抗震墙。

3. 地下室顶板对应于地上框架柱的梁柱节点除应满足抗震计算要求外，尚应符合下列规定之一：

(1) 地下一层柱截面每侧纵向钢筋不应小于地上一层柱对应纵向钢筋的1.1倍，且地下一层柱上端和节点左右梁端实配的抗震受弯承载力之和应大于地上一层柱下端实配的抗震受弯承载力的1.3倍。

(2) 地下一层梁刚度较大时，柱截面每侧的纵向钢筋面积应大于地上一层对应柱每侧纵向钢筋面积的1.1倍；同时梁端顶面和底面的纵向钢筋面积均应比计算增大10%以上。

4. 地下一层抗震墙墙肢端部边缘构件纵向钢筋的截面面积，不应小于地上一层对应墙肢端部边缘构件的纵向钢筋的截面面积。

当地下室顶板及结构地下一层的侧向刚度不符合以上要求时，则嵌固部位应向下延伸，使上一层与下一层的侧向刚度比符合要求（一般应小于0.5），在通常情况下，地下室顶板若不能作为上部结构的嵌固部位，则向下延伸后可将地下二层顶板作为嵌固部位。

1.2.11　采用弹性时程分析方法对某些建筑结构进行水平地震作用补充计算时，常选用一些著名的强震地面运动记录。如埃尔森特罗、塔夫、新泻地震波等，试说明其特性。

【解析】1. 埃尔森特罗（EL Centro）地面运动记录

1940年5月18日在美国加利福尼亚州帝国河谷（imperial vally）地区发生里氏7.1

级（$M=7.1$）地震，地震引起帝国河谷地区发生 65km 长的断层，最大水平位移 4.5m。埃尔森特罗地震台站位于距该地震震中 22km 处，附近烈度 7～8 度。台站在地震中获得其南北方向的地面运动加速度记录（见图 1.2.2），其最大峰值为 0.319g（另一说法为 0.33g），记录主要周期范围为 0.25～0.6s，加速度主峰点对应的周期为 0.55s。图 1.2.2 中除有地面运动加速度记录外，还有通过对地面加速度积分计算出的地面位移和地面速度记录。参考文献［31］在附录 6 中还给出埃尔森特罗地面运动地震加速度（南北向）记录的数值表，该表以相等的时间间隔 0.02s 给出 1559 个数据点资料，可供弹性时程分析选用。由于埃尔森特罗地面运动记录的加速度峰值较大，且频谱范围较宽，因此多年来一直被工程界作为大地震的典型实例被广泛应用。此外埃尔森特罗地震台站还给出该台站的地质情况，如表 1.2.2 所示，其场地类别按我国《建筑抗震设计规范》GB 50011—2010 的规定应为Ⅲ类。

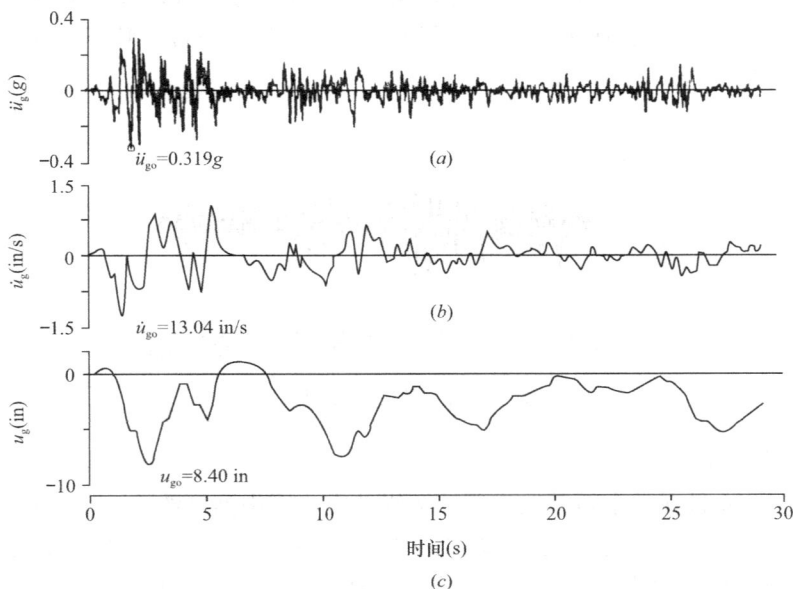

图 1.2.2　埃尔森特罗（EL Centro）地震记录

（a）水平地面加速度记录的南北分量；（b）地面速度；（c）地面位移

埃尔森特罗台站的地质情况　　　　　　　　　　　　　　表 1.2.2

深度（m）	层厚（m）	土　质	V_s（m/s）
4.2	4.2	黏土	122
5.6	1.2	砂黏	122
15.7	10.1	砂黏淤黏	175
21.8	6.1	砂淤	213
34.8	13.0	细砂	251
42.3	7.5	淤黏	251
45.9	3.6	淤细砂	251
65.5	19.6	淤黏	305
68.5	13.0	淤细砂	

结构技术规程》均对需作竖向地震作用的网架和大跨度桁架等结构作了相应规定，其具体规定见表1.2.6。

设防烈度为8、9度时需作竖向地震作用的结构　　　　　　　　　　表1.2.6

规范（规程）名称	需作竖向地震作用的结构和构件
建筑抗震设计规范	平板网架、跨度大于24m的钢屋架、钢筋混凝土屋架、屋盖横梁及托架、长悬臂构件
高层建筑混凝土结构技术规程	跨度大于24m的楼盖结构、跨度大于12的转换桁架、连体结构、悬挑长度大于5m的悬挑结构
空间网格结构技术规程	网架结构、网壳结构（含7度时矢跨比小于1/5的网壳）

注：《建筑抗震设计规范》对9度时的高层建筑、《高层建筑混凝土结构技术规程》对7度（0.15g）时的表中结构也规定需作竖向地震作用计算。

2. 竖向地震作用的计算方法及计算结果的应用

《建筑抗震设计规范》、《高层建筑混凝土结构技术规程》和《空间网格结构技术规程》等均列举了三种竖向地震作用的计算方法，即竖向地震作用系数法（简化法）、竖向振型分解反应谱法、弹性时程分析法等。这三种方法各有适用性特点，也具有互补性，因此宜结合工程结构情况，选用适宜的方法进行设计计算。采用上述的后两种计算方法之一进行计算时，其各部位杆件的内力标准值建议取用不小于用竖向地震作用系数法算得的杆件内力标准值。

1.2.18　简介竖向地震作用系数法（简化法）计算竖向地震作用及其应用。

【解析】桁架或梁构件等采用竖向地震作用系数法计算竖向地震作用时，根据抗震规范的规定，可细化为按式（1.2.53）～式（1.2.55）进行计算。

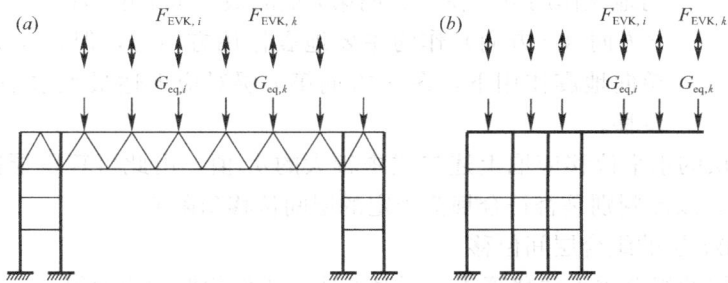

图1.2.14　桁架结构和悬臂梁结构上的竖向地震作用

对图1.2.14中i节点上的竖向地震作用，则为竖向地震作用系数和等效重力荷载的乘积，即

$$F_{EVK,i} = \pm \alpha_{vmax} G_{eq,i} \tag{1.2.53}$$

$$\alpha_{vmax} = 0.65 \alpha_{max} \tag{1.2.54}$$

$$G_{eq,i} = 0.75 G_i \tag{1.2.55}$$

式中　$F_{EVK,i}$——作用在桁架（或悬臂梁）节点i上的竖向地震作用标准值；

$G_{eq,i}$——作用在桁架（或悬臂梁）节点i上的等效重力荷载；

级（$M=7.1$）地震，地震引起帝国河谷地区发生 65km 长的断层，最大水平位移 4.5m。埃尔森特罗地震台站位于距该地震震中 22km 处，附近烈度 7～8 度。台站在地震中获得其南北方向的地面运动加速度记录（见图 1.2.2），其最大峰值为 0.319g（另一说法为 0.33g），记录主要周期范围为 0.25～0.6s，加速度主峰点对应的周期为 0.55s。图 1.2.2 中除有地面运动加速度记录外，还有通过对地面加速度积分计算出的地面位移和地面速度记录。参考文献［31］在附录 6 中还给出埃尔森特罗地面运动地震加速度（南北向）记录的数值表，该表以相等的时间间隔 0.02s 给出 1559 个数据点资料，可供弹性时程分析选用。由于埃尔森特罗地面运动记录的加速度峰值较大，且频谱范围较宽，因此多年来一直被工程界作为大地震的典型实例被广泛应用。此外埃尔森特罗地震台站还给出该台站的地质情况，如表 1.2.2 所示，其场地类别按我国《建筑抗震设计规范》GB 50011—2010 的规定应为Ⅲ类。

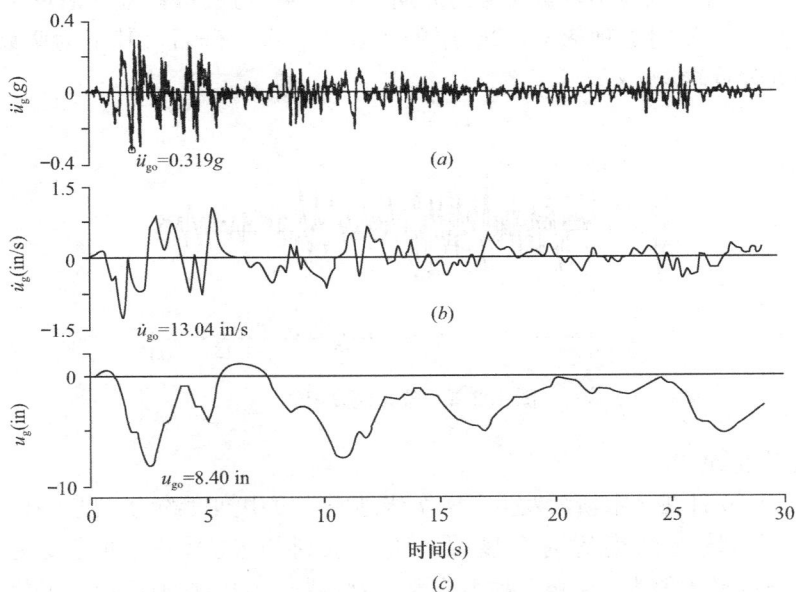

图 1.2.2　埃尔森特罗（EL Centro）地震记录
(a) 水平地面加速度记录的南北分量；(b) 地面速度；(c) 地面位移

埃尔森特罗台站的地质情况　　　　　　　　　　表 1.2.2

深度（m）	层厚（m）	土　质	V_s（m/s）
4.2	4.2	黏土	122
5.6	1.2	砂黏	122
15.7	10.1	砂黏淤黏	175
21.8	6.1	砂淤	213
34.8	13.0	细砂	251
42.3	7.5	淤黏	251
45.9	3.6	淤细砂	251
65.5	19.6	淤黏	305
68.5	13.0	淤细砂	

深度（m）	层厚（m）	土　质	V_s（m/s）
110.5	42.0	黏土和砂	
128.0	17.5	砂和黏土	
134.0	6.0	砂中带有黏土	
142.0	8.0	砂和黏土	
160.0	18.0	砂黏土	

2. 塔夫地震记录

1952 年 7 月 21 日在美国加利福尼亚州克恩县发生 $M=7.7$ 级大地震，最大烈度为 9 度。在距震中约 47km 的塔夫台站获得记录，附近烈度为 7 度。记录的最大峰值加速度为 0.17g（图 1.2.3）；谱加速度最大值为 0.55g，动力放大系数 β 为 3.161。记录的主要周期为 0.25～0.7s，加速度反应谱峰点对应的周期为 0.45s。与埃尔森特罗记录相比，具有较多稍长周期的波。台站附近地表有 12m 厚的砂黏土、砂、砾石，其下为坚硬的洪积层，地下约 130m 处为页岩。

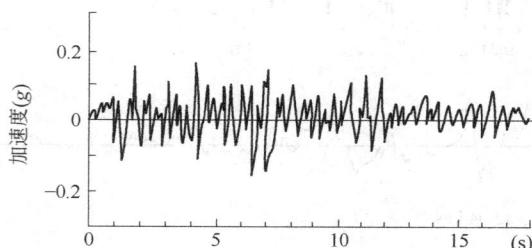

图 1.2.3　塔夫地震记录

3. 新潟地震记录

1964 年 6 月 16 日在日本新潟发生了 7.7 级地震，震中烈度约为 9 度。在距震中 40km 的台站获得记录，附近烈度约为 7 度强。所记录到的最大峰值加速度为 0.16g（图 1.2.4），谱加速度最大值为 0.43g，动力放大系数 β 为 2.69，加速度反应谱峰点所对应的周期为 0.4s。台站地基为饱和砂土，覆盖层厚度超过 60m。从此记录可以看出，从地震开始后的 7s 内主要是短周期波，7～10s 是地震发生液化的时间，10s 以后出现持续的、周期很长的波，此时段为液化后建筑物的振动过程。

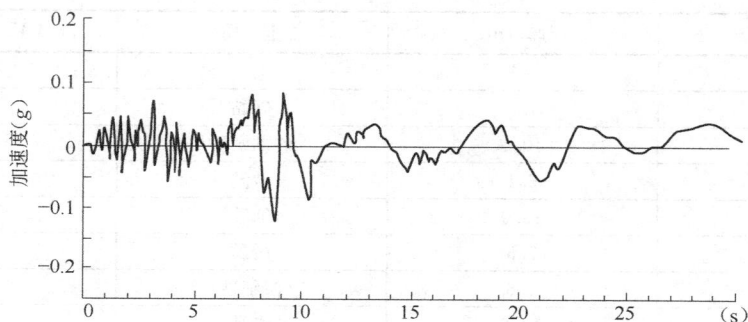

图 1.2.4　新潟地震记录

1.2.12 现行《建筑抗震设计规范》第 5.2.3 条规定：规则的建筑结构，在水平地震作用下不进行扭转耦联计算时，应采用增大边榀各构件的地震效应的方法（以下简称扭转效应系数法），试问此法是否只适用于平面规则的多层建筑结构？

【解析】现行《建筑抗震设计规范》第 5.2.3 条规定了水平地震作用下，建筑结构的扭转耦联地震效应的计算要求。其中要求规则结构不进行扭转耦联计算时，平行于地震作用方向的两个边榀各构件其地震作用效应应乘以增大系数。一般情况下，短边可按 1.15 采用，长边可按 1.05 采用；当扭转刚度较小时，周边各边构件宜按不小于 1.3 采用。角部构件宜同时乘以两方向各自的增大系数。而现行《高层建筑混凝土结构技术规程》JGJ 3—2010 第 4.3.3 条规定计算单向地震作用时应考虑偶然偏心的影响。每层质心沿垂直于地震作用方向偏移值可按下式采用：

$$e_i = \pm 0.05 L_i \qquad (1.2.20)$$

式中　e_i——第 i 层质心偏移值（m），各楼层质心偏移方向相同；

　　　L_i——第 i 层垂直于地震作用方向的建筑物总长度（m）。

该条的规定意味着 JGJ3 对规则的建筑结构在水平地震作用下要求耦联计算地震作用的扭转效应影响（以下简称偶然偏心距法）。因而使不少结构工程师误认为 GB 50011 的扭转效应系数法只适用多层建筑，而高规的偶然偏心距法适用于高层建筑。对此笔者提出以下看法：

1. 地震扭转效应是一个极其复杂的问题。原因首先是地震地面运动的扭转分量很难确定，曾有人记录到 1995 年日本阪神地震中某高层建筑顶部的运动轨迹（图 1.2.5），说明其位移毫无规律，且扭转位移不可忽视。其次是建筑物各楼层的质量中心和刚度中心也很难准确确定，它们受施工和使用情况的影响很大。因而在实际地震中可观察到即使楼层的"计算刚心"与"计算质心"重合，对体型规则的结构其震害也有地震扭转效应的影

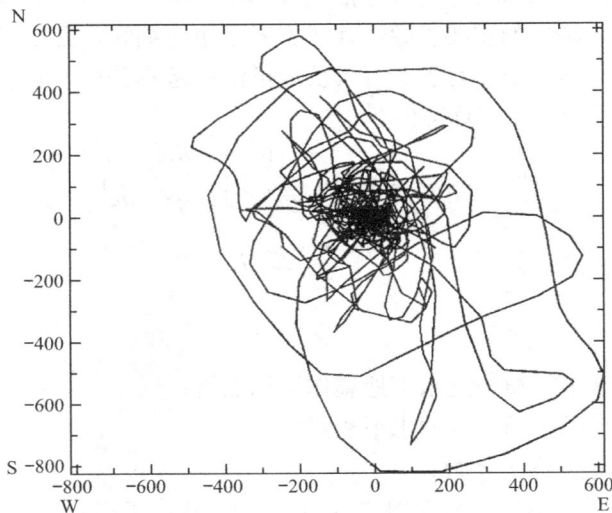

图 1.2.5　1995 年日本阪神地震中某高层建筑顶部的运动轨迹（单位：mm）

响，而当体型较复杂时，则震害及影响更明显。因而抗震概念设计要求房屋宜采用较规则的结构体型，以减小地震扭转效应的影响，减轻其可能造成的震害。

2. 在水平地震作用下，建筑结构在计算中必须考虑扭转耦联地震效应的影响，因为这是一个客观存在的问题。但是在平面规则的建筑结构中其影响如何考虑目前在我国和国际工程界通常采用两种方法：一是 GB 50011 的扭转效应系数法（简化计算法）；二是 JGJ 3 的偶然偏心距法。因此它们之间并不相互矛盾，都是考虑扭转耦联地震效应的一种可行的手段。

3. 根据《建筑抗震设计规范》第 5.2.3 条的条文说明，在编制和修订该规范规程中，曾对低于 40m 高度的框架结构做过上千个算例分析，证明扭转效应系数法可行。可见该法不仅适用于多层建筑，也适用于一定高度范围的规则的高层建筑。但是由于目前在建筑结构设计中采用的电子计算机程序是按 JGJ 3 的规定编制，因而偶然偏心距方法得到广泛采用。而扭转效应系数法则实际应用较少，但在某些情况下它仍是一种解决问题的较好方法。

4. 值得指出的是偶然偏心距的取值，公式（1.2.20）是一个估算值，在 2001 版《建筑抗震设计规范》编制和修订过程中曾做过研究，在参考文献［36］中认为由于施工质量、材料情况等各种条件的不确定性，可将结构自重视为服从于正态分布的随机变量，其平均值取 $1.06G_k$（G_k 为自重标准值），标准差为 $0.074G_k$，则平面规则结构的质心在（$-0.05L$，$0.05L$）范围分布的概率为 88.1%，可见在未考虑地震作用的地面运动扭转分量和使用条件的变异性情况下偶然偏心距的规定值具有一定的保证率。但是当建筑平面不规则时，宜根据建筑平面形状和楼盖重力荷载的不均匀分布的实际情况对偶然偏心距进行取值。

第二节 水平地震作用计算及主要参数分析

1.2.13 有哪些主要参数影响水平地震作用数值，并结合算例说明其规律性？

【解析】1. 振型分解反应谱法计算水平地震作用的基本算式

多质点结构体系采用的振型分解反应谱法计算水平地震作用，是现今电算程序中的主要方法。为便于分析该法中的主要参数，现以不考虑扭转耦联，而是以平动振动的下列地震作用计算公式进行分析。下式是振型分解反应谱法的基本公式，它表达抗震结构第 j 振型在 i 层质点处的水平地震作用标准值。

$$F_{ji} = \alpha_j \gamma_j X_{ji} G_i \quad \binom{i=1, \ 2, \ \cdots, \ n}{j=1, \ 2, \ \cdots, \ m} \tag{1.2.21}$$

$$\gamma_j = \frac{\sum_{i=1}^{n} X_{ji} G_i}{\sum_{i=1}^{n} X_{ji}^2 G_i} \tag{1.2.22}$$

式中　F_{ji}——第 j 振型在 i 质点处水平地震作用标准值；

　　　X_{ji}——第 j 振型在 i 质点处的水平相对位移；

　　　γ_j——第 j 振型的参与系数；

　　　α_j——相应于第 j 振型自振周期 T_j 的水平地震影响系数；

　　　G_i——第 i 层的质点 i 的重力荷载代表值。

2. 主要参数对水平地震作用 F_{ji} 的影响

（1）水平地震影响系数 α_j 及相关参数

图 1.2.6 为未确定结构阻尼比时的水平地震影响系数曲线，除直线段周期小于 0.1s 的区段外，其他各段的水平地震影响系数 α_j 的一般式为：

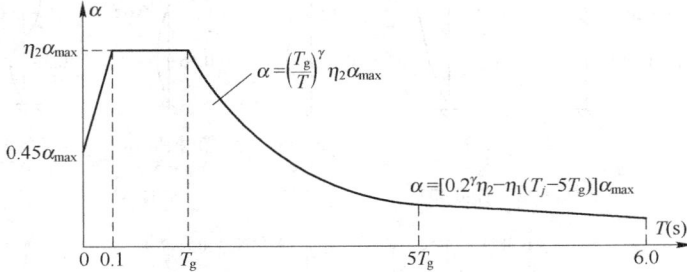

图 1.2.6 未确定阻尼比值时的水平地震影响系数曲线

$$T_j = 0.1\text{s} \sim 1.0 T_\text{g} \text{（水平段）} \quad \alpha_j = \eta_2 \alpha_{\max} \tag{1.2.23}$$

$$T_j = 1.0 T_\text{g} \sim 5.0 T_\text{g} \text{（曲线下降段）} \quad \alpha_j = \left(\frac{T_\text{g}}{T_j}\right)^{\gamma} \eta_2 \alpha_{\max} \tag{1.2.24}$$

$$T_j = 5.0 T_\text{g} \sim 6.0\text{s} \text{（直线下降段）} \quad \alpha_j = [0.2^{\gamma}\eta_2 - \eta_1 (T_j - 5 T_\text{g})]\alpha_{\max} \tag{1.2.25}$$

式中 γ、η_1、η_2 均为与阻尼比 ζ 有关的参数，2010 年版抗震规范已按下式计算确定：

$$\gamma = 0.9 + \frac{0.05 - \zeta}{0.3 + 6\zeta} \tag{1.2.26}$$

$$\eta_1 = 0.02 + \frac{0.05 - \zeta}{4 + 32\zeta} \quad \eta_1 \geqslant 0 \tag{1.2.27}$$

$$\eta_2 = 1 + \frac{0.05 - \zeta}{0.08 + 1.6\zeta} \quad \eta_2 \geqslant 0.55 \tag{1.2.28}$$

式中　α_j——为第 j 振型的水平地震影响系数；

　　　$\alpha_{\max}$——对应设防烈度或设计基本地震加速度的水平地震影响数最大值；

　　　T_g——特征周期（s）；

　　　T_j——第 j 振型的结构自振周期（s）；

　　　ζ——结构阻尼比；

　　　γ——曲线下降段与结构阻尼比有关的衰减指数；

　　　η_1——直线下降段与结构阻尼比有关的下降斜率调整系数；

　　　η_2——阻尼调整系数。

1）各振型产生对应的水平地震作用图及水平地震剪力图

一多质点的结构在平动振动时，一般可有与质点数相等的振型数和水平地震作用分布图数。因此，取用较多的振型数，高振型的水平地震作用分布图均可获得，而累计的底部剪力值及各层剪力值均将增大。

图 1.2.7 为五层钢筋混凝土结构采用振型分解反应谱法计算地震作用下的主要结果图。图中显示与 4 个振型图对应的 4 个水平地震作用图及 4 个水平地震剪力分布图。由于该结构为非高层建筑，因此对应第 1 振型的剪力值占总剪力值有很大的比值，高振型产生

的剪力值较小。这与高振型对高层建筑的影响有较大的差异。

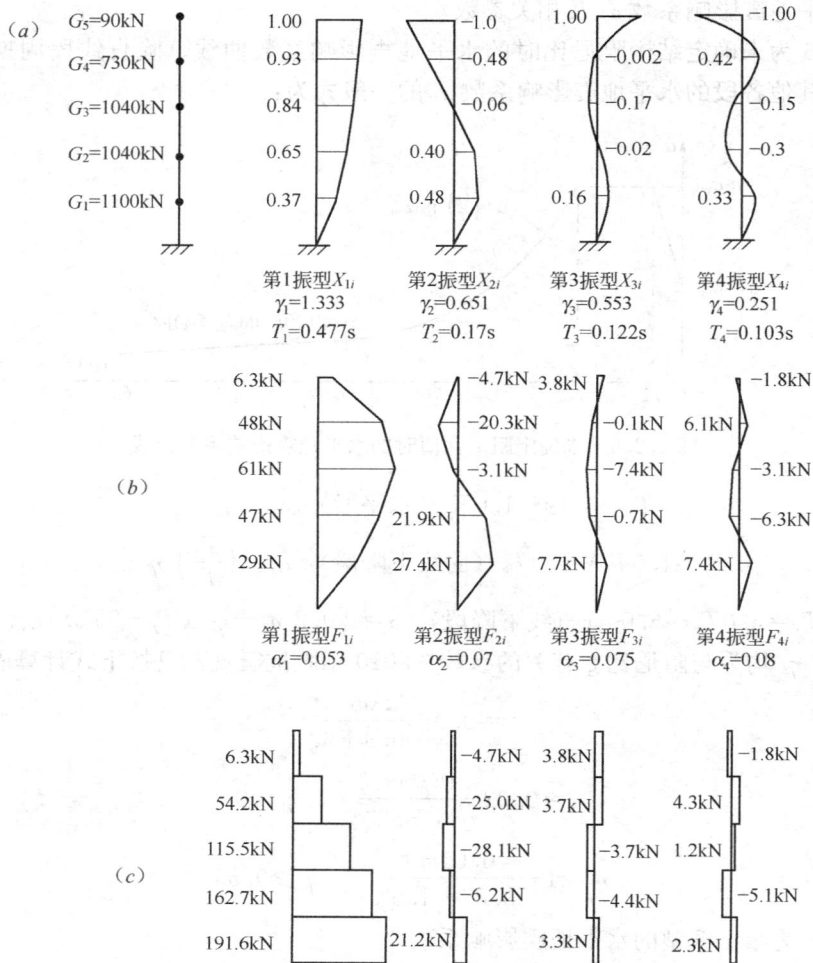

图 1.2.7　一多层钢筋混凝土结构地震作用计算结果

(a) 振型图及对应第 j 振型的参与系数 γ_j 和自振周期 T_j 值;

(b) 水平地震作用分布图及对应各振型的水平地震影响系数 α_j 值; (c) 水平地震剪力分布图

进行结构杆件内力计算时,对应每一振型的水平地震作用图可相应算得这一结构的一组内力图(弯矩图、轴向力图及剪力图等)。相应地每一抗侧力结构的杆件可根据 $S_{Ek} = \sqrt{\Sigma S_j^2}$ 展开成下列各式,以此计算这些杆件在水平地震作用下考虑高振型影响的内力标准值和楼层水平位移值。

$$N_{Ek,n} = \sqrt{\sum_1^m N_{j,n}^2} \qquad (j=1,\ 2,\ \cdots,\ m) \tag{1.2.29}$$

$$M_{Ek,n} = \sqrt{\sum_1^m M_{j,n}^2} \tag{1.2.30}$$

$$V_{Ek,n} = \sqrt{\sum_1^m V_{j,n}^2} \tag{1.2.31}$$

$$\delta_{\mathrm{Ek},i} = \sqrt{\sum_1^m \delta_{j,i}^2} \tag{1.2.32}$$

式中　$N_{\mathrm{Ek},n}$、$M_{\mathrm{Ek},n}$、$V_{\mathrm{Ek},n}$——为抗侧力结构第 n 根杆件考虑高振型影响的轴向力标准值、弯矩标准值、剪力标准值；

　　　　$N_{j,n}$、$M_{j,n}$、$V_{j,n}$——为第 j 振型对应的水平地震作用产生的轴向力标准值、弯矩标准值、剪力标准值；

　　　　　　　　$\delta_{\mathrm{Ek},i}$——为考虑高振型影响的第 i 层水平位移值；

　　　　　　　　$\delta_{j,i}$——为第 j 振型对应的水平地震作用下在第 i 层产生的水平位移。

2）与 α_j 相关的地震影响系数最大值 $\alpha_{\max}^{小}$

$\alpha_{\max}^{小}$ 是地震影响系数最大值。它与抗震设防烈度直接对应的多遇地震（小震）地震加速度最大值 $A_{\max}^{小}$ 成线性相关，并可按下式算得：

$$\alpha_{\max}^{小} = \frac{A_{\max}^{小}}{g} \cdot \beta \tag{1.2.33}$$

式中　β——动力放大系数，抗震规范取用 $\beta = 2.25$；

　　　g——重力加速度，$g = 980\mathrm{cm/s^2}$。

因此多遇地震的 $A_{\max}^{小}$ 愈大，或抗震设防烈度愈高，则 $\alpha_{\max}^{小}$ 愈大，相应的水平地震影响系数 α_j 及水平地震作用也愈大。

3）与 α_j 相关的特征周期 T_{g}

特征周期 T_{g} 值，是对应水平地震影响系数曲线（图 1.2.6）的曲线下降段起始点的特征周期值。2001 年抗震规范对于 1989 年规范中 I～III 类地的特征周期 T_{g} 值，已予以增大 0.05s。因此，相应地已增大地震作用和提高结构的抗震能力。

特征周期 T_{g} 与场地类别及设计地震分组有关，场地类别级别愈高或土质愈差，则 T_{g} 值愈大，如图 1.2.8 及图 1.2.9 所示地震影响系数 α_j 也愈大。

特征周期 T_{g} 值是一重要的数值。因此，在工程勘察报告中除提供场地类别外，还提供场地覆盖层厚度 $d_{0\mathrm{v}}$ 和等效剪切波速 v_{se} 值，当工程地区的设计特征周期为第一组时，也可根据抗震规范条文说明中图 7 用插入法确定 T_{g} 值。

4）与 α_j 相关的结构自振周期 T_j

在相同条件下，结构自振周期 T 将反映抗侧力结构的侧向刚度和水平地震剪力的关系，刚度愈大则自振周期愈短、地震剪力愈大，刚度愈柔则自振周期愈长、地震剪力愈小。

对于多自由度体系的多振型关系中，结构自振周期 T_j 值，随着高振型的振型序号 j 愈高，其相应的自振周期愈小（即愈短），如图 1.2.7（a）所示，自振周期依序为 0.477s、0.17s、0.122s、0.103s，相应的地震影响系数 α_j 值也愈大。如图 1.2.7（b）所示，对应第 1 振型至第 4 振型的地震影响系数 α_j 值依序为 0.053、0.07、0.075、0.08。但因高振型的振型参与系数 γ_j 依序减小（图 1.2.7a），因此水平地震作用 F_{ji} 及结构底部剪力依序减小。

5）与 α_j 相关的结构阻尼比 ζ

与结构阻尼比有关的算式（1.2.26）~式（1.2.28）中有 3 个参数 γ、η_1 及 η_2 值，对地震影响系数 α_j 影响最大的是阻尼调整系数 η_2 值。随着阻尼比 ζ 值愈小，则 η_2 愈大，相应地震影响系数 α_j 及水平地震作用 F_{ji} 均随之增大。

(2) 与 F_{ji} 相关的振型参与系数 γ_j

振型参与系数 γ_j 表示结构平动振动时，第 j 振型相对于其他振型具有的比值系数。由图 1.2.7（a）可知，第 1 振型至第 4 振型的四个振型的振型参与系数值依序为 1.333、0.651、0.553、0.251，由此显示第 1 振型具有最大的比值系数，其他振型则依序减小。

(3) 与 F_{ji} 相关的相对水平位移 X_{ji}

图 1.2.7（a）显示了一算例中各振型的相对水平位移。由该图可知，除第 1 振型的 X_{ji} 外，高振型的相对水平位移在图中均出现正负号之间的变化拐点，即振动时形成多段正向及反向的相对位移。相应地随着相对水平位移方向，水平地震作用 F_{ji} 也带有正负号。

(4) 与 F_{ji} 相关的第 i 层质点 i 的重力荷载代表值 G_i

由算例的图 1.2.7（a）可知，各层重力荷载代表值 G_i 之和愈大，则底部水平剪力值就愈大。图 1.2.7（b）中第 1 振型在顶部的水平地震作用 F_{15} 值，之所以远小于下部各层的 F_{1i}，是由于顶部小塔楼的重力荷载代表值 $G_5 = 90\mathrm{kN}$，它远小于下部各层的 $G_4 \sim G_1$ 值。

一般情况下，如各层重力荷载代表值 G_i 基本相同，则第 1 振型的水平地震作用 F_{1i} 的分布图是一上大下小的倒三角形图。显然，如能减小各层重力荷载代表值 G_i，则将减小各层水平地震作用 F_{ji} 及各层水平剪力 V_{ji} 值。

1.2.14 求解不同结构阻尼比值的地震影响系数计算公式，并显示两种主要阻尼比值的反应谱曲线图形。

【解析】在采用底部剪力法及振型分解反应谱法计算水平地震作用时，均将述及水平地震影响系数 α 值，而水平地震影响系数 α 值又与结构阻尼 ζ 值有关。随着阻尼比的减小，地震作用及地震影响系数将增大，但其增大幅度则随结构自振周期的增大而减小。

1. 《高层民用建筑钢结构技术规程》JGJ 99—98（以下简称高钢规程）和 2010 年版抗震规范中已对钢结构规定了阻尼比值，混凝土高规中已对钢-混结构和钢筋混凝土结构规定了阻尼比值，其值见表 1.2.3。

结构阻尼比 ζ 值   表 1.2.3

房高 $H \geqslant 200\mathrm{m}$ 的钢结构	钢框架-混凝土筒体、钢骨混凝土框架-混凝土筒体	钢筋混凝土结构
0.02	0.04	0.05

注：计算罕遇地震作用时，应对表中结构阻尼比值适当增大。

2. 四种阻尼比值的 γ、η_1、η_2 值

现以四种阻尼比值 0.02、0.03、0.04、0.05 代入式（1.2.26）～式（1.2.28），可得如表 1.2.4 所列的相应 γ、η_1、η_2 值。

四种阻尼比值的 γ、η_1、η_2 值   表 1.2.4

阻尼比 ζ	γ	η_1	η_2
0.02	0.97	0.026	1.26
0.03	0.94	0.024	1.16
0.04	0.92	0.022	1.07
0.05	0.90	0.020	1.0

3. 四种阻尼比值的水平地震影响系数计算公式

为便于应用，于表 1.2.5 中列出上述四种阻尼比值的水平地震影响系数计算公式。

阻尼比为 0.02～0.05 时水平地震影响系数 α_j 的计算公式　　　　表 1.2.5

阻尼比	结构自振周期	水平地震影响系数 α_j 的计算公式	公式号
0.02	$T_j = 0.1\text{s} \sim 1T_g$	$\alpha_j = 1.26\alpha_{max}$	(1-1)
	$T_j = 1T_g \sim 5T_g$	$\alpha_j = 1.26\left(\dfrac{T_g}{T_j}\right)^{0.97}\alpha_{max}$	(1-2)
	$T_j = 5T_g \sim 6.0\text{s}$	$\alpha_j = [1.26 \times 0.2^{0.97} - 0.26\,(T_j - 5T_g)]\alpha_{max}$	(1-3)
0.03	$T_j = 0.1\text{s} \sim 1T_g$	$\alpha_j = 1.16\alpha_{max}$	(2-1)
	$T_j = 1T_g \sim 5T_g$	$\alpha_j = 1.16\left(\dfrac{T_g}{T_j}\right)^{0.94}\alpha_{max}$	(2-2)
	$T_j = 5T_g \sim 6.0\text{s}$	$\alpha_j = [1.16 \times 0.2^{0.94} - 0.024\,(T_j - 5T_g)]\alpha_{max}$	(2-3)
0.04	$T_j = 0.1\text{s} \sim 1T_g$	$\alpha_j = 1.07\alpha_{max}$	(3-1)
	$T_j = 1T_g \sim 5T_g$	$\alpha_j = 1.07\left(\dfrac{T_g}{T_j}\right)^{0.92}\alpha_{max}$	(3-2)
	$T_j = 5T_g \sim 6.0\text{s}$	$\alpha_j = [1.07 \times 0.2^{0.92} - 0.22\,(T_j - 5T_g)]\alpha_{max}$	(3-3)
0.05	$T_j = 0.1\text{s} \sim 1T_g$	$\alpha_j = \alpha_{max}$	(4-1)
	$T_j = 1T_g \sim 5T_g$	$\alpha_j = \left(\dfrac{T_g}{T_j}\right)^{0.9}\alpha_{max}$	(4-2)
	$T_j = 5T_g \sim 6.0\text{s}$	$\alpha_j = [0.2^{0.9} - 0.02\,(T_j - 5T_g)]\alpha_{max}$	(4-3)

表 1.2.5 中计算公式（4-1）及公式（4-2），即当阻尼比为 0.05，结构自振周期 T_j 在 0.1～6.0s 时为 α_j 计算公式，同 2001 年版规范规定的计算公式。

对于阻尼比 $\zeta=0.02$ 的钢结构和 $\zeta=0.05$ 的钢筋混凝土结构，以及两者设计地震分组均为第一组时，根据表 1.2.5 中相应水平地震影响系数 α_j 的计算公式，可绘制成如图 1.2.8 和图 1.2.9 所示的水平地震影响系数曲线。对比两图可知，钢结构的地震影响系数 α_j 值，在 $T_j < T_g$ 时，其值比钢筋混凝土结构约增大 20%～30%；在长周期 $T_j > 5T_g$ 时，仍约增大 20%。

1.2.15　哪些建筑结构仍宜采用底部剪力法计算水平地震作用？并列出该法对这些结构的直接算式。

【解析】现今建筑结构的地震作用计算，基本上都已采用电算，所以已很少采用适宜于手算的底部剪力法。对于钢筋混凝土结构及钢结构的地震作用计算，主要采用适宜于电算的振型分解反应谱法及弹性和弹塑性时程分析法。

对于多层砌体房屋、底部框架和多层内框架房屋，不论手算及电算这类结构的地震作

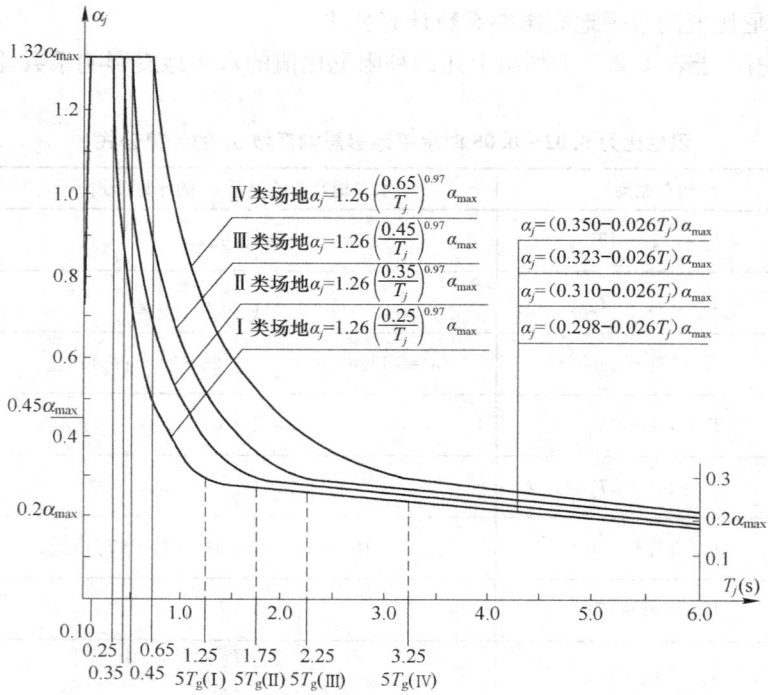

图 1.2.8 地震影响系数曲线（阻尼比 $\zeta = 0.02$，第一组）

（Ⅰ～Ⅳ类场地的 T_g 值分别为 0.25、0.35、0.45、0.65）

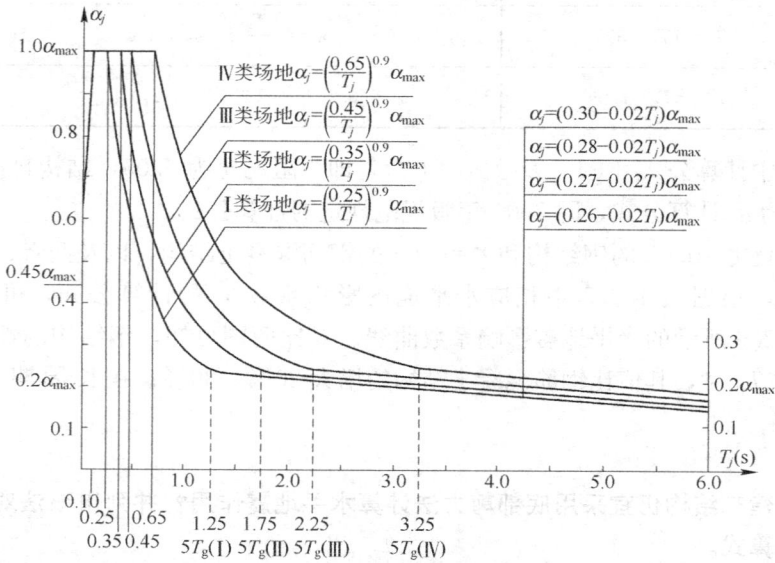

图 1.2.9 地震影响系数曲线（阻尼比 $\zeta = 0.05$，第一组）

用，则宜采用底部剪力法。底部剪力法计算这类结构的底部总水平地震作用剪力标准值 F_{Ek} 的算式如下式所示：

$$F_{Ek} = \alpha_1 G_{eq} = \alpha_{max} G_{eq} \tag{1.2.34}$$

$$F_i = \frac{G_i H_i}{\sum_{j=1}^{n} G_j H_j} F_{Ek} \qquad (1.2.35)$$

式中地震影响系数 α_1 值，在抗震规范中规定宜取水平地震影响系数最大值 α_{max}，即 $\alpha_1 = \alpha_{max}$。相应地，由此可无需计算这类结构的基本自振周期，这是由于这类结构的基本自振周期 T_1 很短，可设定 $T_1 = 0.1s \sim T_g$，因此地震影响系数 α_1 值，可取用反应谱曲线水平段的 α_{max} 值。

式 (1.2.34) 中的等效总重力荷载 G_{eq}，对实际为多质点的结构由于采用单质点的简化计算模型，故可乘以折减系数 0.85，即

$$G_{eq} = 0.85 \sum_{1}^{n} G_i \qquad (1.2.36)$$

计算底部剪力的公式 (1.2.34) 可直接用于多层砌体房屋及底部框架房屋，即可不考虑受高振型影响的顶部附加地震作用 ΔF_n，相应的顶部附加地震作用系数 $\delta_n = 0$。但对于多层内框架砌体房屋仍宜考虑高振型影响，可近似地取用 $\delta_n = 0.2$，并按下式计算质点 i 处的水平地震作用标准值 F_i 及顶部附加水平地震作用 ΔF_n (图 1.2.10)：

$$F_i = \frac{G_i H_i}{\sum_{j=1}^{n} G_j H_j} (0.8 F_{Ek}) \qquad (1.2.37)$$

$$\Delta F_n = 0.2 F_{Ek} \qquad (1.2.38)$$

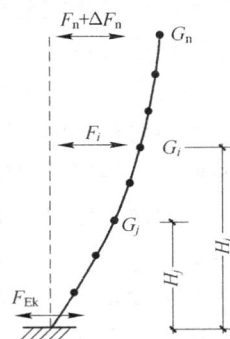

图 1.2.10 底部剪力法计算水平地震作用简图

对于底部框架-抗震墙的多层砌体房屋，其底部框架-抗震墙的水平地震剪力尚应对上述算得的底部剪力根据抗震规范第 7.2.4 条规定乘以增大系数。

现以图 1.2.11 的五层砌体房屋为例，用式 (1.2.34)～式 (1.2.36) 算得各层的水平地震作用和地震剪力分布图。该建筑的抗震设防烈度为 7 度，相应的水平地震影响系数最大值 $\alpha_{max} = 0.08$。由于该建筑各层的重力荷载代表值 G_i 及层高均相等，且可不考虑顶部附加地震作用 ΔF_n，故可获得该图所示的水平地震作用和地震剪力分布图。该图显示了概念性图形，即水平地震作用的分布图为上大下小的倒三角形图，而地震剪力为上小下大的正三角形图。

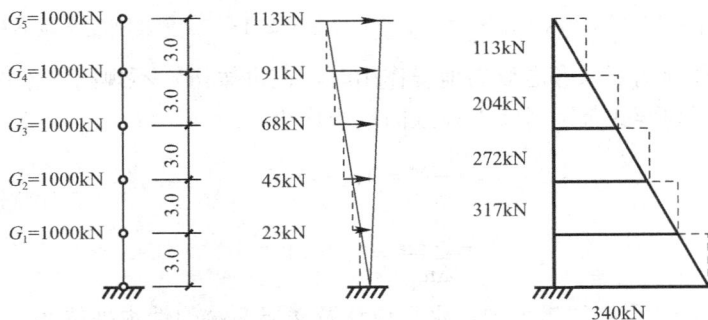

图 1.2.11 五层砌体房屋的水平地震作用和地震剪力分布图

上述图形的分布特征，与采用振型分解反应谱法算得的图 1.2.7 相应图形，具有良好的相似性。

例图 1.2.11 中，如设置突出屋面的屋顶间（如上人用的屋顶楼梯间或水箱间），则应按规范规定用底部剪力法时，对该部位的水平地震作用宜乘以增大系数 3，这是由于顶部将产生水平地震鞭梢效应。上述增大部分的地震作用不往下传递。

1.2.16 **哪些结构应考虑双向地震作用？并列出扭转效应的组合内力及组合位移的展开算式。**

【解析】1. 需作双向地震作用计算的结构

抗震规范对于质量及刚度分布明显不对称的结构，规定应计入双向水平地震作用下的扭转影响。对于完全对称的结构，以及不属于扭转不规则的结构，规范未规定要求进行双向地震作用计算。

刚度分布明显不对称的结构，主要是指建筑平面为 L 形、T 形、工字形、三角形及多边形等不对称平面（图 1.2.12），这些建筑平面图形还常出现主要抗侧力结构筒体和剪力墙的偏置，楼层质量中心与侧向刚度中心存在较大的偏心。这些因素均将产生较大的扭转影响。即使考虑单向水平地震作用时的扭转效应，对某些部位的构件仍未能充分显示其不利状态。

质量分布明显不对称的结构，除与上述的不对称建筑平面图形有关外，主要是指楼层质量在数值上和竖向位置上存在错位突变，如图 1.2.13 所示的一些阶梯形建筑剖面，这类建筑结构也存在上下层侧向刚度中心的位置有错位突变。这些因素均使突变部位的水平地震剪力位置产生明显的错位及相应的扭转力矩，虽然可考虑单向水平地震作用时的扭转效应，但在双向水平地震作用下，对一些抗侧力结构构件会产生更大的扭转影响。

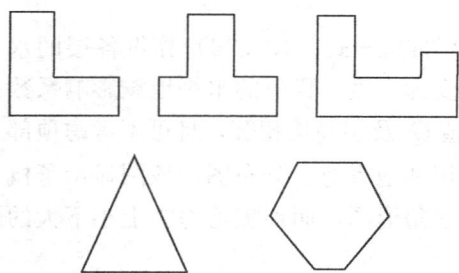

图 1.2.12　建筑平面明显不对称的建筑　　　图 1.2.13　质量及刚度明显不对称的建筑

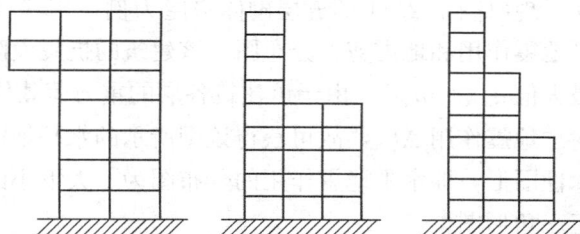

从数值定量来判别要求考虑双向地震作用时，也可按扭转不规则的条件予以确定，即位移数值比处于下列两式范围时宜考虑双向地震作用：

$$\frac{u_{i,\max}}{\overline{u}_i} = 1.2 \sim 1.5 \tag{1.2.39}$$

$$\frac{\Delta u_{i,\max}}{\overline{\Delta u}_i} = 1.2 \sim 1.5 \tag{1.2.40}$$

式中　$u_{i,\max}$、$\overline{u}_i$——i 层楼层最大弹性水平位移及楼层两端弹性水平位移平均值；

$\Delta u_{i,\max}$、$\overline{\Delta u}_i$——i 层楼层层间位移最大值及楼层两端层间位移平均值。

2. 双向水平地震作用扭转效应的组合内力及组合水平位移

由强震观测记录的统计分析，两个方向的水平地震加速度的最大值是不相等的。为此，抗震规范规定主要地震作用方向与次要地震作用方向的地震加速度比值定为 1：0.85，并采用平方和开方方法而不是叠加方法计算两个水平地震作用的效应组合。组合时应互换主要地震作用方向和次要地震作用方向。为便于计算，如下列二式所示，可近似地分别对在 x 向及 y 向单向水平地震作用下的结构扭转效应进行组合，并取两者的较大值，这不同于弹性时程分析法中同时输入双向地震波的加速度峰值。

$$S_{Ekx} = \sqrt{S_x^2 + (0.85 S_y)^2} \qquad (1.2.41)$$

$$S_{Eky} = \sqrt{S_y^2 + (0.85 S_x)^2} \qquad (1.2.42)$$

式中　S_{Ekx}——设定 x 方向作为主要地震作用方向及 y 方向作为次要地震作用方向时产生的扭转效应，该效应包括某一杆件的弯矩标准值 M_{Ekx}、剪力标准值 V_{Ekx}、轴向力标准值 N_{Ekx}、扭矩标准值 M_{tEkx} 及位移 u_{Ekx}；

　　　　S_{Eky}——设定 y 方向作为主要地震作用方向及 x 方向作为次要地震作用方向时产生的扭转效应，该效应包括某一杆件的弯矩标准值 M_{Eky}、剪力标准值 V_{Eky}、轴向力标准值 N_{Eky}、扭矩标准值 M_{tEky} 及位移 u_{Eky}；

　　S_x、S_y——分别为在 x 方向及 y 方向单向地震作用下，按抗震规范式（5.2.3-5）算得的扭转效应（内力及位移）。

上述两式的实用展开式，为清晰起见，可对框架柱、框架梁、剪力墙墙肢及连梁等构件分别列出算式。这是由于这些构件在验算其承载力时需取用成组内力和取用单项内力。现分别列举如下：

（1）验算框架柱横截面偏心受压承载力时的组合弯矩及组合轴力

验算框架柱横截面偏心受压承载力时，为简化起见，可不按双向偏心受压验算柱承载力，而是对柱子坐标系的 x_i 方向及 y_i 方向分别按单向偏心受压（或偏心受拉）柱进行验算。对柱每一方向进行承载力验算时，应对双向地震作用下的扭转效应分两组验算，并取其不利结果。

1）柱子坐标系 x_i 方向的组合弯矩及组合轴力

x 方向作为主要地震作用方向时，柱的成组对应内力：

第 1 组 $\begin{cases} M_{Ekx} = \sqrt{M_{xx}^2 + (0.85 M_{xy})^2} & (1.2.43) \\ N_{Ekx} = \sqrt{N_{xx}^2 + (0.85 N_{xy})^2} & (1.2.44) \end{cases}$

y 方向作为主要地震作用方向时，柱的成组对应内力：

第 2 组 $\begin{cases} M_{Eky} = \sqrt{M_{yy}^2 + (0.85 M_{yx})^2} & (1.2.45) \\ N_{Eky} = \sqrt{N_{yy}^2 + (0.85 N_{yx})^2} & (1.2.46) \end{cases}$

式中　M_{Ekx}、N_{Ekx}——考虑双向地震作用下，且 x 方向作为主要地震作用方向时，框架柱 i 在该柱局部坐标系 x_i 方向产生的柱子组合弯矩标准值及柱子组合轴力标准值；

　　M_{xx}、N_{xx}——x 方向作为主要地震作用方向，且在 x 方向单向地震作用下，在框架柱局部坐标系 x_i 方向产生的柱弯矩标准值及对应的柱轴力标准值；

　　M_{xy}、N_{xy}——x 方向作为主要地震作用方向，但在 y 方向单向地震作用下，在框

架柱局部坐标系 x_i 方向产生的柱弯矩标准值及对应的柱轴力标准值；

M_{Eky}、N_{Eky}——其含义类似 M_{Ekx}、N_{Ekx}，但不同之处是 y 方向作为主要地震作用方向；

M_{yy}、N_{yy}——其含义类似 M_{xx}、N_{xx}，但不同之处是 y 方向作为主要地震作用方向，且在 y 方向单向地震作用下；

M_{yx}、N_{yx}——其含义类似 M_{xy}、N_{xy}，但不同之处是 y 方向作为主要地震作用方向，并在 x 方向单向地震作用下。

根据第 1 组组合内力 M_{Ekx}、N_{Ekx} 和第 2 组组合内力 M_{Eky}、N_{Eky} 分别与其他荷载进行组合后，则可验算框架柱的偏心受压承载力，相应地可算得对应第 1 组及第 2 组内力的两组配筋量，并取其较大值进行设计。

上述第 1 组及第 2 组的成组对应内力，按规范要求还应按大偏心受压及小偏心受压验算柱承载力的两种不同情况，分别对弯矩与轴向力取用成组对应值。

2）柱子坐标系 y_i 方向的组合弯矩及组合轴力

对于框架柱在柱局部坐标系 y_i 方向的偏心受压承载力验算，可对上述 x_i 方向承载力验算所列出的两组组合内力算式作相似置换。

（2）验算框架柱斜截面受剪承载力时的组合剪力

1）柱子坐标系 x_i 方向的组合剪力

x 方向作为主要地震作用方向时的组合剪力：

$$V_{Ekx} = \sqrt{V_{xx}^2 + (0.85V_{xy})^2} \qquad (1.2.47)$$

y 方向作为主要地震作用方向时的组合剪力：

$$V_{Eky} = \sqrt{V_{yy}^2 + (0.85V_{yx})^2} \qquad (1.2.48)$$

式中　V_{Ekx}（V_{Eky}）——考虑双向地震作用下，x 方向（y 方向）作为主要地震作用方向时，框架柱 i 在该柱局部坐标系 x_i 方向产生的柱子组合剪力标准值；

V_{xx}（V_{yy}）——x 方向（y 方向）作为主要地震作用方向时，在 x 方向（y 方向）单向地震作用下，在框架柱局部坐标系 x_i 方向产生的柱剪力标准值；

V_{xy}（V_{yx}）——x 方向（y 方向）作为主要地震作用方向时，但在 y 方向（x 方向）单向地震作用下，在框架柱局部坐标系 x_i 方向产生的柱剪力标准值。

2）柱子坐标系 y_i 方向的组合剪力

对于框架柱在该柱局部坐标系 y_i 方向的斜截面受剪承载力验算，可对上述 x_i 方向受剪承载力验算时所列出的组合剪力算式作相似置换。

（3）验算剪力墙墙肢横截面偏心受压承载力时的组合弯矩及组合轴力

对于剪力墙墙肢，仅需验算墙肢主要受力方向（墙肢局部坐标系 x_i 方向）的单向偏心受压（或偏心受拉）承载力，一般可不验算与 x_i 方向垂直的 y_i 方向的偏心受压承载力。

x 方向作为主要地震作用方向时，墙肢的成组对应内力算式同式（1.2.43）及式（1.2.44）。y 方向作为主要地震作用方向时，墙肢成组对应内力同式（1.2.45）及式（1.2.46）。

（4）验算剪力墙墙肢斜截面受剪承载力时的组合剪力

对于剪力墙墙肢，仅需验算墙肢主要受力方向（墙肢局部坐标系 x_i 方向）的受剪承载力。

x 方向作为主要地震作用方向时，墙肢的组合剪力算式同式（1.2.47）。y 方向作为主要地震作用方向时，墙肢的组合剪力算式同式（1.2.48）。

（5）验算框架梁及剪力墙连梁的受弯承载力时的组合弯矩

x 方向作为主要地震作用方向时，框架梁及连梁的组合弯矩：

$$M_{Ekx} = \sqrt{M_{xx}^2 + (0.85M_{xy})^2} \qquad (1.2.49)$$

y 方向作为主要地震作用方向时，框架梁及连梁的组合弯矩：

$$M_{Eky} = \sqrt{M_{yy}^2 + (0.85M_{yx})^2} \qquad (1.2.50)$$

（6）验算框架梁的剪力墙连梁的受剪承载力时的组合剪力

x 方向或 y 方向作为主要地震作用方向时的组合剪力，其算式分别同式（1.2.47）及式（1.2.48）。

（7）考虑双向地震作用时的组合水平位移

1）x 方向第 i 层的组合水平位移

x 方向作为主要地震作用方向时，x 方向在第 i 层的组合水平位移：

$$\delta_{ix} = \sqrt{\delta_{ixx}^2 + (0.85\delta_{ixy})^2} \qquad (1.2.51)$$

y 方向作为主要地震作用方向时，x 方向在第 i 层的组合水平位移：

$$\delta_{iy} = \sqrt{\delta_{iyy}^2 + (0.85\delta_{iyx})^2} \qquad (1.2.52)$$

式中　δ_{ix}（δ_{iy}）——x 方向（y 方向）作为主要地震作用方向时，在 x 方向第 i 层的组合水平位移；

δ_{ixx}（δ_{iyy}）——x 方向（y 方向）作为主要地震作用方向时，在 x 方向（y 方向）单向地震作用下，在 x 方向第 i 层的最大水平位移；

δ_{ixy}（δ_{iyx}）——x 方向（y 方向）作为主要地震作用方向时，但在 y 方向（x 方向）单向地震作用下，在 x 方向第 i 层对应上述最大水平位移点的水平位移。

x 方向第 i 层的水平位移应取上述二式中较大的 δ_{ix} 值，由此可算得层间位移角 $\theta_{ix} = (\delta_{i,x} - \delta_{i-1,x})/h_i$，以此判别是否符合规范规定的层间位移角限值。

2）y 方向第 i 层的组合层间位移

y 方向第 i 层的组合水平位移算式，可对上述二式作相似置换而得。

考虑双向地震作用时的组合水平位移时，可不考虑偶然偏心的影响。

第三节　竖向地震作用计算及不同计算方法的计算结果应用

1.2.17　需作竖向地震作用计算的结构及计算结果的应用。

【解析】1. 需作竖向地震作用计算的结构

2010 年版的《建筑抗震设计规范》、《高层建筑混凝土结构技术规程》和《空间网格结构技术规程》均对需作竖向地震作用的网架和大跨度桁架等结构作了相应规定，其具体规定见表1.2.6。

设防烈度为8、9度时需作竖向地震作用的结构   表 1.2.6

规范（规程）名称	需作竖向地震作用的结构和构件
建筑抗震设计规范	平板网架、跨度大于24m的钢屋架、钢筋混凝土屋架、屋盖横梁及托架、长悬臂构件
高层建筑混凝土结构技术规程	跨度大于24m的楼盖结构、跨度大于12的转换桁架、连体结构、悬挑长度大于5m的悬挑结构
空间网格结构技术规程	网架结构、网壳结构（含7度时矢跨比小于1/5的网壳）

注：《建筑抗震设计规范》对9度时的高层建筑、《高层建筑混凝土结构技术规程》对7度（0.15g）时的表中结构也规定需作竖向地震作用计算。

2. 竖向地震作用的计算方法及计算结果的应用

《建筑抗震设计规范》、《高层建筑混凝土结构技术规程》和《空间网格结构技术规程》等均列举了三种竖向地震作用的计算方法，即竖向地震作用系数法（简化法）、竖向振型分解反应谱法、弹性时程分析法等。这三种方法各有适用性特点，也具有互补性，因此宜结合工程结构情况，选用适宜的方法进行设计计算。采用上述的后两种计算方法之一进行计算时，其各部位杆件的内力标准值建议取用不小于用竖向地震作用系数法算得的杆件内力标准值。

1.2.18 简介竖向地震作用系数法（简化法）计算竖向地震作用及其应用。

【解析】桁架或梁构件等采用竖向地震作用系数法计算竖向地震作用时，根据抗震规范的规定，可细化为按式（1.2.53）～式（1.2.55）进行计算。

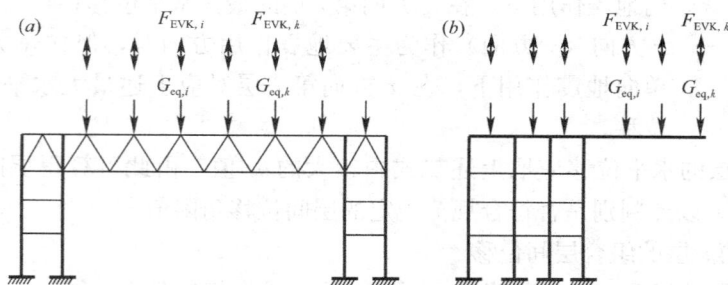

图 1.2.14   桁架结构和悬臂梁结构上的竖向地震作用

对图1.2.14中 i 节点上的竖向地震作用，则为竖向地震作用系数和等效重力荷载的乘积，即

$$F_{EVK,i} = \pm \alpha_{vmax} G_{eq,i} \tag{1.2.53}$$

$$\alpha_{vmax} = 0.65 \alpha_{max} \tag{1.2.54}$$

$$G_{eq,i} = 0.75 G_i \tag{1.2.55}$$

式中 $F_{EVK,i}$——作用在桁架（或悬臂梁）节点 i 上的竖向地震作用标准值；

        $G_{eq,i}$——作用在桁架（或悬臂梁）节点 i 上的等效重力荷载；

G_i——作用在桁架（或悬臂梁）节点 i 上的重力荷载代表值（含永久荷载和活荷载）；

α_{vmax}——竖向地震影响系数最大值（见表 1.2.7）；

α_{max}——水平地震影响系数最大值（见抗震规范表 5.1.4-1）。

竖向地震作用的计算公式（1.2.53）基本上类同水平地震作用的底部剪力法的计算公式（1.2.34），这是由于图 1.2.14 所示的类似结构的竖向基本周期较短。

竖向地震影响系数最大值 α_{vmax} 的数值，在上述三本规范和规程中的取值基本相同，但也略有差异。抗震规范中 α_{vmax} 的规定值见表 1.2.7。空间网格结构规程中的取值同表 1.2.7 的平板网架结构类型。高层混凝土结构规程的规定值见表 1.2.8。

抗震规范规定的竖向地震作用系数最大值 α_{vmax} 表 1.2.7

结构类型		设防烈度	场地类别		
			I	II	III、IV
1	平板网架钢屋架	8 度（0.20g）	可不计算	0.08	0.10
		8 度（0.30g）	0.10	0.12	0.15
		9 度	0.15	0.15	0.20
2	钢筋混凝土屋架	8 度（0.20g）	0.10	0.13	0.13
		8 度（0.30g）	0.15	0.19	0.19
		9 度	0.20	0.25	0.25
3	长悬臂构件、其他大跨结构	8 度（0.20g）	0.10		
		8 度（0.30g）	0.15		
		9 度	0.20		

由表 1.2.7 可知，抗震规范对结构类型 1，且为 III、IV 类场地时，以及对于结构类型 3 的竖向地震作用系数最大值的取值符合式（1.2.54）的 $\alpha_{vmax} = 0.65\alpha_{max}$。对于场地土较好的 I、II 类的 α_{vmax} 值则适当减小，而对延性差一些的钢筋混凝土屋架则适当增大。这是考虑了有利因素和不利条件作适当调整。

高屋混凝土结构规程规定的竖向地震作用系数最大值 α_{vmax} 表 1.2.8

结构类型	设防烈度	竖向地震作用系数最大值 α_{vmax}
大跨结构、悬挑结构、转换结构、连体结构的连接体	7 度（0.15g）	0.08
	8 度（0.20g）	0.10
	8 度（0.30g）	0.15
	9 度	0.20

由表 1.2.8 可知，高层混凝土结构规程对于所列结构类型的 α_{vmax} 值，也是直接取用 $\alpha_{vmax} = 0.65\alpha_{max}$ 的计算值，这也相当于抗震规范对 III、IV 类场地的数值。此外，也增添了 7 度（0.15g）的 α_{vmax} 值。

1.2.19 简介竖向振型分解反应谱法计算竖向地震作用及其应用。

【解析】采用竖向振型分解反应谱法计算竖向地震作用时，可引用水平地震作用下的地震影响系数曲线（反应谱曲线），相应地三本规范和规程均作了如下主要规定：

（1）竖向地震影响系数 α_{vj} 为水平地震影响系数 α_j 的 65%，即

$$\alpha_{vj} = 0.65\alpha_j$$

式中 α_j 值按抗震规范中图 5.1.5 所示曲线表达式确定。

（2）在确定特征周期 T_g 值时可按设计地震分组为第一组及相应的场地类别确定。

空间网格结构技术规程中列举了空间网格结构第 j 振型在节点 i 上的水平地震作用和竖向地震作用标准值的如下算式，式中不考虑水平地震作用下的扭转耦联效应：

$$F_{Exji} = \alpha_j \gamma_j X_{ji} G_i \tag{1.2.56}$$

$$F_{Eyji} = \alpha_j \gamma_j Y_{ji} G_i \tag{1.2.57}$$

$$F_{Ezji} = \alpha_j \gamma_j Z_{ji} G_i \tag{1.2.58}$$

式中　F_{Exji}、F_{Eyji}、F_{Ezji}——第 j 振型在节点 i 上分别沿 x、y、z 方向的水平地震作用标准值和竖向地震作用标准值；

α_j——相应于第 j 振型自振周期的水平地震影响系数，当仅 z 方向竖向地震作用时，竖向地震影响系数 $\alpha_{vj} = 0.65\alpha_j$；

X_{ji}、Y_{ji}、Z_{ji}——分别为第 j 振型在节点 i 上沿 x、y、z 方向的相对位移；

G_i——空间网格结构第 i 节点的重力荷载代表值，其中恒载取标准值，可变荷载取标准值和相应的组合系数为 0.5；

γ_j——第 j 振型的参与系数。

当仅 x 方向水平地震作用时的第 j 振型参与系数为

$$\gamma_j = \sum_{i=1}^{n} X_{ji} G_i \Big/ \sum_{i=1}^{n} (X_{ji}^2 + Y_{ji}^2 + Z_{ji}^2) G_i \tag{1.2.59}$$

当仅 y 方向水平地震作用时的第 j 振型参与系数为

$$\gamma_j = \sum_{i=1}^{n} Y_{ji} G_i \Big/ \sum_{i=1}^{n} (X_{ji}^2 + Y_{ji}^2 + Z_{ji}^2) G_i \tag{1.2.60}$$

当仅 z 方向竖向地震作用时的第 j 振型参与系数为

$$\gamma_j = \sum_{i=1}^{n} Z_{ji} G_i \Big/ \sum_{i=1}^{n} (X_{ji}^2 + Y_{ji}^2 + Z_{ji}^2) G_i \tag{1.2.61}$$

网架结构杆件地震作用效应可按下式确定：

$$S_{EK} = \sqrt{\sum_{j=1}^{m} S_j^2} \tag{1.2.62}$$

式中　S_{EK}——杆件地震作用标准值的效应；

S_j——第 j 振型地震作用标准值的效应；

m——计算中考虑的振型数。

需注意的是上述式（1.2.56）～式（1.2.58）是采用将重力荷载作用于桁架节点 i 上的计算模型，即不取用将重力荷载作用在楼层质心处的层模型作为计算模型（一般多层及高层建筑考虑扭转耦联振型分解法时采用层模型）。

在一些软件中如 ETABS，它不能进行仅含竖向振动分量的计算，但可分别计算 X、Y、Z 三向振动和仅计算 X、Y 双向水平振动。因此可对上述两者进行计算并对结果比较分析，从中可显示竖向振动分量的动力特性（如竖向振动周期、振型位移等）。此外，由于悬臂桁架和连体桁架的第一阶竖向振动周期值远小于第一阶水平向振动周期值，因此需计算较多的模态，以核定竖向振动中振型质量参与系数是否符合要求。

在进行抗震分析时，应考虑支承体系对网格结构受力的影响，相应地宜采用下列两种

计算模型:

(1) 将网格结构与支承体系共同考虑,即按整体分析模型进行计算;

(2) 将支承体系简化为网格结构的弹性支座进行计算。

上述空间网格结构技术规程中的计算公式及计算模型的取用,也适用于大跨桁架、连体桁架及大跨梁式构件等采用竖向振型反应谱法计算竖向地震作用。对于这些桁架及梁式构件如采用简化的计算模型,又突出竖向地震作用按式(1.2.58)为主算得的结果,则将具有更清晰的杆件内力值,再与用竖向地震作用系数法(简化法)作比较,由此可便于对两种方法的计算结果进行包络设计。

在采用竖向地震振型分解反应谱法的一些实例计算中,表明悬臂桁架沿上弦杆节点上的竖向地震作用的分布图形,在悬臂端的竖向地震作用数值最大,而接近固定端则较小,即接近梯形分布图形,它类似沿竖向刚度变化不大的抗侧力结构在水平地震作用下,其水平地震作用分布图形为倒三角分布图形。悬臂桁架如采用抗震规范竖向地震作用系数法计算时,则竖向地震作用的分布图形常是均匀分布的矩形图形;相应地,用该法算得的端部固端弯矩或弦杆轴力有可能偏小。对于支承于两端竖向结构的连体桁架,其跨中节点上的竖向地震作用与重力荷载的比例系数较大,而靠近支座端部则较小,也即连体桁架的支座处和跨中杆件的轴力将有所增大。

1.2.20　简介时程分析法计算竖向地震作用及其应用。

【解析】空间网格结构技术规程中,列举了网格结构采用时程分析法的动力平衡方程为:

$$M\ddot{U} + C\dot{U} + KU = -M\ddot{U}_g \qquad (1.2.63)$$

式中　M、C、K——分别为结构质量矩阵、结构阻尼矩阵和结构刚度矩阵;

　　　$\ddot{U}$、$\dot{U}$、U——分别为结构节点相对加速度向量、相对速度向量和相对位移向量;

　　　$\ddot{U}_g$——地面运动加速度向量,对应竖向地震作用方程式,则取用竖向地震加速度时程记录。

采用时程分析法时,应按抗震规范的规定,结合工程条件选择适宜的三组加速度时程曲线进行包络设计。此外,也宜结合要考虑竖向地震作用的实际结构采用适宜的简化模型,以使计算结果突出竖向地震作用效应。

采用时程分析法时,高层建筑混凝土结构技术规程规定输入的竖向地震加速度最大值为水平地震加速度的65%。

一些工程实例分析中,带连体的双塔结构的竖向地震作用与重力荷载的比例系数,沿结构竖向高度是逐渐增加的,在结构顶部几层的加速度反应将达到最大值。沿连体桁架跨度方向,两端的加速度小于跨中而呈三角形图形分布,即桁架跨中竖向地震加速度大于桁架端部,相应地将加大桁架中部及端部的杆件内力。

对于悬挑桁架,在竖向地震波作用下桁架沿建筑竖向高度愈高,则桁架根部竖向加速度愈大,而桁架端部的竖向加速度则更大,呈梯形图分布,由此将加大桁架根部的弯矩和竖向剪力,相应地加大弦杆和腹杆的轴力。

现今一些软件中,对于连体桁架及悬挑桁架等采用竖向地震弹性时程法时,其输出结果可为桁架主要节点 i 上的竖向地震加速度 $A_{\max,i}^{\text{小}}$ 值。因此，现建议采用将该竖向地震加速度转换为竖向地震作用系数 $\alpha_{v\max,i}^{\text{小}}$ 的方法，以便沿桁架上弦形成竖向地震作用分布图，相应地可进一步对桁架进行内力分析及相应的杆件承载力验算。上述转换可按下式计算：

$$\rho_i^{\text{小}} = \frac{A_{\max,i}^{\text{小}}}{0.65A_{\max}^{\text{小}}} \tag{1.2.64}$$

$$\alpha_{v\max,i}^{\text{小}} = \rho_i^{\text{小}} \alpha_{v\max} \tag{1.2.65}$$

式中　$\rho_i^{\text{小}}$——对输出的节点 i 上小震竖向地震加速度采用转换法时，它是小震竖向地震作用系数最大值的调整系数；

　　$A_{\max,i}^{\text{小}}$——软件对桁架节点 i 上输出的竖向地震加速度最大值（当用三组地震波输入时则宜取其包络值），该竖向地震加速度是对应小震值；

　　$A_{\max}^{\text{小}}$——根据工程设防烈度及抗震规范规定的小震地面水平向加速度最大值，相应地式中 $0.65A_{\max}^{\text{小}}$ 是作竖向地震时程分析时输入的竖向地震加速度；

　　$\alpha_{v\max}$——抗震规范第 5.3.1 条中规定的竖向地震作用系数最大值（即 $\alpha_{v\max} = 0.65\alpha_{\max}$）。

根据式（1.2.65）算得的桁架杆件内力值，宜与按竖向地震作用系数法的计算结果进行包络设计。

如上述桁架结构需按性能目标为中震或大震进行设计时，则需采用相应的地面加速度 $A_{\max}^{\text{中}}$ 或 $A_{\max}^{\text{大}}$（相应地输入的竖向地震加速度为 $0.65A_{\max}^{\text{中}}$ 或 $0.65A_{\max}^{\text{大}}$），并参照上式转换为竖向地震作用系数。

第四节　弹性时程分析法、弹塑性时程分析法、静力弹塑性分析法及其计算结果应用

1.2.21　简介弹性时程分析法，并说明该法计算结果的应用。

【解析】1. 弹性时程分析法简介

结构的弹性时程分析是求解下列动力方程（图 1.2.15 及图 1.2.16）：

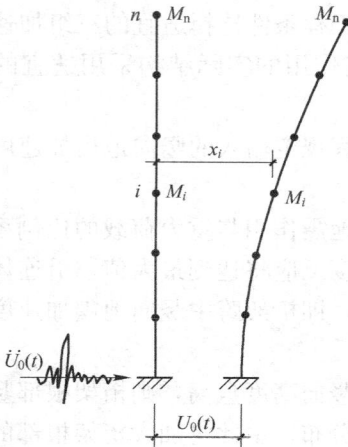

图 1.2.15　振动模型
（图中未表示质心之间的坐标差）

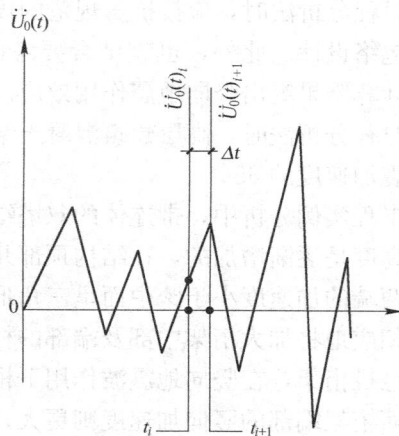

图 1.2.16　地震记录示意图

$$[M]\{\ddot{x}\}+[C]\{\dot{x}\}+[K]\{x\}=-[M]\{\ddot{U}_0(t)\} \quad (1.2.66)$$

式中　　$[M]$——楼层质量矩阵，它是一对角矩阵；

$[C]$——阻尼矩阵，$[C]=\alpha[M]+\beta[K]$，式中 α、β 为阻尼参数，按下式计算：

$$\alpha=\frac{2\omega_i\omega_j(\zeta_i\omega_j-\zeta_j\omega_i)}{(\omega_i+\omega_j)(\omega_j-\omega_i)} \quad (1.2.67)$$

$$\beta=\frac{2(\zeta_j\omega_j-\zeta_i\omega_i)}{(\omega_i+\omega_j)(\omega_j-\omega_i)} \quad (1.2.68)$$

式中　ω_i、ω_j 及 ζ_i、ζ_j——任意两个振型的频率及阻尼比，对钢筋混凝土结构 $\zeta_i=\zeta_j=$ 0.05；

$[K]$——结构的侧向刚度矩阵，可直接引用三维空间分析法中得到的侧向刚度矩阵，弹性时程分析中 $[K]$ 是一常系数矩阵；

$\{\ddot{x}\}$、$\{\dot{x}\}$、$\{x\}$——各质点的加速度向量、速度向量及位移向量；

$\{\ddot{U}_0(t)\}$——地面运动加速度向量，即要输入的水平地震加速度记录，它是时间 t 的变量（图 1.2.16），一般取 $t=5\sim16s$，时间间隔 $\Delta t=0.01\sim0.02s$，一般取 $\Delta t=0.02s$。

用数值积分法可分别求解上述 x 方向及 y 方向的动力方程，可算得结构在两个方向的地震波作用下的位移、速度和加速度反应以及水平地震作用。

2. 一些可供选用的实测地震波

求解上述动力方程时，要选用适合工程场地的地震波，即该波的场地类别及特征周期要接近工程场地的数据。现列举四种场地类别的地震波波名及其场地类别和特征周期等，其主要数据见表 1.2.9。也可采用地震部门提供的人工模拟的加速度时程曲线。

四种场地类别的地震波主要数据　　　　　　　　　表 1.2.9

场地类别	地震记录地点	记录长度（s）	特征周期（s）	最大加速度（Gal）
I	迁安 松潘	7.8 12.0	0.1 0.1～0.15	119.7 135.0
II	Taft San Fernado	8.0 20.0	0.3～0.4 0.2	176.9 109.06
III	EI-Centro N. S. Karakyr Point	12.0 12.7	0.4 0.3～0.5	341.7 143.9
IV	宁河 N. S. Pasdena	10.0 30.0	0.8～1.0 1.0	134.7 99.8

3. 地震波的选用

（1）地震波的组数及其相关结果的应用

2010 年版抗震规范和高层建筑混凝土结构技术规程规定当取三组时程曲线计算时，结构地震作用效应宜取时程法计算结果的包络值与振型分解反应谱法计算结果的较大值；当取七组或七组以上的时程曲线计算时，结构地震作用效应可取时程法计算结果的平均值与振型分解反应谱法计算结果的较大值。

（2）采用适用的地震波

适用的地震波应符合下列要求：

65

1）应按建筑物的场地类别（Ⅰ～Ⅳ类）和设计地震分组的组号（一～三组）选用特性基本相符的地震波；由于时程分析程序中常提供各组地震波的场地类别，故实际工程中常以此作判别。

2）对上述时程波的计算进行数值核查。数值核查有两个方面，一是这些波的平均地震影响系数曲线应与振型分解反应谱法所采用的地震影响系数曲线在统计意义上相符；统计意义上相符是指对这两条曲线作数值比较，除水平段外需核查在各周期点上的地震影响系数值相差不大于20％（图1.2.17）；另一方面是指每条时程曲线计算所得的结构底部剪力不应小于振型分解反应谱法计算结果的65％，多条时程曲线计算所得的结构底部剪力的平均值不应小于振型分解反应谱法计算结果的80％。

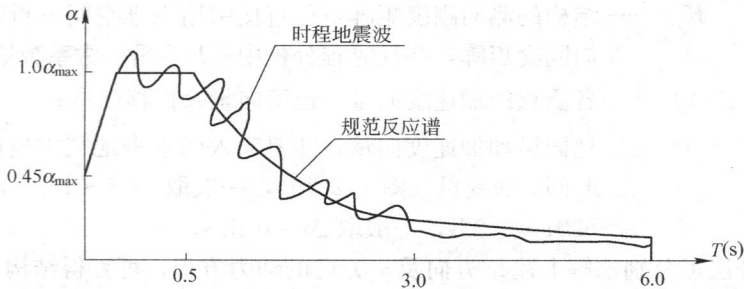

图1.2.17　时程地震波与振型分解反应谱法的地震影响系数曲线数值比较

3）时程曲线的持续时间，一般宜不小于结构基本周期的5倍和15s，地震波的时间间距为0.01s或0.02s。

4．地震加速度最大值

时程分析法采用的地震加速度最大值应符合表1.2.10中规定的数值。对于实际强震记录和人工模拟波的最大加速度值大于表中数值时，需作相应调整。

时程分析法所用地震加速度的最大值（cm/s²）　　　　　　　　　表1.2.10

地震影响	6度	7度	8度	9度
多遇地震	18	35（55）	70（110）	140
罕遇地震	125	220（310）	400（510）	620

注：括号内数值分别用于设计基本地震加速度为0.15g和0.30g的地区。

5．时程分析法计算结果的取用

时程分析法输出结果，主要有水平位移、层间位移角、倾覆力矩和水平剪力等4种包络图（图1.2.18），其中以层间位移角和水平剪力包络图更具有比较意义，也便于应用。从层间位移角包络图中，常可判别是否存在结构薄弱层和侧向刚度突变层，以及它的层位，相应地可考虑对这些层位采取改进方案及抗震措施。从水平地震剪力包络图中，如某些层位的弹性时程分析七条波的平均值大于振型分解反应谱法的水平剪力，则对后者宜予以增大。一般情况下，高层建筑结构由于高振型的影响，弹性时程分析时的顶部区域的水平地震剪力常大于振型分解反应谱法的剪力（图1.2.18c），这也是振型分解反应谱法未能反映高振型鞭鞘效应的常遇问题，也是采用弹性时程分析法的主要目的之一。因此需对顶部区域的地震剪力予以增大。对此，可利用程序（如SATWE）中"顶部塔楼地震力放大系数"作此处理。

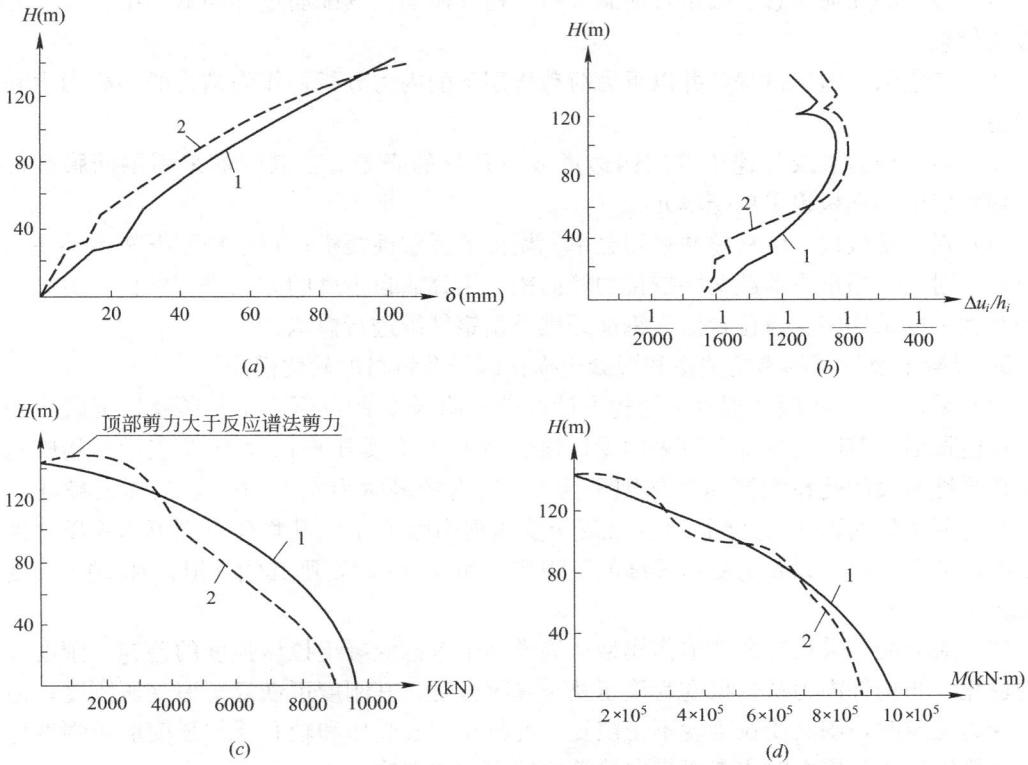

图 1.2.18 x 向弹性时程分析与振型分解反应谱法的计算结果曲线
1—振型分解反应谱法计算值；2—弹性时程分析法七条地震波的平均值
(a) 水平位移 δ_i（mm）；(b) 层间位移角 $\Delta u_i/h_i$；(c) 楼层剪力 V_i（kN）；(d) 楼层弯矩 M_i（kN·m）

1.2.22 简介弹塑性时程分析法，并说明该法的计算结果应用。

【解析】2010 年版高层建筑混凝土结构技术规程规定结构高度超过 200m 时，应采用弹塑性时程分析法。现今工程中对弹塑性时程分析较多地采用 ABAQUS 软件进行计算，相应地现对该软件的应用简介如下。

1. 弹塑性时程分析的动力方程及其解析法

（1）弹塑性时程分析的动力方程同弹性时程分析的动力方程，即如式（1.2.66）所示，并采用直接积分法求解。但是，在各时刻进行直接积分求解时，要处理罕遇地震作用下的非线性计算，它涉及①构件材料为非线性，②结构在大变形和大位移下的几何非线性。

（2）对弹塑性阶段的动力方程各时刻的直接积分求解时，ABAQUS 软件中可供选用显式算法和隐式算法。其中显式算法（也称中心差分法）较适合非线性问题的求解。这是因为该法在利用本时刻的平衡计算下一时刻的位移时，要求时间步长较小，相应地分析结果的收敛效果较好。

2. 弹塑性时程分析时结构的计算模型及构件模型

（1）模型的几何信息、质量及荷载分布、构件截面及其配筋量等均沿用结构弹性分析阶段的信息。

（2）考虑结构施工过程，并以重力荷载作用下的内力分析，作为结构的初始内力和变形状态。

（3）对于剪力墙及其连梁取用四边形或三角形的壳单元，其配筋采用钢筋膜进行模拟，剪力墙中的钢板也采用壳单元。

（4）对于楼板按实际板厚并采用壳单元模拟的弹塑性楼板；对于楼面框架梁及柱采用梁单元，对仅承担重力荷载两端铰接的楼面梁采用释放自由度的方法进行模拟；对梁柱的配筋和型钢则采用在相应位置嵌入钢筋纤维及型钢纤维进行模拟。

3. 混凝土及钢材的本构关系和混凝土损伤因子及钢材的硬化模型

（1）采用 2010 年版《混凝土结构设计规范》附录 C 的混凝土本构关系。混凝土进入弹塑性阶段后，其刚度的降低可采用受拉损伤因子 d_t 和受压损伤因子 d_c 表示。相应地混凝土在弹性阶段的受拉和受压损伤因子为 0；损伤较轻时为 0.1~0.2，当连梁破坏严重时，其混凝土损伤因子将达到 0.9。混凝土受压损伤因子 d_c，其物理意义可为受压弹性模量及刚度的退化率，以及为受压强度的下降率；如 $d_c=0.6$，则其刚度退化掉 60%，受压承载力下降掉 60%。

（2）对混凝土采用弹塑性损伤模型。该模型中考虑混凝土拉压强度的差异，刚度及强度的退化。当构件内力从受拉变为受压及裂缝闭合时，其刚度可恢复至原受压刚度；但当受压变为受拉时，则其受拉刚度不予恢复。混凝土轴心受压和轴心受拉强度取用强度标准值。计算混凝土压应力时未考虑横向箍筋的约束增强效应。

（3）钢材采用双线性随动硬化模型，在循环过程中无刚度退化。钢材的极限强度标准值 f_{uk} 与屈服强度标准值 f_{yk} 的比值（强屈比）为 1.2，屈服应变 ε_y 约为 0.002，对应极限强度的极限应变 ε_u 为 0.025。

4. 结构阻尼

在弹塑性时程分程中构件未出现塑性变形或损伤之前，结构初始阻尼同弹性阶段，但当构件发生塑性变形和损伤后的阻尼将增大，程序将根据非线性滞回性能另行计入。

5. 地震波的输入

（1）地震波的选用应按抗震规范规定选用适宜的地震波，一般情况下可选用三组地震记录。

（2）为进一步鉴定所选用的地震波适用性，也可按单向输入地震波法，对大震弹性时程分析法与大震反应谱分析法的基底剪力值进行数值比较。一般情况下，两者的差值宜在 20% 左右。

6. 弹塑性时程分析输出的主要结果

（1）输出大震弹塑性分析的结构基底剪力，并与大震弹性分析的基底剪力进行比较，以验证大震弹塑性分析结果的合理性。一般情况下，每条波弹塑性分析算得的剪力值约为弹性分析时剪力的 60%~80%。

（2）输出大震弹塑性分析中每条波的各层层间位移角及其平均值的曲线图（图 1.2.19），从该曲线图中确定最大层间位移角 θ_p 值，以此判定该 θ_p 值是否小于规范规定的

层间位移角限值 $[\theta_p]$。

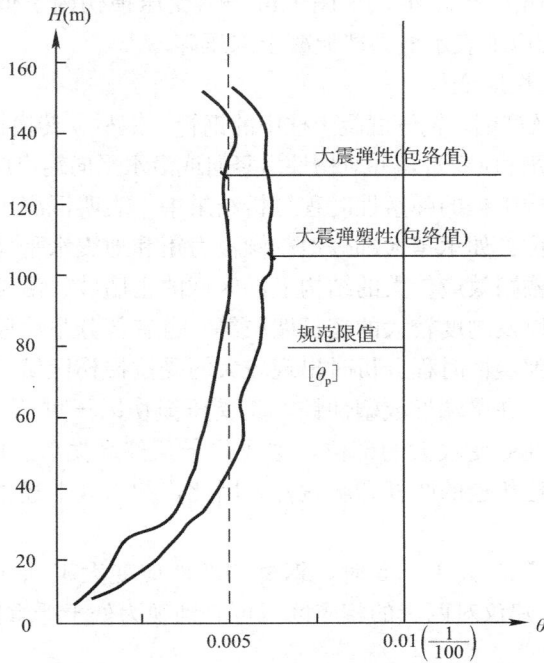

图 1.2.19 某工程的大震弹性与大震弹塑性层间位移角曲线

（3）输出大震下结构的损伤破坏情况

大震下结构损伤破坏情况的输出结果，主要对下列两种不同材料的构件输出损伤图及其相关数据。

1）剪力墙的混凝土材料损伤

输出每条波对主要剪力墙和连梁的受压损伤因子值的立面图，图中以不同色彩显示损伤因子数值的对照图，图中可显示严重损伤的部位。

图 1.2.20 中表示混凝土的压应力-应变关系和受压损伤因子-应变关系曲线，图中横坐

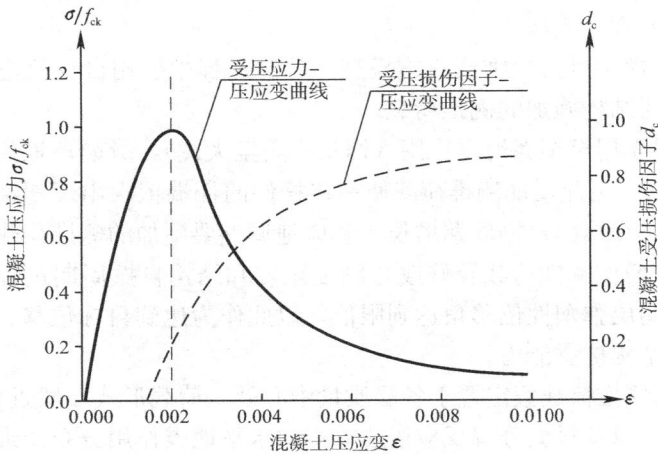

图 1.2.20 剪力墙混凝土压应力-应变关系和受压损伤因子-应变关系曲线

标为混凝土压应变，左侧纵坐标表示混凝土压应力 σ 与其受压强度标准值 f_{ck} 的比值，右侧纵坐标表示相应的损伤因子 d_c 值。该图中可表示受压损伤因子值在 0.3 以下时，混凝土压应力未达到 f_{ck}，相应地表示剪力墙混凝土未压碎。

2）构件中的钢材塑性应变量

对剪力墙中的钢板及型钢，钢管混凝土柱中的钢管、钢材、转换钢桁架及钢支撑等重要构件，均可输出钢材的塑性应变量，并对构件沿竖向或沿水平向输出应变量彩色显示图。

从一些高层建筑结构工程的弹塑性时程分析结果中，表明混凝土受压损伤较重的部位主要出现在如下一些部位：如承担大部分地震倾覆力矩和地震水平剪力的核心筒底部区域的主要墙肢、受高振型鞭梢效应较大的结构上部区域的主墙肢、沿结构高度竖向收进或刚度突变部位的主墙肢，以及刚度较大的超长墙肢等。也有部分主墙肢在中震时已存在较大拉应力，相应地在大震弹塑性时程分析时出现较大的受拉损伤区域。核心筒底部墙肢之间的连梁常处于损坏状态，在梁端形成塑性铰，其受压损伤因子可达 0.9，但它可实现大震时的耗能功能。钢材塑性应变较大的部位，主要位于顶部高振型影响较大部位的外框柱、环梁，以及转换桁架与柱相连的弦杆和斜腹杆。因此，如出现上述情况时，需对这些部位采取相应的改进措施。

混凝土受压损伤因子 d_c 大于 0.5 时，钢材的塑性应变大于 0.012 时（相应地为屈服应变 0.002 的 6 倍），则建议对两者的相应区域可分别视为处于严重损坏状态。

1.2.23 简介静力弹塑性分析法，并说明该法计算结果的应用。

【解析】1. 静力弹塑性分析法简介

2010 年版抗震规范和高层建筑混凝土结构技术规程均对结构的静力弹塑性分析法或推覆分析法（Push Over Analysis），也列为罕遇地震作用下计算薄弱层弹塑性变形的方法之一。该法在国内一些工程中已得到应用。现有的一些软件已设置了这类计算方法，如 MIDAS 和 PERFORM-3D 等软件。

（1）计算原理及假定

1）本法的实质是一种静力非线性分析法，它也是一种结构抗震能力的评价方法，它不同于动力弹塑性时程分析法。

2）结构的计算模型可为二维或三维模型。计算过程中引用设计反应谱及其相关的计算结果，以此确定对结构施加的侧推荷载。

3）从多遇地震作用至罕遇地震作用（即从小震至大震），分阶段取用相应的水平地震影响系数最大值 α_{max}，由此增加侧推荷载使一些杆件的杆端依次出现塑性铰，结构侧向刚度相应减小（衰减）和结构自振周期增长，相应地调整要施加的侧推荷载。

4）在上述逐步增加侧推荷载及修改总刚度矩阵和结构自振周期过程中，直至将侧推荷载逐步增至使薄弱层弹塑性位移角达到限值，以此作为达到目标位移，则可评价结构在罕遇地震作用下的结构抗震能力。

5）上述施加的侧推荷载假定置于各层质量中心处。荷载形式一般近似取用倒三角形，也可采用底部剪力法以及振型分解反应谱法算得的水平地震作用分布图形。实际工程中的侧推荷载及结构自振周期的确定，现常取自对应各阶段 x 向及 y 向第 1 振型的计算结果。

因此，其计算模型实质上是将多自由度体系简化为等效的单自由度体系。

（2）静力弹塑性分析法适用条件

如上所述，实际工程中的侧推荷载常取自对应第1振型的计算结果，未考虑高振型影响。因此，2010年版高层建筑混凝土结构技术规程规定高度不超过150m的结构，可采用静力弹塑性法但宜适当考虑高振型的影响。对于高振型影响较大的高柔结构有较大的误差，故用于基本周期 T_1 大于3s的高层建筑本法的适用性较差。

2. MIDAS、PERFORM-3D 及 ETABS 等软件静力推覆分析法要点及其计算步骤

MIDAS、PERFORM-3D 及 ETABS 等软件的静力推覆分析法已在较多工程中得到应用。这些软件的分析方法也可谓能力谱法。该法以弹性反应谱法为基础，将结构化成等效单自由度体系，相应地该法反映第一振型或第一周期的特性。能力谱法的分析要点是建立两条谱曲线，一条是能力曲线，另一条是大震需求谱曲线，然后将两条曲线置于同一坐标系的图上相交，由此获得结构抗震性能点，再从该性能点算得大震下的层间位移角 θ_p 值。上述过程的计算步骤分述如下。

（1）能力谱曲线的形成步骤

1）对结构施加重力荷载，同时再对结构沿高度施加图形合理的水平荷载；

2）随着水平荷载逐级增加，结构中有些构件出现塑性铰进入弹塑性状态；

3）侧推分析过程中，可得到以纵坐标为基底剪力 V_0 和横坐标为顶点位移 Δ_{top} 的能力曲线，也可谓是 V_0-Δ_{top} 坐标系的结构能力曲线（图 1.2.21）；

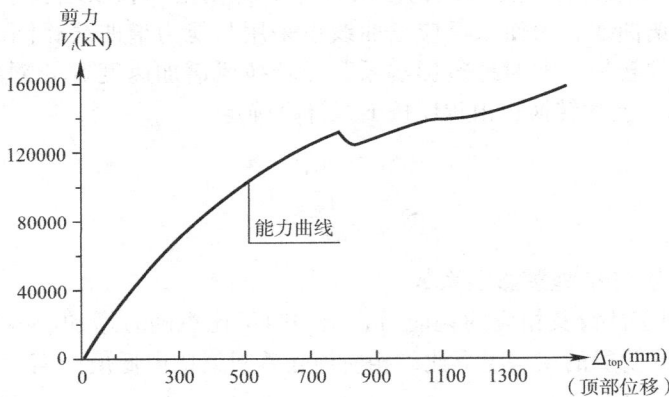

图 1.2.21　某工程 X 向的能力曲线（正向）

4）再对上述 V_0-Δ_{top} 坐标系的能力曲线按下式计算转换成 S_a-S_d 坐标系的能力谱曲线，即对剪力 V_i 转换成纵坐标为谱加速度 S_a，又对顶点位移 Δ_{top} 转换成横坐标为谱位移 S_d（图 1.2.22）。上述转换由程序按下式计算确定：

$$S_{ai} = \frac{V_i}{G\alpha_1} \tag{1.2.69}$$

$$S_{di} = \frac{\Delta_{top}}{\gamma_1 X_{top1}} \tag{1.2.70}$$

式中　V_i——能力曲线上任一点的剪力（即结构基底剪力）；

　　　α_1——第一振型质量参与系数；

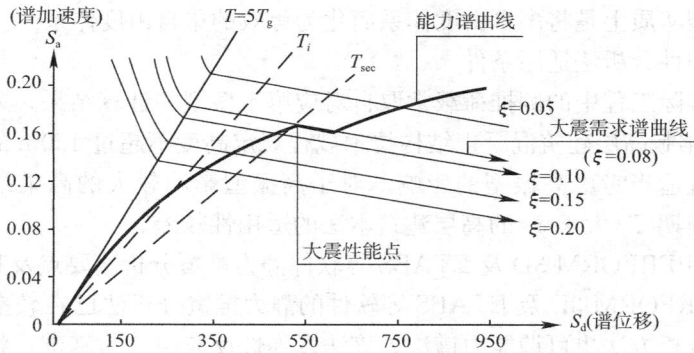

图 1.2.22 某工程 X 向大震需求谱曲线、能力谱曲线及其大震性能点

注：1. 图中 T_i 为结构自振周期、ξ 为结构等效阻尼比。

2. 本图为某工程采用推覆分析法的计算结果，对应图中大震性能点的基底剪力

$V_0 = 130200$kN，顶点位移 $\Delta_{top} = 789$mm，等效阻尼比 $\xi = 0.08$。

G——结构总重量；

Δ_{top}——顶点位移；

γ_1——第一振型参与系数；

X_{top1}——第一振型的顶点振幅。

（2）需求谱曲线的形成步骤

1）抗震规范的反应谱曲线是以结构自振周期 T 为横坐标和以地震影响系数 α 为纵坐标的 T-α 坐标系的谱曲线。为使该反应谱曲线也采用与能力谱曲线相同的 S_a-S_d 坐标系，需要按下式作相应的转换，即对地震影响系数 α 转换成谱加速度 S_a，对结构自振周期 T 则转换成谱位移 S_d。上述转换也由程序按下式计算确定：

$$S_{ai} = \alpha_{ti} g \qquad (1.2.71)$$

$$S_{di} = \frac{T_i^2}{4\pi^2} S_{ai} \qquad (1.2.72)$$

式中 α_{ti}——周期为 T_i 的地震影响系数。

2）随结构出现塑性铰及相应的耗能后，结构阻尼比也随着增加。因此上述能力曲线上每一点都反映不同阶段的结构阻尼比。相应地随着阻尼比由低值至高值而形成对应的多条需求谱曲线（图 1.2.22）；

3）上述需求谱曲线仍由水平段（$T=0.1$s$\sim T_g$）、曲线下降段（$T_g \sim 5T_g$）及直线下降段（$5T_g \sim 6.0$s）构成。因此从 $S_a \sim S_d$ 坐标系起点（即 $S_a = 0$、$S_d = 0$ 点），可绘出对应 $T=T_g$、$T=T_i$、$T=5T_g$ 等斜射线，每一条斜射线与不同阻尼比值的需求谱曲线相交，则可表示该点具有相同结构自振周期 T 值（图 1.2.22）。因此需求谱曲线实质上仍可视为反应谱曲线，两者的主要差别是将 T-α 坐标系经计算转换为 S_a-S_d 坐标系。

（3）结构抗震性能点的确定

1）将结构的能力谱曲线与需求谱曲线置于同一图上，并均用 S_a-S_d 坐标系表示，其中能力谱曲线与大震需求谱曲线为相交点即为结构大震性能点；

2）从上述结构大震性能点上可得结构的大震谱加速度 S_a、大震谱位移 S_d 和等效阻尼比值（即结构弹性状态的阻尼比与进入塑性状态的附加阻尼之和）。

72

（4）形成沿房高的大震层间位移角分布图

1）对上述所得的大震谱位移 S_d 返回至原来的顶点位移转换式（1.2.70）中可得大震下的顶点位移 Δ_{top} 及相应的水平位移曲线图，由此可得沿房高的层间位移角分布图 1.2.23，相应地可确定大震时薄弱层的最大层间位移角 θ_p 值，以此可鉴别该 θ_p 值是否小于规范规定的限值 $[\theta_p]$。

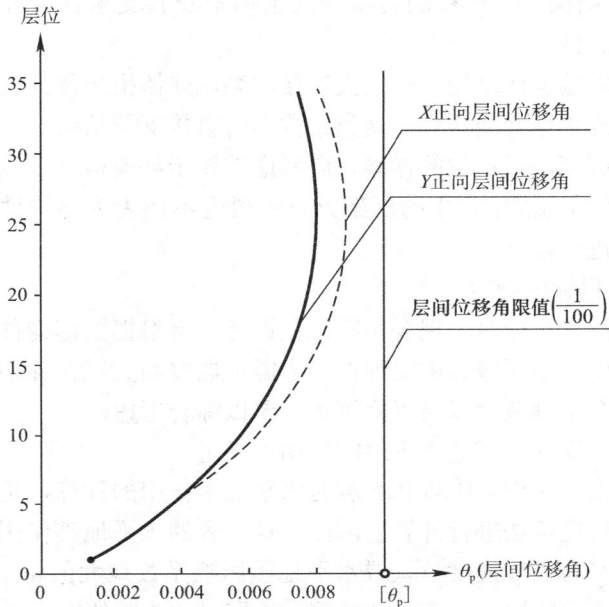

图 1.2.23　某工程大震性能点层间位移角 θ_p

注：某工程中自定义加载图形时在 X 向及 Y 向的最大层间位移

均位于 25 层，$\theta_{px}=\dfrac{1}{113}$，$\theta_{py}=\dfrac{1}{114}$，$[\theta_p]=\dfrac{1}{100}$。

2）对上述大震谱加速度 S_a 返回至原来的转换式（1.2.69）中，则可算得大震时结构底部剪力 V_0 值。

第五节　结构抗震性能设计法的应用、计算要点及三水准地震动参数

1.2.24　结构抗震性能设计法的应用和计算要点

【解析】现今一些重要工程（包括大型民用建筑及大跨度结构）、复杂结构和超限高层建筑等，已按 2010 年版的抗震规范和高层建筑混凝土结构技术规程规定的结构抗震性能设计法进行设计计算。抗震性能设计法的主要目的是对抗侧力结构及其关键构件，按中震或大震地震作用的组合内力验算其承载力，由此可适当提高建筑的抗震能力和设防标准，以使对这些工程既是以生命安全作为抗震设防目标，而且也以结构的使用功能在中震后或大震后能保持基本正常使用作为抗震设防目标。

1. 采用结构抗震性能设计法时关键构件的类型

下列结构体系中一些关键构件或重要构件，且又用于重要建筑、特别不规则建筑和超

限高层建筑中时，宜考虑按结构抗震性能设计法进行设计：

（1）剪力墙结构——底部加强部位的墙肢、因结构高宽比较大的受拉墙肢；

（2）部分框支剪力墙结构——框支梁及其框支柱，以及相应的底部落地剪力墙；

（3）框架-核心筒结构——核心筒底部加强部位的墙肢、伸臂桁架、环带桁架、托柱的转换桁架及其支承柱；

（4）框架-剪力墙结构——托柱的转换梁或钢桁架及其支承柱、低位斜柱及其承担水平推力的受拉框架梁、低位 Y 形转换柱；

（5）双塔楼或多塔楼连体结构——刚接连接的高位连体桁架及其直接支承结构；

（6）大跨度结构或大悬臂结构——这类结构中的直接支承结构。

上述剪力墙结构底部加强部位的连梁，应考虑它属于耗能构件不应作为关键构件；框架-核心筒结构和框架-剪力墙结构中的框架梁，一般也不作为关键构件，相应地这些构件不按抗震性能设计法进行设计。

2. 关键构件性能目标的确定

选择关键构件的性能目标时，现今实际工程设计中常根据关键构件的承载特点、重要性和必要性，直接从中震不屈服、中震弹性、大震不屈服和大震弹性四种目标中选定。选择性能目标时也宜结合工程造价以及下列因素，予以综合考虑。

（1）考虑小震、中震和大震的水平地震作用差异量

在结构抗震性能设计法中，中震和大震时水平地震作用的计算，是同小震的水平地震作用均采用振型分解反应谱法进行计算。因此，这三者的水平地震作用的差异量，可直接从同一设防烈度的水平地震加速度 $A_{\max}$ 或水平地震影响系数最大值 $\alpha_{\max}$ 比较后得知，中震时的水平地震作用比小震约增大 2.75～2.9 倍；大震时比小震约增大 4.4～6.75 倍。

（2）考虑关键构件在不屈服阶段与弹性阶段的承载力差异量

关键构件在中震或大震弹性阶段验算其承载力时，是取用内力设计值及材料强度设计值，而在中震或大震不屈服阶段则取用内力标准值及材料强度标准值。因此对于同在中震作用下，弹性阶段关键构件的承载力具备比不屈服阶段约高 1.3～1.5 倍的要求。

对于关键构件采用中震不屈服的性能目标时，也宜与小震弹性设计进行比较，以判别该性能目标的有效性。这是因为这类构件的抗震等级为特一级或一级时，对小震的组合内力设计值还需乘以相应的增大系数。

（3）根据关键构件的承载特点等因素选择适宜的性能目标

现列举如下一些常遇的关键构件，根据其承担重力荷载和地震效应的特点建议选择相应的性能目标。

1）底部加强部位的墙肢

验算其偏心受压承载力时宜为中震不屈服，当墙肢拉应力较大在验算其偏心受拉承载力时宜为中震弹性；验算墙肢受剪承载力时为中震弹性；验算墙肢受剪截面控制条件时宜为大震不屈服。

框架-核心筒结构底部加强部位的剪力墙，一般将承担 80%～90% 的底部地震剪力和倾覆力矩，并且考虑到强剪弱弯的要求，对其受剪承载力宜具有较高的性能目标。对于结构高宽比较大的结构，墙肢可能出现较大的拉应力，对此，除采取有效结构措施以降低拉应力值外，必要时也宜提高该墙肢的性能目标。

2）框支梁及其框支柱

框支梁宜为大震不屈服，其相应的框支柱可为中震弹性。

在高层剪力墙结构中的框支梁，它承担很大的重力荷载，尤其当上部剪力墙的连梁刚度退化后，其重力荷载将进行重分布，导致更多的重力荷载卸载至框支梁，而且框支梁属于拉弯构件，因此框支梁的性能目标宜高于框支柱。

3）斜框架柱及其柱端推力平衡梁

斜框架柱宜为中震不屈服，其柱端推力平衡梁宜为中震弹性。

斜框架柱不仅在重力荷载存在柱端推力，而且在水平地震作用下产生的倾覆力矩，也导致斜柱产生轴力及相应的柱端推力，为提高结构的稳定性，宜对柱端推力平衡梁的性能目标要高于斜框架柱。

4）转换梁、转换桁架及其支承柱

这三种关键构件的性能目标宜不低于中震弹性。

转换梁和转换桁架将承担上部较大的重力荷载。转换桁架的斜腹杆在水平地震作用下将承担较大的地震剪力；支承柱随其水平构件的刚度增大，相应地柱也将承担较大的地震剪力。因此，这三种关键构件宜适当地提高其性能目标。

5）伸臂桁架和环带桁架

这两种桁架的性能目标宜同为中震不屈服。

在框架-核心筒结构体系中，这两种桁架常同时设置在建筑设备层中，其主要功能是提高结构的侧向刚度，相应地可减小层间位移角；但也伴随着与相邻层相比出现刚度突变的不利影响，这两种桁架的斜腹杆将承担水平地震作用下较大的水平剪力，因此其性能目标宜选择偏低的性能目标。环带桁架也可设置在斜框架柱较多的柱端楼层内，以提高该层位中斜柱的侧向稳定性，此时则宜提高环带桁架的性能目标。

6）连体钢桁架及其直接支承结构

连体钢桁架的性能目标宜为中震弹性，其直接支承结构也宜为中震弹性。

高位连体钢桁架常与直接支承柱刚接相连，相应地桁架将承担较大的竖向地震效应，且是协调两侧主塔楼水平位移差的重要构件，桁架斜腹杆将承担较大的水平地震剪力，也为避免桁架发生塌落事故，因此宜选用较高的性能目标。

3. 不同性能目标的关键构件抗震承载力计算公式

对于不同性能目标的关键构件抗震承载力计算公式，现根据《高层建筑混凝土结构技术规程》的规定，当该构件不考虑竖向地震作用时，可直接按下式计算，如需考虑竖向地震作用，则可按该规程的规定进行计算。

（1）性能目标为中震弹性或大震弹性时

$$\gamma_G S_{GE} + \gamma_{Eh} S^*_{Ehk} \leqslant R_d / \gamma_{RE} \qquad (1.2.73)$$

式中　R_d、γ_{RE}——分别为构件承载力设计值和承载力抗震调整系数；

　　　　S_{GE}——重力荷载代表值作用下的关键构件内力标准值；

　　γ_G、γ_{Eh}——分别为重力荷载分项系数和水平地震作用分项系数；

　　　　S^*_{Ehk}——水平地震作用标准值的关键构件内力，且不需考虑与构件抗震等级有
　　　　　　　　关的内力增大系数。

（2）性能目标为中震不屈服或大震不屈服时

$$S_{GE} + S_{Ehk}^* \leqslant R_k \tag{1.2.74}$$

式中　R_k——构件承载力标准值，即按材料强度标准值计算。

（3）性能目标为大震不屈服的钢筋混凝土剪力墙和钢-混凝土组合剪力墙受剪截面控制验算时

钢筋混凝土剪力墙

$$V_{GE} + V_{Ek}^* \leqslant 0.15 f_{ck} b h_0 \tag{1.2.75}$$

钢-混凝土组合剪力墙

$$(V_{GE} + V_{Ek}^*) - (0.25 f_{ak} A_a + 0.5 f_{spk} A_{sp}) \leqslant 0.15 f_{ck} b h_0 \tag{1.2.76}$$

式中　V_{GE}——重力荷载代表值作用下的构件剪力标准值（N）；

V_{Ek}^*——地震作用标准值的构件剪力（N），不需考虑与抗震等级有关的增大系数；

f_{ck}——混凝土轴心受压强度标准值（N/mm^2）；

f_{ak}、A_a——剪力墙端部暗柱中型钢的强度标准值（N/mm^2）及其截面面积（mm^2）；

f_{spk}、A_{sp}——剪力墙墙内钢板的强度标准值（N/mm^2）及其横截面面积。

由上述各算式中可知，各式中均不考虑风荷载作用下的关键构件内力。

1.2.25　请列举小震、中震及大震的相应地震动参数。

【解析】1. 小震、中震及大震的地震加速度最大值 A_{max}

抗震规范（GB 50011—2010）中的设计基本地震加速度 $A_{max}^{中}$（中震）定义为 50 年设计基准期及超越概率为 10% 的数值。因此，多遇地震（小震）及罕遇地震（大震）的地震加速度最大值 $A_{max}^{小}$ 及 $A_{max}^{大}$，也为 50 年设计基准期，但超越概率分别为 63% 及 2%～3% 的数值。抗震设防烈度 6～9 度的小震、中震及大震的地震加速度最大值 A_{max} 值见表 1.2.11。

小震、中震及大震的地震加速度最大值 A_{max}（cm/s^2）　　　表 1.2.11

抗震设防烈度	6	7		8		9
		0.10g	0.15g	0.20g	0.30g	
多遇地震加速度 $A_{max}^{小}$（小震）	18	35	55	70	110	140
设计基本地震加速度 $A_{max}^{中}$（中震）	50	100	150	200	300	400
罕遇地震加速度 $A_{max}^{大}$（大震）	125	220	310	400	510	620

注：表中 0.15g 及 0.30g 分别相当于 7.5 度及 8.5 度的抗震设防烈度。

2. 小震、中震及大震的水平地震影响系数最大值 α_{max}

抗震规范已列出多遇地震（小震）及罕遇地震（大震）时的水平地震影响系数最大值 $\alpha_{max}^{小}$ 及 $\alpha_{max}^{大}$ 值。由于规范未列出设计基本地震（中震）的水平地震影响系数最大值 $\alpha_{max}^{中}$ 值，但该值可按下列二式作近似计算：

$$\alpha_{max}^{中} = \frac{A_{max}^{中}}{A_{max}^{小}} \times \alpha_{max}^{小} \tag{1.2.77}$$

或　　　　　$$\alpha_{max}^{中} = \frac{A_{max}^{中}}{g} \times \beta \quad (\beta = 2.25, \ g = 980 \text{cm/s}^2) \tag{1.2.78}$$

抗震设防烈度 6～9 度的小震、中震及大震水平地震影响系数最大值见表 1.2.12。

表 1.2.12

小震、中震及大震的地震影响系数最大值 α_{max}　　表 1.2.12

抗震设防烈度	6	7		8		9
		0.10g	0.15g	0.20g	0.30g	
多遇地震 $\alpha_{max}^{小}$（小震）	0.04	0.08	0.12	0.16	0.24	0.32
设计基本地震 $\alpha_{max}^{中}$（中震）	(0.11)	(0.23)	(0.33)	(0.46)	(0.66)	(0.92)
罕遇地震 $\alpha_{max}^{大}$（大震）	0.28	0.50	0.72	0.90	1.20	1.40

注：括号中的 $\alpha_{max}^{中}$ 值在《建筑抗震设计规范》GB 50011—2010 中未予以列出，对此值可供参考。

由表 1.2.12 可算得中震及大震对应小震时水平地震影响系数最大值 $\alpha_{max}^{小}$ 的增大系数 $\beta_{中}$ 及 $\beta_{大}$ 值，其算式为：

$$\beta_{中} = \frac{\alpha_{max}^{中}}{\alpha_{max}^{小}} \tag{1.2.79}$$

$$\beta_{大} = \frac{\alpha_{max}^{大}}{\alpha_{max}^{小}} \tag{1.2.80}$$

因此，$\beta_{中}$ 即为中震对应小震的地震影响系数最大值的增大系数，由表 1.2.13 可知增大系数 $\beta_{中} = 2.75 \sim 2.88$，即中震的水平地震作用为小震的 2.75～2.88 倍。同理，$\beta_{大}$ 即为大震对应小震的地震影响系数最大值的增大系数，由表 1.2.13 可知，大震的水平地震作用为小震的 4.38～6.75 倍。

中震及大震对应小震地震影响系数最大值的增大系数 $\beta_{中}$ 及 $\beta_{大}$　　表 1.2.13

抗震设防烈度	6	7		8		9
		0.10g	0.15g	0.20g	0.30g	
$\beta_{中} = \alpha_{max}^{中}/\alpha_{max}^{小}$	2.75	2.88	2.75	2.88	2.75	2.88
$\beta_{大} = \alpha_{max}^{大}/\alpha_{max}^{小}$	6.75	6.25	6.0	5.63	5.0	4.38

3. 小震、中震及大震的特征周期 T_g

2001 年抗震规范相对于 1989 年规范中Ⅰ～Ⅲ类场地的特征周期 T_g 值，对于设计地震分组为第一组时已增大 0.05s，但对Ⅳ类场地未予增大。因此，对Ⅰ～Ⅲ类场地相应增大了水平地震作用。2010 年抗震规范对于计算罕遇地震（大震）时的特征周期 T_g 值，规定比小震时应增大 0.05s。

对于已做安评报告的工程，一般均可提供相应设防烈度的小震、中震及大震时的 T_g 值。对于 6～9 度中震时的 T_g 值，2010 年版抗震规范未予说明，为此建议仍采用抗震规范关于小震时的 T_g 值，不再增大，这是由于考虑到规范对小震时的 T_g 值已增大 0.05s。

抗震规范对小震时的特征周期 T_g 规定值见表 1.2.14，大震时的 T_g 值为对该表的相应值各增加 0.05s，且补充了场地类别为 I_0 类的 T_g 值。

小震及中震的特征周期 T_g 值（s）　　表 1.2.14

设计地震分组	场地类别				
	I_0	I	II	III	IV
第一组	0.20	0.25	0.35	0.45	0.65
第二组	0.25	0.30	0.40	0.55	0.75
第三组	0.30	0.35	0.45	0.65	0.90

第六节　工程场地地震安全性评价报告及应用

1.2.26　哪些建筑工程需做工程场地地震安全性评价报告？

【解析】对于需要做工程场地地震安全性评价报告（下述中简称安评报告）的建筑工程，有如下相关规定：

1. 《建筑抗震设计规范》GB 50011—2010 的规定

2001 年版抗震规范曾对于甲类建筑，规定地震作用应高于本地区抗震设防烈度的要求，其值应按批准的地震安全性评价结果确定。但 2010 年版抗震规范对这一规定未予以列入。

2. 《工程场地地震安全性评价》GB 17741—2005 的规定

《工程场地地震安全性评价》GB 17741—2005 是原国家标准《工程场地地震安全性评价技术规范》GB 17741—1999 的更新版。在更新版中规定了四种级别的评价工作及与其适用的工程项目：

（1）Ⅰ级工作包括地震危险性的概率分析和确定性分析、能动断层鉴定、场地地震动参数确定和地震地质灾害评价。适用于核电厂等重大建设工程项目中的主要工程；

（2）Ⅱ级工作包括地震危险性概率分析、场地地震动参数确定和地震地质灾害评价。适用于Ⅰ级以外的重大建设工程项目中的主要工程；

（3）Ⅲ级工作包括地震危险性概率分析、区域性地震区划和地震小区划。适用于城镇、大型厂矿企业、经济建设开发区、重要生命线工程等；

（4）Ⅳ级工作包括地震危险性概率分析、地震动峰值加速度复核。适用于 GB 18306—2001 中第 4.3 条 b)、c) 规定的一般建设工程。

显然，上述规定隐含着对重大建设工程中的主要工程需要做安评报告。

3. 省、市地震管理部门的规定

目前，有一些省、市地震管理部门也规定了需做安评报告的重要工程项目，主要是超过一定高度的高层抗震建筑和超限高层建筑，以及大跨度和大型民用抗震建筑等。

因此，需做安评报告的工程项目，除甲类建筑外，乙类及丙类建筑宜依据省、市地震管理部门的规定，结合工程条件由建设单位委托工程地震研究（或勘察）单位提供报告。

1.2.27　安评报告的主要内容是什么？并结合工程实例报告对地震动参数值进行分析。

【解析】1. 安评报告的主要内容

安评报告的主要内容有下列三方面：

（1）地震危险性概率分析

通过地震危险性分析计算，报告给出 50 年或 100 年（必要时）超越概率为 63%、10% 及 2% 的基岩水平加速度峰值 A_{max}。

（2）场地地震动参数

1）采用概率方法确定场地地震动参数，包括场地地表及工程所要求的地震动峰值及与反应谱相关的主要参数；

2）通过钻孔测试地表以下 20m 内的等效剪切波速确定场地类别；对地表和地下 15m 处的地脉动测试及数据分析得到相应部位的卓越周期及脉动幅值；

3）依据场地地震动参数合成场地地震动时程（人工波）。

（3）场地地震地质灾害评价

场地地震地质灾害评价主要有下列三方面：

1）地震作用下的岩体崩塌、滑坡、地裂缝和土体边坡稳定；

2）软土震陷及饱和土液化；

3）断层活动和对地面建筑的影响。

2. 工程安评报告实例中的设计地震动参数

（1）北京的一工程实例

北京的某一工程，其抗震设防烈度根据抗震规范规定为 8 度（0.20g），场地类别为 Ⅲ 类，设计地震分组为第一组。

该工程的安评报告提供二组设计地震动参数，分别为 50 年（适用于一般建筑）及 100 年（适用于主体建筑）超越概率为 63%、10% 及 2%~3% 的参数，这些参数有设计地震动峰值加速度 A_{max}（Gal）、反应谱特征周期 T_g（s）及地震影响系数最大值 α_{max}，详见表 1.2.15 及表 1.2.16，表中参数对应的结构阻尼比为 5%。

50 年设计基准期的设计地震动参数（阻尼比为 5% 时）　　　表 1.2.15

	超越概率	设计地震动峰值加速度 A_{max}（Gal）	反应谱特征周期 T_g（s）	地震影响系数最大值 α_{max}
地表水平向	63%	65	0.35	0.16
	10%	195	0.50	0.49
	2%	370	0.80	0.90
地表竖向	63%	40	0.30	0.12
	10%	130	0.35	0.38
	2%	250	0.40	0.73

设计使用年限 100 年的设计地震动参数（阻尼比为 5% 时）　　　表 1.2.16

	超越概率	设计地震动峰值加速度 A_{max}（Gal）	反应谱特征周期 T_g（s）	地震影响系数最大值 α_{max}
地表水平向	63%	90	0.40	0.23
	10%	260	0.60	0.62
	3%	420	0.90	1.01
地表竖向	63%	60	0.30	0.17
	10%	180	0.35	0.52
	3%	275	0.40	0.80

上述二表中地表水平向的 $\alpha_{max} = A_{max} \cdot \beta_m / g$，$g \approx 1000 \text{cm/s}^2$，$\beta_m = 2.5$（适用于 50 年 63%、50 年 10% 及 100 年 63%），$\beta_m = 2.4$（适用于 50 年 2%、100 年 10% 及 100 年 3%）。

该工程的安评报告，还结合抗震规范提供了反应谱法中的地震影响系数曲线计算公式，其水平段及曲线下降段的算式如下式所示（但式中当 $T>5T_g$ 时，仍采用曲线下降段的算式，未采用抗震规范直线下降段的算式）：

$$T_1<T\leqslant T_g \quad \alpha=\eta_2\alpha_{max}$$

$$T_g<T\leqslant 10\text{s} \quad \alpha=\left(\frac{T_g}{T}\right)^\gamma\alpha_{max}$$

式中 $T_1=0.1\text{s}$（超越概率 63% 及 10% 时），$T_1=0.15\text{s}$（超越概率为 2% 时）。

由表 1.2.15 所列的地表水平向 50 年设计基准期的设计地震动参数可知：

1）对应超越概率为 63%、10%、2% 的 A_{max} 值均略小于抗震规范 50 年设计基准期的规定值；

2）超越概率为 63% 时的 T_g 值小于抗震规范规定的 $T_g=0.45$ 甚多；

3）超越概率为 63% 及 2% 时的 α_{max} 值同抗震规范的规定值（抗震规范未列出 50 年超越概率为 10% 的 α_{max} 值）。

对比表 1.2.16 及表 1.2.15，可知 100 年与 50 年超越概率为 63% 及 10% 时，在地表水平向的设计地震动参数，有如下增值关系：

1）100 年的 A_{max} 值约增大 35%；

2）100 年的 T_g 值约增大 13%；

3）100 年的 α_{max} 值约增大 25%~40%。

（2）陕西省的一工程实例

陕西省的某一工程，其抗震设防烈度根据抗震规范的规定为 7 度（$0.15g$），场地类别为 Ⅱ 类，设计地震分组为第一组。

该工程的安评报告，提供 100 年设计使用年限超越概率为 63%、10% 及 2% 的设计地震动参数，详见表 1.2.17，表中参数对应的结构阻尼比为 5%。

100 年设计使用年限的设计地震动参数（阻尼比为 5% 时） 表 1.2.17

	超越概率	设计地震动峰值加速度 A_{max}（Gal）	反应谱特征周期 T_g（s）	地震影响系数最大值 α_{max}
地表水平向	63%	68	0.38	0.155
	10%	195	0.44	0.445
	2%	300	0.55	0.705

由表 1.2.17 所列的地表水平向 100 年设计使用年限的设计地震动参数，与抗震规范 50 年的相应参数作比较，有如下数值增减关系：

1）100 年超越概率为 63% 及 10% 时的 A_{max} 值约增大 30%，但与超越概率为 2% 相比，A_{max} 值却基本相同；

2）100 年超越概率为 63% 时，T_g 值约增大 10%；

3）100 年超越概率为 63% 时的 α_{max} 值约增大 30%，但超越概率为 2% 时却减小 3%。

因此，该报告 100 年超越概率为 2% 时的 A_{max} 及 α_{max} 数值增减规律尚需研究调整。

（3）南京市的一工程实例

南京市的某一工程，其抗震设防烈度根据抗震规范的规定为 7 度（$0.10g$），场地类别为Ⅱ类，设计地震分组为第一组。

该工程的安评报告，提供 50 年设计基准期超越概率为 63%、10% 及 2% 的设计地震动参数（详见表 1.2.18），表中参数对应的结构阻尼比为 5%。

50 年设计基准期的设计地震动参数（阻尼比为 5% 时）　　　　表 1.2.18

	超越概率	设计地震动峰值加速度 A_{max}（Gal）	反应谱特征周期 T_g（s）	地震影响系数最大值 α_{max}
地表水平向	63%	48	0.36	0.12
	10%	130	0.35	0.225
	2%	196	0.35	0.50

由表 1.2.18 所列的地表水平向设计地震动参数，与同为 50 年设计基准期的超越概率的抗震规范规定值相比较，有如下的比值关系：

1）超越概率为 63%、10% 及 2% 时，报告中的 A_{max} 值约增大 20%～35%；

2）超越概率为 63% 及 2% 时，报告中的 T_g 值基本上同抗震规范的规定值；

3）超越概率为 63% 时，报告中的 α_{max} 值约增大 50%，超越概率为 2% 时却同抗震规范的规定值。

1.2.28　如何考虑安评报告、抗震规范规定及结构抗震性能设计法的综合应用？

【解析】有一些安评报告对一些重要工程提供 100 年设计使用年限的设计地震动参数；此外，有些安评报告所提供的 50 年设计基准期设计地震动参数大于同为 50 年设计基准期的抗震规范规定值，对这些参数在工程结构设计中的应用，除考虑上述两者的差异外，对一些要考虑结构抗震性能设计法的工程，还需综合考虑三者的综合应用。

安评报告所提供的三个重要设计地震动参数中，其中设计地震动峰值加速度 A_{max} 及地震影响系数最大值 α_{max}，对水平地震作用产生较大的影响，特征周期 T_g 的影响要小一些。A_{max} 数值主要用于弹性时程分析及弹塑性时程分析时，对实测地震波及人工地震波作为地震峰值加速度的调整值。α_{max} 数值用于采用反应谱法及静力弹塑性分析法中计算水平地震作用。

在《建筑抗震设计规范》GB 50011—2010、《工程场地地震安全性评价》GB 17741—2005 和一些省市地震管理部门颁布的文件中，均未述及安评报告中设计地震动参数在具体工程中的应用。因此实际工程结构的抗震设计，常由工程结构抗震专项审查组织（如超限高层建筑抗震设防审查专家委员会等）与设计单位及建设单位，对安评报告、抗震规范和抗震性能设计要求结合工程条件综合考虑设计地震动参数的应用。现对此列举一些如下的实际应用情况供参考。

1. 关于安评报告中 100 年设计基准期地震动参数的应用

现今实际工程中，是根据 2010 年版抗震规范按 50 年基准期的相应规定进行设计。对于一些重要工程和超限高层建筑和大跨度建筑，已按 2010 年版抗震规范和高层建筑混凝土结构技术规程采用抗震性能设计，相应的地震动参数也是基于 50 年设计基准期的数值。实际上，由于结构性能设计中关于关键构件的承载力设计要求，基本上将高于 100 年设计基准期的要求。因此，实际工程设计中，已很少采用安评报告 100 年设计基准期的地震动参数。

2. 关于安评报告中 50 年设计基准期地震动参数的应用

安评报告对于 50 年设计基准期的地震动参数，它与抗震规范相同，也分为超越概率是 63%、10% 及 2% 等三类参数，即对应于简称为小震、中震及大震等三类水准的参数，相应的地震加速度最大值为 $A_{max}^{小}$、$A_{max}^{中}$ 及 $A_{max}^{大}$，以及水平地震影响系数最大值为 $\alpha_{max}^{小}$、$\alpha_{max}^{中}$ 及 $\alpha_{max}^{大}$。实际工程中的安评报告，上述 6 个参数与抗震规范中对应抗震设防烈度的数值常不相同，其间的差异程度可分为安评报告略大于抗震规范和远大于抗震规范两种情况。此外，在确定上述三水准的水平地震影响系数最大值时所用的增大系数 β 值也有不小的差值，安评报告的 β 值常取用 2.5~2.8，而抗震规范取用 2.25。对于场地特征周期 T_g 值和反应谱曲线也有所不同。现结合近期实际工程中对安评报告的应用情况，并主要以上述 6 个参数的两种不同程度的差值情况，列举下列建议供工程设计参考。也应经工程专项审查组织审查确定。

（1）安评报告小震时的 $\alpha_{max}^{小}$（或 $A_{max}^{小}$）值略大于抗震规范规定值时

对于抗震设防烈度为 7 度~8 度时的工程，安评报告小震时的 $\alpha_{max}^{小}$（或 $A_{max}^{小}$）常是略大于抗震规范的相应规定值，或两者的差值不大。因此在进行小震设计计算结构构件的承载力和结构位移时，可根据两者的 $\alpha_{max}^{小}$ 值、T_g 值和各自的反应谱曲线算得结构基底地震剪力较大值，依此确定按安评报告或抗震规范进行设计。相应地对工程按性能目标为中震或大震进行设计时，则宜按工程的设防烈度根据抗震规范规定的参数进行设计。结构构件的抗震等级也按该设防烈度的规范规定确定。

（2）安评报告小震时的 $\alpha_{max}^{小}$（或 $A_{max}^{小}$）值远大于抗震规范规定值时

对于抗震设防烈度为 6 度时的工程，安评报告提供小震时的 $\alpha_{max}^{小}$（或 $A_{max}^{小}$），以及中震和大震时的 $\alpha_{max}^{中}$、$\alpha_{max}^{大}$（或 $A_{max}^{中}$、$A_{max}^{大}$），有可能出现远大于抗震规范对 6 度时规定的相应参数数值，甚至可能等同于抗震规范 7 度时的相应参数值。此时，宜对安评报告的上述数值予以重视。现建议取用安评报告中的 $A_{max}^{小}$、$A_{max}^{中}$ 及 $A_{max}^{大}$ 值按下式计算相应的地震影响系数最大值 $\bar{\alpha}_{max}^{小}$、$\bar{\alpha}_{max}^{中}$ 及 $\bar{\alpha}_{max}^{大}$ 值，同时安评报告中的增大系数 β 值原为 2.5~2.8 改用抗震规范的 2.25，以此替代安评报告中的地震影响系数最大值。

$$\bar{\alpha}_{max}^{小} = \frac{A_{max}^{小}}{g} \cdot \beta \left. \right\rbrace \qquad (1.2.81)$$

$$\bar{\alpha}_{max}^{中} = \frac{A_{max}^{中}}{g} \cdot \beta \left. \right\rbrace \beta = 2.25 \qquad (1.2.82)$$

$$\bar{\alpha}_{max}^{大} = \frac{A_{max}^{大}}{g} \cdot \beta \left. \right\rbrace \qquad (1.2.83)$$

式中　$A_{max}^{小}$、$A_{max}^{中}$、$A_{max}^{大}$——分别为安评报告提供的小震、中震及大震时的地震加速度最大值。

因此，小震时的结构内力分析和结构位移计算，可按式（1.2.81）进行计算，但反应谱曲线形状及曲线的表达式和 T_g 值仍宜用抗震规范的规定。结构构件的抗震等级可根据小震时的 $\bar{\alpha}_{max}^{小}$ 值，近似地置换成抗震规范的相应设防烈度予以确定。对于实际工程按性能目标为中震或大震进行设计时，宜取用式（1.2.82）及式（1.2.83）中的 $\bar{\alpha}_{max}^{中}$ 和 $\bar{\alpha}_{max}^{大}$ 值计算相应的地震作用。即不宜再按工程地区的原设防烈度取用抗震规范规定的 $\alpha_{max}^{中}$ 及 $\alpha_{max}^{大}$ 值进行设计计算，这样计算将使这两种对应的性能目标失去抗震性能效果，有可能使中震性能目标设计约为按小震设计，大震性能目标设计约为按中震性能设计。上述工程设计中，如按式中的 $\alpha_{max}^{中}$ 及 $\alpha_{max}^{大}$ 进行中震或大震性能目标设计时，其要求偏高时，也可考虑按规范中工程设防烈度规定的 $\alpha_{max}^{中}$ 及 $\alpha_{max}^{大}$ 值，予以适当地增大该值进行设计。

3. 关于安评报告中反应谱曲线的应用

安评报告中常相应地提供反应谱曲线，该曲线的图形及其表达式在水平段和曲线下降段基本上同抗震规范的相应规定（图 1.2.24）。但当结构回振周期 $T>5T_g$ 后，安评报告仍沿用曲线下降段的表达式，以致地震影响系数 α 值偏小。而抗震规范在 $T>5T_g$ 后，则采用直线下降段，相应地可适当地增大地震影响系数 α 值及结构的地震剪力。因此，当结构自振周期 $T>5T_g$ 时，宜采用抗震规范规定的反应谱曲线；或根据两条谱曲线算得的基底剪力较大值确定采用哪一条谱曲线。

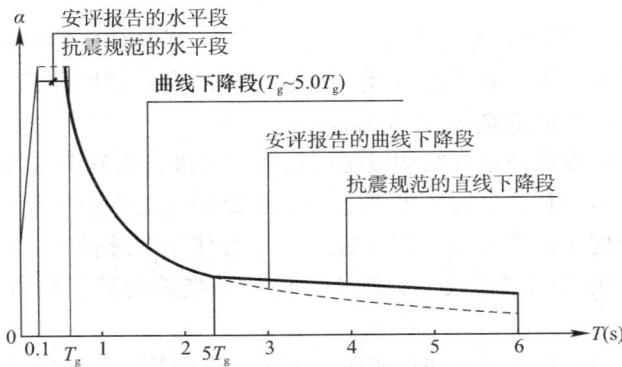

图 1.2.24　安评报告与抗震规范的地震影响系数的差异图

4. 宜对比安评报告和勘察报告中关于场地类别差异

安评报告和勘察报告中均提供工程的场地类别，两者均提供场地的等效剪切波速和覆盖层厚度，由此可确定工程场地类别。安评报告将根据场地类别提供特征周期 T_g 值。由于 T_g 值将影响地震影响系数 α 的计算值及水平地震作用。因此，工程设计中宜核对两种报告的场地类别差异，以确定合理的 T_g 值。

5. 取用安评报告的 $A_{max}^{小}$ 时宜考虑对结构最小地震剪力系数 λ 值的调整

在取用安评报告小震的地震加速度峰值 $A_{max}^{小}$ 及算得水平地震影响系数 $\alpha_{max}^{小}$ 值后，当两者的数值大于抗震规范相应设防烈度的 $A_{max}^{小}$ 及 $\alpha_{max}^{小}$ 值较多时，则宜考虑对抗震规范规定的最小地震剪力系数 λ 作相应的增大。这是因为抗震规范中表 5.2.5 的 λ 值（剪重比值），是适用于规范所列举的设防烈度及其相应的 $A_{max}^{小}$ 和 $\alpha_{max}^{小}$ 值。

根据安评报告 $A_{max}^{小}$ 值并按式（1.2.81）算得相应的 $\lambda_{max}^{小}$ 值后，可按下式计算小震时的最小地震剪力系数 λ 值（限值）。

基本周期 $T_1 \leqslant 3.5s$ 的结构　　　$\lambda = 0.2\alpha_{max}^{小}$　　　　　　　　　　　　（1.2.84）

基本周期 $T_1 \geqslant 5.0s$ 的结构　　　$\lambda = 0.15\alpha_{max}^{小}$　　　　　　　　　　　　（1.2.85）

基本周期介于 3.5s 和 5s 之间的结构，按插入法取值。

第二篇 混凝土结构

第一章 设计基本规定

2.1.1 设计基准期和设计使用年限有什么区别？若建筑结构的设计使用年限为 100 年，如何确定其设计荷载和地震动参数？

【解析】所谓设计基准期，是为确定可变作用及与时间有关的材料性能取值而选用的时间参数，一般情况下不可随意更改。我国建筑工程的设计基准期为 50 年，即建筑结构设计所考虑的荷载统计参数都是按 50 年确定的。

设计使用年限是指设计规定的结构或结构构件不需进行大修即可按其预定目的使用的时间，结构在此年限内应具有足够的可靠度，满足安全性、适用性和耐久性的要求。设计使用年限应是建筑结构在正常设计、正常施工、正常使用和维护下所应达到的使用年限，如达不到这一年限，则意味着在设计、施工、使用和维护的某一环节上出现了非正常情况，应查找原因。

当某建筑结构达到或超过设计使用年限，不等于该建筑结构不能再使用了，而只是说明它完成结构功能的能力降低了。

若建设单位提出更高要求，也可按建设单位的要求确定。但不能低于规范规定的要求。

设计使用年限应按《建筑结构可靠度设计统一标准》GB 50068 确定，见表 2.1.1。

设计使用年限分类 表 2.1.1

类 别	设计使用年限（年）	示 例	γ_0
1	5	临时性结构	≥0.9
2	25	易于替换的结构构件	
3	50	普通房屋和构筑物	≥1.0
4	100	纪念性建筑和特别重要的建筑结构	≥1.1

可见设计基准期与设计使用年限有联系但不等同。

如建筑结构的设计使用年限为 50 年，可按现行混凝土结构设计规范确定设计荷载和地震动参数（包括反应谱和地震最大加速度），否则，应重新确定。例如若建筑结构的设计使用年限为 100 年，则结构设计应另行确定在其设计基准期内的活荷载、雪荷载、风荷载、地震作用等的取值，确定结构的可靠度指标以及确定混凝土保护层等有关设计参数取值。具体取值建议如下：

1. 活荷载按《建筑结构荷载规范》GB 50009—2012 有关规定取用。

参照《工程结构可靠性设计统一标准》GB 50153—2008，2012 版《建筑结构荷载规范》引入了可变荷载考虑结构设计使用年限的调整系数 γ_L。当设计使用年限与设计基准期不同时，应采用调整系数 γ_L 对可变荷载的标准值进行调整。

楼面和屋面活荷载考虑设计使用年限的调整系数 γ_L 应按表 2.1.2 取用。

楼面和屋面活荷载考虑设计使用年限的调整系数 γ_L 表 2.1.2

结构设计使用年限（年）	5	50	100
γ_L	0.9	1.0	1.1

注：1. 当设计使用年限不为表中数值时，调整系数 γ_L 可按线性内插确定；
    2. 对于荷载标准值可控制的活荷载，设计使用年限调整系数 γ_L 取 1.0。

2. 雪荷载、风荷载按《建筑结构荷载规范》GB 50009—2012 取用；
3. 计算地震作用的地震加速度峰值见表 2.1.3；

设计使用年限为 100 年的地震加速度峰值（g）   表 2.1.3

设防烈度	7 度	8 度	9 度
多遇地震	0.049	0.098	0.189
设防烈度地震	0.140	0.280	0.540
罕遇地震	0.308	0.560	0.837

4. 混凝土保护层按《混凝土结构设计规范》GB 50010—2010 表 8.2.1 的规定增加 40%；
5. 混凝土的耐久性设计要求见本章第 2.1.3 款有关规定。

2.1.2 结构设计时，应正确判定混凝土结构的环境类别。

【解析】结构设计时，对混凝土结构的环境类别的判定应根据表 2.1.4 进行。

混凝土结构的使用环境类别   表 2.1.4

环境类别	条 件
一	室内干燥环境； 无侵蚀性静水浸没环境
二 a	室内潮湿环境； 非严寒和非寒冷地区的露天环境； 非严寒和非寒冷地区与无侵蚀性的水或土壤直接接触的环境； 严寒和寒冷地区的冰冻线以下与无侵蚀性的水或土壤直接接触的环境
二 b	干湿交替环境； 水位频繁变动环境； 严寒和寒冷地区的露天环境； 严寒和寒冷地区冰冻线以上与无侵蚀性的水或土壤直接接触的环境
三 a	严寒和寒冷地区冬季水位变动区环境； 受除冰盐影响环境； 海风环境

环境类别	条 件
三 b	盐渍土环境； 受除冰盐作用环境； 海岸环境
四	海水环境
五	受人为或自然的侵蚀性物质影响的环境

注：1. 室内潮湿环境是指构件表面经常处于结露或湿润状态的环境；
　　2. 严寒和寒冷地区的划分应符合现行国家标准《民用建筑热工设计规范》GB 50176 的有关规定；
　　3. 海岸环境和海风环境宜根据当地情况，考虑主导风向及结构所处迎风、背风部位等因素的影响，由调查研究和工程经验确定；
　　4. 受除冰盐影响环境是指受到除冰盐雾影响的环境；受除冰盐作用环境是指被除冰盐溶液溅射的环境以及使用除冰盐地区的洗车房、停车楼等建筑。
　　5. 暴露的环境是指混凝土结构表面所处的环境。

表中一类和二 a 类的主要区别在于是否为潮湿环境；二 a 类和二 b 类主要在于"潮湿"和"干湿交替"的区别，"非严寒和非寒冷地区"和"严寒和寒冷地区"的区别。

干湿交替主要指室内潮湿、室外露天、地下水浸润、水位变动的环境。由于水和氧的反复作用，容易引起钢筋锈蚀和混凝土材料劣化。

非严寒和非寒冷地区与严寒和寒冷地区的区别主要在于有无冰冻及冻融循环现象。关于严寒和寒冷地区的定义，《民用建筑热工设计规范》GB 50176—93 规定如下：严寒地区：最冷月平均温度低于或等于 -10℃，日平均温度低于或等于 5℃ 的天数不少于 145d 的地区；寒冷地区：最冷月平均温度高于 -10℃、低于或等于 0℃，日平均温度低于或等于 5℃ 的天数不少于 90d 且少于 145d 的地区。也可参考该规范的附录采用。各地可根据当地气象台站的气象参数确定所属气候区域，也可根据《建筑气象参数标准》JGJ 35 提供的参数确定所属气候区域。

三类环境主要是指近海海风、盐渍土及使用除冰盐的环境。滨海室外环境与盐渍土地区的地下结构、北方城市冬季依靠喷洒盐水消除冰雪而对立交桥、周边结构及停车楼，都可能造成钢筋腐蚀的影响。

四类和五类环境的详细划分和耐久性设计方法应按港口工程技术规范及工业建筑防腐蚀设计规范等标准执行。

结构设计时，一些设计人员对一类还是二 a 类、二 a 类还是二 b 类环境类别划分不清。例如：建筑物内有游泳池和大型浴室时，错将游泳池或浴室的环境类别划分为一类。他们习惯将 ±0.000 以下的基础和构筑物等的环境类别划分为二 b 或二 a 类，±0.000 以上结构的环境类别则划分为一类，忽略了游泳池和大型浴室虽在 ±0.000 以上但却处于潮湿的环境下，不属于室内正常环境，不应将其环境类别划分为一类。又例如：某地区最冷月平均温度为 -11℃，日平均温度不高于 5℃ 的天数为 150d，设计时错误确定其露天环境类别为二 a 类。根据《民用建筑热工设计规范》GB 50176—2002 规定，应为严寒地区。因此，该露天环境下的环境类别应为二 b 类而不应为二 a 类。

2.1.3　耐久性设计时，对结构混凝土有哪些要求？

【解析】耐久性能是混凝土结构应当满足的基本性能之一，是结构在设计使用年限内正常而安全地工作的重要保证。

影响混凝土结构耐久性能的主要因素有：混凝土的碳化，侵蚀性介质的腐蚀，膨胀及冻融循环，氯盐对钢筋的锈蚀，碱-骨料反应，混凝土内部的不密实。

上述诸多因素中，混凝土的碳化及钢筋的锈蚀是影响混凝土结构耐久性能的最主要的综合因素，而环境又是影响混凝土碳化和钢筋锈蚀的重要条件。

规范提出了混凝土结构耐久性能设计的基本原则，按环境类别和设计使用年限进行设计。混凝土结构的环境类别见表 2.1.5。

结构混凝土材料的耐久性基本要求 表 2.1.5

环境等级	最大水胶比	最低强度等级	最大氯离子含量（%）	最大碱含量（kg/m³）
一	0.60	C20	0.30	不限制
二 a	0.55	C25	0.20	
二 b	0.50（0.55）	C30（C25）	0.15	3.0
三 a	0.45（0.50）	C35（C30）	0.15	
三 b	0.40	C40	0.10	

注：1. 氯离子含量系指其占胶凝材料总量的百分比；
　　2. 预应力构件混凝土中的最大氯离子含量为 0.06%；其最低混凝土强度等级宜按表中的规定提高两个等级；
　　3. 素混凝土构件的水胶比及最低强度等级的要求可适当放松；
　　4. 有可靠工程经验时，二类环境中的最低混凝土强度等级可降低一个等级；
　　5. 处于严寒和寒冷地区二 b、三 a 类环境中的混凝土应使用引气剂，并可采用括号中的有关参数；
　　6. 当使用非碱活性骨料时，对混凝土中的碱含量可不作限制。

1. 对结构混凝土材料的要求

（1）用于一、二和三类环境中设计使用年限为 50 年的结构混凝土，应控制最大水胶比、最低强度等级、最大氯离子含量以及最大碱含量，符合表 2.1.5 的规定。

（2）一类环境中，设计使用年限为 100 年的混凝土结构应符合下列规定：

① 钢筋混凝土结构的最低强度等级为 C30；预应力混凝土结构的最低强度等级为 C40；

② 混凝土中的最大氯离子含量为 0.06%；

③ 宜使用非碱活性骨料，当使用碱活性骨料时，混凝土中的最大碱含量为 3.0kg/m³；

④ 在设计使用年限内，应建立定期检测、维修的制度。

（3）二、三类环境中，设计使用年限 100 年的混凝土结构应采取专门的有效措施。

2. 结构设计技术措施

（1）设计使用年限为 50 年的一、二、三类环境中结构混凝土，其保护层厚度应符合《混凝土结构设计规范》表 8.2.1 条的规定；设计使用年限为 100 年的一类环境中的结构混凝土，其保护层厚度应符合《混凝土结构设计规范》表 8.2.1 条的规定增加 40%；当采取有效的表面防护措施时，混凝土保护层厚度可适当减小；

（2）未经技术鉴定及设计许可，不能改变结构的使用环境，不得改变结构的用途；

（3）对于结构中使用环境较差的构件，宜设计成可更换或易更换的构件；

（4）宜根据环境类别规定维护措施及检查年限；对重要的结构，宜在与使用环境类别相同的适当位置设置供耐久性检查的专用构件；

（5）对下列混凝土结构及构件，尚应采取加强耐久性的相应措施：

① 预应力混凝土结构中的预应力筋应根据具体情况采取表面防护、孔管灌浆、加大混凝土保护层厚度等措施，外露的锚固端应采取封锚和混凝土表面处理等有效措施；

② 有抗渗要求的混凝土结构，混凝土的抗渗等级应符合有关标准的要求；

③ 严寒及寒冷地区的潮湿环境中，结构混凝土应满足抗冻要求，混凝土抗冻等级应符合有关标准的要求；

④ 处于二、三类环境中的悬臂构件宜采用悬臂梁-板的结构形式，或在其上表面增设防护层；

⑤ 处于二、三环境中的结构构件，其表面的预埋件、吊钩、连接件等金属部件应采取可靠的防锈措施，对于后张预应力混凝土外露金属锚具，其防护要求见《混凝土结构设计规范》第 10.3.13 条；

⑥ 处在三类环境中的混凝土结构构件，可采用阻锈剂、环氧树脂涂层钢筋或其他具有耐腐蚀性能的钢筋、采取阴极保护措施或采用可更换的构件等措施；

⑦ 耐久性环境类别为四类和五类的混凝土结构，其耐久性要求应符合有关标准的规定。

3. 施工要求

混凝土的耐久性主要取决于它的密实性，除应满足上述设计及对混凝土材料的要求外，还应高度重视混凝土的施工质量，控制商品混凝土的各个环节，加强对混凝土的养护，防止过早受荷等。

2.1.4 在钢筋混凝土构件的承载力计算中有不少系数，它们的应用范围和取值是如何确定的？

【解析】在钢筋混凝土构件的承载力计算中，对不同强度等级的混凝土需乘以不同的强度影响系数，其应用范围及取值可见表 2.1.6。

有关混凝土强度的一些系数 表 2.1.6

系数名称	混凝土强度等级			应用构件
	≤C50	C55～C75	C80	
α_1	1.0	线性内插	0.94	受弯，偏压，偏拉
β_1	0.80	线性内插	0.74	计算 ξ_b
α	1.0	线性内插	0.85	轴压（考虑间接钢筋对混凝土的约束折减）
β_c	1.0	线性内插	0.80	受剪，受扭，局压（强度影响系数）
β_t	0.5≤β_t≤1.0			受扭，弯剪扭（承载力降低系数）
β_h	$\beta_h = (800/h_0)^{1/4}$，$h_0 < 800A_b$ 取 $h_0 = 800mm$，$h_0 >$ 2000mm 取 $h_0 = 2000mm$			板受剪（高度影响系数）
β_h	$h_0 \leq 800mm$	$800mm < h_0 < 2000mm$	$h_0 \geq 2000mm$	冲切（高度影响系数）
	1.0	线性内插	0.9	
β_l	$\sqrt{A_b/A_l}$			局压（混凝土强度提高系数）
β_{cor}	$\sqrt{A_{cor}/A_l}$，$A_{cor} > A_b$ 取 $A_{cor} = A_b$			局压（配间接钢筋强度提高系数）

2.1.5 采用 500MPa 级钢筋，其抗拉强度设计值取值是否需折减？

【解析】钢筋的强度取值问题，考虑到：

1. 当构件中配有不同牌号和强度等级的钢筋时，尽管强度不同，但在极限状态下各种钢筋先后均以达到屈服；

2. 当用于约束混凝土的间接钢筋（例如连续螺旋箍筋或封闭箍筋）时，其强度可以得到充分发挥。但是，根据实验研究，用于抗剪、抗扭及抗冲切承载力设计时的箍筋的抗拉强度则未必得到充分发挥。

因此，《混凝土结构设计规范》第4.2.3条规定：当构件中配有不同种类的钢筋时，每种钢筋应采用各自的强度设计值。横向钢筋的抗拉强度设计值 f_{yv} 应按表中 f_y 的数值采用；但用作受剪、受扭、受冲切承载力计算时，其数值大于 360N/mm² 时应取 360N/mm²。

就是说，采用 500MPa 级钢筋，当用作约束混凝土的间接钢筋（例如连续螺旋箍或封闭箍筋）时，其强度设计值可取为 435N/mm²，这是 500MPa 级钢筋的抗拉强度设计值。间接钢筋约束混凝土时，利用的是其抗拉强度。注意 500MPa 级钢筋的强度设计值抗拉和抗压不同，不能取为 410N/mm²，因为这是 500MPa 级钢筋的抗压强度设计值。

当用作抗剪、抗扭及抗冲切承载力设计的箍筋时，其抗拉强度设计值只能取为 360N/mm²。

用于其他情况时的 500MPa 级钢筋的强度设计值，抗拉时取为 435N/mm²，抗压时取为 410N/mm²。

《混凝土结构设计规范》第4.2.3条规定是强制性条文，应严格执行。

2.1.6 结构设计时，应合理选用现浇楼（屋）面板的混凝土强度等级和钢筋强度等级。

【解析】板的混凝土强度等级和钢筋等级的选用，应使板在安全可靠的前提下尽可能做到经济合理。

一般情况下板为受弯构件，混凝土强度等级的提高对板类构件承载力的提高贡献很小。同时，从混凝土规范对板类构件的最小配筋率规定（$\rho_{min} = 0.45 f_t / f_y$ 且不小于 0.20%）可知，配筋率随混凝土强度等级的提高而增大，随钢筋强度等级的提高而降低，因此，当板类构件的配筋由最小配筋率控制时，过高的混凝土强度等级常会使其配筋量增多，既不合理也不经济，特别是采用 HPB300 级钢筋时更为明显。

此外，由于现浇楼（屋）面板通常与墙、梁相连并整浇，若混凝土强度等级过高，水泥用量多，混凝土硬化过程中水化热高，收缩大，易产生收缩裂缝。

所以，混凝土强度等级不宜选得过高，比较合适的混凝土强度等级在 C20～C30，一般不超过 C35。

关于钢筋的选用，衡量其经济性的不是钢筋的实际价格而是其强度价格比，即每元钱可购买的单位钢筋的强度。强度价格比高的钢筋经济性较好，不仅可减少配筋率，从而减少配筋量，方便施工，还可减少钢筋在加工、运输和施工等方面的各项附加费用。所以，板类构件的受力钢筋，建议优先选用 HRB400 级或 HRB335 级钢筋，而不宜采用 HPB300 级钢筋。根据市场调查，HRB400 级和 HRB335 级钢筋的强度价格较好。这两类钢筋除强度高外，延性及锚固性能也很好，无需像 HPB300 级钢筋那样锚固时末端还要加弯钩。当然，采用 HRB400 级或 HRB335 级钢筋做板的受力钢筋时，对大跨度板应注意进行最大裂缝宽度及挠度的验算。

2.1.7 正确选用预埋件的锚筋。

【解析】预埋件是构件间相互连接、传力的重要部件，由锚板和锚筋两部分组成。传递的预埋件上的外力主要有剪力、弯矩和轴向力（拉力或压力）。它可能是单独作用，但更多的情况是共同作用。预埋件涉及的影响因素很多，其应力、应变更为复杂，而一旦失效，就会引起结构的过大变形，甚至造成结构解体、倒塌、坠落等严重后果，故应予充分重视。

受力预埋件的锚筋应具有稳定的强度和较好的延性。混凝土规范规定：受力预埋件的锚筋应采用 HRB400 级或 HPB300 级钢筋，不应采用冷加工钢筋。这是由于钢筋经冷加工（冷拉、冷拔、冷轧、冷扭）后，其延性大幅度降低，容易发生脆性断裂破坏而引发恶性事故。此外锚筋与锚板焊接也可能使冷加工后提高的强度因焊接受热"回火"而丧失，造成承载能力降低。

结构设计时，设计人容易忽视这个问题，漏写"不应采用冷加工钢筋"这句话。建议在结构施工设计总说明中专门作为一条特别注明。另外，在选用 HRB400 级钢筋做锚筋时，根据混凝土规范第 9.7.2 条的规定，HRB400 级钢筋的抗拉强度设计值 f_y 不应取 $360N/mm^2$ 而只能取 $300N/mm^2$。这是考虑到预埋件的重要性和受力复杂性，对承受拉力这种更不利的受力状态采取的提高安全储备的措施。

同时还应注意：抗震设计时，预埋件锚筋计算的承载力抗震调整系数应取 $\gamma_{RE}=1.0$（《混凝土结构设计规范》表 11.1.6 注）。对有抗震要求的重要预埋件，不宜采用以锚固钢筋承力的形式，而宜采用锚筋穿透截面后，固定在背面锚板上的类板式双面锚固形式。

2.1.8 正确设计预制构件的吊环。

【解析】吊环是预制构件中的重要部件，其设计主要应注意以下几点：

1. 吊环应采用 HPB300 级钢筋制作，严禁使用冷加工（冷拉、冷拔、冷轧、冷扭）钢筋。这是因为吊环承受外荷载的作用，而且荷载往往还具有反复作用或动力的特性，应采用延性较好的钢材。

2. 吊环每侧钢筋埋入混凝土的深度不应小于 $30d$，并应焊接或绑扎在钢筋骨架上。吊环钢筋的锚固十分重要，过短不仅可能发生钢筋失锚拔出破坏，还可能发生连同锚固混凝土一起锥状拉脱的破坏。

3. 在构件的自重标准值作用下，每个吊环按两个截面计算的吊环应力不应大于 $65N/mm^2$。吊环应具有较多的安全储备，吊环钢筋的抗拉强度设计值应乘以折减系数。

4. 当在一个构件上设有 4 个吊环时，设计时应仅取三个吊环进行计算。这是考虑到吊索难以均衡受力，故只按三个吊环受力来承担外荷载，以策安全。

2.1.9 如何验算受弯构件的挠度？

【解析】钢筋混凝土和预应力混凝土受弯构件在正常使用极限状态下的挠度，可根据

构件的刚度用结构力学的方法计算，即

$$f = S \frac{M_q l_0^2}{B} \tag{2.1.1-1}$$

$$f = S \frac{M_k l_0^2}{B} \tag{2.1.1-2}$$

式中 f——受弯构件计算的最大挠度值；

$\quad S$——与构件上的荷载形式、支承条件有关的挠度系数，可按材料力学的方法求得；

$\quad l_0$——受弯构件计算跨的跨度；

M_q、M_k——分别为按荷载效应准永久组合、荷载效应的标准组合计算的弯矩，取计算区段内的最大弯矩值；

$\quad B$——按荷载效应标准组合并考虑荷载长期作用影响的刚度，按《混凝土结构设计规范》第 7.2.2、7.2.3、7.2.4、7.2.5 条计算。

在等截面构件中，可假定各同号弯矩区段内的刚度相等。并取用该区段内最大弯矩处的刚度。当计算跨度内的支座截面刚度不大于跨中截面刚度的两倍或不小于跨中截面刚度的二分之一时，该跨也可按等刚度构件进行计算，其构件刚度可取跨中最大弯矩截面的刚度。

由上式求得的挠度计算值不应超过表 2.1.7 的限值。

受弯构件的挠度限值   表 2.1.7

构件类型	挠度限值
吊车梁：手动吊车	$l_0/500$
电动吊车	$l_0/600$
屋盖、楼盖及楼梯构件：	
当 $l_0 < 7$m 时	$l_0/200$（$l_0/250$）
当 7m $\leqslant l_0 \leqslant 9$m 时	$l_0/250$（$l_0/300$）
当 $l_0 > 9$m 时	$l_0/300$（$l_0/400$）

注：1. 表中 l_0 为构件的计算跨度。

2. 表中括号内的数值适用于使用上对挠度有较高要求的构件。

3. 如果构件制作时预先起拱，且使用上也允许，则在验算挠度时，可将计算所得的挠度值减去起拱值；对预应力混凝土构件，尚可减去预加力所产生的反拱值。

4. 计算悬臂构件的挠度限值时，其计算跨度 l_0 按实际悬臂长度的 2 倍取用。

在进行挠度验算时，应特别注意上表中注的文字说明，例如：

有一带悬挑端的单跨楼盖梁如图 2.1.1 所示，使用上对挠度有较高要求，设计中考虑 8m 跨梁施工时按 $l_0/500$ 预先起拱，则跨中挠度的限值 $[f_1]$ 应为：

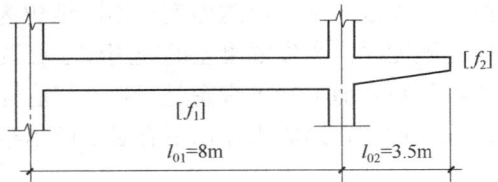

图 2.1.1 带悬臂的单跨梁

1. 由于该楼盖使用上对挠度有较高要求，故 $[f_1] = \dfrac{l_{01}}{300} = \dfrac{8000}{300} = 26.7$mm

2. 由于施工时预先起拱，则在验算挠度时，可将计算所得的挠度值减去起拱值，即

$$[f_1] = 26.7 - \frac{8000}{500} = 10.7 \text{mm}$$

悬臂自由端的挠度限值 $[f_2]$ 应为：

$$[f_2] = \frac{2l_{02}}{300} = \frac{2 \times 3500}{300} = 23.3 \text{mm}$$

2.1.10 现浇钢筋混凝土梁、板跨度为多少时应起拱？起拱值一般为多少？

【解析】《混凝土结构工程施工质量验收规范》GB 50204—2002 第 4.2.5 条规定：对跨度不小于 4m 的现浇钢筋混凝土梁、板，其模板应按设计要求起拱；当设计无具体要求时，起拱弯度宜为跨度的 1/1000～3/1000。

应注意上述起拱高度，未包括设计起拱值，而仅考虑模板本身在荷载下的挠度。为满足受弯构件梁、板的挠度限值，施工图设计时可根据构件在静载作用下可能产生的挠度值，提出预起拱的数值要求，一般可取跨度的 1/400。

2.1.11 为什么箍筋、拉筋及预埋件等不应与框架梁、柱的纵向受力钢筋焊接？

【解析】箍筋、拉筋及预埋件等不应与框架梁、柱的纵向受力钢筋焊接。这是因为梁、柱中的预埋件，大多用于和其他受力构件的连接，若预埋件仅和梁（或柱）中的某根纵向受力钢筋焊接，则在其他受力构件的荷载作用下，梁（或柱）中的这根纵向受力钢筋就可能失锚拔出或首先屈服，从而导致该梁（或柱）的破坏。

但是，若用于防雷接地的梁（或柱）中的预埋件，其作用仅是构成电路通路，并没有什么荷载，是可以与框架梁（或柱）中的纵向受力钢筋焊接的。

2.1.12 抗震设计时，为什么设防烈度为 9 度时，混凝土强度等级不宜超过 C60，设防烈度为 8 度时，混凝土强度等级不宜超过 C70？

【解析】抗震设计不仅要求构件有足够的承载能力、变形能力，还要求构件有良好的延性。混凝土强度等级对构件的延性有不容忽视的影响：混凝土强度等级对保证构件塑性铰区发挥延性能力具有重要作用：高强度混凝土具有脆性性质，且随强度等级提高而增加；同时，高强度混凝土因侧向变形系数过小而使箍筋对它的约束效果受到一定的削弱，所以，规范对不同设防烈度、不同结构构件的混凝土强度等级提出了抗震上限限值，对地震高烈度区高强度混凝土的应用作了必要的限制，即：抗震设计时，混凝土结构的混凝土强度等级，剪力墙不宜超过 C60，其他构件，9 度时不宜超过 C60，8 度时不宜超过 C70。以保证构件在地震力作用下有必要的承载力和延性。

2.1.13 抗震设计时，为什么对设计抗震等级为一、二、三级的钢筋混凝土框架纵向受力钢筋，当采用普通钢筋时，其检验所得的强度实测值提出如下要求：

1. 钢筋的抗拉强度实测值与屈服强度实测值的比值不应小于 1.25；
2. 钢筋的屈服强度实测值与屈服强度标准值的比值不应大于 1.30；
3. 钢筋最大拉力下的总伸长率实测值不应小于 9%。

【解析】抗震设计时，要求结构及构件具有较好的延性，在地震作用下当结构达到屈服后，利用结构的塑性变形吸收能量，削弱地震反应。这就要求结构在塑性铰处有足够的转动能力和耗能能力，能有效地调整构件内力，实现"强柱弱梁、强剪弱弯、更强节点、强底层柱（墙）底"的抗震设计原则。

钢筋混凝土结构及构件延性的大小，与配置其中的钢筋的延性有很大关系，在其他情况相同时，钢筋的延性好则构件的延性也好。规范规定普通纵向受力钢筋抗拉强度实测值与屈服强度实测值比值的最小值，目的是使结构某个部位出现塑性铰后，塑性铰处有足够的转动能力和耗能能力；规定钢筋屈服强度实测值与强度标准值比值的最大值，是为了有利于强柱弱梁、强剪弱弯所规定的内力调整得以实现。显然，这些对提高结构及构件的延性是十分必要和重要的。而对钢筋伸长率的要求，则是控制钢筋延性的重要性能指标。

需要注意的是：规范规定抗震设计时对钢筋的性能要求，是一、二、三级抗震等级的框架而不是一、二、三级框架结构，即不管是什么结构体系，只要其中的框架部分抗震等级为一、二、三级，其受力钢筋就应满足两个比值和一个总伸长率的要求；而对斜撑构件（含梯段），则只要是抗震设计，均应满足两个比值和一个总伸长率的要求。

结构设计时，可在结构设计文件中（一般在结构施工设计总说明中），根据规范规定明确注明此项要求，以免错漏。

《建筑抗震设计规范》第3.9.3条第2）小款为强制性条文，应严格执行。

关于钢筋的总伸长率的要求，非抗震设计时也有规定，不同的钢筋品种，在最大力下的总伸长率限值不同，详见《混凝土结构设计规范》4.2.4条规定。只是抗震设计时要求更严。

2.1.14 施工中，当缺乏设计规定的钢筋型号（规格）时，可否用强度等级较高的钢筋替代原设计中强度等级较低的钢筋或用直径较大的钢筋替代原设计中直径较小的钢筋？

【解析】混凝土结构施工中，往往因缺乏设计规定的钢筋型号（规格）而采用另外型号（规格）的钢筋代替，由于代换钢筋和被代换钢筋的牌号、强度、直径等的不同，可能会导致钢筋代换后造成构件与原设计要求不符，如挠度和裂缝宽度验算、最小配筋率、钢筋间距、保护层厚度、锚固长度等等可能不满足规范要求。所以，规范对钢筋代换作出了规定。

若用强度等级较高的钢筋替代原设计中强度等级较低的钢筋或用直径较大的钢筋替代原设计中直径较小的钢筋，一般都会使替代后的纵向受力钢筋的总承载力设计值大于原设计的纵向受力钢筋总承载力设计值，甚至会大较多。抗震设计时，这就有可能造成构件抗震薄弱部位转移，也可能造成构件在有影响的部位发生混凝土的脆性破坏（混凝土压碎、剪切破坏等）。例如将抗震设计的框架梁用强度等级较高、直径较大的纵向受力钢筋替代原设计中的钢筋，则在地震作用下，与此梁相接的框架柱有可能先出铰，而这是不符合强柱弱梁的抗震设计原则的。因此应注意替代后的纵向钢筋的总承载力设计值不应高于原设计的纵向钢筋总承载力设计值。

对施工中的钢筋代换问题，建议采取如下处理措施：

1. 非抗震设计时，应综合考虑钢筋强度和直径的改变、不同牌号的性能差异对正常使用阶段挠度和裂缝宽度验算、最小配筋率、抗震构造要求等的影响，并应满足钢筋间距、保护层厚度、锚固长度、搭接接头面积百分率及搭接长度等的要求。

2. 抗震设计时，钢筋代换除满足以上要求外，还应特别注意以下两点：

（1）等强但不超强。即 $f_{y1}A_{s1} = f_{y2}A_{s2}$。特别是水平构件（如框架梁、连梁等）的钢筋代换，只能等强而不允许超强。

举例来说，一级抗震等级框架-剪力墙结构中的框架梁柱节点处，其柱端弯矩设计值是根据节点左、右梁端按顺时针和逆时针方向计算的两端考虑地震作用组合的弯矩设计值之和的较大值乘以放大系数来确定的。就是说，地震时假如发生过大的塑性变形，应当是梁先于柱出现铰。若施工中以大直径钢筋代替小直径钢筋，加大梁的配筋而柱配筋不变，则可能会造成塑性铰的转移，造成框架柱出铰而框架梁不出铰，而这正好违背了我们的设计意图，是设计中应当避免的。

（2）等延性。比如：常用的热轧带肋钢筋比冷加工钢筋延性好，因此，即使用来代换的冷加工钢筋和被代换的热轧带肋钢筋等强，也不可以代换。

3. 结构设计时，可存结构设计文件中（一般在结构施工设计总说明中），应根据《建筑抗震设计规范》的规定，明确注明钢筋代换的要求。

《建筑抗震设计规范》将此条列为强制性条文，即抗震设计时必须严格执行，以加强对施工质量的监督和控制，实现预期的抗震设防目标。

2.1.15 如何选择合理经济的结构体系？

【解析】1. 合理经济的结构体系的选择，是一个多因素的复杂的系统工程，应从建筑、结构、施工技术条件、建材、经济、机电等各专业综合考虑。

从结构专业设计的角度出发，主要考虑以下两个方面的问题：

（1）尽可能满足建筑功能要求，一般商场、车站、展览馆、餐厅、停车库等多层房屋用框架结构较多；高层住宅、公寓、宾馆等用剪力墙结构较多；酒店、写字楼、教学楼、科研楼、病房楼等以及综合性公共建筑用框架-剪力墙结构、框架-核心筒结构较多。

（2）按结构设计要求，低层、多层建筑可选用砌体结构或钢筋混凝土结构，高层建筑可选用钢筋混凝土结构或混合结构或钢结构。对钢筋混凝土结构，一般多、高层建筑结构可根据房屋高度和高宽比、抗震设防类别、抗震设防烈度、场地类别、结构材料和施工技术条件等因素初步选择结构体系。

《高层建筑混凝土结构技术规程》JGJ 3 将钢筋混凝土高层建筑结构的房屋高度分为 A 级高度和 B 级高度。A 级高度是各结构体系比较合适的房屋高度。B 级高度比 A 级高度要高，其结构受力、变形、整体稳定、承载能力等更复杂，故其结构抗震等级、有关的计算和构造措施应相应加严，并应符合抗震规范及高规有关条文的规定。

2. 房屋的最大适用高度和高宽比

（1）最大适用高度

1）A 级高度乙类和丙类钢筋混凝土高层建筑的最大适用高度应符合表 2.1.8 的规定。

A 级高度钢筋混凝土高层建筑的最大适用高度（m）　　　　表 2.1.8

结构体系	非抗震设计	抗震设防烈度				
		6	7	8 (0.2g)	8 (0.3g)	9
框架	70	60	50	40	35	24
框架-剪力墙	150	130	120	100	80	50

结构体系		非抗震设计	抗震设防烈度				
			6	7	8 (0.2g)	8 (0.3g)	9
剪力墙	全部落地剪力墙	150	140	120	100	80	60
	部分框支剪力墙	130	120	100	80	50	不应采用
筒体	框架-核心筒	160	150	130	100	90	70
	筒中筒	200	180	150	120	100	80

2）B 级高度乙类和丙类钢筋混凝土高层建筑的最大适用高度应符合表 2.1.9 的规定。

B 级高度钢筋混凝土高层建筑的最大适用高度（m）　　　　表 2.1.9

结构体系		非抗震设计	抗震设防烈度			
			6	7	8 (0.2g)	8 (0.3g)
框架-剪力墙		170	160	140	120	100
剪力墙	全部落地剪力墙	180	170	150	130	110
	部分框支剪力墙	150	140	120	100	80
筒体	框架-核心筒	220	210	180	140	120
	筒中筒	300	280	230	170	150

3）乙类和丙类钢筋混凝土板-柱结构、板柱-剪力墙结构房屋的最大适用高度应符合表 2.1.10 的规定。

板柱结构房屋的最大适用高度（m）　　　　表 2.1.10

结构体系	非抗震设计	抗震设防烈度			
		6	7	8 (0.02g)	8 (0.3g)
板柱结构	20	—	—	—	—
板柱-剪力墙结构	110	80	70	55	40

4）乙类和丙类钢筋混凝土异形柱结构房屋的最大适用高度应符合表 2.1.11 的规定。

异形柱结构房屋的最大适用高度（m）　　　　表 2.1.11

结构体系	非抗震设计	抗震设防烈度			
		6	7 (0.10g)	7 (0.15g)	8 (0.20g)
异形柱框架	24	24	21	18	12
异形柱框架-剪力墙	45	45	40	35	28

注：1. 异形柱框架-剪力墙结构在基本振型地震作用下，当框架部分承受的地震倾覆力矩大于结构总地震倾覆力矩的 50% 时，其房屋的最大适用高度可比异形柱框架结构适当增加；
　　2. 当异型柱结构中采用少量的矩形截面框架柱时，其房屋的最大适用高度仍应按全部采用异型柱的结构确定；
　　3. 本表摘自《混凝土异形柱结构技术规程》JGJ 149—2006。

5）一点说明

① 房屋高度指室外地面至主要屋面高度，不包括局部突出屋面的电梯机房、水箱、构架等高度，对带阁楼的坡屋面应算到山尖墙的 1/2 高度处；

② 部分框支剪力墙结构指地面以上有部分框支剪力墙的剪力墙结构；

③ 平面和竖向均不规则的建筑，表 2.1.8、表 2.1.9、表 2.1.10、表 2.1.11 中数值应适当降低；一般减少 10% 左右。对部分框支剪力墙结构，表 2.1.8、表 2.1.9 中已考虑了框支剪力墙结构的不规则性而降低了其最大适用高度，故此处的"平面和竖向均不规则的高层建筑"，是指框支层以上还存在平面和竖向均不规则，此时，应在表 2.1.8、表 2.1.9 的基础上再适当降低其最大适用高度；

④ A 级高度高层建筑结构的甲类建筑，6、7、8 度抗震设防时宜按本地区抗震设防烈

度提高 1 度后符合表 2.1.8、表 2.1.10 的要求，9 度时应专门研究；

⑤ A 级高度的框架结构、板柱-剪力墙结构以及 9 度抗震设防的表列其他结构房屋高度超过表 2.1.8、表 2.1.10 数值时，结构设计应有可靠依据，并采取有效措施；

⑥ B 级高度高层建筑结构甲类建筑，6、7 度时宜按本地区设防烈度提高一度后符合表 2.1.9 的要求，8 度时应专门研究；

⑦ 底部带转换层的筒中筒结构 B 级高度高层建筑，当外筒框支层以上采用由剪力墙构成的壁式框架时，其最大适用高度比表 2.1.9 规定的数值适当降低；底部带抽柱转换的异形柱结构，房屋的最大适用高度应比表 2.1.11 规定的数值适当降低；

⑧ B 级高度高层建筑结构当房屋高度超过表 2.1.9 中数值时，结构设计应有可靠依据，并采取有效措施；

⑨ 上述各表中的最大适用高度，不适用于具有多塔、连体、错层等不规则的复杂结构。

6）这里的最大适用高度，是指根据上述各表确定建筑的结构体系，按现行规范、规程的各项规定进行设计时，结构选型是合适的。如果所设计的建筑结构房屋高度超过了上述各表的规定，仍按现行规范、规程的有关规定设计，则不一定完全合适。此时，应经过论证、分析，采取更加有效、可靠的设计措施。对抗震设计的高层建筑，还应按规定报请有关部门审查通过。

2010 版《高层建筑混凝土结构技术规程》、《建筑抗震设计规范》增加了 8 度设计基本地震加速度值为 0.3g 抗震设防区的房屋适用高度内容；局部调整了房屋最大适用高度的要求，框架结构高度适当降低，板柱-剪力墙结构高度增大较多。新版《高层建筑混凝土结构技术规程》和《建筑抗震设计规范》也有一些区别，例如，对部分框支剪力墙结构的定义不同。2010 版《高层建筑混凝土结构技术规程》规定：部分框支剪力墙结构指地面以上有部分框支剪力墙的剪力墙结构；而《建筑抗震设计规范》规定：部分框支抗震墙结构指首层或底部两层为框支层的结构。

（2）高宽比

1）钢筋混凝土高层建筑结构的高宽比不宜超过表 2.1.12 的数值。

钢筋混凝土高层建筑结构适用的最大高宽比　　　　　　　　　　表 2.1.12

结构体系	非抗震设计	抗震设防烈度		
		6 度、7 度	8 度	9 度
框架	5	4	3	—
板柱-剪力墙	6	5	4	—
框架-剪力墙、剪力墙	7	6	5	4
框架-核心筒	8	7	6	4
筒中筒	8	8	7	5

和 2002 版《高层建筑混凝土结构技术规程》相比，2010 版《高层建筑混凝土结构技术规程》将 A 级高度与 B 级高度的适用高宽比限值进行了合并处理，不再强调"最大高宽比"概念；将筒中筒结构和框架-核心筒结构的高宽比限值分开规定，适当提高了筒中筒结构的适用高宽比。

2）异形柱结构房屋的高宽比不宜超过表 2.1.13 的数值。

无论采用何种结构体系，都应使结构具有合理的刚度和承载能力，避免产生软弱层或薄弱层，保证结构的稳定和抗倾覆能力；应使结构具有多道防线，提高结构和构件的延性，增强其抗震能力。

异形柱结构房屋的最大高宽比   表 2.1.13

结构体系	非抗震设计	抗震设计			
		6 度	7 度		8 度
		0.05g	0.10g	0.15g	0.20g
异形柱框架	4.5	4	3.5	3	2.5
异形柱框架-剪力墙	5	5	4.5	4	3.5

注：本表摘自《混凝土异形柱结构技术规程》JGJ 149—2006。

2.1.16 如何确定建筑物的高宽比？

【解析】高层建筑规定房屋的高宽比，是对结构整体刚度、抗倾覆能力、整体稳定、承载能力以及经济合理性的宏观控制，是保证结构在水平力作用下满足稳定性要求的措施之一。在结构设计按规范规定满足承载力、稳定、抗倾覆、变形和舒适度等基本要求后，仅从结构安全角度来讲，高宽比限值不是必须满足的，而主要影响结构设计的经济性。

1. 《高层建筑混凝土结构技术规程》对房屋高宽比的规定，是长期工程经验的总结，从目前大多数高屋建筑看，这一限值是各方面都可以接受的，也是比较经济合理的。只要有可能，工程设计应尽可能满足这个规定。

2. 当建筑物由于功能需要，房屋的高宽比不满足规范的要求时，如果结构设计满足承载力、稳定、抗倾覆、变形和舒适度等基本要求，那么，高宽比不是必须满足的要求，也不是判别结构规则与否并作为超限高层建筑抗震专项审查的一个指标。注意规范的用词是"不宜超过"。实际工程已有一些超过高宽比限值的例子（如上海金茂大厦88层420m，高宽比为 7.6；深圳地王大厦，81 层 320m，高宽比为 8.8）。当超过限值时，应对结构进行更准确更符合实际受力状态的计算分析和采取切实可靠的构造措施。

3. 对高宽比超过《高层建筑混凝土结构技术规程》规定的建筑结构、应特别强调结构稳定性的验算。若为抗震设计，必要时可验算结构在设防烈度地震作用下的稳定性，若为非抗震设计，可考虑适当加大基本风压验算结构在风荷载作用下的稳定性。

4. 计算高宽比时的房屋高度，对不带裙房的高层建筑，是指室外地面至主要屋面高度，不包括突出屋面的电梯机房、水箱、构架等高度；对带有裙房的高层建筑，当裙房的面积和刚度相对于其上部塔楼的面积和刚度较大时（笔者建议可取面积不小于 2.5 倍，刚度不小于 2.0 倍），宜取裙房以上部分的房屋高度。

在复杂体形的高层建筑中，如何计算建筑平面的宽度是比较难以确定的问题。对矩形平面的高层建筑，一般情况取结构平面所考虑方向的最小水平投影宽度，对突出建筑物平面很小的局部结构（如楼梯间、电梯间、阳台等），一般不计入建筑物的房屋宽度。

对 L 形、Ⅱ 形等平面，若平面上伸出的长宽比不大于 3，不应以伸出的宽度作为建筑物计算宽度（图 2.1.2a、图 2.1.2b）；

对口形平面，若 a/b 不大于 6，不应以 b 作为建筑物计算宽度（图 2.1.2c）；

对弧形建筑平面，不应以弧形的径向宽度作为建筑物计算宽度（图 2.1.2d），此时应根据具体情况，一般建筑物的计算宽度应大于弧形的径向宽度。

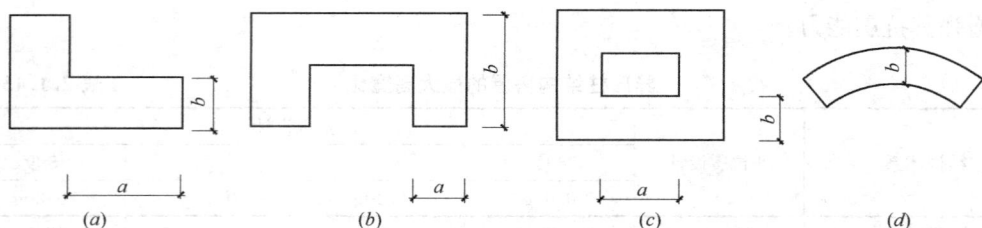

图 2.1.2　部分复杂建筑平面示意

带有裙房的高层建筑，当裙房的面积和刚度相对于其上部塔楼的面积和刚度较大时（建议面积为 2.5 倍，刚度为 2.0 倍），宜取裙房以上部分的房屋高度和宽度计算高宽比。

大底盘结构的高宽比，可对整个结构和底盘上的塔楼部分分别进行计算。

对于不宜采用最小投影宽度计算高宽比的情况，应根据工程实际确定合理的计算方法。

《广东省实施〈高层建筑混凝土结构技术规程〉（JGJ 3—2002）补充规定》提出："当建筑平面非矩形时，可取平面的等效宽度 $B = 3.5r$，r 为建筑平面（不计外挑部分）最小回转半径"，$i = \sqrt{\dfrac{I}{A}}$。可供参考。

2.1.17　如何界定建筑结构的不规则？

【解析】1. 下列情况之一应视为平面不规则：

（1）结构的平面尺寸超过表 2.1.14 的限值（图 2.1.3）

L、l 的限值　　　　　　　　　　　　　　　　　　　表 2.1.14

设防烈度	L/B	L/B_max	l/b
6、7 度	≤6.0	≤0.35	≤2.0
8、9 度	≤5.0	≤0.30	≤1.5

注：L 为建筑物总长度。

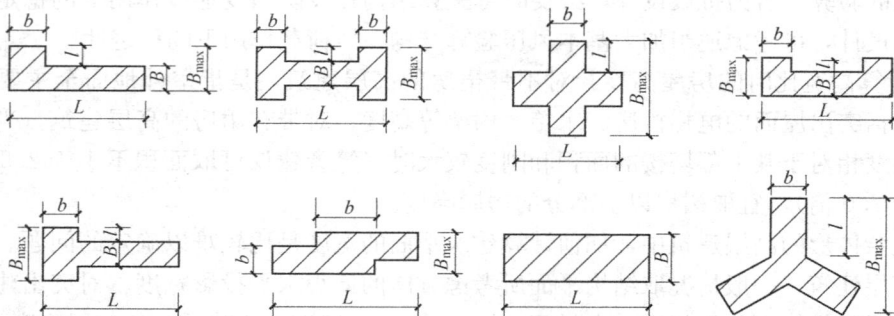

图 2.1.3　结构平面尺寸的限值

建筑平面不宜采用角部重叠或细腰形平面。

角部重叠和细腰形的平面图形，在中央部位形成狭窄部分，地震时容易产生震害，尤其在凹角部位，因为应力集中容易使楼板开裂、破坏，不宜采用。如采用，这些部位应采取加大楼板厚度、增加板内配筋、设置集中配筋的边梁、配置 45°斜向钢筋等方法予以加强。

上海市《超限高层建筑工程抗震设计指南》规定：结构平面为角部重叠的平面图形或细腰形的平面图形，其中，角部重叠面积小于较小一边的 25%（图 2.1.4a 中的阴影部分），细腰形平面中部两侧收进超过平面宽度 50%（图 2.1.4b），为特别不规则的高层建筑。可供参考。

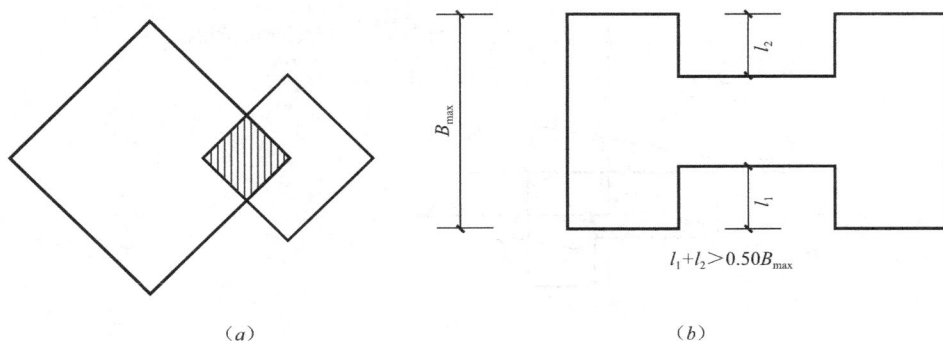

图 2.1.4　对抗震不利的建筑平面
(a) 结构平面角部重叠示意图；(b) 结构平面细腰形示意图

（2）楼板局部不连续

楼板的尺寸和平面刚度急剧变化，有效楼板宽度小于该层楼板典型宽度的 50%，或开洞面积大于该层楼面面积的 30%；在扣除凹入或开洞后，楼板在任一方向的最小净宽度小于 5m，且开洞后每一边的楼板净宽度小于 2m；或较大的楼层错层，错层面积大于该层总面积的 30%。

（3）扭转不规则

在考虑偶然偏心影响的规定水平地震力作用下，楼层竖向构件最大的水平位移和层间位移，A 级高度高层建筑不宜大于该楼层平均值的 1.2 倍；B 级高度高层建筑、超过 A 级高度的混合结构及《高层建筑混凝土结构技术规程》第 10 章所指的复杂高层建筑不宜大于该楼层平均值的 1.2 倍（图 2.1.5）。

高层建筑结构当偏心率较小时，结构扭转位移比一般能满足规范规定的限值，但其周期比有的会超过限值，必须使位移比和周期比都满足限值，使结构具有必要的抗扭刚度，保证结构的扭转效应较小。因此，对高层建筑，《高层建筑混凝土结构技术规程》规定：结构扭转为主的第一自振周期 T_t 与平动为主的第一自振周期 T_1 之比，A 级高级高层建筑不应大于 0.9，B 级高度高层建筑、超过 A 级高度的混合结构及《高层建筑混凝土结构技术规程》第 10 章所指的复杂高层建筑不应大于 0.85。

当结构的偏心率较大时，如结构扭转位移比能满足规范规定的上限值，则周期比一般都能满足限值。

应注意，最大水平位移和平均水平位移值，均应取楼层中同一轴线两端的竖向构件，不应计入楼板的悬挑端。

2. 下列情况之一应视为竖向不规则：

（1）立面局部收进或外挑

当结构上部楼层收进部位到室外地面的高度 H_1 与房屋高度 H 之比大于 0.2 时，除顶

99

层外，上部楼层局部收进后的水平尺寸 B_1 小于相邻下一楼层水平尺寸 B 的 0.75 倍，见图 2.1.6 (a)、(b)。

当上部结构楼层相对于下部楼层外挑时，下部楼层的水平尺寸 B 小于上部楼层水平尺寸 B_1 的 0.9 倍，或水平外挑尺寸 a 大于 4m，见图 2.1.6 (c)、(d)。

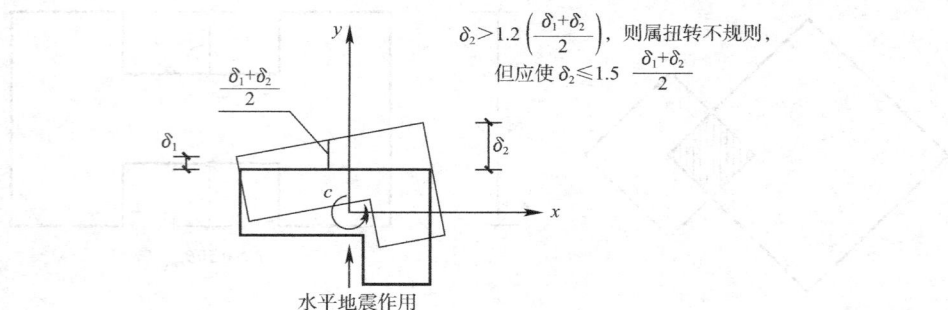

图 2.1.5 建筑结构平面的扭转不规则示例

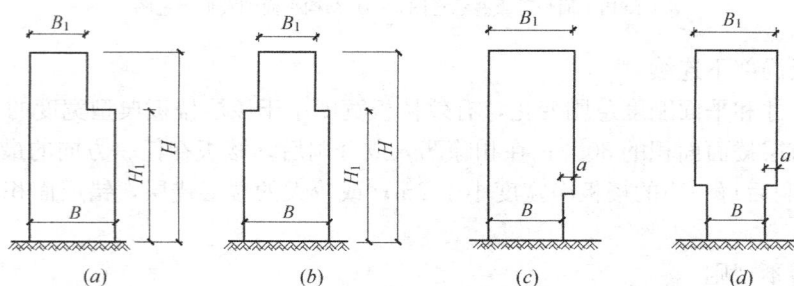

图 2.1.6 结构竖向收进和外挑示意

（2）侧向刚度有突变

楼层侧向刚度小于相邻上部楼层侧向刚度的 70%，或小于其上相邻三层侧向刚度平均值的 80%。

（3）竖向抗侧力构件不连续

竖向抗侧力构件（柱、剪力墙、抗震支撑）的内力由水平转换构件（梁、桁架等）向下传递及其他竖向传力不直接的情况。

体型复杂沿高度方向存在薄弱层或软弱层（部位），相邻楼层质量差别大于 50% 以上。

（4）楼层承载力突变

A 级高度高层建筑的楼层层间抗侧力结构的受剪承载力小于其上一层受剪承载力的 80%；B 级高度高层建筑的楼层层间抗侧力结构的受剪承载力小于其上一层受剪承载力的 75%。

2.1.18 位移比的计算应注意什么？

【解析】1. 由图 2.1.5 可知，结构扭转位移比的定义是基于楼板在水平力作用下为刚体转动。但实际工程中楼板总是要开洞的，一般认为：在水平力作用下，如果开有洞口的楼盖周边两端位移不超过平均位移的 2 倍，可称为刚性楼盖，而不是刚度无限大；如超过 2 倍则属于弹性楼盖。计算扭转位移比时，楼盖刚度可按实际情况确定而不限于强制假定楼板刚度无限大。

2. 扭转位移比计算时，楼层的位移不采用各振型位移的 CQC 组合计算，而采用"规定水平力"计算，由此得到的位移比与楼层扭转效应之间存在明确的相关性。可避免有时 CQC 计算的最大位移出现在楼盖边缘的中部而不在角部，而且对刚性楼盖、分块刚性楼盖和弹性楼盖均可采用相同的计算方法处理。

规定水平力的换算原则：每一楼面处的水平作用力取该楼面上、下两个楼层的地震剪力差的绝对值；连体下一层的总水平作用力可按该层各塔楼的地震剪力大小进行分配，计算出各塔楼在该层的水平作用力。但验算结构楼层位移和层间位移控制值时，仍采用 CQC 的效应组合。

3. 考虑结构地震动力反应过程中可能由于地面扭转运动、结构实际的刚度和质量分布相对于计算假定值的偏差以及在弹塑性反应过程中各抗侧力结构刚度退化程度不同等原因引起的扭转反应增大；特别是目前对地面运动扭转分量的强震实测记录很少，地震作用计算中还不能考虑输入地面运动扭转分量。因此，无论是高层建筑还是多层建筑，都应考虑偶然偏心。偶然偏心大小的取值，一般情况下可采用该方向最大尺寸的 5%，当平面形状复杂、竖向抗侧力构件的布置变化较大时，宜根据具体情况进行调整。

2.1.19 如何判别扭转不规则？

【解析】1. 当采用刚性楼盖假定计算时，计算位移比可作为判别结构扭转规则性的依据。

2. 当采用弹性楼盖假定计算时，楼层上某竖向构件的最大水平位移或层间位移对该楼层水平位移或层间位移平均值的比值小一定能真实反映该楼层的扭转效应。故应对计算出的位移比作具体分析，以判断结构的扭转规则性。

例如：图 2.1.7 中，结构平面外轮廓为 ABCDEFA，其中 ABGFA 楼板开大洞，按弹性楼盖假定计算位移比。计算结果显示：某层柱 A 的顶点水平位移在本层中最大为 30mm（从 F 点到 F'点），而板块 BCDEFGB 水平位移很小，也较均匀，故楼层水平位移平均值仅为 20mm，则其计算位移比为 30/20＝1.5。从计算结果看，似乎是结构扭转效应很大。但实际情况并非如此，整个结构不但扭转不大，水平侧移也不大，只是个别点（柱 A 等）水平位移过大。此时，不应判定本层扭转不规则，而是需对柱 A 等构件深入分析；承载能力是否满足要求？变形是否超限？甚至构件是否有较大的弹塑性变形、破坏等等。并以此对结构竖向构件的布置进行必要的调整。

3. 注意到位移比是楼层竖向构件最大的水平位移或层间位移对该楼层水平位移或层间位移平均值的比值，是一个相对值。当楼层竖向构件最大的水平位移或层间位移很小时，即使楼层的扭转位移比较大，其实际的扭转变形也不会很大，结构也不会因为位移比的数值较大而出现扭转破坏。比如说：一个结构抗侧力刚度很大的多层建筑，刚性楼板，其顶层竖向构件最大的水平位移为 6mm，该楼层水平位移的平均值为 3mm，则其位移比为 2.0，大大超过规范的限值，但对结构来说，这样的变形是不致使结构产生破坏的。所

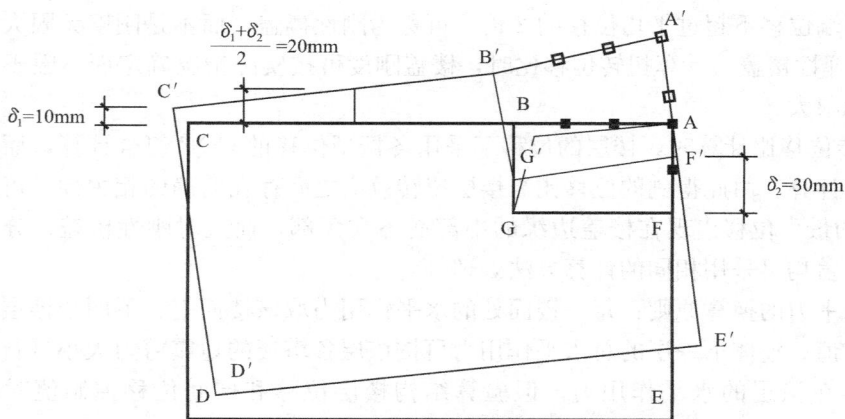

图 2.1.7　楼板开大洞时楼层位移比的确定

以，规范又规定：最大层间位移很小时，位移比限值可适当放宽。

　　规范对"适当放宽"的具体规定有区别：《高层建筑混凝土结构技术规程》规定：当楼层的最大层间位移角不大于本规程第 3.7.3 条规定的限值的 0.4 倍时，该楼层竖向构件的最大水平位移和层间位移与该楼层平均值的比值可适当放松，但不应大于 1.6。而《建筑抗震设计规范》规定：当最大层间位移远小于规范限值时，可适当放宽。《高层建筑混凝土结构技术规程》是"最大层间位移角"很小，而《建筑抗震设计规范》是"最大层间位移"很小；《高层建筑混凝土结构技术规程》的规定很具体，量化；而《建筑抗震设计规范》仅是原则规定，是概念。

　　位移比限值适当放宽的条件，笔者认为采用"最大层间位移角"比"最大层间位移"似乎更确切一些。因为层间位移角是层间位移对层高的比值，反映了层高的影响，通过在最大层间位移角条件下的位移比大小，可以了解竖向构件水平侧移及扭转变形的大小。

　　放宽的幅度，《高层建筑混凝土结构技术规程》要求层间位移角不大于限值的 0.4 倍时扭转位移比才仅可放宽到 1.6，笔者认为：这对高层建筑是合适的，但对多层建筑结构，由于层数少、结构高度低，水平侧移一般都不大，顶点位移也不大。在满足结构构件承载能力的情况下，位移比可酌情放宽至 1.8，当层间位移角更小时，还可酌情再放宽。所以，《建筑抗震设计规范》的原则规定倒是很合适的：对实际工程作具体分析，确定位移比的取值，避免结构出现较大的扭转效应。

　　4. 扭转不规则的判断，还可依据楼层质量中心和刚度中心的距离用偏心率的大小作为参考方法。

2.1.20　如何进行楼盖结构选型？

　　【解析】楼盖对于建筑结构特别是高层建筑结构的作用是非常重要的。（1）承受竖向荷载，并有效传递给梁、柱、墙，直至基础。（2）楼盖相当于水平隔板，提供足够的面内刚度，聚集和传递水平荷载到各个竖向抗侧力子结构，使整个结构协同工作。特别是当竖向抗侧力子结构布置不规则或各抗侧力子结构水平变形特征不同时，楼盖的这个作用更显得突出和重要。（3）连接各楼层水平构件和竖向构件，维系整个结构，保证结构具有很好的整体性，保证结构传力的可靠性。

因此，建筑结构的楼盖造型应符合下列规定：

1. 房屋高度超过50m时，框-剪、筒体及复杂高层建筑结构应采用现浇楼盖，剪力墙结构和框架结构宜采用现浇楼盖。

2. 房屋高度不超过50m时，8、9度抗震设计的框-剪结构宜采用现浇楼盖；6、7度抗震设计的框-剪结构可采用装配整体式楼盖，但应采取构造措施，保证楼板的整体性及刚度，满足楼板刚度无限大的假定。

（1）每层宜设现浇层，现浇层厚度不应小于50mm，混凝土强度等级不应低于C20，并应双向配置直径6~8mm、间距150~200mm的钢筋网，钢筋应锚固在剪力墙内。楼面现浇层应与预制板缝混凝土同时浇筑。

（2）要拉开板缝，板缝宽度不小于40mm，配置板缝钢筋，并宜贯通整个结构单元，板缝用高强度混凝土填缝，必要时可以设置现浇板带。

唐山地震（1976年）震害调查表明：提高装配式楼盖的整体性，可以减少在地震中预制楼板坠落伤人的震害。加强填缝是增强装配式楼板整体性的有效措施。为保证板缝混凝土的浇筑质量，板缝宽度不应过小。在较宽的板缝中配置钢筋，形成板缝梁，能有效地形成现浇与装配结合的整体楼盖，效果显著。

3. 板柱-剪力墙结构和筒体结构均应采用现浇楼盖。

4. 重要的、受力复杂的楼板，应比一般层楼板有更高的要求。屋顶、转换层楼板以及开口过大的楼板应采用现浇板以增强其整体性。顶层楼板加厚可以有效约束整个高层建筑，使其能整体空间工作。转换层楼板要在平面内完成上层结构内力向下层结构的转移，楼板在平面内承受较大的内力，应当加厚。

5. 采用预应力平板可以减小楼面结构高度，压缩层高并减轻结构自重；大跨度平板可以增加使用空间，容易适应楼面用途改变。预应力平板近年来在高层建筑楼面结构中应用比较广泛。

普通高层建筑楼盖结构选型可按表2.1.15确定。

普通高层建筑楼盖结构选型　　　　　　　　　　表2.1.15

结构体系	房屋高度	
	不大于50m	大于50m
框架	可采用装配式楼面（灌板缝）	宜采用现浇楼面
剪力墙	可采用装配式楼面（灌板缝）	宜采用现浇楼面
框架-剪力墙	宜采用现浇楼面 可采用装配整体式楼面（灌板缝加现浇面层）	应采用现浇楼面
板柱-剪力墙	应采用现浇楼面	—
框架-核心筒和筒中筒	应采用现浇楼面	应采用现浇楼面

2.1.21 楼板开有大洞口或有较大凹入，使结构成为平面不规则结构时，应采取哪些加强措施？

【解析】由于建筑功能要求，楼板有较大凹入或开有较大洞口而使结构成为平面不规则，除会使楼板平面内的刚度减弱外，还造成凹口或洞口分开的各部分间连接变弱，不能很好地传递水平力。同时，凹角附近也容易产生应力集中，地震时常会在这些部位产生较严重的震害。

为保证结构具有很好的整体性，使整个结构协同工作，应采取相应的措施予以加强。

楼板开大洞削弱后，可采取以下构造措施（图 2.1.8）：

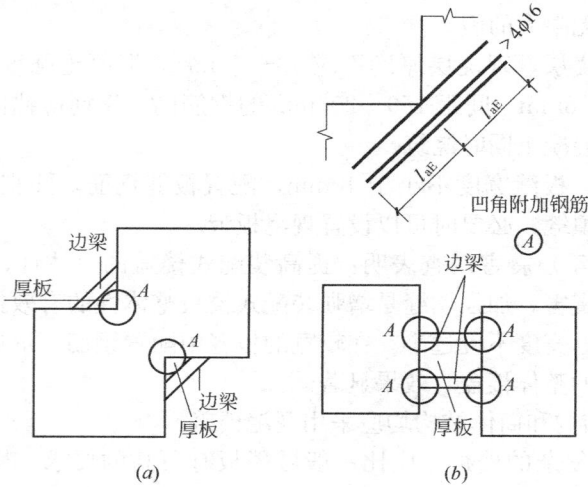

图 2.1.8　楼板开洞后加强措施（一）

1. 加厚洞口附近楼板，提高楼板的配筋率，采用双层双向配筋，每层、每向配筋率不宜小于 0.25%；

2. 洞口边缘设置边梁、暗梁；暗梁宽度可取板厚的 2 倍，纵向钢筋配筋率不宜小于 1.0%；

3. 在楼板洞口角部集中配置斜向钢筋。

艹字形、井字形平面等楼板有较大的凹入时的加强措施主要有（图 2.1.9）：

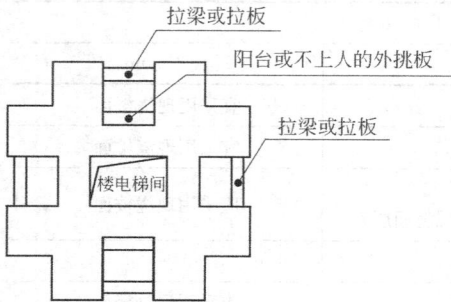

图 2.1.9　楼板开洞后加强措施（二）

1. 设置拉梁或拉板，且宜每层均匀设置。拉板厚取 250～300mm，按暗梁的配筋方式配筋。拉梁、拉板内纵向钢筋的配筋率不宜小于 1.0%。纵向受拉钢筋不得搭接，并锚入支座内不小于 l_{aE}。

2. 设置阳台板或不上人的外挑板，板厚不宜小于 180mm，双层双向配筋，每层、每向配筋率不宜小于 0.25%，并按受拉钢筋锚固在支座内。

3. 凹角部位增配斜向钢筋。

当中央部分楼、电梯间使楼板有较大削弱时，应将楼、电梯间周边楼板加厚并加强配筋，加强连接部位墙体的构造措施。

此外，这时应在设计中考虑楼板削弱产生的不利影响。如在结构分析中根据开洞情况考虑采用弹性楼板模型等。

当楼板开洞等超过《高层建筑混凝土结构技术规程》第 3.4.6 条的规定，甚至一幢楼的两部分仅靠一狭窄的板带连接，此时尽管在设计中考虑楼板削弱产生的不利影响（包括结构分析和构造加强），但仍按一个结构单元进行设计是不妥的。在地震作用下，连接板带很快会产生裂缝，早早进入塑性状态。这时，宜将两部分分别按大底盘双塔连接和分开为两个独立的结构单元模型计算，各自都应符合承载力和变形要求，在考虑两者的最不利情况下采取相应的连接措施。

2.1.22 怎样理解"建筑各区段的重要性有显著不同时，可按区段划分抗震设防类别"？

【解析】《建筑工程抗震设防分类标准》第 3.0.1 条第 4 款规定：建筑各区段的重要性有显著不同时，可按区段划分抗震设防类别。下部区段的类别不应低于上部区段。同时指出：区段指由防震缝分开的结构单元、平面内使用功能不同的部分或上下使用功能不同的部分。即"区段"有两个含义：（1）有防震缝分开的结构单元；（2）平面内使用功能不同的部分、上下使用功能不同的部分。因此：

1. 不同的结构单元，各结构单元独立承担地震作用，彼此之间没有相互作用；地震作用下两结构单元同时破坏的可能性很小。并且一般情况下各结构单元有单独的疏散出入口，符合相关规定对人员疏散的有关规定，人流疏散较为容易。当建筑物各结构单元的重要性有显著不同时，可按各结构单元划分抗震设防类别。例如：高层建筑带裙房、两者用结构缝隔开，成为两个独立的结构单元。高层部分为住宅楼，裙房部分为商场，则可根据各结构单元的具体情况，分别划分其抗震设防类别。

但是，当各结构单元疏散出入口设置较少或设置不当，甚至两个结构单元公用疏散出入口，造成"人流密集"，疏散有一定难度，则即使设置了结构缝，也不宜按各结构单元划分抗震设防类别，而应以具有相同功能的整个建筑物划分抗震设防类别。

2. 同一结构单元，无论是平面内使用功能不同的部分或上下使用功能不同的部分，当其重要性有显著不同时，应按其重要性的不同分别划分为不同的抗震类别。例如：带大底盘的商住楼，下部为大型商场，上部为住宅，则可根据建筑上下部分的具体情况，分别划分抗震设防类别。此时有可能下部商场为乙类而上部住宅仅为丙类。同时宜将与下部商场相邻的上部住宅二层范围适当加强。但需要注意：当上部结构为乙类时，则其下部结构不论是什么情况，也应为乙类。

2.1.23 如何确定建筑结构的抗震设防标准？

【解析】1. 建筑结构的抗震设计包含两大内容：
（1）结构抗震验算
① 地震作用的计算。主要内容见《建筑抗震设计规范》第 5 章第 1、2、3 节。
② 截面抗震验算（构件承载力计算）及抗震变形验算。主要内容见《建筑抗震设计规范》第 5 章第 4、5 节。
（2）抗震措施
① 抗震构造措施：根据抗震概念设计原则，一般不需计算需对结构和非结构各部分必须采取的各种细部要求。如构件的配筋要求、延性要求、锚固长度等。主要内容见《建

筑抗震设计规范》第6、7、8各章除第1、2节外的各节及第9、10章的相关内容。

②其他抗震措施：除抗震构造措施以外的抗震措施，如结构体系的确定、结构的高宽比、长宽比、结构布置、相关构件的内力调整等。主要内容见《建筑抗震设计规范》第6、7、8各章的第1、2节及第9、10章的相关内容。

适当的抗震设防标准，既能合理使用建筑投资，又能达到抗震安全的要求。上述抗震设计内容中，地震作用计算所依据的是抗震设防烈度、抗震设防类别，抗震措施则是通过抗震等级来体现的，而确定抗震等级依据的是抗震设防烈度、抗震设防类别、建筑场地类别。建筑结构根据抗震设防烈度、抗震设防类别、建筑场地类别等不同，其抗震设防标准也不同。

2. 建筑工程抗震设防标准见表2.1.16。

建筑工程抗震设防标准 表 2.1.16

抗震设防类别	分类标准	抗震设计			
		地震作用		抗震措施	
特殊设防类（简称甲类）	使用上有特殊设施，涉及国家公共安全的重大建筑工程和地震时可能发生严重次生灾害等特别重大灾害后果，需要进行特殊设防的建筑	高于本地区设防烈度的要求，按批准的地震安全性评价结果确定①		6、7、8度	按提高1度的要求确定
				9度	比9度更高的要求②
重点设防类（简称乙类）	地震时使用功能不能中断或需尽快恢复的生命线相关建筑，以及地震时可能导致大量人员伤亡等重大灾害后果，需要提高设防标准的建筑	本地区设防烈度的要求④		6、7、8度	按提高1度的要求确定③
				9度	比9度更高的要求②
标准设防类（简称丙类）	大量的除甲、乙、丁三种类别外按标准要求进行设防的建筑	本地区设防烈度的要求④		按本地区设防烈度的要求确定	
适度设防类（简称丁类）	使用上人员稀少且震损不致产生次生灾害，允许在一定条件下适度降低要求的建筑	7、8、9度	本地区设防烈度的要求	7、8、9度	按本地区设防烈度的要求适当降低（不是降低1度）
		6度	不验算	6度	不应降低

①提高幅度应专门研究，并按规定权限审批。不一定都提高1度。

②比9度更高的要求：经过讨论研究在一级的基础上对重要部位和重要构件进行加强，不一定全部按特一级进行设计。

③对较小的乙类建筑，当其结构改用抗震性能较好的结构类型时，应仍允许按本地区抗震设防烈度要求采取抗震措施，如工矿企业的变电所、空压站、水泵房及城市供水水源的泵房，当为丙类建筑时，多为砌体结构，当为乙类建筑时，若改用钢筋混凝土结构或钢结构，则可仍按本地区抗震设防烈度要求采取抗震措施。

④6度时不规则建筑结构、建造于Ⅳ类场地上较高的高层建筑结构，应按本地区设防烈度要求进行地震作用计算，其他情况的多层建筑可不进行抗震验算。

建筑场地类别还影响抗震措施里面的抗震构造措施，具体是：

(1) Ⅰ类场地时，甲类、乙类建筑的抗震构造措施应允许按本地区设防烈度要求确定，除6度外丙类建筑的抗震构造措施应允许按本地区设防烈度要求降低一度确定，但相应的计算要求均不应降低。

(2) 建筑场地为Ⅲ、Ⅳ类时，对设计基本地震加速度为0.15g和0.30g的地区，除规范另有规定外，宜分别按抗震设防烈度8度（0.20g）和9度（0.40g）时各类建筑的要求采用抗震构造措施。对丙类建筑，一般情况下提高一度。对乙类建筑的抗震构造措施也需分别比8度和9度提高，但不必再提高一度，只需再适当提高。

2.1.24 抗震设防烈度为 8 度、设防类别为乙类的高层建筑结构的抗震等级如何确定？

【解析】抗震设防类别为乙类的高层建筑，其抗震等级应按本地区抗震设防烈度提高一度的要求确定。当抗震设防烈度为 8 度时，则应按 9 度查《建筑工程抗震设计规范》表6.1.2 确定。但《建筑工程抗震设计规范》表 6.1.2 是丙类建筑的抗震等级表，9 度时的高度限值远小于《建筑工程抗震设计规范》表 6.1.1 乙类和丙类高层建筑的最大适用高度。这就可能造成抗震设防烈度为 8 度、满足《抗震规范》表 6.1.1 最大适用高度的乙类高层建筑，无法按 9 度查《建筑工程抗震设计规范》表 6.1.2 来确定其抗震等级。举例来说：结构高度为 75m 的框架-剪力墙结构，抗震设防烈度为 8 度，设防类别为乙类，抗震等级按 9 度确定。但《建筑工程抗震设计规范》表 6.1.2 框架-剪力墙结构只能确定 9 度、结构高度为 50m 以下框架-剪力墙结构的抗震等级为一级。结构高度为 75m 时则无法从表中查得。

《建筑工程抗震设计规范》第 6.1.3 条第 4 款明确指出"8 度乙类建筑高度超过表6.1.2 规定的范围时，应经专门研究采取比一级更有效的抗震措施"。根据这个精神，本工程的抗震构造措施应比一级适当提高。提高的幅度，应考虑结构高度、场地类别和地基条件、建筑结构的规则性以及框架部分承担的地震倾覆力矩的大小等情况。这就是专门研究的含义。即经过讨论研究在一级抗震等级的基础上对重要部位和重要构件（不是全部构件）进行加强，按特一级进行设计。但有关抗震设计的内力调整系数不必提高。

2.1.25 主楼、裙房连为一体为一个结构单元，如何确定裙房部分抗震等级？

【解析】1. 裙房的抗震等级，除按裙房本身确定外，相关范围不应低于主楼的抗震等级（图 2.1.10a）。此"相关范围"《高层建筑混凝土结构技术规程》规定为：一般指主楼周边外延三跨的裙房结构；《建筑抗震设计规范》规定为：一般可从主楼周边外延三跨且不小于20m；《混凝土结构设计规范》规定为：一般是指主楼周边外扩不小于三跨的裙房范围。

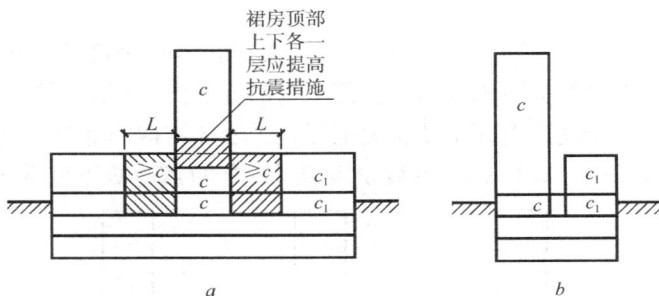

图 2.1.10 裙房部分抗震等级的确定

c—表示主楼部分（结构单元）抗震等级；c_1—表示裙房部分（结构单元）抗震等级；L—相关范围。

笔者认为："相关范围"应当与上部结构高度有关。当主楼高度不高，可以取少一些，当主楼高度很高时，根据工程具体情况，也可取四跨甚至五跨。按《混凝土结构设计规范》取不少于三跨较为合理。

相关部分范围以外可按裙房自身的结构类型确定其抗震等级。

2. 裙房与主楼相连，主楼结构在裙房顶板对应的上、下各一层受刚度与承载力突变影响较大，抗震构造措施需要适当加强抗震构造措施。

首先是要加强主楼与裙房的整体性，如适当加大楼板的厚度和配筋率，必要时采用双层双向配筋等；当上、下层刚度变化较大，属于竖向不规则结构时，其薄弱层的地震剪力应按规范乘以不小于 1.15 的增大系数（2.1.10a）。

3. 对于偏置裙房，其端部的扭转效应很大，需要加强，建议至少比按裙房自身结构类型确定的抗震等级提高一级。

4. 当主楼和裙房由防震缝分开始，主楼和裙房为各自独立的结构单元，应分别按各自的结构体系、高度等确定其抗震等级（图 2.1.10b）。

2.1.26 如何确定地下室的抗震等级？

【解析】地下室结构的抗震等级宜根据不同情况确定：

1. 抗震设计的多层和高层建筑，当地下室顶层作为上部结构的嵌固端时，地下一层相关范围内的抗震等级应按上部结构采用，相关范围内地下一层以下结构抗震构造措施的抗震等级可逐层降低一级，但不应低于四级，详见表 2.1.17。甲、乙类建筑抗震设防烈度为 9 度时应专门研究。

地下室顶层作为上部结构嵌固端时地下室结构的抗震等级 　　　表 2.1.17

地下室层次	确定抗震等级的设防烈度			
	6 度	7 度	8 度	9 度
地下一层	同上部结构	同上部结构	同上部结构	同上部结构
地下二层及以下各层	逐层降低一级，但不应低于四级			

2. 对于地下室顶层确实不能作为上部结构嵌固部位需嵌固在地下其他楼层时，实际嵌固部位所在楼层及其上部的地下室楼层（与地面以上结构对应的部分）的抗震等级，可取为与地上结构相同或根据地下结构的有利情况适当降低（不超过一级）。以下各层可根据具体情况逐层降低一级。

3. 当地下室为大底盘，其上有多个独立的塔楼时，若嵌固部位在地下室顶板，地下一层高层部分及高层部分相关范围以内无上部结构部分的抗震等级应与高层部分底部结构抗震等级相同。地下室中超出上部主楼相关范围且无上部结构的部分。其抗震等级可根据具体情况采用三级或四级（2.1.11）。9 度抗震设计时的抗震等级不应低于三级。

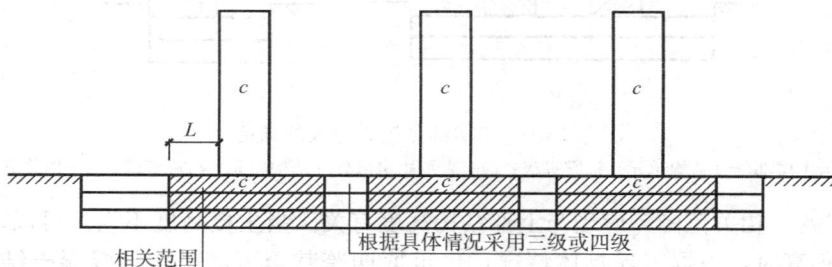

图 2.1.11　地下室抗震等级的确定

c—表示抗震等级；L—相关范围

2.1.27 高层建筑结构整体计算时，在刚性楼板假定下，考虑偶然偏心的位移比和（或）周期比超过高规第 4.3.5 条的限值，怎样对结构的平面布置进行调整？

【解析】出现位移比和（或）周期比超限。说明结构抗扭刚度相对抗侧刚度较小，扭转效应较大。反映在结构的平面布置上，可能是由于下述原因：（1）结构的抗侧力构件布置不对称、不规则，导致结构楼层刚心与质心偏移较大；（2）平面布置虽然对称，但抗侧力构件过于靠近结构楼层的形心、质心，造成结构的抗扭刚度不足（虽然可能抗侧刚度大）；（3）抗侧力构件数量较少，结构的抗扭刚度和抗侧刚度均不足。

首先，在可能条件下，可将刚心与质心偏移较大，平面不规则的建筑物通过设置防震缝分为偏移较小、规则的若干独立的结构单元。

其次，当无法设置防震缝时，应对结构平面布置进行调整，调整应同时使结构具有较大的抗扭刚度和必要的抗扭承载力。当结构抗侧力刚度大、侧移很小时，在结构的层间位移满足规范要求的前提下，对楼层中部可做减法。即：（1）取消、减短、减薄剪力墙，或在剪力墙上开结构洞；（2）减小剪力墙连梁的高度或在连梁上开洞；（3）在满足强度要求的前提下尽可能弱化框架梁、柱等构件。反过来，当结构抗侧力刚度小、侧移大，甚至层间位移超过规范限值时，则应设法在楼层周边做加法。即：（1）适当增设、加长或加厚剪力墙；（2）适当加高剪力墙连梁的高度；（3）适当加大框架梁柱的截面尺寸。以尽可能使抗侧力构件布置对称、规则，减小结构楼层刚心与质心的偏心。抗侧力构件的周边化布置，既可提高结构的抗扭刚度又可提高结构的抗侧力刚度。

结构平面布置经调整后，如仍有个别指标略微超过国家标准的规定时，则可通过适当提高抗震等级和抗震措施等对结构或结构某些构件予以加强。

必要时应按照建设部的有关规定，通过超限抗震专项审查来保证这类不规则结构的安全。

顺便指出：高层建筑带有裙房时，其偏心是很难避免的，特别是当裙房较大、偏置一侧时，结构分析的电算结果显示底部带裙房部分楼层的位移比和周期比，都超限很多。但是，由于裙房一般较矮，裙房楼层的绝对侧移值很小，层间位移角也远小于规范限值，建设部建质［2010］109 号文件附录一的"三、具有下列所列某一项不规则的高层建筑工程"中，对"扭转偏大"的规定是"不含裙房的楼层扭转位移比大于 1.4"。即放松了含裙房楼层的扭转位移比要求。笔者认为不应用不带裙房的高层建筑的侧移控制条件来要求裙房，即此时该比值可适当放宽。同样的道理，对多层建筑结构的侧移控制条件也宜适当放宽。

当裙房部分平面尺寸比高层部分大很多且偏心很严重时，即使侧移控制条件适当放宽也调整不了，这就不是一个扭转位移比适当放宽的问题，而应考虑在主、裙楼间设置防震缝了。

2.1.28 如何确定结构底部的嵌固部位？

【解析】钢筋混凝土多高层建筑在进行结构计算分析之前，必须首先确定结构嵌固端所在的位置。嵌固部位的正确选取是高层建筑结构计算模型中的一个重要假定，它直接关系到结构计算模型与结构实际受力状态的符合程度，构件内力及结构侧移等计算结果的准确性。所谓嵌固部位也就是预期塑性铰出现的部位，确定嵌固部位可通过刚度和承载力调整迫使塑性铰在预期部位出现。笔者针对建筑结构特别是地下结构的不同情况，如设有地下室但其层数或多或少，不设地下室但基础埋深较大，基础形式不同等，谈一谈确定结构底部嵌固部位的一点看法。

1. 有地下室的建筑

(1) 有地下室的建筑，当地下室顶板与室外地坪的高差不太大（一般宜小于本层层高的1/3）时，宜将上部结构的嵌固部位设在地下室顶板，此时应满足下列条件：

① 地下室结构的布置应保证地下室顶板及地下室各层楼板有足够的平面内整体刚度和承载力，能将上部结构的地震作用传递到所有的地下室抗侧力构件上；地下室顶板应避免开设大洞口；地下室在地上结构相关范围的顶板应采用现浇梁板结构，相关范围以外的地下室顶板宜采用现浇梁板结构；其楼板厚度不宜小于180mm，若柱网内设置多个次梁时，板厚可适当减小；混凝土强度等级不宜小于C30，应采用双层双向配筋，且每层每个方向的配筋率不宜小于0.25%。

这里所指地下室应为完整的地下室，在山（坡）地建筑中出现地下室各边填埋深度差异较大时，宜单独设置支挡结构。

② 地下室结构应能承受上部结构屈服超强及地下室本身的地震作用，结构地上一层的侧向刚度，不宜大于相关范围地下一层侧向刚度的0.5倍；地下室周边宜有与其顶板相连的剪力墙。

上述所说的"相关范围"，一般可从地上结构（主楼、有裙房时含裙房）周边外延不大于20m。

一般情况下，地下室外墙（挡土墙）可参与地下室楼层剪切刚度的计算，但当地下室外墙与上部结构相距较远（相关范围以外），则在确定结构底部嵌固部分时，地下室外墙不宜参与地下室楼层剪切刚度的计算。

③ 地下室顶板结构应为梁板体系，楼面框架梁应有足够的抗弯刚度，地下室顶板部位的梁柱节点的左右梁端截面实际受弯承载力之和不宜小于上下柱端实际承载力之和，即"强梁弱柱"，

地下室顶板对应于地上框架柱的梁柱节点应符合下列规定之一：

＊地下一层柱截面每侧的纵向钢筋面积，除应满足计算要求外，不应少于地上一层对应柱每侧纵向钢筋面积的1.1倍；同时梁端顶面和底面的纵向钢筋面积均应比计算增大10%；

＊地下一层柱截面每侧纵向钢筋大于地上一层柱对应纵向钢筋的1.1倍，且地下一层柱上端和节点左右梁端实配的受弯承载力之和应大于地上一层柱下端实配的受弯承载力的1.3倍。

④ 地下一层剪力墙墙肢端部边缘构件纵向钢筋的截面面积，不应少于地下一层对应墙肢端部边缘构件纵向钢筋的截面面积。

结构底部的嵌固部位对地下室的层数无特别要求。

(2) 上部为多个塔楼，地下室连成一片时，除应满足上述第①、③、④款外，还应满足以下两条：

① 大底盘地下室的整体刚度与上部所有塔楼的总体侧向刚度比应满足上述第②款的要求；

② 每栋塔楼地上一层的侧向刚度，不宜大于塔楼相关范围内（可取塔楼周边向外扩出与地下室高度相等的水平长度且不小于 20m）的地下室侧向刚度的 0.65 倍。

如何考虑大底盘地下室竖向构件的侧向刚度，涉及的因素较多，是一个较为复杂的问题。工程界提出了好几种方法，本章仅介绍其中的一种。有兴趣的读者可参考有关文献。

（3）若由于地下室大部分顶板标高降低较多、开大洞、地下室顶板标高与室外地坪的高差大于本层层高的 1/3 或地下一层为车库（墙体少）等原因，不能满足地下室顶板作为结构嵌固部位的要求时：

对有多层地下室建筑：

① 可将结构嵌固部位置于地下一层底板，此时除应满足上述第（1）、1）中的第①、③、④款规范所要求的其他条件外（但部分相应由地下室顶板改为地下一层底板），还应满足下列条件：

＊地上一层楼层剪切刚度应小于地下一层楼层剪切刚度；

＊地上一层楼层剪切刚度应小于地下二层楼层剪切刚度，且地上一层楼层剪切刚度不应大于相关范围内地下二层楼层剪切刚度的 0.5 倍。

② 当地下二层为箱形基础或全部为防空地下室时，则箱形基础或人防顶板可作为结构嵌固部位。

对单层地下室建筑：

① 地下室为箱形基础，则箱形基础顶板可作为结构嵌固部位。

② 地下室全部为防空地下室时，其墙体及顶板通常具有作为结构嵌固端的刚度，此时可取其顶板作为上部结构的嵌固部位。否则，宜将嵌固部位设在基础顶面（即地下一层底板面）。

（4）主体结构嵌固部位下部楼层的侧向刚度与上部楼层的侧向刚度比 γ 可按下列方法计算：

① 主体结构计算时的楼层剪力与该楼层层间位移的比：

$$\gamma = \frac{V_1 \Delta u_2}{V_2 \Delta u_1} \tag{2.1.2}$$

式中　γ——主体结构嵌固部位下部楼层的侧向刚度与上部楼层的侧向刚度比，采用电算程序计算时，不考虑回填土对地下室约束的相对刚度系数；

V_1、V_2——主体结构嵌固部位下部楼层及上部楼层的楼层剪力标准值；

Δu_1、Δu_2——主体结构嵌固部位下部楼层及上部楼层在楼层剪力标准值作用下的层间位移。

② 近似按高规附录 E 规定的楼层等效剪切刚度比：

$$\gamma = \frac{G_0 A_0}{G_1 A_1} \times \frac{h_1}{h_0} \tag{2.1.3}$$

式中　G_0、G_1——分别为主体结构嵌固部位下部楼层与上部楼层的混凝土剪变模量；

　　　　h_i——第 i 层层高（$i = 0$，1）；

A_0、A_1 分别为主体结构嵌固部位下部楼层与上部楼层的折算受剪截面面积，按下式计算：

$$A_i = A_{w,i} + \sum_{j=1} C_{i,j} A_{ci,j} \quad (i = 0,1) \tag{2.1.4}$$

$$C_{i,j} = 2.5(h_{ci,j}/h_i)^2 \quad (i = 0,1) \tag{2.1.5}$$

式中 $A_{w,i}$——第 i 层全部剪力墙在计算方向的有效截面面积（不包括翼缘面积）；

$A_{ci,j}$——第 i 层第 j 根柱的截面面积；

$h_{ci,j}$——第 i 层第 j 根柱沿计算方向的截面高度；

$C_{i,j}$——第 i 层第 j 根柱截面面积折算系数，当计算值大于 1 时取等于 1。

2. 无地下室建筑

（1）若埋置深度较浅，可取基础顶面作为上部结构的嵌固部位。

（2）若埋置深度较深，对多层剪力墙或砌体结构，当设有刚性地坪时，可取室外地面以下 500mm 处作为上部结构的嵌固部位。对上部结构为抗侧力刚度较柔的框架结构，采用柱下独立基础，基础又埋置较深时，可按《建筑地基基础设计规范》GB 50007—2011 第 8.2.6 条做成高杯口基础，满足表 8.2.6 对杯壁厚度的要求，此时可将高杯口基础的顶面作为上部结构的嵌固部位。

需要指出的是，多层框架结架无地下室采用独立基础，由于基础埋置较深，设计时在底层地面以下靠近地面设置拉梁层，将拉梁层作为上部结构的嵌固部位是不妥的。拉梁层的设置将框架底层柱一分为二，使底层柱的配筋较为合理经济，但结构底部的嵌固部位应在基础顶面。

2.1.29 地下室只有 2.5 面嵌固、1.5 面临空（1 侧部分临空），嵌固端应确定在结构的什么部位？

【解析】"地下室只有 2.5 面嵌固、1.5 面临空（1 侧部分临空）"意思不详，一般理解有两种可能的情况：

1. 对于带裙房的塔楼结构，可能出现 2.5 面嵌固（和土接触）、1.5 面临空（和裙房连接的部位）的现象。这时只要满足相关条件（可以参考《建筑结构》2006 年第 3 期副刊《对确定结构底部嵌固部位的一点看法》一文），就可以认为地下室顶板为结构的嵌固部位。

2. 如果是在斜坡上建造的结构，结构底部 2.5 面和土接触、1.5 面临空，这种情况对结构是十分不利的。此时结构的嵌固部位应在基础顶面，并且在结构整体计算时，应把 2.5 面和土接触部分产生的土压力输入模型进行计算。

2.1.30 什么情况下应考虑竖向地震作用？如何计算？

【解析】竖向地震作用是客观存在的，如果其值很小，对结构承载力、变形等没有产生什么不利影响，工程上就可以忽略不计，即不必计算其竖向地震作用。但研究表明：抗震设防烈度为 9 度时，对于较高的高层建筑，其竖向地震作用产生的轴力在结构上部是不可忽略的，如果不计入竖向地震作用，则偏于不安全。同样，高烈度时的在跨度和长悬臂结构也应考虑竖向地震作用。

1. 《高层建筑混凝土结构技术规程》和《建筑抗震设计规范》都规定9度抗震设防的高层建筑结构、7度（0.15g）以上的大跨度、长悬臂结构应计算竖向地震作用，但对大跨度、长悬臂结构，具体规定有一些区别：

（1）大跨度、长悬臂结构的界定

《高层建筑混凝土结构技术规程》条文说明指出：大跨度指跨度大于24m的楼盖结构、跨度大于8m的转换结构、悬挑长度大于2m的悬挑结构。大跨度、长悬臂结构应验算其自身及其支承部位结构的竖向地震效应。

《建筑抗震设计规范》条文说明指出：关于大跨度和长悬臂结构，根据我国大陆和台湾地震的经验，9度和9度以上时，跨度大于18m的屋架、1.5m以上的悬挑阳台和走廊等震害严重甚至倒塌；8度时，跨度大于24m的屋架、2m以上的悬挑阳台和走廊等震害严重。

笔者建议：9度和9度以上时，跨度大于或等于12m的屋架、跨度大于或等于3.0m的悬挑梁、跨度大于或等于1.5m的悬挑板；8度时，跨度大于或等于18m的屋架、跨度大于或等于4.5m的悬挑梁、跨度大于或等于2.0m的悬挑板；7度时，跨度大于或等于24m的屋架、跨度大于或等于6.0m的悬挑梁、跨度大于或等于2.0m的悬挑板，可认为是大跨度、长悬臂结构。

（2）除了8度外，2010《高层建筑混凝土结构技术规程》增加了大跨度、长悬臂结构7度（0.15g）时也应计入竖向地震作用的影响。

2. 下列情况应考虑竖向地震作用计算或影响：

① 9度抗震设防的高层建筑结构；

② 7度（0.15g）8度、9度抗震设防的大跨度或长悬臂结构；

③ 7度（0.15g）、8度抗震设防的带转换层结构的转换构件；

④ 7度（0.15g）、8度抗震设防的连体结构的连接体。6度、7度（0.10g）的高位连体结构（连体位置高度超过80m）的连接体宜考虑竖向地震作用。

应当注意：9度时的高层建筑进行竖向地震作用计算，是整个结构单元的计算，即所有主体构件（框架梁、柱、剪力墙等）均应计入竖向地震作用的影响；而大跨度、长悬臂结构的竖向地震作用计算，仅仅是这些构件考虑竖向地震作用的影响。无论是高层建筑还是多层建筑，7度（0.15g）、8度、9度抗震设计时均应计入竖向地震作用。

规范此条规定为强制性条文，必须严格执行。

3. 竖向地震作用的计算比较复杂，目前考虑方法大致有三种：

（1）对高度不高、沿竖向质量和刚度较为均匀的9度抗震设防的高层建筑结构，可以采用以结构重力荷载代表值为基础的地震影响系数方法。该方法和水平地震的底部剪力法类似。其竖向地震作用标准值按下列公式确定（图2.1.12）；楼层的竖向地震作用效应可按各构件承受的重力荷载代表值的比例分配，并宜乘以增大系数1.5。注意此时是整个结构的所有主体构件都参与计算。

$$F_{Evk} = \alpha_{vmax} G_{eq} \qquad (2.1.6)$$

$$F_{vi} = \frac{G_i H_i}{\Sigma G_j H_j} F_{Evk} \qquad (2.1.7)$$

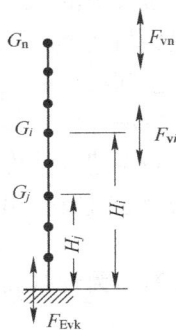

图2.1.12 结构竖向地震作用计算简图

式中 F_{Evk}——结构总竖向地震作用标准值；

F_{vi}——质点 i 的竖向地震作用标准值；

α_{vmax}——竖向地震影响系数的最大值，可取水平地震影响系数最大值的 65%；

G_{eq}——结构等效总重力荷载，可取其重力荷载代表值的 75%。

（2）直接将构件的重力荷载代表值乘以竖向地震作用系数，更近似地考虑竖向地震作用的影响。即抗震规范第 5.3.2、5.3.3 条提供的方法。

平板型网架和跨度大于 24m 的屋架的竖向地震影响系数可按表 2.1.18 取用。

竖向地震作用系数　　　　　　　表 2.1.18

结构类型	烈 度	场地类别		
		I	II	III、IV
平板型网架钢屋架	8	可不计算（0.10）	0.08（0.12）	0.10（0.15）
	9	0.15	0.15	0.20
钢筋混凝土屋架	8	0.10（0.15）	0.13（0.19）	0.13（0.19）
	9	0.20	0.25	0.25

注：括号中数值分别用于设计基本地震加速度为 0.15g 和 0.30g 的地区。

高层建筑中，大跨度结构、悬挑结构、转换结构、连体结构的连接体的竖向地震作用标准值，不宜小于结构或构件承受的重力荷载代表值与表 2.1.19 所规定的竖向地震作用系数的乘积。

竖向地震作用系数　　　　　　　表 2.1.19

设防烈度	7 度	8 度		9 度
设计基本地震加速度	0.15g	0.20g	0.30g	0.40g
竖向地震作用系数	0.08	0.10	0.15	0.20

注：g 为重力加速度。

这种计算只是对结构中的部分构件（大跨度、长悬臂等）进行竖向地震作用计算，此竖向地震作用仅用于这些构件及与其直接连接的主体结构构件的设计。

（3）跨度大于 24m 的楼盖结构、跨度大于 12m 的转换结构和连体结构，悬挑长度大于 5m 的悬挑结构，宜采用时程分析方法或振型分解反应谱方法进行计算。

竖向地震作用计算时，时程分析计算时输入的竖向地震加速度最大值可按规定的水平输入最大值的 65% 采用，反应谱分析时结构竖向地震影响系数最大值可按水平地震影响系数最大值的 65% 采用，但设计地震分组可按第一组采用。

空间结构的竖向地震作用，除了可采用简化计算外，也可采用竖向振型的振型分解反应谱方法。

高层建筑结构应根据实际情况进行重力荷载、风荷载和（或）地震作用效应分析，并应按规定进行作用效应组合。

2.1.31　为什么高层建筑宜设地下室？

【解析】高层建筑设置地下室有如下一些结构功能：

1. 利用土体的侧压力来防止水平荷载作用下结构的滑移、倾覆，减少结构的整体倾斜；

2. 设置地下室挖去了很多的土，因而可降低地基的附加压力；

3. 可提高地基的承载能力；

4. 由于地基和结构的相互作用，设置地下室可减少地震作用对上部结构的影响。为此，《建筑抗震设计规范》第 5.2.7 条规定：8 度和 9 度时建造于Ⅲ、Ⅳ类场地，采用箱基、刚性较好的筏基和桩箱联合基础的钢筋混凝土高层建筑，当结构基本自振周期处于特征周期的 1.2～5 倍范围时，若计入地基与结构动力相互作用的影响，对刚性地基假定计算的水平地震剪力可按规定折减，其层间变形可按折减后的楼层剪力计算。

震害调查表明：有地下室的建筑物震害明显减轻。

此外，从高层建筑的功能要求出发，往往也需要设置地下室作为设备机房、仓储用房、地下车库等。

所以，高层建筑一般宜设置地下室，同一结构单元宜全部设置地下室，且地下室底板（基础）不宜设置在性质截然不同的地基上。

2.1.32 如何理解规范关于钢筋混凝土结构伸缩缝最大间距的规定？

【解析】混凝土的温度裂缝有两种：混凝土由于水灰比过大，水泥用量过多，或养护不当，或浇灌大体积混凝土时产生大量的水化热，致使混凝土硬化后会产生收缩裂缝，这是混凝土的早期温度裂缝。当混凝土硬化后，结构在使用阶段由于外界温度变化，导致混凝土结构膨胀或收缩，而当收缩变形受到结构约束时，就会在混凝土构件中产生裂缝，这是混凝土在使用阶段的温度裂缝。

为避免结构产生过大的裂缝，《混凝土结构设计规范》第 8.1.1 条规定了钢筋混凝土结构伸缩缝的最大间距。影响温度伸缩缝的主要因素是：结构类别、施工方法、温度变化以及体型尺寸。

钢筋混凝土结构伸缩缝的最大间距宜符合表 2.1.20 的规定。

钢筋混凝土结构伸缩缝最大间距（m）   表 2.1.20

结构类别		室内或土中	露 天
排架结构	装配式	100	70
框架结构	装配式	75	50
	现浇式	55	35
剪力墙结构	装配式	65	40
	现浇式	45	30
挡土墙、地下室墙壁等类结构	装配式	40	30
	现浇式	30	20

注：1. 装配整体式结构房屋的伸缩缝间距宜按表中现浇式的数值取用；
    2. 框架-剪力墙结构或框架-核心筒结构房屋的伸缩缝间距可根据结构的具体布置情况取表中框架结构与剪力墙结构之间的数值；
    3. 当屋面无保温或隔热措施时，框架结构、剪力墙结构的伸缩缝间距宜按表中露天栏的数值取用；
    4. 现浇挑檐、雨罩等外露结构的伸缩缝间距不宜大于 12m。

对下列情况，表 2.1.20 中的伸缩缝最大间距宜适当减小：

（1）柱高（从基础顶面算起）低于 8m 的排架结构；

（2）屋面无保温或隔热措施的排架结构；

（3）位于气候干燥地区、夏季炎热且暴雨频繁地区的结构或经常处于高温作用下的结构；

（4）采用滑模类施工工艺的剪力墙结构；

（5）材料收缩较大、室内结构因施工外露时间较长等。

所谓"材料收缩较大"是指采用混凝土强度等级较高、水泥用量较多、使用各种掺合料或外加剂以改进混凝土性能而导致收缩量增大的情况。

如有充分依据和可靠措施，表 2.1.20 规定的伸缩缝最大间距可适当增大：

（1）提高温度影响较大部位的构件配筋率，这些部位是：顶层、底层、山墙、内纵墙端开间。对于剪力墙结构，这些部分的最小构造配筋率为 0.25%，实际工程一般都在 0.3% 以上。

（2）直接受阳光照射的屋面应加厚屋面隔热保温层，或设置架空通风双层屋面，避免屋面结构温度变化过于激烈，减小构件的温差。

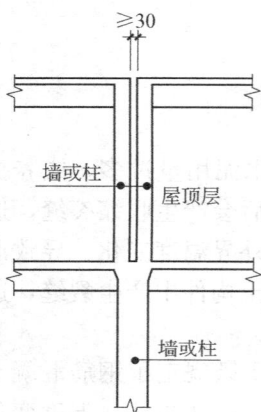

图 2.1.13　屋顶层音叉式伸缩缝示意图

（3）顶层可以局部改变为刚度较小的形式，如剪力墙结构顶层局部改为框架-剪力墙结构；或将结构顶层分为长度较小的几段，如将屋面板标高稍作变化，在结构顶部采用音叉式变形缝等（图 2.1.13）。

（4）施工中留后浇带。

（5）采取专门的预加应力措施。配置预应力钢筋，通过对混凝土施加预压应力，使结构或构件延缓开裂，甚至不开裂。

（6）在混凝土中掺加适量的微膨胀剂，可抵消一部分由于混凝土干缩和冷缩产生的拉应力，达到避免开裂或减小裂缝宽度的目的。此外，采用收缩小的水泥、减小水泥用量和水灰比、加强养护，也可收到类似的效果。

需要指出的是：不能认为只要采取了上述措施，就可任意加大伸缩缝间距，甚至不设缝。而应根据概念和计算慎重考虑各种不同因素对结构内力和裂缝的影响，确定合理的伸缩缝间距。有的工程结构平面尺寸超过规范很多，仅有设置后浇带这一项措施而不设伸缩缝，是很危险的。

上述各项内容，都是规范规定，都应当"一视同仁"，根据实际工程具体情况执行相关条文。而不能认为只要结构平面尺寸超过规范规定的最大间距，就一定要设伸缩缝。事实上，目前已建成的许多建筑结构，由于采取了充分有效的措施，并进行合理的施工，伸缩缝的间距已超过了规范规定的数值。例如 1973 年施工的广州白云宾馆长度已达 70m。目前最大的间距已超过 100m：如北京昆仑饭店（30 层剪力墙结构）长度达 114m；北京京伦饭店（12 层剪力墙结构）达 138m 等。中元国际工程设计研究院设计的联想大厦、远洋大厦、义乌医院、朝阳商业中心、佛山医院等工程地上结构长度均已超过 100m，新东安市场地下结构长度 270m，中海紫金苑地下结构长度 306m，由于采取了可靠措施，也都未设温度伸缩缝而效果较好。

2.1.33　建筑结构在什么情况下宜设置防震缝？防震缝宽度如何确定？

【解析】建筑结构设置防震缝的主要目的是为了避免在地震作用下结构产生过大的扭转、

应力集中、局部严重破坏等。设置防震缝可使结构抗震分析模型较为简单，容易估计其地震作用和采取抗震措施，但需考虑扭转地震效应，并按规范规定确定缝宽，使防震缝两侧在预期的地震（如中震）下不发生碰撞或减轻碰撞引起的局部损坏；不设置防震缝，结构分析模型复杂，连接处局部应力集中需要加强，而且需仔细估计地震扭转效应等可能导致的不利影响。因此，体型复杂、平立面不规则的建筑，应根据不规则程度、地基基础条件和技术经济等因素的比较分析，确定是否设置防震缝，并分别符合下列要求：

1. 当不设置防震缝时，应采用符合实际的计算模型，分别判明其应力集中、变形集中或地震扭转效应等导致的易损部位，采取相应的加强措施。

2. 当在适当部位设置防震缝时，宜形成多个较规则的抗侧力结构单元。防震缝应根据抗震设防烈度、结构材料种类、结构类型、结构单元的高度和高差以及可能的地震扭转效应的情况，留有足够的宽度，其两侧的上部结构应完全分开。

抗震设计的建筑结构在下列情况下宜综合考虑各种因素，认真比较分析，确定是否设置防震缝：

（1）平面长度和外伸长度尺寸超出了规定的限值而又没有采取加强措施时；

（2）各部分刚度相差悬殊，采取不同材料和不同结构体系时；

（3）各部分质量相差很大时；

（4）各部分有较大错层，不能采取合理的加强措施时。

3. 当设置伸缩缝或沉降缝时，其缝宽应符合防震缝缝宽的要求。

4. 防震缝宽度应符合下列要求：

（1）框架结构房屋的防震缝宽度，当高度不超过15m时不应小于100mm；高度超过15m时，6度、7度、8度和9度分别每增加高度5m、4m、3m和2m，宜加宽20mm。

（2）框架-剪力墙结构房屋的防震缝宽度不应小于1）款规定数值的70%，剪力墙结构房屋的防震缝宽度不应小于1）款规定数值的50%；且均不宜小于100mm。

（3）防震缝两侧结构类型不同时，宜按需要较宽防震缝的结构类型和较低房屋高度确定缝宽。

（4）当相邻结构的基础存在较大沉降差时，宜增大防震缝的宽度。

（5）本条规定是防震缝宽度的最小值，如果可能，建议设计时按预期地震（如中震）下考虑扭转效应且不碰撞复核后确定缝宽。

5. 当8、9度框架结构房屋防震缝两侧结构高度、刚度或层高相差较大时，防震缝两侧框架边柱的箍筋应沿房屋全高加密。并可根据需要在缝的两侧沿房屋全高设置不小于两道垂直于防震缝的抗撞墙（图2.1.14），抗撞墙的布置宜避免加大扭转效应，墙肢长度可不大于1/2层高，抗震等级可同框架结构；框架结构的内力应按设置和不设置抗撞墙两种计算模型的不利情况取值。

当结构单元较长时，端部抗撞墙可能会引起较大的温度内力，另一端可能有较大的扭转效应，故是否设置、如何设置抗撞墙应综合分析后确定。

6. 高度建筑设置"三缝"，可以解决产生过大变形和内力的问题，但又会产生许多新的问题。例如：由于缝两侧均需布置剪力墙或框架而使结构复杂和建筑使用不便；"三缝"使建筑立面处理困难；地下部分容易渗漏，防水困难，等等，而更为突出的是：地震时缝两侧结构进入弹塑性状态，位移急剧增大而发生相互碰撞，产生严重的震害。

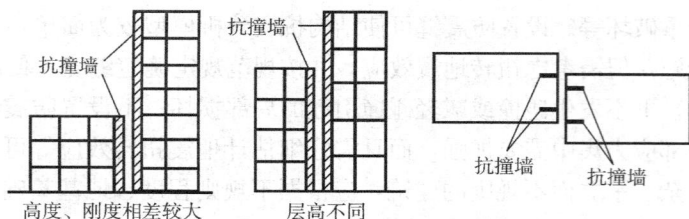

图 2.1.14　框架结构采用抗撞墙示意图

国内外历次震害表明，不少建筑结构按规定设置防震缝后并不能避免防震缝两侧的结构在强烈地震中碰撞。

1976 年唐山地震中，京津唐地区设缝的高层建筑（缝宽 50～150mm），除北京饭店东楼（18 层框-剪结构，缝宽 600mm）外，均发生程度不等的碰撞。轻者外装修、女儿墙、檐口损坏，重者主体结构破坏。1985 年墨西哥城地震中，由于碰撞引起顶部楼层破坏的震害相当多。

所以，近十多年的高层建筑结构设计和施工经验总结表明：高层建筑应当调整平面尺寸和结构布置，采取构造措施和施工措施，能不设缝就不设缝，能少设缝就少设缝；如果没有采取措施或必须设缝时，则必须保证有必要的缝宽以防止震害。

在有抗震设防要求的情况下，建筑物各部分之间的关系应明确；如分开，则彻底分开；如相连，则连接牢固。不宜采用似分不分、似连不连的结构方案。结构单元之间或主楼与裙房之间不要采用主楼框架柱设牛腿，低层屋面或楼面梁搁在牛腿上的做法，也不要在"防震缝"处用牛腿托梁的办法，因为地震时各单元之间，尤其是高低层之间的振动情况是不相同的，连接处容易压碎、拉断，唐山地震中，天津友谊宾馆主楼（9 层框架）和裙房（单层餐厅）之间采用了客厅层屋面梁支承在主框架牛腿上加以钢筋焊接，在唐山地震中由于振动不同步，牛腿拉断、压碎、产生严重震害，这种连接方式是不可取的。

考虑到目前结构形式和体系较为复杂，如连体结构中连接体与主体建筑之间可能采用铰接等情况，如采用牛腿托梁的做法，则应采取类似桥墩支承桥面结构的做法，在较长、较宽的牛腿上设置滚轴或铰支承，并应能适应地震作用下相对位移的要求。而不得采用焊接等固定连接方式。

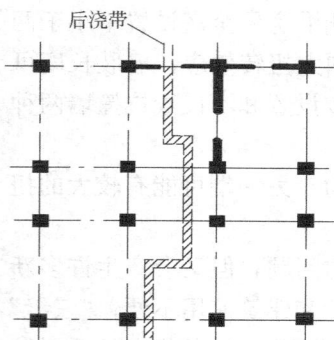

图 2.1.15　后浇带的平面位置

2.1.34　后浇带的具体做法如何？

【解析】后浇带是钢筋混凝土结构的常用做法之一。

1. 后浇带应通过建筑物的整个横截面，分开全部墙、梁和楼板，使得两边都可自由收缩或沉降。

2. 后浇带可以选择在结构受力影响较小、施工方便的部位曲折通过，不要在一个平面内，以免全部钢筋都在同一部位内搭接。后浇带位置宜设置在距主楼边柱的第二跨内。设在框架梁和楼板的 1/3 跨处；设在剪力墙洞口上方连梁的跨中或内外墙连接处（图 2.1.15），一般每 30～40m

设一道。

3. 后浇带宽 800~1000mm，一般钢筋贯通不切断，当后浇带是为减少混凝土施工过程的温度应力时，后浇带的保留时间不宜少于两个月，后浇混凝土施工时的温度尽量与主体混凝土施工时的温度相近；当后浇带是为调整结构不均匀沉降而设置时，后浇带中的混凝土应在两侧结构单元沉降满足设计要求后再进行浇筑。浇筑前应将两侧的混凝土凿毛、洗净，再浇灌比设计的强度等级高一级的混凝土，振捣密实并加强养护（图 2.1.16）。

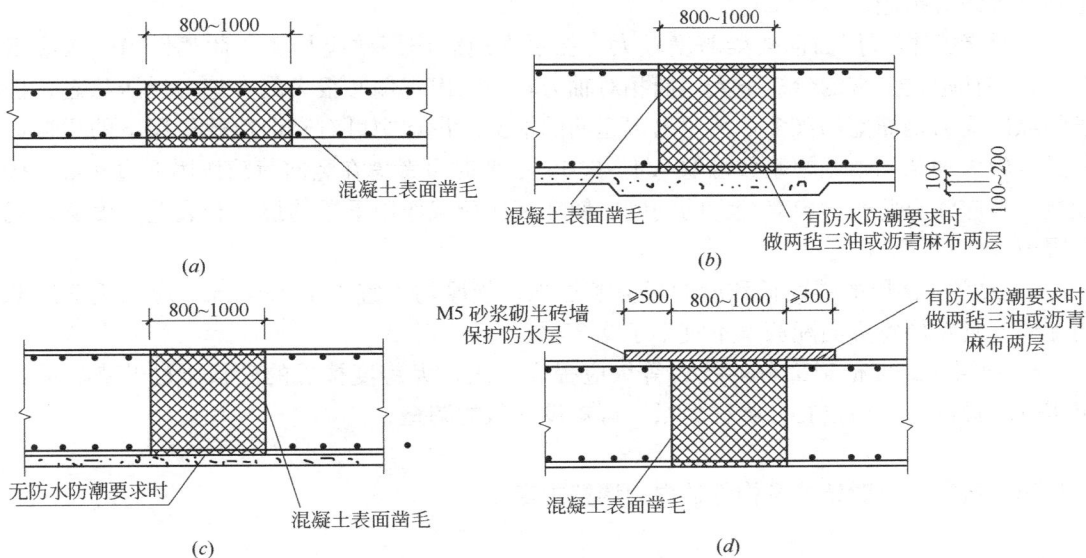

图 2.1.16　后浇带构造

(a) 上部结构楼板及剪力墙；(b) 地下室底板（有防水防潮要求时）；

(c) 地下室底板（无防水防潮要求时）；(d) 侧壁

有条件时，后浇带宜采用掺加微膨胀剂等达到早强、补偿收缩的混凝土进行浇筑。一般也可采用高强混凝土灌筑。

也有在后浇带处将钢筋完全断开，并通过钢筋的搭接实现应力传递，这种后浇带消除约束应力积聚的效果更好。对超长结构宜将后浇带处钢筋断开。由于是在同一区段内 100%搭接，应注意其搭接长度 $1.6l_a$（l_{aE}）与后浇带宽度的关系。后浇带处必须先清洗干净，湿润后再浇灌混凝土。后浇混凝土强度等级应提高一级，并应采用掺加微膨胀剂的补偿收缩混凝土进行浇筑。

4. 由于后浇带混凝土后浇，钢筋搭接，其两侧结构长期处于悬臂状态，所以模板的支撑在本跨不能全部拆除。当框架主梁跨度较大时，梁的钢筋可以直通而不切断，以免搭接长度过长而产生施工困难，也防止悬臂状态下产生不利的内力和变形。

5. 应采取可靠措施加强主楼及裙房的侧向约束，保证施工期间结构的整体稳定性。

2.1.35　框架结构或框架-剪力墙结构顶层抽柱形成的大空间楼层的设计建议。

【解析】1. 合理选择大空间的平面位置，一般宜选择在结构平面的中部，尽可能避免设置在两端，以免造成平面刚度不均匀、不对称而产生较大的扭转效应。

2. 当由于使用功能需要，大空间必须设置在房屋端部时，为了减小水平地震作用下结构的扭转效应，宜在房屋端部该大空间附近增设剪力墙或开洞剪力墙，以调整平面刚度的均匀性，使本楼层竖向构件的最大水平位移与平均位移比值满足规范要求。

3. 大空间楼层的侧向刚度与其下一楼层的侧向刚度不应差异过大，一般不宜小于其下一楼层侧向刚度的一半。为此可采用加大大空间楼层的柱、剪力墙截面尺寸或提高混凝土强度等级等措施。

4. 大空间楼层屋面框架梁跨度较大，在水平地震作用效应与竖向荷载作用的效应组合下，往往边柱上端的弯矩很大，而相对轴力较小，出现偏心很大的大偏心受压状态，柱子的纵向受力钢筋配筋极多，甚至出现超筋的情况。设计中可对竖向荷载作用下的梁端弯矩进行较大的调幅，调幅系数可取 0.4～0.6，必要时可考虑在竖向荷载作用下边柱梁端按铰接。但应注意此时梁应有较大的刚度，使在竖向荷载作用下梁的挠度和裂缝宽度满足规范限值。

5. 大空间楼层的楼面板和屋面板应予加强，板厚均不宜小于 180mm，应采用双层双向配筋，且每层每方向配筋率不宜小于 0.25%。

6. 顶层大跨度框架部分的抗震等级应提高一级，大跨度楼层的底板梁柱节点，应按抗震等级提高一级后进行"强柱弱梁"弯矩设计值的调整。

2.1.36　抗震设计时结构及构件的内力调整规定。

【解析】抗震设计时结构及各类构件的内力调整见表 2.1.21。

抗震设计时柱（框支柱）、梁（框支梁）、剪力墙（连梁）的内力调整　　表 2.1.21

序号	构件或构件	内力	调整内容	说　明
1	框-剪中的柱、梁	V、M	1. 框架总剪力的调整： $V_f \geqslant 0.2V_0$　不调整； $V_f < 0.2V_0$ $V = \min(0.2V_0, 1.5V_{f,\max})$ 2. 构件内力调整：按调整前、后总剪力的比值调整每根框架柱和与之相连框架梁的 V、M 标准值，N 标准值不调整	1. 总体调整； 2. 式中： V_0—对框架柱数量从下至上基本不变的结构，取对应于地震作用标准值的结构底部总剪力；对框架柱数量从下至上分段有规律变化的结构，取每段底层结构对应于地震作用标准值的总剪力； V_f—对应于地震作用标准值且未经调整的各层（或某一段内各层）框架承担的地震总剪力； $V_{f,\max}$—对框架柱数量从下至上基本不变的结构，取对应于地震作用标准值且未经调整的各层框架承担的地震总剪力中的最大值；对框架柱数量从下至上分段有规律变化的结构，取每段对应于地震作用标准值且未经调整的各层框架承担的地震总剪力中的最大值。 3. 按振型分解反应谱法计算地震作用时，调整在振型组合之后进行。 4.《抗震规范》第 6.2.13 条；《高规》第 8.1.4 条

序号	构件或构件	内力	调整内容	说　明
2	框架-核心筒中的柱、梁、钢-混凝土混合结构框架-核心筒中的柱、梁	V、M	1. 框架部分各层地震剪力标准值的最大值不小于结构底部总地震剪力的10%时按序号1调整 2. 框架部分各层地震剪力标准值的最大值小于结构底部总地震剪力的10%时，任一层框架部分的地震剪力标准值应调整到不小于结构底部总地震剪力的15%，同时，各层核心筒墙体的地震剪力标准值应适当提高，边缘构件的抗震构造措施应适当加强 3. 对带有加强层的框-筒结构，框架部分最大楼层地震剪力不包括加强层及其相邻上、下楼层的框架剪力	1. 总体调整； 2. 按振型分解反应谱法计算地震作用时，调整在振型组合之后进行。 3.《抗震规范》第6.7.1条、附录G2.3；《高规》第9.1.11条、第11.1.6条
3	板柱-剪力墙中的剪力墙、柱、柱上板带	V、M	1. 板柱总剪力的调整： $$V_c \geqslant 0.02V_j$$ 2. 剪力墙总剪力的调整： $$V_s = 1.0V_j$$ 3. 构件内力调整： 调整后，相应调整每一剪力墙、柱、柱上板带的V、M标准值，N标准值不调整 4. 房屋高度大于12m时，应按上述要求调整，房屋高度不大于12m时，宜按上述要求调整	1. 总体调整； 2. 式中　V_j—结构相应方向楼层剪力标准值； V_c—调整后楼层板柱部分承担相应方向的地震剪力； V_s—调整后楼层剪力墙部分承担相应方向的地震剪力。 3.《抗震规范》第6.6.3条、《高规》第8.1.10条
4	部分框支剪力墙中的框支柱、有关梁	V、M	1. 框支柱总剪力的调整： 1）$m_1 \leqslant 10$，框支层$\leqslant 2$层：$V_{cj} = 0.02V_0$ 2）$m_1 \leqslant 10$，框支层$\geqslant 3$层：$V_{cj} = 0.03V_0$ 3）$m_1 > 10$，框支层$\leqslant 2$层：$V_{cj} = 0.2V_0/m_1$ 4）$m_1 > 10$，框支层$\geqslant 3$层：$V_{cj} = 0.3V_0/m_1$ 2. 构件内力调整： 剪力调整后，相应调整框支柱M标准值，柱端梁（不包括转换梁）V、M标准值，框支柱N标准值不调整	1. 总体调整； 2. 式中　m_1——层框支柱总根数 V_{cj}—每根框肢柱调整后的V标准值 V_0—结构底部总剪力 3.《抗震规范》第6.2.10条、《高规》第10.2.17
5	结构薄弱层有关柱、梁	V、M、N	1. 地震剪力标准值放大系数：1.15（《抗震规范》、1.25（《高规》）） 2. 以调整后的地震剪力计算构件的内力标准值	1. 局部调整； 2.《抗震规范》第3.4.4条；《高规》第3.5.8条
6	规则结构边框有关构件	V、M、N	1. 地震剪力标准值放大系数： 短边框：1.15；长边框：1.05 扭转刚度较小时：$\geqslant 1.3$ 2. 以调整后的地震剪力计算构件的内力标准值 3. 角部构件宜同时乘以两个方向各自的增大系数	1. 局部调整； 2. 仅对规则结构不进行扭转耦联计算时平行于地震作用方向的边框进行调整。 3.《抗震规范》第5.2.3条
7	框架结构、转换柱	M	设计值放大系数： 1. 框架结构底层柱底： 特一级：2.04；一级：1.7；二级：1.5；三级：1.3；四级：1.2 2. 转换柱顶层柱上端和底层柱下端： 特一级：1.8；一级：1.5；二级：1.3（《高规》）、1.25（《抗震规范》）	1. 局部调整； 2. 底层指无地下室的基础以上或地下室以上的首层。 3.《抗震规范》第6.2.3条、第6.2.10条；《高规》第6.2.2条、第3.10.4条、第10.2.11条；《混凝土规范》第11.4.2条

序号	构件或构件	内力	调整内容	说明
8	转换柱	N	地震轴力标准值放大系数： 《高规》特一级：1.8；一级：1.5；二级：1.3；三级：1，2 《抗震规范》、《混凝土规范》：一级：1.5；二级：1.2	1. 局部调整； 2. 计算轴压比时不调整。 3.《抗震规范》第6.2.10条；《高规》第3.10.4条、第10.2.11条；《混凝土规范》第11.4.2条
9	转换梁	M、V、N	地震作用下内力标准值放大系数： 《高规》特一级：1.9；一级：1.6；二级：1.30 《抗震规范》：根据情况取1.25～2.0	1. 构件调整； 2.7度（0.15g）、8度抗震设计时尚应考虑竖向地震的影响。 3.《抗震规范》第3.4.4条；《高规》第10.2.6条
10	框架结构中的柱，部分框支剪力墙结构中的框支柱	M	1. 9度设防的框架和一级抗震等级的框架结构： $$\Sigma M_c=1.2\Sigma M_{bua}$$ 2. 其他情况 1) 框架结构 二级　$\Sigma M_c=1.5\Sigma M_b$ 三级　$\Sigma M_c=1.3\Sigma M_b$ 四级　$\Sigma M_c=1.2\Sigma M_b$ 一级框架结构应取$\Sigma M_c=1.5\Sigma M_{bua}$和$\Sigma M_c=1.7\Sigma M_b$两者的较大值 2) 其他框架 特一级　$\Sigma M_c=1.68\Sigma M_b$ 一级　$\Sigma M_c=1.4\Sigma M_b$ 二级　$\Sigma M_c=1.2\Sigma M_b$ 三级　$\Sigma M_c=1.1\Sigma M_b$ 四级　$\Sigma M_c=1.1\Sigma M_b$	1. 结构调整； 2. 式中　ΣM_c—节点上、下柱端截面顺时针或逆时针方向组合弯矩设计值之和；上、下柱端的弯矩设计值，可按弹性分析的弯矩比例进行分配； ΣM_b—节点左、右梁端截面逆时针或顺时针方向组合弯矩设计值之和；当抗震等级为一级且节点左、右梁端均为负弯矩时，绝对值较小的弯矩应取零； ΣM_{bua}—节点左、右梁端逆时针或顺时针方向实配的正截面抗震受弯承载力所对应的弯矩值之和，可根据实际配筋面积（计入受压钢筋和梁有效翼缘宽度范围内的楼板钢筋）和材料强度标准值并考虑承载力抗震调整系数计算； 3. 反弯点不在柱的层高范围内，框架柱端截面弯矩设计值按考虑地震作用组合的弯矩设计值分别直接乘以上述柱端弯矩增大系数： 1) 框架顶层柱、轴压比小于0.15的柱，柱端截面弯矩设计值按四级确定； 2) N设计值不调整。 4.《抗震规范》第6.2.2条；《高规》第6.2.1条；《混凝土规范》第11.4.1条
11	框架结构中的柱，部分框支剪力墙结构中的框支柱	V	1. 9度设计的结构和一级抗震等级的框架结构： $$V_c=1.2(M_{cua}^t+M_{cua}^b)/H_n$$ 2. 其他情况 1) 框架结构 二级　$V_c=1.3(M_c^t+M_c^b)/H_n$ 三级　$V_c=1.2(M_c^t+M_c^b)/H_n$ 四级　$V_c=1.1(M_c^t+M_c^b)/H_n$ 一级框架结构应取$V_c=1.4(M_c^t+M_c^b)/H$和$V_c=1.4(M_c^t+M_c^b)/H_n$两者的较大值 2) 其他框架 特一级　$V_c=1.68(M_c^t+M_c^b)/H_n$ 一级　$V_c=1.4(M_c^t+M_c^b)/H_n$ 二级　$V_c=1.2(M_c^t+M_c^b)/H_n$ 三级　$V_c=1.1(M_c^t+M_c^b)/H_n$ 四级　$V_c=1.1(M_c^t+M_c^b)/H_n$	1. 构件调整； 2. 式中　M_c^t、M_c^b—分别为柱上、下端顺时针或逆时针方向截面组合经调整后的弯矩设计值； M_{cua}^t、M_{cua}^b—分别为柱上、下端顺时针或逆时针方向实配的正截面抗震受弯承载力所对应的弯矩值，可根据实配钢筋面积、材料强度标准值的重力荷载代表值产生的轴向压力设计值并考虑承载力抗震调整系数计算； H_n—柱的净高； 3.《抗震规范》第6.2.5条；《高规》第3.10.2条、第3.10.4条、第6.2.3条；《混凝土规范》第11.4.3条

序号	构件或构件	内力	调整内容	说　明
12	框架角柱、转换角柱	M、V	设计值放大系数： 特一、一、二、三、四级：1.1	1. 构件调整； 2. 本调整应在本表序号 1，2，3，4，5，6，7，8，10，11 调整后再调整。 3.《抗震规范》第 6.2.6 条；《高规》第 6.2.4 条、第 10.2.11 条；《混凝土规范》第 11.4.5 条
13	框架梁、剪力墙连梁	V	1.9 度设防的结构和一级抗震等级的框架结构： $V=1.1(M_{bua}^l+M_{bua}^r)/l_n+V_{Gb}$ 2. 其他情况 一级　$V=1.3(M_b^l+M_b^r)/l_n+V_{Gb}$ 二级　$V=1.2(M_b^l+M_b^r)/l_n+V_{Gb}$ 三级　$V=1.1(M_b^l+M_b^r)/l_n+V_{Gb}$ 四级　$V=1.0(M_b^l+M_b^r)/l_n+V_{Gb}$ 特一级框架梁 $V=1.56(M_b^l+M_b^r)/l_n+V_{Gb}$ 《混凝土规范》规定：对配置有对角斜筋的剪力墙连梁，其他情况时放大系数均取 1.0	1. 构件调整； 2. 式中　M_b^l、M_b^r——分别为梁左、右端逆时针或顺时针方向截面组合的弯矩设计值。当抗震等级为一级且梁两端弯矩均为负弯矩时，绝对值较小一端的弯矩应取零； M_{bua}^l、M_{bua}^r——分别为梁左、右端逆时针或顺时针方向实配的正截面抗震受弯承载力所对应的弯矩值，可根据实配钢筋面积（计入受压钢筋，包括有效翼缘宽度范围内的楼板钢筋）和材料强度标准值并考虑承载力抗震调整系数计算； l_n——梁的净跨； V_{Gb}——梁在重力荷载代表值（9 度时还应包括竖向地震作用标准值）作用下，按简支梁分析的梁端截面剪力设计值。 3.《抗震规范》第 6.2.4 条；《高规》第 3.10.3 条、第 6.2.5 条、第 7.2.21 条；《混凝土规范》第 11.3.2 条、第 11.7.8 条
14	剪力墙墙肢	M	设计值放大系数（按墙底截面组合弯矩设计值乘）： 底部加强部位：特一级：1.1；一级：1.0； 其他部位：特一级：1.3；一级：1.2 双肢剪力墙中当一肢为偏心受拉时，则另一肢：1.25	1. 构件调整 2.《抗震规范》第 6.2.7 条；《高规》第 3.10.5 条、第 7.2.4 条、第 7.2.5 条；《混凝土规范》第 11.7.1 条
15	部分框支落地剪力墙	M	设计值放大系数： 底部加强部位： 特一级：1.8；一级：1.5；二级：1.3；三级：1.1	1. 构件调整 2.《高规》第 10.2.18 条
16	剪力墙墙肢及部分框支落地剪力墙	V	设计值放大系数： 1. 底部加强部位： 1）9 度一级： $V=1.1(M_{wua}/M_w)V_w$ 2）其他情况 特一级：1.9；一级：1.6；二级：1.4；三级：1.2 2. 其他部位： 1）特一级：1.4；二级：1.3（《高规》）、相应调整（《抗震规范》、《混凝土规范》） 2）短肢剪力墙： 特一级：1.68；一级：1.4；二级：1.2；三级：1.1	1. 构件调整 2. 式中　V——底部加强部位剪力墙截面剪力设计值； V_w——底部加强部位剪力墙截面考虑地震作用组合的剪力计算值； M_{wua}——剪力墙正截面抗震受弯承载力，应考虑承载力抗震调整系数 γ_{RE}，采用实配纵筋面积、材料强度标准值和组合的轴力设计值等计算，有翼墙时应计入墙两侧各一倍翼墙厚度范围内的纵向钢筋； M_w——底部加强部位剪力墙底截面弯矩的组合计算值。 3.《抗震规范》第 6.2.8 条；《高规》第 3.10.5 条、第 7.2.2 条、第 7.2.5 条、第 7.2.6 条、第 10.2.18 条；《混凝土规范》第 11.7.1 条、第 11.7.2 条

序号	构件或构件	内力	调整内容	说　明
17	框架梁柱节点	V	1. 顶层中间节点和端节点： （1）9 度设防的各类框架及一级抗震的框架结构： $$V_j = 1.15\Sigma M_{bua}/(h_{b0}-a_s')$$ （2）其他情况： 1）框架结构： 一级：$V_j = 1.5\Sigma M_b/(h_{b0}-a_s')$ 二级：$V_j = 1.35\Sigma M_b/(h_{b0}-a_s')$ 三级：$V_j = 1.20\Sigma M_b/(h_{b0}-a_s')$ 2）其他框架： 一级：$V_j = 1.35\Sigma M_b/(h_{b0}-a_s')$ 二级：$V_j = 1.20\Sigma M_b/(h_{b0}-a_s')$ 三级：$V_j = 1.10\Sigma M_b/(h_{b0}-a_s')$ 2. 其他层中间节点和端节点： （1）9 度设防的各类框架及一级抗震的框架结构： $$V_j = 1.15\Sigma M_{bua}/(h_{b0}-a_s')$$ $$[1-(h_{b0}-a_s')/(H_c-h_b)]$$ （2）其他情况： 1）框架结构： 一级：$V_j = 1.50\dfrac{\Sigma M_b}{h_{b0}-a_s'}\left(1-\dfrac{h_{b0}-a_s'}{H_c-h_b}\right)$ 二级：$V_j = 1.35\dfrac{\Sigma M_b}{h_{b0}-a_s'}\left(1-\dfrac{h_{b0}-a_s'}{H_c-h_b}\right)$ 三级：$V_j = 1.20\dfrac{\Sigma M_b}{h_{b0}-a_s'}\left(1-\dfrac{h_{b0}-a_s'}{H_c-h_b}\right)$ 2）其他框架： 一级：$V_j = 1.35\dfrac{\Sigma M_b}{h_{b0}-a_s'}\left(1-\dfrac{h_{b0}-a_s'}{H_c-h_b}\right)$ 二级：$V_j = 1.20\dfrac{\Sigma M_b}{h_{b0}-a_s'}\left(1-\dfrac{h_{b0}-a_s'}{H_c-h_b}\right)$ 三级：$V_j = 1.50\dfrac{\Sigma M_b}{h_{b0}-a_s'}\left(1-\dfrac{h_{b0}-a_s'}{H_c-h_b}\right)$	1. 局部调整； 2. 式中　ΣM_{bua}—节点左、右两侧的梁端反时针或顺时针方向实配的正截面抗震受弯承载力所对应的弯矩值之和，可根据实配钢筋面积（计入纵向受压构件）和材料强度标准值确定； 　ΣM_b—节点左、右两侧的梁端反时针或顺时针方向组合弯矩设计值之和，一级抗震等级框架节点左、右梁端均为负弯矩时，绝对值较小的弯矩应取零； 　h_{b0}、h_b—分别为梁的截面有效高度、截面高度，当节点两侧梁截面高度不同时，取其平均值； 　H_c—节点上柱和下柱反弯点之间的距离； 　a_s'—梁纵向受压钢筋合力点至截面近边的距离。 3.《抗震规范》附录 D；《高规》第 6.2.7 条；《混凝土规范》第 11.6.2 条
18	板柱-剪力墙结构板柱节点	V	节点处地震作用组合的不平衡弯矩引起的冲切反力设计值应乘以增大系数： 一级：1.7； 二级：1.5； 三级：1.3	1. 局部调整； 2.《抗震规范》第 6.6.3 条；《混凝土规范》第 11.9.3 条

注：1.“结构或构件”栏中除特别说明外，均为钢筋混凝土结构；

　　2. 对 9 度设防的各类框架及一级抗震的框架结构构件的内力调整，规范采用的是实配法，为计算方便和可操作，计算程序中均采用系数法，即乘以适当的放大系数，设计人员应对电算结果进行判断，若小于实配法，应按实配法进行调整。

2.1.37　什么是抗震性能设计？哪些结构需要进行抗震性能设计？

【解析】1. 传统的结构抗震设计方法，即以结构安全性为主的“小震不坏，中震可修，大震不倒”三水准目标，就是一种抗震性能设计。其抗震性能目标——小震、中震、大震有明确的概率指标；房屋建筑不坏、可修、不倒的破坏程度，在《建筑地震破坏等级划分标准》（建设部 90 建抗字 377 号）中提出了定性的划分。

但是，当房屋高度、规则性、结构类型等超过规范的规定或抗震设防标准等有特殊要求、难以按规范规定的常规设计方法进行抗震设计时，仍采用传统的抗震设计方法，已不能保证结构所需要的抗震性能要求。此时，可采用结构抗震性能设计方法进行补充分析和论证。

当结构平面或竖向不规则甚至特别不规则时，一般不能完全符合抗震概念设计的要求。结构师应根据规范有关抗震概念设计的规定，与建筑师协调，改进结构方案，尽量减少结构不符合概念设计的情况和程度。对于特别不规则结构，如复杂高层建筑结构或其他复杂结构，应根据建筑功能和结构的性能要求，根据实际需要和可能，具有针对性地分别选定针对整个结构、结构的部局部位或关键部位、结构的关键部件、重要构件、次要构件以及建筑构件和机电设备支座作为性能目标，进行抗震性能设计。《建筑抗震设计规范》、《高层建筑混凝土结构技术规程》都明确提出了建筑抗震性能设计的抗震设计方法。

抗震性能设计方法使抗震设计从宏观定性向具体量化的多重目标过渡，设计者（或业主）应根据建筑物的抗震设计类别、抗震设防烈度、场地条件、结构类型及其不规则性、建筑使用功能和附属设施功能要求、造价、震后各种损失及其修复的难易程度等，选择不同的性能目标和抗震措施。以提高结构抗震设计的安全性或满足使用功能的专门要求。

抗震性能设计强调实施性能目标的深入分析和论证、结构计算、专家论证以及必要的试验等。经过论证可采用现行规范尚未规定的新结构、新技术、新材料。

2. 抗震性能设计方法的适用范围

《高层建筑混凝土结构技术规程》所提出的房屋高度、规则性、结构类型或抗震设防标准等有特殊要求的高层建筑混凝土结构包括：

（1）"超限高层建筑结构"，其划分标准参见原建设部发布的《超限高层建筑工程抗震设防专项审查技术要点》；

（2）有些工程虽不属于"超限高层建筑结构"但由于其结构类型或有些部位结构布置的复杂性，难以直接按本规程的常规方法进行设计；

（3）还有一些位于高烈度区（8度、9度）的甲、乙类设防标准的工程或处于抗震不利地段的工程，出现难以确定抗震等级或难以直接按本规程常规方法进行设计的情况。

3. 抗震性能设计方法和常规抗震设计方法的一些比较见表 2.1.22。

基于性能的抗震设计和常规抗震设计比较   表 2.1.22

项目	常规抗震设计	基于性能的抗震设计
设防目标	小震不坏、中震可修、大震不倒；小震有明确的性能指标，其余是宏观的性能要求；按使用功能重要性分甲、乙、丙、丁四类，其防倒塌的宏观控制有所区别	按使用功能类别及遭遇地震影响程度提出多个预期性能目标（包括结构的、非结构的、设备的等各具体性能目标）
实施方法	按指令性、处方式的规定设计；通过结构布置的概念设计、小震弹性设计、经验性的内力调整、放大和构造及部分结构大震变形验算	除满足基本要求外，需提出符合预期性能目标的论证，包括结构体系、详尽分析、抗震措施及必要试验，并经专门评估予以确认
工程应用	应用广泛，设计人熟悉；对适用高度和规则性等有明确限制，有局限性，尚不能适应新结构、新技术、新材料的发展要求	应用较少，设计人熟悉；为超限及复杂结构设计提供可行方法，有利技术创新。技术上尚有问题有待研究

2.1.38 如何确定结构的抗震性能目标？

【解析】1. 建筑结构预期性能目标

在规定的地震地面运动下建筑结构的抗震性能水准，就是结构的抗震性能目标。地震地面运动一般分为三个水准，对设计使用年限为50年的结构，可选用《建筑抗震设计规范》的多遇地震、设防烈度地震和罕遇地震的地震作用，其中，设防地震的加速度应按《建筑抗震设计规范》表3.2.2的设计基本地震加速度采用，设防地震的地震影响系数最大值，6度、7度（0.10g）、7度（0.15g）、8度（0.20g）、8度（0.30g）、9度可分别采用0.12、0.23、0.34、0.45、0.68和0.90。对处于发震断裂两侧10km以内的结构，地震动参数应计入近场影响，5km以内宜乘以增大系数1.5，5km以外宜乘以增大系数1.25。

对于设计使用年限不同于50年的结构，其地震作用需要作适当调整，取值经专门研究提出并按规定的权限批准后确定，当缺乏当地相关资料时可参考《建筑工程抗震性态设计通则（试用）》GECS 160：2004的附录A，其调整导致的范围大体是：设计使用年限70年，取1.15～1.2；100年取1.3～1.4。

结构抗震性能水准，即建筑结构在遭遇各种水准的地震影响时，其预期的损坏状态和继续使用的可能性，按宏观损坏程度可分为1、2、3、4、5五个水准，见表2.1.23。

各性能水准结构预期的震后性能状况　　　　　　表 2.1.23

名　称	破坏描述	继续使用的可能性	变形参考值
基本完好（含完好）	承重构件完好；个别非承重构件轻微损坏；附属构件有不同程度破坏	一般不需修理即可继续使用	$<[\Delta u_e]$
轻微损坏	个别承重构件轻微裂缝（对钢结构构件指残余变形），个别非承重构件明显破坏；附属构件有不同程度破坏	不需修理或需稍加修理，仍可继续使用	$(1.5\sim2)[\Delta u_e]$
中等破坏	多数承重构件轻微裂缝（或残余变形），部分明显裂缝（或残余变形）；个别非承重构件严重破坏	需一般修理，采取安全措施后可适当使用	$(3\sim4)[\Delta u_e]$
严重破坏	多数承重构件严重破坏或部分倒塌	应排险大修，局部拆除	$<0.9[\Delta u_p]$
倒塌	多数承重构件倒塌	需拆除	$>[\Delta u_p]$

注：1. 个别指5%以下，部分指30%以下，多数指50%以上；
　　2. 中等破坏的变形参考值，大致取规范弹性和弹塑性位移角限值的平均值，轻微损坏取1/2平均值。

完好，即所有构件保持弹性状态：各种承载力设计值（拉、压、弯、剪、压弯、拉弯、稳定等）满足规范对抗震承载力的要求 $S<R/\Delta\gamma_{RE}$，层间变形（以弯曲变形为主的结构宜扣除整体弯曲变形）满足规范多遇地震下的位移角限值 $[\Delta u_e]$。这是各种预期性能目标在多遇地震下的基本要求——多遇地震下必须满足规范规定的承载力和弹性变形的要求，各类构件均无损坏。

基本完好，即构件基本保持弹性状态：各种承载力设计值基本满足规范对抗震承载力的要求 $S\leqslant R/\Delta\gamma_{RE}$（其中的效应 S 不含抗震等级的调整系数），层间变形可能略微超过弹性变形限值，各类构件均无损坏。

轻微损坏，即结构构件可能出现轻微的塑性变形，但不达到屈服状态，按材料标准值计算的承载力大于作用标准组合的效应。耗能构件轻微损坏，部分中度破坏，其他构件无损坏。

中等破坏，结构构件出现明显的塑性变形，部分竖向构件中度破坏，关键构件轻度损坏，耗能构件中度破坏，部分有比较严重的损坏。但控制在一般加固即恢复使用的范围。

接近严重破坏，结构关键的竖向构件出现明显的塑性变形，部分水平构件可能失效需要更换，经过大修加固后可恢复使用。普通竖向构件部分有较严重损坏，关键构件中度损坏，耗能构件有比较严重的损坏。

上述"普通竖向构件"是指"关键构件"之外的竖向构件；"关键构件"是指该构件的失效可能引起结构的连续破坏或危及生命安全的严重破坏；"耗能构件"包括框架梁、剪力墙连梁及耗能支撑。

结构抗震性能目标分为四个等级，每个性能目标均与一组在指定地震地面运动下的结构抗震性能水准相对应。所以，地震下可供选定的高于一般情况的建筑结构预期性能目标如表 2.1.24。

建筑结构预期性能目标　　　　表 2.1.24

地震水准	性能 1	性能 2	性能 3	性能 4
多遇地震	完好	完好	完好	完好
设防地震	完好，正常使用	基本完好，检修后继续使用	轻微损坏，简单修理后继续使用	轻微至接近中等损坏，变形 $<3[\Delta u_e]$
罕遇地震	基本完好，检修后继续使用	轻微至中等破坏，修复后继续使用	其破坏需加固后继续使用	接近严重破坏，大修加固后继续使用

性能 1，结构构件在预期大震下仍基本处于弹性状态，则其细部构造仅需要满足最基本的构造要求，工程实例表明，采用隔震、减震技术或低烈度设防且风力很大时有可能实现；条件许可时，也可对某些关键构件提出这个性能目标。

性能 2，结构构件在中震下完好，在预期大震下可能屈服，其细部构造需满足低延性的要求。例如，某 6 度设防的核心筒-外框结构，其风力是小震的 2.4 倍，风载层间位移是小震的 2.5 倍。结构所有构件的承载力和层间位移均可满足中震（不计入风载效应组合）的设计要求；考虑水平构件在大震下损坏使刚度降低和阻尼加大，按等效线性化方法估算，竖向构件的最小极限承载力仍可满足大震下的验算要求。于是，构件总体上可达到性能 2 的要求。

性能 3，在大震下已有轻微塑性变形，大震下有明显的塑性变形，因而，其细部构造需要满足中等延性的构造要求。

性能 4，在中震下的损坏已大于性能 3，结构总体的抗震承载力仅略高于一般情况，因而，其细部构造仍需满足高延性的要求。

2. 结构抗震性能目标的选用

性能目标的选用是结构抗震性能设计的关键，选用性能目标不应低于《建筑抗震设计规范》对基本抗震的设防目标的规定，否则就不能达到结构抗震设计的要求；性能目标选用过高，则不经济。结构抗震性能目标应综合考虑抗震设防类别、设防烈度、场地条件、结构类型和不规则性、附属设施功能要求、投资大小、震后损失和修复难易程度等各项因素选定。

建筑的抗震性能设计，立足于承载力和变形能力的综合考虑，具有很强的针对性和灵活性。针对具体工程的需要和可能，可以对整个结构，也可以对某些部位或关键构件，灵活运用各种措施达到预期的性能目标——着重提高抗震安全性或满足使用功能的专门要求。例如，可以根据楼梯间作为"抗震安全岛"的要求，提出确保大震下能具有安全避难通道的具体目标和性能要求；可以针对特别不规则、复杂建筑结构的具体情况，对抗侧力结构的水平构件和竖向构件提出相应的性能目标，提高其整体或关键部位的抗震安全性；也可针对水平转换构件，为确保大震下自身及相关构件的安全而提出大震下的性能目标；地震时需要连续工作的机电设施，其相关部位的层间位移需满足规定层间位移限值的专门要求；其他情况，可对震后的残余变形提出满足设施检修后运行的位移要求，也可提出大震后可修复运行的位移要求。建筑构件采用与结构构件柔性连接，只要可靠拉结并留有足够的间隙，如玻璃幕墙与钢框之间预留变形缝隙，震害经验表明，幕墙在结构总体安全时可以满足大震后继续使用的要求。

所选用的性能目标需征得业主的认可。

2.1.39 如何根据所确定的抗震性能目标进行结构抗震设计？

【解析】选定性能设计指标。设计应选定分别提高结构或其关键部位的抗震承载力、变形能力或同时提高抗震承载力和变形能力的具体指标。尚应计及不同水准地震作用取值的不确定性而留有余地。设计宜确定在不同地震动水准下结构不同部位的水平和竖向构件承载力的要求（含不发生脆性剪切破坏、形成塑性铰、达到屈服值或保持弹性等）；宜选择在不同地震动水准下结构不同部位的预期弹性或弹塑性变形状态，以及相应的构件延性构造的高、中或低要求。当构件的承载力明显提高时，相应的延性构造可适当降低。延性的细部构造，主要是指构件的箍筋加密、边缘构件、轴压比等，不包括影响正截面承载力的纵向受力钢筋的构造要求。

1. 结构构件可按下列规定选择实现抗震性能要求的抗震承载力、变形能力和构造的抗震等级；整个结构不同部位的构件、竖向构件和水平构件、可选用相同或不同的抗震性能要求：

（1）当以提高抗震安全性为主时，结构构件对应于不同性能要求的承载力参考指标，可按表2.1.25的示例选用：

结构构件实现抗震性能要求的承载力参考指标示例　　　　　　表2.1.25

性能要求	性能1	性能2	性能3	性能4
多遇地震	完好，按常规设计	完好，按常规设计	完好，按常规设计	完好，按常规设计
设防地震	完好，承载力按抗震等级调整地震效应的设计值复核	基本完好，承载力按不计抗震等级调整地震效应的设计值复核	轻微损坏，承载力按标准值复核	轻～中等破坏，承载力按极限值复核
罕遇地震	基本完好，承载力按不计抗震等级调整地震效应的设计值复核	轻～中等破坏，承载力按极限值复核	中等破坏，承载力达到极限值后能维持稳定，降低少于5%	不严重破坏，承载力达到极限值后基本维持稳定，降低少于10%

（2）当需要按地震残余变形确定使用性能时，结构构件除满足提高抗震安全性的性能

要求外，不同性能要求的层间位移参考指标，可按表2.1.26的示例选用：

结构构件实现抗震性能要求的层间位移参考指标示例　　　　表 2.1.26

性能要求	性能1	性能2	性能3	性能4
多遇地震	完好，变形远小于弹性位移限值	完好，变形远小于弹性位移限值	完好，变形明显小于弹性位移限值	完好，变形小于弹性位移限值
设防地震	完好，变形小于弹性位移限值	基本完好，变形略大于弹性位移限值	轻微损坏，变形小于2倍弹性位移限值	轻～中等破坏，变形小于3倍弹性位移限值
罕遇地震	基本完好，变形略大于弹性位移限值	有轻微塑性变形，变形小于2倍弹性位移限值	有明显塑性变形，变形约4倍弹性位移限值	不严重破坏，变形不大于0.9倍塑性变形限值

注：设防烈度和罕遇地震下的变形计算，应考虑重力二阶效应，可扣除整体弯曲变形。

（3）结构构件细部构造对应于不同性能要求的抗震等级，可按表2.1.27的示例选用；结构中同一部位的不同构件，可区分竖向构件和水平构件，按各自最低的性能要求所对应的抗震构造等级选用：

结构构件对应于不同性能要求的构造抗震等级示例　　　　表 2.1.27

性能要求	性能1	性能2	性能3	性能4
构造的抗震等级	基本抗震构造。可按常规设计的有关规定降低二度采用，但不得低于6度，且不发生脆性破坏	低延性构造。可按常规设计的有关规定降低一度采用，当构件的承载力高于多遇地震提高二度的要求时，可按降低二度采用；均不得低于6度，且不发生脆性破坏	中等延性构造。当构件的承载力高于多遇地震提高一度的要求时，可按常规设计的有关规定降低一度且不低于6度采用，否则仍按常规设计的规定采用	高延性构造。仍按常规设计的有关规定采用

2. 建筑结构的抗震性能化设计的计算应符合下列要求：

（1）分析模型应正确、合理地反映地震作用的传递途径和楼盖在不同地震动水准下是否整体或分块处于弹性工作状态。

（2）弹性分析可采用线性方法，弹塑性分析可根据性能目标所预期的结构弹塑性状态，分别采用增加阻尼的等效线性化方法以及静力或动力非线性分析方法。

（3）结构非线性分析模型相对于弹性分析模型可有所简化，但二者在多遇地震下的线性分析结果应基本一致；应计入重力二阶效应、合理确定弹塑性参数，应依据构件的实际截面、配筋等计算承载力，可通过与理想弹性假定计算结果的对比分析，着重发现构件可能破坏的部位及其弹塑性变形程度。

3. 结构构件承载力按不同要求进行复核时，地震内力计算和调整、地震作用效应组合、材料强度取值和验算方法，应符合下列要求：

（1）设防烈度下结构构件承载力，包括混凝土构件压弯、拉弯、受剪、受弯承载力，钢构件受拉、受压、受弯、稳定承载力等，按考虑地震效应调整的设计值复核时，应采用对应于抗震等级而不计入风荷载效应的地震作用效应基本组合，并按下式验算：

$$\gamma_G S_{GE} + \gamma_E S_{Ek}(I_2,\lambda,\zeta) \leqslant R/\gamma_{RE} \tag{2.1.8}$$

式中　I_2——表示设防地震动，隔震结构包含水平向减震影响；

λ——按非抗震性能设计考虑抗震等级的地震效应调整系数；

ζ——考虑部分次要构件进入塑性的刚度降低或消能减震结构附加的阻尼影响。

其他符号同非抗震性能设计。

（2）结构构件承载力按不考虑地震作用效应调整的设计值复核时，应采用不计入风荷载效应的基本组合，并按下式验算：

$$\gamma_G S_{GE} + \gamma_E S_{Ek}(I, \zeta) \leqslant R/\gamma_{RE} \tag{2.1.9}$$

式中 I——表示设防烈度地震动或罕遇地震动，隔震结构包含水平向减震影响；

ζ——考虑部分将要构件进入塑性的刚度降低或消能减震结构附加的阻尼影响。

（3）结构构件承载力按标准值复核时，应采用不计入风荷载效应的地震作用效应标准组合，并按下式验算：

$$S_{GE} + S_{Ek}(I, \zeta) \leqslant R_k \tag{2.1.10}$$

式中 I——表示设防地震动或罕遇地震动，隔震结构包含水平向减震影响；

ζ——考虑部分次要构件进入塑性的刚度降低或消能减震结构附加的阻尼影响；

R_k——按材料强度标准值计算的承载力。

（4）结构构件按极限承载力复核时，应采用不计入风荷载效应的地震作用效应标准组合，并按下式验算：

$$S_{GE} + S_{Ek}(I, \zeta) < R_u \tag{2.1.11}$$

式中 I——表示设防地震动或罕遇地震动，隔震结构包含水平向减震影响；

ζ——考虑部分次要构件进入塑性的刚度降低或消能减震结构附加的阻尼影响；

R_u——按材料最小极限强度值计算的承载力；钢材强度可取最小极限值，钢筋强度可取屈服强度的1.25倍，混凝土强度可取立方体强度的0.88倍。

4. 结构竖向构件在设防地震、罕遇地震作用下的层间弹塑性变形按不同控制目标进行复核时，地震层间剪力计算、地震作用效应调整、构件层间位移计算和验算方法，应符合下列要求：

（1）地震层间剪力和地震作用效应调整，应根据整个结构不同部位进入弹塑性阶段程度的不同，采用不同的方法。构件总体上处于开裂阶段或刚刚进入屈服阶段，可取等效刚度和等效阻尼，按等效线性方法估算；构件总体上处于承载力屈服至极限阶段，宜采用静力或动力弹塑性分析方法估算；构件总体上处于承载力下降阶段，应采用计入下降段参数的动力弹塑性分析方法估算。

（2）在设防地震下，混凝土构件的初始刚度，宜采用长期刚度。

（3）构件层间弹塑性变形计算时，应依据其实际的承载力，并应按本规范的规定计入重力二阶效应；风荷载和重力作用下的变形不参与地震组合。

（4）构件层间弹塑性变形的验算，可采用下列公式：

$$\Delta u_p(I, \zeta, \xi_y, G_E) < [\Delta u] \tag{2.1.12}$$

式中 $\Delta u_p(\cdots)$——竖向构件在设防地震或罕遇地震下计入重力二阶效应和阻尼影响取决于其实际承载力的弹塑性层间位移角；对高宽比大于3的结构，可扣除整体转动的影响；

$[\Delta u]$——弹塑性位移角限值，应根据性能控制目标确定；整个结构中变形最大部位的竖向构件，轻微损坏可取中等破坏的一半，中等破坏可取《高层建筑混凝土结构技术规程》表 3.7.3 和表 3.7.5 规定值的平均值，不严重破坏按小于表 3.7.5 规定值的 0.9 倍控制。

5. 建筑构件和建筑附属设备支座抗震性能设计方法参见《建筑抗震设计规范》相关内容。

2.1.40 什么是结构的抗连续倒塌设计？哪些结构需要进行抗连续倒塌设计？抗连续倒塌概念设计原则是什么？

【解析】结构连续倒塌是指因突发事件或严重超载而造成结构局部破坏或失效，继而引起与失效破坏构件相连的其他构件连续破坏，最终导致相对于初始局部破坏更大范围的倒塌破坏。结构连续倒塌的原因主要有两类：（1）地震作用下结构进入非弹性大变形，构件失稳，传力途径失效而导致结构连续倒塌；（2）由于撞击、爆炸、火灾、飓风、人为破坏等，造成部分关键承重构件失效，传力途径失效而导致结构连续倒塌。

我国《建筑结构可靠度设计统一标准》GB 50068—2001 第 3.0.6 条对结构抗连续倒塌作了定性的规定："对偶然状况，建筑结构可采用下列原则之一按承载能力极限状态进行设计：（1）按作用效应的偶然荷载组合进行设计或采取保护措施，使主要承重结构不致因出现设计规定的偶然事件而丧失承载能力；（2）允许主要承重结构因出现设计规定的偶然事件而局部破坏，但其剩余部分具有在一段时间内不发生连续倒塌的可靠度。"

《高层建筑混凝土结构技术规程》规定：安全等级为一级的高层建筑结构应满足抗连续倒塌概念设计要求；有特殊要求时，可采用拆除构件方法进行抗连续倒塌设计。这是结构抗连续倒塌的基本要求。

《混凝土结构设计规范》规定：安全等级为一级的可能遭受偶然作用的重要结构，以及为抵御灾害作用而必须增强抗灾能力的重要结构，宜进行防连续倒塌设计。

1. 混凝土结构的抗倒塌概念设计宜遵循下列原则：

（1）尽可能采用对结构的抗倒塌有利的结构体系。剪力墙结构、筒体结构、剪力墙较多的框架-剪力墙结构属于抗倒塌有利的结构关系，而框支结构及各类转换结构、板柱结构、大跨度单向结构、装配式大板结构等属于抗倒塌不利的结构体系。

（2）在结构容易遭受意外超载作用的部位尽可能增加冗余约束，关键、重要构件应具有整体多重传递重力荷载的途径，使结构具有转变传力途径的能力；如：

1）在顶层或中间层采用转换桁架，允许柱子吊在上面；

2）加强楼层梁的连接允许出现悬挂作用；

3）允许外围柱子失效后，另一端的梁柱连接能承受悬臂力矩的作用；

4）周边框架可以承受两跨中间柱子失效。

（3）结构构件应具有合适的延性，降低构件的内力（轴压比、剪压比），保证结构整体稳定和局部稳定。避免构件的剪切破坏、压溃破坏、锚固破坏以及节点先于构件的破坏等。

（4）关键、重要构件应具有足够的承载能力和延性，如采用型钢混凝土构件、钢管混凝土柱、钢板组合剪力墙等。

（5）结构构件应具有一定的反向承载能力，如连续梁端支座、筒支梁支座顶面及连接梁的中间支座、框架梁支座底面应有一定数量的配筋及合适的锚固连接构造，以保证偶然作用发生时，该构件具有一定的反向承载能力，防止和延缓结构的连续倒塌。

（6）加强连接，楼板宜整体现浇，梁柱宜刚接，梁板顶、底钢筋在支座处宜按受拉要求连续贯通，使结构具有良好的整体性。

2. 结构抗倒塌设计可选择下列方法：

（1）局部加强法：提高可能遭受偶然作用而发生局部破坏的竖向重要构件和关键传力部位的安全储备，也可直接考虑偶然作用进行设计。

（2）拉结构件法：在结构局部竖向构件失效的条件下，可根据具体情况分别按梁-拉结模型、悬索-拉结模型和悬臂-拉结模型进行承载力验算，维持结构的整体稳固性。

（3）拆除构件法：按一定规则拆除结构的主要受力构件，验算剩余结构体系的极限承载力；也可采用倒塌全过程分析进行设计。

3. 结构抗连续倒塌设计的拆除构件法应符合下列基本要求：

（1）逐个分别拆除结构周边的竖向构件、底层内部竖向构件以及转换桁架的腹杆等重要构件；

（2）可采用弹性静力方法分析剩余结构的内力和变形；

（3）剩余结构构件的承载力应满足下列要求：

$$R_d \geqslant \beta S_d \qquad (2.1.13)$$

式中　S_d——剩余结构构件效应设计值，可按《高层建筑混凝土结构技术规程》第3.12.4条的规定计算；

　　　R_d——剩余结构构件承载力设计值，可按《高层建筑混凝土结构技术规程》第3.12.5条的规定采用；

　　　β——效应折减系数。对中部水平构件取0.67，对其他构件取1.0。

4. 结构抗连续倒塌设计时，荷载组合的效应设计值可按下式确定：

$$S_d = \eta_d (S_{Gk} + \Sigma \psi_{qi} S_{Qi,k}) + \psi_w S_{wk} \qquad (2.1.14)$$

式中　S_{Gk}——永久荷载标准值产生的效应；

　　　$S_{Qi,k}$——第 i 个竖向可变荷载标准值产生的效应；

　　　ψ_{qi}——可变荷载的准永久值系数；

　　　ψ_w——风负载组合值系数，取0.2；

　　　S_{wk}——风荷载标准值产生的效应；

　　　η_d——竖向荷载动力放大系数，当构件直接与被拆除竖向构件相连时，取2.0，其他构件取1.0。

构件截面承载力计算时，混凝土强度可取标准值；钢材强度，正截面承载力验算时，可取标准值的1.25位，受剪承载力验算时可取标准值。

5. 当拆除某构件不能满足结构抗连续倒塌设计要求时，意味着该构件十分重要（可称之为关键结构构件），应具有更高的要求，希望保持线弹性工作状态。此时，在该构件表面附加 $80 \mathrm{kN/m^2}$ 侧向偶然作用设计值，进行整体结构计算。其承载力应满足下列公式要求：

$$R_d \geqslant S_d \qquad (2.1.15)$$

$$S_d = S_{Gk} + 0.6 S_{Qk} + S_{Ad} \qquad (2.1.16)$$

式中　R_d——构件承载力设计值；

S_d——作用组合的效应设计值；

S_{Gk}——永久荷载标准值的效应；

S_{Qk}——活荷载标准值的效应；

S_{Ad}——侧向偶然作用设计值的效应。

有关结构抗连续倒塌设计的具体方法和规定，详见《混凝土结构设计规范》和《高层建筑混凝土结构技术规程》的相关内容。

第二章 基 本 构 件

2.2.1 现浇钢筋混凝土楼（屋）面板的构造钢筋有哪几种？其具体做法如何？

【解析】现浇钢筋混凝土楼（屋）面板的构造钢筋主要是指：

1. 板的受力钢筋与梁平行时，沿梁长度方向配置的与梁垂直的上部构造钢筋；

2. 板简支边的上部构造钢筋；

3. 温度收缩钢筋。

理想的简支支座很少，一般板在支承边缘总有一些约束。与支承结构整体现浇或嵌固在承重砌体内的混凝土板，尽管设计计算时可取为简支边而认为支座弯矩等于零。但由于现浇混凝土形成的整体性或墙砌体对嵌入板端的约束，在板受力变形时仍将产生一定的负弯矩，并在板边形成裂缝。

上述由于约束而引起的板边裂缝，是开口向上的负弯矩裂缝，不仅影响观瞻，而且容易产生耐久性问题。因此必须配置钢筋加以控制。

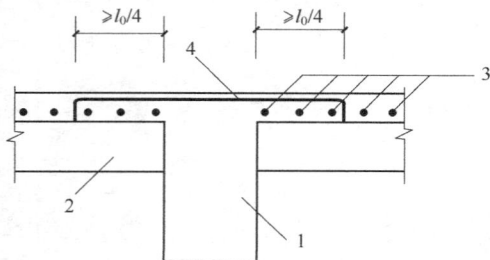

图 2.2.1 现浇板中与梁垂直的构造钢筋
1—主梁；2—次梁；3—板的受力钢筋；
4—上部构造钢筋

为此，规范规定：

1. 当现浇板的受力钢筋与梁平行时，应沿梁长度方向配置间距不大于 200mm 且与梁垂直的上部构造钢筋，其直径不宜小于 8mm，且单位长度内的总截面面积不宜小于板中单位宽度内受力钢筋截面面积的三分之一。该构造钢筋伸入板内的长度从梁边算起每边不宜小于板计算跨度的四分之一（图 2.2.1）。

2. 对与支承结构整体浇筑或嵌固在承重砌体墙内的现浇混凝土板，应沿支承周边配置上部构造钢筋，其直径不宜小于 8mm，间距不宜大于 200mm，并应符合下列规定：

（1）与梁或墙整浇的现浇板构造钢筋

周边与混凝土梁或混凝土墙整体现浇的单向板或双向板，应在该支承边板的上部配置垂直于板边的构造钢筋，并应符合下列规定：

1）构造钢筋的截面面积不宜小于板跨中相应方向纵向钢筋截面面积的三分之一。

2）构造钢筋自梁边或墙边伸入板内的长度，在单向板中不宜小于受力方向板计算跨度的四分之一（图 2.2.2），在双向板中不宜小于板短跨方向计算跨度的四分之一（图 2.2.3）。

3）在板角处构造钢筋应沿正交两个垂直方向布置或按放射状布置。当柱角或墙的阳角突出到板内且尺寸较大时，应沿柱边或墙阳角边布置构造钢筋，该钢筋伸入板内的长度应从柱边或墙边算起（图 2.2.4）。

4）构造钢筋应按受拉钢筋锚固在梁内、墙内或柱内。

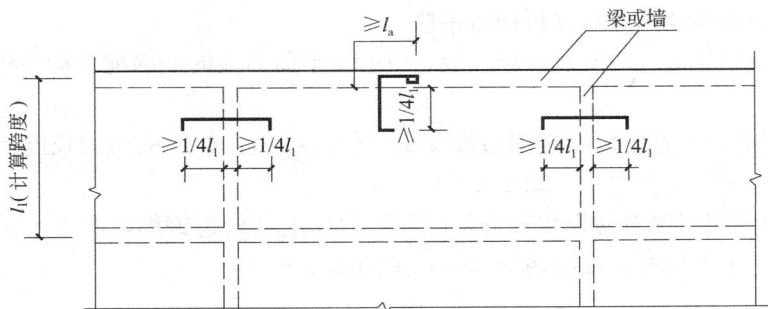

图 2.2.2　周边与梁整体现浇的单向板上部构造钢筋（边支座按简支计算）

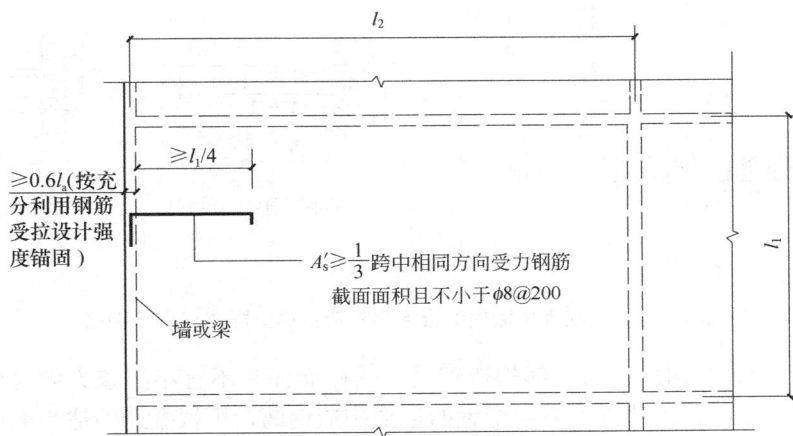

图 2.2.3　双向板边支座按简支计算时的上部构造钢筋

l_1—短向计算跨度；l_2—长向计算跨度

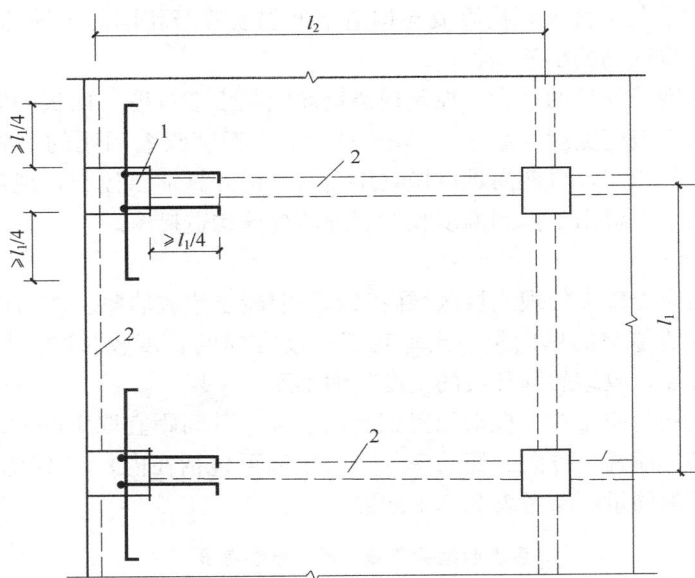

图 2.2.4　双向板在柱角处的上部构造钢筋（$l_1 < l_2$）

1—柱；2—墙或梁

（2）嵌固在砌体墙内的现浇板构造钢筋

嵌固在承重砌体墙内的现浇混凝土板，应沿支承周边板的上部配置构造钢筋，并应符合下列规定：

1）构造钢筋应垂直于板的嵌固边缘配置并伸入板内。伸入板内的长度从墙边算起不宜小于板短边跨度的七分之一（图2.2.5）。

2）在两边嵌固于墙内的板角部分，应配置双向上部构造钢筋，其伸入板内的长度从墙边算起不宜小于板短边跨度的四分之一，见图2.2.5。

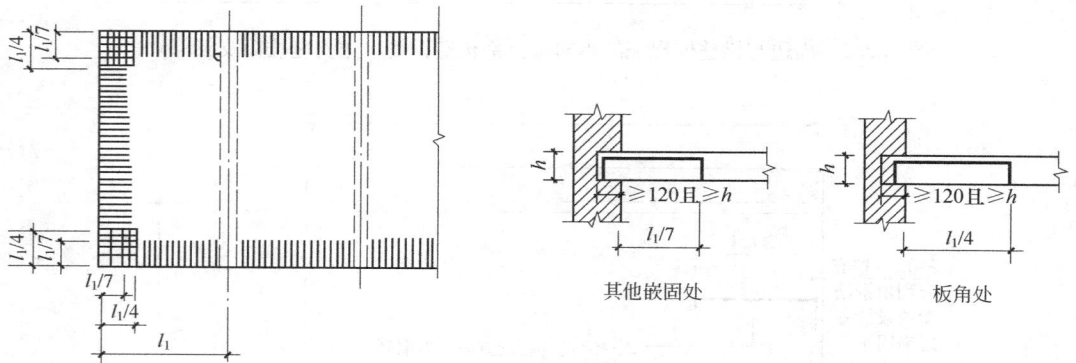

其他嵌固处　　　　板角处

图 2.2.5　嵌固在砌体墙内的板上部构造钢筋的配置（绑扎钢筋）

3）沿板的受力方向配置的上部构造钢筋，其截面面积不宜小于该方向跨中受力钢筋截面面积的三分之一。沿非受力方向配置的上部构造钢筋，可根据经验适当减少。

需要注意的是：所谓构造钢筋的总截面面积不宜小于受力钢筋总截面面积的三分之一，当构造钢筋的强度等级低于受力钢筋时，一般是按强度相等的原则（$f_{y1} A_{s1} = f_{y2} A_{s2}$），将受力钢筋的截面面积换算成与构造钢筋强度等级相同的钢筋的等效截面面积，然后除以3作为构造钢筋的配筋面积。

配置温度收缩钢筋的目的是为了控制现浇钢筋混凝土楼（屋）面板因温度、收缩而产生的裂缝形态，减小裂缝宽度（小于0.05mm）。由于温度收缩问题的不确定性很大，各自的变化规律又不尽相同，目前尚难以做到用定量分析计算加以控制，规范在总结大量工程实践经验的基础上，提出了控制温度收缩裂缝的配筋构造措施。

3. 温度收缩钢筋

在温度、收缩应力较大的现浇板区域内（如与混凝土梁或墙整浇的跨度较大双向板的中部区域；与梁或墙整浇的单向板，当垂直于跨度方向的长度较长时，长向的中部区域等）宜配置限制温度、收缩裂缝开展的温度收缩钢筋。

（1）温度收缩钢筋应布置在板未配置钢筋的表面。其间距宜取150～200mm；并使板的上、下表面沿纵、横两个方向的配筋率（受力主筋可包括在内）均不宜小于0.1%。温度收缩钢筋的最小配筋量可参考表2.2.1配置。

温度收缩钢筋最小配筋量参考表　　　　　　　　　　表 2.2.1

板厚度（mm）	≤120	130～200	≥210
抗温度收缩构造钢筋	φ6@150	φ8@200	φ10@200

（2）温度收缩钢筋可利用原有上部钢筋贯通布置（图2.2.6），也可另行设置构造钢筋网（图2.2.7），并与原有钢筋按受拉钢筋的要求搭接或在周边构件中锚固。

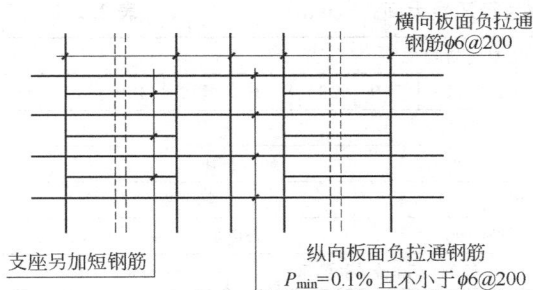

图2.2.6　在板的上表面配置温度
收缩钢筋示意（一）

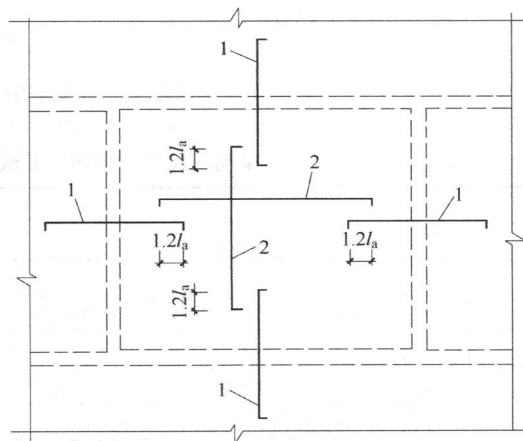

图2.2.7　在板的上表面配置温
度收缩钢筋示意（二）
1—板中上部原有受力钢筋；2—板上表面另
行配置的温度收缩钢筋

2.2.2　现浇钢筋混凝土楼（屋）面板中配置分布钢筋的作用是什么？其具体做法有哪些规定？

【解析】分布钢筋的作用是：
1. 对四边支承的单向板，可承担在计算中未计及但实际存在的长跨方向的弯矩；
2. 抵抗由于温度变化或混凝土收缩引起的内力；
3. 承受并分散板上局部荷载产生的内力；
4. 与受力钢筋组成钢筋网，便于在施工中固定受力钢筋的位置。

板的分布钢筋有以下几种情况：
1. 单向板板底面垂直于受力方向的分布钢筋；
2. 双向板支座负筋的分布钢筋；
3. 单向板支座负筋（包括受力钢筋和构造钢筋）的分布钢筋。

规范规定：
当按单向板设计时，除沿受力方向布置受力钢筋外，尚应在垂直受力方向布置分布钢筋。单位长度上分布钢筋的截面面积不宜小于单位宽度上受力钢筋截面面积的 15%，且不宜小于该方向板截面面积的 0.15%；分布钢筋的间距不宜大于 250mm，直径不宜小于 6mm；对集中荷载较大的情况，分布钢筋的截面面积应适当增加，其间距不宜大于 200mm。当有实践经验或可靠措施时，预制单向板的分布钢筋可不受上述规定限制（图2.2.8）。

按单向现浇板受力钢筋配筋量确定的分布钢筋最小直径及最大间距如表 2.2.2 所示。

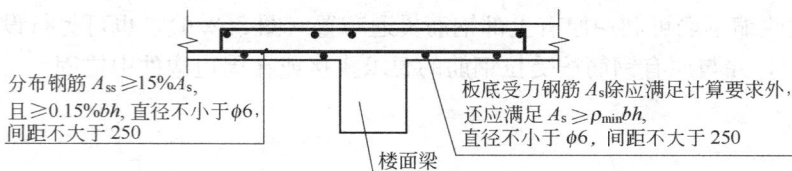

分布钢筋 $A_{ss} \geqslant 15\% A_s$,
且 $\geqslant 0.15\% bh$，直径不小于 $\phi6$,
间距不大于 250

板底受力钢筋 A_s 除应满足计算要求外，
还应满足 $A_s \geqslant \rho_{min} bh$,
直径不小于 $\phi6$, 间距不大于 250

楼面梁

图 2.2.8　单向板跨中正筋的分布钢筋

单向现浇板的分布钢筋最小直径及最大间距（mm）　　　表 2.2.2

项　次	受力钢筋直径	受力钢筋间距												
		70	75	80	85	90	95	100	110	120	130	140	150	160	170～200
1	6～8	$\phi6@250$												
2	10	$\phi6@150$ 或 $\phi8@250$			$\phi6@200$						$\phi6@250$			
3	12	$\phi8@200$			$\phi8@250$						$\phi6@200$			
4	14	$\phi8@150$			$\phi8@200$					$\phi8@250$			$\phi6@200$	
5	16	$\phi10@150$		$\phi10@200$				$\phi10@250$ 或 $\phi8@150$				$\phi8@250$		

4. 常用的分布钢筋直径及间距允许的单向现浇板最大厚度如表 2.2.3 所示。

常用分布钢筋直径及间距允许的单向现浇板最大厚度　　　表 2.2.3

分布钢筋直径（mm）	$\phi6$			$\phi8$			$\phi10$		
分布钢筋间距（mm）	250	200	150	250	200	150	250	200	150
允许单向现浇板的最大厚度（mm）	70	90	120	130	160	220	200	260	340

注：本表适用于绑扎方式配筋的板。按分布钢筋的配筋率不宜小于 0.15% 条件确定表中数值。

需要注意的是：单向现浇板分布筋的最小配筋率是双控，即取板单位宽度上受力钢筋截面面积的 15% 和该方向板截面面积的 0.15% 两者中的大值。既与受力钢筋有关，也与板厚有关。有的设计对 120mm 厚的现浇板，分布筋取 $\phi6@200$，则其配筋率为 $\rho = \dfrac{A_s}{1000h} = \left(\dfrac{1000}{200} \times \dfrac{\pi}{4} \times 6^2\right) / (1000 \times 120) = 0.118\% < 0.15\%$，不满足规范规定，显然是不够的。

上述规定是针对单向板板底面垂直于受力方向的分布钢筋而言；对于双向板支座负筋的分布钢筋以及单向板受力支座负筋的分布钢筋亦可按上述规定配置（图 2.2.9）；但对于单向板构造支座负筋的分布钢筋，若仍按上述规定配置似偏大，笔者建议可适当减小（图 2.2.10、图 2.2.11）。

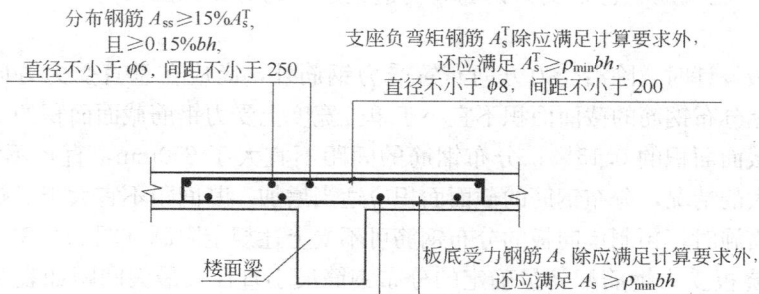

分布钢筋 $A_{ss} \geqslant 15\% A_s^T$,
且 $\geqslant 0.15\% bh$,
直径不小于 $\phi6$, 间距不小于 250

支座负弯矩钢筋 A_s^T 除应满足计算要求外，
还应满足 $A_s^T \geqslant \rho_{min} bh$,
直径不小于 $\phi8$, 间距不小于 200

楼面梁

板底受力钢筋 A_s 除应满足计算要求外，
还应满足 $A_s \geqslant \rho_{min} bh$

图 2.2.9　单、双向板支座受力负筋的分布钢筋

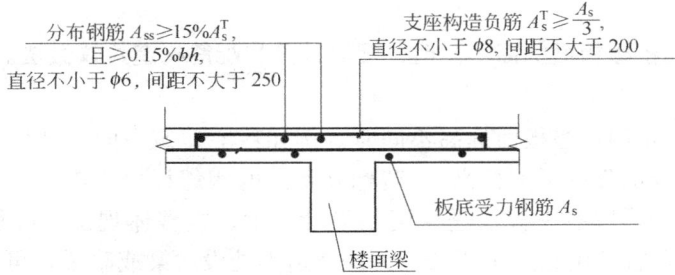

分布钢筋 $A_{ss} \geqslant 15\% A_s^T$，
且 $\geqslant 0.15\% bh$，
直径不小于 $\phi6$，间距不大于 250

支座构造负筋 $A_s^T \geqslant \dfrac{A_s}{3}$，
直径不小于 $\phi8$，间距不大于 200

板底受力钢筋 A_s

楼面梁

图 2.2.10　单向板支座构造负筋的分布钢筋

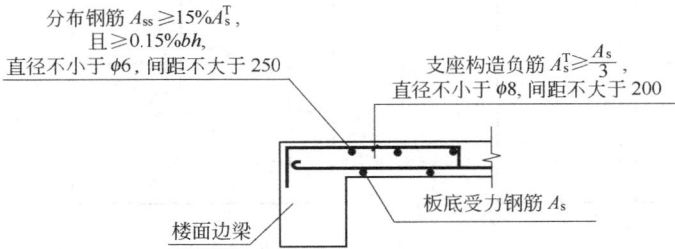

分布钢筋 $A_{ss} \geqslant 15\% A_s^T$，
且 $\geqslant 0.15\% bh$，
直径不小于 $\phi6$，间距不大于 250

支座构造负筋 $A_s^T \geqslant \dfrac{A_s}{3}$，
直径不小于 $\phi8$，间距不大于 200

板底受力钢筋 A_s

楼面边梁

图 2.2.11　板边支座（简支）构造负筋的分布钢筋

需要注意的是：长短边之比在 2～3 之间的四边支承板，当按短边方向受力的单向板计算时，沿长边方向的分布钢筋截面面积应适当加大。

2.2.3　刀把形楼板的内力及配筋计算和配筋构造建议做法。

【解析】可能情况下，刀把形板可在大小板之间设梁，将其分成两块形状简单的矩形板进行设计。不可能时，则刀把形板因其平面形状而使内力分布变得复杂，且与板的各部分尺寸变化关系很大。例如图 2.2.12 所示的刀把形板，若 AB 较 FG 很小，而 DF 又较大时，按矩形板计算也可能会获得较满意的计算精度。但当 AB 和 FG 相差不大，或 CB 和 AG 相差不大时，显然就不能简单地用单向板或双向板的方法进行内力计算，否则会造成很大的误差甚至计算结果完全错误。这种情况下，应按复杂平面形状的板，并符合板实际受力状态的边界条件，采用计算机软件按有限元方法进行分析。

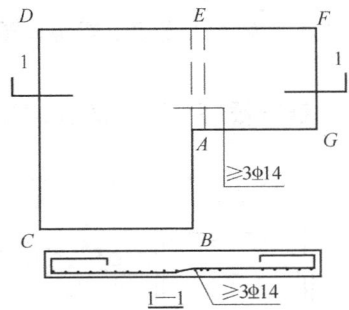

图 2.2.12　刀把形板的配筋示意图

在配筋构造上，总的原则是应符合板计算模型的要求。设计时一般将小板（刚度相对较大）AGEF 作为大板（刚度相对较小）ABCDE 的支座板，板 AGEF 除了承受自身荷载外，还承受大板传来的荷载，要保证大板的受力钢筋放在支座板（小板）的受力钢筋之上。并根据工程实际情况沿 A-E 方向设置暗梁或在 AE 附近配置板底附加正钢筋（图 2.2.12）。

2.2.4 同一区格内楼板板面标高不同时，配筋计算和配筋构造建议做法。

【解析】同一区格内，当板面标高不同时（例如住宅建筑中同一区格内的楼板因设置厨房、卫生间等而局部降低板的标高），若标高不同的相邻板块边界为一条直线，则可在边界处设次梁或暗梁，按各小板块进行配筋设计，梁、板整体现浇；配筋构造示意见图 2.2.13（a），若相邻板块的边界为折线，无法在边界处设次梁或暗梁，可按整个区格为一块大板进行配筋设计，配筋构造示意见图 2.2.13（b）。

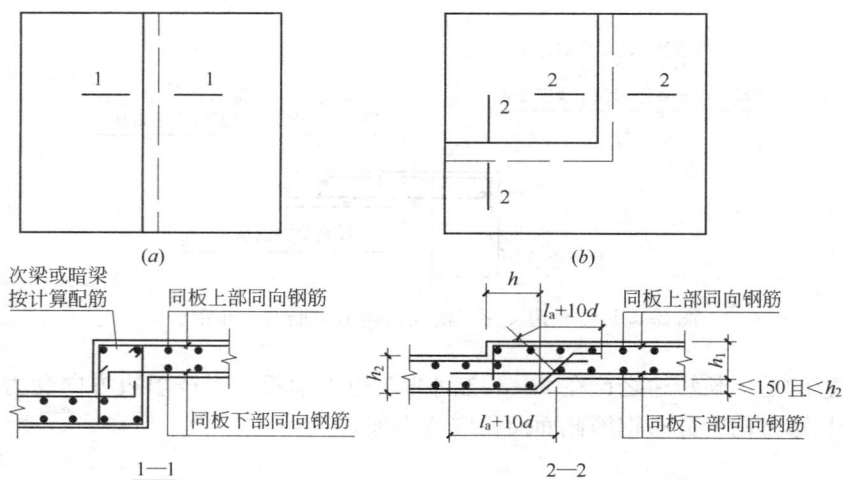

图 2.2.13　同一区格板板面标高不相同时的配筋示意图
（a）相邻板块边界为直线；（b）相邻板块边界为折线

2.2.5 为什么要规定梁纵向受力钢筋水平方向的净间距？设计中如何满足这个要求?

【解析】为了使混凝土对钢筋有可靠足够的握裹力，保证两者共同工作，受力钢筋周围应有一定厚度的混凝土层。对于构件边缘的钢筋，表现为保护层厚度，对于构件内部的钢筋，则表现为纵向受力钢筋的净间距（相邻钢筋外边缘之间的最小距离）。混凝土规范第 9.2.1 条规定：梁上部纵向钢筋水平方向的净间距 c_1 不应小于 30mm 和 1.5d（d 为钢筋的最大直径）；下部纵向钢筋水平方向的净间距 c_1 不应小于 25mm 和 d。梁的下部纵向钢筋配置多于两层时，两层以上钢筋水平方向的中距应比下面两层的中距增大一倍。各层钢筋之间的垂直净间距 c_2 不应小于 25mm 和 d，d 为钢筋的最大直径。见图 2.2.14 和表 2.2.4。

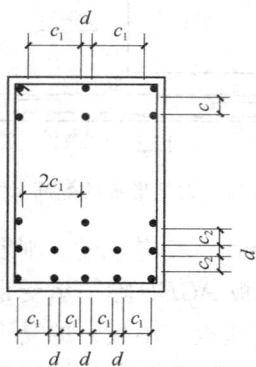

图 2.2.14　纵向受力钢筋的净间距

表 2.2.4 是根据上述规定计算出的梁宽范围内单层

钢筋最多根数，可供设计时参考。

梁宽范围内单层钢筋最多根数　　　　　　　表 2.2.4

梁宽 b (mm)	钢筋直径 (mm)												
	10	12	14	16	18	20	22	25	28	30	32	36	40
150	3/3	3/3	2/3	2/3	2/2	2/2	2/2	/2	/2				
180	3/4	3/4	3/4	3/3	3/3	3/3	2/3	2/3	2/2	/2	/2		
200	4/5	4/4	3/4	3/4	3/3	3/3	3/3	2/3	2/3	2/2	/2	/2	
220	4/5	4/5	4/5	4/4	4/4	3/4	3/4	2/3	2/3	2/3	2/3	/2	/2
250	5/6	5/6	5/5	4/5	4/5	4/5	4/5	3/4	3/3	2/3	2/3	/2	
300	6/7	6/7	6/7	5/6	5/6	5/6	4/5	4/5	3/4	3/4	3/4	2/3	2/3
350	8/9	7/8	7/8	7/7	6/7	6/7	5/6	5/6	4/5	4/5	3/4	3/4	2/3
400	9/10	8/10	8/9	8/9	7/8	7/8	6/7	6/7	5/6	4/6	4/5	3/5	3/4
450	10/12	10/11	9/10	9/10	8/9	7/9	7/9	7/9	5/7	5/7	5/6	4/5	4/5
500		11/12	10/12	10/11	9/11	9/11	8/10	7/9	6/8	6/7	5/7	5/6	4/5
550			11/13	11/12	10/12	10/11	9/11	8/10	7/9	6/8	6/8	5/7	5/6
600				12/14	11/13	11/12	10/12	9/11	8/10	8/9	7/8	6/7	5/7
650					12/14	12/13	11/13	9/12	9/11	8/10	7/9	6/8	5/7
700					13/15	13/15	12/14	10/13	9/12	8/11	8/10	7/9	6/8
750					15/16	14/16	13/16	11/14	10/12	9/12	8/11	7/9	6/8
800					16/18	15/16	13/16	12/15	10/13	10/12	9/12	8/10	7/9
850					17/19	16/18	14/17	13/16	11/14	10/13	10/12	8/11	7/10

注：表中栏内"/"左侧为截面上部单层钢筋的最多根数，"/"右侧为截面下部单层钢筋的最多根数。如梁内纵向受力钢筋较多，一排摆放不下，解决此类问题的办法通常有：
1. 如可能，加大梁的截面宽度。
2. 选用直径较大的钢筋以减少钢筋数量。直径加大后，保护层厚度、构件刚度、裂缝宽度在必要时宜重新进行校核验算。
3. 改配两排或多排钢筋。此时应注意两层以上钢筋水平方向的中距应比下面两层的中距增大一倍，以便于混凝土浇筑振捣，防止不密实而引起蜂窝、孔洞等缺陷。
4. 采用并筋（钢筋束）的配筋方式（图 2.2.15）。并注意以下问题：
 (1) 并筋（钢筋束）数量不应超过 3 根；
 (2) 应按等效直径计算截面的承载力，验算其正常使用极限状态的挠度（刚度）及裂缝宽度；
 (3) 应按等效直径校核钢筋的保护层厚度、钢筋间距、锚固长度等构造措施。

图 2.2.15　并筋示意

2.2.6　承受均布荷载的不等跨连续梁，支座负筋应如何截断？

【解析】在连续梁的各跨内，支座负弯矩纵向受拉钢筋在向跨内延伸时，应根据弯矩包络图在适当位置截断。对不等跨连续梁，小跨的弯矩包络图往往在跨中和支座均有负弯矩，甚至两者弯矩值接近。这种情况下，若支座负弯矩纵向受拉钢筋均在本跨内距支座 $l_n/3$（l_n 为本跨净跨长）处截断，则很可能造成本跨梁的负弯矩承载能力不足。

钢筋混凝土梁支座负弯矩纵向受拉钢筋不宜在受拉区截断。当必须截断时，《混凝土结构设计规范》第10.2.3条有明确规定。施工图设计时为方便起见，通常的做法是支座负筋在本跨内的截断位置到支座的距离应为相邻跨（而不是本跨）跨长的 $l_n/3$（图 2.2.16）。当中间跨很小时，则本跨负弯矩钢筋一般直通，如图 2.2.16 所示。

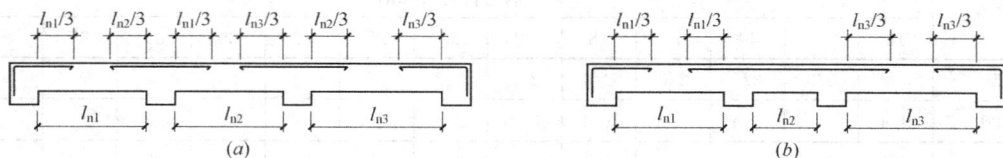

图 2.2.16 连续梁支座负筋的截断

2.2.7 纵向受力钢筋伸入梁简支支座的锚固长度有哪些规定？

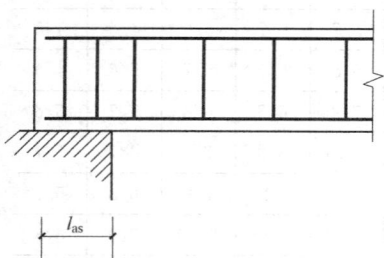

图 2.2.17 纵向受力钢筋伸入
梁简支支座的锚固

【解析】《混凝土结构设计规范》第9.2.2条规定：钢筋混凝土简支梁和连续梁简支端的下部纵向受力钢筋，其伸入梁支座范围内的锚固长度 l_{as}（图 2.2.17）应符合下列规定：

1. 当 $V \leqslant 0.7 f_t b h_0$ 时
$$l_{as} \geqslant 5d$$

2. 当 $V > 0.7 f_t b h_0$ 时
带肋钢筋 $\qquad l_{as} \geqslant 12d$
光面钢筋 $\qquad l_{as} \geqslant 15d$

此处，d 为纵向受力钢筋的直径。

如纵向受力钢筋伸入梁支座范围内的锚固长度不符合上述要求时，应采取在钢筋上加焊锚固钢板或将钢筋端部焊接在梁端预埋件上等有效锚固措施。

支承在砌体结构上的钢筋混凝土独立梁，在纵向受力钢筋的锚固长度 l_{as} 范围内应配置不少于两个箍筋，其直径不宜小于纵向受力钢筋最大直径的 0.25 倍，间距不宜大于纵向受力钢筋最小直径的 10 倍；当采取机械锚固措施时，箍筋间距尚不宜大于纵向受力钢筋最小直径的 5 倍。

注：对混凝土强度等级为 C25 及以下的简支梁和连续梁的简支端，当距支座边 1.5h 范围内作用有集中荷载，且 $V > 0.7 f_t b h_0$ 时，对带肋钢筋宜采取附加锚固措施，或取锚固长度 $l_{as} \geqslant 15d$。

举例来说，支承在框架主梁（梁宽 300mm）上的钢筋混凝土次梁（简支梁），混凝土强度等级为 C25，距次梁支座边 1.2h（h 为次梁梁截面高度）作用有一集中荷载，且 $V > 0.7 f_t b h_0$，其下部纵向受力钢筋伸入主梁做法如图 2.2.18 所示，显然长度不够。因为对混凝土强度等级为 C25 及以下的简支梁和连续梁的简支端，当距支座边 1.5h 范围内作用有集中荷载，且 $V > 0.7 f_t b h_0$ 时，对带肋钢筋宜采取附加锚固措施，或取锚固长度 $l_{as} \geqslant 15d$。图 2.2.18 中既未对纵向受力钢筋采取附加锚固措施，其伸入主梁的实际锚固长度又仅为 275mm，小于 $15d = 15 \times 22 = 330$mm，不满足规范要求。

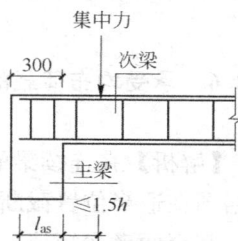

图 2.2.18 纵向受力钢筋伸
入简支支座的锚固

首先可考虑加大主梁宽度，如取主梁宽 350mm；在不能加大主梁梁宽的情况下，可采取附加锚固措施，详见本章第 2.2.26 款。此时包括锚固端头在内的锚固长度 l_{as} 可取 $0.7l_{as}$。

2.2.8　梁的斜截面受剪承载力计算应注意什么？

【解析】1. 当仅配置箍筋时，矩形、T 形和 I 形截面受弯构件的斜截面受剪力承载力应符合下列规定：

$$V \leqslant V_{cs} + V_p \tag{2.2.1}$$

$$V_{cs} = \alpha_{cv} f_t b h_0 + f_{yv} \frac{A_{sv}}{s} h_0 \tag{2.2.2}$$

$$V_p = 0.05 N_{p0} \tag{2.2.3}$$

式中　V_{cs}——构件斜截面上混凝土和箍筋的受剪承载力设计值；

　　　V_p——由预加力所提高的构件受剪承载力设计值；

　　　α_{cv}——截面混凝土受剪承载力系数，对于一般受弯构件取 0.7；对集中荷载作用下（包括作用有多种荷载，其中集中荷载对支座截面或节点边缘所产生的剪力值占总剪力的 75% 以上的情况）的独立梁，取 $\alpha_{cv}=1.75/(1+\lambda)$，$\lambda$ 为计算截面的剪跨比，取 λ 等于 a/h_0，其中 a 取集中荷载作用点至支座截面或节点边缘的距离。λ 具体取值见表 2.5；

　　　A_{sv}——配置在同一截面内箍筋各肢的全部截面面积，即 nA_{sv1}，此外，n 为同一个截面内箍筋的肢数，A_{sv1} 为单肢箍筋的截面面积；

　　　s——沿构件长度方向的箍筋间距；

　　　f_{yv}——箍筋的抗拉强度设计值，按《混凝土结构设计规范》第 4.2.3 条的规定采用；

　　　N_{p0}——计算截面上混凝土法向预应力等于零时的纵向预应力筋及普通钢筋的合力，按《混凝土结构设计规范》第 10.1.13 条计算；当 N_{p0} 大于 $0.3f_c A_0$ 时，取 $0.3f_c A_0$，此处，A_0 为构件的换算截面面积。

2. 需要说明的是：

（1）2002 版《混凝土结构设计规范》的受剪承载力计算公式分为集中荷载和均布荷载两种情况，且两个公式在临界集中荷载为主附近的计算值不协调，甚至差异较大。2010 版《混凝土结构设计规范》在原有计算公式基础上进行了改进；对均布荷载公式中箍筋项系数作适当调整。由 1.25 改为 1.0。混凝土项系数不变，但改用符号 α_{cv} 将两种情况用统一公式表达。但实质上仍保留了受剪承载力计算的两种形式。

需要注意的是：所谓"集中荷载"应同时具备两个条件：

1）集中荷载对支座截面或节点边缘所产生的剪力值占总剪力的 75% 以上，当框架结构承受水平荷载（如风荷载、地震作用等）时，由其产生的框架独立梁剪力值也归属于集中荷载作用产生的剪力值；

2）独立梁。即不与楼板整体浇注的梁。

（2）对合力 N_{p0} 引起的截面弯矩与外弯矩方向相同的情况，以及预应力混凝土连续梁和允许出现裂缝的预应力混凝土简支梁，均应取 V_p 为 0；

（3）先张法预应力混凝土构件，在计算合力 N_{p0} 时，应按《混凝土结构设计规范》第10.1.9 条和第 7.1.9 条的规定考虑预应力筋传递长度的影响。

（4）受弯构件中配置的纵向钢筋和箍筋，当符合《混凝土结构设计规范》第 8.3.1 条～第 8.3.5 条、第 9.2.2～第 9.2.4 条、第 9.2.7 条～第 9.2.9 条规定的构造要求时，可不进行构件斜截面的受弯承载力计算。

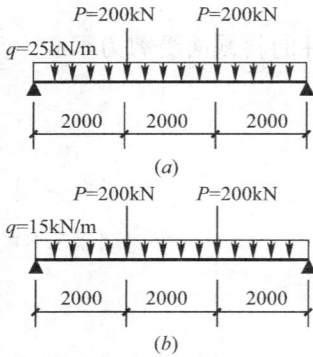

图 2.2.19　计算简图

3. 计算例题

两个跨度相同的单跨简支独立梁，截面尺寸 350mm×600mm，混凝土强度等级为 C30，采用 HPB235 级钢筋，仅荷载大小有区别（如图 2.2.19 所示），试计算其仅配置箍筋时的斜截面受剪承载力。

计算如下：

图 2.2.19（a）支座处剪力　$V_1 = (200 + 0.5 \times 25 \times 6) = 275$kN

集中力所占比例：$200/275 = 0.727 < 75\%$

根据《混凝土结构设计规范》第 6.3.4 条

按一般受弯构件，取 $\alpha_{cv} = 0.7$

支座处的箍筋为：

$$A_{gv}/s = (V_1 - 0.7 f_t b h_0)/(1.0 f_{yv} h_0)$$
$$= (275 - 0.7 \times 0.143 \times 35 \times 56)/(1.0 \times 21 \times 56)$$
$$= 0.052 \text{cm}^2/\text{cm}$$
$$s = 200 \text{mm}, \quad A_{sv} = 1.04 \text{cm}^2$$

图 2.25（b）支座处剪力 $V_2 = (200 + 0.5 \times 15 \times 6) = 245$kN

集中力所占比例 $200/245 = 0.816 > 75\%$

根据《混凝土结构设计规范》第 6.3.4 条

按集中荷载独立梁，取 $\alpha_{cv} = \dfrac{1.75}{\lambda + 1}$，$\lambda = \dfrac{a}{h_0} = \dfrac{2000}{560} = 3.57 > 3$，取 $\lambda = 3.0$

图 2.25（b）支座处的箍筋为：$A_{gv}/s = [V_2 - 1.75 f_t b h_0/(\lambda + 1)]/(f_{yv} h_0) = 0.081 \text{cm}^2/\text{cm}$
$$s = 200 \text{mm}, \quad A_{sv} = 1.62 \text{cm}^2$$

可以看出，图 2.2.19（b）受荷载小，支座处剪力小，而箍筋面积却大了 60% 多。

如前所述，两个公式仅在临近集中荷载为主附近时计算值不协调，差异较大。遇到这种情况时，建议按最不利情况（取计算的最大配箍值）进行设计，以策安全。

2.2.9 梁宽小于 400mm，经计算一排内配置受压钢筋 5φ20，箍筋错误采用双肢箍（图 2.2.19）。

【解析】《混凝土结构设计规范》中第 9.2.9 条第 4 款第 3）小项明确指出：当梁的宽度大于 400mm，且一排内的纵向受压钢筋多于 3 根时，或当梁的宽度不大于 400mm，但一排内的纵向受压钢筋多于 4 根时，应设置复合箍筋。因此，图 2.2.20 中箍筋应改为设置复合箍筋（图 2.2.21）。

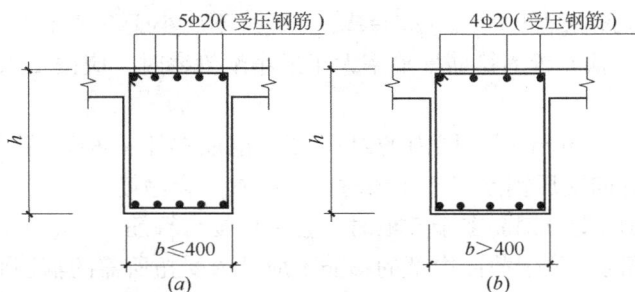

图 2.2.20 梁配有受压纵向钢筋时的箍筋构造错误做法

(a) 梁宽 $b \leqslant 400$ 且 A_s' 多于 4 根；(b) 梁宽 $b > 400$ 且 A_s' 多于 3 根

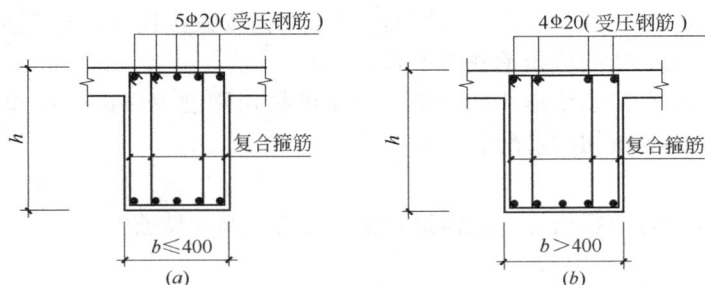

图 2.2.21 梁配有受压纵向钢筋时的箍筋构造做法

(a) 梁宽 $b \leqslant 400$ 且 A_s' 多于 4 根；(b) 梁宽 $b > 400$ 且 A_s' 多于 3 根

2.2.10 按计算不需要配置箍筋的梁，规范规定应按构造要求配置箍筋，具体内容有哪些？

【解析】为了满足对梁核心部分混凝土维持有效的约束，使其能有足够的抗剪承载力，避免发生梁的脆性破坏，混凝土规范规定：当计算不需要箍筋时，梁中仍需按构造要求配置箍筋。具体内容如下：

1. 构造配置箍筋范围见表 2.2.5

梁的构造配箍范围（mm）　　　　　　　　　　　　表 2.2.5

截面高度（mm）	150～300		>300
	一般情况	中部 1/2 跨内有集中荷载	
配箍要求	两端 1/4 跨配箍	全长配箍	全长配箍

2. 箍筋最大间距和最小直径见表 2.2.6

梁中箍筋的最大间距和最小直径（mm）　　　　　　表 2.2.6

	梁高 h（mm）	$150 < h_0 \leqslant 300$	$300 < h_0 \leqslant 500$	$500 < h_0 \leqslant 800$	$h_0 > 800$
最大间距	$V \leqslant 0.7 f_t b h_0 + 0.05 N_{p0}$	200	300	380	400
	$V > 0.7 f_t b h_0 + 0.05 N_{p0}$	150	200	280	300
最小直径		6			8

3. 箍筋的最小配箍率

当 $V > 0.7 f_t b h_0 + 0.05 N_{p0}$ 时，箍筋的配筋率 ρ_{sv}（$\rho_{sv} = A_{sv}/(bs)$）不应小于 $0.24 f_t / f_{yv}$，

在弯剪扭构件中，箍筋的配筋率 ρ_{sv}（$\rho_{sv}=A_{sv}/(bs)$）不应小于 $0.28f_t/f_{yv}$。

注意：当按 1、2 款配置的箍筋配箍率大于最小配箍率时，应按 1、2 款配置箍筋。

4. 箍筋的形式

当梁的宽度大于 400mm 且一层内的纵向受压钢筋多于 3 根，或当梁的宽度不大于 400mm 但一层内的纵向受压钢筋多于 4 根时，应设置复合箍筋。

梁中一层内的纵向受拉钢筋多于 5 根时，宜采用复合箍筋。

当采用复合箍筋时，位于截面内部的箍筋不应计入受扭所需的箍筋面积。

2.2.11　将弧线形梁简化成直线形梁计算内力及配筋，未配置抗扭箍筋和纵筋。

【解析】弧线形梁是空间曲梁，即使是边梁与楼板按铰接设计，也受扭。不配置抗扭箍筋和纵筋，会造成此梁的抗扭承载力不满足要求。

应根据实际结构算出弧线形梁的扭矩（此梁的抗扭刚度不应折减），据此算出其抗扭箍筋和纵筋，并应满足抗扭构造配筋要求。

2.2.12　矩形截面的弯剪扭构件，如何配置纵向受力钢筋和箍筋？

【解析】《混凝土结构设计规范》第 6.4.13 条规定：矩形、T 形、I 形和箱形截面弯剪扭构件，其纵向钢筋截面面积应分别按受弯构件的正截面受弯承载力和剪扭构件的受扭承载力计算确定，并应配置在相应的位置；箍筋截面面积应分别按剪扭构件的受剪承载力和受扭承载力计算确定，叠加后配置在相应的位置。这里，除了分别计算最后叠加外，应注意配置在相应的位置上很重要。有的设计分别计算梁的配筋，简单地将两者相加，全部配置在梁的下部，显然是错误的。

梁的受弯纵筋应配置在梁截面的下部、上部（单筋梁）或上部和下部（双筋梁）。梁受扭纵筋的配置，除应在梁截面四角设置受扭纵筋外，其余受扭纵向钢筋则宜沿梁截面周边均匀对称布置，间距不应大于 200mm 和梁截面短边长度。受扭纵向钢筋应按受拉钢筋锚固在支座内。

例如：框架边梁，截面尺寸 $b \times h = 200\text{mm} \times 400\text{mm}$ 经计算梁的受弯纵筋 $A_s = 715.8\text{mm}^2$，受扭纵筋 $A_{stl} = 318.6\text{mm}^2$，受剪箍筋 $A_{sv}/s = 0.37\text{mm}^2/\text{mm}$，受扭箍筋 $A_{stl}/s = 0.2\text{mm}^2/\text{mm}$。根据以上规定，梁的受扭纵筋应在梁截面的上、中、下部各配置 2 根，即上部 $318.6/3 = 106.2\text{mm}^2$，考虑到满足框架梁顶面钢筋的构造要求，用 $2\phi14$（$A_s = 308\text{mm}^2$）；中部用 $2\phi10$（$A_s = 157.1\text{mm}^2$）；下部纵筋 $715.8 + 106.2 = 822\text{mm}^2$，用 $2\phi25$（$A_s = 981.8\text{mm}^2$），箍筋则将受剪箍筋和受扭箍筋相加，即 $0.37 + 0.2 = 0.57\text{mm}^2/\text{mm}$，用 $2\phi8@150$（$\dfrac{A_{sv}}{s} + \dfrac{A_{stl}}{s} = 0.67\text{mm}^2/\text{mm}$），最后纵向受力钢筋配筋如图 2.2.22 所示。

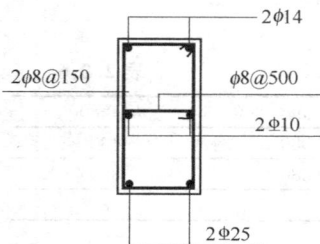

图 2.2.22

还需注意的是：

1. 一般框架梁均为双筋梁，当配有受压钢筋时，分配在

146

梁上部的受扭纵筋应和受压钢筋叠加后配置并满足相关的构造要求；

2. 受扭箍筋应做成封闭式，且应沿截面周边布置；当采用复合箍筋时，位于截面内部的箍筋不应计入受扭所需的箍筋面积；受扭所需箍筋的末端应做成135°弯钩，弯钩端头平直段长度不应小于10d（d为箍筋直径）；

3. 混凝土规范未述及抗震设计梁的受扭配筋计算，因此，当为抗震设计时，受扭配筋应在原计算的基础上适当放大。

2.2.13 两梁相交时在什么情况下应配置附加横向钢筋？

【解析】1. 当集中荷载在梁高范围内或梁下部传入时，为防止集中荷载影响区下部混凝土拉脱并弥补间接加载导致的梁斜截面受剪承载力的降低，应在集中荷载影响区 s 范围内加设附加横向钢筋。集中荷载应全部由附加横向钢筋承担，不允许用布置在集中荷载影响区内的受剪钢筋代替附加横向钢筋。

根据《混凝土结构设计规范》第9.2.11条的要求，附加横向钢筋宜采用箍筋（图2.2.23），也可采用吊筋（图2.2.24）。附加横向钢筋所需的总截面面积按下式计算：

$$A_{sv} = F/(f_{yv}\sin\alpha) \tag{2.2.4}$$

式中　A_{sv}——承受集中荷载所需的附加横向钢筋总截面面积；当采用附加吊筋时，A_{sv} 应为左、右弯起段截面面积之和；

　　　F——作用在梁或下部梁高范围内的集中荷载设计值；

　　　α——附加横向钢筋与梁轴线间的夹角。

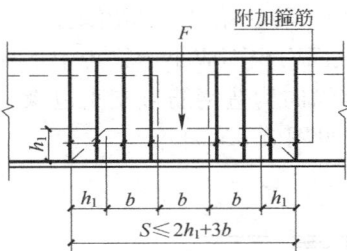

图 2.2.23　附加箍筋　　　　　　　　图 2.2.24　附加吊筋

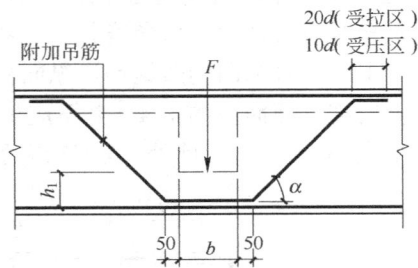

当传入集中力的次梁宽度 b 过大时，宜适当减小由 3b+2h_1 所确定的附加横向钢筋布置宽度。当次梁与主梁高度差 h_1 过小时，宜适当增大附加横向钢筋的布置宽度。当主梁、次梁均承担有由上部墙、柱传来的竖向荷载时，附加横向钢筋宜在上述规定的基础上适当增大。

当有两个沿梁长度方向相互距离较小的集中荷载作用于梁高范围内时，可能形成一个总的拉脱效应和一个总的拉脱破坏面。偏安全的做法是，在不减少两个集中荷载之间应配附加横向钢筋数量的同时，分别适当增大两个集中荷载作用点以外的附加横向钢筋数量。

2. 当集中荷载作用在梁顶面，例如次梁底面标高与主梁顶面标高平齐，此时不会在主梁下部混凝土区形成拉脱效应和拉脱破坏面，故可不配置附加横向钢筋（箍筋、吊筋）。

3. 同理，对交叉梁结构当两梁截面高度相同时，只要交叉梁的箍筋配置满足斜截面抗剪承载力的要求，可不配置附加横向钢筋（箍筋、吊筋）。

另外，对转换梁集中荷载处（梁跨中上托柱），只要转换梁的箍筋配置满足斜截面抗剪承载力的要求，也可不配置附加横向钢筋（箍筋、吊筋）。

2.2.14 当梁的腹板高度 $h_w \geqslant 450mm$ 时，为什么要在梁两侧面设置一定量的纵向构造钢筋？

【解析】当梁截面尺寸较大，梁跨较长时，有可能在梁侧面产生垂直于梁轴线的收缩裂缝，这种收缩裂缝与混凝土构件的体积有关，体积大则开裂的可能性大。为此应在梁两侧面设置一定量的纵向构造钢筋。

《混凝土结构设计规范》第 9.2.13 条规定：当梁的腹板高度 $h_w \geqslant 450mm$ 时，在梁的两个侧面应沿高度设置纵向构造钢筋。每侧纵向构造钢筋（不包括梁上、下部受力钢筋及架立钢筋）的截面面积不应小于腹板截面面积 bh_w 的 0.1%，且其间距不宜大于 200mm。此处腹板高度 h_w 为扣除了受压及受拉翼缘的腹板截面高度。

如梁同时受扭，需配置抗扭纵筋，则应按两者中的较大值并酌情加大配筋。

$h_w \geqslant 450mm$ 只是一个数值上的界定，并不是说 $h_w = 445mm$ 就一定不要设置纵向构造钢筋。对于采用商品混凝土、跨度较长的梁，笔者建议应根据工程实际情况从严要求。

2.2.15 按简支计算的梁，支座上部如何配置纵向钢筋？

【解析】在很多情况下，梁虽按简支计算但实际上会受到部分约束，故在竖向荷载作用下，梁端多少总会产生一些负弯矩，为抵抗此负弯矩，防止梁端上部出现过大的裂缝，应在支座区上部设置纵向构造钢筋。纵向构造钢筋的截面面积不应小于梁跨中下部纵向受力钢筋计算所需截面面积的 1/4，并不应少于 2 根；该纵向构造钢筋自支座边缘向跨内伸出的长度不应小于 $0.2l_0$，此处 l_0 为该跨的计算跨度（见图 2.2.25）。

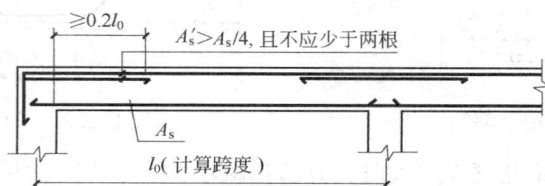

图 2.2.25　简支梁端支座负钢筋构造做法

2.2.16 折梁的配筋构造有哪些？

【解析】1. 当梁的内折角处位于受拉区时，在竖向荷载作用下，折梁下部纵向钢筋受拉，合力形成凹角处向下的力，于梁受力不利。考虑到这部分钢筋难以在受压区锚固，故应增设箍筋。该箍筋应能承受未在受压区锚固的纵向受拉钢筋的合力，并在任何情况下不应小于全部纵向钢筋合力的 35%。由箍筋承受的纵向受拉钢筋的合力可按下列公式计算：

未在受压区锚固的纵向受拉钢筋的合力为：

$$N_{s1} = 2f_y A_{s1} \cos(\alpha/2) \tag{2.2.5}$$

全部纵向受拉钢筋合力的 35% 为：

$$N_{s2} = 0.7f_y A_s \cos(\alpha/2) \tag{2.2.6}$$

式中　A_s——全部纵向受拉钢筋的截面面积；

　　　A_{s1}——未在受压区锚固的纵向受拉钢筋的截面面积；

　　　α——构件的内折角。

按上述条件求得的箍筋应设置在长度 s 范围内，s 值按下式计算：

$$s = h\tan(3\alpha/8) \tag{2.2.7}$$

（1）当梁的内折角 $\alpha \geqslant 160°$ 时，纵向受拉钢筋可采用折线形钢筋，不必断开（图 2.2.26）。此时在 s 范围内所承受的拉力为：

$$N_s = 2f_y A_s \cos(\alpha/2) \tag{2.2.8}$$

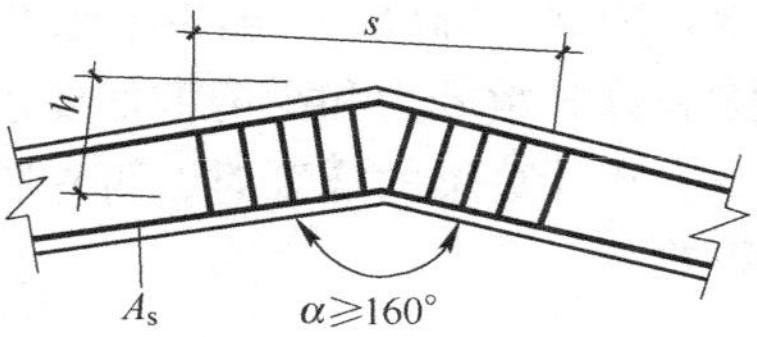

（2）当梁的内折角 $\alpha < 160°$ 时，考虑到梁弯折较大，在竖向荷载作用下，折梁下部纵向受拉钢筋可能会使梁

图 2.2.26　梁的内折角处配筋（一）

的弯折处下部混凝土崩落，导致折梁破坏。故此时折梁下部纵向钢筋不应用整根钢筋弯折配置，而应斜向伸入梁顶（图 2.2.27a）。可能时也可采用在内折角处增加角托的配筋形式（图 2.2.27b）。此时在 s 范围内箍筋所承受的拉力为：

$$N_s = f_y A_s \cos(\alpha/2) \tag{2.2.9}$$

$$s = [h\tan(3\alpha/8)]/2 \tag{2.2.10}$$

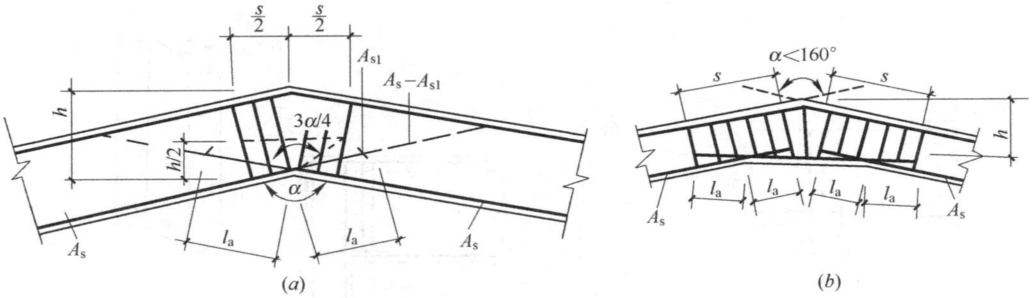

图 2.2.27　梁的内折角处配筋（二）

2. 当梁的外折角处位于受压区时，由混凝土压力 C 产生的径向力 N_s 使外折角处混凝土发生拉应力。若此拉应力过大，应考虑配置附加箍筋承受此径向力 N_s（图 2.2.28）。径

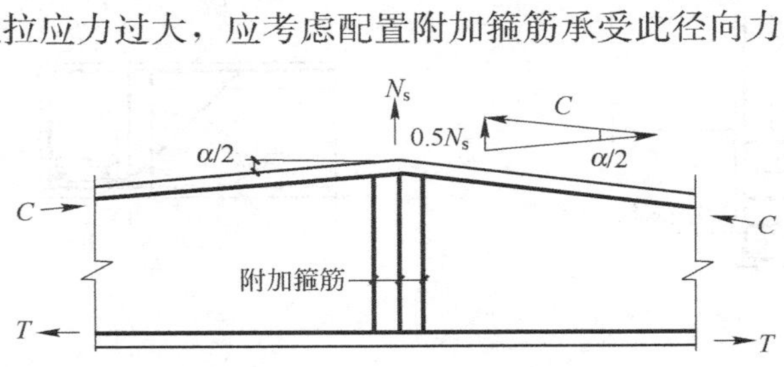

图 2.2.28　梁的外折角处附加箍筋

向力 N_s 可按下式计算：

$$N_s = 2C\sin(\alpha/2) \tag{2.2.11}$$

2.2.17 宽扁梁未验算其挠度及裂缝宽度

【解析】规范或一般设计手册中推荐的确定梁的截面高度的跨高比值，是考虑一般荷载情况下得出的，根据此跨高比值确定梁的截面高度，当荷载不是很大时，一般可不进行挠度及裂缝宽度的验算。但对梁宽大于柱宽的宽扁梁，特别是在荷载较大时，宽扁梁在荷载作用下的挠度及裂缝宽度有可能超过规范的限值，不能满足正常使用的要求或耐久性要求，因此，《高层建筑混凝土结构技术规程》第 6.3.1 条规定：当梁高较小或采用扁梁时，除验算其承载力和受剪截面要求外，尚应满足刚度和裂缝的有关要求。

在计算梁的挠度时，可扣除合理起拱值；对现浇梁板结构，宜考虑梁受压翼缘的有利影响。

2.2.18 悬挑梁自由端支承次梁的构造做法

【解析】当楼盖结构中悬挑梁自由端支承次梁时，宜按下列要求进行计算和构造处理：

1. 次梁截面高度与悬挑梁截面高度相同时，可按图 2.2.29（a）或图 2.2.29（d）构造，悬挑梁上部弯下钢筋 A_{s1} 与次梁边加密箍筋，应按吊筋验算其承载力：

$$F \leqslant (f_{yv}A_{sv} + f_y A_{s1}) \tag{2.2.12}$$

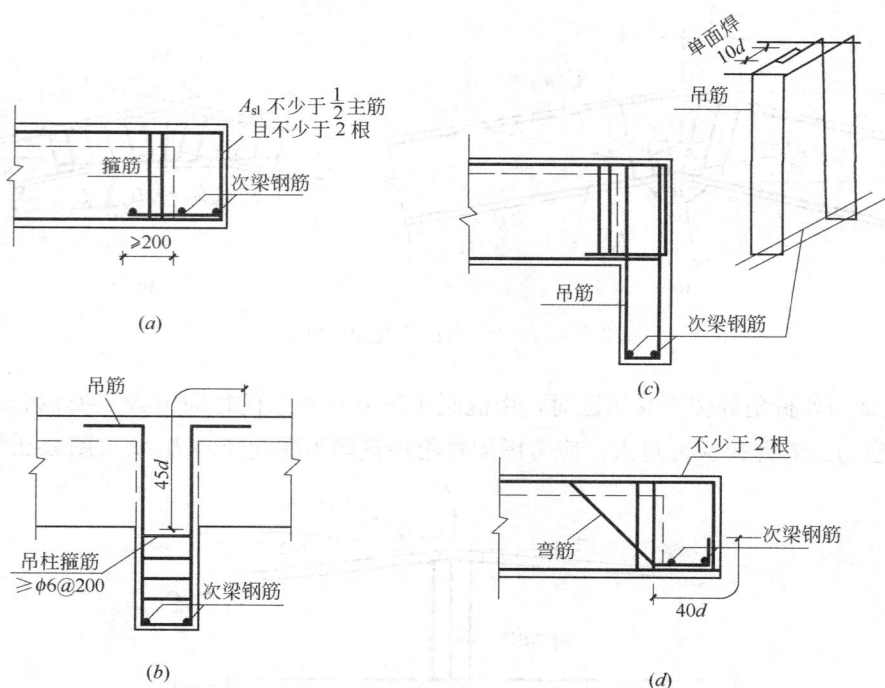

图 2.2.29 悬挑梁自由端支承次梁构造

2. 次梁底面标高低于悬挑梁底面标高时，可按图 2.2.29（b）和图 2.2.29（c）设置吊柱，吊柱的吊筋应按下式验算其承载力：

$$F \leqslant f_y A_s \qquad\qquad (2.2.13)$$

式中　F——次梁在悬挑梁外端的集中力（包括吊柱重）设计值；

f_{yv}——箍筋抗拉强度设计值；

A_{sv}——箍筋截面面积，可取次梁边两个箍筋的截面总和；

f_y——吊筋抗拉强度设计值；

A_{s1}——悬挑梁上部弯下钢筋截面面积；

A_s——吊柱筋截面面积总和。

2.2.19　关于梁的调幅、连梁刚度折减和梁端控制截面设计内力值的概念和取值

【解析】竖向荷载下梁的支座弯矩调幅：

竖向荷载作用下梁端出现裂缝，刚度减小，此时可考虑梁端塑性变形内力重分布而对梁端的支座负弯矩调幅。梁端支座负弯矩调幅后，应按平衡条件计算调幅后的跨中弯矩。水平荷载下梁的支座弯矩不得进行调幅。调幅系数：对装配整体式可取 0.70～0.80，对现浇框架可取 0.80～0.90。

竖向荷载作用下梁端的支座负弯矩应先行调幅，然后与水平荷载下的弯矩进行组合。

截面设计时，调幅后的梁跨中正弯矩不应小于竖向荷载按简支梁计算的跨中正弯矩的 50%。

连梁的刚度折减：

抗震设计的框架-剪力墙或剪力墙结构的连梁，水平荷载作用下梁端的变位差很大，故剪力很大，往往连梁的截面控制条件不满足规范要求，出现超筋现象。设计时，在保证连梁具有足够的承受其所属面积竖向荷载能力的前提下，允许连梁适当开裂（降低刚度）而把内力转移到墙体等其他构件上。就是在构件承载力计算中，对连梁刚度进行折减。通常，设防烈度为 6 度、7 度时连梁刚度折减系数取 0.7，8 度、9 度时取 0.50，最小不宜小于 0.5，以保证连梁承受竖向荷载的能力。其他情况连梁刚度均不折减。

当连梁跨高比大于 5 时，受力机理类似于框架梁，竖向荷载比水平荷载作用效应明显，此时应慎重考虑连梁刚度的折减问题，以保证连梁在正常使用阶段的裂缝及挠度满足使用要求。

梁端控制截面设计内力值：

框架梁、柱一般都按杆单元进行结构计算，算出的杆端内力和实际结构梁端柱边截面或柱端梁底及梁顶截面内力是有区别的。承载力计算时，内力组合后的设计值，梁端控制截面在柱边，柱端控制截面在梁底及梁顶（图 2.2.30）。故宜将按轴线计算简图得到的弯矩和剪力值换算到设计控制截面处的相应弯矩和剪力值。一般按轴线计算出的内力比设计控制截面处的内力要大，为简化设计，对梁可用轴线处的内力值乘以 0.85～0.95 的折

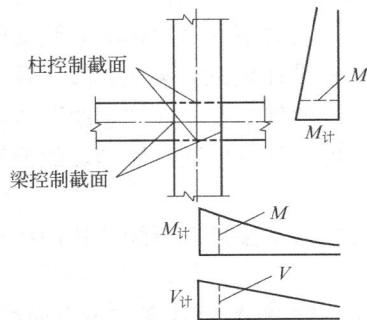

图 2.2.30　梁柱端设计控制截面

减系数来计算配筋（抗震设计这样处理有利于实现强柱弱梁）。当然也可以不折减，但是可能会增大配筋量和构件的承载力。

2.2.20 什么是深受弯构件？它与一般梁受力性能有哪些区别？

【解析】规范规定 $l_0/h<5.0$ 的简支钢筋混凝土单跨梁或多跨连续梁宜按深受弯构件进行设计。其中，$l_0/h≤2$ 的简支钢筋混凝土单跨梁和 $l_0/h≤2.5$ 的简支钢筋混凝土多跨连续梁称为深梁，$2.0<l_0/h<5$ 的简支钢筋混凝土单跨梁和 $2.5<l_0/h<5$ 的简支钢筋混凝土多跨连续梁称为短梁。此处，h 为梁截面高度；l_0 为梁的计算跨度，可取支座中心线之间的距离和 $1.15l_n$（l_n 为梁的净跨）两者中的较小值。

需要说明的是：

1. 这里所讨论的深受弯构件，不包括框架梁，也不包括剪力墙开洞后形成的洞口连梁。
2. 规范有关深受弯构件的规定，不适用于有抗震设防要求的情况。

深受弯构件和 $l_0/h≥5$ 的普通梁（浅梁）在受力性能和破坏特征上都有不同程度的区别，竖向荷载作用下，其受力性能比较见表 2.2.7。

深梁、短梁、浅梁的受力性能比较　　　　　　　　　表 2.2.7

受力阶段	比较内容	深梁 $l_0/h≤2.5$ (2.0)	短梁 (2.0) $2.5<l_0/h<5$	浅梁 $l_0/h≥5$
弹性阶段	平截面假定	不成立	基本成立	成立
	中和轴	非直线	接近直线	直线
	变形	弯曲、剪切、轴向	弯曲、剪切	弯曲为主
非弹性阶段及破坏阶段	弯曲破坏标准	$\varepsilon_s≥\varepsilon_y$，$\varepsilon_c<\varepsilon_u$	$\varepsilon_s≥\varepsilon_y$，$\varepsilon_c=\varepsilon_u$	$\varepsilon_s≥\varepsilon_y$，$\varepsilon_c=\varepsilon_u$
	弯曲破坏形态	适筋、少筋梁	适筋、少筋、超筋梁	适筋、少筋、超筋梁
	受力模型	以拱作用为主	拱作用、梁作用	以梁作用为主
	剪切破坏形态	斜压	斜压、剪压	斜压、剪压、斜拉
	腹筋作用	作用不大	有些作用	垂直腹筋作用大

2.2.21 深梁的下部纵向受拉钢筋在简支单跨深梁支座及连续深梁梁端的简支支座处的锚固有何具体规定？为什么？

【解析】竖向荷载作用下深梁在垂直裂缝以及斜裂缝出现后将形成拉杆拱传力机制。故深梁的纵向受拉钢筋作为拉杆不应弯起或截断，而应全部伸入支座并可靠地锚固。

此时下部受拉钢筋直到支座附近仍拉力较大，故锚固长度应适当延长，应按《混凝土结构设计规范》第9.3.1条规定的受拉钢筋锚固长度 l_a 乘以系数1.1取值。

此外，鉴于在"拱肋"压力的协同作用下，钢筋锚固端的竖向弯钩很可能引起深梁支座区沿深梁中面的劈裂，故钢筋锚固端的弯折建议改为平放，并按弯折180°的方式锚固。

2.2.22 采用配置螺旋式间接钢筋的轴心受压柱应注意哪些适用条件？

【解析】沿柱子高度方向配置间距较密的螺旋箍筋或焊环箍筋，犹如一个套筒将柱子核心区混凝土约束住，使混凝土处于三向受压应力状态。不但可以间接提高混凝土的轴向抗压承载能力，还可以提高混凝土的延性，大大提高其变形能力。抗震设计时梁端或柱端采用箍筋加密以提高其延性，也是这个道理。在采用间接钢筋（螺旋箍筋或焊环箍筋）时，应注意以下适用条件：

1. 为使间接钢筋外面的混凝土保护层对抵抗脱落有足够的安全，按混凝土规范式（7.3.1）算得的构件承载力不应比按规范式（7.3.2.1）、式（7.3.2.2）算得的大 50%，即

$$N_{\max} = 1.35\varphi(f_c A + f_y' A_s').$$

2. 凡属下列情况之一者，不应计入间接钢筋的影响，而应按混凝土规范式（7.3.1）计算：

(1) 当 $l_0/d > 12$ 时，此时因长细比较大，有可能因纵向弯曲引起间接钢筋不起作用；

(2) 当按式（7.3.2.1）、式（7.3.2.2）算得的受压承载力小于按式（7.3.1）算得的受压承载力时；

(3) 当间接钢筋换算截面面积 A_{sso} 小于纵向受力钢筋全部截面面积的 25% 时。此时间接钢筋配置得太少，套箍作用效果不明显。

例如：某配置螺旋式间接钢筋的圆形截面柱，柱子直径 $D = 500\text{mm}$，C40 混凝土，配置 HRB335 级 8Φ22 纵向钢筋，HPB235 级 ϕ8@50 螺旋箍，计算长度 $l_0 = 6.5\text{m}$，按《混凝土结构设计规范》配置螺旋式或焊接环式间接钢筋轴心受压构件承载力公式（7.3.2.1）、式（7.3.2.2），算出此雨篷柱的轴心受压承载力为 4090.7kN。但是，在本例中由于 $l_0/d = 6500/500 = 13 > 12$（查《混凝土结构设计规范》表 7.3.1 得 $\varphi = 0.895$），长细比较大，使柱受压承载力降低，不符合上述第 2. (1) 款的规定，故不能按式（7.3.2.1）、式（7.3.2.2）计算，而只能按式（7.3.1）计算，其承载力应为 $N_u = 0.9\varphi(f_c A + f_y' A_s') = 3755.7\text{kN}$。

2.2.23　2010 版《混凝土结构设计规范》对偏心受压构件正截面承载力计算有哪些修改？

【解析】2010 版《混凝土结构设计规范》对偏心受压构件正截面承载力计算的修改，主要是对偏心受压构件二阶效应的计算方法进行了修订，不再采用笼统地用偏心距增大系数 η 乘以弯矩设计值考虑二阶效应的 $\eta\text{-}l_0$ 法。

1. 二阶效应

众所周知：结构中的二阶效应指作用在结构上的重力或构件中的轴压力在变形后的结构或构件中引起的附加内力和附加变形。建筑结构的二阶效应包括重力二阶效应（$P\text{-}\Delta$ 效应）和受压结构的挠曲效应（$P\text{-}\delta$ 效应）两部分。

重力二阶效应计算属于结构整体层面的问题，一般在结构整体分析中考虑，《混凝土结构设计规范》给出了两种计算方法：有限元法和增大系数法。有限元法就是考虑材料的非线性和裂缝、构件的曲率和层间侧移、荷载的持续作用、混凝土的收缩和徐变等因素的结构整体有限元计算方法。但要实现这样的分析，在目前条件下还有困难，工程分析中一般都采用简化的分析方法，即《混凝土结构设计规范》附录 B 提供的方法。

受压构件的挠曲效应计算属于构件层面的问题，一般在构件设计时考虑。轴向压力在挠曲标杆中产生的二阶效应（$P\text{-}\delta$ 效应）是偏压杆件中由轴向压力在产生了挠曲变形的杆件内引起的曲率和弯矩增量。例如在结构中常见的反弯点位于柱高中部的偏压构件中，这种二阶效应虽能增大构件除两端区域外各截面的曲率和弯矩，但增大后的弯矩通常不可能

超过柱两端控制截面的弯矩，因此，在这种情况下，$P\text{-}\delta$ 效应不会对杆件截面的偏心受压承载能力产生不利影响。但是，在反弯点不在杆件高度范围内（即沿杆件长度均为同号弯矩）的较细长且轴压比偏大的偏压构件中，经 $P\text{-}\delta$ 效应增大后的杆件中部弯矩有可能超过柱端控制截面的弯矩。此时，就必须在截面设计中考虑 $P\text{-}\delta$ 效应的附加影响。因此，《混凝土结构设计规范》规定：

（1）弯矩作用平面内截面对称的偏心受压构件，当同一主轴方向的杆端弯矩比 $\dfrac{M_1}{M_2}$ 不大于 0.9 且轴压比不大于 0.9 时，若构件的长细比满足公式（2.2.14）的要求，可不考虑轴向压力在该方向挠曲杆件中产生的附加弯矩影响；否则应根据下述第 2）款的规定，按截面的两个主轴方向分别考虑轴向压力在挠曲杆件中产生的附加弯矩影响。

$$l_c/i \leqslant 35 - 12(M_1/M_2) \tag{2.2.14}$$

式中　M_1、M_2——分别为已考虑侧移影响的偏心受压构件两端截面按结构弹性分析确定的对同一主轴的组合弯矩设计值，绝对值较大端为 M_2，绝对值较小端为 M_1，当构件按单曲率弯曲时，M_1/M_2 取正值，否则取负值，参见图 2.2.31；

　　　　l_c——构件的计算长度，可近似取偏心受压构件相应主轴方向上下支撑点之间的距离；

　　　　i——偏心方向的截面回转半径。

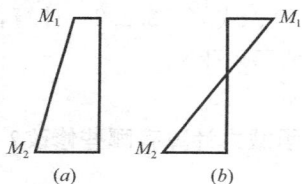

图 2.2.31　M_1/M_2 取值示意
（a）M_1/M_2 取正值；
（b）M_1/M_2 取负值

（2）偏心受压构件考虑轴向压力在挠曲杆件中产生的二阶效应后控制截面的弯矩设计值，应按下列公式计算：

$$M = C_m \eta_{ns} M_2 \tag{2.2.15}$$

$$C_m = 0.7 + 0.3\frac{M_1}{M_2} \tag{2.2.16}$$

$$\eta_{ns} = 1 + \frac{1}{1300(M_2/N + e_a)/h_0}\left(\frac{l_c}{h}\right)^2 \zeta_c \tag{2.2.17}$$

$$\zeta_c = \frac{0.5 f_c A}{N} \tag{2.2.18}$$

当 $C_m \eta_{ns}$ 小于 1.0 时取 1.0；对剪力墙及核心筒墙，可取 $C_m \eta_{ns}$ 等于 1.0。

式中　C_m——构件端截面偏心距调节系数，当小于 0.7 时取 0.7；

　　　　η_{ns}——弯矩增大系数；

　　　　N——与弯矩设计值 M_2 相应的轴向压力设计值；

　　　　e_a——附加偏心距，按下述第（2）款确定；

　　　　ζ_c——截面曲率修正系数，当计算值大于 1.0 时取 1.0；

　　　　h——截面高度；对环形截面，取外直径；对圆形截面，取直径；

　　　　h_0——截面有效高度；对环形截面，取 $h_0 = r_2 + r_s$；对圆形截面，取 $h_0 = r + r_s$；此处，r、r_2 和 r_s 按《混凝土结构设计规范》附录 E 第 E.0.3 条和第 E.0.4 条确定；

　　　　A——构件截面面积。

（3）对剪力墙、核心筒墙肢类构件，由于 $P\text{-}\delta$ 效应不明显，计算时可以忽略。即取 $C_m \eta_{ns} = 0$。

154

（4）对排架结构桩，由于《混凝土结构设计规范》附录 B.0.4 给出的排架结构二阶效应计算公式，其中也考虑了 $P\text{-}\delta$ 效应的影响。故当采用《混凝土结构设计规范》第 B.0.4 条的规定计算二阶效应后，不再按以上规定计算 $P\text{-}\delta$ 效应，即排架结构的二阶效应计算仍维持 2002 版《混凝土结构设计规范》的规定；当排架柱未按《混凝土结构设计规范》第 B.0.4 条计算其侧移二阶效应时，仍应按《混凝土结构设计规范》第 B.0.4 条考虑其 $P\text{-}\delta$ 效应。

2. 附加偏心距

由于工程中实际存在着荷载作用位置的不定性、混凝土质量的不均匀性及施工的偏差等因素，都可以产生附加偏心距。因此，《混凝土结构设计规范》规定：偏心受压构件的正截面承载力计算时，应计入轴向压力在偏心方向存在的附加偏心距 e_a，其值应取 20mm 和偏心方向截面最大尺寸的 1/30 两者中的较大值。

3. 关于计算长度

2010 版《混凝土结构设计规范》对偏心受压构件二阶效应的计算方法，除排架结构柱以外，不再采用 $\eta\text{—}l_0$ 法，对有侧移框架结构的 $P\text{-}\Delta$ 效应的简化计算，采用层增大系数法，不出现计算长度 l_0。对框架柱挠曲效应的计算，在判别是否考虑其 $P\text{-}\delta$ 效应影响的式（2.2.14）中，采用的是 l_c（近似取偏心受压构件相应主轴方向上下支撑点之间的距离），也不出现 l_0。因此，除排架柱外，偏心受压构件二阶效应的计算均不需要 l_0。《混凝土结构设计规范》第 6.2.20 条第 2 款表 6.2.20-2 中框架柱的计算长度 l_0 主要用于计算轴心受压框架柱稳定系数 φ，以及计算偏心受压构件裂缝宽度的偏心距增大系数时采用。而排架柱的二阶效应计算仍采用《混凝土结构设计规范》第 6.2.20 条第 1 款表 6.2.20.1 中的计算长度 l_0 值。

4. 计算例题

钢筋混凝土五层框架结构首层某中柱截面尺寸 $b \times h = 600\text{mm} \times 600\text{mm}$，采用 C40 混凝土，首层层高 4.2m。

若此柱上端弯矩 $M_{ct} = 456.0\text{kN·m}$，下端弯矩 $M_{cb} = 518.0\text{kN·m}$，柱轴向压力设计值 $N_c = 2190.0\text{kN}$，求此柱的最大弯矩设计值（kN·m）。

提示：M_{ct}、M_{cb} 分别为已考虑结构侧移影响的柱两端截面按结构弹性分析确定的对同一主轴的组合弯矩设计值；构件按单曲率弯曲考虑。

解：

$$M_1/M_2 = 456/518 = 0.88 < 0.9$$

$$\mu = \frac{N}{f_cA} = \frac{2190 \times 10^3}{19.1 \times 600^2} = 0.32 < 0.9$$

$$i = \sqrt{\frac{I}{A}} = \sqrt{\frac{\frac{1}{12}bh^3}{bh}} = \frac{b}{2\sqrt{3}} = \frac{300}{\sqrt{3}} = 173.2\text{mm}$$

根据《混凝土结构设计规范》第 6.2.3 条取 $l_c = 4200\text{mm}$

则有 $\qquad l_c/i = 4200/173.2 = 24.25$

由题给结构按单曲率弯曲考虑，故 M_1/M_2 取正值，即 $M_1/M_2 = 0.88$

则有 $\qquad 34 - 12M_1/M_2 = 34 - 12 \times 0.88 = 23.44 < l_c/i = 24.25$

不满足《混凝土结构设计规范》式（6.2.3）要求，应按第 6.2.4 条杆件挠曲二阶效

应（$P-\delta$ 效应）影响

由式（6.2.4.2）有 $c_m=0.7+0.3\times0.88=0.964$

$$\frac{l_c}{h}=\frac{4200}{600}=7, \zeta_c=\frac{0.5f_cA}{N}=\frac{0.5\times19.1\times600^2}{2190\times10^3}=1.57>1.0 \quad 取\ \zeta_c=1.0, e_a=20$$

由式（6.2.4.3）有 $\eta_{ns}=1+\dfrac{1}{1300(M_2/N+e_a)h_0}(l_c/h)^2\zeta_c=1.08$

$$c_m\eta_{ns}=0.964\times1.08=1.04$$

由式（6.2.4.1）有 $M=C_m\eta_{ns}m_2=1.04\times518=539.3\text{kN}\cdot\text{m}$

2.2.24 为什么柱子的全截面配筋率非抗震设计时不宜大于 5%，不应大于 6%，抗震设计时不应大于 5%？

【解析】柱子的配筋率过大，会造成柱截面尺寸过小而轴压比偏大，过分依赖钢筋的抗力使构件的受力性能不好。在荷载长期持续作用下，由于混凝土的徐变将迫使钢筋的压缩变形随之增大，应力也相应增大，而混凝土的压应力却相应地在减小，这就产生了钢筋与混凝土之间应力的重分布。荷载越大，应力重分布越大，同时这种重分布的大小还和纵筋的配筋率 ρ' 有关。ρ' 愈大，钢筋愈强，阻止混凝土徐变就愈多，混凝土的压应力降低也愈多。如在荷载持续过程中突然卸载，构件回弹，由于混凝土徐变变形的大部分不可恢复，会使柱中钢筋受压而混凝土受拉，若柱的配筋率过大，还可能将混凝土拉裂，若柱中纵筋和混凝土之间有很强粘结应力时，则能同时产生纵向裂缝，这种裂缝更为危险。

抗震设计时构件缺乏较好的延性，抗震性能不好。因此，混凝土规范规定柱子的全截面配筋率非抗震设计时不宜大于 5%，不应大于 6%，抗震设计时不应大于 5%。

柱子的全截面配筋率超过 5%，一般有以下原因：

（1）截面尺寸偏小或混凝土强度等级偏低；（2）柱子的弯矩大轴力小，多层或高层建筑的顶层边柱以及大跨度单层结构边柱有时会出现这种情况；（3）其他原因。

设计时可根据上述具体情况采取有针对性的措施，如：

（1）加大柱截面尺寸或提高混凝土强度等级；（2）配置高强度钢筋；（3）设置型钢混凝土柱等；（4）改变传力途径（方式），减少构件内力；（5）改变梁柱连接方式（如设计成梁柱铰接）等。

2.2.25 非抗震设计时，柱子箍筋的设置有哪些具体规定？

【解析】1. 非抗震设计时，柱子箍筋直径和间距应满足表 2.2.8 的规定。

2. 柱子箍筋应做成封闭式，对圆柱中的箍筋，搭接长度不应小于规范规定的锚固长度，且末端应做成 135° 弯钩，弯钩末端平直段长度不应小于箍筋直径的 5 倍；当柱中全部纵向受力钢筋的配筋率大于 3% 时，平直段长度不应小于直径的 10 倍。

3. 当柱截面短边尺寸大于 400mm，且各边纵向钢筋多于 3 根时，或当柱截面短边尺寸不大于 400mm，但各边纵向钢筋多于 4 根时，应设置复合箍筋。仅当柱截面短边 $b\leqslant$ 400mm，且纵向钢筋不多于 4 根时，可不设置复合箍筋。

箍筋	纵向受力钢筋配筋率		纵向钢筋搭接区
	$\rho \leqslant 3\%$	$\rho > 3\%$	
直径	$\geqslant d/4$ 及 6mm	$\geqslant 8$mm	$\geqslant d/4$
间距	$\leqslant 400$mm（$\leqslant 250$）； $\leqslant$柱截面短边尺寸（柱肢厚度）； $\leqslant 15d$	$\leqslant 200$mm $\leqslant 10d$	受拉时：$\leqslant 5d$ 及$\leqslant 100$mm 受压时：$\leqslant 10d$ 及$\leqslant 200$mm 当受压钢筋 $d > 25$mm 时，应在搭接接头两个端面外 100mm 范围内各设置 2 个箍筋

柱中箍筋直径和间距   表 2.2.8

注：1. 表中 d 为纵向受力钢筋直径，选用箍筋直径时，取纵向钢筋的最大直径；选用箍筋间距时，取纵向钢筋的最小直径。

    2. 表中括号内数值仅用于异形柱。

    3. 框支柱宜采用复合螺旋箍或井字复合箍，箍筋体积配箍率不宜小于 0.8%，箍筋直径不宜小于 10mm，箍筋间距不宜大于 150mm。

4. 当混凝土强度等级大于 C60 时，箍筋宜采用复合箍、复合螺旋箍或连续复合矩形螺旋箍。

柱子箍筋的形式见图 2.2.32。

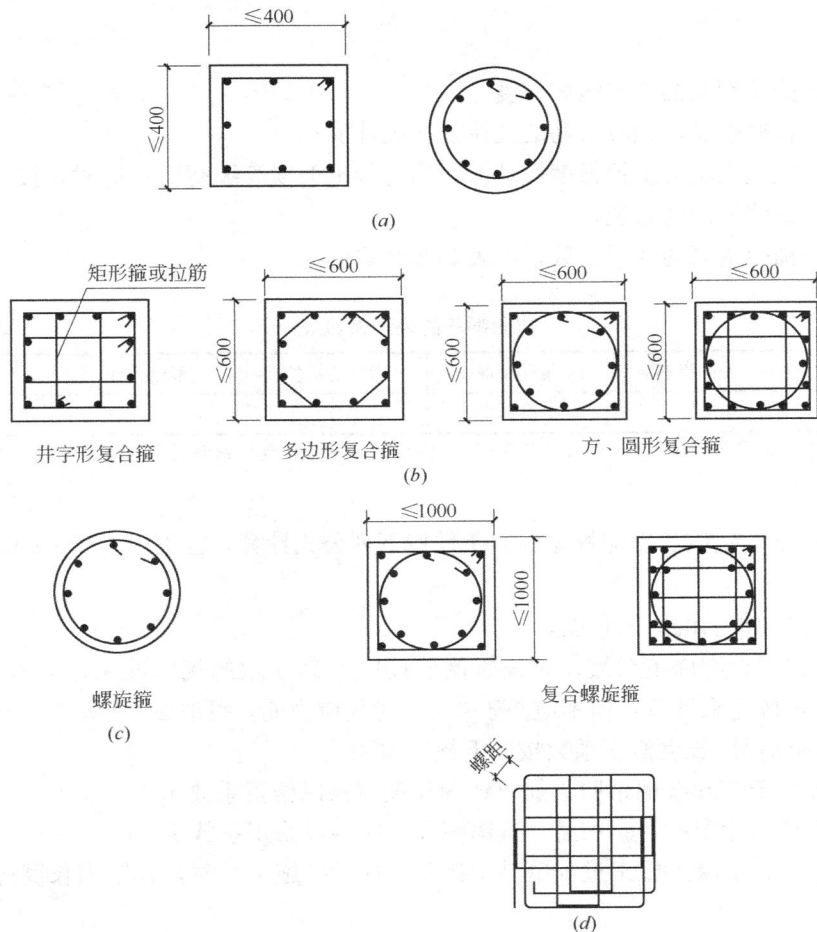

图 2.2.32 柱箍筋形式

（a）普通箍；（b）复合箍；（c）螺旋箍；（d）连续复合螺旋箍（用于矩形截面柱）

例如：截面尺寸为 450mm×450mm 框架柱，若根据计算每侧配置纵向受力钢筋 4φ18，抗剪箍筋按构造设置，根据上述第 3 款的规定，柱截面短边尺寸大于 400mm，且各边纵向钢筋多于 3 根，故应设置复合箍筋，见图 2.2.33。

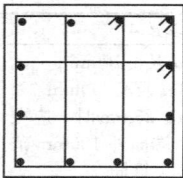

图 2.2.33 柱设置复合箍筋

2.2.26 确定纵向受力钢筋的锚固长度应注意什么？

【解析】当计算中充分利用钢筋的抗拉强度时，受拉钢筋的锚固应符合下列要求：

1. 规范根据无横向配筋拔出试验结果，给出受拉钢筋的基本锚固长度计算公式如下：

普通钢筋

$$l_{ab} = \alpha \frac{f_y}{f_t} d \qquad (2.2.19)$$

预应力筋

$$l_{ab} = \alpha \frac{f_{py}}{f_t} d \qquad (2.2.20)$$

式中　　l_{ab}——受拉钢筋的基本锚固长度；

f_y、f_{py}——普通钢筋、预应力筋的抗拉强度设计值；

f_t——混凝土轴心抗拉强度设计值，当混凝土强度等级高于 C60 时，按 C60 取值；

d——锚固钢筋的直径；

α——锚固钢筋的外形系数，按表 2.2.9 取用。

锚固钢筋的外形系数 α　　　　　　　　　　表 2.2.9

钢筋类型	光圆钢筋	带肋钢筋	螺旋肋钢丝	三股钢绞线	七股钢绞线
α	0.16	0.14	0.13	0.16	0.17

注：光圆钢筋末端应做 180°弯钩，弯后平直段长度不应小于 3d（但作受压钢筋时可不做弯钩），弯后平直长度不计入 l_a。

2. 受拉钢筋的锚固长度应根据锚固条件按下列公式计算，且不应小于 200mm：

$$l_a = \zeta_a l_{ab} \qquad (2.2.21)$$

式中　　l_a——受拉钢筋的锚固长度；

ζ_a——锚固长度修正系数，对普通钢筋按以下第 3 款的规定取用，当多于一项时，可按连乘计算，但不应小于 0.6；对预应力筋，可取 1.0。

3. 普通钢筋锚固长度修正系数按以下规定取用：

(1) 直径大于 25mm 的带肋钢筋，锚固长度应乘以修正系数 1.1。

(2) 环氧树脂涂层的带肋钢筋，其锚固长度应乘以修正系数 1.25。

(3) 当钢筋在混凝土施工过程中易受扰动（如滑模施工）时，其锚固长度应乘以修正系数 1.1。

(4) 锚固钢筋的保护层厚度为 3d 时修正系数可取 0.80，保护层厚度为 5d 时修正系数可取 0.70，中间按内插取值，此处 d 为锚固钢筋的直径。

158

（5）除构造需要的锚固长度外，当纵向受力钢筋的实际配筋面积大于其设计计算面积时，如有充分依据和可靠措施，其锚固长度修正系数可取设计计算面积与实际配筋面积的比值。但对抗震设计及直接承受动力荷载的结构构件，不得采取此项修正。

例如：非抗震设计钢筋混凝土框架柱，混凝土强度等级为 C50，纵向受力钢筋采用 HRB4000 级，直径为 28mm，设计时纵向受拉钢筋的锚固长度应为：$l_a = 1.1 \times 0.14 \times 360 \times 28/1.89 = 821.33$mm，取为 850mm。如果仅按式（2.2.19）计算：$la = 0.14 \times 360 \times 28/1.89 = 746.67$mm，取为 750mm，未考虑大直径钢筋时应乘以修正系数 1.1，显然是错误的。

当纵向受拉普通钢筋末端采用弯钩或机械锚固措施时，包括弯钩或锚固端头在内的锚固长度（投影长度）可取为基本锚固长度 l_{ab} 的 60%。弯钩和机械锚固的形式（图 2.2.34）和技术要求应符合表 2.2.10 的规定。

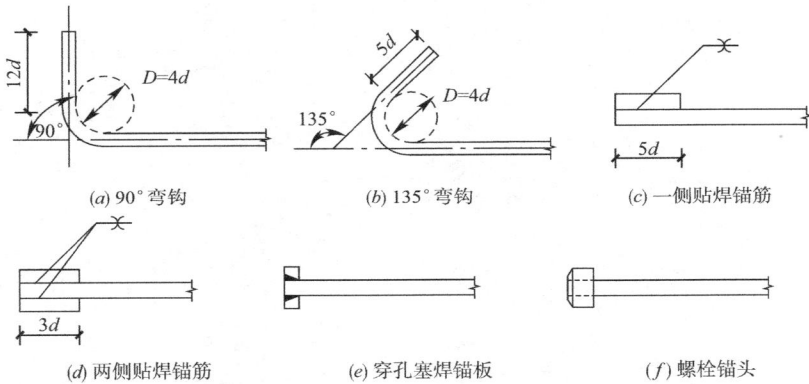

图 2.2.34　弯钩和机械锚固的形式和技术要求

钢筋弯钩和机械锚固的形式和技术要求　　　　　　　　　表 2.2.10

锚固形式	技术要求
90°弯钩	末端 90°弯钩，弯钩内径 4d，弯后直段长度 12d
135°弯钩	末端 135°弯钩，弯钩内径 4d，弯后直段长度 5d
一侧贴焊锚筋	末端一侧贴焊长 5d 同直径钢筋
两侧贴焊锚筋	末端两侧贴焊长 3d 同直径钢筋
焊端锚板	末端与厚度 d 的锚板穿孔塞焊
螺栓锚头	末端旋入螺栓锚头

注：1. 焊缝和螺纹长度应满足承载力要求；
　　2. 螺栓锚头和焊接锚板的承压净面积不应小于锚固钢筋截面积的 4 倍；
　　3. 螺栓锚头的规格应符合相关标准的要求；
　　4. 螺栓锚头和焊接锚板的钢筋净间距不宜小于 4d，否则应考虑群锚效应的不利影响；
　　5. 截面角部的弯钩和一侧贴焊锚筋的布筋方向宜向截面内侧偏置。

4. 受压钢筋的锚固长度

受压钢筋的锚固受力比受拉较为有利，因此，《混凝土结构设计规范》规定：

混凝土结构中的纵向受压钢筋，当计算中充分利用其抗压强度时，锚固长度不应小于相应受拉锚固长度的 70%。应注意：不是基本锚固长度的 70%，而是对不同条件下进行修正后锚固长度的 70%。

还应注意：受压钢筋不应采用末端弯钩和一侧贴焊锚筋的锚固措施。

当锚固钢筋的保护层厚度不大于 $5d$ 时，锚固长度范围内应配置横向构造钢筋，其直径不应小于 $d/4$；对梁、柱、斜撑等结构间距不应大于 $5d$，对板、墙等平面构件间距不应大于 $10d$，且均不应大于 100mm，此处 d 为锚固钢筋的直径。

第三章　框架结构

2.3.1　抗震设计的框架结构不宜采用单跨框架结构。

【解析】单跨框架结构的抗侧刚度小，耗能能力弱，结构超静定次数少，一旦柱子出现塑性铰（在强震时不可避免），出现连续倒塌的可能性很大。震害表明，单跨框架结构震害较重，甚至房屋倒塌。

1999 年 9 月 21 日台湾集集地震（7.3 级），台中客运站震害就是一例。16 层单跨框架结构彻底倒塌。原因是单跨框架结构抗侧力刚度差，结构体系无多道防线；澜沧-耿马地震中一单跨框架结构完全倒塌；另一 9 层单跨框架结构整体倒塌。

因此规范规定，抗震设计的高层建筑不应采用冗余度低的单跨框架结构，多层建筑不宜采用单跨框架结构。

《高层建筑混凝土结构技术规程》将 2002 版条文中的"不宜"改为"不应"，从严要求；《建筑抗震设计规范》根据抗震设防类别划分：甲、乙类建筑一律不应，丙类建筑则高层不应，多层不宜；住建部建质〔2010〕109 号文中规定单跨框架结构的高层建筑为特别不规则的高层建筑，属于超限高层建筑，要进行抗震设防专项审查。

如何判定单跨框架结构？笔者认为：仅当结构在其一个主轴方向采用两根柱子形成单跨框架（特别是底层）的框架结构，可称为单跨框架结构。对于仅一个主轴方向的局部范围为单跨的框架结构，当多跨部分承担的剪力或倾覆力矩大于等于结构总剪力或倾覆力矩 50%，可不判定为单跨框架结构。当结构某些楼层有局部布置为单跨框架，虽然结构受力、抗震性能不好，但不宜判定为单跨框架结构，见图 2.3.1。

工程设计中，对单跨框架结构应严格执行规范规定。如建筑及其他专业功能允许，在单跨结构中增设剪力墙，使其成为框架-剪力墙结构，有剪力墙作为第一道防线，结构的抗震能力将大大加强。当然，如因建筑及其他专业功能需要，只能做单跨框架结构，则应按住建部建质〔2010〕109 号文件的规定进行抗震设防专项审查，按专家组的审查意见设计。

高度不大于 24m 的丙类建筑采用单跨框架结构时（如一、二层的连廊采用单跨框架），应注意加强。如适当提高框架抗震等级，加强底层柱的承载力和延性，加强节点连接等。

对带有单跨框架的框架结构，其单跨框架部分的抗震措施，也应加强其抗震措施。

2.3.2　大跨度公共建筑（如体育馆，影剧院，礼堂等）宜设置剪力墙等抗侧力构件。

【解析】大跨度公共建筑由于功能要求一般均为大跨度空旷结构，竖向构件少，层高较高，但同时在结构的某一局部（例如化妆间、工作间、休息室等）柱网又往往较密，层高较小，从而使得整个结构单元抗侧力刚度小，且刚度分布不均匀，地震时易发生非结构

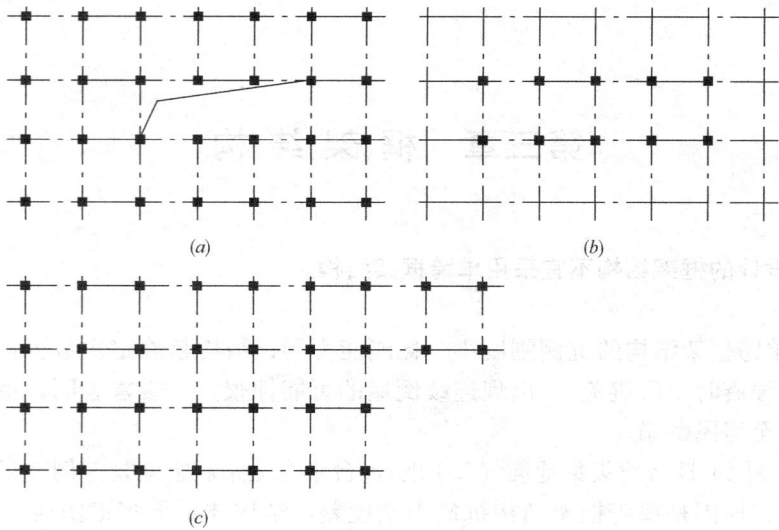

图 2.3.1　局部单跨框架举例
(a) 底层；(b) 顶层；(c) 标准层

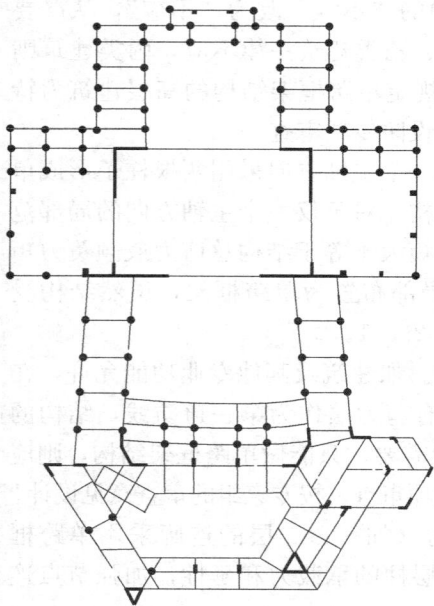

图 2.3.2　某歌剧院首层结构平面

构件的破坏，扭转效应也不容忽视。因此，对大跨度空旷结构，宜设置剪力墙等抗侧力构件，加大结构的抗侧力刚度，减小结构的扭转。例如某歌剧院工程，建筑布局独特，舞台高，刚度相对较大，观众厅为大空间，刚度小；前厅结构布置较复杂；整个剧院结构的刚度、高度都不均匀。设计时在结构平面布置上采取了一些措施，例如在舞台设置了适量的剪力墙；在观众厅与舞台以及前厅和观众厅交接处也设置了剪力墙；同时在柱网交点处，尽可能设置截面较大的柱子，从而提高了结构的抗侧力刚度，减小了结构的刚度偏心，效果较好（图 2.3.2）。

2.3.3　抗震设计时，框架结构不应采用部分由砌体墙承重、部分由框架承重的混合承重形式。

【解析】砌体结构与框架结构是两种截然不同的结构体系，两种结构体系所采用的承重材料完全不同，其抗侧刚度、变形能力、结构延性、抗震性能等，相差很大。如在同一结构单元中采用部分由砌体墙承重、部分由框架承重的混合承重形式，必然会导致建筑物受力不合理、变形不协调，对建筑物的抗震能力产生很不利的影响。因此，高规第 6.1.6 条规定：框架结构按抗震设计时，不应采用部分由砌体墙承重之混合形式。框架结构中的楼、电梯间及局部突出屋顶的电梯机房、楼梯间、水箱间等，应采用框架承重，不应采用砌体墙承重。

162

此条为强制性条文，应认真遵照执行。

2.3.4 框架结构当梁、柱中心线偏心距较大时，设计中应如何考虑其对结构的不利影响？

【解析】框架梁、柱中心线不重合，会使框架柱和梁柱节点受力恶化。梁柱之间偏心距过大会导致节点核心区有效受剪面积减小、剪应力增大，使节点核心区受剪有效范围内和有效范围外剪切变形产生差异，且过大的偏心也导致梁端弯矩作用在节点上时出现扭矩，不利因素将导致柱身出现纵向裂缝。

因此，规范规定：框架梁、柱中心线宜重合，对框架边节点梁、柱中心线不重合时，在计算中应考虑偏心对梁柱节点核心区受力和构造的不利影响，以及梁荷载对柱子的偏心影响。

梁、柱中心线之间的偏心距，9 度抗震设计时不应大于柱截面在该方向宽度的 1/4；非抗震设计和 6～8 度抗震设计时不宜大于柱截面在该方向宽度的 1/4。

当偏心距大于该方向柱截面宽度的 1/4 时，可采取增设梁的水平加腋等措施。设置水平后加腋后，仍须考虑梁柱偏心的不利影响。

梁水平加腋的构造做法如下：

1. 梁的水平加腋厚度可取梁截面高度，其水平尺寸宜满足下列要求（图 2.3.3a）：

$$b_x/l_x \leqslant 1/2 \qquad\qquad (2.3.1)$$

$$b_x/b_b \leqslant 2/3 \qquad\qquad (2.3.2)$$

$$b_b + b_x + x \geqslant b_c/2 \qquad\qquad (2.3.3)$$

式中　b_x——梁水平加腋宽度；

　　　l_x——梁水平加腋长度；

　　　b_b——梁截面宽度；

　　　b_c——沿偏心方向柱截面宽度；

　　　x——非加腋侧梁边到柱边的距离。

2. 梁采用水平加腋时，框架节点有效验算宽度 b_j 宜符合下列各式要求：

（1）当 $x=0$ 时，b_j 按下式计算：

$$b_j \leqslant b_b + b_x \qquad\qquad (2.3.4)$$

（2）当 $x \neq 0$ 时，b_j 取式（2.3.8）和式（2.3.9）计算的较大值，且应满足公式（2.3.10）的要求：

$$b_j \leqslant b_b + b_x + x \qquad\qquad (2.3.5)$$

$$b_j \leqslant b_b + 2x \qquad\qquad (2.3.6)$$

$$b_j \leqslant b_b + 0.5h_c \qquad\qquad (2.3.7)$$

式中　h_c——柱截面高度。

3. 梁端水平加腋框架节点核心区截面抗震验算应按《建筑抗震设计规范》附录 D 进行。在验算梁的剪压比和受剪承载力时，一般不计入加腋部分的有利影响。当考虑加腋部分截面时，应分别对柱边和图 2.3.3 中 1—1 截面进行验算。

4. 梁端水平加腋配筋构造如图 2.3.3（b）所示。水平加腋梁距柱边 $x=0$ 时，沿计算方向不少于总面积 3/4 计算需要的柱内纵向钢筋应设置在节点核心区截面有效宽度 b_j 范围内，如图 2.3.3（c）所示。框架柱应按不同抗震等级沿柱全高度设置加密箍筋。

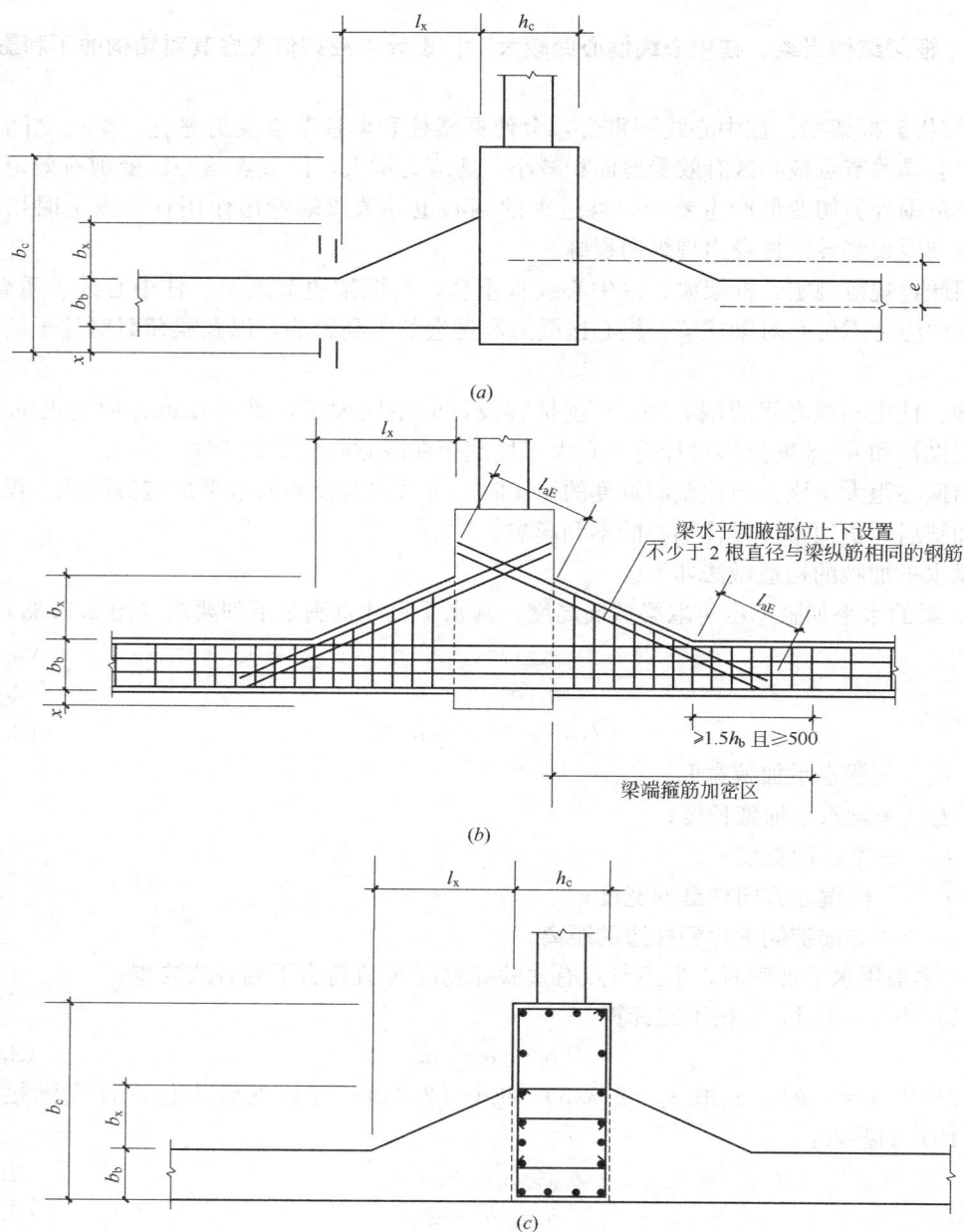

(a)

梁水平加腋部位上下设置
不少于 2 根直径与梁纵筋相同的钢筋

$\geqslant 1.5h_b$ 且 $\geqslant 500$

梁端箍筋加密区

(b)

(c)

图 2.3.3 水平加腋梁框架节点及梁柱构造要求

（a）水平加腋梁平面尺寸示意图；（b）水平加腋梁框架节点配筋；（c）水平加腋梁框架柱配筋

5. 值得注意的是：水平加腋使得框架梁端截面增大，承载能力提高，地震作用下梁端可能不会出铰，设计当然也不允许在柱头出铰，这就有可能造成塑性铰转移，使塑性铰出现在梁端非加腋梁段。因此，梁端的箍筋加密区应自水平加腋区段向跨中方向再延伸一个加密区长度，如图 2.3.3（b）所示。

梁端的塑性铰转移相当于减少梁的跨度，梁的剪力相应加大，故应注意塑性铰区适当提高抗剪配筋。

当建筑功能要求建筑物的外立面平齐时，结构设计时也可以采用框架梁、柱截面中心线重合、在梁上设置挑板的做法，见图2.3.4。由梁的挑板承受外围护墙的重量，其弯矩由楼层板平衡，梁、柱没有偏心，甚至梁也没有扭矩。但应处理好填充墙与梁柱的拉接构造，防止塌落等，建筑上应注意处理好此处墙体的冷桥问题。

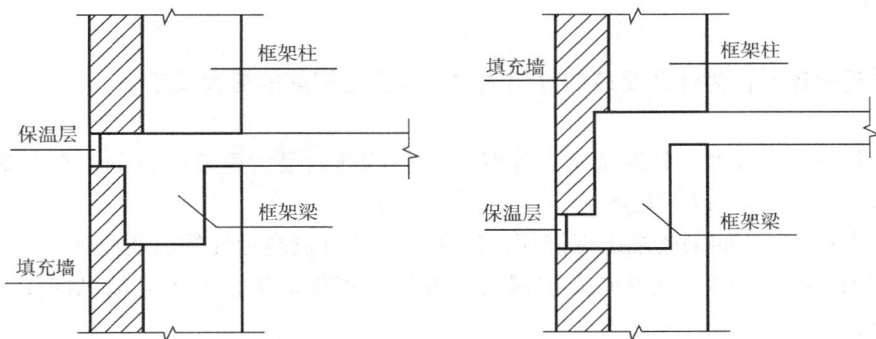

图2.3.4　梁上挑板构造示意图

2.3.5　抗震设计时，为什么要规定框架梁端截面的底部和顶部纵向受力钢筋截面面积的比值？

【解析】考虑由于地震作用的随机性，在较强地震下梁端可能出现较大的正弯矩，该正弯矩有可能明显大于考虑常遇地震作用的梁端组合正弯矩。若梁端下部纵向受力钢筋配置过少，将可能发生下部钢筋的过早屈服或破坏过重，从而影响承载力和变形能力的正常发挥。提高梁端下部纵向受力钢筋的数量，也有助于改善梁端塑性铰区在负弯矩作用下的延性性能。因此，在梁端箍筋加密区内，下部纵向受力钢筋不宜过少，下部和上部钢筋的截面面积应符合一定的比例。

《混凝土结构设计规范》第11.3.6条第2款规定：框架梁端截面的底部和顶部纵向受力钢筋截面面积的比值，除按计算确定外，一级抗震等级不应小于0.5，二、三级抗震等级不应小于0.3。这就是说：若内力组合及配筋计算后梁端截面的底部和顶部纵向受力钢筋截面面积比值不符合上述要求，应调整钢筋截面面积比值，使之既满足承载力要求，又满足钢筋截面面积比值要求。

此条为强制性条文，应严格遵守。

2.3.6　抗震设计时，为什么沿梁全长顶面和底面至少应各配置一定数量的通长纵向钢筋？

【解析】地震作用过程中框架梁的反弯点位置可能有变化，沿梁全长配置一定数量的通长钢筋可以保证梁各个部位具有适当的承载力。

《混凝土结构设计规范》第11.3.7条规定：沿梁全长顶面和底面至少应各配置两根通

长的纵向钢筋，对一、二级抗震等级，钢筋直径不应小于14mm，且分别不应少于梁两端顶面和底面纵向受力钢筋中较大截面面积的1/4；对三、四级抗震等级，钢筋直径不应小于12mm。

这里的"两根通长的纵向钢筋"，并不是要求这两根钢筋不能截断，而是强调沿梁全长顶面和底面各截面必须有一定数量的配筋。在满足一定数量的配筋前提下，梁跨中部分顶面的纵向钢筋直径允许小于支座处的纵向钢筋直径，不同直径的纵向钢筋可以按规范要求进行可靠的连接。

2.3.7 抗震设计时，为什么要控制框架梁端纵向受拉钢筋的最大配筋率？

【解析】抗震设计时，控制框架梁端纵向受拉钢筋的最大配筋率目的主要是满足框架梁的延性要求。具体有以下两点：

1. 地震作用下，如果梁端出现破坏，应保证是具有较高延性的适筋破坏；

2. 不应使框架梁柱节点纵向受拉钢筋设置过于密集，防止由于梁端纵向受力钢筋滑移失锚而破坏。

框架梁的延性性能随其配筋率提高而降低。但提高框架梁的延性性能还有其他措施：限制计入受压钢筋作用的梁端混凝土受压区高度，保证梁端截面的底面和顶面纵向钢筋截面面积的比值，……，以及其他抗震构造措施等。抗震设计时，只要框架梁端混凝土受压区高度 x 满足《高层建筑混凝土结构技术规程》第 6.3.2 条第 1 款的规定，梁端截而下、上铁比值满足《高层建筑混凝土结构技术规程》第 6.3.2 条第 3 款的规定，即使配筋率较大，梁端仍具有较好的延性；但是，较大的配筋率可能会使梁端纵向受拉钢筋过于密集，造成混凝土对钢筋的握裹力不足，导致在地震反复荷载作用下，框架梁由于梁端纵向受力钢筋滑移失锚而破坏（这也是一种脆性破坏）。此外，较大的梁端纵向受拉钢筋配筋率，也给梁的"强剪弱弯"增加难度。

根据国内、外试验资料，受弯构件当配置不少于受拉钢筋50%的受压钢筋时，其延性可以与低配筋率的构件相当。新西兰规范规定：当受弯构件的压区钢筋大于拉区钢筋50%时，受拉钢筋配筋率不大于2.5%的规定可适当放松。当受压钢筋不少于受拉钢筋的75%时，其受拉钢筋的配筋率可提高30%。即可放宽到3.25%。

考虑到根据近年来工程应用情况，2010 版《高层建筑混凝土结构技术规程》不再将框架梁支座纵向受力钢筋最大配筋率作为强制性条文，并规定：抗震设计时，梁端纵向受拉钢筋的配筋率不宜大于2.5%，不应大于2.75%；当梁端受拉钢筋的配筋率大于2.5%时，受压钢筋的配筋率不应小于受拉钢筋的一半。

高层建筑，特别是设防烈度高又较为复杂的高层建筑，梁端纵向受拉钢筋可能配置较多，如果强制规定配筋率必须小于2.5%，则可能不满足承载力的要求，而为了满足承载能力的要求，不得不加大梁的截面尺寸或采用其他措施。但其实这都是不必要的：因为如上所述：只要抗震措施合适，即使配筋率较大，梁端仍具有较好的延性。所以，工程设计时，一般情况下，应尽可能使梁端纵向受拉钢筋的配筋率不大于2.5%。对由于设防烈度高或荷载较大等导致少数框架梁端弯矩设计值偏大，可放宽到2.75%。

笔者认为：配筋率放宽到2.75%只能是少数框架梁。如较多的框架梁端配筋率超过

2.5%。则应根据工程的实际情况，通过调整结构布置、构件截面尺寸等使之配筋率不大于2.5%。当然，也可以采用型钢梁等。

应注意：对顶层端节点，框架梁端纵向受拉钢筋的配筋率不适用此项规定，而只能按《混凝土结构设计规范》第9.3.8条的规定取用。

框架梁端较为合理经济的配筋率一般为1.0%～2.0%。

2.3.8 抗震设计的框架梁，梁端箍筋加密的具体规定如何？

【解析】处于三向受压状态下的混凝土，不仅可提高其受压能力，还可提高其变形能力。规范规定梁端箍筋加密，目的是从构造上对框架梁塑性铰区的受压混凝土提供约束，并约束纵向受力钢筋，防止纵向受力钢筋在保护层混凝土剥落后过早压屈，以保证梁端具有足够的塑性铰转动能力。就是说，梁端箍筋加密并不是梁的抗剪承载力要求，而是约束混凝土、提高梁的延性、提高结构抗震性能的要求。梁端箍筋的设置除应满足抗震设计的受剪承载力计算外，其梁端箍筋加密区长度、箍筋最大间距和最小直径见表2.3.1。

框架梁梁端箍筋加密区的构造要求 表 2.3.1

抗震等级	加密区长度（mm）	箍筋最大间距（mm）	箍筋最小直径（mm）
一级	$2h$ 和 500 中的较大值	纵向钢筋直径的 6 倍，梁高的 1/4 和 100 中的最小值	10
二级		纵向钢筋直径的 8 倍，梁高的 1/4 和 100 中的最小值	8
三级	$1.5h$ 和 500 中的较大值	纵向钢筋直径的 8 倍，梁高的 1/4 和 150 中的最小值	8
四级		纵向钢筋直径的 8 倍，梁高的 1/4 和 150 中的最小值	6

注：表中 h 为截面高度。

需要注意的是：当梁端纵向受拉钢筋配筋率大于2%时，为了更好地从构造上对框架梁塑性铰区的受压混凝土提供约束，并有效约束纵向受压钢筋，保证梁端具有足够的塑性铰转动能力，此时表中箍筋最小直径应增大2mm。例如，一级抗震的框架梁，当梁端的纵向受拉钢筋配筋率为2.1%，梁端加密区箍筋的最小直径应取为12mm，而不应是表中的10mm。

还应注意：2010版规范还增加了可适当放松梁端加密区箍筋间距的条件。主要考虑当箍筋直径较大且肢数较多时，适当放宽箍筋间距的要求，仍然可以很好地约束混凝土，满足梁端的抗震性能要求，同时箍筋直径大、间距过密时不利于混凝土的浇筑，难以保证混凝土的质量。

2.3.9 框架梁上有次梁时，梁的箍筋配置，支座附近根据梁支座边缘处截面的剪力设计值计算并满足构造要求，梁中间段则只是简单将支座附近的箍筋间距加大一倍配置。

【解析】梁的斜截面受剪承载力计算的控制截面，除选取梁支座边缘处截面外，尚应选取有次梁或有较大集中力处截面作为剪力设计值的计算截面。对变截面梁、箍筋配置有变化的梁、配置弯起钢筋抗剪的梁，尚应按《混凝土结构设计规范》第6.3.2条的规定，确定若干个剪力设计值的计算截面，由此计算各截面的抗剪承载力并根据构造要求配置箍筋。

框架梁在竖向均布荷载和水平荷载作用下，支座截面剪力较跨中大，抗震设计的等截面梁，将支座附近的箍筋直径不变间距加大一倍配置在跨中（支座附近配箍满足受剪承载力和抗震构造要求），一般可满足跨中截面受剪承载力和抗震构造要求。但当框架梁跨中有次梁或有较大集中力时，其截面剪力设计值往往与支座处接近，不根据梁的具体受力情况，仍将支座附近的箍筋间距加大一倍配置在此处，有可能造成此处截面抗剪承载力不足。此时，应选取有次梁或有较大集中力处截面作为剪力设计值的计算截面计算其斜截面受剪承载力并满足配箍构造要求。

2.3.10　非抗震设计时承受弯、剪、扭的框架梁受扭箍筋、受扭纵筋的配筋有何要求？

【解析】1. 规定梁的受扭箍筋和受扭纵向受力钢筋的最小配筋率，目的是防止梁"一扭就裂，一裂就坏"。

2. 作用在梁上的扭矩使梁截面内产生封闭的、沿截面周边分布的剪力流，所以，受扭所需的箍筋应做成封闭式，且应沿截面周边布置。采用复合箍筋时，位于截面内部的箍筋几乎不抗扭，故不应计入受扭所需的箍筋面积。和上述同样的道理，受扭纵向钢筋除应存梁截面四角设置外，其余受扭纵向钢筋也宜沿截面周边均匀对称布置。

3. 规范对于同时受有弯、剪、扭的梁的承载力计算及配箍构造，采用的办法是：分别计算，相应叠加，配置在各自所在的位置上。

正确理解"分别计算，相应叠加，配置在各自所在的位置上"，是受有弯、剪、扭的梁设计的关键所在。所谓"分别计算"，就是纵向钢筋截面面积应按受弯构件的正截面受弯承载力和剪扭构件的受扭承载力分别计算确定，箍筋截面面积应按剪扭构件的受剪承载力和受扭承载力分别计算确定；所谓"相应叠加，配置在各自所在的位置上"，就是将各计算配筋，根据其配筋部位相应叠加。具体来说，梁的受弯纵筋应配置在梁截面的下部、上部（单筋梁）或上部和下部（双筋梁）。梁受扭纵筋的配置，除应在梁截面四角设置受扭纵筋外，其余受扭纵向钢筋则宜沿梁截面周边均匀对称布置，间距不应大于 200mm 和梁截面短边长度。有的设计分别计算梁的配筋，简单地将两者相加，全部配置在梁的下部显然是错误的。

例如：框架边梁，截面尺寸 $b \times h = 200\text{mm} \times 400\text{mm}$ 经计算梁的受弯纵筋 $A_s = 715.8\text{mm}^2$，受扭纵筋 $A_{stl} = 318.6\text{mm}^2$，受剪箍筋 $A_{sv}/s = 0.37\text{mm}^2/\text{mm}$，受扭箍筋 $A_{stl}/s = 0.2\text{mm}^2/\text{mm}$。根据以上规定，梁的受扭纵筋应在梁截面的上、中、下部各配置 2 根，即上部 318.6/3 = 106.2mm^2，考虑到满足框架梁顶面钢筋的构造要求，用 $2\phi14$ ($A_s = 308\text{mm}^2$)；中部用 $2\phi10$ ($A_s = 157.1\text{mm}^2$)；下部纵筋 715.8 + 106.2 = 822mm^2，用 $2\phi25$ ($A_s = 981.8\text{mm}^2$)，箍筋则将受剪箍筋和受扭箍筋相加，即 0.37 + 0.2 = 0.57mm^2/mm，用 $2\phi8@150$ ($A_{sv}/s + A_{stl}/s = 0.67\text{mm}^2/\text{mm}$)。

4. 抗震设计时，同时受有弯、剪、扭的框架梁，其沿梁全长箍筋面积最小配筋率如何确定？《混凝土结构设计规范》第 9.2.10 条规定：在弯剪扭构件中，箍筋的配筋率 ρ_{sv} 不应小于 $0.28f_t/f_{yv}$。但此条是针对非抗震设计的。而规范的上述规定虽然针对抗震设计，但仅是受弯剪的梁。当为抗震设计的弯、剪、扭框架梁时，笔者认为：梁的最小箍筋配筋率宜根据工程实际情况适当加大（即比 $0.28f_t/f_{yv}$ 适当加大）。并应满足相应抗震等级下梁端箍筋加密区的最小配箍率和最小直径、最大间距等构造要求，梁的非加密区的最小配箍率也应取相应抗震等级下的最小配箍率和 $0.28f_t/f_{yv}$ 两者中的大值并应满足梁的最小直径、最大间距等构造要求。

5. 还需注意的是：

（1）一般框架梁均为双筋梁，当配有受压钢筋时，分配在梁上部的受扭纵筋应和受压钢筋叠加后配置并满足相关的构造要求；

（2）受扭箍筋应做成封闭式，且应沿截面周边布置：受扭所需箍筋的末端应做成 135°弯钩，弯钩端头平直段长度不应小于 $10d$（d 为箍筋直径）；当采用复合箍筋时，位于截面内部的箍筋不应计入受扭所需的箍筋面积，这和弯、剪构件的箍筋配筋率计算是有区别的；

（3）混凝土规范未述及抗震设计梁的受扭配筋计算，因此，当为抗震设计时，受扭配筋应在原计算的基础上适当放大。

6. 上述做法，不仅适用多层建筑的梁，同样适用多层建筑的梁。

2.3.11 框架结构的边梁，当楼板与梁按刚接设计时，边梁应配置抗扭箍筋和纵筋。

【解析】楼板与框架结构的边梁按刚接设计时，板的边支座负筋应根据板的负弯矩设计值按计算配置，支座负筋锚入梁内长度不应小于 l_a。同时边梁受扭，此时应根据实际结构算出边梁的扭矩，边梁的抗扭刚度不应折减，据此算出其抗扭箍筋和纵筋，并应满足抗扭构造配筋要求，否则会造成边梁的抗扭承载力不满足要求。目前有些分析软件考虑梁的抗扭刚度折减时整个结构仅用一个系数，不区分边梁和中间梁，这可能会使边梁的计算扭矩比实际受力小，即使按计算扭矩配置边梁的抗扭箍筋和纵筋，也会造成梁的抗扭承载力不满足要求。

当楼板与框架结构的边梁按铰接设计时，边梁不受扭，一般可不配置抗扭箍筋和纵筋。

需要注意的是：楼板与框架边梁按铰接还是按刚接设计，与梁板的刚度比有很大关系。一般梁板刚度比大，梁截面尺寸大，板较薄，宜按铰接设计，而梁板刚度比接近，梁截面尺寸相对较小，板较厚，可按刚接设计。

2.3.12 体育场馆中的斜向悬挑大梁箍筋应如何配置？

【解析】由于悬挑大梁是斜向上的，与柱不是正交，因此，如果按习惯将箍筋与梁正截面平行配置，则会出现梁的上下部箍筋间距不均匀的情况。特别是抗震设计，支座附近梁的箍筋要加密，就会使在梁的下部箍筋间距很大，不满足规范要求；或在梁的上部箍筋间距很密甚至摆放不下，施工又很困难的情况。

比较好的方法是将箍筋垂直地面配置于梁中，此时可保证梁的箍筋间距均匀并易于满足规范要求；当悬挑大梁的斜度不大时，可在保证梁下部箍筋间距满足规范要求的情况下适当加密梁上部箍筋间距；当悬挑大梁的斜度较大时，可在保证梁上部箍筋间距满足规范要求的情况下在梁下部适当增加箍筋，箍筋应做成封闭的套箍，箍筋四角应钩住梁的纵向受力钢筋和腰筋，此箍筋间距应满足规范要求（图 2.3.5）。

2.3.13 抗震设计时，不应采用弯起钢筋作为框架梁的抗剪钢筋。

【解析】由于地震力的多方向反复作用，梁各截面上的剪力方向是不断变化的，因此

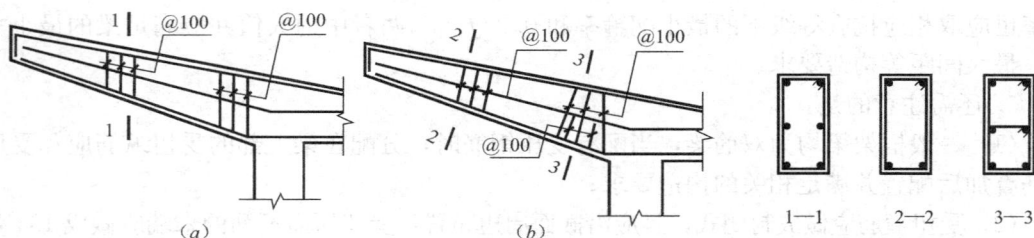

图 2.3.5 斜向上悬挑大梁箍筋配筋示意

注：图中受力纵筋根数、箍筋肢数间距仅为示意。

和梁的受弯所产生的截面拉应力组合成的主拉应力方向也是不断变化的，若采用配置弯起钢筋抗剪，则当弯起钢筋受拉应力方向与梁的主拉应力方向垂直时，则弯起钢筋根本起不到抗剪作用，这就很可能造成梁在地震作用下的受剪破坏，因此，抗震设计的框架梁不能采用弯起钢筋抗剪，而应用箍筋抗剪。

2.3.14 扁梁框架及宽扁梁的设计有哪些规定？

【解析】普通梁的截面高度一般为截面宽度的 2～3 倍，而宽扁梁截面较宽高度较小，高宽比在 1.0 左右，甚至梁宽大于梁高。采用宽扁梁有利于在满足建筑楼层净空高度的前提下减小楼层层高。

宽扁梁有两类，当宽扁梁的截面较宽，但不大于支承框架柱同方向的柱宽时，受力特点和普通框架没有差别，故可按普通框架设计。而当宽扁梁的梁宽大于同方向的柱宽，则梁的纵向受力钢筋总有一些不能穿过柱子，框架梁柱节点受力复杂。

采用梁宽大于柱宽的扁梁框架时，其宽扁梁及梁柱节点设计除应符合普通框架结构的有关规定外，尚应满足下列要求：

1. 应采用现浇楼板，梁中线宜与柱中线重合，扁梁应双向布置，且不宜用于一级抗震等级的框架结构。

2. 扁梁框架的边梁不宜采用梁宽 b_b 大于柱截面高度 h_c 的宽扁梁，当与框架边梁相交的内部框架扁梁大于柱宽时，边梁应采取配筋构造措施，以考虑其受扭的不利影响。

3. 扁梁截面高度 h_b 对非预应力钢筋混凝土扁梁可取梁计算跨度的 1/16～1/22，对预应力钢筋混凝土扁梁取 1/25～1/20，跨度较大时宜取较大值，跨度较小时宜取较小值，且不宜小于 2.5 倍板的厚度。截面宽高比 b_b/h_b 不宜大于 3。

抗震设计时，扁梁截面尺寸应符合下列要求：

$$b_b \leqslant 2b_c \qquad (2.3.8)$$

$$b_b \leqslant b_c + h_b \qquad (2.3.9)$$

$$h_b \geqslant 16d \qquad (2.3.10)$$

式中　b_c——柱截面宽度，圆形截面取柱直径的 0.8 倍；

b_b、h_b——分别为梁截面宽度和高度；

　　d——柱纵向钢筋直径。

4. 扁梁的混凝土强度等级，当抗震等级为一级时，不应低于 C30，当二、三、四级非抗震设计时，不应低于C20，扁梁的混凝土强度等级不宜大于C40。

5. 扁梁的截面承载力验算及有关构造要求除上述外同一般框架梁。梁柱节点核心区截面抗震验算见《高层建筑混凝土结构技术规程》附录C。

6. 宽扁梁纵向受力钢筋的最小配筋率，除应符合《混凝土结构设计规范》的规定外，尚不应小于0.3%，一般为单层放置，间距不宜大于100mm。框架扁梁端的截面内宜有大于60%的上部纵向受力钢筋穿过框架柱，并且可靠地锚固在柱核心区内；一、二级抗震等级时，则应有大于60%的上部纵向受力钢筋穿过框架柱。对于边柱节点，框架扁梁端的截面内未穿过框架柱的纵向受力钢筋应可靠地锚固在框架边梁内。沿梁全长顶面和底面应有分别不少于梁两端顶面和底面纵向受力钢筋中较大截面面积的1/4钢筋贯通配置。

7. 扁梁两侧面应配置腰筋，每侧的截面面积不应小于梁腹板截面面积 $b_b h_w$ 的10%（h_w 为梁高减楼板厚度），直径不宜小于12mm，间距不宜大于200mm。

8. 宽扁梁的箍筋肢距不宜大于200mm。

抗震设计时，宽扁梁梁端箍筋应加密，加密区长度，应取自柱边算起至梁边以外 $b_b + h_b$ 范围内长度和自梁边算起 l_{aE} 中的较大值（图2.3.6a）；加密区的箍筋最大间距和最小直径及箍筋肢距应符合现行国家标准《建筑抗震设计规范》的有关规定。

9. 对于柱内节点核心区的配箍量及构造要求同普通框架；对于扁梁中柱节点柱外核心区，可配置附加水平箍筋及拉筋，当核心区受剪承载力不能满足计算要求时，可配置附加腰筋（图2.3.6a）；对于扁梁边柱节点核心区，也可配置附加腰筋（图2.3.6b）。

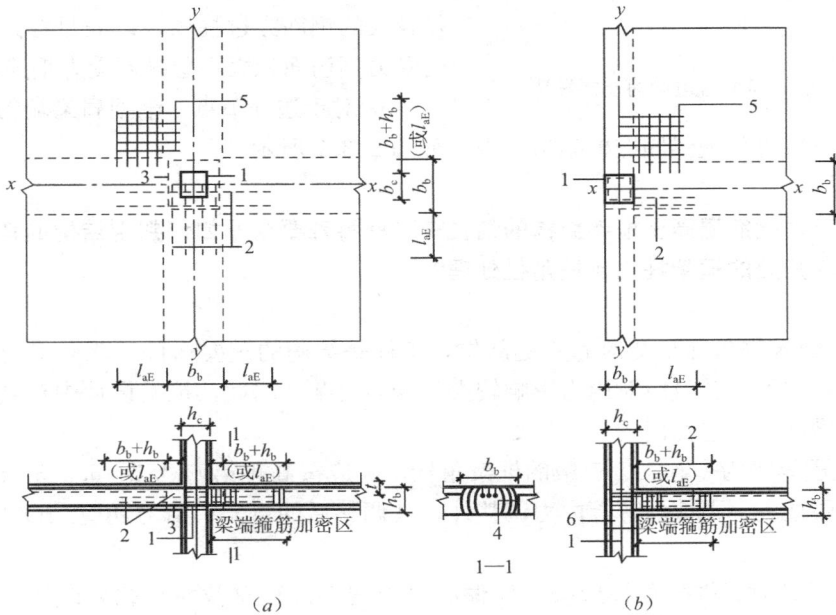

图 2.3.6 扁梁柱节点的配筋构造

（a）中柱节点；（b）边柱节点

1—柱内核心区箍筋；2—核心区附加腰筋；3—柱外核心区附加水平箍筋；

4—拉筋；5—板面附加钢筋网片；6—边梁

当中柱节点和边柱节点在扁梁交角处的板面顶层纵向钢筋和横向钢筋间距较大时，应在板角处布置附加构造钢筋网片，其伸入板内的长度，不宜小于板短跨方向计算跨度的1/4，并应按受拉钢筋锚固在扁梁内。

2.3.15 一、二级抗震设计时，梁宽大于柱宽的框架扁梁，穿过柱子的纵向受力钢筋不应小于总纵向受力钢筋的 60%。

【解析】梁宽大于柱宽的框架扁梁，其纵向受力钢筋总有一部分不能穿过柱子。显然，框架扁梁中穿过柱子的纵向受力钢筋比柱子外侧的纵向受力钢筋所受到的锚固更可靠，为了保证框架扁梁节点连接可靠，框架扁梁梁端截面内宜有大于 60% 的上部纵向受力钢筋穿过柱子，且可靠地锚固在柱核心内；当用于一、二级抗震等级时，则应有大于 60% 的上部纵向受力钢筋穿过柱子。

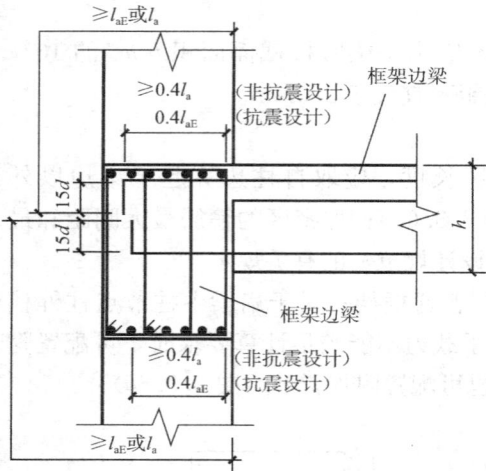

图 2.3.7 框架扁梁与边梁的连接做法

为了保证框架扁梁穿过柱子的纵向受力钢筋大于总纵向受力钢筋的 60%，可采取以下措施：

1. 调整宽扁梁的截面高度与宽度，尽可能使宽扁梁的截面宽度有不少于 60% 穿过柱子；

2. 调整宽扁梁的纵向受力钢筋布置，使直径较大的钢筋穿过柱子，以满足穿过柱子的纵向受力钢筋面积大于总纵向受力钢筋的 60%；

3. 对于边柱节点，框架扁梁端的截面内的纵向受力钢筋应可靠地锚固在框架边梁内，如图 2.3.7 所示。

2.3.16 规范对钢筋混凝土框架结构的角柱有哪些特殊要求？如何判别结构的角柱？是不是转角处的框架柱均应按角柱处理？

【解析】建筑物角部是结构的关键部位，角柱是结构的重要构件，双向受力作用十分明显。地震作用下扭转效应对内力影响较大且受力复杂。因此，抗震设计中对其抗震措施和抗震构造措施有一些专门的要求。如：

1. 对抗震等级为一、二、三级的框架角柱，除应按高规第 6.2.1～6.2.3 条进行强柱弱梁、强底层柱底、强剪弱弯等内力调整外，其调整后的弯矩、剪力还应乘以不小与 1.1 的增大系数；

2. 抗震设计时，框架角柱应按双向偏心受力构件进行总截面承载力设计。角柱的纵向受力钢筋配筋率应比中柱、边柱的纵向受力钢筋配筋率大；

3. 角柱考虑地震作用组合产生小偏心受拉时，柱内纵向受力钢筋总截面面积应比计算值增大 25%；

4. 抗震等级为一、二级的框架角柱，箍筋应全高范围内加密。

172

《建筑抗震设计规范》、《高层建筑混凝土结构技术规程》中的角柱是指位于建筑物角部、与柱正交的两个方向各只有一根框架梁与之相连接。因此，位于建筑平面凸角处的框架柱一般为角柱，而位于建筑平面凹角处的框架柱，若柱的四边各有一根框架梁与之相连接，则一般不应视为角柱，不必按角柱设计（图2.3.8）。

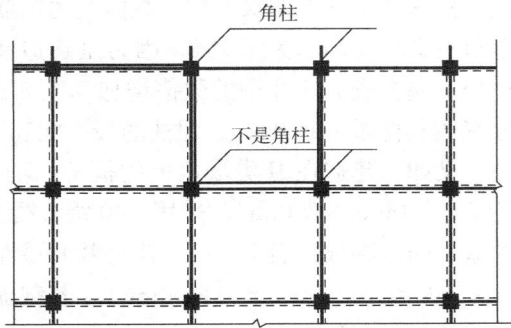

图 2.3.8　框架角柱示意

2.3.17　抗震设计时框架柱的纵向受力钢筋最小配筋率有哪些规定？

【解析】1. 规定柱子纵向受力钢筋的最小配筋率，是抗震设计时柱子满足延性要求的抗震构造措施之一。主要作用是：考虑到实际地震作用在大小及作用方向上的随机性，经计算确定的配筋仍可能在结构中造成某些估计不到的薄弱构件或薄弱截面；通过规定纵向受力钢筋最小配筋率，可以对这些薄弱部位进行补救，以提高结构整体地震反应能力的可靠性；此外，与非抗震情况相同，纵向受力钢筋最小配筋率可保证柱截面开裂后抗弯刚度不致削弱过多；另外，纵向受力钢筋最小配筋率使设防烈度不高的地区一部分框架柱的抗弯能力在"强柱弱梁"措施基础上有进一步提高，这也相当于对"强柱弱梁"措施的某种补充。

2. 抗震设计时高层建筑的框架柱在满足轴压比的情况下其正截面承载力计算不少为构造配筋，因此，框架柱纵向受力钢筋的最小配筋率是设计中很重要的一个控制指标。框架柱全部纵向受力钢筋的最小配筋率可按表2.3.2采用。

柱截面纵向钢筋的最小总配筋率（百分率）　　　　　　　　表 2.3.2

类别	抗震等级			
	一	二	三	四
中柱和边柱	0.9 (1.0)	0.7 (0.8)	0.6 (0.7)	0.5 (0.6)
角柱、框支柱	1.1	0.9	0.8	0.7

3. 按表2.3.2确定柱的最小配筋率时，应注意以下几点：

（1）表中括号内数值用于框架结构的柱，就是说框架结构中的框架柱比其他结构中的框架柱最小配筋率要大一些；

（2）角柱、框支柱和边柱、中柱最小配筋率不同，角柱的最小配筋率比边柱、中柱大；

（3）考虑到高强混凝土对柱抗震性能的不利影响，当混凝土强度等级为C60及以上时，最小配筋率应按表中的数值增加0.1；

（4）表2.3.2中数值是以500MPa级钢筋为基准的，当钢筋强度标准值小于400MPa时，表中数值应增加0.1，钢筋强度标准值为400MPa时，表中数值应增力0.05；

（5）表中数值是柱全部纵向钢筋的配筋率，为防此柱每侧的配筋过少，还要求每侧的最小配筋率不应小于0.2%。

（6）对建造在Ⅳ类场地上较高的高层建筑，最小配筋率应按表中的数值增加0.1。

所谓"较高的高层建筑"，是指高于40m的框架结构或高于60m的其他结构体系的混凝土房屋建筑。

例如：某对建造在Ⅳ类场地上 68m 的框架－剪力墙结构，抗震等级为一级的框架角柱，柱混凝土强度等级 C50，纵向受力钢筋采用 HRB400 级，则由表 2.3.2 可查得一级框架角柱最小配筋率为 1.1%。因为是建造在Ⅳ类场地上较高的高层建筑，故其最小配筋百分率应按表 2.3.2 中的数值增加 0.1% 采用，又因为采用 HRB400 级钢筋，最小配筋百分率还应再增加 0.05%。即柱的最小配筋百分率应为 1.25%。

又如：建造在Ⅱ类场地上的框架－剪力墙结构某中柱，抗震等级为四级，截面尺寸 $b \times h = 600mm \times 600mm$，采用 C40 级混凝土，HRB400 级钢筋，若计算表明该柱正截面为构造配筋，则根据表 2.3.2，其全截面最小配筋率应为 $\rho_{min} = 0.5\%$，故钢筋面积为 $A_s = 0.005bh = 0.005 \times 600^2 = 1800mm^2$，若截面每侧配置 4 根纵筋，全截面共 12 根，则每根钢筋的截面面积为 1800/12 = 150mm²，用 12φ14 即可（12×153.9＞1800）。但每侧钢筋配筋率 4×153.9/600 = 0.171＜0.2，不满足上述第 2 款的要求，应加大。可用 12φ16 即每侧 4φ16（4×201.1/600 = 0.223＞0.2）即可。

4. 当柱为构造配筋、配筋量较少时，考虑纵向钢筋的肢距等要求，建议采用 400 级钢筋，当柱为计算配筋、配筋量较多时，应采用 500 级钢筋。

2.3.18 抗震设计的框架柱，柱端箍筋加密有哪些具体规定？

【解析】和框架梁端的箍筋加密道理一样，抗震设计时的柱端箍筋加密也是为了提高柱端塑性铰区的延性、约束混凝土、防止柱纵向受力钢筋压屈。一句话，是为了提高柱的抗震性能。框架柱柱端箍筋的设置，除应满足抗震设计的受剪承载力计算外，有关箍筋加密的具体规定如下：

1. 加密区的范围应符合下列要求：

（1）底层柱的上端和其他各层柱的两端，应取矩形截面柱之长边尺寸（或圆形截面柱之直径）、柱净高之 1/6 和 500mm 三者之最大值范围；

（2）底层柱刚性地面上、下各 500mm 的范围；

（3）底层柱柱根以上 1/3 柱净高的范围；

（4）剪跨比不大于 2 的柱和因填充墙等形成的柱净高与截面高度之比不大于 4 的柱全高范围；

（5）一级及二级框架角柱的全高范围；

（6）错层处框架柱的全高范围；

（7）需要提高变形能力的柱的全高范围。

2. 加密区和非加密区的箍筋间距、直径、肢距等，应符合下列要求：

（1）一般情况下，箍筋的最大间距和最小直径，应按表 2.3.3 采用：

柱端箍筋加密区的构造要求　　　　　　　　　　　　　　　　表 2.3.3

抗震等级		特一级、一级	二级	三级	四级
加密区	最小直径（mm）	10	8	8	6（柱根 8）
	最大间距（mm）	min(6d，100)	min(8d，100)	min(8d，150)（柱根 100）	min(8d，150)（柱根 100）

抗震等级		特一级、一级	二级	三级	四级
非加密区	最小直径（mm）	10	8	8	6（柱根8）
	最大间距（mm）	min(加密区箍筋间距2倍，10d)		min(加密区箍筋间距2倍，15d)	

注：1. d 为柱纵向钢筋直径（mm），选用箍筋直径时，取纵向受力钢筋的最大直径；选用箍筋间距时，取纵向受力钢筋的最小直径；

2. 柱根指框架柱底部嵌固部位或无地下室情况的基础顶面。

（2）二级框架柱箍筋直径不小于10mm、肢距不大于200mm时，除柱根外最大间距应允许采用150mm；三级框架柱的截面尺寸不大于400mm时，箍筋最小直径应允许采用6mm；四级框架柱的剪跨比不大于2或柱中全部纵向钢筋的配筋率大于3%时，箍筋直径不应小于8mm；

（3）剪跨比不大于2的柱，箍筋间距不应大于100mm，一级时尚不应大于6倍的纵向钢筋直径；

（4）箍筋应为封闭式，其末端应做成135°弯钩且弯钩末端平直段长度不应小于10倍的箍筋直径，且不应小于75mm；

（5）箍筋加密区的箍筋肢距，一级不宜大于200mm，二级、三级不宜大于250mm和20倍箍筋直径的较大值，四级不宜大于300mm。每隔一根纵向钢筋宜在两个方向有箍筋约束；采用拉筋组合箍时，拉筋宜紧靠纵向钢筋并勾住封闭箍。

3. 柱加密区范围内箍筋的体积配箍率，应符合下列规定：

（1）柱箍筋加密区箍筋的体积配箍率，应符合下式要求：

$$\rho_v \geqslant \lambda_v f_c / f_{yv} \tag{2.3.11}$$

式中 ρ_v——柱箍筋的体积配箍率；

λ_v——柱最小配箍特征值，宜按表2.3.4采用；

f_c——混凝土轴心抗压强度设计值。当柱混凝土强度等级低于C35时，应按C35计算；

f_{yv}——柱箍筋或拉筋的抗拉强度设计值，超过360N/mm² 时，应按360N/mm² 计算。

柱端箍筋加密区最小配箍特征值 λ_v　　　　　　表2.3.4

抗震等级	箍筋形式	柱轴压比								
		≤0.30	0.40	0.50	0.60	0.70	0.80	0.90	1.00	1.05
一	普通箍、复合箍	0.10	0.11	0.13	0.15	0.17	0.20	0.23	—	—
	螺旋箍、复合或连续复合螺旋箍	0.08	0.09	0.11	0.13	0.15	0.18	0.21	—	—
二	普通箍、复合箍	0.08	0.09	0.11	0.13	0.15	0.17	0.19	0.22	0.24
	螺旋箍、复合或连续复合螺旋箍	0.06	0.07	0.09	0.11	0.13	0.15	0.17	0.20	0.22
三、四	普通箍、复合箍	0.06	0.07	0.09	0.11	0.13	0.15	0.17	0.20	0.22
	螺旋箍、复合或连续复合螺旋箍	0.05	0.06	0.07	0.09	0.11	0.13	0.15	0.18	0.20

注：普通箍指单个矩形箍或单个圆形箍；螺旋箍指单个连续螺旋箍筋；复合箍指由矩形、多边形、圆形或拉筋组成的箍筋；复合螺旋箍指由螺旋箍与矩形、多边形、圆形或拉筋组成的箍筋；连续复合螺旋箍指全部螺旋箍由同一根钢筋加工而成的箍筋。

（2）对一、二、三、四级框架柱，其箍筋加密区范围内箍筋的体积配箍率尚且分别不应小于0.8%、0.6%、0.4%和0.4%。

（3）剪跨比不大于2的柱宜采用复合螺旋箍或井字复合箍，其体积配箍率不应小于1.2%；设防烈度为9度时，不应小于1.5%。

（4）计算复合箍筋的体积配箍率时，应扣除重叠部分的箍筋体积；计算复合螺旋箍筋的体积配箍率时，其非螺旋箍筋的体积应乘以换算系数0.8。

例如：抗震等级为二级的框架柱，若最大纵向受力钢筋直径为18mm，根据表2.3.4的规定，柱箍筋非加密区的体积配箍率不宜小于加密区的50%；箍筋间距一、二级框架柱不应大于10倍纵向钢筋直径，故箍筋间距应采用180mm。考虑到实际施工的方便，可加大柱最大纵向受力钢筋直径为20mm，此时非加密区箍筋间距即可采用200mm。

又如：抗震等级为三级的底层框架柱，根据上述表2.3.3的规定，为保证抗震设计时的强底层柱底，三、四级底层框架柱柱根加密区箍筋间距应采用100mm和8d中的较小值，其他部位加密区箍筋间距应采用150mm和8d中的较小值。此时柱根处比其他柱端箍筋加密间距要求要严。三、四级底层框架柱加密区箍筋间距不区分柱根和其他部位均采用150mm，不符合上述规定。

应特别注意的是：当结构嵌固部位不在地下室顶板而位于地下一层底板时，柱±0.00处上下两端也应按柱根要求进行箍筋加密。

2.3.19 计算柱箍筋加密区的体积配箍率时，应将复合箍重叠部分的箍筋体积扣除。

【解析】《建筑抗震设计规范》第6.3.12条明确提出：计算复合箍筋的体积配箍率时，应扣除重叠部分的箍筋体积。否则会造成加密区体积配箍率配置偏小，不能有效约束混凝土，构件抗震设计偏于不安全。

部分配箍形式的体积配箍率可按表2.3.5各有关公式计算。式中 n_1、n_2、n_3 分别为配置在 l_1、l_2、l_3 方向同一截面内截面面积相同的箍筋肢数；A_{sv1}、A_{sv2}、A_{sv3} 分别为配置在 l_1、l_2、l_3 方向同一截面内截面面积相同的单肢箍筋截面面积；s 为箍筋的间距。

体积配箍率计算表 表2.3.5

箍筋形式	图 示	计算公式
多个矩形箍及矩形箍加拉筋	 (a) 多个矩形箍 (b) 矩形箍加拉筋	$\rho_v = \dfrac{n_1 A_{sv1} l_1 + n_2 A_{sv2} l_2}{l_1 l_2 s}$
矩形箍加菱形箍		$\rho_v = \dfrac{n_1 A_{sv1} l_1 + n_2 A_{sv2} l_2 + n_3 A_{sv3} l_3}{l_1 l_2 s}$

箍筋形式	图 示	计算公式
螺旋箍	(a) 圆形箍　(b) 矩形箍	圆形箍　$\rho_v = \dfrac{4A_{sv}}{d_{cor}s}$ 矩形箍　$\rho_v = \dfrac{2(l_1+l_2)A_{sv}}{l_1 l_2 s}$

2.3.20　高层建筑柱子的选型。

【解析】在高层建筑中，由于房屋高度大、层数多，故底层柱子轴力很大，要满足规范柱轴压比的限值，柱子截面往往较大。柱子截面过大会带来许多问题：（1）增加结构自重，加大地震作用；（2）容易形成短柱甚至超短柱，使柱发生脆性破坏；（3）占据较多的建筑面积，影响建筑的使用功能。

当高层建筑有设备层时，由于设备层层高较小，而设备层柱子的截面尺寸变化很小或者不变化，故往往会形成短柱甚至超短柱，易使柱发生脆性剪切破坏；同时造成设备层上下层侧向刚度差异大，甚至形成结构薄弱层和（或）软弱层。

因此，选择适当的柱子形式和合理的截面尺寸，合理经济地做好高层建筑柱子的设计，避免形成短柱，避免形成结构薄弱层，使结构具有较好的延性和抗震性能，是高层建筑结构设计的一个十分重要的问题。

目前高层建筑中采用的柱子截面形式大致有以下 7 种，现对各种类型分别简述如下。

1. 普通钢筋混凝土柱

对多层及小高层建筑，应首选普通钢筋混凝土柱，由于柱子轴力不是很大，多数情况下柱子既可满足规范规定的轴压比限值，截面尺寸又不致很大。很多层数为 20～30 层的框架-剪力墙结构高层建筑，采用 C50～C60 混凝土，也能很好地满足设计要求。普通钢筋混凝土柱是目前高层建筑中使用最多的柱子类型。

2. 高强钢筋混凝土柱

据分析采用 C60～C80 高强度混凝土可以减小柱截面面积约 30% 左右（与 C40 相比）。但高强混凝土延性差，容易造成柱子的脆性破坏，须配置较多的箍筋约束混凝土，方可使其具有较好的延性和抗震性能。规范规定：当混凝土强度等级为 C65～C70 时，轴压比限值应比《建筑抗震设计规范》第 6.3.6 条表 6.3.6 中数值减小 0.05，当混凝土强度等级为 C75～C80 时，轴压比限值应比表中数值减小 0.10。这就不同程度地降低了采用高强混凝土减小柱截面尺寸的效果。同时，长期荷载下柱子的徐变也较大，故建议少用或不用。目前国内采用 C65 以上高强混凝土柱的高层建筑尚很少见。

3. 配有螺旋箍筋的钢筋混凝土柱

配有螺旋箍筋的钢筋混凝土柱不仅可提高其强度，还可提高其延性。规范对其延性的提高有规定（见《建筑抗震设计规范》第 6.3.6 条表 6.3.6 注 3）：当沿柱全高采用井字复合箍且箍筋肢距不大于 200mm，间距不大于 100mm，直径不小于 12mm，轴压比限值可增加 0.10；当沿柱全高采用复合螺旋箍筋，箍筋肢距不大于 200mm，螺距不大于 100mm，直径不小于 12mm，或沿柱全高采用连续复合螺旋箍筋，箍筋肢距不大于

200mm，螺距不大于 80mm，直径不小于 10mm，轴压比限值可增加 0.10。显然，按增大后的轴压比也可以减小柱子截面尺寸。但须注意：（1）柱长细比 L_0/h 应小于 8（此条一般均可满足）；（2）柱端箍筋加密区最小配箍特征值应按增大后的轴压比确定，即要加大配箍率，以便有效约束混凝土。

配有螺旋箍筋的钢筋混凝土柱的缺点是螺旋箍筋制作较为麻烦，施工不太方便。方柱的约束效果不如圆柱好。这些都影响了配有螺旋箍筋的钢筋混凝土柱的实际应用。

4. 型钢混凝土柱

型钢混凝土柱既具有钢筋混凝土结构的特点，又具有钢结构的特点，其承载力高、刚度大，且具有良好的延性和抗震性能，同时防火性能也很好。

由于柱内配置的型钢骨架参与受压，故型钢混凝土柱减小柱子截面尺寸效果十分明显。在相同外力作用下，与钢筋混凝土柱相比可使柱截面面积减小 30%～40%。此外，不但能提高轴心受力、小偏心受力柱的承载力，还能提高大偏心受力柱的承载力，对 $\lambda_v < 2$ 的短柱抗剪也很有效。

房屋高度大、柱距大、柱轴力很大时，以及抗震等级为特一级的钢筋混凝土柱，宜采用型钢混凝土柱。目前型钢混凝土柱较多用在高层建筑的下层部位柱、转换层以下的转换柱，也有的工程全部采用型钢混凝土梁、柱，如上海的金茂大厦、环球金融中心、北京的财富中心、冠城园 A 楼、陕西信息大厦、海口金融大厦等。

型钢混凝土柱节点核心区构造复杂，框架梁纵向受力钢筋必须穿过型钢骨架腹板，故对型钢骨架的制作、安装要求较高，施工较为麻烦。

5. 增设芯柱的钢筋混凝土柱

核心部位配置钢筋（图 2.3.9）可减小柱截面尺寸，提高延性，改善高轴压比下框架柱的抗震性能。规范规定：当柱截面中部设置由附加纵向钢筋形成的芯柱，且附加纵向钢筋的截面面积不小于柱子截面面积的 0.8% 时，轴压比限值可比表中数值增加 0.05，当本项措施与《建筑抗震设计规范》第 6.3.6 条表 6.3.6 中注 4 的措施共同采用时，轴压比限值可比表中数值增加 0.15，但配箍特征值 λ_v 仍按轴压比增加 0.10 的要求确定。

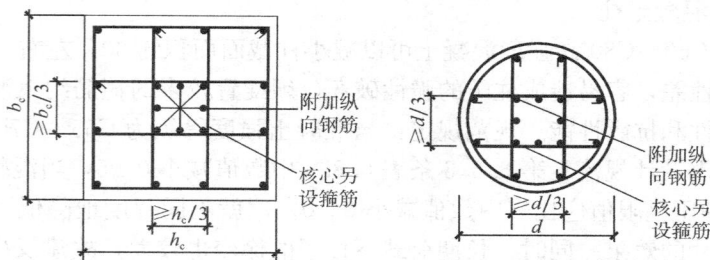

图 2.3.9　芯柱尺寸及配筋示意

设置芯柱可减小柱截面面积，同时施工也很方便，用在高层建筑的下层部位柱效果较好，如天津金皇大厦等。

6. 钢筋混凝土分体柱

分体柱的特点是采用隔板将整截面柱沿柱长方向分为等截面的单元柱并分别配筋，单元柱之间应有隔板作为填充材料（图 2.3.10）

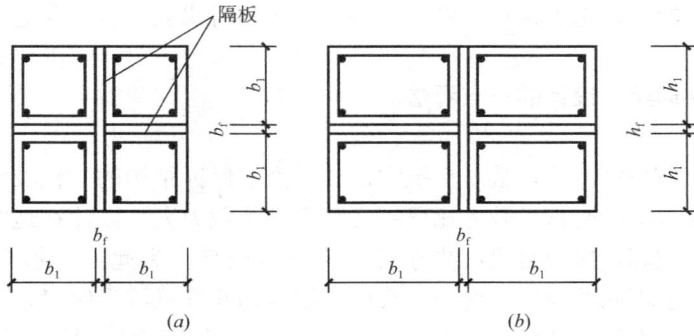

图 2.3.10 分体柱的截面形式

(a) 方形；(b) 矩形

由于分体柱的截面尺寸仅为整截面柱截面尺寸的一部分而柱净高不变，故可以有效地解决短柱问题，同时，可一定程度上缓解上下层侧向刚度差异较大的问题。因此，分体柱适合于高层建筑框架、框架-剪力墙以及框支剪力墙结构中剪跨比 $\lambda \leqslant 1.5$ 的短柱。如在层高较小的设备层采用分体柱，就有可能避免形成短柱、改善设备层上下层侧向刚度差异较大、避免形成结构薄弱层和（或）软弱层。

分体柱不能减小相应整截面柱的截面尺寸，对隔板的材料、施工质量要求较高，目前工程实际应用较少。

7. 钢管混凝土柱

钢管混凝土柱可使钢管内的混凝土处于有效侧向约束下，形成三向应力状态，因而能大大提高柱的抗压承载力，同时抗剪强度和抗扭承载力也几乎提高一倍。研究还表明：钢管内的混凝土受压破坏为延性破坏，即具有良好的延性和抗震性能。钢管混凝土柱刚度大、截面小，其防火性能也比钢结构要好。

钢管混凝土减小柱子截面尺寸效果十分明显：如钢管内采用高强混凝土浇筑，可以使柱截面减小至原截面面积的 50％以上。

钢管混凝土柱用在高度大、柱中轴力很大的高层建筑的下层部位柱效果较好。抗震等级为特一级的钢筋混凝土柱，宜采用钢管混凝土柱。近年来，整个结构采用钢管混凝土的高层建筑也相继出现，深圳的地王大厦、赛格广场、广州的新中国大厦、香港的长江中心等都是大家所熟知的工程实例。

钢管混凝土柱的缺点是梁柱节点构造复杂，对钢管及节点的设计、制作、安装施工等要求较高。有待进一步完善和改进。

为了更有效地满足高层建筑不同情况下柱子的强度和刚度的要求，设计时也可将上述不同类型的柱子进行组合，使之充分发挥各自的优点，克服缺点。例如将型钢混凝土柱中的型钢改用钢管，成为以钢管为芯柱的型钢混凝土柱，这种柱子具有以下优点：（1）核心钢管对其管内高强混凝土的有效约束，使这种柱子比相同截面尺寸的型钢混凝土柱或增设钢筋混凝土芯柱具有更高的整截面承载力和更好的延性；（2）核心钢管的存在，增强了柱子的抗剪承载力，提高了框架节点核心区的抗剪强度；（3）避免钢管混凝土柱框架的复杂节点构造，防火性能好。又如在分体柱的各单元柱内增设钢筋混凝土芯柱，不仅可提高分体柱的延性，还可减小柱子的截面尺寸等。总之，应根据具体工程实际，考虑结构体系、

179

抗侧力刚度、承载能力、施工条件、经济等多种因素分析比较，确定合适的柱子类型。

2.3.21 对"强柱弱梁"设计的一点看法。

【解析】所谓"强柱弱梁"，就是在抗震设计时为了保证结构的延性及耗能性能。要求框架梁柱节点处柱端实际受弯承载力比梁端实际受弯承载力大，以使在地震作用下如果构件正截面有出铰或破坏，应当是梁端先于柱端出铰或破坏。为此，《建筑抗震设计规范》根据不同的情况作了不同的规定：对于一级框架结构和 9 度抗震设防时，采用梁端实配钢筋面积和材料强度标准值计算的抗震受弯承载力所对应的弯矩值来提高的方法，对于一、二、三、四级框架，则采用直接增大柱端弯矩设计值的方法（见《建筑抗震设计规范》第 6.2.2 条）。

这种概念设计，由于地震的复杂性、楼板的影响、构件内力及配筋计算的误差、实际配筋比计算配筋超过较多以及钢筋屈服强度的超强等，难以通过精确的计算真正实现。国外的抗震规范多以设计承载力衡量或将钢筋抗拉强度乘以超强系数。

《建筑抗震设计规范》中的 η_c 是考虑框架梁端实配钢筋不超过计算配筋的 10% 的前提下，将承载力不等式转为内力设计值的关系式，并使不同抗震等级的柱端弯矩设计值有不同程度的差异。但是，考虑 10% 的框架梁端钢筋超配并没有正确反映目前我国建筑工程设计的实际情况。这种规定只是在一定程度上减缓柱端的屈服。

值得注意的是：为什么我们一再强调"强柱弱梁"，但震害却出现不少"强梁弱柱"呢？汶川地震灾害再次警示我们，应认真分析原因，对症下药，做好设计的各个环节，确保真正实现"强柱弱梁"。

笔者认为：造成"强梁弱柱"破坏的原因有很多，但从目前工程设计的实际出发，其主要原因有以下几点：

1. 忽视现浇楼板作为框架梁的翼缘对其承载力的贡献

如前所述，抗震设计时，一般采用现浇钢筋混凝土结构，由于梁、板整体浇筑，框架梁邻近的楼板实际上参与梁受力，成为梁的翼缘和梁共同工作，可以显著提高框架梁的抗弯刚度和承载能力。在水平地震作用下，当梁端承受正弯矩时，楼板和框架梁共同组成了"T"形截面，增加了框架梁的混凝土受压区宽度；当梁端承受负弯矩时，此部分楼板的配筋实际上也是框架梁负弯矩钢筋的一部分。如果框架梁的承载力计算仅按矩形截面，这就低估了框架梁的实际抗弯承载力，而以这个偏小的框架梁的抗弯承载力计算值去考虑"强柱弱梁"，将会使框架柱的实际正截面承载力可能并不比框架梁的实际抗弯承载力大，甚至还要小。国内外的许多研究表明：框架梁邻近楼板内的配筋会使框架梁的实际抗弯承载力增大 20%～30%，甚至有些情况下会增大近一倍。如此，当然也就谈不上"强柱弱梁"了。

2. 框架梁计算配筋值和设计时的实际配筋值的差距

框架梁的受力钢筋超配有多种原因：

当框架梁端由静载作用下的裂缝或挠度控制时，其纵向受力钢筋往往配置较多，大于抗震设计时的承载力配筋，按这个配筋反算的框架梁端抗弯承载力比有地震效应组合时的控制内力要大，但按抗震规范进行"强柱弱梁"设计时，仍采用框架梁端有地震效应组合时的控制内力，这就造成了梁端钢筋的超配。

当框架梁下部钢筋由跨中正弯矩或梁另一端正弯矩控制时，设计一般将跨中正弯矩或梁另一端正弯矩计算配筋全部伸入支座内锚固。而此时跨中正弯矩或梁另一端正弯矩计算配筋是大于梁此端正弯矩计算配筋的，这也造成了框架梁此端钢筋的超配。

例如：若柱右侧梁跨中或右端正弯矩设计值大于左端正弯矩设计值，而设计按此时的正弯矩设计值计算配筋并直通入左端支座，则框架梁左端的钢筋就超配了。

梁端截面配筋计算中弯矩设计值取用不当也会造成框架梁端钢筋的超配：梁端控制截面在柱边，但如果按轴线计算简图求得的弯矩和剪力设计值进行梁端的配筋计算，显然就加大了梁端截面的配筋量，这也是一种超配。所以对梁端的承载能力和变形计算时均应取柱边截面的内力设计值。

当框架梁截面尺寸较大，按地震效应组合下的设计弯矩计算配筋时，仅需按最小配筋率构造设置，而由此最小配筋率反算梁的实际抗弯能力比设计弯矩大很多，则按此最小配筋率值对梁配筋也是一种超配。

如果说上述钢筋的超配是一种无奈，那么，更为常见的情况是：实际工程中，框架梁端的实际配筋往往大于计算配筋值，如超过较多，大于抗震规范所规定的不大于10%的要求时，也导致梁钢筋的超配。

实际工程设计中，往往是同时有以上几种超配现象出现。

根据以上情况，笔者提出实现"强柱弱梁"的设计建议如下：

（1）结构整体计算时应考虑框架梁的塑性内力重分布，充分考虑梁的刚度增大系数；

（2）梁端配筋计算时应取用梁在柱边截面的弯矩设计值；

（3）当梁的实际配筋超过计算配筋较多，为避免出现因梁的实际受弯承载力与弯矩设计值相差太多而无法实现"强柱弱梁"，即使是《建筑抗震设计规范》规定的"其他情况"（即仅根据节点左、右梁端截面逆时针或顺时针方向组合弯矩设计值之和乘一个增大系数作为节点上、下柱端截面顺时针或逆时针方向组合弯矩设计值之和）。未要求实配反算，也宜采用实配反算的方法，进行柱子的受弯承载力设计，此时《建筑抗震设计规范》式（6.2.2.2）中的实配系数1.2可适当降低，但不应低于1.1；

（4）当框架梁端和跨中下部钢筋计算值差异过大时，应适当控制跨中下部钢筋进入支座的数量。在满足梁端正弯矩承载力配筋要求后，其余跨中下部钢筋不必伸入支座，在支座以外截断即可。否则，宜采用实配反算的方法进行柱子受弯承载力的设计；

（5）梁端抗弯承载力的计算，当梁端承受正弯矩时应按T形截面进行梁端抗弯承载力的计算，当梁端承受负弯矩时，应考虑现浇楼板作为梁的翼缘对梁端抗弯承载力的贡献，并都应按双筋梁（即考虑受压钢筋）进行梁端抗弯承载力计算；

（6）控制柱轴压比不宜过大，构造配筋时柱配筋宜适当加大。

2.3.22　框架顶层端节点处纵向受力钢筋的搭接锚固构造。

【解析】框架顶层端节点处的梁、柱端均主要受负弯矩作用，其主要问题是纵向受力钢筋的搭接传力问题。可将柱外侧纵向钢筋的相应部分弯入梁内作梁上部纵向钢筋使用，也可将梁上部纵向钢筋与柱外侧纵向钢筋在顶层端节点及其附近部位搭接。具体做法如下：

1. 当浇筑混凝土的施工缝设置在梁底截面附近时，钢筋搭接只能在梁高范围内实现。

此时搭接接头可沿顶层端节点及梁端顶部布置，搭接长度不应小于 $1.5l_a$（抗震设计时为 $1.5l_{aE}$），其中伸入梁内的外侧柱纵向钢筋截面面积不宜小于外侧柱纵向钢筋全部截面面积的 65%；梁宽范围以外的外侧柱纵向钢筋宜沿节点顶部伸至柱内边锚固，当柱纵向钢筋位于柱顶第一层时，至柱内边后宜向下弯折不小于 $8d$ 后截断；当柱纵向钢筋位于柱顶第二层时，可不向下弯折。当有现浇板且板厚不小于 100mm、混凝土强度等级不低于 C20 时，梁宽范围以外的外侧柱纵向钢筋可伸入现浇板内，其长度与伸入梁内的柱纵向钢筋相同。当外侧柱纵向钢筋配筋率大于 1.2% 时，伸入梁内的柱纵向钢筋应满足以上规定，且宜分两批截断，其截断点之间的距离不宜小于 $20d$，梁上部纵向钢筋应伸至节点外侧并向下弯至梁下边缘高度后截断。此处 d 为柱外侧纵向钢筋的直径。若柱子纵向受力钢筋经 $1.5l_a$（或 $1.5l_{aE}$）后钢筋水平锚固长度全部落在柱内，仍应向外延长伸出 500mm 长度。详见图 2.3.11（a）。

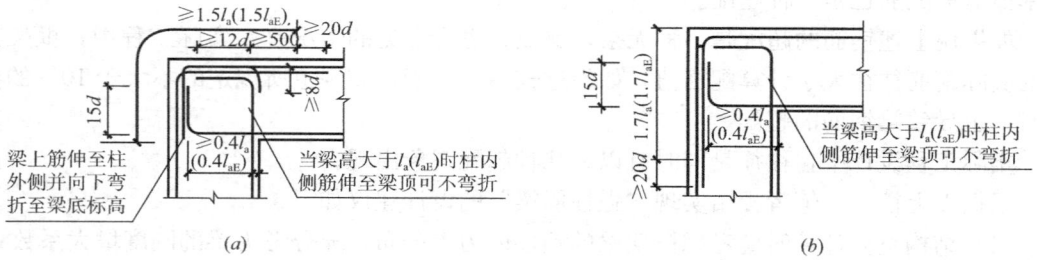

图 2.3.11　顶层端节点节点区钢筋的锚固和搭接
（a）梁内搭接做法；（b）柱顶搭接做法

例如某 3 层框架结构，二级抗震，柱网尺寸 6.0m×6.0m，顶层边柱截面尺寸 500mm×550mm，配 4ϕ20（四角）+8ϕ18（其余）钢筋，梁高 600mm，由于纵向受力钢筋最大直径 20mm，根据规范的规定，$1.5l_{aE}=1.5×37×20=1110$mm，故钢筋水平锚固长度全部落在柱内，设计时应将此钢筋再延长向外伸出 500mm 后截断。当然这种情况并不多见。此例中梁柱截面尺寸偏大，特别是梁，跨高比为 10，其次，纵向受力钢筋最大直径仅 20mm，偏小，因而造成了这种情况。

2. 搭接接头也可沿柱顶外侧布置，此时，搭接长度竖直段不应小于 $1.7l_{ab}$（抗震设计时为 $1.7l_{abE}$），当梁上部纵向钢筋的配筋率大于 1.2% 时，弯入柱外侧的梁上部纵向钢筋应满足以上述第（1）款规定的搭接长度，且宜分两批截断，其截断点之间的距离不宜小于 $20d$，d 为梁上部纵向钢筋的直径，详见图 2.3.11（b）。

当梁的截面高度较大，梁柱钢筋相对较小，从梁底算起的直线搭接长度未延伸至柱顶即已满足 $1.5l_{aE}$ 或 $1.5l_a$ 的要求时，应将搭接长度延伸至柱顶并满足搭接长度 $1.7l_{abE}$ 或 $1.7l_{ab}$ 的要求；当柱的截面高度较大时，梁柱钢筋相对较小，从梁底算起的弯折搭接长度未延伸至柱内侧边缘即已满足 $1.5l_{aE}$ 或 $1.5l_a$ 的要求时，其弯折后包括弯弧在内的水平段的长度不应小于 $15d$，d 为柱纵向钢筋的直径。

上述两种做法搭接接头面积百分率均可为 100%。

顶层端节点内侧柱纵向受力钢筋和梁下部纵向受力钢筋在节点区的锚固做法与顶层中间节点处柱纵向受力钢筋和中间层端节点处梁下部纵向受力钢筋做法相同。

上述第一种方法适用于梁上部纵向钢筋和柱外侧钢筋数量不致过多的民用或公共建筑框架，其优点是梁上部纵向钢筋不伸入柱内，有利于在梁底标高设置柱混凝土施工缝。但当梁上部和柱外侧钢筋数量过多时，该构造将造成节点顶部钢筋拥挤，不利于自上而下浇筑混凝土。此时，宜改用梁、柱筋直线搭接，接头位于柱顶部外侧的搭接做法。

需要说明的是：在顶层端节点处不能采用将柱子纵向受力钢筋伸至柱顶，梁上部纵向受力钢筋锚入节点、伸至节点外侧的做法。这种做法无法保证梁、柱纵向受力钢筋在节点区的搭接传力，使梁、柱端无法发挥出所需的正截面受弯承载力。

2.3.23　框架中间层梁柱节点纵向受力钢筋的构造有哪些规定？因柱截面尺寸较小或为圆柱或梁柱斜交，造成梁纵向受力钢筋不满足构造规定，如何处理？

【解析】1. 非抗震设计

（1）中间层端节点

梁上部纵向受力钢筋伸入节点的锚固长度，当采用直线锚固时，不应小于 l_a 且伸过柱中心线不宜小于 $5d$，d 为梁上部纵向受力钢筋的直径（图 2.3.12a）。

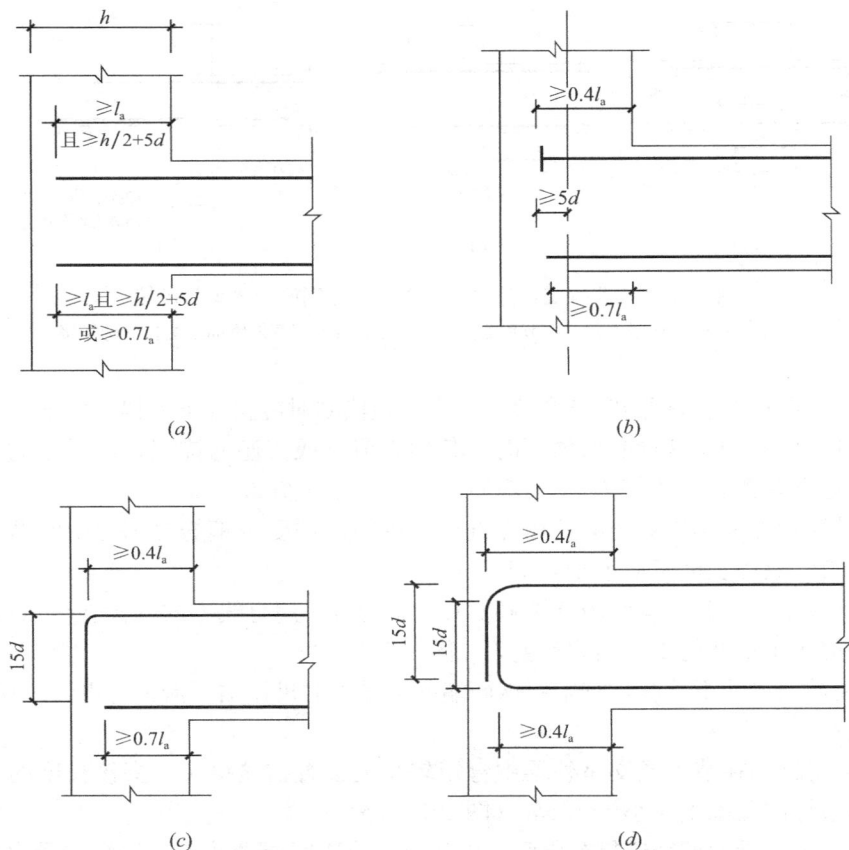

图 2.3.12　非抗震设计中间层端节点钢筋的锚固

（a）直线锚固；（b）钢筋端头加锚板锚固；（c）弯折锚固（一）；（d）弯折锚固（二）

当柱截面尺寸不足时，梁上部纵向钢筋可采用在钢筋端部加机械锚头的机械锚固方式，当采用机械锚固且符合《混凝土结构设计规范》第8.8.3条的规定时，包含机械锚头在内的水平投影锚固长度不应小于$0.4l_a$，且伸至柱外侧纵筋内边（图2.3.12b）。

当柱截面尺寸不满足直线锚固要求时，也可采用弯折锚固。梁上部纵向受力钢筋应伸至节点对边并向下弯折，其包含弯弧段在内的水平投影长度不应小于$0.4l_a$，包含弯弧段在内的竖直投影长度应取为$15d$（图2.3.12c）。

梁下部纵向受力钢筋在节点处应满足下列锚固要求：

1）当计算中不利用该钢筋的强度或仅利用钢筋的抗压强度时，下部纵向钢筋应按受压钢筋锚固在节点或支座内，此时，其直线锚固长度不应小于$0.7l_a$。

2）当计算中充分利用钢筋的抗拉强度时，梁下部纵向受力钢筋锚入节点内的做法，与梁上部纵向受力钢筋的锚固要求相同。但当采用弯折锚固时，钢筋竖直段应向上弯折，见图2.3.12（d）。

（2）中间层中间节点

框架梁上部纵向受力钢筋应贯穿中间节点（图2.3.13），该钢筋自节点或支座边缘伸向跨中的截断位置，应符合《混凝土结构设计规范》第9.2.3条的规定。

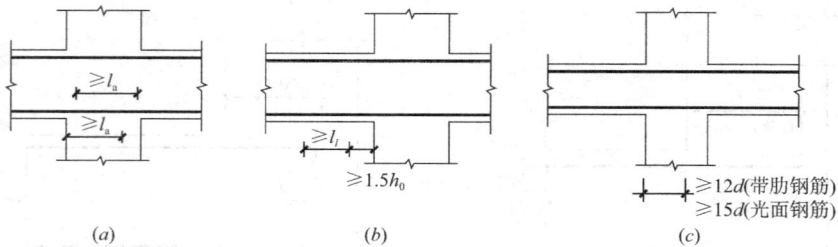

图2.3.13　非抗震设计中间层中间节点钢筋的锚固与搭接
（a）节点中的直线锚固；（b）节点范围外的搭接；（c）正弯矩钢筋不受拉时的搭接

框架梁下部纵向受力钢筋宜贯穿节点，当必须锚固时应符合下列锚固要求。

1）当计算中不利用该钢筋的强度时，其伸入节点或支座的锚固长度对带肋钢筋不小于$12d$，对光面钢筋不小于$15d$，d为钢筋的最大直径（图2.3.13c）；

2）当计算中充分利用钢筋的抗压强度时，钢筋应按受压钢筋锚固在中间节点或中间支座内，其直线锚固长度不应小于$0.7l_a$；

3）当计算中充分利用钢筋的抗拉强度时，钢筋可采用直线方式锚固在节点或支座内，锚固长度不应小于钢筋的受拉锚固长度l_a（图2.3.13a）；

4）当柱截面尺寸不足时，宜采用钢筋端部加锚头的机械锚固措施，也可采用90°弯折锚固的方式；

5）也可将钢筋在节点或支座外梁中弯矩较小处设置搭接接头，搭接长度的起始点至节点或支座边缘的距离不应小于$1.5h_0$（图2.3.13b）。

框架柱的纵向受力锢筋应贯穿中间层中间节点或中间层端节点，柱纵向受力钢筋接头应设在节点区以外。

2. 抗震设计

(1) 中间层端节点

梁上部纵向受力钢筋伸入节点的锚固长度，当采用直线锚固时，不应小于 l_{aE} 且伸过柱中心线不宜小于 $5d$，此处 d 为梁上部纵向受力钢筋的直径（图 2.3.14a）。

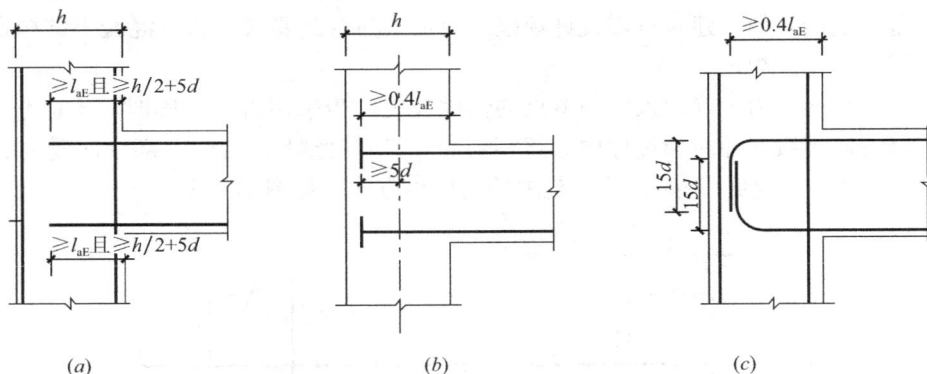

图 2.3.14 抗震设计中间层端节点钢筋的锚固
(a) 直线锚固；(b) 钢筋端头加锚板锚固；(c) 弯折锚固

当柱截面尺寸不足时，梁上部纵向钢筋可采用在钢筋端部加机械锚头的机械锚固方式。当采用机械锚固且符合《混凝土结构设计规范》第 8.3.3 条的规定时，包含机械锚头在内的水平投影锚固长度不应小于 $0.4l_{aE}$，且宜伸至柱外侧纵筋内边（图 2.3.14b）。

当柱截面尺寸不满足直线锚固要求时，也可采用弯折锚固。梁上部纵向受力钢筋应伸至节点对边并向下弯折，其包含弯弧段在内的水平投影长度不应小于 $0.4l_{aE}$，包含弯弧段在内的竖直投影长度应取为 $15d$（图 2.3.14c）。

梁下部纵向受力钢筋在中间层端节点处的锚固措施应与梁上部纵向受力钢筋要求相同。当采用弯折锚固时，钢筋竖直段应向上弯入节点。

(2) 中间层中间节点

框架梁上部纵向受力钢筋应贯穿中间节点。在框架中间层中间节点处，足尺节点试验表明，当非弹性变形较大时，仍不能避免梁端的钢筋屈服区向节点内渗透，贯穿节点的梁筋粘结退化与滑移加剧，从而使框架刚度和耗能性能进一步退化。因此，《建筑抗震设计规范》规定：

一、二、三级抗震等级时，框架梁内贯通中柱的每根纵向受力钢筋直径，对框架结构不应大于矩形截面柱在该方向截面尺寸的 1/20，或纵向钢筋所在位置圆形截面柱弦长的 1/20，（即穿过梁柱节点的梁纵向受力钢筋长度不应小于 $20d$，d 为纵向受力钢筋直径）；对其他结构类型的框架不宜大于矩形截面柱在该方向截面尺寸的 1/20，或纵向钢筋所在位置圆形截面柱弦长的 1/20（即穿过梁柱节点的梁纵向受力钢筋长度不宜小于 $20d$，d 为纵向受力钢筋直径）。

《混凝土结构设计规范》则规定：框架梁的上部纵向钢筋应贯穿中间节点。贯穿中柱的每根梁纵向钢筋直径，对于 9 度设防烈度的各类框架和一级抗震等级的框架结构，当柱为矩形截面时，不宜大于柱在该方向截面尺寸的 1/25，当柱为圆形截面时，不宜大于纵向钢筋所在位置柱截面弦长的 1/25（即穿过梁柱节点的梁纵向受力钢筋长度不宜小于 25d，d 为纵向受力钢筋直径）；对一、二、三级抗震等级的框架，当柱为矩形截面时，不宜大于柱在该方向截面尺寸的 1/20，对圆柱截面，不宜大于纵向钢筋所在位置柱截面弦长的 1/20（即穿过梁柱节点的梁纵向受力钢筋长度不宜小于 20d，d 为纵向受力钢筋直径）。

可见《混凝土结构设计规范》对 9 度设防的各类框架和一级框架结构要求比《建筑抗震设计规范》更严。但《建筑抗震设计规范》对顶层亦有此要求，而《混凝土结构设计规范》对顶层并未作此规定。

梁的下部纵向受力钢筋伸入中间节点的锚固长度，当采用直线锚固时，不应小于 l_{aE}，对一、二级抗震等级，还应伸过柱中心线不应小于 5d，此处 d 为梁上部纵向受力钢筋的直径（图 2.3.15a）。也可采用在节点范围外的搭接方式，见图 2.3.15 (b)。

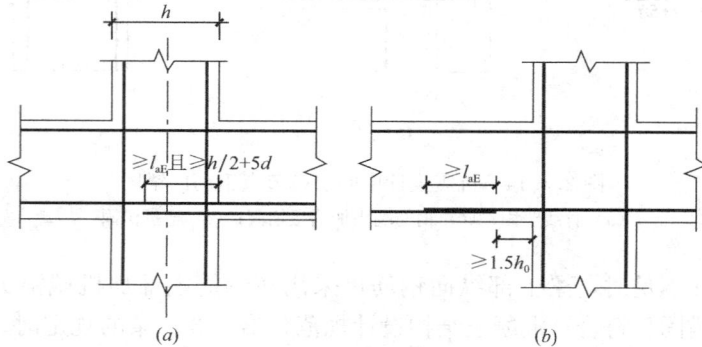

图 2.3.15 抗震设计时中间层中间节点钢筋的锚固
(a) 节点中的直线锚固；(b) 节点或支座范围外的搭接

3. 其他情况时受力钢筋在节点内的搭接和锚固做法

(1) 当框架中间层端节点有悬臂梁外伸，且悬臂顶面与框架梁顶面处在同一标高时，可将需要用作悬臂梁负弯矩钢筋使用的部分框架梁钢筋直接伸入悬臂梁，其余框架梁钢筋仍按中间层端节点的做法锚固在端节点内。当在其他标高处有悬臂梁或短悬臂（牛腿）自框架柱伸出时，悬臂梁或短悬臂（牛腿）的负弯矩钢筋亦应按框架梁上部纵向受力钢筋在中间层端节点处的锚固规定锚入框架柱内，即水平段投影长度不应小于 $0.4l_a$（或 $0.4l_{aE}$），弯折后竖直段投影长度取为 15d。

(2) 当中间层中间节点左、右跨梁的上表面不在同一标高时，左、右跨梁的上部钢筋可分别按中间层端节点的做法锚固在节点内。

(3) 当中间层中间节点左、右梁端上部纵向受力钢筋用量相差较大时，除左、右数量相同的部分贯穿节点外，多余部分梁的上部钢筋亦可按中间层端节点的做法锚固在节点内。

当框架梁柱的节点区因柱截面尺寸较小或为圆柱或梁柱斜交时，可能会出现下列不符合规范规定的情况：

(1) 中间层端节点处梁上部纵向受力钢筋弯折前水平投影长度小于 $0.4l_a$（或 $0.4l_{aE}$）（图 2.3.16a）。

(2) 一、二级抗震等级时，中间层中间节点梁上部纵向受力钢筋穿过柱子的长度小于 20d，d 为梁纵向受力钢筋的直径（图 2.3.16b）。

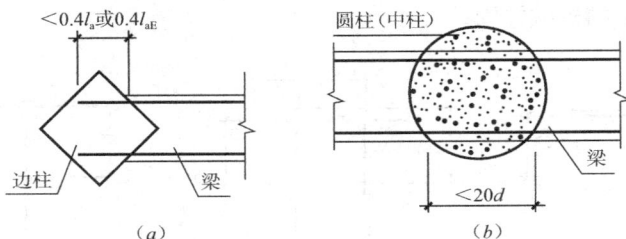

图 2.3.16 梁柱节点钢筋锚固不满足规范要求举例

（a）梁柱斜交；（b）梁与圆柱相交

出现上述问题时，可采用下列方法中的一种或几种：

（1）调整梁的纵向受力钢筋布置，使直径较大的钢筋放在梁的中部，直径较小的钢筋放在梁的两侧；

（2）加大柱的截面尺寸；

（3）在柱的内边平面内设置暗梁或在柱外侧增设与梁同高的墩头，如图 2.3.17（a）、（b）所示；

（4）将梁柱节点区局部加大，按宽扁梁构造设计此节点区，如图 2.3.17（c）所示；

（5）改变柱子方向，使柱子与梁正交；

（6）对个别节点，也可按框架梁铰接在框架柱上进行设计。

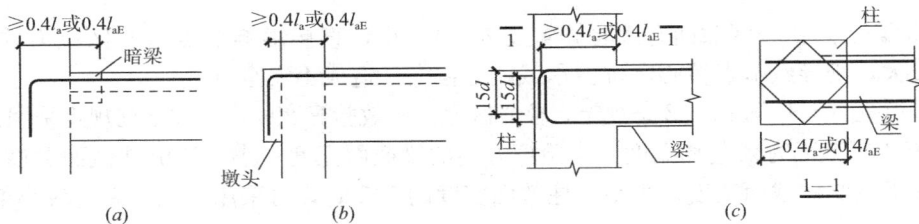

图 2.3.17 使梁柱节点钢筋锚固满足规范要求做法举例

（a）设暗梁；（b）柱外侧增设墩头；（c）节点局部加大

当梁的纵向受力钢筋锚固满足图 2.3.13 的构造要求，但 $0.4l_{aE}$（抗震设计）或 $0.4l_a$（非抗震设计）$+15d < l_{aE}$（抗震设计）或 l_a（非抗震设计）时，是否必须再将钢筋延长向外伸出一段长度使之大于等于 l_{aE}（抗震设计）或 l_a（非抗震设计）呢？考虑柱子传来的轴向压力对锚固有利，此种情况下不必强求 $0.4l_{aE}$（抗震设计）或 $0.4l_a$（非抗震设计）$+15d \geq l_{aE}$（抗震设计）或 l_a（非抗震设计），而只要水平直线段锚固长度大于等于 $0.4l_{aE}$ 后再伸至柱外边柱纵向受力钢筋内侧即可。

2.3.24 框架顶层中间节点的纵向受力钢筋锚固构造。

【解析】框架顶层中间节点柱子的纵向受力钢筋，可采用直线方式锚入顶层节点，其自梁底标高算起的锚固长度不应小于 l_{aE}（抗震设计）或 l_a（非抗震设计），且柱纵向受力钢筋应伸至柱顶，如图 2.3.18（a）所示。当截面尺寸不满足直线锚固要求时，可采用

90°弯折锚固或带锚头的机械锚固。

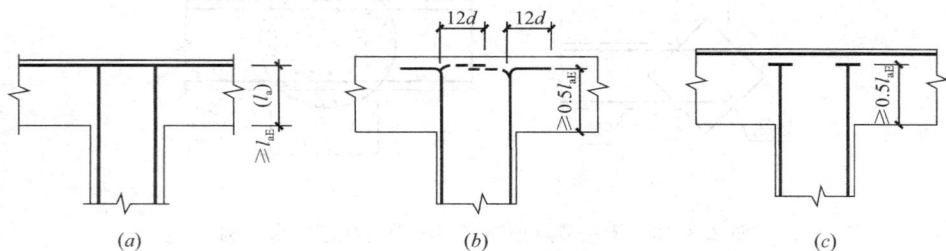

图 2.3.18　顶层中间节点钢筋的锚固
(a) 直线锚固；(b) 弯折锚固；(c) 端头加锚板锚固

当柱纵向钢筋采用 90°弯折锚固时，柱纵向受力钢筋应伸至柱顶并 90°水平弯折。此时，包括弯弧在内的柱纵向受力钢筋竖直投影锚固长度不应小于 $0.5l_{abE}$（抗震设计）或 $0.5l_{ab}$（非抗震设计），弯折后包括弯弧段的水平投影长度不宜小于 $12d$，此处 d 为柱纵向钢筋的直径。

当柱纵向钢筋采用带锚头的机械锚固形式时，包含锚头在内的竖向锚固长度不应小于 $0.5l_{abE}$（抗震设计）或 $0.5l_{ab}$（非抗震设计），且柱纵向钢筋应伸至柱顶部（图 2.3.18c）。

2.3.25　在进行框架梁柱节点核心区截面抗震验算时，如何确定核心区截面有效验算宽度？

【解析】节点核心区截面有效验算宽度 b_j 的大小，直接影响节点核心区抗力的大小。b_j 取值过大，则导致节点核心区抗剪承载能力偏大，造成不安全。

抗震规范附录 D 第 D.1.2 条规定，核心区截面有效验算宽度，应按下列规定采用：

1. 核心区截面有效验算宽度，当验算方向的梁截面宽度不小于该侧柱截面宽度的 1/2 时，可采用该侧柱截面宽度，当小于柱截面宽度的 1/2 时，可采用下列二者的较小值：

$$b_j = b_b + 0.5h_c \tag{2.3.12}$$
$$b_j = b_c \tag{2.3.13}$$

式中　b_j——节点核心区的截面有效验算宽度；

b_b——梁截面宽度；

h_c——验算方向的柱截面高度；

b_c——验算方向的柱截面宽度。

2. 当梁、柱的中线不重合且偏心距不大于柱宽的 1/4 时，核心区的截面有效验算宽度可采用上款和下式计算结果的较小值：

$$b_j = 0.5(b_b + b_c + 0.5h_c) - e \tag{2.3.14}$$

式中　e——梁与柱中线偏心距。

设计时应按上述规定计算 b_j。

2.3.26　节点核心区两侧梁和（或）上下柱截面高度不同时，如何进行节点核心区截面抗震验算？

【解析】当节点核心区两侧梁和（或）上下柱截面高度不同时，地震中该类异形节点反而容易遭到破坏，见图 2.3.19。

图 2.3.19　汶川地震映秀镇某框架结构，框架节点两侧梁标高不同，节点破坏

　　试验研究表明：异形节点的抗剪承载力取决于异形节点的"混凝土小核心"尺寸、混凝土强度等级和配筋情况，而异形节点的大核心对"混凝土小核心"具有约束作用；有学者据此提出了钢筋混凝土框架异形节点的抗剪承载力计算公式，可参见有关文献。

　　大小梁高差范围内的节点区也是可能破坏的区域，虽然按"混凝土小核心"计算配置箍筋可满足其抗剪承载力要求，但在构造上一般应限制大梁下部纵向钢筋的配筋率，对一、二级框架结构分别不宜大于 0.85% 和 0.75%，其他不宜大于 1.0%，对于荷载效应组合在大梁端部下部不出现受拉区的框架结构可不受此限制。对此节点区域和相邻的一倍大梁梁高范围内的柱应加密箍筋，其体积配箍率不应小于大小梁相交节点区的体积配箍率。

　　异形节点的受力特点及配筋构造分别见图 2.3.20、图 2.3.21。

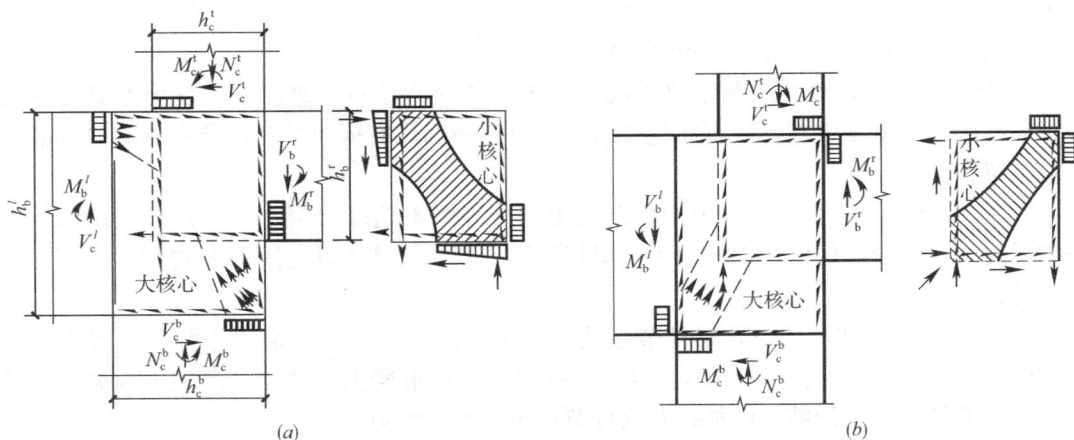

图 2.3.20　异形节点受力图

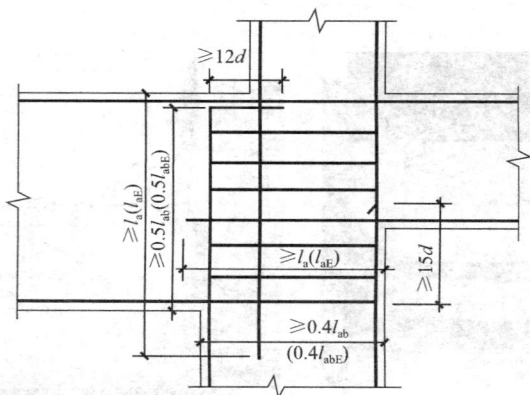

图 2.3.21 异形节点的配筋构造

2.3.27 当梁、柱混凝土强度等级不同，尤其在高层建筑的底部，柱混凝土强度等级远大于梁时，对梁柱节点核心区的混凝土强度等级及做法如何处理？

【解析】水平荷载作用下框架节点核心区承受很大的剪力，容易发生脆性剪切破坏，抗震设计时，要求节点核心区基本上处于弹性状态，不出现明显的剪切裂缝。保证框架节点核心区在与之相交的框架梁、柱之后屈服。因此，规范规定一、二级抗震等级的框架节点核心区应进行抗震验算，三、四级抗震等级的框架节点核心区应符合抗震构造措施的要求。一般施工为方便起见，往往先浇捣柱混凝土到梁底标高，再浇捣梁板混凝土。这样，当梁、柱混凝土强度等级不同时，节点核心区混凝土强度等级就低于柱子的混凝土强度等级，有可能造成节点核心区斜截面抗剪强度不够。

当框架梁柱的混凝土强度等级不同时，框架梁柱节点核心区的混凝土可按以下原则处理：

以混凝土强度等级级差 $5N/mm^2$ 为一级。

1. 柱子混凝土强度等级高于梁板混凝土强度等级不超过一级时，或柱子混凝土强度等级高于梁板混凝土强度等级不超过二级，但节点四周均有框架梁时，节点核心区的混凝土可与梁板相同；

2. 柱子混凝土强度等级高于梁板混凝土强度等级不超过二级，且不是节点四周均有框架梁时，节点核心区的混凝土也可与梁板相同，但应按抗震规范附录 D 进行斜截面承载力验算；

3. 当不符合上述规定时，梁柱节点核心区的混凝土应按柱子混凝土强度等级单独浇筑如图 2.3.22（a）所示，在混凝土初凝前即浇捣梁板混凝土，并加强混凝土的振捣和养护。并在梁端做水平加腋，以加强对梁柱节点核心区的约束；

4. 不符合 1、2、3 款规定时，也可按图 2.3.22（b）所示的方法，加大核心区面积，并配置附加钢筋。

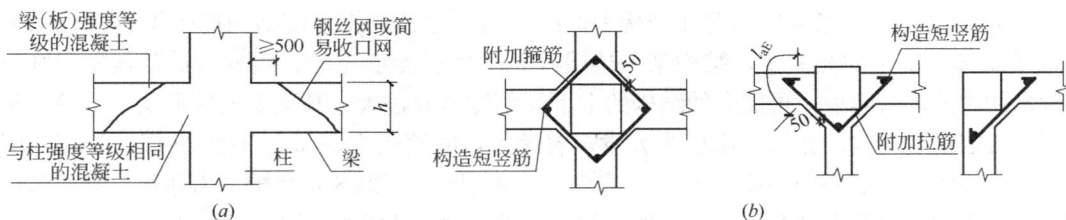

图 2.3.22 梁柱节点做法示意图

2.3.28 框架填充墙、隔墙的设计。

【解析】填充墙、隔墙的设计，是框架结构抗震设计中一个十分重要的、不容忽视的内容。填充墙、隔墙的设计，主要有两类问题：一是填充墙、隔墙对结构整体刚度的影响；二是填充墙、隔墙与主体结构的拉结，墙体的稳定等；一般设计对第二类问题较为重视，而对第一类问题则考虑不够，特别是对填充墙、隔墙的布置，往往认为是建筑专业的事，更容易忽视。事实上，填充墙、隔墙对建筑物的震害影响极大。历次地震灾害都表明：地震作用下，建筑物填充墙、隔墙的开裂、破坏、倒塌并不少见；而有些主体结构的震害也是由于填充墙、隔墙的不合理设计引起的。因此，切不可等闲视之。

填充墙、隔墙的抗震设计，主要有以下一些问题：

1. 填充墙、隔墙对结构刚度的贡献没有得到真实的反映

当填充墙、隔墙与主体结构构件刚性连接时，其对结构的整体刚度是有贡献的，有时甚至很大。不考虑填充墙、隔墙对结构整体刚度的贡献，结构实际受到的地震作用就大于计算值，会使结构抗震设计偏于不安全。一般程序计算时用周期折减系数来反映这个贡献的大小，根据不同的结构体系取用不同的折减系数。但是这仅是对填充墙、隔墙作用的大致估算。实际工程中，并非框架结构就一定有填充墙、隔墙（比如采用框架结构的地上车库，一般就没有填充墙、隔墙），而剪力墙结构也不一定就没有填充墙、隔墙（比如住宅剪力墙结构，一般仅分户墙为剪力墙，户内的其他墙体多为隔墙，当分户剪力墙较长时，还会在其上开设结构洞并砌筑填充墙）。另外，填充墙材料不同，取用的周期折减系数也应有所不同。因此，应根据不同的结构类型、不同的材料及填充墙、隔墙数量的多少选用较为符合实际结构刚度的周期折减系数。周期折减系数取值见表 2.3.6。

周期折减系数   表 2.3.6

结构类型	填充墙较多	填充墙较少	结构类型	填充墙较多	填充墙较少
框架结构	0.6～0.7	0.7～0.8	剪力墙结构	0.9～1.0	1.0
框剪结构	0.7～0.8	0.8～0.9	框架-核心筒结构	0.8～0.9	0.9～1.0

注：1. 表中填充墙是指砖填充墙；
    2. 对于其他结构体系或采用其他非承重墙体时，可根据工程情况确定周期折减系数。

2. 填充墙、隔墙的平面及竖向布置不当，可能会引起结构实际受力时的偏心扭转过大或上下楼层侧向刚度突变

比如：实际工程中，由于功能需要，平面的一部分需要大开间，而另一部分需要小开

间，因此将填充墙、隔墙仅布置在结构平面的一侧，这就可能会使结构产生不容忽视的偏心；又比如：由于功能需要，结构某一楼层或几个楼层无填充墙、隔墙，而其他楼层则布置较多的填充墙、隔墙，可能会使结构的上下层刚度差异过大，甚至形成薄弱层，等等。意大利一五层框架结构的旅馆，底层为大堂，餐厅等，隔墙较少，而上部2～5层为客房，隔墙很多，地震时底层完全破坏，上部4层落下压在底层上。2008年我国汶川地震，某建筑底层为车库无填充墙而上部有很多填充墙，结构下柔上刚，地震中底层完全破坏（图2.3.23）。

图2.3.23　汶川地震某下柔上刚结构底层完全破坏

因此，填充墙、隔墙的平面和竖向布置，宜均匀、对称，尽可能减少因填充墙、隔墙的偏心布置而加大结构的扭转效应，避免形成上下层刚度差异过大。

目前尚没有关于填充墙、隔墙刚度计算的好方法，因而难以较准确地计算由此产生的结构偏心或上下层刚度差异值等。因此，设计中应当从概念设计出发，从计算和构造两个方面来考虑：

（1）结构分析时，若填充墙、隔墙的平面布置很不均匀，偏心较大，可根据情况设定一个较为合理的偏心距来反映平面布置的不均匀；若上下层填充墙、隔墙数量变化很大，可根据情况指定柔弱的下层为薄弱层；并取按此计算的结果和不考虑这些因素的计算结果两者中的最不利情况作为设计依据；

（2）采取切实可靠的构造措施来减小由于填充墙布置的不均匀、不对称而产生的结构偏心或上下层刚度差异过大所造成的不利影响。

3. 边框架外墙设带形窗，框架柱中部无填充墙，当柱上下两端设置的刚性填充墙的约束使框架柱中部形成短柱（柱中部净高与柱截面高度之比不大于4）时，会造成剪切破坏，汶川地震中出现了不少由于填充墙形成的框架短柱剪切破坏的震害（图2.3.24）。

关于这类短柱的抗剪承载力设计，笔者认为应考虑两个方面的问题：

（1）宜按柱子的净高（即楼层高减去上下填充墙高后的高度）计算其剪力设计值；

（2）应按《建筑抗震设计规范》第6.3.9条的规定，柱箍筋全高加密。

4. 填充墙、隔墙的另一个破坏是其自身的倒塌。历次地震，这类震害量大面广，十分严重。根据汶川地震的震害调查情况来看，加强填充墙、隔墙与主体结构的可靠拉结，保证填充墙及隔墙自身的稳定性与整体性，是十分重要和必要的。

（1）结构的填充墙及隔墙应尽可能选用轻质墙体材料以减轻自重。如在可能时，将一部分砌体填充墙改为轻钢龙骨石膏板墙；将黏土空心砖填充墙改为石膏空心板墙等。

192

图 2.3.24　汶川地震某 3 层框架结构，因填充墙不合理砌筑导致短柱破坏

（2）填充墙、隔墙与主体结构应有可靠拉接，应能适应主体结构不同方向的层间位移；8、9 度时应具有满足层间变位的变形能力，与悬挑构件相连接时，尚应满足节点转动引起的变形能力。

（3）抗震设计时，砌体填充墙及隔墙应具有自身的稳定性，并应符合下列要求：

1）砌体填充墙应沿框架柱的高度每隔 500mm 左右设置 $2\phi6$ 的拉筋，拉筋伸入填充墙内的长度 6 度时宜沿墙全长贯通，7、8、9 度时应沿墙全长贯通。

2）墙长大于 5m，墙顶与梁（板）宜有钢筋拉结；墙长超过 8m 或层高 2 倍时，宜设置间距不大于 4m 的钢筋混凝土构造柱；墙高超过 4m 时，墙体半高处（或门窗洞口上皮）宜设置与柱连接且沿墙全长贯通的钢筋混凝土水平系梁。

3）砌体砂浆强度等级不应低于 M5，当采用砖及混凝土砌块时，砌块的强度等级不宜低于 MU5，采用轻质砌块时，砌块的强度等级不应低于 MU2.5。墙顶应与框架梁或楼板密切结合。

4）砌体女儿墙在人流出入口和通道处应与主体结构有可靠锚固；非出入口无锚固的女儿墙高度，6～8 度时不宜超过 0.5m，9 度时应有可靠锚固。防震缝处的女儿墙应留有足够的宽度，缝两侧的自由端应予以加强。

5）楼梯两侧的填充墙和人流通道的维护墙，尚应设置间距不大于层高的钢筋混凝土构造柱并采用钢丝网砂浆面层加强。

2.3.29　楼梯的设计

【解析】楼梯是建筑物的竖向交通要道，遇有地震等突发事件时更是人员疏散的重要通道。

楼梯及楼梯间的设计，过去一直采用这样的方法：（1）结构整体计算不考虑楼梯的影响，将楼梯间视为有楼层平板，按梯板的实际情况确定荷载；（2）将梯段板、平台板单独取出来，考虑静载和活荷载满布，按单跨简支板进行内力和配筋计算。汶川震害调查发现楼梯间出现了大量破坏，包括踏步板的折断，楼梯间角柱的破坏以及楼梯间填充墙体的倒塌等。这说明：应采用更符合楼梯间结构构件实际受力状态的计算方法和构造措施进行设计，以保证地震作用下楼梯间的安全、可靠。

计算和分析表明：（1）梯段板的斜撑作用使其对结构的整体刚度有所贡献；对框架结构的整体刚度影响比框架-剪力墙结构、剪力墙结构大；（2）斜向的梯段板使得水平地震作用在楼梯间的传递路径复杂，楼梯间较为空旷，竖向构件整体协同工作性能较差；（3）梯段板及平台板有可能使个别框架柱成为短柱，承担了比其他框架柱更大的剪力，地震时率先遭受破坏；（4）水平地震作用下，梯段板及平台板一般处于偏心受压或偏心受拉状态；（5）楼梯间填充墙较其他部位的填充墙地震时更容易破坏、倒塌。

因此，对于抗震设计时楼梯间的设计，笔者提出如下一些建议，供参考：

1. 楼梯间的布置应尽量减小其造成的结构平面不规则。对剪力墙结构、框架-剪力墙结构等，楼梯间宜设置剪力墙，但不应造成较大的扭转效应。

2. 宜采用现浇钢筋混凝土楼梯，楼梯结构应有足够的防倒塌能力。

3. 结构整体计算时，应按实际情况考虑梯段板、平台板等楼梯构件的影响。根据对结构整体影响的大小区别对待。并不要求一律参与整体结构计算。对于框架结构，当楼梯构件与主体结构整体现浇时，梯板起支撑作用，对结构刚度、承载力、规则性的影响较大，应参与抗震计算；当采取措施，如梯板滑动支承于平台板，楼梯构件对结构刚度等影响较小，是否参与结构整体计算差别不大。对剪力墙结构、框架-剪力墙结构，楼梯构件对结构刚度等影响较小，也可不参与结构整体计算。

4. 楼梯间的结构布置应尽可能避免出现短柱，梯段板和休息平台板不宜采用折板式做法，宜在两者之间设置受力小柱作为支承点，有条件时可将此小柱直通，伸入上层框架梁内，可起到吊柱作用，防止梯板破坏、倒塌。平台板可采用悬挑板。见图2.3.25。

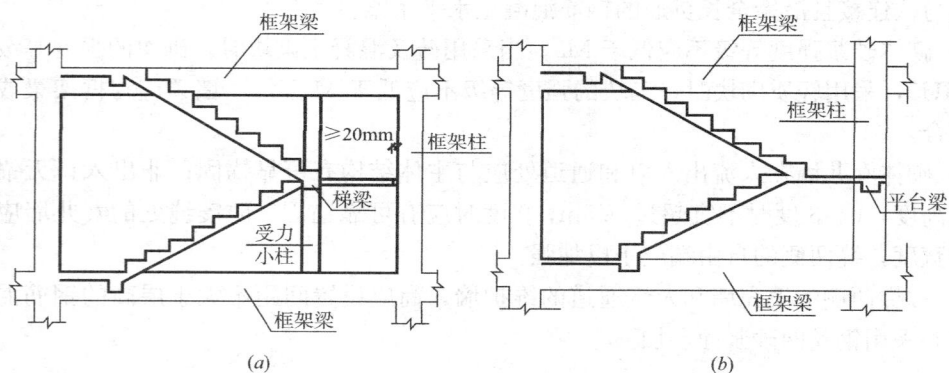

图 2.3.25　抗震设计时楼梯做法示意图
（a）建议采用的做法；（b）不宜采用的做法

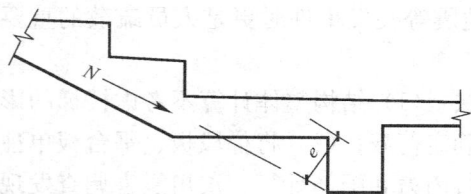

图 2.3.26　水平地震引起的梯段折板附加弯矩

5. 对由于设置平台梁形成的短柱，应按取其净高计算的剪力设计值进行受剪承载力计算，并应沿柱全高箍筋加密。注意对楼梯间角柱、边柱的承载力设计并加强构造措施。

6. 当采用折板式楼梯时，应考虑地震附加弯矩对水平段受力的影响，见图2.3.26。

必要时可加大水平段板厚及配筋。

7. 在确保楼梯间结构本身抗震能力的前提下，也可将每个梯段下端采用滑动支座，梯段上端与中间平台梁或楼（屋）面梁整体连接，下端则简支于楼（屋）面梁或中间平台梁上，支承长度不小于 300mm，以消除梯段的地震剪力，见图 2.3.27。

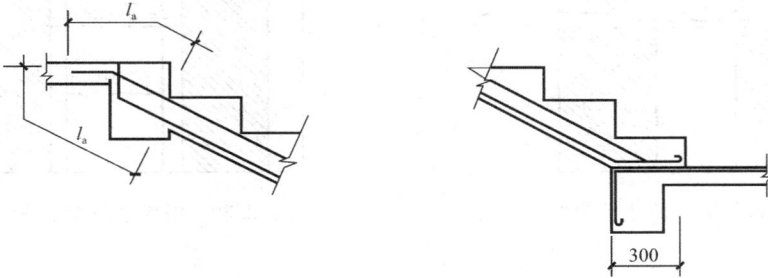

图 2.3.27　梯段板滑动支座构造示意图

8. 宜按偏心受压或偏心受拉构件进行梯段板的承载力计算，并应双层配筋。梯段板、平台板及平台梁纵向受力钢筋应满足抗震设计时锚固长度的要求。设防烈度为 7 度及以上或板跨大于等于 4.0m 时，宜考虑竖向地震作用。

9. 加强楼梯间填充墙与主体结构构件的拉结。四角及梯段上下端对应墙体处设构造柱。附着于楼、屋面结构上的非结构构件，以及楼梯间的非承重墙体，应采取与主体结构可靠连接或锚固等避免地震时倒塌伤人或砸坏重要设备的措施。

2.3.30　雨篷的设计。

【解析】这里所说的雨篷，仅指由墙内伸出一块钢筋混凝土板的悬挑板雨篷。雨篷的设计主要有三个问题：一是雨篷梁及雨篷板的承载能力和变形要求；二是雨篷的整体防倾覆；三是验算雨篷梁支承处砌体的局部受压承载能力。有的设计错按砌体结构的设计方法设计框架结构中的雨篷，当雨篷板和楼层板不能整体现浇时，仅将雨篷梁（或板）支承在框架的填充墙上。实际上框架结构中的雨篷设计和砌体结构中的雨篷设计有很大区别，因为在框架结构中，砌体填充墙是非承重墙体，既不能支承雨篷梁（或板）的荷载，也不能像砌体结构的墙体那样，可以平衡雨篷板的固端弯矩，防止雨篷的整体倾覆。仅将雨篷梁（或板）支承在框架的填充墙上，虽然雨篷本身的承载能力和变形满足要求，但雨篷的整体倾覆和填充墙的局部受压强度都可能不满足设计要求。

一般框架结构中雨篷的设计，应注意以下问题：

（1）雨篷板跨大于等于 2m（8 度）或大于等于 1.5m（9 度）时，应考虑雨篷板的竖向地震作用；

（2）当雨篷板和框架梁标高接近时，应使两者整体浇灌；

（3）当雨篷板和框架梁标高相差较大两者无法整体浇灌时，若雨篷所在跨跨度不大，可将雨篷梁向两侧延伸至框架柱，雨篷梁按弯剪扭构件设计，框架柱的设计应考虑雨篷梁传来的集中弯矩和集中力（图 2.3.28）；若雨篷所在跨跨度较大，可在雨篷梁两端下设置小受力柱，小受力柱上端伸入框架梁内，雨篷梁按弯剪扭构件设计，小受力柱按偏压构件设计（图 2.3.29）。

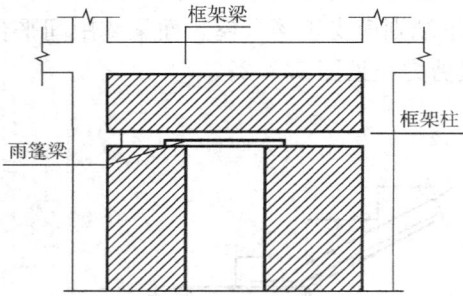

图 2.3.28　雨篷梁向两侧延伸至框架柱

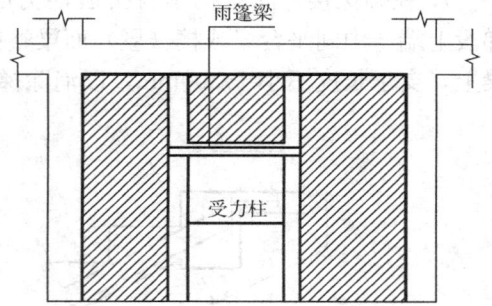

图 2.3.29　雨篷梁两端立柱伸入框架梁

第四章 剪力墙结构

2.4.1 剪力墙结构的布置。

【解析】1. 平面布置

(1) 建筑结构应有较好的空间工作性能，剪力墙宜沿主轴方向布置以形成空间结构。对一般的矩形、L形、T形等平面宜沿两个轴线方向布置；对三角形、Y形平面宜沿三个轴线方向布置；对正多边形、圆形及弧形平面可沿径向及环向布置。应避免仅单向有墙的结构布置方式，并尽可能使两个方向抗侧力刚度接近。内外剪力墙应尽量拉通、对直。

(2) 为充分发挥剪力墙的抗侧力刚度和承载能力，增大剪力墙结构的可利用空间，剪力墙间距不宜太密，侧向刚度不宜过大。否则，刚度大，自重大，抗震设计时地震作用加大，不经济。

(3) 剪力墙的平面布置应尽可能均匀、对称、周边化，尽量使结构的刚度中心和质量中心重合，以减少扭转，加大结构的抗扭刚度。

所谓"均匀"，一是剪力墙的平面位置、间距尽可能均匀；二是指剪力墙的截面尺寸大小尽可能均匀，剪力墙墙肢截面宜简单、规则、均匀，尽可能采用"T"、"L"、"I"、"匚"形等截面墙体。避免小墙肢，也避免墙肢过长。各片落地剪力墙底部承担的水平剪力不宜相差悬殊。

短肢剪力墙较多的剪力墙结构应特别强调短肢剪力墙布置的均匀性，避免将短肢剪力墙集中布置在一处。若短肢剪力墙布置过于集中，虽然所承受的地震倾覆力矩占结构底部总地震倾覆力矩比例不是很大，也有可能造成结构的严重破坏；避免将短肢剪力墙集中布置在结构的一个方向上，对平面布置正交的剪力墙结构，当L形剪力墙的短肢（墙肢截面高度与厚度之比为4~8）均在一个方向，且由这些墙肢所承受的该方向地震倾覆力矩占结构底部总地震倾覆力矩在30%~50%时，则显然结构两个方向的抗侧力刚度差异很大，肯定会使结构产生过大的扭转导致结构破坏，是不允许的。

(4) 不宜将楼面主梁支承在剪力墙之间的连梁或其他楼面梁上。因为由于剪力墙中的连梁面外刚度小，一方面主梁端部达不到约束要求，连梁没有足够的抗扭刚度去抵抗平面外弯矩；另一方面因为连梁本身剪切应变较大，再增加主梁传来的内力更容易使连梁产生裂缝。设计中应尽可能避免。

2. 竖向布置

(1) 剪力墙的抗侧刚度较大，如果在某一层或几层切断剪力墙，易造成结构楼层侧向刚度突变。抗震设计时，则有可能导致受剪承载力突变，形成结构的软弱层或薄弱层。因此，剪力墙沿竖向宜均匀、连续，避免刚度突变，避免形成软弱层、薄弱层，结构承载力和刚度宜自下而上逐渐减小。

当在底部若干层取消部分墙体时，应加大落地剪力墙截面尺寸，满足《高层建筑混凝土结构技术规程》附录 E 关于转换层上、下结构侧向刚度的规定；当中间楼层取消部分墙体时，则取消墙量不宜多于总墙量的 1/4，当顶层取消部分墙体时，取消墙量不宜多于总墙量的 1/3。开洞后楼层侧向刚度宜符合《高层建筑混凝土结构技术规程》对剪力墙结构楼层侧向刚度比的有关规定。

（2）墙厚和混凝土强度等级沿竖向宜逐渐减小，且两者不宜在同一楼层改变；墙肢长度不宜突变。

2.4.2 短肢剪力墙较多的剪力墙结构的判定。

【解析】1. 短肢剪力墙的判定有三条：

（1）墙肢截面高度与厚度之比为 4～8，对 L 形、T 形、I 字形、十字形等截面的剪力墙，则应每个方向墙肢截面高度与厚度之比均为 4～8。

（2）墙肢截面厚度不能过厚，上述第（1）款墙肢截面高厚比中的厚度应是满足规范规定的最小厚度。如果由于非结构原因使墙肢加厚，导致墙肢截面高厚比在 4～8 之间，应具体分析，不应简单判定为短肢剪力墙。《高层建筑混凝土结构技术规程》规定：短肢剪力墙截面厚度不大于 300mm。《全国民用建筑工程设计技术措施（2009）结构（结构体系）》认为：当墙肢厚度不小于层高的 1/12 且不小于 400mm 时，即使墙肢截面高度与厚度之比在 5～8 之间，也不应简单判定为短肢剪力墙。《广东省实施〈高层建筑混凝土结构技术规程〉（JGJ 3—2002）补充规定》DB J/T15-46-2005 规定：剪力墙截面高度与厚度之比大于 4、小于 8 时为短肢剪力墙。当剪力墙截面厚度不小于层高的 1/15，且不小于 300mm，高度与厚度之比大于 4 时仍属一般剪力墙。以上规定虽然具体数值不尽相同，但概念是一致的。笔者以为：不能孤立地就根据 300mm 墙厚来判别短肢剪力墙。比如：对高度很高的高层建筑，可规定其墙体厚度不大于 350mm、墙肢高度比在 4～8 之间时，宜判定为短肢剪力墙。

（3）墙肢两侧均与弱连梁相连或一端与弱连梁相连（连梁的跨高比 l_n/h 大于 5）、一端为自由端，见图 2.4.1。

例如，图 2.4.1（a）、（b）中应为短肢剪力墙，而图 2.4.1（c）中的剪力墙虽然一个方向墙肢截面高度与厚度之比为 4～8，但另一个方向墙肢截面高度与厚度之比大于 8，故不应判定为短肢剪力墙，图 2.4.1（d）中剪力墙因其两侧均与较强的连梁相连，也不应判定为短肢剪力墙。

由剪力墙开洞后所形成的联肢墙、壁式框架等，虽然其墙肢的截面高度与厚度之比也很可能为 4～8，但这些墙肢不是独立墙肢，它们并不是各自独立发挥作用，而是和连梁一起共同工作，有着较大的抗侧力刚度。故由联肢墙、壁式框架等构成的结构不应判定为短肢剪力墙较多的剪力墙结构，不应按短肢剪力墙较多的剪力墙结构进行设计。

在筒中筒结构中，虽然外框筒的墙肢截面高度与厚度之比可能为 4～8，但这些墙肢也不是独立墙肢，它们并不是各自独立发挥作用，而是和裙梁（强连梁）一起，构成了抗侧力刚度很大的外框筒。因此，也不应判定为短肢剪力墙较多的剪力墙结构，不必遵守短肢剪力墙较多的剪力墙结构的有关规定，而应按筒中筒结构的有关规定进行设计。

2. 较多短肢剪力墙的剪力墙结构

虽然短肢剪力墙性能较差，但剪力墙结构中仅有极少数、个别短肢剪力墙，对整个剪

抗侧力刚度，而且邻近洞口的墙肢、连梁内力增大，扭转效应明显。于结构抗震不利。

B级高度及9度设防A级高度的高层建筑不应在角部剪力墙上开设转角窗。抗震设计时，8度及8度以下设防A级高度的高层建筑在角部剪力墙上开设转角窗时，建议采取下列措施：

（1）洞口应上下对齐，洞口宽度不宜过大，连梁高度不宜过小。

（2）洞口附近应避免采用短肢剪力墙和单片剪力墙，宜采用"T"、"L"、"匚"形等截面的墙体，墙厚宜适当加大，并不应小于200mm。并应沿墙肢全高按要求设置约束边缘构件。

（3）宜提高洞口两侧墙肢的抗震等级，并按提高后的抗震等级满足轴压比限值的要求。

（4）加强转角窗上转角梁的配筋及构造。

（5）转角处楼板应局部加厚，配筋宜适当加大，并配置双层的直通受力钢筋；必要时，可于转角处板内设置连接两侧墙体的暗梁。

（6）结构电算时，转角梁的负弯矩调幅系数、扭矩折减系数均应取1.0。抗震设计时，应考虑扭转耦联影响。

2.4.6 如何计算带有地下室的剪力墙结构剪力墙底部加强部位的高度？

【解析】1. 抗震设计的剪力墙结构要求"强底层墙底"，即控制剪力墙在其底部嵌固端以上屈服、出现塑性铰。设计时，将墙体底部可能出现塑性铰的高度范围作为底部加强部位，在此范围内采取增加边缘构件箍筋和墙体水平钢筋等必要的抗震加强措施，使之具有较大的弹塑性变形能力，保证剪力墙底部出现塑性铰后具有足够大的延性，避免脆性的剪切破坏，提高整个结构的抗地震倒塌能力。

部分框支剪力墙结构传力不直接、不合理，结构竖向刚度变化很小，甚至是突变，地震作用下易使框支剪力墙结构在转换层附近的刚度、内力和传力途径发生突变，易形成薄弱层。转换层下部的框支结构构件易于开裂和屈服，转换层上部的墙体易于破坏。随着转换层位置的增高，结构传力路径更复杂、内力变化更大。根据抗震概念设计的原则，这些部位都应予以加强。

2. 一般情况下单个塑性铰发展高度约为墙肢截面高度，故底部加强部位与墙肢总高度和墙肢截面高度有关，不同墙肢截面高度的剪力墙肢加强部位高度不同。为了简化设计，规范改为底部加强部位的高度仅与墙肢总高度相关。《建筑抗震设计规范》第6.1.10条规定如下：

抗震墙底部加强部位的范围，应符合下列规定：

（1）底部加强部位的高度，应从地下室顶板算起。

（2）部分框支抗震墙结构的抗震墙，其底部加强部位的高度，可取框支层加框支层以上两层的高度及落地抗震墙总高度的1/10二者的较大值。其他结构的抗震墙，房屋高度大于24m时，底部加强部位的高度可取底部两层和墙体总高度的1/10二者的较大值；房屋高度不大于24m时，底部加强部位可取底部一层。

（3）当结构计算嵌固端位于地下一层的底板或以下时，底部加强部位尚宜向下延伸到计算嵌固端。

3. 应注意以下几点

（1）底部加强部位高度的起算位置。那么这个"底部"，是指基础顶面，还是指嵌固端，还是指室外地坪，还是指地下室顶板呢？过去一些设计对此认识不清，2010 版规范对此明确规定：底部加强部位的高度，应一律从地下室顶板向上算起。

（2）这里所说的剪力墙包括落地剪力墙和转换构件上部的剪力墙两者。即两者的底部加强部位高度取相同值。有的设计仅对落地剪力墙按《高层建筑混凝土结构技术规程》第 10.2.2 条规定确定底部加强部位高度、或仅对框支剪力墙按《高层建筑混凝土结构技术规程》第 10.2.2 条规定确定底部加强部位高度，对落地剪力墙则按墙肢总高度的 1/10 和底部两层二者的较大值确定底部加强部位高度都是不对的。

（3）当计算嵌固端位于地面以下时，还需向下延伸，但加强部位的高度仍从地下室顶板算起。

2.4.7 为什么较长的剪力墙宜开设结构洞？

【解析】1. 较长的剪力墙宜开设结构洞，原因有二：

（1）提高墙肢延性，避免脆性破坏。剪力墙结构中，若墙肢的长度过长，其墙肢的高宽比（总高度/总宽度）有可能小于 2，高宽比小于 2 的墙肢在地震作用下的破坏形态为剪切破坏，类似短柱属脆性破坏，称为矮墙效应，这类墙肢的延性差，于抗震不利。细高的剪力墙（高长比大于 2）容易设计成弯曲破坏或弯剪型的延性剪力墙，从而可避免脆性的剪切破坏。

（2）避免单片剪力墙承担的水平剪力过大。结构整体计算中这类墙肢承受了很大的楼层剪力，而其他小的墙肢承受的剪力很小，一旦地震特别是超烈度地震时，这类墙肢容易首先遭到破坏，而小的墙肢又无足够配筋，使整个结构可能形成各个击破，致使房屋倒塌。

因此，高规第 7.1.2 条规定：剪力墙不宜过长，较长的剪力墙宜设置跨高比较大连梁，将一道剪力墙分成长度较均匀的若干墙段，各墙段的高度与墙段长度之比不宜小于 3，墙段长度不宜大于 8m。

2. 较长的剪力墙宜设置结构洞应同时满足以下三个条件：

（1）开洞后每个独立墙段总高度与其截面高度之比（高宽比）不宜小于 3。

（2）开洞后形成的连梁应为跨高比大于 6 的弱连梁（图 2.4.2）。

上述两款，无论是高层建筑还是多层建筑，都应满足。

（3）对高层建筑，每个独立墙段墙肢的截面高度（图 2.4.2，即墙肢长度）不宜大于 8m。对多层建筑，则应由墙段的高宽比控制，但肯定比 8m 要小。

需要指出的是：有的设计对过长的剪力墙肢，仅在其间开一个较小的洞口（例如开 1000mm×1000mm 的洞口），这是否就是开结构洞呢？回答是否定的。因为这样的开洞并没有使原来较长的剪力墙肢分成为长度较小的独立墙肢，而仍然是长剪力墙肢，只不过开有小洞，但其在水平荷载下仍然是较长剪力墙肢的受力特点，这是达不到规范要求的设置结构洞的目的的。

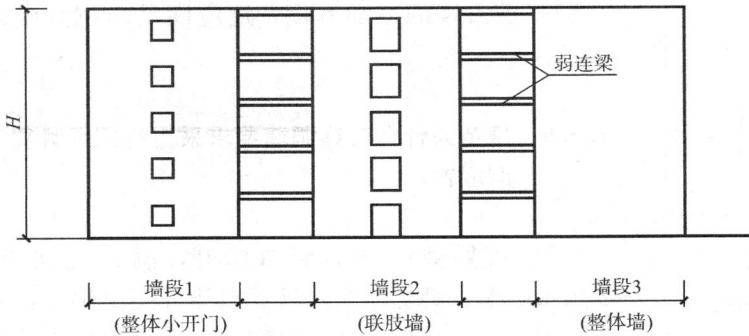

图 2.4.2 较长的剪力墙开设结构洞

2.4.8 如何确定剪力墙墙肢的截面厚度？

【解析】1. 确定剪力墙墙肢截面厚度的一个最主要目的是防止剪力墙肢在荷载作用下平面外失稳，因此，剪力墙墙肢的截面厚度应能满足稳定性要求。墙体的稳定性验算可按《高层建筑混凝土结构技术规程》附录 D 进行。

2. 在满足稳定要求的前提下，可按表 2.4.1 初步选定剪力墙的最小截面厚度。

剪力墙截面最小厚度　　　　　　　　　　表 2.4.1

			剪力墙部位	最小厚度（mm，取较大值）	
				有端柱或翼墙	无端柱或翼墙
抗震设计	剪力墙结构	一、二级抗震	底部加强部位	$H/16$（不宜），200（不应）	$h/12$（不宜），$\dfrac{200}{高规：220}$（不应）
			其他部位	$H/20$（不宜），160（不应）	$h/16$（不宜），180（不应）
		三、四级抗震	底部加强部位	$H/20$（不宜），160（不应）	$H/16$（不宜），160（不应）
			其他部位	$H/25$（不宜），$\dfrac{140}{高规：160}$（不应）	$H/20$（不宜），$\dfrac{140}{高规：160}$（不应）
	框-剪结构	一、二级抗震	底部加强部位	$H/16$（不宜），200（不应）	
			其他部位	$H/20$（不宜），160（不应）	
		三、四级抗震	底部加强部位	$H/20$（不宜），160（不应）	
			其他部位	$H/20$（不宜），160（不应）	
非抗震设计	剪力墙结构			$H/25$（不宜），$\dfrac{140}{高规：160}$（不应）	同左
	框-剪结构			$H/20$（不宜），$\dfrac{140}{高规：160}$（不应）	同左

注：1. 表中符号 H 为层高或无支长度二者中的较小值，h 为层高。无支长度是指沿剪力墙长度方向没有平面外横向支承墙的长度，见图 2.4.3；
　　2. 短肢剪力墙截面厚度，底部加强部位不应小于 200mm，其他部位不应小于 180mm；
　　3. 部分框支剪力墙结构框支梁上部的剪力墙墙体厚度不宜小于 200mm；
　　4. 剪力墙电梯井筒内分隔空间的墙肢数量多而长度不大，两端嵌固情况好，故电梯井或管井的墙体厚度可适当减小，但不宜小于 160mm；
　　5. 当采用预制楼板时，确定墙的厚度时还应考虑预制板在墙上的搁置长度以及墙内竖向钢筋贯通等构造要求；
　　6. 非抗震设计时，多层剪力墙结构的墙肢截面厚度可适当减小，一般不应小于 140mm。对房屋高度不大于 10m 且不超过 3 层，厚度不应小于 120mm。

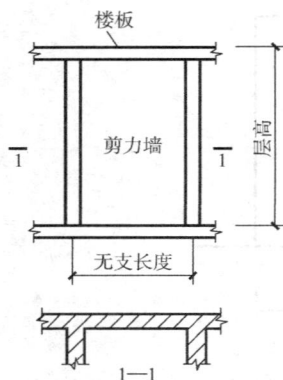

图 2.4.3 剪力墙层高
与无肢长度

3. 剪力墙的截面厚度，还应满足墙肢剪压比、轴压比的要求。

2.4.9 规范为什么对错洞墙要求采用有限元计算？如何设计错洞墙？

【解析】错洞墙的洞口错开，洞口之间距离较大（图 2.4.4a、b），叠合错洞墙是洞口错开距离很小，甚至叠合（图 2.4.4c、d），不仅墙肢不规则，洞口之间形成薄弱部位，叠合错洞墙比错洞墙更为不利。错洞墙和叠合错洞墙都是不规则的剪力墙，其应力分布复杂，容易造成剪力墙的薄弱部位，常规计算无法获得其实际内力，构造比较复杂。故《高层建筑混凝土结构技术规程》规定对此类具有不规则洞口布置的错洞墙，如结构整体计算中采用了杆系、薄壁杆系模型或对洞口作了简化处理的其他有限元模型时，应按弹性平面有限元方法进行应力分析，对不规则开洞墙的计算结果进行分析、判断，必要时应并进行补充计算，按应力进行截面配筋设计或校核。

剪力墙的底部加强部位，是塑性铰出现及保证剪力墙安全的重要部位，抗震设计时，一、二、三级抗震等级不宜采用错洞墙布置。如无法避免错洞墙，则宜控制错洞墙洞口间的水平距离不小于 2m，设计时应仔细分析计算，并在洞口周边采取有效构造措施（图 2.4.4b）。一、二、三级抗震等级的剪力墙所有部位（底部加强部位和上部）均不宜采用叠合错洞墙，当无法避免叠合错洞墙布置时，除应按有限元方法进行应力分析，按应力进行截面配筋设计或校核外，还应在洞口周边采取有效加强措施（图 2.4.4c）或采用其他轻质材料填充将叠合洞口转化为规则洞口（图 2.4.4d，其中阴影部分表示轻质填充墙体）的剪力墙或框架结构。

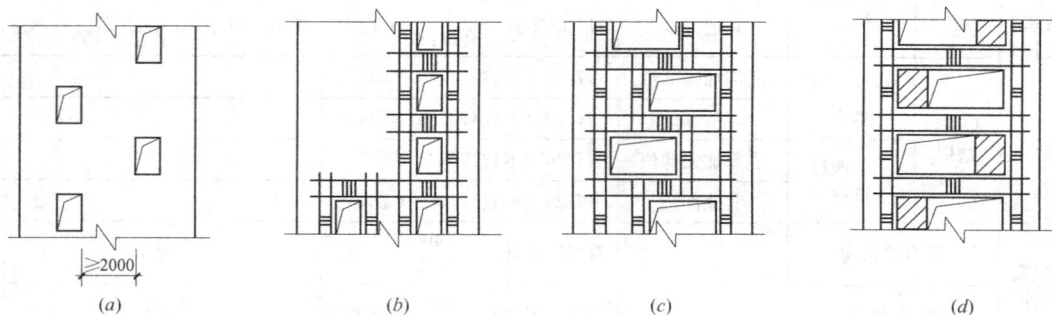

图 2.4.4 剪力墙洞口不对齐时的构造措施
(a) 一般错洞墙；(b) 底部局部错洞墙；(c) 叠合错洞墙构造之一；(d) 叠合错洞墙构造之二

2.4.10 为什么规范规定的柱轴压比和剪力墙轴压比限值不同？

【解析】轴压比是影响剪力墙在地震作用下塑性变形能力的重要因素，是衡量柱子延性的重要参数。清华大学及国内外研究单位的试验表明，相同条件的剪力墙，轴压比低的，其延性大，轴压比高的，其延性小；虽然通过设置约束边缘构件，可以提高高轴压比剪力墙的塑性变形能力，但轴压比大于一定值后，即使设置约束边缘构件，在强震作用下，剪力墙可能因混凝土压溃而丧失承受重力荷载的能力。因此，抗震设计时，限制柱子的剪力墙轴压比的目的就是为了提高构件的延性。

柱子和剪力墙轴压比的定义式也一样，都是 $N/(f_cA)$，但式中的 N 取值不同。柱子轴压比中的 N 是考虑地震作用组合的轴压力设计值，而为了简化设计计算，墙肢轴压比中的 N 是重力荷载代表值作用下剪力墙墙肢轴向压力设计值（重力荷载乘以分项系数后的最大轴压力设计值），不考虑地震作用组合。由于考虑地震作用组合和轴压力设计值一般比重力荷载代表值作用下剪力墙墙肢轴向压力设计值数值要大，故同样抗震等级下柱子轴压比限值要比剪力墙墙肢轴压比限值大，但实际上两者是相当的。

建筑的重力荷载代表值应取结构和构配件自重标准值和各可变荷载组合值之和。各可变荷载的组合值系数，应按《建筑抗震设计规范》表 5.1.3 采用。对一般情况下的民用建筑，重力荷载代表值作用下剪力墙墙肢轴向压力设计值可近似按下式计算：

$$N = 1.20(S_{Gk} + 0.5S_{Qk}) \tag{2.4.1}$$

式中　N——重力荷载代表值作用下剪力墙墙肢轴向压力设计值；

　　　S_{Gk}——按永久荷载标准值 G_k 计算的荷载效应值；

　　　S_{Qk}——按可变荷载标准值 Q_k 计算的荷载效应值。

需要说明的是：截面受压区高度不仅与轴向压力有关，还与截面形状有关，在相同的轴向压力作用下，带翼缘的剪力墙受压区高度较小，延性相对较好，而矩形截面最为不利。规范为简化起见，对 I 形、T 形、L 形、矩形截面均未作区分，设计中，对矩形截面剪力墙墙肢应从严控制其轴压比。

2010 版规范将剪力墙的轴压比的控制范围，由抗震等级一、二级扩大到三级，由剪力墙底部加强部位扩大到全高，而不仅仅是底部加强部位。

如何确定四级抗震等级的剪力墙轴压比？规范未作具体规定，笔者建议：对普通剪力墙可取 0.7；对短肢剪力墙可分别取 0.60（有翼缘或端柱）、0.50（无翼缘或端柱）。

2.4.11　如何理解抗震设计的一、二、三级剪力墙底部加强部位墙肢轴压比较大时应设置约束边缘构件？

【解析】1. 试验表明，有边缘构件约束的矩形截面剪力墙与无边缘构件约束的矩形截面剪力墙相比，极限承载力约提高 40%，极限层间位移角约增加一倍，对地震能量的消耗能力增大 20% 左右。可见，在剪力墙墙肢两端设置边缘构件是提高墙肢的承载能力、抗震延性性能和塑型耗能能力的重要措施。

剪力墙墙肢的塑性变形能力和抗地震倒塌能力，除了与截面形状、纵向配筋与墙两端的约束范围、约束范围内的箍筋配箍特征值有关外，更主要的是与截面相对受压区高度内的压应力即相对受压区的轴压比有关。当截面相对受压区高度或轴压比较小时，即使不设边缘构件，剪力墙也具有较好的延性和耗能能力；当截面相对受压区高度或轴压比大到一定值时，就需设置边缘构件，使墙肢端部成为箍筋约束混凝土，具有较大的受压变形能力；当轴压比更大时，即使约束边缘构件，在强烈地震作用下，剪力墙有可能压溃、丧失承担竖向荷载的能力。

边缘构件分为约束边缘构件和构造边缘构件两种。当对承载能力、变形能力和延性性能有较高要求时，应设置约束边缘构件，即"缺的多，补的多"。否则，可设置构造边缘构件。剪力墙肢的底部加强部位在罕遇地震作用下有可能进入屈服后变形状态。该部位也是防止结构在罕遇地震作用下发生倒塌的关键部位。为了保证该部位有良好的抗震延性性能和塑型耗能能力，规范规定应设置约束边缘构件；考虑到底部加强部位以上相邻层的抗震墙，其轴压比可能仍较大，将约束边缘构件向上延伸一层；其他部位则可设置构造边缘构件。

2. 根据规范规定，设置约束边缘构件有两种情况：

对一般剪力墙墙肢，条件有三：

（1）抗震等级为一、二、三级；

（2）剪力墙底层墙肢底截面的轴压比大于《高层建筑混凝土结构技术规程》表 7.2.14 的规定值；

（3）底部加强部位及相邻的上一层。

此三条必须同时满足，缺一不可。

此外，部分框支剪力墙结构的剪力墙，应在底部加强部位及相邻的上一层设置约束边缘构件。

3. 特殊情况举例

（1）如果一剪力墙结构，抗震等级为二级，绝大部分剪力墙底层墙肢底截面的轴压比大于《高层建筑混凝土结构技术规程》表 7.2.14 的规定值，仅有极少数剪力墙墙肢底层墙肢底截面的轴压比小于《高层建筑混凝土结构技术规程》表 7.2.14 的规定值。按规定，绝大部分剪力墙底部加强部位及相邻的上一层需设置约束边缘构件。但这极少数墙肢是否可以设置构造边缘构件？

根据规范的规定，这极少数墙肢设置构造边缘构件应是可以的。但是，为什么会出现极少数墙肢轴压比很小？是否有必要？墙肢是否偏厚？这极少数墙肢是否会出现偏心受拉？首先应当分析、考虑这些问题；看看结构的平、立面布置是否合理，墙肢的厚度是否合理，等等。其次，即使上述问题不存在，笔者建议也宜设置约束边缘构件。

（2）如果地下室顶板为结构的嵌固部位，当上部结构剪力墙底部加强部位及相邻的上一层设置约束边缘构件时，地下一层是否必须设置约束边缘构件？

根据规范的规定，地下一层不是必须设置约束边缘构件的。但是，根据《建筑抗震设计规范》第 6.1.14 条第 4 款规定：地下一层抗震墙墙肢端部边缘构件纵向钢筋的截面面积，不应少于地上一层对应墙肢端部边缘构件纵向钢筋的截面面积。既然地下一层剪力墙边缘构件纵向钢筋已经和上部结构剪力墙约束边缘构件一样，只要箍筋稍稍加强即可，所以，实际工程中，地下一层一般也按设置约束边缘构件设计。

4.《高层建筑混凝土结构技术规程》对 B 级高度的高层建筑，考虑到其高度较高，为避免边缘构件配筋急剧减少的不利情况，规定宜在约束边缘构件层与构造边缘构件层之间设置 1~2 层过渡层，过渡层边缘构件的箍筋配置要求可低于约束边缘构件的要求，但应高于构造边缘构件的要求。

2.4.12　除上条所述的情况外的其他情况是否仅需设置构造边缘构件即可？

【解析】前已述及，当剪力墙墙肢轴压比很小时，说明墙肢已具备较好的延性和耗能能力。高层建筑剪力墙底部加强部位及相邻上一层以上部位，一般轴力相对较小，故轴压比较小；或者是四级抗震等级，本身对墙肢的延性要求相对较低，故可设置构造边缘构件。即"缺的少，补的少"。

对高层建筑，一般情况下设置构造边缘构件即可，但不排除特殊情况。比如：框架-核心筒结构的核心筒、筒中筒结构的内筒，底部加强部位以上的全高范围内宜按转角墙的要求设置约束边缘构件；开有转角窗的剪力墙肢宜沿墙肢全高范围设置约束边缘构件；当墙肢轴压比较大（接近规定的轴压比上限值）而又不可避免时，宜设置约束边缘构件；根据具体工程的实际情况，在结构的受力复杂部位、重要部位、关键部位等，笔者认为：也可设置约束边缘构件。

多层剪力墙结构由于层数少，墙肢轴向压力不是很大，即使是底部加强部位，也可能因为轴压比很小而设置构造边缘构件。底部加强部位以上的其他部位当然也就可以设置构造边缘构件了。

2.4.13　如何确定剪力墙约束边缘构件 l_c 的长度？

【解析】1. 设置剪力墙约束边缘构件，目的是约束剪力墙墙肢端部的受压区混凝土，提高受压区混凝土的变形能力，提高结构的耗能能力和抗震性能。所以约束边缘构件的几何尺寸与偏心受压的剪力墙截面受压区高度有关。而截面受压区高度不仅与轴向压力有关，而且与截面形状有关，在相同的轴向压力作用下，带翼缘或带端柱的剪力墙，其受压区高度显然小于一字形截面剪力墙。因此，带翼缘或带端柱的剪力墙的约束边缘构件沿墙的长度，要小于一字形截面剪力墙。

2. 规范为简单起见，采用仅与墙肢长度 h_w 挂钩的办法，即用 h_w 乘以约束边缘构件长度系数来确定。既满足设计精度的要求，又简单方便，是可行的，约束边缘构件长度 l_c 的取值见表 2.4.2。根据规范规定，要正确计算约束边缘构件 l_c 的长度，应确定好两个参数：一是约束边缘构件长度系数，二是剪力墙墙肢截面的长度 h_w。

约束边缘构件沿墙肢的长度 l_c 及其配箍特征值 λ_v　　　　表 2.4.2

项　目	一级（9度）		一级（6、7、8度）		二、三级	
	$\mu_N \leqslant 0.2$	$\mu_N > 0.2$	$\mu_N \leqslant 0.3$	$\mu_N > 0.3$	$\mu_N \leqslant 0.4$	$\mu_N > 0.4$
l_c（暗柱）	$0.20h_w$	$0.25h_w$	$0.15h_w$	$0.20h_w$	$0.15h_w$	$0.20h_w$
l_c（翼墙或端柱）	$0.15h_w$	$0.20h_w$	$0.10h_w$	$0.15h_w$	$0.10h_w$	$0.15h_w$
λ_v	0.12	0.20	0.12	0.20	0.12	0.20

注：1. μ_N 为墙肢在重力荷载代表值作用下的轴压比，h_w 为墙肢的长度；
2. 剪力墙的翼墙长度小于翼墙厚度的3倍或端柱截面边长小于2倍墙厚时，视为无翼墙、无端柱；
3. l_c 为约束边缘构件沿墙肢的长度（图2.4.5）。对暗柱不应小于墙厚和400mm的较大值；有翼墙或端柱时，不应小于翼墙厚度或端柱沿墙肢方向截面高度加300mm。

3. 约束边缘构件的长度系数，可由以下三个因素查表初步确定：

（1）抗震等级（注意：9度一级和6、7、8度一级的区别）；

（2）轴压比（注意：分为两级）；

（3）有无翼墙或端柱。注意：翼墙长度小于翼墙厚度的3倍或端柱截面边长小于2倍墙厚时，视为无翼墙、无端柱；若在墙肢的中部（中和轴附近）有端柱或平面外的墙肢时，并不能减小墙端受压区高度，也不能对墙肢端部产生约束作用，不是翼墙或端柱。

l_c长度的最后确定，对暗柱不应小于墙厚和400mm的较大值；有翼墙或端柱时，不应小于翼墙厚度或端柱沿墙肢方向截面高度加300mm，见图2.4.6。

4. 剪力墙墙肢截面长度的h_w的取值，与墙肢的受力状态有关。例如：对整截面的单片墙，其受力状态如同竖向悬臂梁，沿墙肢的高度方向上弯矩既不发生突变也不出现反弯点，截面上正应力呈直线分布，墙肢一端受拉，一端受压，如图2.4.5（a）所示。故h_w应取剪力墙整个墙肢截面的长度。当为一字墙（暗柱）时，约束边缘构件长度可取表中第二行的有关数值，当墙肢端部有翼墙或端柱时，考虑翼墙或端柱对墙肢端部混凝土受压区有一定的约束作用，l_c可适当减小，约束边缘构件长度可取表中第三行的有关数值，但h_w仍应取墙肢截面全长。若在墙肢的中部（中和轴附近）有端柱或平面外的墙肢时，并不能对墙肢端部产生约束作用，故h_w不应减小，系数仍应取表中第二行的有关数值。当为整体小开口墙或双肢墙时，连梁刚度很大，其约束作用很强，墙肢的整体性很好。水平荷载作用产生的弯矩主要由墙肢的轴力承担，墙肢自身弯矩很小，截面上正应力接近直线分布，洞口一端的墙肢受拉或以受拉为主，另一端的墙肢受压或以受压为主，如图2.4.5（c）、（d）所示。此时应取剪力墙体整个截面的长度（即各墙肢长度加洞口长度之和）来计算l_c，若仅按各自墙肢的截面长度来计算l_c，显然就不能达到真正约束墙肢端部的受压区混凝土的目的，可能会造成整个墙体的外侧墙端应当约束的压区混凝土未能很好地约束，使墙体的抗震设计存在隐患。

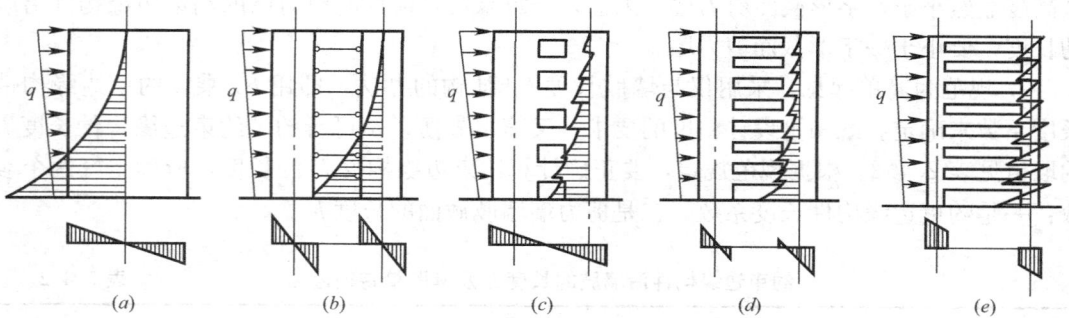

图2.4.5 几种开洞剪力墙的受力特点

因此，笔者建议：

（1）整截面的单片墙或与弱连梁相连的墙肢（图2.4.5b），其h_w应取整个墙肢的截面长度。

（2）像整体小开口墙或双肢墙这类连梁刚度很大、约束作用很强、墙肢整体性很好的墙体，并非独立墙肢，计算墙体两端约束边缘构件长度l_c的h_w值的取值，应按整个墙体的截面长度取用而不能仅按各自墙肢的截面长度。对较长的剪力墙开设结构洞形成的开洞墙、对开有转角窗的剪力墙（一般其连梁较强）以及其他与强连梁相连的剪力墙，应特别注意 h_w 的取值，一般应按整个墙体截面的长度取用。

（3）虽然开洞后形成强连梁与墙肢相连的开洞剪力墙的中和轴附近墙肢可不设约束边缘构件，但考虑连梁作为结构抗震设计的第一道防线，较强地震作用下退出工作后各墙肢将成为独立墙肢，故除墙体两端约束边缘构件外，开洞后的其他各墙肢仍应设置约束边缘构件或构造边缘构件，其长度 l_c 应按各墙肢的截面长度 h_w 来计算。

2.4.14 约束边缘构件纵筋的配置应注意什么？

【解析】约束边缘构件内配置纵向钢筋，目的是为了保证剪力墙肢和筒壁墙肢底部所需的延性和塑性耗能能力；同时，也是为了对剪力墙肢和筒壁墙肢底部的抗弯能力作必要的加强，以便在连肢剪力墙和连肢筒壁墙肢中使塑性铰首先在各层洞口连梁中形成，而使剪力墙和筒壁墙肢底部的塑性铰推迟形成。

约束边缘构件的纵向钢筋应配置在阴影部分（图2.4.6），非阴影部分仅配置竖向分布钢筋。阴影部分的纵向钢筋除应满足正截面受压（受拉）承载力计算要求外，还应满足约束边缘构件最小配筋率的要求。承受集中荷载的端柱还要符合框架柱的配筋要求。

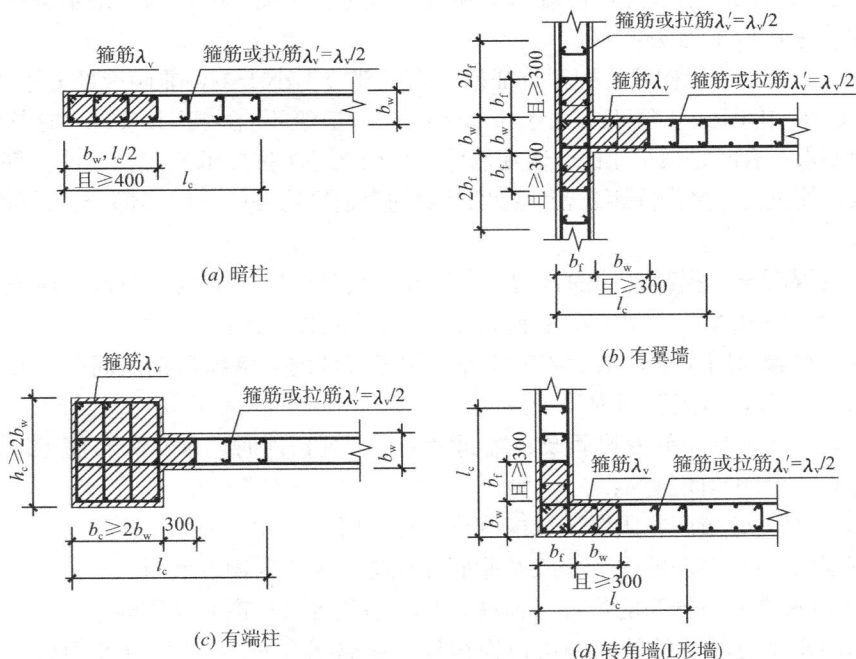

图 2.4.6　剪力墙的约束边缘构件

当采用335MPa级、400MPa级纵向钢筋时，宜分别按规范规定的最小配筋率数值增加0.1和0.05采用。

在由最小配筋率计算约束边缘构件的纵向钢筋面积时，当有翼墙或端柱时，无论翼墙长度是否小于翼墙厚度的3倍或端柱截面边长小于2倍墙厚，均应按实际截面面积计算。

规范还规定了钢筋的最少根数和最小直径："一、二、三级时……分别不应少于 $8\phi16$、$6\phi16$ 和 $6\phi14$ 的钢筋（ϕ 表示钢筋直径）"。当阴影部分尺寸较大，为了使纵筋肢距不致过大而增加根数，此时钢筋直径是否可以根据等强代换的原则减小？笔者认为：在满足配筋面积的前提下，增加钢筋根数可相应减小钢筋直径。但直径不宜减小过多，一般减小2mm 为宜，如直径 16mm 减为 14mm，直径 14mm 减为 12mm，等等。

2.4.15 当剪力墙约束边缘构件非阴影部分的水平钢筋（水平分布筋、箍筋、拉筋）配筋过密，构造如何处理？

【解析】和框架柱端的箍筋加密道理一样，抗震设计时剪力墙约束边缘构件设置箍筋并间距加密也是为了约束混凝土、提高墙肢的变形能力、耗能能力，满足墙肢的延性要求。

为了更好地约束混凝土，规范对约束边缘构件的箍筋不仅规定了体积配箍率（根据配箍特征值计算），还规定了最大间距。注意：约束边缘构件无论是阴影部分还是非阴影部分，其箍筋的竖向间距要求是一样的。有的设计根据非阴影部分的配箍特征值是阴影部分的一半，就简单地将非阴影部分箍筋的直径、水平间距（肢距）取和阴影部分相同，而竖向间距取阴影部分的一倍，这样做就达不到很好地约束混凝土的目的，是不合适的。如箍筋过密，建议采用以下做法：

规范规定，约束边缘构件的配箍特征值，阴影部分不小于 λ_v，非阴影部分不小于 $\lambda_v/2$，箍筋或拉筋的竖向间距，一级不宜大于 100mm，二、三级不宜大于 150mm。这样的配箍特征值和间距要求，有时是很不小的。若在墙体水平筋之外再按要求配置箍筋或拉筋，往往会造成箍筋或拉筋过密，竖向间距过密。特别是对约束边缘构件的非阴影部分，设计和施工上难度都较大。

根据约束混凝土、提高延性的目的，中国建筑设计研究院结构专业设计研究院主编的国家标准图集（04SG330）给出了两种箍筋或拉筋的配置方式：

(1) 外圈设置封闭箍筋，该封闭箍筋伸入阴影区域内一倍纵向钢筋间距，并箍住该纵向钢筋（图 2.4.7），封闭箍筋内设置拉筋。

(2) 当墙内水平分布筋的锚固及布置同时满足下列条件时，水平分布筋可取代相同位置（相同标高）处的封闭箍筋：

① 当墙内水平分布筋在阴影区域内有可靠锚固时；

② 当墙内水平分布筋的强度等级及截面面积均不小于封闭箍筋时；

③ 当墙内水平分布钢筋的位置（标高）与箍筋位置（标高）相同时。

当墙体的水平分布钢筋伸入约束边缘构件，在墙端有 90°弯折后延伸到另一排分布钢筋并钩住其竖向钢筋，满足锚固要求；内、外排水平分布钢筋之间设置足够的拉筋，从而形成复合箍，可以起到有效约束混凝土的作用，代替一部分约束边缘构件非阴影部分的箍筋或拉筋。另一部分则应配置密闭箍筋或拉筋，两部分之和满足配箍特征值的要求。这样做既可达到约束混凝土、提高延性的目的，又不致造成非阴影部分的水平方向钢筋过密，施工难以摆放的问题。

约束边缘构件的体积配箍率可计入此部分分布钢筋，考虑水平钢筋同时为抗剪受力钢筋，且竖向间距往往大于约束边缘构件的箍筋间距，需要另增一道封闭箍筋，故计入的水平分布钢筋的配箍特征值不宜大于 0.3 倍总配箍特征值。

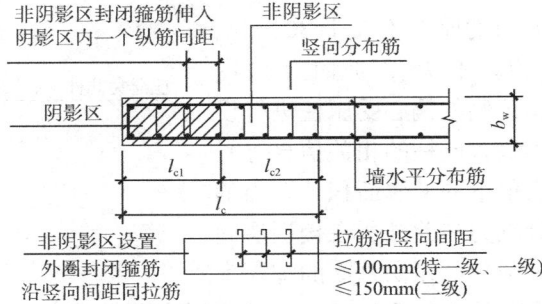

图 2.4.7 非阴影区箍筋及拉筋的做法

当水平分布筋的锚固及布置同时满足下列条件时，水平分布筋可取代相同位置（相同标高）处的封闭箍筋（图 2.4.8）：

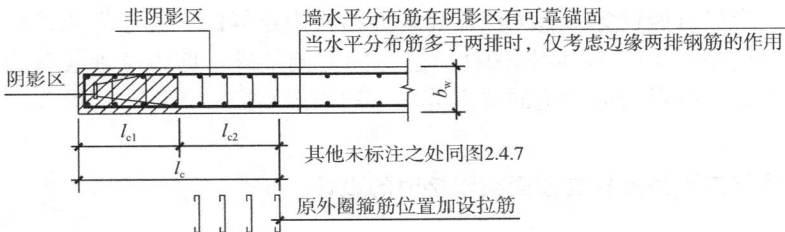

图 2.4.8 非阴影区考虑墙水平分布筋作用时的拉筋做法

2.4.16 小墙肢宜按柱设计。

【解析】剪力墙与柱都是偏心受压构件，其压弯破坏状态以及计算原理基本相同，但是其截面配筋构造有很大不同，因此柱截面和墙截面的配筋计算方法也各不相同。为此，要设定是按框架柱还是按剪力墙进行截面设计的分界点。根据工程经验并参考国外有关规范的规定，考虑到剪力墙设置边缘构件和分布钢筋的方便，《高层建筑混凝土结构技术规程》规定：剪力墙墙肢截面的高厚比 h_w/b_w 宜大于 4。当墙肢截面的高厚比 h_w/b_w 不大于 4 时，宜按框架柱进行截面设计。

一般剪力墙厚度不大，有可能小于 200mm，即使 4 倍墙厚也就是 800mm。如果是矩形截面，其抗侧刚度、承载能力都是很小的，是比短肢剪力墙抗侧力刚度更弱、抗震性能更差的独立小墙肢，甚至等同于"异形柱"。注意到《建筑抗震设计规范》对柱最小截面尺寸的规定：截面的宽度和高度，四级或不超过 2 层时不宜小于 300mm，一、二、三级且超过 2 层时不宜小于 400mm；圆柱的直径，四级或不超过 2 层时不宜小于 350mm，一、二、三级且超过 2 层时不宜小于 450mm。笔者认为：抗震设计时，当墙肢截面的高厚比 h_w/b_w 不大于 4 时，宜分两种情况进行设计：

（1）当剪力墙墙肢截面的厚度大于300mm、墙肢截面的高厚比 h_w/b_w 不大于4时，宜按框架柱进行截面设计。此框架柱抗震等级按相应框架-剪力墙结构的框架部分确定。柱的箍筋宜全高加密。

（2）当剪力墙墙肢截面的厚度不大于300mm、墙肢截面的高厚比 h_w/b_w 不大于4时（如图2.4.9），应按不参与结构抗侧的偏心受压柱进行设计（建模时柱头点铰或不输入此柱的相关信息等）。设计轴力取重力荷载代表值下的从属面积计算出的设计值，设计弯矩取设计轴力与此柱所在楼层层间位移限值的乘积。底部加强部位纵向钢筋的配筋率不应小于1.2%，一般部位不应小于1.0%，箍筋宜沿墙肢全高加密。

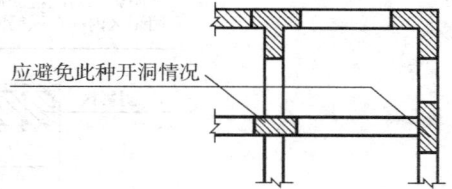
应避免此种开洞情况

图2.4.9 剪力墙开洞形成的小墙肢

需要说明的是：笔者在这里提出的"墙肢截面的厚度不大于300mm、墙肢截面的高厚比 h_w/b_w 不大于4"的界定不一定准确。宜根据工程的具体情况、墙肢的抗侧力刚度、承载能力的大小判定。

无论这两种情况中的哪一种情况，剪力墙结构中有这样的"柱子"，对结构受力、抗震都是不利的，应尽可能避免。若无法避免、而结构中这样的"柱子"极少时（占结构总地震倾覆力矩比例小于10%），除框架柱应进行内力调整外，剪力墙地震剪力标准值宜乘以适当的增大系数，抗震构造措施的抗震等级宜适当提高。

2.4.17 剪力墙与其平面外相交楼面梁刚接时的设计。

【解析】剪力墙的特点是平面内刚度和承载力很大，而平面外刚度和承载力都相对很小。当剪力墙墙肢与平面外方向的楼面梁连接时，或多或少会产生平面外弯矩，一般情况下设计并不验算墙的平面外承载力。当梁的截面高度较高时，梁端弯矩对墙平面外的安全不利，会使剪力墙平面外产生较大的弯矩，甚至超过剪力墙平面外的抗弯能力，造成墙体开裂甚至破坏。此时应设置其他构件平衡梁的弯矩或设法增大剪力墙墙肢抵抗平面外弯矩的能力。设计中可根据节点弯矩的大小、墙肢的厚度（平面外刚度）等具体情况确定梁、墙是刚接还是铰接，并据此采取相应的设计计算和构造措施，以保证剪力墙平面外的安全。

当剪力墙或核心筒墙肢与其平面外相交的楼面梁刚接时，可沿楼面梁轴线方向设置与梁相连的剪力墙、扶壁柱或在墙内设置暗柱，并应符合下列规定：

1. 设置沿楼面梁轴线方向与梁相连的剪力墙时，墙的厚度不宜小于梁的截面宽度（图2.4.10a）；

2. 设置扶壁柱时，其截面宽度不应小于梁宽，其截面高度应计入墙厚（图2.4.10b）；

3. 墙内设置暗柱时，暗柱的截面高度可取墙的厚度，暗柱的截面宽度可取梁宽加2倍墙厚（图2.4.10c）；

4. 应通过计算确定暗柱或扶壁柱的竖向钢筋（或型钢，图2.4.10d）；纵向受力钢筋应对称配置，竖向钢筋全截面的最小配筋率不宜小于表2.4.3规定。这个配筋率既不同于剪力墙边缘构件的配筋率，也不同于剪力墙小墙肢（柱）的最小配筋率；

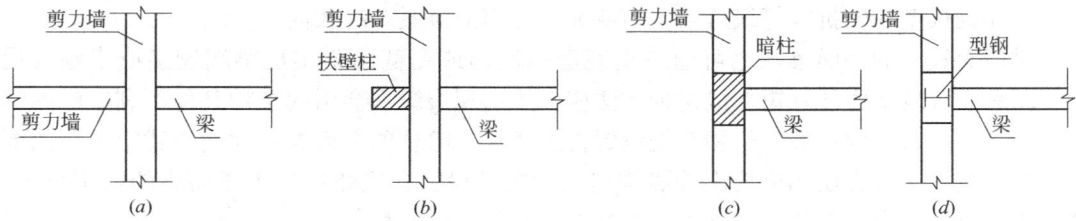

图 2.4.10　梁墙相交时剪力墙的加强措施

(*a*) 加剪力墙；(*b*) 加扶壁柱；(*c*) 加暗柱；(*d*) 加型钢

暗柱、扶壁柱纵向钢筋的构造配筋率　　　　　　　　　表 2.4.3

设计状况	抗震设计				非抗震设计
	一级	二级	三级	四级	
配筋率（%）	0.9	0.7	0.6	0.5	0.5

注：采用 400MPa、335MPa 级钢筋时表中数值宜分别增加 0.05 和 0.10。

5. 楼面梁的水平钢筋应伸入剪力墙或扶壁柱，伸入长度应符合钢筋锚同要求。钢筋锚固段的水平投影长度，非抗震设计时不宜小于 $0.4l_a$，抗震设计时不宜小于 $0.4l_{aE}$；当锚固段的水平投影长度不满足要求时，可将楼面梁伸出墙面形成梁头，梁的纵筋伸入梁头后弯折锚固（图 2.4.11），也可采取其他可靠的锚固措施；

6. 暗柱或扶壁柱应设置箍筋，箍筋直径，一、二、三级时不应小于 8mm，四级抗震及非抗震时不应小于 6mm，且均不应小于纵向钢筋直径的 1/4；箍筋间距一、二、三级时不应大于 150mm，四级及非抗震时不应大于 200mm。

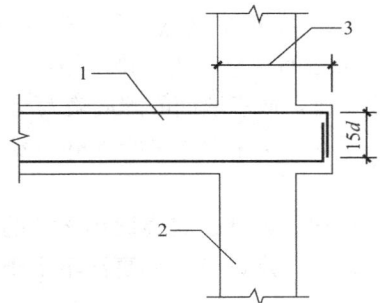

图 2.4.11　楼面梁伸出墙面形成梁头
1—楼面梁；2—剪力墙；
3—楼面梁钢筋锚固水平投影长度

在上述措施中，1、2 两种措施中沿梁轴线方向上的剪力墙、扶壁柱的设计内力由结构整体计算可得，此两种措施可以使剪力墙平面外不承受弯矩，效果最好。但也许会影响建筑的功能使用要求，难以做到。措施 3 满足了建筑的功能使用要求，但如何较准确合理地计算剪力墙暗柱的承载力，使墙体平面外具有足够的抗弯承载力，不致因平面外弯矩过大而造成墙体开裂破坏，是一个十分重要的问题。根据有关文献，笔者建议，暗柱的承载力计算可按以下方法进行：

墙内暗柱的截面高度可取墙的厚度，暗柱的截面宽度不应小于梁宽加 2 倍墙厚、不宜大于墙厚的 4 倍；暗柱弯矩设计值取为 $0.6\eta_c M_b$，此处 M_b 为与墙平面外连接的梁端弯矩设计值，η_c 为暗柱柱端弯矩设计值增大系数，剪力墙或核心筒为一、二、三、四级抗震等级时分别取 1.4、1.2、1.1 和 1.1；暗柱轴向压力设计值取暗柱从属面积下的重力荷载代表值。计算出的设计值，轴力对暗柱正截面承载力有利时可取梁上截面，且作用分项系数可取 1.0；轴力对暗柱正截面承载力不利时可取梁下截面，且作用分项系数可取 1.25；按偏心受压柱计算配筋。若钢筋混凝土暗柱不能满足承载力要求，可在剪力墙暗柱内设置型钢，按型钢混凝土柱计算其承载力。

213

暗柱或扶壁柱的抗震等级应与剪力墙或核心筒的抗震等级相同。

对截面较小的楼面梁，也可通过支座弯矩调幅或变截面梁实现梁端铰接或半刚接设计，以减小墙肢平面外弯矩。但这种方法应在梁出现裂缝不会引起结构其他不利影响的情况下采用。此时，应在墙、梁相交处设置构造暗柱，暗柱的截面宽尺寸同上述第一款的要求，暗柱配筋按剪力墙相应抗震等级构造边缘构件设置；应相应加大楼面梁的跨中弯矩，楼面梁的纵向受力钢筋锚入暗柱内的构造要求按铰接梁、柱节点构造。

2.4.18　当剪力墙厚度大于 400mm 时，竖向和水平分布筋仍采用双排配筋，墙体各排分布筋之间未设置拉结筋。

【解析】为防止混凝土表面出现收缩裂缝，同时使剪力墙具有一定的出平面抗弯能力，高层建筑的剪力墙不允许单排配筋。当剪力墙厚度大于 400mm 时，如仅采用双排配筋，形成中间大面积的素混凝土，会使剪力墙截面应力分布不均匀。因此，《高层建筑混凝土结构技术规程》第 7.2.3 条规定：高层建筑剪力墙中竖向和水平分布筋，不应采用单排配筋。当剪力墙截面厚度 b_w 不大于 400mm 时，可采用双排配筋；当 b_w 大于 400mm，但不大于 700mm 时，宜采用三排配筋；当 b_w 大于 700mm 时，宜采用四排配筋。受力钢筋可均匀分布成数排，或靠墙面的配筋略大。各排分布钢筋之间的拉结筋间距不应大于 600mm，直径不应小于 6mm，在底部加强部位，约束边缘构件以外的拉结筋间距宜适当加密。

2.4.19　为什么跨高比小于 5 的连梁按《高层建筑混凝土结构技术规程》第七章的有关规定设计，跨高比不小于 5 的连梁宜按框架梁设计？

【解析】剪力墙开洞后形成的连梁，根据跨高比不同，其受力及破坏状态，可分为两种情况：

1. 当连梁的跨高比小于 5 时，连梁跨度较小、截面高度较大，其承受的竖向荷载往往不大，梁的弯矩、剪力均较小，对配筋不起控制作用；而水平荷载作用下梁的弯矩很大，因而剪力也很大，且沿梁长基本均匀分布，对剪切变形十分敏感，容易出现剪切斜裂缝，其中跨高比不大于 2.5 的连梁这种情况更为明显。

2. 当连梁的跨高比不小于 5 时，连梁跨度较大而截面高度较小，梁的刚度小，水平荷载作用下梁的弯矩小，对配筋不起控制作用；而梁承受的竖向荷载所属面积较大，梁的弯矩、剪力往往均较大，梁很可能会因为竖向荷载作用下梁的抗弯、抗剪承载力不足而破坏。

既然两者的受力及破坏状态差别很大，当然它们的设计方法也应有区别。

1. 跨高比小于 5 的连梁，其剪力设计值的计算、受剪截面控制条件、斜截面受剪承载力、配筋构造要求，应按规范规定的连梁设计（见《高层建筑混凝土结构技术规程》第七章第 7.2.21～7.2.27 条）。

此连梁的抗震等级与所连接的剪力墙的抗震等级相同。

2. 跨高比不小于 5 的连梁，其剪力设计值的计算、受剪截面控制条件、斜截面受剪承载力、配筋构造要求，应按规范规定的框架梁设计（见《高层建筑混凝土结构技术规程》第六章有关规定）。

此梁的抗震等级建议取与所连接的剪力墙的抗震等级相同，这是偏于安全的。

2.4.20 连梁的配筋构造应满足哪些要求？

【解析】1. 连梁的跨高比都较小（小于5），为防止连梁在水平荷载作用下出现剪切斜裂缝后的脆性破坏，高规除规定采取了强剪弱弯的一些措施外，还在第7.2.26条对连梁的配筋构造（钢筋锚固、腰筋配置、箍筋加密区范围等）规定了一些特殊要求（图2.4.12）：

（1）连梁顶面、底面纵向受力钢筋伸入墙内的锚固长度，抗震设计时不应小于 l_{aE}，非抗震设计时不应小于 l_a，且不应小于600mm。

（2）水平地震作用下，沿连梁全跨长各截面所受的剪力基本相等，故规范提出：抗震设计时，沿连梁全长箍筋的构造应按框架梁梁端加密区箍筋的构造要求采用；非抗震设计时，沿梁全长的箍筋直径不应小于6mm，间距不应大于150mm。这不仅是抗震设计时约束混凝土提高连梁梁端延性的需要，也是保证连梁抗剪承载力的需要。

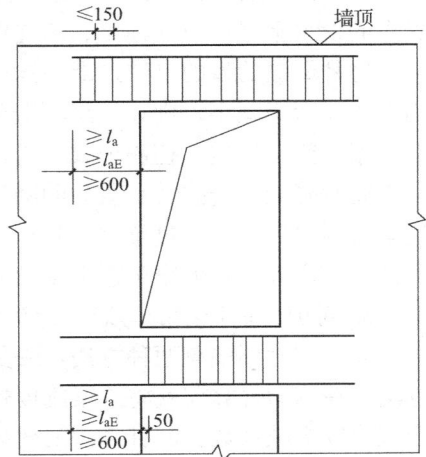

图 2.4.12　剪力墙连梁配筋构造

注意连梁的箍筋加密是"沿连梁全长"，而不是像框架梁那样仅在梁端加密区。

（3）顶层连梁纵向钢筋伸入墙体内的长度范围内，应配置间距不大于150mm的构造配筋，箍筋直径应与该连梁的箍筋直径相同。

（4）墙体水平分布钢筋应作为连梁的腰筋在连梁范围内拉通连续配置；当连梁截面高度大于700mm时，其两侧面沿梁高度范围设置的纵向构造钢筋（腰筋）的直径不应小于8mm，间距不应大于200mm；对跨高比不大于2.5的连梁，梁两侧的纵向构造钢筋（腰筋）的面积配筋率不应小于0.3%。

此条为强制性条文，设计中应认真执行。

值得注意的是：规范规定对剪力墙开洞形成的跨高比不小于5的连梁，宜按框架梁进行设计。即对剪力墙开洞形成的跨高比不小于5的连梁，其内力及配筋计算按框架梁进行，配筋构造也按框架梁进行，不必满足上述要求。

2. 连梁受弯纵向钢筋的最小、最大配筋率详见本节"2.4.22 剪力墙连梁受弯纵向钢筋的最小、最大配筋率如何取用？"。

3. 配置斜向交叉钢筋时的配筋构造规定，详见《混凝土结构设计规范》第11.7.11条有关规定。

2.4.21 抗震设计时连梁截面控制条件不满足《高层建筑混凝土结构技术规程》规定时，设计中可以采取哪些处理措施？

【解析】规范规定受弯构件的截面控制条件，目的首先是防止发生斜压破坏（或腹板压坏），其次是限制在使用阶段的斜裂缝宽度，同时也是斜截面受剪破坏的最大配筋率条件。

连梁由于跨度小截面高度较大，水平荷载作用下梁端剪力较大，容易出现截面控制条件不满足规定的情况，不采取合适的处理措施会造成连梁斜裂缝过大甚至发生斜压破坏。

当连梁剪压比不满足规范规定时，建议采用以下处理措施：

1. 减小连梁截面高度 h 或采取其他减小连梁刚度的措施（如《建筑抗震设计规范》提出的设水平缝形成双连梁、多连梁等）

这种做法的目的是通过减小连梁的截面高度，进而降低连梁抗弯刚度，则水平荷载作用下梁端弯矩减小，则在梁跨不变的情况下梁端剪力也减小，可能会满足要求。但注意：但根据连梁剪压比的控制公式 $V \leqslant (\mu_v \beta_c f_c bh_0)/\gamma_{RE}$，此时连梁截面高度减小，其抗剪承载力也同时降低。若抗剪承载力的降低大于剪力的减小，则反而更为不利。连梁开洞，形成连梁（洞口以上）和过梁（洞口以下），道理和减小连梁截面高度一样。加大连梁截面宽度虽有一定效果，但很可能会影响使用功能。

2. 对剪力墙连梁的弯矩进行塑性调幅

连梁塑性调幅有两种方法，一是按照《高层建筑混凝土结构技术规程》第 5.2.1 条的方法，在内力计算前就将连梁刚度进行折减；二是在内力计算之后，将连梁弯矩和剪力组合值乘以折减系数。两种方法的效果都是减小连梁内力和配筋。无论用什么方法，连梁调幅后的弯矩、剪力设计值不应低于使用状况下的值，也不宜低于比设防烈度低一度的地震作用组合所得的弯矩、剪力设计值，其目的是避免在正常使用条件下或较小的地震作用下在连梁上出现裂缝。因此建议一般情况下，可掌握调幅后的弯矩不小于调幅前按刚度不折减计算的弯矩（完全弹性）的 0.8 倍（6～7 度）和 0.5 倍（8～9 度），并不小于风荷载作用下的连梁弯矩。

这种做法实际上就是不减小连梁的截面高度而减小连梁剪力设计值。用弯矩调幅后对应的剪力设计值进行剪压比限值验算。但如果塑性调幅后仍不能满足剪压比限值的要求（设计时结构计算中常有这种情况），则此方法也就没有效果了。

由于结构体系的原因，有些连梁不能通过在连梁上开洞、弯矩进行塑性调幅等方式满足其抗剪要求，而必须采用跨高比很小的强连梁，以便和墙肢构成框筒或联肢墙。如：在筒中筒结构中，必须采用跨高比很小的裙梁和剪力墙肢构成抗侧力刚度很大的外框筒；框架-核心筒结构的核心筒以及为了满足结构的抗侧移要求或结构耗能能力及延性性能，也需要采用跨高比很小的强连梁，此时，不能采用减小连梁截面高度、弯矩进行塑性调幅等的做法。即应注意上述第一、二两种方法的适用范围。

3. 对于一、二级抗震等级的连梁，当跨高比不大于 2.0、截面宽度不小于 250mm 时，配置交叉斜筋，利用交叉斜筋抗剪，或同时配置普通垂直箍筋，两者共同抗剪

这种做法对筒体结构中的内筒连梁式外框筒裙梁应用较多。具体设计方法见本篇第六章筒体结构中 "2.6.16 如何进行配置交叉斜筋钢筋的抗剪承载力计算？"。

4. 采用钢板混凝土连梁

此方法见《高层建筑钢-混凝土混合结构设计规程》CECS 230：2008。

（1）钢板混凝土连梁的截面剪力设计值，应符合下列规定：

1）无地震作用组合和四级时，应取组合的剪力设计值。

2）特一、一、二、三级时应按公式（2.4.2）计算：

$$V_b = \eta_{vb} \frac{M_b^l + M_b^r}{l_n} + V_{Gb} \tag{2.4.2}$$

3）9 度时及特一级时尚应按公式（2.4.3）计算：

$$V_b = 1.1 \frac{M_{bua}^l + M_{bua}^r}{l_n} + V_{Gb} \tag{2.4.3}$$

式中 M_b^l、M_b^r——分别为连梁左、右端顺时针或反时针方向考虑地震作用组合的弯矩设计值，对一级抗震等级且两端均为负弯矩时，绝对值较小一端的弯矩应取零；

M_{bua}^l、M_{bua}^r——分别为梁左、右端顺时针或反时针方向实配的正截面抗震受弯承载力所对应的弯矩值，计算时应采用实际截面、实配钢板和钢筋面积，并取钢材的屈服强度和钢筋及混凝土材料强度标准值，同时考虑承载力抗震调整系数；

l_n——连梁的净跨；

V_{Gb}——在重力荷载代表值作用下，按简支梁计算的连梁端截面剪力设计值；

η_{vb}——连梁剪力增大系数，特一级取 1.4，一级取 1.3，二级取 1.2，三级取 1.1。

（2）钢板混凝土连梁的截面限制条件，应符合下列规定：

根据《高层建筑钢-混凝土混合结构设计规程》的规定，钢板混凝土连梁和截面限制条件，抗震设计取 $\mu_v = 0.20$。似偏小，笔者认为可适当放宽。建议按钢骨混凝土梁取用。

1）无地震作用组合时

$$V \leqslant 0.45 \beta_c f_c b_b h_{b0} \tag{2.4.4}$$

$$V_{cu}^{rc} \leqslant 0.25 \beta_c f_c b_b h_{b0} \tag{2.4.5}$$

$$\frac{f_{ssv} t_w h_w}{\beta_c f_c b h_{b0}} \geqslant 0.1 \tag{2.4.6}$$

2）有地震作用组合时

$$V \leqslant (0.36 \beta_c f_c b_b h_{b0}) / \gamma_{RE} \tag{2.4.7}$$

$$V_{cu}^{rc} \leqslant (0.20 \beta_c f_c b_b h_{b0}) / \gamma_{RE} \tag{2.4.8}$$

$$\frac{f_{ssv} t_w h_w}{\beta_c f_c b h_{b0}} \geqslant 0.1 \tag{2.4.9}$$

式中 β_c——混凝土强度影响系数，当混凝土强度等级不超过 C50 时，取 $\beta_c = 1.0$；当混凝土强度等级为 C80 时，取 $\beta_c = 0.8$；其间按线性内插法确定 β_c 值；

t_w、h_w——分别为钢骨腹板的厚度和钢骨腹板的高度；$h_w t_w$ 应计入与受剪方向一致的所有钢骨板材的面积；

f_{ssv}——钢骨腹板的抗剪强度设计值。

（3）钢板混凝土连梁的斜截面受剪承载力应按下列规定计算：

1）无地震作用组合时

$$V_b \leqslant 0.7 f_t b h_{b0} + f_{yv} \frac{A_{sv}}{s} h_{b0} + 0.35 f_{ssv} t_w h_w \tag{2.4.10}$$

同时要求 $\quad V_b \leqslant f_{yv} \frac{A_{sv}}{s} h_{b0} + f_{ssv} t_w h_w \tag{2.4.11}$

2）有地震作用组合时

$$V_{\mathrm{b}} \leqslant \frac{1}{\gamma_{\mathrm{RE}}} \left[0.42 f_{\mathrm{t}} b h_{\mathrm{b0}} + f_{\mathrm{yv}} \frac{A_{\mathrm{sv}}}{s} h_{\mathrm{b0}} + 0.35 f_{\mathrm{ssv}} t_{\mathrm{w}} h_{\mathrm{w}} \right] \tag{2.4.12}$$

式中　V_{b}——连梁剪力设计值；

　　　f_{t}——混凝土轴心抗拉强度设计值，按现行国家标准《混凝土结构设计规范》的规定采用；

　　　f_{yv}——箍筋的抗拉强度设计值，按现行国家标准《混凝土结构设计规范》的规定采用；

　　　b——连梁截面的宽度；

　　　h_{b0}——连梁截面的有效高度；

　　　A_{sv}——配置在同一截面内各肢箍筋的全部截面面积；

　　　s——沿构件长度方向的箍筋间距；

　　　t_{w}——钢板的厚度；

　　　h_{w}——钢板的高度；

　　　f_{ssv}——钢板的抗剪强度设计值；

　　　γ_{RE}——受剪承载力抗震调整系数，取 0.85。

（4）钢板混凝土连梁的配筋构造应符合下列规定：

1）纵向受力钢筋、腰筋和箍筋的构造要求应符合《混凝土结构设计规范》、《高层建筑混凝土结构技术规程》的有关规定；

2）钢筋混凝土连梁内的钢板，厚度不应小于 6m，高度不宜超过梁高的 0.7 倍，钢板宜采用 Q235B 级钢材；

3）钢板的表面应设置抗剪连接件，可采用焊接栓钉，也可在钢板两侧分别焊接两根不小于 12mm 的通长钢筋。采用栓钉时（图 2.4.13a），应符合《高层建筑钢-混凝土混合结构设计规程》第 6.3.3 条的规定，焊接钢筋时，可采用断续角焊缝（图 2.4.13b）；

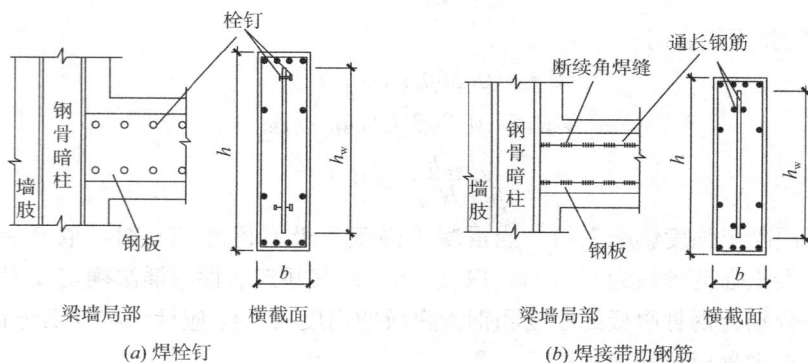

图 2.4.13　钢板混凝土连梁钢板表面的抗剪连接件

4）钢板在墙肢内应可靠锚固，如果在墙肢内设置有钢骨暗柱，连梁钢板的两端与钢骨暗柱可采用焊接或螺栓连接；如果在墙肢内无钢骨暗柱，钢板在墙肢中的埋置长度不应小于 500mm 及钢板高度 h_{w} 二者中的较大值，在距离墙肢表面 75mm 处以及钢板端部焊接加劲钢板，其厚度不小于 16mm，宽度不小于 100mm 与墙肢厚度的 0.4 倍二者中的较小值（图 2.4.14）。

图 2.4.14 中，钢板锚入墙内，墙肢端部有边缘构件，边缘构件有水平箍筋，箍筋和钢板如何构造值得研究。笔者建议：此时，剪力墙端部边缘构件的水平箍筋可部分焊接在钢板上、部分在钢板中开孔以使箍筋穿过。

5. 当以上措施都不能解决问题时，可考虑在大震作用下超筋连梁退出工作。

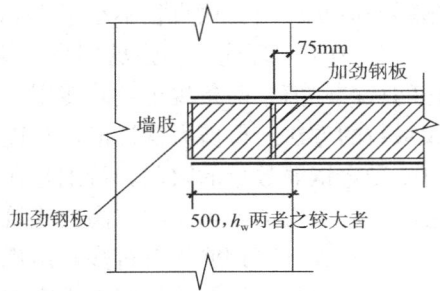

图 2.4.14　钢板在墙肢内的锚固

此时，在大震作用下超筋连梁已剪切破坏，不再能约束墙肢，因此可考虑此连梁不参与结构计算，而按独立墙肢进行第二次多遇地震下的结构整体内力分析，即超筋连梁两端可点铰，作为两端铰接梁参与结构整体内力分析。它相当于剪力墙的第二道防线，这种情况往往使墙肢的内力及配筋加大，可保证墙肢的安全。墙肢截面配筋按两次计算的较大值包络设计。

第二次结构计算由于没有连梁的约束，位移会加大，但是大震作用下不必按小震作用要求限制其位移，保证构件的承载能力即可。

此时超筋连梁的设计，可按此连梁在非抗震设计时竖向荷载及水平风荷载作用下计算其弯矩设计值，求出正截面抗弯配筋面积，实际配筋面积尚不应小于抗震设计时连梁的正截面最小配筋率的规定；再根据正截面抗弯实际配筋反算其剪力值，并按超筋连梁的抗震等及乘以相应的剪力放大系数得出剪力设计值，最后根据此剪力设计值进行斜截面抗剪配筋并不小于抗震设计时连梁的斜截面最小配筋率的规定。

2.4.22　剪力墙连梁受弯纵向钢筋的最小、最大配筋率如何取用？

【解析】1. 规定连梁的纵筋钢筋最小配筋率，目的是防止连梁在荷载作用下，由于钢筋配置过少导致一拉就裂，一裂就坏的少筋梁脆性破坏。抗震设计时，是满足连梁延性要求的抗震构造措施之一。

连梁的纵筋受拉钢筋最小配筋率，可按以下规定取用：

（1）水平纵筋钢筋最小配筋率按表 2.4.4 取用。

连梁水平纵筋钢筋最小配筋率（％）　　　　　　　　　　　　　表 2.4.4

跨高比	最小配筋率（采用较大值）	
	非抗震设计	抗震设计
$l/h_b \leqslant 0.5$	0.20，$45 f_t / f_y$	0.20，$45 f_t / f_y$
$0.5 < l/h_b \leqslant 1.5$	0.20，$45 f_t / f_y$	0.20，$45 f_t / f_y$
$l/h_b > 1.5$	按框架梁的要求采用	按框架梁的要求采用

注：1. 所谓"按框架梁的要求采用"，非抗震设计时可取 0.20 和 $45 f_t / f_y$ 两者的较大值；抗震设计时可按《高层建筑混凝土结构技术规程》第 6.3.2 条表 6.3.2-1 中支座一列的数值取用；
　　2. 连梁沿上、下边单侧水平纵筋配筋不宜少于 $2\phi12$。

（2）配置斜向交叉钢筋时斜向交叉钢筋配筋应满足《混凝土结构设计规范》第 11.7.11 条第 1 款要求。

交叉斜筋配筋连梁单向对角斜筋不宜小于 $2\phi12$，单组折线筋截面面积可取单向对角斜筋截面面积之半，直径不宜小于 12mm；集中对角斜筋配筋连梁和对角暗撑连梁中每组对角斜筋应至少由 4 根直径不小于 14mm 钢筋组成。

2. 为了实现连梁的强剪弱弯，规范规定了对剪力设计值的放大、规定了对连梁剪压比的从严限值，两条规定共同使用，目的就是限制连梁的受弯配筋。但由于是采用乘以增大系数的方法获得剪力设计值，与连梁正截面受弯的实际配筋量无关，故容易使设计人员忽略受弯钢筋数量的限制，特别是在计算配筋值很小而按构造要求配置受弯钢筋时，容易忽略强剪弱弯的要求。故《高层建筑混凝土结构技术规程》规定连梁的纵筋钢筋最大配筋率，防止连梁弯钢筋配置过多，出现连梁的强弯弱剪破坏。

（1）水平纵筋钢筋配筋率不宜超过表 2.4.5 的规定。

连梁水平纵筋钢筋最大配筋率（％） 表 2.4.5

跨高比	最小配筋率	
	非抗震设计	抗震设计
$l/h_b \leqslant 1.0$	2.5	0.60
$1.0 < l/h_b \leqslant 2.0$	2.5	1.2
$2.0 < l/h_b \leqslant 2.5$	2.5	1.5
$l/h_b > 2.5$	2.5	2.5

（2）跨高比较小的连梁抗弯刚度大，水平地震作用下，即使计算时对连梁刚度进行了折减，但梁端弯矩仍较大，如设计时就按此弯矩设计值配置纵向钢筋而不注意连梁剪压比的要求（此时连梁剪压比往往不满足规范规定），很容用造成强弯弱剪。此时应采取措施（具体见本节"2.4.21 抗震设计时连梁截面控制条件不满足《高层建筑混凝土结构技术规程》规定时，设计中可以采用哪些处理措施？"），首先应满足连梁剪压比的要求。

（3）如连梁剪压比满足规范规定而连梁水平纵筋钢筋实际配筋超过表中最大配筋率规定，则应按连梁实配钢筋进行连梁强剪弱弯的验算。

2.4.23 为什么楼面主梁不宜支承在剪力墙之间的连梁上？

【解析】楼面梁支承在连梁上时，由于连梁截面宽度较小，刚度较弱，一方面不能有效约束楼面梁，没有足够的抗扭刚度去抵抗平面外弯矩，会使连梁产生扭转，对连梁受力十分不利；另一方面因连梁本身剪切应变较大，再增加主梁传来的内力易使连梁产生过大的剪切斜裂缝。在强震下连梁作为第一道防线可能首先破坏，这样支承在连梁上的主梁也会随之破坏。

抗震设计时，试验表明，在往复荷载作用下，锚固在连梁内的楼面梁纵向受力钢筋有可能产生滑移，与楼面梁连接的连梁混凝土有可能拉脱。

还需特别注意的是：连梁作为剪力墙抗震第一道防线，在地震作用特别是强震下，可能率先开裂，出铰甚至破坏，楼面梁支承在连梁上，势必造成楼面梁也连续破坏。

尽量避免楼面梁特别是楼面主梁支承在剪力墙连梁上。特别是数量较多时，应多和建筑及其他专业协商、沟通，或者调整有关主梁或（和）竖向构件的平面布置，将此处的墙洞移位，或者将楼面梁移位，成为楼面梁支承在剪力墙上。

若有楼板次梁等截面较小的梁支承在连梁上，不可避免时，次梁与连梁的连接可按铰接处理，铰出在次梁端部。

第五章　框架-剪力墙结构

2.5.1　由框架和剪力墙组成的结构的设计原则。

【解析】框架和剪力墙的抗侧力刚度、承载能力差别较大，由框架和剪力墙组成的框架-剪力墙结构，在规定的水平力作用下，结构底层框架部分承受的地震倾覆力矩占结构总地震倾覆力矩的比值不同，其结构性能也很不相同。结构设计时，应据此比值确定该结构相应的适用高度和构造措施，计算模型及分析均按框架-剪力墙结构进行实际输入和计算分析。《高层建筑混凝土结构技术规程》将其分为四种情况，设计方法各不相同：

1. 当框架部分承受的地震倾覆力矩不大于结构底部总地震倾覆力矩的 10% 时，表明结构中框架部分承担的地震作用较小，结构的地震作用绝大部分由剪力墙部分承担，工作性能接近纯剪力墙结构。应按剪力墙结构设计。此时结构中剪力墙部分的抗震等级可按剪力墙结构的规定确定，结构最大适用高度仍按剪力墙结构的规定确定。计算分析时按框架-剪力墙结构进行。关于内力调整，建议剪力墙宜承担结构的全部地震剪力，框架部分承担的地震剪力可在计算值基础上适当放大。其侧向位移控制指标按剪力墙结构的规定确定，框架部分的设计应符合本章框架-剪力墙结构中框架部分的相关规定。

对于这种少框架的剪力墙结构，由于框架部分承担的地震倾覆力矩很少，内力调整时，要求其达到结构底部地震总剪力的 20% 和按侧向刚度分配的框架部分按楼层地震剪力中最大值 1.5 倍二者较大值，则调整的内力放大系数必然很大，很可能使框架柱超筋，实际上框架部分很难起到结构抗震第二道防线的作用。此时也可采用类似第七章框架-核心筒结构的内力调整的办法。即当框架部分楼层地震剪力标准值的最大值小于结构底部总地震剪力标准值的 10% 时，各层框架部分承担的地震剪力标准值应增大到结构底部总地震剪力标准值的 15%，其各层剪力墙或核心筒墙体的地震剪力标准值应根据具体情况适当放大，墙体的抗震构造措施应适当加强。

2. 当框架部分承受的地震倾覆力矩大于结构底部总地震倾覆力矩的 10% 但不大于 50% 时，属于典型的框架-剪力墙结构，按本章框架-剪力墙结构的规定进行设计。

3. 当框架部分承受的地震倾覆力矩大于结构底部总地震倾覆力矩的 50% 但不大于 80% 时，表明结构中剪力墙的数量偏少，框架承担较大的地震作用，按本章框架-剪力墙结构进行设计。此时，框架部分的抗震等级宜按框架结构确定，柱轴压比限值宜按框架结构的规定采用；其最大适用高度和高宽比限值可比框架结构适当增加，增加的幅度可根据剪力墙数量及所受的地震倾覆力矩的比例确定。建议这种情况的房屋最大适用高度按表 2.5.1 取用，供参考。

剪力墙部分的抗震等级一般可按框架-剪力墙结构确定，当结构高度较低时，也可随框架。抗震设计时，地震作用所产生的对结构的总地震倾覆力矩是由框架和剪力墙两部分共同承担的。若框架承担的部分大于结构总地震倾覆力矩的 50%，说明框架部分已居于较主要地位，应加强框架部分的抗震能力，提高其抗震构造措施的抗震等级。如某 6 层框架-剪力墙结构，结构高度 22m，抗震设防烈度为 8 度，丙类建筑，若框架部分承受的地震倾覆力矩大于结构总地震倾覆力矩的 50%，根据《高层建筑混凝土结构技术规程》表 3.9.3 查框架-剪力墙结构一栏，框架部分的抗震等级应为二级，剪力墙部分的抗震等级为一级。若查框架结构一栏，框架的抗震等级也为二级，可见这种情况下剪力墙部分没有必要采用更高的抗震等级，可与修正后的框架部分抗震等级一样，即按二级即可。

房屋最大适用高度（m） 表 2.5.1

框架所承担的地震倾覆力矩的比值（%）	≤50	60	70	80	90	100
抗震设防烈度 6	130	116	102	88	74	60
7	120	107	94	81	68	55
8	100	89	78	67	56	45
9	60	53	46	39	32	25

注：中间情况按线性插值。

4. 当框架部分承受的地震倾覆力矩大于结构总地震倾覆力矩的 80% 时，表明结构中剪力墙的数量极少，按本章框架-剪力墙结构设计。但此时框架部分的抗震等级和轴压比按框架结构的规定采用，剪力墙部分的抗震等级和轴压比按框架-剪力墙结构的规定采用，房屋的最大适用高度宜按框架结构采用。框架梁、柱的组合内力设计值应按框架结构调整。框架梁、柱的最小配筋率等亦应按框架结构取用。

对于这种少墙的框架-剪力墙结构，由于其抗震性能较差，不主张采用，以避免剪力墙受力过大，过早破坏。仅在框架结构层向位移角不满足规范规定时，可能采用（设置少量剪力墙，增加结构刚度）。此时宜采取措施将剪力墙减薄、开竖缝、开结构洞，配置适量单排钢筋等措施，减小剪力墙的作用；宜增大与剪力墙相连的框架柱的配筋，并采取措施确保在剪力墙破坏后竖向荷载的有效传递。

此外，也可以在结构中增设少量的钢筋混凝土（或钢）支撑，在一些框架柱上增设翼墙。

上述做法，不仅可以有效减小结构的水平侧移值，还可以将这类剪力墙、支撑、框架柱翼墙作为结构的第一道防线，首先承担地震力，吸收地震能量，提高结构的抗震性能，避免结构在强烈地震下的破坏和倒塌。例如我国台湾某学校沿平面走廊方向框架柱上设置了钢筋混凝土翼墙，在 "9·21" 大地震中完好无损（图 2.5.1）。

在第 3、第 4 两种情况下，抗震设计时的结构计算分析应按框架结构模型和框架-剪力墙结构模型二者计算结果的较大值。为避免剪力墙过早破坏，结构的层间位移角限值等相关控制指标应按框架-剪力墙结构采用。建议采用分级控制值，即层间位移角的控制值根据剪力墙所承担的地震倾覆力矩的比值来确定，见表 2.5.2，中间情况线性插值。供参考。

对第 4 种情况，如果结构的层间位移角不满足框架-剪力墙结构的规定时，可按有关规定进行结构抗震性能的分析和论证。

实际工程中，情况 4 是很难做到的。剪力墙设置过少（剪力墙部分承受的地震倾覆力矩不大于结构底部总地震倾覆力矩的 20%），虽然能满足结构层间位移限值的要求，但可能墙体配筋超筋严重；而为了使剪力墙不超筋，增加剪力墙数量时，则剪力墙部分承受的地震倾覆力矩很可能就大于结构底部总地震倾覆力矩的 20%，甚至大于 40%、接近 50%，成为情况 3。在情况 3 时，除了按规定对框架部分加强抗震措施外，剪力墙部分也应按框架-剪力墙结构的剪力墙部分进行抗震设计，其抗震等级不宜随框架部分的抗震等级，剪力墙也不宜减薄、开竖缝、开结构洞、配置少量单排钢筋等。

(a)

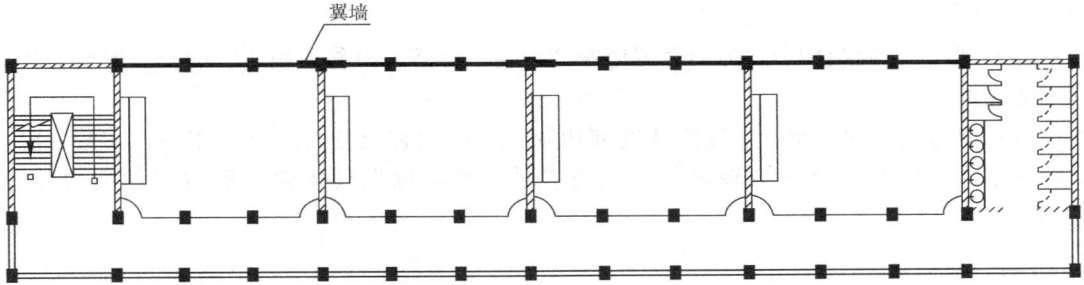

(b)

图 2.5.1　集集地震中设置了钢筋混凝土翼墙的学校完好

(a) 实景照片；(b) 平面图

层间位移角的控制值　　　　　　　　　　　　　　　　表 2.5.2

框架所承担的地震倾覆力矩的比值（%）	≤50	60	70	80	90	100
层间位移角的控制值	1/800	1/750	1/700	1/650	1/600	1/550

2.5.2　框架-剪力墙结构应设计成双向抗侧力体系，抗震设计时，结构两主轴方向均应布置剪力墙。

【解析】由于水平荷载特别是地震作用的多方向性，故结构应在各个方向布置抗侧力构件，才能抵抗水平荷载，保证结构在各个方向具有足够的刚度和承载力。当平面为正交时，则应在平面两个主轴方向布置抗侧力构件，形成双向抗侧力体系。这个问题在框架-剪力墙结构中尤为重要。因为在框架-剪力墙结构中，剪力墙是结构主要抗侧力构件，如果仅在一个方向布置剪力墙，另一个方向不布置剪力墙，则会造成无剪力墙的方向抗侧力刚度不足，使该方向带有纯框架的性质，没有多道防线，地震作用下可能会使结构在此方向首先破坏。同时，一个方向布置剪力墙，另一个方向不布置剪力墙，会造成结构在两个主轴方向的刚度差异过大，产生很大的结构整体扭转。

需要注意的是：当结构两方向平面尺寸接近时，设计人一般都会在两个主轴方向布置剪力墙，而当结构两方向平面尺寸相差较大时，就可能会认为即使长向不布置剪力墙，结构该方向的抗侧力刚度和布置了剪力墙的短向也相差不大，故不在长向布置剪力墙而仅在短向布置剪力墙，这显然是不合适的。如上所述，此种情况下长向实际上是纯框架受力，无多道防线。结构在两个方向的受力，特别是耗能能力、延性性能等都有很大差别，是不协调的。正确的做法是：在长向布置一定数量的剪力墙，墙肢不宜过长，并应使结构两个主轴方向的抗侧力刚度接近。

2.5.3 框架-剪力墙结构中的剪力墙平面布置有哪些规定？

【解析】框架-剪力墙结构中，由于剪力墙的刚度较大，其数量的多少和平面位置对结构整体刚度和刚心位置影响很大。因此，处理好剪力墙的布置是框架-剪力墙结构设计中的主要问题。

1. 框架-剪力墙结构中剪力墙布置应按"均匀、分散、对称、周边"的基本原则考虑，尽可能做到：

（1）剪力墙宜均匀布置在建筑物的周边附近，以使它充分发挥抗扭作用，在楼（电）梯间、平面形状变化及恒载较大的部位设置剪力墙，以保证楼盖与剪力墙的剪力传递（图 2.5.2）。

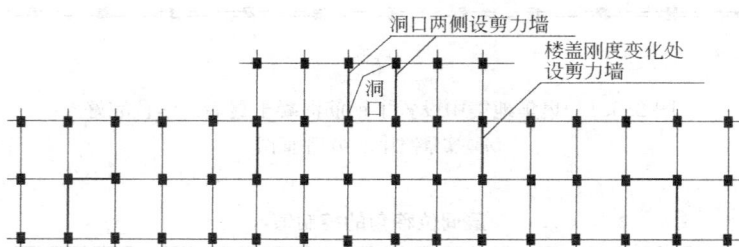

图 2.5.2 剪力墙平面布置实例

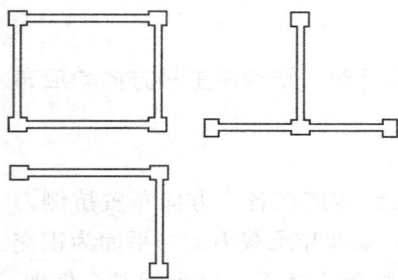

图 2.5.3 相邻剪力墙的布置

（2）平面形状凹凸较大处，是结构的薄弱部位，宜在凸出部分的端部附近布置剪力墙予以加强。

（3）纵、横向剪力墙宜连接在一起，或设计成带边框的剪力墙，组成 L 形，T 形和口字形，以增大剪力墙的刚度和抗扭转能力（图 2.5.3）。洞口边缘距柱边不宜小于墙厚，也不宜小于300mm。

（4）框架梁柱与剪力墙的轴线宜重合在同一平面内，梁、柱轴线间偏心距不宜超过柱截面在该方面边长的 1/4。超过时，应采取有效措施，如梁水平加腋或加强柱的箍筋配置等。

（5）剪力墙的布置宜分布均匀，单片墙的刚度宜接近，长度较长的剪力墙宜设置洞口和连梁形成双肢墙或多肢墙，单肢墙或多肢墙的墙肢长度不宜大于 8m。对多层建筑，不宜大于墙肢总高度的 1/3。每段剪力墙底部承担水平力产生的剪力不宜超过结构底部总剪力的 30%。以免受力过于集中，避免该片剪力墙对刚心位置影响过大，且一旦破坏对整体结构不利，也使此部分基础承担过大水平力。

（6）剪力墙不应设置在墙面开大洞口的部位，当墙有洞口时，洞口宜上下对齐，避免错开；上下洞口间的墙高（包括梁）不宜小于层高的 1/5。

（7）楼、电梯间等竖井的设置，宜尽量与其附近的框架或剪力墙的布置相结合，使之形成连续、完整的抗侧力结构，不宜孤立地布置在单片抗侧力结构或柱网以外的中间部分。

（8）房屋纵（横）向区段较长时，纵（横）向剪力墙不宜集中设置在房屋的端开间，否则应采取措施以减少温度、收缩应力的影响。

（9）为避免施工困难，不宜在变形缝两侧同时设置剪力墙。

（10）剪力墙的数量应适量，过多会使结构抗侧力刚度过大，加大地震作用，增大地震效应，既不经济也不合理。

2. 应符合本章第 2.5.9 款的规定。

2.5.4 怎样确定框架-剪力墙结构中剪力墙的合理数量？

【解析】在框架-剪力墙结构中，应当使剪力墙承担大部分由于水平作用产生的剪力。因为剪力墙是框架-剪力墙结构的主要抗侧力构件，而框架柱与剪力墙相比，其抗侧力刚度是很小的。如果剪力墙数量过少，则结构可能会由于抗侧力刚度不足而导致侧移过大，甚至因构件的承载能力不足而破坏。但是，剪力墙设置过多，不仅使结构刚度过大，从而加大了结构的地震效应，而且使结构自重加大，施工工程量相应增加等，对结构也是不合理不经济的。

应当对框架-剪力墙结构中的剪力墙数量进行优化，确定较为合理的剪力墙数量。一般可以采用计算机软件计算，通过满足以下要求来确定较为合理的剪力墙数量：

1. 首先必须满足规范所规定的在水平荷载作用下框架-剪力墙结构的侧移限值和舒适度要求。

2. 对应于地震作用标准值且未经调整的各层（或某一段内各层）框架承担的地震总剪力 V_f 同时应满足下式要求：

$$V_f \geqslant 0.2V_0 \tag{2.5.1}$$

式中　V_0——对框架柱数量从下至上基本不变的规则建筑，应取对应于地震作用标准值的结构底部总剪力；对框架柱数量从下至上分段有规律变化的结构，应取每段最下一层结构对应于地震作用标准值的总剪力。

3. 在此基础上，控制在规定的水平力作用下，剪力墙所承担的地震倾覆力矩占结构总地震倾覆力矩的比例一般在 60%～80% 之间较好。剪力墙分配到的剪力过大，框架需要调整的内力就多，说明框架太弱；剪力墙分配到的剪力过小，则框架部分的延性要提高，会导致结构用钢量增加。

2.5.5 高规第 8.1.3 条："抗震设计的框架-剪力墙结构，应根据在规定的水平力作用下结构底层，框架部分承受的地震倾覆力矩与结构总地震倾覆力矩的比值，确定相应的设计方法……"，其中"框架部分承受的地震倾覆力矩"如何计算？

【解析】1. 所谓"规定的水平力"一般是指采用振型组合后的楼层地震剪力换算的水平作用力。

2. 对竖向布置比较规则的框架-剪力墙结构，框架部分承担的地震倾覆力矩应按下式计算：

$$M_c = \sum_{i=1}^{n} \sum_{j=1}^{m} V_{ij} h_i \qquad (2.5.2)$$

式中 M_c——框架-抗震墙结构在基本振型地震作用下框架部分承受的地震倾覆力矩；

n——结构层数；

m——框架 i 层的柱根数；

V_{ij}——第 i 层第 j 根框架柱的计算地震剪力；

h_i——第 i 层层高。

由上式可知，M_c 是整个结构框架部分承受的地震倾覆力矩而不是某一层框架部分承受的地震倾覆力矩。对于单塔或多塔结构，塔楼为框架-剪力墙结构时，可取裙房顶标高处来计算塔楼的 M_c。

2.5.6 框架总剪力如何调整？

【解析】框架-剪力墙结构中，框架柱与剪力墙相比，其抗侧力刚度是很小的。故在水平地震作用下，楼层地震总剪力主要由剪力墙来承担（一般剪力墙承担楼层地震总剪力的70%、80%甚至更多），框架只承担很小的一部分。就是说，水平地震作用引起的框架部分的内力一般都较小。按多道防线的概念设计要求，墙体是第一道防线，在设防地震、罕遇地震下先于框架破坏，由于塑性内力重分布，框架部分按侧向刚度分配的剪力会比多遇地震下加大。如果不做调整就按这个计算出来的内力进行框架部分的抗震设计，框架部分就不能有效地作为抗震的第二道防线。为保证作为第二道防线的框架具有一定的抗侧力能力，需要对框架承担的剪力予以适当的调整。

1. 在结构楼层侧向刚度沿竖向分布基本均匀的情况下，若框架柱数量从下至上基本不变，应取对应于地震作用标准值的结构底层总剪力一次调整；若框架柱数量从下至上分段有规律的变化，应取每段底层结构对应于地震作用标准值的总剪力分段调整。即当某楼层段柱根数减少时，则以该段为调整单元，取该段最底一层的地震剪力为其该段的底部总剪力，该段内各层框架承担的地震总剪力中的最大值为该段的 $V_{f,\max}$。注意：前者（一次调整）取的是结构底层总剪力和各层框架承担的地震总剪力中的最大值，而后者（分段调整）取的是每段底层总剪力和未经调整的各层（或某一段内各层）框架承担的地震总剪力。

2. 对塔类结构出现分段规则的情况，可分段调整；对有加强层的结构，框架承担的最大剪力不包含加强层及相邻上下层的剪力。

3. 抗震设计时框架-剪力墙结构框架部分的内力调整，应在振型组合之后、并满足《高层建筑混凝土结构技术规程》第 4.3.12 条关于楼层最小地震剪力系数的前提下进行。不满足时，需改变结构布置或调整结构总剪力和各楼层的水平地震剪力使之满足要求，再按上述规定进行框架部分的内力调整。

4.《建筑抗震设计规范》在第 6.2.13 条条文说明指出：此项规定不适用于部分框架柱不到顶，使上部框架柱数量较少的楼层。那么，此时是否需调整？应如何调整？

笔者认为：调整是肯定的，如何调整？建议如下：对框架柱数量沿竖向有较大的变化、更复杂的情况，设计时应专门研究框架柱剪力的调整方法。例如：若某楼层段突然减少了较多框架柱，按结构底层或每段底层总剪力 V_0 来调整柱剪力时，将使这些楼层的单根柱内力放大系数过大，从而柱承担的剪力过大，致使柱子超筋，不合理。而强行将按上述规定计算出的放大系数减小，其他不作变化，则框架部分难以起到结构第二道防线的作用。总之，都可能使结构的抗震承载力不足，设计是偏于不安全的。对这样的楼层，建议参考第七章框架-核心筒结构内力调整的办法。即当结构某层（或某段）框架部分楼层地震剪力标准值的最大值小于结构该层（或该段）底层总地震剪力标准值的 10% 时，框架部分承担的地震剪力标准值应增大到该层（或该段）底层总地震剪力标准值的 15%，该层（或该段）剪力墙的地震剪力标准值应适当放大，墙体抗震构造措施应适当加强。

5. 当有越层柱时，按规定调整后的越层柱及与之相连的框架梁的内力（M、V）不应小于其所在楼层其他框架柱（截面尺寸相同）、框架梁（截面尺寸及跨度均相同）的内力（M、V）。

6. 框架部分的内力调整，必须在满足规范关于楼层最小地震剪力系数的前提下进行。若经计算结构已经满足楼层最小地震剪力系数的要求，则按规定乘以剪力增大系数即可，若不满足，则首先应改变结构布置或调整结构总剪力和各楼层的水平地震剪力使之满足要求，再进行框架部分的内力调整。

7.《抗规》明确规定"侧向刚度沿竖向分布基本均匀"，笔者认为可理解为：建筑结构相邻楼层侧向刚度的变化应符合《高层建筑混凝土结构技术规程》第 3.5.2 条的规定。

2.5.7 高度小于 60m 的框架-核心筒结构可否按框架-剪力墙结构确定抗震等级？

【解析】框架-核心筒结构是结构平面布置相对固定的一种结构形式，其受力特点与框架-剪力墙结构相似，是框架-剪力墙结构的一种特例。由于核心筒抗侧力刚度大，空间性能好，故其房屋适用高度一般较高（大于 60m），而框架-剪力墙结构的结构平面布置形式比较灵活，房屋高度适用范围比较宽（可小于 60m）。因此，在《高层建筑混凝土结构技术规程》表 3.9.3 中，框架-剪力墙结构按房屋高度 60m 为界线区分了不同的抗震等级，而框架-核心筒结构的抗震等级以 80m 为界线区分。实际上，当房屋高度大于 60m 而小于等于 80m 时，除 6 度以外《高层建筑混凝土结构技术规程》表 3.9.3 中框架-核心筒结构和框架-剪力墙结构的抗震等级是相同的。

对于房层高度不超过 60m 的框架-核心筒结构，其作为筒体结构的空间作用已不明显，总体上更接近于框架-剪力墙结构。因此规范明确规定应允许按《高层建筑混凝土结构技术规程》表 3.9.3 中的框架-核心筒结构确定其抗震等级，也可按框架-剪力墙结构确定其抗震等级。此时除应满足核心筒的有关设计要求外，还应满足《高层建筑混凝土结构技术规程》对框架-剪力墙结构的其他要求，如剪力墙所承担的结构底部地震倾覆力矩的规定等。

2.5.8 为什么剪力墙两侧楼板不能均开有通长洞口？

【解析】两侧楼板全部开洞的剪力墙，计算中可能认为它已发挥作用，但由于剪力墙两侧楼板全部开洞，实际上楼板并不能将水平力有效地传递至此片剪力墙上，实际受力完全不是那回事，造成其他墙肢和框架柱实际受力比计算值大。当两侧楼板全部开洞的剪力墙计算所承受的水平剪力较大时，则与结构实际受力状态误差更大，可能会造成其他抗侧力构件的承载力不安全。所以不应在剪力墙两侧楼板全部开洞（图 2.5.4），对剪力墙结构是如此，对框架-剪力墙结构更是如此。设计中，当其他专业提出的楼板开洞要求会使剪力墙两侧楼板全部开洞时，应通过协商，尽可能将其一部分开洞移至别处，或预留板的受力钢筋，要求在安装好设备管道后，立即封堵洞口，以使楼板洞口尽可能小，并应采取其他有效的构造措施（如设拉梁、拉板等），保证水平力能可靠地传递至该片剪力墙上。同时应通过正确的计算分析，适当折减其抗侧力刚度。

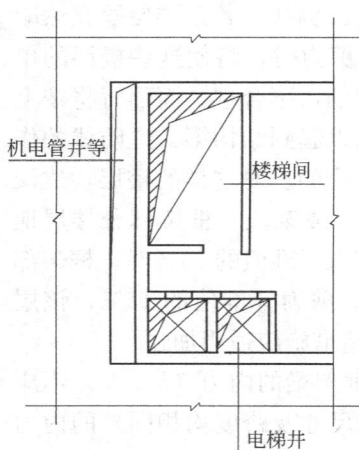

图 2.5.4 剪力墙两侧楼板全部开洞

2.5.9 框架-剪力墙结构、板柱-剪力墙结构中为什么要规定剪力墙间距的限值？两者的剪力墙间距限值是否相同？

【解析】框架-剪力墙结构、板柱-剪力墙结构是通过刚性楼、屋盖的连接，将水平荷载传递到剪力墙上，保证结构在水平荷载作用下的整体工作的。按国外的有关规定，楼盖周边两端位移不超过平均位移 2 倍的情况称为刚性楼盖，超过 2 倍则属于柔性楼盖。长矩形平面或平面有一方向较长（如 L 形平面中有一肢较长）时，如横向剪力墙间距较大，在水平荷载作用下，两墙之间的楼、屋盖即使楼板不开洞且有一定的厚度，但仍会产生较大的面内变形。楼、屋盖平面内的变形，将影响楼层水平剪力在各抗侧力构件之间的分配，造成处该区间的框架（或板柱）不能和邻近的剪力墙协同工作而增加框架（或板柱）负担。为了使两墙之间的楼、屋盖能获得足够的平面内刚度，保证结构在水平荷载作用下的整体工作性能，有效地传递水平荷载，规范对框架-剪力墙结构、板柱-剪力墙结构中的剪力墙平面布置提出间距要求。现浇的板柱-剪力墙结构中板柱部分的承载能力、抗侧力刚度相对较弱，故剪力墙间距的要求较框架-剪力墙结构要严。装配整体式楼、屋盖由于整体性较差，故剪力墙间距的要求较现浇或叠合楼、屋盖要严。

1. 框架-剪力墙结构、板柱-剪力墙结构中，剪力墙之间无大洞口的楼、屋盖的剪力墙间距，不宜超过表 2.5.3 规定。

剪力墙间距（m）   表 2.5.3

楼屋盖类型		抗震设防烈度			
		非抗震设计	6度、7度 （取较小值）	8度 （取较小值）	9度 （取较小值）
框架-剪力墙结构	现浇或叠合楼、屋盖	5.0B，60	4.0B，50	3.0B，40	2.0B，30
	装配整体式楼、屋盖	3.5B，50	3.0B，40	2.0B，30	不宜采用
板柱-剪力墙结构的现浇楼、屋盖		4.0B，50	3.0B，40	2.0B，30	—

2. 几点说明：

（1）表中的数值适用于楼、屋盖无大洞口时，当两墙之间的楼、屋盖有较大开洞时，该段楼、屋盖的平面内刚度更差，剪力墙的间距应适当减小。同时楼板应按弹性楼板假定进行结构整体计算。

（2）超过表中数值时，即使楼、屋盖无大洞口，也应考虑其平面内变形对楼层水平剪力分配的影响，即应按弹性楼板假定进行结构整体计算。

（3）纵向剪力墙布置在平面的尽端时，会造成对楼盖两端的约束作用，楼盖中部的梁板容易因混凝土收缩和温度变化而出现裂缝，故宜避免。此时，考虑到在设计中有剪力墙布置在结构平面的中部，而端部无剪力墙的情况，故当房屋端部未布置剪力墙时，第一片剪力墙与房屋端部的距离，不宜大于表中剪力墙间距的 1/2。以防止布置框架（或板柱）的楼面伸出太长，不利于地震力传递。

（4）表中的 B 为相邻剪力墙之间的相应楼盖宽度。若结构平面有凹凸时，同一楼层不同剪力墙之间的楼盖宽度 B 可能不同。

（5）装配整体式楼盖应符合下列规定：

1）无现浇叠合层的预制板，板端搁置在梁上的长度不宜小于 50mm；

2）预制板板端宜预留胡子筋，其长度不宜小于 100mm；

3）预制板板孔应有堵头，堵头深度不宜小于 60mm，并应采用强度等级不低于 C20 的混凝土浇灌密实；

4）楼盖的预制板板缝宽度不宜小于 40mm，板缝大于 40mm 时应在板缝内配置钢筋，并宜贯通整个结构单元；现浇板缝、板缝梁的混凝土强度等级宜高于预制板的混凝土强度等级；

5）楼盖每层宜设置钢筋混凝土现浇层；现浇层厚度不应小于 50mm，并应双向配置直径不小于 6mm、间距不大于 200mm 的钢筋网，钢筋应锚固在梁或剪力墙内。

（6）叠合楼、屋盖的现浇层厚度大于 60mm 可作为现浇板考虑。

2.5.10 框架-剪力墙结构中的剪力墙截面沿高度方向厚度不变可能会出现什么问题？为什么？

【解析】让我们先从一个工程实例谈起，某框架-剪力墙结构，在进行结构抗震分析时，由于结构层间位移未能满足规范限值要求，故自然而然就想到要增设剪力墙。由于功能要求不允许增设剪力墙，于是就将剪力墙截面加厚。但结果却总不能如愿，剪力墙越加越厚，刚度越加越大，但侧移却总不能满足规范限值要求。后经过分析发现：（1）虽然层间位移不满足规范限值要求，但其所在层数是逐渐上移的；（2）所有剪力墙的厚度沿高度方向不变，均采用同一个厚度。于是对剪力墙采取变截面，下部数层剪力墙较厚，越往上墙厚逐渐变薄。这样一来，在最初剪力墙墙厚的基础上减薄了上部数层剪力墙的厚度，结构却反而满足了侧移限值的要求。这是为什么呢？

从受力及变形特点来分析，水平荷载作用下，单独的剪力墙变形曲线为弯曲型，其水平侧移主要取决于所受弯矩的大小，剪力墙侧移越往上增加越快；而单独的框架变形曲线为剪切型，其水平侧移跟各楼层剪力有关，越往上侧移增加越慢。组成框架-剪力墙结构后，通过各层刚性楼板的联系，使框架和剪力墙协同工作，两者变形一致，共同承担水平荷载，将两种不同变形特征的构件，组成一种弯剪型变形的结构（图 2.5.5）。在水平荷载作用下，这种变形的协调一致使得两者之间产生相互作用力。框架剪力墙之间楼层剪力的分配比例是随楼层所处高度而变化。在下部数层，因为剪力墙位移小，它拉着框架变形，使剪力墙承担了大部分剪力，两者之间产生压力，剪力墙帮框架的忙，使框架的层间侧移减小；在上部几层，剪力墙位移越来越大，而框架的位移逐渐变小，两者之间产生拉力，框架帮剪力墙的忙，即框架除了要承担原有的那部分剪力外，还要承担拉回剪力墙变形的附加剪力（图 2.5.6）。所以，剪力墙截面沿高度方向取相同的厚度，非但对结构剪力没有好处，反而加重了上部几层框架的负担，对结构反而不利。

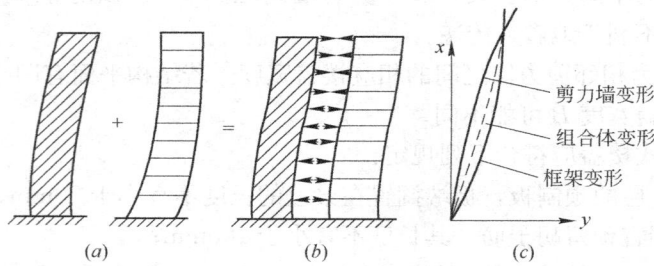

图 2.5.5　框架-剪力墙结构变形特点

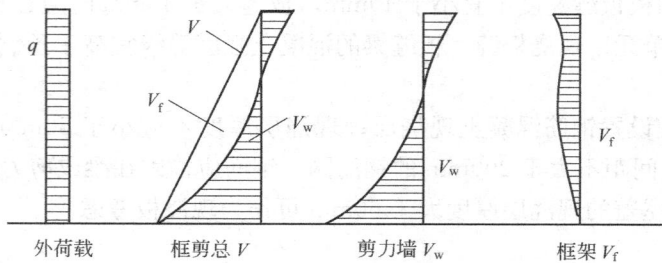

图 2.5.6　框架-剪力墙结构受力特点

表 2.5.4 是另一个实际工程采用不同剪力墙厚度时部分计算结果的比较。框架-剪力墙结构，一个方案剪力墙厚度为 500mm，另一个方案剪力墙厚度为 600mm，两者均从下至上墙厚不变，两个结构的其他条件均相同。可以看出：剪力墙变厚了，但侧移反而加大（x 向由 1/1247 增大为 1/1036，y 向由 1/1272 增大为 1/923），框架部分承受的倾覆力矩反而加大（x 向由 21.60% 增大为 29.85%，y 向由 23.38% 增大为 32.08%），其原因就是

由于剪力墙截面沿高度方向厚度不变所致。剪力墙越厚，则框架的负担越重，要求其抗侧力刚度越大，所以当剪力墙部分的侧力刚度加大而框架部分的抗侧力刚度不变时，由剪力墙加厚而增加的水平力只能由框架单独承受。

剪力墙厚度不同时部分计算结果的比较   表 2.5.4

	x 向		y 向	
	500mm	600mm	500mm	600mm
周期	2.2	2.0451	1.8487	1.9492
平动系数	0.92	0.93	0.83	0.94
扭转系数	0.08	0.07	0.17	0.06
最大位移/平均位移	1.32	1.18	1.32	1.24
最大层间位移/平均层间位移	1.32	1.23	1.32	1.25
最大层间位移	1/1247	1/1036	1/1272	1/923
剪重比	3.2%	3.2%	3.2%	3.2%
框架承担的倾覆力矩/基底总倾覆力矩	21.60%	29.85%	23.38%	32.08%

所以，在框架-剪力墙结构中，剪力墙截面沿高度方向的厚度应从下至上逐渐减小，不能采用同一个厚度，当然也不要突变。

2.5.11 剪力墙结构、框架-剪力墙结构、板柱-剪力墙结构、简体结构、部分框支-剪力墙结构中的剪力墙墙体配筋有什么区别？

【解析】剪力墙是结构体系的主要抗侧力构件和承重构件。即使混凝土墙体具有正截面抗弯能力，理论计算不需配置钢筋，为了防止混凝土墙体在受弯裂缝出现后立即达到极限抗弯承载力导致破坏，必须配置一定量的竖向分布钢筋。同时，由于混凝土的收缩及温度变化，也将在墙体内产生较大的剪应力。为了防止斜裂缝出现后发生脆性的剪拉破坏，也必须配置一定量的水平分布钢筋。因此，规范规定了剪力墙竖向和水平分布钢筋的最小配筋率。

房屋顶层墙、长矩形平面房屋的楼电梯间墙、山墙和纵墙的端开间等是温度应力可能较大的部位，应当适当增大其分布钢筋配筋量，以抵抗温度应力的不利影响。

规范还规定了高度小于 24m 的四级抗震墙的竖向分布筋的最小配筋率。

1. 剪力墙结构、框架-剪力墙结构、板柱-剪力墙结构、框架-核心筒结构、框支-剪力墙结构中的剪力墙在结构中的作用有所区别，故其墙体竖向和水平分布钢筋的最小配筋率也有所区别，建议应满足表 2.5.5 的要求。

2. 几点说明

（1）表中框架-剪力墙结构、板柱-剪力墙结构仅给出一般剪力墙的墙体配筋，简体结构仅给出底部加强部位及非抗震设计时核心筒或内筒外筒墙的墙体配筋，其余未述及处，其墙体配筋均同剪力墙结构相应部分配筋；部分框支-剪力墙结构仅给出底部加强部位及非抗震设计时的墙体配筋，其余未述及处，其墙体配筋均同框架-剪力墙结构相应部分配筋。

各类结构剪力墙水平及竖向分布钢筋最小配筋率（%）、最小直径（mm）、最大间距（mm）要求

表 2.5.5

结构类型	设计类别		抗震设计			非抗震设计
			特一级	一、二、三级	四级	
剪力墙结构	一般剪力墙	最小配筋率	底部加强部位：0.40 其他部位：0.35	0.25	0.2	0.2
		最小直径	8	8	8	8
		最大间距	300	300	300	300
	1. 房屋顶层 2. 长矩形平面房屋的楼、电梯间 3. 端开间纵向剪力墙 4. 端山墙	最小配筋率	0.25			
		最小直径	8			
		最大间距	300			
	高度小于 24m 且剪压比很小的四级剪力墙	最小配筋率	竖向分布钢筋：0.15；水平分布钢筋：0.20			
		最小直径				
		最大间距				
	高度不大于 10m 且不超过 3 层的剪力墙	最小配筋率	竖向分布钢筋：0.15；水平分布钢筋：0.20			
		最小直径				
		最大间距				
框架-剪力墙结构、板柱-剪力墙结构		最小配筋率	底部加强部位：0.40 其他部位：0.35	0.25	0.25	0.2
		最小直径	8	8	8	8
		最大间距	300	300	300	300
框支-剪力墙结构		最小配筋率	底部加强部位：0.40 其他部位：0.35	底部加强部位：0.30		0.25
		最小直径	8	8		8
		最大间距	200	200		200
简体结构		最小配筋率	底部加强部位：0.40 其他部位：0.35	底部加强部位：0.30		0.25
		最小直径	8	8		8
		最大间距	200	200		200

（2）根据《混凝土结构设计规范》规定：非抗震设计时，结构高度不大于 10m 且不超过 3 层房屋中的剪力墙，其竖向和水平分布钢筋的最小配筋率不宜小于 0.15%。但高度为 10～24m 房屋中的剪力墙，未见规定其最小配筋率。笔者建议：竖向和水平分布钢筋的最小配筋率不宜小于 0.20%。

（3）参考美国 ACI 318 规定，当抗震结构混凝土剪力墙的设计剪力小于 $A_{cv}\sqrt{f'_c}$（A_{cv} 为腹板截面面积，该设计剪力对应的剪压比小于 0.02）时，腹板的竖向分布钢筋允许降到同非抗震的要求。因此，表中"剪压比很小"可理解为剪压比小于 0.02；并注意：规范仅规定竖向分布钢筋最小配筋率应允许按 0.15% 采用，而水平分布钢筋最小配筋率应按 0.20% 采用。

（4）分布钢筋的最大直径不宜大于剪力墙厚的 1/10。

（5）规范对抗震设计时剪力墙分布钢筋最小配筋率的规定是强制性条文，应严格执行。

2.5.12 框架-剪力墙结构中，剪力墙周边设置端柱和框架梁（暗梁）有哪些规定？

【解析】1. 剪力墙通常有两种布置方式：一种是剪力墙与框架分开，剪力墙围成筒，墙的两端没有柱；另一种是剪力墙嵌入框架内，有端柱、有边框梁，成为带边框剪力墙。第一种情况的剪力墙，与剪力墙结构中的剪力墙、简体结构中的核心筒或内筒墙体区别不大。对于第二种情况的剪力墙，剪力墙周边受框架梁柱的约束，在侧向反复地震（大变形）作用下只承受剪力，墙体在楼层区格内产生斜向交叉裂缝，达到耗能作用，剪力墙周边框架梁柱仍能承受竖向荷载，起到多道防线的作用。

对于将剪力墙嵌入框架内，成为带有边框（有端柱、有边框梁）的剪力墙，有实验资料指出：有端柱剪力墙的受剪承载力比矩形截面剪力墙的受剪承载力提高 42.5%，有端柱剪力墙的极限层间位移比，比矩形截面剪力墙的极限层间位移比提高 110%，有端柱剪力墙在反复大幅度位移的情况下耗能比矩形截面剪力墙提高 23%。这就很好地说明：设置端柱或翼缘，特别是增加端柱或翼缘的约束箍筋可以延缓纵筋压屈，保持混凝土截面承载力，增强沿裂缝处抗滑移能力，从而提高了剪力墙的延性及耗能能力。但是，如果梁的宽度大于墙的厚度，则每一层的剪力墙有可能成为高宽比小的矮墙，强震作用下容易发生剪切破坏，同时，剪力墙给柱端施加很大的剪力，使柱端剪坏，这对抗地震倒塌是非常不利的。2005 年、2006 年，国外曾做过两个模型的对比试验，一个 1/3 比例的 6 层 2 跨、3 开间的框架-剪力墙结构模型的振动台试验，剪力墙嵌入框架内，结果首层剪力墙剪切破坏，剪力墙的端柱剪坏，首层其他柱的两端出塑性铰，首层倒塌；另一个足尺的 6 层 2 跨、3 开间的框架-剪力墙结构模型的振动台试验，与 1/3 比例的模型相比，除了模型比例不同外，嵌入框架内的剪力墙采用开缝墙。试验结果，首层开缝墙出现弯曲破坏和剪切斜裂缝，没有出现首层倒塌的破坏现象。

可以看出：剪力墙中仅带端柱，对剪力墙受力有利，而带有边框梁则对剪力墙受力作用不大。

2. 《高层建筑混凝土结构技术规程》规定，带边框剪力墙的构造应符合下列规定：

（1）带边框剪力墙的截面厚度应符合《高层建筑混凝土结构技术规程》附录 D 的墙体稳定计算要求，且应符合下列规定：

1）抗震设计时，一、二级剪力墙的底部加强部位均不应小于 200mm；

2）除第 1）款以外的其他情况下不应小于 160mm。

（2）剪力墙的水平钢筋应全部锚入边框柱内，锚固长度不应小于 l_a（非抗震设计）或 l_{aE}（抗震设计）。

（3）与剪力墙重合的框架梁可保留，亦可做成宽度与墙厚相同的暗梁，暗梁截面高度可取墙厚的 2 倍或与该榀框架梁截面等高，暗梁的配筋可按构造配置且应符合一般框架梁相应抗震等级的最小配筋要求。

（4）剪力墙截面宜按工字形设计，其端部的纵向受力钢筋应配置在边框柱截面内。

（5）边框柱截面宜与该榀框架其他柱的截面相同，边框柱应符合《高层建筑混凝土结构技术规程》第 6 章有关框架柱构造配筋规定；剪力墙底部加强部位边框柱的箍筋宜沿全高加密；当带边框剪力墙上的洞口紧邻边框柱时，边框柱的箍筋宜沿全高加密。

3. 带端柱剪力墙的截面设计：

(1) 带边框的剪力墙，边框端柱截面宜与同层该榀框架其他柱相同，且端柱截面宽度不小于 $2b_w$，端柱截面高度不小于柱的宽度。带边框剪力墙的混凝土强度等级宜与边框柱相同。

(2) 带边框剪力墙的端柱和横梁与剪力墙的轴线宜重合在同一平面内，剪力墙与端柱、框架梁与框架轴线间的偏心距不宜大于 1/4 柱宽。

(3) 两端带端柱的剪力墙平面内应按 I 字形截面进行承载力计算，平面外端柱则应满足框架柱的承载能力要求，同时，应满足抗震设计时剪力墙端柱作为边缘构件（约束边缘构件或构造边缘构件）、非抗震设计时作为剪力墙端柱纵筋、箍筋的构造配筋要求。剪力墙底部加强部位的端柱和紧靠剪力墙洞口的端柱宜按柱箍筋加密区的要求全高加密。剪力墙应与端柱有可靠连接。剪力墙的水平钢筋应全部锚入边框柱内，锚固长度不应小于 l_a （非抗震设计）或 l_{aE} （抗震设计）。

应注意：在剪力墙平面内，端柱与嵌入的剪力墙应作为一个构件共同受力。有的设计在进行带端柱的剪力墙平面内承载力计算时，把端柱、剪力墙看成两个构件，分别计算其承载能力，这显然是不合适的。

4. 有端柱时，墙体在楼盖处宜设置暗梁，暗梁的截面高度不宜小于墙厚和 400mm 的较大值；暗梁的配筋可按构造配置且不应小于一般框架梁相应抗震等级的最小配筋要求。

考虑到边框梁对剪力墙的作用不大，《建筑抗震设计规范》对于有端柱的情况，不要求一定设置边框梁。还需要注意的是：与剪力墙平面重合时可在剪力墙内设置暗梁；而与框架平面不重合的剪力墙内不是必须设置暗梁。

当剪力墙中部有较宽门洞特别是门洞靠近端柱时，为便于传力，建议应设置边框梁。但这类门洞对抗震等级为一、二级的剪力墙底部加强部位应当避免。

2.5.13 在框架-剪力墙结构中，一端与框架柱相连，一端与剪力墙相连的框架梁或连梁，超筋很严重，如何处理？

【解析】截面尺寸较大的剪力墙，其刚度比与之刚接的连梁大很多，几乎成为连梁的嵌固端，可以吸收很大的弯矩，故与剪力墙相连的框架梁或连梁此端支座负弯矩往往很大，会因为弯矩过大，截面较小而超筋。

因此，设计此类梁时，建议采取如下做法中的一种：

1. 若建筑功能允许，可在刚度很大的剪力墙靠近连梁一端附近开设结构洞，使与连梁相连的剪力墙肢刚度减小，则连梁此端的弯矩值也随之减小，一般可满足抗弯承载力要求。

2. 也可将梁的此端设计成梁、墙铰接，只传递集中力不传递弯矩，一般可满足梁柱端及梁跨中的抗弯承载力要求。但应注意：当梁的跨度较大时，应注意验算梁的挠度和裂缝宽度满足正常使用极限状态的要求。

需要注意的是，有些设计在墙端增设一根边框柱与梁相连，这种做法虽然计算上梁不再超筋，表面上可满足设计要求，但由于边框柱与剪力墙是一个构件，其刚度有增无减，实际上并没有解决问题。

2.5.14 带端柱的剪力墙，采用计算软件计算其正截面承载力配筋时，端柱和墙肢一个超筋，一个构造配筋。如何确定此带端剪力墙的最后配筋？

【解析】先举一个工程实例：

某框架-剪力墙结构，计算中遇到一带端柱的剪力墙肢（图2.5.7），构件配筋计算时电算结果显示端柱超筋，而剪力墙肢构造配筋。对该构件进一步分析时发现，由于使用的计算程序对带端柱的剪力墙肢的配筋计算，是将此构件分别按框架柱和剪力墙肢进行计算，从而得出了柱子每侧配筋面积 $A_s = 8000\text{mm}^2$，这与实际情况并不一致。

事实上，端柱和剪力墙肢为同一构件，应在同一控制内力下按同一构件计算其截面配筋，以下是根据电算的计算结果，分别取出端柱和剪力墙肢的组合控制内力，根据《高层建筑混凝土结构技术规程》按 T 形截面手算其配筋的计算过程。

（1）计算条件：

端柱：截面尺寸：1000mm×1000mm，组合控制内力：$N = 1920\text{kN}$，$M = -5452\text{kN} \cdot \text{m}$

剪力墙肢：截面尺寸：300mm×1800mm，组合控制内力：$N = 3313\text{kN}$，$M = -118\text{kN} \cdot \text{m}$

混凝土强度等级 C40，钢筋 HRB335 级，$L_0 = 4.5\text{m}$，$a_s = 40\text{mm}$

（2）配筋计算：

计算 T 形截面的形心；

$$Y_0 = (1000 \times 1000 \times 500 + 300 \times 1800 \times 1900)/(1000 \times 1000 + 300 \times 1800) = 990\text{mm}$$

计算对 T 形截面形心处的 N、M 值：

$$N = 1920 + 3313 = 5233\text{kN}$$

$$M = -5452 - 118 - 3313 \times (1900 - 990) + 1920 \times (990 - 500)$$

$$= -7638.8\text{kN} \cdot \text{m}$$

对称配筋，根据《高层建筑混凝土结构技术规程》第 7.2.8 条，按 T 形截面，有

$$A_s = A_s' = 3850\text{mm}^2$$

可见此带端柱的剪力墙肢是一适筋偏心受压构件而不是超筋构件，也不是构造配筋构件。

对这类构件，应根据力学概念，具体分析、判断，必要时配以手算等（如上例）确定构件配筋。

当然，这样的情况并不多见，当遇到这种情况时，以上做法供设计中参考。

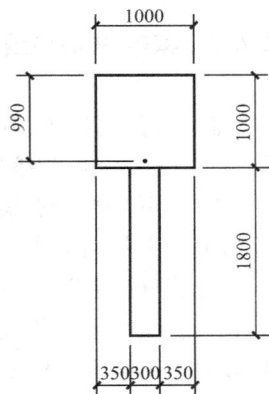

图 2.5.7　截面尺寸

第六章 筒 体 结 构

2.6.1 框架-核心筒结构的受力特点是什么？

【解析】框架-核心筒结构周边柱子的柱距较大，一般为 8～12m，它和沿周边布置的梁构成了外框架，中间则为由电梯井、楼梯间、管道井等构成的核心筒，这种结构体系的受力特点更接近于框架-剪力墙结构。周边为框架部分，核心筒为剪力墙部分，两者在楼板的协同下共同工作。

计算分析表明：在竖向荷载作用下，框架和剪力墙（核心筒）分别承担各自所属面积上的荷载。在水平荷载作用下，由于周边框架柱数量少、柱距大，框架部分分担的剪力和倾覆力矩都很少，框架-核心筒结构中的核心筒承受结构总地震剪力的 80% 甚至更多，承受结构总地震倾覆力矩的 70% 甚至更多，成为结构主要抗侧力构件。当外框柱距增大，裙梁的跨高比增大时，框架-核心筒结构的剪力滞后加重，柱轴力将随着框架柱距的增大而减小，当柱距增大到一定程度时，除角柱外，其他柱子的轴力都将很小。

当内筒外框间采用不设梁的平板时，平板基本上不传递弯矩和剪力，故翼缘框架中间柱的轴力更小，使得框架部分分担的剪力和倾覆力矩比内筒外框间设梁时更少。

2.6.2 框架-核心筒结构的结构布置有哪些规定？

【解析】1. 平面布置

（1）建筑平面形状及核心筒布置与位置宜规则、对称。

（2）框架-核心筒结构的核心筒外墙与外框架柱的中心距离，非抗震设计时不宜大于 15m，抗震设计时不宜大于 12m。超过时，应采取其他合理、可靠的平面布置方式或其他结构体系。

（3）框架-核心筒结构的筒体应符合下列规定：

1）核心筒应具有良好的整体性，墙肢宜均匀、对称布置。

2）核心筒的高宽比宜小于等于 12，边长不宜小于外框架或外框筒相应边长的 1/3，当外框架内设置角筒或剪力墙时，核心筒的边长可适当减小。

3）核心筒的周边宜闭合，楼梯、电梯间应布置混凝土内墙。

4）核心筒的外墙设置洞口位置宜均匀、对称，相邻洞口间的墙体尺寸不宜小于 $4t$（t 为核心筒的外墙厚度）和 1000mm；不宜在墙体角部附近开洞，当难以避免时，洞口宽度宜小于等于 1200mm，洞口高度宜小于等于 $2/3h$（h 为层高），且洞边至内墙角尺寸不小于 500mm 和墙厚两者的大值。

（4）框架-核心筒结构的周边柱间必须设置框架梁。梁、柱的中心线宜重合，如难以实现时，宜在梁端水平加腋，使梁端处中心线与柱中心线接近重合，见图 2.6.1。核心筒与外框柱之间应尽可能设置框架梁，部分楼层采用平板体系时，应有加强措施。框架梁、柱的截面尺寸、柱轴压比限值等应按框架、框架-剪力墙结构的要求控制。

（5）外框角柱应采用两个方向对称的截面形式（如正方形等），外框边柱若截面形式为矩形，则应使矩形长边与平面周边垂直布置。

（6）楼盖主梁不宜搁置在核心筒的连梁上。

（7）当内筒偏置、长宽比大于 2 时，为减小结构在水平地震作用下的扭转效应，增强结构的扭转刚度，宜采用框架-双筒结构。

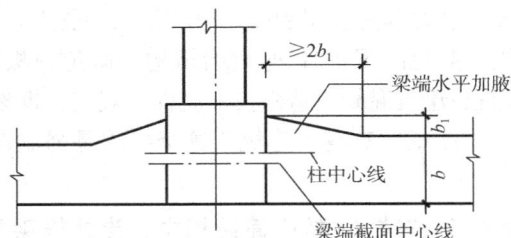

图 2.6.1　梁端水平加腋（平面）

考虑到双筒间的楼板因传递双筒间的力偶会产生较大的平面剪力，当框架-双筒结构的双筒间楼板开洞时，其有效楼板宽度不宜小于楼板典型宽度的 50%，洞口附近楼板应加厚，采用双层双向配筋，且每层单向配筋率不应小于 0.25%；双筒间楼板应按弹性板进行细化分析。

2. 竖向布置

（1）核心筒是框架-核心筒结构的主要抗侧力结构，应尽量贯通建筑物全高。

（2）外墙洞口沿竖向宜上、下对齐，成列布置，洞间墙肢的截面高度不宜小于1200mm。

（3）核心筒墙体的厚度应符合下列规定：

1）核心筒墙体应首先验算墙体稳定，且外墙厚度不应小于 200mm，内墙厚度不应小于 160mm。必要时可设置扶壁柱或扶壁墙。剪力墙在重力荷载代表值作用下的墙肢轴压比不宜超过 0.4（一级、9 度）、0.5（一级、6、7、8 度）、0.6（二、三级）；

2）核心筒底部加强部位及相邻上一层的墙厚应保持不变，其上部的墙厚及核心筒内部的墙体数量可根据内力的变化及功能需要合理调整，但其侧向刚度应符合竖向规则性的要求；

3）为了防止核心筒中出现小墙肢等薄弱环节，核心筒外墙不宜在筒体角部设置门洞，当不可避免时，筒角内壁至洞口的距离不应小于 500mm 和开洞墙截面厚度两者的较大值，同时门洞宜设置在约束边缘构件 l_c 范围之外。核心筒的外墙不宜在水平方向连续开洞。对个别无法避免的小墙肢，应控制最小截面高度，增加配筋，提高小墙肢的延性，洞间墙肢截面高度不宜小于 1.2m。当洞间墙肢截面高度与厚度之比小于 4 时，宜按框架柱进行截面设计。

4）核心筒外墙上的较大门洞（洞口宽大于 1.2m）宜竖向连续布置，以使其内力变化保持连续性；洞口连梁的跨高比不宜大于 4，且其截面高度不宜小于 600mm，以使核心筒具有较强抗弯能力与整体刚度。

（4）框架结构沿竖向应保持贯通，不应在中下部抽柱收进；柱截面尺寸沿竖向的变化宜与核心筒墙厚的变化错开。

2.6.3　框架-核心筒结构中，为什么外框周边要求设置边框梁？

【解析】分析计算表明：框架-核心筒结构外框周边设置边框梁，有利于增加结构的整体刚度尤其是抗扭刚度，有利于结构受力，有利于外框架很好地起到结构抗震二道防线的作用。避免出现板柱-剪力墙结构，避免纯板柱节点，提高节点的抗剪、抗冲切性能。因此，《高层建筑混凝土结构技术规程》规定：框架-核心筒结构的周边柱间必须设置框架梁。

注意：对高层建筑，这个要求是强制性条文，必须严格执行。

2.6.4 在框架-核心筒结构中，当外框架柱与核心筒外墙的中心距离，非抗震设计大于15m或抗震设计大于12m时，结构平面布置上有哪些处理措施？

【解析】框架-核心筒结构的外框架柱与核心筒外墙的中心距离不宜太大，否则会使楼板厚度增大或外框内筒间的主梁高度增大，从而增加结构自重，影响楼层净空高度，增加建筑物造价。《高层建筑混凝土结构技术规程》规定：外框架柱与核心筒外墙的中心距离，非抗震设计大于12m，抗震设计大于10m时，宜采取增设内柱等措施。具体来说，可采用如下一些处理措施：

(1) 采用宽扁梁。可有效减小梁的截面高度，满足楼层对净空高度的要求。需要注意的是：应尽可能使宽扁梁的梁截面宽度大于柱截面宽度，注意宽扁梁梁柱节点的构造做法。可参看《钢筋混凝土构造设计手册》和其他设计资料。

(2) 采用密肋梁。可有效减小梁的受荷面积，因而可减小梁的截面高度，满足楼层对净空高度的要求。

(3) 采用预应力混凝土梁。能有效减小梁的截面高度，减轻结构自重，满足楼层对净空高度的要求。必要时采用预应力混凝土宽扁梁，效果将更好。但在抗震设计时，应注意满足《预应力混凝土结构抗震设计规程》第4.2.3条关于梁端预应力强度比 λ 的要求。

(4) 采用预应力混凝土平板，在板的角部沿一个方向设置暗梁。但此措施在板跨度较大时不一定能满足承载力和变形（挠度及裂缝宽度）的要求。

(5) 采用现浇混凝土空心楼盖或预应力现浇混凝土空心楼盖。能有效减轻结构自重，减少地震作用。

(6) 在核心筒和外框架之间距核心筒较近处增设环筒内柱，以减小梁的跨度，降低梁的截面高度，满足楼层对净空高度的要求。环筒内柱可按轴心受压柱设计，不考虑参与结构整体抗侧。但应注意以下几个问题：

1) 由于环筒内柱到核心筒外墙的中心距离很近（一般小于3.0m），此段梁的跨度小，导致该段梁的线刚度很大，相应将产生较大的弯矩和剪力，故此段梁往往计算时超筋严重，钢筋无法配置；若不设置该段梁（或设置为弱连系梁），则如前所述，水平荷载作用下结构的受力性能与内筒外框间不设梁相似。由于该楼板基本上不传递弯矩和剪力，故带有剪力墙的腹板框架的抗倾覆力矩能力有所减小。同时环筒框架与核心筒间的楼板将会产生较大的裂缝。

2) 由于环筒框架的存在，较大程度上分担了核心筒所承受的竖向荷载，将会使核心筒仅承担较小的竖向荷载，可能会导致在水平地震作用下核心筒墙肢出现拉应力，这对结构是很不利的，更是框架-核心筒结构的核心筒墙体设计所不能允许的。

设计中应根据具体工程的实际情况，综合分析比较，采用上述一种或几种处理措施，满足结构及功能要求。

2.6.5 抗震设计时，需要对框架-核心筒结构中的框架部分进行地震剪力调整吗？如何调整？

【解析】框架-核心筒结构的受力特点类似于框架-剪力墙结构，水平荷载作用下，布置在楼层中央由剪力墙围成的核心筒是框架-核心筒结构的主要抗侧力构件，它具有较大的抗侧力刚度和承载能力，承担了结构很大部分的水平地震剪力和倾覆力矩。周边为柱距较大的框架，由于柱数量少，承担的水平地震剪力和倾覆力矩都很小。和框架-剪力墙结构一样，两部分通过各层楼板的连系，具有协同工作的特点。因此，为了保证框架-核心筒结构中的框架部分有一定的能力储备，抗震时真正起到第二道防线的作用，框架-核心筒结构应和框架-剪力墙结构一样，按《高层建筑混凝土结构技术规程》第8.1.4条的规定：抗震设计时，应对框架-核心筒结构的框架部分进行地震剪力调整。

1. 抗震设计时，框架-核心筒结构框架部分楼层地震剪力标准值的调整，可按以下方法进行。

（1）当各层框架部分承担的地震剪力标准值的最大值占结构底部总地震剪力标准值的比例小于20%而大于10%时，按《高层建筑混凝土结构技术规程》第8.1.4条中框架-剪力墙结构的方法调整框架柱及框架梁的剪力和弯矩。

（2）当各层框架部分承担的地震剪力标准值的最大值占结构底部总地震剪力标准值的比例小于10%时，各层框架部分承担的地震剪力标准值应增大到结构底部总地震剪力标准值的15%；此时，各层核心筒墙体的地震剪力标准值宜乘以增大系数1.1，但可不大于结构底部总地震剪力标准值，墙体的抗震构造措施应按抗震等级提高一级后采用，已为特一级的可不再提高。

若框架柱很少，按规定各层框架部分承担的地震剪力标准值增大到结构底部总地震剪力标准值的15%导致框架部分超筋，则应加大框架柱或梁的截面尺寸，或采用型钢混凝土柱、梁。

（3）当各层框架部分承担的地震剪力标准值的最大值占结构底部总地震剪力标准值的比例大于20%，则框架部分的地震内力可不调整。不过对框架-核心筒结构而言，这种情况几乎不会出现。

2. 对带加强层的框架-核心筒结构，框架部分最大楼层地震剪力不包括加强层及其相邻上、下楼层的框架剪力。

3.《高层建筑混凝土结构技术规程》和《建筑结构抗震规范》在各层框架部分承担的地震剪力标准值的最大值占结构底部总地震剪力标准值的比例小于10%时的内力调整有所区别：对各层核心筒墙体地震剪力标准值的调整及抗震构造措施，《高层建筑混凝土结构技术规程》规定更为具体、可操作性强："此时，各层核心筒墙体的地震剪力标准值宜乘以增大系数1.1，但可不大于结构底部总地震剪力标准值，墙体的抗震构造措施应按抗震等级提高一级后采用，已为特一级的可不再提高。"而《建筑结构抗震规范》的规定较为原则："当小于10%时，核心筒墙体的地震剪力应适当提高，边缘构件的抗震构造措施应适当加强。"

一般情况下，框架部分承担的地震剪力标准值增大到结构底部总地震剪力标准值的15%，墙体的地震剪力标准值宜乘以增大系数1.1，可满足抗震要求。但当地震作用下墙体开裂（特别是连梁开裂）严重，承载能力降低较多时，墙体的地震剪力标准值仅增大 1.1 倍是否满足抗震要求？所以，此时核心筒墙体的地震剪力标准值调整宜根据具体工程的实际情况"适当提高"，不一定仅限于 1.1 倍。而核心筒墙体（而不仅仅是边缘构件）的抗震构造措施建议按抗震等级提高一级后采用，已为特一级的可不再提高。

4. 框架部分的内力调整，必须在满足规范关于楼层最小地震剪力系数的前提下进行。若经计算结构已经满足楼层最小地震剪力系数的要求，则按规定乘以剪力增大系数即可，若不满足，则首先应改变结构布置或调整结构总剪力和各楼层的水平地震剪力使之满足要求，再进行框架部分的内力调整。

2.6.6 框-筒结构的核心筒和一般剪力墙结构的剪力墙墙肢对边缘构件的设置要求有哪些不同？为什么？

【解析】筒体结构的加强部位、边缘构件的设置以及配筋设计，应符合《高层建筑混凝土结构技术规程》第七章剪力墙结构的有关规定。抗震设计时，框架-核心筒结构的核心筒和筒中筒结构的内筒，应按《高层建筑混凝土结构技术规程》第七章第 7.2.15～7.2.17 条的规定设置约束边缘构件或构造边缘构件。

考虑到核心筒是筒体结构的主要承重和抗震构件，筒体角部又是保证结构空间整体作用的关键部位，故对框架-核心筒结构的核心筒墙体边缘构件应采取比一般剪力墙结构边缘构件更强的构造措施。《高层建筑混凝土结构技术规程》第 9.2.2 条规定：抗震设计时，应按下列要求予以加强：底部加强部位约束边缘构件沿墙肢的长度应取墙肢截面高度的 1/4，约束边缘构件范围内应主要采用箍筋；其底部加强部位以上角部墙体宜按规定设置约束边缘构件；底部加强部位主要墙体的水平和竖向分布钢筋的配筋率均不宜小于 0.30%。

框-筒结构的核心筒墙体和一般剪力墙结构的剪力墙墙肢对边缘构件的设置要求区别见表 2.6.1。

核心筒墙体和剪力墙结构的墙肢边缘构件设置要求区别　　表 2.6.1

	设置范围		约束边缘构件的长度 l_c							约束钢筋要求
	底部加强部位	其他部位	项目	一级（9度）		一级（6、7、8度）		二、三级		
				$\mu_N \leq 0.2$	$\mu_N > 0.2$	$\mu_N \leq 0.3$	$\mu_N > 0.3$	$\mu_N \leq 0.4$	$\mu_N > 0.4$	
一般剪力墙结构的剪力墙墙肢	约束边缘构件	构造边缘构件	l_c 暗柱	$0.20h_w$	$0.25h_w$	$0.15h_w$	$0.20h_w$	$0.15h_w$	$0.20h_w$	箍筋或拉筋
			l_c（翼墙或端柱）	$0.15h_w$	$0.20h_w$	$0.10h_w$	$0.15h_w$	$0.10h_w$	$0.15h_w$	
框-筒结构的核心筒角部	约束边缘构件	宜设约束边缘构件				$0.25h_w$				应主要采用箍筋

注：对一般剪力墙结构的剪力墙墙肢，约束边缘构件的长度 l_c，对暗柱不应小于表中相应数值、墙厚和 400mm 三者的较大值。有翼墙或端柱时，不应小于翼墙厚度或端柱沿墙肢方向截面高度加 300mm。

2.6.7 筒中筒结构的受力特点是什么？

【解析】筒中筒结构的外筒是由柱距较小的密排柱和跨度比较小的裙梁构成的框筒，

内筒则是由剪力墙肢围成的实腹筒。在水平荷载作用下，两者通过楼板协同工作。计算分析表明：

实腹筒是以弯曲变形为主，而框筒的剪切型变形成分较大，两者通过楼板协同工作，可使层间变形更加均匀，框筒上部下部内力也趋于均匀；框筒以承受倾覆力矩为主，实腹筒则承受大部分剪力，实腹筒下部承受的剪力很大，框筒承受的剪力一般可达到层剪力的25%以上，承受的倾覆力矩一般可达到总倾覆力矩的50%以上，可见筒中筒结构与框架-核心筒结构在平面形式上可能相似，但受力性能却有很大区别。

从整体弯曲方面看，水平荷载作用下的矩形平面外框筒如同竖向悬臂梁。但外框筒柱的正应力分布并不符合平截面假定，其应力图形并非直线变化而是曲线分布（图 2.6.2），角柱及其邻近柱的应力大于按梁理论的计算值，中间柱的应力则小于按梁理论的计算值。框筒中除了腹板框架抵抗部分倾覆力矩外，翼缘框架柱承受较大的拉、压应力，可以抵抗水平荷载产生的部分倾覆力矩。造成这种应力分布现象的原因，是由于筒中筒结构并非实心截面的悬臂梁，竖向力由角柱向中间柱的传递需要通过梁的剪力来完成。因为梁在传递竖向剪力过程中产生剪切型的横向相对变形，故柱的轴向变形和所负担的轴力，越往中间越小。外框筒在整体弯曲作用下柱子正应力的这种现象，称为"剪力滞后"现象。

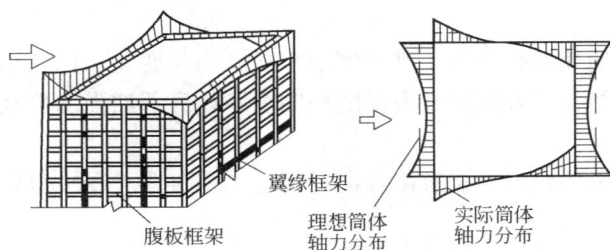

图 2.6.2　筒中筒结构受力特点

"剪力滞后"的程度与结构的平面尺寸、荷载大小、外框筒裙梁和密柱的相对刚度、筒中筒结构的高度、角柱的截面面积等因素有关。

筒中筒结构具有很好的空间性能，更大的抗侧力刚度和承载能力。通常在结构高宽比大于 3 时，才能充分发挥外筒的作用，因此更适用于高度更高的高层建筑。《高层建筑混凝土结构技术规程》规定：筒中筒结构的高度不宜低于 80m，高宽比不宜小于 3。

2.6.8　筒中筒结构的结构布置有哪些规定？

【解析】1. 平面布置

（1）平面形状

筒中筒结构的平面形状宜选圆形、正多边形、椭圆形或矩形，以圆形和正多边形为最有利的平面形状。矩形平面相对较差。采用矩形平面的筒中筒结构平面形状应尽可能接近正方形，长宽比不宜大于 2.0。

正三角形平面的结构性能也较差，宜通过切角使其成为六边形来改善外框筒的剪力滞后现象，提高结构的空间作用性能。或在角部设刚度较大的角柱或角筒，以避免角部应力过分集中（图 2.6.3）。外框筒的切角长度不宜小于相应边长的 1/8，内筒的切角长度不宜小于相应边长的 1/10，切角处的筒壁宜适当加厚。

图 2.6.3 三角形平面结构布置示意

（2）平面布置

结构平面布置应尽可能简单、规则、均匀、双轴对称，尽可能减少扭转，不应采用严重不规则的结构布置。

内筒宜居中。内筒和外框筒之间的中心距离，非抗震设计时不宜大于 15m，抗震设计时不宜大于 12m，否则，宜采用合理、可靠的措施。

外框筒的柱距不宜大于 4m，框筒柱的截面长边应沿筒壁方向布置，角柱应采用两个方向对称的截面形式。楼盖主要不宜搁置在内筒连梁上。

2. 竖向布置

框筒及内筒宜贯通建筑物全高，其刚度沿竖向宜均匀变化，以免结构的侧移和内力发生急剧变化。筒中筒结构的外框筒及内筒的外圈墙厚在底部加强部位及以上两层范围内不宜变化。

内筒外围剪力墙上的较大门洞宜沿竖向规则、连续布置（逐层布置）。

（1）内筒

内筒的刚度不宜过小，其边长可取筒体结构高度的 1/15～1/12；当外框筒设置刚度较大的角筒或剪力墙时，内筒平面尺寸可适当减小。

内筒的内部墙肢布置宜均匀、对称；内筒的外围墙体上开设的洞口位置亦宜均匀、对称，不应在角部附近开设较大的逐层设置的门洞；如难于避免时，洞边至内墙角尺寸不宜小于 500mm 或墙厚（取大值），洞口的高度宜小于层高的 2/3。

内筒的外墙不宜在水平方向连续开洞，对个别无法避免的开洞后形成的小墙肢应控制到最小截面高度，增加配筋，提高小墙肢的延性。洞间墙肢的截面高度不宜小于 1.2m；当洞间墙肢的截面高度和厚度之比小于 4 时，宜按框架柱进行截面设计。

内筒外围墙的门洞口连梁的跨高比不宜大于 3，且连梁截面高度不宜小于 600mm，以使内筒具有较强的整体刚度与抗弯能力。

（2）外框筒

洞口面积不宜大于墙面面积的 60%，洞口高宽比宜与层高与柱距比值相近。

为有效提高框筒的侧向刚度，框筒柱截面形状宜选用矩形（对圆形、椭圆形框筒平面为长弧形），如有需要可在其平面外方向另加壁柱成 T 形截面，矩形框筒柱的截面宜符合以下要求：截面宽度不宜小于 300mm 和层高的 1/12（取较大值）；截面高宽比不宜大于 3 和小于 2；轴压比限值为 0.75（一级）、0.85（二级）；当带有壁柱时，对截面宽度的要求可放宽；当截面高宽比大于 3 时，尚应满足剪力墙设置约束边缘构件的要求。

角柱是保证框筒结构整体侧向刚度的重要构件，应使角柱比中部柱具有更强的承载能力，但又不宜将角柱截面设计得太大，以避免增大"剪力滞后"作用，一般角柱面积可为中柱面积的1～2倍。角柱可如图2.6.4所示采用方形、十字形或L形柱。

图2.6.4　角柱截面形式

框筒裙梁的截面高度不宜小于其净跨的1/4及600mm；梁宽宜与柱等宽或两侧各收进50mm。

2.6.9　筒中筒结构需要设置加强层吗？

【解析】高层建筑结构设置加强层的主要目的是增大外框架柱的轴力，从而增大外框架的抗倾覆力矩能力，提高结构的抗侧力刚度，减小结构水平侧移。筒中筒结构的外框筒以承受倾覆力矩为主，内筒则以承受大部分剪力为主，二者通过楼板协同工作，具有很大的抗侧力刚度。计算分析表明，筒中筒结构设置加强层对减小结构的水平侧移作用不大，反而会引起结构竖向刚度突变，使加强层附近结构内力剧增。同时，加强层的承载力、刚度显著大于其上、下层，造成上、下层的框架柱与加强层水平构件的连接节点难以实现强柱弱梁。因此，筒中筒结构不应采用设置加强层来减小结构水平侧移。

2.6.10　筒体结构有转换层时转换构件布置原则。

【解析】筒体结构由于外筒或外框筒采用密排柱，限制了建筑物底部的使用，为了满足建筑功能要求，一般在底层或底部几层抽柱以形成大空间，因而造成相邻层的竖向构件不贯通，此时应在其间设置转换层。转换层及其以下各层结构应符合以下要求：

1. 筒中筒结构和框架-核心筒结构的内筒及核心筒应全部贯通建筑物全高，且转换层以下的筒壁宜加厚。

2. 底层或底部几层的抽柱应结合建筑使用功能与建筑立面设计要求进行。抽柱位置宜均匀对称，整层抽柱时按"保留角柱（8度宜保留角柱及相邻柱）、隔一抽一"的原则进行，局部抽柱时不应连续抽去多于2根以上的柱，且其位置应在建筑物中部，对称主轴附近。

3. 底层或底部几层抽柱后，可采用拱结构、钢筋混凝土实腹梁、预应力梁、桁架等转换构件用于支承上部密排柱（图2.6.5）。

4. 转换层上、下层或楼层上、下部分结构的侧向刚度比 γ_{e1} 或 γ_{e2} 应满足《高层建筑混凝土结构技术规程》附录E的规定。

5. 转换层上、下部结构质量中心宜接近重合（不包括裙房）。

6. 采用空腹桁架转换、拱转换、斜撑转换时，应加强节点的配筋与连接锚固构造措施，防止应力集中的不利影响，空腹桁架的竖腹杆应按强剪弱弯进行配筋设计；梁转换时转换梁及其上三层的裙梁应按偏心受拉杆件进行配筋设计与构造处理。

7. 转换层楼板（空腹桁架转换层的楼板为上、下弦杆所在的楼层的楼板）厚度不应

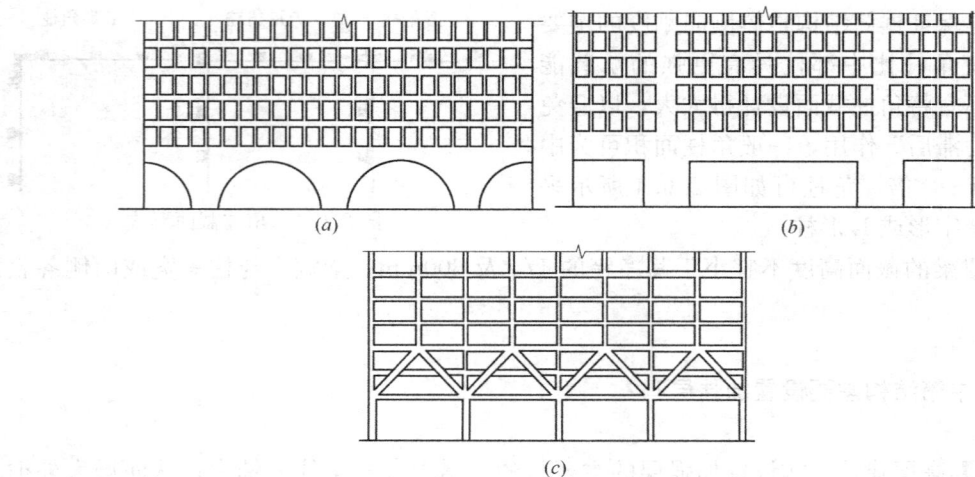

图 2.6.5　筒体结构转换层结构示意

(a) 拱形转换结构；(b) 墙梁转换结构；(c) 桁架转换结构

小于 150mm，应采用双层双向配筋，除满足受弯承载力要求外，每层每个方向的配筋率不应小于 0.25%。

8. 转换层在内筒与外框筒之间的楼板不应开设洞口边长与内外筒间距之比大于 0.20 的洞口，当洞口边长大于 1000mm 时，应采用边梁或暗梁（平板楼盖、宽度取 2 倍板厚）对洞口加强，开洞楼板除满足承载力要求外，边梁或暗梁的纵向钢筋配筋率不应小于 1%。

9. 开设少量洞口的转换层楼板在对洞口周边采取加强措施后，一般可不进行转换层楼板的抗震验算（楼板剪力设计值及其受剪承载力的验算）。

10. 9 度抗震设计的筒体结构不应采用转换层结构。

11. 转换层结构设计还应符合《高层建筑混凝土结构技术规程》第 10 章第 10.2 节"带转换层高层建筑结构"有关转换构件和框支框架设计的各项规定。

2.6.11　筒体结构的角部楼盖布置。

【解析】1. 筒体结构的楼盖应采用现浇钢筋混凝土结构，可采用钢筋混凝土普通梁板、钢筋混凝土平板、扁梁肋形板或密梁板，跨度大于 10m 的平板宜采用后张预应力楼板。

2. 角部楼板双向受力，当采用梁板结构时，梁的布置宜使角柱承受较大的竖向荷载，应避免或尽量减小角柱出现拉力。一般有如图 2.6.6 所示的几种布置方式。

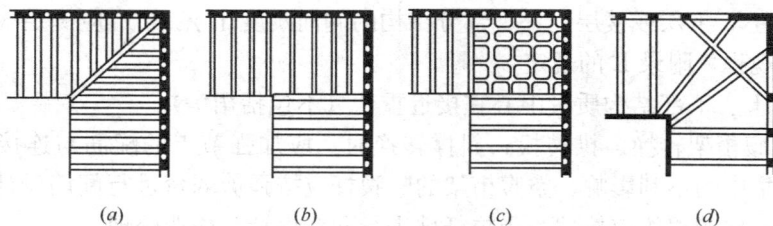

图 2.6.6　角区楼板、梁布置（一）

（a）角区布置斜梁，两个方向的楼盖梁与斜梁相交，受力明确。但斜梁受力较大，梁截面高，不便机电管道通行；楼盖梁的长短不一，种类较多。

（b）单向布置，结构简单，但有一根主梁受力大。

（c）双向交叉梁布置，此种布置结构高度较小，有利降低层高。

（d）角区布置两根斜梁、外侧梁端支承在"L"形角墙的两端，内侧梁端支承在内筒角部，为了避免与筒体墙角部边缘钢筋交接过密影响混凝土浇筑质量，可把梁端边偏离200~250mm。

当采用钢筋混凝土平板结构时，一般在角部沿一个方向设暗梁，见图2.6.7。

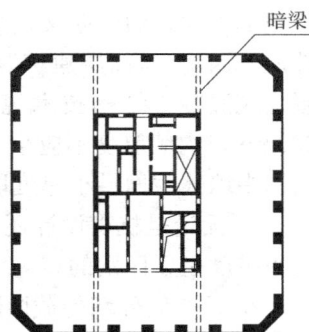

图 2.6.7 角区楼板、梁布置（二）

2.6.12 筒体结构楼（屋）面板角区的配筋构造有什么要求？

【解析】由于混凝土楼板的自身收缩和温度变化产生的平面变形，以及楼板平面外受荷后的翘曲受到剪力墙的约束等原因，楼板在外角可能会产生斜裂缝。为防止这类裂缝出现，楼板外角一定范围内宜配置双层双向构造钢筋网（图2.6.8）。其单层单向配筋率不宜小于0.3%，钢筋的直径不应小于8mm，间距不应大于150mm，配筋范围不宜小于外框架（或外筒）至内筒外墙中距的1/3和3m。楼板开洞位置应尽可能远离侧边。

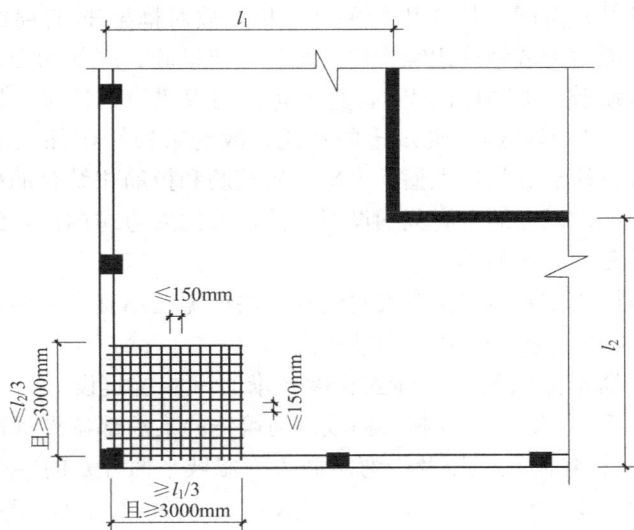

图 2.6.8 板角配筋

2.6.13 筒体结构内筒外墙的截面厚度应如何确定？

【解析】筒体结构一般适用于建造较高的高层建筑。由于结构所受的竖向荷载、水平荷载都很大，而内筒又是结构的主要抗侧力结构，要求墙体具有足够的强度、刚度和稳定性能，因此，《高层建筑混凝土结构技术规程》第 9.1.7 条第 3 款规定：筒体墙应按《高层建筑混凝土结构技术规程》附录 D 计算墙体稳定，核心筒外墙的截面厚度不应小于 200mm，内墙厚度不应小于 160mm，必要时可增设扶壁柱或扶壁墙。上述规定比剪力墙结构中墙体截面最小厚度取值要严：

1. 无论是抗震设计还是非抗震设计，也无论是底部加强部位还是其他部位，墙肢的最小厚度是无区别的；

2. 核心筒外墙的截面厚度比内墙要大；

3. 笔者建议：筒外墙厚度不宜小于 250mm，内墙厚度也宜适当加大。

2.6.14 筒体结构的构造要求有哪些？

【解析】1. 混凝土强度等级

由于筒体结构层数多、重量大，混凝土强度等级不宜低于 C30，以免柱的截面尺寸过大影响建筑的有效使用面积。

2. 核心筒、内筒

框架-核心筒结构的核心筒、筒中筒结构的内筒，都是由剪力墙组成的，都是结构的主要承重构件和主要抗侧力竖向构件，其抗震构造措施，包括墙体的最小厚度、筒墙底部加强部位的高度、轴压比限值、边缘构件的构造、分布钢筋的配置以及截面设计等，除应符合规范关于剪力墙结构和框架-剪力墙结构的有关规定，尚应符合下列要求：

筒体角部是保证结构空间整体作用的关键部位，故对框架-核心筒结构的核心筒角部边缘构件应采取比一般剪力墙结构边缘构件更强的构造措施。底部加强部位，约束边缘构件沿墙肢的长度应取墙肢截面高度的 1/4，为了防止约束边缘构件尺寸较大，沿周边的大箍筋长边无支长过长，起不到约束混凝土的作用，故约束边缘构件范围内应主要采用箍筋，同时也设置一些拉筋箍筋勾住大箍筋，即采用箍筋和拉筋相结合的配箍方法，但拉筋不应过多。底部加强部位以上的全高范围设置宜按设置约束边缘构件，约束边缘构件沿墙肢的长度也可取墙肢截面高度的 1/4。

支承楼层梁的内筒或核心筒部位宜设置暗柱，暗柱宽度不宜小于梁宽加 2 倍墙厚。暗柱的配筋应根据梁、柱的连接条件由计算或构造确定。

梁端纵向受力钢筋不能满足水平锚固长度要求时（非抗震设计时大于或等于 $0.4l_a$，抗震设计时大于或等于 $0.4l_a$），宜在核心筒或内筒墙体的支承部位设置配筋壁柱（附墙柱或暗柱），附墙柱或暗柱除满足受压及受弯承载力（墙肢平面外）的要求外，其纵向受力钢筋总配筋率不小于 1.2%（一级）、1.0%（二级）、0.8%（三级），箍筋与拉筋直径、间距应满足配箍特征值 λ_v 等于 0.20（一、二级）、0.15（三级）的要求，见图 2.6.9。

核心筒、内筒外围墙肢在底部加强部位及其上相邻一层的竖向、水平方向的分布钢筋配筋率均不宜小于 0.3%；钢筋间距不应大于 200mm，直径不宜大于 1/10 墙肢厚度；竖向、水平方向的分布钢筋均应设置拉筋，拉筋的直径不应小于 8mm，间距不应大于 400mm（底部加强部位）、600mm（其他部位）。

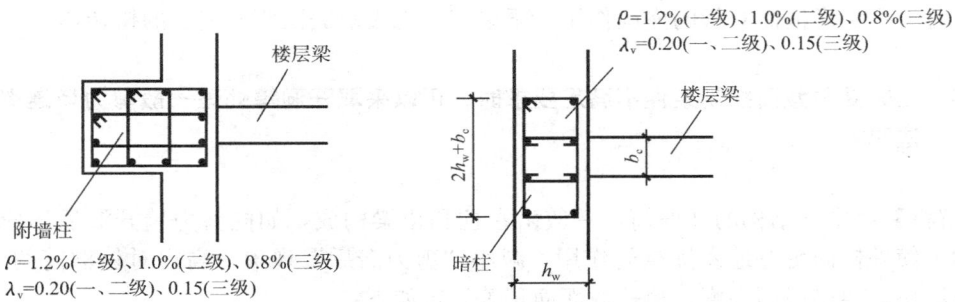

图 2.6.9　附墙柱、暗柱

3. 框架梁、柱

外框筒也是筒中筒结构的主要承重构件和主要抗侧力竖向构件，外框筒的设计，除应符合规范关于框架结构的有关规定，还应符合下列要求：

外框筒角柱应按双向偏心受压构件计算。在地震作用下，角柱不允许出现小偏心受拉，当出现大偏心受拉时，应按偏心受压与偏心受拉的最不利情况设计；如角柱为非矩形截面，尚应进行弯矩（双向）、剪力和扭矩共同作用下的截面验算。

外框筒的中柱宜按双向偏心受压构件计算。

楼层主梁不宜搁置在核心筒或内筒的连梁上，因为这会使连梁产生较大剪力和扭矩，容易导致脆性破坏。此外，楼层梁不宜支承在核心筒或内筒的转角处。

框架-核心筒结构的外框架，由于大部分水平剪力由核心筒承担，框架柱所受的水平剪力远小于框架结构中框架柱的剪力，柱的剪跨比也较框架结构中的框架柱大，故可参考框架-剪力墙结构中相同抗震等级的框架梁、柱进行设计。

4. 筒中筒结构的外筒可采取下列措施提高延性：

（1）采用非结构幕墙。当采用钢筋混凝土裙墙时，可在裙墙与柱连接处设置受剪控制缝。

（2）外筒为壁式筒体时，在裙墙与窗间墙连接处设置受剪控制缝，外筒按联肢抗震墙设计；三级的壁式筒体可按壁式框架设计，但壁式框架柱除满足计算要求外，尚需满足边缘构件（约束边缘构件和构造边缘构件）的构造要求；支承大梁的壁式筒体在大梁支座宜设置壁柱，一级时，由壁柱承担大梁传来的全部轴力，但验算轴压比时仍取全部截面。

（3）受剪控制缝的构造如图 2.6.10 所示。

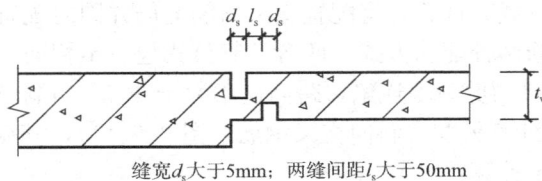

缝宽 d_s 大于 5mm；两缝间距 l_s 大于 50mm

图 2.6.10　外筒裙墙受剪控制缝构造

5. 当楼盖结构为梁板体系时，应考虑楼盖梁的弹性嵌固弯矩影响；当楼盖结构为平板或密肋楼板时，以等效刚度折算为等代梁考虑竖向荷载作用对柱的弹性嵌固弯矩的影响；等代梁的宽度可取外框筒的柱距，板与框筒连接处可按构造配置板顶钢筋，计算板跨

247

中弯矩时可不考虑框筒对板的嵌固作用。裙梁应考虑板端嵌固弯矩引起的扭转作用。

2.6.15 裙梁受剪截面控制条件不满足要求时，可以采取开洞等处理一般剪力墙连梁的办法吗？

【解析】筒中筒结构的外框筒，一般由密柱和裙梁构成，如同剪力墙开洞后形成的筒体。为了使外框筒更好地发挥空间作用，减小"剪力滞后"现象，高规对外框筒的柱距、墙面开洞率、裙梁截面高度、角柱截面面积等规定如下：

1. 柱距不宜大于 4m，框筒柱的截面长边应沿筒壁方向布置，必要时可采用 T 形截面；

2. 洞口面积不宜大于墙面面积的 60%，洞口高宽比宜与层高与柱距之比值相近；

3. 外框筒梁的截面高度可取柱净距的 1/4；

4. 角柱截面面积可取中柱的 1~2 倍。

外框筒裙梁的跨高比一般较小，水平荷载作用下梁端剪力很大，比一般的剪力墙连梁更容易出现截面控制条件不满足规定的情况，不采取合适的处理措施会造成连梁斜裂缝过大甚至发生斜压破坏。

但是，对外框筒裙梁的抗剪截面控制条件不满足要求，不能采取前述一般剪力墙连梁那样减小梁高、中部开洞等削弱外框筒梁的办法，因为那样做，就会使裙梁截面高度减小，可能使墙面开洞率加大，削弱外框筒的空间作用，使"剪力滞后"现象加重，若连梁截面减少很多，成为弱连梁，或两端按铰接处理，则不能使密柱和裙梁作为开洞的筒体共同工作，若结构的大部分裙梁都这样处理，则很可能严重削弱结构的抗侧力刚度和强度，甚至改变结构的受力性能，这更是不允许的。

2.6.16 如何进行配置交叉斜筋钢筋抗剪承载力计算？

【解析】国内外进行的连梁抗震受剪性能试验表明：采用不同的配筋方式，连梁达到所需延性时能承受的最大剪压比是不同的。通过改变小跨高比连梁的配筋方式，可以在不降低或有限降低连梁相对作用剪力（即不折减或有限折减连梁刚度）的条件下提高连梁的延性，使该类连梁发生剪切破坏时，其延性能力能够达到地震作用时剪力墙对连梁的延性需求，对提高其抗震性能有较好的作用。

连梁的斜截面受剪承载力计算，有配置交叉斜筋配筋并同时配置垂直箍筋和集中对角斜筋配筋或对角暗撑配筋两种配筋方式，两者计算公式也各不相同：

1. 一、二级抗震等级的剪力墙连梁，跨高比不大于 2.5，当洞口连梁截面宽度不小于 250mm 时，除普通箍筋外宜另配置斜向交叉钢筋（图 2.6.11），其截面限制条件及斜截面受剪承载力可按下列规定计算：

① 剪力设计值可按《混凝土结构设计规范》第 11.7.8 条规定计算。即取考虑地震效应组合的剪力设计值即可，不乘剪力放大系数。

② 截面限制条件按式（2.6.1）计算。即剪压比 μ_v 一律取 0.25。

$$V_{wb} \leq \frac{1}{\gamma_{RE}}(0.25\beta_c f_c bh_0) \tag{2.6.1}$$

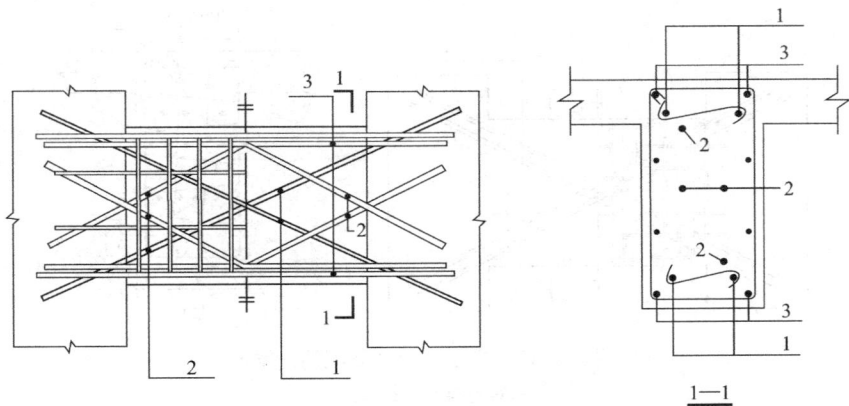

图 2.6.11　交叉斜筋配筋连梁

1—对角斜筋；2—折线筋；3—纵向钢筋

2) 斜截面受剪承载力应符合下列要求：

$$V_{wb} \leqslant \frac{1}{\gamma_{RE}} \left[0.4 f_t b h_0 + (2.0 \sin\alpha + 0.6\eta) f_{yd} A_{sd} \right] \tag{2.6.2}$$

$$\eta = (f_{sv} A_{sv} h_0)/(s f_{yd} A_{yd}) \tag{2.6.3}$$

式中　η——箍筋与对角斜筋的配筋强度比，当小于 0.6 时取 0.6，当大于 1.2 时取 1.2；

α——对角斜筋与梁纵轴的夹角；

f_{yd}——对角斜筋的抗拉强度设计值；

A_{sd}——单向对角斜筋的截面面积；

A_{sv}——同一截面内箍筋各肢的全部截面面积。

③ 在采用交叉斜筋配筋方案的连梁斜截面受剪承载力计算中，公式（2.6.2）仅能算出单向对角斜筋的截面面积，而同一截面内箍筋各肢的全部截面面积是通过给定箍筋与对角斜筋的配筋强度比 η，由公式（2.6.3）求得。

④《混凝土结构设计规范》未给出非抗震设计时的斜截面受剪承载力计算公式，建议参考《混凝土结构设计规范》式（2.6.2）、式（2.6.3）计算，此时，剪力设计值取非抗震设计时的组合剪力设计值，右端项删去承载力抗震调整系数 γ_{RE}，混凝土项、抗剪钢筋项的系数不放大，这是偏于安全的。

2. 一、二级抗震等级的剪力墙连梁，跨高比不大于 2.5，当连梁截面宽度不小于 400mm 时，可采用集中对角斜筋配筋（图 2.6.12）或对角暗撑配筋（图 2.6.13），其截面限制条件及斜截面受剪承载力应符合下列规定：

（1）建议剪力设计值按《高层建筑混凝土结构技术规程》第 7.2.21 条规定计算，即应乘以连梁剪力增大系数 η_v。

1) 受剪截面应符合式（2.6.1）的要求。

2) 斜截面受剪承载力应符合下列要求：

$$V_{wb} \leqslant \frac{2}{\gamma_{RE}} f_{yd} A_{sd} \sin\alpha \tag{2.6.4}$$

（2）非抗震设计时，连梁的斜截面受剪承载力可按《高层建筑混凝土结构技术规程》式（9.3.8-1）计算。

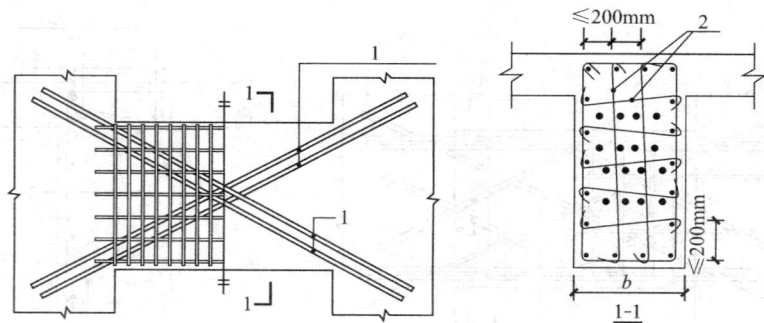

图 2.6.12　集中对角斜筋配筋连梁
1—对角斜筋；2—拉筋

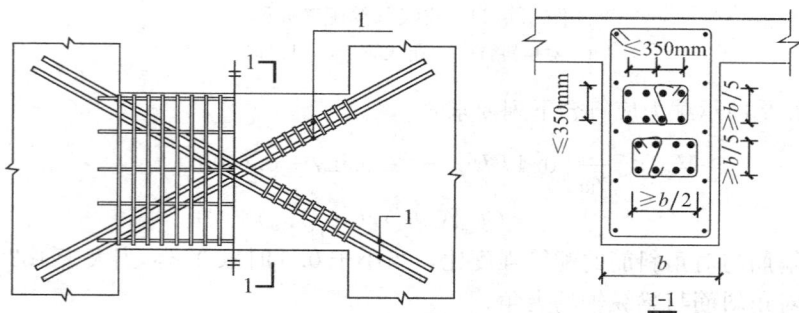

图 2.6.13　对角暗撑配筋连梁
1—对角暗撑

即：

$$A_s \leqslant \frac{V_b}{2f_y\sin\alpha}$$

3. 交叉斜筋配筋连梁的配筋构造，建议按《混凝土结构设计规范》设计。

（1）交叉斜筋配筋连梁单向对角斜筋不宜少于 2ϕ12，单组折线筋截面面积可取单向对角斜筋截面面积之半。直径不宜小于 12mm；集中对角斜筋配筋连梁和对角暗撑连梁中每组对角斜筋应至少由 4 根直径不小于 14mm 钢筋组成。

（2）对角暗撑配筋连梁中暗撑箍筋外缘沿梁宽方向不宜小于梁宽的一半，另一方向不宜小于梁宽的 1/5；对角暗撑约束箍筋的间距不宜大于暗撑钢筋直径 6 倍，当计算间距小于 100mm 时可取 100mm，箍筋肢距不应大于 350mm。

（3）梁内普通箍筋的配置，非抗震设计时，箍筋直径不应小于 8mm，抗震设计时，箍筋直径不应小于 10mm，箍筋间距均不应大于 200mm。

（4）注意《混凝土结构设计规范》对于配置斜向交叉钢筋时拉筋的设置及最小直径、最大间距的规定。分两种情况（图 2.6.11、图 2.6.12、图 2.6.13）：

交叉斜筋配筋连梁对角斜筋在梁端部位应设不少于 3 根拉筋，拉筋间距不应大于连梁宽度和 200mm 的较小值，直径不应小于 6mm。

集中对角斜筋配筋连梁应在梁截面内沿水平及竖直方向设双向拉筋，拉筋应勾住外侧纵筋，间距不应大于 200mm，直径不应小于 8mm。

250

4. 配置普通箍筋外另配置斜向交叉钢筋连梁的斜截面受剪承载力计算举例：

某钢筋混凝土框架-核心筒结构内筒剪力墙连梁，截面尺寸 $b \times h = 250\text{mm} \times 900\text{mm}$，抗震等级为一级，梁净跨 $L_0 = 1800\text{mm}$，混凝土强度等级为 C40，纵向受力钢筋和斜向交叉钢筋均采用 HRB400，箍筋采用 HRB335，$a_s = a_s' = 35\text{mm}$。该连梁已配置斜向交叉钢筋 $2 \oplus 18$（单向，$A_s = 508.9\text{mm}^2$），对角斜筋与梁纵轴线夹角 $\alpha = 30°$（图 2.6.11）。

若该梁在重力荷载代表值作用下，按简支梁计算的梁端截面剪力设计值 $V_{GB} = 98\text{kN}$，连梁左、右端截面逆、顺时针方向的组合弯矩设计值 $M_b^l = M_b^r = 475.0\text{kN} \cdot \text{m}$，设计该连梁的垂直箍筋。

连梁斜截面受剪承载力计算按《混凝土结构设计规范》第 11.7.10 条进行。

（1）计算剪力设计值

$$M_b^l = M_b^r = 475.0 \times 10^6, \quad L_n = 1800\text{mm}, \quad V_{Gb} = 98 \times 10^3$$

根据《混凝土结构设计规范》式（11.7.8-2），因配置有对角斜筋，即 $\eta_{vb} = 1.0$

即有

$$V_{wb} = 1.0 \times \frac{475 \times 10^6 \times 2}{1800} + 98 \times 10^3 = 625.8 \times 10^3 \text{N}$$

（2）验算截面控制条件

截面控制条件应按式（2.6.1）验算

$$\gamma_{RE} = 0.85, \quad \beta_c = 1.0, \quad f_c = 19.1\text{N/mm}^2,$$

$$\frac{1}{\gamma_{RE}}(0.25\beta_c f_c b h_0) = \frac{1}{0.85} \times (0.25 \times 1.0 \times 19.1 \times 205 \times 865) = 1214.8 \times 10^3$$

$> 625.8 \times 10^3$ 满足要求

（3）计算斜截面受剪承载力

根据式（2.6.2）计算箍筋与对角斜筋的配筋强度比

$$f_t = 1.71\text{N/mm}^2, \quad \sin 30° = \frac{1}{2}, \text{即有}$$

$$625.8 \times 10^3 \leqslant \frac{1}{0.85} \times \left[0.4 \times 1.71 \times 250 \times 865 + \left(2.0 \times \frac{1}{2} + 0.6\eta \right) \times 360 \times 508.9 \right]$$

整理可得 $\quad \eta = 1.83 > 1.2 \quad$ 取 $\eta = 1.2$

根据式（2.6.3）求 A_{sv}/s

$$f_{sv} = 300\text{N/mm}^2$$

即有 $\quad 1.2 = (300 \times A_{sv} \times 865)/(s \times 360 \times 508.9)$

整理可得 $\quad \dfrac{A_{sv}}{s} = 0.845, \quad$ 取 $s = 100\text{mm}$，双肢箍

即有 $\quad a_{sv} = 42.3\text{mm}^2$

选 $2 \oplus 8@100 \quad A_{sv}/s = 2 \times 50.3/100 = 1.005 > 0.845$

（4）核对是否满足抗震构造要求

根据《混凝土结构设计规范》第 11.7.11 条第 3 款规定，抗震设计时，沿连梁全长箍筋的构造宜按第 11.3.6 条和第 11.3.8 条框架梁梁端加密区箍筋的构造要求采用。即箍筋直径不应小于 10mm，间距不应大于 200mm，肢距不应大于 200mm。

选 $2 \oplus 10@100$，满足抗震构造要求。

第七章　板柱结构、板柱-剪力墙结构

2.7.1 板柱结构、板柱-剪力墙结构的抗震性能及适用范围。

【解析】板柱结构在水平荷载作用下的受力特性与框架类似，但由于没有梁，以柱上板带代替了框架梁，是框架结构的一种特殊情况。故板柱结构的抗侧力刚度比梁柱框架结构差，板柱节点的抗震性能也不如梁柱节点的抗震性能。楼板对柱的约束弱，不像框架梁那样，既能较好地约束框架节点，做到强节点，又能使塑性铰出现在梁端，做到强柱弱梁。此外，地震作用产生的不平衡弯矩要由板柱节点传递，在柱边将产生较大的附加剪应力，当剪应力很大而又缺乏有效的抗剪措施时，有可能发生冲切破坏，甚至导致结构连续破坏。因此，板柱结构延性差，耗能能力弱，单独的板柱结构不能用于抗震设计的建筑，非抗震设计时，建筑物高度有严格限制，见表 2.7.1。

板柱-剪力墙结构的受力特性与框架-剪力墙结构类似，变形特征属弯剪型，接近弯曲型。地震作用下，剪力墙承担结构的大部分水平荷载，控制结构的水平侧移，提高结构的延性和抗震性能，是板柱-剪力墙结构最主要的抗侧力构件。但由于板柱部分结构延性差，抗震性能不好，故抗震设计时，板柱-剪力墙结构的建筑物高度也有严格限制：比框架结构高，但比框架-剪力墙结构低很多。见表 2.7.1。

房屋建筑的最大适用高度（m）　　　　　　　　　　　　表 2.7.1

结构类型	非抗震设计	抗震设计			
		6 度	7 度	8 度 (0.2g)	8 度 (0.3g)
板柱结构	20	—	—	—	—
板柱-剪力墙结构	110	80	70	55	40

考虑到在 6 度、7 度抗震设防烈度区建设多层板柱结构的需要，《预应力混凝土结构抗震设计规程》GJ 140—2004 提出了板柱-框架结构。即在板柱结构中除建筑物周边设置框架梁外，在平面内部再设置一些框架，通过楼板的作用使两者协同工作，提高结构的抗震能力。

根据工程实践经验，《预应力混凝土结构抗震设计规程》GJ 140—2004 规定了板柱-框架结构的最大适用高度 6 度不大于 22m，7 度不大于 18m。并规定了板柱-框架结构除应满足板柱结构的有关规定外，还应符合下列规定：

1. 当楼板长宽比大于 2 或楼板长度大于 32m 时，应设置框架；

2. 在规定的水平力作用下，底层框架部分所承担的地震倾覆力矩应大于结构总地震倾覆力矩的 50%；

3. 板柱部分的柱及框架部分的抗震等级，对 6 度、7 度应分别采用三级、二级，并应符合相应的计算和构造措施要求。

应当就明：采用板柱-框架结构，仅是对纯板柱结构不能应用于地震区规定的一种
"出路"：使得低烈度区的多层建筑采用不设置剪力墙的板柱-框架结构也可建造，但应注
意毕竟其抗震性能不好。

2.7.2 板柱结构震害情况简介及震害分析。

【解析】近年来，世界许多国家和地区都发生了较强的地震，板柱结构的震害较框架、
剪力墙、框架-剪力墙结构要严重。

1977年3月5日罗马尼亚布加勒斯特附近发生的7.2级地震，布加勒斯特烈度为8.5度。
一座4层板-柱结构（未设剪力墙），柱截面尺寸为700mm×700mm，在地震中完全倒塌。

1985年9月19日墨西哥城附近发生的8.1级地震，板-柱结构大量破坏，在地震最严
重地区的300多个破坏或倒塌的建筑物中，板-柱结构（密肋板）的破坏数量接近普通梁
板式框架结构的2倍。柱将楼板冲切破坏后，许多层楼板叠在一起，柱端部压屈等。

在地面运动引起的地震荷载的反复作用下，加之柱子横向钢筋很少，柱核心区混凝土
缺乏约束，致使柱子强度不断降低，有时甚至丧失承载能力，最终导致建筑物倒塌。

大约有半数建筑物的破坏或倒塌是由于板的冲切破坏。这些板中柱子周围的配筋较少，
穿过柱头的钢筋也很少，柱头和板直接相交处混凝土很少，且未配置专门的抗剪钢筋。

在大量遭受破坏和倒塌的建筑物中，几乎都是密肋板从柱顶脱落而柱子完好无损。说
明板柱交接处的连接破坏是结构破坏的主要原因。

阿尔及利亚1980年地震时，一座巨大的商场——公寓楼倒塌（Ain Nasser Market），
使三千多人被困其中，最后死亡数百人。该建筑为三层双向密肋平板结构（无梁平板的一
种），首层为超市，层高较高，使柱子显得细长，二、三层为公寓，地震后完全破坏倒塌。
板柱节点抗弯承载力较小，是破坏的主要原因。

通过对上述震害的分析，板柱结构在地震中的破坏主要原因是：

（1）地震作用全部由板柱承担，由于未设置剪力墙，结构抗侧力刚度小，再加上无
梁，在很小水平荷载下，由于板柱直接相交处产生的很大非弹性转动，又削弱了结构的抗
侧力刚度，故侧向位移较大，加之 P-Δ 效应，很可能在强震时造成严重破坏甚至倒塌。

（2）结构延性差，抵抗变形和抗弯的能力差。

（3）地震作用产生的不平衡弯矩，在柱周围产生较大的剪应力，和垂直荷载下的剪应
力共同作用，就会发生图2.7.1所示的冲切破坏。这是一种脆性破坏。

（4）板与柱间的不平衡弯矩的传递，使得柱子的侧面严重应力集中，在荷载初期阶段
就表现出塑性特性；侧面混凝土局部压碎，钢筋屈服并产生滑移，结构刚度显著降低。

（5）在较大的水平荷载作用下，板上下表面处的柱端弯矩变号，柱中纵筋由受拉变为
受压或由受压变为受拉，但密肋板的厚度不足以在较粗钢筋周围产生足够的混凝土粘着力
（图2.7.2），因此柱子钢筋在板厚范围内仍然受拉，该处的混凝土要承担由垂直荷载和不
平衡弯矩产生的全部压应力，板柱节点处因纵向钢筋粘结破坏引起柱受压破坏。

可以看出：在板柱结构中设置剪力墙，使之成为板柱-剪力墙结构；同时加强板柱节
点的抗冲切验算和抗震构造措施，将会提高这种结构的抗震能力。

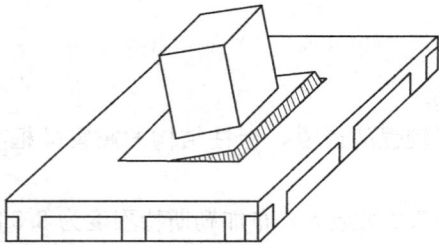

图 2.7.1　柱子传递不平衡弯矩引起
周边板产生冲切破坏机构

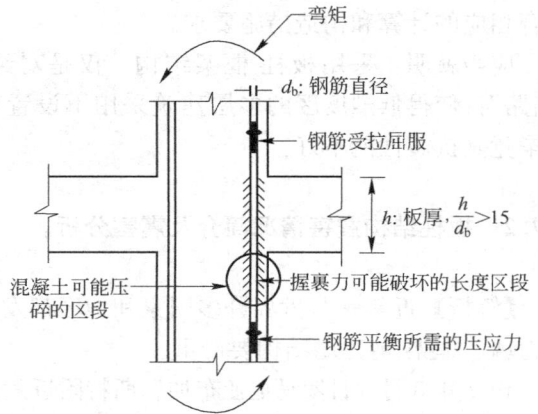

图 2.7.2　板柱节点处因纵向钢筋粘结破坏引起
柱受压破坏的假想机构

2.7.3　板柱-剪力墙结构和框架-核心筒结构的区别是什么？

【解析】中央为由楼电梯、管道井筒围起的核心筒、周边为较大柱距的框架，是框架-核心筒结构较为典型的平面布置。当外框和核心筒间距离较大时，设计中可能会在其间另设内柱以减小梁或板的跨度，在外框和核心筒间不设置框架主梁的情况下，其平面布置如图 2.7.3 所示。

板柱-剪力墙结构由水平构件板和竖向构件柱及剪力墙组成，其内部无梁。为了提高结构的抗震性能，规范规定板柱-剪力墙结构周边应设置有梁框架，当剪力墙为由楼电梯、管道井筒围成的筒体且布置在平面中部时，其平面布置如图 2.7.4 所示。

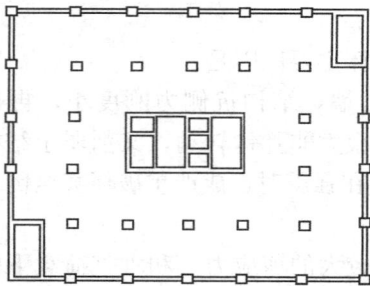

图 2.7.3　板柱-剪力墙结构

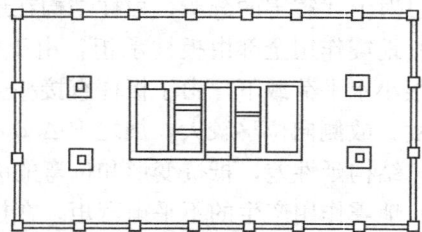

图 2.7.4　框架-核心筒结构

此时两种情况下的平面布置是十分相似的，但框架-筒体结构受力特点类似于框架-剪力墙，具有较大的抗侧力刚度和强度，空间整体性较好，抗震性能好。而板柱-剪力墙结构抗侧刚度小，延性差，地震作用下柱头极易发生破坏，抗震性能差。因此两个结构体系在房屋最大适用高度、抗震措施等方面设计上有很大差别，表 2.7.2 列出了两者的一些主要区别。可以看出：分清两种不同的结构体系是一件十分重要的事情，否则就会造成结构选型及设计错误。所以，结构师应在研究分析建筑专业提供的设计资料基础上，判别好两种不同的结构体系，选择合理的结构方案。

254

框架-核心筒结构和板柱-剪力墙结构在设计上的部分区别　　　表 2.7.2

项　目	结构体系		非抗震设计	抗震设防烈度				
				6度	7度	8度(0.2g)	8度(0.3g)	9度
房屋最大适用高度(m)	板柱-剪力墙		110	80	70	55	40	不应采用
	框架-核心筒	A级高度	160	150	130	100	90	70
		B级高度	220	210	180	140	120	不应采用
抗震等级	板柱-剪力墙	高度(m)	—	≤35　>35	≤35　>35	≤35	>35	不应采用
		框架、板柱的柱	—	三　二	二	二	二	不应采用
		剪力墙	—	二　二	二　一	二	一	不应采用
	框架-核心筒	A级高度　框架	—	三	二	二	二	一
		A级高度　核心筒	—	二	二	二	二	一
		B级高度　框架	—	二	一	一	一	不应采用
		B级高度　核心筒	—	二	一	特一	特一	不应采用
抗震设计时地震剪力调整	板柱-剪力墙		各层横向及纵向剪力墙应能承担相应方向该层全部地震剪力，各层板柱部分除应符合计算要求外，尚应能承担不少于该层相应方向地震剪力的 20%					
	框架-核心筒		按高规第 8.1.4 条规定的框架-剪力墙结构进行调整					
核心筒或剪力墙筒约束边缘构件的设置	板柱-剪力墙（剪力墙筒）		应符合高规第七章的有关规定					
	框架-核心筒（核心筒）		底部加强部位墙体最小配筋率为 0.3%，约束边缘构件沿墙肢的长度应取墙肢截面高度的 1/4，约束边缘构件范围内应主要采用箍筋；其底部加强部位以上宜按规定设置约束边缘构件。其余部分应符合高规第七章的有关规定					

一般可从以下两方面区分框架-核心筒结构和板柱-剪力墙结构：

1. 板柱-剪力墙结构有剪力墙（或剪力墙筒）和外围周边柱，同时内部柱子（内柱）数量较多，楼层平面除周边柱间有梁、楼梯间有梁外，内外柱及内柱之间、内柱与剪力墙筒间均无梁，内柱承担较大部分的竖向荷载，并参与结构整体抗震（虽然其作用不大）。剪力墙（或剪力墙筒）是主要抗侧力构件，但柱子也是抗侧力构件。而框架-核心筒结构的内柱数量很少（甚至没有），且一般为不设梁的、仅承受竖向荷载的轴力柱，所承担的竖向荷载很小，核心筒是主要抗侧力构件，周边框架参与结构整体抗震。但内柱一般不是抗侧力构件。

2. 框架-核心筒结构的核心筒每侧边长一般不小于结构相应边长的 1/3，高宽比一般较大（当然不超过 12）。而板柱-剪力墙结构的剪力墙筒和结构面的尺寸之比较小，其剪力墙筒每侧边长一般远小于结构相应边长的 1/3，由于房屋高度不大，高宽比则较小。

采用外框和核心筒之间不设梁的框架-核心筒结构工程实例不少，如广东国际大厦、南京金陵饭店等，为了减小板的厚度，许多工程还采用了无粘结预应力平板方案，如合肥润安大厦、陕西省邮政电信局管网中心等，由于外框和核心筒之间不设梁，对框架-核心筒结构的整体刚度和抗震性能有一定影响，因此，一般在外框柱与核心筒之间均设置暗梁。

2.7.4 板柱-剪力墙结构房屋周边和楼电梯洞口周边应设置有梁框架。

【解析】如本章第 2.7.1 款所述，板柱-剪力墙结构的抗震性能比框架-剪力墙结构差，主要是由于板柱-剪力墙结构的板柱部分抗震性能不如框架部分的抗震性能。地震作用下，房屋的周边（特别是角部）是受力的主要部位，为保证结构关键部位的可靠性，要求抗震设计时，除应设置剪力墙外，还应尽可能设置有梁框架。而这对于大多数建筑来说，一般不会影响其使用功能，故是可以做到的。

《高规》第 8.1.9 条规定：房屋的周边应设置边梁形成周边框架；房屋的屋盖和地下一层顶板，宜采用梁板结构；有楼、电梯间等较大开洞时，洞口周围宜设置框架梁或边梁。对第一句话，应遵照执行，对后两句话，应尽可能做到。

2.7.5 板柱-剪力墙结构的剪力墙间距要求。

【解析】和框架-剪力墙结构中的道理一样，为了使两墙之间的楼、屋盖能获得足够的平面内刚度，保证结构在地震作用下的整体工作性能，有效地传递水平地震作用。板柱-剪力墙结构中的剪力墙沿垂直于墙肢平面内方向的间距，不宜超过表 2.7.3 的规定，超过时，应计入楼盖平面内变形的影响；当这些剪力墙之间的楼板有较大开洞时，表中数据应予减小。

剪力墙间距（m）　　　　　　　　　　　　　　表 2.7.3

楼盖形式	非抗震设计	抗震设防烈度	
		6 度、7 度	8 度
现浇	4.0B	3.0B	2.0B

注：表中 B 为剪力墙之间的楼盖宽度。

可见板柱-剪力墙结构对剪力墙间距的要求比框架-剪力墙结构要严。

2.7.6 如何确定板柱结构的板厚及柱帽尺寸？

【解析】1. 平板板厚：双向无梁板厚度不宜过小，其厚度与柱网长跨之比，不宜小于表 2.7.4 的规定，平板最小厚度不应小于 150mm。当配置抗冲切栓钉、抗冲切钢筋或型钢剪力架时，板的厚度，非抗震设计不应小于 150mm，抗震设计时不应小于 200mm。

双向无梁板厚度与长度的最小比值　　　　　　　　表 2.7.4

非预应力楼板		预应力楼板	
无柱帽或无托板	有柱帽或有托板	无柱帽或无托板	有柱帽或有托板
1/35（1/30）	1/40（1/35）	1/40	1/45

注：括号内数字用于密肋板。

2. 无梁板可根据承载力和变形要求采用托板或平板，7 度抗震设计时宜采用有托板或柱帽的板柱节点，8 度时应采用有托板或柱帽的板柱节点。当采用托板或柱帽时，托板或柱帽的几何尺寸应根据板的抗冲切承载力计算确定，且托板或柱帽的边长不宜小于板跨度的 1/6，且不宜小于 4 倍板厚及柱截面相应边长之和，托板或柱帽根部的厚度（包括无梁板的厚度）不应小于 1/4 无梁板的厚度；抗震设计时，除应符合上述要求外，托板或柱帽根部厚度（包括板厚）尚不宜小于 16 倍柱纵筋直径。

3. 密肋板的尺寸：采用密肋板时，密肋板的肋净距不宜大于800mm，肋宽不宜小于80mm，肋高（包括面板厚度）不宜小于柱长跨尺寸的1/30，也不宜大于肋宽的3倍。密肋板的面板厚度不应小于40mm，其板柱节点周围应做成实心板，实心板的长度应由计算确定，并满足托板的构造尺寸要求。抗震设计时，柱向宜沿轴线加大肋宽形成扁梁。

2.7.7 抗震设计时板柱-剪力墙结构的剪力调整。

【解析】板柱-剪力墙结构的板柱部分承载能力、抗震性能都很差，故规范对板柱-剪力墙结构中的剪力墙和板柱，无论是抗震还是抗风设计都应进行内力调整，以策安全。

抗风设计时，板柱-剪力墙结中各层筒体或剪力墙应能承担不少于80%相应方向该层承担的风荷载作用下的剪力，各层板柱和框架部分应能承担不少于各层相应方向全部风荷载作用下剪力的20%。

抗震设计时，房层高度不超过12m的板柱-剪力墙结构，各层筒体或剪力墙宜承担结构的全部地震作用，各层板柱和框架部分应能承担不小于本层地震剪力的20%；房层高度大于12m的板柱-剪力墙结构，各层筒体或横向及纵向剪力墙应能承担该方向全部地震作用，各层板柱和框架部分应能承担不小于各层相应方向地震剪力的20%。

注意这里调整和框架-剪力墙结构楼层地震剪力调整的区别；对板柱-剪力墙结构要求其剪力墙结构承担该方向100%地震作用以保证结构安全，板柱再承担不少于各层相应方向20%的地震剪力，加起来就是不少于各层相应方向120%的地震剪力。不但柱子楼层地震剪力调整，剪力墙楼层地震剪力也调整。这是因为板柱-剪力墙结构比框架-剪力墙结构抗震性能差，抗震设计时应予特别加强。

2.7.8 板柱结构、板柱-剪力墙结构的计算要点。

【解析】1. 一般规定

（1）板柱结构、板柱-剪力墙结构在垂直荷载和水平荷载作用下的内力及位移计算，宜优先采用连续体有限元空间模型的整体计算方法，也可采用等代框架杆系结构有限元法或其他计算方法。

（2）抗震设计时板柱-剪力墙结构横向及纵向剪力墙应能承担该方向全部地震作用，各层的柱子部分除满足垂直荷载计算要求外，尚应能承担不少于各层相应方向全部地震作用的20%。板柱结构、板柱-剪力墙结构中的等代框架梁、柱、墙、节点的内力设计值调整见第一章表2.1.21。

（3）密肋板的肋间距、高度、宽度及面板厚度符合构造要求时，其内力可采用T形截面特征按平板计算。当密肋梁较多时，如软件的计算容量有限，可采用如下简化方法计算：将密肋梁均匀等效为框架梁与柱一起进行整体计算。等效框架梁的截面宽度可取被等效的密肋梁截面宽度之和，截面厚度可取密肋梁截面高度，计算出的等效框架梁截面配筋可均匀分配给各密肋梁。

（4）板面有集中荷载时，其配筋应由计算确定。当楼板上某区格内的集中荷载设计值不大于该区格内均布活荷载设计值总量的10%时，可按荷载折算总量为F_1的折算均布活荷载设计值进行计算：

$$F_1 = 1.1 (F + F_q)$$ (2.7.1)

式中　F——某区格内的集中荷载设计值；

　　　F_q——某区格内均布活荷载设计值总量。

（5）无梁楼盖的端支座为框架梁或剪力墙时，竖向荷载作用下及水平荷载作用下内力的计算端跨度取至梁或剪力墙中，平行于框架梁或剪力墙边不设柱上板带。

（6）边缘梁截面的抗弯刚度 $E_c I_b$ 可考虑部分翼缘，其翼缘宽度如图 2.7.5（a）所示。板截面的抗弯刚度 $E_c I_s = E_c \left(板宽 \times \dfrac{h^3}{12} \right)$，板宽取值如图 2.7.5（$b$）所示。梁、板刚度比 $\alpha = E_c I_b / E_c I_s$。沿外边缘各柱之间有梁的板，边缘梁的梁、板刚度比 α 不应小于 0.8。

梁的抗扭刚度也可考虑翼缘的有利影响。

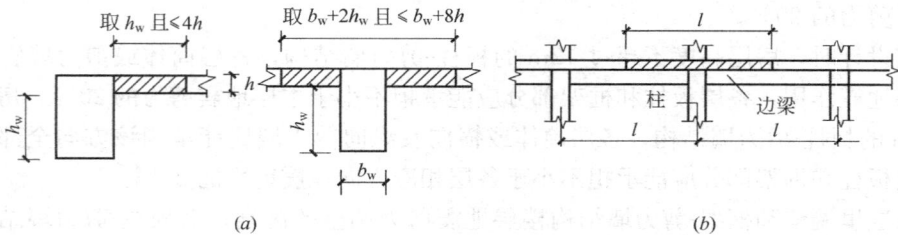

图 2.7.5　边缘梁翼缘及板宽取值
（a）边梁翼缘宽度；（b）板宽度

（7）板柱结构、板柱-剪力墙结构因为楼板较厚，其平面外刚度在结构整体计算时不能忽略，否则会对结构的整体分析带来较大影响。宜选用可考虑楼板面外刚度的软件进行分析计算。

2. 竖向荷载作用下的计算

（1）经验系数法

1）符合下列条件时，在垂直荷载作用下板柱结构的平板和密肋板的内力可用经验系数计算：

① 活荷载为均布荷载，且不大于恒载的 3 倍；

② 每个方向至少有 3 个连续跨；

③ 任一区格内的长边与短边之比不应大于 1.5；

④ 同一方向上的最大跨度与最小跨度之比不应大于 1.2；

⑤ 不规则柱网，柱的偏离值不应大于跨度的 10%。

2）按经验系数法计算时，应先算出垂直荷载产生的板的总弯矩设计值，然后按表 2.7.5 确定柱上板带和跨中板带的弯矩设计值。

对 x 方向板的总弯矩设计值，按下式计算：

$$M_x = q l_y (l_x - 2C/3)^2 / 8$$ (2.7.2)

对 y 方向板的总弯矩设计值，按下式计算：

$$M_y = q l_x (l_y - 2C/3)^2 / 8$$ (2.7.3)

式中　q——垂直荷载设计值；

258

l_x、l_y——等代框架梁的计算跨度，即柱子中心线之间的距离；

C——柱帽在计算弯矩方向的有效宽度，见图 2.7.6；无柱帽时，取 $C=0$。

柱上板带和跨中板带弯矩分配值（表中系数乘 M_0） 表 2.7.5

截面位置	柱上板带	跨中板带
端跨：		
边支座截面负弯矩	0.33	0.04
跨中正弯矩	0.26	0.22
第一个内支座截面负弯矩	0.50	0.17
内跨：		
支座截面负弯矩	0.50	0.17
跨中正弯矩	0.18	0.15

注：1. 在总弯矩量不变的条件下，必要时允许将柱上板带负弯矩的 10% 分配给跨中板带；
　　2. 本表为无悬挑板时的经验系数，有较小悬挑板时仍可采用，当悬挑板较大且负弯矩大于边支座截面负弯矩时，须考虑悬臂弯矩对边支座及内跨的影响。

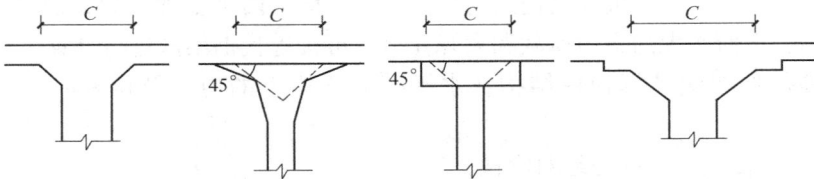

图 2.7.6　柱帽在计算弯矩方向的有效宽度

3）按经验系数法计算时，板柱节点处上柱和下柱弯矩设计值之和 M_c 可采用以下数值：

中柱：
$$M_c=0.25M_x（M_y） \tag{2.7.4}$$

边柱：
$$M_c=0.40M_x（M_y） \tag{2.7.5}$$

式中　$M_x（M_y）$——按本款 2.（1）.2) 计算的总弯矩设计值。

中柱或边柱的上柱和下柱的弯矩设计值可根据式（2.7.4）或式（2.7.5）的值按其他线刚度分配。

4）按其他方法计算时，柱上端和柱下端弯矩设计值取实际计算结果，当有柱帽时，柱上端的弯矩设计值取柱刚域边缘处的值。

（2）等代框架法

1）当不符合本款 2.（1）.1) 的规定时，在垂直荷载作用下，板柱结构的平板和密肋板可采用等代框架法计算其内力：

① 等代框架的计算宽度，取垂直于计算跨度方向的两个相邻平板中心线的间距；

② 有柱帽的等代框架梁、柱的线刚度，可按现行国家标准《钢筋混凝土升板结构技术规程》的有关规定确定；

③ 计算中纵向和横向每个方向的等代框均应承担全部作用荷载；

④ 计算中宜考虑活荷载的不利组合。

2）按等代框架计算垂直荷载作用下板的弯矩，当平板与密肋板的任一区格长边与短边之比不大于 2 时，可按表 2.7.6 的规定分配给柱上板带和跨中板带；有柱帽时，其支座负弯矩应取刚域边缘处的值，除边支座弯矩和边跨中弯矩外，分配到各板带上的弯矩应乘以 0.8 的系数。

截面位置	柱上板带	跨中板带
内跨：		
支座截面负弯矩	75	25
跨中正弯矩	55	45
端跨：	75	25
第一个内支座截面负弯矩跨中正弯矩	55	45
边支座截面负弯矩	90	10

注：在总弯矩量不变的条件下，必要时允许将柱上板带负弯矩的 10% 分配给跨中板带。

3）当采用等代框架-剪力墙结构杆系有限元法计算时，其板柱部分可按板柱结构等代框架法确定等代框架梁的计算宽度及等代框架梁、柱的线刚度。

3. 水平荷载作用下的计算

（1）水平荷载作用下，板柱结构的内力及位移，应沿两个主轴方向分别进行计算，当柱网较为规则、板面无大的集中荷载和大开孔时，可按等代框架法进行计算。

（2）按等代框架法计算板柱结构在水平荷载作用下的内力及位移时，应符合下列规定：

1）假定楼板在其平面内为绝对刚性；

2）等代框架梁的计算宽度取式（2.7.6）、式（2.7.7）的较小值：

$$b_y = 0.5(l_x + C) \tag{2.7.6}$$
$$b_y = 0.75 l_y \tag{2.7.7}$$

式中　b_y——y 向等代框架梁的计算宽度；

　　l_x、l_y——等代框架梁的计算跨度，即柱子中心线之间距离；

　　C——柱帽在计算弯矩方向的有效宽度，见图 2.7.6；无柱帽时取 $C=0$。

3）有柱帽的等代框架梁、柱的线刚度，可按现行国家标准《钢筋混凝土升板结构技术规程》有关规定确定。

2.7.9　板柱-剪力墙结构板的配筋有哪些构造要求？

【解析】1. 板柱-剪力墙结构中，地震作用虽由剪力墙全部承担，但结构在整体工作时，板柱部分仍会承担一定的水平力。由柱上板带和柱组成的板柱框架中的板，受力主要集中在柱的连线附近，故柱上板带应沿纵横柱轴线设置暗梁，目的在于加强板与柱的连接，较好地起到板柱框架的作用。暗梁宽度可取与柱宽度相同或柱宽加上宽度以外各不大于 1.5 倍板厚之和，暗梁配筋应符合下列规定（图 2.7.7）。

（1）暗梁支座上部钢筋截面积不宜小于柱上板带钢筋截面积的 50%（可作为柱上板带负弯矩所需钢筋的一部分，计算弯矩配筋时 h_0 可包括柱托板厚度）并应全跨拉通，暗梁下部钢筋，不应小于上部钢筋的 1/2。纵向钢筋应全跨拉通，其直径宜大于暗梁以外板钢筋的直径，但不宜大于柱截面相应边长的 1/20，间距不宜大于 300mm；

（2）暗梁的箍筋，直径不应小于 8mm，箍筋间距不应大于 300mm；肢距不宜大于 2 倍板厚，且至少应配置四肢箍。

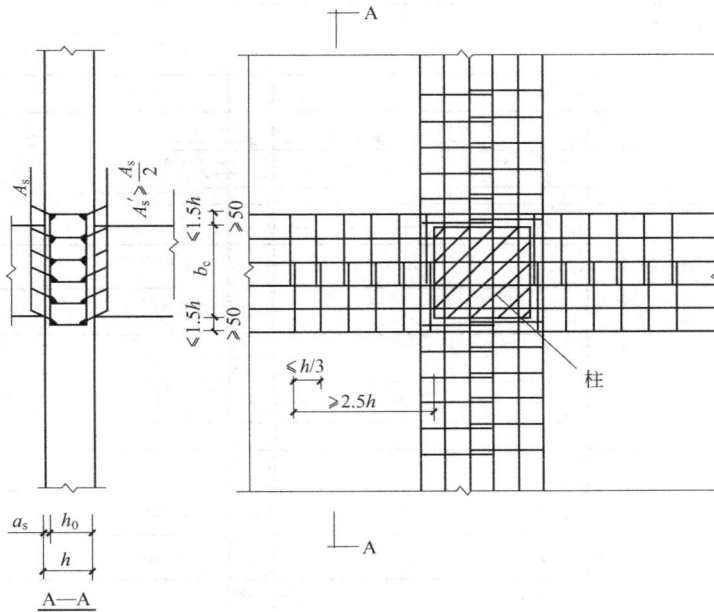

图 2.7.7　暗梁构造

2. 无柱帽板的配筋及最小延伸长度可按图 2.7.8 处理；当相邻跨长不同时，负弯矩钢筋按图 2.7.8 从支座的延伸长度，应以长跨为依据。图 2.7.8 仅示出近年来施工中较常用的分离式配筋构造做法。

3. 抗震设计时板的两个方向底筋位置应置于暗梁底筋上。柱上板带的板底钢筋宜在距柱边 2 倍板厚以外搭接，且钢筋端部宜有垂直于板面的弯钩。

4. 无梁楼盖板外角的配筋构造：

（1）对于有边梁的无梁楼板，在外角顶部沿对角线方向配负弯矩钢筋，在外角底部垂直于对角线方向配正弯矩钢筋，如图 2.7.9 所示。

（2）对于没有边梁的无梁楼板，应在平板外边缘的上下各设一根直径不小于 $\phi16$ 的通长钢筋。

（3）边、角区格内板的边支座负筋，应满足在边梁内的抗扭锚固长度。

5. 抗震设计时，除按计算外，柱上板带的跨中区格内的板面钢筋一般可将柱上板带的支座配筋不少于 1/3 拉通。柱上板带的板底钢筋宜在距柱面为 2 倍纵筋锚固长度以外搭接，钢筋端部宜有垂直于板面的弯钩。

6. 设置托板式柱帽时，非抗震设计时托板底部位应布置构造钢筋；抗震设计时托板底部钢筋应按计算确定，并应满足抗震锚固要求。计算柱上板带的支座钢筋时，可考虑托板厚度的有利影响。

柱帽配筋构造要求见图 2.7.11。需要说明的是：图中的配筋构造仅是针对非抗震设计（竖向荷载作用下）的做法。

抗震设计时，应根据构件内力设计值和抗震等级确定其配筋面积、钢筋直径、间距、锚固长度等。

7. 密肋板在肋中配有负弯矩钢筋的范围内，宜配置构造封闭箍筋。箍筋直径不应小

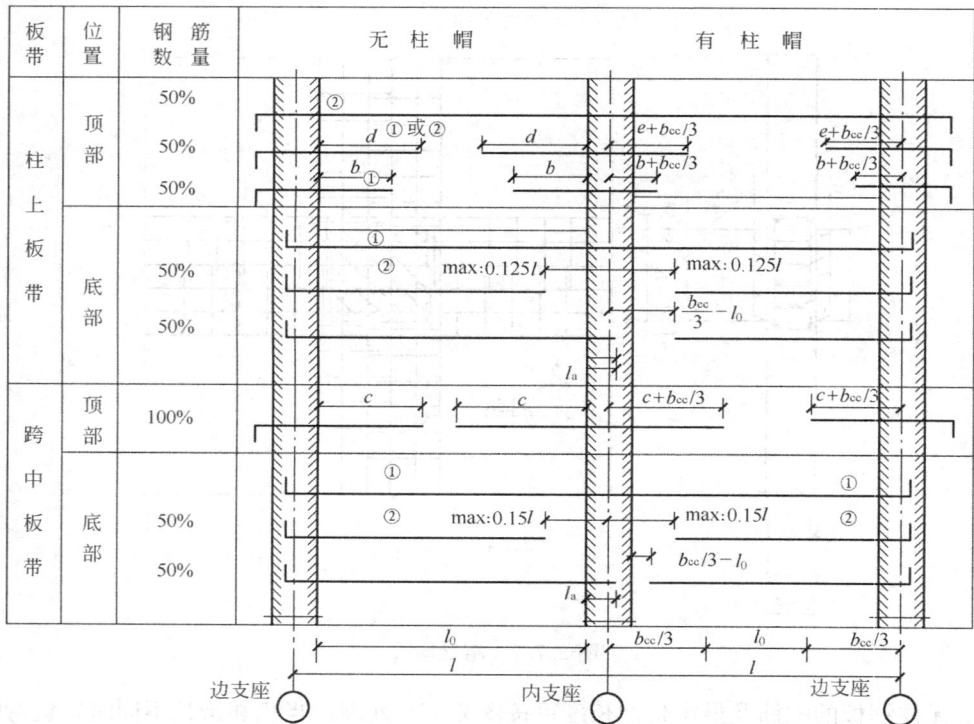

板带	位置	钢筋数量	无柱帽	有柱帽
柱上板带	顶部	50%	②	
		50%	d ①或② d	$e+b_{cc}/3$ $e+b_{cc}/3$
		50%	b ① b	$b+b_{cc}/3$ $b+b_{cc}/3$
	底部	50%	①	
		50%	② max:$0.125l$ max:$0.125l$	$\frac{b_{cc}}{3}-l_0$
		50%	l_a	
跨中板带	顶部	100%	c c	$c+b_{cc}/3$ $c+b_{cc}/3$
	底部	50%	①	①
		50%	② max:$0.15l$ max:$0.15l$ ②	$b_{cc}/3-l_0$
		50%	l_a	

l_0 $b_{cc}/3$ l_0 $b_{cc}/3$

l l

边支座   内支座   边支座

注：1. b_{cc} 为柱帽在计算弯矩方向和有效宽度。

l_a 为钢筋锚固长度；l_0 为净跨度；当有柱帽时，取 $l_0=1-2b_{cc}/3$。

2. 板边缘上下各加 $1\phi16$ 抗扭钢筋。

3. 跨中板带底部正钢筋应放在柱上板带正钢筋上面。

4. ①号钢筋适用于非抗震区，②号钢筋适用于抗震区。

5. 图中钢筋的最大和最小长度应符合下表要求。

符号	b	c	d	e
长度	$\geqslant 0.20l_0$	$\geqslant 0.25l_0$	$\geqslant 0.30l_0$	$\geqslant 0.35l_0$

图 2.7.8 无梁楼板配筋构造

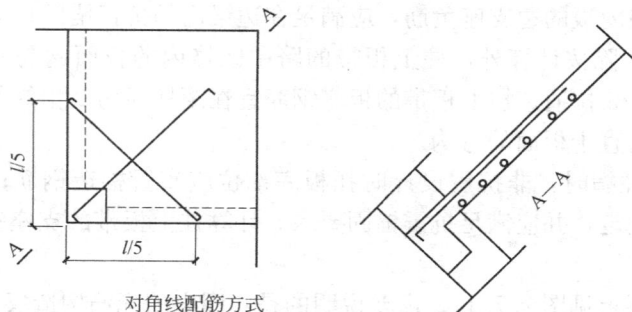

对角线配筋方式

图 2.7.9 无梁楼盖板外角的配筋

于 6mm，间距不应大于肋高，且不应大于 250mm；抗震设计时箍筋直径不应小于 6mm，间距不应大于 100mm。

密肋板主筋的配置长度可按平板的规定，密肋板的面板应配置双向钢筋网，其直径不应小于 4mm，间距不应大于 300mm。平板边缘的边肋上，下应至少各配 $2\phi16$ 的通长钢筋及构造封闭箍筋。

2.7.10 加强板柱节点的抗冲切承载力，可采取哪些措施？

【解析】板柱节点的冲切破坏是板柱结构、板柱-剪力墙结构的主要破坏形态，特别是抗震设计时，地震作用产生的不平衡弯矩，在柱周围产生较大的剪应力，和垂直荷载下产生的剪应力共同作用，就可能发生脆性的冲切破坏。

为加强板柱节点的抗冲切承载力，一般可采用以下措施之一：

1. 将板柱节点附近板的厚度局部加厚或加柱帽；

在竖向荷载、水平荷载作用下不配置箍筋或弯起钢筋的板柱节点，其受冲切承载力应符合下列规定（图 2.7.10）：

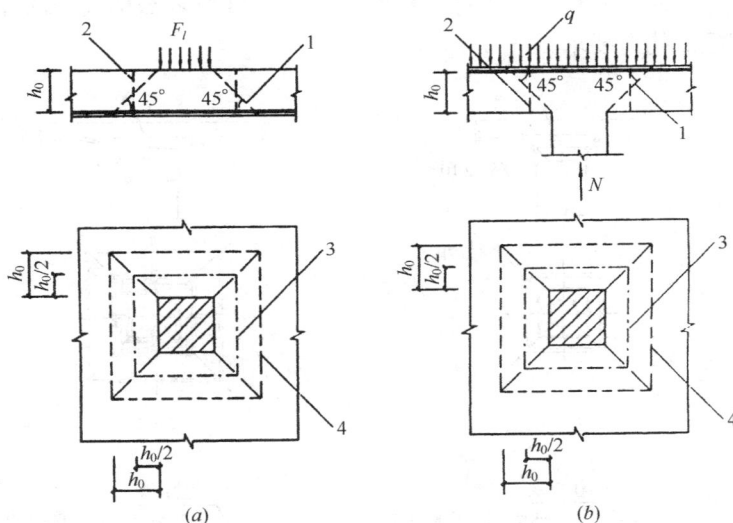

图 2.7.10 板受冲切承载力计算

(a) 局部荷载作用下；(b) 集中反力作用下

1—冲切破坏锥体的斜截面；2—临界截面；3—临界截面的周长；4—冲切破坏锥体的底面线

持久、短暂设计状况：

$$F_l \leqslant 0.7\beta_h f_t \eta u_m h_0 \qquad (2.7.8)$$

地震设计状况：

$$F_l \leqslant 0.42\beta_h f_t \eta u_m h_0 / \gamma_{RE} \qquad (2.7.9)$$

式（2.7.8）、式（2.7.9）中的系数 η，应按下列两个公式计算，并取其中较小值：

$$\eta_1 = 0.4 + \frac{1.2}{\beta_s} \qquad (2.7.10)$$

$$\eta_2 = 0.5 + \frac{\alpha_s h_0}{4u_m} \qquad (2.7.11)$$

式中 F_l——局部荷载设计值或集中反力设计值；对板柱结构的节点，取柱所承受的轴向

263

压力设计值的层间差值减去冲切破坏锥体范围内板所承受的荷载设计值；当有不平衡弯矩时，应按本节第四、2款的规定确定；

β_h——截面高度影响系数：当 $h\leqslant 800mm$ 时，取 $\beta_h=1.0$；当 $h\geqslant 2000mm$ 时，取 $\beta_h=0.9$，其间按线性内插法取用；

f_t——混凝土轴心抗拉强度设计值；

h_0——截面有效高度，取两个配筋方向的截面有效高度的平均值；

η_1——局部荷载或集中反力作用面积形状的影响系数；

η_2——临界截面周长与板截面有效高度之比的影响系数；

β_s——局部荷载或集中反力作用面积为矩形时的长边与短边尺寸的比值，β_s 不宜大于4；当 $\beta_s<2$ 时，取 $\beta_s=2$；当面积为圆形时，取 $\beta_s=2$；

α_s——板柱结构中柱类型的影响系数：对中柱，取 $\alpha_s=40$；对边柱，取 $\alpha_s=30$；对角柱，取 $\alpha_s=20$；

γ_{RE}——承载力抗震调整系数，取 0.85。

u_m——临界截面的周长，具体计算见本节"2.7.14临界截面周长的计算。"

托板或柱帽配筋构造要求见图 2.7.11。

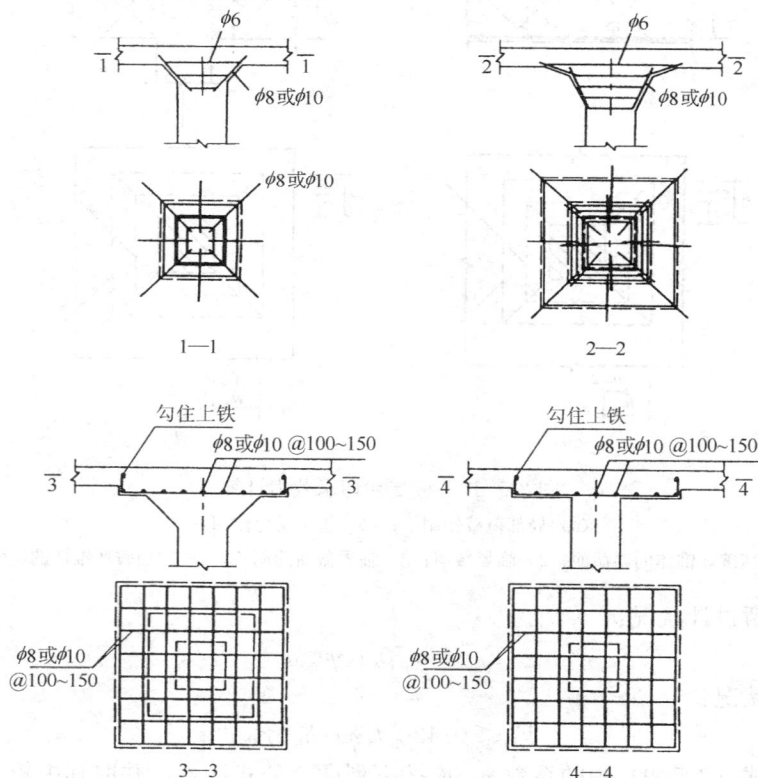

图 2.7.11　托板或柱帽配筋构造

2. 配置抗冲切栓钉或抗冲切箍筋

在竖向荷载、水平荷载作用下，当板柱节点板的受冲切承载力不满足式（2.7.8）或式（2.7.9）的要求且板厚受到限制时，可配置抗冲切栓钉或抗冲切箍筋。此时，应符合

264

下列规定：

（1）板的受冲切截面应符合下列条件：

持久、短暂设计状况：

$$F_l \leqslant 1.2 f_t \eta u_m h_0 \qquad (2.7.12)$$

地震设计状况：

$$F_l \leqslant 1.2 f_t \eta u_m h_0 / \gamma_{RE} \qquad (2.7.13)$$

（2）配置栓钉或箍筋的板抗冲切承载力可按下式计算：

配置箍筋时的板，其受冲切承载力应符合下列规定：

持久、短暂设计状况：

$$F_l \leqslant 0.50 f_t \eta u_m h_0 + 0.8 f_{yv} A_{svu} \qquad (2.7.14)$$

地震设计状况：

$$F_l \leqslant (0.30 f_t \eta u_m h_0 + 0.8 f_{yv} A_{svu}) / \gamma_{RE} \qquad (2.7.15)$$

式中　A_{svu}——与呈 45°冲切破坏锥体斜截面相交的全部栓钉或箍筋的截面面积；

　　　f_{yv}——栓钉或箍筋的抗拉强度设计值，按《混凝土结构设计规范》GB 50010—
2010 采用。

对配置抗冲切栓钉或箍筋的冲切破坏锥体以外的截面，尚应按式（2.7.8）或式（2.7.9）的要求进行受冲切承载力验算。此时，临界截面周长 u_m 应取配置抗冲切钢筋的冲切破坏锥体以外 $0.5h_0$ 处的最不利周长。

（3）在混凝土板中配置拴钉，应符合下列构造要求：

1）拴钉的锚头可采用方形或圆形板，其面积不小于锚杆截面面积的 10 倍；

2）锚头板和底部钢条板的厚度不小于 $0.5d$，钢条板的宽度不小于 $2.5d$，d 为锚杆的直径（图 2.7.14a）；

3）里圈拴钉与柱面之间的距离 s_0 应符合下式规定（图 2.7.12、图 2.7.13）：

$$50\text{mm} \leqslant s_0 \leqslant 0.35h_0 \qquad (2.7.16)$$

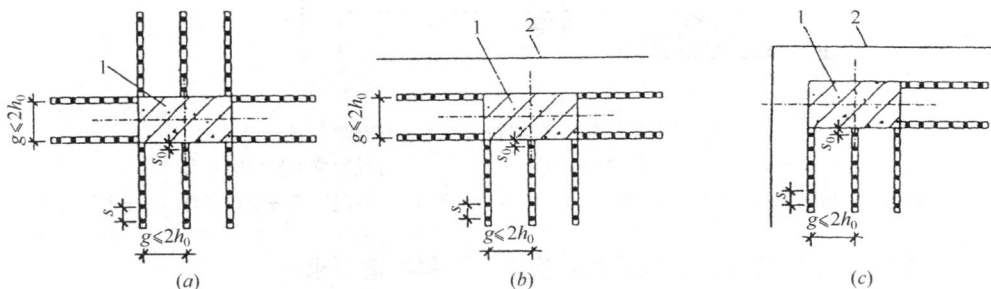

图 2.7.12　柱周边抗冲切栓钉排列示意（矩形柱）

（a）内柱；（b）边柱；（c）角柱

1—柱；2—板边

4）拴钉圈与圈之间的径向距离 s 不大于 $0.35h_0$；

5）按计算所需的拴钉应配置在与 45°冲切破坏锥面相交的范围内，且从柱截面边缘向外的分布长度不应小于 $1.5h_0$（图 2.7.14b）；

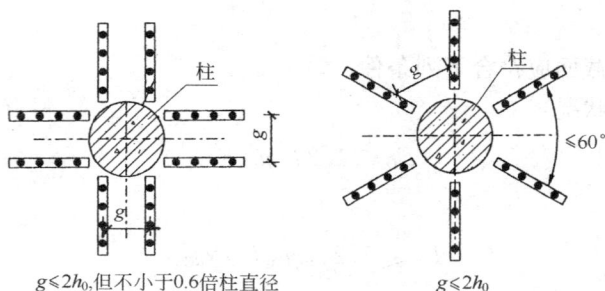

$g \leqslant 2h_0$,但不小于0.6倍柱直径 $g \leqslant 2h_0$

图 2.7.13 柱周边抗冲切栓钉排列示意（圆形柱）

6）拴钉的最小混凝土保护层厚度与纵向受力钢筋相同；拴钉的混凝土保护层不应超过最小混凝土保护层厚度与纵向受力钢筋直径之半的和（图 2.7.14c）。

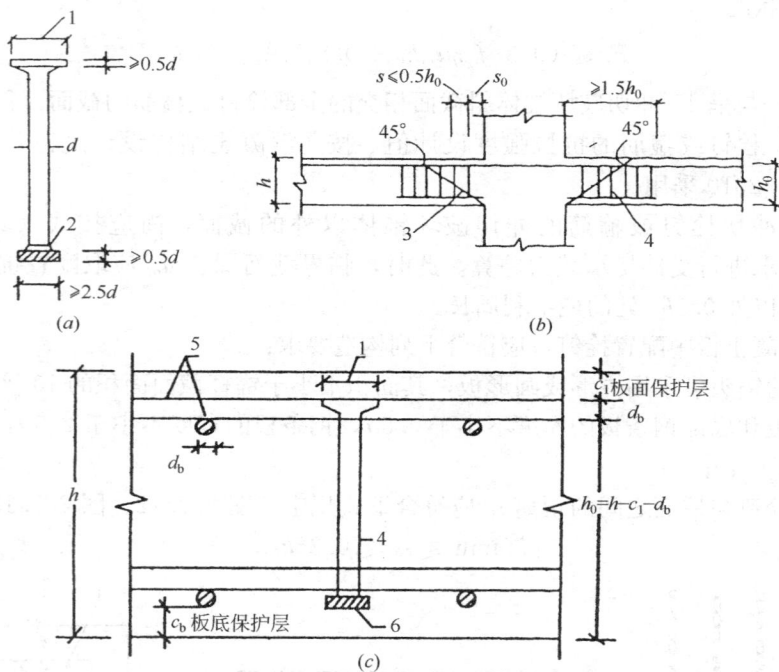

图 2.7.14 板中抗冲切锚栓布置

（a）锚栓大样；（b）用锚栓作抗冲切钢筋；（c）锚栓混凝土保护层要求

1—顶部面积≥10倍锚杆截面面积；2—焊接；3—冲切破坏锥面；4—锚栓；5—受弯钢筋；6—底部钢板条

（4）混凝土板中配置抗冲切箍筋时，应符合下列构造要求：

按计算所需的箍筋截面面积应配置在冲切破坏锥体范围内，此外尚应按相同的箍筋直径和间距自柱边向外延伸配置在不小于 $1.5h_0$ 范围内。箍筋宜为封闭式，并应箍住架立钢筋和主筋。直径不应小于 6mm，间距不应大于 $1/h_0$（图 2.7.15）。

抗冲切箍筋宜和暗梁箍筋结合配置，箍筋肢数不应少于 4 肢。

3. 配置抗冲切弯起钢筋

在竖向荷载、水平荷载作用下，当板柱节点的受冲切承载力不满足式（2.7.8）的要

266

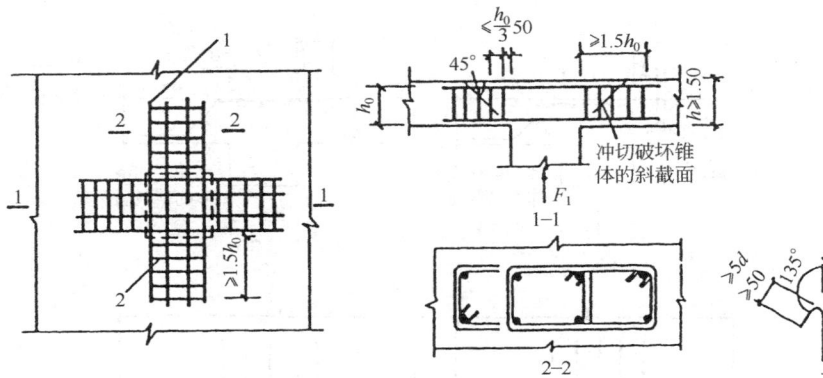

图 2.7.15　板中配置抗冲切箍筋
1—架立钢筋；2—箍筋

求且板厚受到限制时，也可在板中配置抗冲切弯起钢筋。此时，应符合下列规定：

（1）板的受冲切截面控制条件应符合式（2.7.12）的规定；

（2）受冲切承载力可按应下列公式计算：

持久、短暂设计状况：

$$F_1 \leqslant 0.50 f_t \eta \mu_m h_0 + 0.8 f_y A_{sbu} \sin\alpha \qquad (2.7.17)$$

式中　A_{sbu}——与呈 45°冲切破坏锥体斜截面相交的全部抗冲切弯起钢筋截面面积；

　　　f_y——弯起钢筋抗拉强度设计值；

　　　α——弯起钢筋与板底的夹角。

抗震设计时，不应采用配置弯起钢筋抗冲切。

（3）对配置抗冲切弯起钢筋的冲切破坏锥体以外的截面，尚应按式（2.7.8）的要求进行受冲切承载力验算。此时，临界截机周长 u_m 应取距最外一排锚拴周边 $h_0/2$ 处的最不利周长。

（4）在混凝土板中配置弯起钢筋，应符合下列构造要求：

按计算所需的弯起钢筋可由一排或两排组成，其弯起角可根据板的厚度在 30°～50°之间选取，弯起钢筋的倾斜段应与冲切破坏斜截面相交，当弯起钢筋为一排时，其交点就在离局部荷载或集中反力作用面积周边以外（1/2～2/3）h 范围内，当弯起钢筋为二排时，其交点应在离局部荷载或集中反力作用面积周边以外（1/2～5/6）h 范围内。弯起钢筋直径不应小于 12mm，且每一方向不应少于 3 根（图 2.7.16）。

4. 配置型钢剪力架

在竖向荷载、水平荷载作用下，当板柱节点的受冲切承载力不满足式（2.7.8）或式（2.7.9）的要求且板厚受到限制时，还可在板中配置抗冲切型钢剪力架。此时，应符合下列规定：

（1）型钢剪力架的型钢高度不应大于其腹板厚度的 70 倍；剪力架每个伸臂末端可削成与水平呈 30°～60°的斜角；型钢的全部受压翼缘应位于距混凝土板的受压边缘 $0.3h_0$ 范围内；

（2）型钢剪力架每个伸臂的刚度与混凝土组合板换算截面刚度的比值 α_a 应符合下列要求：

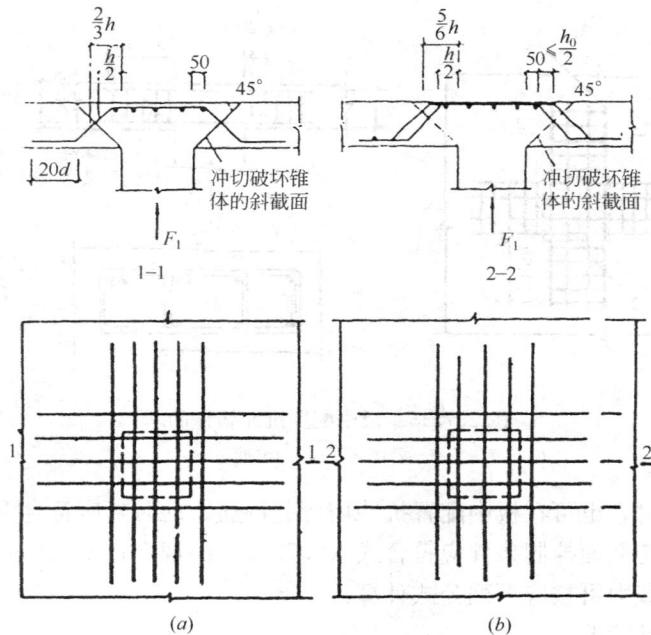

图 2.7.16　板中配置抗冲切弯起钢筋

(a) 一排弯起钢筋；(b) 二排弯起钢筋

$$\alpha_a \geqslant 0.15 \qquad (2.7.18)$$

$$\alpha_a = E_a I_a / (E_c I_{0CR}) \qquad (2.7.19)$$

式中　I_a——型钢截面惯性矩；

　　　I_{0CR}——混凝土组合板裂缝截面的换算截面惯性矩；

　E_a、E_c——分别为剪力架和混凝土的弹性模量。

　　计算惯性矩 I_{0CR} 时，按型钢和钢筋的换算面积以及混凝土受压区的面积计算确定，此时组合板截面宽度取垂直于所计算弯矩方向的柱宽 b_c 与板有效高度 h_0 之和。

　　(3) 工字钢焊接剪力架伸臂长度可由下列近似公式确定 (图2.7.17a)：

$$l_a = u_{m,de} / (3\sqrt{2}) - b_c / 6 \qquad (2.7.20)$$

$$u_{m,de} \geqslant F_{le} / (0.7 f_1 \eta h_0) \qquad (2.7.21)$$

　　上式中的系数 η，应取式 (2.7.10)、式 (2.7.11) 两者中和较小值。

式中　$u_{m,de}$——设计截面周长，按图2.7.17所示计算确定；

　　　F_{le}——距柱周边 $h_0/2$ 处的等效集中反力设计值；

　　　b_c——柱计算弯矩方向的边长。

　　槽钢焊接剪力架的伸臂长度可按 (图2.7.17b) 所示的设计截面周长，用与工字钢焊接剪力架相似的方法确定。

　　(4) 剪力架每个伸臂根部的弯矩设计值及受弯承载力应满足下列要求：

$$M_{de} = \frac{F_{1,eq}}{2n} \left[h_a + a_a \left(l_a - \frac{h_c}{2} \right) \right] \qquad (2.7.22)$$

$$\frac{M_{de}}{W} \leqslant f_a \qquad (2.7.23)$$

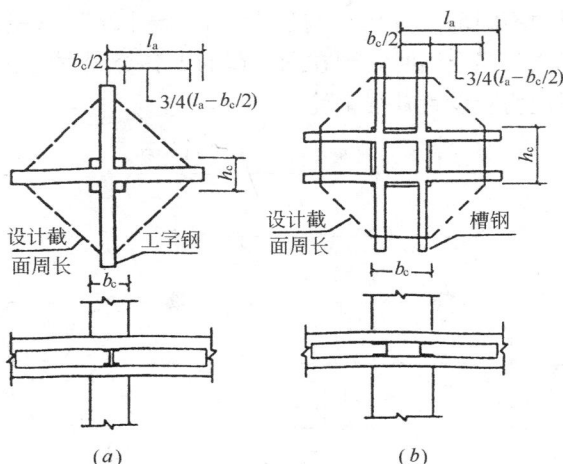

图 2.7.17　剪力架及其计算冲切面

(a) 工字钢焊接剪力架；(b) 槽钢焊接剪力架

式中　h_a——剪力架每个伸臂型钢的全高；

　　　h_c——计算弯矩方向的柱子尺寸；

　　　n——型钢剪力架相同伸臂的数目；

　　　f_a——钢材的抗拉强度设计值，按现行国家标准《钢结构设计规范》GB 50017 有
　　　　　　关规定取用。

（5）配置型钢剪力架板的冲切承载力应满足下列要求：

$$F_1 \leqslant 1.2 f_t \eta u_m h_0 \qquad (2.7.24)$$

2.7.11　在板柱-剪力墙结构板的构造要求中，为什么要规定 $A_s \geqslant N_G / f_y$？

【解析】在地震作用下，无梁板与柱的连接是最薄弱的部位。在地震的反复作用下易出现板柱交接处的裂缝，严重时发展成为通缝，使板失去了支承而脱落。为防止板的完全脱落而下坠，沿两个主轴方向布置通过柱截面的板底连续钢筋不应过小（连续钢筋的总抗拉力等于该层楼板造成的对该柱的轴压力），以便把趋于下坠的楼板吊住而不至于倒塌。故规范规定：在板柱-剪力墙结构中，沿两个主轴方向均应布置通过柱截面的板底连续钢筋，且连续钢筋的总截面面积应符合下式要求：

$$A_s \geqslant N_G / f_y \qquad (2.7.25)$$

式中　A_s——通过柱截面的板底连续钢筋的总截面面积；对一端在柱截面对边按受拉弯折
　　　　　　锚固的受拉钢筋，截面面积按一半计算；

　　　N_G——在该层楼面重力荷载代表值（8 度时尚应计入竖向地震）作用下的柱轴向压
　　　　　　力设计值；

　　　f_y——通过柱截面的板底连续钢筋的抗拉强度设计值。

2.7.12　板柱-剪力墙结构板上开洞有什么规定？

【解析】无梁楼板允许开局部洞口，但应验算满足承载力及刚度要求。当板柱抗震等

级不高于二级，且在板的不同部位开单个洞的大小符合图 2.7.18 的要求时，一般可不作专门分析。若在同一部位开多个洞时，则在同一截面上各个洞宽之和不应大于该部位单个洞的允许宽度。所有洞边均应设置补强钢筋。

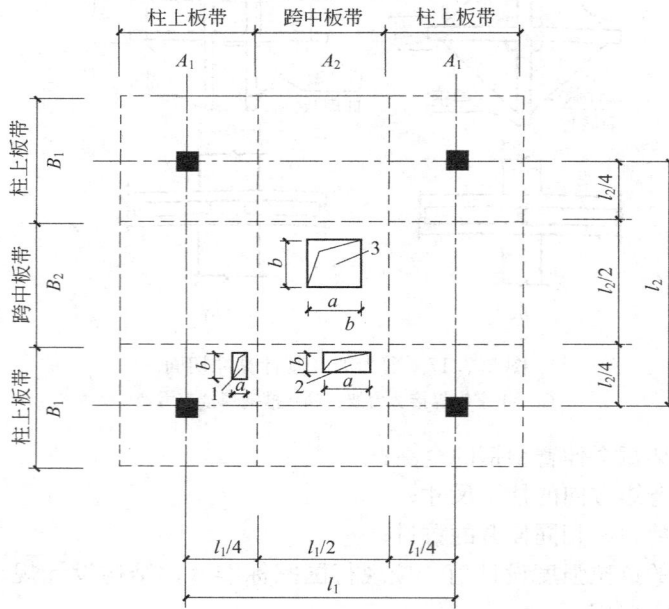

图 2.7.18　无梁楼板开洞要求

注：洞 1：$a \leqslant A_1/8$ 且 $\leqslant 300$mm，$b \leqslant B_1/8$ 且 $\leqslant 300$mm；其中，a 为洞口短边尺寸，b 为洞口长边尺寸，洞 2：$a \leqslant A_2/4$ 且 $b \leqslant B_1/4$；洞 3：$a \leqslant A_2/2$ 且 $b \leqslant B_2/2$。

当抗震等级为一级时，暗梁范围内不应开洞，柱上板带相交共有区域尽量不开洞，一个柱上板带与一个跨中板带共有区域也不宜开较大洞。

还应注意的是：板上开洞除应满足上述要求外，冲切计算中应考虑洞口对板的抗冲切承载力的削弱，具体计算及构造应符合《混凝土结构设计规范》的有关规定。

2.7.13　临界截面周长的计算。

【解析】板的受冲切承载力计算中临界截面周长 u_m 的计算应符合下列规定：

1. 对矩形或其他凸角形截面柱，取距离局部荷载或集中反力作用面积周长 $h_0/2$ 处板垂直截面的最不利周长；

2. 凹角形截面柱（异形截面柱）：宜选取的周长 u_m 形状要呈凸形折线，其折角不能大于 $180°$，由此可得到最小周长，此时在局部周长区段离柱边的距离允许大于 $h_0/2$。

常见的复杂集中反力作用面的冲切临界截面，如图 2.7.19 所示。

3. 当板开有孔洞且孔洞至局部荷载或集中反力作用面积边缘的距离不大于 $6h_0$ 时，受冲切承载力计算中取用的临界截面周长 u_m，应扣除局部荷载或集中反力作用面积中心至开孔外边画出两条切线之间所包含的长度。邻近自由边时，应扣除自由边的长度（图 2.7.20）。

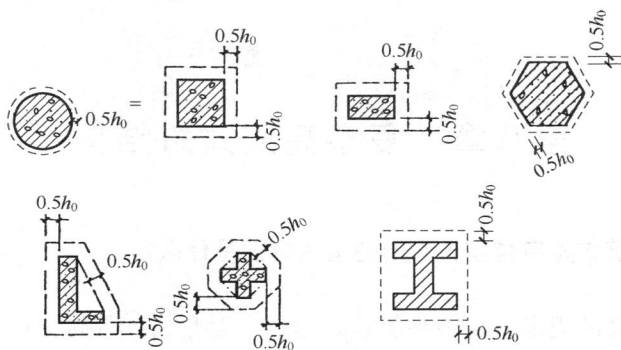

图 2.7.19　不同柱截面形状时板的临界截面周长

注：虚线所示为临界截面周长。

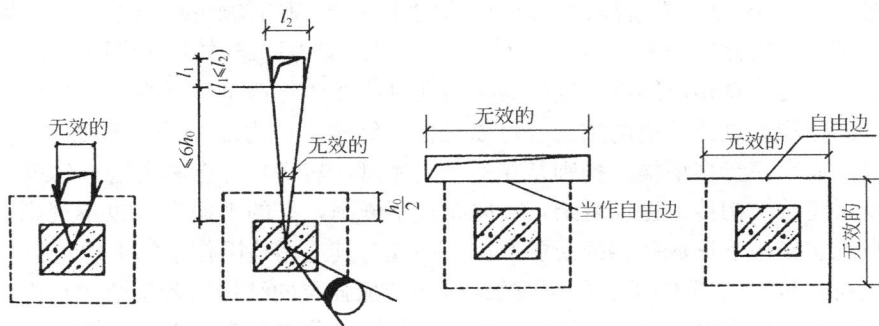

(a)　　　　　　　　　　　　　　　　(b)

图 2.7.20　邻近孔洞或自由边时的临界截面周长

(a) 孔洞；(b) 自由边

注：1. 当图中 $l_1 > l_2$ 时，孔洞边长 l_2 用 $\sqrt{l_1 l_2}$ 代替；

2. 虚线所示为临界截面周长。

h_0 为截面有效高度，取两个配筋方向的截面有效高度的平均值。

第八章　复杂高层建筑结构

2.8.1　复杂高层建筑结构有哪些？它们的适用范围是什么？

【解析】根据高规的规定，复杂高层建筑结构主要是指：带转换层的结构、带加强层的结构、错层结构、连体结构和竖向体型收进、悬挑结构。

这五种结构一般都不是一个独立的结构体系，而是建筑结构中一个复杂的、不规则（或引起结构体系不规则）的子结构（或一部分）。例如，部分框支剪力墙结构中有转换层，筒体结构、框架-剪力墙结构、框架结构等也可能出现结构转换；框架-核心筒结构可能会因为不满足结构侧向位移的要求而设置加强层；剪力墙结构中有错层结构，框架-剪力墙结构等也可能出现错层结构；连体结构是通过连接体将两个（或多个）主体结构连接在一起；竖向体型收进或外挑的结构，可以是框架结构、剪力墙结构、框架-剪力墙结构、筒体结构等；而大底盘多塔楼结构则是在一个大底盘（裙房）上有多个塔楼建筑。

复杂高层建筑结构传力途径复杂，竖向布置不规则，有的平面布置也不规则，属不规则结构，在地震作用下形成敏感的薄弱部位。高规对其适用范围作了如下规定：

1. 9 度抗震设计时不采用带转换层的结构、带加强层的结构、错层结构和连体结构。

2. 7 度和 8 度抗震设计时，错层剪力墙结构的高度分别不宜大于 80m 和 60m，错层框架-剪力墙结构的高度分别不应大于 80m 和 60m。

3. 抗震设计时，B 级高度的高层建筑不采用连体结构。

4. 抗震设计时，B 级高度的底部带转换层的筒中筒结构，当外筒框支层上采用剪力墙构成的壁式框架时，其最大适用高度应比高规表 4.2.2-2 中规定的数值适当降低。降低的幅度，可参考抗震设防烈度、转换层位置高低等具体研究确定，一般可考虑降低 10%～20%。

5. 7 度和 8 度抗震设防的高层建筑不同时采用超过两种上述复杂高层建筑结构。

2.8.2　框支转换和一般转换的几点区别。

【解析】部分框支剪力墙结构是通过在某些楼层的剪力墙上开大洞获得需要的大空间，而在框架相应的楼层上抽去几根柱子也可形成大空间。两者的共同特点是上部楼层的部分竖向构件（剪力墙或框架柱）不能直接连续贯通落地，需设置结构转换构件，而结构转换构件传力不直接，应力复杂。但在结构设计上，受力性能却很不一样，转换构件内力、配筋计算和构造设计上也有很大的区别。

以单片框支剪力墙和单榀抽柱框架的实腹转换梁为例，前者为框支转换梁，后者可称为托柱转换梁。

1. 受力及竖向刚度变化

（1）两者受力不同

在竖向荷载作用下，框支剪力墙转换层的墙体有拱效应，支座处竖向应力大，同时有

272

水平向推力。框支梁就像是拱的拉杆，在竖向荷载下除有弯矩、剪力外，还有轴向拉力。框支柱除受有弯矩、剪力外，还承受较大的剪力（图 2.8.1）。

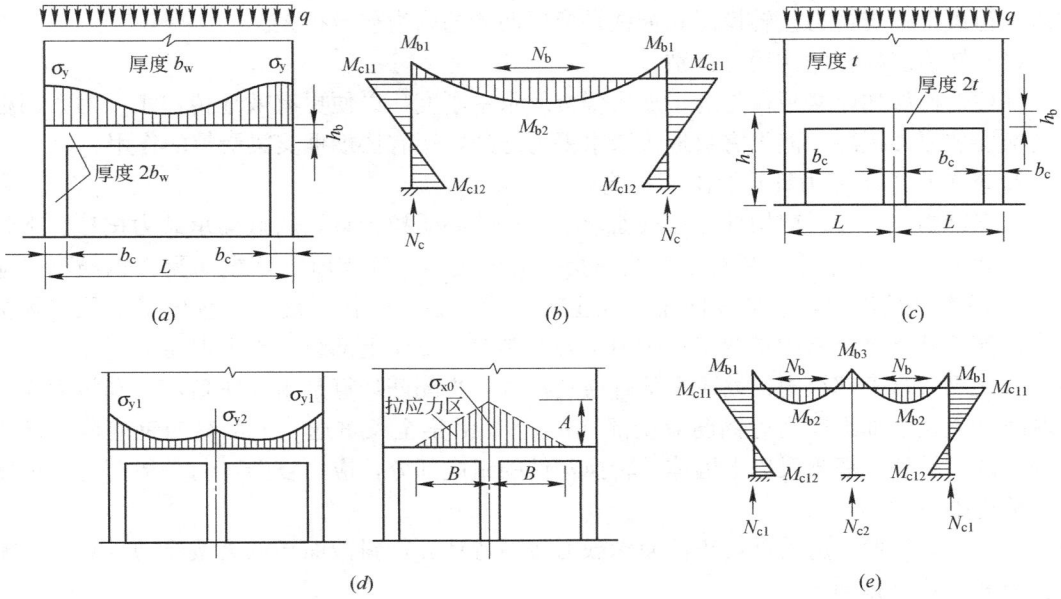

图 2.8.1　框支层的构件内力

(a) 单法框支层上部墙体应力 σ_y；(b) 单法框支梁、柱内力；
(c) 双法框支层；(d) 双法框支层上部墙体应力 σ_x、σ_y；(e) 双法框支梁、柱内力

　　而抽柱转换形成的托柱梁在竖向荷载作用下的内力和普通跨中有集中荷载的框架梁相似（图 2.8.2），只不过是梁跨度较大，跨中有很大的集中荷载，故梁端和跨中的弯矩、剪力都很大，但基本没有轴向拉力，柱的剪力较小。节点的不平衡弯矩完全按相交于该节点的梁、柱刚度进行分配。

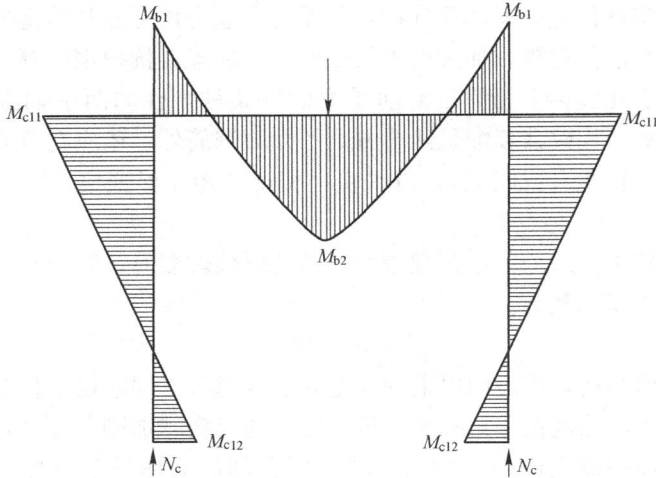

图 2.8.2　一般转换梁柱内力

（2）竖向刚度变化不同

框支剪力墙转换层框支梁以上为抗侧力刚度很大的剪力墙，与下面的框支柱抗侧力刚度差异很大，而抽柱转换仅是托柱梁上下层柱子根数略有变化，其竖向刚度差异不大，故在水平荷载下框支剪力墙转换层和抽柱转换层两者的内力差异很大。

（3）转换层楼板的作用有区别

抽柱转换层加厚楼板仅是为了加大楼板的水平刚度，以便更有效地传递水平力；而框支转换层加厚楼板除了能更有效地传递水平力之外，还有协助框支梁受拉的作用。

2. 转换梁的承载力计算及配筋构造

框支梁为拉、弯、剪构件，正截面承载力按偏心受拉计算，斜截面承载力按拉、剪计算。高规第 10.2.8 条第 2 款规定：偏心受拉的框支梁，其支座上部纵向受力钢筋至少应有 50% 沿梁全长贯通，下部纵向钢筋应全部直通到柱内。作者理解：应根据工程实际情况，当配筋计算是由跨中正弯矩和拉力组合控制时，支座上部纵向受力钢筋至少应有 50% 沿梁全长贯通，下部纵向钢筋应全部直通到柱内；当配筋计算是由支座负弯矩和拉力组合控制时，支座上部纵向受力钢筋应全部（100%）沿梁全长贯通，下部纵向钢筋应全部直通到柱内。另外，框支梁以上墙体是转换构件的组成部分，应力复杂，与一般剪力墙的配筋构造也不一样。

而托柱梁为弯、剪构件，正截面承载力按纯弯计算，斜截面承载力按受剪计算。其配筋构造和一般梁相同。

框支梁和托柱梁在构造做法上还有很多区别，限于篇幅，不再赘述。

无论是框支梁、托柱梁及托不完整墙体转换梁，除整体分析，还应进行局部补充计算。

3. 转换梁的平面外设计

一般情况下，设计假定剪力墙平面外抗弯刚度为零或很小，构造上要求框支梁与框支柱或框支梁与其上的墙体截面中心线宜重合。故可将该片框支剪力墙按平面结构进行有限元计算分析，计算模型与结构实际受力状态基本一致，计算结果是正确可靠的。若框支梁与框支柱或框支梁与其上的墙体截面中心线不重合，偏心距较大，则应考虑偏心所产生的扭矩，或按空间结构进行有限元计算分析，并据此采取合理可靠的构造措施，如在其平面外增设次梁以平衡平面外弯矩，加大框支梁截面尺寸或配置抗扭钢筋等。

对托柱梁，由于托柱梁上托的是空间受力的框架柱，柱的两主轴方向都有较大的弯矩，故设计中除应对此柱按计算配足两个方向的受力钢筋外，还应在垂直于托柱梁轴线方向的转换层板内设置拉梁（或暗梁），以平衡柱根部弯矩，保证梁平面外承载力满足设计要求。

当托柱梁所受柱子传来的集中荷载较大，所托层数较多时，宜验算托柱梁上的梁柱交接处的混凝土局部受压承载力。

4. 转换层位置

部分框支剪力墙结构，当地面以上的大空间层数越多也即转换层位置越高时，转换层上、下刚度突变越大，层间位移角和内力传递途径的突变越加剧。此外，落地墙或筒体易受弯产生裂缝，从而使框支柱内力增大，转换层上部的墙体易于破坏，不利于抗震。因此，高规规定：底部大空间部分框支剪力墙高层建筑结构在地面以上的大空间层数，8 度时不宜超过 3 层，7 度时不宜超过 5 层，6 度时层数可适当增加。底部带转换层的框架-核心筒结构和外筒为密柱的筒中筒结构，结构竖向刚度变化不像部分框支剪力墙那么大，转换层上、下内力传递途径的突变程度也小于部分框支剪力墙结构，故其转换层位置可适当提高。抗震设计时，应尽量避免高位转换，如必须高位转换，应当慎重设计，并应作专门分析及采取可靠有效措施。

笔者认为，当采用框支剪力墙而且仅为少量的局部转换时，由于转换层上下层刚度变化比部分框支剪力墙结构的要小，故转换层位置可根据上下层刚度比适当放宽，特别是对梁托柱的局部转换，转换层位置更可放宽。例如，某工程在 18 层有局部退台，需在此层设置三根单跨的托柱梁，虽然传力间接，但并未使结构的楼层竖向刚度发生较大变化，不应受高规有关高位转换的限制。但对局部转换部位的构件应根据结构的实际受力情况予以加强，例如提高转换层构件的抗震等级、水平地震作用的内力乘以增大系数、提高配筋率等。

2.8.3　部分框支剪力墙结构地下三层，结构嵌固部位在地下一层底板，地面以上大空间层数为 3 层，并一直通到地下三层，8 度设防时是否属于高位转换?

【解析】《高层建筑混凝土结构技术规程》第 10.2.5 条规定：底部大空间部分框支剪力墙高层建筑结构在地面以上的大空间层数，8 度时不宜超过 3 层，7 度时不宜超过 5 层，6 度时其层数可适当增加；底部带转换层的框架-核心筒结构和外筒为密柱框架的筒中筒结构，其转换层位置可适当提高。

结构嵌固部位在地下一层底板有两种情况（参见本篇第一章第 2.1.28 款）：

1. 如果仅是由于地下室顶板和室外地坪的高差较大（一般大于本层层高的 1/3）所致，则可理解为地面以上大空间层数为 4 层，故本工程 8 度设防时属于高位转换。应按高规中高位转换的有关规定设计。

2. 如果是由于其他原因所致，则可理解为地面以上大空间层数为 3 层，故本工程 8 度设防时不属于高位转换。

需要指出的是：无论本工程是否属于高位转换，第一种情况下的地下一层和地下二层、第二种情况下的地下一层的框支柱和其他转换构件应按高规的有关规定设计；地下其余层的框支柱轴压比可按普通框架柱的要求设计，但其截面、混凝土强度等级和配筋设计结果不宜小于其上一层对应的柱。

2.8.4　部分框支剪力墙结构的平面布置有哪些规定?

【解析】1. 平面布置应力求简单、规则，均衡对称，尽量使水平荷载的合力中心与结构刚度中心重合，避免扭转的不利影响。

2. 落地剪力墙（筒体）和框支柱的布置应满足以下要求：

（1）底部必须有落地剪力墙和（或）落地筒体，落地纵横剪力墙最好成组布置，组合为落地筒，落地剪力墙和筒体底部墙体应加厚。在平面为长矩形、横向剪力墙的片数较多时，落地的横向剪力墙数目与横向剪力墙总数目之比，非抗震设计时不宜少于 30%；抗震设计时不宜少于 50%。

（2）长矩形平面建筑中落地剪力墙的间距 l 宜符合以下规定：

非抗震设计：$l \leqslant 3B$ 且 $l \leqslant 36\text{m}$；

抗震设计：

底部为 1~2 层框支层时：$l \leqslant 2B$ 且 $l \leqslant 24\text{m}$

底部为 3 层及 3 层以上框支层时：$l \leqslant 1.5B$ 且 $l \leqslant 20\text{m}$

其中 B——楼盖宽度。

（3）落地剪力墙与相邻框支柱的距离，1~2 层框支层时不宜大于 12m，3 层及 3 层以上框支层时不宜大于 10m，以满足底部大空间楼层板的平面内刚度要求，使转换层上部的剪力能有效地传递给落地剪力墙，而框支柱只承受较小的剪力。

3. 落地剪力墙和筒体的洞口宜布置在墙体的中部。框支剪力墙转换梁上一层墙体内不宜设边门洞，也不宜在中柱上方设门洞。

4. 框支剪力墙结构剪力墙底部加强部位，墙体两端宜设置翼墙或端柱，抗震设计时尚应按《高层建筑混凝土结构技术规程》的规定设置约束边缘构件。

5. 框支框架承担的地震倾覆力矩应小于结构总地震倾覆力矩的 50%。

6. 框支梁与框支柱或框支梁与其上的墙体截面中心线宜重合。

7. 框支柱周围楼板不应错层布置。

8. 当框支梁承托剪力墙并承托转换次梁及其以上剪力墙时，应进行应力分析，按应力校核配筋，并加强构造措施。B 级高度的部分框支剪力墙结构的结构转换层，不宜采用框支主、次梁方案。

2.8.5 带转换层结构的竖向布置有哪些规定？

【解析】1. 带转换层结构容易形成下柔上刚，为保证结构底部大空间有合适的刚度、强度、延性和抗震能力，应尽量强化转换层下部的结构刚度，弱化转换层上部的结构刚度，使转换层上、下部主体结构刚度及变形特征尽量接近。为此，《高层建筑混凝土结构技术规程》给出了转换层上部结构下部结构的侧向刚度比值并规定了计算方法：

（1）当转换层设置在 1、2 层时，可近似采用转换层上、下层结构的等效剪切刚度比 γ_{e1} 表示转换层上、下层结构刚度的变化，γ_{e1} 宜接近 1，非抗震设计时 γ_{e1} 不应小于 0.4，抗震设计时 γ_{e1} 不应小于 0.5。γ_{e1} 可按下列公式计算：

$$\gamma_{e1} = \frac{G_1 A_1}{G_2 A_2} \times \frac{h_2}{h_1} \tag{2.8.1}$$

$$A_i = A_{w,i} + \sum_j C_{i,j} A_{ci,j} \quad (i = 1, 2) \tag{2.8.2}$$

$$C_{i,j} = 2.5 \left(\frac{h_{ci,j}}{h_i} \right)^2 \quad (i = 1, 2) \tag{2.8.3}$$

式中 G_1、G_2——底层和转换层上层的混凝土剪变模量；

A_1、A_2——底层和转换层上层的折算抗剪截面面积，可按式（2.8.2）计算；

$A_{w,i}$——第 i 层全部剪力墙在计算方向的有效截面面积（不包括翼缘面积）；

$A_{ci,j}$——第 i 层第 j 根柱的截面面积；

h_i——第 i 层的层高；

$h_{ci,j}$——第 i 层第 j 根柱沿计算方向的截面高度；

$C_{i,j}$——第 i 层第 j 根柱截面面积折算系数，当计算值大于 1 时取 1。

（2）当转换层设置在第 2 层以上时，尚宜采用图 2.8.3 所示的计算模型按式（2.8.4）计算转换层下部与上部结构的等效侧向刚度比 γ_{e2}。γ_{e2} 宜接近 1，非抗震设计时 γ_{e2} 不应小于 0.5，抗震设计时 γ_{e2} 不应小于 0.8。

$$\gamma_{e2} = \frac{\Delta_2 H_1}{\Delta_1 H_2} \tag{2.8.4}$$

式中　γ_{e2}——转换层下部与上部结构的等效侧向刚度比；

　　　H_1——转换层及其下部结构（计算模型 1）的高度；

　　　Δ_1——转换层及其下部结构（计算模型 1）在顶部单位水平力作用下的侧向位移；

　　　H_2——转换层上部剪力墙结构（计算模型 2）的高度，其值应等于或接近计算模型 1 的高度 H_1，且不大于 H_1；

　　　Δ_2——转换层上部剪力墙结构（计算模型 2）在顶部单位水平力作用下的侧向位移。

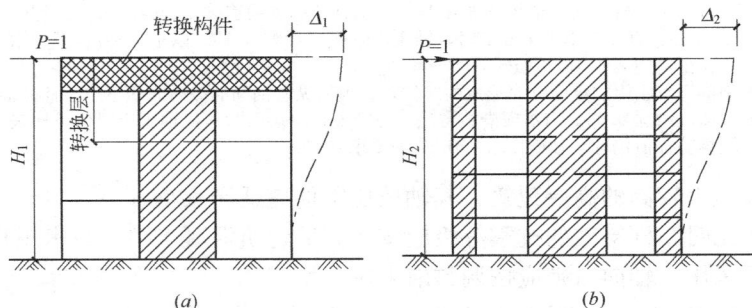

图 2.8.3　转换层上、下等效侧向刚度计算模型
（a）计算模型 1—转换层及下部结构；（b）计算模型 2—转换层上部部分结构

需要注意的是，H_1 和 H_2 不能取错。H_1 为转换层及其下部结构（计算模型 1）的高度，如图 2.8.3（a）所示；当上部结构嵌固于地下室顶板时，取地下室顶板至转换层结构顶面的高度；H_2 为转换层上部若干层结构（计算模型 2）的高度，如图 2.8.3（b）所示，其值应等于或接近计算模型 1 的高度 H_1，且不大于 H_1。

（3）当转换层的下部楼层刚度较大，而转换层本层侧向刚度较小时，按上述第（2）款验算虽然其等效侧向刚度比 γ_{e2} 能满足限值要求，但转换层本层的侧向刚度过于柔软，结构竖向刚度实际上差异过大。因此，《高层建筑混凝土结构技术规程》附录 E.0.2 条还规定：当转换层设置在 2 层以上时，其楼层侧向刚度（$V_i/\Delta_i u_i$）尚不应小于相邻上层楼层侧向刚度的 60%。

2. 布置转换层上下主体竖向结构时，要注意尽可能使水平转换结构传力直接，转换层上部的竖向抗侧力构件（墙、柱）宜直接落在转换层的主结构上，尽量避免多级复杂转换。对 A 级高度框支剪力墙结构，当结构竖向布置复杂，框支主梁承托剪力墙并承托转换次梁及其上剪力墙时，应对框支梁进行应力分析，按应力校核配筋，并加强配筋构造措施。对 B 级高度部分框支剪力墙结构不宜采用框支主、次梁方案。

3. 框支层周围楼板不应错层布置。

2.8.6 如何确定框支柱的截面尺寸？

【解析】1. 框支柱的截面尺寸应满足表 2.8.1 关于轴压比限值的要求：

框支柱轴压比限值　　　　　　　　　　　表 2.8.1

抗震等级	特一级	一级	二级
轴压比限值	0.5	0.6	0.7

注：1. 轴压比指柱考虑地震作用组合的轴压力设计值与柱全截面面积和混凝土轴心抗压强度设计值乘积的比值。
2. 表内数值适用于混凝土强度等级不高于 C60 的柱。当混凝土强度等级为 C65～C70 时，轴压比限值应比表中数值降低 0.05；当混凝土强度等级为 C75～C80 时，轴压比限值应比表中数值降低 0.10。
3. 表内数值适用于剪跨比大于 2 的柱。剪跨比不大于 2 但不小于 1.5 的柱，其轴压比限值应比表中数值减小 0.05；剪跨比小于 1.5 的柱，其轴压比限值应专门研究并采取特殊构造措施。
4. 当沿柱全高采用井字复合箍，箍筋间距不大于 100mm、肢距不大于 200mm、直径不小于 12mm 时，柱轴压比限值可增加 0.10；当沿柱全高采用复合螺旋箍，箍筋螺距不大于 100mm、肢距不大于 200mm、直径不小于 12mm 时，柱轴压比限值可增加 0.10；当沿柱全高采用连续复合螺旋箍，且螺距不大于 80mm、肢距不大于 200mm、直径不小于 10mm 时，轴压比限值可增加 0.10。以上三种配箍类别的含箍特征值应按增大的轴压比由高规表 6.4.7 确定。
5. 当柱截面中部设置由附加纵向钢筋形成的芯柱，且附加纵向钢筋的截面面积不小于柱截面面积的 0.8% 时，柱轴压比限值可增加 0.05。当本项措施与注 4 的措施共同采用时，柱轴压比限值可比表中数值增加 0.15，但箍筋的配箍特征值仍可按轴压比增加 0.10 的要求确定。

对于 Ⅳ 类场地上较高的高层建筑，其轴压比限值应适当减小。

在计算轴压比时，框支柱的抗震等级应按《高层建筑混凝土结构技术规程》第 10.2.5 条的规定提高后采用，轴向力则应按调整前采用。

2. 框支柱的截面尺寸，尚应满足下列要求：

无地震作用组合时　　　　　　　$V \leqslant 0.20\beta_c f_c bh_0$　　　　　　　　(2.8.5)

有地震作用组合时　　　　　　　$V \leqslant (0.15\beta_c f_c bh_0)/\gamma_{RE}$　　　　　(2.8.6)

式中　b——框支柱的截面宽度；

　　　h_0——框支柱的截面有效高度。

3. 框支柱的截面宽度，抗震设计时不宜小于 450mm，非抗震设计时不宜小于 400mm，并不应小于框支梁的截面宽度；框支柱的截面高度，抗震设计时不宜小于框支梁跨度的 1/12，非抗震设计时不宜小于梁跨度的 1/15。截面高度不宜小于截面宽度。柱净高与柱截面高度之比不宜小于 4，不宜采用短柱，当不能满足此项要求时，宜加大框支层的层高，或采用型钢混凝土柱或钢管混凝土柱。

应当指出：框支柱在框支框架平面内的弯矩远大于其平面外的弯矩，故柱截面宜取矩形，且截面长边应沿框支框架平面内方向布置，而不应采用正方形截面，必要时，可采用型钢混凝土柱或钢管混凝土柱。

2.8.7 部分框支剪力墙结构中框支柱的内力调整具体规定如何？

【解析】计算分析表明：部分框支剪力墙结构转换层以上部分，水平力大体上按各片剪力墙的等效刚度比例分配；在转换层以下，一般落地剪力墙的刚度远大于框支柱，落地剪力墙几乎承受全部地震作用，框支柱的剪力非常小。但在实际工程中，转换层楼面会有显著的面内变形，从而使框支柱的剪力显著增加。所以，在内力分析后，应根据转换层位置的不同、框支柱数目的多少，对框支柱及落地剪力墙的剪力作相应的调整。

1. 框支柱地震剪力标准值的调整可按表 2.8.2 采用。

框支柱地震剪力标准值的调整 表 2.8.2

柱数 n_c	上层为一般剪力墙结构	
	1~2 层框支层	3 层及 3 层以上框支层
≤10	0.02V	0.03V
>10	$0.2V/n_c$	$0.3V/n_c$

注：表中 V 为结构基底地震总剪力的标准值。

框支柱剪力调整后，应相应调整框支柱的弯矩及柱端梁（不包括转换梁）的剪力、弯矩，框支柱的轴力可不调整。

2. 框支柱承受的最小地震剪力计算以框支柱的数目 10 根为分界，此规定对于结构的纵横两个方向是分别计算的。若框支柱与钢筋混凝土剪力墙相连成为剪力墙的端柱，则沿剪力墙平面内方向统计时端柱不计入框支柱的数目，沿剪力墙平面外方向统计时其端柱计入框支柱的数目。

3. 当框支层同时含有框支柱和框架柱时，首先应按框架-剪力墙结构的要求进行地震剪力调整，然后再复核框支柱的剪力要求。

2.8.8 如何确定转换梁的截面尺寸？

【解析】转换梁包括两种情况：（1）部分框支剪力墙结构中支承上部不落地剪力墙的梁，为框支梁；（2）上部托柱或托墙的梁，为托柱梁。

转换梁的截面高度，不宜小于计算跨度的 1/8。当梁高受限制时，可以采用加腋梁或型钢混凝土梁。转换梁的截面宽度，对框支梁不宜大于框支柱相应方向的截面宽度且不宜小于上部墙体厚度的 2 倍和 400mm 的较大值。对托柱转换梁不应小于其上所托柱在梁宽方向的截面宽度。转换梁的截面尺寸，尚应满足式（2.8.5）、式（2.8.6）的要求，其中 b、h_0 分别为框支梁的截面宽度、截面有效高度。

分析表明：随着托柱梁截面高度的变化，不仅托柱梁本身内力变化较大，还对其上部几层柱的内力配筋有明显的影响。表 2.8.3 为某工程采用不同截面高度的托柱梁时转换层上下柱的内力及配筋计算结果。所以，在可能情况下，托柱梁截面高度宜做大些。

梁高度变化对上下柱内力及配筋的影响 表 2.8.3

梁截面尺寸 (mm)	竖向荷载下上柱最大内力			上柱配筋率 (%)	竖向荷载下下柱最大内力			下柱配筋率 (%)
	M (kN·m)	N (kN)	V (kN)		M (kN·m)	N (kN)	V (kN)	
700×2200	402.44	3729.1	177.83	4.7	1091.5	3283.5	620.82	5.2
700×2800	294.77	3803.3	142.48	4.1	666.44	3424.3	397.74	3.7
700×2900	281.98	281.98	138.24	4.0	616.97	3445.4	351.66	3.5

2.8.9 抗震等级相同时，框支梁上、下部纵向受力钢筋的最小配筋率可以和一般框架梁一致吗？

【解析】框支梁和一般框架梁两者在受力特点、受力大小、抗震设计时对构件的延性要求等方面有不小区别：

1. 框支梁大多数情况下是偏心受拉构件，而一般框架梁是纯弯构件；
2. 框支梁由于承受的荷载很大故构件内力也很大，而一般框架梁内力则相对较小；
3. 框支梁受力复杂，而一般框架梁受力较为简单；
4. 抗震设计时，对框支梁的延性要求较高。因此将框支梁按一般框架梁进行配筋设计是偏于不安全的。

《高层建筑混凝土结构技术规程》第10.2.8条第1款规定：梁上、下部纵向钢筋的最小配筋率，非抗震设计时分别不应小于0.30%；抗震设计时，特一、一和二级分别不应小于0.60%、0.50%和0.40%。

一般框架梁纵向受力钢筋的最小配筋率，非抗震设计时，不应小于0.2和$45f_t/f_y$中的较大值，抗震设计时，不应小于表2.8.4的数值。

梁纵向受力钢筋的最小配筋率 ρ_{min}（%）　　　　　　　　表 2.8.4

抗震等级	截面位置	
	支座（取较大值）	跨中（取较大值）
特一、一级	0.40 和 $80f_t/f_y$	0.30 和 $65f_t/f_y$
二级	0.30 和 $65f_t/f_y$	0.25 和 $55f_t/f_y$
三、四级	0.25 和 $55f_t/f_y$	0.20 和 $45f_t/f_y$

由此可见，框支梁和一般框架梁纵向受力钢筋的最小配筋率有以下区别：

1. 配筋率数值不同，框支梁比一般框架梁的最小配筋率要大；
2. 框支梁的上、下部纵向受力钢筋的最小配筋率数值相同（即支座和跨中相同），而一般框架梁支座比跨中的最小配筋率要大。

2.8.10 框支梁上部的墙体上开有门洞形成小墙肢时，该部位框支梁应采取加强措施，提高其抗剪能力。

【解析】框支梁是偏心受拉构件，并承受较大的剪力。一般不宜在支座边开设门洞。当框支梁上部的墙体上开有门洞并形成小墙肢时，此小墙肢的应力集中突出，门洞边部位的框支梁应力也急剧加大。因此除小墙肢应加强外，边门洞部位框支梁的抗剪能力也应加强（图2.8.4）：

1. 当框支梁上部的墙体开有门洞或梁上托柱时，该部位框支梁应加密配置。加密区箍筋直径不应小于10mm，间距不应大于100mm。加密区箍筋最小面积含箍率，非抗震设计时不应小于$0.9f_t/f_{yv}$；抗震设计时，特一、一和二级分别不应小于$1.3f_t/f_{yv}$、$1.2f_t/f_{yv}$和$1.1f_t/f_{yv}$。

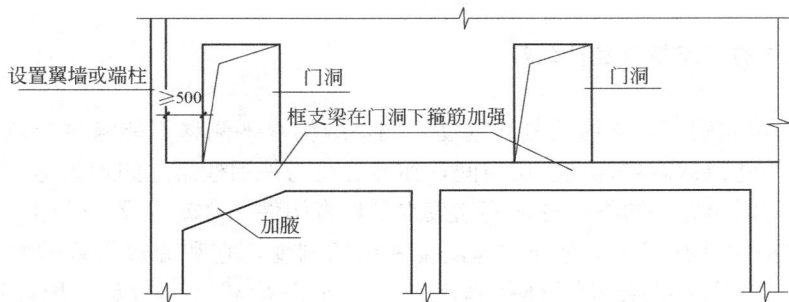

图 2.8.4 框支梁上墙体开洞构造做法

2. 当洞口靠近框支梁端部且梁的受剪承载力不满足要求时，可采取框支梁加腋或增大框支墙洞口连梁刚度等措施。

2.8.11 转换层楼板有哪些构造要求?

【解析】带有转换层的高层建筑结构，由于竖向抗侧力构件不连续，其框支剪力墙的大量剪力在转换层处要通过楼板才能传递给落地剪力墙，因此必须加强转换层楼板的刚度和承载力，以保证传力直接和可靠。

1. 转换层楼板应采用现浇板，混凝土强度等级不应小于 C30。

2. 转换层的楼板厚度不宜小于 180mm，对抗震设计的矩形平面建筑框支层楼板厚度，尚应满足下列要求：

$$V_{\mathrm{f}} \leqslant (0.1\beta_{\mathrm{c}} f_{\mathrm{c}} b_{\mathrm{f}} t_{\mathrm{f}}) / \gamma_{\mathrm{RE}} \qquad (2.8.7)$$

$$V_{\mathrm{f}} \leqslant (f_{\mathrm{y}} A_{\mathrm{s}}) / \gamma_{\mathrm{RE}} \qquad (2.8.8)$$

式中 b_{f}、t_{f}——分别为框支层楼板的验算截面宽度和厚度；

V_{f}——框支结构由不落地剪力墙传到落地剪力墙处按刚性楼板计算的框支层楼板组合的剪力设计值，8 度时乘以增大系数 2.0，7 度时乘以增大系数 1.5；验算落地剪力墙时不考虑此增大系数；

A_{s}——穿过落地剪力墙的框支层楼盖（包括梁和板）的全部钢筋的截面面积；

γ_{RE}——承载力抗震调整系数，取 0.85。

3. 转换层楼板应双层双向配筋，且每层每方向的配筋率不宜小于 0.25%，板在混凝土墙体或梁内的锚固构造见图 2.8.5。

4. 落地剪力墙周围的转换层楼板和筒体外周围的转换层数板不宜开洞；转换层楼板边缘和较大洞口周边应设置边梁，其宽度不宜小于楼板厚度的 2 倍，纵向钢筋的配筋率不应小于 1.0%，如图 2.8.6 所示，边梁钢筋接头宜采用机械连接或焊接。

5. 与转换层相邻楼层楼板的板厚及配筋也应适当加强。

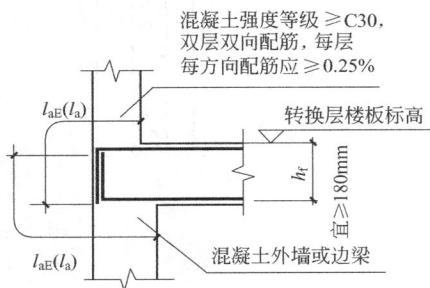

图 2.8.5 转换层楼板钢筋锚固要求

2.8.12 加强层的工作特点是什么？

【解析】当房屋较高，结构的侧向刚度较弱，结构水平侧移不能满足规范要求时，可沿结构竖向利用建筑避难层、设备层空间，在核心筒与外围框架之间设置适宜刚度的水平伸臂构件，必要时可在周边框架柱之间增设水平环带构件，这就构成了带加强层的结构。

水平伸臂构件具有很大的竖向抗弯刚度和剪切刚度，它和周边设置的水平环带构件一道，能使外框架柱参与结构整体抗弯工作。在水平荷载（风荷载、地震荷载）作用下，水平伸臂构件使与其连接的外柱产生附加轴向变形，水平环带构件则使相邻的柱共同分担附加轴向变形，由外柱的附加轴向变形产生的拉、压轴向力所组成的反向力矩平衡较大一部分水平力产生的倾覆力矩，从而减少内筒的弯曲变形，转换为外围框架柱的轴向变形，结构在水平力作用下的侧移可明显减小，以满足设计的要求，其工作特点如图2.8.7所示。

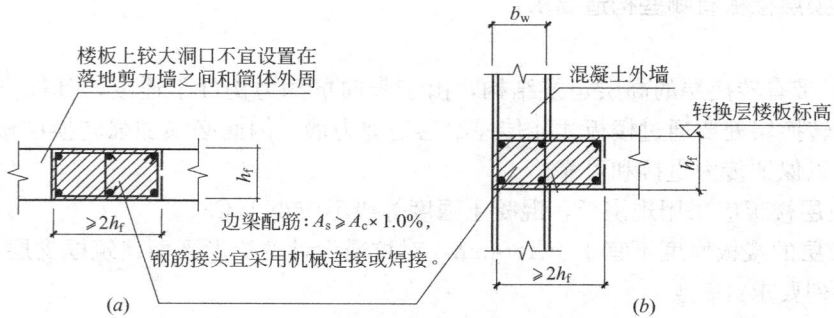

图2.8.6 转换层楼板边缘构件构造

(a) 楼板洞口部位；(b) 楼板洞边缘部位

注：A_c 为图中阴影部分面积。

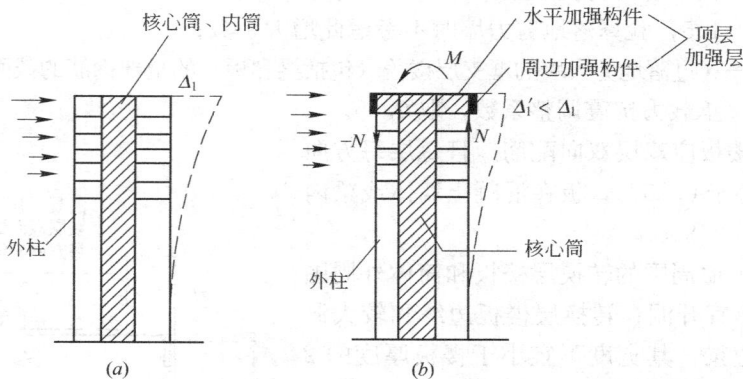

图2.8.7 加强层的作用机理示意

(a) 未设加强层；(b) 顶层设加强层

加强层虽可减少整体结构位移，但将会引起结构竖向刚度突变，使加强层附近结构内力剧增，同时因受加强层的约束，环境温度的变化也会在结构中产生很大的温度应力。因此，加强层采用的水平伸臂构件和水平环带构件的刚度要适宜，抗震设计时，不宜设置刚度很大的"刚性"加强层。

2.8.13　加强层有哪些构件？它们的作用分别是什么？

【解析】加强层构件有水平伸臂、水平环向构件（腰桁架和帽桁架）等。这些构件的作用各不相同，设计时若需设置加强层，一般都应设置水平伸臂。而水平环向构件则可根据结构的具体受力情况考虑是否设置。但无论是否设置了水平环向构件，只要设置了水平伸臂，都可称之为加强层。

高层建筑结构设置水平伸臂的主要作用是增大外框架柱的轴力，从而增大外框架的抗倾覆力矩，增大结构的抗侧力刚度，减小结构侧移。对于一般框架-核心筒结构，水平伸臂可以使结构水平侧移减小约 $15\% \sim 20\%$，有时甚至更多。

水平环向构件是指沿结构周边布置的一层楼高（或两层楼高）的桁架，设置在结构中间某层可称为腰桁架，设置在结构顶层则可称为帽桁架。它们的作用是：

协调沿结构周边各竖向构件的变形，减小它们之间的竖向变形差异，使相邻框架柱轴向受力变化均匀。

加强结构周边各竖向构件的协同工作，加强结构的整体性。

在高宽比较大的框架-核心筒结构中，将减少结构侧移的水平伸臂与减小结构竖向变形差异的腰桁架和（或）帽桁架配合设置，可取得更好的综合效果。

2.8.14　带加强层的结构设计要点。

【解析】在风荷载作用下，设置加强层是一种减少结构侧向位移的有效方法，但在地震作用下，加强层的设置将会引起结构竖向刚度和内力的突变，并易形成薄弱层，结构的损坏机理难以呈现"强柱弱梁"和"强剪弱弯"的延性屈服机制。在地震区的框架-核心筒结构采用带加强层宜慎重。若采用，则应采取可靠有效的措施。

1. 加强层的位置和数量是由建筑使用功能和结构的合理有效综合考虑确定。当布置一个加强层时，位置可设在 $0.6H$ 附近；当布置 2 个加强层时，位置可设在顶层和 $0.5H$ 附近，H 为建筑物高度，当布置多个加强层时，加强层宜沿竖向从顶层向下均匀布置。一般加强层的位置宜与设备层综合考虑。

加强层刚度不宜太大，只要能使结构在地震作用下满足规范规定的侧移限值即可，以尽量减少结构的刚度突变和内力剧增，使结构在罕遇地震作用下呈现"强柱弱梁"和"强剪弱弯"的延性屈服机制。避免在加强层附近形成薄弱层。

2. 加强层采用的水平伸臂构件、周边水平环带构件可采用斜腹杆桁架、实腹梁、整层或跨若干层高的箱形梁、空腹桁架等形式。由于轻质高强、延性好，加强层构件一般多数采用斜腹杆钢桁架。

3. 水平伸臂构件的刚度比较大，是连接内筒和外围框架的重要构件。水平伸臂构件宜满层设置，利用加强层上、下层楼板作为有效翼缘，以提高其抗弯刚度。平面布置上应对称布置，一般情况下宜在结构平面两个方向同时设置。设计中应使水平伸臂构件贯通核心筒，以保证其与核心筒的刚性连接。或尽量使水平伸臂构件在结构平面布置上位于核心筒的转角或"T"字形墙肢处，以避免核心筒墙体承受很大的平面外弯矩和局部应力集中而破坏。

4. 水平伸臂构件与核心筒的连接部位，核心筒墙内宜设置竖向型钢。由于结构竖向温度变形以及外框柱与核心筒轴向压缩变形的差异，会在水平伸臂构件中产生很大的附加应力，对加强层内力影响很大，故水平伸臂构件与核心筒的连接，应在施工程序及构造上采取措施。水平伸臂构件宜分段拼装，在设置多道水平伸臂构件时，本层水平伸臂构件可在施工上一个水平伸臂构件时予以封闭；仅设一道水平伸臂构件时，可在主体结构完成后再安装封闭形成整体。

水平伸臂构件与周边框架的连接宜采用铰接或半刚接。

5. 结构的内力和位移计算中，对设置水平伸臂桁架的楼层应考虑楼板平面内的变形，以便计算水平伸臂桁架上、下弦杆的轴向力，对结构整体内力及位移的计算也比较合理。

抗震设计时，对高烈度设防区，可根据工程具体情况，要求加强层及其上、下各一层在中震下保持弹性。

6. 抗震设计时，加强层及其相邻层的框架柱和核心筒剪力墙的抗震等级应提高一级采用，一级提高至特一级，若原抗震等级已为特一级的则不再提高。加强层及其上、下相邻一层的框架柱，箍筋应全柱段加密，加强层区间核心筒体和框架柱轴压比限值应按表2.8.5和表2.8.6规定的数值减小0.05采用。

加强层区间核心筒体轴压比限值　　　　　　　　　　　　表2.8.5

轴压比	抗震设计		
	特一级	一级	二级
N/f_cA_c	0.4	0.5	0.6

注：N 为加强层区间核心筒体重力荷载代表值作用轴力设计值；f_c 为加强层区间核心筒体混凝土抗压强度设计值；A_c 为加强层区间核心筒体水平截面净面积。

7. 加强层及其相邻层核心筒剪力墙应设置约束边缘构件。

加强层区间框架柱轴压比限值　　　　　　　　　　　　表2.8.6

轴压比	抗震设计		
	特一级	一级	二级
N/f_cA_c	0.6	0.7	0.8

注：N 为加强层区间框架柱地震作用组合轴力设计值；f_c 为加强层区间框架柱混凝土抗压强度设计值；A_c 为加强层区间框架柱截面面积。

当采用C60以上高强混凝土，柱剪跨比小于2、Ⅳ类场地结构基本自振周期大于场地特征周期时，轴压比限值还应适当从严；当采用沿柱全高加密井字复合箍、设置芯柱等措施时，轴压比限值可适当放松。

8. 加强层区间核心筒、框架柱在水平荷载作用下的水平剪力将发生突变，为增强结构的整体性，保证结构正常工作，必须保证加强层所在楼层上下相连楼盖（屋盖）的面内刚度，其板厚不宜小于150mm，配筋应适当加强。加强层上、下相邻一层各构件及其节点的刚度和配筋也应适当加强。且核心筒与框架柱间楼板不宜开大洞。

2.8.15 什么是错层结构？错层结构的特点是什么？

【解析】由于建筑功能的需要，同一楼层结构不在同一标高上，就构成了结构的错层。对于错层结构，由于实际结构中错层的类型很多，情况很复杂，目前尚无统一的规定。个人理解，以下几种情况，不宜视为错层结构：

1. 楼层标高相差不大于普通框架梁的截面高度；

2. 结构中仅为极少数楼层错层，且错层面积小于该层楼板总面积的 30%。例如楼层中个别板块标高与楼层标高不同，或楼梯休息平台等。

3. 在平面规则的剪力墙结构中有错层，当纵、横墙体能直接传递各错层楼面的楼层剪力时，可不作错层考虑，且墙体布置应力求刚度中心与质量中心重合，计算时每一个错层可视为独立楼层。

应该指出：上述情况虽然不宜视为错层结构，主要是指在房屋的最大适用高度上可不按错层结构设计，但对结构的错层部位仍应按第 2.8.17 款中的有关规定，采取必要的加强措施。

错层结构属竖向布置不规则结构，错层附近的竖向抗侧力结构受力复杂，易形成许多应力集中部位；由于楼板错层，故错层结构的楼板相当于开大洞，楼板有时会受到较大的削弱；剪力墙结构错层后会使部分剪力墙的洞口布置不规则，形成错洞剪力墙或叠合错洞剪力墙；框架结构错层则更为不利，往往形成许多短柱和长柱混合的不规则结构。

2.8.16 如何进行错层结构的计算分析？

【解析】错层结构的计算分析，在建模时，应对同一楼层不同标高处相应增设虚梁、虚板，以使一个错层楼层成为两个计算楼层（图 2.8.8）。而不能将错层楼层仍按一个计算楼层。

由于设置了虚梁，虚板，同一计算楼层就有不少位置其实并无楼板，相当于楼板开大洞，故楼板计算模型的选择，应根据实际情况，假定楼板平面内分块无限刚。

计算结构的地震作用时，应取足振型数，使由此计算出的振动参与质量不小于结构总质量的 90%。以保证结构地震作用计算的正确、可靠。

错层处竖向构件（柱、剪力墙）的地震剪力宜适当放大，特别是错层处的框架柱。《高层建筑混凝土结构技术规程》规定：在设防烈度地震下，错层处框架柱的截面承载力宜符合规范性能 2 的设计要求。

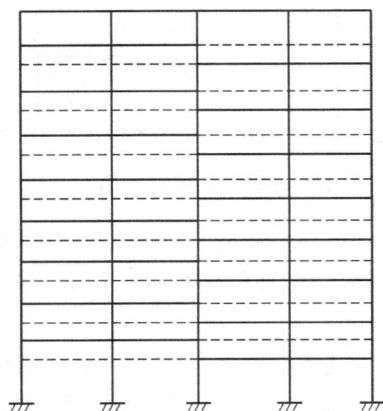

图 2.8.8 错层结构增设虚梁、虚板

当按《建筑结构荷载规范》第 4.1.2 条进行梁、柱、墙及基础的计算，对活荷载进行折减时，应注意错层结构计算楼层与实际楼层的区别，活荷载的折减系数应根据实际楼层数按《建筑结构荷载规范》表 4.1.2 取用，而不能按计算楼层的取用，以免活荷载折减过多，造成内力计算偏于不安全。

对于由于设置虚梁、虚板，将原来较长的竖向构件一分为二，成为几何长度较短的两根竖向构件的情况，构件的配筋计算时应根据结构实际情况，将竖向构件几何长度还原，并注意计算长度系数的合理取值，以保证竖向构件配筋计算的安全。

错层结构的其他计算与一般结构相同。

2.8.17 错层结构的设计要点

【解析】抗震设计的高层建筑宜避免错层结构。当房屋不同部位因功能不同而使楼层错层时，宜采用防震缝划分为独立的结构单元。

当为满足建筑功能的要求必需设置错层结构时，结构设计宜符合以下要求：

1. 错层结构两侧的结构侧向刚度和结构布置应尽量接近，以尽量减少结构扭转效应，考虑偶然偏心的扭转位移比不宜大于 1.4。错层处结构承载力的安全储备应适当提高，地震剪力增大系数不宜小于 3。避免在错层处结构形成薄弱层。

2. 当采用错层结构时，错开的楼层应各自分别参加整体计算，不应归并为一层计算。楼层侧向刚度计算中宜按每个错层为一个楼层考虑。

3. 错层处框架柱的截面高度不应小于 600mm，混凝土强度等级不应低于 C30，抗震等级应提高一级采用，箍筋应全柱段加密。

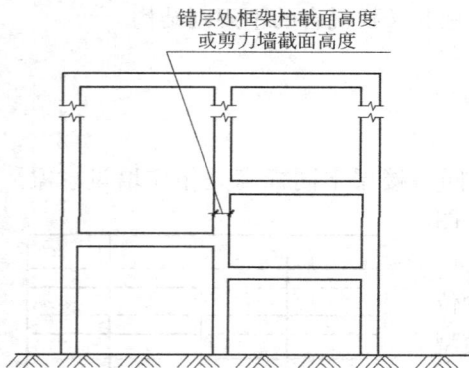

图 2.8.9　错层结构加强部位示意

4. 错层处平面外受力的剪力墙，其截面厚度，非抗震设计时不应小于 200mm，抗震设计时不应小于 250mm，并均应设置与之垂直的墙肢或扶壁柱；抗震等级应提高一级采用。错层处剪力墙的混凝土强度等级不应低于 C30，水平和竖向分布钢筋的配筋率，非抗震设计时不应小于 0.3%，抗震设计时不应小于 0.5%。

5. 如果错层处混凝土构件不能满足设计要求，则需采取有效措施。例如：框架柱采用型钢混凝土柱或钢管混凝土柱，剪力墙内设置型钢等，以改善构件的抗震性能（图 2.8.9）。

2.8.18 连体结构有几种形式？其受力特点如何？

【解析】连体结构可分为两种形式。

1. 架空连廊式：两个结构单元之间设置一个（层）或多个（层）连廊，连廊的跨度从几米到几十米不等，连廊的宽度一般约在 10m 之内。

架空连廊式连体结构的连接体部分结构较弱，基本不能协调连接体两侧的结构共同工作，故一般做成弱连接。即连接体一端与结构铰接，一端做成滑动支座；或两端均做成滑动支座。

286

2. 凯旋门式：整个结构类似一个巨大的"门框"，连接体在结构的顶部若干层与两侧"门柱"（即两侧结构）连接成整体楼层，连接体的宽度与两侧"门柱"的宽度相等或接近，两侧"门柱"结构一般采用对称的平面形式。

凯旋门式连体结构的连接体部分一般包含多个楼层，具有足够的刚度，可协调两侧结构的受力、变形，使整个结构共同工作，故可做成强连接。如两端均为刚接或铰接等。

连体结构的受力比一般单体结构或多塔楼结构更复杂。主要表现在如下几个方面：

1. 结构扭转振动变形较大，扭转效应较明显。

由计算分析及同济大学等单位进行的振动台试验说明：连体结构自振振型较为复杂，前几个振型与单体结构有明显区别，除顺向振型外，还出现反向振型，扭转振型丰富，扭转性能较差。在风荷载或地震作用下，结构除产生平动变形外，还会产生扭转变形；同时由于连接体楼板的变形，两侧结构还有可能产生相向运动，该振动形态与整体结构的扭转振动耦合。当两侧结构不对称时，上述变形更为不利。

当第一扭转频率与场地卓越频率接近时，容易引起较大的扭转反应，易使结构发生脆性破坏。

对多塔连体结构，因体型更复杂，振动形态也将更为复杂，扭转效应更加明显。

2. 连体结构中部刚度小，而此部位混凝土强度等级又低于下部结构，从而使结构薄弱部位由结构的底部转移到连体结构中塔楼（两侧结构）的中下部，设计中应予以充分注意。

3. 连接体部分受力复杂。

连接体部分是连体结构的关键部位，受力复杂。连接体一方面要协调两侧结构的变形，另一方面不但在水平荷载（风及地震作用）作用下承受较大的内力，当连接体跨度较大，层数较多时，竖向荷载（静力）作用下的内力也很大，同时，竖向地震作用也很明显。

4. 连接体结构与两侧结构的连接是连体结构的又一关键问题。连接部位受力复杂，应力集中现象明显，易发生脆性破坏。如处理不当将难以保证结构安全。

历次地震中连体结构的震害都较为严重，特别是架空连廊式连体结构。1995年日本阪神地震中，这种形式的连体结构大量破坏，架空连廊塌落，主体结构与连接体的连接部位结构破坏严重。两个结构单元之间有多个连廊的，高处连廊首先塌落，底部的连廊有的没有塌落；两个结构单元高度不等或体型、平面和刚度不同，则连体结构破坏尤为严重；1999年台湾集集地震中，埔里酒厂一个三层房屋的架空连廊塌落，两侧结构与架空连廊相连接的部位遭到破坏。

2.8.19 连体结构的设计要点。

【解析】1. 连体结构各独立部分宜有相同或相近的体型、平面布置和刚度；宜采用双轴对称的平面形式。7度、8度抗震设计时，层数和刚度相差悬殊的建筑不宜采用连体结构。

2. 连体结构的整体及各独立部分结构平面布置应尽可能简单、规则、均匀、对称，减少偏心。抗侧力构件布置宜周边化，以增大结构的抗扭刚度。

3. 连接体部分是连体结构的关键部位，设计中应注意以下几点：

（1）连体结构的连接体宜按中震弹性设计。即地震作用下的内力按中震进行计算，地震作用效应的组合及各分项系数均按《高层建筑混凝土结构技术规程》第5.6节进行，但可不进行设计内力的调整放大，构件的承载力计算时，材料强度取设计值；

（2）应尽量减轻连接体部分结构自重。因此应优先采用钢结构桁架，也可采用钢梁、型钢混凝土桁架、型钢混凝土梁等结构形式，连接体结构的边梁及端跨截面宜加大。当连接体包含多个楼层时，最下面的一层宜采用钢结构桁架结构形式，并应加强最下面的一个楼层及顶层的设计和构造措施；

与连接体相连的框架柱在连接体高度范围及其上、下层，箍筋应全柱段加密，轴压比限值应按其他楼层框架柱的数值减小0.05采用；与连接体相连的剪力墙在连接体高度范围及其上、下层应设置约束边缘构件。

（3）连接体对竖向地震的反应比较敏感，尤其是跨度较大、层数较多、所处位置高的连接体对竖向地震的反应更加敏感。故7度0.15g和8度抗震设计时连体结构的连接体部分应考虑竖向地震的影响；6度和7度0.10g抗震设计时，高位连体结构（连体位置高度超过80m时）的连接体宜考虑竖向地震的影响。

（4）连接体部分的楼板厚度不宜小于150mm，并应采用双层双向配筋，每层每方向的配筋率不宜小于0.25%。

连接体部分的跨度一般较大，竖向刚度较小，容易发生竖向振动舒适度不满足要求的情况，因此，应按《高层建筑混凝土结构技术规程》第3.7.7条的规定，进行连接体部分楼盖竖向振动舒适度的验算。

刚性连接的连接体在地震作用下需要协调两侧塔楼的变形，受力大且复杂。因此需要进行连接体部分楼板的验算，楼板的受剪承载力的受拉承载力按转换层楼板的计算方法进行验算（《高层建筑混凝土结构技术规程》10.2.24条）。计算剪力可取连接体楼板承担的两侧塔楼楼层地震作用力之和的较小值。当连接体部分楼板较弱时，在强烈地震作用下可能发生破坏，因此宜补充两侧分塔楼的计算分析，按整体的分塔计算的最不利情况进行设计，以确保连接体部分失效后两侧塔楼可以独立承担地震作用不致发生严重破坏或倒塌。

（5）抗震设计时，钢筋混凝土结构的连接体及与连接体相连的结构构件在连接体高度范围及其上、下层，抗震等级应提高一级采用，一级提高至特一级，如构件原抗震等级已经为特一级则不再提高。

4. 加强连接体两端与两侧结构的连接设计与构造：

（1）连接体结构支座宜按中震不屈服设计。即地震作用下的内力按中震进行计算，地震作用效应的组合均按高规第5.6节进行，但分项系数均取不大于1.0，不进行设计内力的调整放大，构件的承载力计算时，材料强度取标准值；

（2）当连接体两端与两侧结构刚接时，连接体结构的主要结构构件应至少延伸到主体结构内一跨并与其可靠连接。必要时可延伸至主体结构的内筒（或内筒剪力墙），并可靠连接。

（3）当连接体与两侧主体结构采用滑动连接时，滑动支座的支座滑移量应能满足两个方向在罕遇地震作用下的位移要求。滑动支座应采用由两侧结构伸出的悬臂梁的做法，而不应采用连接体结构的梁搁置在两侧结构牛腿上的做法。应采取防坠落、撞击措施。计算罕遇地震作用下的位移时，应采用时程分析方法进行复核计算。

2.8.20　地下室连为一体，地上有几幢高层建筑，若结构嵌固部位设在地下一层底板上，此结构是否为大底盘多塔建筑结构？

【解析】在多个高层建筑的底部有一个连成整体的大面积裙房，形成大底盘，即为大底盘多塔楼结构，若仅有一幢高层建筑，底部设有较大面积的裙房，为大底盘的单塔楼结构，是大底盘多塔楼结构的一个特例。对于多幢塔楼仅通过大面积地下室连为一体，每幢塔楼（包括带有局部小裙房）均用防震缝分开，使之分属不同的结构单元，一般不属大底盘多塔楼结构。若地下室连为一体，地上有几幢高层建筑，因某些原因（如上下层剪切刚度比不满足要求或楼板有过大的开洞或楼板标高相差很大等），将结构嵌固部位设在地下一层底板上，一般也不应判定为大底盘多塔楼结构。

2.8.21　大底盘多塔楼高层建筑的受力特点如何？

【解析】带大底盘的高层建筑，结构在大底盘上一层突然收进，属竖向不规则结构；大底盘上有两个或多个塔楼时，地震作用下，各塔楼的振动既存在着相对独立性又相互有影响，当大底盘上的各塔楼高层建筑，楼层数不同、质量和刚度不同、分布不均匀，且当各塔楼自身结构平面布置不对称时，结构竖向刚度突变加剧，扭转振动反应增大，高振型对结构内力的影响更为突出。各塔楼的剪力更为复杂、不利。

1995年日本阪神地震中，有几幢带底盘的单塔楼建筑，在底盘上一层严重破坏。1幢5层的建筑，第一层为大底盘裙房，上部4层突然收进，而且位于大底盘的一侧，上部结构与大底盘结构质心的偏心距离较大，地震中第2层（即大底盘上一层）严重破坏；另一幢12层建筑，底部2层为大底盘，上部10层突然收进，并位于大底盘的一侧，地震中第3层（即大底盘上一层）严重破坏，第4层也受到破坏。

中国建筑科学研究院建筑结构研究所等单位的试验研究和计算分析也表明，塔楼在底盘上部突然收进已造成结构竖向刚度和抗力的突变，如结构布置上又使塔楼与底盘偏心则更加剧了结构的扭转振动反应。因此，结构布置上应注意尽量减少塔楼与底盘的偏心。

中元国际工程设计研究院设计的北京鑫茂大厦为地面以上由分别为22层和20层的两幢高层建筑及4层裙房组成的大底盘双塔楼结构。通过对地震作用下按双塔楼整体分析和按两塔楼分别单独计算分析，发现：

1. 按双塔楼结构整体计算时，当两塔楼层数分别取为23层、21层（结构嵌固部位在地下一层底板）时的计算结果，比楼层数均取为23层（即两塔楼楼层数一样，高度一样的情况）时的计算结果更为复杂和不利，尤其是对两塔楼间连接体的构件情况更为严重。

2. 两塔楼间连接体处受力情况比较复杂。塔楼间连接体的屋面框架梁梁端有地震效应组合下的剪力，按双塔楼整体计算比按两塔楼分别单独计算增大约12%左右。

2.8.22　如何进行大底盘多塔楼高层建筑的结构分析？

【解析】计算分析表明：对于大底盘多塔楼结构，如果把大底盘裙房按塔接的形式切开分别计算，则无法考虑地震作用下各塔楼之间的相互不利影响，且大底盘裙房及基础的计算误差较大。因此应首先进行结构的整体计算。

结构的整体计算在建模时，应根据结构实际情况，选择楼板的计算模型，对大底盘裙房，可考虑为刚性楼板假定，对裙房以上的各个塔楼，可假定楼板平面内为分块无限刚。

计算结构的地震作用时，应取足振型数，使由此计算出的振型参与质量不小于结构总质量的90%，以保证结构地震作用计算的正确、可靠。

当各塔楼（高层建筑）的质量、刚度等分布悬殊时，整体计算反映出的前若干个振型可能大部分均为某一塔楼（一般为刚度较弱的塔楼）所贡献；而由于耦联振型的存在，判断某一振型反映的是哪一个塔楼的某一主振型比较困难。同时，由于《高层建筑混凝土结构技术规程》中增加了对结构第一扭转周期和第一平动周期比值的限制以及最大位移与平均位移比等的限制，为验证各独立单塔的正确性及合理性，还需将多塔结构分开进行计算分析。

多塔结构分开计算时，在裙房的什么位置分较好？回答这个问题，首先要明确分开计算的目的，那就是要算出各塔楼的结构第一扭转周期和第一平动周期的比值以及最大位移与平均位移的比值，以便了解各塔楼扭转效应情况，判断平面是否规则，至于其他并不重要。从这个意义上说，在裙房的什么位置分，其计算结果虽然对底部几层（有裙房部分）误差较大，但对塔楼部分层间位移角，扭转位移比，周期比等的计算结果，还是较为可靠的。因此，取各个塔楼及其影响范围内的裙房分别作为独立的结构单元进行分开计算，是较好的方法，此影响范围可取塔楼向外两跨、水平投影长度等于裙房高度且不大于20m三者中的最大值。《高层建筑混凝土结构技术规程》规定：当塔楼周边的裙楼超过两跨时，分塔楼模型宜至少附带两跨的裙楼结构。

当各塔楼的结构高度、层数、质量、刚度、体型等比较接近时，也可以各塔楼为界，将裙房均分作为各自独立的结构单元进行分开计算。

大底盘多塔楼高层建筑结构，当各塔楼相互距离很近时，由于漩涡的相互干扰，房屋某些部位的局部风压会显著增大，此时应考虑风力相互干扰的群体效应。一般可将各塔楼的结构体型系数 μ_s 乘以相互干扰增大系数。必要时宜通过风洞试验得出。

大底盘多塔楼结构的其他计算与一般结构相同。

在按整体模型和各塔楼分开的模型分别计算后，应采用两者较不利的计算结果进行结构设计。

值得一提的是，与多塔结构不同，对于由于超长或不规则等原因将建筑结构分为两个或多个独立的结构单元时，最好是将各独立结构单元分开进行计算分析，如一定要合在一起计算，也可按多塔结构模型进行计算。对扭转周期和平动周期比值做控制，计算时应同多塔结构一样切开进行计算分析。但与真正的多塔结构不一样的是，对于整体的配筋计算，多塔结构一定要以不切开的模型计算结果为准，而分缝结果则无此限制。此外，需要特别注意的是，如果分缝结构被处理为多塔结构，则由于其分缝处不是真正的独立迎风面，其风荷载的计算与实际受力状态不符，对于那些对风荷载比较敏感或以风荷载为控制荷载的结构，应注意修改风荷载数据，以计算出正确的风荷载数据文件。

2.8.23　大底盘多塔楼结构的设计要点。

【解析】1. 多塔楼建筑结构的各塔楼的层数、高度、质量、刚度和平面宜接近，塔楼对底盘宜对称布置；上部塔楼结构的综合质心与底盘结构质心的距离不宜大于底盘相应边长的20％。注意：不是每个塔楼的质心与底盘结构质心距离不宜大于底盘边长的20％。超过时，可利用裙楼的卫生间、楼电梯间等布置剪力墙。剪力墙宜沿大底盘周边布置，以增大大底盘的抗扭刚度。如各塔楼层数和刚度等相差较大时，可将裙房用防震缝自地下室以上分开。地下室顶板应有良好的整体性及刚度，能将上部结构地震作用有效传递到地下室结构（图2.8.10）。

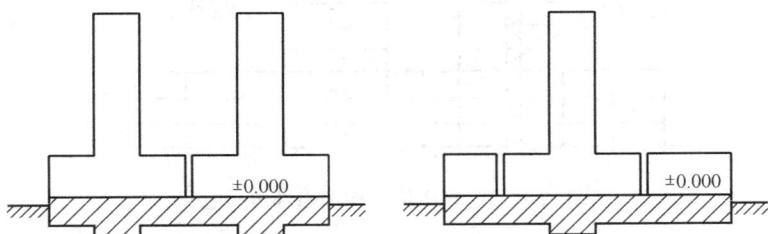

图2.8.10　大底盘地下室示意图

中国建筑科学研究院建筑结构研究所等单位的实验研究和计算分析表明，塔楼在底盘上部突然收进已造成结构竖向刚度和抗力的突变，如结构布置上又使塔楼与底盘偏心则更加剧了结构的扭转振动反应。因此，结果布置上应尽量注意减少塔楼与底盘的偏心。

2. 多塔楼结构中同时采用带转换层结构，这已经是两种复杂结构在同一工程中采用，结构的竖向刚度、抗力突变加之结构内力传递途径突变，要使这种结构的安全能有基本保证已相当困难，如再把转换层设置在大底盘屋面的上层塔楼内，更易形成结构薄弱部位，更不利于结构抗震。因此，抗震设计时，带转换层塔楼的转换层不宜设置在底盘屋面的上层塔楼内（图2.8.11），否则应采取有效的抗震措施。包括增大构件内力、提高抗震等级等。

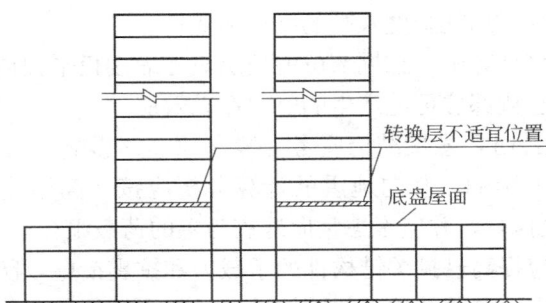

图2.8.11　多塔楼结构转换层不适宜位置示意

3. 为加强底盘与塔楼的整体性，保证底盘与塔楼整体工作，裙房屋面板厚度不宜小于150mm，并加大配筋，板面负弯矩钢筋宜贯通；裙房屋面上、下层结构的楼板也应加强构造措施。

当底盘楼层为转换层时，其底盘屋面楼板的加强措施应符合关于转换层楼板的有关规定。

4. 抗震设计时，对多塔楼结构的底部薄弱部位应予以特别加强，图2.8.12所示为加强部位示意。塔楼之间裙房连接体的屋面梁以及塔楼中与裙房连接体相连的柱、剪力墙，从嵌固端至裙房屋面上一层的高度范围内，柱纵向钢筋的最小配筋率宜适当提高，柱箍筋宜在裙房屋面上、下层范围内全高加密。剪力墙宜按有关规定设置约束边缘构件。当塔楼结构相对于底盘结构偏心收进时,应加强底盘周边竖向构件的配筋构造措施。

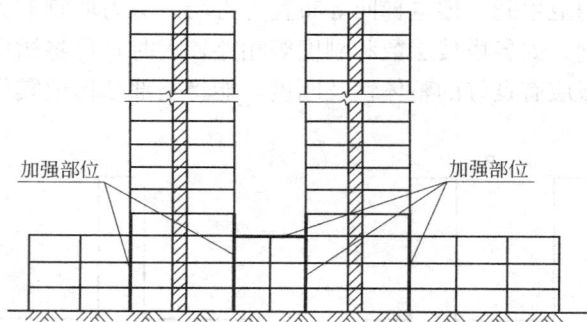

图 2.8.12　多塔楼结构加强部位示意

当塔楼为底部带转换层结构时,应满足有关转换层结构的各项规定。

2.8.24　悬挑结构设计要点。

【解析】1. 建筑结构中的悬挑部分一般具有以下特点:
(1) 沿竖向刚度较差、结构的冗余度少;
(2) 悬挑结构上下层楼板竖向荷载下承受较大的平面内作用(平面内受拉或受压);
(3) 由于悬挑跨度较大,地震作用下,悬挑结构的竖向地震作用明显。
2. 悬挑结构设计应符合下列规定:
(1) 悬挑部位应采取措施降低结构的自重,一般情况下,宜优先选择轻质、高强、延性好的钢结构桁架;
(2) 悬挑部位结构宜采用冗余度较高的结构形式;
(3) 结构内力和位移计算中,悬挑部位的楼层应考虑楼板平面内的变形,结构分析模型应能反映水平地震对悬挑部位可能产生的竖向振动效应;
(4) 8、9 度抗震设计时,悬挑结构应考虑竖向地震的影响;6、7 度抗震设计时,悬挑结构宜考虑竖向地震的影响。竖向地震的计算分析应按《高层建筑混凝土结构技术规程》第 4.3.14 条的规定执行,并应考虑竖向地震为主的荷载组合;
(5) 抗震设计时,应提高悬挑关键构件的承载力和抗震措施,防止相关部位在竖向地震作用下发生结构的倒塌;悬挑结构的关键构件以及与之相邻的主体结构关键构件的抗震等级应提高一级采用,一级应提高至特一级,抗震等级已经为特一级时,允许不再提高;
(6) 在罕遇地震作用下,悬挑结构关键构件宜进行抗震性能设计,其承载力宜符合《高层建筑混凝土结构技术规程》公式(3.11.3-2)的要求。

2.8.25　体型收进高层建筑结构设计要点。

【解析】1. 大量地震震害以及相关的试验研究和分析表明:结构体型收进较多或收进位置较高时,因上部结构刚度突然降低,会造成结构竖向刚度突变;收进程度过大、上部结构刚度过小时，结构的层间位移角增加较多，收进部位易成为薄弱部位，对结构抗震不利。当结构偏心收进时，受结构整体扭转效应的影响，下部结构的周边竖向构件内力增加较多（图 2.8.13），应予以加强。

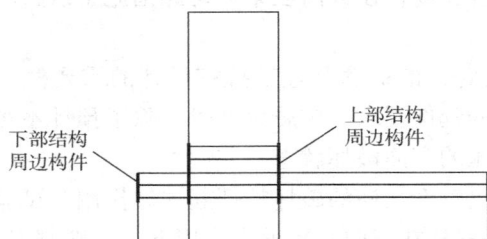

图 2.8.13　体型收进结构的加强部位示意

2. 体型收进高层建筑结构、底盘高度超过房屋高度 20% 的多塔楼结构的设计应符合下列规定：

（1）体型收进处宜采取措施减小结构刚度的变化，上部收进结构的底层层间位移角不宜大于相邻下部区段最大层间位移角的 1.15 倍；

当结构分段收进时，控制收进部位底部楼层的层间位移角和下部相邻区段楼层的最大层间位移角之间的比例（图 2.8.14）。

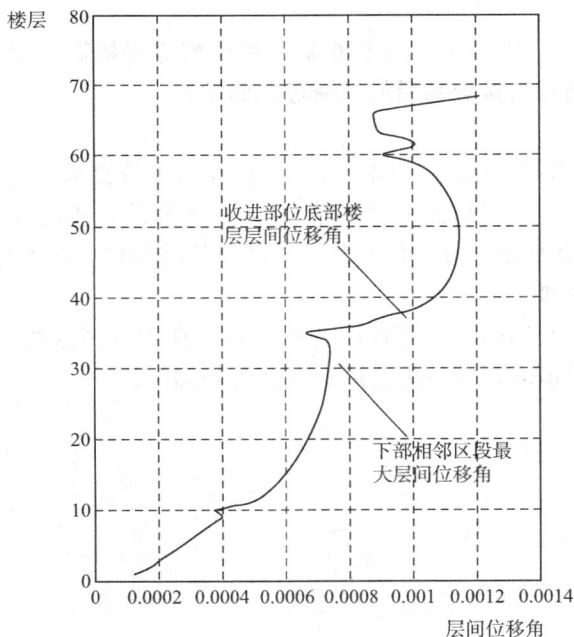

图 2.8.14　结构收进部位楼层层间位移角分布

（2）抗震设计时，体型收进部位上、下各 2 层塔楼周边竖向结构构件的抗震等级宜提高一级采用，当收进部位的高度超过房屋高度的 50% 时，应提高一级采用，一级应提高至特一级，抗震等级已经为特一级时，允许不再提高。

（3）结构偏心收进时，应加强收进部位以下2层结构周边竖向构件的配筋构造措施。

2.8.26 高层建筑设有设备层时，设备层层高一般较小，故柱的剪跨比常常小于1.5，同时造成设备层刚度突变，设计时应采取可靠措施予以解决。

【解析】柱轴压比和剪跨比的概念是柱子抗震设计的重要概念，限制框架的柱轴压比主要是为了保证框架结构的延性要求。抗震设计时，除了预计不可能进入屈服的柱外，通常希望柱子处于大偏心受压的弯曲破坏状态。

和轴压比相比，剪跨比对框架柱的破坏特征起主导作用。试验表明：在通常的配筋条件下，当剪跨比 $\lambda > 2$ 时框架柱在横向水平剪力作用下，一般都发生延性较好的弯曲破坏；当 $\lambda \leqslant 2$ 时框架柱就变成了短柱，在横向水平剪力作用下一般都发生脆性的剪切破坏。因此，《建筑抗震设计规范》表6.3.7注2规定：剪跨比 $1.5 \leqslant \lambda \leqslant 2$，其轴压比限值应比规范表中数值减小0.05，对剪跨比 $\lambda < 1.5$ 的柱，宜首先调整结构布置，改善其受力性能。无法调整时，其轴压比限值应专门研究并采取特殊构造措施。比如：柱轴压比限值至少比规范表6.3.7中数值降低0.1采用、在柱截面中部附加芯柱、设置型钢、取用更严的轴压比限值、采用合适的箍筋形式、提高箍筋的体积配箍率、采用柱外包钢板箍、采用柱内配置X形钢筋等措施，或其他专门研究的特殊构造措施。

采用分体柱也是加大柱子的剪跨比、减小设备层刚度突变、提高结构延性的一个方法。

2.8.27 高规第10.3.3、10.4.4、10.5.6条均有抗震等级提高一级的要求，柱轴压比限值是按提高前还是按提高后的抗震等级确定？

【解析】《高层建筑混凝土结构技术规程》第10.3.3条要求，加强层及其相邻层的框架柱和核心筒墙体的抗震等级提高一级；第10.4.4条要求，错层部位的框架柱抗震等级提高一级；第10.5.6条要求，连接体及其支承部位的结构构件在连接体高度范围及其上、下层，抗震等级提高一级。

这三条均属于对复杂结构关键部位的要求，目的在于提高这些关键部位构件的延性。因此，验算柱轴压比限值时，应按提高后的抗震等级确定。

第三篇 钢 结 构

第一章 总 则

3.1.1 钢结构设计图与施工图有什么区别？

【解析】一般设计单位只编制钢结构设计图，在初步设计基础上，根据工艺及建筑要求，进行整体结构布置、分析及构件计算，编绘总说明、结构布置图及平、立、剖面图，确定构件断面，示出节点构造图、必要时提供内力表，列出钢材订货表。

钢结构加工制作单位根据设计图总说明及分部系列图纸，结合加工、安装工艺条件和材料供应情况，进行节点细部设计、放出大样，确定焊缝、螺栓具体排列、尺寸、布置、构造等细部内容，绘制构件布置图、构件一览表（包括工地安装方法）、构件详图（包括大型构件分段）、构件及连接材料表、安装节点图等。

设计图应由有资质的设计单位编制，施工图也称加工详图一般由有资质的加工制作单位编制，也可由设计单位分阶段编制。

3.1.2 钢结构设计图总说明应该包括哪些内容？

【解析】根据建设部《建筑工程设计文件编制深度的规定》（2008 年版）及《钢结构设计规范》GB 50017，结构设计总说明应包括以下内容：

1. 结构设计的主要依据。

2. 设计标高±0.000 对应的绝对标高值。

3. 建筑结构安全等级和设计使用年限。

4. 建筑抗震设防类别、抗震设防烈度、设计基本地震加速度值和所属的设计地震分组以及建筑场地类别。

5. 采用的设计荷载，包括风荷载、雪荷载、楼面允许使用的可变荷载、特殊部位最大使用的可变荷载以及各种永久荷载，并注明其为标准值。

6. 所选用结构材料的品种、规格、性能及相应的产品标准（包括代号、年号），并对某些构件或部位的材料提出特殊要求。

7. 对钢结构的备料、复验、加工制作、运输安装、质量等级、除锈、涂装、防火、防护等专业的要求。

8. 应注明螺栓防松构造要求，端面刨平顶紧部位，钢结构最低防腐设计年限及防护要求及措施。对施工的要求，对焊接连接，应注明焊缝熔透和质量等级及受动荷载的特殊构造要求；对高强螺栓连接，应注明预拉力、摩擦面处理和抗滑移系数。对抗震设防的钢结构，应注明焊缝及钢材的特殊要求。

3.1.3 钢结构设计对计算书有哪些要求？

【解析】有关钢结构设计计算书宜符合下述要求：

1. 应给出布置简图、计算简图和荷载简图。
2. 应注明计算程序名称、版本。
3. 边界条件及计算假定均应根据工程实际情况确定。
4. 复杂结构应采用不小于两个不同力学模型程序进行分析。

3.1.4 钢结构设计文件对钢材及连接材料要求的深度？

【解析】在钢结构设计文件（如图纸、材料订货表等）中，应明确具体标明钢材牌号（如 Q235-B、Q345C 等）、连接材料的型号（如 E4303 型焊条、性能等级 4.6 的 C 级普通螺栓、性能等级 10.9 的摩擦型大六角头高强度螺栓）。并标明所依据的相关国家标准名称、代号、年号，两者保持一致。对材料性能的要求，凡标准中已基本保证的项目可不再列出，只提附加保证和协议要求的项目。对未形成技术标准的钢材或国外钢材，必须详细列出有关钢材性能的各项指标，以便按规范要求进行检验，如其尺寸误差标准不低于我国相应钢材的标准时，可按我国相关参数核定其设计指标。这些要求都与保证工程质量有关，不应模糊省略。

首次使用的钢材，还应进行焊接性试验。

3.1.5 钢结构的设计使用年限、设计基准期、建筑寿命三者有何区别？

【解析】设计使用年限是设计规定的一个时期，在这一规定时期内，只需进行正常的维护而不需进行大修就能按预期目的使用，完成预定功能，即房屋建筑在正常设计、正常施工、正常使用维护下所应达到的使用年限。所谓正常，包括必要的检测、防护及维修。一般钢结构设计使用年限为 50 年，但油漆、防火涂料、压型板等则应按其使用年限更新。冷弯薄壁型钢结构，在正常油漆维护下，其设计使用年限也是 50 年。同一建筑中不同专业的设计使用年限可不同，如装修、管线、结构和地基基础可有不同的设计使用年限。

设计基准期是为确定可变作用及与时间有关的材料性能取值而选用的时间参数。一般设计所考虑的荷载统计参数，都是按设计基准期为 50 年确定的。结构超过基准使用期后，不是结构不能使用，而是其失效概率将逐渐增大。

建筑寿命指从规划、实施到使用、毁坏的全部时间。

所以设计使用年限、设计基准期、建筑寿命三者是不能等同的。

3.1.6 用钢量大小与结构安全度的关系。

【解析】建筑结构的用钢量大小，严格地讲，与结构安全没有必然联系。当结构的自重为主要荷载工况时（如某些大跨结构），用钢量越大，结构反而更不安全。因此结构采用合理的用钢量，换句话说，采用合理的结构形式，使用钢量合理，是钢结构设计的基本原则。

3.1.7　进行钢结构设计时，一般需要用到哪些规范，《钢结构设计规范》GB 50017 与其他规范、规程关系如何？

【解析】根据设计内容，一般钢结构设计中所涉及的规范、规程关系分述如下：

1. 根据《工程结构可靠性设计统一标准》GB 50153、《建筑结构可靠度设计统一标准》GB 50068 的规定选择结构构件的安全等级，确定结构重要性系数。大部分钢结构构件的安全等级为二级，结构重要性系数 $\gamma_0 = 1$。

2. 有关荷载及其组合应按《建筑结构荷载规范》GB 50009 执行。由于门式刚架的风荷载与雪荷载另有规定，《钢结构设计规范》GB 50017 中，规定了重级工作制起重机（吊车）产生的横向水平力、屋盖系统考虑悬挂起重机（吊车）和电动葫芦时的组合以及检修荷载的折减等；进行风荷载作用下墙架构件的变形计算时，可不考虑阵风系数；另外，直接承受动力荷载指直接承受冲击产生振动的荷载或撞击荷载，不包括风荷载和地震作用。

3. 钢结构建筑的抗震设防类别和抗震设防标准应符合《建筑工程抗震设防分类标准》GB 50223 的规定，抗震设计可按《建筑抗震设计规范》GB 50011 或《构筑物抗震设计规范》GB 50191 的规定进行，也可按性能化设计的规定进行，第十五章简要介绍性能化设计的思路。

4. 门式刚架钢结构、多高层钢结构、高耸钢结构、钢烟囱、钢储仓、预应力钢结构、网格结构的设计可结合相关规范进行。

5. 新修订的《钢结构设计规范》GB 50017 涵盖了设计总过程。在构件计算层面，《钢结构设计规范》GB 50017 仅包括热轧钢结构构件的计算，钢与混凝土组合梁中的混凝土应符合《混凝土结构设计规范》GB 50010 的规定、钢管混凝土柱的设计应符合《钢管混凝土结构技术规范》的规定、冷弯型钢结构中构件的指标和计算应符合《冷弯薄壁型钢结构设计规范》GB 50018 的规定。另外，焊接钢结构应符合《钢结构焊接规范》GB 50661 的规定，高强螺栓设计应符合《钢结构高强度螺栓连接技术规程》JGJ 82 的规定，建筑钢结构应符合《建筑钢结构防火技术规范》的规定。

3.1.8　进行门式刚架轻型房屋钢结构设计是不是可以不符合《钢结构设计规范》GB 50017 的规定？

【解析】不是。门式刚架轻型钢结构为钢结构的一种，其截面板件宽厚比等级为 S5 级（见表 3.3.1），彼此间并不矛盾，只是门式刚架规范规定的更为详细而已。

第二章 术语、符号和制图

3.2.1 箱形截面翼缘板在腹板之间的无支承宽度 b_0 是如何界定的?

【解析】如图 3.2.1 所示，当每片腹板仅外侧与翼缘板用角焊缝连接时，b_0 取图中 b_{01}。

当每片腹板两侧与翼缘均用角焊缝连接或采用坡口熔透焊缝时，则 b_0 可取图中 b_{02}。

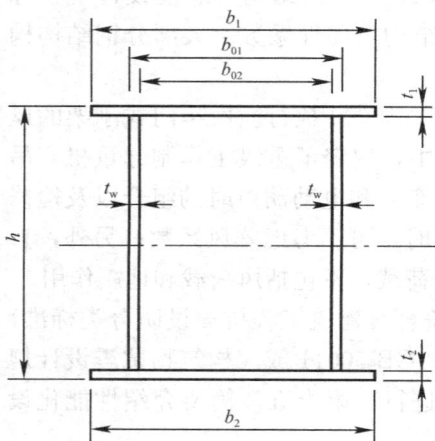

图 3.2.1 箱形截面

3.2.2 腹板的计算高度 h_0 如何确定?

【解析】腹板的计算高度 h_0：对于轧制型钢梁，为腹板与上、下翼缘相接处两内起弧点间的距离；对焊接组合梁为腹板高度；对高强螺栓连接的组合梁，为上、下翼缘与腹板连接的高强螺栓线间最近距离。

3.2.3 为什么说图 3.2.2 所示焊缝符号有对有错?

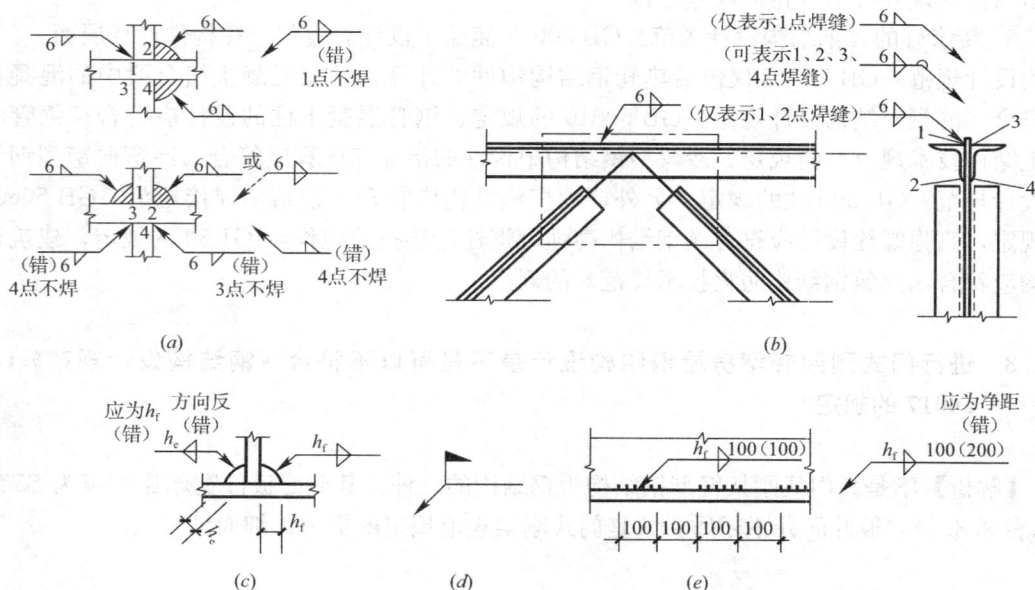

图 3.2.2 角焊缝表示法

(a) 两板间的角焊缝表示；(b) 双角钢与节点板间的角焊缝表示；
(c) h_f 与 h_e 及三角形方向；(d) 现场焊缝符号；(e) 间断焊缝

298

【解析】按《焊缝符号表示法》（GB/T 324—1988）、《技术制图焊缝符号的尺寸、比例及简化表示法》（GB/T 12212—1990）、《建筑结构制图标准》（GB/T 50105—2001），角焊缝符号箭头所指处仅表示两零件间关系，其背面指此两部件的箭头背面，不代表第三部件。按 GB/T 324，角焊缝符号中背面用虚线水平线表示，而 GB/T 50105 则规定水平线上方指箭头所指位置，下方则为其背面，结构制图应遵照 GB/T 50105 执行。

有的国家角焊缝用有效高度 h_e 表示，我国则规定用焊脚尺寸 h_f 表示。过去对间断焊缝曾用各段焊缝的中至中距离表示，现在将间隙尺寸用括号表示。

现场焊缝用旗示，旗内可涂黑，也可简化为旗示不涂黑，旗示方向可左可右。

3.2.4 螺栓、孔、电焊铆钉如何表示？

【解析】螺栓、孔、电焊铆钉的表示方法见表 3.2.1。

螺栓、孔、电焊铆钉的表示方法   表 3.2.1

序号	名称	图例	说明
1	永久螺栓		
2	高强螺栓		
3	安装螺栓		1. 细 "+" 线表示定位线 2. M 表示螺栓型号 3. ϕ 或 d_0 表示栓孔直径 4. d 表示胀锚螺栓、电焊铆钉直径 5. 采用引出线标注螺栓时，横线上标注螺栓规格，横线下标注螺栓孔直径
4	胀锚螺栓		
5	圆形螺栓孔		
6	长圆形螺栓孔		
7	电焊铆钉		

3.2.5 常用型钢如何标注？

【解析】常用型钢的标注方法见表 3.2.2。

序号	名　称	截　面	标　注	说　明	举　例
1	等边角钢		$b×t$	b 为肢宽 t 为肢厚	∟ 50×4 ∟ 160×16
2	不等边角钢		$B×b×t$	B 为长肢宽，b 为短肢宽，t 为肢厚	∟ 63×40×4 ∟ 160×100×10
3	工字钢		N　Q|N	轻型工字钢加注 Q 字 N 工字钢的型号	I20a QI20a } 尺寸不同
4	槽钢		N　Q N	轻型槽钢加注 Q 字 N 槽钢的型号	[20a Q[20a } 尺寸不同
5	方钢		□ b		□50 □200
6	扁钢		— $b×t$	b 为板宽 t 为板厚	—80×6
7	钢板		$\dfrac{-b×t}{l}$	宽×厚 板长	$\dfrac{-80×6}{200}$
8	圆钢		ϕ d		$\phi16$ $d16$
9	钢管		$DN××$ $d×t$	公称口径 外径×壁厚	DN25 钢管 32×3、$d32×3$
10	薄壁方钢管		B□ $b×t$		B□50×2
11	薄壁等肢角钢		B∟ $b×t$		B∟50×3
12	薄壁等肢卷边角钢		B∟ $b×a×t$		B∟60×20×2
13	薄壁槽钢		B[$h×b×t$	薄壁型钢加注 B 字 t 为壁厚	B[120×40×3
14	薄壁卷边槽钢		B[$h×b×a×t$		B[160×60×20×2 常示为：C160×60×20×2
15	薄壁卷边 Z 型钢		B $h×b×a×t$		B乙160×60×20×2.5 斜卷边 B乙 160×60×20×2.5 常示为：乙160×60×20×2.5 斜卷边乙 160×60×20×2.5

序号	名 称	截 面	标 注	说 明	举 例
16	T型钢	⊤	TW×× TM×× TN××	TW 为宽翼缘 T 型钢 TM 为中翼缘 T 型钢 TN 为窄翼缘 T 型钢	TW150×300×10×15 TM147×200×8×12 TN150×150×6.5×9
17	H型钢	H	HW×× HM×× HN××	HW 为宽翼缘 H 型钢 HM 为中翼缘 H 型钢 HN 为窄翼缘 H 型钢	HW300×300×10×15 HM294×200×8×12 HN300×150×6.5×9
18	起重机钢轨		⊥ QU××	详细说明产品规格型号	QU100
19	轻轨及钢轨		⊥ ××kg/m 钢轨		43kg/m 钢轨

第三章 基本设计规定

3.3.1 为什么钢结构设计有多种表达式？

【解析】现行钢结构设计采用以概率理论为基础的极限状态设计方法，用分项系数设计表达式进行计算。

考虑到用概率法的设计式，广大设计人员不熟悉、不习惯，且许多基本参数不完善，所以采用设计人员熟悉的分项系数设计表达式。现行规范所采用的分项系数不是凭经验确定，而是以可靠指标为基础，用概率设计法求出，属于近似概率设计法。

钢结构强度计算结果数值以应力形式反映，而稳定计算结果数值不是应力概念，采用设计值与承载力之比的表达式，概念更为清楚。塑性设计、钢与混凝土组合梁设计则像混凝土结构计算、砌体结构计算那样，用承载力形式反映。

由于对钢结构疲劳极限状态的概念和认识不够确切，对有关因素了解不透，只能沿用传统的容许应力设计法，以结构受拉部件应力变化幅度（包括从受压到受拉，不包括永久荷载），即应力幅小于或等于容许应力幅表示。

3.3.2 如何理解钢结构的极限状态？

【解析】钢结构的极限状态和其他结构一样，也分为承载能力极限状态和正常使用极限状态。

承载能力极限状态指结构或构件达到最大承载能力或出现不适宜继续承载的变形，结构和构件丧失稳定，结构转变为机动体系和结构倾覆。如构件或连接的强度破坏、疲劳破坏、结构或构件由于塑性变形而使其几何形状发生改变，虽未达到最大承载能力，但已彻底不能使用，如拱的下弦拉杆因变形过大，使拱失去承载能力。又如桁架中的拉杆，Q235 钢制作，当应力达屈服点 f_y 后，其伸长率可达 2.5%，即杆长 4m，伸长 100mm，如此大的变形，必然限制桁架应有功能。这些都是不适宜继续承载的变形实例。

正常使用极限状态指影响结构、构件和非结构构件（玻璃幕墙支架、广告支架、吊顶、房屋外围构造等）正常使用和外观的变形，影响正常使用的振动，影响正常使用或耐久性能的局部损坏。当达到正常使用极限状态时，结构或其一部分不适宜正常使用，不一定就发生破坏，可理解为结构或构件达到使用功能上允许的某个限值的状态。也有一些结构必须控制变形，才能满足使用要求，因为过大变形会造成房屋内部粉刷层剥落、填充墙或隔断墙开裂、门窗卡死、屋面积水等后果，过大的变形也会使人们在心理上产生不安全感觉。

此外，任何钢构件任一部位都不允许有裂缝存在，故《钢结构设计规范》没有裂缝宽度的限值，但钢与混凝土组合梁中的混凝土板除外。

拉杆的长细比限值属于正常使用极限状态，如长细比过大，可能会因自重而下垂、也可能在动力影响下发生较大振动，影响其正常使用，对此，规范用词为"宜"，表示稍有选择余地。

3.3.3 钢结构设计安全等级都是二级吗？

【解析】对一般工业与民用建筑钢结构，按我国已建成的建筑，用概率设计方法分析的结果，安全等级多为二级，重要性系数 γ_0 应不小于 1.0。

大跨度结构常采用钢结构，对于跨度大于或等于 60m 的屋盖，主要承重结构安全等级宜取一级，重要性系数 γ_0 不宜小于 1.1。

3.3.4 钢结构设计对荷载组合有哪些规定？

【解析】按承载能力极限状态设计钢结构时，应考虑荷载效应的基本组合，必要时尚应考虑荷载效应的偶然组合。基本组合表达式按《荷载规范》规定，偶然组合的具体表达式及各项系数应按专门规范规定。

按正常使用极限状态，钢结构一般只考虑荷载效应的标准组合。对钢与混凝土组合梁，因需考虑混凝土在长期荷载作用下的蠕变影响，除应考虑荷载效应的标准组合外，尚应考虑准永久组合。

3.3.5 钢结构设计对设计值、标准值、动力系数、吊车台数、吊车纵向刹车力有何规定？

【解析】计算钢结构或构件的强度、稳定性以及连接的强度时，应采用荷载设计值，即荷载标准值乘以分项系数，属于承载能力极限状态。虽然钢结构的连接，研究数据较少，无法按可靠度进行分析，但已将其容许应力用校准的方法转化为概率理论为基础的极限状态表达式。至于疲劳计算，本应属于承载能力极限状态，由于现在仍采用弹性状态计算的容许应力幅设计方法，故采用荷载标准值计算。

对于直接承受动力荷载的结构在计算强度和稳定性时，动力荷载设计值应乘以动力系数；在计算疲劳和变形时动荷载标准值不乘动力系数。

计算吊车梁或吊车桁架及其制动结构的疲劳和挠度时，吊车荷载按作用在跨间内荷载最大的 1 台吊车确定。

3.3.6 工业建筑楼面荷载取值要注意哪些问题？

【解析】《建筑结构荷载规范》GB 50009 第 3.2.4.2 款，对标准值大于 $4kN/m^2$ 的工业房屋楼面结构活荷载的分项系数应取 1.3。

《钢结构设计规范》GB 50017 第 3.2.4 条，计算冶炼车间或其他类似车间的工作平台结构时，由检修材料所产生的荷载可乘以下列折减系数：

主梁：0.85

柱及基础：0.75

此规定是钢结构的特殊规定，对其他专业有参考价值。

3.3.7　钢结构设计可采用哪些内力分析与构件设计方法？

【解析】钢结构设计可采用的内力分析方法有：一阶或二阶弹性分析、二阶弹塑性分析、塑性或一阶线弹性分析后进行弯矩调幅；构件设计有弹性设计和利用截面材料的塑性开展的设计。不同结构应采用不同的内力分析方法与截面构件设计方法的组合。

1. 内力采用线弹性分析，构件设计采用弹性设计。相关规范：新修订《钢结构设计规范》GB 50017 中 S4、S5 级截面、《冷弯薄壁型钢结构设计规范》GB 50018、《门式刚架轻型房屋钢结构技术规程》CECS102。

2. 内力采用一阶或二阶线弹性分析，构件设计利用截面材料的塑性开展。相关规范：《钢结构设计规范》GB 50017。

3. 内力采用塑性分析或一阶线弹性分析后进行弯矩调幅，构件设计利用了截面材料的塑性开展。相关规范：新修订的《钢结构设计规范》GB 50017 "塑性及弯矩调幅设计"章。

4. 直接分析设计（考虑缺陷二阶弹性分析或弹塑性分析）直接应用于设计。相关规范：新修订的《钢结构设计规范》GB 50017 "直接分析设计"节。

3.3.8　钢结构设计有什么特点？

【解析】钢结构设计作为结构设计的一种，遵循结构设计的一般原则。首先，设计从总体（结构方案）→具体（构件、节点、构造）；对于总体而言，首先考虑其满足建筑及工艺要求，研究其功能、美观、经济等方面的需求来选择结构方案，对于结构本身而言，考虑的是荷载与承载力的关系，具体来说，钢结构大致可按图 3.3.1 分类。

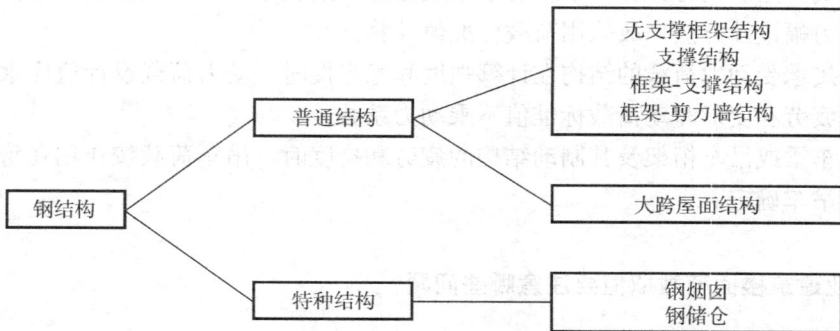

图 3.3.1　结构类型

相较其他结构而言，钢结构有两个重要的特点：材质均匀且大部分钢构件由薄壁板件构成。因此，钢结构设计的主要特点是：理论性较强，稳定性设计贯穿整个设计过程。

3.3.9　为什么对地震设计状况进行设防地震作用下验算时，无需采用承载力抗震调整系数？

【解析】由于进行设防地震作用验算时，地震作用采用的是标准组合 $S_{E2} = S_{GE} + \Omega_i S_{Ehk2} + 0.4 S_{Evk2}$，采用了性能系数 Ω_i 调整不同延性的钢结构的地震作用，因此，无需采用承载力抗震调整系数。

3.3.10　《门式刚架轻型房屋钢结构技术规程》的哪些荷载不同于《建筑结构荷载规范》？

【解析】风荷载与雪荷载。《门式刚架轻型房屋钢结构技术规程》的风荷载之所以不同于《建筑结构荷载规范》，是由于采用门式刚架结构形式的房屋均为低矮房屋，风荷载有其特殊性。另外，由于轻型门式刚架荷载小，自重轻，导致其承载力的富余度绝对值远远小于其他结构，因此，为保证轻型门式刚架结构的可靠度和其他结构基本相当，雪荷载取值和其他结构应有区别。

3.3.11　在恒荷载和活荷载标准值作用下的挠度计算值减去起拱值，满足《钢结构设计规范》规定的变形要求即可认为结构变形满足要求吗？

【解析】如仅为改善外观条件时，可以认为满足要求，但对于某些大跨屋面结构，变形影响其承载力时，则还需补充二阶稳定验算。

3.3.12　进行檩条的变形计算时，是否需要考虑阵风系数？

【解析】一般结构无须考虑阵风系数。虽然《建筑结构荷载规范》规定围护结构均应乘以阵风系数，但正常使用极限状态可按频遇组合设计，而风荷载频遇值可取为 0.4，因此，采用标准组合进行檩条的变形计算时，可不考虑阵风系数。另外，在风荷载作用下，轻屋面（或墙面）主要破坏发生在屋面板（墙板）与檩条的连接处，加大檩条用钢量并无提高结构安全度作用。

3.3.13　什么是钢结构的截面板件宽厚比等级，怎么划分？

【解析】截面由板件组合而成的钢结构构件，比如工字形、T 形、箱形截面等，其构件延性与板件宽厚比直接相关，对于受弯构件和压弯构件，局部屈曲制约了截面承载力及转动能力，其截面一般可按表 3.3.1 分为五级：

S1 级，塑性转动截面。可达全截面塑性，保证塑性铰具有塑性设计要求的转动能力，且在转动过程中承载力不降低。

S2 级，塑性截面。可达全截面塑性，但由于局部屈曲，塑性铰的转动能力有限。

S3 级，部分塑性开展的截面。翼缘全部屈服，腹板可发展不超过 1/4 截面高度的塑性。

S4 级，边缘纤维屈服截面。边缘纤维可达屈服强度，但由于局部屈曲而不能发展塑性。

S5 级，超屈曲设计截面。在边缘纤维达屈服应力前，腹板可能发生局部屈曲。

受弯构件和压弯构件的截面板件宽厚比等级 表 3.3.1

构件	截面板件宽厚比等级		S1 级（限值）	S2 级（限值）	S3 级（限值）	S4 级（限值）	S5 级（限值）
框架柱、压弯构件	H 形及 T 形截面	翼缘 b/t	$9\varepsilon_k$	$11\varepsilon_k$	$13\varepsilon_k$	$15\varepsilon_k$	20
		T 形截面腹板 h_0/t_w	$18\varepsilon_k\sqrt{\dfrac{t}{2t_w}}$	$20\varepsilon_k\sqrt{\dfrac{t}{2t_w}}$	$22\varepsilon_k\sqrt{\dfrac{t}{2t_w}}$	$25\varepsilon_k\sqrt{\dfrac{t}{2t_w}}$	$30\varepsilon_k\sqrt{\dfrac{t}{2t_w}}$
		H 形截面腹板 h_0/t_w	$(33+13\alpha_0^{1.3})\varepsilon_k$	$(38+13\alpha_0^{1.39})\varepsilon_k$	$(42+18\alpha_0^{1.51})\varepsilon_k$	$(45+25\alpha_0^{1.66})\varepsilon_k$	250
	箱形截面	壁板（腹板）间翼缘 b_0/t	$30\varepsilon_k$	$35\varepsilon_k$	$42\varepsilon_k$	$45\varepsilon_k$	—
	圆钢管截面	径厚比 D/t	$50\varepsilon_k^2$	$70\varepsilon_k^2$	$90\varepsilon_k^2$	$100\varepsilon_k^2$	—
	圆钢管混凝土柱	径厚比 D/t	$70\varepsilon_k^2$	$85\varepsilon_k^2$	$90\varepsilon_k^2$	$100\varepsilon_k^2$	—
	矩形钢管混凝土截面	壁板间翼缘 b_0/t	$40\varepsilon_k$	$50\varepsilon_k$	$55\varepsilon_k$	$60\varepsilon_k$	—
梁、受弯构件	工字形截面	翼缘 b/t	$9\varepsilon_k$	$11\varepsilon_k$	$13\varepsilon_k$	$15\varepsilon_k$	20
		腹板 h_0/t_w	$65\varepsilon_k$	$72\varepsilon_k$	$93\varepsilon_k$	$124\varepsilon_k$	250
	箱形截面	壁板（腹板）间翼缘 b_0/t	$25\varepsilon_k$	$32\varepsilon_k$	$37\varepsilon_k$	$42\varepsilon_k$	—

注：1. $\varepsilon_k=\sqrt{235/f_y}$ 为钢号修正系数。
2. b 为工字形、H 形、T 形截面的翼缘外伸宽度，t、h_0、t_w 分别是翼缘厚度、腹板净高和腹板厚度。对轧制型截面，不包括翼缘腹板过渡处圆弧段；对于箱形截面 b_0、t 分别为壁板间的距离和壁板厚度；D 为圆管截面外径。
3. 箱形截面梁及单向受弯的箱形截面柱，其腹板限值可根据 H 形截面腹板采用。
4. 腹板的宽厚比，可通过设置加劲肋减小。
5. 表格中 $\alpha_0=\dfrac{\sigma_{max}-\sigma_{min}}{\sigma_{max}}$，其中 σ_{max} 为腹板计算边缘的最大压应力；σ_{min} 为腹板计算高度另一边缘相应的应力，压应力取正值，拉应力取负值。

3.3.14 怎么应用截面板件宽厚比等级？

【解析】采用《冷弯薄壁型钢技术规范》GB 50018 和《门式刚架轻型房屋钢结构技术规程》CECS102：2002 进行设计的钢结构，一般采用 S5 级截面即可，但采用《门式刚架轻型房屋钢结构技术规程》时，工字形截面翼缘须符合 S4 级规定。

除冷成型钢结构外，板件宽厚比满足一定要求的截面进行构件承载力验算时可考虑其塑性发展，比如对于翼缘板件宽厚比不大于 $13\varepsilon_k$ 的工字形截面，截面塑性发展系数可取为 $\gamma_x=1.05$、$\gamma_y=1.2$。当截面板件宽厚比等级不满足 S4 级要求时，则应采用有效截面代替实际截面计算杆件承载力。

3.3.15 表 3.3.1 的截面板件宽厚比等级与《建筑抗震设计规范》GB 50011 中框架梁柱板件宽厚比限值的规定有何异同？

【解析】在《建筑抗震设计规范》GB 50011—2010 中框架梁柱板件宽厚比限值见表

3.15.2，而在单层钢结构厂房设计时则按表 3.3.2 的规定采用。

受弯构件和压弯构件的截面板件宽厚比等级   表 3.3.2

构件		A 类	B 类	C 类
柱	H 形截面翼缘 b/t	$10\varepsilon_k$	$12\varepsilon_k$	指现行《钢结构设计规范》按弹性准则设计时腹板不发生局部屈曲的情况，即满足截面板件宽厚比 S4 级
	H 形截面腹板 h_0/t_w	$44\varepsilon_k$	$50\varepsilon_k$	
	箱形截面壁板（腹板）间翼缘 b_0/t	33	37	
梁	工字形截面翼缘 b/t	$9\varepsilon_k$	$11\varepsilon_k$	
	腹板 h_0/t_w	$65\varepsilon_k$	$72\varepsilon_k$	
	箱形截面壁板（腹板）间翼缘 b_0/t	$30\varepsilon_k$	$36\varepsilon_k$	

可以看出，对照表 3.3.1 和表 3.3.2，可以看出，截面板件宽厚比限值 S1 级和 A 类、S2 级和 B 类、S4 级和 C 类基本相当，而表 3.15.2 中截面板件宽厚比限值与抗震等级相关，与钢结构设计思路不一致，因此规定明显不同。总的来说，在承载力相当的情况下，多高层钢结构的板件宽厚比要求，当按本篇第十五章规定的抗震性能化设计时，较抗震规范而言，低烈度区更为严格而高烈度区较为宽松。

第四章 材　　料

3.4.1　承重结构所用钢材牌号有哪些？

【解析】建筑结构适用的国产钢材有《碳素结构钢》GB/T 700 中的 Q235 钢和《低合金高强度结构钢》GB/T 1591 中的 Q345、Q390、Q420 钢、Q460 钢，共五种。

碳素结构钢常用牌号示例如下：

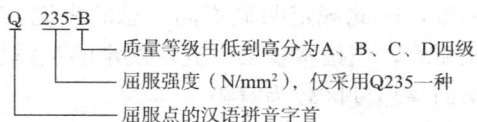

```
Q   235-B
          └── 质量等级由低到高分为A、B、C、D四级
     └────── 屈服强度（N/mm²），仅采用Q235一种
└──────────── 屈服点的汉语拼音字首
```

低合金高强度结构钢常用牌号示例如下：

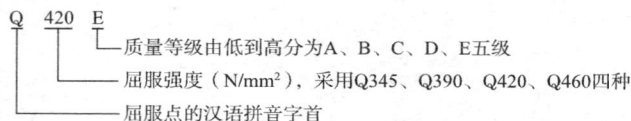

```
Q   420  E
         └── 质量等级由低到高分为A、B、C、D、E五级
    └─────── 屈服强度（N/mm²），采用Q345、Q390、Q420、Q460四种
└──────────── 屈服点的汉语拼音字首
```

四种钢号的质量等级主要区别在化学成分、伸长率以及不保证和保证不同温度下的冲击功。

我国还生产抗锈蚀的《高耐候性结构钢》GB/T 4171 和《焊接结构用耐候钢》GB/T 4172。

《建筑结构用钢板》GB/T 19879 常用牌号表示方法示例如下：

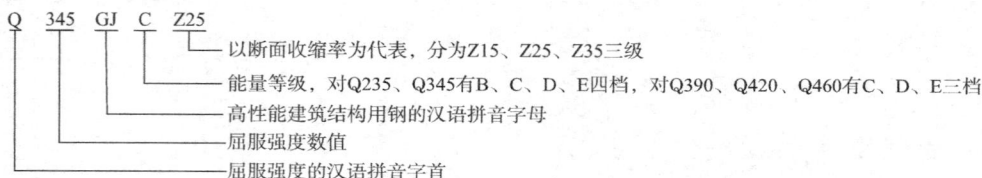

```
Q  345  GJ  C  Z25
                └── 以断面收缩率为代表，分为Z15、Z25、Z35三级
            └────── 能量等级，对Q235、Q345有B、C、D、E四档，对Q390、Q420、Q460有C、D、E三档
        └────────── 高性能建筑结构用钢的汉语拼音字母
    └────────────── 屈服强度数值
└────────────────── 屈服强度的汉语拼音字首
```

钢结构工程常用铸钢的现行国家标准有《一般工程用铸造碳钢件》GB/T 11352、《一般工程与结构用低合金铸钢件》GB/T 14408、《焊接结构用碳素钢铸件》GB/T 7659。其表示方法有用力学性能和用化学成分两种，钢结构工程一般用力学性能表示，综合三种标准，铸钢牌号示例如下：

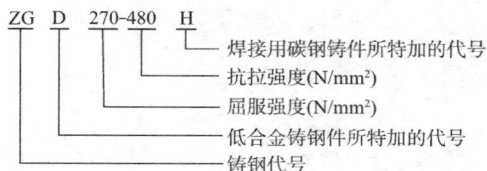

```
ZG  D  270-480  H
                └── 焊接用碳钢铸件所特加的代号
        └────────── 抗拉强度(N/mm²)
        └────────── 屈服强度(N/mm²)
    └────────────── 低合金铸钢件所特加的代号
└────────────────── 铸钢代号
```

3.4.2 钢材的性能主要有哪些内容?

【解析】承重结构采用的钢材应具有抗拉强度、伸长率、屈服强度和硫、磷的合格保证,对焊接结构尚应具有碳当量的合格保证。

焊接承重结构以及重要的非焊接承重结构采用的钢材还应具有冷弯试验的合格保证。

影响钢材性能的因素有化学成分、冶炼、浇注、轧制以及热处理等。

碳(C)是形成钢材强度的主要成分,对于焊接结构,为了得到良好的可焊性,碳素结构钢以含碳量不大于 0.2% 为宜,含有较多合金元素的钢材,将有关元素折算成碳当量(C_{eq}),作为衡量其焊接性的重要指标。

锰(Mn)能提高钢材强度且不过多降低塑性和冲击韧性。

硅(Si)是强脱氧剂,能使钢材粒度变细。

钒(V)、铜(Cu)、钛(Ti)、硼(B)都是有益元素,钒能提高强度,铜能提高抗腐蚀能力,钛、硼能使钢晶粒细化,从而提高强度、韧性与塑性。稀土(Re)元素也能提高钢材性能。根据我国资源条件和冶金工业发展趋向,低合金高强度钢、微合金钢是主要发展钢种。

硫(S)、磷(P)、氧(O)、氮(N)都属有害杂质,硫能降低钢的冲击性能和疲劳性能,磷能降低塑性、增大脆性,氧能使钢热脆,氮能使钢冷脆。实际上,多种元素的不同组合是影响钢材性能的主要因素,所谓"有害"元素,对某些钢种反而是"有利"元素。

常见钢材的缺陷有偏析、非金属夹杂、气孔、裂纹等。

钢材经过多次压轧,能使晶粒变细,气泡弥合,薄板因轧制道次多,轧制压力传不透,质量优于厚板。

一般钢材均以热轧状态交货。优质钢材经过热处理,提高了使用性能,如控轧、正火、淬火、回火等。此外冷加工硬化、低温、应力集中、重复荷载等都影响钢材性能。

钢材的力学性能主要有屈服点、抗拉极限、伸长率、冷弯和各种不同温度条件下的冲击韧性。

此外还有可焊性、耐候性、屈强比(或强屈比)、时效冲击、断口缺陷、冷热顶锻等具体要求。

3.4.3 什么是耐候钢?

【解析】耐候钢是通过添加少量合金元素 Cu、P、Cr、Ni 等,使其在金属表面形成保护层,以提高耐大气腐蚀性能的钢。耐候结构钢分为高耐候钢和焊接耐候钢两类。高耐候结构钢具有较好的耐大气腐蚀性能,而焊接耐候钢具有较好的焊接性能。耐候结构钢的耐大气腐蚀为普通钢的 2～8 倍。因此,当有技术经济依据时,将耐候钢用于外露大气环境或有中度侵蚀介质环境中的重要结构,可取得较好的效果。

3.4.4 当采用《钢结构设计规范》未列出的其他牌号钢材时，如何使用？

【解析】宜按照现行国家标准《建筑结构可靠度统一标准》GB 50068 进行统计分析，经试验研究、专家论证、确定其设计指标。对采用新钢材或国外钢材时可按下列规定进行设计控制：（1）产品应符合相关的国家或国际钢材标准要求和设计文件要求，对新研制的钢材，应以经国家产品鉴定认可的企业产品标准作为依据，有质量证明文件；（2）对钢材生产厂的要求：应通过国际或国内生产过程质量控制认证；（3）对实际产品进行专门的验证试验和统计分析，判定质量等级，得出设计强度取值。检测内容包括钢材的化学成分、力学性能、外形尺寸、表面质量、工艺性能及约定的其他附加保证性能指标或参数。其中，力学性能的检测，应按照以下规定：

1. 对于已有国家材料标准，但尚未列入钢结构设计规范的钢材：

（1）对每一牌号每个厚度组别的钢材，至少应提供 30 组钢材力学性能和化学成分数据；

（2）提交 30 个样本试件（取自不同型材和炉号）进行复核性试验；

（3）汇总二组数据进行统计分析，初步确定抗力分项系数和设计强度，由钢结构设计规范组审核、试用；

（4）经对 3 个（或 3 个以上）钢厂的同类产品，进行调研，试验和统计分析后，列入设计规范。

2. 对国外进口且满足国际材料标准的钢材：

（1）如既有国外标准，又有相同或相近中国标准，应按中国钢结构工程施工质量验收规范要求验收，可就近就低按中国规范取用设计强度，在具体工程中使用。

（2）如有国外标准，但无相近中国标准可供参照，则将材质证明文件和验收试验资料提供给钢结构设计规范组，经统计分析和专家会商后确定设计强度，在具体工程中使用。

3. 常用的钢材国家标准如下：

《碳素结构钢》GB/T 700

《低合金高强度结构钢》GB/T 1591

《建筑结构用钢板》GB/T 19879

《厚度方向性能钢板》GB/T 5313

《结构用无缝钢管》GB/T 8162

《建筑结构用冷成型焊接圆钢管》JG/T 381

《建筑结构用冷弯矩形钢管》JG/T 178

《耐候结构钢》GB/T 4171

《一般工程用铸造碳钢件》GB/T 11352

《一般工程与结构用低合金铸造件》GB/T 14408

《焊接结构用铸钢件》GB/T 7659

《钢拉杆》GB/T 20934

《热轧钢板和钢带的尺寸、外形、重量及允许偏差》GB/T 709

《热轧型钢》GB/T 706

《热轧 H 型钢和剖分 T 型钢》GB/T 11263

《焊接 H 型钢》YB 3301

《重要用途钢丝绳》GB 8918

《预应力混凝土用钢绞线》GB/T 5224

《高强度低松弛预应力热镀锌钢绞线》YB/T 152

3.4.5　普通螺栓有哪些品种、等级?

【解析】普通螺栓根据加工精度不同而分为 A、B、C 共 3 级,A、B 级为精加工,A、B 级差别在于直径和长度不同,A 级直径不大于 24mm 和长度不大于 $10d$ 或 150mm 的较小值,此外则为 B 级。A、B 级螺栓杆径与孔径相同,杆径加工有少量负公差,孔径则有正公差,均为Ⅰ类孔。C 级普通螺栓为粗加工,孔为Ⅱ类,一般孔径比杆径大 1~2mm,再加上孔径允许偏差 1mm 以及圆度、垂直度偏差,造成连接易松动,仅适用于安装或次要节点。A、B 级螺栓性能等级采用 5.6、8.8 级,C 级螺栓采用 4.6、4.8 级。小数点前的数值表示公称抗拉强度等级,小数及其后的数值表示公称屈服强度与公称抗拉强度的比值,即屈强比。5.6 级以下用碳钢制作,8.8 级则用低碳合金钢或中碳钢制作,并经热处理。

A、B 级螺栓应符合《六角头螺栓》GB/T 5782—2000,C 级螺栓应符合《六角头螺栓 C 级》GB/T 5780—2000。其螺母、垫圈均有配套标准。

3.4.6　高强度螺栓有哪些形式、等级?

【解析】高强度螺栓有大六角头和扭剪型两种形式,大六角头高强度螺栓及其配件应符合《钢结构用高强度大六角头螺栓》GB/T 1228—2006、《钢结构用高强度大六角螺母》GB/T 1229—2006、《钢结构用高强度垫圈》GB/T 1230—2006、《钢结构用高强度大六角头螺栓、大六角螺母、垫圈技术条件》GB/T 1231—2006。扭剪型高强度螺栓应符合《钢结构用扭剪型高强度螺栓连接副》GB/T 3632—2008。

大六角头高强度螺栓连接副由一个大六角头螺栓、一个大六角螺母和两个垫圈组成;扭剪型高强度螺栓连接副则由一个螺栓、一个螺母和一个垫圈组成。

大六角头高强度螺栓性能等级有 8.8 级和 10.9 级,8.8 级的螺栓及垫圈采用的钢材为《优质碳素结构钢技术条件》GB/T 699—2008 规定的 45 号钢、35 号钢,螺母为 35 号钢。10.9 级大六角头高强度螺栓采用《合金结构钢》GB/T 3077—1999 规定的 20MnTiB 钢、40B 钢、35VB 钢,其螺母及垫圈为 45 号钢或 35 号钢。扭剪型高强度螺栓目前只有 10.9 级一种,钢材为 20MnTiB,螺母为 15MnVB 或 35 号钢,垫圈为 45 号钢。

3.4.7　钢材质量等级 A、B、C、D、E 如何选择?

【解析】钢材质量等级的选择可以按表 3.4.1 选择。吊车起重量不小于 50t 的中级工作制吊车梁,其质量等级要求应与需要验算疲劳的构件相同。

钢材质量等级选用　　　　　　　　　　　　　　　　表 3.4.1

		工作温度（℃）		
		T>0	−20<T≤0	−40<T≤−20
不需验算疲劳	非焊接结构	A	B	受拉构件： a. 板厚或直径小于 40mm：C b. 板厚或直径不小于 40mm：D c. 重要承重结构的受拉板材宜选建筑结构用钢板
	焊接结构	Q235B Q345A～Q420A		
需验算疲劳	非焊接结构	B	Q235B Q390C Q345GJC Q420C Q345B Q460C	Q235C Q390D Q345GJC Q420D Q345C Q460D
	焊接结构	B	Q235C Q390D Q345GJC Q420D Q345C Q460D	Q235D Q390E Q345GJD Q420E Q345D Q460E

由于钢板厚度增大、硫磷氮含量过高会对钢材的冲击韧性和抗脆断性能造成不利影响，因此对于承重结构在低于−20℃环境下工作时，钢材的硫、磷含量不宜大于 0.020%；氮含量不应大于 0.012%；焊接构件宜采用较薄的板件；重要承重结构的受拉厚板，宜选用细化晶粒的钢板（即 GJ 类钢板）。

严格地说，结构工作环境温度的取值与可靠度相关。为便于使用，在室外工作的构件，结构工作环境温度可按《采暖通风与空气调节设计规范》GBJ 19—87（2001 年版）的最低日平均气温采用，见表 3.4.2。

最低日平均气温（℃）　　　　　　　　　　　　　　表 3.4.2

省市名	北京	天津	河北		山西	内蒙古	辽宁	吉林		黑龙江		上海
城市名	北京	天津	唐山	石家庄	太原	呼和浩特	沈阳	吉林	长春	齐齐哈尔	哈尔滨	上海
最低日气温	−15.9	−13.1	−15.0	−17.1	−17.8	−25.1	−21.9	−33.8	−29.8	−32.0	−33.0	−6.9
省市名	江苏		浙江			安徽		福建		江西		山东
城市名	连云港	南京	杭州	宁波	温州	蚌埠	合肥	福州	厦门	九江	南昌	烟台
最低日气温	−11.4	−9.0	−6.0	−1.3	−1.8	−12.3	−12.5	1.6	4.9	−6.8	−5.6	−11.9
省市名	山东		河南		湖北	湖南		广东		海南	广西	
城市名	济南	青岛	洛阳	郑州	武汉	长沙	汕头	广州	湛江	海口	桂林	南宁
最低日气温	−13.7	−12.5	−11.6	−11.4	−11.3	−6.9	5.1	2.9	4.2	6.9	−2.9	2.4
省市名	广西	四川	重庆	贵州	云南	西藏	陕西	甘肃	青海	宁夏	新疆	
城市名	北海	成都	重庆	贵阳	昆明	拉萨	西安	兰州	西宁	银川	乌鲁木齐	吐鲁番
最低日气温	2.6	−1.1	0.9	−5.9	3.5	−10.3	−12.3	−15.8	−20.3	−23.4	−33.3	−23.7
省市名	台湾		香港									
城市名	台北	花莲	香港									
最低日气温	7.0	9.8	6.0									

对于室内工作的构件，如能确保始终在某一温度以上，可将其作为工作环境温度，如采暖房间的工作环境温度可视为 0℃以上；否则可按表 3.4.2 数值增加 5℃采用。

3.4.8　关于如何选择钢材 Z 向性能？

【解析】在 T 形、十字形和角形焊接接头的连接节点中，当其板件厚度不小于 40mm

且沿板厚方向有较高撕裂拉力作用时（含较高约束拉应力作用），该部位板件钢材宜具有厚度方向抗撕裂性能（Z向性能）的合格保证，其沿板厚方向断面收缩率不小于按现行国家标准《厚度方向性能钢板》GB/T 5313规定的Z15级允许限值。钢板厚度方向性能等级应根据节点形式、板厚、熔深或焊缝尺寸、焊接时节点拘束度以及预热、后热情况等综合确定。

在欧洲钢结构设计规范中，通常根据节点形式、板厚、熔深或焊缝尺寸、焊接时节点拘束度以及预热情况经过计算求得。在实际设计中T形、十字形、角接接头，宜满足下列要求：

1. 当翼缘板厚度等于大于40mm且连接焊缝熔透高度等于大于25mm或连接角焊缝单面高度大于35mm时，设计宜采用对厚度方向性能有要求的抗层状撕裂钢板，其Z向性能等级不应低于Z15（限制钢板的含硫量不大于0.01%）；当翼缘板厚度等于大于40mm且连接焊缝熔透高度大于40mm或连接角焊缝单面高度大于60mm时，Z向性能等级宜为Z25（限制钢板的含硫量不大于0.007%）。

2. 翼缘板厚度大于等于25mm且连接焊缝熔透高度等于大于16mm时宜限制钢板的含硫量不大于0.01%。

另外，与受拉构件焊接连接的钢管，当管壁厚度大于25mm且沿厚度方向受较大拉应力作用时，应采取措施防止层状撕裂。欧洲规范规定主管壁厚超过25mm时，管节点施焊时应采取前预热等措施降低焊接残余应力，防止出现层状撕裂，或采用具有厚度方向性能要求的Z向钢。

3.4.9 关于焊钉、铆钉和锚栓有哪些规定？

【解析】圆柱头焊钉（栓钉）应符合《电弧螺柱焊用圆柱头焊钉》GB/T 10433—2002，材料按《冷镦和冷挤压用钢》GB/T 6478—2001选用ML15或ML15Al（含铝），其抗拉强度$\sigma_b \geqslant 400N/mm^2$，屈服强度$\sigma_s$或$\sigma_{p0.2} \geqslant 320N/mm^2$，伸长率$\delta_5 \geqslant 14\%$，相当于性能等级4.8级。施焊时采用专用瓷环，有普通平焊（也适用于$d=13mm$、16mm焊钉的穿透平焊）和穿透平焊（仅用于$d=19mm$焊钉）两种瓷环。

铆钉受力性能好，但由于安装不便，目前已几乎被淘汰。其材料采用《标准件用碳素钢热轧圆钢》GB/T 715—1989规定的BL2、BL3钢制作。

柱脚锚栓为重要节点的受力部件，一般采用Q235-B、Q345A钢制作，也可采用强度等级更高的钢材。如在抗震地区则质量等级不低于B级，当工作环境温度不高于−20℃，直径小于40mm时，质量等级不低于C级；直径不小于40mm时，质量等级不低于D级。

3.4.10 常用的钢结构连接有哪些方式？

【解析】钢结构连接主要有焊接连接、螺栓连接，规范虽保留了铆钉连接，但几乎不再被采用。

1. 焊接连接是现今最主要的连接方法，通过电弧加热使焊丝和部件熔凝成整体。优点是不打孔钻眼，省工省料，形状任意，构造简单，密封好，刚度大，连接可与母材等强，且可自动作业，质量工效显著提高。缺点是高温作用造成部件局部热影响区，使材料变脆、存在残余应力、矫正费工、裂纹敏感，增加脆性破坏的可能性。其主要方式为手工电弧焊、埋弧焊、气体保护焊三种，此外，还有熔咀电渣焊等。

2. 紧固件连接或称螺栓连接，有普通螺栓和高强度螺栓两大类。钢结构规范推荐采用的性能等级为 4.6、4.8、5.6、8.8 和 10.9 五种。因螺栓开孔，削弱了截面，还需加连接件，增加了用料，精度要求高，构造较复杂。但因其施工方便，质量可控，快装易卸仍为目前安装连接的重要方法。

3.4.11　焊接材料型号有哪些？

【解析】常用焊接材料主要有：

1. 用于手工电弧焊的焊条应符合《非合金钢及细晶粒钢焊条》GB/T 5117—2012 和《热强钢焊条》GB/T 5118—2012。

焊条型号示例如下：

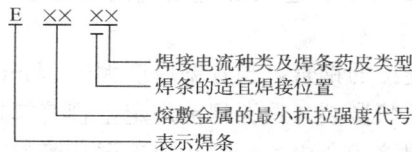

$$
\begin{array}{l}
\text{E　XX　XX} \\
\quad\ \ |\quad\ \ |\!-\!\!-\!\text{焊接电流种类及焊条药皮类型} \\
\quad\ \ |\quad\ \ |\!-\!\!-\!\text{焊条的适宜焊接位置} \\
\quad\ \ |\!-\!\!-\!\text{熔敷金属的最小抗拉强度代号} \\
|\!-\!\!-\!\text{表示焊条}
\end{array}
$$

2. 用于埋弧焊的焊丝、焊剂应符合《埋弧焊用碳钢焊丝和焊剂》GB/T 5293—1999 和《埋弧焊用低合金钢焊丝和焊剂》GB/T 12470—2003。

碳钢焊剂焊丝型号示例如下：

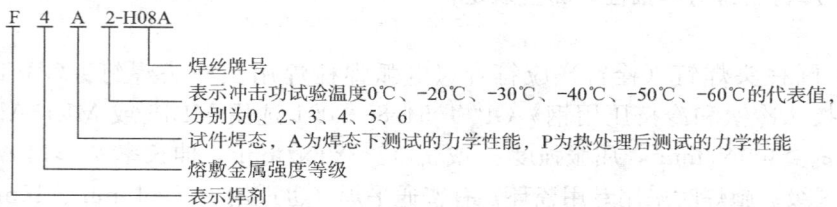

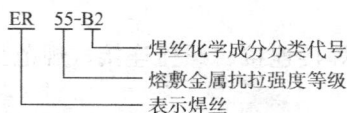

$$
\begin{array}{l}
\text{F　4　A　2-H08A} \\
\quad\quad\quad\quad\ \ |\!-\!\!-\!\text{焊丝牌号} \\
\quad\quad\quad\ |\!-\!\!-\!\text{表示冲击功试验温度0℃、−20℃、−30℃、−40℃、−50℃、−60℃的代表值，} \\
\qquad\qquad\quad\ \text{分别为0、2、3、4、5、6} \\
\quad\quad\ |\!-\!\!-\!\text{试件焊态，A为焊态下测试的力学性能，P为热处理后测试的力学性能} \\
\quad\ |\!-\!\!-\!\text{熔敷金属强度等级} \\
|\!-\!\!-\!\text{表示焊剂}
\end{array}
$$

低合金钢焊剂、焊丝型号示例如下：

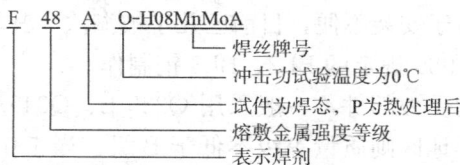

$$
\begin{array}{l}
\text{F　48　A　O-H08MnMoA} \\
\quad\quad\quad\quad\quad\ |\!-\!\!-\!\text{焊丝牌号} \\
\quad\quad\quad\quad\ |\!-\!\!-\!\text{冲击功试验温度为0℃} \\
\quad\quad\ |\!-\!\!-\!\text{试件为焊态，P为热处理后} \\
\quad\ |\!-\!\!-\!\text{熔敷金属强度等级} \\
|\!-\!\!-\!\text{表示焊剂}
\end{array}
$$

3. 用于气体保护焊焊丝应符合《气体保护电弧焊用碳钢、低合金钢焊丝》GB/T 8110—2008。

焊丝型号示例如下：

$$
\begin{array}{l}
\text{ER　55-B2} \\
\quad\quad\ \ |\!-\!\!-\!\text{焊丝化学成分分类代号} \\
\quad\ |\!-\!\!-\!\text{熔敷金属抗拉强度等级} \\
|\!-\!\!-\!\text{表示焊丝}
\end{array}
$$

3.4.12　焊接材料该如何选用？

【解析】焊接材料可按表 3.4.3 采用。

焊接材料选用匹配推荐表

表 3.4.3

母 材				焊接材料			
GB/T 700 和 GB/T 1591 标准钢材	GB/T 19879 标准钢材	GB/T 4171 和 GB/T 4172 标准钢材	GB/T 7659 标准铸钢件	焊条电弧焊 SMAW	实心焊丝气体保护焊 GMAW	药芯焊丝气体保护焊 FCAW	埋弧焊 SAW
Q235	Q235GJ	Q235NH Q295NH Q295GNH	ZG275H—485H	GB/T 5117： E43XX E50XX GB/T 5118： E50XX-X	GB/T 8110： ER49-X ER50-X	GB/T 17493： E43XTX-X E50XTX-X	GB/T 5293： F4XX-H08A GB/T 12470： F48XX-H08MnA
Q345 Q390	Q345GJ Q390GJ	Q355NH Q345GNH Q345GNHL Q390GNI	—	GB/T 5117： E5015, 16 GB/T 5118： E5015, 16-X	GB/T 8110： ER50-X ER55-X	GB/T 17493： E50XTX-X	GB/T 12470： F48XX-H08MnA F48XX-H10Mn2 F48XX-H10Mn2A
Q420	Q420GJ	—	—	GB/T 5118： E5515, 16-X	GB/T 8110： ER55-X ER62-X	GB/T 17493： E55XTX-X	GB/T 12470： F55XX-H10Mn2A F55XX-H08MnMoA
Q460	Q460GJ	Q460NH	—	GB/T 5118： E5515, 16-X E6015, 16-X	GB/T 8110： ER55-X	GB/T 17493： E55XTX-X E60XTX-X	GB/T 12470： F55XX-H08MnMoA F55XX-H08Mn2MoVA

注：1. 表中 XX、-X、X 为对应焊材标准中的焊材类别。
2. 当所焊焊接头的板厚≥25mm时，焊条电弧焊应采用低氢焊条。

315

第五章 结构分析与稳定性设计

3.5.1 什么是钢结构的弹性分析及弹塑性分析？

【解析】钢结构根据结构未变形的结构建立平衡条件，按照弹性阶段分析结构内力及位移。弹塑性分析是指考虑到钢材材料的非线性特点，按照弹性和塑性两个阶段进行结构的内力和位移分析。值得指出的是，采用弹性分析结果进行设计时，截面板件宽厚比等级为 S1、S2、S3 级的构件可有塑性变形发展。塑性变形发展采用截面塑性发展系数 γ_x、γ_y 给予考虑。

3.5.2 一阶弹性分析、二阶弹性分析以及直接分析的区别？

【解析】一阶弹性分析（first-order elastic analysis）：不考虑几何非线性对结构内力和变形产生的影响，根据未变形的结构建立平衡条件，按弹性阶段分析结构内力及位移。

二阶弹性分析（second-order elastic analysis）：考虑几何非线性对结构内力和变形产生的影响，根据位移后的结构建立平衡条件，按弹性阶段分析结构内力及位移。

直接分析设计（direct analysis method）：直接考虑对结构稳定性和强度性能有显著影响的初始几何缺陷、残余应力、材料非线性、节点连接刚度等因素，以整个结构体系为对象进行二阶非线性分析的方法。

一阶弹性分析方法，由于整体计算中没有考虑几何非线性、初始缺陷、残余应力、节点连接刚度等因素的影响，因此在构件设计时通过按照结构弹性稳定理论确定的构件计算长度系数，以及其他构件设计规定进行设计，来考虑各种缺陷的影响。

二阶弹性分析方法主要是考虑了 $P\text{-}\Delta$ 效应的二阶弹性分析，考虑了结构的整体初始缺陷，计算结构在各种设计荷载（作用）下的内力和位移。除了计算构件稳定承载力时，构件计算长度系数 μ 取 1.0 或其他认可的值外，其余的按照规范其他规定进行。

直接分析设计法应采用能考虑二阶 $P\text{-}\Delta$ 和 $P\text{-}\delta$ 效应、同时考虑结构和构件的初始缺陷、节点连接刚度和其他对结构稳定性有显著影响的因素，允许材料的弹塑性发展、内力重分布，获得各种设计荷载（作用）下的内力和位移，并应按规范有关规定进行各结构构件的设计，但不需要按计算长度法进行构件稳定承载力验算。

结构内力分析可采用一阶弹性分析、二阶弹性分析或直接分析，应根据式（3.5.1）、式（3.5.2）计算的最大二阶效应系数 $\theta_{i,\max}^{\mathrm{II}}$ 来选用适当的结构分析方法。当 $\theta_{i,\max}^{\mathrm{II}} \leqslant 0.1$ 时，可采用一阶弹性分析；当 $0.1 < \theta_{i,\max}^{\mathrm{II}} \leqslant 0.25$ 时，宜采用二阶弹性分析；当 $\theta_{i,\max}^{\mathrm{II}} > 0.25$ 时，应增大结构的刚度或采用直接分析。

1. 规则框架结构的二阶效应系数可按下式计算：

$$\theta_i^{II} = \frac{\Sigma N_{ik} \cdot \Delta u_i}{\Sigma H_{ik} \cdot h_1} \tag{3.5.1}$$

式中　　ΣN_{ik}——所计算 i 楼层各柱轴心压力标准值之和；

　　　　ΣH_{ik}——产生层间侧移 Δu 的计算楼层及以上各层的水平力标准值之和；

　　　　h_i——所计算 i 楼层的层高；

　　　　Δu_i——ΣH_{ik} 作用下按一阶弹性分析求得的计算楼层的层间侧移，当确定是否采用二阶弹性分析时，Δu_i 可近似采用层间相对位移的容许值 $[\Delta u]$。

2. 一般结构的二阶效应系数可按下式计算：

$$\theta_i^{II} = \frac{1}{\eta_{cr}} \tag{3.5.2}$$

式中　　η_{cr}——整体结构最低阶弹性临界屈曲荷载与设计荷载的比值。

3.5.3　什么是初始缺陷，各种分析方法中初始缺陷如何考虑？

【解析】从结构角度而言，初始缺陷主要指结构的安装过程中产生的偏差或误差。如框架结构整体的几何缺陷不仅和结构的层间高度有关，而且也与结构层数的多少有关，通常可以按照《钢结构工程施工质量验收规范》GB 50205—2001 的有关要求，结构的最大水平安装误差不大于 $h_i/1000$。综合各种因素，框架结构的初始几何缺陷代表值取为 Δ_i 和 $h_i/500$ 中的较大值。

当采用二阶弹性分析时，为配合计算的精度，应考虑结构的初始几何缺陷对内力的影响。其影响程度可通过在框架每层柱的柱顶作用有附加的假想水平力 H_{ni} 来综合体现（图3.5.1）。研究表明，框架的层数越多，构件的缺陷影响越小，且每层柱数的影响亦不大。通过与国外规范的比较分析，并考虑钢材强度的影响，大跨度钢结构体系的稳定性分析宜

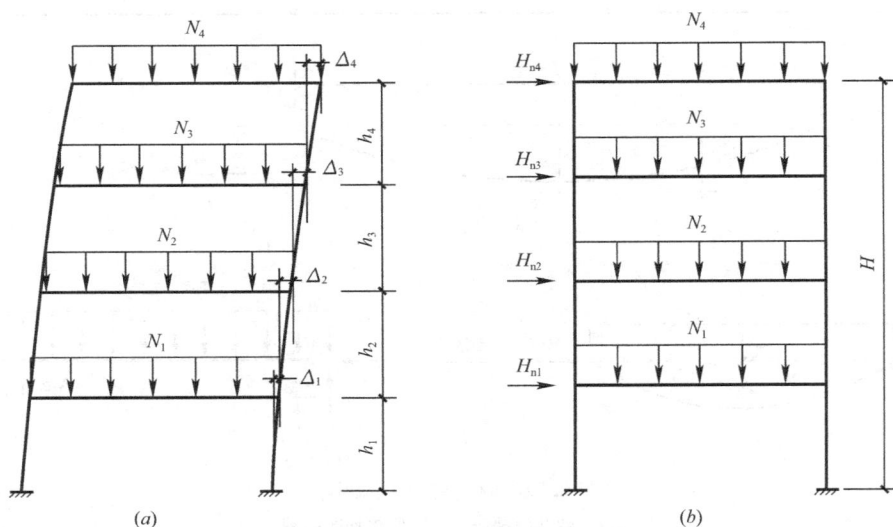

图 3.5.1　框架结构整体初始几何缺陷代表值及等效水平力

(a) 框架整体初始几何缺陷代表值；(b) 框架结构等效水平力

采用直接分析法（图 3.5.2）。结构整体初始几何缺陷模式可按最低阶整体屈曲模态采用，最大缺陷值取 $L/300$，L 为结构跨度。

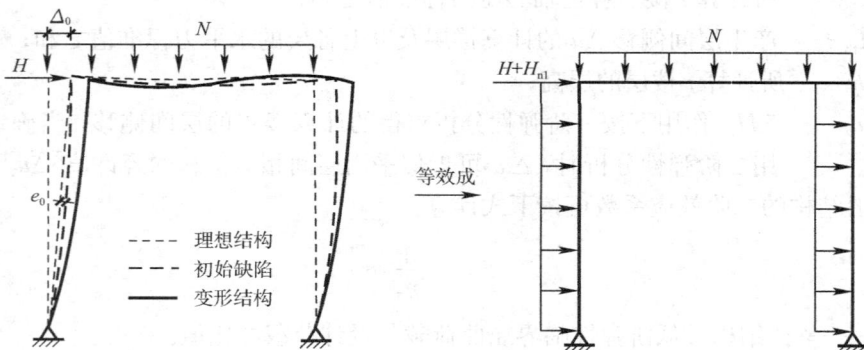

图 3.5.2 框架结构计算模型

对于构件的初始缺陷，主要考虑的是制作偏差，残余应力等影响，通常用正弦波来模拟（图 3.5.3）。

$$\delta_0 = e_0 \sin \frac{\pi x}{l}$$

$$q_0 = \frac{8 N_k e_0}{l^2}$$

柱子曲线	二阶弹性分析采用的 $\frac{e_0}{l}$ 值
a 类	1/400
b 类	1/350
c 类	1/300
d 类	1/250

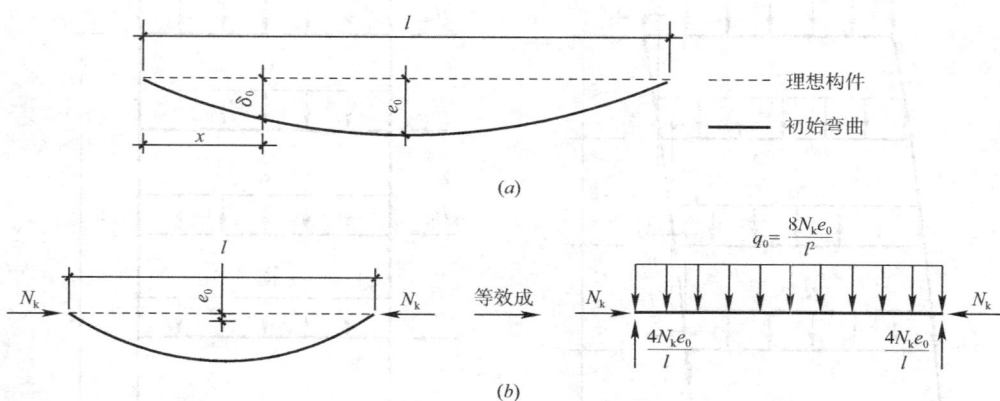

图 3.5.3 构件的初始缺陷
(a) 等效几何缺陷；(b) 假想均布荷载

第六章 受弯构件

3.6.1 受弯构件需要控制长细比吗?

【解析】单向受弯构件绕强轴平面内的计算由强度和挠度计算控制,平面外由整体稳定性计算控制,计算中整体稳定性系数要计算正则化长细比。纯弯构件的长细比规范没有具体要求。

3.6.2 如何改善梁的整体稳定性?

【解析】有铺板(各种钢筋混凝土板和钢板)密铺在梁的受压翼缘上并与其牢固相连、能阻止梁受压翼缘的侧向位移时,可不计算梁的整体稳定性。

改变梁的截面形式,如加大梁的翼缘宽度,或者将梁的截面形式改为箱形截面。

增加梁侧的支点,减少梁的计算长度,可以改善梁的整体稳定性。减小梁侧向计算长度的支撑,应设置在受压翼缘。此时对支撑的设计可以参照用于减小压杆计算长度的侧向支撑。

梁的支座处,应采取构造措施,以防止梁端截面的扭转。当简支梁仅腹板与相邻构件相连,钢梁稳定性计算时侧向支承点距离应取实际距离的 1.2 倍。这是因为对仅腹板连接的钢梁,因为钢梁腹板容易变形,抗扭刚度小,并不能保证梁端截面不发生扭转,因此在稳定性计算时,计算长度应放大。

3.6.3 梁翼缘的局部稳定如何控制?

【解析】如果梁的上翼缘受压,通常控制工字形或槽形截面梁受压翼缘自由外伸宽度与其厚度的比值的限制和对箱形截面受压翼缘板在两腹板间的无支承宽度 b_0 与其厚度之比的限值,是保证梁的受压翼缘局部稳定的控制措施。

框架梁梁端下翼缘受压,上翼缘受拉,且上翼缘有楼板起侧向支撑和提供扭转约束,因此负弯矩区的失稳是畸变失稳。可以通过规范中畸变屈曲的临界应力公式计算。不满足时,则设置加劲肋,能够为下翼缘提供更加刚强的约束,能够带动楼板对框架梁提供扭转约束。设置加劲肋后,刚度很大,一般不再需要计算整体稳定和畸变屈曲。

3.6.4 一般轧制型钢梁(工字钢、槽钢、H 型钢)不必计算其翼缘和腹板的稳定性、为什么?

【解析】轧制型钢受轧钢工艺的限制,翼缘和腹板不能太薄,且相交处有圆弧过渡,减少了翼缘自由外伸宽度和腹板高计算高度，通常都在规范规定的限值之内，故可不计算局部稳定性，只进行抗弯强度、抗剪强度、局部承压、整体稳定、挠度计算。

3.6.5 薄板在各种应力单独作用下屈曲情况如何？

【解析】图 3.6.1 示出了薄板在纵向压应力、弯曲应力、上边缘局部压应力和剪应力单独作用下出现的各种屈曲状态。

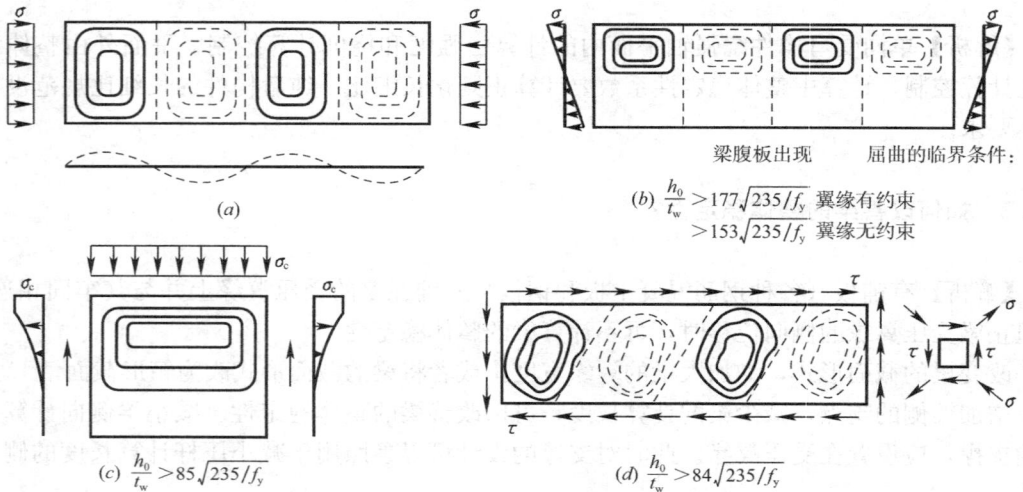

(a)

梁腹板出现　　　屈曲的临界条件：

(b) $\dfrac{h_0}{t_w} > 177\sqrt{235/f_y}$ 翼缘有约束

$> 153\sqrt{235/f_y}$ 翼缘无约束

(c) $\dfrac{h_0}{t_w} > 85\sqrt{235/f_y}$　　　(d) $\dfrac{h_0}{t_w} > 84\sqrt{235/f_y}$

图 3.6.1　各种应力单独作用下薄板的屈曲

(a) 受纵向均匀应力作用；(b) 受弯曲正应力作用；(c) 上边缘受横向局部压应力作用；(d) 受剪应力作用

对梁的腹板如承受弯曲应力，当 $h_0/t_w > 177\sqrt{235/f_y}$ 时会发生屈曲；如承受局部压应力，当 $h_0/t_w > 85\sqrt{235/f_y}$ 时会产生屈曲；如受剪切应力，当 $h_0/t_w > 84\sqrt{235/f_y}$ 时会产生屈曲。所以规范规定，当 $h_0/t_w \leqslant 80\sqrt{235/f_y}$ 时，对无局部压应力的梁可不配置加劲肋。对直接承受动力荷载的吊车梁及类似构件或其他不考虑屈曲后强度的焊接截面梁，当 $h_0/t_w > 80\sqrt{235/f_y}$ 时应配置横向加劲肋，当 $h_0/t_w > 170\sqrt{235/f_y}$ 时或根据计算要求，在弯曲应力较大区格的受压区配置纵向加劲肋，局部压应力很大的梁，必要时尚宜在受压区配置短加劲肋。

3.6.6 有关实腹式吊车梁的腹板稳定，《钢结构设计规范》有哪些规定？

【解析】有如下规定：

1. 吊车梁不考虑利用腹板屈曲后强度，应配置加劲肋。

2. 轻、中级工作制吊车梁计算腹板的稳定性时，吊车轮压设计值可乘以折减系数 0.9。

3. 加劲肋宜在腹板两侧成对配置，也可单侧配置，但支承加劲肋、重级工作制吊车梁的加劲肋不应单侧配置。

4. 吊车梁横向加劲肋宽度不宜小于 90mm。在支座处的横向加劲肋应在腹板两侧成对设置，并与梁上下翼缘刨平顶紧。中间横向加劲肋的上端应与梁上翼缘刨平顶紧，在重级工作制吊车梁中，中间横向加劲肋亦应在腹板两侧成对布置，而中、轻级工作制吊车梁则可单侧设置或两侧错开设置。

5. 在焊接吊车梁中，横向加劲肋（含短加劲肋）不得与受拉翼缘相焊，但可与受压翼缘焊接。端加劲肋可与梁上下翼缘相焊，中间横向加劲肋的下端宜在距受拉下翼缘50～100mm处断开，其与腹板的连接焊缝不宜在肋下端起落弧。

3.6.7　关于焊接实腹梁的加劲尺寸要求是什么？

【解析】有如下要求（图3.6.2）：

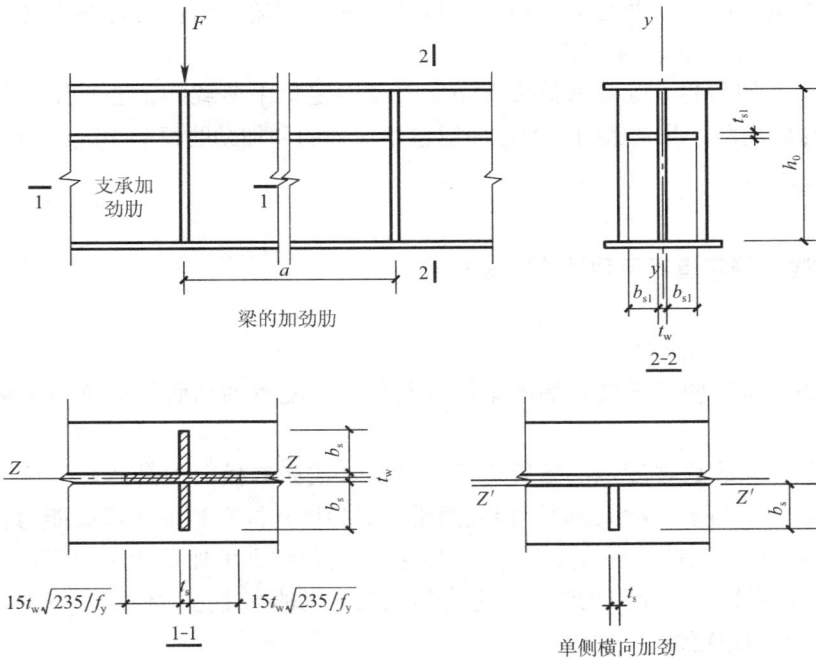

图3.6.2　梁的各种加劲计算

1. 在腹板两侧成对配置的钢板横向加劲肋，其截面尺寸应符合下列公式要求：
外伸宽度：

$$b_s \geqslant \frac{h_0}{30} + 40 \text{(mm)} \tag{3.6.1}$$

厚度：

$$\text{承压加劲肋 } t_s > \frac{b_s}{15}, \quad \text{不受力加劲肋 } t_s \geqslant \frac{b_s}{19} \tag{3.6.2}$$

2. 在腹板一侧配置的钢板横向加劲肋，其外伸宽度应大于两侧成对配置算得的1.2倍，厚度不应小于其外伸宽度的1/15和1/19。

3. 在同时采用横向加劲肋和纵向加劲肋加强的腹板中，横向加劲肋的截面惯性矩 I_z 尚应符合下式要求：

$$I_z \geqslant 3h_0 t_w^3 \tag{3.6.3}$$

纵向加劲肋的截面惯性矩 I_y，应符合下列公式要求：

当 $a/h_0 \leqslant 0.85$ 时：

$$I_y \geqslant 1.5h_0 t_w^3 \tag{3.6.4a}$$

当 $a/h_0 > 0.85$ 时：

$$I_y \geqslant \left(2.5 - 0.45\frac{a}{h_0}\right)\left(\frac{a}{h_0}\right)^2 h_0 t_w^3 \tag{3.6.4b}$$

4. 短加劲肋的最小间距为 $0.75h_1$。短加劲肋外伸宽度应取横向加劲肋外伸宽度的 $0.7\sim$ 1.0 倍，厚度不应小于短加劲肋外伸宽度的 1/15。

5. 焊接梁的横向加劲肋与翼缘板、腹板相接处应切角，当作为焊接工艺孔时，切角宜采用半径 $R=30$mm 的 1/4 圆弧。

6. 梁的支承加劲肋，应按承受梁支座反力或固定集中荷载的轴心受压构件计算其在腹板平面外的稳定性。此受压构件的截面应包括加劲肋和加劲肋每侧 $15t_w\varepsilon_k$ 范围内的腹板面积，计算长度取 h_0。（$\varepsilon_k = \sqrt{235/f_y}$）

3.6.8 梁的腹板稳定有哪两种计算方法？

【解析】两种方法分述如下：

1. 不考虑腹板屈曲后强度，如吊车梁或其他梁，配置加劲肋，按每一区格进行局部稳定计算。

2. 考虑腹板屈曲后强度，仅配置支承加劲肋（或尚有横向加劲肋）的承受静力荷载或间接承受动力荷载的工字形截面焊接截面梁，应验算其抗弯和抗剪承载能力。如配置中间横向加劲肋，则可以按其区格计算。其中横向加劲肋和支承加劲肋一样要计算其在腹板平面外的受压稳定性。支座加劲肋尚应考虑腹板拉力场的水平分力作用，按压弯构件计算其在腹板平面外的稳定性。

对于承受静力荷载的工字形截面焊接梁，宜考虑腹板屈曲后强度，经常不配置中间加劲肋即可通过计算。如果不考虑腹板屈曲后强度，常需配置很多横向、纵向甚至短加劲肋。

3.6.9 为什么吊车梁不考虑屈曲后强度的计算方法？

【解析】原因是多次反复屈曲可能导致腹板边缘出现疲劳裂纹。有关资料还不充分。

3.6.10 焊接截面梁腹板利用屈曲后强度受弯承载力会大幅下降吗？

【解析】利用腹板屈曲后强度，一般不再考虑纵向加劲肋。对 Q235 钢，受压翼缘扭转受到约束的梁，当腹板高厚比达到 200 时（或受压翼缘扭转不受约束的梁，当腹板高厚比达到 175 时），抗弯承载力与按全截面有效的梁相比，仅下降 5% 以内。

3.6.11 关于腹板开孔梁的要求?

【解析】实际腹板开孔梁多用于布设设备管线,避免管线从梁下穿过使建筑物层高增加的问题,尤其对高层建筑非常有利。蜂窝梁则由于对称开孔,除了解决布设设备管线问题,还增加了美观性,减轻了重量,应用也很广泛。

1. 腹板开孔梁应满足整体稳定及局部稳定要求,并应进行实腹及开孔截面处的受弯承载力验算;开孔处顶部及底部 T 形截面受弯剪承载力验算。

2. 腹板开孔梁,当孔型为圆形或矩形时,应符合下列规定:

(1) 圆孔孔口直径不宜大于 0.7 倍梁高,矩形孔口高度不宜大于梁高的 0.5 倍,矩形孔口长度不宜大于 3 倍孔高与梁高的较小值;

(2) 相邻圆形孔口边缘间的距离不宜小于梁高的 0.25 倍,矩形孔口与相邻孔口的距离不宜小于梁高和矩形孔口长度中的较大者;

(3) 开孔处梁上下 T 形截面高度均不小于 0.15 倍梁高,矩形孔口上下边缘至梁翼缘外皮的距离不宜小于梁高的 0.25 倍;

(4) 开孔长度(或直径)与 T 形截面高度的比值不宜大于 12;

(5) 不应在距梁端相当于梁高范围内设孔,抗震设防的结构不应在隔撑与梁柱接头区域范围内设孔。

3. 开孔腹板补强原则如下:

(1) 圆形孔直径小于或等于 1/3 梁高时,可不予补强。当大于 1/3 梁高时,可用环形加劲肋加强(图 3.6.3a),可用套管(图 3.6.3b)或环形补强板(图 3.6.3c)加强。

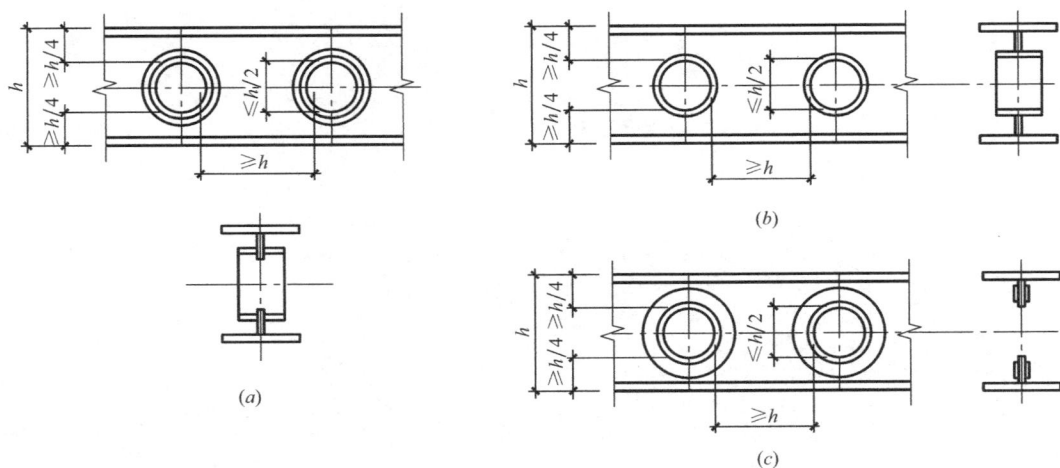

图 3.6.3 钢梁圆形孔口的补强

(2) 圆形孔口加劲肋截面不宜小于 100mm×10mm,加劲肋边缘至孔口边缘的距离不宜大于 12mm。圆形孔口用套管补强时,其厚度不宜小于梁腹板厚度。用环形板补强时,若在梁腹板两侧设置,环形板的厚度可稍小于腹板厚度,其宽度可取 75~125mm。

(3) 矩形孔口的边缘应采用纵向和横向加劲肋加强。矩形孔口上下边缘的水平加劲肋端部宜伸至孔口边缘以外各 300mm，当矩形孔口长度大于梁高时，其横向加劲肋应沿梁全高设置。

（4）矩形孔口加劲肋截面不宜小于 125mm×18mm。当孔口长度大于 500mm 时，应在梁腹板两面设置加劲肋。

3.6.12 弧曲梁的特殊的设计要求？

【解析】当弧曲杆沿弧面受弯时，应设置加劲肋并在强度计算中考虑翼缘的 Z 向效应。弧曲杆受弯时，上下翼缘将产生 Z 向应力（图 3.6.4），其值大小与梁弧度有关，对于圆弧，其值和曲率半径成反比。如不设置加劲肋，梁腹板将承受其带来的压力，设置加劲肋后，可按加劲肋承担考虑，而翼缘除原有应力外，还应考虑其 Z 向应力，按三边支承板计算。

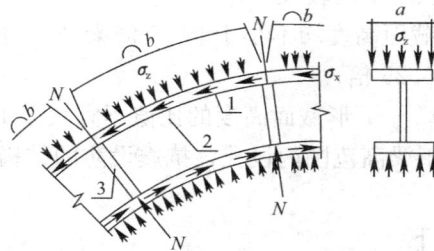

图 3.6.4　弧曲杆受力示意
1—翼缘；2—腹板；3—加劲肋

第七章　轴心受力构件

3.7.1　轴心受力构件计算包括哪些内容?

【解析】轴心受力构件计算内容见图 3.7.1。

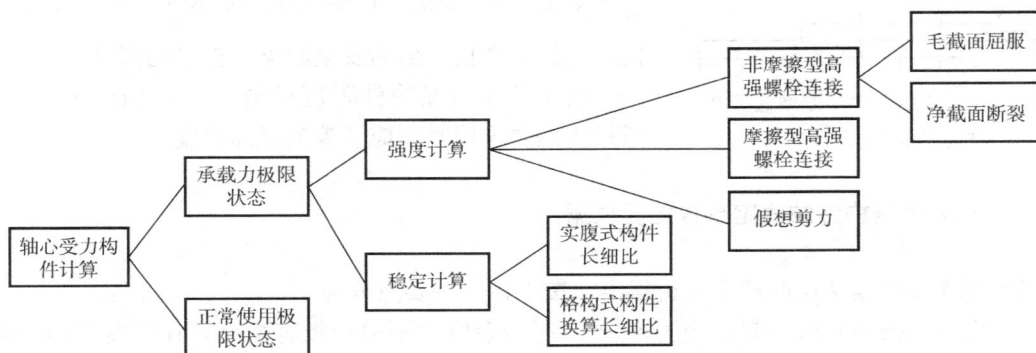

图 3.7.1　轴心受力构件计算

3.7.2　什么是轴心受力构件的有效截面系数?

【解析】轴拉和轴压构件,当其组成板件在节点或拼接处并非全部直接传力时,应对危险截面的面积乘以有效截面系数 η,此项折减系数是考虑非全部直接传力造成的剪切滞后和截面上正应力分布不均匀。不同构件截面形式和连接方式的 η 值应符合表 3.7.1 的规定。

轴心受力构件的有效截面系数　　　　　　　　　　表 3.7.1

构件截面形式	连接形式	η	图　例
角钢	单边连接	0.85	
工形、H 形	翼缘连接	0.90	
	腹板连接	0.70	

3.7.3 为什么摩擦型高强螺栓连接处的强度计算要扣除部分内力？

【解析】图 3.7.2 示出高强度螺栓摩擦型连接处的轴心受力情况，在最外排螺栓中心剖面 1—1 处，构件净截面所承受的内力有一部分已由摩擦面（阴影部分）传走，公式 $\sigma = \left(1 - 0.5\dfrac{n_1}{n}\right)\dfrac{N}{A_n} \leqslant f$，此处 $n_1 = 4$，$n = 16$，故 $\sigma = \left(1 - 0.5 \times \dfrac{4}{16}\right)\dfrac{N}{A_n} = \dfrac{7}{8} \cdot \dfrac{N}{A_n}$，实际上第一排螺栓所受的摩擦力要大于平均值，约为 1.2 倍，但为安全起见，按平均值计。

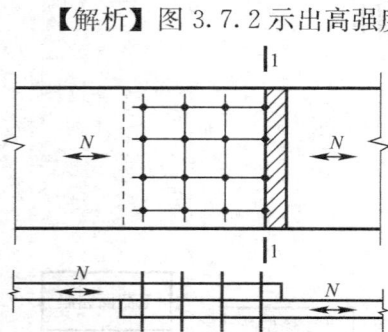

图 3.7.2 高强螺栓摩擦型连接处
构件轴心受力计算

由于某些情况构件强度可能由毛截面应力控制，所以规范要求同时还应计算毛截面强度。

3.7.4 轴心受压构件的稳定系数主要依据？

【解析】φ 值是从试验结果分析得出，按下述 5 种要点分为 a、b、c、d 四类。

1. 板厚　按 40mm 分界，当 $t \geqslant 40$mm 时残余应力不但沿板宽变化，在厚度方向变化也比较显著，板件外表面受残余压应力影响更大。目前我国生产的 H 型钢厚度最大为 70mm，高层建筑钢板厚有 100mm 以上的，越厚越不利。

2. 截面形式　圆形及对称截面形式优于其他形式。

3. 加工方式　焊接次于轧制，焊接中板件为焰切边者优于轧制或剪切边。

4. 宽高比、宽厚比　轧制工字钢或 H 型钢宽高比小时有利，焊接箱形截面翼缘或腹板宽厚比大时有利。

5. 屈曲方向　一般对平面内外有不同或相同的分类。

3.7.5 计算双轴对称十字形截面或单轴对称计入弯扭效应的换算长细比时，对悬伸宽度，厚度如何取值？

【解析】一般按毛尺寸计，不计入圆弧、焊缝等值，如图 3.7.3 所示。

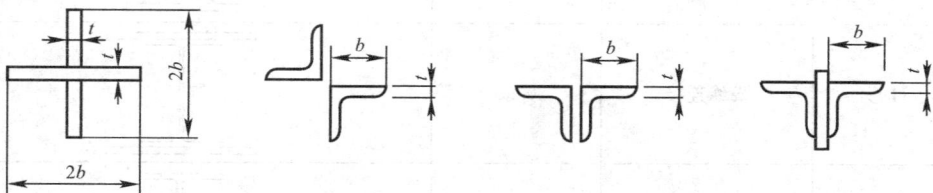

图 3.7.3 组合截面宽、厚取值

计算各截面回转半径则用其实际值，对于轧制型钢则按有关国际规定值采用。组合截面可查阅手册图表，也可自行计算，均不计入焊缝面积。

3.7.6 为什么单轴对称构件绕对称轴长细比要计及扭转效应而采用换算长细比?

【解析】理想的受压构件,当压力中心作用于形心时,压力会均匀传布于全截面,不致产生受压失稳问题,对短而粗的构件是很接近这种情况;对长而细的构件,由于构件的初始弯曲、加荷的偏差以及残余应力等原因,会引起构件受压失稳,规范规定采用稳定系数 φ 来综合考虑,而 φ 值则根据钢号、长细比及截面类别来确定。

开口薄壁截面有形心 O 和剪切中心 S(也称弯扭中心、扭转中心或弯曲中心),这两个心点随截面为双轴对称、极对称、无对称轴、单轴对称而不同,如图 3.7.4 所示。

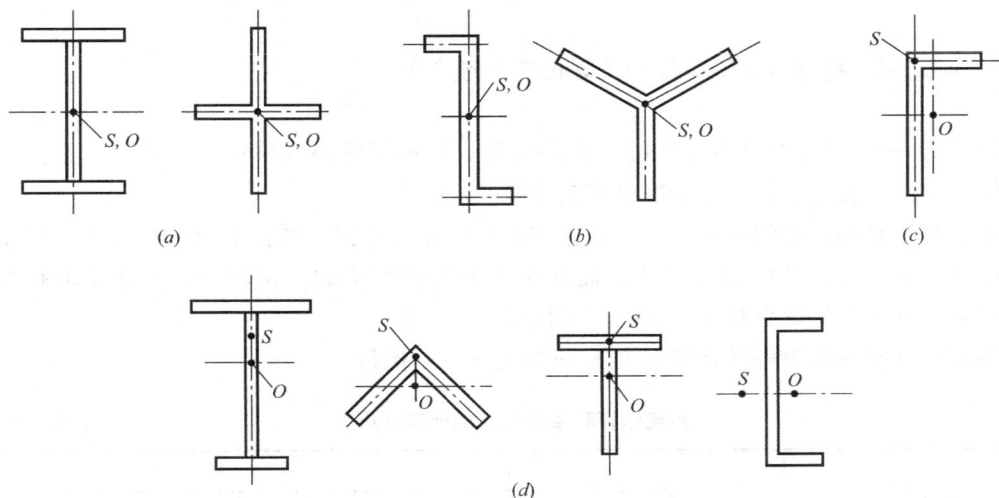

图 3.7.4 截面形心和剪切中心
(a) 双轴对称;(b) 极对称;(c) 无对称轴;(d) 单轴对称

当双轴对称、极对称时,两个中心 S、O 为同一点,不出现扭转。而单轴对称绕对称轴的长细比应考虑弯扭效应,为简化计算,规范推荐采用换算长细比。对无对称轴的截面,且剪心和形心不重合的构件按规范公式采用换算长细比,通常不宜作为轴心受压构件(单面连接的不等边角钢除外)。

3.7.7 用填板连接而成的双角钢或双槽钢构件,应注意哪些要点?

【解析】用填板连接而成的双角钢或双槽钢构件,采用普通螺栓连接时应按格构式构件进行计算,除此之外,可按实腹式构件进行计算,但填板间的距离不应超过下列数值(图 3.7.5):

受压构件:$40i$

受拉构件:$80i$。

i 为单肢回转半径,应按下列规定采用:

图 3.7.5 填板间距离及回转半径的轴

1. 受压构件两个侧向支承点间的填板数不得少于 2 个，如果仅 1 个居中，可能两角钢或槽钢各自都在中部同向失稳，填板就起不了阻止整体失稳的作用。

2. 填板厚度等同于节点板厚，节点板厚根据杆件内力确定，支座杆件仅支座一端加厚，填板不加厚。填板宽度一般取 60～100mm。

3.7.8 确定桁架杆件（单系腹杆）计算长度如何选择？

【解析】桁架单系腹杆指静定的桁架的腹杆，如桁架区格内采用交叉腹杆，则为超静定结构，其计算长度根据受力状况确定其计算长度。

桁架弦杆贯通，中间腹杆采用节点板或者直接相贯连接，连接节点刚度较大，约束较大，因此计算长度比几何长度要小，而支座处类似连续梁的铰接端头，且连接的拉杆较少，弦杆对支座腹杆约束较少，故计算长度取几何长度。

桁架弦杆和单系腹杆其计算长度 l_0 应按表 3.7.2 执行。

桁架弦杆和单系腹杆的计算长度 l_0   表 3.7.2

弯曲方向	弦 杆	腹 杆	
		支座斜杆和支座竖杆	其他腹杆
桁架平面内	l	l	$0.8l$
桁架平面外	l_1	l	l
斜平面	—	l	$0.9l$

注：1. l 为构件的几何长度（节点中心间距离）；l_1 为桁架弦杆侧向支承点之间的距离；
2. 斜平面系指与桁架平面斜交的平面，适用于构件截面两主轴均不在桁架平面内的单角钢腹杆和双角钢十字形截面腹杆；
3. 除钢管结构外，无节点板的腹杆计算长度在任意平面内均取其等于几何长度。

采用相贯焊接连接的钢管桁架，其构件计算长度可按表 3.7.3 取值。

钢管桁架构件计算长度系数   表 3.7.3

桁架类别	弯曲方向	弦 杆	腹 杆	
			支座斜杆和支座竖杆	其他腹杆
平面桁架	平面内	$0.9l$	l	$0.8l$
	平面外	l_1	l	l
立体桁架		$0.9l$	l	$0.8l$

注：1. l_1 为平面外无支撑长度；l 是杆件的节间长度；
2. 对端部缩头或压扁的圆管腹杆，其计算长度取 $1.0l$；
3. 对于立体桁架，弦杆平面外的计算长度取 $0.9l$，同时尚应以 $0.9l_1$ 按格式压杆验算其稳定性。

3.7.9 为什么要控制构件长细比？

【解析】构件容许长细比的规定，主要是避免构件柔度太大，在本身自重作用下产生过大的挠度和运输、安装过程中造成弯曲，以及在动力荷载作用下发生较大振动。对受压构件来说，由于刚度不足产生的不利影响远比受拉构件严重。调查证明，主要受压构件的容许长细比值取为150，一般的支撑压杆取为200，能满足正常使用的要求。

受拉构件的容许长细比值，是根据我国多年使用经验所确定的。值得注意的是，吊车梁下的十字支撑在柱压缩变形影响下将产生压力，因此，当其按拉杆设计，进行柱设计时不应考虑由于支撑的作用而导致的轴力的降低。

第八章 拉弯、压弯构件

3.8.1 什么是摇摆柱?

【解析】多跨框架可以把一部分柱和梁组成框架体系来抵抗侧力,而把其余的柱做成两端铰接。这些不参与承受侧力的柱称为摇摆柱,它们的截面较小,连接构造简单,从而降低造价。不过这种上下均为铰接的摇摆柱承受荷载的倾覆作用必然由支持它的刚(框)架来抵抗,使刚(框)架柱的计算长度增大。

3.8.2 框架柱的计算长度如何取值?

【解析】规范中计算长度系数所依据的基本假定:
1. 材料是线弹性的;
2. 框架只承受作用在节点上的竖向荷载;
3. 框架中的所有柱子是同时丧失稳定的,即各柱同时达到其临界荷载;
4. 当柱子开始失稳时,相交于同一节点的横梁对柱子提供的约束弯矩,按柱子的线刚度之比分配给柱子;
5. 在无侧移失稳时,横梁两端的转角大小相等方向相反;在有侧移失稳时,横梁两端的转角不但大小相等而且方向亦相同。

框架柱计算长度计算要点:
1. 平面外计算长度取阻止框架柱平面外位移的支承点(如纵向支撑节点)之间的距离。
2. 平面内计算长度取该层柱高乘以计算长度系数 μ,框架分为纯框架和有支撑框架。当采用二阶弹性分析方法计算内力且在每层柱顶附加考虑假想水平力 H_{ni} 时,框架柱的计算长度系数 $\mu=1.0$。当采用一阶弹性分析方法计算内力时,框架柱的计算长度系数 μ 应按规范分支撑的具体情况进行计算。
3. 无支撑框架柱根据 K_1、K_2(分别为相交于柱上端、柱下端的横梁线刚度之和与柱线刚度之和的比值)计算求得,同时设有摇摆柱时应考虑其他框架柱的计算长度系数应乘以放大系数。同时宜根据同层各柱 N/l 的不同采用计算长度系数。
4. 有支撑框架,分为强支撑框架和弱支撑框架,可根据规范判断原则进行计算。绝大部分的有支撑框架为强支撑框架。
5. 对于高层钢结构,一般采用考虑 $P\text{-}\Delta$ 效应,此时框架柱计算长度系数取为1。

3.8.3 桁架设计时什么时候要考虑次弯矩的影响?

【解析】杆件为 H 形、箱形截面的桁架,当杆件较为短粗时,需要考虑节点刚性所引起的次弯矩。拉杆和少数压杆在次弯矩和轴力共同作用下，杆端可能会出现塑性铰。在出现塑性铰后，由于塑性重分布，轴力仍然可以增大，直至达到 $N=Af_y$。但是，从工程实践角度，弯曲次应力不宜超过主应力的 20%，否则桁架变形过大。因此，只有杆件不很短粗的桁架，次弯矩值相对较小，才能忽略次弯矩效应。此外，忽略次弯矩效应只限于拉杆和不先行失稳的压杆。次弯矩对压杆稳定性的不利影响始终存在，即使是次应力相对较小，也不能忽视。

3.8.4 为什么说《钢结构设计规范》GB 50017—2003 中公式（5.2.3）高估了格构式压弯杆的承载力？

【解析】比较 GB 50017—2003 实腹压弯杆弯矩平面内稳定性公式（5.2.2-1）$\dfrac{N}{\varphi_x A}+\dfrac{\beta_{mx}M_x}{\gamma_x W_{1x}(1-0.8N/N'_{Ex})}\cdot f$ 和格构式压弯杆弯矩平面内稳定性公式（5.2.3）$\dfrac{N}{\varphi_x A}+\dfrac{\beta_{mx}M_x}{W_{1x}(1-\varphi_x N/N'_{Ex})}\cdot f$，可以发现，当 $\gamma_x=1$、$\varphi_x>0.8$ 时，格构式压弯杆稳定承载力高于实腹压弯杆稳定承载力，造成这一不合理结果的主要原因是推导格构式压弯杆弯矩平面内稳定性公式的方程对于格构式压弯杆几乎相当于塑性铰状态方程，由此导致按 GB 50017—2003 中公式（5.2.3）计算的结果为稳定承载力上限（详细过程可见童根树著《钢结构的平面内稳定》9.4 节）。

3.8.5 框架柱计算长度系数除查表外，能否按简化公式计算？

【解析】有侧移框架柱可按式（3.8.1）计算；无侧移框架柱可按式（3.8.2）计算：

$$\mu=\sqrt{\frac{7.5K_1K_2+4(K_1+K_2)+1.52}{7.5K_1K_2+K_1+K_2}} \tag{3.8.1}$$

$$\mu=\sqrt{\frac{(1+0.41K_1)(1+0.41K_2)}{(1+0.82K_1)(1+0.82K_2)}} \tag{3.8.2}$$

式中 K_1、K_2 分别为相交于柱上端、柱下端的横梁线刚度之和与柱线刚度之和的比值，其修正原则如下：

无侧移框架：当梁远端为铰接时，将横梁线刚度乘以 1.5，当横梁远端为嵌固时，将横梁线刚度乘以 2；

有侧移框架的修正原则为：当梁远端为铰接时，将横梁线刚度乘以 0.5，当横梁远端为嵌固时，将横梁线刚度乘以 2/3。

需要说明的是，所谓嵌固指节点转动刚度无穷大，与刚接概念完全不同。

第九章 钢板剪力墙

3.9.1 钢板剪力墙有哪些做法？

【解析】钢板剪力墙可分为非加劲钢板剪力墙和加劲钢板剪力墙。非加劲钢板包括两边或四边连接的钢板剪力墙，一般适用于单层或二层的钢结构，加劲钢板剪力墙可设置横向或竖向加劲肋。

3.9.2 钢板剪力墙区格稳定性如何验算？

【解析】当加劲肋的刚度参数满足下列公式时，区格的稳定性应按 $\left(\dfrac{\sigma_b}{\sigma_{bcr}}\right)^2+\left(\dfrac{\tau}{\tau_{cr}}\right)+\dfrac{\sigma_{Gra}}{\sigma_{cr}}\leqslant$ 1.0 验算，τ_{cr} 为弹性剪切屈曲临界应力；σ_{cr} 为竖向受压弹性屈曲临界应力；σ_{bcr} 为竖向受弯弹性屈曲临界应力。

$$\eta_x = \frac{EI_{sx}}{Dh_1} \geqslant 33 \tag{3.9.1}$$

$$\eta_y = \frac{EI_{sy}}{Da_1} \geqslant 50 \tag{3.9.2}$$

$$D = \frac{Et_w^3}{12(1-\nu^2)} \tag{3.9.3}$$

式中 η_x、η_y——分别为水平、竖直方向加劲肋的刚度参数；

      E——钢材的弹性模量；

I_{sx}、I_{sy}——分别为水平、竖直方向加劲肋的惯性矩，可考虑加劲肋与钢板剪力墙有效宽度组合截面，单侧钢板剪力墙的有效宽度取 15 倍的钢板厚度；

      D——单位宽度的弯曲刚度；

      ν——钢材的泊松比；

      a_1——剪力墙板区格宽度；

      h_1——剪力墙板区格高度；

      t_w——钢板剪力墙的厚度。

当加劲肋的刚度参数不满足式（3.9.1）～式（3.9.3）的规定时，应根据下列规定计算其稳定性：

1. 正则化长细比 λ_s^{re}、λ_σ^{re}、λ_b^{re} 应根据下列公式计算：

$$\lambda_s^{re} = \sqrt{\frac{f_{yv}}{\tau_{cr}}} \tag{3.9.4}$$

$$\lambda_\sigma^{re} = \sqrt{\frac{f_y}{\sigma_{cr}}} \tag{3.9.5}$$

$$\lambda_b^{re} = \sqrt{\frac{f_y}{\sigma_{bcr}}} \tag{3.9.6}$$

式中　f_{yv}——钢材的屈服抗剪强度，取钢材屈服强度的 0.58 倍；

　　　　f_y——钢材屈服强度。

2. 弹塑性稳定系数 φ_s、φ_σ、φ_{bs} 应根据下列公式计算：

$$\varphi_s = \frac{1}{\sqrt[3]{0.738 + (\lambda_s^{re})^6}} \leqslant 1.0 \tag{3.9.7}$$

$$\varphi_\sigma = \frac{1}{1 + (\lambda_\sigma^{re})^{2.4}} \leqslant 1.0 \tag{3.9.8}$$

$$\varphi_{bs} = \frac{1}{\sqrt[3]{0.738 + (\lambda_b^{re})^6}} \leqslant 1.0 \tag{3.9.9}$$

3. 稳定性计算应符合下列公式要求：

$$\frac{\sigma_b}{\varphi_{bs} f} \leqslant 1.0 \tag{3.9.10}$$

$$\frac{\tau}{\varphi_s f_v} \leqslant 1.0 \tag{3.9.11}$$

$$\frac{\sigma_{Gra}}{0.3 \varphi_\sigma f} \leqslant 1.0 \tag{3.9.12}$$

$$\left(\frac{\sigma_b}{\varphi_{bs} f}\right)^2 + \left(\frac{\tau}{\varphi_s f_v}\right)^2 + \frac{\sigma_{Gra}}{\varphi_\sigma f} \leqslant 1.0 \tag{3.9.13}$$

式中　σ_b——由弯矩产生的弯曲压应力设计值；

　　　　τ——钢板剪力墙的剪应力设计值；

　　　　σ_{Gra}——竖向重力荷载产生的应力设计值；

　　　　f_v——钢板剪力墙的抗剪强度设计值；

　　　　f——钢板剪力墙的抗压和抗弯强度设计值。

第十章　塑性及弯矩调幅设计

3.10.1　什么是弯矩调幅设计，抗震设防的钢结构可以采用塑性及弯矩调幅设计吗？

【解析】所谓弯矩调幅设计指利用钢结构的塑性性能进行弯矩重分布的设计方法，抗震设防的钢结构不仅可采用塑性及弯矩调幅设计，而且由于塑性铰区截面板件宽厚比要求较为严格，更适合采用高延性-低承载力的设计，进行抗震验算时，应采用调整后的内力。

3.10.2　塑性及弯矩调幅设计适用于哪些结构形式的哪些构件？

【解析】适用范围可归纳为不直接承受动力荷载的以下结构构件：

1. 水平荷载参与的荷载组合不控制设计的 1～6 层框架结构中的框架梁、超静定梁、连续梁。水平荷载参与的荷载组合专指风荷载或地震作用为主的荷载组合。

2. 框架支撑（剪力墙、核心筒）等结构下部 1/3 楼层中，每层框架部分承担的水平力达该层总水平力的 80% 以上时结构的框架梁、超静定梁、连续梁。

3. 对于框架支撑（剪力墙、核心筒）等结构，支撑（剪力墙、核心筒）能够承担所有水平力时，该结构的框架梁。

双向受弯构件不适用塑性或弯矩调幅设计，因为双向受弯构件达到塑性弯矩、发生塑性转动后相互垂直的两个弯矩如何发生塑性流动，是很难掌握的。

构成抗侧力支撑系统的梁柱构件，不得进行弯矩调幅设计。

3.10.3　塑性与弯矩调幅设计有什么区别，要点是什么？

【解析】内力分析方面：塑性设计时，用简单塑性理论进行内力分析；弯矩调幅设计时，连续梁和框架梁可采用对竖向重力荷载下产生的梁端弯矩往下调幅、跨中弯矩相应增大的简化方法，代替塑性机构分析。但采用弯矩调幅设计时，框架柱不得产生塑性铰，水平荷载产生的弯矩及柱端弯矩不得进行调幅。

承载能力极限状态设计方面，塑性设计及弯矩调幅设计，受弯构件的强度计算、压弯构件的强度计算、稳定性计算均与普通计算一致。

正常使用极限状态设计方面，均采用荷载标准值，并按弹性理论进行。弯矩调幅设计还应按表 3.10.1 和表 3.10.2 进行挠度和侧移的放大调整。

钢梁调幅幅度限值及挠度和侧移增大系数 表 3.10.1

调幅幅度限值	梁截面板件宽厚比等级	挠度增大系数	侧移增大系数
15%	S2 级	1	不变
20%	S1 级	1	1.05

钢-混凝土组合梁调幅幅度限值及挠度和侧移增大系数 表 3.10.2

梁分析模型	调幅幅度限值	梁截面设计等级	挠度增大系数	侧移增大系数
变截面模型	5%	S2 级	1	1
	10%	S1 级	1.05	1.05
等截面模型	15%	S2 级	1	1
	20%	S1 级	1	1.05

计算长度系数取值方面，采用两种方法进行设计时，框架结构柱的计算长度系数均应乘以 1.1 的放大系数，框架支撑结构的框架柱计算长度系数取为 1，支撑系统满足《钢结构设计规范》框架支撑系统的相关要求。

3.10.4 采用塑性与弯矩调幅设计时，对钢材力学性能有哪些要求？

【解析】采用塑性设计的结构及进行弯矩调幅的构件，所采用的钢材应符合下列要求：

1. 屈强比不应大于 0.85；

2. 钢材应有明显的屈服台阶，且伸长率不应小于 20%。

在 GB/T 700—2006、GB/T 1591—2008 的规定中，钢结构规范所用的 5 种牌号 Q235—Q345 钢材的屈强比均小于 0.83，但厚度大于 40mm 的 Q345A、Q345B、Q345C、Q390 钢，厚度大于 100mm 的 Q345D、Q345E 钢，Q420、Q460 钢的伸长率均不能满足不小于 20% 的要求。因此对于以上几种国标中伸长率不满足塑性设计要求的钢材，在钢材订货时要补充要求。

3.10.5 形成塑性铰的截面处有什么构造要求？

【解析】形成塑性铰的截面处，有以下要求：

1. 当钢梁的上翼缘没有通长的刚性铺板或防止侧向弯扭屈曲的构件时，在构件出现塑性铰的截面处，应设置侧向支撑。该支撑点与其相邻支撑点间的构件的长细比 λ_y 应符合以下规定：

当 $-1 \leqslant \dfrac{M_1}{\gamma_x W_{x1} f} \leqslant 0.5$ 时：

$$\lambda_y \leqslant \left(60 - 40 \frac{M_1}{\gamma_x W_{x1} f}\right)\varepsilon_k \qquad (3.10.1)$$

当 $0.5 < \dfrac{M_1}{\gamma_x W_{x1} f} \leqslant 1$ 时：

$$\lambda_y \leqslant \left(45 - 10\,\dfrac{M_1}{\gamma_x W_{x1} f}\right)\varepsilon_k \tag{3.10.2}$$

$$\lambda_y = \dfrac{l_1}{i_y} \tag{3.10.3}$$

式中　λ_y——弯矩作用平面外的长细比；

　　　l_1——侧向支承点间距离；

　　　i_y——截面绕弱轴的回转半径；

　　　M_1——与塑性铰相距为 l_1 的侧向支承点处的弯矩，当长度 l_1 内为同向曲率时，$M_1 / (W_{x1} f)$ 为正；当为反向曲率时，$M_1 / (W_{x1} f)$ 为负。

2. 当工字钢梁受拉的上翼缘有楼板或刚性铺板与钢梁可靠连接时，形成塑性铰的截面处应满足下列要求之一：

(1) 正则化长细比 $\lambda_b^{\mathrm{p}} = \sqrt{\dfrac{f_y}{\sigma_{cr}}}$ 不大于 0.25 要求。

(2) 布置间距不大于 2 倍梁高的加劲肋。

(3) 受压下翼缘设置侧向支撑。

3.10.6　塑性设计与弹性设计在计算方面有哪些不同？

【解析】归纳如下：

1. 受压构件长细比不宜大于 $120\varepsilon_k$，比弹性设计要求更严格；

2. 截面板件宽厚比等级要求更严格；

3. 对材料伸长率的要求更严格；

4. 抗剪计算中，仅腹板抗剪；

5. 增加了对塑性铰处的构造要求和加工构造要求。

3.10.7　塑性及弯矩调幅设计法与 GB 50017—2003 的塑性设计相比在构件强度、稳定性计算方面哪些不同？

【解析】与 2003 版规范相比，计算公式相同，只是塑性及弯矩调幅设计法取部分塑性开展的弯矩 $\gamma_x W_x f$ 代替 2003 版规范公式中的塑性弯矩 M_p，且计算长度系数放大 10%，使得验算在真正形成机构之前，结果更加合理。

3.10.8　什么是简单塑性理论？

【解析】内容包括：

1. 材料为理想弹塑性体。

2. 不计应变硬化的影响。

3. 荷载按比例增加。

4. 在最大负弯矩处首先出现塑性铰而使结构内力重分配。

当相等的正负弯矩处都出现塑性铰使结构变为机构而破坏时，作为其承载能力极限状态。

第十一章 连 接

3.11.1 为什么焊缝质量等级要列入《钢结构设计规范》，有什么需要进行修订的？

【解析】焊缝质量等级不仅是施工质量的主要依据，也是设计人员确定强度设计值的必要条件。过去，个别设计人员对规范理解不深，不论结构重要性、荷载特征、焊缝形式、工作环境及应力状态等情况，对焊缝质量统统要求二级，甚至一级，这并不说明是对质量的重视，而是给施工单位增加了不必要的措施和困难，反应比较强烈，质量反而难以保证。

只有在承受动荷载并需要进行疲劳验算的构件中，要求与母材等强连接的焊缝，且作用力垂直于焊缝长度方向的横向对接焊缝或 T 形对接与角接组合焊缝，受拉时才要求为一级。其余情况大都为二级或不低于二级，还有可为三级者。

另外，在工作环境温度等于或低于－20℃的地区，构件对接焊缝的质量不得低于二级，以提高结构防脆断能力。

对需要焊透的要求有所降低：将原规范中"不需要疲劳验算的构件中，凡要求与母材等强的对接焊缝应焊透"改为"宜焊透"。

这里还需要强调，设计对焊缝的质量等级要求与根据不同的质量等级确定的强度设计值是性质不同的。例如《钢结构设计规范》表 4.4.5 中对接焊缝的抗压、抗剪强度设计值与焊缝质量等级无关，但不等于这种焊缝无论重要性、工作条件等情况而一律要求质量等级为三级，强度设计值与质量等级有关，但质量等级要根据多种因素确定，强度设计值只是因素之一。

3.11.2 对焊缝质量要求要注意哪些问题？

【解析】受拉焊缝质量等级要高于受压或受剪；受动力荷载焊缝质量等级要高于受静力荷载；熔透的对接焊缝如要求与母材等强，因此要进行无损检验，故质量等级不能低于二级；角焊缝一般不要求无损检验，如对角焊缝有较高要求时，可对其外观缺陷定为二级。《钢结构工程施工质量验收规范》GB 50105—2001 表 A.0.1 只列有二、三级焊缝外观质量标准，因一级焊缝对表中所列缺陷类型全不允许。

对 T 形、十字形或角接焊接接头，建筑钢结构常采用 K 形、V 形等熔透焊之外，还要求带有焊脚或补角形焊根，规范中对此种截面形式的焊缝称为"对接或角接组合焊缝"。

3.11.3 GB 50017—2003 式（7.1.2.2）适用范围如何？

【解析】公式 $\sqrt{\sigma_a^2 + 3\tau_a^2} \leqslant 1.1 f_t^w$ 用于梁腹板横向对接焊缝的端部，如图 3.11.1 所示之

$a(b)$ 点，其 σ_a、τ_a 均较大而非最大，而 c、d、e、f 各点则不计算折算应力。

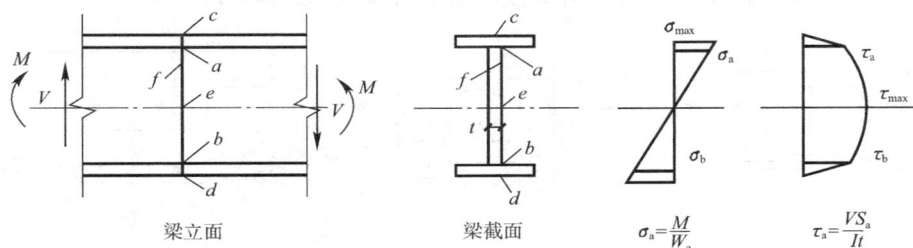

图 3.11.1　梁的弯剪应力图

　　钢板对接或 T 形对接受有拉力和剪力或受弯又受剪均应分别计算焊缝的正应力或剪应力，不计算折算应力，如图 3.11.2 所示。

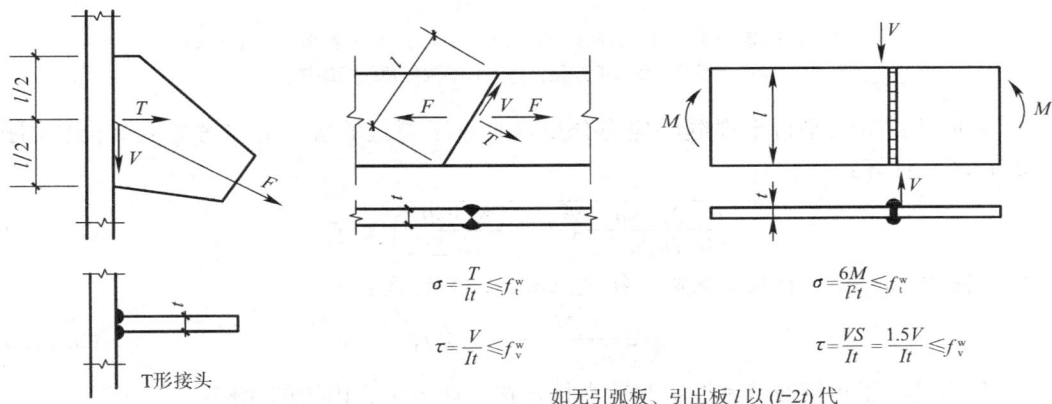

$$\sigma = \frac{T}{lt} \leqslant f_t^w$$

$$\tau = \frac{V}{lt} \leqslant f_v^w$$

$$\sigma = \frac{6M}{l^2 t} \leqslant f_t^w$$

$$\tau = \frac{VS}{It} = \frac{1.5V}{lt} \leqslant f_v^w$$

如无引弧板、引出板 l 以 $(l-2t)$ 代

图 3.11.2　对接焊缝受拉受剪或受弯受剪

　　此外，GB 50017—2003 第 7.1.2 条注 2 中，"长度计算时应各减去 $2t$"，语法上存在易误解之处，第 1 个误解为长度计算时以何者为基础不够明确；第 2 个误解为各减去 $2t$，似为指引弧、引出板各减 $2t$，即全长减 $4t$ 了。如将引号中文字改为"计算长度应取其实际长度减去 $2t$"，和后面角焊缝计算长度语法一致，且含义准确，不会误解。

3.11.4　角焊缝计算应注意哪些重点问题？

　　【解析】重点问题归纳如下：
　　1. 我国国家标准规定，角焊缝用焊脚尺寸（h_f）表示焊缝的计算厚度可按《钢结构焊接规范》（GB 50661—2011）5.3 节的规定计算，直角角焊缝，计算厚度 $h_e = 0.7 h_f$。
　　2. 角焊缝同时受垂直于焊缝长度方向的拉（压）应力和剪应力，应计算其共同作用。
　　3. 作用于垂直焊缝长度方向的正面角焊缝，如图 3.11.3（a）所示，按式（3.11.1）计算：

$$\frac{N}{0.7 h_f \Sigma l_w} \leqslant \beta_f f_f^w \tag{3.11.1}$$

式中　β_f——考虑正面角焊缝承载能力高的增大系数，对承受静力荷载和间接承受动力荷载的结构，$\beta_f=1.22$；对直接承受动力荷载的结构，$\beta_f=1.0$。

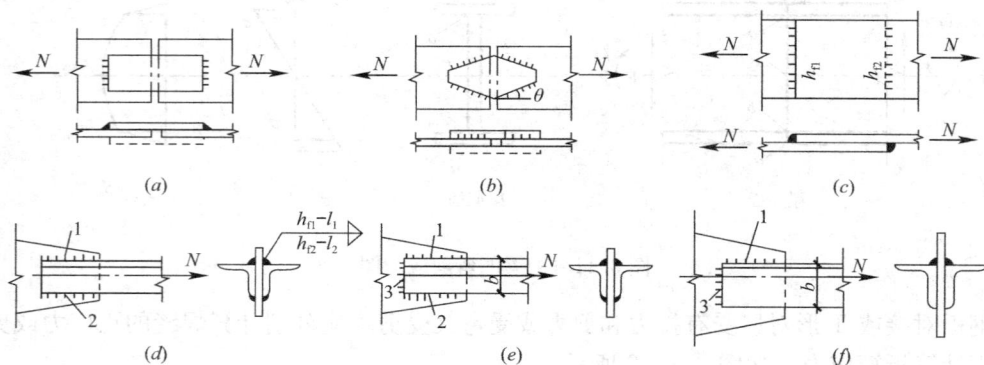

图 3.11.3　各种角焊缝

(a) 正面角焊缝；(b) 斜向角焊缝；(c) 搭接角焊缝；(d) 侧面角焊缝连接；
(e) 三面围焊角焊缝连接；(f) L 形围焊角焊缝连接

4. 斜向角焊缝按平行于焊缝的应力分量与垂直于焊缝的应力分量考虑其共同作用按式 (3.11.2) 计算：

$$\sqrt{\left(\frac{N\sin\theta}{0.7h_f\beta_f\Sigma l_w}\right)^2+\left(\frac{N\cos\theta}{0.7h_f\Sigma l_w}\right)^2}\leqslant f_f^w \qquad (3.11.2)$$

5. 钢板单面搭接不计偏心影响，按式 (3.11.3) 计算：

$$\frac{N}{0.7(h_{f1}+h_{f2})\beta_f l_w}\leqslant f_f^w \qquad (3.11.3)$$

6. 角焊缝用于角钢肢背和肢尖与节点板连接，两者承担内力的比例：

等边角钢为 0.7：0.3；短边连接的不等边角钢为 0.75：0.25；长边连接的不等边角钢为 0.65：0.35。肢背、肢尖的角焊缝长度计算按式 (3.11.4)、式 (3.11.5)：

$$l_{w1}\geqslant\frac{k_1N}{2\times0.7h_{f1}f_f^w} \qquad (3.11.4)$$

$$l_{w2}\geqslant\frac{k_2N}{2\times0.7h_{f2}f_f^w} \qquad (3.11.5)$$

7. 角钢与节点板用三面围焊角焊缝连接，端面角焊缝作用力的作用点为端面中点，其肢背、肢尖角焊缝长度计算按式 (3.11.6)、式 (3.11.7)：

$$l_{w1}\geqslant\frac{k_1N-0.7\beta_f h_{f3}bf_f^w}{2\times0.7h_{f1}f_f^w} \qquad (3.11.6)$$

$$l_{w2}\geqslant\frac{k_2N-0.7\beta_f h_{f3}bf_f^w}{2\times0.7h_{f2}f_f^w} \qquad (3.11.7)$$

8. 角钢与节点板用 L 形围焊角焊缝连接，见图 3.11.3 (f)，一般用于内力较小的杆件，并要求 $l_{w1}\geqslant l_{w3}$，现以 l_1 为轴取矩，$N\cdot k_2b=N_3\cdot\dfrac{b}{2}$，即 $N_3=2k_2N$

按内力平衡条件，$N_1=N-N_3=N-2k_2N$

承担 N_1 需角焊缝长：
$$l_{w1}\geqslant\frac{N-2k_2N}{2\times0.7h_{f1}f_f^w} \qquad (3.11.8)$$

340

3.11.5 圆形塞焊焊缝和圆孔或槽孔内角焊缝的强度如何计算，塞焊和槽焊焊缝的尺寸、间距、焊缝高度构造要求？

【解析】圆形塞焊焊缝和圆孔或槽孔内角焊缝参考 Eurocode 3 part1.8 的规定，按照角焊缝抗剪进行计算：

圆形塞焊焊缝和圆孔或槽孔内角焊缝的强度应分别按式（3.11.9）和式（3.11.10）计算。

$$\tau_f = \frac{N}{A_w} \leqslant f_f^w \tag{3.11.9}$$

$$\tau_f = \frac{N}{h_e l_w} \leqslant f_f^w \tag{3.11.10}$$

式中 A_w——塞焊圆孔面积；

l_w——圆孔内或槽孔内角焊缝的计算长度。

承受动荷载时，塞焊、槽焊应符合下列规定：

承受动荷载不需要进行疲劳验算的构件，采用塞焊、槽焊时，孔或槽的边缘到构件边缘在垂直于应力方向上的间距不应小于此构件厚度的 5 倍，且不应小于孔或槽宽度的 2 倍。

塞焊和槽焊焊缝的尺寸、间距、焊缝高度应符合下列规定：

1. 塞焊和槽焊的有效面积应为贴合面上圆孔或长槽孔的标称面积；

2. 塞焊焊缝的最小中心间隔应为孔径的 4 倍，槽焊焊缝的纵向最小间距应为槽孔长度的 2 倍，垂直于槽孔长度方向的两排槽孔的最小间距应为槽孔宽度的 4 倍；

3. 塞焊孔的最小直径不得小于开孔板厚度加 8mm，最大直径应为最小直径加 3mm 和开孔件厚度的 2.25 倍两值中较大者。槽孔长度不应超过开孔件厚度的 10 倍，最小及最大槽宽规定应与塞焊孔的最小及最大孔径规定相同；

4. 塞焊和槽焊的焊缝高度应符合下列规定：

（1）当母材厚度不大于 16mm 时，应与母材厚度相同；

（2）当母材厚度大于 16mm 时，不应小于母材厚度的一半和 16mm 两值中较大者。

塞焊焊缝和槽焊焊缝的尺寸应根据贴合面上承受的剪力计算确定。

3.11.6 《钢结构焊接规范》关于不同宽度或厚度材料对接时的构造要求需要补充的内容？

【解析】对于抗震结构，不同宽度或厚度材料连接时有更严格的规定，连接处坡度值不应大于 1∶4。

3.11.7 为什么普通螺栓及承压型连接的高强螺栓不应与焊接并用同一接头？

【解析】普通螺栓与承压型连接的高强螺栓连接受力状态下容易产生较大变形与焊接连接刚度不同，两者难以协同工作，在同一连接接头中不得考虑普通螺栓或承压型连接的高强螺栓和焊接的共同工作受力；而摩擦型连接的高强度螺栓连接刚度大，受静力荷载作用可考虑与焊缝协同工作，但仅限于在钢结构加固补强中采用栓焊并用连接。

3.11.8 什么是 T 形对接与角接组合焊缝，如何计算？

【解析】焊透的 T 形对接与角接组合焊缝如图 3.11.4（a）所示，部分焊透的 T 形对接与角接组合焊缝如图 3.11.4（b）所示。

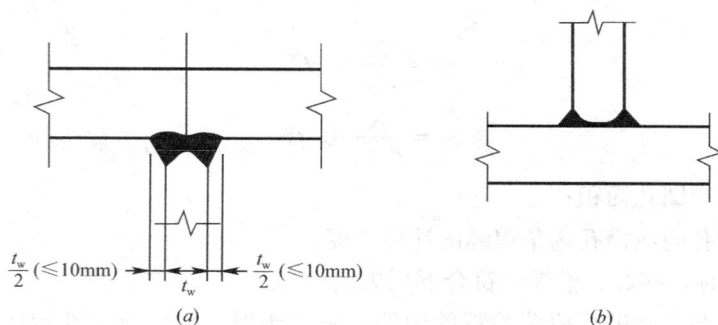

图 3.11.4　T 形对接与角接组合焊缝
（a）焊透；（b）部分焊透

焊透的 T 形对接与角接组合焊缝按对接焊缝进行计算，按照《钢结构设计规范》GB 50017—2003 第 7.1.2 条；部分焊透的 T 形对接与角接组合焊缝，按角焊缝进行计算，具体见《钢结构设计规范》GB 50017—2003 第 7.1.5 条。

3.11.9 请说明紧固件连接中符号 d、ϕ、M、d_e、d_0 一般用法和区别及 d_0 与 d 关系。

【解析】按通常用法诠释如下：

1. d、ϕ 一般泛指直径，如孔洞直径、实物直径、球形直径等，紧固件一般不用 ϕ 而用 d 表示螺杆直径，但拉条则 d、ϕ 混用表示圆杆直径。

2. M 为螺栓公称直径，即加工后的螺杆直径。过去工程曾发生过设计施工间的误会，设计图要求地脚锚栓 $d=80\mathrm{mm}$，施工单位采购了 $d=80\mathrm{mm}$ 圆钢，未加富余量，加工后不能保证螺杆直径为 80mm，如设计图标志为 M80，就不会发生误会了。

3. d_e 为螺栓或锚栓在螺纹处的有效直径。

4. d_0 为孔径。对铆钉而言，因施工成型后，钉杆充满孔壁，故 d_0 即为铆钉直径。

5. A、B 级普通螺栓 d_0 与 d 相同；C 级普通螺栓 d_0 比 d 大 1～2mm；锚栓因施工安装调整要求 d_0 比 d 更大，另加焊轧较小的垫板定位；铆钉按 d_0 计算；摩擦型高强度螺栓 d_0 比 d 大 1.5～2mm，承压型则大 1～1.5mm。

3.11.10 紧固件连接计算中哪些需要用螺栓在螺纹处的有效直径？

【解析】普通螺栓抗拉承载力，承压型高强度螺栓受剪承载力计算中采用螺纹处的有效直径。

对于承压型高强螺栓，当剪切面在螺纹处时，其受剪承载力设计值应按螺栓螺纹处的有效面积计算；普通螺栓的抗剪强度设计值是根据连接的试验数据统计而定的，试验时不分剪切面是否在螺纹处，故普通螺栓没有这个问题。

3.11.11 《钢结构设计规范》(GB 50017—2003)，高强度螺栓摩擦型连接承载力计算有什么需要改进的？

【解析】当高强度螺栓摩擦型连接采用大圆孔或槽孔时应对抗剪承载力进行折减，乘以孔形折减系数 k，标准孔取 1.0；大圆孔取 0.85；内力与槽孔长向垂直时取 0.7；内力与槽孔长向平行时取 0.6。

国内外研究和工程实践表明，摩擦型连接的摩擦面抗滑移系数 μ 主要与钢材表面处理工艺和涂层厚度有关，本条补充规定了对应不同接触面处理方法尤其是涂层连接面的抗滑移系数值。另外，根据工程实践及相关研究，应调整抗滑移系数，使其最大值不超过0.45，一般来说，钢材强度愈高 μ 越大，应增加 Q420 钢的 μ 值，

另外，通过近十余年的实践经验证明，《钢结构设计规范》GB 50017—2003 规定的当接触面处理为喷砂（丸）对 Q345 钢、Q390 钢所取的 $\mu=0.50$ 过高，在实际工程中常达不到，现在建议改为 $\mu=0.45$（含 Q420 钢）。而喷砂（丸）后生赤锈时，赤锈标准很难评估，故建议取消喷砂（丸）后生赤锈的规定。

3.11.12 请说明螺栓群计算要点。

【解析】《钢结构设计规范》只规定单个紧固件的承载能力计算，成群紧固件则没有涉及，现补充螺栓群在各种不同受力情况下计算要点，受力情况见图 3.11.5。

1. 图 3.11.5（a）示出紧固件群受轴力作用拼接情况，当 $l_1>15d_0$（孔径）应计入折减系数。

（1）普通螺栓 总承载力为 n 个螺栓承载力之和，每个螺栓承载力取抗剪或承压计算的最小值，注意其连接为单剪或双剪，不论剪切面是否在螺纹处，不取有效截面，一律按螺杆截面计算。

（2）高强度螺栓摩擦型连接 单个螺栓承载力按摩擦面数量、抗滑移系数和预拉力确定。此种连接应按规范式（5.1.1-2）验算 1-1 截面应力和按式（5.1.1-3）验算毛截面应力。

（3）高强度螺栓承压型连接 与普通螺栓计算方法相同，但当剪切面在螺纹处时，其抗剪承载力设计值应按螺纹处的有效面积计算。

2. 图 3.11.5（b）示出在轴力、剪力、弯矩共同作用下螺栓受剪情况，螺栓为双向受剪：

$$N_{1x}^{N}=\frac{N}{n} \tag{3.11.11}$$

$$N_{1y}^{V}=\frac{V}{n} \tag{3.11.12}$$

$$N_{1x}^M = \frac{My_1}{\Sigma x_i^2 + \Sigma y_i^2} \tag{3.11.13}$$

$$N_{1y}^M = \frac{Mx_1}{\Sigma x_i^2 + \Sigma y_i^2} \tag{3.11.14}$$

$$N_{1max} = \sqrt{(N_{1x}^N + N_{1x}^M)^2 + (N_{1y}^V + N_{1y}^M)^2} \leqslant N_{vmin}^b \tag{3.11.15}$$

3. 图 3.11.5（c）示出在轴力作用下螺栓受拉情况，总拉力均分于各螺栓，每个螺栓受拉设计值则按不同种类螺栓分别取值。

4. 图 3.11.5（d）示出在弯矩作用下螺栓受拉情况，关键问题是中和轴位置，即 y_1 取值问题，普通螺栓中和轴在底排螺栓中心，摩擦型及承压型高强度螺栓中和轴在螺栓群中心：

$$N_{1max} = \frac{My_1}{\Sigma y_i^2} \leqslant N_t^b \tag{3.11.16}$$

5. 同时受多种外力作用，可按上述情况综合分析叠加。对螺栓来说只有受拉、受剪（剪切方向如不同，可按合力计）。

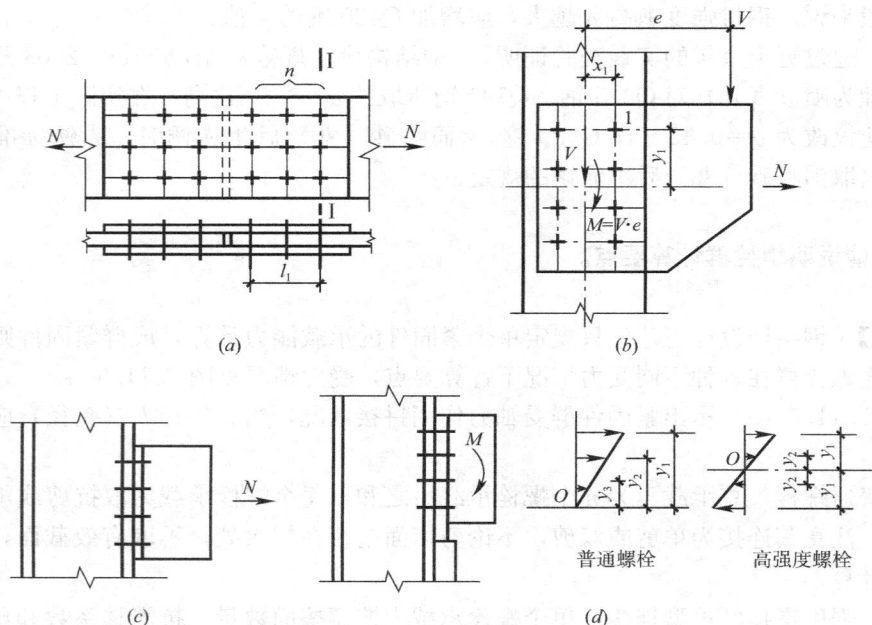

图 3.11.5　螺栓群

（a）在轴力作用下螺栓受剪；（b）在轴力、剪力、弯矩作用下螺栓受剪；
（c）在轴力作用下螺栓受拉；（d）在弯矩作用下螺栓受拉

普通螺栓和承压型高强度螺栓均应满足式（3.11.17）：

$$\sqrt{\left(\frac{N_v}{N_v^b}\right)^2 + \left(\frac{N_t}{N_t^b}\right)^2} \leqslant 1 \tag{3.11.17}$$

普通螺栓还应符合式（3.11.18）：

$$N_c \leqslant N_c^b \tag{3.11.18}$$

承压型高强度螺栓还应符合式（3.11.19）：

344

$$N_c \leqslant N_c^b / 1.2 \tag{3.11.19}$$

摩擦型高强度螺栓则应符合式（3.11.20）及式（3.11.21）：

$$\frac{N_v}{N_v^b} + \frac{N_t}{N_t^b} \leqslant 1 \tag{3.11.20}$$

$$N_t^b = 0.8P \tag{3.11.21}$$

3.11.13 紧固件连接计算有哪些地方需要修正？

【解析】1. 在构件的节点处或拼接接头的一端，当螺栓或铆钉沿轴向受力方向的连接长度 l_1 大于 $15d_0$ 时，应将螺栓或铆钉的承载力设计值乘以折减系数 $\left(1.1 - \dfrac{l_1}{150d_0}\right)$。当 l_1 大于 $60d_0$ 时，折减系数为 0.7，d_0 为孔径。

2. 一个构件借助填板或其他中间板件与另一构件连接（图 3.11.6）的螺栓（摩擦型连接的高强度螺栓除外）或铆钉数目，应按计算增加 10%。

3. 当采用搭接（图 3.11.7a）或拼接板（图 3.11.7b）的单面连接传递轴心力，因偏心引起连接部位发生弯曲时，螺栓（摩擦型连接的高强度螺栓除外）或铆钉数目，应按计算增加 10%。

图 3.11.6 填板

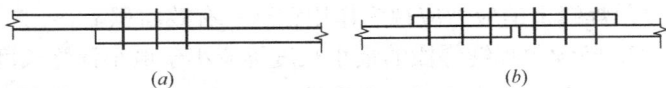
图 3.11.7 单面连接
（a）搭接；（b）拼接板

4. 在构件的端部连接中，当利用短角钢连接型钢（角钢或槽钢）的外伸肢以缩短连接长度（图 3.11.8）时，在短角钢任一肢上，所用的螺栓或铆钉数目应按计算增加 50%。

5. 当铆钉连接的铆合总厚度超过铆钉孔径的 5 倍时，总厚度每超过 2mm，铆钉数目应按计算增加 1%（至少应增加一个铆钉），但铆合总厚度不得超过铆钉孔径的 7 倍。

3.11.14 钢板拼接要注意哪些问题？

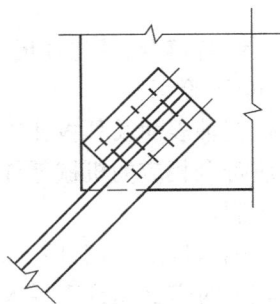
图 3.11.8 端部加短角钢连接

【解析】归纳起来有：

1. 焊缝金属应与母材相适应，不同强度钢材连接，可就低强度钢材选用焊接材料。

2. 焊接残余应力是钢结构的主要缺点，焊缝不应任意加大，避免在一处大量集中焊缝，焊缝布置应尽量对称于构件形心。

3. 焊件厚度大于 20mm 的角接焊缝，应采取收缩时不引起层状撕裂措施。

4. 钢板对接尽量采用直缝，不用或少用斜缝，如需等强，可要求二级质量等级。

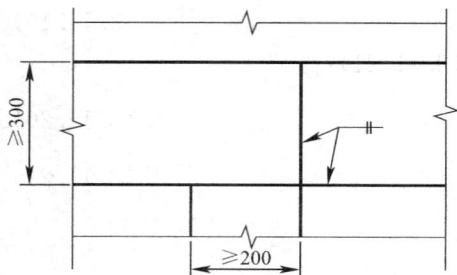

图 3.11.9　对接接头 T 形交叉示意

5. 大型板材纵横向均对接时，可用十字形交叉，因为先焊好的一条焊缝受后焊焊缝热影响已释放了应力。

6. 如采用 T 形交叉，交叉点的距离宜不小于 200mm，且拼接料的长度和宽度不宜小于 300mm（图 3.11.9）。

7. 不同厚度或宽度钢板对焊应做成坡度不大于 1∶2.5 的斜角，如直接承受动力荷载且需进行疲劳计算的板件，则坡度不大于 1∶4。

3.11.15　请阐述角焊缝的构造要求。

【解析】1. 角焊缝两焊角边的夹角 α 一般为 90°（直角角焊缝），夹角 $\alpha>135°$ 或 $\alpha<30°$ 的斜角角焊缝，不宜用作受力焊缝（钢管结构除外）。

2. 焊缝最小厚度的限值与焊件厚度密切相关，为了避免在焊缝金属中由于冷却速度快而产生淬硬组织，可按《钢结构焊接规范》GB 50661—2011 表 5.4.2 取值。

3. 角焊缝的最小计算长度应为其焊脚尺寸（h_f）的 8 倍，且不应小于 40mm；焊缝计算长度应为扣除引弧、收弧长度后的焊缝长度。

4. 角焊缝的有效面积应为焊缝计算长度与计算厚度（h_e）的乘积。对任何方向的荷载，角焊缝上的应力应视为作用在这一有效面积上。

5. 断续角焊缝焊段的最小长度不应小于最小计算长度。

6. 被焊构件中较薄板厚度不小于 25mm 时，宜采用开局部坡口的角焊缝。

7. 采用角焊缝焊接接头，不宜将厚板焊接到较薄板上。

3.11.16　销轴连接材料有什么要求？

【解析】销轴与耳板宜采用 Q345、Q390 与 Q420，必要时也可采用 45 号钢、35CrMo 或 40Cr 等钢材。

销轴表面及耳板孔周表面宜进行机加工，当销孔和销轴表面要求机加工时，其质量要求应符合相应的机械零件加工标准的规定。当销轴直径大于 120mm 时，宜采用锻造加工工艺制作。

国家标准《销轴》GB/T 882—2008 规定了公称直径 3-100mm 的销轴。结构工程中荷载较大时需要用到直径大于 100mm 的销轴，目前没有标准的规格。也没有像精制螺栓这样的标准规定销轴的精度要求。因此，设计人员在设计文件中应注明对销轴和耳板销轴孔精度、表面质量和销轴表面处理的要求。

对于非结构常用钢材，可按 3.4.4 条的要求进行。

3.11.17　销轴连接中耳板的承载力极限状态是什么样的？

【解析】销轴连接中耳板四种承载力极限状态，如图 3.11.10 所示。

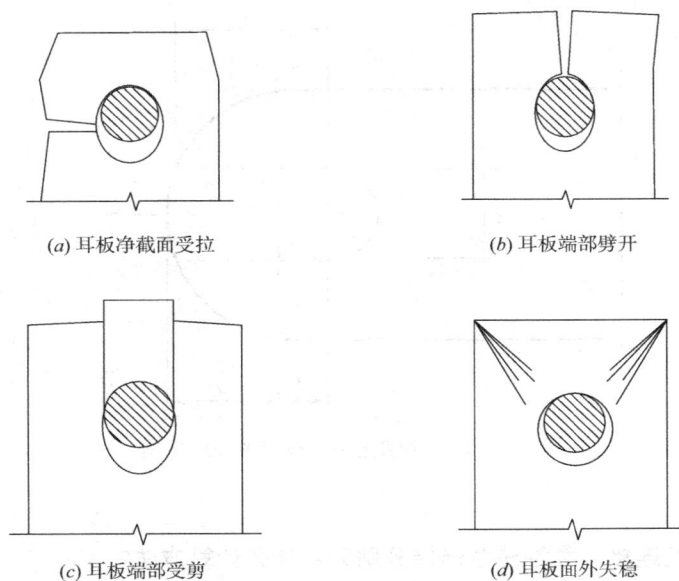

(a) 耳板净截面受拉   (b) 耳板端部劈开

(c) 耳板端部受剪   (d) 耳板面外失稳

图 3.11.10

1. 耳板孔净截面处的抗拉强度

$$\sigma = \frac{N}{2tb_1} \leqslant f \tag{3.11.22}$$

$$b_1 = \min\left(2t + 16, b - \frac{d_0}{3}\right) \tag{3.11.23}$$

2. 耳板端部截面抗拉（劈开）强度

$$\sigma = \frac{N}{2t\left(a - \dfrac{2d_0}{3}\right)} \leqslant f \tag{3.11.24}$$

3. 耳板抗剪强度

$$\tau = \frac{N}{2tZ} \leqslant f_v \tag{3.11.25}$$

$$Z = \sqrt{(a + d_0/2)^2 - (d_0/2)^2} \tag{3.11.26}$$

式中 N——杆件轴向拉力设计值；

     b_1——计算宽度（mm）；

     d_0——销轴孔径（mm）；

     f——耳板抗拉强度设计值（N/mm²）；

     Z——耳板端部抗剪截面宽度（如图 3.11.11 所示）（mm）；

     f_v——耳板钢材抗剪强度设计值（N/mm²）。

4. 耳板面外失稳

在净截面抗拉强度计算中规定的有效宽度 $b_{eff} = 2t + 16$，一般能满足 $b_{eff} \leqslant 4t$，ASME 有关文献表明当 $b_{eff} \leqslant 4t$ 时不会发生耳板面外失稳。

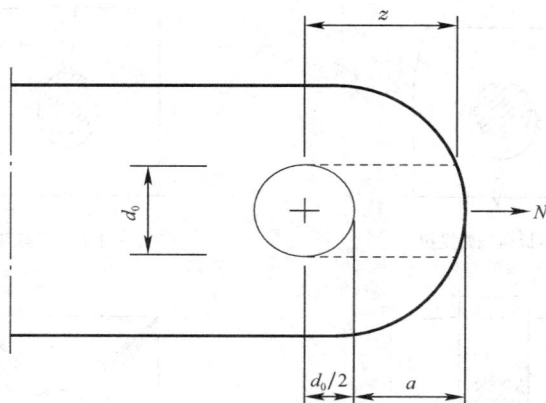

图 3.11.11　销轴连接耳板受剪面示意图

3.11.18　刚性法兰连接、柔性法兰连接分别采用什么计算方法？

【解析】1. 刚性法兰

刚性法兰可分为拉压兼用型和主要受压型，当法兰可能受到的最大压力值和最大拉力值之比不大于 2 时用此种法兰较好，其压力是通过法兰板面接触后板受弯、焊缝受剪传递的。当法兰可能受到的最大压力值和最大拉力值之比大于 2 时，采用主要受压型法兰更为经济，其压力是通过管端挤压传递的，故法兰板和焊缝受力较小（主要承受拉力引起的效应）。

计算简图如图 3.11.12 所示。

（1）法兰板厚度

$$t \geqslant \sqrt{\frac{5M_{\max}}{f}} \tag{3.11.27}$$

式中　t——法兰盘底板厚度（mm）；

$M_{\max}$——底板单位宽度最大弯矩，带加劲法兰可近似按三边支承矩形板受等效均布压力计算。

（2）当法兰板上仅承受弯矩 M 时，普通螺栓或承压型高强螺栓以螺栓群形心轴为转动中心，拉力按下式计算：

$$N_{\max}^{\mathrm{b}} = \frac{My_n'}{\Sigma(y_i')^2} \tag{3.11.28}$$

式中　$N_{\max}^{\mathrm{b}}$——据旋转轴②y_n'处的螺栓拉力（N）；

y_i'——第 i 个螺栓中心到旋转轴②的距离（mm）。

（3）当法兰盘仅承受弯矩 M 时，摩擦型连接高强度螺栓以圆管形心轴为转动轴，螺栓拉力应按下式计算：

$$N_{\max}^{\mathrm{b}} = \frac{My_n}{\Sigma(y_i)^2} \tag{3.11.29}$$

式中　y_i——第 i 个螺栓中心到旋转轴①的距离（mm）。

(a) 圆形法兰盘

(b) 矩形法兰盘

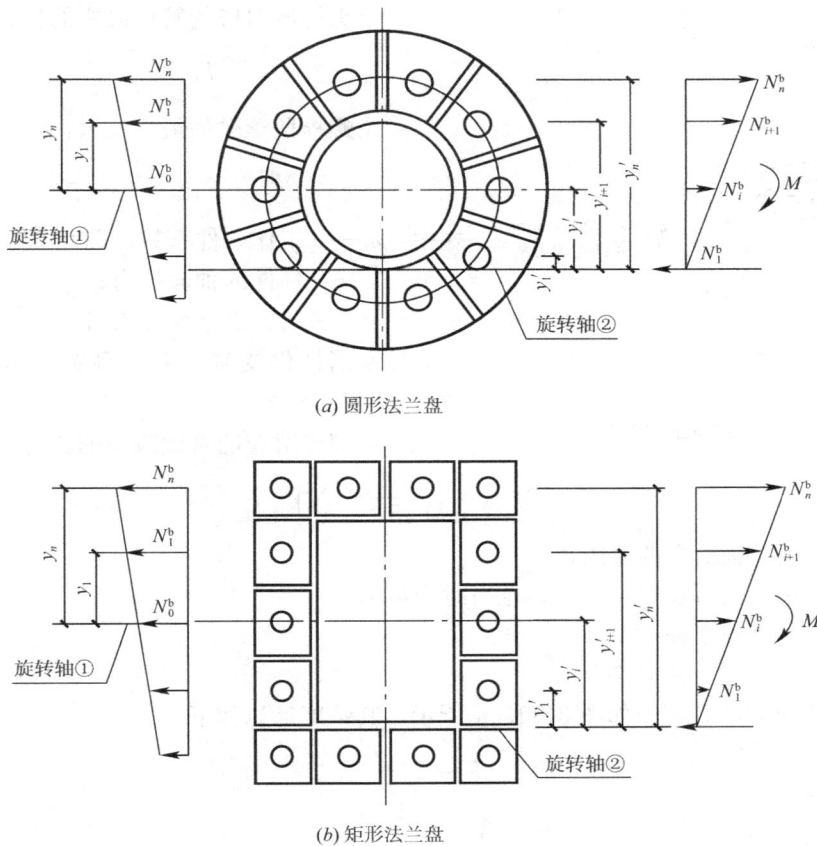

图 3.11.12　法兰盘尺寸

（4）当法兰盘仅承受轴力 N 和弯矩 M 时，普通螺栓或承压型高强螺栓拉力分两种情况计算：

1）螺栓全部受拉时，绕通过螺栓群形心的旋转轴①转动，按下式计算：

$$N_{max}^b = \frac{My_n}{\Sigma y_i^2} + \frac{N}{n_0} \leqslant N_t^b \qquad (3.11.30)$$

式中　　n_0——该法兰盘上螺栓总数。

2）当按第 1）的公式计算的任一螺栓拉力出现负值时，螺栓群并非全部受拉，而绕旋转轴②转动，按下式计算：

$$N_{max}^b = \frac{(M+Ne)y_n'}{\Sigma y_i'^2} \leqslant N_t^b \qquad (3.11.31)$$

（5）当法兰盘仅承受轴力 N 和弯矩 M 时，摩擦型高强螺栓拉力应按下式计算：

$$N_{max}^b = \frac{My_n}{\Sigma y_i^2} + \frac{N}{n_0} \leqslant N_t^b \qquad (3.11.32)$$

2. 柔性法兰

柔性法兰连接螺栓受力简图如图 3.11.13 所示。

（1）当杆件只受轴向拉力时：

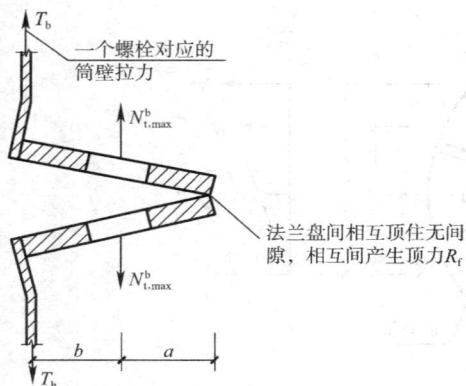

图 3.11.13　柔性法兰受力

一个螺栓所对应的管壁段中的拉力：

$$T_b = \frac{T}{n} \qquad (3.11.33)$$

一个螺栓所承受的最大拉力：

$$N_{t,max}^b = m \cdot T_b \frac{a+b}{a} \qquad (3.11.34)$$

式中　m——工作条件系数，取 0.65。

　　　T——杆件的轴向拉力；

　　　n——法兰盘上螺栓数目。

（2）当杆件受轴向拉（压）力及弯矩作用时：

一个螺栓对应的管壁段中的拉力：

$$T_b = \frac{1}{n}\left(\frac{M}{0.5R} + N\right) \qquad (3.11.35)$$

式中　M——法兰板所受的弯矩；

　　　N——法兰板所受的轴向力，压力时为负值；

　　　R——钢管外半径；

　　　n——法兰盘上的螺栓数目。

（3）法兰板的计算简图如图 3.11.14 所示，其强度计算如下：

顶力：

$$R_f = T_b \frac{b}{a} \qquad (3.11.36)$$

法兰板剪应力：

$$\tau = 1.5 \cdot \frac{R_f}{t \cdot s} \leqslant f_v \qquad (3.11.37)$$

法兰板正应力：

$$\sigma = \frac{5 R_f \cdot e}{s \cdot t^2} \leqslant f \qquad (3.11.38)$$

式中　R_f——法兰板之间的顶力；

　　　s——螺栓间距；

　　　e——法兰板受力的力臂。

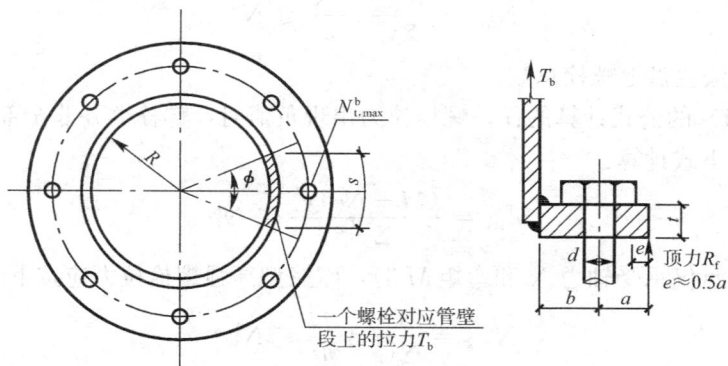

图 3.11.14　柔性法兰板计算简图

350

第十二章 节 点

3.12.1 **垂直于杆件轴向设置的连接板（或梁的翼缘）采用焊接方式与工字形、H 形或其他截面的未设水平加劲肋的杆件翼缘相连，形成 T 形接合时，如何进行节点计算？**

【解析】垂直于杆件轴向设置的连接板（或梁的翼缘）采用焊接方式与工字形、H 形或其他截面的未设水平加劲肋的杆件翼缘相连，形成 T 形接合时，其母材和焊缝都应按有效宽度进行强度计算。

1. 工字形或 H 形截面杆件的有效宽度应按下列公式计算（图 3.12.1）：

$$b_{ef} = t_w + 2s + 5kt_f \tag{3.12.1}$$

$$k = \frac{t_f}{t_p} \cdot \frac{f_{y,c}}{f_{y,p}}, \quad \text{当 } k > 1 \text{ 时取 } 1 \tag{3.12.2}$$

式中 b_{ef}——T 形结合的有效宽度；

$f_{y,c}$——被连接杆件翼缘的钢材屈服强度；

$f_{y,p}$——连接板的钢材屈服强度；

t_w——被连接杆件的腹板厚度；

t_f——被连接杆件的翼缘厚度；

t_p——连接板厚度；

s——对于被连接杆件，轧制工字形或 H 形截面杆件取为 r（圆角半径）；焊接工字形或 H 形截面杆件取为焊脚尺寸 h_f。

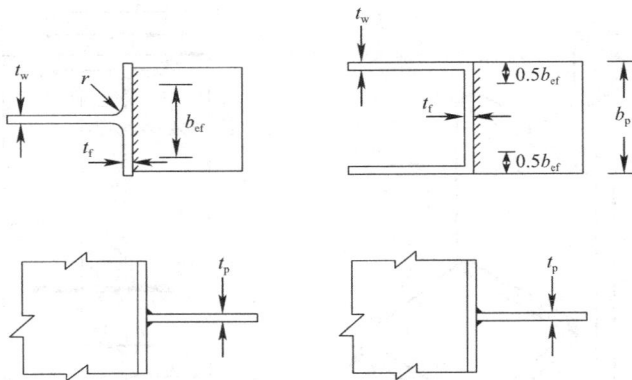

图 3.12.1 计算简图

2. 当被连接杆件截面为箱形或槽形，且其翼缘宽度与连接板件宽度相近时，有效宽度应按下式计算（图 3.12.1）：

$$b_{ef} = 2t_w + 5kt_f \tag{3.12.3}$$

3. 有效宽度 b_{ef} 尚应满足下式要求：

$$b_{ef} \geq \frac{f_{y,p} b_p}{f_{u,p}} \qquad (3.12.4)$$

式中　$f_{u,p}$——连接板的极限强度；

　　　b_p——连接板宽度。

4. 当节点板不满足上述 3 要求时，被连接杆件的翼缘应设置加劲肋。

连接板与翼缘的焊缝应按能传递连接板的抗力 $b_p t_p f_{y,p}$（假定为均布应力）进行设计。

3.12.2　如何分析梁柱刚接节点处，柱子对应位置是否需要设置水平加劲肋？

【解析】如图 3.12.2 所示，在若柱翼缘太柔，则由连接翼缘传递的拉力将使柱翼缘外伸部分像悬臂梁一样受载，并引起它轻度变形，使柱腹板中心线上焊缝部分荷载增加，压力下柱腹板有可能压曲。

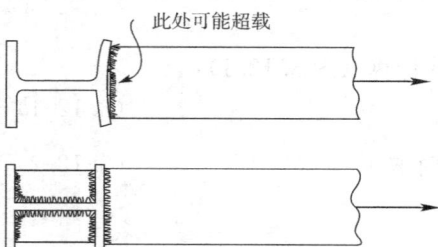

图 3.12.2　翼缘与柱连接图

（1）对连接受拉区设置加劲肋的要求叙述如下。如图 3.12.3 所示，柱翼缘板受到梁翼缘传来的线荷载：拉力 $T = A_{ft} f_b$（A_{ft} 为梁受拉翼缘截面积，f_b 为梁钢材抗拉强度设计值），T 由柱翼缘板的三个组成部分承担，中间部分（分布长度为 m）直接传给柱腹板的力为 $f_c t_b m$，其余各由两侧 ABCD 部分的板件承担。根据试验研究，拉力在柱翼缘板上的影响长度 $p \approx 12 t_c$，并可将此受力部分视为三边固定一边自由的板件，

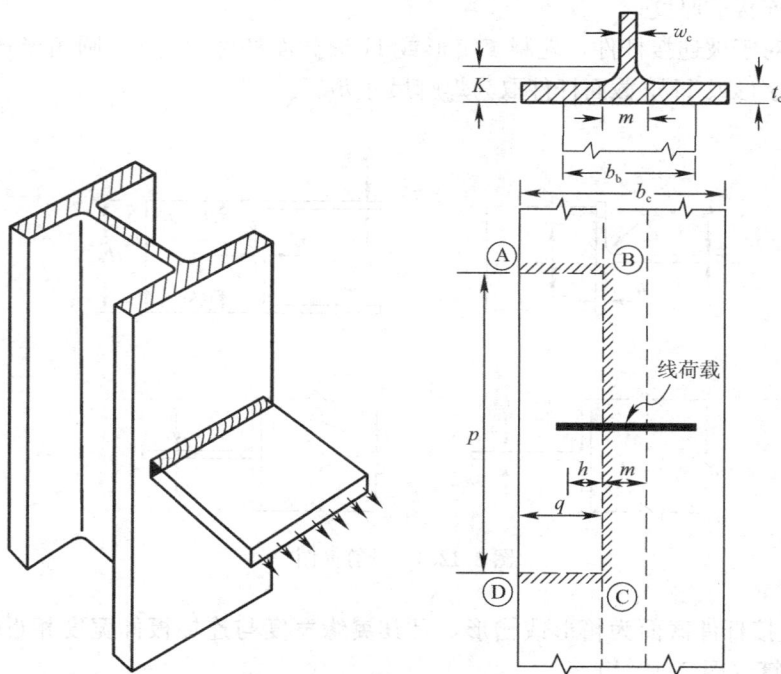

图 3.12.3　连接受拉区受力示意图

352

在固定边将因受弯而形成塑性铰。因此可用屈服线理论导出此板的承载力设计值为

$$p = C_1 f_c t_c^2$$

式中

$$C_1 = \frac{\dfrac{4}{\beta} + \dfrac{\beta}{\eta}}{2 - \dfrac{\eta}{\lambda}}$$

令

$$\eta = \frac{\beta}{4}\left[\sqrt{\beta^2 + 8\lambda} - \beta\right], \quad \beta = \frac{p}{q}, \quad \lambda = \frac{h}{q}$$

对实际工程中常用的宽翼缘梁和柱，$C_1 = 3.5 \sim 5.0$，可偏安全地取 $p = 3.5 f_c t_c^2$。这样，柱翼缘板受拉时的总承载力为：$2 \times 3.5 f_c t_c^2 + f_c t_b m$。考虑到翼板中间和两侧部分的抗拉刚度不同，难以充分发挥共同工作，可乘以 0.8 的折减系数后再与拉力 T 相平衡：

$$0.8(7 f_c t_c^2 + f_c t_b m) \geqslant A_{ft} f_b$$

$$t_c \geqslant \sqrt{\frac{A_{ft} f_b}{7 f_c}\left(1.25 - \frac{f_c t_b m}{A_{ft} f_b}\right)}$$

在上式中 $\dfrac{f_c t_b m}{A_{ft} f_b} = \dfrac{f_c t_b m}{b_b t_b f_b} = \dfrac{f_c m}{b_b f_b}$，$m/b_b$ 愈小，t_c 愈大。按统计分析，$f_c m/(b_b f_b)$ 的最

小值约为 0.15，以此代入，即得 $t_c \geqslant 0.396 \sqrt{\dfrac{A_{ft} f_b}{f_c}}$，即受压翼缘厚度满足 $t_c \geqslant 0.4 \sqrt{\dfrac{A_{ft} f_b}{f_c}}$

时，可不设置加劲肋。

（2）对连接受压区设置加劲肋的要求叙述如下。如图 3.12.3 所示，在梁受压翼缘处，假定来自梁翼缘的集中压力以 1：2.5 的分布斜率按图 3.12.4 柱腹板直至到达 K 线，及腹板弧角趾部。

根据腹板承载力与梁翼缘作用力相等，可得：$t_w(b_{fb} + 5 h_y) f_c \geqslant A_{fb} f_b$

即：$t_w \geqslant \dfrac{A_{fc} f_b}{b_e f_c}$，$b_e = b_{fb} + 5 h_y$

根据柱腹板在梁受压翼缘集中力作用下的局部稳定条件，偏安全地采用的柱腹板宽厚比的限值：$t_w \geqslant \dfrac{h_c}{30}\sqrt{\dfrac{f_{yc}}{235}}$。

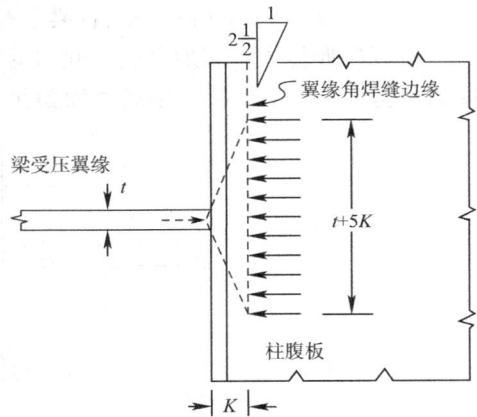

图 3.12.4　连接受压区受力示意图

3.12.3　设置水平加劲肋的梁柱刚接节点处，梁端力是如何向柱传递的？

【解析】（1）如图 3.12.5 所示，梁与柱在弱轴方向单侧连接时，来自梁翼缘的拉力以拉伸直接传递到加劲肋，然后通过加劲肋与柱翼缘间水平焊缝的剪切传递至柱翼缘。此水平焊缝必须用此力设计，除非在柱腹板另一侧配置另一加劲肋以支持此加劲肋。

（2）如图 3.12.5 所示，梁与柱在双侧连接时，梁翼缘拉力以拉伸通过两边加劲肋和柱腹板直接传递至另一梁的翼缘。柱翼缘与加劲肋间的横向焊缝必须用此力进行设计。

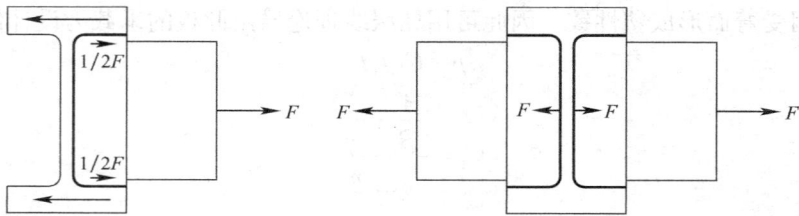

图 3.12.5 梁柱弱轴方向连接

（3）如图 3.12.6 所示，梁与柱在强轴方向单侧连接时，梁翼缘的拉力以拉伸直接传递至加劲肋与柱腹板。传递至加劲肋的拉力通过加劲肋与柱腹板间的水平焊缝传递至柱腹板。腹板、加劲肋所传递的力 F_s、F_w 的计算可按照加劲肋面积与腹板力的分布的面积 A_s、A_w 分配，即 $F_w = F(A_w/(A_w+2A_s))$。按等强计算时，满足 $t_w(b_{fb}+5h_y)f_c + 2fA_s \geqslant A_{fb}f_b$。

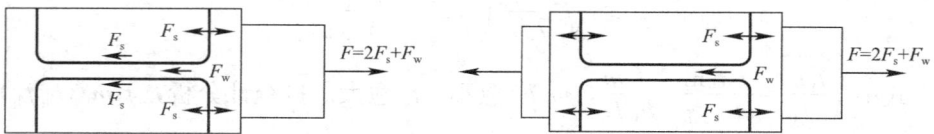

图 3.12.6 梁柱强轴方向连接

（4）如图 3.12.6 所示，梁与柱在强轴方向双侧连接时，传力方式与（1）类似。

（5）如图 3.12.7 所示，左右梁上有不平衡拉力时，右侧梁翼缘的不平衡拉力（$F_1 - F_2$）将以拉伸传入右端加劲肋，此力的一半通过柱腹板的横向焊缝进入左端加劲肋。在这些加劲肋中的不平衡拉力则通过加劲肋与柱翼缘间的水平焊缝传递至柱翼缘。

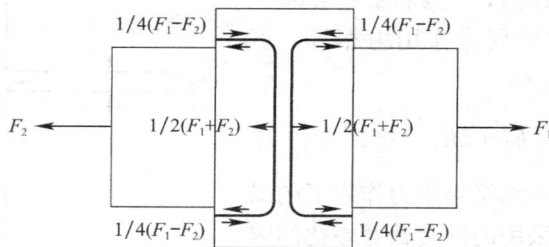

图 3.12.7 左右梁存在不平衡拉力

（6）加劲肋中的复合应力如图 3.12.8 所示。在此分析中，偏安全地假定被校核的加劲肋微元 1 在左右梁拉力传递路径之外，从而 $\sigma_x = 0$。加劲肋微元 2 不承受剪应力，仅受双向拉应力。

3.12.4 设置水平加劲肋的梁柱刚接节点处，加劲肋位置与梁翼缘中心线不对齐的情况如何进行分析？

【解析】根据国外相关试验数据，当加劲肋位置与梁翼缘中心线偏离不大于 25mm 时，加劲肋的面积按 60% 有效，大于 50mm 时，加劲肋的有效面积小于 20%。

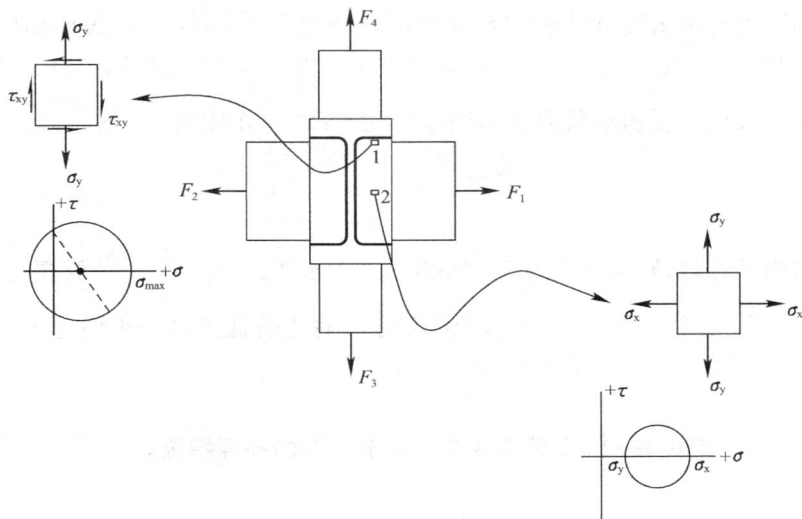

图 3.12.8　加劲肋中的复合应力

3.12.5　《钢结构设计规范》GB 50017—2003，在梁柱刚接节点设置水平加劲肋时，节点域的计算有什么需要改进的？

【解析】主要有：

1. 用节点域的受剪正则化长细比 λ_s^{re} 代替原腹板局部稳定的计算公式，这样更为合理，具体如下：

当横向加劲肋厚度不小于梁的翼缘板厚度时，节点域的受剪正则化长细比 λ_s^{re} 不应大于 0.8；对单层和低层轻型建筑，λ_s^{re} 不得大于 1.2。节点域的受剪正则化长细比 λ_s^{re} 应按下式计算：

当 $h_c/h_b \geqslant 1.0$ 时：

$$\lambda_s^{re} = \frac{h_b/t_w}{37\sqrt{5.34 + 4(h_b/h_c)^2}}\frac{1}{\varepsilon_k} \tag{3.12.5}$$

当 $h_c/h_b < 1.0$ 时：

$$\lambda_s^{re} = \frac{h_b/t_w}{37\sqrt{4 + 5.34(h_b/h_c)^2}}\frac{1}{\varepsilon_k} \tag{3.12.6}$$

式中　h_c、h_b——分别为节点域腹板的宽度和高度；

　　　　ε_k——钢号修正系数，$\varepsilon_k = \sqrt{235/f_y}$。

2. GB 50017—2003 式（7.4.2-1）中 $\frac{4}{3}f_v$。

当 $0.6 < \lambda_s^{re} \leqslant 0.8$ 时，取为 $\frac{1}{3}(7 - 5\lambda_s^{re})f_v$；

当 $0.8 < \lambda_s^{re} \leqslant 1.2$ 时，取为 $[1 - 0.75(\lambda_s^{re} - 0.8)]f_v$。

3. 由于一般情况下这类结构的柱轴力较小，其对节点域抗剪承载力的影响可略去。

而柱腹板的轴压力对抗剪强度的影响系数为 $\sqrt{1-N/(Af_{cr})}$（N 为柱腹板轴压力设计值，f_{cr} 为受压临界应力）。当 $N/Af_{cr}<0.5$ 时，影响系数大于 0.87，这种影响可忽略不计，但当轴压比 $\dfrac{N}{Af}>0.4$ 时，受剪承载力 f_{ps} 应乘以修正系数，当 $\lambda_s^{re}\leqslant0.8$ 时，修正系数可取为 $\sqrt{1-\left(\dfrac{N}{Af}\right)^2}$。

4.《钢结构设计规范》GB 50017—2003 式（7.4.2-2）$t_w\geqslant\dfrac{h_c+h_b}{90}$ 的规定与 $\lambda_s^{re}\leqslant0.4$ 基本相当，此规定相当美国特殊抗弯框架的规定，对于普通钢结构来说过于严格，所以，梁柱刚性节点的计算满足 1~3 款规定即可。

3.12.6 请图示 GB 50017—2003 第 2.4.2.1 条节点域的补强措施。

【解析】规范推荐两种补强办法：对焊接工字形截面柱局部加厚腹板；对轧制 H 型钢在腹板上贴焊加强板。如图 3.12.9 所示，取自《多高层民用建筑钢结构节点构造详图》01SG519。

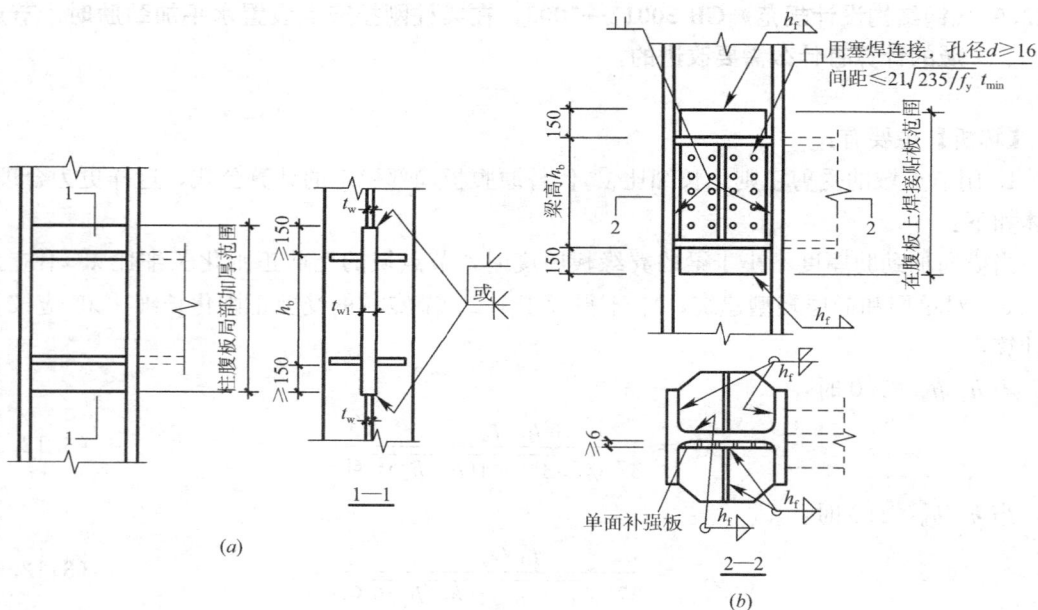

图 3.12.9 腹板补强
（a）焊接工字形截面柱换厚腹板；（b）H 型钢腹板贴补

3.12.7 请重点说明梁柱刚节点对柱横向加劲肋的构造要求。

【解析】GB 50017 规定重点如下：

1. 梁柱节点域的柱横向加劲肋要保证梁翼缘传来的集中力，厚度为翼缘厚的 0.5~1

倍；JGJ 99—98 第 8.3.6 条则规定非抗震设防时不小于 0.5 倍，抗震设防时则与梁翼缘等厚，GB 50011—2010 第 8.3.4 条第 3 款 2）项则规定不小于梁翼缘厚。

2. 箱形柱的加劲板隔板无法进行电弧焊，且壁板厚度不小于 16mm 时，可按图 3.12.10 采用熔化嘴电渣焊，此图取自《多高层民用建筑钢结构节点构造详图》01SG519。

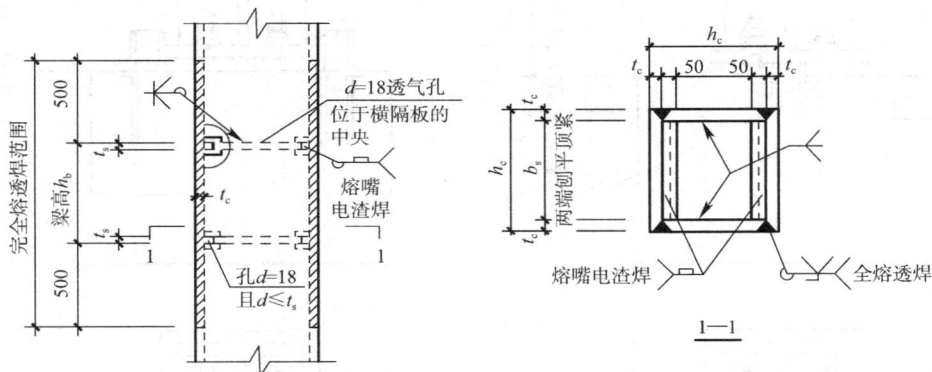

图 3.12.10　箱形柱刚节点焊透要求及熔嘴电渣焊

3. 由于斜向加劲肋对抗震耗能不利，而且与纵向梁连接时不协调，故仅用于门式刚架等轻钢结构中。

3.12.8　如何解决钢柱底水平力问题？

【解析】《钢结构设计规范》GB 50017 第 12.7.7 条规定，钢柱底水平力不宜以柱脚锚栓承受。此水平反力应由底板与混凝土基础间的摩擦力（摩擦系数可取 0.4）或设置抗剪键承受。

纵向水平力如由柱间支撑传递，则有柱间支撑的柱底，还应计算纵向水平力；如纵向为无支撑的纯框架，则每个柱底都应考虑双向抗剪。

如柱底摩擦力小于水平力，则应设抗剪键。抗剪键一般用十字板或 H 型钢，在基础顶预留孔槽或埋件。有的设计对抗剪键不够重视，用一扁钢或角钢肢边抗剪，刚度很差。现按《多高层民用建筑钢结构节点构造详图》01SG519 推荐两种方式，以供参考，见图 3.12.11。

3.12.9　锚栓的锚固长度如何确定？

【解析】在一些资料、图册、设计文件中对钢柱锚栓的锚固长度，不论条件，均取 25d、30d 甚至更多。建工出版社《钢结构设计手册》第二版、第三版（2004 年 1 月）取值要小得多。取值条件系根据锚栓钢材牌号、混凝土强度等级、锚固形式，从 30d 至 12d，原资料混凝土强度等级只有 C15、C20，现行《混凝土结构设计规范》GB 50010—2010 因耐久性要求，基础混凝土强度等级常用 C25、C30，现参照 GB 50010—2010，根据不同标号 f_t 值变化情况，换算 C25、C30 的锚栓锚固长度，见表 3.12.1。

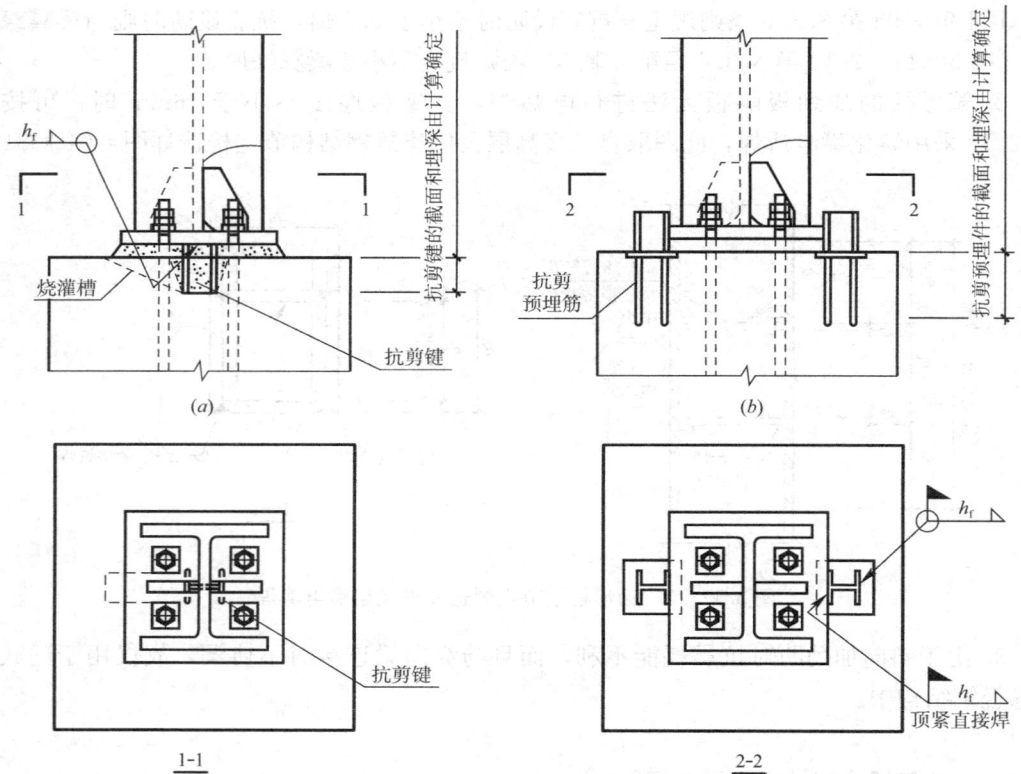

图 3.12.11 抗剪键设置

(a) 柱底抗剪；(b) 柱侧抗剪

锚栓锚固长度表 表 3.12.1

锚栓钢材牌号	锚固长度，当混凝土强度等级为							
	C15	C20	C25	C30	C15	C20	C25	C30
Q235	$25d$	$20d$	$18d$	$16d$	$15d$	$12d$	$11d$	$10d$
Q345	$30d$	$25d$	$22d$	$20d$	$18d$	$15d$	$13d$	$12d$

358

柱脚锚栓埋置深度应使锚栓的拉力通过其和混凝土之间的粘结力传递。当埋置深度受到限制时，则锚栓应牢固地固定在锚板或锚梁上，以传递锚栓的全部拉力，此时锚栓与混凝土之间的粘结力可不予考虑。

3.12.10 插入式柱脚有推广意义吗？

【解析】大中型单层工业厂房钢柱脚用钢量常占柱子用钢量的较大比例，整体式柱脚比分离式柱脚用钢量更高。《钢结构设计规范》新增列了插入式柱脚、埋入式柱脚和外包式柱脚少量条文，后两种在国内外高层建筑中大量采用，关于计算和构造要求，有较多论述。门式刚架等轻型房屋常用外露式柱脚，比较简单。前北京钢铁设计研究总院曾对插入式柱脚进行过试验研究，提出了系列计算和构造规定。《钢结构设计规范》GB 50017—2003列入了插入深度的规定，在条文说明图29中，将双肢柱只画了单杯口，这种形式仅在两肢很靠近时才可采用，一般双肢柱宜用双杯口。

杯口式基础、插入式柱脚在混凝土结构中广泛采用。钢柱的插入式柱脚在冶金工厂中采用较多，这种柱脚构造简单、节约钢材、施工方便、安全可靠。不仅适用于单层厂房，在多层建筑，尤其是无地下室的建筑，采用插入式要比埋入式、外包式在工种配合方面、进度安排方面、构造简单方面都有显著优点，值得推广。

插入式柱脚示意见图3.12.12。

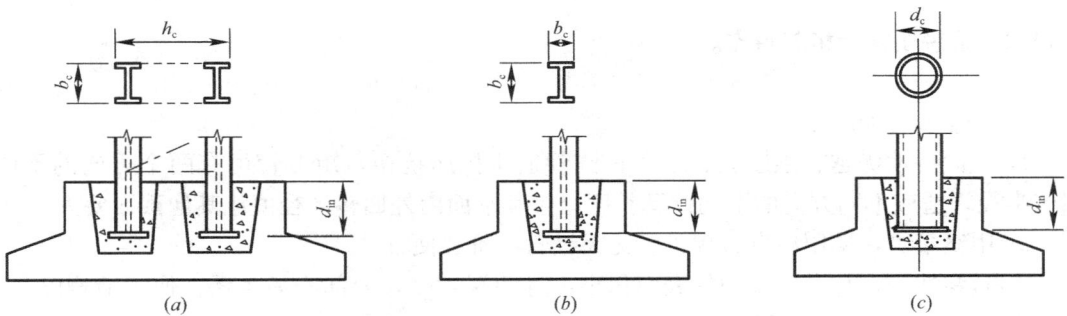

图 3.12.12　插入式柱脚

(a) 双肢柱柱脚；(b) 工字形截面柱柱脚；(c) 圆管柱柱脚

第十三章 钢管连接节点

3.13.1 《钢结构设计规范》规定的钢管结构，关注要点如何？

【解析】归纳如下：

1. 规范该章仅指在节点处直接焊接的圆管、方管或矩形管的钢管桁架结构，不包括用球节点的网架、网壳等空间结构，也不包括单根钢管或组合成的实腹结构。

2. 因直接焊接的管节点承受交变荷载的节点疲劳问题比较复杂，故钢管桁架不适用于直接承受动力荷载。

3. 因控制管壁受压局部屈曲，规定受压圆管径厚比和受压方形、矩形管的宽厚比，请注意对 Q345 钢材的修正值，径厚比用 235/345，宽厚比用 $\sqrt{235/345}$，即 0.681 和 0.825，相差 21%。

4. 符合《钢结构设计规范》GB 50017—2003 10.1.4 条及 10.1.5 条条件，可忽略节点刚性和偏心影响，按铰接体系分析桁架内力。

3.13.2 请说明钢管桁架特点。

【解析】归纳如下：

1. 截面特性优越、刚度大、壁薄；圆管适于抗压抗扭，矩形管可有两个方向的不同回转半径，适应不同方向的不同计算长度，且其平面内外回转半径值比其他截面要大。

2. 用钢量少，采用冷弯、焊接管比无缝管单价要便宜。

3. 防腐性好，与大气接触的表面积小，且两端封闭，内部不易生锈，便于清刷除污，死角少，积灰少，维修方便。

4. 无节点板，外观简洁浑实。由于支管端焊缝需连续且形式变化，管端切割及剖口加工需用自动切管机。

3.13.3 请说明钢管桁架构造要求。

【解析】归纳如下：

1. 管节点尽量避免偏心，如两支管中心交点对主管中心有偏离时，在支管侧可在主管外 0.05 倍的主管截面高之内，而在主管外侧偏离值不大于 1/4 主管截面高，在此偏心范围内，受拉主管可不计偏心影响，受压时则应计入偏心弯矩。

2. 在节点处主管应保持连续，支管端部应精密加工后直接焊在主管外壁上，不得将支管插入主管。各管间夹角不宜小于 30°，两支管趾距不应小于两支管壁厚之和，以满足施焊条件。

3. 支管搭接尺寸有比例要求。薄壁管应搭在厚壁管上，低强度管应搭在高强度管上。

4. 一般支管壁厚不大，宜采用全周角焊缝与主管相连，如支管壁厚较大，可部分采用对接焊缝和部分角焊缝，角焊缝 h_f 不大于支管壁厚 2 倍。

5. 钢管杆件在有横向荷载处宜有加强措施。主要受力部位应避免开孔，如确需开孔，则应有合适的补强措施。

3.13.4 钢管桁架什么情况下可采用铰接假定？

【解析】直接相贯连接的钢管结构节点（无斜腹杆的空腹桁架除外），当符合《钢结构设计规范》GB 50017 规定的各类节点的几何参数适用范围且主管节间长度与截面高度（或直径）之比不小于 12、支管节间长度与截面高度（或直径）之比不小于 24 者，可视为节点铰接。

3.13.5 网壳结构可否采用无加劲直接相贯连接节点？

【解析】网壳结构最好采用内有加劲节点，当采用无加劲直接相贯连接节点时，其节点必须采用经过刚度判别且判别结果为刚性的节点。

3.13.6 《钢结构设计规范》GB 50017 钢管连接节点计算公式是否适用冷成型钢？

【解析】钢管结构中的非加劲直接焊接相贯节点，其管材的屈强比不宜大于 0.8；与受拉构件焊接连接的钢管，当管壁厚度大于 25mm 且沿厚度方向受较大拉应力作用时，应采取措施防止层状撕裂。

值得注意的是，钢管结构中对钢材性能的要求是基于最终成品（钢管及方矩管），而不是基于母材的性能，对冷成型的钢管（如方矩管的弯角处），其性能很难满足要求。非加劲钢管的主要破坏模式之一是贯通钢管管壁局部弯曲导致的塑性破坏，因此，主管不应采用冷成型钢，而对支管而言，要求可以适当降低。

3.13.7 在抗震设防地区能采用满足《钢结构设计规范》GB 50017 的要求，但不满足强节点弱杆件的钢管连接节点吗？

【解析】不能一概而论。满足下列条件之一即可采用：

1. 不承担地震作用；

2. 只承受竖向地震作用，则只要节点抗震内力验算符合设计要求即可；

3. 为水平抗侧力结构，节点符合低延性结构的承载力要求（当为标准设防类建筑时，内力大致相当于 2 倍多遇地震作用时的抗震组合）。

3.13.8 搭接型连接中，隐蔽部位的焊缝是否可以不焊接？

【解析】搭接型连接中，位于下方的被搭接支管在组装、定位后，该支管与主管接触

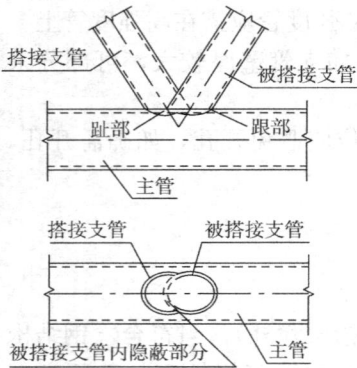

图 3.13.1 搭接连接的隐蔽部位

的一部分区域被搭接支管从上方覆盖，称为隐蔽部位。隐蔽部位无法从外部直接焊接，施焊十分困难。圆钢管直接焊接节点中，当搭接支管轴线在同一平面内时，除需要进行疲劳计算的节点、符合低延性结构承载力要求的节点以及对结构整体性能有重要影响的节点外，被搭接支管的隐蔽部位（图 3.13.1）可不焊接；被搭接支管隐蔽部位必须焊接时，允许在搭接管上设焊接手孔（图 3.13.2），在隐蔽部位施焊结束后封闭，或将搭接管在节点近旁处断开，隐蔽部位施焊后再接上其余管段（图 3.13.3）。

另外，当隐蔽部位不焊接时，承受轴心压力的支管宜在下方。

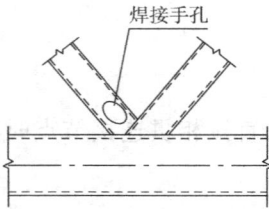

图 3.13.2 焊接手孔示意

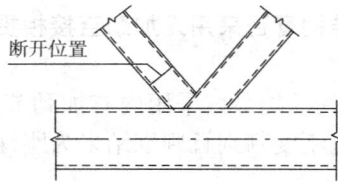

图 3.13.3 隐蔽部分施焊时搭接支管断开示意

第十四章 疲劳计算及防脆断设计

3.14.1 直接承受动力荷载重复作用的钢结构构件及其连接疲劳计算是如何界定的?

【解析】过去采用前苏联设计规范,建筑结构中行驶重级工作制吊车的吊车梁(工作 2×10^6 次)才要求进行疲劳计算。

现行 GB 50017 规定,当应力变化的循环次数等于或大于 5×10^4 次(如设计使用年限 50 年,相当于平均每天工作 2.7 次)应进行疲劳计算。但规范有关条文及说明仍遗留只是重级或大吨位中级工作制吊车梁才应进行疲劳计算的概念。

《起重机设计规范》GB/T 3811—2008 规定吊车按利用等级及载荷状态划分工作级别如表 3.14.1 所示。

工作级别 　　　　　　　　　　　　　　　　　　　　　　　　　　　　　　表 3.14.1

载荷状态	利用等级-n(万次)									
	U_0-1.6	U_1-3.2	U_2-6.3	U_3-12.5	U_4-25	U_5-50	U_6-100	U_7-200	U_8-400	U_9>400
Q_1-轻	A_1	A_1	A_1	A_2	A_3	A_4	A_5	A_6	A_7	A_8
Q_2-中	A_1	A_1	A_2	A_3	A_4	A_5	A_6	A_7	A_8	
Q_3-重	A_1	A_2	A_3	A_4	A_5	A_6	A_7	A_8		
Q_4-特重	A_2	A_3	A_4	A_5	A_6	A_7	A_8			

从表中可见所有轻级工作制(A1~A3)都有可能工作 6.3 万次,而中级(A4~A5)、重级全部工作 6.3 万次以上,都属于应计算疲劳的范畴。

现按《钢结构设计规范》GB 50017—2003 计算在各种循环次数和各种疲劳计算类别的容许应力幅见表 3.14.2。

各种循环次数的容许应力幅(N/mm²)　　　　　　　　　　　　　　表 3.14.2

构件和连接类别	1	2	3	4	5	6	7	8
$[\Delta\sigma]_{4 \times 10^6}$	26.4	21.5	9.3	8.2	7.2	6.2	5.5	4.7
$[\Delta\sigma]_{2 \times 10^6}$	176	144	118	103	90	78	69	59
$[\Delta\sigma]_{1 \times 10^6}$	210	171	148	130	114	99	87	74
$[\Delta\sigma]_{1 \times 10^5}$	373	305	319	279	245	213	187	160
$[\Delta\sigma]_{5 \times 10^4}$	444	362	402	352	309	268	235	202

注:规范式(6.2.1-2)对 2、3 类参数 C、β 取值变化过大,引起低应力循环次数时容许应力幅反常。

从表中可以看出,当 $n = 5 \times 10^4$ 次时,其容许应力幅绝大部分都大大高于钢材强度设计值。也就是说,虽要求计算疲劳,但结果不起控制作用。而当 $n = 4 \times 10^6$ 次时,容许应力幅过低,结构难以满足。

3.14.2　需要进行疲劳计算的焊接结构应如何选材？

【解析】需要进行疲劳计算的焊接结构应根据其工作温度来确定以冲击韧性为代表的钢材质量等级。

结构工作温度指当地最低日平均温度，不再采用冬季空气调节室外计算温度，也不考虑采暖房屋提高10℃的办法。

我国几个主要城市最低日平均温度为：海拉尔－42.5℃、伊春－37℃、二连－34.5℃、吉林－33.8℃、乌鲁木齐－33.3℃、长春－29.8℃、沈阳－24.9℃、银川－23.4℃、西宁－20.3℃、北京－15.9℃、兰州－15.8℃、合肥－12.5℃、武汉－11.3℃、拉萨－10.3℃、南京－9℃、杭州－6℃、贵阳－5.9℃、成都－1.1℃、广州、南宁、重庆、台北、海口均在 0℃以上。因此广州可用 Q235-B、Q345B、Q390B、Q420B；北京、成都可用 Q235-C、Q345C、Q390D、Q420D；沈阳、乌鲁木齐则应选 Q235-D、Q345D、Q390E、Q420E。D、E 级钢材市场供货很少，需要专门订货，价格增加较多，设计宜因地制宜，综合研究处理。

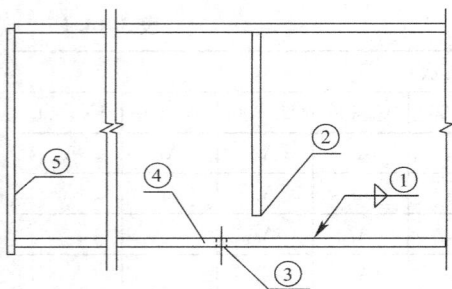

图 3.14.1　简支吊车梁疲劳计算位置

3.14.3　简支吊车梁有哪些部位应进行疲劳计算？

【解析】归纳有 5 处，见图 3.14.1。
1. 下翼缘与腹板连接角焊缝。
2. 横向加劲肋下端的主体金属。
3. 下翼缘螺栓和虚孔处的主体金属。
4. 下翼缘连接焊缝处的主体金属。
5. 支座加劲肋处的角焊缝。

3.14.4　焊接吊车梁横向加劲肋下端应如何焊接？

【解析】《钢结构设计规范》GB 50017—2003 第 8.5.6 条规定焊接吊车梁中间横向加劲肋的下端宜在距受拉下翼缘 50～100mm 处断开，其与腹板的连接焊缝不宜在肋下端起落弧。

3.14.5　为什么简支变截面吊车梁，最好采用直角式突变支座而不宜采用圆弧式突变支座？

【解析】一般，处于双向受拉状态的部位，抗疲劳性能较差。圆弧式突变支座腹板在与圆弧端封板连接附近沿切向和径向呈双向受拉工作状态，而直角式突变支座抗疲劳性能较好，与圆弧式突变支座相比，造价和工厂制作的方便程度相当，因此，尽管圆弧式突变支座有着较为美观的外形，但存在疲劳破坏可能性的中级工作制变截面吊车梁、高架道路变截面钢梁等最好采用直角式突变支座。

3.14.6 对于特别重要或特殊的结构构件和连接节点，如何采用断裂力学和损伤力学的方法对其进行抗脆断验算？

【解析】对于特别重要或特殊的结构构件和连接节点，如板厚大于 50mm 的厚板或超厚板构件和节点、承受较大冲击荷载的构件和节点、低温和疲劳共同作用的构件和节点、强腐蚀或强辐射环境中的构件和节点等，可采用断裂力学的方法对结构构件和连接节点进行抗脆断验算。采用断裂力学方法进行构件和连接的抗脆断验算，包括含初始缺陷构件、连接节点的断裂力学参量的计算和材料断裂韧性的选取等两方面。断裂力学参量的计算，首先是需要确定初始缺陷模型，可参考构件和连接的疲劳类别、施工条件、工程质量验收规范、当前的施工水平、探伤水平等因素，假定初始缺陷的位置、形状和尺寸；断裂力学参量的计算，当受力状态和几何条件较为简单时可采用简化裂纹模型，当受力状态和几何条件复杂时可采用数值模型。材料断裂韧性的确定，可利用已有的相应材料的断裂韧性值，当缺乏数据时需要通过试验对材料的断裂韧性进行测定，可按现行国家标准《金属材料 准静态断裂韧度的统一试验方法》GB/T 21143 进行。具体步骤如下：

1. 根据构件和连接的疲劳类别，以及结构构件的受力特征和应力状态，确定存在脆性断裂危险的构件和连接节点；根据疲劳类别的细节、质量验收要求等，假定构件和连接中可能存在的初始缺陷的位置、形状和尺寸。

2. 选取断裂力学参数和断裂判据，如线弹性条件下的应力强度因子 K 判据，弹塑性条件下的围道积分 J 判据、裂纹尖端张开位移 CTOD 判据等；对含初始缺陷的结构构件或连接节点进行断裂力学计算，得到设计应力水平下的裂纹尖端断裂参量 KI、JI 或 CTOD。

3. 确定相应设计条件（温度、板厚、焊接等）下，构件和连接节点材料的断裂韧性，如平面应变断裂韧度 KIC、延性断裂韧度 JIC 和裂纹尖端张开位移 CTOD 特征值等。

选取合理的断裂判据，对断裂力学计算得到的设计应力水平下的断裂参量和相应设计条件下的材料断裂韧性进行比较，从而完成抗断验算。

第十五章　钢结构抗震性能化设计

3.15.1 根据新修订的《钢结构设计规范》GB 50017 采用抗震性能化设计与根据《建筑抗震设计规范》GB 50011—2010 进行抗震设计有何异同，设计时如何选择？

【解析】《建筑抗震设计规范》GB 50011—2010 中，涉及钢结构抗震有三章，即多层和高层钢结构房屋（8 章）、单层钢结构厂房（9.2 节）、大跨屋盖建筑（10.2 节）。严格地说，《建筑抗震设计规范》GB 50011—2010 采用的也是性能化设计的手段，其中多层和高层钢结构房屋抗震设计采用的是高延性低承载力思路，单层钢结构厂房截面板件宽厚比等级控制在 S4 级采用低延性高承载力的思路，而大跨屋盖建筑主要考虑的是竖向地震作用的影响。

采用《建筑抗震设计规范》GB 50011—2010 和新修订的《钢结构设计规范》GB 50017 进行抗震设计比较如下：

1. 使用范围不同，目前新修订的《钢结构设计规范》GB 50017 的抗震性能化设计主要适用于抗震设防烈度不高于 8 度（0.20g），结构高度不高于 100m 的钢框架结构、支撑结构和框架-支撑结构的构件和节点。

2. 均须进行多遇地震作用下变形验算。

3. 均须进行多遇地震作用下承载力验算，但采用新修订的《铜结构设计规范》GB 50017 设计时，塑性耗能区的承载力可不满足抗震规范要求，这点对于偏心支撑结构尤具意义，避免其陷入消能梁段承载力不满足要求，加大截面，地震力变大，承载力仍然不够的怪圈。对于框架结构和支撑结构的意义在于，使结构更容易满足强柱弱梁、强柱弱支撑的构造规定。

4. 材料要求不同。采用抗震规范进行抗震设计的钢结构钢材符合下列规定：（1）钢材的屈服强度实测值与抗拉强度实测值的比值不大于 0.85；（2）钢材应有明显的屈服台阶，且伸长率不应小于 20%；（3）钢材应有良好的焊接性和合格的冲击韧性。采用钢结构规范进行抗震设计的钢结构区分弹性区和塑性耗能区，弹性区材料要求可以适当降低屈强比，而塑性耗能区增加了屈服强度上限要求。由于强度越高，屈强比越低，因此，采用高强度钢材的设计较适合采用高承载力低延性设计的钢结构，比如门式刚架轻型钢结构房屋、采用波纹或波浪钢板作为腹板的钢结构等。

5. 框架结构强柱弱梁验算，抗震规范与抗震等级相关，而钢结构规范则与材料及截面板件宽厚比相关。

6. 框架结构节点域承载力验算，抗震规范与抗震等级相关，钢结构规范与延性等级相关。

7. 抗震规范验算支撑斜杆的承载力（直接计算支撑承载力将导致支撑截面过大），钢结构规范按支撑对设计。

8.《建筑抗震设计规范》GB 50011—2010 中，抗震等级与抗震设防烈度直接相关（表 3.15.1），而进行多高层钢结构设计时，抗震等级则与截面板件宽厚比（表 3.15.2）和长细比（表 3.15.3）相关，即抗震设防烈度与截面板件宽厚比和长细比相关；但进行单层工业厂房设计时，与新修订的《钢结构设计规范》GB 50017 的规定类似，框架柱长细比仅与轴压比相关，截面板件宽厚比与承载力相关。

钢结构房屋的抗震等级　　　　　　　　　　　表 3.15.1

房屋高度	烈度			
	6	7	8	9
≤50m	一	四	三	二
>50m	四	三	二	一

框架梁、柱板件宽厚比限值　　　　　　　　　　表 3.15.2

构　件		抗震等级			
		一级	二级	三级	四级
柱	H 形截面翼缘 b/t 腹板 h_0/t_w	$10\varepsilon_k$ $43\varepsilon_k$	$11\varepsilon_k$ $45\varepsilon_k$	$12\varepsilon_k$ $48\varepsilon_k$	$13\varepsilon_k$ $52\varepsilon_k$
	箱形截面 壁板（腹板）间翼缘 b_0/t	$33\varepsilon_k$	$36\varepsilon_k$	$38\varepsilon_k$	$40\varepsilon_k$
梁	工字形截面翼缘 b/t 腹板 h_0/t_w	$9\varepsilon_k$ $\left[72-120\dfrac{N_b}{Af}\right]\varepsilon_k$ $\leqslant 60\varepsilon_k$	$9\varepsilon_k$ $\left[72-100\dfrac{N_b}{Af}\right]\varepsilon_k$ $\leqslant 65\varepsilon_k$	$10\varepsilon_k$ $\left[80-110\dfrac{N_b}{Af}\right]\varepsilon_k$ $\leqslant 70\varepsilon_k$	$11\varepsilon_k$ $\left[85-120\dfrac{N_b}{Af}\right]\varepsilon_k$ $\leqslant 75\varepsilon_k$
	箱形截面壁板（腹板）间翼缘 b_0/t	$30\varepsilon_k$	$30\varepsilon_k$	$32\varepsilon_k$	$36\varepsilon_k$
中心支撑	翼缘外伸部分 工字形截面腹板 箱形截面壁板	$8\varepsilon_k$ $25\varepsilon_k$ $18\varepsilon_k$	$9\varepsilon_k$ $26\varepsilon_k$ $20\varepsilon_k$	$10\varepsilon_k$ $27\varepsilon_k$ $25\varepsilon_k$	$13\varepsilon_k$ $33\varepsilon_k$ $30\varepsilon_k$
	圆管外径与壁厚比	$38\varepsilon_k^2$	$40\varepsilon_k^2$	$40\varepsilon_k^2$	$42\varepsilon_k^2$

框架柱与钢支撑的长细比限值　　　　　　　　表 3.15.3

构　件	抗震等级			
	一级	二级	三级	四级
框架结构中的框架柱	$60\varepsilon_k$	$80\varepsilon_k$	$100\varepsilon_k$	$120\varepsilon_k$
中心支撑按压杆设计、偏心支撑	$120\varepsilon_k$（圆管 $120\varepsilon_k^2$）			
中心支撑按拉杆设计	—	—	—	180

新修订的《钢结构设计规范》GB 50017 中，结构塑性耗能区承载力与性能级别相关（表 3.15.4），性能级别与延性等级相关（表 3.15.5），延性等级与截面板件宽厚比等级和长细比相关；框架结构见表 3.15.6，支撑结构及框架-支撑结构见表 3.15.7。

性能级别		性能 1	性能 2	性能 3	性能 4	性能 5	性能 6	性能 7
性能系数最小值	规则	1.1	0.9	0.70	0.55	0.45	0.35	0.275
	不规则 （不规则系数 按 1.25 考虑）	1.375	1.125	0.875	0.688	0.563	0.438	0.344
设防地震作用标 准值*性能系数最 小值/小震内力设 计值/1.1（规则）	6 度	3.000	2.455	1.909	1.500	1.227	0.955	0.750
	7 度（0.1g）	2.875	2.352	1.830	1.438	1.176	0.915	0.718
	7 度（0.15g）	2.833	2.318	1.803	1.417	1.159	0.902	0.708
	8 度（0.2g）	2.813	2.301	1.790	1.406	1.151	0.895	0.703

注：不规则框架的构件性能系数最小值，一般较规则结构构件性能系数增加 15%～50%，EC8 中不规则系数取
1.25。

设防类别	塑性耗能区最低性能级别						
	性能 1	性能 2	性能 3	性能 4	性能 5	性能 6	性能 7
适度设防类	—	—	—	V 级	Ⅳ 级	Ⅲ 级	Ⅱ 级
标准设防类	—	—	V 级	Ⅳ 级	Ⅲ 级	Ⅱ 级	Ⅰ 级
重点设防类	—	V 级	Ⅳ 级	Ⅲ 级	Ⅱ 级	Ⅰ 级	
特殊设防类	V 级	Ⅳ 级	Ⅲ 级	Ⅱ 级	Ⅰ 级		

注：Ⅰ 级至 V 级，结构构件延性等级依次降低。

构件		结构构件延性等级				
		Ⅰ 级	Ⅱ 级	Ⅲ 级	Ⅳ 级	V 级
框架柱	轴压比不大于 0.20	$120\varepsilon_k$	$120\varepsilon_k$	$120\varepsilon_k$	150	180
	轴压比大于 0.20	$125[1-N_p/(Af_y)]\varepsilon_k$（注：$N_p/(Af_y)$ 为轴压比）				
框架梁截面板件宽厚比 最低等级		S1	S2	S3	S4	S5

注：表格中 $N_p = N_{GE} + \Omega_{min}N_{Ehk2} + 0.4N_{Evk2}$，其中 Ω_{min} 为结构构件性能系数最小值；N_{GE} 为重力荷载代表值产生
的轴力效应；N_{Ehk2}、N_{Evk2} 分别为按弹性或等效弹性计算的受压支撑水平设防地震作用标准值的轴力效应、8
度时按弹性或等效弹性计算的受压支撑竖向设防地震作用标准值的轴力效应。

抗侧力构件	结构构件延性等级			支撑长细比	支撑截面板件宽厚 比最低等级	备注
	支撑结构	框架-中心 支撑结构	框架-偏心 支撑结构			
交叉中心 支撑或对 称设置的 单斜杆 支撑	V 级	V 级	—	满足普通钢结构规定	满足普通钢结构规定	—
	Ⅳ 级	Ⅲ 级	—	$\lambda \leqslant 180$	S3	—
	Ⅲ 级	Ⅱ 级	—	$\lambda \leqslant 65\varepsilon_k$	S2	—
				$130 < \lambda \leqslant 180$	S2	—
	Ⅱ 级	Ⅰ 级	—	$\lambda \leqslant 33\varepsilon_k$	S1	—

抗侧力构件	结构构件延性等级			支撑长细比	支撑截面板件宽厚比最低等级	备 注
	支撑结构	框架-中心支撑结构	框架-偏心支撑结构			
人字形或V形中心支撑	V级	V级	—	满足普通钢结构规定	满足普通钢结构规定	—
	IV级	III级	—	$\lambda \leqslant 180$	S3	—
	III级	II级	—	$\lambda \leqslant 65\varepsilon_k$	S2	—
				$130 < \lambda \leqslant 180$	S2	框架承受总水平力50%以上
	II级	I级	—	$\lambda \leqslant 33\varepsilon_k$	S1	
				采用防屈曲支撑	—	S1
偏心支撑	—	—	I级	$\lambda \leqslant 120\varepsilon_k$	满足普通钢结构规定	消能梁段截面板件宽厚比与抗震规范一致

注：λ 为支撑的最小长细比。

9. 钢结构规范中，增加了针对塑性耗能区的具体规定。

10. 钢结构规范中，对于采用自由翼缘或改进型过焊孔的框架结构，允许降低连接系数。

11. 关于隅撑的设置及外露式柱脚的规定略有不同。

12. 总体来说，钢结构规范的规定能提供更多的选择，更适合要求精细化设计的钢结构。

3.15.2 什么是性能系数，为什么要求塑性耗能区的性能系数较其他构件低？

【解析】所谓的性能系数指进行设防地震作用验算时，考虑结构的延性对地震作用的折减系数，类似于抗震规范中的屈服强度系数。塑性耗能区实际性能系数可按下列公式计算：

框架结构

$$\Omega_0^a = (W_E f_y - M_{GE} - 0.4 M_{Evk2})/M_{Ehk2} \qquad (3.15.1)$$

支撑结构

$$\Omega_0^a = (N'_{br} f_y - N'_{GE} - 0.4 N'_{Evk2})/N'_{Ehk2} \qquad (3.15.2)$$

框架-偏心支撑结构

当 $N_{p,l} \leqslant 0.15 A f_y$ 时，实际性能系数应取下列公式中 Ω_0^a 的较小值：

$$N_{p,l} = N_{GE} + 0.25 N_{Ehk2} + 0.4 N_{Evk2} \qquad (3.15.3)$$

$$\Omega_0^a = (W_{p,l} f_y - M_{GE} - 0.4 M_{Evk2})/M_{Ehk2} \qquad (3.15.4a)$$

$$\Omega_0^a = (A_w f_{yv} - V_{GE} - 0.4 V_{Evk2})/V_{Ehk2} \qquad (3.15.4b)$$

当 $N_{p,l} > 0.15 A f_y$ 时，实际性能系数应取下列公式的较小值：

$$\Omega_0^a = (1.2 W_{p,l} f_y [1 - N_{p,l}/(A f_y)] - M_{GE} - 0.4 M_{Evk2})/M_{Ehk2} \qquad (3.15.5a)$$

$$\Omega_0^a = (A_w f_{yv} \sqrt{1 - [N_{p,l}/(A f_y)]^2} - V_{GE} - 0.4 V_{Evk2})/V_{Ehk2} \qquad (3.15.5b)$$

式中　　Ω_0^a——构件塑性耗能区实际性能系数；

　　　　W_E——构件塑性耗能区截面模量，按表3.15.8取值；

f_y——钢材屈服强度;

M_{GE}、N_{GE}——分别为重力荷载代表值产生的弯矩效应、轴力效应,按现行国家标准《建筑抗震设计规范》GB 50011 的规定采用;

M_{Ehk2}、M_{Evk2}——分别为按弹性或等效弹性计算的构件水平设防地震作用标准值的弯矩效应、8 度时按弹性或等效弹性计算的构件竖向设防地震作用标准值的弯矩效应;

N'_{br}、N'_{GE}——支撑对承载力标准值、重力荷载代表值产生的轴力效应;

N'_{Ehk2}、N'_{Evk2}——分别为按弹性或等效弹性计算的支撑对水平设防地震作用标准值的轴力效应、8 度且高度大于 50m 时按弹性或等效弹性计算的支撑对竖向设防地震作用标准值的轴力效应;

N_{Ehk2}、N_{Evk2}——分别为按弹性或等效弹性计算的受压支撑水平设防地震作用标准值的轴力效应、8 度时按弹性或等效弹性计算的受压支撑竖向设防地震作用标准值的轴力效应;

A_{br}——支撑杆截面面积;

φ——受压支撑的稳定系数;

$N_{p,l}$——设防地震性能组合的消能梁段轴力;

f_{yv}——钢材的屈服抗剪强度,取钢材屈服强度的 0.58 倍;

$W_{p,l}$——消能梁段塑性截面模量;

A_w——消能梁段腹板截面面积。

钢材超强系数 η_y 表 3.15.8

塑性耗能区 弹性区	Q235	Q345、Q345GJ
Q235	1.15	1.05
Q345、Q345GJ、Q390、Q420、Q460	1.2	1.1

结构的延性不仅取决于构件的延性,更与结构预期的破坏途径相关,比如对于框架结构,只有框架梁的性能系数最低,预期的塑性铰才会出现在框架梁处,所有的验算都为了确保这一点。

3.15.3 按新修订的《钢结构设计规范》GB 50017 进行抗震性能化设计的设计步骤是什么?

【解析】虽然性能化设计理应适用于所有结构,但目前按《钢结构设计规范》GB 50017 的规定,主要适用于抗震设防烈度不高于 8 度(0.20g)、结构高度不高于 100m 的钢框架结构、支撑结构和框架-支撑结构的构件和节点的抗震性能化设计。超出《钢结构设计规范》GB 50017 适用范围的钢结构可根据《建筑抗震设计规范》GB 50011 的规定按照《钢结构设计规范》GB 50017 的思路进行性能化设计。按《钢结构设计规范》GB 50017 进行抗震性能化设计的钢结构,主要设计步骤如下:

1. 根据《建筑工程抗震设防分类标准》GB 50223 确定建筑抗震设防类别和设防标准;
2. 选择结构体系;

3. 判断其规则性，并根据情况决定性能系数的调整；

4. 根据设防烈度、结构体系及规则性初步选定塑性耗能区预期性能系数最小值；

5. 根据塑性耗能区预期性能系数最小值选定结构构件延性等级，根据构件延性等级选定构件控制参数。对于框架结构为框架柱长细比、框架梁板件宽厚比；对于支撑结构为支撑板件宽厚比及长细比；对于框架偏心支撑结构为消能梁段的板件宽厚比等；

6. 根据构件延性等级初选截面建立模型；

7. 建立多遇地震（小震）、设防地震（中震）反应谱分析数据，中震阻尼比取 0.05，小震根据《建筑抗震设计规范》GB 50011 的规定取值；

8. 运行分析；

9. 结构稳定验算；

10. 验算小震变形；

11. 验算除塑性耗能区外构件的小震承载力；

12. 验算构件塑性耗能区实际性能系数；

13. 除只需要构件延性等级为 V 级的结构（此类结构承载力要求较高）外，应进行塑性机构分析；对于框架结构为强柱弱梁验算、支撑结构为强框架弱支撑验算等；

14. 根据《建筑抗震设计规范》GB 50011—2010 第 5.5.2 条的规定或当塑性耗能区的小震承载力不符合《建筑抗震设计规范》GB 50011 的规定时，应进行罕遇地震下竖向构件弹塑性层间变形验算。

3.15.4 为什么门式刚架轻型钢结构厂房可不符合《建筑抗震设计规范》GB 50011—2010 的规定？

【解析】对于门式刚架轻型钢结构厂房，由于截面板件宽厚比等级允许采用 S5 级且采用变截面设计，内力无法进行重分布，所以内力计算和构件设计均采用弹性设计，由于围护结构均采用轻型材料，因此质量较小故地震作用影响一般比不上风荷载的影响，最适合低延性高承载力的设计，而《建筑抗震设计规范》GB 50011—2010 中采用低延性高承载力的设计的单层钢结构厂房截面板件宽厚比等级控制在 S4 级，所以门式刚架轻型钢结构厂房承载力要求应更高而延性要求可以降低。

3.15.5 进行框架结构强柱弱梁验算有什么需要注意的地方？

【解析】采用《建筑抗震设计规范》GB 50011—2010 进行抗震设计，根据 8.2.5 条强柱弱梁采用式 $\sum W_{pc}(f_{yc} - N/A_c) \geqslant \eta \sum W_{pb} f_{yb}$（等截面梁）验算时，公式左侧为框架柱的富余受弯承载力，而右侧作为框架梁受弯承载力，一般均应考虑硬化系数 1.1，因此，当框架柱不考虑采用塑性设计时，公式应改为 $\sum W_{Ec}(f_{yc} - N/A_c) \geqslant 1.1\eta \sum W_{pb} f_{yb}$（等截面梁），当采用塑性设计，根据《钢结构设计规范》GB 50017—2003 第 9.2.3 条，当轴压比大于 0.13 时，框架柱作为压弯构件的富余受弯承载力为 $1.15\sum W_{pc}(f_{yc} - N/A_c)$（详细分析可参考童根树教授《钢结构的平面内稳定》第 3.3 节"截面在压力和弯矩作用下的弹塑性性能和极限承载力"），因此，采用抗震规范的强柱弱梁验算时，框架柱采用塑性截面。

细心的设计者会发现《建筑抗震设计规范》第 8.3.2 条条文说明"从抗震设计的角度，对于板件宽厚比的要求，主要是地震下构件端部可能的塑性铰范围，非塑性铰范围的构件宽厚比可有所放宽"。当放宽框架柱板件宽厚比限值时，强柱弱梁的计算也应适当调整。

3.15.6 焊接梁柱翼缘与腹板间的焊缝什么时候必须采用熔透焊缝？

【解析】塑性耗能区板件间的连接、在梁翼缘上下各 600mm 的节点范围内，柱翼缘与柱腹板间或箱形柱壁板间的连接焊缝，采用全熔透焊缝。

3.15.7 钢结构拼接时应该注意什么？

【解析】尽量避免在最大应力区尤其是塑性耗能区的拼接，应选择弯矩较小、在地震作用下弯矩波动变化较小的弹性区拼接。当拼接位置避开了塑性耗能区，则可按与较小被拼接截面承载力等强的原则设计，需要注意的是，承载力等强并不是真正物理意义上的等强，一般采用节点极限承载力乘以连接系数大于构件屈服承载力的原则验算，也可采用最大荷载内力组合值（暴雨、大雪、罕遇地震等），考虑一定的安全系数（可采用连接系数作为安全系数）进行连接的承载力弹性设计。当由于条件限制不能避开塑性耗能区，如框架梁的拼接位置到柱翼缘表面的距离不小于 $\max\{L/10，1.5h\}$ （L 为梁的净跨、h 为梁高）时，则应考虑连接系数进行梁端梁-梁拼接极限受弯、受剪承载力验算，此时尚需注意受剪承载力应考虑 0.5 的折减系数。

3.15.8 构件承载力越高，结构的抗震性能越好吗？

【解析】结构抗震性能的高低和构件承载力高低有关系，但并不是简单的构件承载力越高结构抗震性能越好的关系。结构体系、塑性耗能区的构造要求以及构件承载力的高低都和抗震性能的高低有着直接关系。简单地说，除隔震设计外，抗震设计可有下列两种思路：

1. 采用普通结构体系，即刚强的结构抗侧力体系抵抗地震作用，此时构件承载力直接决定结构的承载力。

2. 采用制振结构体系，主要的设计思想是让结构按照设计者预想的破坏途径破坏，这样，设计者必须控制塑性耗能区的承载力，不能使其过高，如仅增加塑性耗能区的承载力，而其他构件的承载力未相应增加，结构的抗震性能反而可能降低。

以交叉支撑系统为例，当支撑实际屈服强度较低时，在强烈地震作用下，支撑屈服时，与支撑直接连接的框架柱所承担的相应的竖向分力也相对较低，当仅提高支撑承载力，则框架柱可能在支撑屈服前发生破坏而导致结构破坏。

3.15.9 为什么说钢结构适合做性能化设计？

【解析】一方面，钢结构为薄壁构件，构件尺寸大并不意味着用钢量高，比如 500mm×800mm 的混凝土构件一定比 500mm×500mm 的材料用量高，但钢结构可以通过采用调整板厚的手段在不提高甚至减低用钢量的条件下提高构件抗弯承载力。对于截面大小无限制的框架结构，通过增加腹板高度减小腹板厚度可在不增加用钢量的条件下提高构件的弹性承载力，从而降低构件延性要求，达到节约造价的目的。比如轻型门式刚架结构，即便是采用中震弹性的要求，其结构一般也是由风荷载控制，这样，在设计门式刚架时，腹板和翼缘间的焊缝甚至可采用单面角焊缝、间断焊缝等。

另一方面，由于钢材有着良好的延性，特定的结构采用一定的设计处理手段可以使结构仅需较低的承载力即可满足。

我国幅员辽阔，各地地震环境及结构类型千差万别，指望规范为所有的结构给出唯一的正确解恐怕不太现实，设计者应根据场地、结构体系、功能要求、投资大小、震后损失和修复难易程度等，掌握各类构件的性能，了解其本质，把握关键点，采用性能化设计方法进行抗震设计。

3.15.10 采用钢结构性能化设计有什么好处，采用高延性低承载力思路设计的钢结构用钢量一定比采用低延性高承载力的钢结构低吗？

【解析】采用性能化设计后，结构设计采用了不同的设计手法，一类为高延性低承载力，另一类为低延性高承载力，对于采用高延性低承载力设计手法设计的结构，构件分为三类：第一类是塑性耗能区的构件，承载力要求不高但构造要求高；第二类是弹性区的普通构件，构造要求不高但承载力有一定要求；第三类为关键构件，构造要求不高但承载力要求高。这样对于同一结构的不同部位，可采用不同的构造要求。

有一点设计人员必须了解，即所有的构造措施对应的都是能耗的增加和造价的升高，因此，设计应设法避免不必要的构造要求。比如，对于柱脚，尽量采用角焊缝而不是熔透焊缝。对于拼接接头，只要选择合适位置，则无需为了庞大的节点而发愁，这一点也为抗震设防区的装配式钢结构提供了出路。

采用高延性低承载力思路设计的钢结构用钢量不一定比采用低延性高承载力的钢结构低。以 7 度设防的单层抗弯框架为例，众所周知，门式刚架轻型钢结构房屋用钢量远较普通钢结构低，主要原因是由于抗弯承载力的提高对材料用量的要求远远低于由于延性需求所要求的，因此，进行钢结构抗震设计时寻求承载力和延性需求的最佳结合点是合理设计的关键点。

3.15.11 塑性耗能区的钢材和做法有什么特殊要求，可以采用冷成型钢吗？为什么？

【解析】塑性耗能区应避免选择在加工过程中已损失部分塑性的钢材，因此不能采用冷成型钢，最好采用热轧型钢及整根材料，采用焊接截面时，板件间的连接应采用完全焊透的对接焊缝。

3.15.12 为什么当支撑作为塑性耗能区构件时，需成对设置但无需验算其受压承载力？

【解析】实验表明，当拉伸压缩型支撑产生大变形时，在往复荷载作用下，承载力减小但最终趋于稳定，而单侧设置的支撑一旦屈曲，可能就意味着结构破坏，只有成对设置的支撑在往复荷载作用下才能保持足够的承载力，对于结构来说需要控制的是支撑对的承载力。在强烈地震作用下，一侧支撑受压屈曲，另一侧支撑受拉屈服，只要与其相连的梁柱构件承载力满足要求，支撑框架则可折算成等效理想弹塑性体系，因此支撑需成对设置但无需验算其受压承载力。《建筑抗震设计规范》GB 50011—2010 第 9.2.10 条的规定即体现了这一点。

3.15.13　工字形框架梁预期塑性耗能区处必须设置隔撑吗？

【解析】框架梁预期塑性耗能区必须避免畸变屈曲，而设置隔撑只是避免工字形框架梁畸变屈曲的手段之一，因此，除设置隔撑外，还可采用其他手段，如对于上翼缘有楼板或刚性铺板与钢梁可靠连接时，可设置加劲肋，当然，如果满足相应的计算要求，则无需任何构造。

3.15.14　冷成型钢可用于抗震结构吗？

【解析】可以，但只可用于弹性工作区，如采用强柱弱梁设计的柱子，或支撑结构的梁柱等。

第十六章 钢结构防护

3.16.1 钢结构设计文件中对钢结构防护应作出哪些规定?

【解析】1. 防火方面,应注明结构的设计耐火等级、构件的设计耐火极限、所需要的防火保护措施及其防火保护材料的性能要求;

2. 防腐蚀方面,应注明所选用的防腐蚀方案(防腐蚀涂料、各种工艺形成的锌、铝等金属保护层、阴极保护措施、使用耐候钢或外包混凝土),应注明使用单位在使用过程中对钢结构防腐蚀进行定期检查和维修的要求,并建议制定防腐蚀维护计划;

3. 处于高温工作环境中的钢结构,必要时应列出采用的隔热措施。

3.16.2 钢结构防腐蚀设计有什么注意事项?

【解析】1. 当采用型钢组合的杆件时,型钢间的空隙宽度宜满足防护层施工、检查和维修的要求。

2. 不同金属材料接触会加速腐蚀时,应在接触部位采用隔离措施。

3. 焊条、螺栓、垫圈、节点板等连接构件的耐腐蚀性能,不应低于主材材料。螺栓直径不应小于 12mm。垫圈不应采用弹簧垫圈。螺栓、螺母和垫圈应采用镀锌等方法防护,安装后再采用与主体结构相同的防腐蚀方案。

4. 设计使用年限大于或等于 25 年的建筑物,对不易维修的结构应加强防护。

5. 避免出现难于检查、清理和涂漆之处,以及能积留湿气和大量灰尘的死角或凹槽。闭口截面构件应沿全长和端部焊接封闭。

6. 柱脚在地面以下的部分应采用强度等级较低的混凝土包裹(保护层厚度不应小于50mm),并应使包裹的混凝土高出室外地面不小于 150mm,室内地面不小于 50mm,并宜采取措施防止水分残留(如采取混凝土顶面设置 3mm 钢板与钢柱焊接)。当柱脚底面在地面以上时,柱脚底面应高出室外地面不小于 100mm,室内地面不小于 50mm。

3.16.3 钢结构防腐蚀设计的具体步骤是什么?

【解析】目前国内关于钢结构防腐蚀设计的主要规范有《工业建筑防腐蚀设计规范》、《高层建筑钢结构设计规程(上海)》。根据现有规范规程,防腐蚀设计具体步骤如下:

1. 确定钢结构腐蚀环境;

2. 确定钢结构的防护层预期使用年限;

3. 确定涂料的品种、层数及漆膜厚度。

3.16.4 高温环境下的钢结构温度超过 100℃ 时，可采取哪些防护措施？

【解析】1. 涂耐热涂料，采用耐火钢和采取有效的隔热降温措施。

2. 当高温环境下钢结构的承载力不满足要求时，可采取增大构件截面、采用耐火钢或其他有效的隔热降温措施（如加隔热层、热辐射屏蔽或水套等）。

3. 当钢结构短时间内可能受到火焰直接作用时，应采用有效的隔热降温措施（如加隔热层、热辐射屏蔽或水套等）。

4. 当钢结构可能受到炽热熔化金属的侵害时，应采用砌块或耐热固体材料做成的隔热层加以保护。

5. 高强度螺栓连接长期受辐射热（环境温度）达 150℃ 以上，或短时间受火焰作用时，应采取隔热降温措施予以保护。构件采用防火涂料进行防火保护时，其高强度螺栓连接处的涂层厚度不应小于相邻构件的涂料厚度。

应注意，钢结构的隔热保护措施在相应的工作环境下应具有耐久性，并与钢结构的防腐、防火保护措施相容。

第十七章　单层工业厂房

3.17.1　请说明单层工业厂房在建筑结构中的位置和内涵。

【解析】改革开放以来，我国建筑业发展迅猛，所有大、中、小城市都呈现出高楼林立，鳞次栉比，一片繁荣景象。但从国民经济发展来说，工业建设是主流。工业建筑，尤其是钢结构工业建筑，最有代表性的当属单层工业厂房。我国近年建成的多座几万至几十万平方米的宽厚板轧钢、冷轧钢板等大型车间，都是投资几十亿元的工业建筑，在国民经济发展和基本建设中都占据主要位置，不可忽视。

我国现行各种建筑结构设计规范，都以构件受力计算为主，系统地论述专门建筑如高层建筑、门式刚架则另有规程，系统地论述专门结构如网架、网壳等也有规程，而单层工业厂房却没有一本规程，但各本教科书中却有专题章节。厂房要适应工艺要求，而现代工业种类繁多，生产工艺要求殊异，但其共性却是可以归纳的。

单层厂房最主要特点是行驶吊车、通风散热、作业繁重、动力影响，故较多采用钢结构。厂房骨架是由柱、梁（或桁架）和支撑等相互联系而成的空间体系，具有足够的强度、稳定和刚度，以承受来自屋面、墙面、吊车、地震、温度作用，并向基础传递。为计算简化和明确，厂房结构常采用横向平面框（排）架和纵向结构两个相互独立的体系。这种体系由屋盖系统、吊车梁系统、柱系统、墙架系统、平台系统等组成。由柱和屋架组成的横向平面是厂房主要承重体系，绝大部分荷载都通过它传于基础。

3.17.2　对压型钢板组成的屋面、墙面体系，受力蒙皮作用是如何考虑的？

【解析】《冷弯薄壁型钢结构技术规范》GB 50018—2002 第 4.1.10 条对此规定为：

当采用不能滑动的连接件连接压型钢板及其支承构件形成屋面和墙面等围护体系时，且有试验或可靠分析方法获得蒙皮组合体的强度和刚度参数，能对结构进行整体分析和设计，可在单层房屋的设计中考虑受力蒙皮作用。

现场实测表明，具有可靠连接的压型钢板围护体系的建筑物，其承载能力和刚度均大于按裸骨架算得的值。这种因围护面材在自身平面内的抗剪能力而加强了结构整体工作性能的效应称为受力蒙皮作用。目前使用的自攻螺钉、抽芯铆钉和射钉等紧固件可发挥受力蒙皮作用。挂钩螺栓等可滑移的连接件则不具有抗剪能力，不能发挥受力蒙皮作用。由于蒙皮作用的大小与板型、板面开洞、布置形式等有关，应由试验研究方法确定相关系数，这样就限制了蒙皮作用的普遍利用。

图 3.17.1 (*a*) 表示有蒙皮围护的平梁门式刚架体系在水平风荷载作用下的变形情况，整个屋面像平放的深梁一样工作，两檐口檩条类似上、下弦杆，除受弯外，还承受轴向压、拉作用。

图 3.17.1 (b) 表示有蒙皮围护的山形门式刚架体系,在竖向屋面荷载作用下的变形情况。两坡向屋面类似斜放的深梁受弯,屋脊檩条受压,檐口檩条受拉。

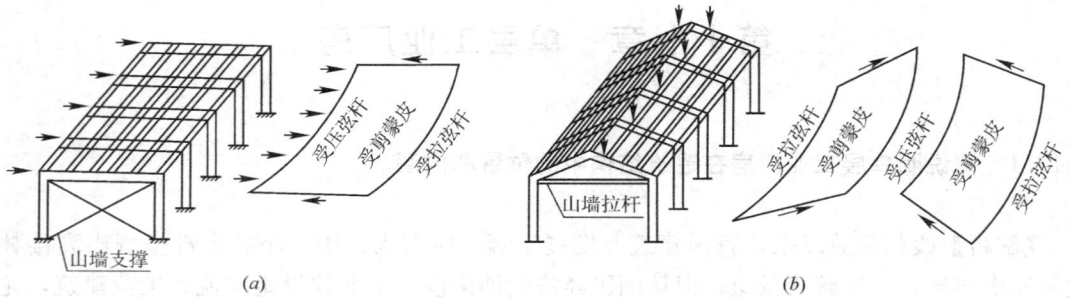

图 3.17.1 受力蒙皮作用示意
(a) 平屋面在水平风载作用下的变形;(b) 坡屋面在竖向荷载作用下的变形

所有这些深梁支座反力都由两端山墙承受,故山墙平面内应加山墙支撑或山墙拉杆。因此,目前大部分屋面、压型钢板与檩条的连接考虑变形余量,不宜考虑蒙皮作用。

3.17.3 屋面檩条在平面外设有拉条支承体系,拉条节点可否作为檩条平面外支承点?拉条布置应注意哪些问题?

【解析】只要拉条体系完整,不论对檩条强度或整体稳定计算,均可取拉条节点作为檩条平面外支承点。

图 3.17.2 表示了各种檩间支撑布置情况,(a)、(b) 为不同檩跨的布置,(c) 误将压杆改为拉条,C 点的向下力无法传递到檩条两端。(d) 中 d、e 应为压杆,才能将中部的向下力传递到檩条两端。

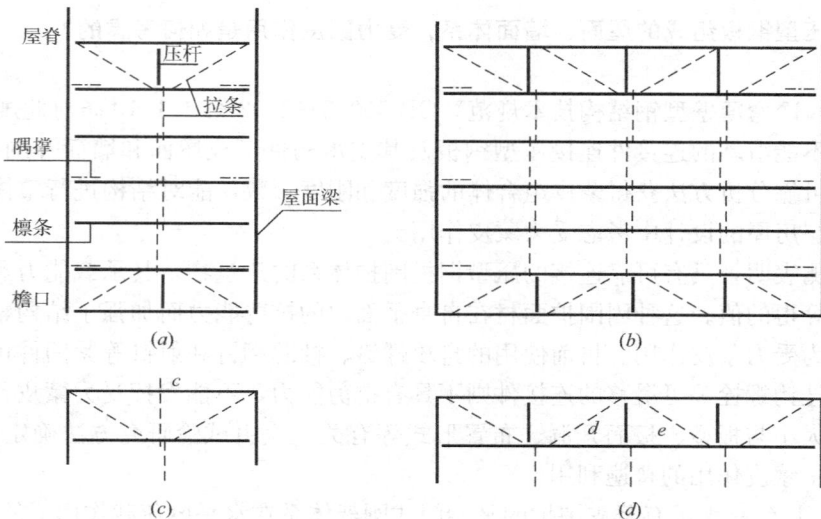

图 3.17.2 檩间支撑布置
(a) 檩跨≤6m时;(b) 檩跨12m时;(c)、(d) 错误布置

3.17.4 请说明屋面檩下隔撑的作用。

【解析】归纳如下：

1. 有檩屋盖系统常将传递水平力的支撑系统布置在屋架（屋面梁）上弦平面，下弦平面则不设支撑系统，下弦平面外稳定则由隔撑来保证，其平面外计算长度取隔撑的最大间距（图3.17.3）。

2. 在屋面支撑体系完整的条件下，隔撑布置宜与支撑节点结合，中间隔撑起减小屋架下弦出平面计算长度作用，但不能仅靠隔撑来起支撑体系作用。

3. 目前常用压型板檩距约1.5m，一般每隔两、三个檩距成对（边屋架除外）设置隔撑。

4. 一般不用隔撑作为檩条平面内支点计算，檩条跨度取屋架间距。

5. 隔撑可按拉杆设计。

6. 轻型房屋墙梁端部亦设置隔撑与柱连接，亦可按屋面隔撑处理。

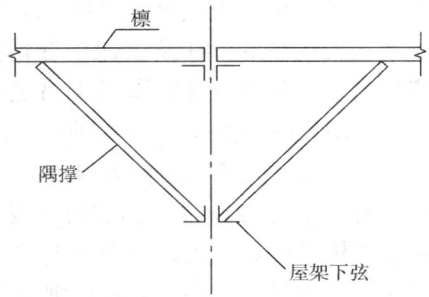

图3.17.3　隔撑

3.17.5 请说明支撑杆件的设计。

【解析】支撑设置多种多样，形式和构造各有不同，以屋盖的上弦水平支撑布置为例，见图3.12.4，有横向支撑、纵向支撑、柱顶和屋脊的刚性系杆、交叉支撑、K形支撑、单斜杆支撑以及交叉支撑端部的刚性横杆、纵向的柔性系杆等。

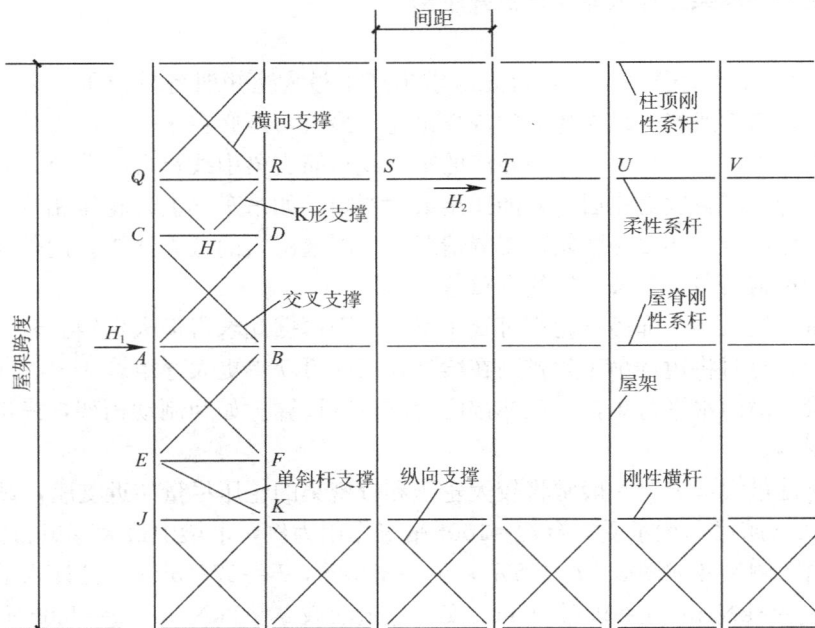

图3.17.4　屋盖支撑平面

能承受拉力又能承受压力的系杆是刚性系杆，通常采用双角钢组成的十字形截面或钢管；只能承受拉力的系杆是柔性系杆，一般采用单角钢制成。屋脊节点及屋架支座的柱顶都要求设置纵向刚性系杆；当横向水平支撑设在房屋端部第二柱间时，第一柱间所有水平直系杆均应为能受压的刚性系杆，才能将山墙水平荷载传于横向水平支撑各节点上。在未设置纵向支撑处常用通长柔性系杆与两端横向支撑节点相连，可以此点作为屋架平面外支点。系杆也可利用托架、檩条、墙梁代替，对截面较弱的檩条，则应按压弯构件设计。

交叉支撑的斜杆及柔性系杆均按拉杆设计，从图 3.17.4 中可分析其力的传递途径。当屋架平面外受有 H_1 作用于 A 点，需通过支撑传于两边柱顶。当 A 点承受 H_1 之后，AD、AF 均为拉杆，受压屈曲，只能由 AB 压杆承受，AB 杆将 H_1 传递到 B 点，这样 BC、BE 受拉将 H_1 的分力传于 C、E 点，然后再通过支撑体系逐步传于柱顶。又如当 T 点受有水平力 H_2，TU 为拉杆，受压屈曲，但 TS、SR 受拉，可将 H_2 传于 R 点，再通过支撑体系传到柱顶，故交叉支撑、连续的柔性系杆都可以按拉杆设计，只能受拉，不能承压。而交叉支撑的端部直杆则为承压的刚性系杆，才能保证支撑体系发挥作用。

再分析一下，K 形支撑和单斜杆支撑受力情况，当 C 点受有水平力时，先传于 H 点，HQ 和 HR 必为一拉一压，在 H 点才能平衡，这样就可将 C 点水平力传到 Q、R 点上，故 CHD、HQ、HR、QR 均应按压杆设计（要考虑 C 点水平力的相反方向）。同样，E 点受有水平力，EK 必须为压杆才能将不同方向的水平力从 E 传到 K。故 K 形支撑、单斜杆支撑按压杆设计。需要说明的是，当按拉杆设计时，拉杆与节点板连接节点宜符合《建筑抗震设计规范》GB 50011—2010 第 8.4.2 条第 4 款的规定，防止支撑受压屈曲产生的变形引起焊缝的破坏。

另外，檩条不宜作为支撑构件，当檩条作为支撑构件时，其与屋架连接不应采用椭圆孔。

3.17.6 请说明吊车梁上最大弯矩求法并示例。

【解析】由于吊车为移动荷载，首先应求出产生最大弯矩时各轮位置，根据材料力学对简支梁上移动诸力所产生最大弯矩的规律论述，最大弯矩必在某一集中力处产生，欲求某力处的最大弯矩，可将合力与此力距离的平分线与简支梁中线重合时获得，要将合力与每个力分别组合，经轮次对比后，才能比出最大弯矩。如吊车梁上各轮压相等，一般取与合力较近的轮压组合，还要照顾轮距布置情况，才能选出梁的最大弯矩。此外还要考虑梁的自重、安全过道活载、灰载、管线吊重等。

若梁的跨度较大，全部吊车轮都可置于梁上，则可据此求得最大弯矩。若各轮距总和与梁跨度相近，有时将边远吊车轮排列在梁外，反而可获得更大弯矩。

求制动梁、横向水平弯矩，一般亦按此轮压位置计算。如为制动桁架，尚应考虑节间局部弯矩的影响。

求梁支座处最大剪力，一般常将较大轮压和较密集的轮压尽量靠近支座，试算求得。

现以某 12m 跨吊车梁承受 2 台 $Q=100t$ 吊车作用为例，求梁中最大弯矩和剪力。

吊车纵向一侧尺寸如图 3.17.5 所示，$F_k=375kN$，$F=577.5kN$（已计入动力系数）；梁承受静载 $g_k=8kN/m$、$g=9.6kN/m$；安全过道活载 $q_k=2kN/m$、$q=2.8kN/m$。

经移动轮压测试梁上可置 6 个轮子，先求出合力 ΣF 距最左轮距离 a_1，见图 3.17.6。

$$a_1 = \frac{F \times (0.84 + 4.8 + 5.64 + 9.2 + 10.04)}{6F} = 5.086\text{m}$$

ΣF 距 C 轮距离 a_2，距 D 轮 a_3：

$$a_2 = 5.086 - 3.96 - 0.84 = 0.286\text{m}$$

$$a_3 = 0.84 - 0.286 = 0.554\text{m}$$

图 3.17.6 示出求最大弯矩梁上轮压位置，将合力与 $C(D)$ 轮的中线与梁中心线重合，可得：

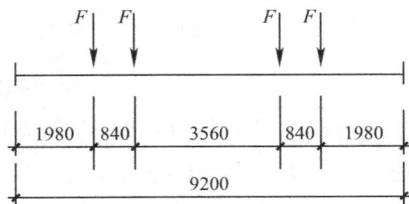

图 3.17.5　吊车纵向尺寸

$$M^C = 577.5 \times \left[\frac{6 \times 5.857^2}{12} - (3.96 + 4.8)\right] = 4846.5\text{kN} \cdot \text{m}$$

$$M^D = 577.5 \times \left[\frac{6 \times 5.723^2}{12} - (3.56 + 4.4)\right] = 4860.5\text{kN} \cdot \text{m}$$

一般情况下最大弯矩常在与合力较近的轮处，此梁因左右轮距不等，最大弯矩发生在距合力稍远的 D 轮处。

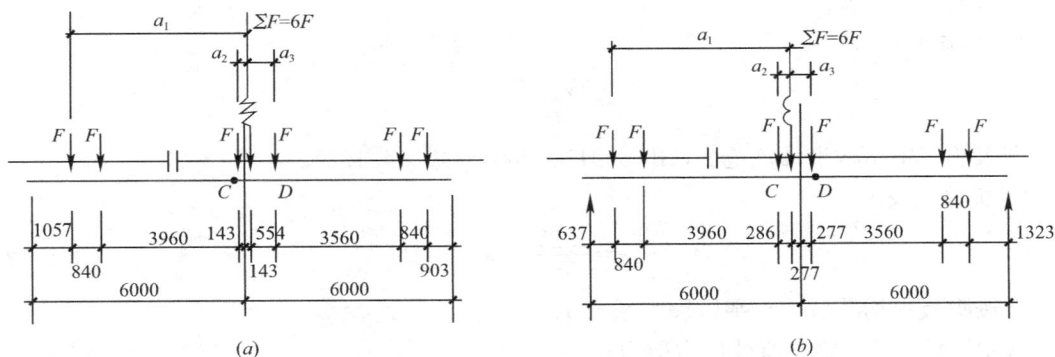

图 3.17.6　最大弯矩

(a) C 点弯矩；(b) D 点弯矩

均布活载组合时应考虑组合值系数 0.7：

$$g + q = 9.6 + 0.7 \times 2.8 = 11.56\text{kN/m}$$

近似按跨中取值：

$$M = \frac{1}{8} \times 11.56 \times 12^2 = 208.1\text{kN} \cdot \text{m}$$

$$\Sigma M = 4860.5 + 208.1 = 5068.6\text{kN} \cdot \text{m}$$

梁的最大剪力在图 3.17.7 梁的左端：

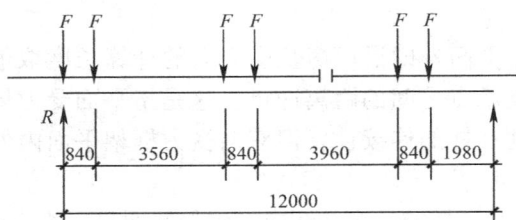

图 3.17.7　最大剪力

$$R = V_{max} = 577.5 \times \frac{1.96 + 2.8 + 6.76 + 7.6 + 11.16 + 12}{12}$$

$$= 2035kN$$

为什么最大剪力不取（$R-F$）呢？因为 F 只向右移一丁点，在此小范围内最大剪力是 R 而不是（$R-F$）。

再计入均布荷载：

$$V = \frac{1}{2} \times 11.56 \times 12 = 69kN$$

$$\Sigma V = 2035 + 69 = 2104kN$$

3.17.7 吊车梁支座剪应力计算为什么平板式支座与突缘式支座有所不同？

【解析】由于突缘式支座反力有偏心影响，故国家标准图集及有关资料对两种支座剪应力采取两种不同算法。

1. 平板式支座

$$\tau = \frac{V_{max}S}{I t_w} \leqslant f_v \tag{3.17.1}$$

即采用《钢结构设计规范》（GB 50017—2003）式（4.1.2）。

2. 突缘式支座

$$\tau = \frac{1.2V_{max}}{h_0 t_w} \leqslant f_v \tag{3.17.2}$$

即按腹板平均剪应力再乘以增大系数 1.2。

上二式中　V_{max}——梁支座处最大剪力；

　　　　　S——计算剪应力处以上（或以下）毛截面对中和轴的面积矩；

　　　　　I——毛截面惯性矩；

　　　　　t_w——腹板厚度；

　　　　　h_0——腹板高度。

3.17.8 请简述单层厂房柱计算要点。

【解析】柱属轴心受压（摇摆柱）或压弯构件，其强度、稳定性、长细比、变形均按计算确定。

柱平面内计算长度的计算比较繁冗，根据支承条件、柱子形式、梁柱刚度、柱的轴力等因素确定。

相对而言，厂房柱在平面外即沿厂房长度方向的计算长度取值比较简单，即取阻止框架平面外位移的侧向支承点之间的距离即可，这是指平面受力体系的简化假定，不再考虑柱平面外节点的刚性和柱的连续性，但双向受力框架平面内外计算长度宜各自计算确定。

当吊车梁为平板支座时，柱的吊车肢还应考虑相邻两吊车梁支座反力差在框架平面外弯矩的影响（图 3.17.8）。

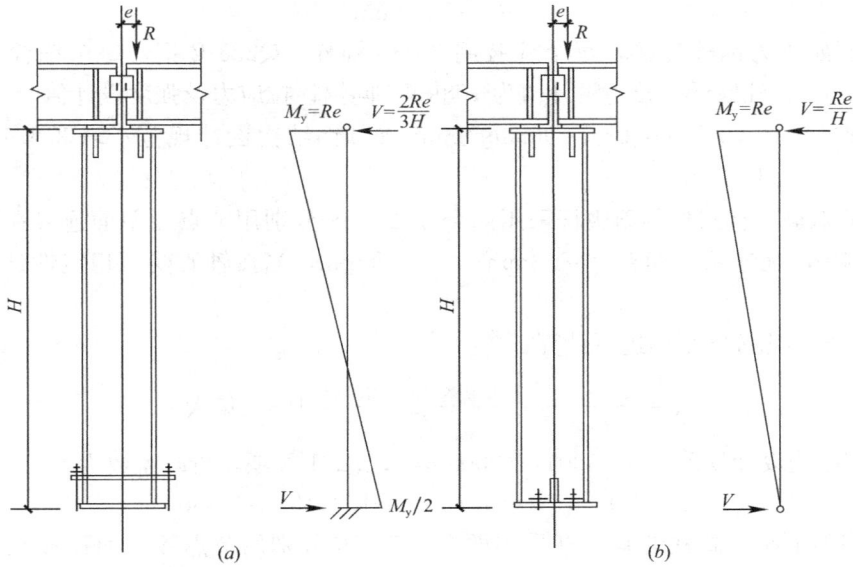

图 3.17.8　吊车肢平面外弯矩

(a) 柱脚刚接；(b) 柱脚铰接

3.17.9　请对图 3.17.9 所示单阶柱的下肢格构式柱进行部分计算。

【解析】假定柱距 12mm，在 ▽±0.000 及 14.000 处有柱间支撑纵向支承，钢材为 Q235-B，E4303 焊条，现进行如下 6 点计算：

1. 柱肢 HN400×200×8×13，$A = 8337\text{mm}^2$，$i_x = 165.8\text{mm}$，$i_y = 45.6\text{mm}$，柱肢承受轴压设计值 $N = 1204\text{kN}$，求其以稳定性强度计算数值。

$\lambda_x = 14000/165.8 = 84.4$，查《钢结构设计规范》表 5.1.2-1，$b/h = 200/400 = 0.5 < 0.8$，属 a 类，查表 C-1，$\varphi_x = 0.754$

$\lambda_y = 3000/45.6 = 65.8$，$b/h = 0.5$，属 b 类，查表 C-2，$\varphi_y = 0.775$

稳定性计算：

$$\frac{N}{\varphi A} = \frac{1204 \times 10^3}{0.754 \times 8337} = 191.5\text{N/mm}^2$$

2. 双肢柱脚分别插入双杯口基础锚固，求最小插入深度。按《钢结构设计规范》表 8.4.15，

$$d_{in} = 0.5h_c = 0.5 \times (3000 + 200)$$
$$= 1600\text{mm}$$

或　　　$d_{in} = 1.5b_c = 1.5 \times 400 = 600\text{mm}$

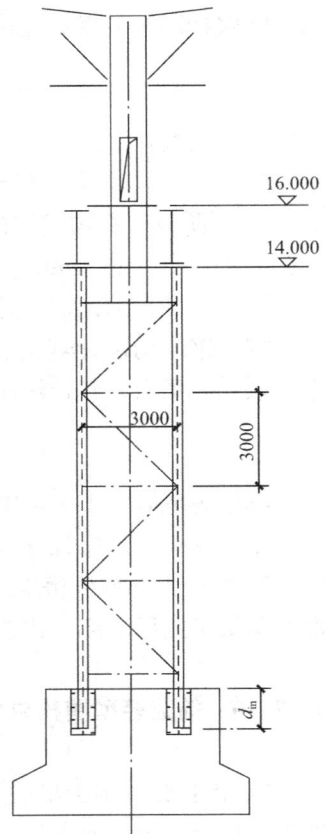

图 3.17.9　单阶柱

取 $$d_{in} = 1600mm$$

3. 柱脚如改为锚栓连接，每个柱肢用 2M30 锚栓，Q235-B 钢，每个锚栓有效面积 $A_e = 560.6mm^2$，柱肢最大拉力设计值为 108kN，问锚栓拉应力及强度设计值。

$\sigma = 108 \times 10^3 / (2 \times 560.6) = 96.3 N/mm^2$ 查《钢结构设计规范》表 3.4.1-4，$f_t^a = 140 N/mm^2 > \sigma$，可。

4. 下阶双肢格构式柱的斜腹杆采用两个∟ 125×8 分别用节点板单面连接在柱肢翼缘上，两角钢中间无连系，其 $i_x = 38.8mm$，$i_{min} = 25mm$，当按轴心受压稳定性计算时，求其折减系数。

单角钢长细比按斜平面进行计算：

$$\lambda = \frac{0.9 \times \sqrt{2}l}{i_{min}} = \frac{0.9 \times \sqrt{2} \times 300}{25} = 153 \quad \text{偏大}$$

按《钢结构设计规范》GB 50017—2003 第 3.4.2.1.2 项，折减系数为：

$$0.6 + 0.0015\lambda = 0.6 + 0.0015 \times 153 = 0.830$$

5. 下阶双肢格构式柱的斜腹杆采用两个∟ 75×6 分别用节点板单面连接在柱肢翼缘上，两角钢中间有缀条连系，∟ 75×6 的 $i_x = i_y = 23.1mm$，$i_{min} = 14.9mm$，当按轴心受压稳定性计算时，求其折减系数。

单角钢单面连接，因有缀条连系，使两角钢形成整体受力，回转半径可按平行轴取值，斜腹杆因有节点板连接，计算长度可取 0.8 系数。

$$\lambda = \frac{0.8 \times \sqrt{2}l}{i_x} = \frac{0.8 \times \sqrt{2} \times 3000}{23.1} = 147$$

折减系数：

$$0.6 \times 0.0015\lambda = 0.6 + 0.0015 \times 147 = 0.820$$

6. 下阶双肢格构式柱的平腹杆，起减小受压柱肢长细比作用，采用两个中间无连系的∟ 75×6，$i_x = 23.1mm$，$i_{min} = 14.9mm$，用节点板和柱肢连接。

请计算其长细比值，并检验其是否符合容许长细比。

按《钢结构设计规范》GB 50017—2003 表 5.3.1，单角钢腹杆计算长度按斜平面考虑，取 0.9 系数，其长细比：

$$\lambda = \frac{0.9l}{i_{min}} = \frac{0.9 \times 3000}{14.9} = 181.2$$

再按规范表 5.1.8 项次 2，水平杆为用以减小受压柱肢长细比杆件，容许长细比：$[\lambda] = 200 > 181.2$，符合要求。

7. 由于大部分厂房采用低延性-高承载力的设计思路，故柱脚满足《建筑抗震设计规范》单层工业厂房部分构造要求即可。

3.17.10 简述轻型围护单层工业厂房钢结构抗震设计

【解析】轻型围护单层工业厂房钢结构一般采用"低延性-高承载力"的设计思路进行性能化设计。设计要点如下：

1. 结构布置：横向抗侧力体系一般采用框（排）架或门式刚架体系；纵向抗侧力体

系一般采用支撑体系，6、7 度时也可采用框架体系。

2. 抗震验算要点：

（1）横向抗震设计：

厂房设计时，截面板件宽厚比符合《钢结构设计规范》GB 50017 弹性截面设计要求，即翼缘板件宽厚比不大于 $15\varepsilon_k$，腹板宽厚比不大于 $(45+25\alpha_0^{1.66})\varepsilon_k$，同时，根据《建筑抗震设计规范》GB 50011—2010 第 9 章的规定，按 2 倍多遇地震作用验算截面承载力。当承载力或板件截面宽厚比不符合《建筑抗震设计规范》GB 50011—2010 要求时，各构件可按新修订的《钢结构设计规范》GB 50017 复核或调整其材料、板件截面宽厚比及承载力要求。例如，某结构截面板件宽厚比符合《钢结构设计规范》GB 50017 弹性截面设计要求，但按 2 倍多遇地震作用验算柱截面承载力不满足要求时，有几种方式可能解决该问题：

1）若结构为规则结构，则在 8 度区承载力要求下降约 10%；

2）结构为不规则结构时，若补充塑性耗能区的材料要求，并增加纵向加劲肋，塑性耗能区本身的承载力要求下降约 10%；

3）若结构为规则结构，且补充塑性耗能区的材料要求，并增加纵向加劲肋，则在 8 度区承载力要求下降约 20%，塑性耗能区本身的承载力要求下降约 30%。

（2）纵向抗震设计：

厂房的纵向地震作用一般考虑由柱间支撑承担。支撑系统的构件可按下列要求设计：

1）支撑系统各构件的抗震承载力符合式 $S_{GE}+0.7S_{Ehk2}\leqslant R_k$ 要求，注意，支撑承载力可按支撑对验算。

2）支撑系统各构件的抗震承载力不符合式 $S_{GE}+0.7S_{Ehk2}\leqslant R_k$ 要求，对于人字形及 V 形尖顶横梁应考虑支撑拉杆和压杆的不平衡力的作用，同时考虑强柱弱支撑、强节点弱杆件的设计要求。

（3）梁柱节点域验算：

按"高承载力-低延性"设计思路设计时，节点域可按式 $\dfrac{\min\{(M_{b1}+M_{b2}),M_c\}}{V_P}\leqslant f_{ps}$ 验算，V_P 可按抗震规范的规定计算，节点域的抗剪承载力 f_{ps} 应据节点域受剪正则化长细比 λ_s^{re} 按下列规定取值：

1）当 $\lambda_s^{re}\leqslant 0.6$ 时，$f_{ps}=\dfrac{4}{3}f_v$；

2）当 $0.6<\lambda_s^{re}\leqslant 0.8$ 时，$f_{ps}=\dfrac{1}{3}(7-5\lambda_s^{re})f_v$；

3）当 $0.8<\lambda_s^{re}\leqslant 1.2$ 时，$f_{ps}=[1-0.75(\lambda_s^{re}-0.8)]f_v$。

第四篇 钢-混凝土组合结构

第一章 钢-混凝土组合结构基本概念

第一节 钢-混凝土组合结构的特点

4.1.1 钢-混凝土组合结构的主要特点是什么？

【解析】钢-混凝土组合结构是指将钢结构及钢筋混凝土结构通过某种方式组合在一起共同工作的一种结构形式。钢结构和混凝土结构是当前应用最多的两种结构形式。钢结构强度高、自重轻、延性好、施工速度快且工厂制作易于保证质量，且材料易于回收重新利用；混凝土结构材料成本较低、刚度大、抗火及抗腐蚀性能好。钢-混凝土组合结构能够综合利用钢结构与混凝土结构的优点，两种结构材料组合后的整体工作性能要明显优于二者性能的简单叠加，使结构综合性能得到显著提升。

与钢筋混凝土结构相比，组合结构可以减小构件截面尺寸、减轻结构自重、减小地震作用、增加有效使用空间、降低基础造价、方便安装、缩短施工周期、增加构件和结构的延性等；与钢结构相比，组合结构则可以减少用钢量、增大刚度、增加结构的稳定性和整体性、提高结构的抗火性和耐久性等。

经过几十年的研究及工程实践，钢-混凝土组合结构已经发展成为既区别于传统的钢筋混凝土结构和钢结构，又与之密切相关和交叉的一类结构形式，其结构类型和适用范围涵盖了结构工程应用的各个领域，并已成功应用于许多超高层建筑及大跨度桥梁。

4.1.2 什么是钢-混凝土组合结构体系？

【解析】组合结构体系是指将不同材料或构件组合在一起的结构形式，如组合筒体与组合框架所形成的组合体系、巨型组合框架体系等。将钢筋混凝土核心筒或剪力墙与钢框架联合使用，使具有较大侧向刚度的钢筋混凝土核心筒或剪力墙主要承受水平荷载，而具有较高材料强度的钢框架主要承受竖向荷载，这样可利用轻巧灵活的钢框架做成跨度较大的楼面结构，避免了单一结构体系带来的弊端。组合结构体系兼有钢结构施工速度快和混凝土结构刚度大、成本低的优点，在很多情况下被认为是一种符合我国国情的超高层建筑结构形式。

相对于传统的结构体系，钢-混凝土组合结构体系具有以下优点：

1. 组合结构体系具有良好的力学性能和使用性能。组合结构体系具有较强的侧向刚度。例如，混凝土核心筒-钢框架体系以侧向刚度较大的钢筋混凝土内筒作为主要的抗侧力结构，通过伸臂桁架等措施与外框架组合后，侧向刚度大于通常的钢结构体系，可以减少风荷载作用下的侧移和 P-Δ 效应对结构的不利影响。同时，钢筋混凝土内筒和外钢框架可以形成多道抗震防线，提高结构的延性和抗震性能。相对于钢筋混凝土结构，组合结构使用高强度钢材可以减轻自重，从而减小了地震作用和构件截面尺寸，并相应降低了基础造价。

2. 组合结构的综合造价要优于钢结构及钢筋混凝土结构体系。目前，我国钢筋混凝土结构的直接造价明显低于钢结构。钢-混凝土结构发挥了混凝土的力学及防护性能，使得结构的总体用钢量小于相应的纯钢结构，同时可节省部分防腐、防火涂装的费用。有统计表明，高层建筑采用钢-混凝土组合结构的用钢量低于相应纯钢结构约 20%。因此，从直接造价进行比较，钢-混凝土结构基本上介于纯钢结构和钢筋混凝土结构之间。从施工角度看，组合结构体系与钢结构的施工速度相当，相对于混凝土结构，则由于节省了大量支模、钢筋绑扎等工序，同时钢构架又可作为施工平台使用，使得施工速度可以大大增快、工期缩短。在考虑施工时间的节省、使用面积的增加以及结构高度降低等因素后，组合结构体系的综合经济指标一般要优于纯钢结构和混凝土结构。

第二节　钢-混凝土组合结构的类型

4.1.3　钢-混凝土组合梁有哪些基本构造形式？

【解析】钢-混凝土组合梁是广泛使用的一类横向承重组合构件，通过抗剪连接件将钢梁与混凝土翼板组合在一起，充分发挥了混凝土抗压和钢材抗拉的各自优势。目前，钢-混凝土组合梁已广泛应用于多、高层建筑和多层工业厂房的楼盖结构、工业厂房的吊车梁、工作平台、栈桥等。在跨度比较大、荷载比较重以及对结构高度要求较严等情况下，采用组合梁作为横向承重构件能够产生显著的技术经济效益。

目前组合梁主要采用混凝土翼板和钢梁所形成的工字形截面现浇混凝土组合梁（图4.1.1a），为 T 形截面形式。除了工字形截面钢梁之外，采用箱形钢梁与混凝土翼板组合所形成的箱形截面组合梁（图 4.1.1b），具有更大的承载力和刚度，并由于采用闭口截面而具有很强的抗扭性能，可应用于高层建筑中受力较大的转换梁以及桥梁结构。

将蜂窝形钢梁或钢桁架与混凝土翼板组合，则可以形成蜂窝形钢-混凝土组合梁（图4.1.1c）或钢桁架-混凝土组合梁（图 4.1.1d），具有结构自重轻、通透效果好等特点，并易于布置水、电、消防等设备管线。蜂窝形钢梁通常由轧制工字型钢或 H 型钢先沿腹板纵向切割成锯齿形后再错位焊接相连而成，有时也可以直接在钢梁腹板挖孔而形成。在一般情况下，蜂窝形钢梁的加工制作工艺比一般钢梁要复杂一些，而且腹板的抗剪能力有所削弱。

现浇混凝土翼板施工时需要支模，对于桥梁及高层建筑，为加快施工进度可采用预制混凝土板与钢梁所形成的钢-混凝土预制板组合梁（图 4.1.1e、f）。预制板组合梁施工时仅需要在槽口浇筑混凝土，可减少现场湿作业工作量，并减少混凝土收缩徐变等不利因素的影响。但这种结构形式对预制板的加工精度和施工安装精度要求高，且新、旧混凝土之间的竖向通缝在荷载作用下容易开裂。

钢-混凝土叠合板组合梁（图 4.1.1g）是在现浇混凝土翼板和预制混凝土翼板组合梁基础上发展起来的。近年来清华大学对钢-混凝土叠合板组合梁进行了大量的试验研究，证明叠合板组合梁具有与现浇混凝土翼缘的组合梁一样的受力性能。并且，叠合板组合梁在实际工程中也获得了大量的成功应用。混凝土叠合板翼缘是由预制板和现浇层混凝土所构成，预制板既作为模板，又作为楼板的一部分参与楼板和组合梁翼缘的受力，从而在保留预制板组合梁安装快捷的基础上，进一步降低了施工难度，并提高了结构的整体性。混凝土叠合板的设计按照《混凝土结构设计规范》GB 50010 的规定进行，在预制板表面采取拉毛及设置抗剪钢筋等措施以保证预制板和现浇层形成整体。

近年来，随着压型钢板的应用日益普及，很多高层建筑中开始使用钢-压型钢板混凝土组合梁，包括开口截面压型钢板组合梁（图 4.1.1h）与闭口截面压型钢板组合梁（图 4.1.1i）。这种结构形式的组合梁施工非常方便，不需要设置支撑和模板，且外形较为美观。

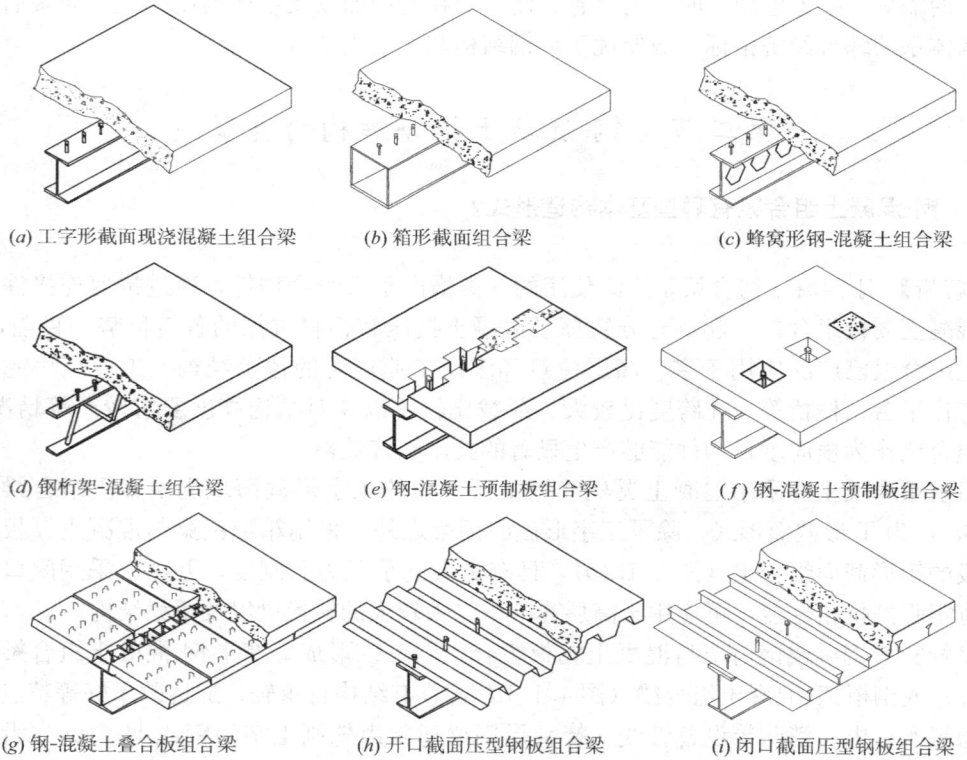

(a) 工字形截面现浇混凝土组合梁　　(b) 箱形截面组合梁　　(c) 蜂窝形钢-混凝土组合梁

(d) 钢桁架-混凝土组合梁　　(e) 钢-混凝土预制板组合梁　　(f) 钢-混凝土预制板组合梁

(g) 钢-混凝土叠合板组合梁　　(h) 开口截面压型钢板组合梁　　(i) 闭口截面压型钢板组合梁

图 4.1.1　钢-混凝土组合梁的结构形式

另一方面，为增大组合梁的承载力或刚度，可采用预应力组合梁。例如，在钢梁内施加预应力可减小钢梁在使用荷载下的最大拉应力，增大钢梁的弹性范围。在连续组合梁负弯矩区混凝土翼板内施加预应力，则可以降低混凝土翼板的拉应力来控制混凝土开裂。除了采用张拉钢丝束的方式之外，通过调整支座相对高程、预压荷载等方法也可以施加预应力。

除上述由上部混凝土板与下部钢梁所形成的钢-混凝土组合梁外，在某些工程中也有采用型钢混凝土梁。型钢混凝土梁由混凝土包裹型钢而构成，其受力特征与钢筋混凝土梁有很大相似性。除配置型钢外，型钢混凝土梁一般还需要配置纵向钢筋和箍筋。其中的型钢可采用实腹式和空腹式两类。

4.1.4 钢-混凝土组合柱有哪些基本构造形式？

【解析】钢-混凝土组合柱可分为钢管混凝土柱与型钢混凝土柱两种基本构造形式。

钢管混凝土柱。钢管混凝土是在钢管内填充混凝土而形成的组合结构，一般用作受压构件，包括中心受压和偏心受压，按截面形式不同，分为圆钢管混凝土、方钢管混凝土和多边形钢管混凝土等，工程中常用的截面形式如图 4.1.2 所示。实际工程中圆钢管混凝土结构应用较多，通常简称为钢管混凝土结构，也有采用方（或多边）形钢管混凝土。方钢管混凝土柱与梁的连接方便，因而在国外应用较多，近年来在我国的应用也呈上升趋势。

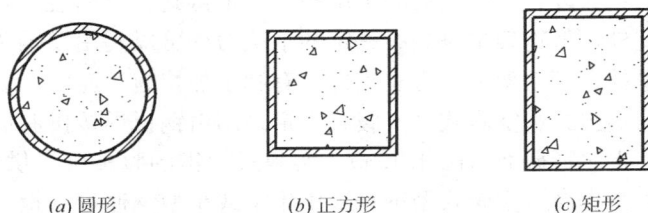

(a) 圆形   *(b)* 正方形   *(c)* 矩形

图 4.1.2　常见的钢管混凝土截面形式

钢管混凝土格构柱。钢管混凝土主要作为受压构件使用，当钢管混凝土柱为大偏心受压或柱的长细比较大时，采用单肢柱有时不能满足要求，并且材料强度也不能得以充分发挥。此时可以采用钢管混凝土格构柱，当荷载较大、柱身较宽时会较节省钢材用量。钢管混凝土格构柱一般由两个或多个钢管混凝土柱用缀板或缀条组成，如图 4.1.3 所示。格构柱中缀板和缀条的作用是把格构柱的各柱肢连接成整体，保证在荷载作用下各个柱肢能够共同受力。对于由缀板和单肢钢管混凝土组成的格构柱，可以近似采用多层平面刚架模型进行计算，在剪力作用下缀板和柱肢均能够承受弯矩和剪力。对于由缀条和单肢钢管混凝土组成的格构柱，可以近似采用平面桁架模型进行计算，在剪力作用下缀条和各柱肢将主

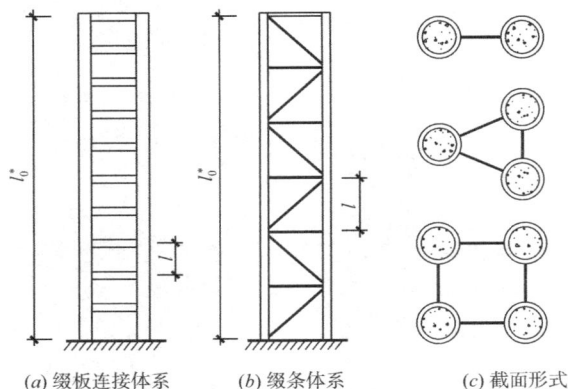

(a) 缀板连接体系   *(b)* 缀条体系   *(c)* 截面形式

图 4.1.3　钢管混凝土格构柱

要承受轴力。缀板体系的抗剪刚度较缀条体系偏小，且缀板与钢管间的连接构造比较复杂，因此对于圆钢管混凝土组成的格构柱，为充分发挥钢管混凝土轴压性能好的特点并方便制造安装，通常使用缀条体系。

型钢混凝土柱，是指在型钢周围配置钢筋，并浇筑混凝土的结构，也称为钢骨混凝土柱或劲性钢筋混凝土柱。型钢混凝土构件的内部型钢部分与外包钢筋混凝土部分形成整体、共同受力，其受力性能优于型钢部分和钢筋混凝土部分的简单叠加。与钢结构相比，型钢混凝土构件的外包钢筋混凝土部分可以防止钢构件的局部屈曲，并能提高钢构件的整体刚度，使钢材的强度得以充分发挥。采用型钢混凝土结构，一般可比纯钢结构节约钢材50%以上。其次，型钢混凝土结构比纯钢结构具有更大的刚度和阻尼，有利于结构变形的控制。此外，外包混凝土可提高结构的耐久性和耐火性，最初，欧美国家发展型钢混凝土结构主要就是出于对钢结构的防火和耐久性方面的考虑。与钢筋混凝土结构相比，由于配置了型钢，构件的承载力大为提高，尤其是采用实腹式型钢时，构件的受剪承载力有很大提高，抗震性能得到很大改善。型钢混凝土结构在日本得到广泛的应用，就是由于它具有很好的抗震性能。此外，型钢架本身具有一定的承载力，可以利用型钢架承受施工阶段的荷载，并可将模板悬挂在型钢架上，省去支撑，有利于加快施工速度，缩短施工周期。

型钢的形式分为实腹式和空腹式。实腹式型钢采用由钢板焊接拼制成或直接轧制而成的工字形、口字形、十字形截面（图4.1.4）。实腹式型钢的腹板可提供很大受剪承载力，使构件的抗震性能大为提高。空腹式型钢是采用角钢或小型钢通过缀板连接形成的格构式型钢架，有平腹杆和斜腹杆。空腹式型钢混凝土构件的受力性能与普通钢筋混凝土构件基本相同。因此，目前在抗震结构中多采用实腹式型钢混凝土构件。

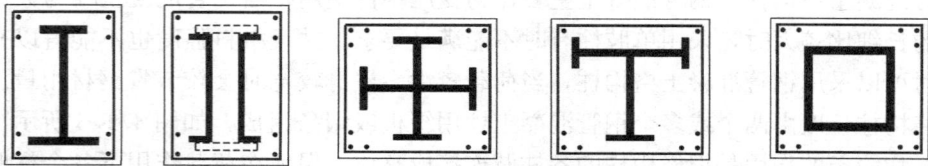

图 4.1.4　常用实腹式型钢混凝土截面形式

第二章 钢-混凝土组合板

第一节 基本设计规定

4.2.1 与普通钢筋混凝土楼板相比,压型钢板-混凝土组合板具有哪些特点?

【解析】压型钢板-混凝土组合楼板是指将压型钢板与混凝土组合成整体而共同工作的受力构件,如图 4.2.1 所示。20 世纪 60 年代前后,压型钢板首先在欧美、日本等国家作为浇筑混凝土的永久模板和施工平台开始在多、高层建筑中大量应用。随后,各国开展了大量试验研究,使压型钢板与混凝土能够通过构造措施形成整体共同受力,从而使压型钢板可以全部或部分代替楼板中的板底纵向受力钢筋,提高了压型钢板的使用效率。随着我国钢材产量的不断提高和相关配套技术的不断完善,压型钢板-混凝土组合板在建筑结构中应用日益广泛,具有很好的推广前景。

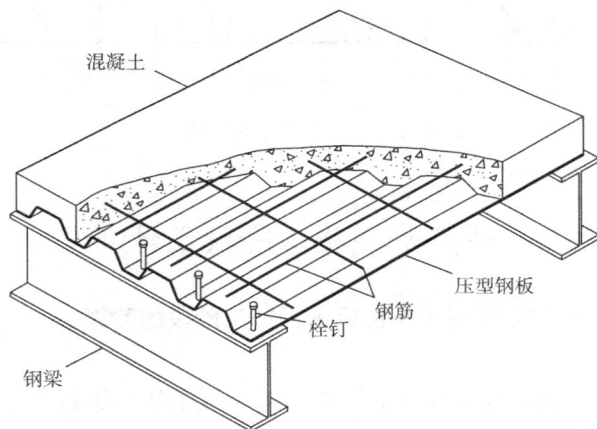

图 4.2.1 组合楼板构造图

与普通钢筋混凝土楼板相比,压型钢板-混凝土组合板具有以下优点:

(1)压型钢板可以作为浇筑混凝土的永久模板,并且可以作为施工平台使用,省去了楼板的竖向支撑和支模、拆模等工序,从而能够大大加快施工进度;

(2)压型钢板单位面积的重量较轻,易于运输和安装,提高了施工效率;

(3)在使用阶段,通过与混凝土的组合作用,带压痕等构造措施的压型钢板可以部分或全部代替楼板中的下层受力钢筋,从而节省了钢筋材料用量和钢筋绑扎工作量;

(4)组合楼板可减少受拉区混凝土用量,从而减轻楼板自重,改善结构的抗震性能,并可相应减少梁、柱和基础的尺寸;

(5)压型钢板的肋部便于安装水、电、通信等设备管线,使结构层与管线布设合为一体,从而可以增大有效使用空间或降低建筑总高度,提高了建筑设计的灵活性;

(6) 在施工阶段，压型钢板可作为钢梁的侧向支撑，提高了钢梁的整体稳定承载力；

(7) 压型钢板可以直接作为房屋顶棚使用，具有良好的装饰效果，避免了楼板正弯矩区开裂对结构外观的影响，对于闭口型压型钢板还可以很方便地在槽内固定吊顶挂钩。

4.2.2 压型钢板有几类截面构造形式，各有何特点？

【解析】常用的压型钢板截面形式有开口型、缩口型和闭口型三种，如图 4.2.2 所示，钢板一般厚约 $0.7 \sim 1.4\text{mm}$，板宽约 $75 \sim 200\text{mm}$。与开口型压型钢板相比，闭口板和缩口板与混凝土间的粘结握裹力更强，组合作用更强；而且截面重心位置较低，与混凝土组合后的内力臂较大，因此材料强度发挥也更充分，具有更高的受弯承载力。并且，闭口型和缩口型压型钢板相对于开口型板的抗火时间更长，可节省抗火构造并方便施工；闭口型和缩口型压型钢板底面更加平整，可根据房间的功能要求提供多种板底饰面处理方式。闭口型和缩口型压型钢板的受力性能和使用性能更好，是压型钢板发展和应用的主要方向之一。

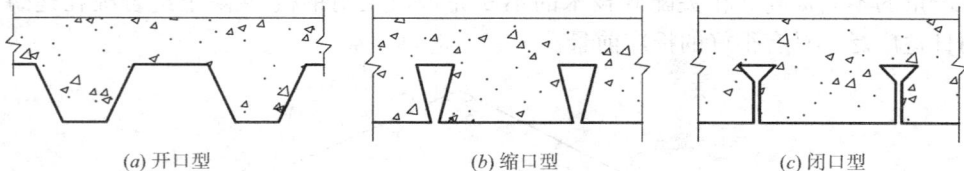

(a) 开口型　　　　　　　　(b) 缩口型　　　　　　　　(c) 闭口型

图 4.2.2　主要截面形式

第二节　施工阶段设计

4.2.3 是否必须对压型钢板-混凝土组合板进行施工阶段的验算？

【解析】施工阶段，包括湿混凝土重量在内的荷载由压型钢板单独承担，应对压型钢板-混凝土组合板进行施工阶段的设计验算，必要时可以在压型钢板底部设置临时支撑。

在施工阶段，压型钢板作为浇筑混凝土的底模，应采用弹性方法对其强度与变形进行验算。沿强边（顺板槽）方向的正、负弯矩和挠度应按单向板计算，弱边方向不计算。施工阶段应考虑的荷载包括压型钢板与混凝土、钢筋自重等永久荷载以及施工荷载与附加荷载等可变荷载。施工荷载包括工人和施工机具、设备重量，并考虑到施工时可能产生的冲击和振动。此外，尚应以工地实际荷载为依据，若有过量冲击、混凝土堆放、管线、泵荷等应增加相应的附加荷载。

4.2.4 进行施工阶段的承载力验算时，压型钢板的截面参数如何取值？

【解析】压型钢板的正截面受弯承载力应满足下式要求：

$$M \leqslant f W_\text{s} \tag{4.2.1}$$

式中 M——单位宽度的弯矩设计值，需考虑施工阶段全部的永久荷载和可变荷载；

f——压型钢板的抗拉、抗压强度设计值；

W_s——单位宽度压型钢板的截面弹性抵抗矩，取受压区 W_{Sc} 与受拉区 W_{St} 二者中的较小值，$W_{Sc} = I_s / X_c$，$W_{St} = I_s / (h_a - X_c)$；

I_s——单位宽度压型钢板对截面重心轴的惯性矩；

X_c——压型钢板从受压翼缘外边缘到重心轴的距离；

h_a——压型钢板的总高度。

压型钢板由薄钢板压制成波状，截面刚度较钢板有显著提高。为增大截面刚度和提高与混凝土的粘结作用，通常还在压型钢板的翼缘及腹板上进一步压制槽纹。对于组合楼板，由于剪力滞效应的影响，在施工阶段压型钢板翼缘上的纵向应力分布并不均匀；腹板与翼缘交接处的应力最大，距腹板越远应力越小。为简化分析，设计时通常定义压型钢板受压翼缘的有效宽度，假设在有效宽度之内的纵向应力均匀分布，并忽略掉有效宽度之外的钢板。受压翼缘的有效宽度 b_{et}，可以参照《冷弯薄壁型钢结构技术规范》GB 50018 给出的方法进行计算。当压型钢板受压翼缘的宽厚比小于最大容许宽厚比（表 4.2.1）时，截面特征则可采用全截面进行计算；否则应采用有效截面进行计算，此时作为一种简化处理方式可取受压翼缘有效宽度 $b_{et} = 50t$，t 为压型钢板的厚度，如图 4.2.3 所示。计算截面惯性矩等截面特征时，只考虑有效宽度范围内的受压区钢板。压型钢板受拉部分则全部有效。

压型钢板受压翼缘最大容许宽厚比

表 4.2.1

翼缘板件的支承条件	最大容许宽厚比
两边支承（有中间加劲肋时）	500
一边支承，一边卷边	60
一边支承，一边自由	60

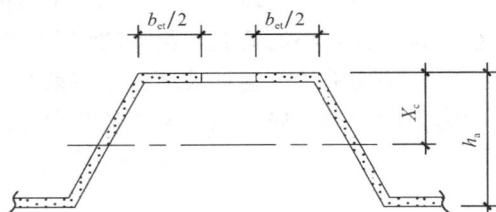

图 4.2.3 压型钢板有效截面

4.2.5 怎样进行组合板在施工阶段的变形验算？

【解析】压型钢板在施工阶段，还应进行正常使用极限状态下的挠度验算，需满足下式要求：

$$w_s \leqslant [w] \qquad (4.2.2)$$

式中 $[w]$——容许挠度，取 $L/180$ 及 20mm 中的较小值；

w_s——压型钢板在其自重和湿混凝土重量作用下的最大挠度，可按以下各式计算：

对于简支板

$$w_s = \frac{5}{384} \frac{S_s L^4}{EI_s} \qquad (4.2.3)$$

对于两跨连续板

$$w_s = \frac{1}{185} \frac{S_s L^4}{EI_s} \qquad (4.2.4)$$

式中 S_s——施工阶段荷载短期效应组合的设计值；

　　　L——压型钢板的跨度。

　　施工阶段压型钢板的验算通常由变形控制，当不满足式（4.2.2）的要求时，需在板下增设临时支撑或改用更强的压型钢板。

第三节　使用阶段组合板的设计验算

4.2.6　组合板的破坏形式？设计时针对这些破坏形式应如何分别进行验算？

　　【解析】组合板在使用阶段应防止发生各种可能的破坏模式，对于不同的截面形式及受力模式，组合板主要有以下三种破坏形态：

　　（1）弯曲破坏，如图 4.2.4 中截面 1-1 和曲线①所示。极限状态时组合板表现为受弯破坏，压型钢板全截面受拉屈服，组合板顶部的混凝土压碎。组合板弯曲破坏的必要条件为压型钢板和混凝土完全共同工作，破坏时板端部压型钢板和混凝土间的相对滑移较小，破坏形态与一般的钢筋混凝土适筋梁相似。

　　（2）纵向剪切破坏，如图 4.2.4 中截面 2-2 和曲线②所示。破坏时表现为压型钢板和混凝土间丧失粘结力并产生较大相对滑移，二者不能共同工作。由于滑移效应，组合板变形迅速增加，构件很快丧失承载力。组合板的承载力主要取决于两者之间的粘结强度。

　　（3）竖向剪切破坏，如图 4.2.4 中截面 3-3 和曲线③所示。这种破坏形态一般只发生在板的跨高比较小而荷载又很大的情况，表现为支座处混凝土的剪切破坏。

　　（4）冲切破坏。这种破坏形态一般只在组合板承受一个很大的局部集中荷载时发生，表现为集中力周边局部混凝土的环状剪切破坏。

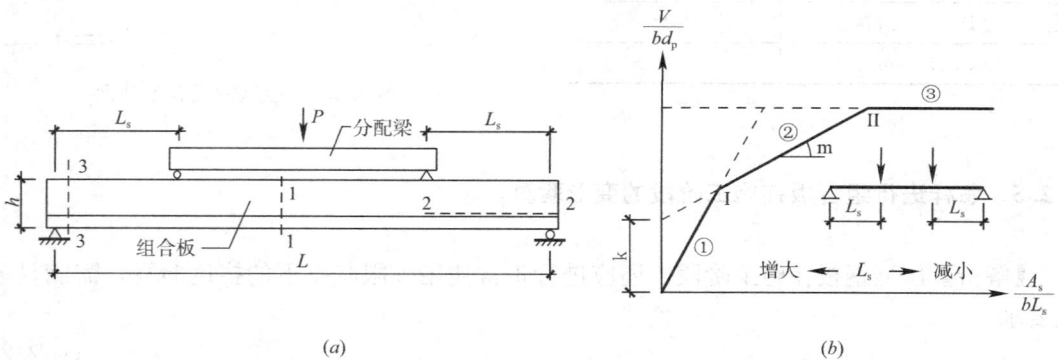

图 4.2.4　破坏模式示意图

　　1. 正截面受弯承载力计算

　　根据《高层建筑民用钢结构技术规程》JGJ 99—98，对于压型钢板与混凝土能共同工作的组合板，正截面受弯承载力可采用塑性方法进行计算，计算时假定截面受拉区和受压区的材料均能够达到强度设计值。极限状态时组合板的截面应力分布如图 4.2.5 所示，其中，压型钢板钢材的强度设计值 f 与混凝土的抗压强度设计值 f_c 应分别乘以折减系数 0.8。

(a) 塑性中和轴在混凝土内

(b) 塑性中和轴在压型钢板内

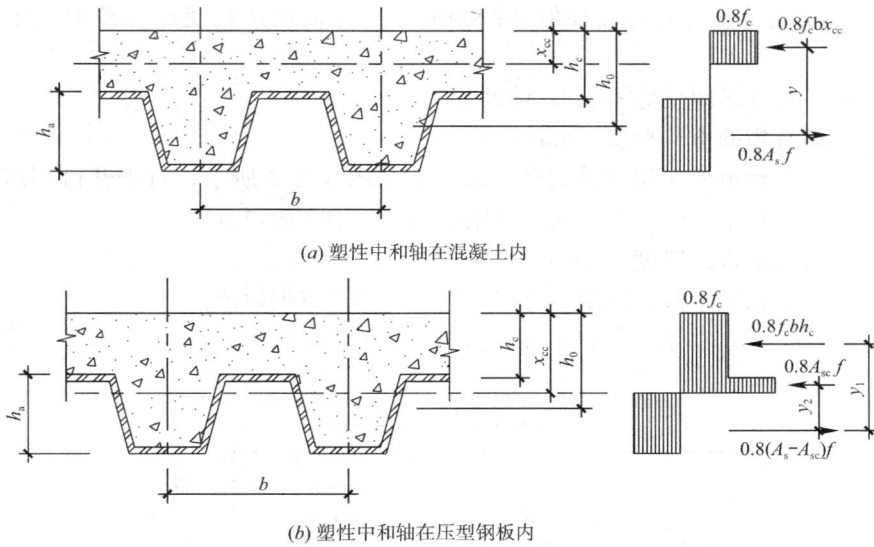

图 4.2.5　组合板正截面受弯承载力计算简图

当 $A_s f \leqslant f_c h_c b$ 时，即塑性中和轴在压型钢板上翼缘以上的混凝土内时（图 4.2.5a），组合板的受弯承载力按下式计算：

$$M \leqslant M_u = 0.8 f_c x_{cc} by \qquad (4.2.5)$$

式中　M——组合板正截面弯矩设计值；

　　　M_u——组合板正截面受弯承载力；

　　　x_{cc}——组合板受压区高度，$x_{cc} = A_s f / f_c b$，当 $x_{cc} > 0.55 h_0$ 时，取 $x_{cc} = 0.55 h_0$；

　　　h_0——组合板的有效高度，即从压型钢板形心轴至混凝土受压边缘的距离；

　　　h_c——压型钢板上翼缘以上的混凝土厚度；

　　　y——压型钢板截面应力合力至混凝土受压区截面应力合力的距离，$y = h_0 - x_{cc}/2$；

　　　b——压型钢板单位宽度；

　　　A_s——单位宽度内压型钢板的截面面积。

当 $A_s f > f_c h_c b$ 时，即塑性中和轴在压型钢板内时（图 4.2.5b），组合板的受弯承载力按下式计算：

$$M \leqslant M_u = 0.8(f_c h_c b y_1 + A_{sc} f y_2) \qquad (4.2.6)$$

式中　A_{sc}——塑性中和轴以上部分的压型钢板截面面积，$A_{sc} = 0.5(A_s - f_c h_c b / f)$；

　　　y_1、y_2——压型钢板受拉区截面拉应力合力分别至受压区混凝土板截面和压型钢板截面压应力合力的距离。

2. 纵向受剪承载力计算

组合板的纵向剪切粘结强度与压型钢板的外形与构造、混凝土的强度等级等诸多因素有关，一般都是通过对各种形式的压型钢板进行大量的试验回归得到用于设计的经验公式。我国原冶金工业部建筑研究总院通过对部分国产光面开口型压型钢板的试验，得到的纵向受剪承载力计算公式如下：

$$V_f \leqslant V_u = \alpha_0 - \alpha_1 L_v + \alpha_2 W_r h_0 + \alpha_3 t \qquad (4.2.7)$$

式中　V_f——组合板纵向剪力设计值（kN/m），组合板在达到受弯承载力极限状态时，
$$V_f = A_s f;$$

V_u——组合板纵向受剪承载力（kN/m）；

L_v——组合板的剪跨长度（mm）；

W_r——压型钢板的平均波槽宽度（mm），如图 4.2.6 所示，对于开口型压型钢板，按平均槽宽计，对于缩口型压型钢板，按上槽口宽度计；

t——压型钢板的厚度（mm）；

α_i——剪力粘结系数，由试验确定，也可以参考下列数值：

$$\alpha_0 = 78.142, \quad \alpha_1 = 0.098, \quad \alpha_2 = 0.0036, \quad \alpha_3 = 38.625$$

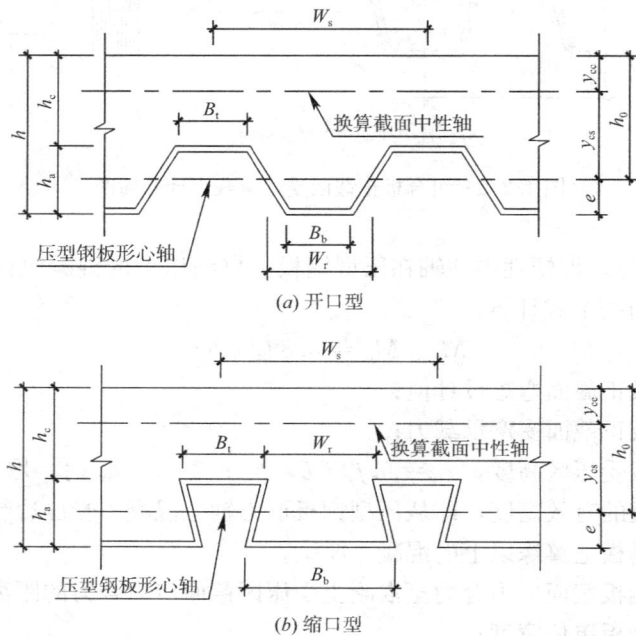

(a) 开口型

(b) 缩口型

图 4.2.6　组合板截面参数

3. 竖向受剪承载力计算

当剪跨比较小时，组合板有可能发生竖向剪切破坏。根据无腹筋钢筋混凝土板的斜截面抗剪计算公式，组合板竖向受剪承载力应符合下式要求：

$$V_c \leqslant 0.7 f_t b h_0 \frac{W_r}{W_s} \tag{4.2.8}$$

式中　f_t——混凝土轴心抗拉强度设计值；

W_r、W_s——压型钢板的波槽间距，如图 4.2.6 所示。

4. 局部冲切承载力计算

当组合板承受一个很大的局部集中荷载时，组合板可能发生局部冲切破坏。如图 4.2.7 所示，设集中荷载的作用面积为 $a_p \times b_p$，假设荷载在铺装层（面层厚度为 h_f）中沿 45°角扩散，破坏发生在长度为 C_p 的临界周长上，则临界周长 C_p 按下式计算：

396

$$C_p = 2\pi h_c + 2(2h_0 + a_p - 2h_c) + 2b_p + 8h_f \qquad (4.2.9)$$

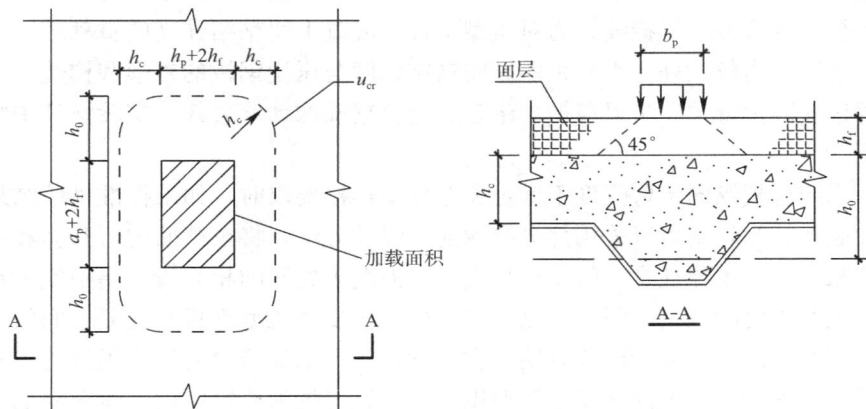

图 4.2.7　集中荷载作用下的冲切计算示意图

采用与式（4.2.8）类似的思路，组合板局部冲切承载力按下式计算：

$$V_p \leqslant 0.6 f_t C_p h_c \qquad (4.2.10)$$

4.2.7　压型钢板-混凝土组合板是否需要配置钢筋，配置钢筋时如何进行承载力验算？

【解析】组合板在下列情况下，应配置钢筋：

（1）当仅考虑压型钢板时组合板的承载力不满足设计要求时，应在板内混凝土中配置附加的抗拉钢筋；

（2）连续组合板或悬臂组合板的负弯矩区应配置连续抗拉钢筋；

（3）集中荷载区段和孔洞周围应配置分布钢筋；

（4）当防火效果不满足设计要求时，可增加抗拉钢筋。

配筋压型钢板-混凝土组合板的承载力验算可采用与钢筋混凝土梁相同的方法，基于截面受力分析进行组合板承载力验算。

同时，组合板配筋需满足一定的构造要求。当连续组合板按简支板设计时，负弯矩抗裂钢筋截面不应小于混凝土截面的 0.2%；从支承边缘算起，抗裂钢筋的长度不应小于跨度的 1/6，且必须与至少 5 根分布钢筋相交；抗裂钢筋最小直径为 4mm，最大间距为 150mm，顺肋方向抗裂钢筋的保护层厚度为 20mm；与抗裂钢筋垂直的分布钢筋直径不应小于抗裂钢筋直径的 2/3，其间距不应大于抗裂钢筋间距的 1.5 倍。在集中荷载作用处，组合板应设置横向钢筋，其截面面积不应小于肋上混凝土截面面积的 0.2%，其延伸宽度不应小于集中荷载在组合板上分布的有效宽度 b_{em}。

4.2.8　组合板纵向抗剪验算时应重点注意哪些问题？

【解析】设计组合板时通常应控制其发生受弯破坏，即在达到全截面受弯破坏前不会发生压型钢板与混凝土间的纵向剪切破坏。对于端部不设抗剪连接件的组合板，压型钢板和混凝土之间的粘结强度主要来源于界面的化学粘着力、接触面的摩擦力和压型钢板表面凸起产生的机械咬合力。机械咬合力对压型钢板与混凝土间粘结强度的贡献最大，摩擦力主要存在于支座反力较大处。组合板的纵向粘结强度与压型钢板的外形和构造，混凝土的强度等级等诸多因素有关，难以根据理论公式建立精确的计算公式，实际设计中粘结力一般可忽略不计。

此外，当组合板纵向抗剪强度不满足完全抗剪连接要求时，如果标准试验结果表明组合板呈延性破坏行为，则可以采用部分抗剪连接设计方法，将正截面抗弯验算和纵向抗剪验算统一起来。其基本原理是：假设压型钢板与混凝土之间的相对滑移集中发生在压型钢板上翼缘与混凝土之间的交界面上，纵向抗剪能力主要由压型钢板与混凝土间的机械咬合力提供。需要指出的是，大量试验表明，在压型钢板端部焊接栓钉等锚固件可以显著提高组合板的纵向抗剪能力，因此建议在压型钢板端部设置抗剪栓钉以增强组合板的纵向抗剪能力。

4.2.9　组合板应分别针对哪些问题进行正常使用阶段的验算？

【解析】组合板应针对挠度、裂缝和振动等问题进行正常使用阶段验算。在使用阶段，组合板的挠度应分别按荷载短期效应组合和荷载长期效应组合计算，并取其较大值。计算时将组合板作为沿强边（板槽）方向的简支单向板。对于无临时支撑的施工方式，组合板的总挠度则为施工阶段的挠度与二期恒载和活荷载对组合板引起的挠度之和。当采用有临时支撑的施工方式时，压型钢板与混凝土间的组合作用形成以后，拆除临时支撑引起的挠度相当于反向施加支撑反力于组合板所产生的挠度；二期恒载和活荷载也会引起组合板的挠度进一步增大。拆除支撑引起的挠度、活载挠度与压型钢板在施工阶段产生的挠度相叠加，即为组合板的总挠度。按以上方法计算的总挠度不得超过组合板计算跨度的 1/360。组合板负弯矩区的裂缝，则应按《混凝土结构设计规范》GB 50010 的相关规定计算其最大裂缝宽度。同时，应限制组合板最低自振频率不得小于 15Hz，组合板的自振频率可以按下式估算：

$$f = 1/(0.178\sqrt{w}) \tag{4.2.11}$$

第四节　组合板的构造要求

4.2.10　压型钢板与钢梁相连的端部是否需要进行锚固连接？如何进行处理？

【解析】组合板端部均应设置锚固措施，以增强二者间的组合作用，满足组合板纵向抗剪要求，防止压型钢板与混凝土之间发生滑移。

一般可焊接栓钉进行锚固，栓钉应设置在端支座的压型钢板凹肋处并穿透压型钢板将钢板焊牢于钢梁上，如图 4.2.8（a）所示。简支组合板端部支座处和连续组合板各跨端部都应设置栓钉锚固件。锚固栓钉的直径可按下列规定采用：

（1）跨度在 3m 以下的板，栓钉直径为 13~16mm；

（2）跨度在 3~6m 的板，栓钉直径为 16~19mm；

（3）跨度大于 6m 的板，栓钉直径为 19mm。

当不使用栓钉时，也可以将压型钢板端头压脚后点焊固定于钢梁上翼缘，如图 4.2.8 (b) 所示。

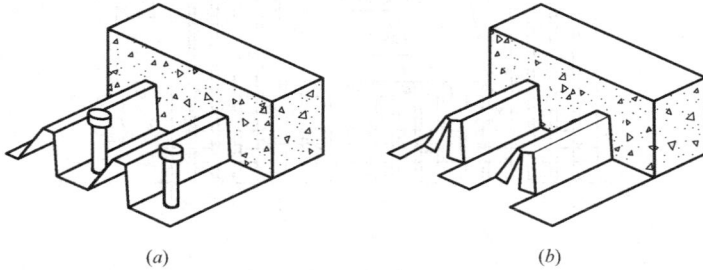

图 4.2.8　组合板支承于钢梁时的端部锚固方法

4.2.11　压型钢板-混凝土组合板开洞后如何进行补强？

【解析】组合楼板中开设的洞口尺寸超过 300mm 时，应采取措施对洞口处进行加强。当洞口边长介于 300mm 和 750mm 之间时，应在洞口设置加强角钢或者在混凝土内布置加强钢筋。浇筑混凝土前可以在洞口位置用压型钢板、木板或聚苯乙烯等材料做成盒子状模板，待浇筑的混凝土达到 75% 强度后再切割形成洞口。在已经硬化的混凝土中开孔时，不宜采用敲击方式凿除混凝土，这样可能破坏压型钢板与混凝土间的粘结作用。当洞口边长超过 750mm 时，则应在洞口四周布置次梁进行加强。组合楼板开孔时的补强措施可参见图 4.2.9。

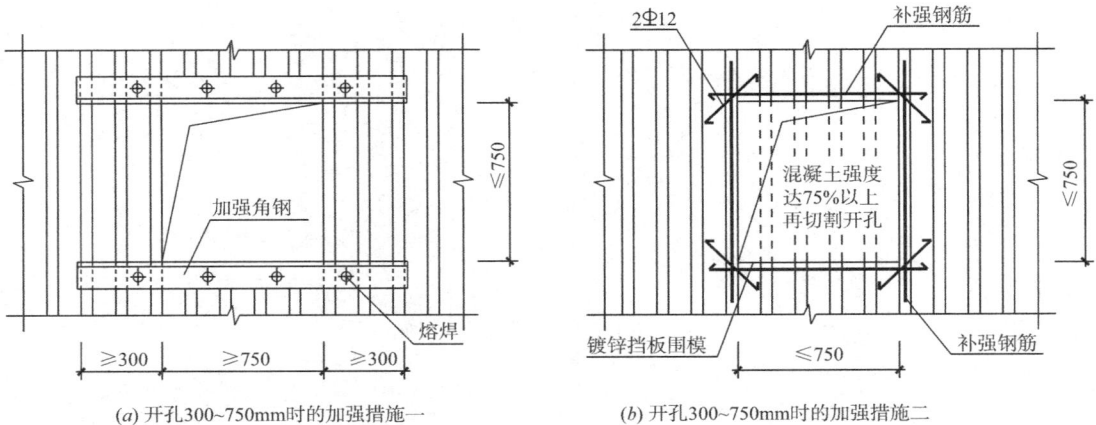

(a) 开孔300~750mm时的加强措施一　　　　　(b) 开孔300~750mm时的加强措施二

图 4.2.9　组合楼板开孔时的补强措施（一）

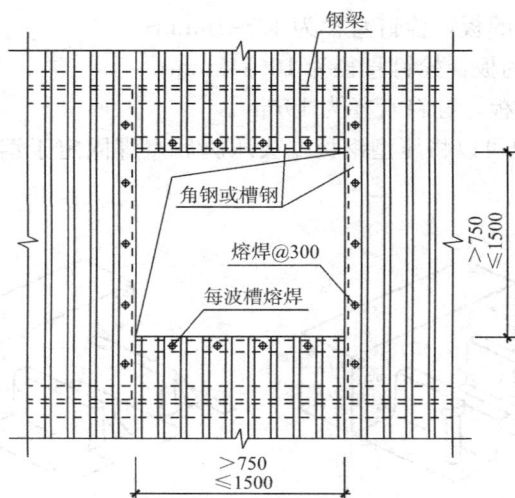

(c) 开孔750~1500mm时的加强措施

图 4.2.9 组合楼板开孔时的补强措施（二）

按以上做法进行设计施工时还应注意：

（1）补强做法适用于压型钢板的波高不小于 50mm 的楼板开孔。

（2）当圆形开孔孔径小于等于 300mm，长方形开孔与压型板沟肋垂直的边长小于等于 300mm 时，可以现场直接切割。如果开孔处未损及压型钢板波槽时，可无需补强。

（3）开孔周边应依钢筋混凝土结构开孔补强的方式，配置补强钢筋。补强钢筋的总面积应不少于压型钢板被削弱部分的面积。

第三章 钢-混凝土组合梁

第一节 基本设计规定

4.3.1 钢-混凝土组合梁的受力特征是什么?

【解析】钢-混凝土组合梁是广泛使用的一类横向承重组合构件,通过抗剪连接件将钢梁与混凝土翼板组合在一起共同工作,可以充分发挥混凝土抗压强度高和钢材抗拉性能好的优势。组合梁中的混凝土板可以对钢梁受压翼缘起到侧向约束作用,因而相对于纯钢梁具有更好的整体稳定性而不易发生侧扭失稳。组合梁受拉区没有混凝土,不存在混凝土受拉开裂的问题,同时减少了对抗力不发挥作用的受拉区混凝土重量,因而相对于混凝土梁具有更好的使用性能和更轻的自重。

组合梁具有较高的承载力和刚度,其整体受力性能要明显高于混凝土板与钢梁二者受力性能的简单叠加。对于一根钢梁与其上设置的混凝土板,如果界面上没有任何连接构造而允许二者自由滑动,在弯矩作用下钢梁和混凝土板将分别绕各自的中性轴发生弯曲,截面应力分布如图 4.3.1 (a) 所示。另一种极端情况是钢梁与混凝土板间通过某种措施能够完全避免发生相对滑移,则两部分将形成整体共同承受弯矩,截面应力分布将如图 4.3.1 (b) 所示。显然,后一种情况下结构的承载力及刚度将大大优于前者,而抗剪连接件即起到将钢梁与混凝土板组合在一起共同工作的作用,也是保证两种结构材料发挥组合效应的关键部件。除抗剪连接件外,钢梁与混凝土板之间的粘结力和摩擦力也可以发挥一定的抗剪作用。但由于这种粘结力和摩擦力具有不确定性,按照现有规范设计 T 形截面钢-混凝土组合梁时一般不考虑这部分有利作用,而单纯依靠抗剪连接件作为钢梁与混凝土板间的剪力传递构造。

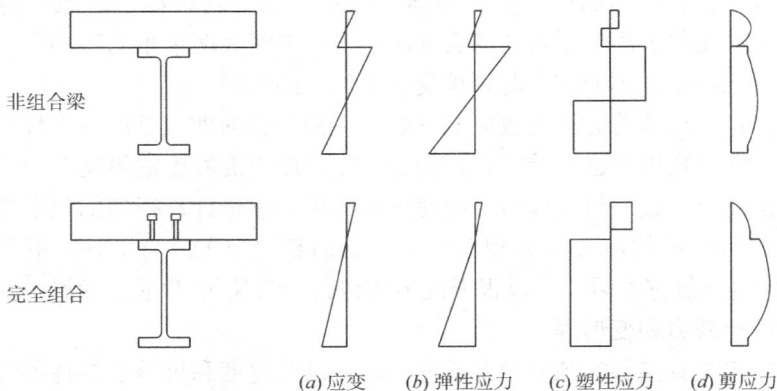

(a) 应变   (b) 弹性应力   (c) 塑性应力   (d) 剪应力

图 4.3.1 组合梁与非组合梁的应力分布

4.3.2 组合梁施工时是否要加临时支撑？

【解析】组合梁可以采用有临时支撑和无临时支撑的施工方法。有临时支撑施工时，在浇筑翼板混凝土时应在钢梁下设置足够多的临时支撑，使得钢梁在施工阶段基本不承受荷载，当混凝土达到一定强度并与钢梁形成组合作用后拆除临时支撑，此时由组合梁来承担全部荷载。临时支撑按满堂布置考虑时，要求在梁跨度大于 7m 时应设置不少于 3 个支撑点，支撑等间距布置；当梁跨度小于 7m 时，支撑点数量可适当减少；也可视施工场地条件按一定间距布置临时支撑作为临时支点，但应考虑对应拆除的临时支撑点支反力反向作用于组合梁的效应。采用无临时支撑的施工方法时，施工阶段混凝土硬化前的荷载均由钢梁承担，混凝土硬化后所增加的二期恒载及活荷载则由组合截面承担。这种方法在施工过程中钢梁的受力和变形较大，因此用钢量较有临时支撑的施工方法偏高，但比较方便快捷。对于大跨度组合梁，通常施工阶段钢梁的刚度比较小，一般都采用有临时支撑的施工方法。

采用有临时支撑的施工方法时，组合梁承担全部的恒载及活荷载，无论采用弹性设计方法或塑性设计方法均能够充分发挥钢材和混凝土材料的性能。采用无临时支撑的施工方法时，则应分阶段进行计算。第一阶段，即混凝土硬化前的施工阶段，应验算钢梁在湿混凝土、钢梁和施工荷载下的强度、稳定及变形，并满足《钢结构设计规范》GB 50017 的相关要求。第二阶段，即混凝土与钢梁形成组合作用后的使用阶段，应对组合梁在二期恒载以及活荷载作用下的受力性能进行验算。按弹性方法设计时，可以将两阶段的应力和变形进行叠加；按塑性方法设计时，承载力极限状态时的荷载则均由组合梁承担。

4.3.3 组合梁的混凝土翼板有效宽度跟哪些因素有关？

【解析】典型的组合楼盖或组合桥面系通常由多根钢梁与混凝土板构成，设计时则可以简化成一组平行的 T 形截面组合梁。按照平截面假定的初等梁理论，组合梁的某一截面在竖向弯曲作用下，混凝土翼板相同高度处的弯曲压应力为均匀分布。但实际上钢梁腹板内的剪力流在向混凝土翼板传递的过程中，由于混凝土翼板的剪切变形而使得压应力向两侧逐渐减小。混凝土翼板内的剪力流在横向传递过程中的这种滞后现象称为剪力滞后效应。剪力滞后效应使得混凝土翼板内的实际压应力呈中间大两边小的不均匀分布状态，因此距钢梁较远的混凝土并不能有效起到承受纵向压力的作用。

为在计算分析中反映剪力滞后效应的影响，一种传统的做法是用一个较小的混凝土翼板等效宽度代替实际宽度来进行计算，并假定有效宽度内混凝土的纵向应力沿宽度方向均匀分布。定义混凝土翼板有效宽度时，应使得按简单梁理论计算得到的组合梁弯曲应力与实际组合梁非均匀分布的最大应力相等，并根据面积 ABCDE 与 HIJK 相等的条件得到（图 4.3.2）。确定有效宽度后，可以很方便地将组合梁简化为 T 形截面梁，并根据平截面假定来计算梁的承载力和变形等。

有效宽度的定义直接影响到组合梁的内力计算以及挠度和抗剪连接件的设计。通常情况下，有效宽度的取值对承载力极限状态的影响较小，但对正常使用阶段变形验算的影响较大，而后者则往往控制大跨组合梁及承受动力荷载组合梁的设计。

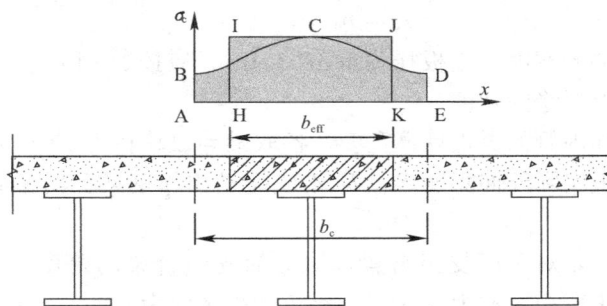

图 4.3.2　混凝土翼板有效宽度定义

通常情况下，混凝土翼板有效宽度主要受翼板宽度与跨度之比、荷载形式和板厚度的影响，各规范在定义有效宽度时也主要考虑了这几项因素。由于有效宽度沿梁跨的分布规律很复杂，影响因素众多，为方便设计，有关组合结构的各设计规范均给出了较为简化的有效宽度计算原则。这些计算原则主要依据组合梁在弹性阶段的应力分布所建立，可适用于正常使用极限状态的计算。当组合梁达到承载力极限状态时，由于截面大部分已进入塑性状态，应力分布趋向均匀，混凝土翼板的有效宽度逐渐增大。因此，按弹性阶段定义的有效宽度计算组合梁的极限承载力时能够保证计算结果的可靠性。

根据我国现行《钢结构设计规范》GB 50017 规定，在进行组合梁截面承载能力验算时，跨中及中间支座处混凝土翼板的有效宽度 b_e（图 4.3.3）应按下式计算：

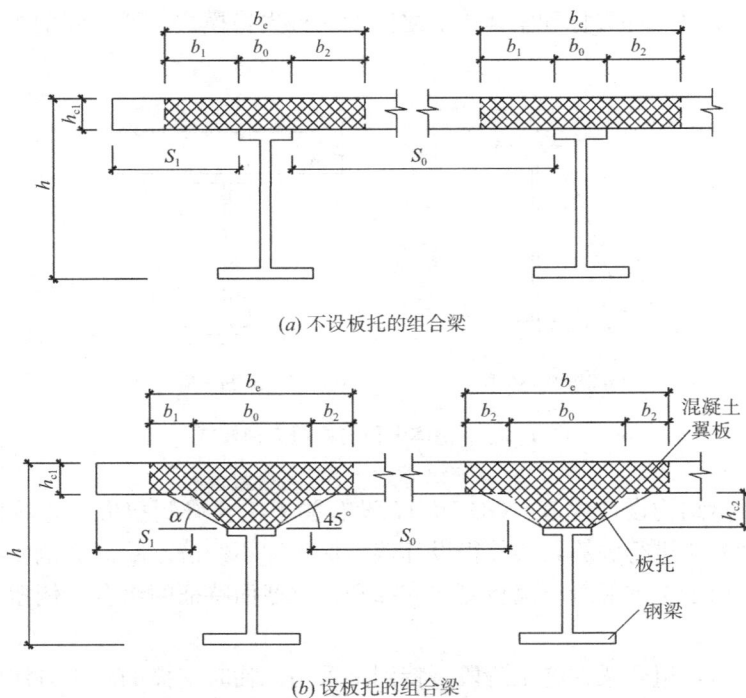

(a) 不设板托的组合梁

(b) 设板托的组合梁

图 4.3.3　凝土翼板的计算宽度

403

$$b_e = b_0 + b_1 + b_2 \tag{4.3.1}$$

式中　b_0——板托顶部的宽度，当板托倾角 $\alpha < 45°$ 时，应按 $\alpha = 45°$ 计算；当无板托时，则取钢梁上翼缘的宽度；

b_1、b_2——梁外侧和内侧的翼板计算宽度，各取梁等效跨径 l_e 的 1/6；此外，b_1 尚不应超过翼板实际外伸宽度 S_1；b_2 不应超过相邻钢梁上翼缘或板托间净距 S_0 的 1/2；

l_e——等效跨径，对于简支组合梁，取为简支组合梁的跨度 l；对于连续组合梁，中间跨正弯矩区取为 $0.6l$，边跨正弯矩区取为 $0.8l$，支座负弯矩区取为相邻两跨跨度之和的 0.2 倍。

根据我国现行《钢结构设计规范》GB 50017 规定，当进行结构整体内力和变形计算时，对于仅承受竖向荷载的梁柱铰接简支或连续组合梁，每跨混凝土翼板有效宽度取为定值，即按照跨中有效翼缘宽度取值计算。

4.3.4　组合梁是否会发生失稳？如何进行稳定验算？

【解析】连续组合梁的正弯矩区或简支组合梁中钢梁的受压翼缘受到混凝土翼板的约束，钢梁不会发生整体失稳。而连续组合梁的负弯矩区如果钢梁截面刚度不足，且受压翼缘和腹板未受到有效的约束，则有可能发生侧扭屈曲。纯钢梁整体失稳时截面会产生刚体平移和转动，而组合梁由于钢梁上翼缘受到混凝土翼板的约束，钢梁下翼缘的位移必然伴随着腹板的弯曲和扭转。因此，可以认为组合梁的侧扭失稳与纯钢梁的整体失稳有所不同，是一种介于钢梁局部失稳和整体失稳之间的一种失稳模式，两者间的主要差别可以参见图 4.3.4。

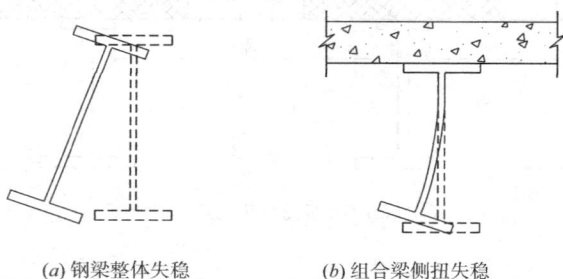

(a) 钢梁整体失稳　　　　　(b) 组合梁侧扭失稳

图 4.3.4　整体失稳与侧扭失稳模式

我国现行《钢结构设计规范》GB 50017 没有关于组合梁侧扭失稳验算的规定，如按照纯钢梁的设计方法进行验算，会使得设计偏于保守和不经济。欧洲规范 4 在大量研究工作的基础上，给出了考虑混凝土翼板侧向支撑和钢梁截面特征的组合梁侧扭失稳临界荷载计算方法。

需要说明的是，组合梁在施工阶段，特别是采用无临时支撑的施工方法时，由于缺少混凝土翼板所提供的侧向约束，根据我国现行《钢结构设计规范》GB 50017 规定，需要按照纯钢结构的方法考虑整体稳定性的影响。此外，当按照塑性方法进行设计时，为防止钢梁在达到全截面塑性极限弯矩前发生局部失稳，钢梁翼缘和腹板的宽厚比应满足一定的要求。

4.3.5 连续组合梁的设计内力如何确定？

【解析】连续组合梁的内力分析主要包括如何计算在正常使用极限状态和承载力极限状态下各控制截面的弯矩。

连续组合梁内力计算包括弹性分析方法和塑性分析方法。基于线弹性理论的设计方法可适用于正常使用极限状态和承载力极限状态；塑性分析方法则只适用于承载力极限状态。塑性分析时组合梁需要具有较大的塑性变形能力，因此要求组合梁各控制截面，特别是钢梁处于受压状态的负弯矩区组合梁具有较高的延性。塑性分析时可按照极限平衡的方法计算结构内力，因此某一梁跨所能够承担的极限弯矩与相邻跨的荷载、沿跨度方向截面刚度的变化、施工的顺序和方法以及混凝土的徐变和收缩等因素都没有关系。按塑性方法计算连续组合梁内力时可假设结构在极限状态形成充分的塑性变形机构，各控制截面的材料强度能够充分发挥。而按弹性理论进行内力分析时，连续组合梁达到破坏状态的条件是某一控制截面达到其弹性极限承载力。这对于简支梁静定结构是合理的，因为一个截面的失效就可以使结构形成机构而导致破坏。但对于超静定的连续组合梁，仅当一处截面达到其强度后，只要结构具有足够的延性，仍能够承担一定的附加荷载。因此，弹性分析得到的极限荷载往往低于塑性分析的结果，而按塑性方法设计出的构件相对于按弹性方法设计的构件更为经济，同时塑性分析不需要考虑施工过程及温度效应等约束作用的影响，计算过程也相对简单。对于建筑结构中无特殊使用要求的连续组合梁，应尽可能采用塑性方法来进行承载力极限状态的设计。

1. 弹性分析

建筑结构中的组合梁通常都可以按照塑性理论设计，但在直接承受动力荷载等情况下，有时也需要采用弹性方法进行内力计算。此外，如钢梁翼缘或腹板的宽厚比过大而不满足塑性设计的要求时，连续组合梁无法实现完全的塑性内力重分布，此时也应当按照弹性理论进行内力分析。

弹性分析时，连续组合梁的弯矩和剪力分布取决于各梁跨及正、负弯矩区之间的相对刚度，而对构件延性不做要求。对于普通钢筋混凝土连续梁，在荷载作用下正负弯矩区的混凝土都可能开裂，开裂后正弯矩区与负弯矩区的相对刚度变化不大，因而对弯矩分布的影响较小。而对于未施加预应力的连续组合梁，混凝土受拉发生在负弯矩区，完全开裂后组合梁截面的抗弯刚度可能只有未开裂截面的 $1/3 \sim 2/3$，所以一根等截面连续组合梁在负弯矩区混凝土开裂后沿跨度方向刚度的变化可能较大，在进行内力分析及挠度计算时应当充分考虑到这种刚度变化的影响。此外，按弹性方法进行内力计算时，还应当考虑连续组合梁各施工阶段和使用阶段的应力叠加关系，并对施工阶段和使用阶段的承载力分别进行验算。

连续组合梁正弯矩区的刚度与同样截面和跨度的简支组合梁相同，负弯矩区的刚度则取决于钢梁和钢筋所形成的组合截面。当考虑施工过程中体系转换的影响时，对等截面连续组合梁进行弹性分析时，每个截面应确定与施工阶段荷载、可变荷载以及永久荷载相对应的抗弯刚度。

2. 弯矩调幅法

钢-混凝土连续组合梁在加载过程中,由于负弯矩区混凝土开裂、钢梁及钢筋的塑性变形引起结构内力的重分布,其内力和变形与弹性计算结果有明显的差异。因此,考虑结构非线性行为所引起的内力重分布可以使计算结果更符合实际受力情况,从而更充分地发挥组合梁的受力性能。

弯矩调幅法是普遍应用于钢筋混凝土框架结构和梁板结构的一种简单有效的计算方法。应用于连续组合梁的内力计算时,弯矩调幅法通过对弹性分析结果的调整可以反映各种材料的非线性行为,同时也可以反映混凝土开裂的影响。连续组合梁弯矩调幅法的具体做法是减少位于内侧支座截面负弯矩的大小,同时增大与之异号的跨中正弯矩的大小,调幅后的内力应满足结构的平衡条件。由于组合梁在正弯矩作用下的承载力要明显高于负弯矩作用下的承载力,因此采用弯矩重分配可以显著提高设计的经济性。

连续组合梁弯矩调幅的程度主要取决于负弯矩区截面的承载力及其延性和转动能力。我国现行《钢结构设计规范》GB 50017 规定,考虑塑性发展时的负弯矩区内力调幅系数不应超过30%。需要指出的是,悬臂梁组合梁为静定结构,其内力由平衡条件确定,因此对悬臂组合梁以及相邻梁跨的端部负弯矩都不能进行调幅。

3. 塑性分析

如果连续组合梁各潜在的控制截面都具有充分的延性和转动能力,允许结构形成一系列塑性铰而达到极限状态,则可以根据极限平衡的方法计算其极限承载力。

极限塑性分析时假定连续组合梁的全部非弹性应变集中发生在塑性铰区,极限状态下结构的内力分布只取决于构件的强度和延性,而与各截面间的相对刚度无关。结构每形成一个塑性铰后减少一个冗余自由度,直到形成足够的塑性铰并产生了荷载最低的破坏机构时连续组合梁达到其极限承载力。如果能够预知结构的破坏模式,塑性内力分析的计算工作量很小。对于连续梁,其破坏机构为在支座负弯矩最大及跨中正弯矩最大的位置分别形成塑性铰。根据塑性铰的分布情况及其抗弯强度,利用极限平衡方法则可以很方便地计算出连续组合梁的极限承载力。

为保证结构能够达到塑性极限平衡状态,除最后形成的塑性铰,其他塑性铰都应当具有足够的转动能力以维持抗弯承载力不下降直至形成破坏机构。影响塑性铰转动能力的因素很多,如混凝土开裂、钢梁的屈曲以及材料本构关系等,设计时一般通过限制截面形式及构造措施来保证各控制截面特别是负弯矩最大部位的延性。

塑性分析克服了弹性分析需要计算各截面弯曲刚度的困难,计算较为简便,同时得到的计算承载力也较弹性分析或调幅法得到的承载力更高。但塑性分析允许结构在极限状态有较大的变形,因此对正常使用阶段混凝土裂缝开展或变形有较高要求的连续组合梁,不宜采用这种计算方法。

第二节　抗剪连接件

4.3.6　抗剪连接件的作用是什么?主要有哪些类型?

【解析】抗剪连接件是将钢梁与混凝土翼板组合在一起共同工作的关键部件。抗剪连接件在组合梁中主要起到纵向抗剪的作用，从而使得混凝土翼板与钢梁形成组合截面，并在弯矩作用下分别处于受压与受拉状态。除纵向抗剪之外，抗剪连接件还需要抵抗混凝土翼板与钢梁间的竖向分离趋势，从而在其内部产生竖向拉力。栓钉的钉头或槽钢的翼缘即起到这种作用。通常情况下，如果抗剪连接件内的竖向拉力不超过其受剪承载力的10%时，对纵向受剪承载力的影响可以忽略。但在某些情况下，抗剪连接件内的竖向拉力可能大到不可忽略的程度。如腹板开有较大洞口的组合梁，洞口附近的抗剪连接件将受到很大的拉力作用。在这种情况下，需要对连接件的竖向抗拔进行验算。

栓钉或称之为圆柱头焊钉，是目前最常用的抗剪连接件（图4.3.5a），也是综合受力性能和施工性能最可靠的抗剪连接件。栓钉可通过锻造加工，制造工艺简单，不需要大型轧制设备。为保证焊接质量，一般应采用专用的压力熔透焊机施工。焊接时将栓钉一端外套瓷环，与钢板表面接触并通电引弧，待接触面熔化后，给栓钉施加一定压力从而完成焊接。为防止熔化的金属飞溅损失，焊接时应使用配套的瓷环。栓钉沿任意方向的强度和刚度相同，并具有较好的抗疲劳性能，设计和施工都较为简便。目前，工程中常用栓钉的直径为16mm、19mm和22mm，其中22mm直径的栓钉多用于桥梁及荷载较大的情况。当栓钉直径超过22mm后，采用熔焊方式施工时较难保证质量。

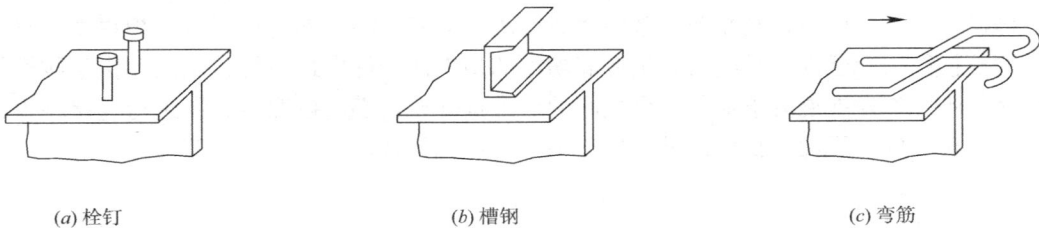

(a) 栓钉　　　　　　　　　　(b) 槽钢　　　　　　　　　　(c) 弯筋

图4.3.5　常用的抗剪连接件

除栓钉连接件之外，在不具备栓钉焊接设备的地区，槽钢及弯筋连接件也是可供选择的连接件形式（图4.3.5b、c）。槽钢与弯筋也属于柔性抗剪连接件，设计时可参照栓钉的有关方法。槽钢连接件抗剪力强，重分布剪力性能好，翼缘同时可以起到抵抗掀起的作用。槽钢型号多，取材方便，供选择范围大，同时便于手工焊接，具有适用性广的特点。由于槽钢连接件现场焊接的工作量较大，不利于提高施工速度。但是槽钢连接件可以作为栓钉连接件以外的优先选择。弯筋连接件是一种较早期的抗剪连接件，通过焊于钢梁上的斜向钢筋承担混凝土板与钢梁间的剪力和竖向拉力。弯筋连接件只能利用弯筋的抗拉抵抗剪力，具有方向性且承载力偏低，在剪力方向不明确或剪力方向可能发生改变时需要双向布置，施工比较复杂，不推荐使用，栓钉连接件的替代产品宜优先选用槽钢连接件。

4.3.7　什么是柔性抗剪连接件、刚性抗剪连接件，设计时如何选用？

【解析】根据抗剪连接件在荷载作用下变形能力的大小，抗剪连接件可以分为刚性连接件和柔性连接件两类。刚性连接件通常具有较高的强度和刚度，在荷载作用下其变形可

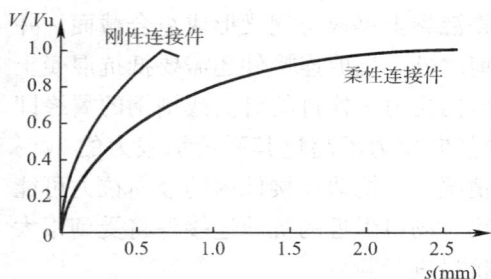

图 4.3.6 抗剪连接件的变形性能

以忽略。但是，刚性连接件容易在受压一侧的混凝土板内引起较高的应力集中，当焊接质量有保障的情况下，破坏时多表现为混凝土被压碎或发生剪切破坏，呈现出比较明显的脆性破坏状态。柔性连接件的抗剪刚度较小，在承载力不降低的条件下允许发生较大的变形。方钢和栓钉分别是最典型的刚性连接件和柔性连接件，其典型荷载-滑移曲线如图 4.3.6 所示。抗剪连接件的荷载-滑移曲线通常由推出试验得到。判断抗剪连接件是否为柔性抗剪连接件，可根据推出试验得到的荷载-滑移曲线来确定其滑移能力能否满足组合梁在抗弯极限状态时的内力重分布要求。

对于采用刚性连接件的组合梁，弹性状态下的界面剪力分布与剪力图一致。在组合梁竖向剪力较大截面附近的刚性连接件会出现集中受力的情况，而在剪力较小的区段，连接件的受力较低。因此，采用刚性连接件的组合梁，其抗剪连接件的受力很不均匀，利用率也较低，不利于结构承载力的充分发挥。刚性连接件主要为型钢连接件，结构形式包括方钢、T 型钢、马蹄型钢等，如图 4.3.7 所示。型钢连接件主要依靠混凝土的局部承压作用来传递界面纵向剪力，其受剪承载力主要取决于混凝土的局部抗压强度。为提高型钢连接件的抗拔能力和延性，某些没有抗掀起功能的型钢连接件上还应焊接锚筋。由于刚性抗剪连接件不允许发展混凝土板与钢梁之间的剪力重分布，必需按照剪力图进行连接件设计和布置，设计施工不便，目前已被柔性连接件所广泛代替。

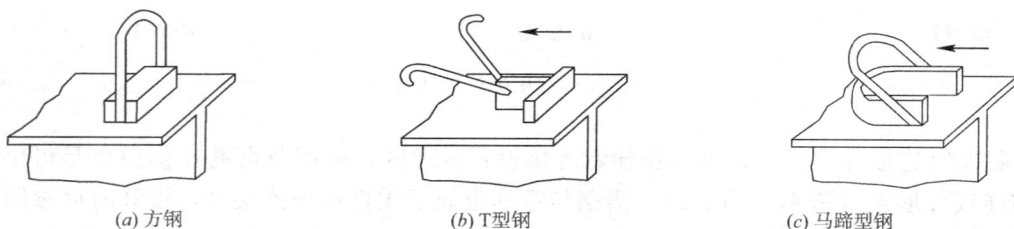

(a) 方钢　　　　　　　(b) T 型钢　　　　　　　(c) 马蹄型钢

图 4.3.7 刚性抗剪连接件的形式

柔性连接件在剪力作用下会产生变形，混凝土板与钢梁之间会出现一定程度的滑移。由于这类抗剪连接件的延性较好，变形后所能提供的受剪承载力不会降低，因此剪跨内各个抗剪连接件的受力比较均匀。因此，利用柔性连接件的这一特点可以使组合梁在极限状态下的界面剪力发生重分布，剪跨内的剪力分布比较均匀，可以减少抗剪连接件的数量并方便布置。采用柔性连接件时，尽管混凝土与钢梁间的界面滑移对极限受弯承载力影响不大，但滑移效应使组合梁在使用阶段的刚度有所降低。

4.3.8 栓钉连接件的材料性能有何要求？

【解析】栓钉通常采用锻钢制造。根据《电弧螺柱焊用圆柱头焊钉》GB 10433—2002 的规定，栓钉材质应满足表 4.3.1 的要求。其中，抗拉强度可采用拉力试验检验。

栓钉材性要求			表 4.3.1
抗拉强度（MPa）		屈服点（MPa）	伸长率（%）
最小	最大	最小	最小
400	550	240	14

栓钉通常应采用专用焊机熔焊于钢梁上翼缘。焊接前应进行试焊，确保焊接质量。栓钉焊接部位的抗拉强度应满足表 4.3.2 的要求。对于小直径的栓钉，当只能采用手工焊焊接时，钉脚的每圈焊缝必须一次完成，中间不得断焊。

栓钉焊接部位的材性要求							表 4.3.2	
栓钉直径（mm）		6	8	10	13	16	19	22
拉力荷载（kN）	最大	15.55	27.6	43.2	73.0	111.0	156.0	209.0
	最小	11.31	20.1	31.4	53.1	80.4	113.0	152.0

抗剪连接件在结构中的实际受力状态非常复杂，一般需要通过推出试验来得到其受力性能。推出试验是在两块混凝土板之间设置一段工字型钢，通过在型钢上施加压力来测试型钢与混凝土板间两个受剪面上栓钉的受力性能，如图 4.3.8 所示。推出试件的受力性能受到多种因素的影响，如抗剪连接件的数量、混凝土板及钢梁的尺寸、板内钢筋的布置方式及数量、钢梁与混凝土板交界面的粘结情况、混凝土的强度和密实度等。

由于栓钉是保证组合梁性能充分发挥的关键部件，因此对于焊接完成的栓钉，应采用可靠的手段检验其质量。焊缝外观检查时如发现焊肉不足或焊脚不连续，允许采用手工电弧焊或气体保护焊等焊接方法来进行补焊。补焊后的焊脚高度通常可取 0.25 倍钉杆直径。栓钉焊接后受力性能的检查一般可通过弯曲试验进行现场检验。栓钉焊接部位的质量可通过弯曲试验进行检验。检验时可采用锤击或在栓杆上加套管来使栓钉弯曲。当栓钉弯曲至 60°时，如果焊缝及周边的热影响区没有发现肉眼可见的裂缝，则焊接质量合格。

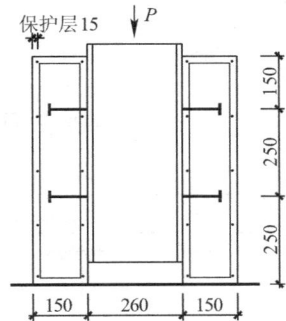

图 4.3.8　推出试验示意图

4.3.9　对于采用压型钢板的组合楼盖，栓钉连接件的承载力如何计算？

【解析】近年来，压型钢板混凝土楼板的应用已经越来越多。压型钢板既可以作为施工平台和混凝土永久模板使用，也可以代替部分板底的受力钢筋。应用此类组合楼板时，栓钉通常透过压型钢板直接熔焊于钢梁上。此时，栓钉的受力模式与采用实心混凝土翼板时有所不同。相对于实心混凝土翼板，板肋内的混凝土对栓钉的约束作用降低，板肋的转动也对抵抗剪力不利，导致其受剪承载力低于相应的实体混凝土板试件。根据大量试验统计，应对采用压型钢板混凝土翼板时栓钉的受剪承载力予以折减。当为增大组合梁的截面惯性矩而设置板托时，也应对栓钉的受剪承载力进行相应折减。由于压型钢板内连接件的受力机理较为复杂，到目前为止还没有非常理想的计算模式。连接件的受剪承载力除与栓钉规格、混凝土的材料特性有关外，还受到栓钉的埋入长度和压型钢板肋形状的显著影响。

根据我国现行《钢结构设计规范》GB 50017，压型钢板对栓钉承载力的影响系数按以下公式计算：

1. 当压型钢板肋平行于钢梁布置（图 4.3.9a），$b_w/h_e < 1.5$ 时，按实心板算得的栓钉受剪承载力 N_v^c 应乘以折减系数 β_v 后取用。β_v 值按下式计算：

$$\beta_v = 0.6 \frac{b_w}{h_e} \left(\frac{h_d - h_e}{h_e} \right) \leqslant 1 \tag{4.3.2}$$

式中 b_w——混凝土凸肋的平均宽度，当肋的上部宽度小于下部宽度时（图 4.3.9c），改取上部宽度；

h_e——混凝土凸肋高度；

h_d——焊钉高度。

2. 当压型钢板肋垂直于钢梁布置时（图 4.3.9b），焊钉连接件承载力设计值的折减按下式计算：

$$\beta_v = \frac{0.85}{\sqrt{n_0}} \frac{b_w}{h_e} \left(\frac{h_d - h_e}{h_e} \right) \leqslant 1 \tag{4.3.3}$$

式中 n_0——在梁某截面处一个肋中布置的焊钉数，当多于 3 个时，按 3 个计算。

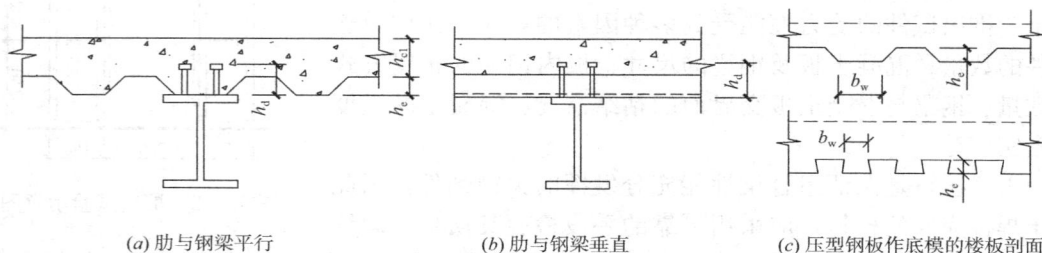

(a) 肋与钢梁平行   (b) 肋与钢梁垂直   (c) 压型钢板作底模的楼板剖面

图 4.3.9 用压型钢板作混凝土翼板底模的组合梁

4.3.10 怎样合理布置连接件？

【解析】无论按何种方法设计组合梁，均不允许因为连接件的首先破坏而导致组合梁丧失承载力。从减少正常使用阶段挠度和提高疲劳寿命的角度出发，也不允许钢梁与混凝土板之间发生过大的滑移。

弹性设计方法一般适用于桥梁等承受动力荷载的情况，设计时需验算抗剪连接件的应力不得超过其材料强度容许值，或控制任意截面的连接件受力低于其承载力设计值。因此，按弹性方法设计时需要在纵向剪力较大的支座或集中力作用处布置较多的连接件，其余位置则可减少连接件的数量。当活荷载水平较高且位置变化较明显的情况，连接件需要根据剪力包络图进行布置。不仅设计较为复杂，而且给栓钉施工也带来很大困难。

对于采用柔性连接件的组合梁，在承载力极限状态混凝土板与钢梁间将发生较充分的剪力重分布，使得各个连接件的受力趋于均匀，因此也可以采用塑性方法布置连接件。塑性方法设计时抗剪连接件可按等间距布置，给设计施工均带来很大方便。

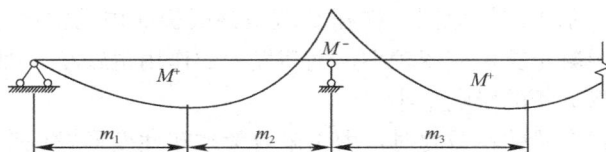

图 4.3.10　连续梁剪跨区划分图

根据我国现行《钢结构设计规范》GB 50017 规定，当采用柔性抗剪连接件时，抗剪连接件的计算应以弯矩绝对值最大点及支座为界限，划分为若干个区段，如图 4.3.8 所示，逐段进行布置。每个剪跨区段内钢梁与混凝土翼板交界面的纵向剪力 V_s 按下列公式确定：

（1）正弯矩最大点到边支座区段，即 m_1 区段，V_s 取 Af 和 $b_e h_{c1} f_c$ 中的较小者。

（2）正弯矩最大点到中支座（负弯矩最大点）区段，即 m_2 和 m_3 区段：

$$V_s = \min\{Af, b_e h_{c1} f_c\} + A_{st} f_{st} \qquad (4.3.4)$$

按照完全抗剪连接设计时，每个剪跨区段内需要的连接件总数 n_f，按下式计算：

$$n_f = V_s / N_v^c \qquad (4.3.5)$$

部分抗剪连接组合梁，其连接件的实配个数不得少于 n_f 的 50%。

按式（4.3.5）算得的连接件数量，可在对应的剪跨区段内均匀布置。当在此剪跨区段内有较大集中荷载作用时，应将连接件个数 n_f 按剪力图面积比例分配后再各自均匀布置。

第三节　抗　弯　设　计

4.3.11　何种情况下需要按弹性方法设计组合梁?

【解析】根据我国现行《钢结构设计规范》GB 50017 规定，组合梁在正常使用极限状态时，钢材与混凝土通常均处于弹性阶段，可按弹性方法计算其承载力和变形。对于承受动力荷载的桥梁等结构，出于提高安全性的目的，也通常采用弹性方法进行设计。按弹性方法计算组合梁的承载力时，需控制截面上每一个位置处的材料均低于其屈服强度（钢材）或抗压强度设计值（混凝土）。

对正弯矩作用下的组合梁进行弹性分析时，采用如下基本假设：

1. 钢和混凝土材料均为理想的线弹性体。组合梁在弹性受力阶段，钢梁中应力小于其屈服强度，混凝土翼板中的压应力通常小于极限强度的一半，此时将钢材与混凝土简化为理想弹性体计算，具有足够的精度。

2. 钢梁与混凝土翼板之间连接可靠，忽略二者之间的相对滑移，组合梁受弯后截面保持平面，应变符合平截面假定即三角形分布。

3. 有效宽度范围内的混凝土翼板不区分受压与受拉区，按实际面积计算截面惯性矩，并忽略混凝土翼板内纵向钢筋的作用。组合梁在正弯矩作用下，弹性阶段内混凝土翼板基本处于受压状态，即使有部分混凝土受拉，受拉区也在中和轴附近，拉应力较小，一般不会开裂，即使这部分混凝土开裂，对组合截面刚度的影响也很小，因此可不扣除混凝土翼

411

板中受拉开裂的部分。基于同样原因，板托及压型钢板板肋内的混凝土则可以忽略不计。同时，因为弹性阶段混凝土翼板应变较小，钢筋发挥的作用也较小，因此是否考虑钢筋对截面应力及组合梁变形分析的影响很小。

用弹性方法决定组合梁的承载力时，由于未曾考虑塑性变形发展带来的强度潜力，计算结果偏于保守，且也不符合承载力极限状态的实际情况。因此，对于不直接承受动力荷载作用的简支组合梁，一般均可以按照塑性设计方法来计算极限承载力。

4.3.12 按塑性方法验算组合梁的受弯承载力时，需要分哪几类情况？

【解析】根据我国现行《钢结构设计规范》GB 50017 规定，按塑性方法验算组合梁的抗弯承载力时，需根据抗剪连接程度分以下两类情况进行计算：

1. 完全抗剪连接组合梁

计算完全抗剪连接简支组合梁时，最大截面在承载力极限状态可能存在两种应力分布情况，即组合截面塑性中和轴位于混凝土翼板内或者塑性中和轴位于钢梁内。

（1）正弯矩作用区段：

塑性中和轴在混凝土翼板内（图 4.3.11），即 $Af \leqslant b_e h_{c1} f_c$ 时：

$$M \leqslant b_e x f_c y \tag{4.3.6}$$
$$x = Af/b_e f_c \tag{4.3.7}$$

式中　M——正弯矩设计值；

　　　A——钢梁的截面面积；

　　　x——混凝土翼板受压区高度；

　　　y——钢梁截面应力的合力至混凝土受压区截面应力的合力间的距离；

　　　f_c——混凝土抗压强度设计值。

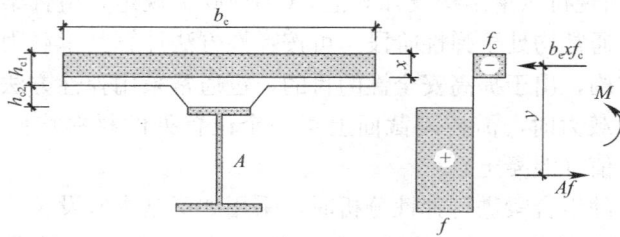

图 4.3.11　塑性中和轴在混凝土翼板内时的组合梁截面及应力图形

塑性中和轴在钢梁截面内（图 4.3.12），即 $Af > b_e h_{c1} f_c$ 时：

$$M \leqslant b_e h_{c1} f_c y_1 + A_c f y_2 \tag{4.3.8}$$
$$A_c = 0.5(A - b_e h_{c1} f_c/f) \tag{4.3.9}$$

式中　A_c——钢梁受压区截面面积；

　　　y_1——钢梁受拉区截面形心至混凝土翼板受压区截面形心的距离；

　　　y_2——钢梁受拉区截面形心至钢梁受压区截面形心的距离。

412

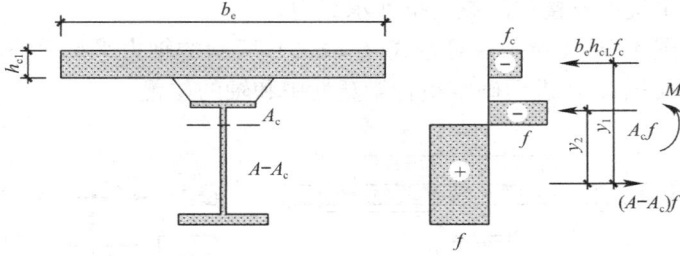

图 4.3.12 塑性中和轴在钢梁内时的组合梁截面及应力图形

（2）负弯矩作用区段（图 4.3.13）：

$$M' = M_s + A_{st} f_{st} (y_3 + y_4/2) \quad (4.3.10)$$

$$M_s = (S_1 + S_2) f \quad (4.3.11)$$

$$A_{st} f_{st} + f(A - A_c) = f A_c \quad (4.3.12)$$

式中　M'——负弯矩设计值；

S_1、S_2——钢梁塑性中和轴（平分钢梁截面积的轴线）以上和以下截面对该轴的面积矩；

A_{st}——负弯矩区混凝土翼板有效宽度范围内的纵向钢筋截面面积；

f_{st}——钢筋抗拉强度设计值；

y_3——纵向钢筋截面形心至组合梁塑性中和轴的距离，根据截面轴力平衡式（4.3.12）求出钢梁受压区面积 A_c，取钢梁拉压区交界处位置为组合梁塑性中和轴位置；

y_4——组合梁塑性中和轴至钢梁塑性中和轴的距离，当组合梁塑性中和轴在钢梁腹板内时，取 $y_4 = A_{st} f_{st}/(2 t_w f)$，当该中和轴在钢梁翼缘内时，可取 y_4 等于钢梁塑性中和轴至腹板上边缘的距离。

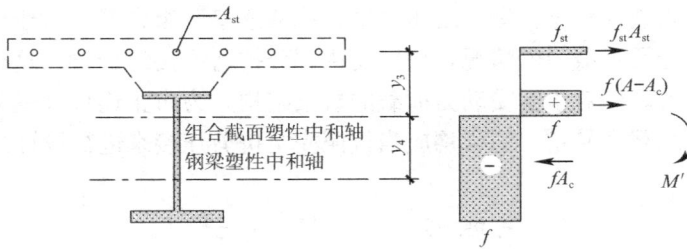

图 4.3.13　负弯矩作用时组合梁截面和计算简图

2. 部分抗剪连接组合梁在正弯矩区段的抗弯强度按下列公式计算，如图 4.3.14 所示：

$$x = n_r N_v^c / b_e f_c \quad (4.3.13)$$

$$A_c = (Af - n_r N_v^c)/(2f) \quad (4.3.14)$$

$$M_{u,r} = n_r N_v^c y_1 + 0.5(Af - n_r N_v^c) y_2 \quad (4.3.15)$$

式中　$M_{u,r}$——部分抗剪连接时组合梁截面正弯矩受弯承载力；

n_r——部分抗剪连接时最大正弯矩验算截面到最近零弯矩点之间的抗剪连接件数目；

N_v^c——每个抗剪连接件的纵向抗剪承载力；

y_1、y_2——如图 4.3.14 所示，可按式（4.3.5）所示的轴力平衡关系式确定受压钢梁的面积 A_c，进而确定组合梁塑性中和轴的位置。

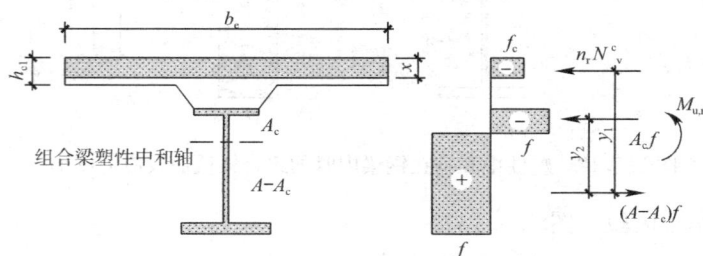

图 4.3.14　部分抗剪连接组合梁计算简图

计算部分抗剪连接组合梁在负弯矩作用区段的抗弯承载力时，仍按式（4.3.10）计算，但 $A_{st}f_{st}$ 应改为 $n_r N_v^c$ 和 $A_{st}f_{st}$ 二者中的较小值，n_r 取为最大负弯矩验算截面到最近零弯矩点之间的抗剪连接件数目。

4.3.13　什么是"完全抗剪连接组合梁"和"部分抗剪连接组合梁"，设计时应注意哪些问题？

【解析】对于采用柔性连接件的组合梁，从极限抗弯承载力能否充分发挥的角度出发，根据抗剪连接件所能提供的承载力与组合梁达到塑性截面应力分布时所需要的纵向剪力之间的关系，又可分为"完全抗剪连接组合梁"与"部分抗剪连接组合梁"。当抗剪连接件的承载力和数量能够满足组合梁达到塑性极限抗弯承载力时对纵向抗剪能力的要求时，称为"完全抗剪连接"组合梁。如果抗剪连接件的数量较少而只能使最大受弯截面的部分混凝土或部分钢梁进入塑性状态，则称之为"部分抗剪连接"组合梁。对于建筑结构中某些不需要充分发挥组合梁承载力的情况，可以使用部分抗剪连接组合梁。这样可以减少连接件的数量，降低造价。但对于承受动力荷载的桥梁结构，为防止连接件受力过大而疲劳破坏，并获得较高的承载力储备，通常均应当按照完全抗剪连接来进行设计。

第四节　抗　剪　设　计

4.3.14　为什么组合梁要进行纵向抗剪验算？

【解析】组合梁的混凝土翼板受到抗剪连接件所传递的剪力作用，在抗剪连接件附近产生很大的不均匀压应力，随着距连接件距离的增大，压应力逐渐变得均匀。由于集中力的作用，混凝土翼板沿着与集中力垂直的方向会产生横向应力，横向应力在连接件附近为压应力，而距连接件一定距离后则变为拉应力。拉应力的作用范围较大，峰值拉应力的数值也较大，产生将混凝土翼板沿纵向劈裂的趋势。国内外已进行的大量混凝土板局部受压的试验表明，当加载垫板较小时，集中荷载将产生劈裂作用，使混凝土板劈裂为两半。组合梁的混凝土翼板就是受到一系列这样的集中力的劈裂作用，在混凝土翼板内产生较大的横向拉应力。

混凝土翼板纵向剪切破坏是组合梁的破坏形式之一，如果没有足够的横向钢筋来控制裂缝的发展，或虽有横向钢筋但布置不当时，会导致组合梁无法达到极限抗弯承载力，使结构的延性和极限承载能力降低。因此，根据我国现行《钢结构设计规范》GB 50017 规定，在设计组合梁时，应当验算混凝土翼板的纵向抗剪能力，保证组合梁在达到极限抗弯承载力之前不会出现纵向剪切破坏。

影响组合梁混凝土翼板纵向开裂的因素很多，如混凝土翼板的厚度、混凝土强度等级、横向配筋率和横向钢筋的位置、连接件的种类及排列方式、数量、间距、荷载的作用方式等。这些因素对混凝土翼板纵向开裂的影响程度各不相同。一般来说，采用承压面较大的槽钢连接件有利于控制混凝土翼板的纵向开裂。在数量相同的条件下避免栓钉连接件沿梁长方向的单列布置也有利于减缓混凝土翼板的纵向开裂。混凝土翼板中的横向钢筋对控制纵向开裂具有重要作用。组合梁在荷载的作用下首先在混凝土翼板底面出现纵向微裂缝，如果有适当的横向钢筋，则可以限制裂缝的发展，并可能使混凝土翼板顶面不出现纵向裂缝或使纵向裂缝宽度变小。同样数量的横向钢筋分上下双层布置比居上、居中及居下单层布置更有利于抵抗混凝土翼板的纵向开裂。组合梁的加载方式对纵向开裂也有影响。当组合梁作用有集中荷载时，在集中力附近将产生很大的横向拉应力，容易在这一区域较早地发生纵向开裂。作用于混凝土翼板的横向负弯矩也会对纵向开裂产生不利的作用。对于一般组合梁而言，混凝土强度等级、混凝土翼板中的横向钢筋配筋率和构造方式以及横向负弯矩是影响混凝土翼板纵向开裂的主要因素。

4.3.15 组合梁纵向抗剪验算时，有哪几个控制截面？

【解析】试验和分析均表明，混凝土翼板的厚度和横向配筋率是影响其纵向抗剪性能的最主要因素。若组合梁的横向配筋不足或混凝土截面过小时，在连接件的纵向劈裂力作用下，混凝土翼板将可能发生纵向剪切破坏。混凝土翼板潜在的纵向剪切破坏截面可能有很多，设计时应确保任意一个潜在剪切面的单位长度纵向剪力值不超过其抗剪承载力。

根据我国现行《钢结构设计规范》GB 50017 规定，组合梁板托及翼缘板纵向抗剪承载力验算时，应分别验算如图 4.3.15 所示的纵向受剪控制截面 a-a、b-b、c-c 及 d-d。图中，A_t 为混凝土板顶部附近单位长度内横向钢筋的总截面面积（mm^2/mm）；A_b、A_{bh} 分别为混凝土板底部、板托底部单位长度内的钢筋总面积（mm^2/mm）。

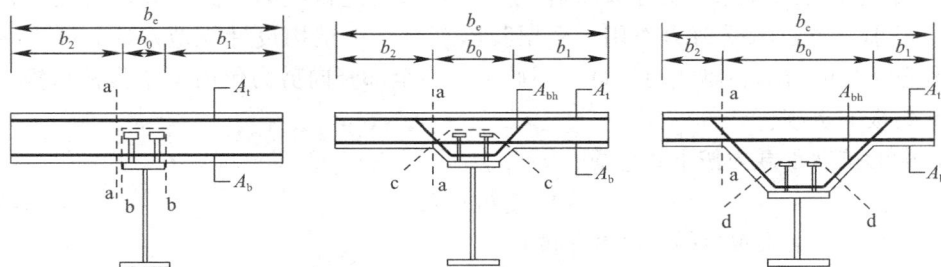

图 4.3.15　混凝土翼板纵向受剪控制截面

4.3.16 混凝土翼板内的横向钢筋怎样进行设计？

【解析】根据我国现行《钢结构设计规范》GB 50017 规定，进行混凝土翼板内的横向钢筋设计需要以纵向剪力和纵向抗剪强度计算为基础，横向钢筋的设计必须使得纵向剪力小于纵向抗剪强度。

1. 纵向剪力的计算

单位梁长的截面纵向剪力 v_l 可根据组合梁所受的竖向剪力计算，并与所验算的控制截面有关。对于不同的控制截面，如混凝土翼板竖向控制截面（图 4.3.15 中的 a-a 截面）和包络连接件的纵向截面（图 4.3.15 中的 b-b、c-c、d-d 截面），其截面纵向剪力也有所不同。

（1）竖向控制截面，如图 4.3.15 所示的 a-a 截面力设计值为：

$$v_l = \max\left(\frac{b_1}{b_e}V_{ld}, \frac{b_2}{b_e}V_{ld}\right) \tag{4.3.16}$$

式中　V_{ld}——单位梁长的截面纵向剪力，可按换算截面法由材料力学的相关公式计算；

　　　b_e——混凝土翼板有效宽度；

　b_1、b_2——分别为翼板左右两侧的挑出宽度，如图 4.3.15 所示。

（2）包络连接件的纵向截面，如图 4.3.15 所示的 b-b、c-c、d-d 截面，截面纵向剪力设计值为：

$$v_l = V_{ld} \tag{4.3.17}$$

2. 纵向抗剪强度的计算

组合梁混凝土翼板的纵向剪力应满足如下设计要求：

$$v_l \leqslant v_{lRd} \tag{4.3.18}$$

式中　v_l——荷载作用引起的单位梁长的截面纵向剪力；

　　　v_{lRd}——单位长度内纵向截面抗剪承载力。

需要说明的是，组合梁混凝土翼板的横向钢筋中，除了板托中的横向钢筋外，其余横向钢筋 A_t 和 A_b 可作为混凝土板的受力钢筋使用，即可以利用混凝土翼板伸入支座的正弯矩钢筋 A_b 及负弯矩钢筋 A_t 兼作纵向抗剪钢筋。

4.3.17 怎样进行组合梁的竖向抗剪验算？

【解析】组合梁在梁端及集中荷载作用的位置，需进行竖向抗剪验算。简支组合梁的端部弯矩很小，主要承受剪力作用。根据我国现行《钢结构设计规范》GB 50017 规定，由于混凝土翼板的抗剪贡献相对较低，因此可认为全部竖向剪力仅由钢梁腹板承担，而忽略混凝土翼板的贡献。

组合梁的抗剪承载力按下式计算：

$$V \leqslant h_w t_w f_{vd} \tag{4.3.19}$$

式中　h_w、t_w——钢梁腹板的高度及厚度；

　　　f_{vd}——钢材的抗剪强度设计值。

按式（4.3.19）计算时，需保证钢梁腹板具有足够的稳定性，不会在达到极限抗剪承载力前发生屈曲。因此，当钢梁腹板不满足高厚比要求限值时，必须设置足够加劲肋保证腹板满足局部稳定性要求。

对于连续组合梁以及受到较大集中荷载作用的简支组合梁，截面会同时作用有较大的弯矩和剪力。根据我国现行《钢结构设计规范》GB 50017规定，用塑性调幅设计法计算组合梁强度时，按以下规定考虑弯矩与剪力的相互影响：

（1）受正弯矩的组合梁截面不考虑弯矩和剪力的相互影响；

（2）受负弯矩的组合梁截面，当剪力设计值 $V > 0.5 h_w t_w f_v$ 时，验算负弯矩抗弯承载力所用的腹板强度设计值 f 折减为 $(1-\rho)f$，折减系数 ρ 按下式计算；

$$\rho = [2V/(h_w t_w f_v) - 1]^2 \tag{4.3.20}$$

$V \leq 0.5 h_w t_w f_v$ 时，可不对腹板强度设计值进行折减。

第五节　正常使用极限状态验算

4.3.18　为减少组合梁的挠度，可以采取哪些措施？

【解析】减少组合梁的挠度主要有三种途径：

（1）采用较强的钢梁以减少施工阶段的挠度；

（2）将钢梁起拱以补偿恒载挠度；

（3）设置临时支撑以减少混凝土硬化前的钢梁挠度。

比较经济可行的方法是同时采用第2种和第3种方法，即在条件允许的情况下尽可能多地布置临时支撑，并且使钢梁产生预拱以抵消部分恒载挠度。

4.3.19　怎样计算组合梁的挠度？如何考虑滑移效应的影响？

【解析】根据我国现行《钢结构设计规范》GB 50017规定，计算组合梁挠度可以采用材料力学中的换算截面法，将混凝土和钢材根据弹性模量比换算成同一材料后进行计算。由于目前广泛使用的栓钉等柔性抗剪连接件在传递界面剪力时会产生一定的变形，从而使钢梁和混凝土翼板间产生滑移，导致截面曲率和挠度增大。因此，对于受滑移效应影响较大的组合梁，计算时应考虑其影响。

组合梁考虑滑移效应的折减刚度 B 可按下式确定：

$$B = \frac{EI_{eq}}{1+\zeta} \tag{4.3.21}$$

$$\zeta = \eta \left[0.4 - \frac{3}{(\alpha l)^2} \right] \tag{4.3.22}$$

$$\eta = \frac{36 E d_{sc} p A_0}{n_s k h l^2} \tag{4.3.23}$$

$$\alpha = 0.81 \sqrt{\frac{n_s k A_1}{E I_0 p}} \tag{4.3.24}$$

$$A_0 = \frac{A_c A}{n_0 A + A_c} \tag{4.3.25}$$

$$A_1 = \frac{I_0 + A_0 d_{cs}^2}{A_0} \tag{4.3.26}$$

$$I_0 = I_s + \frac{I_c}{n_0} \tag{4.3.27}$$

式中　E——钢梁的弹性模量；

I_{eq}——组合梁的换算截面惯性矩：当采用荷载短期效应组合时，可将截面中的混凝土翼板有效宽度除以钢材与混凝土弹性模量的比值 n_0 换算为钢截面宽度后，计算整个截面的惯性矩；当采用荷载长期效应组合时，则除以 $2n_0$ 进行换算；对于压型钢板-混凝土组合梁，取其较弱截面的换算截面进行计算，且不计压型钢板的作用；

ζ——刚度折减系数，按上式计算时，当 $\zeta \leqslant 0$ 时，取 $\zeta = 0$；

A_c——混凝土翼板截面面积；

A——钢梁截面面积；

I_s——钢梁截面惯性矩；

I_c——混凝土翼板的截面惯性矩；

d_{sc}——钢梁截面形心到混凝土翼板截面形心的距离；

h——组合梁截面高度；

l——组合梁的跨度（mm）；

k——连接件刚度系数（N/mm），$k = V_u$；

p——连接件的平均间距（mm）；

n_s——连接件在一根梁上的列数；

n_0——钢材与混凝土弹性模量的比值。

4.3.20　怎样计算连续组合梁负弯矩区的混凝土裂缝宽度？

【解析】根据我国现行《钢结构设计规范》GB 50017 规定，对于连续组合梁，除验算梁的变形外，尚应验算负弯矩区混凝土最大裂缝宽度 w_{max}。计算混凝土最大裂缝宽度时，按短期效应组合进行。算得的最大裂缝宽度不得大于《混凝土结构设计规范》GB 50010 所规定的限值。

根据我国现行《钢结构设计规范》GB 50017 规定，连续组合梁负弯矩区段内最大裂缝宽度按下列公式计算（图 4.3.16）：

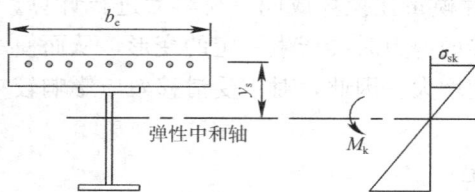

图 4.3.16　负弯矩区纵向钢筋拉应力计算模型

$$w_{max} = 2.7\psi \frac{\sigma_{sk}}{E}\left(2.7c + 0.11\frac{d}{\rho_e}\right)\nu\frac{\pi}{6} \tag{4.3.28}$$

$$\psi = 1.1 - \frac{0.65 f_{tk}}{\rho_e \sigma_{sk}} \tag{4.3.29}$$

$$\sigma_{sk} = \frac{M_k y_s}{I_{cr}} \tag{4.3.30}$$

$$M_k = M_e(1 - \alpha_r) \tag{4.3.31}$$

$$\alpha_r = 0.13\left(1 + \frac{1}{8r_f}\right)^2\left(\frac{M_e}{M}\right)^{0.8} \tag{4.3.32}$$

式中　ν——与纵向受拉钢筋表面特征有关的系数，对于变形钢筋 $\nu = 0.70$，光圆钢筋 $\nu = 1.00$；

ψ——裂缝间纵向受拉钢筋应变不均匀系数，$\psi > 1.0$ 时，取 $\psi = 1.0$；

c——纵向钢筋保护层厚度，当 $c < 20$mm 时，取 $c = 20$mm；当 $c > 50$mm 时，取 $c = 50$mm；

d——纵向钢筋直径，当用不同直径的钢筋时，$d = 4A_r/S$，其中 S 为钢筋截面的总周长；

ρ_e——按有效混凝土面积计算的纵向钢筋配筋率，即 $\rho_e = A/A_{ce}$，其中 $A_{ce} = b_e h_{c1}$，当 $\rho_e \leqslant 0.8\%$ 时，取 $\rho_e = 0.8\%$；

f_{tk}——混凝土抗拉强度标准值；

σ_{sk}——标准荷载作用下按荷载短期效应组合计算的负弯矩钢筋拉应力；

M_k——钢与混凝土形成组合截面之后，考虑了弯矩调幅的标准荷载作用下支座截面负弯矩组合值；

I——由纵向钢筋与钢梁形成的钢截面的惯性矩；

y_s——钢筋截面重心至钢筋和钢梁形成的组合截面中和轴的距离；

M_e——钢与混凝土形成组合截面之后，标准荷载作用下按照未开裂模型进行弹性计算得到的连续组合梁中支座负弯矩值；

M——由式（4.3.33）计算的截面塑性弯矩；

α_r——正常使用极限状态连续组合梁中支座负弯矩调幅系数，其取值不宜超过 15%；

r_f——力比，$r_f = A_r f_{rp}/A_s f_p$，A_r、A_s 分别为负弯矩截面有效宽度内纵向受拉钢筋的截面面积和钢梁的截面面积，f_{rp}、f_p 分别为钢筋和钢梁钢材的抗拉强度设计值。

$$M = M_s + A_r f_{rp}(y_{sc} - c) \tag{4.3.33}$$

$$y_{sc} = y - y_{wc}/2 \geqslant h_c + t \tag{4.3.34}$$

$$y_{wc} = \frac{A_r f_{rp}}{2t_w f_p} \tag{4.3.35}$$

式中　M_s——钢梁绕自身塑性中和轴的塑性抗弯承载力；

y——钢梁截面重心至混凝土翼缘板顶面的距离；

y_{wc}——钢梁截面重心至整个截面塑性中和轴的距离；

c——纵向钢筋保护层厚度；

t——钢梁上翼缘板厚度；

t_w——钢梁腹板厚度。

第六节　构　造　要　求

4.3.21　组合梁有几种混凝土翼板构造形式？

【解析】组合梁混凝土翼板可以分为现浇混凝土翼板、叠合板混凝土翼板、预制混凝土翼板、压型钢板混凝土组合翼板以及钢板-混凝土组合翼板等。

1. 现浇混凝土翼板

现浇混凝土翼板施工时需要设置模板，然后在模板上现场浇筑混凝土。全现浇混凝土翼板的整体性好，但模板工程量和现场湿作业量大，施工速度较慢。当模板无法完全由钢梁支撑时，还需要设置满堂落地脚手架，施工费用高，对周边环境的影响大。

2. 叠合板混凝土翼板

如果在钢梁上先铺设一层较薄的预制板，然后在预制板之上现浇混凝土叠合层，则可形成叠合板混凝土翼板。叠合板混凝土翼板具有构造简单、施工方便、受力性能好等优点。叠合板混凝土翼板中的预制板在施工过程中可以作为底模承受施工荷载和湿混凝土的重量。当后浇混凝土硬化后，预制板部分则可以作为翼缘板的一部分承受组合梁的整体弯矩和竖向荷载。预制板内需要按照设计要求配置抵抗正弯矩作用的受力钢筋，在后浇层中则需要在垂直于梁轴方向配置跨越梁轴的负弯矩钢筋。当后浇混凝土达到一定强度时，下端焊在钢梁翼缘上，上端埋入现浇混凝土中的栓钉连接件，可通过现浇混凝土使叠合板（包括预制板和后浇混凝土）与钢梁连成整体共同工作。因此，从结构整体受力上来讲，采用叠合板混凝土翼板的组合梁的设计方法与采用现浇混凝土翼板的组合梁没有差别。

3. 预制混凝土翼板

组合梁也可以采用预制混凝土翼板。钢梁架设完成后可以直接安装预制混凝土翼板，然后在预制板预留的槽口处浇筑混凝土，使钢梁与预制混凝土翼板连成整体。预制混凝土翼板可以减小现场的湿作业量，施工速度快。预制混凝土翼板可降低混凝土收缩徐变引起的附加应力，并可减少对板的临时支撑。预制板之间的湿接缝混凝土应选择收缩性较小或具有收缩补偿性能的微膨胀混凝土，并且要有良好的养护措施。为了减少收缩和徐变的影响，预制钢筋混凝土板在安装前通常需要至少放置三个月以上。

4. 压型钢板混凝土组合翼板

近年来，压型钢板在我国的应用越来越广泛，尤其是在高层建筑中的应用越来越多。欧洲规范 4 已将压型钢板混凝土组合板作为组合梁翼板的一种形式。压型钢板在施工阶段可以代替模板。在建筑结构中，对于带有压痕和抗剪连接件的开口型压型钢板以及近年来发展起来的闭口型和缩口型压型钢板，还可以代替混凝土板中的下部受力钢筋。

5. 钢板-混凝土组合翼板

在采用钢板梁或开口钢箱梁的组合梁中，钢梁上翼缘与混凝土翼板相接触的面积较窄，上翼缘在垂直于钢梁方向的受力作用可以忽略。如果钢梁上翼缘较宽以至于在主梁之间横向连通，或对于闭口钢箱梁的上翼缘，钢板在横向的受力作用将不可忽略。此时，如能通过构造措施将钢板与混凝土板结合成整体，则可形成钢板-混凝土组合翼板。为了抵抗由局部荷载引起的剪力，避免钢板的剥离和屈曲，并降低腐蚀的风险，钢板-混凝土组合板的全部面积内需要布置抗剪连接件。采用的抗剪连接件除栓钉外，也可采用开孔钢板连接件。

4.3.22　组合梁内是否需要设置板托？

【解析】组合梁中设置板托时，可提高整梁截面抗弯刚度及承载力，同时由于混凝土翼板在横向可视为连续板，因此设置板托可提高其负弯矩截面的承载力及转动能力。但板托的设计施工较为复杂，不推荐使用，因此实际工程中当主梁间距不大时宜采用无板托的混凝土翼板。

根据我国现行《钢结构设计规范》GB 50017 规定，混凝土翼板若设置板托，板托高度不应超过混凝土翼板厚度的 1.5 倍，板托顶面宽度不应小于板托高度的 1.5 倍，且其外形尺寸及构造应符合下列规定：

1. 板托侧边倾斜度宜小于 1：3；当板托高度在 80mm 以上时，应在板托底侧布置横向补强钢筋。

2. 为了保证板托中抗剪连接件能够正常工作，板托边缘距抗剪连接件外侧的距离不得小于 40mm，同时板托外形轮廓应在自抗剪连接件根部算起的 45°仰角线之外。

3. 因为板托中邻近钢梁上翼缘的部分混凝土受到抗剪连接件的局部压力作用，容易产生劈裂，需要配筋加强，板托中横向钢筋的下部水平段应该设置在距钢梁上翼缘 50mm 的范围以内。

4. 为保证抗剪连接件可靠地工作并具有充分的抗掀起能力，抗剪连接件抗掀起端底面高出底部横向钢筋水平段的距离不得小于 30mm。横向钢筋的间距应不大于 $4h_{e0}$，且应不大于 300mm，h_{e0} 如图 4.3.17（a）所示。

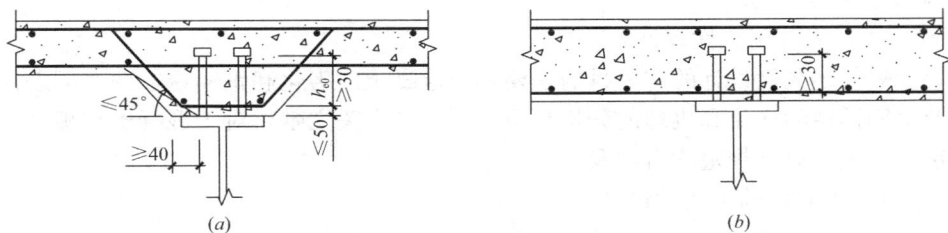

图 4.3.17　混凝土板基本构造要求

(a) 有板托；(b) 无板托

对于没有板托的组合梁，混凝土翼板中的横向钢筋也应满足后两项的构造要求。

第七节　组合梁的疲劳和耐久设计

4.3.23　组合梁进行疲劳设计的要点是什么？

【解析】组合梁的疲劳设计主要包括以下三方面内容：

1. 钢结构部分的疲劳。组合梁中钢梁的疲劳设计同普通纯钢梁相同，内容体系也很庞大，可参考钢结构设计的有关文献和著作。

2. 混凝土翼板的疲劳。混凝土翼板的疲劳问题主要指钢筋对焊或机械连接部位的疲劳失效。这和其他结构类型混凝土翼板的疲劳设计方法相同，也非组合梁所特有的问题，相关设计方法可参考有关文献和著作。

3. 抗剪连接件的疲劳。这是组合梁区别于其他形式结构所特有的问题，也是组合梁设计的关键问题之一。

抗剪连接件的疲劳属变幅荷载作用下的疲劳问题，线性累积损伤理论是强有力的工具，但在应用中常常过于繁琐。因此，各国规范都在基本理论体系上针对一般情况发展出了无需计算累积损伤的简化疲劳设计方法。这些简化设计方法物理概念明确，表达式简单，便于工程应用。简化疲劳设计方法的基本思想是把变幅疲劳问题转化为常幅疲劳问题，把多荷载、多频率的加载问题等效为单荷载、单频率的加载问题，从而得到等效常幅疲劳问题的 σ_r-N 曲线，最后根据设计寿命直接算得容许疲劳应力幅，并验算这一等效标准荷载下的疲劳应力幅是否超过该容许疲劳应力幅。

4.3.24 提高组合梁耐久性的设计要点是什么？

【解析】组合梁由于综合了混凝土梁和钢梁的特点，因此混凝土梁和钢梁的耐久性问题对于组合梁来说同样存在，而混凝土梁与钢梁之间的界面的耐久性问题则是组合梁所特有的问题。

1. 钢结构的耐久性设计

钢结构耐久性设计的主要目的是解决钢结构的腐蚀问题。关于这个问题，在任何一本有关钢结构防腐的论著中都能找到详尽的资料和论述，这些理论和方法也均适用于组合梁中钢结构部分的耐久性设计。

2. 混凝土翼板的耐久性设计

混凝土翼板耐久性设计的主要目的是要解决混凝土的劣化和钢筋锈蚀两个问题。混凝土劣化及钢筋锈蚀的途径和机理的分析与研究可参考有关文献，对于混凝土翼板耐久性设计的规定各国主要设计规范均有涉及。

3. 钢-混凝土界面的耐久性设计

目前，有关组合结构界面耐久性的相关研究成果还比较少，出于保守的考虑，混凝土翼板和钢梁间的界面应分别按上述钢结构和混凝土翼板的耐久性设计方法进行设计，就能满足耐久性的要求。因此，大部分规范并未单独对组合梁界面的耐久性设计进行讨论。欧洲规范 4 认为界面处，即钢梁上翼缘的上表面与混凝土翼板的接触面，未必需要完全的防腐保护。规范规定，界面处的钢结构防腐保护只需从钢梁翼缘边深入大于 50mm 的距离即可。但这一规定不包括无临时支撑施工的预制翼板下的钢梁翼缘，这时钢梁翼缘上表面和其他钢结构部位的防护要求是一样的，但装饰性涂料可以省去。

第四章　钢管混凝土组合结构

第一节　基本设计规定

4.4.1　钢管混凝土的基本工作原理是什么？

【解析】混凝土是一种复杂的非匀质材料，其非匀质性主要来源于砂浆和骨料之间的过渡区。过渡区内材料的物理化学性质非常复杂，并存在大量的微裂缝。在混凝土单轴压缩试验中，当压应力达到混凝土抗压强度的70%～90%时，混凝土内的微裂缝显著增加并相互连通，将混凝土分割成若干与轴向压力方向大致平行的棱柱体。当压应力继续增加，达到混凝土的抗压强度时，混凝土即因微柱失稳或折断而破坏。破坏后可观察到粗骨料基本完好，破坏面多数沿粗骨料表面发展。如果承受轴向压力的混凝土还同时受到侧向压力作用，则混凝土微裂缝的扩展将受到侧向压力的约束，此时，只有施加更高的轴向压力，才能使混凝土发生破坏，其表现就是侧向约束能够提高混凝土的抗压强度和变形能力。

钢材可视为各向同性的匀质材料，但薄壁钢管在轴压力作用下容易产生局部屈曲，使钢材强度无法得到发挥。通过在薄壁钢管内填充混凝土，可以使混凝土对钢管壁起到平面外的支撑作用，从而减缓钢管壁的屈曲。

在圆钢管混凝土短柱的轴压加载过程中，由于钢材的泊松比（$\mu_s \approx 0.3$）大于混凝土的泊松比（$\mu_c \approx 0.167$），二者在加载的初始阶段并不发生相互作用，而是各自承担轴向压力。随着轴压力的增加，混凝土内部的微裂纹增多并不断发展，混凝土的泊松比也由低应力状态的0.167增长到0.5左右甚至更大。混凝土的这种膨胀趋势受到钢管的横向约束，同时，钢管管壁也开始受到环向拉力的作用。此后，钢管管壁即处于竖向受压-环向受拉的应力状态，管内的混凝土则处于三向受压的应力状态。

不考虑钢材的强化，钢材屈服后符合 von Mises 屈服准则，即：

$$\sigma_1^2 + \sigma_1\sigma_2 + \sigma_2^2 = f_a^2 \tag{4.4.1}$$

式中　σ_1、σ_2——分别为钢管的轴向和环向应力；

　　　　f_a——钢材强度。

随着钢管环向拉应力 σ_2 的不断增大，轴向压应力 σ_1 不断减小，钢管与核心混凝土之间的轴向应力发生了重分布。一方面，钢管承受的压力减小而混凝土承受的压力增大，钢管由承受轴向压力为主转变为承受环向拉力为主；另一方面，核心混凝土由于受到钢管的约束而具有更高的抗压强度。当钢管和核心混凝土所能承担的轴向压力之和达到最大时，钢管混凝土即达到承载力极限状态。

综上所述，钢管混凝土的基本工作原理可概括为：钢管对受压混凝土提供侧向约束，使后者处于三向受压的应力状态，从而延缓了混凝土微裂缝的增加和发展，提高了核心混凝土的抗压强度和变形能力；核心混凝土对钢管提供侧向支撑，增强钢管管壁的稳定性，从而提高钢管的轴压性能。

4.4.2 钢管混凝土在力学性能和施工性能上具有哪些优势？

【解析】钢管混凝土在力学性能和施工性能上具有如下优势：

1. 承载力高，延性大，截面尺寸小。钢管混凝土柱具有较大的抗弯、抗剪刚度，相比钢筋混凝土柱具有更大的承载能力和延性，同时不受含钢率的限制。

2. 钢管对混凝土可起到与箍筋相似的约束作用，能够显著提高结构的受剪承载力。

3. 施工方便。钢管在施工过程中可兼作柱的模板和临时支撑，节省了材料和人工；钢管内的混凝土可以多层一次浇筑，使施工过程更加方便快捷。

4. 钢管混凝土柱的混凝土与梁板的混凝土可以采用不同的强度等级。柱内用高强度等级的混凝土以发挥其抗压性能，梁板可采用较低强度等级的混凝土，从而避免了传统钢筋混凝土结构将梁、板混凝土强度等级无谓提高的缺点，降低了工程成本。

5. 钢管混凝土梁柱节点形式简单，外形规整，施工方便，易于满足建筑要求。钢管混凝土结构中各构件间的交贯线处于一个平面内，便于制作和安装。将钢管混凝土应用于框架和桁架结构中，可显著降低成本，提高施工速度。

4.4.3 在正常使用阶段，如何计算钢管混凝土截面的刚度？

【解析】在使用荷载作用下，钢管混凝土构件应基本处于弹性状态，具有较大的刚度。此时，钢管混凝土的套箍作用可以忽略，钢管与普通钢筋混凝土中纵向钢筋发挥的作用相似。结构构件应分别按照荷载的短期效应组合和长期效应组合计算其内力和变形，并限制变形值不超过规范所规定的容许值。

根据钢管与核心混凝土的弹性变形协调条件，钢管混凝土的组合刚度可按以下各式计算：

轴向抗压刚度

$$(EA)_e = E_a A_a + E_c A_c \tag{4.4.2}$$

弯曲刚度

$$(EI)_e = E_a I_a + E_c I_c \tag{4.4.3}$$

式中　A_a、A_c——分别为钢管和混凝土的截面积；

　　　　I_a——钢管截面对其重心轴的惯性矩；

　　　　I_c——钢管内混凝土截面对其重心轴的惯性矩；

　　　　E_a、E_c——分别为钢材和混凝土的弹性模量。

钢管混凝土结构在正常使用极限状态下的变形限值可参照《钢结构设计规范》GB 50017、《建筑抗震设计规范》GB 50011 和《高层建筑混凝土结构技术规程》JGJ 3 的要求。

第二节　钢管混凝土柱的轴向承载力

4.4.4 钢管混凝土柱在轴向荷载作用下的破坏过程和破坏模式与哪些因素密切相关？

【解析】钢管混凝土短柱的典型轴向荷载-轴向应变曲线如图 4.4.1 所示。在加载初期，混凝土未出现裂缝，钢管与混凝土之间由于粘结力的作用，可以相互传递剪力，同时钢管也会受到混凝土施加的侧压力，但数值很小，可以忽略。此阶段的轴向荷载-混凝土轴向应变（N-ε_c）曲线大致为直线（图中的 b 点之前）。随着轴向荷载的增加，混凝土内部开始出现微裂缝并侧向膨胀，钢管内逐渐产生环向拉力。同时，钢管与混凝土间的粘结力逐渐破坏，但摩擦力仍存在。随着荷载的继续增大，钢管中主要表现为环向应力，而核心混凝土则处于三向受压状态，其轴向抗压强度显著提高。当荷载增长至 b 点，钢管表面或

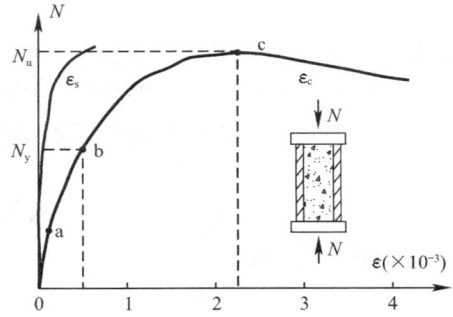

图 4.4.1　钢管混凝土短柱的典型
荷载-应变曲线

出现滑移斜线或开始掉皮，说明钢管已经屈服，组合截面发生内力重分布，N-ε_c 曲线明显偏离其初始的直线。此后，钢管环向变形迅速增大，直至 c 点核心混凝土达到极限压应变而破坏。破坏时钢管处于纵向受压、环向受拉的应力状态，而混凝土则处于三向受压状态。在 c 点之前，钢管混凝土柱应变沿轴向的分布大体均匀，钢管鼓而不曲。c 点之后曲线进入下降段，钢管出现明显鼓曲，其变形程度随钢管壁的厚薄不同而有所差异。对于含钢率较小的薄壁钢管混凝土，曲线下降段较陡；对于含钢率较大的厚壁钢管混凝土，曲线下降段则较为平缓。此外，加载方式、混凝土强度等级以及加载速度等因素都会对 N-ε_c 曲线的特征产生一定影响。

对于轴心受压的钢管混凝土长柱，其纵向变形从加载初期就不均匀，表现出明显的弯曲特征。随着荷载的增加，柱的弯曲程度加剧。随着柱长细比的增大，最大荷载时的钢管平均纵向应变不断减小。当柱的长细比较小时，纵向应变可进入塑性范围；当柱的长细比超过 20 后，最大荷载时的钢管通常仍处于弹性阶段。随着柱长细比的增大，极限应变不断减小，柱的承载能力也不断下降。

对于钢管混凝土偏心受压柱，最大荷载时的钢管受压侧的边缘纤维通常均能够屈服，而另一侧的钢管边缘纤维则由于偏心率和长细比的不同，可能处于弹性受压、弹性受拉或塑性受拉状态。偏心受压柱的极限承载能力随着偏心率和长细比的增大而迅速降低。

4.4.5　如何计算钢管混凝土柱的轴向受压承载力？

【解析】实际结构中通常并不存在理想的轴心受压构件，因此设计时应注意荷载偏心、构件初始缺陷等因素的影响。

1. 轴心受压短柱承载力计算

钢管混凝土短柱是指其有效长径比 $l_e/D \leqslant 4$ 的受压构件，其中 l_e 为柱的等效计算长度，D 为钢管外径。

对于轴心受压柱，柱的等效计算长度 l_e 取为其计算长度：

$$l_e = l_0 \qquad (4.4.4)$$

式中　l_0——框架柱或杆件的计算长度。

钢管混凝土轴心受压短柱的承载力按下式计算：

$$N \leqslant N_0 \tag{4.4.5}$$

式中 N——轴向压力设计值；

N_0——钢管混凝土轴心受压短柱的承载力设计值。

钢管混凝土轴心受压短柱承载力设计值 N_0 按下式计算：

当 $\theta \leqslant [\theta]$ 时，

$$N_0 = 0.9 f_c A_c (1 + \alpha \theta) \tag{4.4.6}$$

当 $\theta > [\theta]$ 时，

$$N_0 = 0.9 f_c A_c (1 + \sqrt{\theta} + \theta) \tag{4.4.7}$$

其中

$$\theta = \frac{A_a f_a}{A_c f_c} \tag{4.4.8}$$

式中 α——与混凝土强度等级有关的系数，按表 4.4.1 取值；

$[\theta]$——与混凝土强度等级有关的套箍指标界限值，按表 4.4.1 取值；

A_c、f_c——钢管内的核心混凝土横截面面积、抗压强度设计值；

A_a、f_a——钢管的横截面面积、抗拉和抗压强度设计值。

系数 α、套箍指标界限值 $[\theta]$

表 4.4.1

混凝土等级	$\leqslant$C50	C55~C80
α	2.00	1.8
$[\theta] = \dfrac{1}{(\alpha-1)^2}$	1.00	1.56

2. 轴心受压长柱承载力计算

对于轴心受压长柱，即 $l_e/D > 4$ 的钢管混凝土柱，其受压承载力随着长细比的增加而降低，破坏形态逐渐由材料强度破坏改变为失稳破坏，其受压承载力按下式计算：

$$N \leqslant \varphi_l N_0 \tag{4.4.9}$$

式中 φ_l——考虑长细比影响的承载力折减系数。

对于 $l_e/D \leqslant 4$ 的钢管混凝土短柱，不需要考虑长细比的影响，即取 $\varphi_l = 1$。对于 $l_e/D > 4$ 的钢管混凝土长柱，根据对大量试验结果的计算分析，考虑长细比影响的承载力折减系数可按下式计算：

$$\varphi_l = 1 - 0.115 \sqrt{l_e/D - 4} \tag{4.4.10}$$

对于轴心受压柱，将式（4.4.4）代入，则有：

$$\varphi_l = 1 - 0.115 \sqrt{l_0/D - 4} \tag{4.4.11}$$

4.4.6   钢管混凝土柱的等效计算长度如何取值？

【解析】对于弯矩分布形状对钢管混凝土柱承载力的影响，采用等效长度的方法予以考虑，即将格构柱的实际计算长度用等效长度 l_e 来代换。对于两支承点间无横向荷载作用的框架柱和杆件，其等效计算长度 l_e 按下式计算：

$$l_e = k \mu l_0 \tag{4.4.12}$$

式中 l_0——框架柱或构件的计算长度；

    μ——计算长度系数，对于无侧移框架柱其取值应按照《钢结构设计规范》GB 50017 附表 D-1 选取；对于有侧移框架柱则应按照附表 D-2 选取；

    k——等效长度系数。

等效长度系数 k 按以下情况取用，如图 4.4.2 所示：

1. 对于轴心受压柱，取 $k=1$。

2. 对于无侧移框架柱，取 $k=0.5+0.3\beta+0.2\beta^2$，其中 β 为柱两端弯矩设计值中绝对值较小者与绝对值较大者的比值，柱两端弯矩同号时 β 为正值，异号时 β 为负值。

3. 对于有侧移框架柱，当 $e_0/r_c \leqslant 0.8$ 时，$k=1-0.625e_0/r_c$；当 $e_0/r_c > 0.8$ 时，$k=0.5$。式中 r_c 为钢管的内半径。

4. 对于悬臂柱，当自由端有力偶 M_1 作用时，$k=(1+\beta_1)/2$，并与情况（3）的计算结果比较，取其中较大者。其中 β_1 为悬臂柱自由端的弯矩与嵌固端的弯矩之比值。当 β_1 为负值时，则按反弯点以下高度为 L_2 的悬臂柱计算（图 4.4.3）。

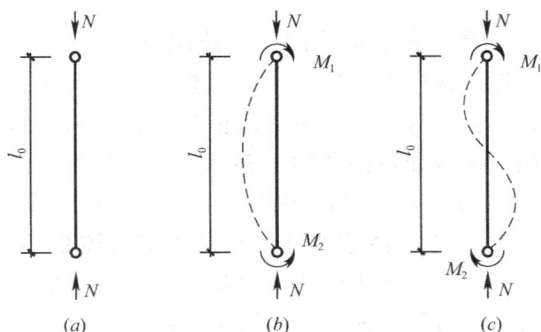

图 4.4.2 无侧移框架柱计算简图
（a）轴心受压；（b）单曲受压；（c）双曲受压

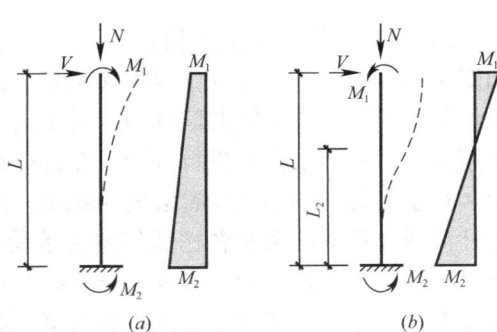

图 4.4.3 悬臂柱计算简图
（a）单曲压弯；（b）双曲压弯

上述无侧移框架指框架中设有支撑架、剪力墙、电梯井等支撑结构，且支撑结构的侧向刚度等于或大于框架侧向刚度 4 倍的情况。有侧移框架则是未设支撑结构或支撑结构的侧向刚度小于框架侧向刚度 4 倍的情况。

4.4.7 如何计算钢管混凝土柱的轴向抗拉承载力？

【解析】虽然钢管混凝土的优势在于抗压承载力高，主要用作受压构件，但在特殊情况下受压构件也可能处于受拉状态，如在水平地震作用下，高层建筑的底层边柱或角柱有可能出现拉力。此时，也需要对钢管混凝土柱的抗拉承载力进行验算。

由于混凝土受拉易开裂，因此可假设混凝土开裂后退出工作，全部拉力由空钢管承担。因此钢管混凝土柱轴心抗拉承载力可按下式计算：

$$T \leqslant f_a A_a \tag{4.4.13}$$

式中 T——轴向拉力设计值。

第三节　钢管混凝土格构柱设计

4.4.8　钢管混凝土格构柱具有哪些受力特点?

【解析】钢管混凝土主要作为受压构件使用,当钢管混凝土柱为大偏心受压或柱的长细比较大时,采用单肢柱有时不能满足要求,并且材料强度也得不到充分发挥,此时可以考虑采用钢管混凝土格构柱。当荷载较大、柱身较宽时,采用钢管混凝土格构柱会明显节省钢材用量。设计格构柱时,应计算其承载力、刚度、整体稳定和各个单肢及部件的稳定性,计算方法与实腹柱类似。由于格构柱中缀板或缀条体系的抗剪刚度相对较弱,当格构柱绕虚轴弯曲受力时,柱将发生较大的剪切变形,这一点与实腹柱不同,需要在设计时专门进行验算。另外,钢管混凝土柱肢的受压承载力和受拉承载力有明显的差异,在计算时要加以区分。

4.4.9　钢管混凝土格构柱有哪些基本形式?

【解析】钢管混凝土格构柱一般由两个或多个钢管混凝土柱用缀板或缀条连接而成,如图 4.4.4 所示。格构柱中缀板和缀条的作用是把格构柱的各柱肢连接成整体,保证在荷载作用下各个柱肢能够共同受力。对于由缀板和单肢钢管混凝土组成的格构柱,可以近似采用多层平面刚架模型进行计算,在外荷载作用下缀板和各柱肢均能够承受弯矩和剪力作用。对于由缀条和单肢钢管混凝土组成的格构柱,可以近似采用平面桁架模型进行计算,在外荷载作用下缀条和各柱肢将主要承受轴力作用。缀板体系的抗剪刚度比缀条体系小,且缀板与钢管的连接构造较为复杂,因此对于由圆钢管混凝土组成的格构柱,为充分发挥钢管混凝土轴压性能好的特点,并考虑到制作安装的方便,通常采用缀条体系。

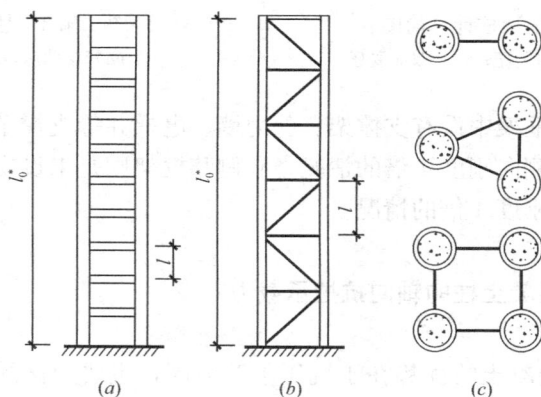

图 4.4.4　钢管混凝土格构柱

(a) 缀板连接体系;(b) 缀条体系;(c) 截面形式

4.4.10　如何计算钢管混凝土格构柱的承载力?

【解析】钢管混凝土格构柱的承载力计算包括单肢钢管混凝土承载力和整体承载力计

算两部分。计算缀条连接格构柱中单肢钢管混凝土的承载力时，首先应按桁架模型确定其单肢的轴向力，然后按压肢和拉肢分别验算承载力。其中，受压单肢钢管混凝土的长度在桁架平面内取格构柱的节间长度 l（图 4.4.4），在垂直于桁架平面方向取侧向支撑点间的距离。受拉肢的承载力，则可参考式（4.4.13）按不考虑混凝土抗拉强度的空钢管受拉构件计算。

格构柱的缀件起到传递柱肢间剪力的作用，应按《钢结构设计规范》GB 50017 的有关条款和公式进行构造设计和验算。平面内各缀件所承受的总剪力按照下式进行计算：

$$V = \max\{实际作用于格构柱上的横向剪力, N_0^* / 85\} \tag{4.4.14}$$

式中　N_0^*——格构柱轴压短柱的整体承载能力，即格构柱各柱肢轴压短柱承载力之和，按式（4.4.16）计算。

按上式计算得到的剪力值可以认为沿格构柱全长均匀分布。

与单肢柱类似，钢管混凝土格构柱的承载力也随着偏心率和长细比的增加而降低。计算时可先假设各柱肢只承受轴向压力或轴向拉力，然后通过系数考虑偏心率和长细比对承载力的影响：

$$N_u^* = \varphi_l^* \varphi_e^* N_0^* \tag{4.4.15}$$

$$N_0^* = \sum_1^i N_{0i} \tag{4.4.16}$$

式中　N_{0i}——格构柱各单肢柱的轴心受压短柱承载力设计值；

　　　φ_l^*——考虑长细比影响的整体承载力折减系数；

　　　φ_e^*——考虑偏心率影响的整体承载力折减系数。

上述系数在任何情况下都应满足

$$\varphi_l^* \varphi_e^* \leqslant \varphi_0^* \tag{4.4.17}$$

式中　φ_0^*——按轴心受压柱考虑的 φ_l^* 值。

钢管混凝土格构柱的整体承载力应满足以下要求：

$$N \leqslant N_u^* \tag{4.4.18}$$

式中　N——格构柱的轴向压力设计值；

　　　N_u^*——格构柱的整体承载力设计值。

第四节　局部受压承载力计算

4.4.11　钢管混凝土局部受压时应满足什么条件？

【解析】钢管混凝土柱柱顶、柱脚或节点处常受到局部压力作用。局部受压时，压力按照一定的规律扩散到整个钢管混凝土截面上。此时如果只按整个截面进行受压验算，有可能出现构件局部抗压强度不足而发生破坏。因此，除对钢管混凝土进行整体承载力验算外，如有局部承压，还需进行局部承压验算。

钢管混凝土局部受压时应满足以下条件：

$$N \leqslant N_{ul} \tag{4.4.19}$$

式中　N——轴压力设计值；

　　　N_{ul}——钢管混凝土在局部压力作用下的承载力设计值。

4.4.12　如何计算钢管混凝土局部受压承载力？

【解析】1. 钢管混凝土局部受压承载力设计值

在局部压力作用下，受压处的混凝土由于受到周围混凝土和钢管的约束作用，其抗压强度会有所提高。试验研究表明，钢管混凝土局部受压承载力为（图 4.4.5）：

$$N_{ul} = A_l f_c (1 + \sqrt{\theta} + \theta)\beta \tag{4.4.20}$$

$$\beta = \sqrt{A_c/A_l} \tag{4.4.21}$$

式中　A_l——局部受压面积；

　　　β——钢管混凝土局部受压强度提高系数，当 β 大于 3 时取 $\beta=3$；

　　　θ——钢管混凝土的套箍指标。

2. 配有螺旋箍筋加强的钢管混凝土局部受压承载力计算

在混凝土内配置横向钢筋或螺旋箍筋，可以增强对混凝土的横向约束作用，从而进一步提高混凝土的抗压强度。配置螺旋箍筋后，钢管混凝土在局部压力作用下的承载力设计值为（图 4.4.6）：

$$N_{ul} = A_l f_c \left[(1 + \sqrt{\theta} + \theta)\beta + (\sqrt{\theta_{sp}} + \theta_{sp})\beta_{sp} \right] \tag{4.4.22}$$

$$\beta_{sp} = \sqrt{A_{cor}/A_l} \tag{4.4.23}$$

$$\theta_{sp} = \rho_{v,sp} f_{sp}/f_c \tag{4.4.24}$$

$$\rho_{v,sp} = \frac{4A_{sp}}{s d_{sp}} \tag{4.4.25}$$

式中　β_{sp}——螺旋筋套箍混凝土局部受压时的强度提高系数；

　　　θ_{sp}——螺旋筋套箍混凝土的套箍指标；

　　　A_{cor}——螺旋筋套箍内核心混凝土的横截面面积；

　　　f_{sp}——螺旋筋的抗拉强度设计值；

　　　$\rho_{v,sp}$——螺旋箍筋的体积配筋率；

　　　A_{sp}——螺旋箍筋的横截面面积；

　　　d_{sp}——螺旋圈的直径；

　　　s——螺旋圈的间距。

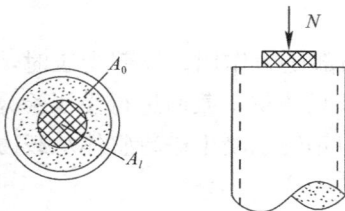

图 4.4.5　钢管混凝土局部受压　　　图 4.4.6　配有螺旋箍筋的钢管混凝土局部受压

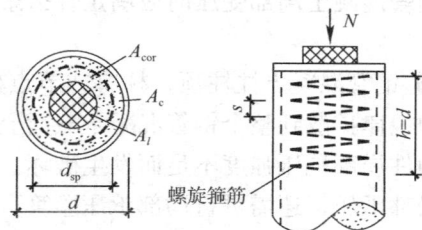

第五节 构 造 要 求

4.4.13 钢管混凝土的截面尺寸和材料参数应满足哪些基本要求？

【解析】钢管可采用直缝焊接管、螺旋形缝焊接管或无缝管。焊接时必须采用对接焊缝，并达到与母材等强的要求。混凝土可采用普通混凝土，其强度等级不宜低于C30。

根据钢管焊接及耐久性的要求，钢管管壁厚度不宜小于 8mm。钢管外径与壁厚的比值 D/t 宜取（20～100）$\sqrt{235/f_{ak}}$，f_{ak} 为钢材的抗拉强度标准值。对于一般的承重柱可取 $D/t=70$；对于桁架结构可取 $D/t=25$ 左右。

套箍指标 θ 宜限制在 0.5 到 2.5 之间。下限 0.5 是为了防止钢管对混凝土的约束作用不足而引起脆性破坏；上限 2.5 则是为防止因混凝土强度等级过低而使结构在使用荷载下产生塑性变形。试验表明，当套箍指标满足 $0.5 \leqslant \theta \leqslant 2.5$ 时，钢管混凝土构件在正常使用条件下处于弹性工作阶段，同时在达到极限荷载后仍具有足够的延性。

当采用 C60 以上等级的高强混凝土时，为充分发挥钢管混凝土柱抗压承载力高的特点，防止失稳引起承载力降低过多或出现大偏心受压的情况，应限制柱的长径比 $L/D \leqslant 20$，轴压力的偏心率 $e_0/r_c \leqslant 1$。

4.4.14 施工时，钢管间的连接应满足哪些构造要求？

【解析】钢管混凝土构件之间的连接，以及施工安装阶段（包括混凝土浇筑前和浇筑后到混凝土硬结前的阶段）的强度、变形和稳定性验算须遵照《钢结构设计规范》GB 50017 的有关规定。设计钢管混凝土结构节点时，应注意使荷载以尽量短的途径作用于钢管混凝土的整个杆件截面上，避免单纯依靠钢管壁传力导致套箍作用的削弱。

4.4.15 抗震设计时，钢管混凝土柱的构造应符合哪些要求？

【解析】对于有抗震要求的钢管混凝土结构，应在承载力极限状态设计中对地震效应进行验算。

大量试验表明，由于核心混凝土受到钢管的良好约束作用，相比相同条件下的钢筋混凝土柱和型钢混凝土柱，钢管混凝土柱具有更好的延性，有利于结构抗震性能的充分发挥。

对于长径比 $L/D>4$ 的钢管混凝土柱，在轴压力和水平力共同作用下发生弯曲型破坏。即使在很高轴压比的条件下，钢管混凝土柱仍可在受压区发展塑性变形，形成具有较大转动能力的"压铰"，而不会出现普通钢筋混凝土柱受压区混凝土压溃或钢结构受压翼缘屈曲失稳等破坏形式。

对于长径比 $L/D \leqslant 4$ 的钢管混凝土短柱，在轴压力和水平力共同作用下发生剪切型破坏。对于普通钢筋混凝土短柱，通常采用提高配箍特征值的方法来提高柱的延性。规范限定钢管混凝土的套箍指标 $\theta \geqslant 0.5$，其对应的配箍特征值远大于普通钢筋混凝土柱箍筋加密区所能达到的配箍特征值，因此钢管混凝土短柱的延性要明显优于普通钢筋混凝土短柱。需要指出的是，像钢管混凝土这样高的配箍特征值，普通钢筋混凝土柱在构造和施工上是无法实现的。

第五章　矩形钢管混凝土组合结构

第一节　基本设计规定

4.5.1　矩形钢管混凝土与圆形钢管混凝土受力时主要有哪些区别？

【解析】矩形钢管内浇筑的混凝土对钢管壁具有侧向约束作用，可以防止钢管发生向内侧的屈曲，从而提高了钢管壁的受压屈曲承载力；同时，矩形钢管对内部填充的混凝土也具有一定的侧向约束作用，能提高混凝土的抗压能力。因此，矩形钢管与混凝土二者组合后的整体受压承载力要高于各自承载力之和。但是，矩形钢管混凝土的钢管壁在侧压力作用下会发生侧向外鼓，对混凝土的紧箍力主要集中在四个角部位置，且分布不均匀，因此其相对于圆形截面钢管混凝土的约束效应较差，对受压承载力提高的程度较低。但矩形截面的钢管混凝土相对于圆形截面具有较大的抗弯刚度和较强的抗弯能力，整体稳定性较好，与梁之间的节点连接构造比较简单，因此在很多情况下具有更优越的使用及施工性能。

4.5.2　将矩形钢管混凝土应用于高层建筑中的框架柱，具有哪些优点？

【解析】将矩形钢管混凝土应用于高层建筑中的框架柱，具有以下多项优点：

1. 承载力高，延性大，柱截面小。矩形钢管混凝土柱具有较大的抗弯、抗剪刚度，相对于钢筋混凝土柱具有较大的延性和较高的承载力，同时不受含钢率限制。

2. 矩形钢管对混凝土可起到与箍筋相似的约束作用，能够显著提高构件的受剪承载力。

3. 施工方便。矩形钢管在施工过程中可兼作柱的模板和临时支撑，节省了材料和人工；同时钢管内的混凝土可以多层一次浇筑，使施工过程更加方便快捷。

4. 矩形钢管混凝土可以在柱内外采用不同等级的混凝土。柱内用高等级混凝土以充分利用其抗压性能，而梁板仍可采用较低等级的混凝土，从而避免了将梁、板混凝土等级作无谓提高的弊端，降低了工程成本。

5. 矩形钢管混凝土梁柱节点构造简单，外形规整，有利于满足建筑要求，施工时容易处理。矩形钢管混凝土结构中各构件间的交贯线处于一个平面内，便于制作和安装，应用于框架和桁架结构中在成本和施工速度上均具有较大优势。

第二节　矩形钢管混凝土承载力计算

4.5.3　如何计算矩形钢管混凝土柱的轴压承载力？

【解析】矩形钢管对混凝土的约束作用非常复杂，同时受混凝土徐变收缩等因素的影响。根据已有的大量试验结果，钢管对混凝土承载力提高的影响有限，因此规范及规程中采用直接叠加的方法来计算矩形钢管混凝土轴心受压构件的承载力：

$$N \leqslant \frac{1}{\gamma} N_u \qquad (4.5.1)$$

$$N_u = f A_s + f_c A_c \qquad (4.5.2)$$

式中 N——轴心压力设计值；

  N_u——轴心受压时截面受压承载力设计值；

  γ——无地震作用组合时，$\gamma = \gamma_0$；有地震作用组合时，$\gamma = \gamma_{RE}$。γ_0 为结构重要性系数，按《建筑结构可靠度设计统一标准》GB 50068 取用，γ_{RE} 为承载力抗震调整系数，按表 4.5.1 采用。

承载力抗震调整系数 表 4.5.1

构件名称	梁	柱	支 撑	节点板件	连接焊缝	连接螺栓
γ_{RE}	0.75	0.80	0.80	0.85	0.9	0.85

注：当仅计算竖向地震作用时，承载力抗震调整系数 γ_{RE} 宜取 1.0。
  当钢管截面有削弱时，式（4.5.2）中的钢管截面面积 A_s 应取为净截面面积 A_{sn}。

4.5.4 如何进行矩形钢管混凝土柱的稳定验算？

【解析】矩形钢管混凝土轴心受压构件的整体稳定性与构件长细比、边界条件以及残余应力、初弯曲、初偏心等因素有关。根据试验资料，矩形钢管混凝土轴心受压构件的受力较接近于钢结构，因此采用与钢结构类似的设计公式，轴压稳定曲线也采用了《钢结构设计规范》GB 50017 中的 b 类曲线，但构件的长细比则考虑了管内混凝土的作用。

矩形钢管混凝土轴心受压构件的稳定性验算公式为：

$$N \leqslant \frac{1}{\gamma} \varphi N_u \qquad (4.5.3)$$

式中 φ——轴心受压构件的稳定系数，按以下二式计算：

当 $\lambda_0 \leqslant 0.215$ 时，

$$\varphi = 1 - 0.65 \lambda_0^2 \qquad (4.5.4)$$

当 $\lambda_0 > 0.215$ 时，

$$\varphi = \frac{1}{2\lambda_0^2} \left[(0.95 + 0.300\lambda_0 + \lambda_0^2) - \sqrt{(0.965 + 0.300\lambda_0 + \lambda_0^2)^2 - 4\lambda_0^2} \right] \qquad (4.5.5)$$

式中 λ_0——轴心受压构件的相对长细比，可按下式计算：

$$\lambda_0 = \frac{\lambda}{\pi} \sqrt{\frac{f_y}{E_s}} \qquad (4.5.6)$$

$$\lambda = \frac{l_0}{r_0} \qquad (4.5.7)$$

$$r_0 = \sqrt{\frac{I_s + I_c E_c / E_s}{A_s + A_c f_c / f}} \qquad (4.5.8)$$

式中 f_y——钢材牌号所指屈服点；

λ——矩形钢管混凝土轴心受压构件的长细比；

l_0——轴心受压构件的计算长度；

r_0——矩形钢管混凝土轴心受压构件截面的当量回转半径。

第三节 构造要求

4.5.5 矩形钢管混凝土的截面尺寸和含钢量应满足哪些要求？

【解析】矩形钢管混凝土构件的截面最小边长不宜小于 400mm。为防止浇筑混凝土时引起钢管外鼓变形，钢管壁厚不宜小于 8mm。同时，截面的高宽比 h/b 不宜大于 2。当有可靠依据时，上述限值可适当放宽。当矩形钢管混凝土的最大截面边长大于等于 800mm 时，可通过在钢管内壁上焊栓钉或设置纵向加劲肋等构造措施来增强其与混凝土的共同工作能力，防止钢板的屈曲失稳。

矩形钢管混凝土巨型柱，宜设置内隔板，形成多个封闭截面，且宜在钢管壁设置竖向加劲肋，并在楼层间设置间距 1500～2000mm 的横向加劲肋。

为充分发挥混凝土的承载能力，同时又不会过分降低强震作用下钢管对混凝土的约束作用，设计时应控制矩形钢管混凝土受压构件中混凝土的工作承担系数 a_c 在 0.1～0.7 之间。混凝土的工作承担系数 a_c 按下式计算：

$$a_c = \frac{A_c f_c}{A_s f + A_c f_c} \qquad (4.5.9)$$

式中 f、f_c——钢材和混凝土的抗压强度设计值；

A_s、A_c——钢管和管内混凝土的截面面积。

对于有抗震设防要求的多高层框架柱，为保证矩形钢管混凝土柱具有较好的延性，宜限制混凝土工作承担系数满足下式要求：

$$a_c \leqslant [a_c] \qquad (4.5.10)$$

式中 $[a_c]$——混凝土工作承担系数限值，按表 4.5.2 确定。

混凝土工作承担系数限值 $[a_c]$　　　　　　　　　　　　表 4.5.2

长细比 λ	轴压比（N/Nu）	
	$\leqslant 0.6$	> 0.6
$\leqslant 20$	0.50	0.47
30	0.45	0.42
40	0.40	0.37

为充分发挥钢管在轴压作用下的承载能力，使钢管壁在极限状态下能够达到全截面屈服，需要对矩形钢管混凝土钢管管壁板件的宽厚比 b/t 和高厚比 h/t（图 4.5.1）进行限制。如能够满足表 4.5.3 的规定，则计算时可以保证构件全截面有效。

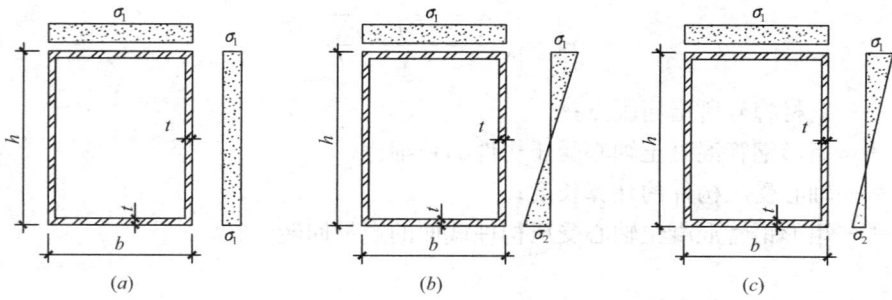

图 4.5.1　矩形钢管截面板件应力分布示意

(a) 轴压；(b) 纯弯；(c) 压弯

矩形钢管管壁板件宽厚比 b/t、高厚比 h/t 限值　　　　　表 4.5.3

构件类型	b/t	h/t
轴压（图 4.5.1a）	60ε	60ε
弯曲（图 4.5.1b）	60ε	135ε
压弯（图 4.5.1c）	60ε	60ε

注：1. $\varepsilon = \sqrt{235/f_y}$，$f_y$ 为钢材屈服强度的标准值；

2. 施工阶段验算时，表 4.5.3 中的限值应除以 1.5，但 $\varepsilon = \sqrt{235/1.1\sigma_0}$，$\sigma_0$ 取为施工阶段荷载作用下的板件实际应力设计值，压弯时 σ_0 取 σ_1。

为防止矩形钢管混凝土构件在压力作用下过早屈曲失效，对其长细比也应进行限制，限值可按《钢结构设计规范》GB 50017 的规定采用。

第六章　型钢混凝土组合结构

第一节　基本设计规定

4.6.1　在各国规范中，型钢混凝土的承载力计算有哪几类基本方法？

【解析】日本的 AIJ-SRC 设计规范采用强度叠加法。强度叠加有两种方法，其一是"简单叠加法"，即简单地将型钢与钢筋混凝土分别所承担的弯矩进行叠加，不考虑构件轴力作用，结果偏于保守；其二是"一般叠加法"，即将型钢与钢筋混凝土分别承担的弯矩进行叠加，同时考虑构件轴力作用，计算较为复杂，但可以得到较为经济的配筋设计。

美国的 AISC-LFRD 和 ACI 设计规范均采用极限强度设计方法。对 SRC 构件的设计方法主要依据换算截面法，在构件强度计算时需要考虑型钢与混凝土之间的剪力传递。在 1989 年的美国钢筋混凝土设计规范 ACI 中，将型钢视为等值的钢筋，然后再以钢筋混凝土结构的设计方法进行 SRC 构件设计，这种方法的优点在于对 SRC 结构设计时考虑构件的"变形协调"和"内力平衡"，但没有考虑型钢材料本身的残余应力和初始位移。在 1993 年的钢结构设计规范 AISC-LRFD 中，将钢筋混凝土部分转换为等值型钢，再以纯钢结构的设计方法进行组合结构设计，并考虑了残余应力和初始位移。此方法最突出的优点是很容易得到构件的弯矩与轴力，但由于它是以考虑初始位移和残余应力的纯钢结构为设计基础，是否符合组合构件的实际受力行为仍有待进一步探讨。

1985 年由英、德、法及荷兰四国共同制定了欧洲组合结构设计规范 Eurocodes，此规范假定型钢与混凝土完全交互作用，构件截面仅有一个对称轴，将型钢与混凝土均按矩形应力块理论考虑，采用极限强度设计方法设计。

前苏联的 SRC 结构设计方法主要采用极限强度设计方法，完全套用钢筋混凝土结构的设计方法，假定型钢与混凝土完全共同作用和型钢完全达到屈服状态，但并不合理。

在我国，《钢骨混凝土结构设计规程》YB 9082 采用简单叠加方法，《组合结构设计规范》JGJ 138 和《型钢混凝土组合结构技术规程》JGJ 138—2001 采用基于钢筋混凝土结构的设计方法。

4.6.2　如何计算型钢混凝土梁和型钢混凝土柱的截面刚度？

【解析】在进行结构整体分析时，型钢混凝土梁和型钢混凝土柱的截面刚度可采用型钢与混凝土部分弹性刚度叠加的方法，即

$$EA = E_c A_c + E_{ss} A_{ss}$$
$$EI = E_c I_c + E_{ss} I_{ss}$$
$$GA = G_c A_c + G_{ss} A_{ss}$$

（4.6.1）

式中　$E_c A_c$——钢筋混凝土部分的轴向刚度；

$$E_cI_c$$——钢筋混凝土部分的抗弯刚度；

$$G_cA_c$$——钢筋混凝土部分抗剪刚度；

$$E_{ss}A_{ss}$$——型钢部分的轴向刚度；

$$E_{ss}I_{ss}$$——型钢部分的抗弯刚度；

$$G_{ss}A_{ss}$$——型钢部分抗剪刚度。

4.6.3　抗震设计时，型钢混凝土构件应符合哪些要求？

【解析】应根据结构类型、设防烈度确定构件抗震等级。在计算内力时应考虑增大系数，计算承载力时应考虑抗震承载力调整系数。

对于三、四级抗震结构，型钢混凝土构件含钢率不小于 2%，对于一、二级不小于 4%，特一级不小于 6%，含钢率不宜大于 15%。

考虑地震作用组合的型钢混凝土组合结构构件宜采用封闭箍筋，其末端应有 135°弯钩，弯钩端头平直段长度不应小于 10 倍箍筋直径。梁端、柱端箍筋需进行加密。柱应满足轴压力系数限值。

第二节　型钢混凝土梁设计

4.6.4　如何计算型钢混凝土梁的正截面受弯承载力？

【解析】根据《组合结构设计规范》JGJ 138，正截面承载力有以下基本假定（图 4.6.1）：

（1）符合平截面假定；

（2）不考虑混凝土的抗拉强度；

（3）受压边缘混凝土的极限压应变 ε_{cu} 取 0.003，相应的最大压应力取混凝土轴心抗压强度设计值 f_c 乘以受压区混凝土压应力影响系数。受压区可简化为等效的矩形应力图，其高度取按平截面假定所确定的中和轴高度乘以受压区混凝土应力图形影响系数；

（4）型钢腹板的应力图形为拉压梯形应力图形，设计时可简化为等效矩形应力图形。

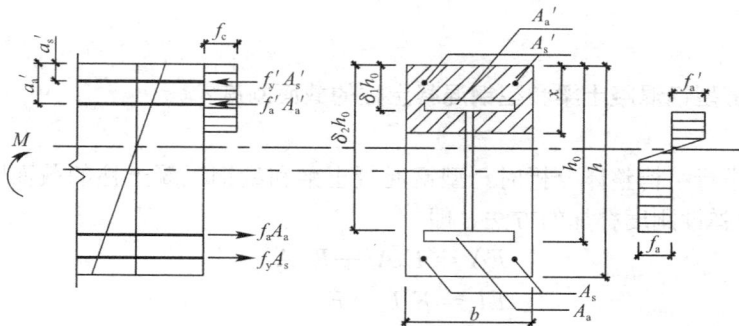

图 4.6.1　型钢混凝土梁正截面受弯承载力计算模型

（5）钢筋应力取为钢筋应变与其弹性模量的乘积，但其绝对值不大于其强度设计值。纵向受拉钢筋和型钢受拉翼缘的极限拉应变 ε_{su} 均取为 0.01。

基于上述假定，其正截面受弯承载力计算公式如下。

非抗震设计，

$$M \leqslant f_c bx\left(h_0 - \frac{x}{2}\right) + f_y' A_s'(h_0 - a_s') + f_a' A_{af}'(h_0 - a_a') + M_{aw} \qquad (4.6.2)$$

混凝土受压区高度按下式计算：

$$f_c bx + f_y' A_s' + f_a' A_{af}' - f_y A_s - f_a A_{af} + N_{aw} = 0 \qquad (4.6.3)$$

抗震设计

$$M \leqslant \frac{1}{\gamma_{RE}}\left[f_c bx\left(h_0 - \frac{x}{2}\right) + f_y' A_s'(h_0 - a_s') + f_a' A_{af}'(h_0 - a_a') + M_{aw}\right] \qquad (4.6.4)$$

混凝土受压区高度按下式计算：

$$f_c bx + f_y' A_s' + f_a' A_{af}' - f_y A_s - f_a A_{af} + N_{aw} = 0 \qquad (4.6.5)$$

4.6.5 如何计算型钢混凝土梁的斜截面受剪承载力？

【解析】型钢混凝土梁的剪切破坏，随着剪跨比的不同主要表现为剪压破坏和斜压破坏两种形式。防止剪压破坏由受剪承载力计算来保证，防止斜压破坏由截面控制条件来保证。

为防止型钢混凝土梁斜压破坏，截面应符合以下条件：

非抗震设计

$$V_b \leqslant 0.45 f_c bh_0 \qquad (4.6.6)$$

$$\frac{f_a t_w h_w}{f_c bh_0} \geqslant 0.10 \qquad (4.6.7)$$

抗震设计

$$V_b \leqslant \frac{1}{\gamma_{RE}}(0.36 f_c bh_0) \qquad (4.6.8)$$

$$\frac{f_a t_w h_w}{f_c bh_0} \geqslant 0.10 \qquad (4.6.9)$$

对于转换梁，可参照《组合结构设计规范》JGJ 138 进行计算。

4.6.6 型钢混凝土梁的裂缝宽度计算应考虑哪些因素？

【解析】型钢混凝土梁的裂缝宽度计算应按照荷载的准永久值并考虑长期作用的影响进行计算，此外还需考虑钢筋的保护层厚度，受拉钢筋和型钢受拉翼缘的折算直径等因素，具体按荷载效应的标准组合并考虑长期作用影响的最大裂缝宽度按下列公式计算：

$$w_{max} = 1.9\psi \frac{\sigma_{sa}}{E_s}\left(1.9c + 0.08\frac{d_e}{\rho_{te}}\right) \qquad (4.6.10)$$

式中　σ_{sa}——考虑型钢受拉翼缘与部分腹板及受拉钢筋的钢筋应力值；

　　　ψ——型钢翼缘作用的钢筋应变不均匀系数；

c——受拉钢筋的混凝土保护层厚度；

d_e——考虑型钢受拉翼缘和部分腹板以及受拉钢筋的有效直径；

ρ_{te}——考虑型钢受拉翼缘和部分腹板以及受拉钢筋的有效配筋率。

4.6.7 如何计算型钢混凝土梁的刚度及变形？

【解析】型钢混凝土框架梁在正常使用极限状态下的挠度，可根据构件的刚度用结构力学的方法计算。当其纵向受拉钢筋配筋率为 $0.3\%\sim1.5\%$ 时，按荷载的准永久值计算的短期抗弯刚度 B_s 和考虑长期作用影响的长期刚度 B_l 可按照下列公式计算：

$$B_s = \left(0.22 + 3.75 \frac{E_s}{E_c} \rho_s\right) E_c I_c + E_a I_a \tag{4.6.11}$$

$$B_l = \frac{M_s}{M_l(\theta - 1) + M_s} B_s \tag{4.6.12}$$

式中 E_c——混凝土弹性模量；

E_s——型钢弹性模量；

I_c——按截面尺寸计算的混凝土截面惯性矩；

I_a——型钢的截面惯性矩；

M_s——按荷载短期效应组合计算的弯矩值；

M_l——按荷载长期效应组合计算的弯矩值；

θ——考虑荷载长期效应组合对挠度增大的影响系数。当 $\rho_s'=0$ 时，$\theta=2.0$；当 $\rho_s'=\rho_s$ 时，$\theta=1.6$；当 ρ_s' 为中间数值时，θ 按直线内插法取用。此处，ρ_s、ρ_s' 分别为纵向受拉钢筋和纵向受压钢筋配筋率，$\rho_s = A_s/bh_0$、$\rho_s' = A_s'/bh_0$。当 $\psi>1.0$ 时，取 1.0；当 $\psi<0.2$ 时，取 0.2。

第三节 型钢混凝土柱设计

4.6.8 如何计算型钢混凝土柱的正截面受弯承载力？

【解析】由截面受力平衡条件，非抗震设计时的正截面受压承载力按以下公式计算（图 4.6.2）：

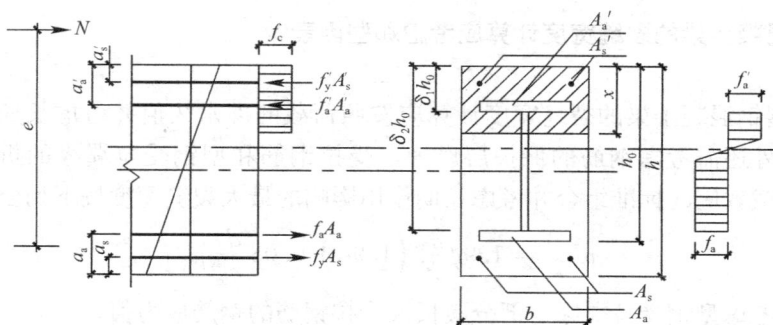

图 4.6.2 型钢混凝土柱正截面受弯承载力计算模型

非抗震设计

$$N \leqslant \alpha_1 f_c bx + f'_y A'_s + f'_a A'_{af} - \sigma_s A_s - \sigma_a A_{af} + N_{aw} \quad (4.6.13)$$

$$Ne \leqslant \alpha_1 f_c bx(h_0 - x/2) + f'_y A'_s(h_0 - a'_s) + f'_a A'_{af}(h_0 - a'_a) + M_{aw} \quad (4.6.14)$$

抗震设计

$$N \leqslant \frac{1}{\gamma_{RE}}[\alpha_1 f_c bx + f'_y A'_s + f'_a A'_{af} - \sigma_s A_s - \sigma_a A_{af} + N_{aw}] \quad (4.6.15)$$

$$Ne \leqslant \frac{1}{\gamma_{RE}}[\alpha_1 f_c bx(h_0 - x/2) + f'_y A'_s(h_0 - a'_s) + f'_a A'_{af}(h_0 - a'_a) + M_{aw}] \quad (4.6.16)$$

$$e = e_i + \frac{h}{2} - a \quad (4.6.17)$$

式中　　e——轴向力作用点至纵向受拉钢筋和型钢受拉翼缘的合力点之间的距离；

N_{aw}、M_{aw}——分别为型钢腹板承受的轴向合力、型钢腹板承受的轴向合力对型钢受拉翼缘和纵向受拉钢筋合力点的力矩，分别按以下公式计算。

当 $\delta_1 h_0 < 1.25x$ 且 $\delta_2 h_0 > 1.25x$ 时，型钢腹板仅部分屈服，有

$$N_{aw} = [2.5\xi - (\delta_1 + \delta_2)]t_w h_0 f_a \quad (4.6.18)$$

$$M_{aw} = \left[\frac{1}{2}(\delta_1^2 + \delta_2^2) - (\delta_1 + \delta_2) + 2.5\xi - (1.25\xi)^2\right]t_w h_0^2 f_a \quad (4.6.19)$$

当 $\delta_1 h_0 < 1.25x$ 且 $\delta_2 h_0 < 1.25x$ 时，型钢混凝土腹板均受压屈服，有

$$N_{aw} = (\delta_1 - \delta_2)t_w h_0 f_a \quad (4.6.20)$$

$$M_{aw} = \left[\frac{1}{2}(\delta_1^2 - \delta_2^2) + (\delta_2 - \delta_1)\right]t_w h_0^2 f_a \quad (4.6.21)$$

式中　　δ_1——型钢腹板上端至截面上边距离与 h_0 的比值；

δ_2——型钢腹板下端至截面上边距离与 h_0 的比值；

ξ——相对受压区高度，$\xi = x/h_0$。

4.6.9　如何计算型钢混凝土柱的斜截面受剪承载力？

【解析】型钢混凝土柱的斜截面受剪承载力由两部分组成，分别是型钢的受剪承载力和钢筋混凝土的受剪承载力，其计算公式为：

非抗震设计

$$V_c \leqslant \frac{0.20}{\lambda + 1.5}f_t bh_0 + f_{yv}\frac{A_{sv}}{s}h_0 + \frac{0.58}{\lambda}f_a t_w h_w + 0.07N \quad (4.6.22)$$

抗震设计

$$V_c \leqslant \frac{1}{\gamma_{RE}}\left[\frac{0.16}{\lambda + 1.5}f_t bh_0 + 0.8f_{yv}\frac{A_{sv}}{s}h_0 + \frac{0.58}{\lambda}f_a t_w h_w + 0.056N\right] \quad (4.6.23)$$

式中　　λ——框架柱的计算剪跨比，其值取上、下端较大弯矩设计值 M 与对应的剪力设计值 V 和柱截面有效高度 h_0 的比值，即 M/Vh_0；当框架结构中的框架柱的反弯点在柱层高范围内时，柱剪跨比也可采用 1/2 柱净高与柱截面有效高度 h_0 的比值；当 λ 小于 1 时，取 1；当 λ 大于 3 时，取 3。

N——考虑地震作用组合的框架柱的轴向压力设计值；当 $N > 0.3f_c A_c$ 时，取 $N = 0.3f_c A_c$。

4.6.10 对于配置十字形型钢的型钢混凝土柱，如何对其正截面承载力进行简化计算？

【解析】配置十字形型钢的型钢混凝土偏心受压框架柱和转换柱，其正截面受压承载力，可考虑腹板两侧的侧腹板（即水平腹板两侧的翼缘），其正截面受压承载力计算按4.6.8 节的计算公式计算，计算中将腹板厚度 t_w 改为折算等效厚度 t'_w，其值按下式计算：

$$t'_w = t_w + \frac{0.5\sum A_{aw}}{h_w} \tag{4.6.24}$$

式中 $\sum A_{aw}$——两侧的侧腹板总面积。

4.6.11 抗震设计时，型钢混凝土柱的内力及承载力应满足哪些要求？

【解析】考虑地震作用组合的框架柱的节点上、下端的内力设计值应按下列规定采用：
1. 节点上、下柱端的弯矩设计值
(1) 一级地震等级的框架结构和 9 度设防节点上、下柱端的弯矩设计值

$$\sum M_c = 1.2\sum M_{buE} \tag{4.6.25}$$

(2) 框架结构

二级抗震等级	$\sum M_c = 1.5\sum M_b$	(4.6.26)
三级抗震等级	$\sum M_c = 1.3\sum M_b$	(4.6.27)
四级抗震等级	$\sum M_c = 1.2\sum M_b$	(4.6.28)

(3) 其他各类框架

特一级抗震等级	$\sum M_c = 1.68\sum M_b$	(4.6.29)
一级抗震等级	$\sum M_c = 1.4\sum M_b$	(4.6.30)
二级抗震等级	$\sum M_c = 1.2\sum M_b$	(4.6.31)
三、四级抗震等级	$\sum M_c = 1.1\sum M_b$	(4.6.32)

当顶层柱轴压比小于 0.15 时，其柱端的弯矩设计值取地震作用组合下的弯矩设计值。

式中 $\sum M_c$——节点上、下柱端的弯矩设计值之和；节点上柱端和下柱端的弯矩设计值，一般可按上、下柱端弹性分析所得的考虑地震作用组合的弯矩比进行分配；

$\sum M_{buE}$——同一节点左、右梁端按顺时针和逆时针方向组合，采用实配钢筋和实配型钢、材料强度标准值，且考虑承载力抗震调整系数的正截面受弯承载力所对应的弯矩值之和的较大值；

$\sum M_b$——同一节点左、右梁端按顺时针和逆时针方向考虑地震作用组合的弯矩设计值之和。

2. 考虑地震作用组合的框架结构底层柱下端截面的弯矩设计值，对一、二、三、四级抗震等级应按考虑地震作用组合的弯矩设计值分别直接乘以弯矩增大系数 1.7、1.5、1.3 和 1.2。底层柱纵向钢筋宜按柱上、下端的不利情况配置，底层指无地下室的基础以上或地下室以上的首层。

为了延迟框架结构顶层柱上端和底层柱下端截面出现塑性铰，在设计中，对此部位柱

的弯矩设计值采用直接乘以增大系数的方法，以增大其正截面承载力。按一、二级抗震等级设计的框架结构底层柱根和框支层柱两端截面的弯矩设计值，应分别乘以增大系数 1.5 和 1.25。

抗震设计时，型钢混凝土柱在重力荷载代表值作用下的轴压力系数 n 不应超过表 4.6.1 限值，n 按下式计算：

$$n = \frac{N}{f_c A_c + f_{ssy} A_{ss}}$$ (4.6.33)

式中　N——地震作用组合下型钢混凝土柱承受的最大轴压力设计值；

　　　A_c——混凝土部分截面面积；

　　　A_{ss}——型钢部分截面面积。

型钢混凝土柱轴压力系数限值　　　　　　　　表 4.6.1

结构类型	柱类型	箍筋形式	抗震等级			
			特一级、一级	二级	三级	四级
框架结构	框架柱	复合箍筋	0.65	0.75	0.85	0.90
框架-剪力墙结构	框架柱		0.70	0.80	0.90	0.95
框架-筒体结构	框架柱		0.70	0.80	0.90	0.95
	转换柱		0.60	0.70	—	—
筒中筒结构	框架柱		0.70	0.80	0.90	0.95
	转换柱		0.60	0.70	—	—
部分框支剪力墙结构	转换柱		0.60	0.70	—	—

第四节　构 造 要 求

4.6.12　型钢混凝土截面尺寸的基本规定有哪些？

【解析】型钢板材的厚度不小于 6mm，翼缘宽厚比不大于 23（Q235）和 20（Q345）。梁型钢腹板宽厚比不大于 107（Q235）和 91（Q345）。柱型钢腹板宽厚比不大于 96（Q235）和 81（Q345）。

型钢混凝土框架梁的截面宽度不宜小于 300mm，钢混凝土托柱转换梁截面宽度，不应小于其所托柱在梁宽度方向截面宽度。托墙转换梁截面宽度不宜大于框支柱相应方向的截面宽度，且不宜小于其上墙体截面厚度的 2 倍和 400mm 的较大值。截面的高度和宽度的比值不宜大于 4。

4.6.13　型钢混凝土构件中的栓钉应如何设置？

【解析】型钢混凝土构件一般不设置抗剪连接件，但当型钢与混凝土间传力较大时应设置栓钉以增强连接，如过渡段等。栓钉直径宜选用 19mm、22mm，其长度不应小于 4 倍栓钉直径，栓钉间距不应小于 6 倍栓钉直径，栓钉中心至型钢板材边缘距离不应小于 50mm，顶面保护层厚度不应小于 15mm。

4.6.14 型钢混凝土框架梁应符合哪些构造要求?

【解析】

1. 型钢混凝土框架梁内纵向钢筋不宜超过二排，其配筋率宜大于 0.3%，直径宜取 16~25mm，纵向钢筋净间距不应小于 30mm，且不小于钢筋直径的 1.5 倍。型钢保护层厚度取 100mm。

2. 型钢混凝土框架梁的截面高度大于或等于 450mm 时在梁的两侧沿高度方向每隔 200mm 应设置一根纵向腰筋，且每侧腰筋截面面积不宜小于腹板截面面积的 0.1%。型钢混凝土框架梁和转换梁宜采用封闭箍筋，其末端应有 135°弯钩，弯钩端头平直段长度不应小于 10 倍箍筋直径。

3. 箍筋直径和间距应满足表 4.6.2 要求。

型钢混凝土梁中箍筋直径与间距要求   表 4.6.2

抗震等级	箍筋加密区长度	非加密区箍筋最大间距（mm）	加密区箍筋最大间距（mm）	最小箍筋直径（mm）
特一级	$2h$	160	120	12
一、二级	$1.5h$	180	140	10
三、四级	$1.5h$	220	160	10
非抗震	$1.5h$	250	180	8

注：当梁跨度小于梁截面高度 4 倍时，梁全跨按箍筋加密区配置。

4. 梁端箍筋设置，其第一个箍筋应设置在距节点边缘不大于 50mm 处，沿梁全长箍筋的配筋率 $\rho_{sv}=A_{sv}/bs$ 应符合下列规定：

非抗震设计

$$\rho_{sv} \geqslant 0.24 f_t/f_{yv} \qquad (4.6.34)$$

抗震设计

特一级抗震等级

$$\rho_{sv} \geqslant 0.36 f_t/f_{yv} \qquad (4.6.35)$$

一级抗震等级

$$\rho_{sv} \geqslant 0.3 f_t/f_{yv} \qquad (4.6.36)$$

二级抗震等级

$$\rho_{sv} \geqslant 0.28 f_t/f_{yv} \qquad (4.6.37)$$

三、四级抗震等级

$$\rho_{sv} \geqslant 0.26 f_t/f_{yv} \qquad (4.6.38)$$

5. 型钢混凝土托柱转换梁与托柱截面中线宜重合，在托柱位置宜设置正交方向楼面梁或框架梁，且在托柱位置的型钢腹板两侧应对称设置支承加劲肋。

6. 托柱转换梁的梁端以及在托柱位置处的左右两端，在离柱边 1.5 倍梁截面高度范围内应设置箍筋加密区，其箍筋直径不宜小于 10mm，间距不宜大于 100mm，加密区箍筋最小面积配筋率，非抗震设计不宜小于 $0.7 f_t/f_{yv}$；抗震设计的特一级、一级、二级分别不宜小于 $1.1 f_t/f_{yv}$、$1.0 f_t/f_{yv}$、$0.9 f_t/f_{yv}$。

7. 当转换梁处于偏心受拉时，其支座上部纵向钢筋至少应有50%沿梁全长贯通，下部纵向钢筋应全部直通到柱内；沿梁高应配置间距不大于200mm、直径不小于16mm的腰筋。

8. 当必须在型钢混凝土梁上开孔时，其孔位宜设置在剪力较小截面附近，且宜采用圆形孔，当孔洞位于离支座1/4跨度以外时，圆形孔的直径不宜大于0.4倍梁高，且不宜大于型钢截面高度的0.7倍；当孔洞位于离支座1/4跨度以内时，圆孔的直径不宜大于0.3倍梁高，且不宜大于型钢截面高度的0.5倍。孔洞周边宜设置钢套管，管壁厚度不宜小于梁型钢腹板厚度，套管与梁型钢腹板连接的角焊缝高度宜取0.7倍腹板厚度；腹板孔周围二侧宜各焊上厚度稍小于腹板厚度的环形补强板，其环板宽度应取75～125mm；且孔边应加设构造箍筋和水平筋。

其构造措施还应满足《组合结构设计规范》JGJ 138中相关要求。

4.6.15 型钢混凝土框架柱应符合哪些构造要求？

【解析】

1. 型钢混凝土框架柱和转换柱上、下两端箍筋应加密，柱端箍筋加密区长度，应取柱截面长边尺寸、柱净高的1/6和500mm中的最大值，加密区和非加密区的箍筋最大间距和箍筋最小直径应符合表4.6.3规定。

型钢混凝土柱中箍筋加密区和非加密区的构造要求　　　　表 4.6.3

抗震等级	非加密区箍筋间距（mm）	加密区箍筋间距（mm）	箍筋最小直径（mm）
特一级、一级	150	100	12
二级	200	120	10
三、四级	200	150	8

注：1. 底层柱的柱根系指地下室的顶面或无地下室情况的基础顶面；柱顶的加密区长度应取不小于该层柱净高的1/3；当有刚性地面时，除柱端箍筋加密区外，尚应在刚性地面上、下各500mm的高度范围内加密箍筋；加密区箍筋间距不应大于100mm；
2. 特一级、一级抗震等级的框架柱和转换柱，当箍筋直径大于12mm且配置肢数大于6的复合箍筋时，除柱根外箍筋加密区箍筋最大间距可适当放松，但不应大于150mm；
3. 二级抗震等级的框架柱，当箍筋直径大于10mm，且配置肢数大于6的复合箍筋时，除柱根外，箍筋间距应允许采用150mm。

2. 考虑地震组合作用的剪跨比不大于2的柱，箍筋间距不应大于100mm，并应沿全高加密；特一级、一级、二级抗震等级的角柱，应沿全高加密。

柱箍筋加密区箍筋的体积配筋率应符合下列规定：

$$\rho_v \geqslant 0.85\lambda_v \frac{f_c}{f_{yv}} \qquad (4.6.39)$$

式中　ρ_v——柱箍筋加密区箍筋的体积配筋率，计算中应扣除重叠部分的箍筋体积；

f_c——混凝土轴心抗压强度设计值，当强度等级低于C35时，按C35取值；

f_{yv}——箍筋及拉筋抗拉强度设计值；

λ_v——最小配箍特征值。

3. 考虑地震作用组合的型钢混凝土框架柱和转换柱，宜采用封闭复合箍筋，其末端应有135°弯钩，弯钩端头平直段长度不应小于10倍箍筋直径。此外，截面中纵向钢筋在两个方向宜有箍筋或拉筋约束。当部分箍筋采用拉筋时，拉筋宜紧靠纵向钢筋并勾住封闭箍筋。

4. 考虑地震作用组合的剪跨比不大于 2 的柱，箍筋宜采用封闭复合箍或螺旋箍，其箍筋体积配筋率不应小于 1.0%；抗震等级为特一级及 9 度设防烈度时，不应小于 1.3%。

5. 在柱箍筋加密区外，箍筋的体积配筋率不宜小于加密区配筋率的一半；对特一级、一级、二级抗震等级，箍筋间距不应大于 10d；对三、四级抗震等级，箍筋间距不应大于 15d；此处，d 为纵向钢筋直径。

6. 转换柱箍筋宜采用封闭复合箍或螺旋箍，箍筋直径不应小于 10mm，箍筋间距不应大于 100mm 和 6 倍纵向钢筋直径的较小值，并沿全高加密。

7. 抗震等级为特一级的转换柱柱端加密区箍筋最小配箍特征值 λ_v 应按本规范表 6.4.3 的数值增大 0.03，且箍筋体积配筋率不应小于 1.4%；抗震等级为一、二级的 λ_v 增大 0.02，且箍筋体积配筋率不应小于 1.3%。

8. 型钢混凝土柱与钢梁或钢筋混凝土梁应采用刚性连接，对应于钢梁的上、下翼缘处，或钢筋混凝土梁的上、下边缘处应设置水平加劲肋。加劲肋与钢梁翼缘等厚，且不宜小于 12mm；对钢筋混凝土梁，加劲肋与柱型钢腹板等厚。

第七章 钢-混凝土组合节点

第一节 基本设计规定

4.7.1 组合节点按连接构件的不同可分为哪些类型？

【解析】组合节点是指连接两种不同类型构件的节点。为满足各类工程需求，工程技术研究人员提出了多种多样的组合节点形式，从组合节点所连接的构件类型的角度区分，通常有三种形式：钢筋混凝土构件与钢构件连接的节点、组合构件与钢构件或者钢筋混凝土构件连接的节点、组合构件与组合构件连接的节点，框架结构中常见的组合节点形式如图 4.7.1 所示。

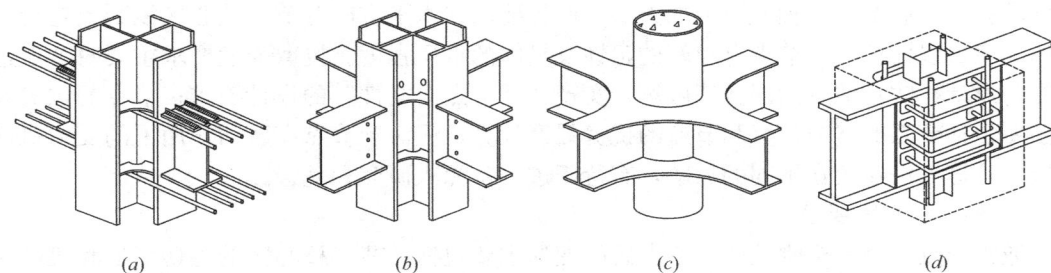

图 4.7.1 常见组合节点形式

(a) 型钢混凝土柱与混凝土梁节点；(b) 型钢混凝土柱与钢梁节点；(c) 钢管柱与钢梁节点；(d) 混凝土柱与钢梁节点

组合节点内力传递路径及可能产生的破坏模式要比纯钢结构或钢筋混凝土节点复杂，因此组合节点性能的可靠性对结构安全性至关重要，尤其是当结构遭遇强烈地震灾害袭击时。随着钢-混凝土组合结构的不断发展，组合节点的应用越来越广泛，各种新型节点构造措施也在实际工程中不断得到应用。其中，最为常见的三类组合节点为 RCS 组合节点、钢管混凝土节点和型钢混凝土节点。

RCS 组合节点应用于由钢筋混凝土柱与钢梁组成的 RCS 组合框架结构体系，能够充分利用钢构件和混凝土构件各自在抗弯或抗压强度、刚度、延性及功能适用性方面的优势。钢管混凝土节点应用于采用钢管混凝土柱的高层建筑中，根据框架梁的类型，又可以分为钢管混凝土柱-钢梁节点、钢管混凝土柱-混凝土梁节点和钢管混凝土柱-组合梁节点。型钢混凝土节点根据工程应用中梁柱形式的不同，大致也可以分为型钢混凝土柱-钢筋混凝土梁节点、型钢混凝土柱-钢梁节点和型钢混凝土柱-型钢混凝土梁节点。

4.7.2 延性结构节点的抗震设计要求有哪些？

【解析】试验和理论研究以及大量震害调查表明，延性框架设计要遵循如下设计原则：强柱弱梁、强剪弱弯和强节点弱构件。为使结构成为延性结构，不致在强震作用下倒塌，需要充分发挥构件塑性铰的延性作用，因而必须保证结构各构件的连接部位即节点不过早产生破坏。延性结构节点的抗震设计要求主要有以下几点：

（1）节点的强度不小于框架形成塑性铰机构时所对应的最大强度，满足强节点弱构件要求，同时避免对结构不易处理位置的修补；

（2）柱子的承载力不应由于节点而受到削弱；

（3）在中等程度的地震作用下，节点应保持弹性状态；

（4）节点变形不得明显增大层间位移；

（5）保证节点理想性能所需采取的节点构造措施应易于制作安装；

（6）节点应具备合理的构造措施，避免在反复地震荷载作用下产生钢结构焊缝或者焊接热影响区域的脆性断裂破坏。

延性结构节点的抗震设计要求可进一步简化为三点，即强度要求、刚度要求和延性要求。

1. 节点的强度要求

节点的强度要求包括抗弯强度要求、抗剪强度要求及抗压强度要求三部分。抗弯强度要求主要是指邻近节点核心的柱端和梁端截面如何实现"强柱弱梁"的设计要求。抗压强度要求主要限制节点中轴向压力的大小，而且要求在水平方向对节点核心区混凝土进行适当的约束，以使柱子及节点有较好的延性及足够的抗压强度。抗剪强度要求主要对节点进行专门设计，防止节点出现剪切破坏，实现"强节点弱构件"的设计要求；节点的抗剪设计主要包括节点的剪力计算和节点的抗剪强度计算，但对于节点在剪切作用下的受力机理和抗剪计算方法还存在不同的见解，有待于进一步深入研究和完善。

2. 节点的刚度要求

通常节点不是完全刚性的，节点区的变形主要包括：节点核心区的剪切变形和梁端对柱边的转动，如图 4.7.2 所示。在水平荷载作用下，框架将产生侧移，梁柱构件将产生变形，梁柱节点间将产生一定相对转动。同时对于抗震框架，在强烈地震作用下将进入弹塑性阶段，节点在核心区剪力作用下将进入弹塑性阶段，节点刚度明显降低，节点核心区剪切变形显著。节点的变形会显著增大结构层间相对位移，在极端状况下甚至会导致结构的倒塌。因而，为使节点仍具有较好的性能，必须控制节点的剪切变形和梁柱相对转动变形，防止节点出现过大的变形，对结构的抗震性能产生不利影响。

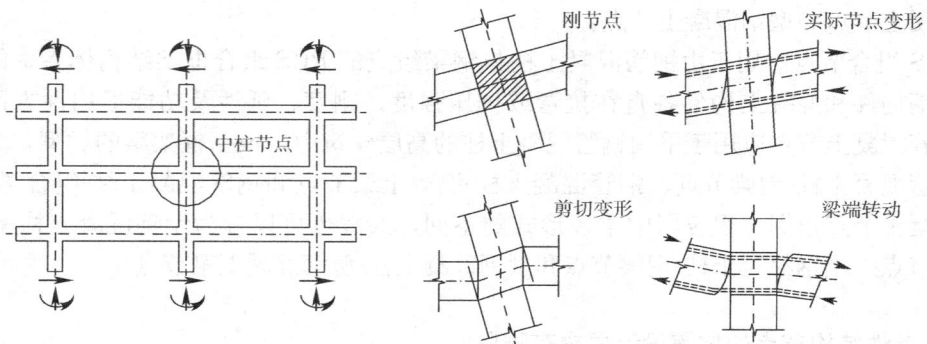

图 4.7.2　节点区变形示意图

3. 节点的延性要求

延性是反映结构、构件或材料弹塑性变形能力的一个度量指标，延性分为位移延性、

448

转角延性和曲率延性三个指标，一般分析研究中均取位移延性作为评价指标。对于节点的延性要求，主要是对邻近节点核心区的梁端和柱端而言的，要求梁端和柱端具有较大的变形能力，即使出现塑性铰也不致产生梁柱剪切破坏。对于节点核心区并不要求很大的延性，而是要有较大的强度和刚度，以保证在梁端塑性铰出现之前不发生节点核心区的剪切破坏和钢筋锚固破坏或者钢材的脆性断裂破坏等。

4.7.3 钢管混凝土柱与钢梁（钢-混凝土组合梁）的连接节点有哪些常用构造形式？

【解析】目前，实际工程中应用的钢管混凝土柱与钢梁（钢-混凝土组合梁）的节点形式多样，主要有环梁节点、穿心钢筋连接节点、穿心钢梁节点、内隔板式节点、外隔板式节点、隔板贯穿式节点、常规的栓焊连接以及全焊连接节点、栓钉内锚固式等采用内锚固件式的节点、套环式连接节点。近年来还有在外隔板基础上改进而来的外肋环板节点、端板式节点、分离 T 板式节点以及在直接连接节点端部焊接横向或竖向加劲肋改进得到的焊接翼缘加劲肋式节点等。典型的钢管混凝土柱-钢梁节点如图 4.7.3 所示。

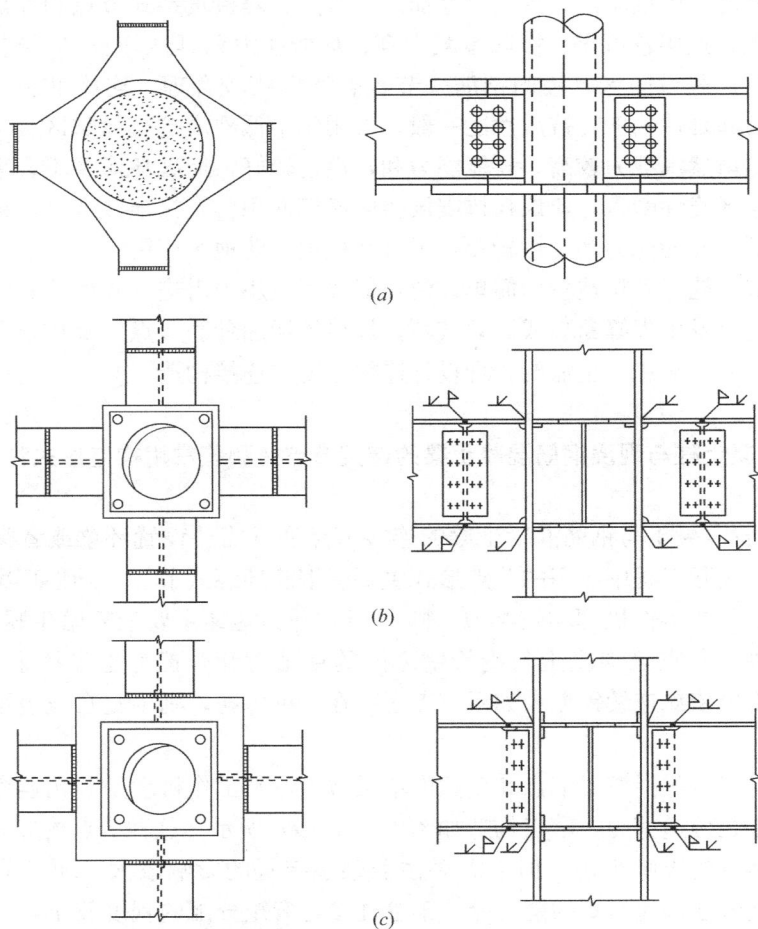

图 4.7.3　钢管混凝土柱-钢梁节点（一）

（a）外加强环节点；（b）内隔板节点；（c）隔板贯穿式节点

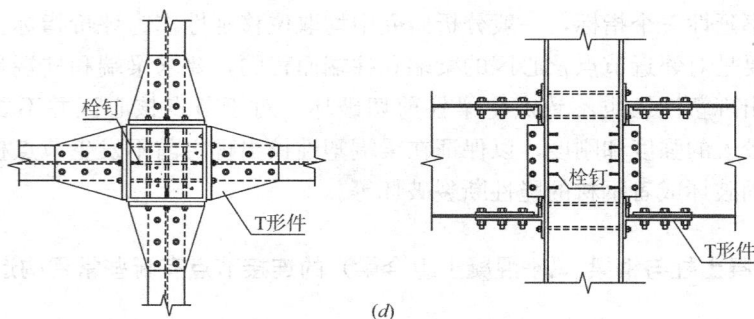

(d)

图 4.7.3　钢管混凝土柱-钢梁节点 (二)

(d) 分离 T 板式螺栓节点

由于构造措施和传力机理的影响，不同形式的钢管混凝土柱-钢梁连接节点的抗震性能存在一定的差异。分离 T 板节点、采用穿心螺栓对拉的端板节点、外隔板式节点和外肋环板节点破坏形式合理、连接可靠、极限承载力高、耗能能力和延性均较好，抗震性能好，可用于高烈度抗震设防区。焊接翼缘加劲肋节点、隔板贯穿式节点和外加强环式节点破坏形式较合理、连接较可靠、极限承载力高、耗能能力和延性均较好，抗震性能较好，可用于中高烈度抗震设防区。锚固钢筋式节点破坏形式较合理、连接可靠、极限承载力高，但耗能能力和延性一般，抗震性能一般，可用于中低烈度抗震设防区。穿心钢梁节点和外套环式节点虽然承载力较高，耗能能力和延性也较好，但破坏形式不合理，易发生焊缝和焊接热影响区脆性断裂，建议在抗震设防区谨慎使用。直接连接节点、锚固件式节点承载力能力较低、耗能能力和延性较差，不宜在抗震设防地区使用。

内隔板式节点施工和构造较为简单方便，但实际应用中需进一步优化其构造形式和焊接工艺，防止过早发生焊缝断裂或撕裂破坏。焊接翼缘加劲肋节点、外加强环式节点和锚固钢筋式节点在实际应用中也需要合理设计连接强度和连接构造。

4.7.4　钢管混凝土柱与现浇钢筋混凝土梁的连接节点有哪些常用构造形式?

【解析】钢管混凝土与钢筋混凝土梁的连接节点通常需要设置环梁或者类似的构造以满足抗剪要求，实际工程中应用的节点形式主要有钢筋环绕式节点、劲性环梁节点、抗剪环梁节点。各节点的工作机理均较类似，即: (1) 剪力传递主要依靠暗牛腿、抗剪环箍、抗剪销等钢构件，节点区混凝土与钢管壁之间的粘结力和摩擦力也发挥了一定的作用; (2) 弯矩传递主要依靠连续钢筋，如果节点区存在型钢牛腿，则牛腿自身也可以帮助承担一定的弯矩。

钢筋环绕式节点包括双梁节点和变宽度单梁节点，其工作机理是利用连续钢筋传递弯矩，依靠明暗牛腿传递剪力，节点构造如图 4.7.4 (a) 所示。这种节点构造简单，施工方便，对钢管柱本身的影响也小，但节点对楼盖梁系布置的影响较大，而且节点的刚度较弱，楼盖梁向钢管柱传递弯矩的能力差，钢管柱参与弯矩分配的程度较小，计算时只能将其作为连续梁的中间支座。

劲性环梁节点中设置了抗弯剪能力较强的牛腿，并通过浇筑混凝土后在节点周边形成一圈刚度较大的劲性混凝土梁，从而形成一个刚性节点区，利用这个刚性区域的整体工作来承受和传递梁端的弯矩和剪力，其构造如图 4.7.4（b）所示。这种节点的刚度大、承载力高，钢管柱参与梁柱弯矩分配的能力强，在力学性能上比较接近于刚性节点，是一种适用于普通钢筋混凝土楼盖的综合性能较好的节点形式。其主要缺点在于环梁中的钢筋较密，影响节点区混凝土的浇筑。

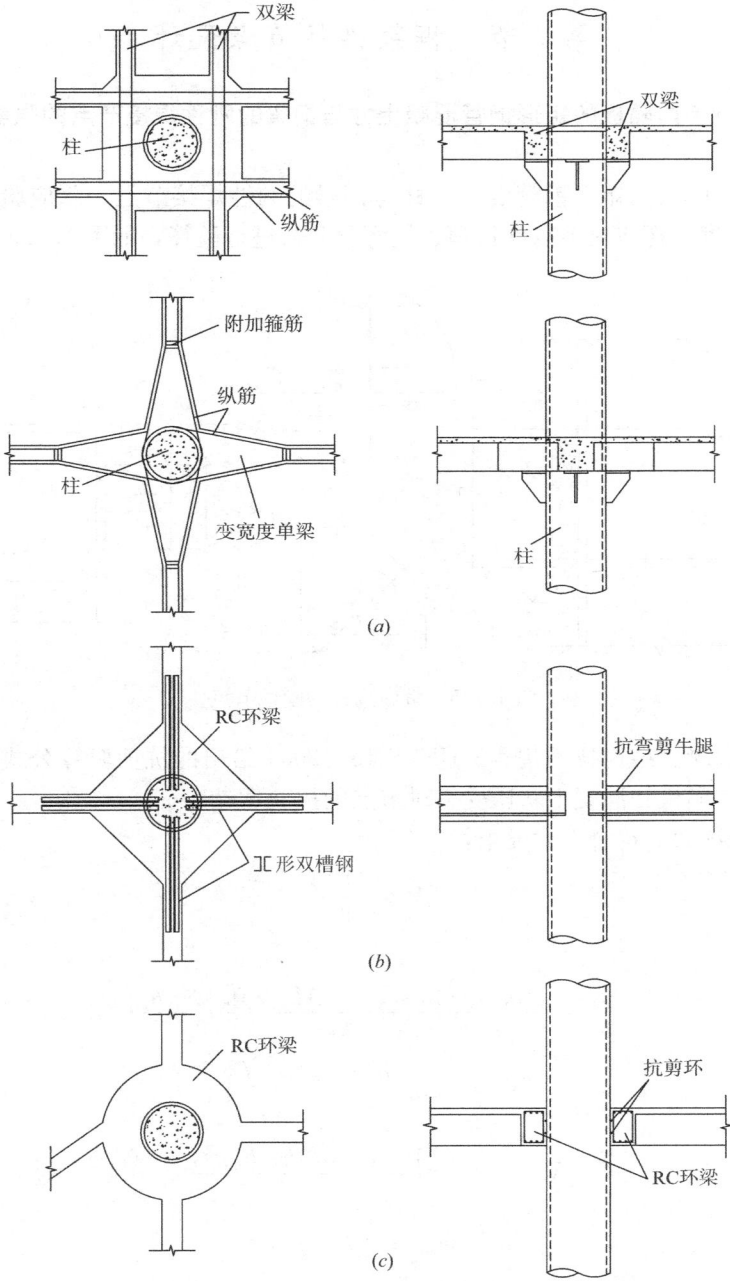

图 4.7.4　钢管混凝土柱-混凝土梁节点
（a）钢筋环绕式节点；（b）劲性环梁节点；（c）抗剪环梁节点

451

抗剪环梁节点在钢管外浇筑一道环形钢筋混凝土梁来传递弯矩，通过在环梁与钢管的接触面紧贴钢管外表面贴焊两根环形钢筋作为抗剪环传递剪力，节点构造如图 4.7.4（c）所示。这种节点可与任意方向的楼盖梁相接，制作简单，施工方便。但由于仅依靠钢筋混凝土环梁来传递弯矩，钢管柱在正常使用状态下参与弯矩分配的能力不强，节点的刚度也较差，所以不能看作是一个刚性节点。

第二节 框架梁柱节点设计

4.7.5 如何进行带内隔板的矩形钢管混凝土柱与钢梁的刚性焊接节点的强度验算？

【解析】带内隔板的矩形钢管混凝土柱与钢梁的刚性焊接节点，除应验算连接焊缝和高强度螺栓的强度，还应对节点的抗剪、抗弯承载力进行验算，如图 4.7.5 所示。

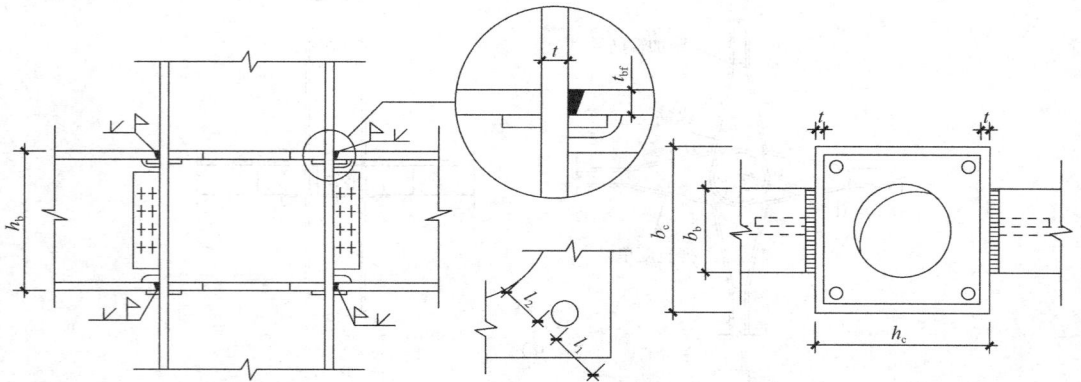

图 4.7.5 带内隔板的刚性节点

《矩形钢管混凝土结构技术规程》CECS 159：2004 给出的抗剪验算公式中包括了柱焊缝（柱腹板）、内隔板和混凝土斜压受力对节点的抗剪贡献。

节点抗剪承载力应符合下式要求：

$$\beta_v V \leqslant \frac{1}{\gamma} V_u^i \tag{4.7.1}$$

其中：

$$V_u^i = \frac{2N_y h_c + 4M_{uw} + 4M_{uj} + 0.5N_{cv}h_c}{h_b} \tag{4.7.2}$$

$$N_y = \min\left(\frac{a_c h_b f_w}{\sqrt{3}}, \frac{t h_b f}{\sqrt{3}}\right) \tag{4.7.3}$$

$$M_{uw} = \frac{h_b^2 t[1 - \cos(\sqrt{3}h_c/h_b)]f}{6} \tag{4.7.4}$$

$$M_{uj} = \frac{1}{4}b_c t_j^2 f_j \tag{4.7.5}$$

$$N_{cv} = \frac{2b_c h_c f_c}{4 + (h_c/h_b)^2} \tag{4.7.6}$$

$$V = \frac{2M_c - V_b h_c}{h_b} \qquad (4.7.7)$$

式中　　V——节点所承受的剪力设计值；

β_v——剪力放大系数，抗震设计时取 1.3，非抗震设计时取 1.0；

V_u^i——节点受剪承载力设计值；

M_c——节点上、下柱弯矩设计值的平均值，弯矩对节点顺时针作用时为正；

V_b——节点左、右梁端剪力设计值的平均值，剪力对节点中心逆时针作用时为正；

t、t_j——柱钢管壁、内隔板厚度；

f_w、f、f_j——焊缝，钢柱管壁，内隔板钢材的抗拉强度设计值；

b_c、h_c——管内混凝土截面的宽度和高度；

h_b——钢梁截面的高度；

a_c——钢管角部的有效焊缝的厚度。

节点的抗弯强度应符合下式要求：

$$\beta_m M \leqslant \frac{1}{\gamma} M_u^i \qquad (4.7.8)$$

其中：

$$M_u^i = \left[\frac{(4x + 2t_{bf})(M_u + M_a)}{0.5(b - b_b)} + \frac{4bM_u}{x} + \sqrt{2}t_j f_j (l_2 + 0.5l_1) \right](h_b - t_{bf}) \qquad (4.7.9)$$

$$M_u = 0.25 f t^2 \qquad (4.7.10)$$

$$M_a = \min(M_u, 0.25 f_w a_c^2) \qquad (4.7.11)$$

$$x = \sqrt{0.25(b - b_b)b} \qquad (4.7.12)$$

式中　　M——节点处梁端弯矩设计值；

β_m——弯矩放大系数，抗震设计时，取 1.2；非抗震设计时，取 1.0；

M_u^i——节点的受弯承载力设计值；

x——由 $\partial M_u^i / \partial x = 0$ 确定的值；

b、b_b——柱宽，梁宽；

t_{bf}——梁翼缘厚度；

l_1、l_2——内隔板上气孔到边缘的距离，见图 4.7.5。

4.7.6　钢管混凝土柱与钢梁的刚性焊接节点应满足哪些焊接要求？

【解析】1. 节点设计时应尽量减少现场焊接。当确实需要现场焊接时，焊缝质量应符合《钢结构工程施工质量验收规范》GB 50205 中相应级别的要求。当焊缝用作传递拉力时，宜采用全熔透焊缝，且要求焊缝至少与连接件等强。焊缝应避免交叉，减少应力集中。

2. 钢管构件的焊接（包括施工现场焊接）应严格按照工艺文件规定的焊接方法、工艺参数、施焊顺序进行，并应符合设计文件和现行行业标准《建筑钢结构焊接技术规程》JGJ 81 的规定。

3. 抗震设计中，当梁与矩形钢管混凝土柱刚接，且钢管为四块钢板焊接而成时，钢管角部的拼接焊缝在框架梁上、下 600mm 范围内应采用全熔透焊缝，其余部位可采用部分熔透焊缝。当钢梁的上下翼缘与柱外短梁、隔板或柱面焊接连接时，应采用全熔透坡口焊缝，并在梁上下翼缘的底面设置焊接衬板。为便于设置衬板和施焊，梁腹板端头上下应切割成弧形缺口，缺口半径可采用 35mm。抗震设计时，对采用与柱面直接连接的刚接节点，梁下翼缘焊接用的衬板在翼缘施焊完毕后，应在底面与柱用角焊缝沿衬板全长焊接，或将衬板割除再补焊焊根。当柱钢管壁较薄时，在节点处应予加强，以利于与钢梁焊接。

4.7.7　矩形钢管混凝土柱节点的内隔板应满足哪些构造要求？

【解析】矩形钢管混凝土柱的内隔板厚度应满足板件宽厚比限值的要求，且不小于钢梁翼缘的厚度。内隔板与柱的焊接应采用坡口全熔透焊。钢管内隔板上应设置混凝土浇筑孔，其孔径不应小于 200mm；内隔板四角应设透气孔，其孔径宜为 25mm（图 4.7.5）。

第三节　混合连接节点设计

4.7.8　采用环梁-钢承重销式连接的矩形钢管混凝土柱与现浇钢筋混凝土梁节点应满足哪些构造要求？

【解析】环梁-钢承重销式节点在钢管外壁焊半穿心钢牛腿，柱外设八角形钢筋混凝土环梁；梁端纵筋锚入钢筋混凝土环梁内传递弯矩所产生的拉力，如图 4.7.6 所示。当采用环梁-钢承重销式连接时，垂直于梁轴的柱截面宽度 b 不宜小于框架梁宽度的 1.8 倍。钢牛腿的里端进入钢管内的长度不应小于 $h/4$（h 为平行于梁轴线的柱边长），外端宜进入框架梁端。钢牛腿的高度应尽可能大，但不应影响环梁和框架梁的混凝土浇筑。同时，梁钢筋的锚固和箍筋加密区应符合《混凝土结构设计规范》GB 50010 的规定。

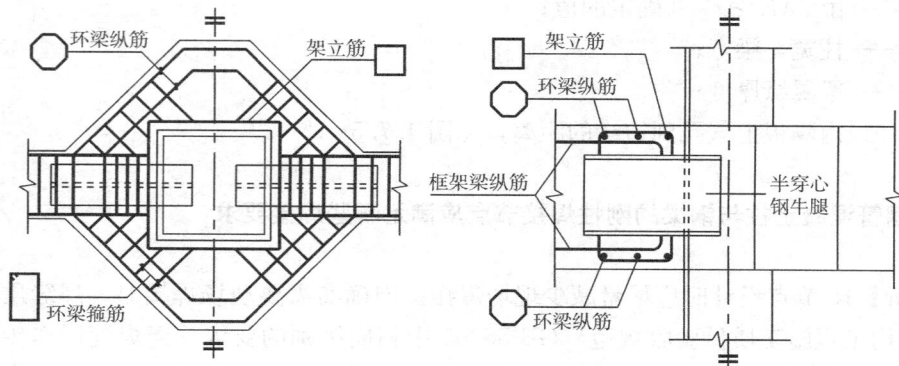

图 4.7.6　环梁-钢承重销式连接节点

4.7.9　采用穿筋式连接的矩形钢管混凝土柱与现浇钢筋混凝土梁节点应满足哪些构造要求？

【解析】穿筋式矩形钢管混凝土柱-混凝土梁节点在柱外设钢筋混凝土环梁，在钢管外壁焊水平肋钢筋（或水平肋板），通过环梁和肋钢筋（或肋板）传递梁端剪力；框架梁纵筋通过预留孔穿过钢管传递弯矩，如图 4.7.7 所示。当钢管混凝土柱与钢筋混凝土梁采用穿筋式节点时，孔径宜取 1.2d（d 为梁的纵筋直径），最大不应超过 2d；不得在现场采用气割扩孔，避免造成刻槽，产生严重的应力集中；柱钢管壁开孔后，应在钢管内壁采取相应的补强措施；贯穿钢管的钢筋之间净距不应小于柱中混凝土骨料的最大粒径的 1.5 倍及 40mm。

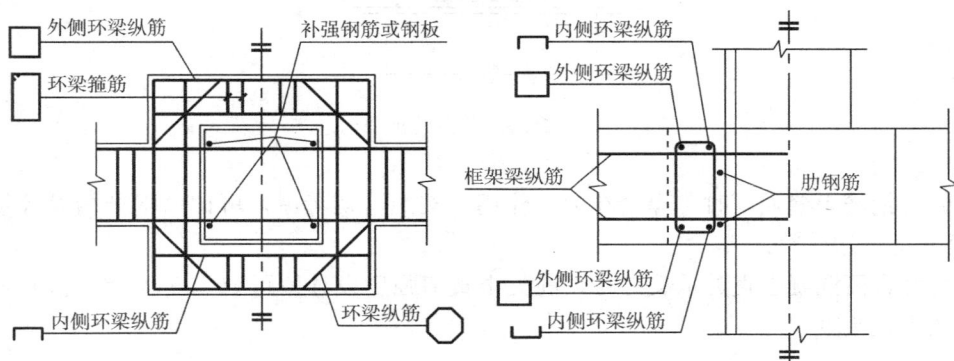

图 4.7.7　穿筋式节点

钢管壁上的焊接肋钢筋除应满足承载力要求外，还应与环梁混凝土中粗骨料的最大粒径相当，可取 20～30mm，最少应设置中部、下部两道肋钢筋；抗震设计时，至少应设上、中、下三道肋钢筋。

4.7.10　如何进行采用穿筋式连接的矩形钢管混凝土柱与现浇钢筋混凝土梁节点的强度验算？

【解析】当矩形钢管混凝土柱与现浇钢筋混凝土梁采用穿筋式连接时，节点计算模型如图 4.7.8 所示。环梁的抗剪强度按下式计算：

$$\eta_v V \leqslant \frac{1}{\gamma} V_{su} \tag{4.7.13}$$

$$V_{su} = 2f_b A_{sb} \sin\theta + f_s A_{sv} \tag{4.7.14}$$

式中　V_{su}——矩形环梁的抗剪承载力设计值；

A_{sb}、f_b——弯起钢筋（置于环梁外侧）的截面面积及其抗拉强度设计值；

V——梁端剪力设计值；

η_v——剪力放大系数，抗震设计时按表 4.7.1 取值，非抗震设计时取 1.0；

A_{sv}、f_s——柱宽或 3 倍框架梁宽二者之较小者范围内的箍筋截面面积及其抗拉强度设计值；

θ——弯起钢筋与水平面间的夹角。

钢管与矩形钢筋混凝土环梁间结合面的承载力验算，应包括肋钢筋的焊缝强度、混凝土的直剪承载力、混凝土的局部承压承载力三个方面。

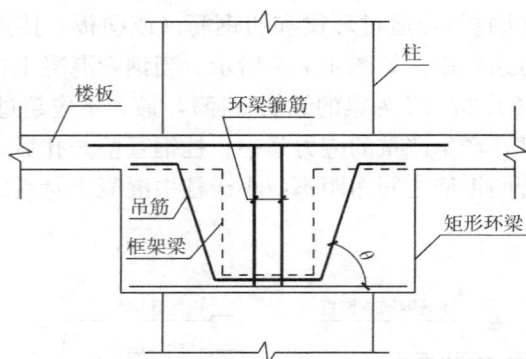

图 4.7.8　穿筋式节点的抗剪构造

验算肋钢筋焊缝强度时，焊缝在剪力作用下按纯剪切考虑，可按《钢结构设计规范》GB 50017 的规定计算。

验算结合面混凝土直剪承载力时，混凝土直剪强度设计值可取 $1.5f_t$，结合面直剪承载力可按下式验算：

$$\eta_v V_j \leqslant \frac{1}{\gamma} V_{js} \tag{4.7.15}$$

$$V_{js} = 1.5 f_t A_{cs} \tag{4.7.16}$$

式中　V_j——环梁与柱结合面上的剪力设计值；

　　　V_{js}——环梁与柱结合面的直剪承载力设计值；

　　　A_{cs}——结合面混凝土的直剪面积；

　　　f_t——混凝土的抗拉强度设计值。

验算结合面肋钢筋上混凝土的局部承压承载力时，垂直抗压强度可取 $1.5f_c$，局压承载力可按下式验算：

$$\eta_v V_j \leqslant \frac{1}{\gamma} V_{jb} \tag{4.7.17}$$

$$V_{jb} = 1.5 f_c l d \tag{4.7.18}$$

式中　V_{jb}——环梁与柱结合面处肋钢筋上混凝土的局部承压力设计值；

　　　l——肋钢筋或肋钢板的长度；

　　　d——肋钢筋直径或肋钢板的挑出宽度。

	η_m、η_v 的值		表 4.7.1
抗震等级	一	二	三、四
η_m	1.3	1.2	1.1
η_v	1.35	1.2	1.1

注：表中框架的抗震等级按《建筑抗震设计规范》GB 50011 确定，对高层建筑尚应符合《高层建筑混凝土结构技术规程》JGJ 3 的规定。

第四节 柱脚设计

4.7.11 埋入式钢管混凝土柱脚应满足哪些构造要求？

【解析】埋入式柱脚是直接将矩形钢管埋入基础或基础梁的混凝土内的一种柱脚形式。施工时可先将钢管柱脚按要求安装固定于设计标高，然后浇筑基础混凝土或基础梁混凝土，也可以先浇筑基础混凝土或基础梁混凝土并预留出钢管柱的杯口，待钢柱安装就位后再用高等级的混凝土将杯口内的孔隙填实。通常按前一种方法施工的柱脚的整体刚度较高。

埋入式柱脚底板埋入基础的深度宜取为柱截面高度的 2～3 倍。柱脚底板应采用预埋锚栓连接，必要时可在埋入部分的柱身上设置抗剪连接件传递柱子承受的拉力，如图4.7.9 所示。灌入的混凝土应采用微膨胀细石混凝土，其强度等级应高于基础混凝土。埋入式柱脚可按《高层民用建筑钢结构技术规程》JGJ 99 的规定计算。

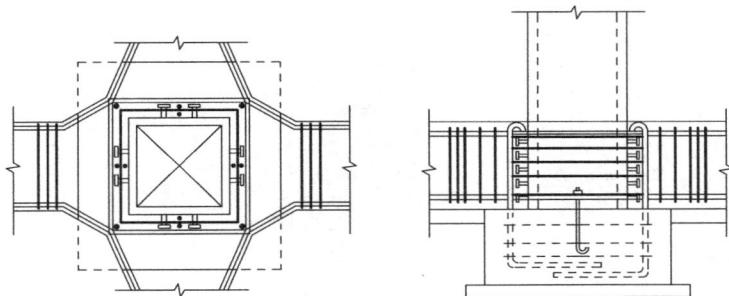

图 4.7.9　埋入式柱脚

4.7.12 外露式钢管混凝土柱脚应满足哪些构造要求？

【解析】外露式柱脚主要由底板、加劲肋、锚栓等组成，各部分的板件均应具有足够的强度和刚度，并且相互之间有可靠的连接。矩形钢管混凝土的外露式柱脚构造形式可参见图 4.7.10 所示，且应满足下列构造要求：

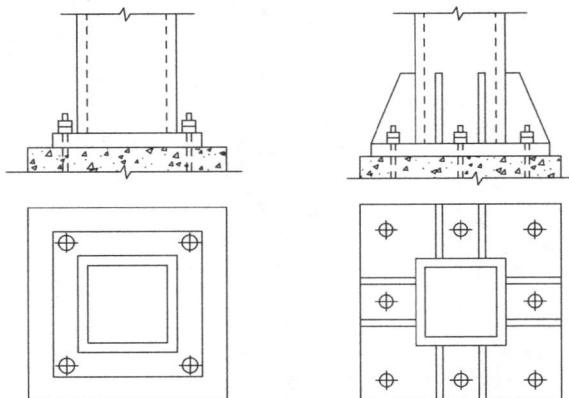

图 4.7.10　外露式柱脚

（1）锚栓应有足够的锚固长度，防止柱脚在轴拉力或弯矩作用下将锚栓从基础中拔出。锚栓应采用双重螺帽拧紧或采用其他措施防止松动。

（2）底板除满足强度要求外，尚应具有足够的面外刚度。

（3）底板应与基础顶面密切接触。

（4）柱底剪力可由底板与混凝土间的摩擦传递，摩擦系数可取 0.4。当基础顶面预埋钢板时，柱底板与预埋钢板间应采取剪力传递措施。当剪力大于摩擦力或柱脚受拉时，宜采用抗剪连接件传递剪力。

第八章 钢-混凝土组合剪力墙

第一节 基本设计规定

4.8.1 钢-混凝土组合剪力墙有哪些常用类型？

【解析】钢-混凝土组合剪力墙有以下几种常用类型：

1. 型钢混凝土组合剪力墙。型钢混凝土剪力墙在剪力墙梁端或边柱中配置实腹式型钢，可分为无边框型钢-混凝土剪力墙和有边框型钢-混凝土剪力墙，其基本形式见图 4.8.1 所示。无边框型钢-混凝土剪力墙由设置于暗柱中的型钢与钢筋混凝土剪力墙组成，可用于剪力墙及核心筒结构。无边框剪力墙端部型钢的配置，应使型钢的强轴与墙轴线平行，以增强墙板的平面外刚度。有边框型钢-混凝土剪力墙由型钢混凝土柱、梁组成边框，内部可以是钢筋混凝土墙板、开缝钢筋混凝土墙板或其他类型墙板，可用于框架-剪力墙结构。

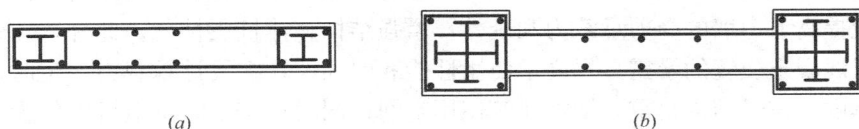

图 4.8.1 型钢混凝土剪力墙的形式

(a) 无边框型钢混凝土剪力墙；(b) 有边框型钢混凝土剪力墙

2. 钢管混凝土组合剪力墙。按照墙体的类型，可分为两种形式，如图 4.8.2 所示。一种是钢管混凝土边框柱-钢板组合剪力墙，该类剪力墙结构是在钢管混凝土框架中内嵌钢板，优点是自重轻、延性好；另一种是钢管混凝土边框柱-钢筋混凝土组合剪力墙，该类剪力墙是将钢筋混凝土墙板内嵌于钢管混凝土框架中，通过在钢筋混凝土墙板和钢管混凝土柱之间设置加强构造措施实现二者的有效连接，形成组合作用。

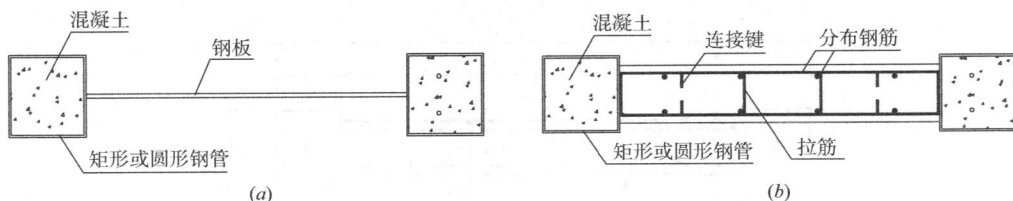

图 4.8.2 钢管混凝土组合剪力墙截面类型

(a) 钢管混凝土边框柱-钢板组合剪力墙；(b) 钢管混凝土边框柱-钢筋混凝土组合剪力墙

3. 钢板-混凝土组合剪力墙。钢板-混凝土组合剪力墙可根据钢板的层数分为单层钢板-混凝土组合剪力墙和双层钢板-混凝土组合剪力墙；根据钢板所在位置可分为内置钢板-混凝土组合剪力墙、单侧钢板-混凝土组合剪力墙、外包钢板-混凝土组合剪力墙，如图

4.8.3 所示。混凝土墙板能够一定程度上限制钢板的整体和局部屈曲，充分发挥钢板的力学性能，保证承载力和耗能能力。

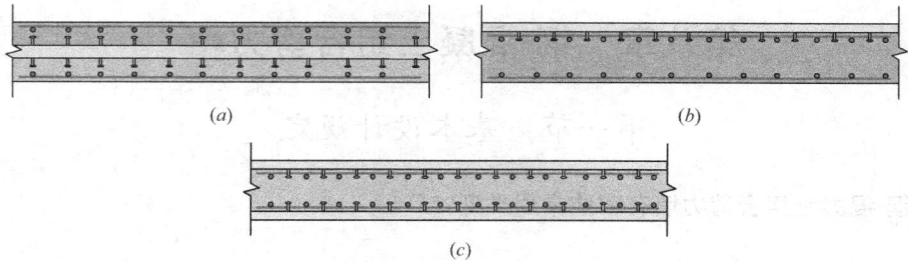

图 4.8.3　钢板-混凝土组合剪力墙截面类型
（a）内置钢板-混凝土组合剪力墙；（b）单侧钢板-混凝土组合剪力墙；（c）外包钢板-混凝土组合剪力墙

4.8.2　外包钢板-混凝土组合剪力墙有哪些特点？

【解析】双钢板-混凝土组合剪力墙是由外包的双层钢板和内填混凝土组成，二者之间通过一定连接方式达到协同工作的效果，它能充分发挥钢和混凝土两种材料的优势；混凝土能增强钢板的稳定性，钢板则对混凝土有一定的约束作用；有利于采用高强度等级混凝土；同时能提高剪力墙的受剪承载力和延性，增强结构整体抗震性能。此外，外包的双层钢板避免了混凝土裂缝的暴露，提高了使用性能和耐久性，在设计承载力一定时，可以减小剪力墙厚度，减轻结构自重，增加建筑使用空间；同时在施工时钢板可以作为混凝土浇筑的模板，方便施工。

第二节　组合剪力墙承载力计算

4.8.3　如何计算外包钢板-混凝土组合剪力墙的承载力？

【解析】外包钢板-混凝土组合剪力墙的截面如图 4.8.4 所示，其斜截面受剪承载力按下列公式进行计算：

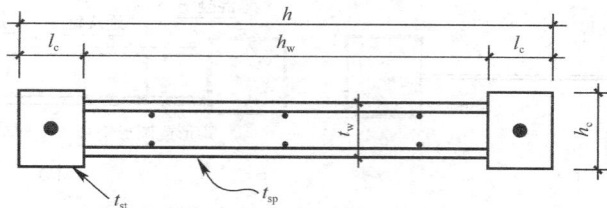

图 4.8.4　外包钢板-混凝土组合剪力墙截面

无地震工况设计

$$V_{u} = V_{sp} + V_{w} + V_{tube} \tag{4.8.1}$$

$$V_{sp} = \frac{0.577\beta_1\beta_2}{\lambda_1} f_{spy} A_{sp} \qquad (4.8.2)$$

$$V_w = \frac{1}{\lambda_2 - 0.5}\left(0.5\beta_r f_t t_{wc} h_w + 0.13N\frac{t_{wc} h_w}{A_0}\right) + f_{sh}\frac{A_{sh}}{s}h_w \qquad (4.8.3)$$

$$V_{tube} = \frac{0.875}{\lambda_3 + 1} f_t A_{ct} + 2t_{st}(l_c - 2t_{st})f_{spv} \qquad (4.8.4)$$

地震工况设计

$$V_u = \frac{1}{\gamma_{RE}}(V_{sp} + V_w + V_{tube}) \qquad (4.8.5)$$

$$V_{sp} = \frac{0.462\beta_1\beta_2}{\lambda_1} f_{spy} A_{sp} \qquad (4.8.6)$$

$$V_w = \frac{1}{\lambda_2 - 0.5}\left(0.4\beta_r f_t t_{wc} h_w + 0.1N\frac{t_{wc} h_w}{A_0}\right) + 0.8f_{sh}\frac{A_{sh}}{s}h_w \qquad (4.8.7)$$

$$V_{tube} = \frac{0.525}{\lambda_3 + 1} f_t A_{ct} + 2t_{st}(l_c - 2t_{st})f_{spv} \qquad (4.8.8)$$

式中　　V_u——外包钢板-混凝土组合剪力墙总受剪承载力；

　　　　V_{sp}——墙体钢板受剪承载力；

　　　　V_w——混凝土墙板受剪承载力；

　　　　V_{tube}——两端柱受剪承载力的一半；

　　　　f_{spy}——墙体钢板抗拉强度设计值；

　　　　f_t——混凝土抗拉强度设计值；

　　　　f_{sh}——墙体水平分布钢筋抗拉强度设计值；

　　　　A_{sp}——墙体钢板截面面积；

　　　　A_{sh}——同一截面内水平分布钢筋总面积；

　　　　s——水平分布钢筋竖向间距；

　　　　β_1——钢板考虑轴压作用的抗剪强度折减系数，取0.9；

　　　　β_2——钢板屈曲抗剪强度折减系数，取0.9；

λ_1、λ_2、λ_3——名义剪跨比，当$\lambda<1$时，取$\lambda_1=1$、$\lambda_3=1$；当$\lambda<1.5$时，取$\lambda_2=1.5$；当$\lambda>2.2$时，取$\lambda_2=2.2$；当$\lambda>3$时取$\lambda_3=3$；

　　　　β_r——端柱对混凝土墙板的约束系数，取为1.2；

$N \cdot t_{wc}h_w/A_0$——混凝土墙板承担的轴力；当$N \cdot t_{wc}h_w/A_0 > 0.2f_c t_{wc}h_w$时，取$0.2f_c t_{wc}h_w$；

　　　　A_{ct}——一侧端柱核心混凝土面积；

　　　　γ_{RE}——受剪承载力抗震调整系数，取0.85。

4.8.4　如何计算内置型钢（钢板）混凝土组合剪力墙的承载力？

【解析】内置钢板-混凝土组合剪力墙的斜截面受剪承载力按下列公式进行验算：
无地震工况设计

$$V \leqslant \frac{1}{\lambda - 0.5}\left(0.5f_t b_w h_{w0} + 0.13N\frac{A_w}{A}\right) + f_{yv}\frac{A_{sh}}{s}h_{w0} + \frac{0.3}{\lambda}f_a A_{a1} + \frac{0.6}{\lambda - 0.5}f_{sp}A_{sp}$$

$$(4.8.9)$$

地震工况设计

$$V \leqslant \frac{1}{\gamma_{RE}}\left[\frac{1}{\lambda-0.5}\left(0.4f_t b_w h_{w0} + 0.1N\frac{A_w}{A}\right) + 0.8f_{yv}\frac{A_{sh}}{s}h_{w0} + \frac{0.25}{\lambda}f_a A_{a1} + \frac{0.5}{\lambda-0.5}f_{sp}A_{sp}\right]$$

(4.8.10)

式中 V——内置钢板-混凝土组合剪力墙截面承受的剪力设计值；

λ——计算截面处的剪跨比，当 $\lambda < 1.5$ 时，取 $\lambda = 1.5$；当 $\lambda > 2.2$ 时，取 $\lambda = 2.2$；当计算截面与墙底之间的距离小于 $0.5h_{w0}$ 时，λ 应按距离墙底 $0.5h_{w0}$ 处的弯矩值与剪力值计算；

N——剪力墙承受的轴向压力设计值，当大于 $0.2f_c b_w h_w$ 时，取为 $0.2f_c b_w h_w$；

A——剪力墙的截面面积。当有翼缘时，剪力墙的翼缘计算宽度可以取剪力墙厚度加两侧各 6 倍翼缘墙的厚度、墙间距的一半和剪力墙肢总高度的 1/20 中的最小值；

A_w——T 形、工形截面剪力墙腹板的截面面积，对矩形截面剪力墙，取 $A = A_w$；

A_{sh}——配置在同一水平截面内的水平分布钢筋的全部截面面积；

s——水平分布钢筋的竖向间距；

f_a——剪力墙端部暗柱中所配型钢的抗压强度设计值；

A_{a1}——剪力墙一端所配型钢的截面面积，当两端所配型钢截面面积不同时，取较小一端的面积；

f_{sp}——剪力墙墙身所配钢板的抗压强度设计值；

A_{a1}——剪力墙墙身所配钢板的横截面面积。

第三节 构 造 要 求

4.8.5 如何保障钢板或型钢与混凝土能够共同工作？

【解析】对于型钢混凝土剪力墙和内置钢板-混凝土组合剪力墙，为保障内置钢板或型钢能够与混凝土共同工作，其构造应符合下列要求：

1. 端部配置型钢的混凝土剪力墙，布钢筋间距不宜大于 300mm，直径不应小于 8mm，拉结筋间距不宜大于 600mm。部分框支剪力墙结构的底部加强部位，水平和竖向分布钢筋间距不宜大于 200mm。型钢的保护层厚度宜大于 100mm；水平分布钢筋应绕过或穿过墙端型钢，且应满足钢筋锚固长度要求。

2. 周边有型钢混凝土柱和梁的现浇钢筋混凝土剪力墙，剪力墙的水平分布钢筋应绕过或穿过周边柱型钢，且应满足钢筋锚固长度要求；但采用间隔穿过时，宜另加补强钢筋。周边柱的型钢、纵向钢筋、箍筋配置应符合型钢混凝土柱的设计要求。

3. 内置钢板-混凝土组合剪力墙体中的钢板厚度不宜小于 10mm，也不宜大于墙厚的 1/15。

4. 内置钢板-混凝土组合剪力墙的墙身分布钢筋配筋率不宜小于 0.4%，分布钢筋间距不宜大于 200mm，且应与钢板可靠连接。

5. 钢板与周围型钢构件宜采用焊接。

6. 钢板与混凝土墙体之间连接件的构造要求可按照现行国家标准《钢结构设计规范》GB 50017 中关于组合梁抗剪连接件构造要求执行，栓钉间距不宜大于 300mm。

7. 在钢板墙角部 1/5 板跨且不小于 1000mm 范围内，钢筋混凝土墙体分布钢筋、抗剪栓钉间距宜适当加密。

对于外包钢板-混凝土组合剪力墙，为保障外包钢板能够与混凝土共同工作，其构造应符合下列要求：

1. 栓钉最大间距与钢板厚度的比值应满足下式要求：

$$b/t \leqslant 40 \sqrt{\frac{345}{f_{yk}}} \tag{4.8.11}$$

式中 b——栓钉间距；

t——外包钢板厚度；

f_{yk}——外包钢板屈服强度标准值。

2. 分布钢筋直径不应小于 8mm，且不宜大于剪力墙截面厚度的 1/20，分布钢筋间距不应大于 300mm，配筋率不宜小于 0.35%。

3. 矩形钢管混凝土端柱应符合《矩形钢管混凝土结构技术规程》CECS159：2004 的有关规定。

4. 矩形钢管混凝土端柱与剪力墙腹板混凝土之间应有可靠连接，以保证二者能共同工作，可采用 U 形或钢板连接件。当采用 U 形连接件时，其单肢直径不宜小于墙体水平分布钢筋直径，且应与水平分布钢筋等高，以便焊接；U 形连接件肢背与端柱钢管焊接。若墙体分布钢筋层数多于三层，应增加 U 形连接件肢数，如图 4.8.5 所示。

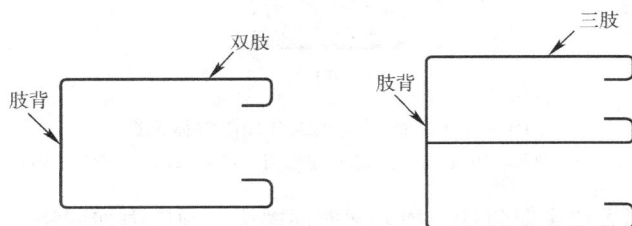

图 4.8.5　U 形连接件构造形式

5. 栓钉的构造要求可参考《钢结构设计规范》GB 50017 的相关内容。

第九章　钢-混凝土组合加固

第一节　组合加固技术原理

4.9.1　什么是组合加固方法？

【解析】钢-混凝土组合加固方法是以既有的结构加固方法以及钢-混凝土组合结构为基础发展而来的一种新型加固方法。组合加固的主要思想是：首先在原有混凝土结构表面凿毛和植筋，然后通过后浇混凝土与抗剪连接件将原混凝土结构与新增加的钢结构组合成整体共同工作。钢-混凝土组合加固可用于混凝土梁的抗弯加固、抗剪加固等，如图4.9.1所示。

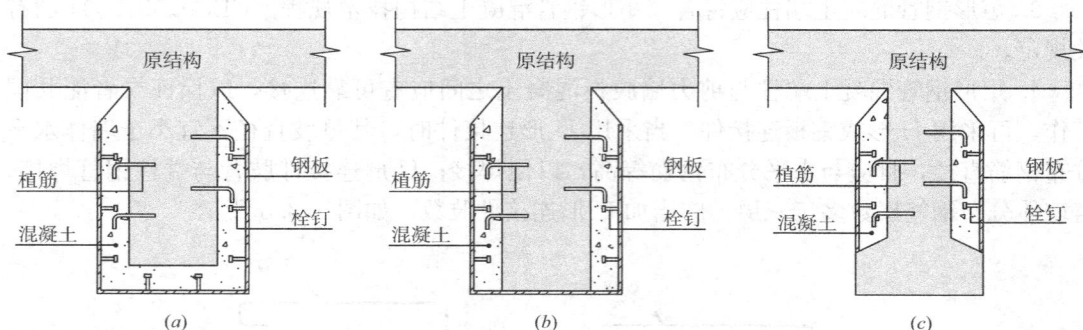

图 4.9.1　钢-混凝土组合加固梁截面图
(a) 矩形梁加固方式 1；(b) 矩形梁加固方式 2；(c) 工字形梁加固

既有的结构加固方法主要包括：加大截面加固法、预应力加固法、粘钢加固法、纤维复合材料（FRP）粘贴加固法、改变结构传力途径加固法以及外包钢加固法等。这些方法在实际工程中均已有广泛的应用，但受材料特点与结构形式的影响，这些加固方法各有一定的不足之处，例如：FRP 材料具有很高抗拉强度，但对结构刚度的提高不明显，同时FRP 材料为各向异性，难以保证加固时其主应力顺纤维走向，且 FRP 材料与混凝土之间粘结面的耐久性和防火性能较差；粘钢加固法施工工艺较简单，可在一定程度上提高结构的承载能力，但对梁体的表面平整度、清洁度要求较高，而且加固的有效性主要取决于粘结材料的强度及耐久性，抗疲劳性能也不够稳定；对于预应力加固法，体外预应力施工过于复杂，应用于超静定结构加固时还可能带来不利的影响，并难以解决斜裂缝问题。

4.9.2　组合加固有哪些特点？

【解析】组合加固方法以钢-混凝土组合结构为基础，充分利用钢材和混凝土各自的材料特性，主要具有以下七个特点：

（1）组合加固中采用的材料为混凝土及钢板等传统建筑材料，性能良好且造价较低。

（2）组合加固可以有效增加原结构的有效受力截面，因此具有承载力和刚度提高幅度大等优点。

（3）组合加固中，加固钢板可以承担多方向的拉应力，可以解决弯桥、异形板等结构主拉应力方向变化复杂所带来的混凝土开裂问题。

（4）组合加固技术利用后浇混凝土将新、旧结构结合成整体，对原结构表面平整度要求低，适合对表面破损严重的结构进行加固。

（5）组合加固施工时需要浇筑混凝土，有一定的湿作业量，但由于钢板可以作为混凝土浇筑的模板，因此可以大大加快施工速度。

（6）钢板外置可以避免混凝土裂缝外露，有利于提高结构的耐久性。

（7）组合加固后的结构还具有抗爆、抗渗、抗冲击性能好等优点。特别是对于城市桥梁，组合加固还可以增强结构抵抗超高车辆撞击的能力。

第二节　组合加固承载力计算

4.9.3　如何计算组合抗弯加固梁的受弯承载力？

【解析】由于组合抗弯加固梁通过底部增加的钢板协助抗弯、提高截面的抗弯承载力，一般不会发生由于受拉钢筋配筋过少造成的少筋破坏，因此正截面抗弯的主要破坏形式为适筋破坏与超筋破坏，区分两者的界限即为界限破坏状态。下面依次给出界限破坏的定义及界限受压区高度的计算方法，适筋破坏、超筋破坏的定义及对应的正截面抗弯承载力的计算方法。

1. 界限破坏

定义：受压混凝土压溃，且同时所有受拉钢筋及钢板均已达到屈服。包括两种情况：（1）当构件的初始荷载较小时，可能受压区混凝土压溃时钢板先屈服而原梁中受拉钢筋尚未达到屈服，此时界限受压区高度由受拉钢筋的屈服控制，如图4.9.2（a）所示；（2）当构件的初始荷载较大时，可能受压区混凝土压溃时原梁中受拉钢筋先屈服而钢板尚未达到屈服，此时界限受压区高度由钢板的屈服控制，如图4.9.2（b）所示。

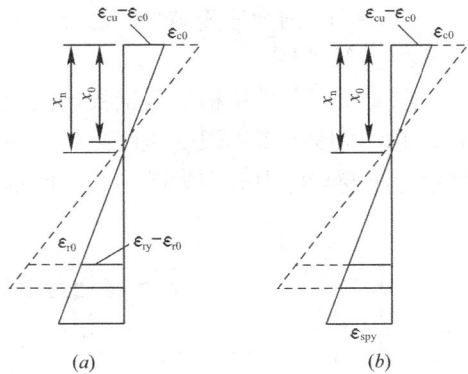

图 4.9.2　界限破坏时截面应变分布
（a）受拉钢筋屈服控制；（b）钢板屈服控制

对于第（1）种情况，受拉钢筋屈服控制的界限破坏，由图4.9.2（a）可以得到，中和轴高度为：

$$x_{n,r} = \frac{\varepsilon_{cu} - \varepsilon_{c0}}{\varepsilon_{cu} - \varepsilon_{c0} + \varepsilon_{ry} - \varepsilon_{r0}} h_r \qquad (4.9.1)$$

式中　ε_{cu}——混凝土极限压应变，取作 0.0033；

ε_{c0}、ε_{r0}——初始弯矩 M_0 作用下受压混凝土边缘和受拉钢筋的初始应变；

ε_{ry}——受拉钢筋的屈服应变，取作 $\varepsilon_{ry} = f_{ry}/E_s$；

465

f_{ry}——受拉钢筋的屈服强度；

E_s——钢筋的弹性模量；

h_r——受拉钢筋合力中心到受压混凝土边缘的距离。

对于第（2）种情况，钢板屈服控制的界限破坏，由图 4.9.2（b）可以得到，中和轴高度为：

$$x_{n,sp} = \frac{\varepsilon_{cu} - \varepsilon_{c0}}{\varepsilon_{cu} - \varepsilon_{c0} + \varepsilon_{spy}} h_{sp} \tag{4.9.2}$$

式中　ε_{spy}——钢板的屈服应变，取作 $\varepsilon_{spy} = f_{spy}/E_s$；

f_{spy}——钢板的屈服强度；

h_{sp}——钢板形心到受压混凝土边缘的距离。

若采用混凝土受压等效矩形应力图计算截面的抗弯承载力，则界限混凝土受压区高度为：

$$x_b = \beta \cdot \min(x_{n,r}, x_{n,sp}) \tag{4.9.3}$$

式中　β——等效矩形应力图系数，对于强度等级不超过 C50 的混凝土，均取作 0.8，C80 混凝土取作 0.74，C50～C80 间的混凝土采用线性插值的方法计算。

加固截面的混凝土受压区高度为：

$$x = \frac{\Sigma f_{syi} A_{si}}{f_c b} \tag{4.9.4}$$

式中　f_{syi}——钢筋或钢板的屈服强度，受拉为正，受压为负；

A_{si}——钢筋或钢板的截面面积；

f_c——混凝土的抗压强度设计值；

b——截面宽度。

若 $x < x_b$ 则为适筋破坏，若 $x > x_b$ 则为超筋破坏。

2. 适筋破坏

定义：所有受拉钢筋及钢板均已达到屈服，而受压混凝土尚未压溃，加固截面的混凝土受压区高度小于界限受压区高度，一般对应于钢板用量小于最大加固量时。加固后截面受弯的应变与应力分布如图 4.9.3 所示，截面抗弯承载力可按以下方法进行计算。

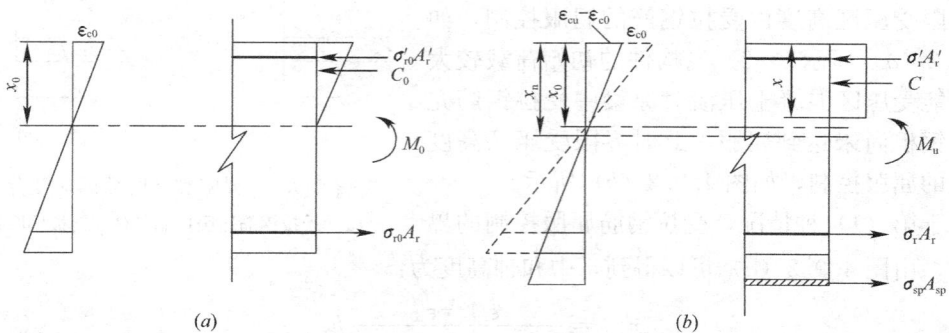

图 4.9.3　弯曲破坏截面极限状态下应变及应力分布

（a）初始弯矩作用下；（b）极限弯矩作用下

若 $x \geq 2a'$，受压钢筋可以达到屈服，构件的极限抗弯承载力为：

$$M_u = -f_c b x^2 / 2 + \Sigma f_{syi} A_{si} h_{si} \qquad (4.9.5)$$

式中 h_{si}——钢筋或钢板的合力中心与受压混凝土边缘间的距离。

若 $x < 2a'$，受压钢筋不会达到屈服，构件的极限抗弯承载力为：

$$M_u = \Sigma f_{syi} A_{si} (h_{si} - a') \qquad (4.9.6)$$

式中 a'——受压钢筋合力中心与受压混凝土边缘的距离。

3. 超筋破坏

定义：受压混凝土压溃，而受拉钢筋或钢板并未全部达到屈服，加固截面的混凝土受压区高度大于界限受压区高度，一般对应于钢板用量大于最大加固量时。加固后截面受弯的应变与应力分布如图 4.9.3 所示，截面抗弯承载力可偏保守地按下式计算：

$$M_u = \begin{cases} \alpha f_c b x_b (h_0 - 0.5 x_b) + f'_{ry} A'_r (h_0 - a') & x_b \geqslant 2a' \\ \Sigma f_{syi} A_{si} (h_{si} - a') & x_b < 2a' \end{cases} \qquad (4.9.7)$$

式中 f'_{ry}——受压钢筋的屈服强度；

A'_r——受压钢筋的截面面积；

α——等效矩形应力图系数，对于强度等级不超过 C50 的混凝土取 1.0，C80 混凝土取 0.94，C50~C80 间的混凝土采用线性插值的方法计算。

4.9.4 如何计算组合抗弯加固梁的短期刚度？

【解析】组合抗弯加固后构件在正常使用极限状态下的挠度可采用与钢筋混凝土梁相似的刚度解析法进行计算。加固后构件的短期刚度为：

$$B_s = \frac{E_s A_s h_0^2}{1.15\psi + 0.2 + \dfrac{6\alpha_E \rho}{1 + 3.5\gamma'_f}} \qquad (4.9.8)$$

$$A_s = A_r + k_b A_{sp} \qquad (4.9.9)$$

$$k_b = \frac{K_s n}{K_s n + 2b t_{sp} E_s / l} \qquad (4.9.10)$$

式中 E_s——钢材的弹性模量；

A_s——受拉钢筋面积与有效钢板面积的和；

A_r——受拉钢筋截面面积；

A_{sp}——钢板的截面面积；

h_0——综合考虑受拉钢筋及折减后钢板的加固后截面有效高度；

ψ——折减后的钢板与受拉钢筋在构件的正常使用阶段的应变不均匀系数；

K_s——栓钉的抗剪刚度；

n——半跨梁长内的栓钉数量；

l——梁的跨度。

对二次受力的加固构件，加固后构件在使用荷载 P_s 作用下的总挠度按照以下步骤计算：

(1) 计算在初始荷载 P_0 作用下钢筋混凝土梁的跨中挠度，记为 δ_0；

(2) 计算在初始荷载 P_0 作用下加固后构件的跨中挠度，记为 δ'_0；

(3) 计算在使用荷载 P_s 作用下加固后构件的跨中挠度，记为 δ_s，则总挠度为：

$$\delta = \delta_0 + \delta_s - \delta_0' \qquad (4.9.11)$$

第三节 构造要求

4.9.5 组合抗弯加固有哪些构造要求？

【解析】组合抗弯加固的构造要求主要由新老混凝土界面构造要求、钢筋网片构造要求、钢板-混凝土界面构造要求三部分组成。

1. 新老混凝土界面构造要求

（1）待加固构件的混凝土表面应除去水泥浮浆，露出粗骨料，表面凹凸不小于 6mm，可以采用人工凿毛或高压水喷射等方法；

（2）应将待加固混凝土表面用空气压缩机或高压水清洗干净；

（3）新加固混凝土强度等级宜大于原混凝土强度等级，且不低于 C20；

（4）界面植筋应满足最小配筋率的要求，建议植筋的截面面积不小于界面面积的 0.15%。植筋间距不宜超过已有构件及新浇筑混凝土层最小尺寸的 4 倍，且不超过 500mm。由于植筋以抗剪为主，实际植筋深度可低于抗拔时的要求。

2. 钢筋网片构造要求

钢筋网片中的纵向钢筋应满足钢筋混凝土梁梁腹架立筋的构造要求，每侧的截面面积不应小于新浇筑混凝土截面面积 bh_{str} 的 0.1%，且间距不宜大于 200mm。单位长度内横向钢筋的最小配筋率为：

$$A_r f_{ry}/h_{str} \geqslant 0.8 \qquad (4.9.12)$$

式中　A_r——钢筋网片中横向钢筋的截面面积；

　　　f_{ry}——横向钢筋的屈服强度；

　　　h_{str}——组合抗弯加固中新浇筑混凝土的高度。

3. 钢板-混凝土界面构造要求

为保证钢板与混凝土的结合，钢板顶面不得涂刷油漆，在浇筑混凝土以前应清除铁锈、焊渣、冰雪、泥土或其他杂质。

第十章　钢-混凝土组合结构抗震设计

4.10.1　组合（混合）结构体系的抗震性能有何特点？

【解析】如图 4.10.1 所示的组合框架-核心筒结构体系是目前组合（混合）结构体系中应用最为广泛也是最基本的结构形式，由外围的组合框架和内部的混凝土核心筒组成。区别于传统的混凝土结构或纯钢结构，组合（混合）结构体系抗震性能的最大特点在于不同类型构件及体系之间形成"组合作用"，协同工作，共同抵抗地震作用，具体体现在以下两个层面：

1. 在构件层面，混凝土楼板通过栓钉连接件和框架钢梁相连，形成组合楼盖，混凝土楼板和框架钢梁在侧向力作用下能协同工作，表现出显著的"楼板组合作用"。组合楼盖是组合框架结构在地震作用下塑性耗能的主体，因此准确合理地评估"楼板组合作用"对外围框架强度、刚度以及滞回耗能的影响是组合（混合）结构体系抗震设计的一大关键。

2. 在体系层面，地震作用下，组合框架和核心筒形成"组合作用"，两者协同工作但又各司其职。由于核心筒在地震初期处于弹性状态，侧向刚度很大，承担了绝大部分地震剪力，因此成为了抵御强震作用的第一道防线。随着地震动的不断输入，连梁屈服耗能，核心筒刚度随之显著下降，结构体系发生塑性内力重分布，核心筒承担的一部分地震剪力向外围框架转移，因此组合框架成为了抵抗强震作用的第二道防线。

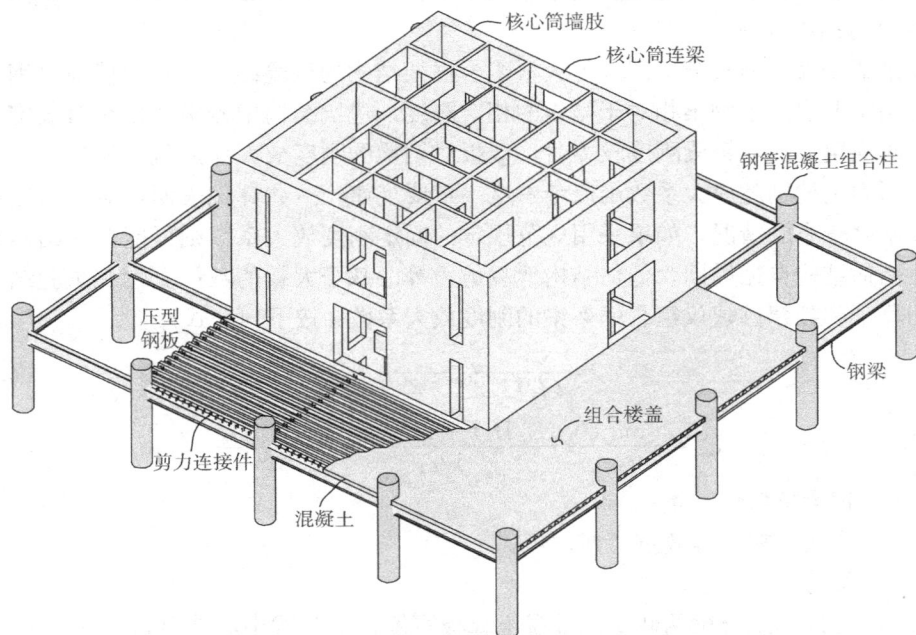

图 4.10.1　组合框架-核心筒组合（混合）结构体系示意

4.10.2 为什么要限制组合框架-核心筒体系中组合框架部分的层剪力分担率?

【解析】对于组合框架-核心筒体系,《建筑抗震设计规范》GB 50011—2010 第 6.7.1-2 条对外围组合框架的剪力分担率提出如下要求:"除加强层及其相邻上下层外,按框架-核心筒计算分析的框架部分各层地震剪力的最大值不宜小于结构底部总地震剪力的 10%。当小于 10% 时,核心筒墙体的地震剪力应适当提高,边缘构件的抗震构造措施应适当加强;任一层框架部分承担的地震剪力不应小于结构底部总地震剪力的 15%。"这一规定的主要目的是保证框架部分有足够的刚度和强度,使其在强地震作用下当核心筒损伤破坏较为严重、刚度退化较为显著时能充分发挥二道防线的作用。

值得注意的是,根据大量实际工程设计经验,当结构高度超过 250m 后,条目中所提到的 10% 不易满足,设计时应特别关注。计算模型的不同选取方式对组合框架剪力分担率的计算结果影响很大,譬如框架刚域的设置以及楼板组合作用的考虑,工程中框架剪力分担率不满足 10% 的要求常常是由于对节点刚域范围以及楼板组合作用考虑不足而导致的。

4.10.3 进行抗震验算时,如何确定框架组合梁的抗弯惯性矩?

【解析】楼板的组合作用对钢梁的抗弯惯性矩有明显的放大作用,工程中通常采用放大系数法将框架钢梁的抗弯惯性矩进行放大,从而得到弹性分析所需的框架组合梁的抗弯惯性矩。

现行规范多采用刚度放大系数来考虑楼板组合作用对框架钢梁刚度的贡献,譬如:《高层民用建筑钢结构技术规程》JGJ 98—99 建议对两侧有楼板的梁取 1.5,对仅一侧有楼板的梁取 1.2;《高层建筑混凝土结构技术规程》JGJ 3—2010 建议的是 1.5~2.0 的取值范围。这些规范的取值相对比较简单,便于工程应用,但计算精度较低,很难涵盖工程中各种不同的参数范围。

近年来清华大学通过分析国内外大量组合框架结构的试验结果,发现楼板对钢梁的刚度放大作用主要取决于钢梁相对于楼板的相对刚度,建筑结构中楼板厚度相对固定,因此刚度也相对固定,而当钢梁刚度较大时,楼板对钢梁的刚度放大作用就不明显,反之则十分明显,而固定的刚度放大系数难以考虑这一重要规律,一些算例表明,对于多层组合结构中钢梁刚度较小的情况,如果采用规范规定的固定刚度放大系数则可能低估结构整体抗侧刚度,高估结构自振周期,低估结构地震剪力等。基于大量的数值算例和试验结果,清华大学陶慕轩和聂建国建议组合框架梁的刚度放大系数 α 按下列公式计算:

$$\alpha = \frac{2.2}{(I_s/I_c)^{0.3} - 0.5} + 1 \tag{4.10.1}$$

$$I_c = \frac{[\min(0.1L, B_1) + \min(0.1L, B_2)]h_c^3}{12\alpha_E} \tag{4.10.2}$$

式中 I_s——钢梁抗弯惯性矩;

      I_c——混凝土翼板等效抗弯惯性矩;

      L——梁跨度;

B_1、B_2——分别为组合梁两侧实际混凝土翼板宽度,取为梁中心线到混凝土翼板边缘的距离,或梁中心线到相邻梁中心线之间距离的一半;

h_c——混凝土翼板厚度；

α_E——钢材和混凝土弹性模量比。

4.10.4 组合（混合）结构体系在不同地震水准验算时的阻尼比如何选取？

【解析】影响阻尼比的因素很多，已有的实测结果总体上都比较离散。目前工程中对于混凝土结构和钢结构在多遇地震作用下阻尼比取值相对比较明确，分别约为 0.05 和 0.02 左右，而组合（混合）结构体系在多遇地震作用下的阻尼比取值原则上介于混凝土和钢结构之间，《高层建筑混凝土结构技术规程》JGJ 3—2010 建议钢-混凝土混合结构在多遇地震下的阻尼比可取为 0.04。《高层建筑钢-混凝土混合结构设计规程》CECS 230：2008 建议钢-混凝土混合结构在罕遇地震下的阻尼比可取为 0.05。

4.10.5 验算组合框架的"强柱弱梁"条件时，梁端楼板的有效翼缘宽度如何选取？

【解析】合理的框架设计应尽可能保证"强柱弱梁"，而准确计算极限状态下组合框架梁梁端抗弯承载力对实现"强柱弱梁"具有重要意义。现行规范均建议采用基于简化塑性理论的等效矩形应力图方法来计算组合梁的极限抗弯承载力，其中的一个关键参数为楼板的有效翼缘宽度，可以采用基于弹性理论的计算方法以及基于塑性理论的计算方法：

1. 基于弹性理论的计算方法。该方法可主要参考《钢结构设计规范》GB 50017 和欧洲规范 4 的思路，把框架组合梁看作多跨连续组合梁计算支座处的有效翼缘宽度。具体按下式计算，参数意义如图 4.10.2 所示：

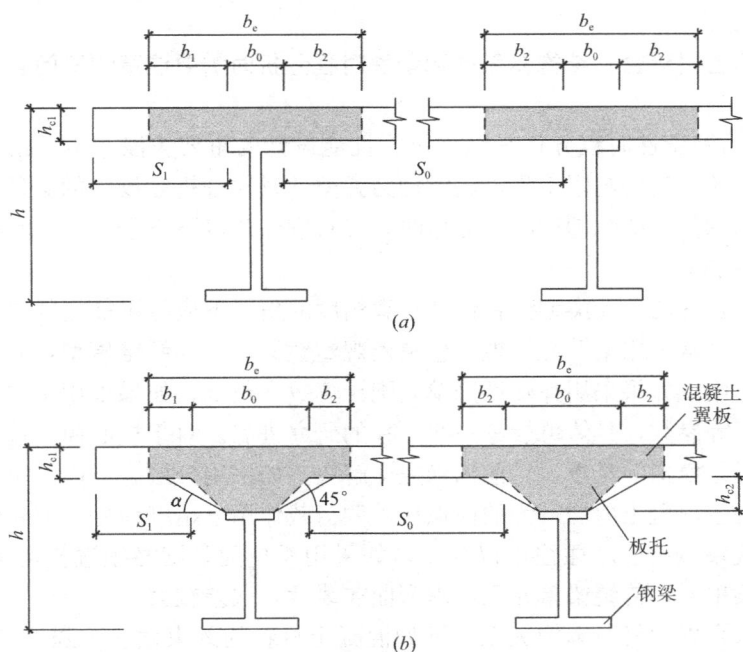

图 4.10.2 组合框架梁的楼板有效翼缘宽度
(a) 不设板托的组合梁；(b) 设板托的组合梁

471

$$b_e = b_0 + b_1 + b_2 \tag{4.10.3}$$

式中　b_0——板托顶部的宽度，当板托倾角 $\alpha < 45°$ 时，应按 $\alpha = 45°$ 计算；当无板托时，则取钢梁上翼缘的宽度；当混凝土板和钢梁不直接接触（如之间有压型钢板分隔）时，取栓钉的横向间距，仅有一列栓钉时取 0；

　　b_1、b_2——梁外侧和内侧的翼板计算宽度，各取梁等效跨径 l_e 的 1/6，b_1 尚不应超过翼板实际外伸宽度 S_1；b_2 不应超过相邻钢梁上翼缘或板间净距 S_0 的 1/2；

　　l_e——等效跨径，支座处取为相邻两跨跨度之和的 0.2 倍。

　　2. 基于塑性理论的计算方法。这和实际结构在极限状态下的真实受力情况更接近，但公式较为复杂，具体可参考相关文献。

4.10.6　组合（混合）结构体系在不同地震水准验算时的变形限值如何选取？

【解析】对于组合框架-核心筒这类组合（混合）结构体系的变形限值，具体可参考两本规范的相关规定：

1. 《高层建筑混凝土结构技术规程》JGJ 3—2010 建议：在多遇地震作用下，高度不大于 150m 的框架-核心筒结构最大层间位移角限值为 1/800，高度不小于 250m 的框架-核心筒结构最大层间位移角限值为 1/500，中间高度的按线性插值选取；在罕遇地震作用下，框架-核心筒结构最大层间位移角限值为 1/100。

2. 《建筑抗震设计规范》GB 50011—2010 建议：在多遇地震作用下，框架-核心筒结构最大层间位移角限值为 1/800；在罕遇地震作用下，框架-核心筒结构最大层间位移角限值为 1/100。

4.10.7　进行组合（混合）结构体系的弹塑性时程分析时需要注意哪些问题？

【解析】动力弹塑性时程分析是结构抗震性能设计的重要手段，由于组合（混合）结构体系常用于（超）高层超限工程，此时动力弹塑性时程分析是设计的必须环节。在开展组合（混合）结构体系的弹塑性时程分析时，应特别注意以下三个方面的问题：

1. 分析模型选取

首先要选取合理的单元类型，在保证计算精度的情况下应尽可能选择高效单元。对于外围组合框架，通常采用梁单元模拟，包括宏观塑性铰模型和纤维模型，其中模拟的难点是楼板的组合作用，如果采用弹塑性壳单元则计算效率很低，如果采用梁单元则需合理设置有效翼缘宽度等参数，具体可参考一些最新的研究进展。对于核心筒，墙肢可用分层壳单元模拟，连梁是模拟的难点，目前仍未完全解决，如果用分层壳＋内插钢筋模拟，则计算量很大，且对于混凝土剪切行为的模拟在单调荷载作用下精度尚好，但在滞回荷载作用下的剪力自锁现象通用程序往往难以克服，如果用梁单元，则必须选择可考虑弯-剪耦合非线性效应的梁单元，传统梁单元只考虑弯曲非线性，误差较大。

其次要选取合理的材料本构关系，譬如混凝土材料的约束效应、强度和刚度退化等，以及钢筋和钢材的包兴格效应，均是重点考虑的内容。

最后要结合实际工程对单元以及材料本构模型的需求，选择相匹配的软件平台。目前常用的软件平台包括：PKPM-EPDA、Sap2000、Canny、NosaCAD、ABAQUS、Per-form-3D、THUFiber-MARC、COMPONA-MARC 等。

2. 地震波选取

地震波选取对弹塑性时程分析的结果影响很大，需满足严格的规定。地震波应综合考虑频谱特性、加速度峰值和持时进行选择，对于高层组合（混合）结构自振周期较长的情况，还需特别考虑低频成分较为丰富的长周期地震波。应同时选用实际强震记录和人工模拟的加速度时程曲线，其中实际强震记录的数量不应少于总数的 2/3，地震波数量至少 3 组，对于重要工程不宜小于 5 组，计算结果宜取多组地震波计算结果的包络值。多组地震波时程曲线的平均地震影响系数曲线应与振型分解反应谱法所采用的地震影响系数曲线在统计意义上相符，也就是在各周期点上相差不宜大于 20%，每一组波形的持续时间一般不小于结构基本周期的 5 倍和 15s，分析时宜采用双向或三向地震动输入。

3. 结果合理性判断

组合（混合）结构体系的弹塑性时程分析是一种相对比较复杂的分析方法，分析结果受到分析假定和模型参数选取的影响很大，因此必须对结果进行仔细对比校核，具体可从以下三个方面来判断结果的合理性：

（1）对比弹性模型和弹塑性时程分析模型的周期和模态结果，两者应该基本一致。

（2）对比多遇地震作用下的时程分析结果和振型分解反应谱法的计算结果，两者位移角分布、楼层剪力等指标总体规律应当基本一致。每条时程曲线计算所得结构底部剪力不应小于振型分解反应谱法计算结果的 65%，多条时程曲线计算所得结构底部剪力的平均值不应小于振型分解反应谱法计算结果的 80%。

（3）不同地震波得到的薄弱楼层塑性变形值可能区别很大，但得到的薄弱楼层位置一般是相同的。

第五篇 砌体结构

第一章 砌体结构与材料

第一节 砌体结构

5.1.1 砌体结构目前面临的现状是什么？

【解析】我国目前砌体结构的发展面临的现状是：

1. 黏土砖限用政策

从保护土地资源、环保节能等角度出发，国家从 20 世纪 90 年代开始提出限制使用黏土砖。

1999 年 8 月 20 日，国务院办公厅印发《转发建设部、国家计委、国家经贸委、科技部、国家税务总局、国家质量技术监督局、国家建材局（关于推进住宅产业现代化提高住宅质量若干意见）的通知》，明确规定，从 2000 年 6 月 1 日起，沿海城市和其他土地资源稀缺的城市，禁止使用实心黏土砖，并根据条件限制其他黏土制品的生产和使用。

2000 年 6 月 14 日建设部、原国家建材局、农业部、国土资源部墙体材料革新建筑节能办公室印发《关于公布在住宅建设中逐步限时禁止使用实心黏土砖火中城市名单的通知》（墙办发【2000】06 号），明确了 160 个直辖市、沿海地区大中城市和人均占有耕地面积不足 0.8 亩省份的大中城市，在 2003 年 6 月 30 日前禁止使用实心黏土砖。

2001 年 6 月 5 日，原国家经贸委发出《关于将 10 个省会城市列入禁止使用实心黏土砖城市名单的通知》（国经贸资源【2001】550 号），决定在原来确定的 160 个大中城市的基础上，增加 10 个省会城市，列入限时禁止使用实心黏土砖城市名单中，并要求其他省会城市最迟在 2005 年底前实现"禁实"目标。

2002 年 3 月 8 日，原国家经贸委办公厅发出《关于调整限时禁用实心黏土砖城市的通知》（国经贸厅资源【2002】35 号），在对各地禁用实心黏土砖情况调研的基础上，对 170 个禁用实心黏土砖的城市进行了调整。

2005 年 12 月 16 日，国家发改委、国土资源部、建设部和农业部四部门联台发布《关于公布第二批限时禁止使用实心黏土砖城市名单的通知》，确定了到 2008 年底前第二批禁止使用实心黏土砖的 256 个城市名单；规定到 2010 年底，所有城市城区禁止使用实心黏土砖，全国实心黏土砖产量控制在 4000 亿块以下。

在汶川、玉树地震中，砌体结构房屋倒塌较严重，导致一些地方政府扩大了砌体结构的限用政策，一些地区由限制使用实心黏土砖发展到限制使用砌体结构。

2. 限用政策对砌体结构的影响

（1）砌体结构建筑逐渐减少，大中型城市很少建造砌体结构房屋；除中小城市和村镇外，砌体多被用于围护结构。

（2）从事砌体结构研究人员和科研项目减少，专门从事砌体研究的专家学者更少。

（3）《砌体结构设计规范》的影响力在下降，除注册结构工程师考试外，大型设计院的设计人员对《砌体结构设计规范》应用很少，即是使用也较多的是查阅强度指标和构造措施。

5.1.2 砌体结构面临当前局面的原因是什么？

【解析】砌体结构面临当前的局面，主要有以下四方面的原因：

1. 面对新的形势，砌体结构的发展没有做到与时俱进，没有根据外界条件的变化，及时地找准定位；没有在结构体系、新型材料等方面提出切实可行并能够被社会广泛接受的对策。

2. 面对社会对砌体结构否定的现状，砌体结构领域没有发出强有力的声音。例如汶川、玉树地震时砌体结构建筑倒塌较多，到底是材料原因、设计原因还是施工原因？一些砌体结构建筑的构造柱里没有钢筋，房屋倒塌的责任是否归过于砌体结构？我们没有做深入调查研究。

3. 在砌体结构理论研究方面略显落后

从 1988 规范、2001 规范到 2011 规范，没有大的突破，更多的则是修修补补，有时还不合常理。以砌体强度设计值的确定为例，目前砌体强度设计确定的方法和以前规范基本没变，现在砌体材料的强度等级大幅度提高，统计样本和变异系数必然要产生变化，我们还套用以前的公式是不合适的。

一些结构形式（如墙梁、组合砖柱），设计人员很少按规范方法进行计算，主要是设计方法过于复杂，工程中应用的又较少，设计人员往往采用相对保守的简化计算方法。

我们目前的大学教材，所介绍砌体结构的破坏机理和形态，大多数还是以黏土砖砌体试验研究得到的结论，一些新型的砌体材料还缺乏系统而广泛的试验（如砌块砌体的墙梁、挑梁等）。

4. 在结构体系研究方面缺乏持久性

20 世纪 70～90 年代，对灰砂砖、粉煤灰砖等墙体材料做了许多研究，也建了不少房屋，后来由于出现了耐久性等问题，目前新建此类建筑已经比较少了。

20 世纪 80～90 年代，为了适用抗震的需求，开展了约束配筋砖砌体的研究，一些成果已纳入规范，也建了试点建筑，至今应用也是寥寥无几。

20 世纪 90 年代到 21 世纪初，配筋砌块中高层的研究成为热点，但到现在除了个别城市还在应用外，这种体系始终没有发展起来。

5.1.3 砌体结构的发展要关注的问题是什么？

【解析】砌体结构的发展，要关注以下四个方面的问题：

1. 发展新型砌体材料

（1）在国家限用黏土砖后，混凝土砌块和混凝土砖无疑成为黏土砖主要替代材料，我们应在使用的细节、经济分析上下功夫，提升此类材料在建筑工程市场的竞争力。

（2）我们应当顺应国家倡导的"绿色建材"的概念，"可持续发展"的战略，"环境节能"的政策，"废物利用"的理念，大力发展符合国家政策的新型砌体材料。大力发展蒸压灰砂砖、粉煤灰砖、钢渣砖、炉渣砖、页岩砖等新型砌体材料。

（3）发展轻质高强的砌体材料，如进一步研究轻质高强低能耗的砌块，高强、薄壁、大块是砌体结构发展的方向。通过改进配料、成型、烧结工艺，提高烧结砖的强度和质量，我国已经可以生产 20～100MPa 页岩砖，不仅强度高、耐久性好、色彩独特，也可做清水砖墙。

（4）发展高强砂浆和高强度配套混凝土，目前我国砂浆和灌孔混凝土强度与高强块材还不相匹配，要开发更高强度的砌筑砂浆和强度高、可塑性好、流动性好的灌孔混凝土。

（5）开发相应的施工机具

对配筋砌块砌体结构，要开发砌块建筑施工用的机具，如砂浆摊铺器、小直径混凝土振捣棒、小型灌孔混凝土浇筑泵、小型钢筋焊机、灌孔混凝土检测仪等。

（6）砌体结构从块材发展到墙材

采用利用粉煤灰代替部分水泥采用陶粒、矿渣等轻骨料、加入玻璃纤维或其他纤维等废渣轻型混凝土墙板；GRC 空心条板；蒸压纤维水泥板，蒸压纤维增强粉煤灰墙板；复合墙板：既满足建筑节能、保温、隔热，又满足外墙承重和防水要求等，如钢丝网水泥夹芯板。

（7）采用预应力砌体结构

预应力砌体结构可以明显改善砌体的受力性能和抗震能力，关键是完善设计理论，方便施工。

2. 完善砌体结构体系

配筋砌体是砌体结构发展的方向，重点开发配筋砌块结构的实用化成套技术，关键是要精选配筋方式、简化设计方法、方便工程施工。

3. 砌体结构的抗震和耐久性问题必须解决

目前，砌体结构应用受限，抗震和耐久性问题是一个重要的因素。

4. 加强砌体结构理论研究

进一步研究新型砌体材料的破坏机理和受力性能，建立完善而精确的砌体结构设计理论，加强对砌体结构试验技术和数据处理的研究，最终要形成方便于设计人员使用的设计方法。

第二节　砌　体　材　料

5.1.4　烧结普通砖是否是实心砖？

【解析】烧结普通砖是以黏土、页岩、煤矸石或粉煤灰为主要原料，经焙烧而成，实心或孔洞率不大于规定值，外形尺寸符合规定的砖。烧结普通砖按其主要原料的种类分为

烧结黏土砖、烧结页岩砖、烧结煤矸石砖和烧结粉煤灰砖等，烧结黏土砖的规格尺寸为
240mm×115mm×53mm。因此烧结普通砖并不一定是实心砖。

5.1.5 烧结多孔砖与烧结空心砖有何区别？

【解析】烧结多孔砖是以黏土、页岩、煤矸石或粉煤灰为主要原料，经焙烧而成，孔洞率不小于25％且不大于40％，孔的尺寸小而数量多，主要用于承重部位的砖。烧结空心砖是以黏土、页岩、煤矸石或粉煤灰为主要原料，经焙烧而成，其孔洞率不应小于40％，主要用于非承重部位的砖。因此烧结多孔砖和烧结空心砖有不同的定义和用途，二者名称不可混淆。

5.1.6 块体的强度等级如何确定？

【解析】按标准试验方法得到的以 MPa 表示的块体抗压强度平均值称为块体的强度等级。

1. 砖的强度等级的确定及划分

确定砖的强度等级时，抽取 10 块试样，分别从长度的中间处切断，用水泥砂浆将半块砖两两重叠粘在一起，经养护后进行抗压强度试验，并计算出单块强度、平均强度、强度标准值和变异系数，据此来评定砖的强度等级。

烧结普通砖、烧结多孔砖的强度应符合表 5.1.1 的要求。

烧结普通砖、烧结多孔砖强度等级（MPa）　　　　　表 5.1.1

强度等级	抗压强度平均值 $f\geqslant$	变异系数 $\delta\leqslant0.21$	变异系数 $\delta>0.21$
		抗压强度标准值 $f_k\geqslant$	单块最小抗压强度值 $f_{min}\geqslant$
MU30	30.0	22.0	25.0
MU25	25.0	18.0	22.0
MU20	20.0	14.0	16.0
MU15	15.0	10.0	12.0
MU10	10.0	6.5	7.5

空心块材的强度等级是由试件破坏荷载值除以受压毛面积确定的，在设计时不需要再考虑孔洞的影响。

蒸压灰砂砖的强度应符合表 5.1.2 的要求。

蒸压灰砂砖强度（MPa）　　　　　表 5.1.2

强度等级	抗压强度		抗折强度	
	平均值不小于	单块值不小于	平均值不小于	单块值不小于
MU25	25.0	20.0	5.0	4.0
MU20	20.0	16.0	4.0	3.2
MU15	15.0	12.0	3.3	2.6
MU10	10.0	8.0	2.5	2.0

注：优等品的强度级别不得小于 15 级。

确定蒸压粉煤灰砖的强度等级时，其抗压强度应乘以自然碳化系数，当无自然碳化系数时，可取人工碳化系数的 1.15 倍。

2. 砌块强度等级的确定

砌块的强度等级由 3 个试块根据标准试验方法，按毛面积计算的极限抗压强度 MPa 值划分的。混凝土砌块强度应符合表 5.1.3 的要求，轻骨料混凝土砌块的强度应符合表 5.1.4 的要求。确定掺有粉煤灰 15% 以上的混凝土砌块的强度等级时，其抗压强度应乘以自然碳化系数，当无自然碳化系数时，可取人工碳化系数的 1.15 倍。

混凝土砌块强度（MPa）   表 5.1.3

强 度 等 级	抗 压 强 度	
	平均值不小于	单块最小值不小于
MU20	20.0	16.0
MU15	15.0	12.0
MU10	10.0	8.0
MU7.5	7.5	6.0
MU5	5.0	4.0

轻骨料混凝土砌块强度等级（MPa）   表 5.1.4

强 度 等 级	砌块抗压强度	
	平 均 值	最 小 值
MU10	≥10.0	8.0
MU7.5	≥7.5	6.0
MU5	≥5.0	4.0

3. 石材强度等级的确定

石材的强度等级，可用边长为 70mm 的立方体试块的抗压强度表示。抗压强度取三个试件破坏强度的平均值。试件也可采用表 5.1.5 所列边长的立方体，但应对试验结果乘以相应的换算系数后方可作为石材的强度等级。

石材强度等级的换算系数   表 5.1.5

立方体边长（mm）	200	150	100	70	50
换算系数	1.43	1.28	1.14	1.00	0.86

石材的强度等级划分为：MU100、MU80、MU60、MU50、MU40、MU30 和 MU20。

5.1.7　砂浆的强度等级如何确定？

【解析】我国的砂浆强度等级是采用边长为 70.7mm 的立方体标准试块，在温度为 20±3℃，水泥砂浆在湿度为 90% 以上，水泥石灰砂浆在湿度为 60%～80% 环境下养护 28 天，进行抗压试验所得的以 MPa 表示的抗压强度平均值划分的。《砌体结构设计规范》GB 50003 规定的砂浆强度等级为 M15、M10、M7.5、M5 和 M2.5。《砌体结构设计规范》

规定的混凝土砌块砌筑专用砂浆的强度等级为 Mb15、Mb10、Mb7.5 和 Mb5。

5.1.8 砌筑砂浆有哪些种类？

【解析】砂浆按其配合成分可分为以下几种：

1. 水泥砂浆。按一定质量比由水泥与砂加水搅拌而成，不掺合石灰、石膏等塑化剂的砂浆。这种砂浆强度高、耐久性好，适宜于砌筑对强度有较高要求的地上砌体及地下砌体。但是，这种砂浆的和易性和保水性较差，施工难度较大。

2. 混合砂浆。按一定质量比由水泥、塑化剂、砂和水搅拌而成的砂浆。例如，水泥石灰砂浆、水泥石膏砂浆等。混合砂浆的和易性、保水性较好，便于施工砌筑。适用于砌筑一般地面以上的墙、柱砌体。

3. 非水泥砂浆。按一定质量比由石灰、石膏或黏土与砂加水搅拌而成的砂浆。例如石灰砂浆、石膏砂浆、黏土砂浆等。这类砂浆强度低、耐久性差，只适宜于砌筑承受荷载不大的砌体或临时性建筑物、构筑物的砌体。

4. 混凝土砌块砌筑砂浆。是由水泥、砂、水以及根据需要掺入的掺合料和外加剂等组分，按一定比例，采用机械拌合制成，用于砌筑混凝土砌块的砂浆，又称为混凝土砌块专用砌筑砂浆。它较传统的砌筑砂浆可使砌体灰缝饱满、粘结性能好，减少墙体开裂和渗漏，提高砌块建筑质量。

该砂浆中的掺合料主要采用粉煤灰，外加剂包括减水剂、早强剂、促凝剂、缓凝剂、防冻剂、颜料等。砌块专用砂浆的配合比可参阅表 5.1.6。砂浆必须采用机械搅拌，且搅拌时先加细集料、掺合料和水泥干拌 1min，再加水湿拌。总的搅拌时间不得少于 4min。若加外加剂，则在搅拌 1min 后加入。砂浆稠度为 50～80mm，分层度为 10～30mm。

为了与普通砌筑砂浆相区别，《混凝土小型空心砌块砌筑砂浆》JG 860 中规定其强度等级以 Mb 标记，但其抗压强度指标与普通砌筑砂浆抗压强度指标对应相等。

混凝土砌块砌筑砂浆参考配合比　　　　　　　　　表 5.1.6

强度等级	水泥砂浆					混合砂浆（Ⅰ）					混合砂浆（Ⅱ）					
	水泥	粉煤灰	砂	外加剂	水	水泥	消石灰粉	砂	外加剂	水	水泥	石灰膏	粉煤灰	砂	水	外加剂
Mb5.0						1	0.9	5.8	√	1.36	1	0.66	0.66	8.0	1.20	√
Mb7.5						1	0.7	4.6	√	1.02	1	0.42	0.15	6.6	1.00	√
Mb10.0	1	0.32	4.41	√	0.79	1	0.5	3.6	√	0.81	1	0.20	0.20	5.4	0.80	√
Mb15.0	1	0.32	3.76	√	0.74	1	0.3	3.0	√	0.74	1	0.90	—	4.5	0.75	√
Mb20.0	1	0.23	2.96	√	0.55	1	0.3	2.6	√	0.53	1	0.45	—	4.0	0.54	√
Mb25.0	1	0.23	2.53	√	0.54											
Mb30.0	1		2.00	√	0.52											

注：Mb5.0～Mb20.0 用 32.5 级普通水泥或矿渣水泥；Mb25.0～Mb30.0 用 42.5 级普通水泥或矿渣水泥。

5.1.9 混凝土砌块灌孔混凝土与普通混凝土有何区别？

【解析】混凝土砌块灌孔混凝土是由水泥、骨料、水以及根据需要掺入的掺合料和外加剂等组成，按一定的比例，采用机械搅拌，用于浇筑混凝土小型空心砌块砌体芯柱或其他需要填实部位孔洞的混凝土，又称为砌块建筑灌注芯柱、孔洞的专用混凝土。它是一种高流动性、硬化后体积微膨胀或有补偿收缩性能的混凝土，使灌孔砌体整体受力性能良好，砌体强度大为提高。

该混凝土中的掺合料主要采用粉煤灰，外加剂包括减水剂、早强剂、促凝剂、缓凝剂、膨胀剂等。灌孔混凝土的配合比可参阅表 5.1.7。搅拌机应优先采用强制式搅拌机，搅拌时先加粗细骨料、掺合料、水泥干拌 1min，最后加外加剂搅拌，总的搅拌时间不宜少于 5min。当采用自落式搅拌机时，应适当延长其搅拌时间。灌孔混凝土的坍落度不宜小于 180min，其拌合物应均匀、颜色一致、不离析、不泌水。

混凝土小型空心砌块灌孔混凝土参考配合比 表 5.1.7

强度等级	水泥强度等级(MPa)	配 合 比					
		水 泥	粉煤灰	砂	碎 石	外加剂	水灰比
Cb20	32.5	1	0.18	2.63	3.63	√	0.48
Cb25	32.5	1	0.18	2.08	3.00	√	0.45
Cb30	32.5	1	0.18	1.66	2.49	√	0.42
Cb35	42.5	1	0.19	1.59	2.35	√	0.47
Cb40	42.5	1	0.19	1.16	1.68	√	0.45

5.1.10 砌体结构设计时，块体和砂浆如何选择？

【解析】在砌体结构设计中，块体和砂浆的选择既要保证结构的安全可靠，又要获得合理的经济技术指标，设计时可按下列原则进行选择：

1. 应根据"因地制宜，就地取材"的原则，尽量选择当地性能良好的块体和砂浆材料，以获得较好的技术经济指标。

2. 为了保证砌体的承载力，要根据设计计算选择强度等级适宜的块体和砂浆。

3. 要保证砌体的耐久性。所谓耐久性就是要保证砌体在长期使用过程中具有足够的承载能力和正常使用性能，避免或减少块体中可溶性盐的结晶风化导致块体掉皮和层层剥落现象。另外，块体的抗冻性能对砌体的耐久性有直接影响。抗冻性的要求是要保证在多次冻融循环后块体不至于剥蚀及强度降低。一般块体吸水率越大，抗冻性越差。

4. 五层及五层以上房屋的墙，以及受振动或层高大于 6m 的墙、柱所用材料的最低强度等级，应符合下列要求：

(1) 砖采用 MU10；

(2) 砌块采用 MU7.5；

(3) 石材采用 MU30；

(4) 砂浆采用 M5。

5. 地面以下或防潮层以下的砌体，潮湿房间的墙，所用材料的最低强度等级，应符合表 5.1.8 的要求。

地面以下或防潮层以下的砌体、潮湿房间墙所用材料的最低强度等级　　表 5.1.8

潮湿程度	烧结普通砖	混凝土普通砖、蒸压普通砖	混凝土砌块	石　材	水泥砂浆
稍潮湿的	MU15	MU20	MU7.5	MU30	M5
很潮湿的	MU20	MU20	MU10	MU30	M7.5
含水饱和的	MU20	MU25	MU15	MU40	M10

注：1. 在冻胀地区，地面以下或防潮层以下的砌体，不宜采用多孔砖，如采用时，其孔洞应用不低于 M10 的水泥砂浆预先灌实。当采用混凝土空心砌块时，其孔洞应采用强度等级不低于 Cb20 的混凝土预先灌实；
　　　2. 对安全等级为一级或设计使用年限大于 50a 的房屋，表中材料强度等级应至少提高一级。

第三节　砌体的强度

5.1.11　影响砌体抗压强度的主要因素有哪几项？

【解析】影响砌体抗压强度的主要因素有：

1. 块体和砂浆强度的影响

块体和砂浆的强度是影响砌体抗压强度的主要因素，砌体强度随块体和砂浆强度的提高而提高。对于提高砌体强度而言，提高块体强度比提高砂浆强度更有效。一般情况下，砌体强度低于块体强度；当砂浆的强度等级较低时，砌体强度高于砂浆强度；当砂浆的强度等级较高时，砌体的强度低于砂浆的强度。

2. 块体的表面平整度和几何尺寸的影响

块体的表面平整度对砌体抗压强度有显著的影响。当块体翘曲时，砂浆层将严重不均匀，产生较大的附加弯曲应力使块体过早地破坏。

块体的高度较大时，其抗弯、抗剪和抗拉能力也较大。长度较大的块体在砌体中产生较大的弯剪应力。试验研究表明：块体几何尺寸对砌体抗压强度影响系数为：

$$\psi_d = 2\sqrt{\frac{h+70}{l}} \qquad (5.1.1)$$

式中　h——块体的高度（mm）；
　　　l——块体的长度（mm）。

3. 砂浆的变形及和易性的影响

砌体中的砂浆变形较大时，块体内受到的弯剪应力及横向拉应力增大，对砌体抗压强度产生不利影响。和易性较好的砂浆，灰缝厚度均匀且密实性较好，可以减小块体中产生复杂应力，使砌体强度提高。试验研究表明：水泥砂浆的和易性和保水性较差，采用水泥砂浆砌筑的砌体，其抗压强度比采用混合砂浆砌筑的砌体降低 15%～50%。

4. 水平灰缝厚度和饱满度的影响

砂浆在砌体中的作用是将块体连成整体，并填平块体表面使其应力均匀分布，减小复杂应力状态的影响。

当灰缝厚度较厚时，灰缝砂浆的横向变形加大，砌体内的复杂应力状态也随之加剧，砌体强度降低。当灰缝厚度较薄时，如果块体表面不平整，水平灰缝砂浆不能减轻铺砌面不平的影响，不足以改善砌体内的复杂应力状态，砌体强度也降低。砖和小型砌块砌体的灰缝厚度一般宜为10mm，不应小于8mm，也不应大于12mm。

砌体的抗压强度随水平灰缝砂浆饱满度的提高而提高，水平灰缝砂浆的饱满度不得低于80%。

5. 砖砌筑时含水率的影响

试验研究表明：砌体的抗压强度随砖砌筑时含水率的增大而提高，这是由于砌体的含水率大时，表面的多余水分有利于砂浆的硬化，提高了砂浆的强度。当砌体的含水率很小时，砌体将吸收砂浆中的水分，使砂浆失水达不到设计强度。但砌体的含水量过大时，墙面将产生流浆，抗剪强度也随之降低。作为正常的施工标准，要求烧结普通砖和多孔砖砌筑时的含水率为10%～15%（此含水率大约相当于砖的浸水深度为10～20mm），灰砂砖和粉煤灰砖的含水率为5%～8%。

6. 砌筑方法的影响

砌体的砌筑方法对砌体强度和整体性有明显的影响。《砌体工程施工质量验收规范》GB 50203规定：砖砌体应上下错缝，内外搭砌。普通砖砌体宜采用一顺一丁、梅花丁或三顺一丁的砌筑形式（图5.1.1）。对于砖柱不得采用包心砌法（图5.1.2）。

一顺一丁　　　　　　梅花丁　　　　　　三顺一丁

图5.1.1　一顺一丁、梅花丁、三顺一丁砌筑方法

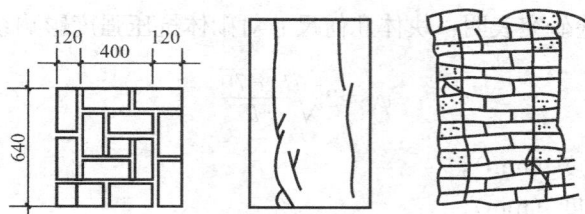

图5.1.2　包心砌砖柱及破坏形态

7. 施工技术和管理水平的影响

《砌体工程施工质量验收规范》GB 50203根据施工现场的质量管理、砂浆和混凝土强度、砌筑工人技术水平等综合评价，从宏观上将砌体工程施工质量控制等级分为A、B、C三级（表5.1.9），砌体强度则与砌体施工质量控制相联系，砌体结构的砌筑砂浆和混凝土的质量水平见表5.1.10和表5.1.11。

砌体施工质量控制等级

表 5.1.9

项 目	施工质量控制等级		
	A	B	C
现场质量管理	制度健全，并严格执行；非施工方质量监督人员经常到现场，或现场设有常驻代表；施工方有在岗专业技术管理人员，人员齐全，并持证上岗	制度基本健全，并能执行；非施工方质量监督人员间断地到现场进行质量控制；施工方有在岗专业技术管理人员，并持证上岗	有制度；非施工方质量监督人员很少做现场质量控制；施工方有在岗专业技术管理人员
砂浆、混凝土强度	试块按规定制作，强度满足验收规定，离散性小	试块按规定制作，强度满足验收规定，离散性较小	试块强度满足验收规定，离散性大
砂浆拌和方式	机械拌和；配合比计量控制严格	机械拌和；配合比计量控制一般	机械或人工拌和；配合比计量控制较差
砌筑工人	中级工以上，其中高级工不少于 20%	高、中级工不少于 70%	初级工以上

砌筑砂浆质量水平

表 5.1.10

强度标准差 σ（MPa）＼强度等级／质量水平	M2.5	M5	M7.5	M10	M15	M20
优良	0.5	1.00	1.50	2.00	3.00	4.00
一般	0.62	1.25	1.88	2.50	3.75	5.00
差	0.75	1.50	2.25	3.00	4.50	6.00

混凝土质量水平

表 5.1.11

	质量水平	优 良		一 般		差	
评定指标	强度等级＼生产单位	＜C20	≥C20	＜C20	≥C20	＜C20	≥C20
强度标准差（MPa）	预拌混凝土厂	≤3.0	≤3.5	≤4.0	≤5.0	＞4.0	＞5.0
	集中搅拌混凝土的施工现场	≤3.5	≤4.0	≤4.5	≤5.5	＞4.5	＞5.5
强度等于或大于混凝土强度等级值的百分率（%）	预拌混凝土厂、集中搅拌混凝土的施工现场	≥95		＞85		≤85	

8. 试件尺寸的影响

标准的砖砌体抗压试件尺寸为 240mm×370mm，高度为截面较小边长的 2.5～3 倍（即 600～720mm），对于其他尺寸试件的抗压强度应根据试验结果乘以修正系数 ψ：

$$\psi = \frac{1}{0.72 + \frac{20s}{A}} \tag{5.1.2}$$

式中　s——试件的截面周长（mm）；

　　　A——试件截面面积（mm²）。

5.1.12 各类砌体抗压强度平均值如何确定？

【解析】根据大量试验资料统计分析，我国《砌体结构设计规范》提出了一个比较完整且统一的砌体抗压强度计算公式，即：

$$f_{\mathrm{m}} = k_1 f_1^{\alpha} (1 + 0.07 f_2) k_2 \tag{5.1.3}$$

式中　f_{m}——砌体轴心抗压强度平均值（MPa）；

　　　f_1——块体（砖、石、砌块）的抗压强度等级或平均值（MPa）；

　　　f_2——砂浆的抗压强度平均值（MPa）；

　　　k_1——与块体类别有关的参数，见表 5.1.12；

　　　α——与块体高度及砌体类别有关的参数，见表 5.1.12；

　　　k_2——砂浆强度影响的修正系数，见表 5.1.12。

轴心抗压强度平均值 f_{m}（MPa）　　　　　　表 5.1.12

砌 体 种 类	$f_{\mathrm{m}} = k_1 f_1^{\alpha}(1 + 0.07 f_2) k_2$		
	k_1	α	k_2
烧结普通砖、烧结多孔砖、蒸压灰砂普通砖、蒸压粉煤灰普通砖、混凝土普通砖、混凝土多孔砖	0.78	0.5	当 $f_2 < 1$ 时，$k_2 = 0.6 + 0.4 f_2$
混凝土砌块、轻集料混凝土砌块	0.46	0.9	当 $f_2 = 0$ 时，$k_2 = 0.8$
毛料石	0.79	0.5	当 $f_2 < 1$ 时，$k_2 = 0.6 + 0.4 f_2$
毛石	0.22	0.5	当 $f_2 < 2.5$ 时，$k_2 = 0.4 + 0.24 f_2$

注：1. k_2 在表列条件以外时均等于 1；
　　2. 式中 f_1 为块体（砖、石、砌块）的强度等级值；f_2 为砂浆抗压强度平均值，单位均以 MPa 计；
　　3. 混凝土砌块砌体的轴心抗压强度平均值，当 $f_2 > 10$MPa 时，应乘系数 $1.1 - 0.01 f_2$，MU20 的砌体应乘系数 0.95，且满足 $f_1 \geqslant f_2$，$f_1 \leqslant 20$MPa。

5.1.13 烧结多孔砖与烧结普通砖的抗压强度和受力性能是否相同？

【解析】对于孔洞率不大于 30% 的烧结多孔砖的抗压强度与烧结普通砖相同，但破坏形态不同，主要表现在：

1. 具有竖向孔洞的多孔砖，孔洞率不大于 30% 时，对砌体抗压强度影响很小。这是由于制砖时，因为有孔洞，制砖压力大，砖密实度大，强度提高，可弥补孔洞削弱的影响。多孔砖高度为 90mm，普通砖为 53mm，由于块体高度的影响，砌体强度可提高 1.27 倍。

2. 多孔砖砌体受压仍经三个阶段，由于多孔砖壁薄，具有脆性，第一阶段开裂后，立刻达到第三阶段，单块砖劈裂破坏。因此对砖出厂时的裂缝有严格的要求。

5.1.14 混凝土砌块灌孔砌体的抗压强度如何确定？

【解析】混凝土砌块灌孔砌体抗压强度设计值，按下列公式计算：

$$f_{\mathrm{g}} = f + 0.6 \alpha f_{\mathrm{c}} \tag{5.1.4}$$

$$\alpha = \delta\rho \qquad\qquad (5.1.5)$$

式中 f_g——混凝土砌块灌孔砌体抗压强度设计值；

$\quad\quad f$——混凝土空心砌块砌体抗压强度设计值；

$\quad\quad f_c$——灌孔混凝土轴心抗压强度设计值；

$\quad\quad \alpha$——砌块砌体中灌孔混凝土面积与砌体毛面积的比值；

$\quad\quad \delta$——混凝土砌块孔洞率；

$\quad\quad \rho$——混凝土砌块砌体灌孔率。

为使灌孔砌体中每种材料的强度得到较为充分的发挥，并安全可靠，上式应用时，应有下列限制：

1. 上式适用于单排孔混凝土砌块且对孔砌筑的砌体，其他情况应作相应的修正；

2. 灌孔混凝土强度等级不应低于 Cb20，也不应低于 1.5 倍的块体强度等级；

3. 当计算的 $f_g > 2f$ 时，取 $f_g = 2f$；

4. ρ 为截面灌孔混凝土面积与截面孔洞面积的比值，不应小于 33%；当 $\rho < 33\%$ 时，其砌体抗压强度应取为 f；

5. 混凝土砌块、砌筑砂浆和灌孔混凝土的强度等级应相互匹配。

5.1.15 各类砌体的轴心抗拉、弯曲抗拉和抗剪强度平均值如何确定？

【解析】砌体的轴心抗拉、弯曲抗拉和抗剪强度平均值，可按下列公式计算：

砌体轴心抗拉强度平均值 $\qquad f_{t,m} = k_3 \sqrt{f_2} \qquad\qquad (5.1.6)$

砌体弯曲抗拉强度平均值 $\qquad f_{tm,m} = k_4 \sqrt{f_2} \qquad\qquad (5.1.7)$

砌体抗剪强度平均值 $\qquad\qquad f_{v,m} = k_5 \sqrt{f_2} \qquad\qquad (5.1.8)$

式中 k_3、k_4、k_5——强度影响系数，可由表 5.1.13 查出。

砌体轴心抗拉强度平均值 $f_{t,m}$、弯曲抗拉强度平均值 $f_{tm,m}$

和抗剪强度平均值 $f_{v,m}$ 的影响系数 表 5.1.13

砌 体 种 类	$f_{t,m} = k_3 \sqrt{f_2}$	$f_{tm,m} = k_4 \sqrt{f_2}$		$f_{v,m} = k_5 \sqrt{f_2}$
	k_3	k_4		k_5
		沿齿缝	沿通缝	
烧结普通砖、烧结多孔砖	0.141	0.250	0.125	0.125
蒸压灰砂砖、蒸压粉煤灰砖	0.09	0.18	0.09	0.09
混凝土砌块	0.069	0.081	0.056	0.069
毛石	0.075	0.113	—	0.188

5.1.16 混凝土砌块灌孔砌体的抗剪强度如何确定？

【解析】在混凝土结构中，其构件斜截面受剪承载力往往以混凝土的轴心抗拉强度来表达，对于砌体结构而言，其轴心抗拉强度难以通过试验确定。根据混凝土砌块灌孔砌体的抗剪强度试验，可以采用抗压强度进行表达：

$$f_{vg,m} = 0.32 f_{g,m}^{0.55} \tag{5.1.9}$$
$$f_{vg} = 0.2 f_{g}^{0.55} \tag{5.1.10}$$

式中 $f_{vg,m}$——混凝土砌块灌孔砌体抗剪强度平均值;

f_{vg}——混凝土砌块灌孔砌体抗剪强度设计值。

5.1.17 砌体强度的平均值、标准值和设计值有何不同?

【解析】在以概率理论为基础的极限状态设计方法中,砌体强度的平均值 f_m 代表了强度取值的平均水平。

各类砌体各种受力状态强度标准值 f_k 是考虑强度的变异性,按《建筑结构可靠度设计统一标准》的要求统一规定为强度的概率密度函数的 5% 分位值。由统计资料可知,各类砌体强度服从正态分布,其标准值 f_k 可按下式计算:

$$f_k = f_m - 1.645\sigma_f = f_m (1 - 1.645\delta_f) \tag{5.1.11}$$

式中 f_m——砌体强度的平均值;

σ_f——砌体强度的标准差;

δ_f——砌体强度的变异系数,可按表 5.1.14 取值。

砌体强度的变异系数   表 5.1.14

砌 体 类 别	砌体抗压强度	砌体抗拉、抗弯、抗剪强度
各种砖、砌块、毛料石砌体	0.17	0.20
毛石砌体	0.24	0.26

砌体的强度设计值 f 是砌体结构构件按承载能力极限状态设计时所采用的考虑几何参数变异、计算模式不定性等因素对可靠度影响的砌体强度代表值,为砌体强度的标准值 f_k 除以材料性能分项系数 γ_f,见下式:

$$f = \frac{f_k}{\gamma_f} \tag{5.1.12}$$

式中 γ_f——砌体结构的材料性能分项系数,可按表 5.1.15 取值。

材料性能分项系数 γ_f 表 5.1.15

施工控制等级	A	B	C
γ_f	1.5	1.6	1.8

注:设计时,施工控制等级为 A 级时的砌体强度设计值可取 B 级的 1.05 倍。

砌体强度的平均值、标准值和设计值的关系见表 5.1.16。

砌体强度平均值、标准值、设计值的关系   表 5.1.16

类 别	标准值 f_k	设计值 f
砖、砌块砌体受压	$0.72 f_m$	$0.45 f_m$
毛石砌体受压	$0.60 f_m$	$0.377 f_m$
砖、砌块砌体受拉、受弯、受剪	$0.67 f_m$	$0.42 f_m$
毛石砌体受拉、受弯、受剪	$0.57 f_m$	$0.36 f_m$

注:表中数据施工质量控制等级为 B 级,f_m 为砌体强度平均值。

5.1.18 砌体强度设计值在什么情况下要进行调整?

【解析】在某些特定的条件下,砌体强度的设计值需进行调整。如受吊车动力影响及受力复杂的砌体,要求提高其安全储备;截面面积较小的砌体构件,受各种偶然因素影响,可能导致砌体强度有较大的降低;采用水泥砂浆砌筑的砌体,由于砂浆的保水性、和易性差,强度会有所降低;当验算施工阶段的砌体构件时,安全储备可适当降低;按不同施工质量控制等级施工的砌体构件,通过 γ_a 来调整不同材料性能分项系数的影响。砌体强度调整系数可按表 5.1.17 采用。

砌体强度设计值的调整系数		表 5.1.17
砌体所处工作情况		γ_a
无筋砌体构件截面面积 $A<0.3\text{m}^2$	对砌体的局部受压,不考虑此项影响	$A+0.7$
配筋砌体构件,当其中砌体构件截面面积 $A<0.2\text{m}^2$		$A+0.8$
采用<M5 水泥砂浆砌筑的砌体 对砌体抗压强度设计值	配筋砌体构件中,仅对砌体的强度设计值乘 γ_a	0.9
采用<M5 水泥砂浆砌筑的砌体 对砌体其他强度设计值		0.8
施工质量控制等级为 C 级	配筋砌体不得采用 C 级	0.89
验算施工中房屋的构件		1.1

砌体强度设计值调整时,尚应注意以下几点:

1. 计算混凝土砌块灌孔砌体的抗压强度设计值 $f_g = f + 0.6\alpha f_c$ 时,仅调整砌体强度设计值 f,且对于混凝土砌块专用砌筑砂浆,不需按水泥砂浆进行调整。

2. 砌体局部受压承载力验算时,当无筋砌体局部受压面积 $A<0.3\text{m}^2$、配筋砌体局部受压面积 $A<0.2\text{m}^2$ 时,不需对砌体强度设计值进行调整,但当支承局部受压构件的砌体面积小于规定值时,需对砌体强度设计值进行调整;对于表 5.1.17 其他情况下的砌体强度设计值,均应进行调整。

3. 计算梁端有效支承长度 $a_0 = 10\sqrt{h_c/f}$、沿通缝或沿阶梯形截面破坏时受剪构件承载力计算中剪压复合受力影响系数 $\mu = 0.26 - 0.082\sigma_0/f$ 时,尽管采用调整后的砌体强度设计值对计算是有利的,设计时仍需进行调整。

4. 对于配筋砌体构件,当符合表 5.1.17 的情况时,仅调整砌体的抗压强度设计值 f。

5. 当出现多种情况需对砌体强度设计值进行调整时,可采用各调整系数连乘。

5.1.19 砌体结构的弹性模量如何确定?

【解析】砌体的变形模量反映了砌体应力与应变之间的关系,通常有三种表达方式(图 5.1.3):

1. 砌体的切线模量

砌体应力-应变曲线上任一点切线与横坐标夹角 α 的正切称为砌体在该点的切线模量,即:

$$E_t = \frac{\mathrm{d}\sigma}{\mathrm{d}\varepsilon} = \xi f_m \left(1 - \frac{\sigma}{f_m}\right) \tag{5.1.13}$$

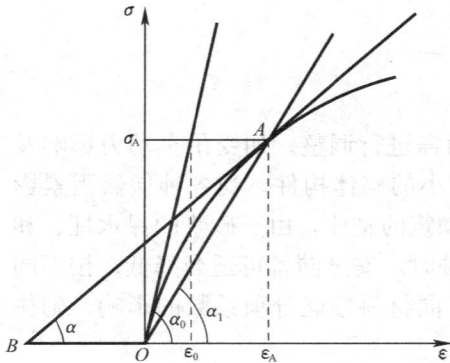

图 5.1.3　砌体受压变形模量

式中　ξ——与块体类型和砂浆强度有关的弹性特征值（对砖砌体可取 $\xi=460\sqrt{f_{\mathrm{m}}}$）。

切线模量反映了砌体在受荷过程中任一点应力-应变关系，常用于研究砌体材料力学性能，而在工程设计中不便应用。

2. 初始弹性模量

砌体在应力很小时呈弹性性能。应力-应变曲线在原点切线的斜率为初始弹性模量 E_0，即：

$$E_0=\xi f_{\mathrm{m}} \qquad (5.1.14)$$

初始弹性模量仅反映了砌体应力很小时的应力-应变关系，所以在实际工程设计中也不实用，仅用于材料性能研究。

3. 砌体的割线模量

割线模量是指应力-应变曲线上某点与原点所连割线的斜率，即：

$$E_{\mathrm{b}}=\frac{\sigma_{\mathrm{A}}}{\varepsilon_{\mathrm{A}}}=\tan\alpha_1 \qquad (5.1.15)$$

在工程应用中砌体的应力在一定范围内变化，因此割线模量并不是一个常量。

4.《砌体结构设计规范》中受压弹性模量的取值

由于砌体是一种弹塑性材料，曲线上各点应力与应变之间的关系在不断变化，为了简化计算，并能反映砌体在一般受力情况下的工作状态，对除石砌体以外的砌体，取砌体应力 $\sigma=0.43f_{\mathrm{m}}$ 时的割线模量作为砌体的弹性模量 E，即：

$$E=\frac{\sigma_{0.43}}{\varepsilon_{0.43}}=\frac{0.43f_{\mathrm{m}}}{-\frac{1}{\xi}\ln 0.57}=0.765\xi f_{\mathrm{m}}\approx 0.8\xi f_{\mathrm{m}} \qquad (5.1.16)$$

上式可简写为

$$E\approx 0.8E_0 \qquad (5.1.17)$$

考虑不同砂浆强度等级及不同块体对砌体弹性模量的影响，工程中常用的各类砌体的弹性模量可按表 5.1.18 取值。

砌体的弹性模量（MPa）　　　　　　　　　　　　表 5.1.18

砌体种类	砂浆强度等级			
	≥M10	M7.5	M5	M2.5
烧结普通砖、烧结多孔砖砌体	$1600f$	$1600f$	$1600f$	$1390f$
蒸压灰砂砖、蒸压粉煤灰砖砌体	$1060f$	$1060f$	$1060f$	$960f$
混凝土砌块砌体	$1700f$	$1600f$	$1500f$	—
粗料石、毛料石、毛石砌体	7300	5650	4000	2250
细料石、半细料石砌体	22000	17000	12000	6750

轻骨料混凝土砌块砌体的弹性模量可按表 5.1.18 中混凝土砌块砌体的弹性模量采用。

单排孔且对孔砌筑的混凝土砌块灌孔砌体的弹性模量按下式计算：

$$E=1700f_{\mathrm{g}} \qquad (5.1.18)$$

式中 f_g——灌孔砌体的抗压强度设计值。

5.1.20 砌体结构的剪变模量如何确定？

【解析】关于砌体的剪变模量目前试验研究资料很少，一般取用材料力学公式，即

$$G = \frac{E}{2(1+\nu)} \qquad (5.1.19)$$

式中 G——砌体的剪变模量；

E——砌体的弹性模量；

ν——砌体的泊松比（据我国所做的试验研究，砖砌体 ν 取 0.15；砌块砌体 ν 取 0.3）。

将 ν 值代入式（5.1.19）得：

$$G = \frac{E}{2(1+\nu)} = (0.38 \sim 0.43)E \qquad (5.1.20)$$

我国《砌体结构设计规范》中近似取 $G = 0.4E$。

第二章　静力设计原则与计算规定

第一节　设 计 原 则

5.2.1　砌体结构的安全等级如何确定?

【解析】建筑物的重要程度是根据其用途决定的。结构设计时应按不同的安全等级进行设计。建筑结构按其破坏后果的严重性分为三个安全等级。其中,一般的工业与民用建筑物列为二级;重要的工业与民用建筑物提高一级;次要的建筑物降低一级,见表5.2.1。

建筑结构的安全等级 　　　　　　　　　　　　　　　　　　表 5.2.1

安全等级	破坏后果	建筑物类别
一级	很严重	重要的房屋
二级	严重	一般的房屋
三级	不严重	次要的房屋

对于特殊的建筑物,其安全等级应根据建筑物的破坏后果,由设计部门按专门标准或针对工程具体情况予以确定。对地震区的砌体结构设计,应按现行国家标准《建筑抗震设防分类标准》GB 50223 根据建筑物重要性区分建筑物类别。

5.2.2　砌体结构的设计使用年限如何确定?

【解析】结构的设计使用年限,是指设计规定的结构或构件不需进行大修即可按其预定目的使用的时期。设计使用年限可按《建筑结构可靠度设计统一标准》GB 50068 确定,一般建筑结构的设计使用年限为 50 年。砌体结构和结构构件在设计使用年限内,在正常维护下,必须保持适合使用,而不需大修加固。

建筑物应通过合理的设计、施工和使用保证建筑物的使用年限。

5.2.3　砌体结构在设计使用年限内应满足哪些功能要求?

【解析】设计的主要目的是要保持所建造的结构安全适用,能够在设计使用年限内满足各项功能要求,并且经济合理。根据我国《建筑结构可靠度设计统一标准》,建筑结构应该满足的功能要求可概括为:

1. 安全性:在正常设计、正常施工和正常使用条件下,结构应能承受可能出现的各种作用和变形而不发生破坏;在设计规定的偶然事件发生时及发生后,仍能保持必要的整体稳定性。

2. 适用性:结构在正常使用过程中应具有良好的工作性。对砌体结构而言,应对影响正常使用的变形、裂缝等进行控制。

3. 耐久性:在正常维护条件下,结构应在预定的设计使用年限内满足各项使用功能的要求，即应有足够的耐久性。

良好的结构设计应满足上述功能要求，使结构具有足够的可靠度。

5.2.4 砌体结构设计的极限状态如何确定？

【解析】整个结构或结构的一部分超过某一特定状态就不能满足设计指定的某一功能要求，这个特定状态称为该功能的极限状态。例如，构件即将开裂、倾覆、滑移、压曲、失稳等。结构在使用期间能完成预定的各项功能时，结构处于有效状态；反之，则处于失效状态，有效状态和失效状态的分界，称为结构的极限状态。

结构的极限状态分为两类，即承载能力极限状态和正常使用极限状态。所谓承载力极限状态是指结构或构件达到最大承载能力或者达到不适于继续承载的变形状态。超过承载力极限状态后，结构或构件就不能满足安全性的要求；正常使用极限状态是指结构或构件达到正常使用或耐久性能中某项规定限度的状态。超过了正常使用极限状态，结构或构件就不能满足适用性的要求。

砌体结构应按承载能力极限状态设计，并满足正常使用极限状态的要求。根据砌体结构的特点，砌体结构正常使用极限状态的要求，一般情况下可由相应的构造措施保证。

5.2.5 砌体结构按承载能力极限状态设计时，应进行哪些最不利组合？

【解析】砌体结构按承载能力极限状态设计的表达式为：

1. 可变荷载多于一个时，应按下列公式中最不利组合进行计算：

$$\gamma_0 \left(1.2S_{Gk} + 1.4\gamma_L S_{Q1k} + \gamma_L \sum_{i=2}^{n} \gamma_{Qi}\psi_{ci}S_{Qik} \right) \leqslant R(f, a_k, \cdots) \qquad (5.2.1)$$

$$\gamma_0 \left(1.35S_{Gk} + 1.4\gamma_L \sum_{i=1}^{n} \psi_{ci}S_{Qik} \right) \leqslant R(f, a_k, \cdots) \qquad (5.2.2)$$

式中 γ_0——结构重要性系数。对安全等级为一级或设计使用年限为 50a 以上的结构构件，不应小于 1.1；对安全等级为二级或设计使用年限为 50a 的结构构件，不应小于 1.0；对安全等级为三级或设计使用年限为 1～5a 的结构构件，不应小于 0.9；

    γ_L——结构构件的抗力模型不定性系数。对静力设计，考虑结构设计使用年限的荷载调整系数，设计使用年限为 50a，取 1.0；设计使用年限为 100a，取 1.1；

    S_{Gk}——永久荷载标准值的效应；

    S_{Q1k}——在基本组合中起控制作用的一个可变荷载标准值的效应；

    S_{Qik}——第 i 个可变荷载标准值的效应；

    $R(\cdot)$——结构构件的抗力函数；

    γ_{Qi}——第 i 个可变荷载的分项系数；

    ψ_{ci}——第 i 个可变荷载的组合值系数，一般情况下应取 0.7；对书库、档案库、储藏室或通风机房、电梯机房应取 0.9；

    f——砌体的强度设计值，$f = f_k/\gamma_f$；

    f_k——砌体的强度标准值，$f_k = f_m - 1.645\sigma_f$；

γ_{f}——砌体结构的材料性能分项系数，一般情况下，宜按施工质量控制等级为 B 级考虑，取 $\gamma_{\mathrm{f}}=1.6$；当为 C 级时，取 $\gamma_{\mathrm{f}}=1.8$；当为 A 级时，取 $\gamma_{\mathrm{f}}=1.5$；

f_{m}——砌体的强度平均值，可按本规范附录 B 的方法确定；

σ_{f}——砌体强度的标准差；

a_{k}——几何参数标准值。

注：当工业建筑楼面活荷载标准值大于 $4\mathrm{kN/m^2}$ 时，式中系数 1.4 改为 1.3。

2. 当砌体结构作为一个刚体，需验算整体稳定性时，如倾覆、滑移、漂浮等，应按下式进行验算：

$$\gamma_0 \left(1.2 S_{\mathrm{G2k}} + 1.4 \gamma_{\mathrm{L}} S_{\mathrm{Q1k}} + \gamma_{\mathrm{L}} \sum_{i=2}^{n} S_{\mathrm{Q}ik} \right) \leqslant 0.8 S_{\mathrm{G1k}} \tag{5.2.3}$$

$$\gamma_0 \left(1.35 S_{\mathrm{G2k}} + 1.4 \gamma_{\mathrm{L}} \sum_{i=1}^{n} \psi_{ci} S_{\mathrm{Q}ik} \right) \leqslant 0.8 S_{\mathrm{G1k}} \tag{5.2.4}$$

式中　S_{G1k}——起有利作用的永久荷载标准值的效应；

S_{G2k}——起不利作用的永久荷载标准值的效应。

以自重为主的砌体结构，式（5.2.2）、式（5.2.4）可能会起控制作用。对砌体结构，经分析表明，两个设计表达式的界限效应 ρ 值为 0.376 左右（ρ 为可变荷载效应与永久荷载效应之比），即当 $\rho \leqslant 0.376$ 时，结构设计一般由式（5.2.2）、式（5.2.4）控制；当 $\rho > 0.376$ 时，结构设计一般由式（5.2.1）、式（5.2.3）控制。

5.2.6　当施工质量控制等级为 A、B、C 级时，结构的可靠度是否不同？

【解析】当施工质量控制等级不同时，按《砌体结构设计规范》GB 50003 设计的结构可靠度是相同的，其差别反应的是材料用量的不同。

第二节　计 算 规 定

5.2.7　砌体结构房屋如何进行空间分析？

【解析】砌体结构房屋设计时，通常由相邻柱距的中线截取一个计算单元（图 5.2.1），按平面排架进行计算，即假定该房屋各排架之间相互孤立。但实际上，房屋中的屋盖（楼盖）、墙柱和基础等承重构件组成一个空间受力体系，即各排架连成整体，共同承受荷载的作用。

按平面排架分析，该房屋水平荷载（风荷载）的传递路线如下：

水平荷载→纵墙→基础→地基

按空间受力分析，该房屋在水平荷载作用下，可将屋盖视为一个在水平方向受弯的梁板体系，屋盖的两端支承于山墙上，而山墙为竖立的悬臂构件。此时水平荷载（风荷载）的传递路线有较大的变化：

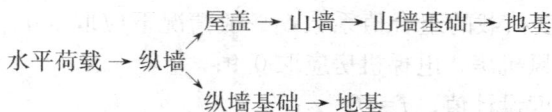

水平荷载→纵墙 → 屋盖 → 山墙 → 山墙基础 → 地基 / 纵墙基础 → 地基

如何考虑房屋的空间工作，关键在于确定水平荷载沿纵向和沿层高方向的传递范围及

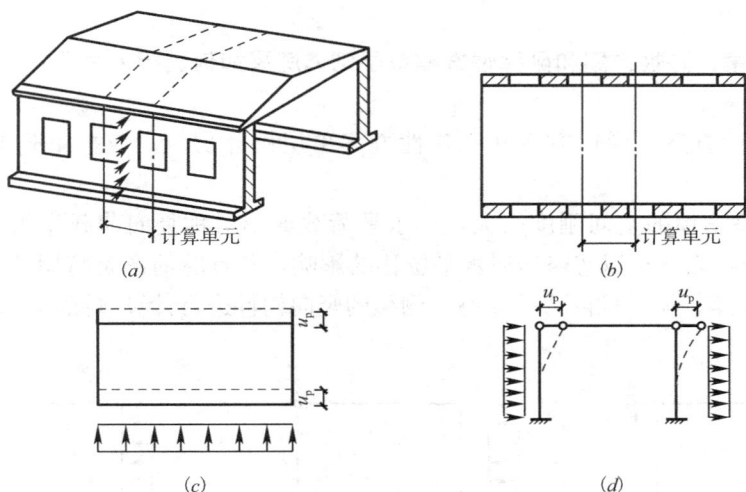

图 5.2.1 砌体房屋计算简图

其分布规律。在设计计算上可用墙柱的内力，或墙柱顶部的水平位移，或山墙顶部的水平位移来衡量房屋的空间刚度。在这些计算方法中，需要确定屋盖（楼盖）的变形规律。为此，须采取各种假定，如：

1. 直线变形假定。房屋在水平荷载作用下，屋盖的位移按线性分布。这种假定在计算上简单，但对于有山墙的混合结构房屋，显然不适用。

2. 弯曲变形假定。房屋在水平荷载作用下，屋盖的位移符合弯曲变形规律，但它与混合结构房屋的实测结果不相符。

3. 剪切变形假定。房屋在水平荷载作用下，屋盖的位移符合剪切变形规律。对于混合结构房屋，该假定符合实测结果，并在"规范"中得到应用。

4. 弯、剪、扭复合变形假定。房屋在水平荷载作用下，屋盖的变形为包括弯曲、剪切和扭转的复合变形。它考虑的因素较多，分析比较复杂。

5.2.8 砌体房屋的静力计算方案如何确定？

【解析】影响房屋空间性能的因素很多，除屋盖刚度和横墙间距外，还有屋架的跨度、排架的刚度、荷载类型及多层房屋层与层之间的相互作用等。为方便设计，《砌体结构设计规范》以屋盖或楼盖类型（刚度大小）及横墙间距作为主要因素，将混合结构房屋的静力计算方案划分为三种，见表 5.2.2。

房屋的静力计算方案　　　　　　　　　　　　　　表 5.2.2

序　号	屋盖或楼盖类别	刚性方案	刚弹性方案	弹性方案
1	整体式、装配整体式和装配式无檩体系钢筋混凝土屋盖或钢筋混凝土楼盖	$s < 32$	$32 \leqslant s \leqslant 72$	$s > 72$
2	装配式有檩体系钢筋混凝土屋盖、轻钢屋盖和有密铺望板的木屋盖或木楼盖	$s < 20$	$20 \leqslant s < 48$	$s > 48$
3	瓦材屋面的木屋盖和轻钢屋盖	$s < 16$	$16 \leqslant s \leqslant 36$	$s > 36$

注：1. 表中 s 为房屋横墙间距，其长度单位为 m；
　　2. 上柔下刚多层房屋的顶层可按单层房屋确定计算方案；
　　3. 对无山墙或伸缩缝处无横墙的房屋，应按弹性方案考虑。

493

5.2.9 刚性方案、弹性方案和刚弹性方案单层砌体房屋如何进行内力分析?

【解析】刚性方案、弹性方案和刚弹性方案单层砌体房屋,应按下列规定进行内力分析:

1. 刚性方案房屋的空间刚度很大,在水平荷载或不对称竖向荷载作用下,房屋的最大位移 u_{max} 很小,因而可以忽略房屋水平位移的影响,其计算简图是将屋盖、楼盖看成是墙体的不动铰支座,墙、柱内力按支座无侧移的竖向构件进行计算(图 5.2.2a)。

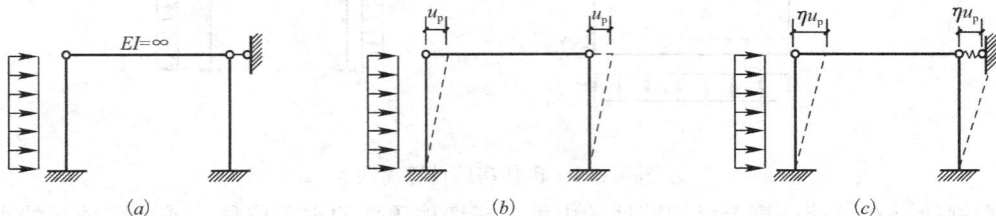

图 5.2.2　单层混合结构房屋的计算简图
(a) 刚性方案;(b) 弹性方案;(c) 刚弹性方案

2. 弹性方案房屋的空间刚度很差,在水平荷载或不对称竖向荷载作用下,房屋的最大位移 u_{max} 已经接近平面排架或框架的水平位移 u_p,这时应按不考虑空间工作的平面排架或框架进行墙、柱内力分析(图 5.2.2b)。

3. 刚弹性方案房屋的空间刚度在刚性方案与弹性方案房屋之间,在荷载作用下,纵墙顶端水平位移比弹性方案要小,但又不可忽略不计,在静力计算时,应按考虑空间工作的平面排架或框架计算。其计算方法是将楼盖或屋盖视为平面排架或框架的弹性水平支承,将其水平荷载作用下的反力进行折减,然后按平面排架或框架进行计算(图 5.2.2c)。

5.2.10 刚性方案多层砌体房屋如何进行内力分析?

【解析】1. 承重纵墙
(1) 在竖向荷载作用下的内力分析

对多层砌体房屋,由于横墙间距较小,一般属于刚性方案房屋,这类房屋梁与墙的连接节点可以按铰接分析,如图 5.2.3 (a) 所示,房屋、楼盖及基础顶面作为连续梁的支承点。由于梁或板伸入墙内搁置,使墙体在楼盖处的连续性受到削弱,为了简化计算,忽略墙体的连续性,假定墙体在各层楼盖处均为铰接。此时,由于在多层刚性方案房屋中,基础顶面对墙体承载能力起控制作用的内力主要是轴向力,而弯矩对承载能力的影响很小,因而也可以将墙与基础的连接视为铰接,而忽略弯矩的影响。这样,在竖向荷载作用下,刚性方案房屋墙体在承受竖向荷载时的多跨连续梁就可简化为多跨的简支梁分层按简支分析墙体内力,其偏心荷载引起的弯矩见图 5.2.3 (b)。

(2) 在水平荷载作用下的内力分析
在水平荷载作用下,纵墙可按竖向连续梁分析内力,如图 5.2.4 所示。为简化计算,

494

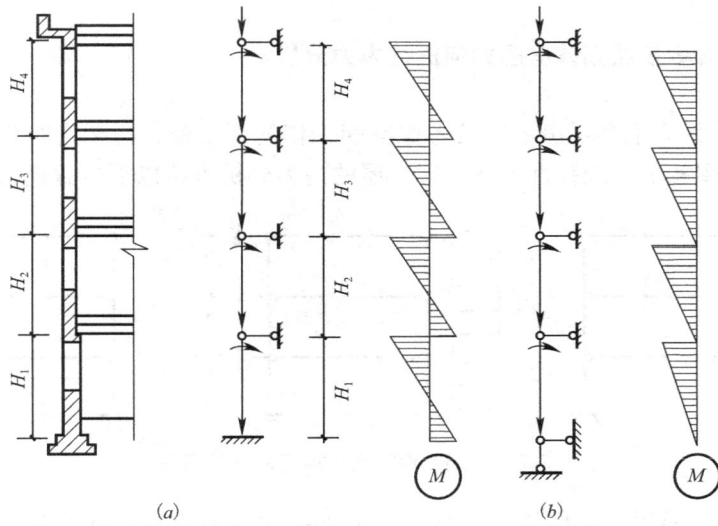

图 5.2.3　竖向荷载作用下承重纵墙内力分析简图

由水平荷载引起的各层纵墙上、下端的弯矩可按两端固定梁计算，即

$$M=\frac{1}{12}qH_i^2 \tag{5.2.5}$$

式中　q——计算单元范围内，沿每米墙高的水平荷载设计值；

　　　H_i——第 i 层墙高。

2. 承重横墙

由于横墙大多承受屋面板或楼板传来的均布荷载，因而可沿墙长取 1m 宽作为计算单元。每层横墙可视为两端不动的铰接的竖向构件，构件的高度为层高。当顶层为坡屋顶时，可取层高加山尖的平均高度；对底层，墙下端支点的位置，可取在基础顶面；当埋置较深且有刚性地坪时，可取室外地面 500mm 处，如图 5.2.5 所示。

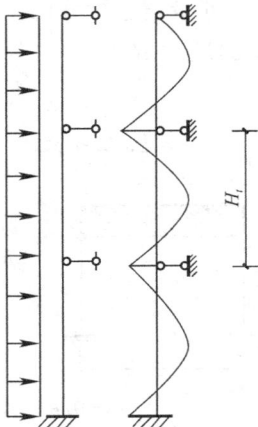

图 5.2.4　水平荷载作用下纵墙计算简图

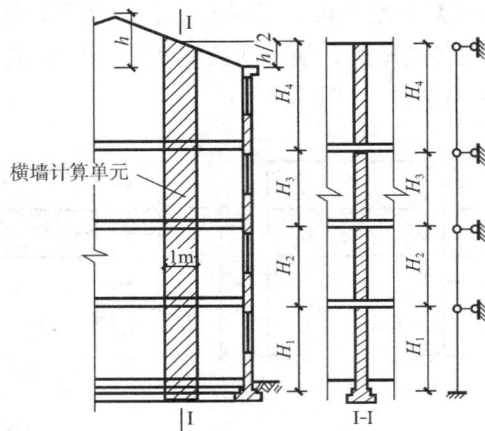

图 5.2.5　承重横墙的计算单元和计算简图

495

5.2.11 刚弹性方案多层砌体房屋如何进行内力分析?

【解析】刚弹性方案多层房屋应按考虑空间工作的平面框、排架进行内力分析。与刚弹性方案单层房屋相似,刚弹性方案多层房屋的内力分析可按以下步骤进行(图5.2.6):

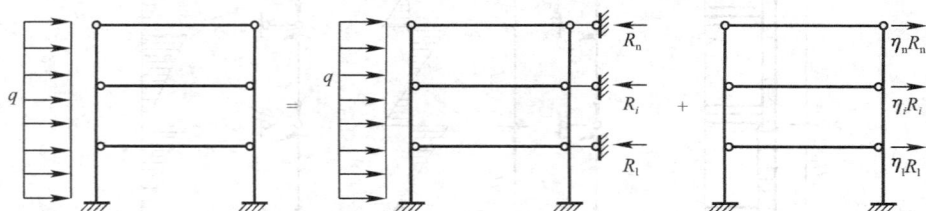

图5.2.6 刚弹性方案多层房屋计算简图

1. 在平面计算简图的多层横梁与柱联结处加一水平铰支杆,计算其在水平荷载作用下无侧移时的内力和各支杆反力 R_i($i=1,2,\cdots,n$)。

2. 将支杆反力 R_i 乘以 η,反向作用框、排架的各横梁处,按有侧移框、排架分析内力。

3. 将上述两步所得的相应内力叠加,即得在荷载作用下框、排架的最终内力。

5.2.12 上柔下刚多层房屋如何进行内力分析?

【解析】上柔下刚多层房屋的顶层可近似按单层刚弹性方案房屋进行分析,其空间性能影响系数可根据屋盖类别和横墙间距按《砌体结构设计规范》的规定确定;下面各层仍按刚性方案进行计算。设计时,应使下面各层的墙、柱截面尺寸至少不小于顶层相应的墙、柱截面尺寸。

5.2.13 上刚下柔多层房屋在水平荷载作用下的内力应如何分析?

【解析】上刚下柔多层房屋在水平荷载作用下的内力,可按下列步骤进行分析:

1. 在各层横梁处加不动铰支座,计算相应的内力和各支座的反力 R_i($i=1,\cdots,n$,n 为房屋的层数)(图5.2.7)。

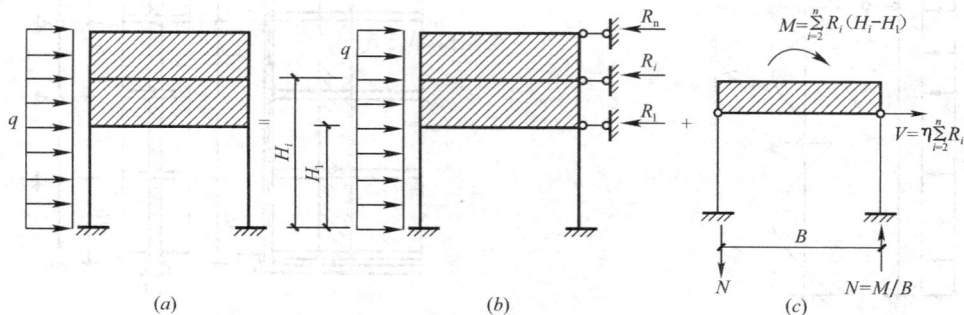

图5.2.7 上刚下柔多层房屋的计算简图

2. 把上述求出的支座反力 R_i 反向作用于结构。上面各层可简化为刚度无穷大的横梁，与底层一起构成单层排架，按第一类屋盖和底层横墙间距来确定空间性能影响系数 η，单层排架顶部作用的水平力 V 为：

$$V = \eta \sum_{i=1}^{n} R_i \qquad (5.2.6)$$

单层排架顶部作用的力矩 M 为：

$$M = \sum_{i=1}^{n} R_i (H_i - H_1) \qquad (5.2.7)$$

其中，H_i $(i=l, \cdots, n)$ 为第 i 层顶部横梁到房屋底部支座的距离，求出在 M 和 V 作用下此单层排架的内力，各柱的轴力为：

$$N = \pm \frac{M}{B} \qquad (5.2.8)$$

其中，B 为底层排架的跨度。

3. 把上两步求得的内力叠加，即得原结构的内力。

5.2.14 刚性和刚弹性方案房屋中的横墙应满足哪些要求？

【解析】为了保证房屋的刚度，《砌体结构设计规范》规定刚性和刚弹性方案房屋的横墙应符合以下要求：

1. 横墙中开有洞口时，洞门的水平截面面积不宜超过横墙截面面积的 50%。
2. 横墙的厚度不宜小于 180mm。
3. 单层房屋的横墙长度不宜小于其高度，多层房屋的横墙长度不宜小于 $H/2$（H 为横墙总高度）。

5.2.15 当横墙不能满足上述要求时，如何进行刚度验算？

【解析】当横墙在水平荷载作用下的最大水平位移值 $u_{\max} \leqslant H/4000$ 时，符合此刚度要求的一段横墙或其他结构构件（如框架等）仍可视为刚性或刚弹性方案房屋的横墙。

对于单层房屋的横墙，在水平风荷载作用下，$u_{w,\max}$ 可按下式计算（图 5.2.8）：

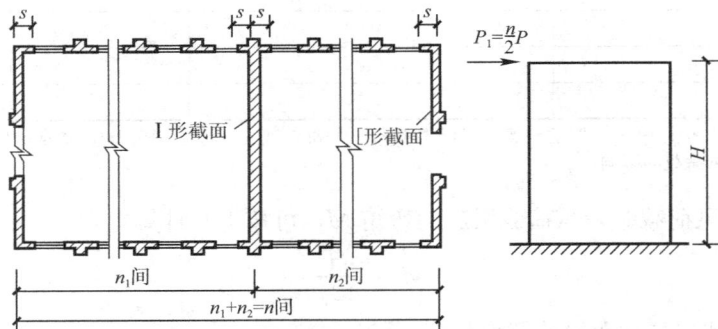

图 5.2.8 单层房屋横墙简图

$$u_{w,max} = \frac{P_1 H^3}{3EI} + \frac{\xi P_1 H}{GA} = \frac{nPH^3}{6EI} + \frac{\xi nPH}{0.8EA} \qquad (5.2.9)$$

式中 P_1——作用于横墙顶端的集中水平荷载；

$$P_1 = Pn/2$$

   n——该横墙相邻的两横墙的开间数；

   P——假定排架无侧移时，每开间柱顶反力（包括作用于屋架下弦的集中风荷载产生的反力）；

   H——从基础顶面算起的横墙高度；

   E——砌体的弹性模量；

   G——砌体的剪变模量（近似取 $G=0.4E$）；

   I——横墙计算截面的惯性矩；

   A——横墙计算截面的面积；

   ξ——剪应力分布不均匀系数。

对多层房屋的横墙，仍按上述原理计算 $u_{w,max}$，此时横墙承受各层楼盖及屋盖传来的集中风荷载。其计算公式为

$$u_{w,max} = \frac{n}{6EI} \sum_{i}^{m} P_i H_i^3 + \frac{2.5n}{EA} \sum_{i=1}^{m} P_i H_i \qquad (5.2.10)$$

式中 m——房屋总层数；

   P_i——假定每开间框架各层均匀不动铰支座时，第 i 层的支座反力；

   H_i——第 i 层楼面至基础上顶面的高度。

5.2.16 刚性方案多层房屋的外墙，在什么情况下静力计算可不考虑风荷载的影响？

【解析】刚性方案多层房屋的外墙符合下列要求时，静力计算可不考虑风荷载的影响。

1. 洞口水平截面面积不超过全截面面积的 2/3；

2. 层高和总高不超过表 5.2.3 的规定；

3. 屋面自重不小于 $0.8kN/m^2$。

外墙不考虑风荷载影响时的最大高度　　　　　　　　　表 5.2.3

基本风压值（kN/m²）	层高（m）	总高（m）
0.4	4.0	28
0.5	4.0	24
0.6	4.0	18
0.7	3.5	18

  注：对于多层砌块房屋 190mm 厚的外墙，当层高不大于 2.8m，总高不大于 19.6m，基本风压不大于 $0.7kN/m^2$ 时可不考虑风荷载的影响。

当必须考虑风荷载时，风荷载引起的弯矩 M，可按下式计算：

$$M = \frac{wH_i^2}{12} \qquad (5.2.11)$$

式中 w——沿楼层高均布风荷载设计值（kN/m）；

   H_i——层高（m）。

5.2.17 砌体结构房屋如何进行内力组合和截面承载力验算?

【解析】砌体结构房屋求出最不利截面的轴向力设计值 N 和弯矩设计值 M 后,按偏心受压和局部受压承载力验算。

每层墙取两个控制截面,上截面可取墙体顶部位于大梁(或板)底的砌体截面,该截面承受弯矩和轴力,因此需进行偏心受压承载力和梁下局部受压承载力验算。下截面可取墙体下部位于大梁(或板)底稍上的砌体截面,底层墙则取基础顶面,该截面轴力 N 最大,仅考虑竖向荷载时弯矩为零按轴心受压计算。水平风荷载作用下产生的弯矩应与竖向荷载作用下产生的弯矩进行组合,风荷载取正风压(压力),还是取负风压(吸力)应以组合弯矩的代数和是否增大来决定。当风荷载、永久荷载、可变荷载进行组合时,应按《建筑结构荷载规范》的有关规定考虑组合系数。

若 n 层墙体的截面及材料强度相同时,则只需验算最下一层即可。

5.2.18 对于梁跨度大于 9m 的墙承重的多层房屋,墙体承受的内力如何进行计算?

【解析】当楼面梁支承于墙体时,梁端上下的墙体对梁端转动有一定的约束作用,因而梁端也有一定的约束弯矩。当梁的跨度较小时,约束弯矩可以忽略;但当梁的跨度较大时,约束弯矩将在梁端上下墙体内产生弯矩,使墙体偏心距增大。为防止这种情况,《砌体结构设计规范》规定:对于梁跨度大于 9m 的墙承重的多层房屋,除按上述方法计算墙体外,宜再按梁两端固结计算梁端弯矩,再将其乘以修正系数 γ 后,按墙体线性刚度 $i=\dfrac{EI_i}{H_i}$(I_i 为墙体截面惯性矩,H_i 为墙体计算高度),分到上层墙底部和下层墙顶部,修正系数 γ 可按下式计算:

$$\gamma = 0.2\sqrt{\frac{a}{h}} \tag{5.2.12}$$

式中 a——梁端实际支承长度;

  h——支承墙体的墙厚(当上下墙厚不同时取下部墙厚,当有壁柱时取 h_T)。

对于图 5.2.9 所示的梁端,当梁跨大于 9m 时,梁下砌体计算的弯矩有三个部分:

1. 上下层墙厚不一致时,上部墙体轴向力产生的弯矩

$$M_1 = N_u e \tag{5.2.13}$$

2. 梁端支承反力产生的弯矩

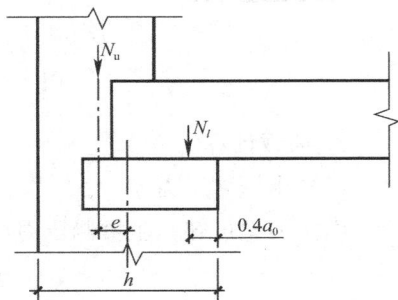

图 5.2.9 梁端支承压力位置

$$M_2 = N_l\left(\frac{h}{2} - 0.4a_0\right) \tag{5.2.14}$$

3. 按本条规定产生的弯矩

$$M_3 = 0.2\sqrt{\frac{a}{h}}M_{固} \tag{5.2.15}$$

此时，梁端下砌体承受的弯矩 M 应取 M_1 与 M_2、M_3 的最不利者进行组合，即 M_2 和 M_3 只能取最不利的一项。

5.2.19　地下室墙如何进行内力分析?

【解析】地下室墙的受力特点是：其一侧为使用空间，另一侧为回填土，有时还有地下水。地下室墙所承受的竖向荷载一般也较大。因此，地下室墙一般比第一层的墙要厚。地下室的横墙间距一般较小，故常为刚性方案。

1. 计算简图

地下室墙体与刚性方案房屋的上层墙体类似，其上端可视为简支于地下室顶盖梁或板的底面，下端简支于基础底面，即靠基础的摩擦支承作为墙体下端点的不动铰支点（图 5.2.10）。当基础宽度远大于地下室墙厚度，足以约束墙体下端点的转角时，也可取下端点固接于基础的顶面。如果在地下室受荷前（包括地下室外侧的土压力），混凝土地面已具有足够的强度，也可取地下室墙简支于地下室的混凝土地面。

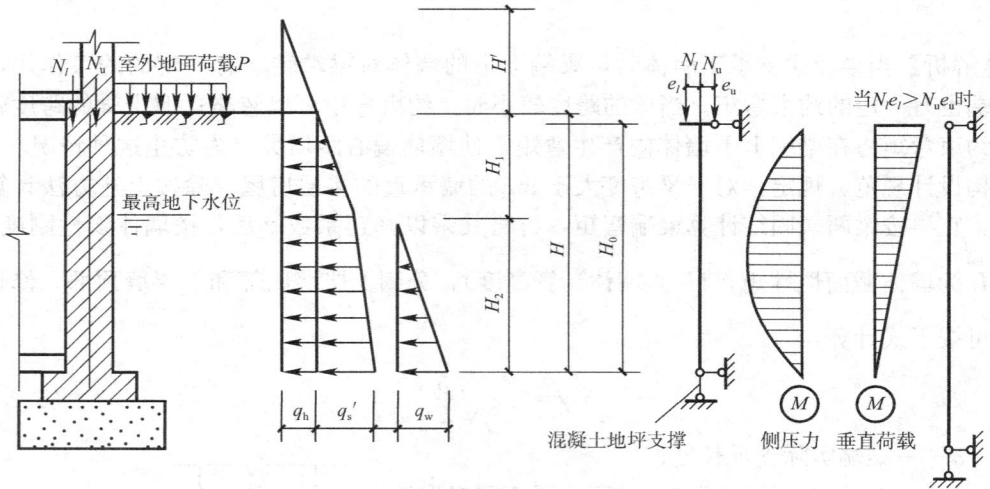

图 5.2.10　地下室墙的荷载及计算简图

2. 荷载计算

(1) 土壤侧压力 q_s

由土力学可知，土壤侧压力可按下式计算：

$$q_s = \gamma_s H B \tan^2(45° - \varphi/2) \tag{5.2.16}$$

式中　γ_s——土壤的天然重力密度；

　　　H——地面以下产生侧压力的土的深度；

　　　B——计算单元宽度；

　　　φ——土壤的内摩擦角（按地质勘察报告确定）。

地下水位以下的土壤侧压力应考虑水的浮力影响，地下水位以下部分的土壤压力应按土的单位自重减去水的单位自重计算。基础底面处的压力 q_s' 为：

$$q'_s = \gamma_s B H_1 \tan^2(45° - \varphi/2) + (\gamma_s - \gamma_w)BH_2\tan^2(45° - \varphi/2)$$
$$= (\gamma_s H - \gamma_w H_2)B\tan^2(45° - \varphi/2) \tag{5.2.17}$$

式中 γ_w——地下水的单位自重。

（2）静水压力 q_w

$$q_w = \gamma_w B H_2 \tag{5.2.18}$$

（3）室外地面荷载 P

室外地面的可变荷载有堆积的建筑材料、煤炭、车辆荷载等，如无特殊要求，一般可取 $P = 10\text{kN/m}^2$。计算时可将荷载 P 换算成当量的土层，其高度 $H' = P/\gamma_s$，并近似认为当量土层产生的侧压力沿地下室墙体高度均匀分布，其值为：

$$q_h = \gamma_s B H' \tan^2(45° - \varphi/2) \tag{5.2.19}$$

3. 内力计算与截面承载力验算

由上部墙体和地下室顶盖传来的竖向荷载在地下室墙引起的弯矩和轴力，与由土的侧压力在墙中引起的弯矩组合时，对于上、下端均为简支的地下室墙，将在墙体顶端产生最大弯矩，下端产生最大轴力，在墙体中部某个截面产生跨中最大弯矩。因此，除与上部墙体一样验算墙顶和墙底截面承载力外，还应按跨中的最大弯矩和相应的轴力验算该截面的承载力。对有窗洞的地下室墙，宜取窗间墙截面作为计算截面，否则，还应验算窗洞削弱截面的承载力。

4. 施工阶段抗滑移验算

在施工阶段进行回填土时，土对地下室墙产生侧压力，如果此时上部结构产生的轴向力还较小时，则可能在基础底面处产生滑移。为避免这种破坏，应满足下式：

$$1.2V_{sk} + 1.4V_{qk} \leqslant 0.8\mu N \tag{5.2.20}$$

式中 V_{sk}——土侧压力合力的标准值；

V_{qk}——室外地面施工活荷载产生的侧压力合力的标准值；

μ——基础与土的摩擦系数；

N——回填土时实际存在的轴向力设计值。

第三章　无筋砌体构件的承载力

第一节　受压构件

5.3.1　轴心受压短柱、轴心受压长柱、偏心受压短柱、偏心受压长柱如何进行计算?

【解析】1. 轴心受压短柱

当柱的高厚比 $\beta \leqslant 3$、轴向力偏心距 $e=0$ 时,称轴心受压短柱。轴心受压短柱的承载力可按下式计算:

$$N_u = fA \tag{5.3.1}$$

式中　A——构件的截面面积;

　　　f——砌体的抗压强度设计值。

2. 轴心受压长柱

当柱的高厚比 $\beta > 3$、轴心力偏心距 $e=0$ 时,称轴心受压长柱。

由于荷载作用位置的偏差、砌体材料的不均匀及施工误差等因素,使轴心受压构件产生附加弯矩和侧向挠曲变形。当构件的高厚比较小时 $(\beta \leqslant 3)$,附加弯矩引起的侧向挠曲变形很小,可以忽略不计。当构件的高厚比较大时 $(\beta > 3)$,由附加弯矩引起的侧向变形不能忽略,而侧向挠曲又会进一步加大附加弯矩,进而又使侧向挠曲增大,致使构件的承载力明显下降。当构件的长细比很大时,还可能发生失稳破坏。

为此,在轴心受压长柱的承载力计算公式中引入稳定系数 φ_0,以考虑侧向挠曲对承载力的影响,即

$$N_u = \varphi_0 fA \tag{5.3.2}$$

$$\varphi_0 = \frac{1}{1 + \alpha \beta^2} \tag{5.3.3}$$

式中　β——构件的高厚比;

　　　α——考虑砌体变形性能的系数(主要与砂浆强度等级有关,当砂浆强度等级大于或等于 M5 时,$\alpha = 0.0015$;当砂浆强度等级等于 M2.5 时,$\alpha = 0.002$;当砂浆强度等级等于 0 时,$\alpha = 0.009$)。

3. 偏心受压短柱

当柱的高厚比 $\beta \leqslant 3$、轴心力偏心距 $e \neq 0$ 时,称为偏心受压短柱。

(1) 受压时截面应力的分布特点

当构件上作用的荷载偏心距较小时,构件全截面受压,由于砌体的弹塑性性能,压应力分布图呈曲线形(图 5.3.1a)。随着荷载的加大,构件首先在压应力较大一侧出现竖向裂缝,并逐渐扩展,最后,构件因压应力较大一侧块体被压碎而破坏。当构件上作用的荷载偏心距增大时,截面应力分布图出现较小的受拉区(图 5.3.1b),破坏特征与上述全截面受压相似,但承载力有所降低。进一步增大荷载偏心距,构件截面的拉应力较大,随着荷载的加大,受拉侧首先出现水平裂缝,部分截面退出工作(图 5.3.1c)。继而压应力较

大侧出现竖向裂缝，最后该侧块体被压碎，构件破坏。

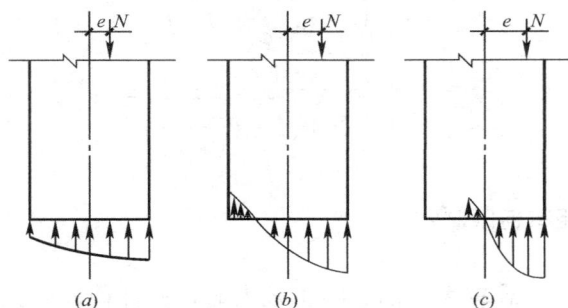

图 5.3.1　砌体受压时截面应力变化

(a) 偏心距较小时；(b) 偏心距较大时；(c) 形成水平裂缝时

（2）偏心受压系数和偏心短柱的受压承载力

由上述砌体在偏心受压时的工作特性，可以归纳出偏心荷载对砌体承载能力的有利和不利因素。有利因素有：随水平裂缝的发展，受压面积逐渐减小，荷载对受压面积的实际偏心距随之逐渐减小；同时偏心受压时砌体极限变形值较轴心受压时增大，故砌体实际受压面积上的抗压强度一般都有所提高，等等。不利因素则有：砌体受压截面面积的减小以及截面上应力分布不均匀等。但总的来说，偏心荷载对砌体短柱是不利的。

（3）偏心受压短柱的承载力可按下列公式计算

$$N_u = \varphi_e f A \tag{5.3.4}$$

$$\varphi_e = \frac{1}{1 + (e/i)^2} \tag{5.3.5}$$

对于矩形截面

$$\varphi_e = \frac{1}{1 + 12(e/h)^2} \tag{5.3.6}$$

对于 T 形截面

$$\varphi_e = \frac{1}{1 + 12(e/h_T)^2} \tag{5.3.7}$$

式中　h——矩形截面轴向力偏心方向的边长；

h_T——T 形截面的折算厚度，可近似按 $3.5i$ 计算；

i——截面的回转半径：

$$i = \sqrt{\frac{I}{A}} \tag{5.3.8}$$

I——截面沿偏心方向的惯性矩；

A——截面面积。

4. 偏心受压长柱

当柱的高厚比 $\beta > 3$、轴心力偏心距 $e \neq 0$ 时，称为偏心受压长柱。

在偏心压力作用下，偏心受压长柱需考虑纵向弯曲变形（侧向挠曲）产生的附加弯矩对构件承载力的影响，在其他条件相同时，偏心受压长柱较偏心受压短柱的承载力进一步降低。除高厚比很大（一般超过 30）的细长柱发生失稳破坏外，其他均发生纵向弯曲破坏。破坏时截面的应力分布图形及破坏特征与偏心受压短柱基本相同。因此，其承载力计算公式可用类似于偏心受压短柱公式的形式，即：

$$N_u = \varphi A f \tag{5.3.9}$$

$$\varphi=\frac{1}{1+\left(e+i\sqrt{\dfrac{1}{\varphi_0}-1}\right)^{2}\Big/i^{2}} \tag{5.3.10}$$

对于矩形截面
$$\varphi=\frac{1}{1+12\left[\dfrac{e}{h}+\sqrt{\dfrac{1}{12}\left(\dfrac{1}{\varphi_0}-1\right)}\right]^{2}} \tag{5.3.11}$$

5.3.2 轴向力的偏心距有何限制?

【解析】试验表明, 荷载较大, 偏心距也较大时, 构件截面受拉边会出现水平裂缝。当偏心距继续增大, 截面受压区逐渐减小, 构件刚度相应地削弱, 纵向弯曲的不利影响也随着增大, 使得构件的承载能力显著降低。这时不仅结构不安全, 而且材料强度的利用率很低, 也不经济。因此根据实践并参照国外有关规定, 在我国现行规范中, 要求轴向力的偏心距 e 不应超过下列规定:

$$e\leqslant0.6y \tag{5.3.12}$$

式中 y——截面重心到轴向力所在偏心方向截面边缘的距离 (图 5.3.2)。

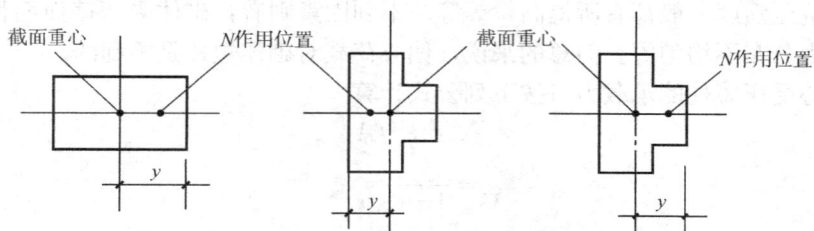

图 5.3.2 y 的取值

当轴向力的偏心距超过公式 (5.3.12) 的要求时, 应采取适当措施减小偏心距, 如修改构件的截面尺寸, 甚至改变其结构方案。

5.3.3 影响系数 φ 计算时, 应注意哪些问题?

【解析】1. 构件高厚比的计算
构件的高厚比 β, 可按下式计算:

对矩形截面
$$\beta=\frac{H_0}{h} \tag{5.3.13}$$

对 T 形截面
$$\beta=\frac{H_0}{h_T} \tag{5.3.14}$$

式中 H_0——受压构件的计算高度;

h——矩形截面轴向力偏心方向的边长, 当轴心受压时为截面较小边长;

h_T——T 形截面的折算厚度, 可近似按 $3.5i$ 计算;

i——截面回转半径。

2. 受压构件的计算高度 H_0 的计算
受压构件的计算高度 H_0, 应根据房屋类别和构件支承条件按表 5.3.1 采用, 表中构件高度·H 按下列规定采用：

受压构件的计算高度 H_0 表 5.3.1

房 屋 类 别			柱		带壁柱墙或周边拉结的墙		
			排架方向	垂直排架方向	$s>2H$	$2H \geqslant s>H$	$s \leqslant H$
有吊车的单层房屋	变截面柱上段	弹性方案	$2.5H_u$	$1.25H_u$	$2.5H_u$		
		刚性、刚弹性方案	$2.0H_u$	$1.25H_u$	$2.0H_u$		
	变截面柱下段		$1.0H_l$	$0.8H_l$	$1.0H_l$		
无吊车的单层和多层房屋	单 跨	弹性方案	$1.5H$	$1.0H$	$1.5H$		
		刚弹性方案	$1.2H$	$1.0H$	$1.2H$		
	多 跨	弹性方案	$1.25H$	$1.0H$	$1.25H$		
		刚弹性方案	$1.10H$	$1.0H$	$1.1H$		
	刚性方案		$1.0H$	$1.0H$	$1.0H$	$0.4s+0.2H$	$0.6s$

注：1. 表中 H_u 为变截面柱的上段高度；H_l 为变截面柱的下段高度；
    2. 对于上端为自由端的构件，$H_0=2H$；
    3. 独立砖柱，当无柱间支撑时，柱在垂直排架方向的 H_0 应按表中数值乘以 1.25 后采用；
    4. s 为房屋横墙间距；
    5. 自承重墙的计算高度应根据周边支承或拉结条件确定。

（1）在房屋底层，为楼板顶面到构件下端支点的距离。下端支点的位置，可取在基础顶面。当埋置较深且有刚性地坪时，可取室外地面下 500mm 处；

（2）在房屋其他层次，为楼板或其他水平支点间的距离；

（3）对于无壁柱的山墙，可取层高加山墙尖高度的 1/2；对于带壁柱的山墙可取壁柱处的山墙高度。

3. 计算 φ 时，构件的高厚比应乘以修正系数 γ_β

试验和分析表明，构件的纵向弯曲和达到强度极限时的变形有关，这取决于构件的高厚比和受压砌体应力应变曲线回归方程的参数——变形系数。影响变形系数的因素很多，试验证明其中块体的强度等级有很大影响。块体强度高，砌体强度也高，总的变形就大，相应构件在强度到达极限时的影响系数 φ 就小。但反映在 φ 的表达式中，由于稳定系数 φ_0 仅与砂浆强度等级和构件高厚比有关，这对砖砌体是合适的，而对某些类型的砌体结构计算所得的 φ 值就偏大。为了修正这个差别，根据各类砌体试验结果采取对构件高厚比乘以系数的办法来反映（表 5.3.2）。

高厚比修正系数 γ_β 表 5.3.2

砌体材料类别	γ_β
烧结普通砖、烧结多孔砖	1.0
混凝土普通砖、混凝土多孔砖、混凝土及轻集料混凝土砌块	1.1
蒸压灰砂普通砖、蒸压粉煤灰普通砖、细料石	1.2
粗料石、毛石	1.5

注：对灌孔混凝土砌块砌体，γ_β 取 1.0。

4. 截面面积的计算

（1）对于各类砌体均按毛面积计算，当块体有孔洞时，不考虑孔洞的影响。

（2）对于带壁柱墙体，其翼缘宽度 b_f 可按下列规定采用：

多层房屋，当有门窗洞口时，可取窗间墙宽度；当无门窗洞口时，每侧翼墙宽度可取本层壁柱高度的 1/3，且不大于相邻壁柱间的距离；

单层房屋，可取壁柱宽加 2/3 墙高，但不大于窗间墙宽度和相邻壁柱间的距离。

5.3.4 当墙体转角墙段角部承受集中荷载时，如何进行计算？

【解析】当转角墙段角部受竖向集中荷载时，计算截面的长度可从角点算起，每侧宜取层高的 1/3。当上述墙体范围内有门窗洞口时，则计算截面取至洞边，但不宜大于层高的 1/3。当上层的竖向集中荷载传至本层时，可按均布荷载计算，此时转角墙段可按角形截面偏心受压构件进行承载力验算。

5.3.5 双向偏心受压构件与单向偏心受压构件破坏形态有何不同？

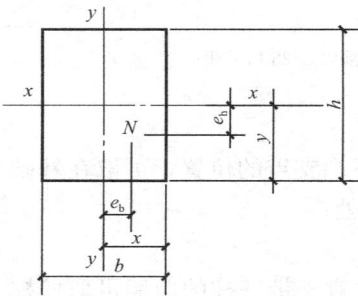

图 5.3.3　双向偏压示意图

【解析】偏心距 e_a 和 e_b 的大小（图 5.3.3）对砌体裂缝的出现和破坏形态有不同的影响。

当两个方向的偏心距均很小时（偏心率 e_h/h、e_b/b 小于 0.2），砌体从受力、开裂以至破坏均类似于轴心受压构件的三个受力阶段。

当一个方向偏心距很大（偏心率达 0.4），而另一方向偏心距很小（偏心率小于 0.1）时，砌体的受力性能与单向偏心受压类似。

当两个方向偏心率达 0.2～0.3 时，砌体内水平裂缝和竖向裂缝几乎同时出现。

当两个方向偏心率达 0.3～0.4 时，砌体内水平裂缝较竖向裂缝出现早。

5.3.6 双向偏心受压构件承载力如何计算？

【解析】按《砌体结构设计规范》的规定，无筋砌体矩形截面偏心受压构件，承载力可按下列公式计算：

$$N \leqslant \varphi f A \tag{5.3.15}$$

$$\varphi = \cfrac{1}{1 + 12 \left[\left(\dfrac{e_b + e_{ib}}{b} \right)^2 + \left(\dfrac{e_h + e_{ih}}{h} \right)^2 \right]} \tag{5.3.16}$$

$$e_{ib} = \frac{b}{\sqrt{12}} \sqrt{\frac{1}{\varphi_0} - 1} \left\{ \frac{\dfrac{e_b}{b}}{\dfrac{e_b}{b} + \dfrac{e_h}{h}} \right\} \tag{5.3.17}$$

$$e_{ih} = \frac{h}{\sqrt{12}} \sqrt{\frac{1}{\varphi_0} - 1} \left\{ \frac{\dfrac{e_h}{b}}{\dfrac{e_b}{b} + \dfrac{e_h}{h}} \right\} \tag{5.3.18}$$

式中　e_b、e_h——轴向力在截面重心 x 轴、y 轴方向的偏心距，e_b、e_h 宜分别不大于 $0.5x$ 和 $0.5y$；

x、y——自截面重心沿 x 轴、y 轴至轴向力所在偏心方向截面边缘的距离；

e_{ib}、e_{ih}——轴向力在截面重心 x 轴、y 轴方向的附加偏心距。

当一个方向的偏心率（e_b/b 或 e_h/h）不大于另一个方向偏心率的 5% 时，可简化按另一个方向的单向偏心受压确定承载力的影响系数。

5.3.7 无筋砌体受压构件，应按什么流程进行计算？

【解析】无筋砌体受压构件的承载力计算流程见图 5.3.4。

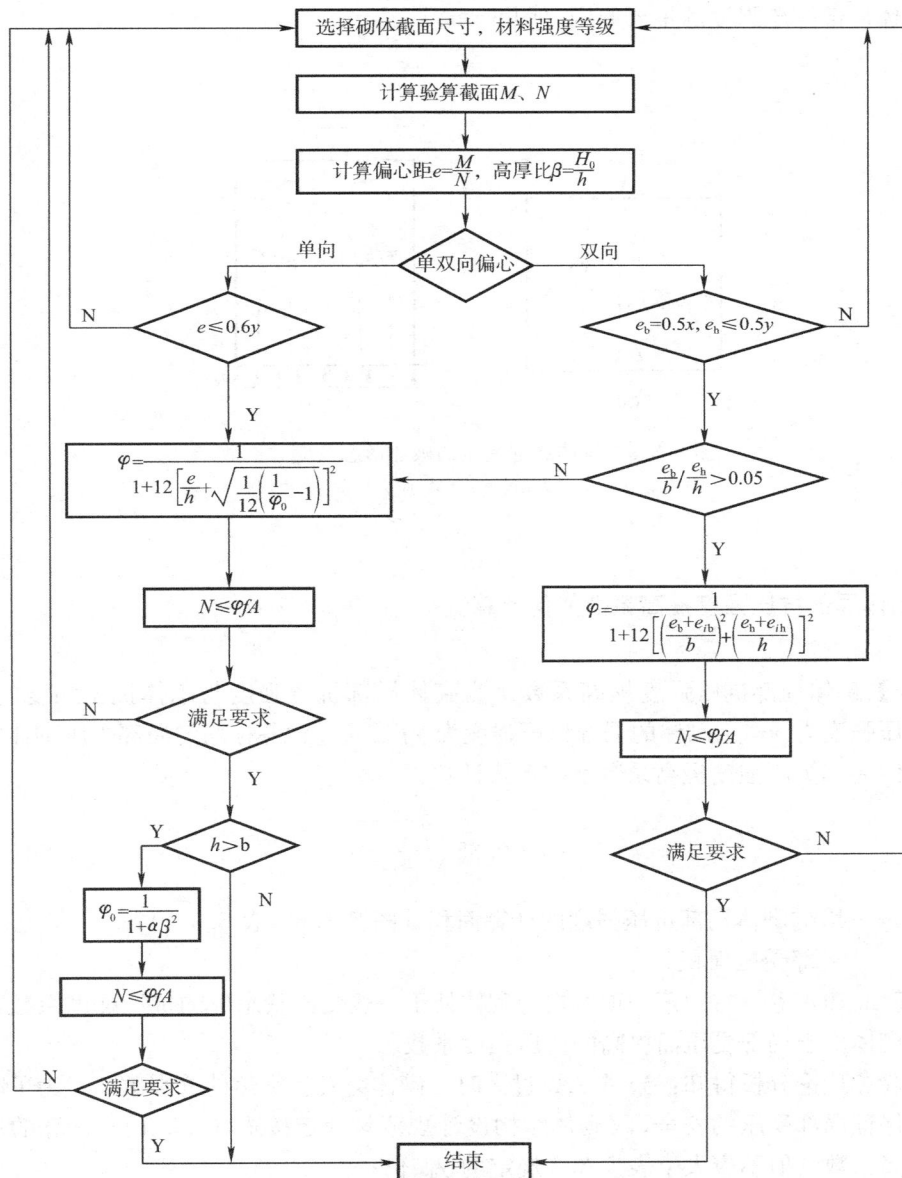

图 5.3.4　无筋砌体受压构件计算流程

第二节 局部受压

5.3.8 砌体局部受压强度为什么比普通受压时会有所提高?

【解析】局部受压试验证明,砌体局部受压的承载力大于砌体抗压强度与局部受压面积的乘积,即砌体局部受压强度较普通受压强度有所提高。这是由于砌体局部受压时未直接受压的外围砌体对直接受压的内部砌体的横向变形具有约束作用,同时力的扩散作用也是提高砌体局部受压强度的重要原因(图5.3.5)。

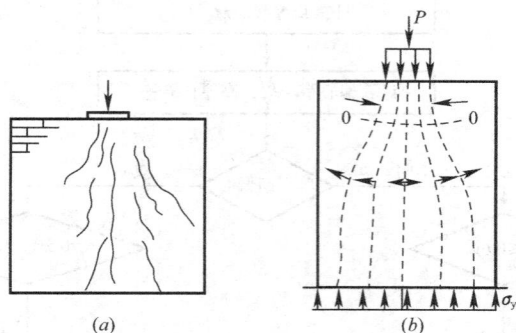

图 5.3.5 砌体局部受压的破坏形态及应力扩散
(a) 破坏形态;(b) 应力扩散

5.3.9 砌体局部抗压强度提高系数如何计算?

【解析】砌体局部抗压强度提高系数 γ 为砌体局部抗压强度与砌体抗压强度的比值。砌体的抗压强度为 f,则砌体的局部抗压强度为 γf。通过对各种均匀局部受压砌体的试验研究,砌体局部抗压强度提高系数 γ 按下式计算:

$$\gamma = 1 + 0.35 \sqrt{\frac{A_0}{A_l} - 1} \tag{5.3.19}$$

式中 A_0——影响砌体局部抗压强度的计算面积(图5.3.6,表5.3.2);

A_l——局部受压面积。

式(5.3.19)等号右边第一项可视为砌体处于一般受压状态下的抗压强度系数,第二项可视为砌体由于局部受压而提高的抗压强度系数。

由试验和理论分析得知:当 A_0/A_l 过大时,砌体会发生突然的劈裂破坏。为了防止劈裂破坏和保证局部受压的安全,《砌体结构设计规范》规定按式(5.3.19)计算的局部抗压强度提高系数 γ 值不应大于表5.3.3规定的 γ_{max} 值。

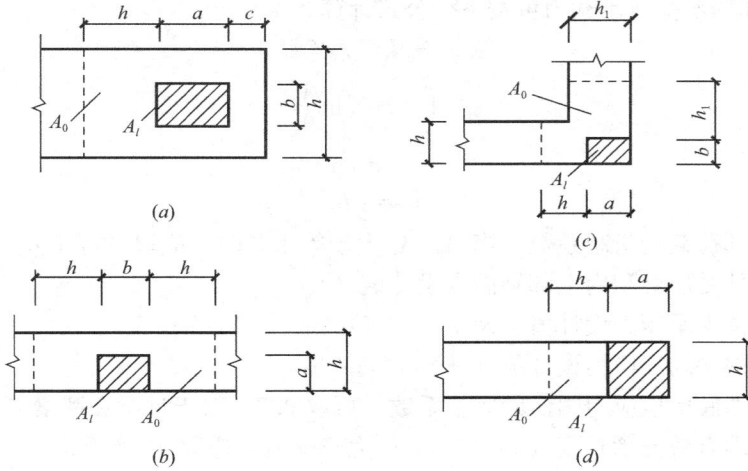

图 5.3.6　影响局部抗压强度的面积 A_0

A_l、A_0 及 γ_{max} 表　　　　　　　　　　　表 5.3.3

局部受压情况	A_l	A_0	γ_{max}
a	$a \cdot b$	$(a+c+h)\ h$	2.5
b	$a \cdot b$	$(b+2h)\ h$	2.0
c	$a \cdot b$	$(a+h)\ h + (b+h_1-h)\ h_1$	1.5
d	$a \cdot b$	$(a+h)\ h$	1.25

注：1. 对多孔砖砌体和按《砌体结构设计规范》6.2.3 条要求灌孔的砌块砌体，$\gamma \leqslant 1.5$；
　　2. 对未灌实的混凝土中型和小型空心砌块砌体，$\gamma = 1.0$。

5.3.10　梁端下部砌体非均匀局部受压承载力如何计算？

【解析】砌体房屋楼面梁端底部砌体局部受压面上承受的荷载一般由两部分组成，一部分为由梁传来的局部压力 N_l，另一部分为梁端上部砌体传来的压力 N_0。设上部砌体内作用的平均压应力为 σ_0，假设梁与墙上下界面紧密接触，那么梁端底部承受的上部砌体传来的压力 $N_0 = \sigma_0 A_l$。由于一般梁不可避免要发生弯曲变形，梁端下部砌体局部受压区在不均匀压应力作用下发生压缩变形，梁顶面局部和砌体脱开，使上部砌体传来的压应力通过拱作用由梁两侧砌体向下传递（图 5.3.7），从而减小了梁端直接传递的压力，这种内力重分布现象对砌体的局部受压是有利的，将这种工作机理称为砌体的内拱作用。将考虑内拱作用上部砌体传至局部受压面积上的压力用 ψN_0

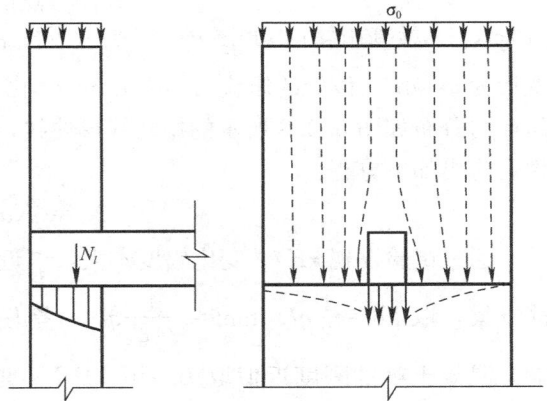

图 5.3.7　梁端砌体的内拱作用

表示。梁下砌体局部受压承载力可按下列公式计算：

$$\phi N_0 + N_l \leqslant \eta \gamma f A_l \tag{5.3.20}$$

$$\psi = 1.5 - 0.5 \frac{A_0}{A_l} \tag{5.3.21}$$

$$N_0 = \sigma_0 A_l \tag{5.3.22}$$

$$A_l = a_0 b \tag{5.3.23}$$

式中 ψ——上部荷载的折减系数，当 A_0/A_l 大于等于 3 时，应取 ψ 等于 0；

     N_0——局部受压面积内上部轴向力设计值（N）；

     N_l——梁端支承压力设计值（N）；

     σ_0——上部平均压应力设计值（N/mm²）；

     η——梁端底面压应力图形的完整系数，可取 0.7，对于过梁和墙梁可取 1.0；

     a_0——梁端有效支承长度（mm），当 a_0 大于 a 时，应取 a_0 等于 a；

     a——梁端实际支承长度（mm）；

     b——梁的截面宽度（mm）；

     h_c——梁的截面高度（mm）；

     f——砌体的抗压强度设计值（MPa）。

5.3.11 梁端有效支承长度如何计算？

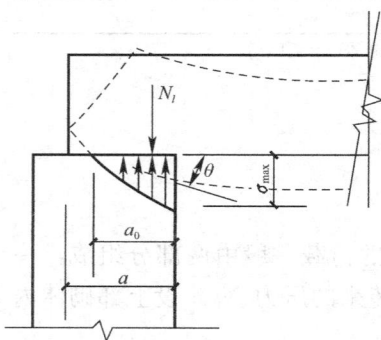

图 5.3.8 梁端砌体的非均匀受压

【解析】支承在砌体墙或柱上的梁发生弯曲变形时梁端有脱离砌体的趋势，将梁端底面没有离开砌体的长度称为有效支承长度 a_0。梁端局部承压面积则为 $A_l = a_0 b$（b 为梁截面宽度）。一般情况下 a_0 小于梁在砌体上的搁置长度 a，但也可能等于 a（图 5.3.8）。

梁端有效支承长度与梁端局部受压荷载的大小、梁的刚度、砌体的强度、砌体的变形性能及局压面积的相对位置等因素有关。为了简化计算，假设梁下局部受压砌体各点的压缩变形与压应力成正比，砌体的变形系数为 K（N/mm³），梁端转角为 θ，则支承内边缘的压缩变形为 $a_0 \tan\theta$，该处的压应力为 $Ka_0 \tan\theta$。由于砌体的塑性性能，在承载力极限状态假设压应力分布如图 5.3.8 所示的抛物线形曲线，并设压应力不均匀系数为 η，由力的平衡条件可写出如下方程：

$$N_l = \eta K a_0 \tan\theta a_0 b \tag{5.3.24}$$

通过试验发现 $\eta K / f$ 变化幅度不大，可近似取为 0.7mm⁻¹；对于均布荷载 q 作用下的简支梁，取 $N_l = \frac{1}{2}ql$，$\tan\theta = \frac{1}{24B_c}ql^3$；考虑到混凝土梁的裂缝以及长期荷载对刚度的影响，混凝土梁的刚度近似取 $B_c = 0.3E_c I_c$；取混凝土强度等级为 C20，其弹性模量 $E_c = 2.55 \times 10^4$ MPa；$I_c = \frac{1}{12}bh_c^3$；假设 $\frac{h_c}{l} = \frac{1}{11}$，由下式可得 a_0 的计算公式：

$$a_0 = 10\sqrt{\frac{h_c}{f}} \leqslant a \tag{5.3.25}$$

式中 a_0——梁端有效支承长度（mm）；

h_c——梁的截面高度（mm）；

f——砌体的抗压强度设计值（MPa）。

采用式（5.3.25）计算 a_0 时存在如下缺陷：即当梁高及梁下砌体强度等级相同，梁的跨度、梁的宽度和承受荷载不同时，计算的 a_0 是相同的，实际上上述各因素对梁端的翘曲都有影响。

5.3.12 梁端设有刚性垫块时，砌体局部受压承载力如何计算？

【解析】当梁下砌体的局部抗压强度不满足承载力要求时，常在梁端设置刚性垫块（图 5.3.9）。刚性垫块需满足下列要求：垫块高度 $t_b \geqslant 180$mm、垫块的长度大于梁宽、每边跨过梁宽部分不大于垫块高度 t_b。

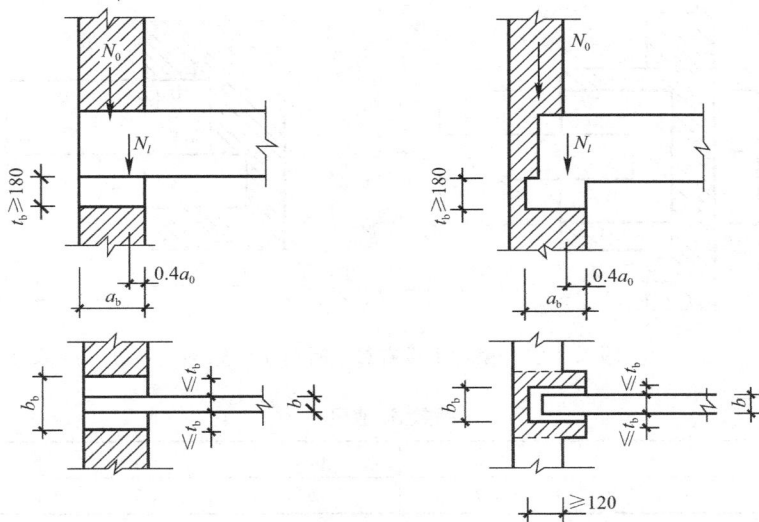

图 5.3.9 梁端设置刚性垫块

刚性垫块下的砌体既具有局部受压的特点，又具有偏心受压的特点。由于处于局部受压状态，垫块外砌体面积的有利影响应当考虑，但是考虑到垫块底面压应力分布的不均匀性，为偏于安全，垫块外砌体面积的有利影响系数 γ_1 取为 0.8γ。由于垫块下的砌体又处于偏心受压状态，所以可采用偏心受压短柱的承载力计算公式进行垫块下砌体局部受压的承载力计算：

$$N_0 + N_l \leqslant \varphi\gamma_1 f A_b \tag{5.3.26}$$

$$N_0 = \sigma_0 A_b \tag{5.3.27}$$

$$A_b = a_b b_b \tag{5.3.28}$$

式中 N_0——垫块面积 A_b 内上部轴向力设计值；

φ——垫块上 N_0 及 N_l 合力的影响系数，采用当 β 小于等于 3 时的 φ 值；

γ_1——垫块外砌体面积的有利影响系数，γ_1 应为 0.8γ，但不小于 1；

σ_0——上部平均压应力设计值；

A_b——垫块面积；

a_b——垫块伸入墙内的长度；

b_b——垫块的宽度。

在带壁柱墙的壁柱内设刚性垫块时（图 5.3.10）其计算面积应取壁柱范围内的面积，而不应计算翼缘部分，同时壁柱上垫块伸入翼墙内的长度不应小于 120mm；当现浇垫块与梁端整体浇筑时，垫块可在梁高范围内设置。

梁端设有刚性垫块时，梁端有效支承长度 a_0 采用刚性垫块上表面梁端有效支承长度，按下式确定：

$$a_0 = \delta_1 \sqrt{\frac{h_c}{f}} \tag{5.3.29}$$

式中　δ_1——刚性垫块的影响系数，可按表 5.3.4 采用。

垫块上 N_l 作用点的位置可取 $0.4a_0$ 处（图 5.3.10）。

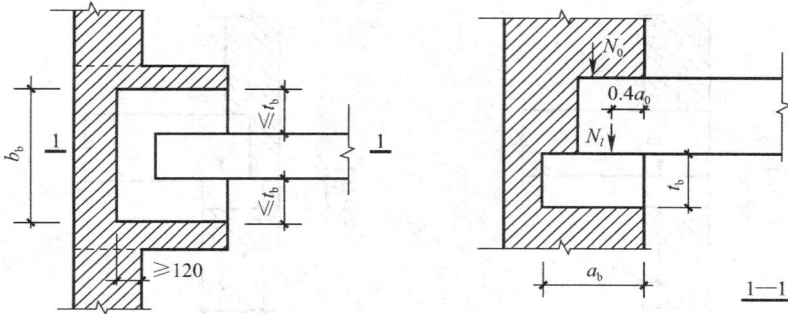

图 5.3.10　壁柱上设有垫块时梁端局部受压

系数 δ_1 值表　　　　　　　　　　　　表 5.3.4

σ_0/f	0	0.2	0.4	0.6	0.8
δ_1	5.4	5.7	6.0	6.9	7.8

注：表中其间的数值可采用插入法求得。

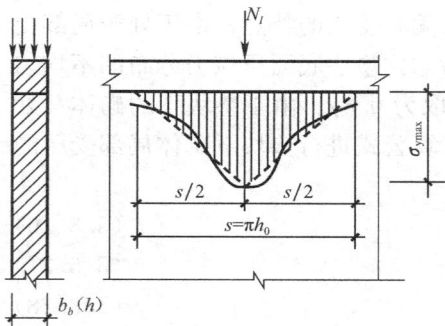

图 5.3.11　垫梁局部受压

5.3.13　梁下设有长度大于 πh_0 的钢筋混凝土垫梁时，砌体局部受压承载力如何计算？

【解析】当梁下设有长度大于 πh_0 的钢筋混凝土垫梁时，由于垫梁是柔性的，当垫梁置于墙上在屋面梁或楼面梁的作用下，相当于承受集中荷载的"弹性地基"上的无限长梁（图 5.3.11）。此时，"弹性地基"的宽度即为墙厚 h，按照弹性力学的平面应力问题求解，在垫梁底面、集中力 N_l

作用点处的应力最大。

$$\sigma_{ymax} = 0.306 \frac{N_l}{b_b} \sqrt[3]{\frac{Eh}{E_b I_b}} \tag{5.3.30}$$

式中 E_b、I_b——分别为垫梁的弹性模量和截面惯性矩；

b_b——垫梁的宽度；

E——砌体的弹性模量；

h——墙厚。

为简化计算，现以三角形应力图形来代替实际曲线分布应力图形，折算的应力分布长度取为 $s = \pi h_0$，则可由静力平衡条件求得：

$$N_l = \frac{1}{2} \pi h_0 b_b \sigma_{ymax} \tag{5.3.31}$$

将公式（5.3.30）代入公式（5.3.31）则得到垫梁的折算高度 h_0 为：

$$h_0 = 2\sqrt[3]{\frac{E_b I_b}{Eh}} \tag{5.3.32}$$

根据试验研究，在荷载作用下由于混凝土垫梁先开裂，垫梁的刚度在逐渐减小。砌体临近破坏时，砌体内实际最大应力比按上述弹性力学分析的结果要大得多，$\frac{\sigma_{ymax}}{f}$ 均大于 1.5。现取

$$\sigma_{ymax} \leqslant 1.5f \tag{5.3.33}$$

考虑垫梁 $\frac{\pi b_b h_0}{2}$ 范围内上部荷载设计值产生的轴力 N_0，则有

$$N_0 + N_l \leqslant \frac{\pi b_b h_0}{2} \times 1.5f \approx 2.4 b_b h_0 f \tag{5.3.34}$$

考虑荷载沿墙方向分布不均匀的影响后，梁下设有长度大于 πh_0 的垫梁下的砌体局部受压承载力应按下列公式计算：

$$N_0 + N_l \leqslant 2.4 \delta_2 f b_b h_0 \tag{5.3.35}$$

$$N_0 = \frac{\pi b_b h_0 \sigma_0}{2} \tag{5.3.36}$$

式中 N_0——垫梁上部轴向力设计值（N）；

b_b——垫梁在墙厚方向的宽度（mm）；

δ_2——垫梁底面压应力分布系数，当荷载沿墙厚方向均匀分布时 δ_2 取 1.0，不均匀时 δ_2 可取 0.8；

h_0——垫梁的折算高度（mm）；

σ_0——上部平均压应力设计值（N/mm²）。

5.3.14 梁端支承处砌体局部受压承载力应按什么流程进行计算？

【解析】 梁端支承处砌体局部受压承载力计算流程见图 5.3.12。

选择砌体及梁端截面尺寸，确定材料强度等级

计算 N_0、N_l

计算 $a_0=\sqrt{\dfrac{h_c}{f}}$

计算 A_0、A、ϕ、η、γ

$\phi N_0+N_l=\eta\gamma fA_l$

满足要求

Y　　　　　　　　　　N

设置刚性垫梁

选择垫梁截面尺寸

计算 N、M

计算 $e=\dfrac{M}{N}$，$\gamma_1=0.8\gamma$

按 e 和 $\beta=3$ 求 φ

$N_0+N_l\leqslant\varphi\gamma_1 fA_b$

设置垫梁

选择垫梁截面尺寸

$h_0=2\sqrt[3]{E_bI_b/Eh}$

$N_0=\pi fb_bh_0\sigma_0/2$

$N_0+N\leqslant2.4fb_bh_0$

满足要求　　　　N

满足要求

Y

结束

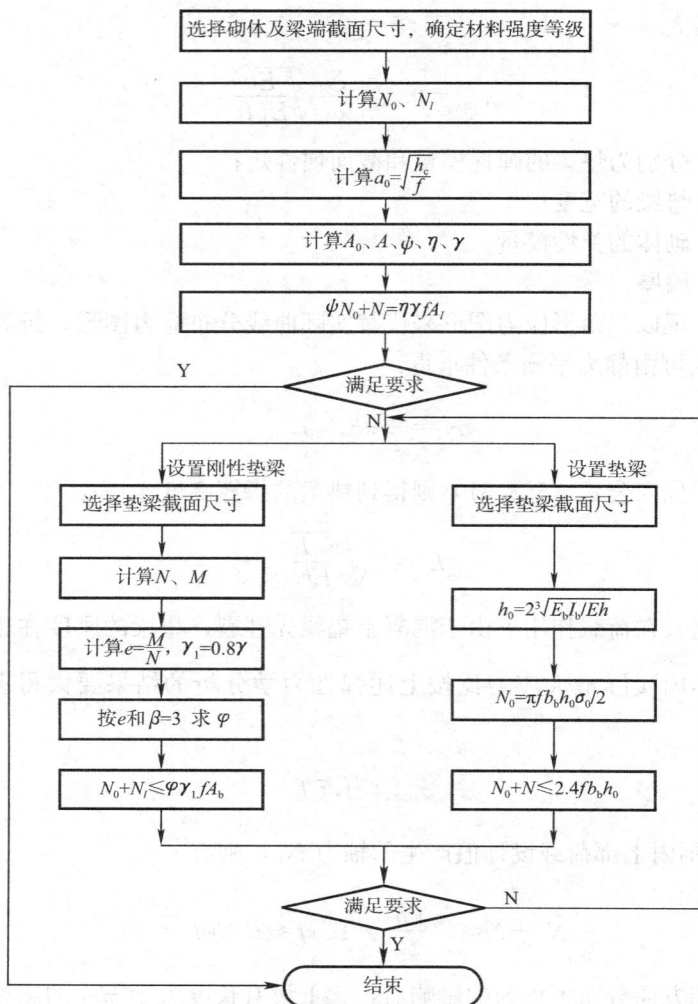

图 5.3.12　梁端支承处砌体局部受压承载力计算流程

第三节　轴心受拉、受弯、受剪构件

5.3.15　砌体结构轴心受拉构件的承载力如何计算？

【解析】砌体圆形水池的池壁在水压力作用下属于轴心受拉构件（图5.3.13），无筋砌体轴心受拉构件截面承载力按下式计算：

$$N_t\leqslant f_tA \qquad\qquad (5.3.37)$$

式中　N_t——轴心拉力设计值；

　　　f_t——砌体的轴心抗拉强度设计值；

　　　A——砌体截面面积。

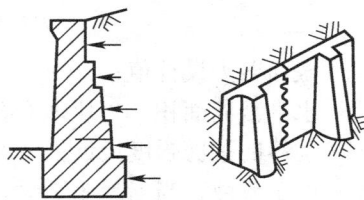

5.3.16 砌体结构受弯构件的承载力如何计算?

【解析】过梁及挡土墙属于受弯构件,在弯矩作用下砌体可能沿通缝截面或沿齿缝截面(图5.3.14)因弯曲受拉而破坏,应进行受弯承载力计算。此外,在支座处还存在较大的剪力,因而还应对受剪承载力进行验算。

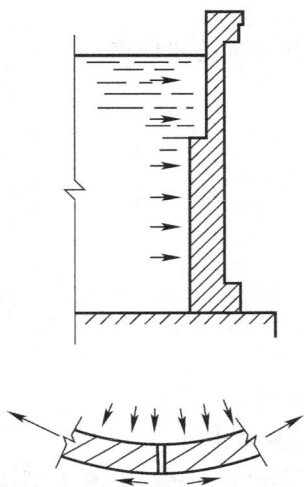

图 5.3.13 圆形水池壁受拉示意图   图 5.3.14 砌体结构受弯构件

受弯构件的受弯承载力应按下式计算:

$$M \leqslant f_{tm}W \tag{5.3.38}$$

式中 M——弯矩设计值;

f_{tm}——砌体弯曲抗压强度设计值;

W——截面抵抗矩,对矩形截面 $W = bh^2/6$。

受弯构件的受剪承载力按下式计算:

$$V \leqslant f_{v0}bz \tag{5.3.39}$$

式中 V——剪力设计值;

f_{v0}——砌体的抗剪强度设计值;

b、h——截面的宽度和高度;

z——内力臂,$z = I/S$,当截面为矩形时取 $z = 2h/3$;

I、S——截面的惯性矩和面积矩。

5.3.17 砌体结构受剪构件承载力如何计算?

【解析】砌体结构中单纯受剪的情况很少。工程中大量遇到的是剪压复合受力情况,即砌体在竖向压力作用下同时受剪。例如,砌体墙在竖向荷载作用的同时又受到水平地震作用(图5.3.15*a*),又如无拉杆的拱支座截面,既受水平剪力又受竖向压力(图5.3.15*b*)。

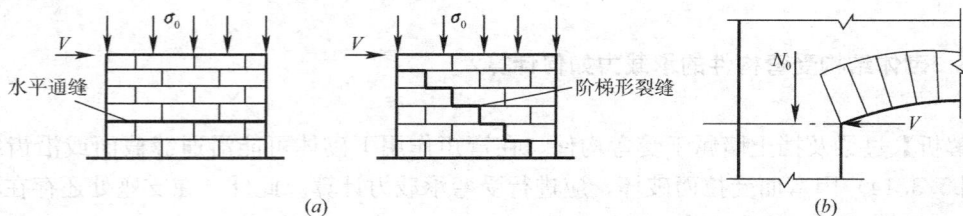

图 5.3.15 砌体结构受剪构件

沿通缝或沿阶梯形截面破坏时受剪构件的承载力，应按下列公式计算：

$$V \leqslant (f_{v0} + \alpha\mu\sigma_0)A \qquad (5.3.40)$$

当永久荷载分项系数 $\gamma_G = 1.2$ 时，

$$\mu = 0.26 - 0.082\frac{\sigma_0}{f} \qquad (5.3.41)$$

当永久荷载分项系数 $\gamma_G = 1.35$ 时，

$$\mu = 0.23 - 0.065\frac{\sigma_0}{f} \qquad (5.3.42)$$

式中 V——截面剪力设计值；

     A——水平截面面积，当块体有孔洞时，取净截面面积；

     f_{v0}——砌体的抗剪强度设计值，对灌孔的混凝土砌块砌体取 f_{vg}；

     α——修正系数，当 $\gamma_G = 1.2$ 时，砖（含多孔砖）砌体取 0.60，混凝土砌块砌体取 0.64；当 $\gamma_G = 1.35$ 时，砖（含多孔砖）砌体取 0.64，混凝土砌块砌体取 0.66；

     μ——剪压复合受力影响系数；

     σ_0——永久荷载设计值产生的水平截面平均压应力；

     f——砌体抗压强度设计值；

     σ_0/f——轴压比，且不大于 0.8。

516

第四章 砌体结构静力设计的构造要求

第一节 墙、柱的高厚比验算

5.4.1 如何确定墙、柱的允许高厚比？

【解析】影响墙、柱高厚比的因素很多，主要有以下几个方面：

1. 砂浆强度等级 M：砂浆强度直接影响砌体的弹性模量，而砌体弹性模量的大小又直接影响砌体的刚度。所以砂浆强度是影响允许高厚比的重要因素，砂浆强度越高，允许高厚比也相应增大。

2. 砌体截面刚度：截面惯性矩较大，稳定性则好。当墙上有门窗洞口削弱时，允许高厚比值降低，可通过修正系数考虑。

3. 砌体类型：毛石墙比一般砌体墙刚度差，允许高厚比要降低，而组合砌体由于钢筋混凝土的刚度好，允许高厚比可提高。

4. 构件重要性和房屋使用情况：对次要构件，如自承重墙允许高厚比可以增大，通过修正系数考虑，对于使用时有振动的房屋则应酌情降低。

5. 构造柱间距及截面：构造柱间距越小，截面越大，对墙体的约束越大，因此墙体稳定性越好，允许高厚比可提高，也可通过修正系数考虑。

6. 横墙间距：横墙间距越小，墙体稳定性和刚度越好。验算时用改变墙体的计算高度 H_0 来考虑这一因素。

7. 支承条件：刚性方案房屋的墙、柱在楼、屋盖支承处可取为不动铰支座，刚性好，而弹性和刚弹性房屋的墙、柱在屋（楼）盖处侧移较大，稳定性差。验算时用改变其计算高度 H_0 来考虑。

《砌体结构设计规范》在综合考虑上述影响因素基础上，结合我国工程经验，给出墙、柱的允许高厚比（表5.4.1），它反映了在一定时期内材料的质量和施工水平。

墙柱的允许高厚比 $[\beta]$ 值 表5.4.1

砌体类型	砂浆强度等级	墙	柱
无筋砌体	M2.5	22	15
	M5.0 或 Mb5.0、Ms5.0	24	16
	≥M7.5 或 Mb7.5、Ms7.5	26	17
配筋砌块砌体	—	30	21

注：1. 毛石墙、柱的允许高厚比应按表中数值降低20%；
　　2. 带有混凝土或砂浆面层的组合砖砌体构件的允许高厚比，可按表中数值提高20%，但不得大于28；
　　3. 验算施工阶段砂浆尚未硬化的新砌砌体构件高厚比时，允许高厚比对墙取14，对柱取11。

5.4.2 如何验算墙柱的高厚比？

【解析】墙、柱高厚比验算是保证砌体结构稳定，满足正常使用极限状态要求的重要构造措施之一。

1. 矩形截面墙、柱的高厚比验算

$$\beta = H_0/h \leqslant \mu_1\mu_2[\beta] \tag{5.4.1}$$

式中　　$[\beta]$——墙、柱的允许高厚比；

H_0——墙、柱的计算高度；

h——墙厚或矩形柱与 H_0 相对应的边长；

μ_1——自承重墙允许高厚比修正系数；

μ_2——有门窗洞口墙允许高厚比修正系数。

墙、柱高厚比验算时应注意的问题：

(1) 墙、柱的计算高度 H_0

前面已指出，砌体结构房屋的墙、柱计算高度 H_0 与房屋的静力计算方案和墙、柱周边支承情况等条件有关。刚性方案房屋空间刚度较大，而弹性方案房屋空间刚度较差，故刚性方案房屋的墙、柱计算高度要比弹性方案房屋的小。对于带壁柱墙或周边有拉结的墙，其横墙间距 s 的大小与墙体稳定性有关，s/H 愈大，说明墙体稳定性愈差，反之，s/H 愈小，说明墙体周边支承效果较好，其稳定性也好。

(2) 自承重墙允许高厚比的修正系数 μ_1

自承重墙是房屋中的次要构件，而且只有自重作用。根据弹性稳定理论，当条件相同情况下，自承重墙比承重墙的临界荷载要大，因此对于厚度 $h \leqslant 240\text{mm}$ 的自承重墙的允许高厚比的限值可适当放宽，即计算时在 $[\beta]$ 值上乘一个大于 1 的系数 μ_1，μ_1 可按表 5.4.2 确定。

修正系数 μ_1

表 5.4.2

墙体厚度 h（mm）	μ_1	墙体厚度 h（mm）	μ_1
240	1.2	90	1.5
$90 < h < 240$	$1.68 \sim 0.002h$		

若自承重墙的上端为自由时，$[\beta]$ 值除按上述规定提高外，还可提高 30%；对厚度小于 90mm 的墙，当双面用不低于 M10 的水泥砂浆抹面，包括抹面层的墙厚不小于 90mm 时，可按墙厚等于 90mm 验算高厚比。

(3) 有门窗洞口墙允许高厚比修正系数 μ_2

墙体开洞，对保证结构稳定不利，故计算时在 $[\beta]$ 值上乘一个小于 1 的系数 μ_2 来加以考虑，μ_2 可按下式计算：

$$\mu_2 = 1 - 0.4\frac{b_s}{s} \geqslant 0.7 \tag{5.4.2}$$

式中　　b_s——在宽度 s 范围内的门窗洞口总宽度（图 5.4.1）；

s——相邻窗间墙、壁柱之间或构造柱之间的距离。

按《砌体结构设计规范》规定：当按式（5.4.2）算得的 μ_2 值小于 0.7 时，应采用 0.7。当洞口高度等于或小于墙高的 1/5 时（图 5.4.2），可取 μ_2 等于 1.0；应当注意的是：虽然洞口高度等于或小于墙高的 1/5，但当洞口的宽度较大时，对高厚比仍然有影响，设计时应控制洞口宽度。

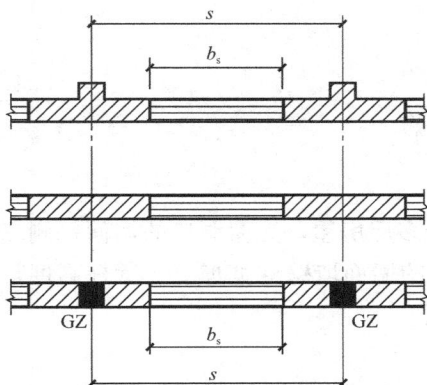

图 5.4.1 门窗洞口宽度示意图　　　　图 5.4.2 墙上洞口高度

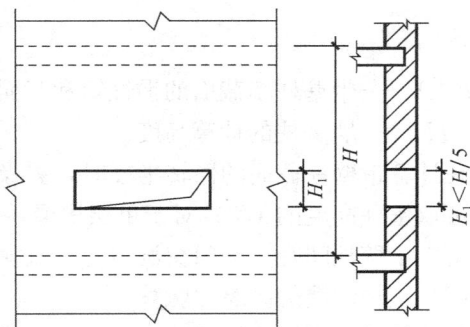

（4）相邻两横墙间的距离很小的墙的高厚比

当与墙连接的相邻两横墙间的距离 $s \leqslant \mu_1 \mu_2 [\beta] h$ 时，墙的计算高度可不受式（5.4.1）的限制。

（5）变截面柱的高厚比

对于变截面柱，可按上、下截面分别验算高厚比，且验算上柱的高厚比时，墙、柱的允许高厚比可乘以 1.3 后确定。

（6）上端为自由端墙的高厚比

上端为自由端墙的允许高厚比，可提高 30%。

（7）当墙、柱的允许高厚比有多项因素需进行修正时，可考虑各修正系数连乘。

2. 带壁柱墙高厚比验算

带壁柱墙高厚比验算应包括两部分：横墙之间整片墙的高厚比验算和壁柱间墙的高厚比验算（图 5.4.3）。

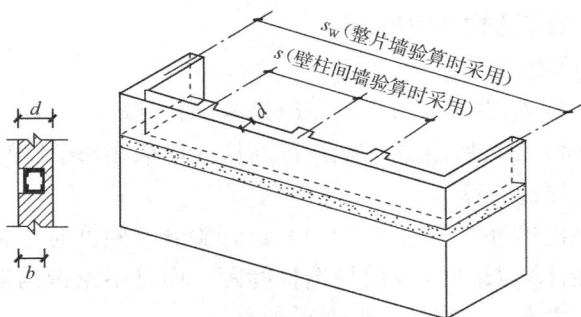

图 5.4.3 带壁柱高厚比验算图

（1）带壁柱整片墙的高厚比验算

$$\beta = H_0 / h_T \leqslant \mu_1 \mu_2 [\beta] \tag{5.4.3}$$

式中　h_T——带壁柱墙截面的折算厚度，

$$h_T = 3.5i \tag{5.4.4}$$

i——带壁柱墙截面的回转半径，

$$i=\sqrt{\frac{I}{A}} \qquad\qquad (5.4.5)$$

I、A——带壁柱墙截面的惯性矩和截面面积；

H_0——墙、柱的计算高度。

在计算带壁柱截面的回转半径时，翼缘宽度对于多层房屋，无窗洞口的墙面每侧翼缘宽度可取壁柱高度的 1/3；对于单层房屋，无窗洞口的墙面取壁柱宽加 2/3 壁柱高度，同时不得大于壁柱间距；有门窗洞口时，取窗间墙宽度。

（2）壁柱间墙的高厚比验算

壁柱间墙的高厚比可按公式（5.4.1）进行验算，此时壁柱可视为墙的侧向不动铰支座。计算 H_0 时，s 取相邻壁柱间距离。

设有钢筋混凝土圈梁的带壁柱墙或带构造柱墙，当 $b/s \geqslant 1/30$ 时，圈梁可视为壁柱间墙或构造柱间墙的不动铰支点（b 为圈梁宽度）。如不允许增加圈梁宽度，可按墙体平面外等刚度原则增加圈梁高度，以满足壁柱间墙或构造柱间墙不动铰支点的要求。

3. 带构造柱墙的高厚比验算

（1）整片墙高厚比验算

为了考虑设置构造柱后的有利作用，当构造柱的截面宽度不小于墙厚时，可将墙的允许高厚比 $[\beta]$ 乘以 μ_c，即

$$\beta = H_0/h \leqslant \mu_1\mu_2\mu_c[\beta] \qquad\qquad (5.4.6)$$

式中　μ_c——带构造柱墙允许高厚比 $[\beta]$ 提高系数，

$$\mu_c = 1 + \gamma \times \frac{b_c}{l} \qquad\qquad (5.4.7)$$

γ——系数（对细料石、半细料石砌体，$\gamma=0$；对混凝土砌块、粗料石及毛石砌体，$\gamma=1.0$；其他砌体，$\gamma=1.5$）；

b_c——构造柱沿墙长方向的宽度；

l——构造柱的间距。

当 $b_c/l > 0.25$ 时，取 $b_c/l = 0.25$；当 $b_c/l < 0.05$ 时，取 $b_c/l = 0$。

式（5.4.6）计算时，h 可取墙厚，确定 H_0 时，s 应取相邻横墙间的距离。

（2）构造柱间墙高厚比验算

构造柱间墙的高厚比仍可按公式（5.4.1）进行验算，验算时可将构造柱视为构造柱间墙的不动铰支座。在计算 H_0 时，s 取构造柱间距，而且不论带构造柱墙体的静力计算方案计算时属何种计算方案，一律按刚性方案考虑。

第二节　一般构造要求

5.4.3　墙、柱的最小尺寸应符合哪些要求？

【解析】墙、柱的最小尺寸应符合表 5.4.3 的要求。

墙、柱的最小尺寸

表 5.4.3

砌体类型	最小尺寸（mm）	砌体类型	最小尺寸（mm）
承重独立砖柱截面	240×370	毛料石柱较小边长	400
毛石墙的厚度	350		

5.4.4 梁、板与墙体的连接与支承应符合哪些要求?

【解析】梁、板与墙体的连接与支承应符合表 5.4.4 的要求。

梁、板与墙体的连接与支承要求

表 5.4.4

项　次	内　容		要　求
1	跨度大于 6m 的屋架		支承处砌体应设置混凝土或钢筋混凝土垫块；当墙上有圈梁时，垫块应与圈梁浇成整体
	砖砌体上梁跨大于 4.8m		
	砌块和料石砌体的梁跨大于 4.2m		
	毛石砌体的梁跨大于 3.9m		
2	240mm 厚砖墙，梁跨 $l \geqslant 6$m		支承处应加设壁柱，或其他加强措施
	180mm 厚砖墙，梁跨 $l \geqslant 4.8$m		
	砌块、料石墙，梁跨 $l \geqslant 4.8$m		
3	预制钢筋混凝土板的支承长度 l	圈梁 $l \geqslant 80$mm	板端伸出的钢筋应与圈梁可靠连接，且同时浇筑
		墙 $l \geqslant 100$mm	板支承内墙时，板端钢筋伸出长度不应小于 70mm，且与支座处沿墙配置的纵筋绑扎，并用强度等级不低于 C25 的混凝土浇筑成板带
			板支承于外墙时，板端钢筋伸出长度不应小于 100mm，且与支座处沿墙配置的纵筋绑扎，并用强度等级不低于 C25 的混凝土浇筑成板带
			预制钢筋混凝土板与现浇板对接时，预制板端钢筋应伸入现浇板中进行连接后，再浇筑现浇板
4	砖砌体上梁跨 $l \geqslant 9$m		支承在墙、柱上的吊车梁、屋架及左边规定的预制梁端部，应采用锚件与墙柱上的垫块锚固（图 5.4.4）
	砌块和料石砌体上梁跨 $l \geqslant 7.2$m		

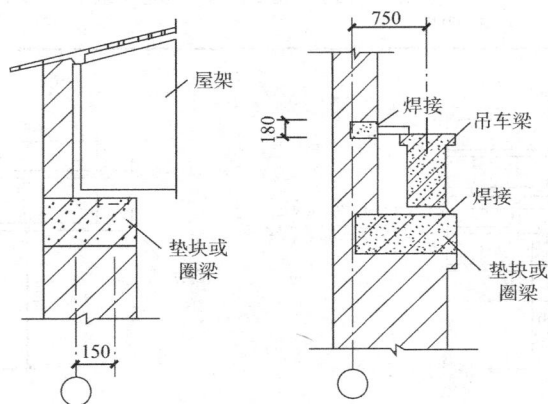

图 5.4.4 屋架、吊车梁与墙连接

5.4.5 墙体转角处和纵横墙交接处的构造应符合哪些要求？

【解析】墙体转角处和纵横墙交接处应沿竖向每隔 400～500mm 设拉结钢筋，其数量为每 120mm 墙厚不少于 1 根直径 6mm 的钢筋；或采用焊接钢筋网片，埋入长度从墙的转角或交接处算起，对实心砖墙每边不小于 500mm。对多孔砖墙和砌块墙不小于 700mm。

5.4.6 在砌体中留槽洞及埋设管道时，应遵守哪些规定？

【解析】在砌体中留槽洞及埋设管道时，应遵守下列规定：
1. 不应在截面长边小于 500mm 的承重墙体、独立柱内埋设管线；
2. 不宜在墙体中穿行暗线或预留、开凿沟槽，当无法避免时应采取必要的措施或按削弱后的截面验算墙体的承载力。
   注：对受力较小或未灌孔的砌块砌体，允许在墙体的竖向孔洞中设置管线。

5.4.7 砌块砌体的构造应符合哪些要求？

【解析】砌块砌体的构造应符合表 5.4.5 的要求。

砌块砌体的构造要求   表 5.4.5

项次	内容	要求
1	砌块搭砌	(1) 分皮错缝搭砌，上下皮搭砌长度不小于 90mm； (2) 搭砌长度不满足时，在水平灰缝中设置不少于 2φ4 焊接钢筋网片
2	后砌隔墙	与砌块墙交接处沿墙高每 400mm 在水平灰缝内设置不少于 2φ4、横筋间距不大于 200mm 的焊接钢筋网片（图 5.4.5）
3	砌块灌孔（采用不低于 Cb20 混凝土）	(1) 纵横墙交接处，距墙中心线每边不小于 300mm 范围内的孔洞。 (2) 下列部位，如未设圈梁或混凝土垫块时： • 格栅、檩条和钢筋混凝土楼板的支承面下，高度不小于 200mm 的砌体； • 屋架、梁等构件的支承面下，高度不小于 600mm，长度不小于 600mm 的砌体； • 挑梁支承面下，距墙中心线每边不应小于 300mm，高度不应小于 600mm 的砌体

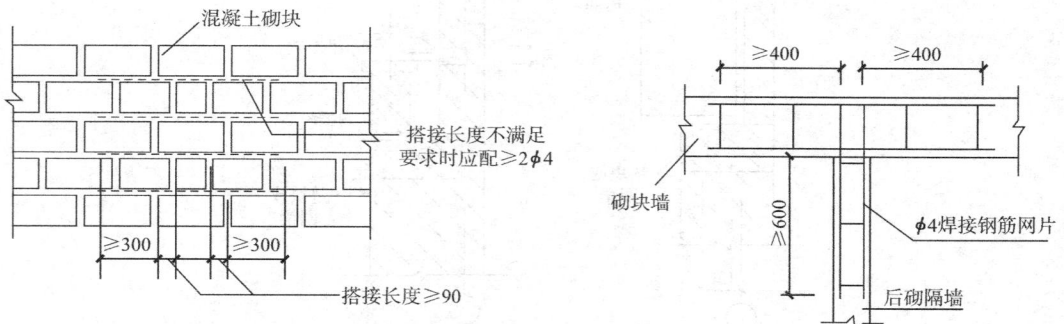

图 5.4.5 砌块墙与后砌隔墙连接

5.4.8 混凝土砌体房屋，砌体的孔洞有何要求

【解析】1. 混凝土砌块房屋，宜将纵横墙交接处，距墙中心线每边不小于300mm范围内的孔洞，采用不低于Cb20混凝土沿全墙高灌实。

2. 混凝土砌块墙体的下列部位，如未设圈梁或混凝土垫块，应采用不低于Cb20混凝土将孔洞灌实：

（1）搁栅、檩条和钢筋混凝土楼板的支承面下，高度不应小于200mm的砌体；

（2）屋架、梁等构件的支承面下，长度不应小于600mm，高度不应小于600mm的砌体；

（3）挑梁支承面下，距墙中心线每边不应小于300mm，高度不应小于600mm的砌体。

第三节　框架填充墙与夹心墙

5.4.9 框架填充墙的结构安全等级如何考虑？

【解析】在正常使用和正常维护条件下，填充墙的使用年限宜与主体结构相同，结构的安全等级可按二级考虑。

5.4.10 填充墙的构造设计，应符合哪些要求？

【解析】填充墙的构造设计，应符合下列要求：

1. 填充墙宜选用轻质块体材料，当采用空心砖时，强度等级不应低于MU3.5；当采用轻集料混凝土砌体时，强度等级不应低于MU3.5；

2. 填充墙砌筑砂浆的强度等级不宜低于M5（Mb5、Ms5）；

3. 填充墙墙体墙厚不应小于90mm；

4. 用于填充墙的夹心复合砌块，其两肢块体之间应有拉结。

5.4.11 填充墙与框架的连接，当采用脱开或不脱开方法时，有何要求？

【解析】填充墙与框架的连接，可根据设计要求采用脱开或不脱开方法。有抗震设防要求时宜采用填充墙与框架脱开的方法。

1. 当填充墙与框架采用脱开的方法时，宜符合下列规定：

（1）填充墙两端与框架柱，填充墙顶面与框架梁之间留出不小于20mm的间隙；

（2）填充墙端部应设置构造柱，柱间距宜不大于20倍墙厚且不大于4000mm，柱宽度不小于100mm。柱竖向钢筋不宜小于 ϕ10，箍筋宜为 ϕ^R5，竖向间距不宜大于400mm。竖向钢筋与框架梁或其挑出部分的预埋件或预留钢筋连接，绑扎接头时不小于30d，焊接时（单面焊）不小于10d（d 为钢筋直径）。柱顶与框架梁（板）应预留不小于15mm的缝隙，用硅酮胶或其他弹性密封材料封缝。当填充墙有宽度大于2100mm的洞口时，洞口两

侧应加设宽度不小于 50mm 的单筋混凝土柱；

（3）填充墙两端宜卡入设在梁、板底及柱侧的卡口铁件内，墙侧卡口板的竖向间距不宜大于 500mm，墙顶卡口板的水平间距不宜大于 1500mm；

（4）墙体高度超过 4m 时宜在墙高中部设置与柱连通的水平系梁。水平系梁的截面高度不小于 60mm。填充墙高不宜大于 6m；

（5）填充墙与框架柱、梁的缝隙可采用聚苯乙烯泡沫塑料板条或聚氨酯发泡材料充填，并用硅酮胶或其他弹性密封材料封缝；

（6）所有连接用钢筋、金属配件、铁件、预埋件等均应作防腐防锈处理，并应符合本规范第 4.3 节的规定。嵌缝材料应能满足变形和防护要求。

2. 当填充墙与框架采用不脱开的方法时，宜符合下列规定：

（1）沿柱高每隔 500mm 配置 2 根直径 6mm 的拉结钢筋（墙厚大于 240mm 时配置 3 根直径 6mm），钢筋伸入填充墙长度不宜小于 700mm，且拉结钢筋应错开截断，相距不宜小于 200mm。填充墙墙顶应与框架梁紧密结合。顶面与上部结构接触处宜用一皮砖或配砖斜砌楔紧；

（2）当填充墙有洞口时，宜在窗洞口的上端或下端、门洞口的上端设置钢筋混凝土带，钢筋混凝土带应与过梁的混凝土同时浇筑，其过梁的断面及配筋由设计确定。钢筋混凝土带的混凝土强度等级不小于 C20。当有洞口的填充墙尽端至门窗洞口边距离小于 240mm 时，宜采用钢筋混凝土门窗框；

（3）填充墙长度超过 5m 或墙长大于 2 倍层高时，墙顶与梁宜有拉接措施，墙体中部应加设构造柱；墙高度超过 4m 时宜在墙高中部设置与柱连接的水平系梁，墙高超过 6m 时，宜沿墙高每 2m 设置与柱连接的水平系梁，梁的截面高度不小于 60mm。

5.4.12 夹心墙的构造应符合哪些要求？

【解析】夹心墙是在墙的内叶和外叶之间的空腔内填充保温或隔热材料，在内外叶之间采用防锈的金属拉结件连接形成整体（图 5.4.6）。夹心墙可以集承重、保温、装饰为一体，是墙体节能的需要。夹心墙的构造应符合下列要求：

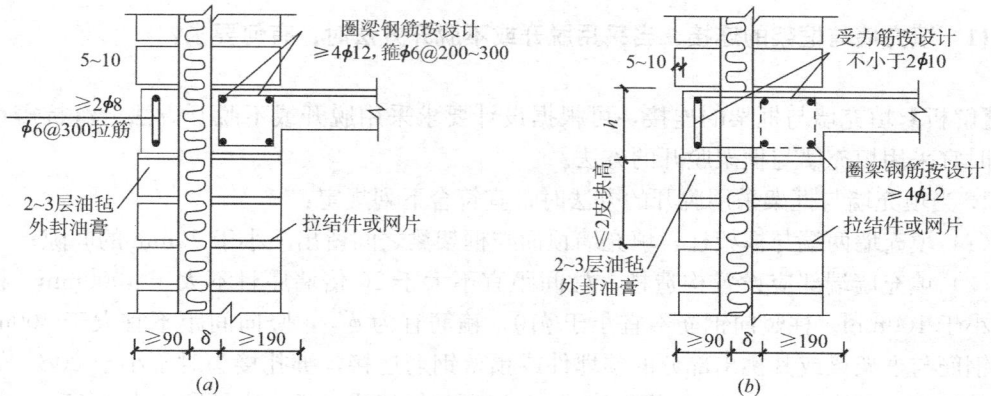

图 5.4.6 夹心墙圈梁节能构造

1. 夹心墙的夹层厚度，不宜大于 120mm。

2. 外叶墙的砖及混凝土砌块的强度等级，不应低于 MU10。

3. 夹心墙的有效面积，应取承重或主叶墙的面积。高厚比验算时，夹心墙的有效厚度，按下式计算：

$$h_l = \sqrt{h_1^2 + h_2^2} \qquad (5.4.8)$$

式中　h_l——夹心复合墙的有效厚度；

h_1、h_2——分别为内、外叶墙的厚度。

4. 夹心墙外叶墙的最大横向支承间距，宜按下列规定采用：设防烈度为 6 度时不宜大于 9m，7 度时不宜大于 6m，8、9 度时不宜大于 3m。

5.4.13　夹心墙内、外叶墙的拉结件，应符合哪些规定？

【解析】夹心墙的内、外叶墙，应由拉结件可靠拉结，拉结件宜符合下列规定：

1. 当采用环形拉结件时，钢筋直径不应小于 4mm，当为 Z 形拉结件时，钢筋直径不应小于 6mm；拉结件应沿竖向梅花形布置，拉结件的水平和竖向最大间距分别不宜大于 800mm 和 600mm；对有振动或有抗震设防要求时，其水平和竖向最大间距分别不宜大于 800mm 和 400mm；

2. 当采用可调拉结件时，钢筋直径不应小于 4mm，拉结件的水平和竖向最大间距均不宜大于 400mm。叶墙间灰缝的高差不大于 3mm，可调拉结件中孔眼和扣钉间的公差不大于 1.5mm；

3. 当采用钢筋网片作拉结件时，网片横向钢筋的直径不应小于 4mm；其间距不应大于 400mm；网片的竖向间距不宜大于 600mm；对有振动或有抗震设防要求时，不宜大于 400mm；

4. 拉结件在叶墙上的搁置长度，不应小于叶墙厚度的 2/3，并不应小于 60mm；

5. 门窗洞口周边 300mm 范围内应附加间距不大于 600mm 的拉结件。

5.4.14　夹心墙拉结件或网片的选择与设置，有何要求？

【解析】夹心墙拉结件或网片的选择与设置，应符合下列规定：

1. 夹心墙宜用不锈钢拉结件。拉结件用钢筋制作或采用钢筋网片时，应先进行防腐处理，并应符合本规范 4.3 的有关规定；

2. 非抗震设防地区的多层房屋，或风荷载较小地区的高层的夹芯墙可采用环形或 Z 形拉结件；风荷载较大地区的高层建筑房屋宜采用焊接钢筋网片；

3. 抗震设防地区的砌体房屋（含高层建筑房屋）夹心墙应采用焊接钢筋网作为拉结件。焊接网应沿夹心墙连续通长设置，外叶墙至少有一根纵向钢筋。钢筋网片可计入内叶墙的配筋率，其搭接与锚固长度应符合有关规范的规定；

4. 可调节拉结件宜用于多层房屋的夹心墙，其竖向和水平间距均不应大于 400mm。

第四节　防止或减轻墙体开裂的主要措施

5.4.15　砌体结构墙体产生裂缝的主要原因是什么?

【解析】引起砌体结构墙体产生裂缝的主要原因有以下三种:

1. 由温度变形引起的墙体裂缝 (图 5.4.7)

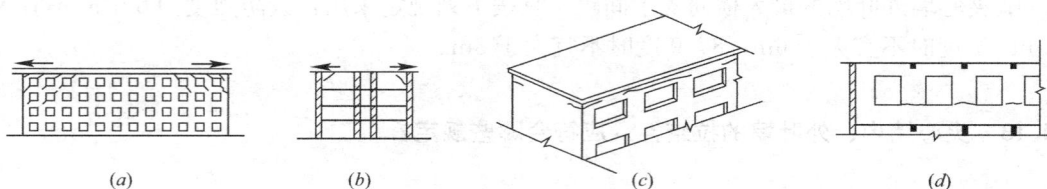

图 5.4.7　温度变形引起的墙体裂缝

(a) 外纵墙的正八字斜裂缝; (b) 横墙正八字斜裂缝; (c) 房屋下水平裂缝和包角裂缝;
(d) 墙体弯曲引起的水平裂缝

当外界温度变化引起的墙体温度变形受到约束,或者由于房屋地下和地上、室内和室外的温度差异而使墙体各部分具有不同的温度变形时,都会在墙体中产生温度应力。

对砖砌体房屋,钢筋混凝土和砌体材料的线膨胀系数有很大差异,钢筋混凝土为 $(1.0 \sim 1.4) \times 10^{-5} ℃^{-1}$,砖石砌体为 $(0.5 \sim 0.8) \times 10^{-5} ℃^{-1}$,约为砌体的两倍。在混合结构房屋中,当温度变化时,钢筋混凝土屋盖或楼盖以及墙体会因为温度变形的相互制约而产生较大的温度应力,而两种材料又是抗拉强度很弱的非匀质材料,所以当构件中产生的拉应力超过其抗拉强度极限值时,不同的裂缝就会出现,往往是造成墙体开裂的主要原因。

2. 由收缩变形引起的墙体裂缝 (图 5.4.8)

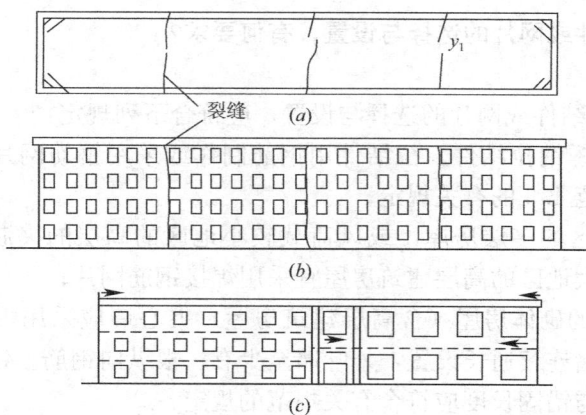

图 5.4.8　收缩变形引起的裂缝

混凝土内部自由水蒸发所引起的体积的减少称干缩变形，混凝土中水和水泥化学作用所引起的体积减少称为凝缩变形，两者的总和称为收缩变形。钢筋混凝土最大的收缩值为 $(2\sim4)\times10^{-4}$，大部分在凝固初期完成，凝固 10d 后完成约为 1/3，28d 完成 50%。而烧结黏土砖（包括其他材料的烧结制品）的干缩很小，且变形完成比较快，在正常温度下的收缩现象不甚明显。但对于砌块砌体房屋，混凝土空心砌块的干缩性大，在形成砌体后还约有 0.02% 的收缩率，使得砌块房屋在下部几层墙体上较易产生收缩裂缝。因而非烧结类块体（砌块、灰砂砖、粉煤灰砖等）砌体中，往往同时存在温度和干缩共同引起的裂缝，一般情况是墙体中两种裂缝都有，或因具体条件不同而呈现不同的裂缝现象，其裂缝的发展往往较单一因素更严重。

3. 由地基不均匀沉降引起的墙体裂缝（图 5.4.9）

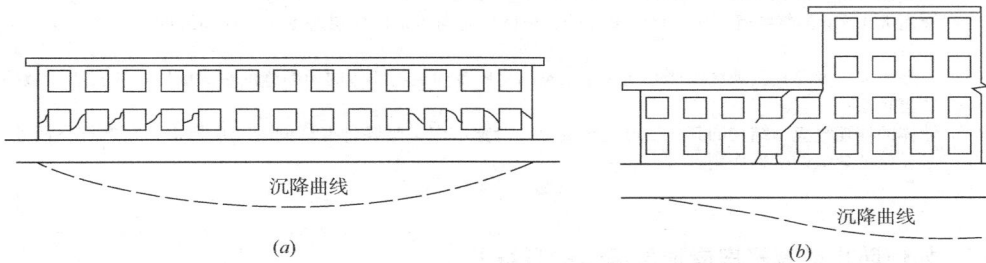

图 5.4.9　地基不均匀沉降引起的墙体裂缝

当房屋的长高比较大、地基土较软，或地基土层分布不均匀、土质差别很大，或房屋高差较大、荷载分布极不均匀时，都可能产生过大的不均匀沉降，使墙体产生附加应力，引起墙体裂缝。房屋发生不均匀沉降后，一般发生弯、剪变形而产生主拉应力，因此裂缝一般为斜向的阶梯形裂缝。斜裂缝大多集中在局部倾斜较大及弯、剪应力较大的部位。当由于地基土较软且房屋长高比较大或其他原因在房屋中部产生过大沉降时，斜裂缝一般出现在房屋的下部，呈八字形分布，如图 5.4.9（a）所示。当由于地基土分布或荷载分布不均匀而在房屋的一端产生较大的沉降时，斜裂缝主要集中在沉降曲率较大的部位，如图 5.4.9（b）所示。

5.4.16　如何防止或减轻由于温差和砌体干缩引起的墙体竖向裂缝?

【解析】墙体因温差和砌体干缩引起的拉应力与房屋的长度成正比，当房屋很长时，为了防止或减轻房屋在正常使用条件下由温差和砌体干缩引起的墙体竖向裂缝，应在因温度和收缩变形可能引起应力集中、砌体产生裂缝可能性最大的墙体中设置伸缩缝，如房屋平面转折处、体型变化处、房屋的中间部位以及房屋的错层处。伸缩缝的间距与屋盖、楼盖的类别、砌体类别、是否设置保温层或隔热层等因素有关。当屋盖、楼盖的刚度较大，砌体的干缩变形大，又无保温层或隔热层时，结构的温差较大，可能产生较大的温度和收缩变形，伸缩缝的间距则宜小些。各类砌体房屋伸缩缝的最大间距可见表 5.4.6。

砌体房屋温度伸缩缝的间距 表 5.4.6

屋盖或楼盖类别		间距/m
整体式或装配整体式钢筋混凝土结构	有保温层或隔热层的屋盖、楼盖	50
	无保温层或隔热层的屋盖	40
装配式无檩体系钢筋混凝土结构	有保温层或隔热层的屋盖、楼盖	60
	无保温层或隔热层的屋盖	50
装配式有檩体系钢筋混凝土结构	有保温层或隔热层的屋盖	75
	无保温层或隔热层的屋盖	60
瓦材屋盖、木屋盖或楼盖、轻钢屋盖		100

注: 1. 对烧结普通砖、烧结多孔砖、配筋砌块砌体房屋,取表中数值;对石砌体、蒸压灰砂普通砖、蒸压粉煤灰普通砖、混凝土砌块、混凝土普通砖和混凝土多孔砖房屋,取表中数值乘以 0.8 的系数。当墙体有可靠外保温措施时,其间距可取表中数值;
2. 在钢筋混凝土屋面上挂瓦的屋盖应按钢筋混凝土屋盖采用;
3. 层高大于 5m 的烧结普通砖、烧结多孔砖、配筋砌块砌体结构单层房屋,其伸缩缝间距可按表中数值乘以 1.3;
4. 温差较大且变化频繁地区和严寒地区不采暖的房屋及构筑物墙体的伸缩缝的最大间距,应按表中数值予以适当减小;
5. 墙体的伸缩缝应与结构的其他变形缝相重合,缝宽度应满足各种变形缝的变形要求;在进行立面处理时,必须保证缝隙的变形作用。

5.4.17 如何防止或减轻房屋顶层墙体的裂缝?

【解析】为了防止或减轻房屋顶层墙体的裂缝,可采取降低屋盖与墙体之间的温差;选择整体性及刚度较小的屋盖、减小屋盖与墙体之间的约束以及提高墙体本身的抗拉、抗剪强度等措施,具体来说,可根据情况采取下列措施:

1. 屋面应设置保温、隔热层。

墙体中的温度应力与温差几乎呈线性关系,屋面设置保温、隔热层,可降低屋面顶板的温度,缩小屋盖与墙体的温差,从而可推迟或阻止顶层墙体裂缝的出现。

2. 屋面保温(隔热)层或屋面刚性面层及砂浆找平层应设置分隔缝,分隔缝间距不宜大于 6m,并与女儿墙隔开,其缝宽不小于 30mm。该措施的目的是减小屋面板温度应力和屋面板与墙体之间的约束。

3. 采用装配式有檩体系钢筋混凝土屋盖和瓦材屋盖。

屋面的整体性愈小,屋面在温度变化时的水平位移也愈小,墙体所受的温度应力亦随之降低。

4. 顶层屋面板下设置现浇钢筋混凝土圈梁,并沿内外墙拉通,房屋两端圈梁下的墙体内宜适当设置水平钢筋。

现浇钢筋混凝土圈梁可增加墙体的整体性和刚度,缩小屋盖与墙体之间刚度的差异。房屋两端墙体易出现水平裂缝或斜裂缝,在该部位墙体内配置水平钢筋可提高墙体本身的抗拉或抗剪强度。

5. 顶层墙体有门窗等洞口时,在过梁上的水平灰缝内设置 2～3 道焊接钢筋网片或 $2\phi6$ 钢筋,并应伸入过梁两端墙内不小于 600mm (图 5.4.10)。

门窗洞口过梁上的水平灰缝内配置钢筋网片或钢筋的作用与顶层挑梁下墙体内配筋的

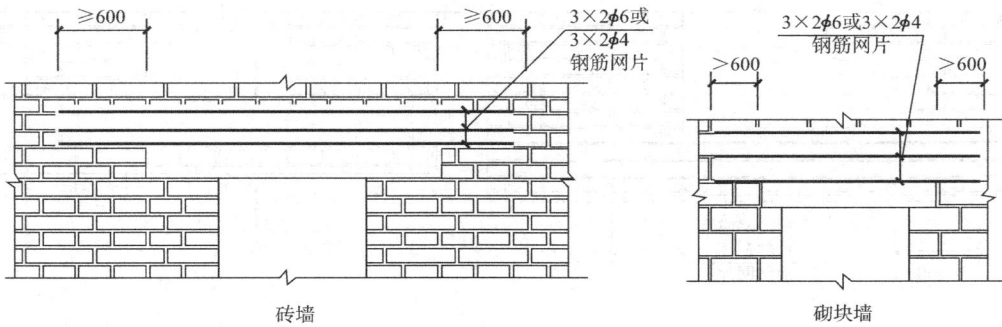

图 5.4.10　墙体顶层抗裂构造

作用相同，主要是为了提高墙体本身的抗拉或抗剪强度。

6. 顶层及女儿墙砂浆强度等级不低于 M7.5（Mb7.5、Ms7.5）。

7. 女儿墙应设置构造柱，构造柱间距不宜大于 4m，构造柱应伸至女儿墙顶并与现浇钢筋混凝土压顶整浇在一起。

顶层及女儿墙受外界温度变化的影响较大，砂浆强度等级愈高，墙体的抗拉、抗剪强度也愈高。同样，构造柱也可发挥这种作用。而顶层端部墙体受到的约束又较大，因此适当增设构造柱，可明显改善顶层端部墙体的抗裂性能。

8. 对顶层墙体施加竖向预应力。

5.4.18　如何防止或减轻房屋底层墙体的裂缝？

【解析】房屋底层墙体受地基不均匀沉降的敏感程度较其他楼层大，底层窗洞边则受墙体干缩和温度变化的影响产生应力集中。增大基础圈梁的刚度，尤其增大圈梁的高度以及在窗台下墙体灰缝内配筋，可提高墙体的抗拉、抗剪强度。工程中，可根据具体情况采取下列措施：

1. 增大基础圈梁的刚度；

2. 在底层的窗台下墙体灰缝内设置 3 道钢筋网片或 2ϕ6 钢筋，并伸入两边窗间墙内不小于 600mm（图 5.4.11）。

墙体转角处和纵横墙交接处部位约束了墙体两个方向的变形，在这些部位墙体内配置适量钢筋，对防止墙体开裂有利。因此墙体转角处和纵横墙交接处宜沿竖向每隔 400～500mm 设拉结钢筋，其数量为每 120mm 墙厚不少于 1ϕ6 或焊接钢筋网片，埋入长度从墙的转角或交接处算起，每边不小于 600mm。

灰砂砖、粉煤灰砖、混凝土砌块和其他非烧结砖砌体的干缩变形较大，因此宜在各层门、窗过梁上方的水平灰缝内及窗台下第一和第二道水平灰缝内设置焊接钢筋网片或 2ϕ6 钢筋，焊接钢筋网片或钢筋应伸入两边窗间墙内不小于 600mm。此外，当实体墙长大于 5m 时，往往在墙体中部出现两端小、中间大的竖向收缩裂缝，因而宜在每层墙高度中部设置 2～3 道焊接钢筋网片或 3ϕ6 的通长水平钢筋，竖向间距宜为 500mm。

试验表明，粘结性能好的砂浆可提高块材与砂浆之间的粘结强度，砌体抗拉、抗剪性能也将明显改善。因此，灰砂砖、粉煤灰砖砌体宜采用粘结性能好的砂浆砌筑，混凝土砌块砌体应采用砌块专用砂浆砌筑。

529

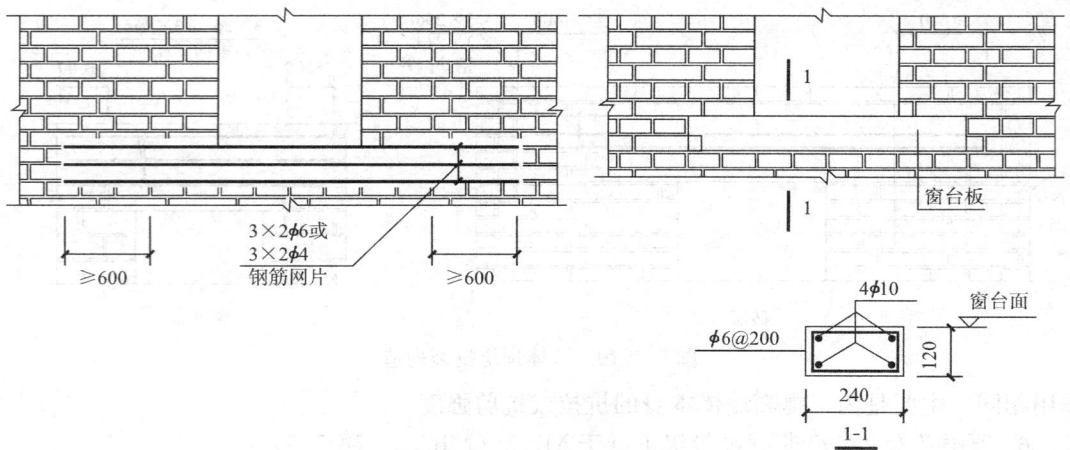

图 5.4.11　房屋底层抗裂措施

5.4.19　如何防止或减轻房屋两端和底层第一、第二开间门窗洞处的裂缝?

【解析】房屋顶层两端和底层第一、第二开间门窗洞处因应力集中以及混凝土砌块干缩变形较大,更容易在这些部位出现裂缝。试验和理论分析表明,混凝土砌块孔洞中配置竖向钢筋并且采用灌孔混凝土灌实,或者在水平灰缝内配置钢筋网片均可提高墙体的抗拉、抗剪强度。因此,为了防止或减轻这些部位的裂缝,可采取下列措施:

1. 在混凝土砌块房屋门窗洞口两侧不少于一个孔洞中设置不小于 $1\phi12$ 的钢筋,钢筋应在楼层圈梁或基础锚固,并采用不低于 Cb20 灌孔混凝土灌实;

2. 在门窗洞口两边的墙体的水平灰缝中,设置长度不小于 900mm、竖向间距为 400mm 的 $2\phi4$ 焊接钢筋网片;

3. 在顶层和底层设置通长钢筋混凝土窗台梁,窗台梁的高度宜为块高的模数,纵筋不少于 $4\phi10$、箍筋 $\phi6@200$,混凝土的强度等级不低于 C20 (图 5.4.12)。

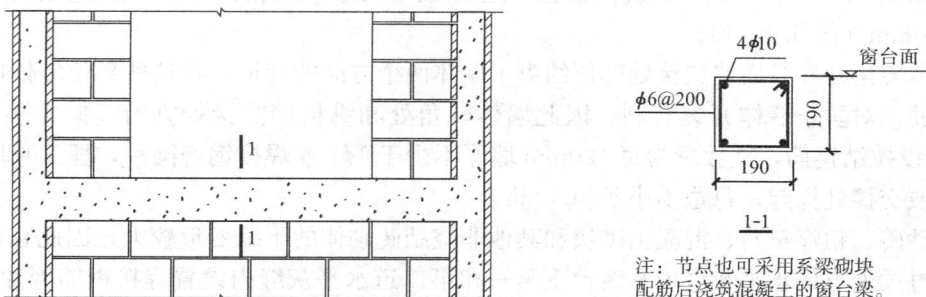

注: 节点也可采用系梁砌块配筋后浇筑混凝土的窗台梁。

图 5.4.12　钢筋混凝土窗台梁

工程上,根据砌体材料的干缩特性,通过设置沿墙长方向能自由伸缩的缝,将较长的砌体房屋的墙体划分成若干个较小的区段,使砌体因温度、干缩变形引起的应力小于砌体的抗拉、抗剪强度或者裂缝很小,从而达到可以控制的地步,这种缝称为控制缝。理论分析表明,在裂缝的多发部位,如房屋墙体刚度变化、高度变化处以及窗台下或窗台角处设置控制缝可防止或减轻墙体裂缝。因此，当房屋刚度较大时，可在窗台下或窗台角处墙体内设置竖向控制缝。在墙体高度或厚度突然变化处也宜设置竖向控制缝，或采取其他可靠的防裂措施。同时，竖向控制缝的构造和嵌缝材料应满足墙体平面外传力和防护的要求。

5.4.20 如何防止或减轻由于地基不均匀沉降引起的墙体裂缝?

【解析】防止或减轻由于地基不均匀沉降引起的墙体裂缝，可综合采用下列措施：

1. 设置沉降缝

沉降缝与温度伸缩缝不同的是必须自基础起将两侧房屋在结构构造上完全分开。混合结构房屋的下列部位宜设置沉降缝：

（1）建筑平面的转折部位；

（2）高度差异或荷载差异处；

（3）长高比过大的房屋的适当部位；

（4）地基土的压缩性有显著差异处；

（5）基础类型不同处；

（6）分期建造房屋的交界处。

沉降缝最小宽度的确定，要考虑避免相邻房屋因地基沉降不同产生倾斜引起相邻构件碰撞，因而与房屋的高度有关。沉降缝的最小宽度一般为：2～3层房屋取50～80mm；4～5层房屋取80～120mm；5层以上房屋≥120mm。

沉降缝的构造方案如图5.4.13所示。

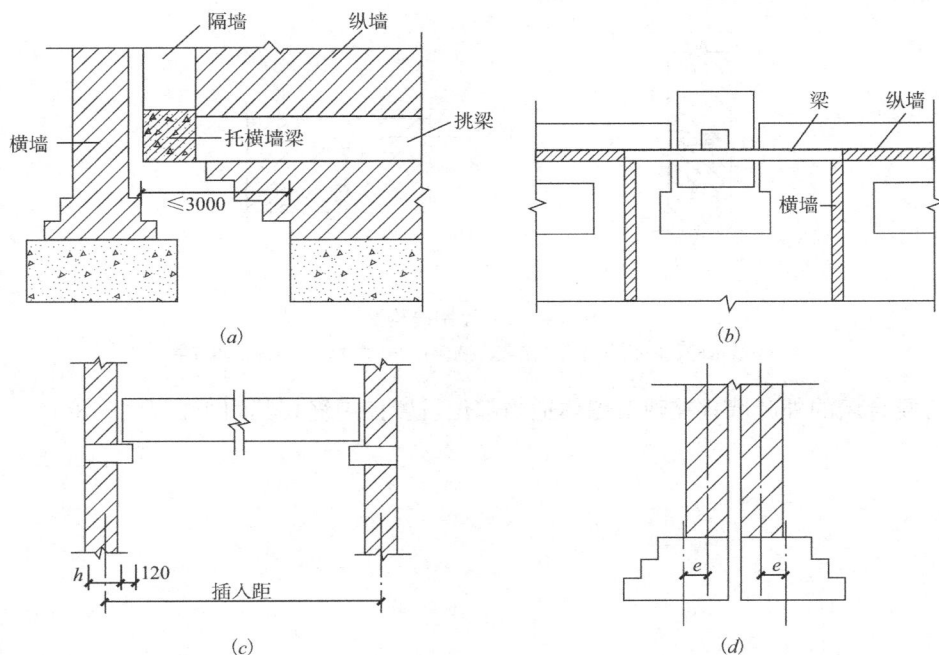

图5.4.13 沉降缝构造方案
(a) 悬挑式；(b) 跨越式；(c) 简支式；(d) 双墙承重

2. 增强房屋的整体刚度和强度

对于混合结构房屋，为防止因地基发生过大不均匀沉降在墙体上产生的各种裂缝，宜采用下列措施：

（1）对于三层和三层以上的房屋，其长高比 L/H_f 宜小于或等于 2.5（其中，L 为建筑物长度或沉降缝分隔的单元长度，H_f 为自基础底面标高算起的建筑物高度）；当房屋的长高比为 $2.5<L/H_f \leqslant 3.0$ 时，宜做到纵墙不转折或少转折，并应控制其内横墙间距或增强基础刚度和强度。当房屋的预估最大沉降量小于或等于 120mm 时，其长高比可不受限制；

（2）墙体内宜设置钢筋混凝土圈梁；

（3）在墙体上开洞时，宜在开洞部位配筋或采用构造柱及圈梁加强。

（4）在每层门、窗过梁上方的水平灰缝内及窗台下第一和第二道水平灰缝内，宜设置焊接钢筋网片或 2 根直径 6mm 钢筋，焊接钢筋网片或钢筋应伸入两边窗间墙内不小于 600mm。当墙长大于 5m 时，宜在每层墙高度中部设置 2～3 道焊接钢筋网片或 3 根直径 6mm 的通长水平钢筋，竖向间距为 500mm。

5.4.21 墙体中控制缝的设置有何要求？

【解析】当房屋刚度较大时，可在窗台下或窗台角处墙体内、在墙体高度或厚度突然变化处设置竖向控制缝。竖向控制缝宽度不宜小于 25mm，缝内填以压缩性能好的填充材料，且外部用密封材料密封，并采用不吸水的、闭孔发泡聚乙烯实心圆棒（背衬）作为密封膏的隔离物（图 5.4.14）。

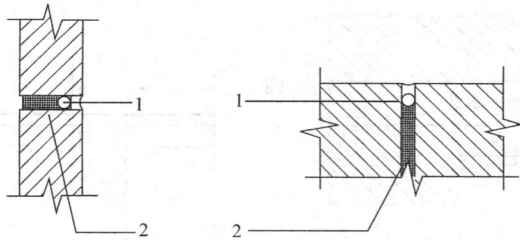

图 5.4.14 控制缝构造
1—不吸水的、闭孔发泡聚乙烯实心圆棒；2—柔软、可压缩的填充物

夹心复合墙的外叶墙宜在建筑墙体适当部位设置控制缝，其间距宜为 6～8m。

第五章 圈梁、过梁、墙梁及挑梁

第一节 圈 梁

5.5.1 圈梁的设置有什么要求？

【解析】为了增强混合结构房屋的整体刚度，防止由于地基的不均匀沉降或较大振动荷载等对房屋引起的不利影响，应在墙中设置现浇钢筋混凝土圈梁。所谓圈梁是指在房屋的檐口、窗顶、楼层、吊车梁顶或基础顶面标高处，沿砌体墙水平方向设置封闭状的按构造配筋的混凝土梁式构件。设在房屋檐口处的圈梁，又称为檐口圈梁。设在基础顶面标高处的圈梁又称为基础圈梁。

圈梁设置的位置和数量通常按房屋的类型、层数、所受的振动荷载以及地基情况等因素来决定。

1. 厂房、仓库、食堂等空旷的单层房屋，檐口标高为 5～8m（砖砌体房屋）或 4～5m（砌块及料石砌体房屋）时，应在檐口标高处设置一道圈梁，檐口标高大于 8m（砖砌体房屋）或 5m（砌块及料石砌体房屋）时，应增加设置数量。

有吊车或较大振动设备的单层工业房屋，除在檐口或窗顶标高处设置现浇钢筋混凝土圈梁外，尚应增加设置数量。但当设备已采取隔振措施时，可根据具体情况考虑。

2. 住宅、办公楼等多层砌体民用房屋，且层数为 3～4 层时，应在底层和檐口标高处设置一道圈梁。当层数超过 4 层时，至少应在所有纵横墙上隔层设置。

多层砌体工业房屋，应每层设置现浇钢筋混凝土圈梁。

设置墙梁的多层砌体房屋应在托梁、墙梁顶面和檐口标高处设置现浇钢筋混凝土圈梁，其他楼层处应在所有纵横墙上每层设置。

3. 采用现浇钢筋混凝土楼（屋）盖的多层砌体结构房屋，当层数超过 5 层时，除在檐口标高处设置一道圈梁外，可隔层设置圈梁，并与楼（屋）面板一起现浇。

4. 建筑在软弱地基或不均匀地基上的砌体房屋，除按上述规定设置圈梁外，尚应符合现行国家标准《建筑地基基础设计规范》GB 50007 的有关规定。

5.5.2 圈梁的构造有哪些要求？

【解析】圈梁应符合下列构造要求

1. 圈梁宜连续地设在同一水平面上，并形成封闭状；当圈梁被门窗洞口截断时，应在洞口上部增设相同截面的附加圈梁。附加圈梁与圈梁的搭接长度不应小于其中到中垂直间距的 2 倍，且不得小于 1m（图 5.5.1）；

2. 纵横墙交接处的圈梁应有可靠的连接。刚弹性和弹性方案房屋，圈梁应与屋架、大梁等构件可靠连接（图 5.5.2）；

3. 钢筋混凝土圈梁的宽度宜与墙厚相同，当墙厚 $h \geqslant 240$mm 时，其宽度不宜小于 $2h/3$。

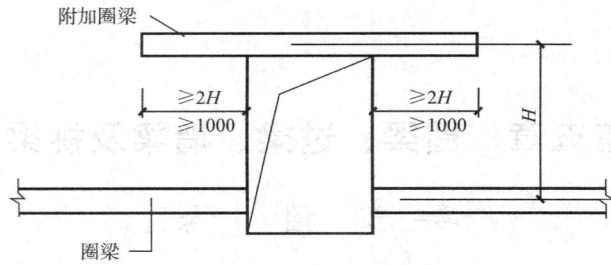

图 5.5.1　附加圈梁

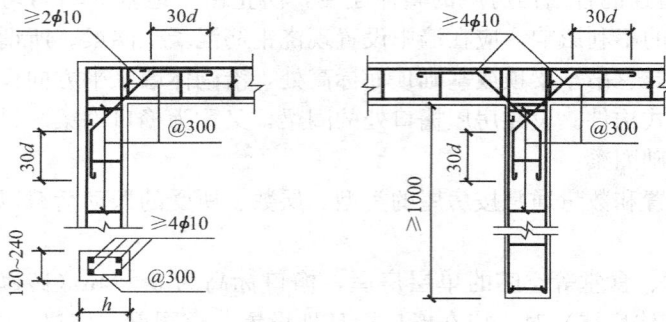

图 5.5.2　纵横墙交接处圈梁连接构造

圈梁高度不应小于 120mm。纵向钢筋不应少于 $4\phi10$，绑扎接头的搭接长度按受拉钢筋考虑，箍筋间距不应大于 300mm；

　　4. 圈梁兼作过梁时，过梁部分的钢筋应按计算用量另行增配。

第二节　过　梁

5.5.3　各种类型过梁的适用范围有什么规定?

　　【解析】《砌体结构设计规范》规定：砖砌平拱过梁的跨度不应超过 1.2m，钢筋砖过梁的跨度不应超过 1.5m，对于有较大振动荷载或可能产生不均匀沉降的房屋应采用钢筋混凝土过梁（图 5.5.3）。

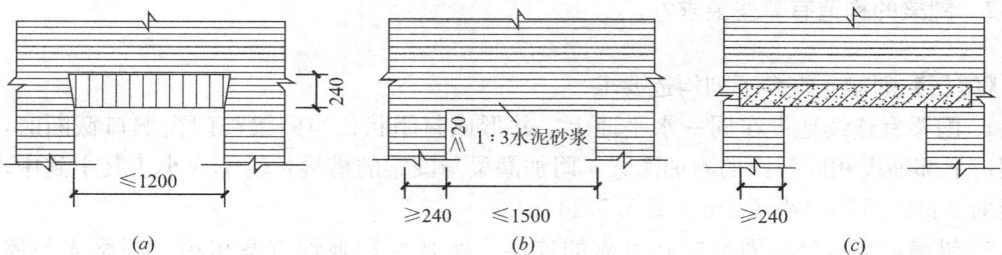

图 5.5.3　过梁的常用类型

（a）平拱砖过梁；（b）钢筋砖过梁；（c）钢筋混凝土过梁

5.5.4 过梁上的荷载应如何取值?

【解析】过梁上荷载的取值见表5.5.1。

过梁上的荷载取值
表 5.5.1

荷载类型	简 图	砌体种类	荷载取值	
墙体荷载	注: h_w为过梁上墙体高度	砖砌体	$h_w<\dfrac{l_n}{3}$	应按墙体的均布自重采用
			$h_w\geqslant\dfrac{l_n}{3}$	应按高度为$\dfrac{l_n}{3}$的墙体的均布自重采用
		混凝土小砌块砌体	$h_w<\dfrac{l_n}{2}$	应按墙体的均布自重采用
			$h_w\geqslant\dfrac{l_n}{2}$	应按高度为$\dfrac{l_n}{2}$的墙体的均布自重采用
梁板荷载	注: h_w为梁、板下墙体高度	砖砌体,混凝土小砌块砌体	$h_w<l_n$	应计入梁、板传来的荷载
			$h_w\geqslant l_n$	可不考虑梁、板荷载

注: l_n 为过梁的净跨。

5.5.5 如何进行过梁的承载力计算?

【解析】各类过梁的承载力计算;应符合下列要求:

1. 砖砌平拱的计算

(1) 受弯承载力可按下列公式计算:

$$M\leqslant f_{tm}W \tag{5.5.1}$$

式中 M——按简支梁并取净跨计算的过梁跨中弯矩设计值;

f_{tm}——砌体沿齿缝截面的弯曲抗拉强度设计值;

W——过梁的截面抵抗矩。

注: 由于过梁支座水平推力的存在,将延缓过梁沿正截面的弯曲破坏,提高了砌体沿通缝截面的弯

535

曲抗拉强度，不采用沿通缝截面的弯曲抗拉强度而采用沿齿缝截面的弯曲抗拉强度以考虑支座水平推力有的利作用。

（2）受剪承载力可按下列公式计算：

$$V \leqslant f_v bz \tag{5.5.2}$$

式中　V——按简支梁并取净跨计算的过梁支座剪力设计值；

f_v——砌体的抗剪强度设计值；

b——过梁的截面宽度，取墙厚；

z——内力臂，一般情况下取 $z=I/S$，当矩形截面时，取 $z=2h/3$；

I——截面惯性矩；

S——截面面积矩；

h——过梁的截面计算高度。

2. 钢筋砖过梁的计算

（1）受弯承载力可按下列公式计算：

$$M \leqslant 0.85 f_y A_s h_0 \tag{5.5.3}$$

式中　M——按简支梁并取净跨计算的过梁跨中弯矩设计值；

f_y——钢筋的抗拉强度设计值；

A_s——受拉钢筋的截面面积；

h_0——过梁截面的有效高度，$h_0=h-a_s$；

h——过梁的截面计算高度，取过梁底面以上的墙体高度，但不大于 $l_n/3$；当考虑梁、板传来的荷载时，则按梁、板下的高度采用；

a_s——受拉钢筋重心至截面下边缘的距离。

（2）受剪承载力可按公式（5.5.2）计算。

3. 钢筋混凝土过梁的计算

（1）受弯承载力和受剪承载力按钢筋混凝土受弯构件计算。

（2）过梁支座砌体局部受压承载力验算时，可不考虑上部荷载 N_0 的影响。由于过梁与其上部砌体共同工作，构成刚度很大的深梁，变形很小，其有效支承长度可取过梁的实际支承长度，但不应超过墙厚，应力图形完整系数 $\eta=1$，砌体局部抗压强度提高系数 $\gamma=1.25$。

注：墙梁和过梁试验表明，砌有一定高度墙体的钢筋混凝土过梁是偏心受拉构件，按混凝土受弯构件计算是不合理的。过梁与墙梁并无明确分界定义，主要差别在于过梁支承于平行的墙体上，且相对支承长度较长；一般过梁跨度较小，承受的梁、板荷载较小。当过梁跨度较大或承受较大梁、板荷载时，按墙梁设计是合理的。

5.5.6　过梁应按什么流程进行承载力验算？

【解析】过梁承载力的计算流程见图 5.5.4。

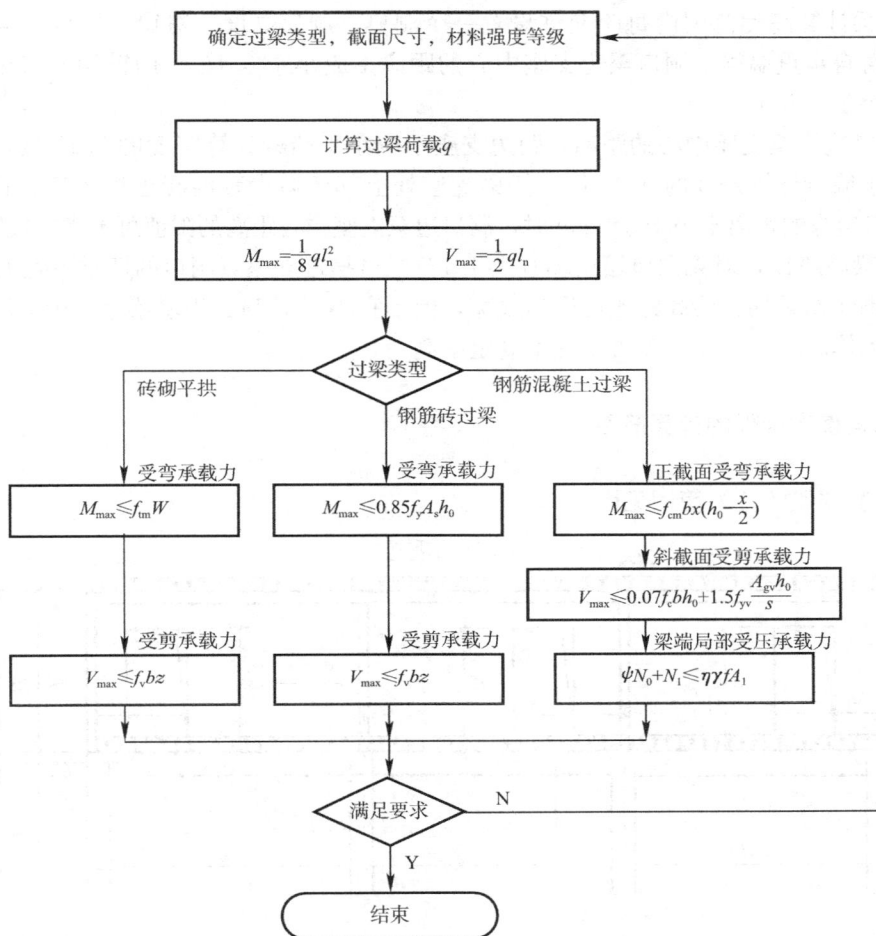

图 5.5.4 过梁承载力计算流程

第三节 墙 梁

5.5.7 现行《砌体结构设计规范》中墙梁的适用范围是什么？

【解析】现行规范中，墙梁应符合下列要求：

1. 砌体类型：烧结普通砖砌体、混凝土普通砖砌体、混凝土多孔砖砌体和混凝土砌块砌体。

2. 墙梁设计应符合表 5.5.2 的规定。

墙梁的一般规定 表 5.5.2

墙梁类别	墙体总高度 (m)	跨度 (m)	墙体高跨比 h_w/l_{0i}	托梁高跨比 h_b/l_{0i}	洞宽比 b_h/l_{0i}	洞高 h_h
承重墙梁	≤18	≤9	≥0.4	≥1/10	≤0.3	≤$5h_w/6$ 且 $h_w-h_h≥0.4$m
自承重墙梁	≤18	≤12	≥1/3	≥1/15	≤0.8	—

注：墙体总高度指托梁顶面到檐口的高度，带阁楼的坡屋面应算到山尖墙 1/2 高度处。

3. 墙梁计算高度范围内每跨允许设置一个洞口，洞口高度，对窗洞取洞顶至托梁顶面距离。对自承重墙梁，洞口至边支座中心的距离不应小于 $0.1l_{oi}$，门窗洞上口至墙顶的距离不应小于 0.5m。

4. 洞口边缘至支座中心的距离，距边支座不应小于墙梁计算跨度的 0.15 倍，距中支座不应小于墙梁计算跨度的 0.07 倍。托梁支座处上部墙体设置混凝土构造柱、且构造柱边缘至洞口边缘的距离不小于 240mm 时，洞口边至支座中心距离的限值可不受本规定限制。

5. 托梁高跨比，对无洞口墙梁不宜大于 1/7，对靠近支座有洞口的墙梁不宜大于 1/6。配筋砌块砌体墙梁的托梁高跨比可适当放宽，但不宜小于 1/14；当墙梁结构中的墙体均为配筋砌块砌体时，墙体总高度可不受本规定限制。

5.5.8　怎样确定墙梁的计算简图？

【解析】墙梁的计算简图见图 5.5.5。

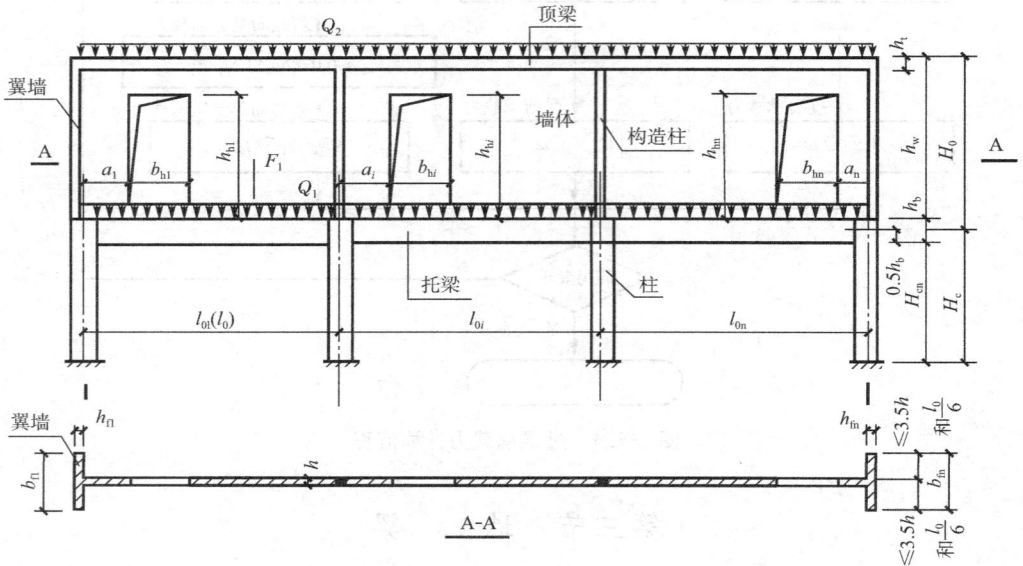

图 5.5.5　墙梁计简算图

l_0 (l_{0i}) —墙梁计算跨度；h_w—墙体计算高度；h—墙体厚度；H_0—墙梁跨中截面计算高度；b_{f1}—翼墙计算宽度；H_c—框架柱计算高度；b_{hi}—洞口宽度；h_{hi}—洞口高度；a_i—洞口边缘至支座中心的距离；Q_1、F_1—承重墙梁的托梁顶面的荷载设计值；Q_2—承重墙梁的墙梁顶面的荷载设计值

1. 墙梁计算跨度，对简支墙梁和连续墙梁取净跨的 1.1 倍或支座中心线距离的较小值；框支墙梁支座中心线距离，取框架柱轴线间的距离；

2. 墙体计算高度，取托梁顶面上一层墙体（包括顶梁）高度，当 h_w 大于 l_0 时，取 h_w 等于 l_0（对连续墙梁和多跨框支墙梁，l_0 取各跨的平均值）；

3. 墙梁跨中截面计算高度，取 $H_0 = h_w + 0.5h_b$；

4. 翼墙计算宽度，取窗间墙宽度或横墙间距的 2/3，且每边不大于 3.5 倍的墙体厚度和墙梁计算跨度的 1/6；

5. 框架柱计算高度，取 $H_c = H_{cn} + 0.5h_b$；H_{cn} 为框架柱的净高，取基础顶面至托梁底面的距离。

5.5.9　如何计算墙梁的荷载？

【解析】墙梁的荷载可按表 5.5.3 确定。

墙梁的荷载　　　　　　　　　　　　表 5.5.3

阶　段	类　别		荷载取值
使用阶段	承重墙梁	Q_1、F_1	取托梁自重及本层楼盖的恒荷载和活荷载
		Q_2	取托梁以上各层墙体自重，以及墙梁顶面以上各层楼（屋）盖的恒荷载和活荷载；集中荷载可沿作用的跨度近似化为均布荷载
	自承重墙梁	Q_2	取托梁自重及托梁以上墙体自重
施工阶段	托梁		1. 托梁自重及本层楼盖的恒荷载； 2. 本层楼盖的施工荷载； 3. 墙体自重，可取高度为 $\frac{l_{0max}}{3}$ 的墙体自重，开洞时尚应按洞顶以下实际分布的墙体自重复核；l_{0max} 为各计算跨度的最大值

5.5.10　墙梁有哪几种破坏形态？

【解析】墙梁的破坏有以下三种破坏形态（图 5.5.6）：

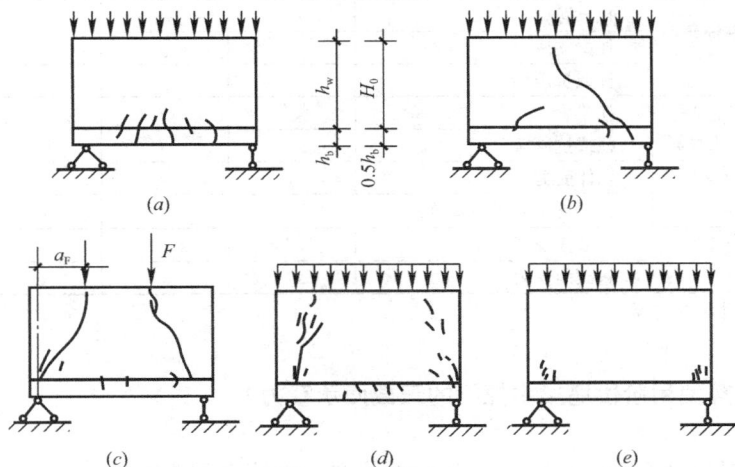

图 5.5.6　墙梁的破坏形态

（a）弯曲破坏；（b）斜拉破坏；（c）集中荷载下的斜拉破坏；（d）斜压破坏；（e）局部受压破坏

1. 弯曲破坏：当托梁中钢筋较少而砌体强度较高，且 h_w/l_0 较小时，先在梁跨中出现垂直裂缝，随荷载增加迅速向上伸延，并穿过梁与墙的界面进入墙体。当托梁主裂缝截面的钢筋达到屈服时，墙梁发生沿跨中垂直截面的弯曲破坏。

2. 剪切破坏：当托梁钢筋较多而砌体强度相对较低，且 h_w/l_0 适中时，易在支座上部的砌体中出现因主拉应力或主压应力过大而引起的斜裂缝，墙体产生剪切破坏。剪切破坏的形式有：斜拉破坏和斜压破坏。

（1）斜拉破坏

当 $h_w/l_0<0.4$，砂浆强度等级又较低时，砌体因主拉应力超过沿齿缝的抗拉强度，产

生沿齿缝截面比较平缓的斜裂缝而破坏。

当墙体顶部作用集中力，且剪跨比（a_F/l_0）较大时，也产生斜拉破坏，破坏时裂缝沿集中力作用点向支座开展，这种破坏属脆性破坏。

（2）斜压破坏

当 $h_w/l_0 \geqslant 0.4$，或集中力的剪跨比（a_F/l_0）较小时，支座附近剪跨范围的砌体将因主压应力过大而产生斜压破坏。破坏时的斜裂缝数量多、坡度陡，裂缝间的砖和砂浆出现压碎崩落现象，其极限承载力较大。

3. 局部受压破坏：当托梁中钢筋较多，砌体强度相对较低，且 $h_w/l_0 \geqslant 0.75$ 时，邻近支座处因压应力过大而产生局部受压破坏。当墙梁两端设置翼墙时，可以提高托梁上砌体的局部受压承载力。

5.5.11 墙梁的承载力计算应包括哪些内容？

【解析】墙梁的承载力计算内容可按表 5.5.4 确定。

墙梁承载力计算内容   表 5.5.4

计算内容			墙梁类别			
			承重墙梁			自承重墙梁
			简支	连续	框支	
使用阶段	正截面承载力计算	托梁跨中	√	√	√	√
		托梁支座		√	√	
		柱或抗震墙			√	
	斜截面受剪承载力计算	托梁	√	√	√	√
		柱或抗震墙			√	
	墙体承载力计算	墙体受剪	√	√	√	
		托梁支座上部砌体局部受压	√	√	√	
施工阶段	托梁承载力验算	正截面受弯	√	√	√	√
		斜截面受剪	√	√	√	√

注：√表示必须计算的内容。

5.5.12 如何验算使用阶段墙梁中托梁的正截面承载力？

【解析】使用阶段墙梁中托梁的正截面承载力，可按下列规定验算：

1. 托梁跨中截面应按混凝土偏心受拉构件计算，第 i 跨跨中最大弯矩设计值 M_{bi} 及轴心拉力设计值 N_{bti} 可按下列公式计算：

$$M_{bi} = M_{1i} + a_M M_{2i} \tag{5.5.4}$$

$$N_{bti} = \eta_N \frac{M_{2i}}{H_0} \tag{5.5.5}$$

（1）当为简支墙梁时：

$$a_M = \psi_M \left(1.7 \frac{h_b}{l_0} - 0.03 \right) \tag{5.5.6}$$

$$\psi_M = 4.5 - 10 \frac{a}{l_0} \tag{5.5.7}$$

$$\eta_{\mathrm{N}} = 0.44 + 2.1 \frac{h_{\mathrm{w}}}{l_0} \qquad (5.5.8)$$

（2）当为连续墙梁和框支墙梁时：

$$a_{\mathrm{M}} = \psi_{\mathrm{M}} \left(2.7 \frac{h_{\mathrm{b}}}{l_{0i}} - 0.08 \right) \qquad (5.5.9)$$

$$\psi_{\mathrm{M}} = 3.8 - 8.0 \frac{a_i}{l_{0i}} \qquad (5.5.10)$$

$$\eta_{\mathrm{N}} = 0.8 + 2.6 \frac{h_{\mathrm{w}}}{l_{0i}} \qquad (5.5.11)$$

式中　M_{1i}——荷载设计值 Q_1、F_1 作用下的简支梁跨中弯矩或按连续梁、框架分析的托梁第 i 跨跨中最大弯矩；

M_{2i}——荷载设计值 Q_2 作用下的简支梁跨中弯矩或按连续梁、框架分析的托梁第 i 跨跨中最大弯矩；

a_{M}——考虑墙梁组合作用的托梁跨中截面弯矩系数，可按公式（5.5.6）或（5.5.9）计算，但对自承重简支墙梁应乘以折减系数 0.8；当公式（5.5.6）中的 $h_{\mathrm{b}}/l_0 > 1/6$ 时，取 $h_{\mathrm{b}}/l_0 = 1/6$；当公式（5.5.6）中的 $h_{\mathrm{b}}/l_{0i} > 1/7$ 时，取 $h_{\mathrm{b}}/l_{0i} = 1/7$；当 $a_{\mathrm{M}} > 1.0$ 时，取 $a_{\mathrm{M}} = 1.0$；

η_{N}——考虑墙梁组合作用的托梁跨中截面轴力系数，可按公式（5.5.8）或（5.5.11）计算，但对自承重简支墙梁应乘以折减系数 0.8；当 $h_{\mathrm{w}}/l_{0i} > 1$ 时，取 $h_{\mathrm{w}}/l_{0i} = 1$；

ψ_{M}——洞口对托梁跨中截面弯矩的影响系数，对无洞口墙梁取 1.0，对有洞口墙梁可按公式（5.5.7）或（5.5.10）计算；

a_i——洞口边缘至墙梁最近支座中心的距离，当 $a_i > 0.35 l_{0i}$ 时，取 $a_i = 0.35 l_{0i}$。

2. 托梁支座截面应按混凝土受弯构件计算，第 j 支座的弯矩设计值 $M_{\mathrm{b}j}$ 可按下列公式计算：

$$M_{\mathrm{b}j} = M_{1j} + a_{\mathrm{M}} M_{2j} \qquad (5.5.12)$$

$$a_{\mathrm{M}} = 0.75 - \frac{a_i}{l_{0i}} \qquad (5.5.13)$$

式中　M_{1j}——荷载设计值 Q_1、F_1 作用下按连续梁或框架分析的托梁第 j 支座截面的弯矩设计值；

M_{2j}——荷载设计值 Q_2 作用下按连续梁或框架分析的托梁第 j 支座截面的弯矩设计值；

a_{M}——考虑墙梁组合作用的托梁支座截面弯矩系数，无洞口墙梁取 0.4，有洞口墙梁可按公式（5.3.13）计算。

5.5.13　如何验算使用阶段墙梁斜截面受剪承载力？

【解析】使用阶段墙梁斜截面受剪承载力，可按下列规定验算：

1. 墙梁的托梁斜截面受剪承载力应按混凝土受弯构件计算，第 j 支座边缘截面的剪力设计值 $V_{\mathrm{b}j}$ 可按下式计算：

$$V_{bj} = V_{1j} + \beta_v V_{2j} \qquad (5.5.14)$$

式中　V_{1j}——荷载设计值 Q_1、F_1 作用下按简支梁、连续梁或框架分析的托梁第 j 支座边缘截面剪力设计值；

V_{2j}——荷载设计值 Q_2 作用下按简支梁、连续梁或框架分析的托梁第 j 支座边缘截面剪力设计值；

β_v——考虑墙梁组合作用的托梁剪力系数，无洞口墙梁边支座截面取 0.6，中间支座截面取 0.7；有洞口墙梁边支座截面取 0.7，中间支座截面取 0.8；对自承重墙梁，无洞口时取 0.45，有洞口时取 0.5。

2. 墙梁的墙体受剪承载力，应按公式（5.5.15）验算，当墙梁支座处墙体中设置上、下贯通的落地混凝土构造柱，且其截面不小于 240mm×240mm 时，可不验算墙梁的墙体受剪承载力。

$$V_2 \leqslant \xi_1 \xi_2 \left(0.2 + \frac{h_b}{l_{0i}} + \frac{h_t}{l_{0i}} \right) f h h_w \qquad (5.5.15)$$

式中　V_2——在荷载设计值 Q_2 作用下墙梁支座边缘截面剪力的最大值；

ξ_1——翼墙影响系数，对单层墙梁取 1.0，对多层墙梁，当 $b_f/h = 3$ 时取 1.3，当 $b_f/h = 7$ 时取 1.5，当 $3 < b_f/h < 7$ 时，按线性插入取值；

ξ_2——洞口影响系数，无洞口墙梁取 1.0，多层有洞口墙梁取 0.9，单层有洞口墙梁取 0.6；

h_t——墙梁顶面圈梁截面高度。

5.5.14　如何验算托梁支座上部砌体局部受压承载力？

【解析】托梁支座上部砌体局部受压承载力，应按公式（5.5.16）验算，当墙梁的墙体中设置上、下贯通的落地混凝土构造柱，且其截面不小于 240mm×240mm 时，或当 b_f/h 大于等于 5 时，可不验算托梁支座上部砌体局部受压承载力。

$$Q_2 \leqslant \zeta f h \qquad (5.5.16)$$

$$\zeta = 0.25 + 0.08 \frac{b_f}{h} \qquad (5.5.17)$$

式中　ζ——局压系数。

5.5.15　如何验算施工阶段墙梁的承载力？

【解析】在施工阶段，托梁与墙体的组合拱作用还没有完全形成，因此不能按墙梁计算。施工阶段的荷载应由托梁单独承受。托梁应按钢筋混凝土受弯构件进行正截面抗弯和斜截面抗剪承载力验算，结构重要性系数 γ_0 取 1.0。

5.5.16　如何验算框支墙梁的框支柱承载力？

【解析】框支柱的正截面承载力应按混凝土偏心受压构件计算，其弯矩 M_c 和轴力 N_c

可按下列公式计算：

$$M_C = M_{1C} + M_{2C} \tag{5.5.18}$$

$$N_C = N_{1C} + \eta_N N_{2C} \tag{5.5.19}$$

式中　M_{1C}——荷载设计值 Q_1、F_1 作用下按框架分析的柱弯矩；

　　　N_{1C}——荷载设计值 Q_1、F_1 作用下按框架分析的柱轴力；

　　　M_{2C}——荷载设计值 Q_2 作用下按框架分析的柱弯矩；

　　　N_{2C}——荷载设计值 Q_2 作用下按框架分析的柱轴力；

　　　η_N——考虑墙梁组合作用的柱轴力系数，单跨框支墙梁的边柱和多跨框支墙梁的中柱取 1.0；多跨框支墙梁的边柱当轴力增大不利时取 1.2，当轴力增大有利时取 1.0。

5.5.17　墙梁应按什么流程进行承载力计算？

【解析】墙梁承载力的计算流程见图 5.5.7。

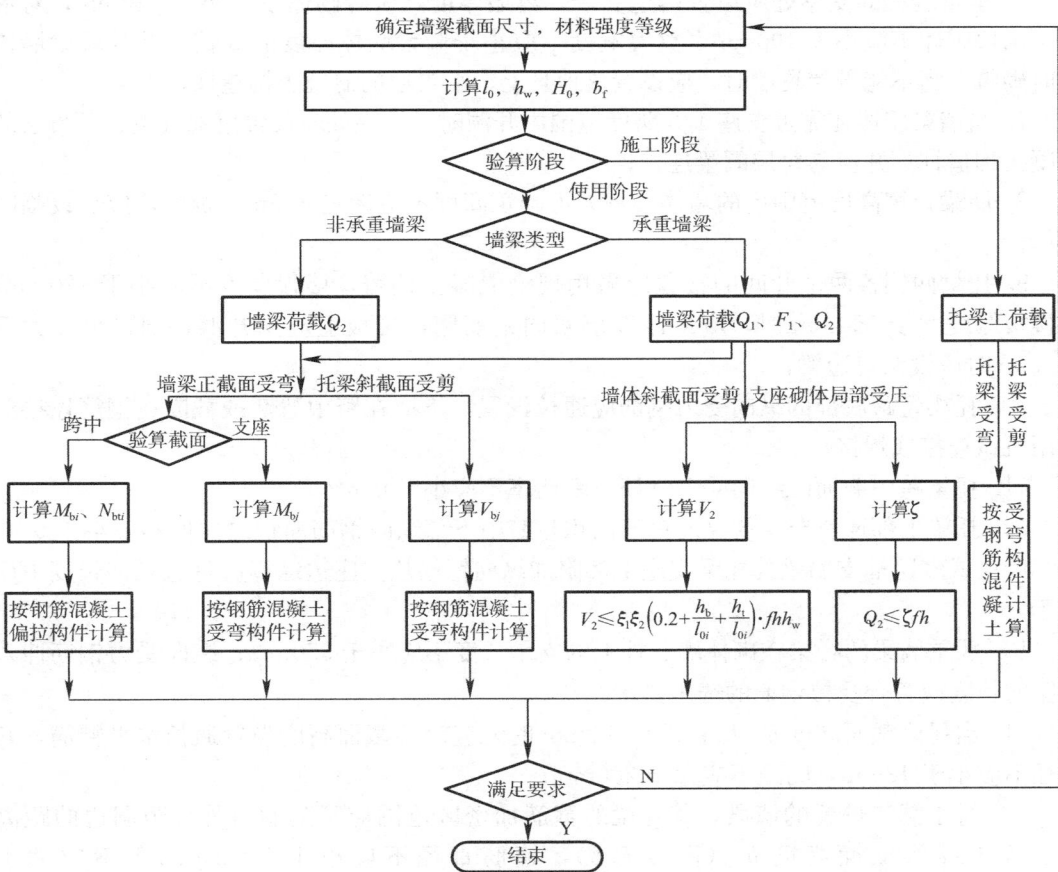

图 5.5.7　墙梁承载力计算流程

5.5.18 墙梁在构造上应符合哪些要求？

【解析】为了保证托梁与墙体很好地共同工作，反映托梁跨中为偏心受拉的受力特点，墙梁除应符合本章和现行国家标准《混凝土结构设计规范》GB 50010 的有关构造规定外，尚应符合下列构造要求：

1. 托梁和框支柱的混凝土强度等级不应低于 C30；

2. 承重墙梁的块体强度等级不应低于 MU10，计算高度范围内墙体的砂浆强度等级不应低于 M10（Mb10）；

3. 框支墙梁的上部砌体房屋，以及设有承重的简支墙梁或连续墙梁的房屋，应满足刚性方案房屋的要求；

4. 墙梁的计算高度范围内的墙体厚度，对砖砌体不应小于 240mm，对混凝土砌块砌体不应小于 190mm；

5. 墙梁洞口上方应设置混凝土过梁，其支承长度不应小于 240mm；洞口范围内不应施加集中荷载；

6. 承重墙梁的支座处应设置落地翼墙，翼墙厚度，对砖砌体不应小于 240mm，对混凝土砌块砌体不应小于 190mm，翼墙宽度不应小于墙梁墙体厚度的 3 倍，并与墙梁墙体同时砌筑。当不能设置翼墙时，应设置落地且上、下贯通的混凝土构造柱；

7. 当墙梁墙体在靠近支座 1/3 跨度范围内开洞时，支座处应设置落地且上、下贯通的混凝土构造柱，并应与每层圈梁连接；

8. 墙梁计算高度范围内的墙体，每天可砌筑高度不应超过 1.5m，否则，应加设临时支撑；

9. 托梁两侧各两个开间的楼盖应采用现浇混凝土楼盖，楼板厚度不应小于 120mm，当楼板厚度大于 150mm 时，应采用双层双向钢筋网，楼板上应少开洞，洞口尺寸大于 800mm 时应设洞口边梁；

10. 托梁每跨底部的纵向受力钢筋应通长设置，不应在跨中弯起或截断；钢筋连接应采用机械连接或焊接；

11. 托梁跨中截面的纵向受力钢筋总配筋率不应小于 0.6%；

12. 托梁上部通长布置的纵向钢筋面积与跨中下部纵向钢筋面积之比值不应小于 0.4；连续墙梁或多跨框支墙梁的托梁支座上部附加纵向钢筋从支座边缘算起每边延伸长度不应小于 $l_0/4$；

13. 承重墙梁的托梁在砌体墙、柱上的支承长度不应小于 350mm；纵向受力钢筋伸入支座的长度应符合受拉钢筋的锚固要求；

14. 当托梁截面高度 h_b 大于等于 450mm 时，应沿梁截面高度设置通长水平腰筋，其直径不应小于 12mm，间距不应大于 200mm；

15. 对于洞口偏置的墙梁，其托梁的箍筋加密区范围应延到洞口外，距洞边的距离大于等于托梁截面高度 h_b（图 5.5.8），箍筋直径不应小于 8mm，间距不应大于 100mm。

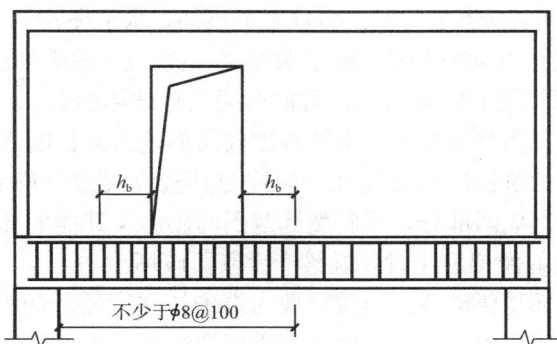

图 5.5.8 偏开洞时托梁箍筋加密区

第四节　挑　　梁

5.5.19　挑梁如何进行分类？

【解析】挑梁可分为两类：

1. 刚性挑梁：当 $l_1 < 2.2h_b$ 时属刚性挑梁（l_1 为挑梁埋入砌体墙中的长度，h_b 为挑梁的截面高度）。刚性挑梁的特点是：挑梁埋深较小，相对于砌体刚度较大，挑梁埋入部分挠曲变形很小，主要发生刚性转动变形，挑梁尾部翘起变形较大。悬臂楼梯、雨篷等构件属于刚性挑梁。

2. 弹性挑梁：当 $l_1 \geqslant 2.2h_b$ 时属弹性挑梁。弹性挑梁的特点是：挑梁埋深较大，相对于砌体的刚度较小，主要产生挠曲变形，挑梁尾部翘起变形较小。一般的挑梁属于弹性挑梁。

5.5.20　挑梁的受力特点和破坏形态是什么？

【解析】挑梁从受力到破坏可分为三个阶段：

1. 弹性工作阶段：当挑梁端部施加荷载 F 后，挑梁与墙体上下界面产生竖向正应力（图 5.5.9a），随着 F 的增加，应力也逐渐增大，当挑梁与墙体上界面在墙边处的竖向拉应力达到墙体沿通缝截面的抗拉强度时，出现水平裂缝①（图 5.5.9b）。此时 F 约为倾覆时荷载的 20%～30%。在此裂缝出现前，挑梁下墙体的变形呈直线分布，墙体的压应力远小于其抗压强度，挑梁与墙体共同工作。

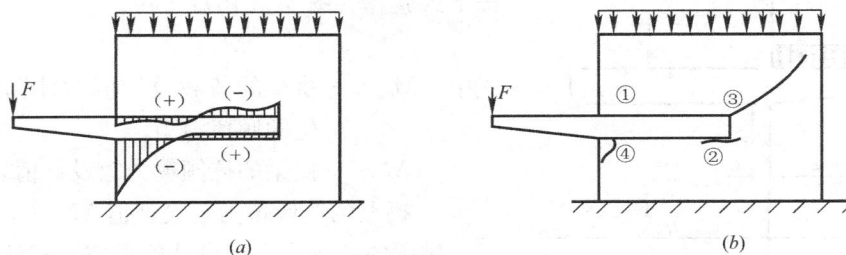

图 5.5.9　挑梁的应力分布及裂缝

2. 挑梁上下界面水平裂缝开展阶段：随着 F 的增加，水平裂缝①不断向内发展，同时挑梁埋入端下界面出现裂缝②并向前发展。随着裂缝①②的发展，挑梁上下界面受压区不断减小。

3. 破坏阶段：根据挑梁的实际情况，可能产生三种破坏形态：

（1）挑梁倾覆破坏：当挑梁埋入端砌体强度较高而埋入段长度 l_1 较短时，在挑梁尾部砌体中产生向后上方的阶梯形斜裂缝③，裂缝与其竖直线的夹角平均值为 $57°$。随着斜裂缝的发展，将墙体分割成两部分，当斜裂缝范围的砌体及其他上部荷载产生的抗倾覆力矩小于外荷载 F 等产生的倾覆力矩时，挑梁产生倾覆破坏。

（2）挑梁下砌体局部受压破坏：当挑梁埋入端砌体强度较低而埋入段长度 l_1 较长时，挑梁下墙边砌体在局部压应力作用下产生局部受压裂缝④，当压应力超过砌体局部抗压强度时，挑梁下的砌体发生局部受压破坏。

（3）挑梁本身破坏：当挑梁本身的正截面和斜截面承载力不足时，挑梁本身产生破坏。

5.5.21 如何确定挑梁的计算倾覆点？

【解析】从理论上分析，挑梁达到倾覆极限状态时的倾覆点，应位于倾覆荷载与抗倾覆荷载的力矩代数和为零处。由于砌体的弹塑性性质，挑梁发生倾覆破坏时，倾覆点的位置并不在墙体的最外边缘处，计算倾覆点距墙外边缘的距离 x_0 可以根据挑梁倾覆破坏时的倾覆荷载和抗倾覆荷载值进行反算。试验研究表明：弹性挑梁的 x_0 值随着挑梁高度 h_b 的增大而增大，刚性挑梁的 x_0 值随挑梁埋入砌体长度 l_1 的增大而增大。x_0 值可按下列规定计算：

1. 当 $l_1 \geqslant 2.2h_b$ 时

$$x_0 = 0.3h_b \leqslant 0.13l_1 \tag{5.5.20}$$

2. 当 $l_1 < 2.2h_b$ 时

$$x_0 = 0.13l_1 \tag{5.5.21}$$

式中　l_1——挑梁埋入砌体墙中的长度（mm）；

　　　x_0——计算倾覆点至墙外边缘的距离（mm）；

　　　h_b——挑梁的截面高度（mm）。

3. 当挑梁下有构造柱时，计算倾覆点至墙外边缘的距离可取 $0.5x_0$。

5.5.22 如何进行挑梁的抗倾覆验算？

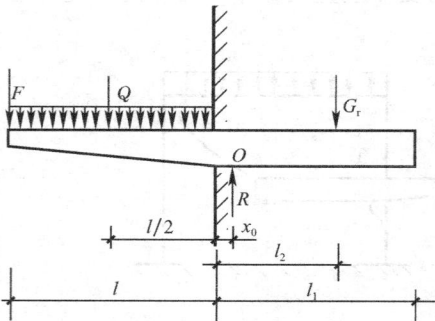

图 5.5.10　抗倾覆计算简图

【解析】1. 砌体中钢筋混凝土挑梁的抗倾覆应按下式验算（图 5.5.10）：

$$M_{ov} \leqslant M_r \tag{5.5.22}$$

式中　M_{ov}——挑梁的荷载设计值对计算倾覆点产生的倾覆力矩；

　　　M_r——挑梁的抗倾覆力矩设计值。

2. 挑梁的抗倾覆力矩设计值 M_r

挑梁的抗倾覆力矩设计值可按下式计算：

$$M_r = 0.8G_r(l_2 - x_0) \tag{5.5.23}$$

式中 G_r——挑梁的抗倾覆荷载，为挑梁尾端上部 45°扩展角的阴影范围（其水平长度为 l_3）内本层的砌体与楼面恒荷载标准值之和（图 5.5.11）尚应包括挑梁自重；当上部楼房无挑梁时，抗倾覆荷载中可计及上部楼房的楼面恒荷载标准值。

l_2——G_r 作用点至墙外边缘的距离。

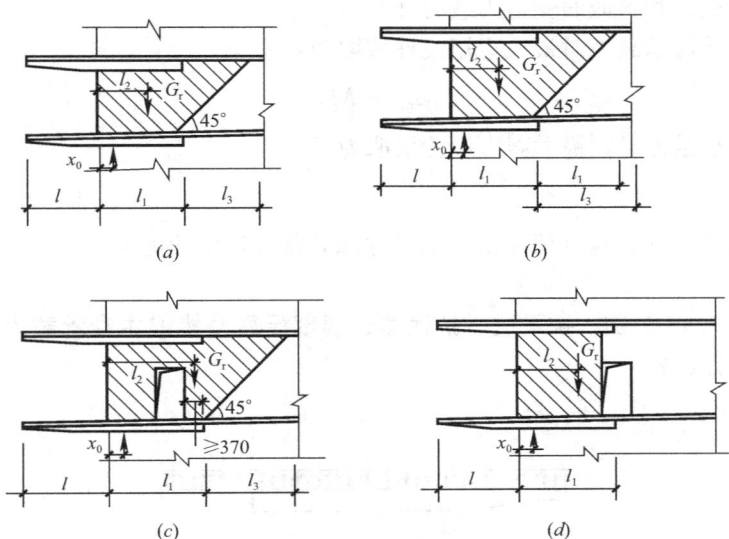

图 5.5.11 挑梁的抗倾覆荷载

(a) $l_3 \leqslant l_1$ 时；(b) $l_3 > l_1$ 时；(c) 洞在 l_1 之内；(d) 洞在 l_1 之外

5.5.23 如何验算挑梁下砌体的局部受压承载力？

【解析】挑梁下砌体的局部受压承载力，可按下式验算：

$$N_l \leqslant \eta \gamma f A_l \tag{5.5.24}$$

式中 N_l——挑梁下的支承压力，可取 $N_l = 2R$，R 为挑梁的倾覆荷载设计值；

η——梁端底面压应力图形的完整系数，可取 0.7；

γ——砌体局部抗压强度提高系数，对图 5.5.12（a）可取 1.25；对图 5.5.12（b）可取 1.5；

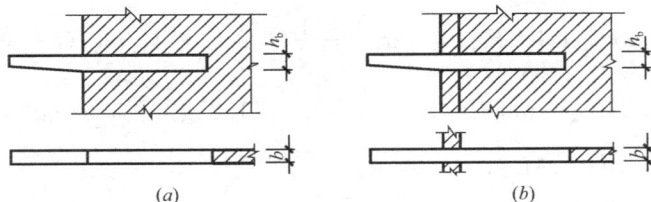

图 5.5.12 挑梁下砌体局部受压

(a) 挑梁支承在一字墙；(b) 挑梁支承在丁字墙

A_l——挑梁下砌体局部受压面积，可取 $A_l = 1.2bh_b$，b 为挑梁的截面宽度，h_b 为挑梁的截面高度。

5.5.24 如何验算钢筋混凝土挑梁的承载力？

【解析】按照《砌体结构设计规范》GB 50003 规定：挑梁应按钢筋混凝土受弯构件进行正截面受弯承载力和斜截面受剪承载力计算。

计算正截面受弯承载力时最大弯矩设计值取为：

$$M_{max} = M_{0v} \tag{5.5.25}$$

计算斜截面受剪承载力时，最大剪力设计值取为：

$$V_{max} = V_0 \tag{5.5.26}$$

式中 V_0——挑梁的荷载设计值在挑梁墙外边缘处截面产生的剪力。

5.5.25 以图5.5.13为例，挑梁进行抗倾覆、局部受压及挑梁本身承载力验算时，其内力如何计算？

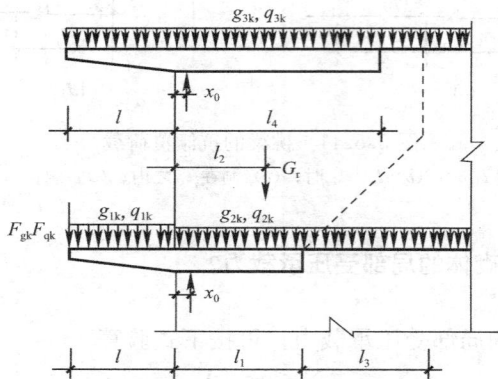

图 5.5.13 计算示例

【解析】1. 挑梁的抗倾覆验算：

$$M_r = 0.8G_r(l_2 - x_0) + 0.8 \times \frac{1}{2}g_{2k}(l_1 - x_0)^2$$

$$M_{ov1} = (1.2F_{gk} + 1.4F_{qk})(l + x_0) + \frac{1}{2}(1.2g_{1k} + 1.4q_{1k})(l + x_0)^2$$

$$M_{ov2} = (1.35F_{gk} + 0.98F_{qk})(l + x_0) + \frac{1}{2}(1.35g_{1k} + 0.98q_{1k})(l + x_0)^2$$

$$M_{ov} = \max(M_{ov1}, M_{ov2})$$

2. 挑梁下砌体的局部受压验算：

$$N_{l1} = 2R = 2[1.2F_{gk} + 1.4F_{qk} + (1.2g_{1k} + 1.4q_{1k})(l + x_0)^2]$$

$$N_{l2} = 2R = 2[1.35F_{gk} + 0.98F_{qk} + (1.35g_{1k} + 0.98q_{1k})(l + x_0)^2]$$

$$N_l = M_{\max}(N_{l1}, N_{l2})$$

3. 挑梁本身承载力的验算：

$$M_{max1} = (1.2F_{gk} + 1.4F_{qk})(l + x_0) + \frac{1}{2}(1.2g_{lk} + 1.4q_{lk})(l + x_0)^2$$

$$M_{max2} = (1.35F_{gk} + 0.98F_{qk})(l + x_0) + \frac{1}{2}(1.35g_{lk} + 0.98q_{lk})(l + x_0)^2$$

$$M_{max} = \max(M_{max1}、M_{max2})$$

$$V_{max1} = 1.2F_{qk} + 1.4F_{qk} + (1.2g_{1k} + 1.4q_{1k})l$$

$$V_{max2} = 1.35F_{qk} + 0.98F_{qk} + (1.35g_{1k} + 0.98q_{1k})l$$

$$V_{max} = \max(V_{max1}, V_{max2})$$

5.5.26 如何进行雨篷的抗倾覆验算？

【解析】雨篷等悬挑构件的抗倾覆验算仍可按式（5.5.22）进行，计算倾覆点的位置 x_0 可按式（5.5.21）计算，M_r 可按式（5.5.23）计算，但其抗倾覆荷载 G_r 可按图 5.5.14 计算，图中 G_r 距墙外边缘的距离 $l_2 = l_1/2$，$l_3 = l_n/2$。

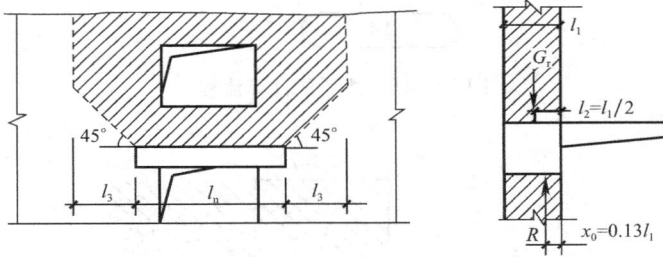

图 5.5.14 雨篷的抗倾覆荷载

5.5.27 挑梁应按什么流程进行验算？

【解析】挑梁验算的流程见图 5.5.15。

5.5.28 挑梁在构造上应符合哪些要求？

【解析】混凝土挑梁等悬挑构件除应符合《混凝土结构设计规范》GB 50010 的有关构造规定外，尚应满足下列构造要求（图 5.5.16）：

1. 纵向受力钢筋至少应有 1/2 的钢筋面积伸入梁尾端，且不小于 2φ12。其余钢筋伸入支座的长度不应小于 $2l_1/3$。

2. 挑梁埋入砌体内长度 l_1 与挑出长度 l 之比宜大于 1.2；当挑梁上部无砌体时，l_1 与 l 之比宜大于 2。

3. 施工阶段悬挑构件的抗倾覆承载力应由施工单位按实际施工荷载进行验算，必要时可加设临时支撑。

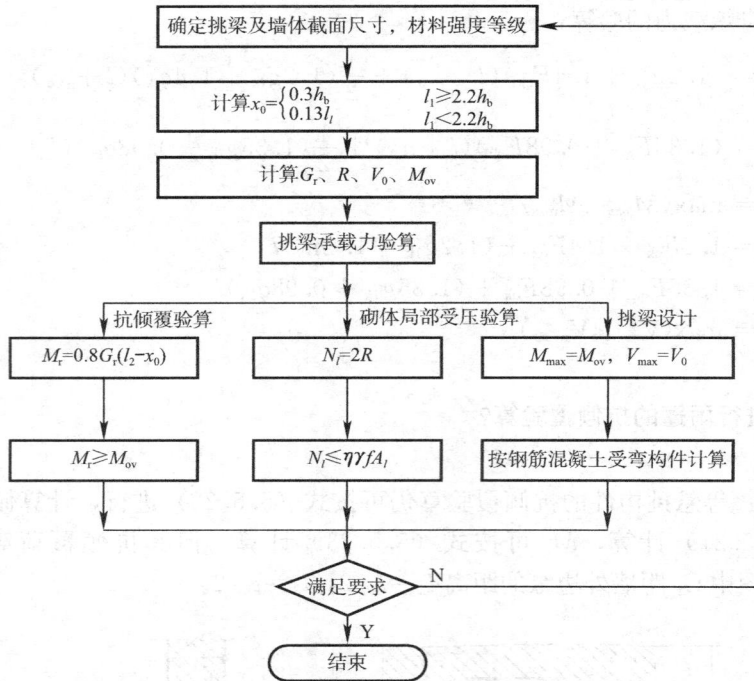

図 5.5.15 挑梁的计算流程

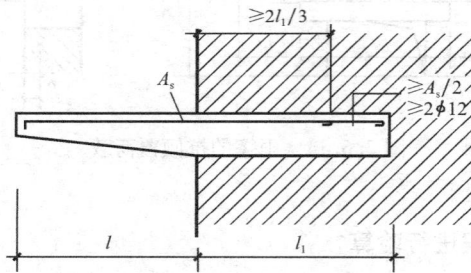

図 5.5.16 挑梁的构造

550

第六章　配筋砖砌体构件

第一节　网状配筋砖砌体构件

5.6.1　什么情况下不宜采用网状配筋砖砌体构件？

【解析】由于网状配筋砌体在偏心受压时的受力性能受偏心距的影响较大，当偏心距大时，网状钢筋的作用减小，砌体承载能力的提高亦有限，因此偏心距不应超过截面核心范围。对于矩形截面构件，即当偏心距 $e/y > 1/3$（或 $e/h > 0.17$）时，或偏心距虽未超过截面核心范围，但构件高厚比 $\beta > 16$ 时均不宜采用网状配筋砖砌体。

5.6.2　网状配筋砖砌体和无筋砌体受力性能有何差别？

【解析】网状配筋砌体和无筋砌体在受压性能上之所以有较大区别，主要是因为配置在砌体内钢筋网的作用。当砌体受压时产生纵向压缩变形，同时还产生横向变形，而钢筋网与灰缝砂浆之间的摩擦力和粘结力能承受较大的横向拉应力，使钢筋参与砌体共同工作，而且钢筋的弹性模量较砌体的高得多，从而约束了砌体的横向变形，使被竖向裂缝分开的小柱体不至过早失稳破坏，导致间接地提高了砌体的抗压强度。

5.6.3　网状配筋砖砌体在构造上应符合哪些要求？

【解析】网状配筋砖砌体的构造应符合下列要求：

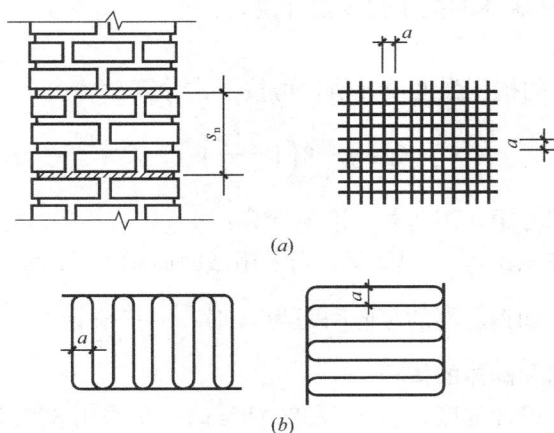

图 5.6.1　网状配筋形式

(a) 用方格网配筋的砖柱；(b) 连弯钢筋网

1. 网状配筋砖砌体的配筋形式有：方格网配筋和连弯钢筋网（图 5.6.1）。

2. 网状配筋砖砌体中的配筋率过小时，砌体抗压强度的提高有限；配筋率过大时，钢筋的强度不能充分利用。因此，要求按体积比计算的配筋率不应小于0.1%，也不应大于1%。钢筋网的间距，不应大于五皮砖和400mm。

3. 砌筑在灰缝砂浆内的钢筋网易于锈蚀，因此，钢筋直径较粗时对抗锈蚀有利。但钢筋直径过大时将使灰缝加厚，对砌体受力产生不利影响。因此网状钢筋的直径宜采用3～4mm，连弯钢筋的直径不应大于8mm。

4. 当钢筋网中钢筋间距过大时，钢筋网的横向约束效应较低；间距过小时，灰缝中的砂浆不易密实。因此钢筋网中钢筋间距不应小于30mm，也不应大于120mm。

5. 网状配筋砌体中所选用的砌体材料强度等级不宜过低。当采用强度较高的砂浆时，砂浆与钢筋有较好的粘结力，也有利于钢筋的保护。因此要求砖的强度等级不应低于MU10，砂浆的强度等级不应低于M7.5。

6. 施工时水平灰缝的厚度应控制在8～12mm，并应保证钢筋上下至少各有2mm厚的砂浆层。

7. 为了便于检查钢筋网是否漏放，可在钢筋网中留出标记，如将钢筋网中一根钢筋的末端伸出砌体表面5mm。

5.6.4 如何验算网状配筋砖砌体构件的受压承载力？

【解析】网状配筋砖砌体受压构件的承载力按下列规定进行验算；

1. 网状配筋砖砌体受压构件的承载力，可按下式计算：

$$N \leqslant \varphi_n f_n A \qquad (5.6.1)$$

式中　N——荷载设计值产生的轴向力；

　　φ_n——高厚比和配筋率以及轴向力的偏心距对网状配筋砖砌体受压构件承载力的影响系数；

　　f_n——网状配筋砖砌体的抗压强度设计值；

　　A——截面面积。

2. 网状配筋砖砌体的抗压强度设计值，可按下式计算：

$$f_n = f + 2\left(1 - \frac{2e}{y}\right)\rho f_y \qquad (5.6.2)$$

式中　e——轴向力的偏心距，按荷载标准值计算；

　　ρ——配筋率（体积比），$\rho = V_s/V$，当采用截面面积为 A_s 的钢筋组成的方格网，网格尺寸为 a 和钢筋网的竖向间距为 s_n 时：$\rho = \dfrac{2A_s}{as_n}$；

　V_s、V——分别为钢筋和砌体的体积；

　　f_y——受拉钢筋的设计强度，当 $f_y > 320$MPa 时，仍采用320MPa。

当采用连弯钢筋网时，网的钢筋应互相垂直，沿砌体高度交错设置，s_n 取同一方向网的竖向间距。

3. 高厚比和配筋率以及轴向力偏心距对网状配筋砖砌体受压构件承载力影响系数 φ_n，

可按下式计算：

$$\varphi_n = \frac{1}{1+12\left[\frac{e}{h}+\sqrt{\frac{1}{12}\left(\frac{1}{\varphi_{0n}}-1\right)}\right]^2} \qquad (5.6.3)$$

$$\varphi_{0n} = \frac{1}{1+\frac{1+3\rho}{667}\beta^2} \qquad (5.6.4)$$

式中　φ_{0n}——网状配筋砖砌体受压构件的稳定系数。

4. 对于矩形截面网状配筋砖砌体受压构件，当轴向力偏心方向的截面尺寸大于另一方向的边长时，除按偏心受压计算外，还应对另一方向按轴心受压进行验算。

5. 当网状配筋砖砌体构件的下端与无筋砌体交接时，还应验算无筋砌体的局部受压承载力。

5.6.5　网状配筋砖砌体与无筋砌体构件承载力计算有何差别？

【解析】网状配筋砖砌体与无筋砌体受压构件承载力计算对比见表5.6.1。

承载力计算对比表　　　　　　　　　　　　　　表 5.6.1

	无筋砌体	网状配筋砌体
承载力表达式	$N \leqslant \varphi f A$	$N \leqslant \varphi_n f_n A$
砌体抗压强度设计值	f	$f_n = f + 2\left(1-\frac{2e}{y}\right)\frac{\rho}{100}f_y$
限制条件	$e \leqslant 0.6y$	$e \leqslant 0.17h$（$e \leqslant 0.34y$），$\beta \leqslant 16$ $0.1\% \leqslant \rho \leqslant 1\%$
影响系数	$\varphi = \frac{1}{1+12\eta_1^2}$ $\eta_1 = \frac{e}{h}+\sqrt{\frac{1}{12}\left(\frac{1}{\varphi_0}-1\right)}$	$\varphi_n = \frac{1}{1+12\eta_2^2}$ $\eta_2 = \frac{e}{h}+\sqrt{\frac{1}{12}\left(\frac{1}{\varphi_{0n}}-1\right)}$
轴心受压稳定系数	$\varphi_0 = \frac{1}{1+a\beta^2} = \frac{1}{1+0.0015\beta^2}$（$\geqslant$M5 时）	$\varphi_{0n} = \frac{1}{1+\frac{1+3\rho}{667}\beta^2}$ $= \frac{1}{1+0.0015\,(1+3\rho)\,\beta^2}$

5.6.6　网状配筋砖砌体受压构件应按什么流程进行承载力验算？

【解析】网状配筋砖砌体受压构件承载力的计算流程见图5.6.2。

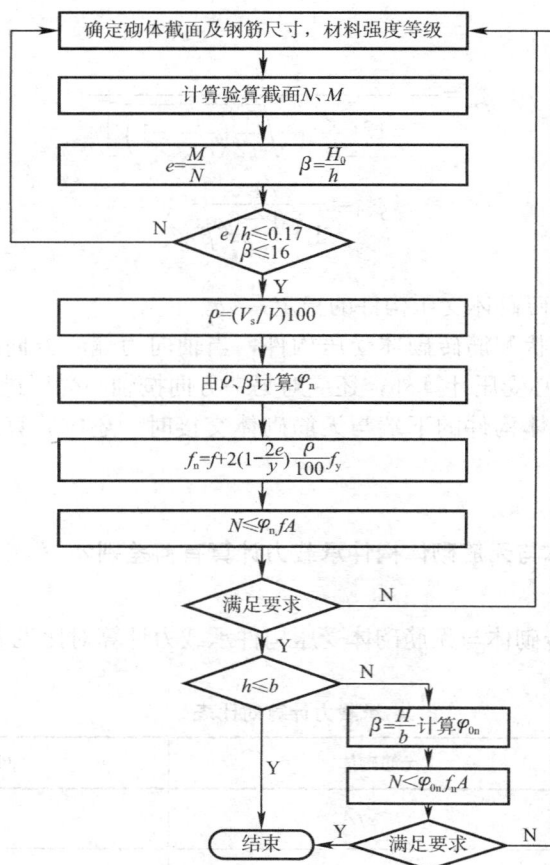

图 5.6.2 网状配筋砖砌体受压构件计算

注：h——偏心方向的截面边长；b——垂直于偏心方向的截面边长。

第二节 组合砖砌体构件

5.6.7 什么情况下，宜采用组合砖砌体构件？

【解析】下列情况下宜采用组合砖砌体构件：

1. 轴向力偏心距 $e > 0.6y$（y 为截面形心到轴向力所在偏心方向截面边缘的距离）时；
2. 无筋砌体受压构件的截面尺寸受到限制时；
3. 采用无筋砌体设计不经济时。

5.6.8 组合砖砌体构件受压特征是什么？

【解析】组合砖砌体由砖砌体、钢筋、混凝土或砂浆三种不同的材料组成，由于砖能吸收混凝土中多余的水分，因此，组合砌体中混凝土强度比在木模或钢模中硬化时要高。

组合砖砌体在轴心压力作用下，截面中三种材料的变形相同，由于三种材料达到各自强度时的压应变不同，钢筋达到屈服时的压应变最小，混凝土次之，砖砌体达到抗压强度时的压应变最大。因此组合砖砌体在轴心压力作用下，纵向钢筋首先屈服，然后混凝土达到抗压强度，此时砖砌体尚未破坏。在构件破坏时，砌体的强度不能充分利用。

组合砖砌体在偏心压力作用下，达到极限压力时受压较大边的混凝土或砂浆面层可以达到抗压强度，受压钢筋达到抗压强度，受拉钢筋在大偏心受压时才能达到抗拉强度。偏心受压组合砖砌体构件可分为两种破坏形态：小偏心受压时，受压区混凝土或砂浆面层及部分砌体受压破坏；大偏心受压时，受拉钢筋首先屈服，然后受压区的砌体和混凝土产生破坏。其破坏特征与钢筋混凝土构件相似。

5.6.9 组合砖砌体受压构件在构造上应符合哪些要求？

【解析】组合砖砌体受压构件应满足以下构造要求：

1. 面层混凝土强度等级宜采用 C20。面层水泥砂浆不宜低于 M10。砌筑砂浆不宜低于 M7.5。

2. 受力筋保护层厚度，不应小于表 5.6.2 中的规定。受力钢筋距砖砌体表面的距离，也不应小于 5mm。

保护层厚度（mm）　　　　表 5.6.2

构件类别	环境条件		构件类别	环境条件	
	室内正常环境	露天或室内潮湿环境		室内正常环境	露天或室内潮湿环境
墙	15	25	柱	25	35

注：当面层为水泥砂浆时，对于柱，保护层厚度可减少 5mm。

3. 采用砂浆面层的组合砖砌体，砂浆面层的厚度可采用 30～45mm。当面层厚度大于 45mm 时，宜采用混凝土。

4. 竖向受力钢筋宜采用 HPB235 级钢筋，对于混凝土面层，亦可采用 HRB335 级钢筋。受压钢筋的配筋率，一侧不宜小于 0.1%（砂浆面层）或 0.2%（混凝土面层）。受拉钢筋配筋率，不应小于 0.1%。竖向受力钢筋直径不应小于 8mm，钢筋的净间距不应小于 30mm。

5. 箍筋的直径不宜小于 4mm 及 0.2 倍的受压钢筋直径，也不宜大于 6mm。箍筋间距不应大于 20 倍受压钢筋的直径及 500mm，也不应小于 120mm。

6. 当组合砖砌体构件一侧的受力钢筋多于 4 根时，应设置附加箍筋或拉结钢筋。对截面长短边相差较大的构件（如墙体等），应采用穿通墙体的拉结钢筋作为箍筋，同时设置水平分布钢筋。水平分布钢筋的竖向间距及拉结钢筋的水平间距均不应大于 500mm（图 5.6.3）

7. 组合砖砌体构件的顶部及底部，以及牛腿部位，必须设置钢筋混凝土垫块。受力筋伸入垫块的长度，必须满足锚固要求，即不应小于 30 倍钢筋直径。

8. 组合砌体可采用毛石基础或砖基础。在组合砌体与毛石（砖）基础之间需做一现浇钢筋混凝土垫块（图 5.6.4），垫块大小根据 A—A 截在的承载力验算确定；垫块厚度及垫块内配筋数量，根据垫块底面反力及垫块挑出组合砌体长度 a 按受弯计算确定。垫块厚一般为 $200\sim400mm$，纵向钢筋伸入垫块的锚固长度不应小于 $30d$（d 为纵筋直径）。

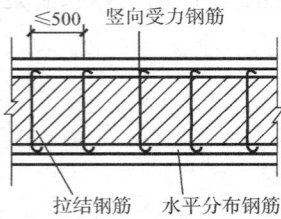

图 5.6.3　组合砖砌体墙的配筋示意图

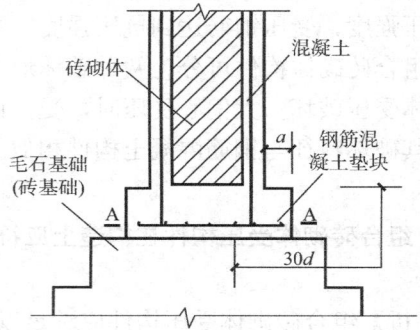

图 5.6.4　柱底构造图

9. 纵向钢筋的搭接长度、搭接处的箍筋间距等，应符合现行《混凝土结构设计规范》的要求。

10. 采用组合砖柱时，一般砖墙与柱应同时砌筑，所以外墙可考虑兼作柱间支撑。在排架分析中，排架柱按矩形截面计算。柱内一般采用对称配筋，箍筋一般采用二肢箍或四肢箍。砖墙基础一般为自承重条形基础，根据地基情况，可在基础顶及墙内适当位置设置钢筋混凝土圈梁。

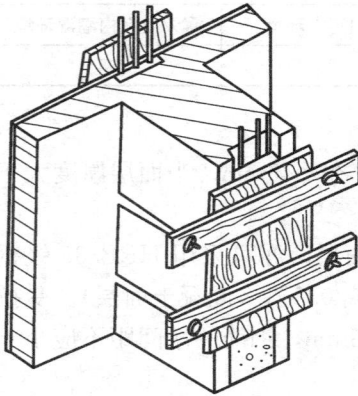

图 5.6.5　升降模板图

11. 组合砖柱的施工方法

在基础顶面的钢筋混凝土达到一定强度后，方可在垫块上砌筑砖砌体，并把箍筋同时砌入砖砌体内，当砖砌体砌至 1.2m 高左右，随即绑扎钢筋，浇注混凝土并捣实。在第一层混凝土浇捣完毕后，再按上述步骤砌筑第二层砌体至 1.2m 高，再绑扎钢筋，浇捣混凝土。依此循环，直至需要的高度。此外，也可将砖砌体一次砌至需要的高度，然后绑扎钢筋，分段浇灌混凝土。柱的外侧采用活动升降模板，模板用四个螺栓固定（图 5.6.5）。

5.6.10　如何验算组合砖砌体轴心构件的承载力？

【解析】组合砖砌体轴心受压构件的承载力应按下式计算：

$$N \leqslant \varphi_{com}(fA + f_cA_c + \eta_s f'_y A'_s) \tag{5.6.5}$$

式中　φ_{com}——组合砖砌体构件的稳定系数，可按表 5.6.3 采用；

　　　A——砖砌体的截面面积；

　　　f_c——混凝土或面层水泥砂浆的轴心抗压强度设计值，砂浆的轴心抗压强度设计值可取为同强度等级混凝土的轴心抗压强度设计值的 70%，当砂浆为 M15 时，取 5.2MPa；当砂浆为 M10 时，取 3.5MPa；当砂浆为 M7.5 时，取 2.6MPa；

A_c——混凝土或砂浆面层的截面面积；

η_s——受压钢筋的强度系数，当为混凝土面层时，可取 1.0；当为砂浆面层时可取 0.9；

f'_y——钢筋的抗压强度设计值；

A'_s——受压钢筋的截面面积。

组合砖砌体构件的稳定系数 φ_{com}　　　　　　　　表 5.6.3

高厚比 β	配筋率 ρ（%）					
	0	0.2	0.4	0.6	0.8	≥1.0
8	0.91	0.93	0.95	0.97	0.99	1.00
10	0.87	0.90	0.92	0.94	0.96	0.98
12	0.82	0.85	0.88	0.91	0.93	0.95
14	0.77	0.80	0.83	0.86	0.89	0.92
16	0.72	0.75	0.78	0.81	0.84	0.87
18	0.67	0.70	0.73	0.76	0.79	0.81
20	0.62	0.65	0.68	0.71	0.73	0.75
22	0.58	0.61	0.64	0.66	0.68	0.70
24	0.54	0.57	0.59	0.61	0.63	0.65
26	0.50	0.52	0.54	0.56	0.58	0.60
28	0.46	0.48	0.50	0.52	0.54	0.56

注：组合砖砌体构件截面的配筋率 $\rho = A'_s/(bh)$。

5.6.11　如何验算组合砖砌体偏心受压构件的承载力？

【解析】组合砖砌体偏心受压构件的承载力，按下列规定验算：

1. 组合砖砌体偏心受压构件的承载力应按下列公式计算（图 5.6.6）：

$$N \leqslant fA' + f_c A'_c + \eta_s f'_y A'_s - \sigma_s A_s \qquad (5.6.6)$$

$$Ne_N \leqslant fS_s + f_c S_{c,s} + \eta_s f'_y A'_s (h_0 - a'_s) \qquad (5.6.7)$$

此时受压区的高度 x 可按下列公式确定：

$$fS_N + f_c S_{c,N} + \eta_s f'_y A'_s e'_N - \sigma_s A_s e_N = 0 \qquad (5.6.8)$$

$$e_N = e + e_a + (h/2 - a_s) \qquad (5.6.9)$$

$$e'_N = e + e_a - (h/2 - a'_s) \qquad (5.6.10)$$

$$e_a = \frac{\beta^2 h}{2200}(1 - 0.022\beta) \qquad (5.6.11)$$

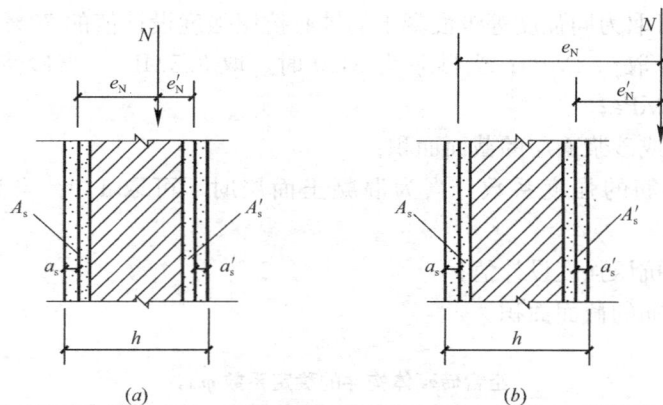

图 5.6.6 组合砖砌体偏心受压构件

(a) 小偏心受压；(b) 大偏心受压

式中 σ_s——钢筋 A_s 的应力；

    A_s——距轴向力 N 较远侧钢筋的截面面积；

    A'——砖砌体受压部分的面积；

    A'_c——混凝土或砂浆面层受压部分的面积；

    S_s——砖砌体受压部分的面积对钢筋 A_s 重心的面积矩；

    $S_{c,s}$——混凝土或砂浆面层受压部分的面积对钢筋 A_s 重心的面积矩；

    S_N——砖砌体受压部分的面积对轴向力 N 作用点的面积矩；

    $S_{c,N}$——混凝土或砂浆面层受压部分的面积对轴向力 N 作用点的面积矩；

e_N、e'_N——分别为钢筋 A_s 和 A'_s 重心至轴向力 N 作用点的距离；

    e——轴向力的初始偏心距，按荷载设计值计算；当 e 小于 $0.05h$ 时，应取 e 等于 $0.05h$；

    e_a——组合砖砌体构件的轴向力作用下的附加偏心矩；

    h_0——组合砖砌体构件截面的有效高度，取 $h_0=h-a_s$；

a_s、a'_s——分别为钢筋 A_s 和 A'_s 重心至截面较近边的距离；

    β——组合砖砌体构件高厚比，对于 T 形截面仍按 T 形截面计算。

2. 组合砖砌体钢筋 A_s 的应力（单位为 MPa，正值为拉应力，负值为压应力）应按下列规定计算：

小偏心受压时，即 $\xi > \xi_b$

$$\sigma_a = 650 - 800\xi \tag{5.6.12}$$

$$-f'_y \leqslant \sigma_s \leqslant f_y \tag{5.6.13}$$

大偏心受压时，即 $\xi \leqslant \xi_b$

$$\sigma_s = f_y \tag{5.6.14}$$

$$\xi = x/h_0 \tag{5.6.15}$$

式中 ξ——组合砖砌体构件截面的相对受压区高度；

    f_y——钢筋的抗拉强度设计值。

3. 组合砖砌体构件受压区相对高度的界限值 ξ_b，对于 HPB235 级钢筋，应取 0.55；对于 HRB335 级钢筋，应取 0.425。

4. 有关面积和面积矩的计算（图 5.6.7）

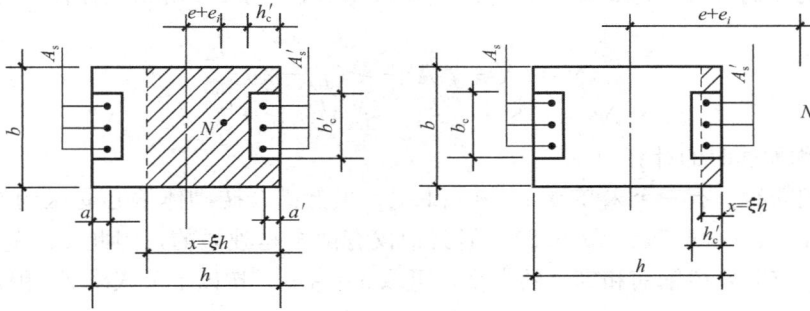

图 5.6.7　有关面积和面积矩计算简图

（1）A_c'、$S_{c,s}$、$S_{c,N}$ 的计算：

当 $x \leqslant h_c'$ 时：

$$A_c' = b_c' x \tag{5.6.16}$$

$$S_{c,s} = b_c' x \left(h_0 - \frac{x}{2} \right) \tag{5.6.17}$$

$$S_{c,N} = b_c' x \left(e_N' - a' + \frac{x}{2} \right) \tag{5.6.18}$$

当 $h_c' < x \leqslant h - h_c$ 时：

$$A_c' = b_c' h_c' \tag{5.6.19}$$

$$S_{c,s} = b_c' h_c' \left(h_0 - \frac{h_c'}{2} \right) \tag{5.6.20}$$

$$S_{c,N} = b_c' h_c' \left(e_N' - a' + \frac{h_c'}{2} \right) \tag{5.6.21}$$

（2）A'、S_s，S_N 的计算

$$A' = bx - A_c' \tag{5.6.22}$$

$$S_s = bx \left(h_0 - \frac{x}{2} \right) - S_{c,s} \tag{5.6.23}$$

$$S_N = bx \left(e_N' - a' + \frac{x}{2} \right) - S_{c,N} \tag{5.6.24}$$

5. 采用混凝土面层对称配筋时组合砖砌体受压构件承载力计算

（1）大小偏心的判别

$$x = \left[N - b_c' h_c' (f_c - f) \right] / fb \tag{5.6.25}$$

当 $x < \xi_b h_0$ 时，为大偏心受压；

当 $x \geqslant \xi_b h_0$ 时，为小偏心受压。

（2）大偏心受压构件

当 $x < h_c'$ 时，重新计算 x：

$$x = N / \left[f(b - b_c') + f_c b_c' \right] \tag{5.6.26}$$

当 $x \geqslant h_c'$ 时，x 按式（5.6.25）采用：

$$A_s = A_s' = \frac{N e_N - f S_s - f_c S_{c,s}}{f_y' (h_0 - a')} \tag{5.6.27}$$

（3）小偏心受压构件

首先假定 x 的位置，即 $x<h-h_0$ 或 $x>h-h_c$，由下列公式解联立方程求得 x 和 $A_s=A_s'$：

$$N=fA'+f_cA_c'+A_s(f_y'-\sigma_s) \tag{5.6.28}$$

$$Ne_N=fS_s+f_cS_{c,s}+f_y'A_s'(h_0-a') \tag{5.6.29}$$

6. 非对称配筋时的计算

非对称配筋时，有三个未知量 x、A_s 和 A_s'，虽然组合砖砌体偏心受压构件有三个计算公式（5.6.6）、（5.6.7）、（5.6.8），但其中仅有两个是独立的，因此 x、A_s 和 A_s' 有无数组解。为了充分发挥钢筋和砌体的强度，可取 $x=\xi_b h_0$，按以下公式求 A_s 和 A_s'：

$$N\leqslant fA'+f_cA_c'+\eta_sf_y'A_s'-\sigma_sA_s \tag{5.6.30}$$

$$Ne_N\leqslant fS_s+f_cS_{c,s}+\eta_sf_y'A_s'(h_0-a') \tag{5.6.31}$$

若 $A_s<0$ 或 $A_s<0.1\%bh$，可按构造配筋，取 $A=0.1\%bh$，此时按 A_s 为已知，重新计算 x 和 A_s'。

5.6.12 组合砖砌体受压构件与钢筋混凝土受压构件承载力计算有何差别？

【解析】组合砖砌体受压构件与钢筋混凝土受压构件承载力计算的对比，见表5.6.4。

钢筋混凝土与组合砖砌体受压构件计算对比 表 5.6.4

	钢筋混凝土受压构件	组合砖砌体受压构件
中心受压	$N\leqslant\varphi_{RC}(f_cA+f_y'A_s')$	$N\leqslant\varphi_{com}(fA+f_cA_c+\eta_sf_y'A_s')$
大小偏心界限	$\xi_b\begin{cases}0.614（\text{HPB235 钢}）\\0.544（\text{HRB335 钢}）\end{cases}$	$\xi_b\begin{cases}0.55（\text{HPB235 钢}）\\0.425（\text{HRB335 钢}）\end{cases}$
偏心距 e_N，e_N'	$e_N=\eta(e+e_a)+\left(\dfrac{h}{2}-a\right)$ $e_N'=\eta(e+e_a)+\left(\dfrac{h}{2}-a'\right)$ e_a 取 20mm 和 $\dfrac{1}{30}$ 截面长边的最大值	$e_N=(e+e_a)+\left(\dfrac{h}{2}-a\right)$ $e_N'=(e+e_a)+\left(\dfrac{h}{2}-a'\right)$ $e_a\dfrac{\beta^2h}{2200}(1-0.022\beta)$
σ_s 值	大偏压 $\sigma_s=f_y$ 小偏差 $\sigma_s=\dfrac{f_y}{\xi_b-0.8}(\xi-0.8)$ $\sigma_s\begin{cases}1129/(0.8-\xi)（\text{HPB235 钢}）\\1211(0.8-\xi)（\text{HRB335 钢}）\end{cases}$	大偏压 $\sigma_s=f_y$ 小偏压 $\sigma_s=650-800\xi$ $=800(0.8125-\xi)$
偏心受压基本公式	$N\leqslant a_1f_cbx+f_y'A_s'-\sigma_sA_s$ $Ne\leqslant\alpha_1f_cbx\left(h_0-\dfrac{x}{2}\right)+f_y'A_s'(h_0-a_s')$	$N\leqslant fA'+f_cA_c'+\eta_sf_y'A_s'-\sigma_sA_s$ $Ne_N\leqslant fS_s+f_cS_{c,s}+\eta_sf_y'A_s'(h_0-a')$

5.6.13 组合砖砌体偏心受压构件应按什么流程计算承载力？

【解析】组合砖砌体偏心受压构件承载力的计算流程见图5.6.8。

确定砌体和面层尺寸，材料强度等级

计算N、M

$$e=\frac{M}{N}, \quad e_a=\frac{\beta^2 h}{2200}(1-0.022\beta)$$
$$e_N=e+e_a+(h/2-a), \quad e'_N=e+e_a-(h/2-a')$$

混凝土面层，对称配筋 —— Y / N

Y:
$$x=[N-b_c h_c(f_c-f)]/f_b$$

$x\leq\xi_b h_0$ —— Y（大偏心）/ N（小偏心）

大偏心：$x<h_c$ —— Y

$$x=\frac{N}{f(b-b_c)+f_c b_c}$$

$$A_s=A'_s=\frac{Ne_N-fS_s-f_c S_{c,s}}{\eta_s f'_y(h_0-a')}$$

小偏心：
假定x的位置
$$N=fA'+f_c A'_c+A'_s(f'_y-\sigma_s)$$
$$Ne_N=fS_s+f_c S_{c,s}+A'_s f'_y(h_0-a'_s)$$
由上式解联立方程，求
$$A'_s=A_s, \quad x$$

N:
假定$x=\xi_b h_0$
$$\begin{cases} N=fA'+f_c A'_c+\eta_s f'_y A'_s-\sigma_s A_s \\ Ne_N=fS_s+f_c S_{c,s}+\eta_s f'_y A'_s(h_0-a') \end{cases}$$
求A_s, A'_s

$A_s\geq 0.1\%bh$ —— Y / N

取$A_s=0.1\%bh$，按已知求A'_s:
$$N=fA'+f_c A'_c+\eta_s f'_y A'_c-\sigma_s A_s$$
$$Ne_N=fS_s+f_c S_{c,s}+\eta_s f'_y A'_s(h_0-a')$$
由上式解联立方程，求A'_s, x

$\rho'>\rho_{min}$, $\rho>0.1\%$ —— N / Y

$A_s=0.1\%bh$, $A'_s=\rho_{min}bh$

满足要求 —— N / Y

结束

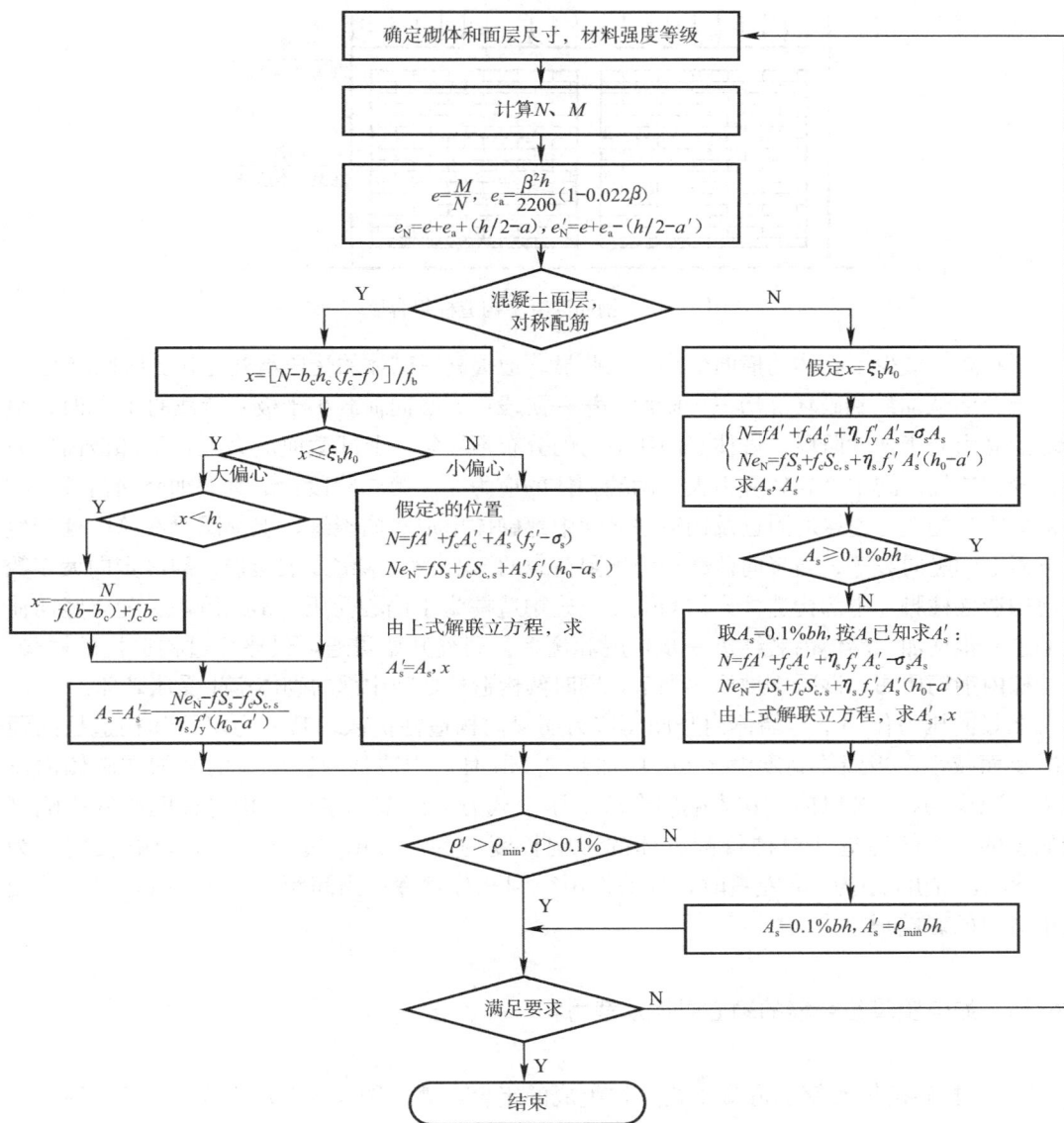

图 5.6.8　组合砖砌体受压构件计算流程

第三节　砖砌体和钢筋混凝土构造柱组合墙

5.6.14　组合墙的受压特征是什么？

在砖墙中按规定的距离设置钢筋混凝土构造柱，形成砖砌体和钢筋混凝土构造柱组合墙（图 5.6.9）。

组合墙在竖向荷载作用下，由于混凝土柱、砌体的刚度不同和内力重分布的结果，混凝土柱分担墙体上的荷载。由于混凝土柱、圈梁形成的"弱框架"的约束作用，使砌体处于双

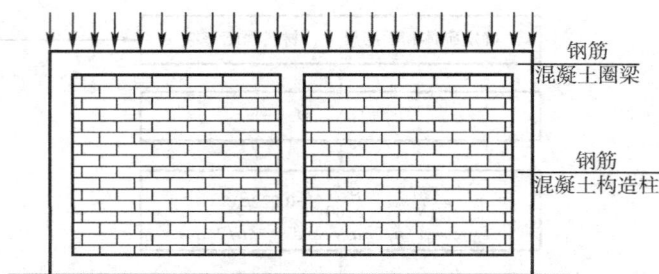

图 5.6.9 钢筋混凝土构造柱组合墙

向受压状态，减少了砌体的横向变形，因此显著地提高了砌体的受压承载力和受压稳定性。

组合墙从加载到破坏经历三个阶段。第一阶段：当竖向荷载小于极限荷载的 40% 时，组合墙的受力处于弹性阶段，墙体竖向压应力的分布不均匀，上部截面应力大，下部截面应力小；两构造柱之间中部砌体应力大，两端砌体的应力小。第二阶段：继续增加竖向荷载，在上部圈梁与构造柱连接的附近及构造柱之间中部砌体出现竖向裂缝，上部圈梁在跨中处产生自下而上的竖向裂缝；当竖向荷载约为极限荷载的 70% 时，裂缝发展缓慢，裂缝走向大多数指向构造柱柱脚，中部构造柱为均匀受压，边构造柱为小偏心受压。第三阶段：随着竖向荷载的进一步增加，墙体内裂缝进一步扩展和增多，裂缝开始贯通，最终穿过构造柱的柱脚，构造柱内钢筋压屈，混凝土被压碎剥落，同时两构造柱之间中部的砌体产生受压破坏。

在竖向压力作用下，墙体内竖向压应力明显向构造柱扩散，其应力峰值随构造柱间距的减小而减小。当墙体高度由 2.8m 增加到 3.6m 时，构造柱内压应力的增加和砌体内压应力的减少均在 5% 以内，在影响组合墙受压承载力的诸多因素中，构造柱间距的影响是最显著的。中部构造柱对柱每侧砌体的影响长度约为 1.2m，边构造柱的影响长度约为 1m。构造柱的间距为 2m 左右时，柱的作用得到充分发挥；当间距大于 4m 时，对墙体受压承载力的影响很小。

5.6.15 如何验算组合墙的轴心受压承载力？

【解析】砖砌体和钢筋混凝土构造柱组成的组合砖墙（图 5.6.10）的轴心受压承载力，应按下列公式计算：

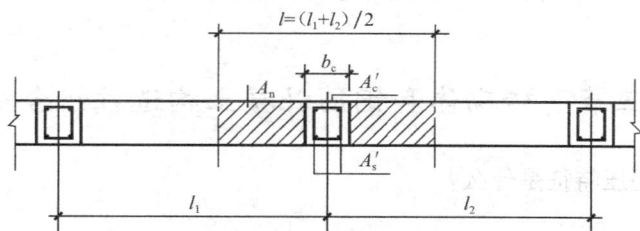

图 5.6.10 砖砌体和构造柱组合墙截面

$$N \leqslant \varphi_{com} \left[fA_n + \eta (f_c A_c + f'_y A'_s) \right] \qquad (5.6.32)$$

$$\eta = \left[\cfrac{1}{\cfrac{l}{b_\mathrm{c}} - 3} \right]^{\frac{1}{4}} \qquad (5.6.33)$$

式中　φ_com——组合砖墙的稳定系数；

　　　　η——强度系数，当 l/b_c 小于 4 时取 l/b_c 等于 4；

　　　　l——沿墙长方向构造柱的间距；

　　　　b_c——沿墙长方向构造柱的宽度；

　　　　A_n——砖砌体的净截面面积（即扣除门窗洞口及构造柱面积后的净面积）；

　　　　A_c——构造柱的截面面积。

5.6.16　如何验算组合墙平面外的偏心受压承载力？

【解析】砖砌体和钢筋混凝土构造柱组合墙，平面外的偏心受压承载，可按下列规定计算：

1. 构件的弯矩或偏心距按无筋砌体构件的方法确定；

2. 按组合砖柱的计算规定确定构造柱纵向钢筋，但截面宽度改为构造柱间距；大偏心受压时，可不计受压区构造柱混凝土和钢筋的作用；构造柱的计算配筋不应小于最小构造钢筋的要求。

5.6.17　组合墙在构造上应符合哪些要求？

【解析】组合墙的构造应符合下列要求：

1. 砂浆的强度等级不应低于 M5，构造柱的混凝土强度等级不宜低于 C20；

2. 构造柱的截面尺寸不宜小于 240mm×240mm，其厚度不应小于墙厚，边柱、角柱的截面宽度宜适当加大。柱内竖向受力钢筋，对于中柱，钢筋数量不宜小于 4 根、直径不宜小于 12mm；对于边柱、角柱，钢筋数量不宜少于 4 根、直径不宜小于 14mm。构造柱的竖向受力钢筋的直径也不宜大于 16mm。其箍筋，一般部位宜采用直径 6mm、间距 200mm，楼层上下 500mm 范围内宜采用直径 6mm、间距 100mm。构造柱的竖向受力钢筋应在基础梁和楼层圈梁中锚固，并应符合受拉钢筋的锚固要求；

3. 组合砖墙砌体结构房屋，应在纵横墙交接处、墙端部和较大洞口的洞边设置构造柱，其间距不宜大于 4m。各层洞口宜设置在相应位置，并宜上下对齐；

4. 组合砖墙砌体结构房屋应在基础顶面、有组合墙的楼层处设置现浇钢筋混凝土圈梁。圈梁的截面高度不宜小于 240mm；纵向钢筋数量不宜小于 4 根、直径不宜小于 12mm，纵向钢筋应伸入构造柱内，并应符合受拉钢筋的锚固要求；圈梁的箍筋直径宜采用 6mm、间距 200mm；

5. 砖砌体与构造柱的连接处应砌成马牙槎，并应沿墙高每隔 500mm 设 2 根直径 6mm 的拉结钢筋，且每边伸入墙内不宜小于 600mm；

6. 构造柱可不单独设置基础，但应伸入室外地坪下 500mm，或与埋深小于 500mm 的基础梁相连；

7. 组合砖墙的施工程序应为先砌墙后浇混凝土构造柱。

第七章 配筋砌块砌体构件

第一节 配筋砌块砌体轴心受压构件

5.7.1 配筋砌块砌体轴心受压构件的受力性能是什么？

【解析】配筋砌块砌体轴心受压构件，具有以下性能：

1. 配筋砌块砌体轴心受压构件从开始加载至破坏，经历三个工作阶段。在初裂阶段，砌体和钢筋的应变均很小，第一条（或第一批）竖向裂缝大多在有竖向钢筋的附近砌体内出现。随着荷载的增加，墙体进入裂缝发展阶段，竖向裂缝增多、加长，且大多分布在两竖向钢筋之间的砌体内，形成条带状。由于钢筋的约束，裂缝宽度较小，在水平钢筋处上下竖向裂缝往往不贯通而有错位。最终因墙体竖向裂缝较宽，甚至个别砌块被压碎，荷载下降较快而终止试验。相对于无筋砌体，裂缝密而细，且裂缝分布较均匀。在破坏阶段，即使有的砌块被压碎，由于钢筋的约束，墙体仍保持良好的整体性。

2. 墙体产生第一批裂缝时的压力为破坏压力的 $40\% \sim 70\%$，其平均值约为 60%。随竖向钢筋配筋率的增加，该比值有所降低，但变化不大。

3. 配筋砌块墙体受压时符合平截面变形假定。破坏时钢筋与砌体的共同工作良好，竖向钢筋可达屈服强度。

4. 配筋砌块砌体的抗压强度、弹性模量，较用相应的砌块和砂浆砌筑的空心砌块砌体的抗压强度、弹性模量均有较大程度的提高，其中起主要作用的是芯柱中的混凝土和钢筋。试验表明，当芯柱混凝土强度一定时，配筋砌块砌体的抗压强度虽随砌筑砂浆抗压强度的提高而增加，但增加的幅度较小。

5.7.2 如何验算配筋砌块砌体轴心受压构件的承载力？

【解析】配筋砌块砌体轴心受压构件，其受压承载力可按下列公式计算：

$$N \leqslant \varphi_{0g}(f_g A + 0.8 f_y' A_s') \tag{5.7.1}$$

式中 N——轴向力设计值；

f_g——灌孔混凝土的抗压强度设计值；

f_y'——钢筋的抗压强度设计值；

A——构件的毛截面面积；

A_s'——全部竖向钢筋的截面面积；

φ_{0g}——轴心受压构件的稳定系数，

$$\varphi_{0g} = \frac{1}{1 + 0.001\beta^2} \tag{5.7.2}$$

β——构件的高厚比（计算高度 H_0 可取层高）。

当构件中无箍筋或水平分布钢筋时，其正截面承载力仍可用式（5.7.1）计算，但应

取 $f'_y A'_s = 0$

配筋砌块砌体剪力墙，当竖向钢筋仅配在中间时，其平面外偏心受压承载力可按下式计算：

$$N \leqslant \varphi f_g A \qquad (5.7.3)$$

5.7.3 配筋砌块砌体柱的构造应符合哪些要求？

【解析】配筋砌块砌体柱的构造应符合下列要求（图5.7.1）：

1. 材料强度等级

（1）砌块不应低于 MU10；

（2）砌筑砂浆不应低于 Mb7.5；

（3）灌孔混凝土不应低于 Cb20。

对于安全等级为一级或设计使用年限大于50年的配筋砌块砌体房屋，其柱所用材料的最低强度等级应至少提高一级。

2. 柱截面

柱截面边长不宜小于 400mm，柱高度与截面短边之比不宜大于 30。

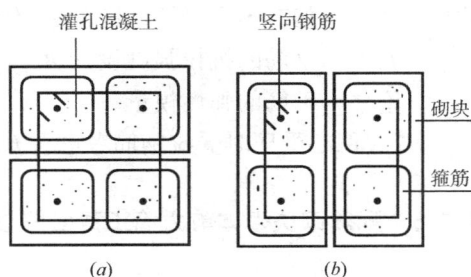

图 5.7.1　配筋混凝土砌块砌体柱截面
（a）下皮；（b）上皮

3. 竖向钢筋

柱的竖向钢筋的直径不宜小于 12mm，数量不应少于 4 根，全部竖向受力钢筋的配筋率不宜小于 0.2%。

4. 箍筋

柱中箍筋的设置应根据下列情况确定：

（1）当竖向钢筋的配筋率大于 0.25%，且柱承受的轴向力大于受压承载力设计值的 25% 时，柱应设箍筋；当配筋率≤0.25% 时，或柱承受的轴向力小于受压承载力设计值的 25% 时，柱中可不设置箍筋。

（2）箍筋直径不宜小于 6mm。

（3）箍筋的间距不应大于 16 倍的竖向钢筋直径、48 倍箍筋直径及柱截面短边尺寸中较小者。

（4）箍筋应封闭，端部应弯钩。

（5）箍筋应设置在灰缝或灌孔混凝土中。

第二节　配筋砌块砌体剪力墙承载力

5.7.4 配筋砌块砌体构件正截面承载力计算的基本假定是什么？

【解析】配筋砌块砌体构件正截面承载力计算的基本假定是：

1. 截面应变分布保持平面；

2. 竖向钢筋与其毗邻的砌体、灌孔混凝土的应变相同；

3. 不考虑砌体、灌孔混凝土的抗拉强度；

4. 根据材料选择砌体、灌孔混凝土的极限压应变：当轴心受压时不应大于 0.002；偏心受压时的极限压应变不应大于 0.003；

5. 根据材料选择钢筋的极限拉应变，且不应大于 0.01；

6. 纵向受拉钢筋屈服与受压区砌体破坏同时发生时的相对界限受压区的高度，应按下式计算：

$$\xi_b = \frac{0.8}{1 + \frac{f_y}{0.003 E_s}} \qquad (5.7.4)$$

式中 ξ_b——相对界限受压区高度 ξ_b 为界限受压区高度与截面有效高度的比值；

f_y——钢筋的抗拉强度设计值；

E_s——钢筋的弹性模量。

7. 大偏心受压时受拉钢筋考虑在 $h_0 - 1.5x$ 范围内屈服并参与工作。

5.7.5 配筋砌块砌体剪力墙正截面偏心受压时的受力性能是什么？

【解析】配筋砌块砌体剪力墙偏心受压时，其受力性能和破坏形态与钢筋混凝土偏心受压构件类似。大偏心受压时，受拉和受压的主钢筋达到屈服强度，受压区的砌块砌体达到抗压强度，截面中和轴附近竖向分布钢筋应力较小，离中和轴较远处的竖向钢筋可达到屈服强度。小偏心受压时，受压区的主钢筋达到屈服强度，另一侧的主钢筋达不到屈服强度，竖向分布钢筋大部分受压，即使一部分受拉其应力也较小。

5.7.6 配筋砌块砌体剪力墙正截面承载力计算时，如何判别大小偏心？

【解析】按照平截面变形假定，配筋砌块砌体剪力墙墙肢的界限相对受压区高度为：

$$\xi_b = 0.8 \frac{\varepsilon_{mc}}{\varepsilon_{cm} + \varepsilon_s}$$

根据试验结果，砌块砌体的极限压应变 $\varepsilon_{mc} \approx 0.0031$。钢筋的屈服应变 $\varepsilon_s = f_y / E_s$。因而

当 $x \leqslant \xi_b h_0$ 时，为大偏心受压；

当 $x > \xi_b h_0$ 时，为小偏心受压。

式中 x——截面受压区高度；

ξ_b——界限相对受压区高度，对 HPB300 级钢筋 $\xi_b = 0.57$，HRB335 级钢筋 $\xi_b = 0.55$；HRB400 级钢筋 $\xi_b = 0.52$；

h_0——截面有效高度。

5.7.7 如何验算矩形截面配筋砌块砌体剪力墙大偏心受压正截面承载力？

【解析】矩形截面配筋砌块砌体剪力墙，大偏心受压时的正截面承载力应按下列公式计算（图 5.7.2）：

$$N \leqslant f_g bx + f'_y A'_s - f_y A_s - \Sigma f_{yi} A_{si} \qquad (5.7.5)$$

$$Ne_N \leqslant f_g bx \left(h_0 - \frac{x}{2}\right) + f'_y A'_s (h_0 - a'_s) - \Sigma f_{yi} S_{si}$$
$$(5.7.6)$$

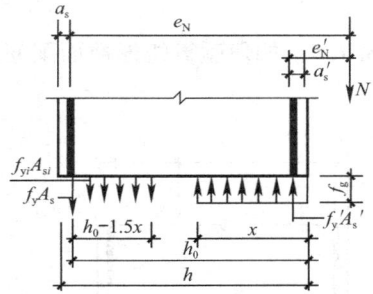

图 5.7.2　矩形截面大偏心受压
构件正截面承载力计算简图

式中　N——轴向力设计值；

$\quad f_g$——灌孔砌体的抗压强度设计值；

f_y、f'_y——竖向受拉、压主筋的强度设计值；

$\quad b$——截面宽度；

A_s、A'_s——竖向受拉、压主筋的截面面积；

$\quad f_{yi}$——竖向分布钢筋的抗拉强度设计值；

$\quad A_{si}$——单根竖向分布钢筋的截面面积；

$\quad S_{si}$——第 i 根竖向分布钢筋对竖向受拉主筋的面积矩；

$\quad e_N$——轴向力作用点至竖向受拉主筋合力点之间的距离；

$\quad h_0$——截面有效高度，$h_0 = h - a'_s$；

$\quad h$——截面高度；

$\quad a'_s$——受压区纵向钢筋合力点至截面受压区边缘的距离，对 T 形、L 形、工形截面，当翼缘受压时取 100mm，其他情况取 300mm；

$\quad a_s$——受拉区纵向钢筋合力点至截面受压区边缘的距离，对 T 形、L 形、工形截面，当翼缘受压时取 300mm，其他情况取 100mm。

剪力墙中的竖向分布钢筋是考虑受力的，只是位于中和轴附近（在 $1.5x$ 范围内）的钢筋应力过小，计算中予以扣除。

上述竖向受拉、压主筋（A_s、A'_s）是指按正截面承载力计算集中配置于墙水平截面两端的纵向受力钢筋，应位于由箍筋或水平分布钢筋拉结约束的边缘构件（暗柱）内。

工程上，配筋砌块砌体剪力墙常采用对称配筋，即取 $f'_y A'_s = f_y A_s$。在先确定竖向分布钢筋的 f_{yi} 和 A_{si} 后，便可由式（5.7.5）算得截面受压区高度 x。

若竖向分布钢筋的配筋率为 ρ_w，则式（5.7.5）中 $\Sigma f_{yi} A_{si} = f_{yw} \rho_w (h_0 - 1.5x) b$，得：

$$x = \frac{N + f_{yw} \rho_w b h_0}{(f_g + 1.5 f_{yw} \rho_w) b} \qquad (5.7.7)$$

式中　f_{yw}——竖向分布钢筋的抗拉强度设计值。

再由式（5.7.6）可求得竖向受拉、压主筋的截面面积，即：

$$A'_s = A_s = \frac{Ne_N - f_g bx \left(h_0 - \frac{x}{2}\right) + 0.5 f_{yw} \rho_w b \ (h_0 - 1.5x)^2}{f'_y (h_0 - a'_s)} \qquad (5.7.8)$$

为了快速估算钢筋面积，当忽略式（5.7.8）中的 x^2 项时，即可近似取端部主筋为：

$$A'_s = A_s = \frac{Ne_N - f_g bx h_0 + 0.5 f_{yw} \rho_w b \ (h_0^2 - 3x h_0)}{f'_y (h_0 - a_s)} \qquad (5.7.9)$$

以上计算中，当受压区高度 $x < 2a'_s$ 时，其正截面承载力应该按下式计算：

$$Ne'_N \leqslant f_y A_s \ (h_0 - a'_s) \qquad (5.7.10)$$

式中　e'_N——轴向力作用点至竖向受压主筋合力点之间的距离。

5.7.8 如何验算矩形截面配筋砌块砌体剪力墙小偏心受压正截面承载力?

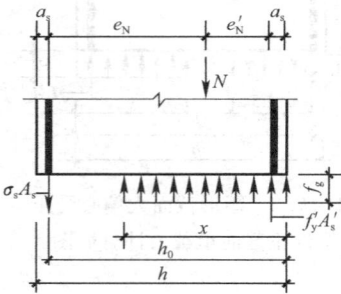

图 5.7.3 矩形截面小偏心受压
构件正截面承载力计算简图

【解析】矩形截面配筋砌块砌体剪力墙,小偏心受压时的正截面承载力应按下列公式计算(图 5.7.3):

$$N \leqslant f_g bx + f_y' A_s' - \sigma_s A_s \qquad (5.7.11)$$

$$N e_N \leqslant f_g bx \left(h_0 - \frac{x}{2} \right) + f_y' A_s' (h_0 - a_s') \qquad (5.7.12)$$

$$\sigma_s = \frac{f_y}{\xi_b - 0.8} \left(\frac{x}{h_0} - 0.8 \right) \qquad (5.7.13)$$

小偏心受压时,由于截面受压区过大,竖向分布钢筋发挥不了作用,故上列各式中未计入竖向分布钢筋的影响。当受压区竖向受压主筋无箍筋或无水平钢筋时,可不考虑竖向受压主筋的作用,即取 $f_y' A_s' = 0$。

为了方便计算,矩形截面对称配筋砌块砌体剪力墙小偏心受压时,可近似按下列公式计算钢筋截面面积:

$$A_s = A_s' = \frac{N e_N - \xi (1 - 0.5\xi) f_g b h_0^2}{f_y'(h_0 - a_s')} \qquad (5.7.14)$$

$$\xi = \frac{x}{h_0} = \frac{N - \xi_b f_g b h_0}{\dfrac{N e_N - 0.43 f_g b h_0^2}{(0.8 - \xi_b)(h_0 - a_s')} + f_g b h_0} + \xi_b \qquad (5.7.15)$$

5.7.9 如何验算 T 形截面配筋砌块砌体剪力墙偏心受压正截面承载力?

【解析】T 形截面配筋砌块砌体剪力墙的正截面受压承载力,应按下列规定和方法进行计算:

1. 翼缘的计算宽度

带有翼缘的墙,其截面有 T 形、I 形或 L 形,当翼缘位于受压区时,常为 T 形截面。当翼缘和腹板的相交处采用错缝搭接砌筑和同时设置中距不大于 1.2m 的配筋带(截面高度≥60mm,钢筋不少于 2φ12)时,可以考虑翼缘的共同工作。翼缘的计算宽度 b_f',应按表 5.7.1 中的最小值采用。

T 形截面偏心受压构件翼缘计算宽度　　　　　　　　表 5.7.1

考虑情况	T、I 形截面	L 形截面
按构件计算高度 H_0 考虑	$H_0/3$	$H_0/6$
按腹板间距 L 考虑	L	$L/2$
按翼缘厚度 h_f' 考虑	$b + 12h_f'$	$b + 6h_f'$
按翼缘的实际宽度 b_f' 考虑	b_f'	b_f'

注:构件的计算高度 H_0 可取层高。

568

应该注意到，T形截面配筋砌块砌体剪力墙的翼缘计算宽度与钢筋混凝土剪力墙的规定相当接近，但对于配筋砌块砌体剪力墙为了保证翼缘和腹板共同工作的构造规定是不同的。

2. 受压区高度 $x \leqslant h_f'$ 时，应按宽度为 b_f' 的矩形截面计算

即将上述各式中以 b_f' 代替 b 后进行计算。

3. 当受压区高度 $x > h_f'$ 时，应考虑腹板的受压作用

（1）大偏心受压（图 5.7.4）

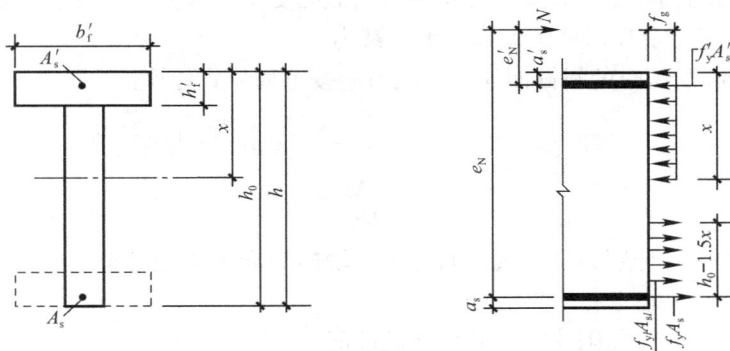

图 5.7.4　T形截面偏心受压正截面承载力计算简图

大偏心受压承载力应按下列公式计算：

$$N \leqslant f_g[bx + (b_f' - b)h_f'] + f_y'A_s' - f_yA_s - \Sigma f_{yi}A_{si} \tag{5.7.16}$$

$$Ne_N \leqslant f_g\left[bx\left(h_0 - \frac{x}{2}\right) + (b_f' - b)h_f'\left(h_0 - \frac{h_f'}{2}\right)\right] + f_y'A_s'(h_0' - a_s') - \Sigma f_{yi}A_{si} \tag{5.7.17}$$

式中　b_f'——T形截面受压区的翼缘计算宽度；

　　　h_f'——T形截面受压区的翼缘高度。

（2）小偏心受压

小偏心受压承载力应按下列公式计算：

$$N \leqslant f_g[bx + (b_f' - b)h_f'] + f_y'A_s' - \sigma_sA_s \tag{5.7.18}$$

$$Ne_N \leqslant f_g\left[bx\left(h_0 - \frac{x}{2}\right) + (b_f' - b)h_f'\left(h_0 - \frac{h_f'}{2}\right)\right] + f_y'A_s'(h_0 - a_s') \tag{5.7.19}$$

5.7.10　配筋砌块砌体剪力墙斜截面受剪时的受力性能是什么？

【解析】配筋砌块砌体剪力墙的受剪性能与未灌孔的砌块砌体墙有很大的区别。对于灌孔砌体，由于灌孔混凝土的强度较高，而砌筑砂浆的强度对墙体抗剪承载力的影响较小，因而配筋砌块砌体剪力墙的抗剪性能接近于钢筋混凝土剪力墙。

5.7.11　配筋砌块砌体剪力墙斜截面受剪承载力计算时，剪力墙的截面有何限制？

【解析】配筋砌块砌体剪力墙斜截面受剪承载力计算时，剪力墙的截面应满足下式要求：

$$V \leqslant 0.25 f_g bh \qquad (5.7.20)$$

式中 V——剪力墙的剪力设计值；

　　b——剪力墙的截面宽度或 T 形截面腹板宽度；

　　h——剪力墙的截面高度。

5.7.12　如何验算配筋砌块砌体剪力墙斜截面受剪承载力？

【解析】剪力墙偏心受压和偏心受拉时的斜截面受剪承载力，应按下列规定进行计算：

1. 剪力墙在偏心受压时的斜截面受剪承载力

剪力墙在偏心受压时的斜截面受剪承载力应按下列公式计算：

$$V \leqslant \frac{1}{\lambda - 0.5} \left(0.6 f_{vg} bh_0 + 0.12 N \frac{A_w}{A} \right) + 0.9 f_{yh} \frac{A_{sh}}{s} h_0 \qquad (5.7.21)$$

$$\lambda = \frac{M}{Vh_0} \qquad (5.7.22)$$

式中　M、N、V——分别为计算截面的弯矩、轴向力和剪力设计值，当 $N > 0.25 f_g bh$ 时取 $N = 0.25 f_g bh$；

　　　　　f_{vg}——灌孔砌体的抗剪强度设计值；

　　　　　λ——计算截面的剪跨比，当 $\lambda < 1.5$ 时取 $\lambda = 1.5$，当 $\lambda \geqslant 2.2$ 时取 $\lambda = 2.2$；

　　　　　h_0——剪力墙截面的有效高度；

　　　　　A_w——T 形截面腹板的截面面积，对矩形截面取 $A_w = A_j$。

　　　　　A——剪力墙的截面面积，对 T 形截面，其中翼缘的有效面积，可按表 5.7.1 的规定确定；

　　　　　A_{sh}——配置在同一截面内的水平分布钢筋的全部截面面积；

　　　　　f_{yh}——水平钢筋的抗拉强度设计值；

　　　　　s——水平分布钢筋的竖向间距。

2. 剪力墙在偏心受拉时的斜截面受剪承载力

剪力墙在偏心受拉时的斜截面受剪承载力，应按下式计算：

$$V \leqslant \frac{1}{\lambda - 0.5} \left(0.6 f_{vg} bh_0 - 0.22 N \frac{A_w}{A} \right) + 0.9 f_{yh} \frac{A_{sh}}{s} h_0 \qquad (5.7.23)$$

由于轴向力 N 是一个作用效应，它对剪力墙在偏心受压和偏心受拉时斜截面抗剪承载力的影响是相反的。根据可靠度分析，在偏心受压时轴向力项的影响应尽可能取小值，而在偏心受拉时该项的影响应尽可能取大值。故式（5.7.21）和式（5.7.23）中的轴向力项取用了不同的系数和正、负号。

5.7.13　如何验算配筋砌块砌体连梁的承载力？

【解析】配筋砌块砌体连梁的承载力的验算，应符合下列规定：

1. 正截面受弯承载力

采用配筋砌块砌体的连梁（图 5.7.5），其正截面受弯承载力，应按《混凝土结构设计规范》中受弯构件的有关规定进行计算。但应采用相应于配筋砌块砌体的计算参数和指标，如以灌孔砌体的抗压强度设计值 f_g 代替混凝土轴心抗压强度设计值 f_c。

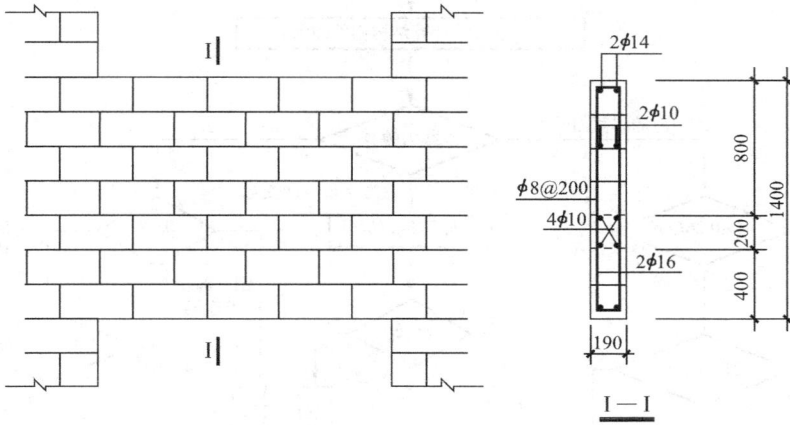

图 5.7.5　配筋混凝土砌块砌体连系梁

2. 斜截面受剪承载力

（1）连梁的截面

配筋砌块砌体连梁，其截面应符合下式要求：

$$V_b \leqslant 0.25 f_g bh \tag{5.7.24}$$

（2）连梁的斜截面受剪承载力计算

配筋砌块砌体连梁，其斜截面受剪承载力应按下式计算：

$$V_b \leqslant 0.8 f_{vg} bh_0 + f_{yv} \frac{A_{sv}}{s} h_0 \tag{5.7.25}$$

式中　V_b——连梁的剪力设计值；

b——连梁的截面宽度；

h_0——连梁的截面有效高度；

f_{yv}——箍筋的抗拉强度设计值；

5.7.14　如何验算钢筋混凝土连梁的承载力？

【解析】当连梁受力较大且配筋较多时，对配筋砌块砌体连梁的钢筋设置和施工要求较高，此时只要按材料的等强度原则，可采用钢筋混凝土连梁。这种方案在施工中虽增加了模板工序，但钢筋的设置比较方便。

对于钢筋混凝土连梁，其正截面受弯承载力和斜截面受剪承载力，应按《混凝土结构设计规范》GB 50010 的相应规定进行计算。

5.7.15　配筋砌块砌体剪力墙应按什么流程计算承载力？

【解析】配筋砌块砌体剪力墙承载力计算流程见图 5.7.6。

选择砌体截面尺寸，材料强度等级

按弹性方法计算结构构件的内力

承载力验算

剪力墙斜截面受剪　　　连梁

剪力墙正截面受弯

$V \leq 0.25 f_g bh$

计算 $\xi = x/h_0$

类型

钢筋混凝土连梁　　配筋砌块连梁

N为拉力

$\xi \leq \xi_b$

$V_b \leq 0.25 f_g bh$

正截面受弯　　斜截面受弯

按偏心受拉构件计算

按偏心受压构件计算

按大偏心受压构件计算

按小偏心受压构件计算

按钢筋混凝土受弯构件计算

$V_b \leq V_{u1} + V_{u2}$
$V_{u1} = 0.8 f_{vg} bh$
$V_{u2} = f_{yv} \dfrac{A_{sv}}{s} h$

满足要求

结束

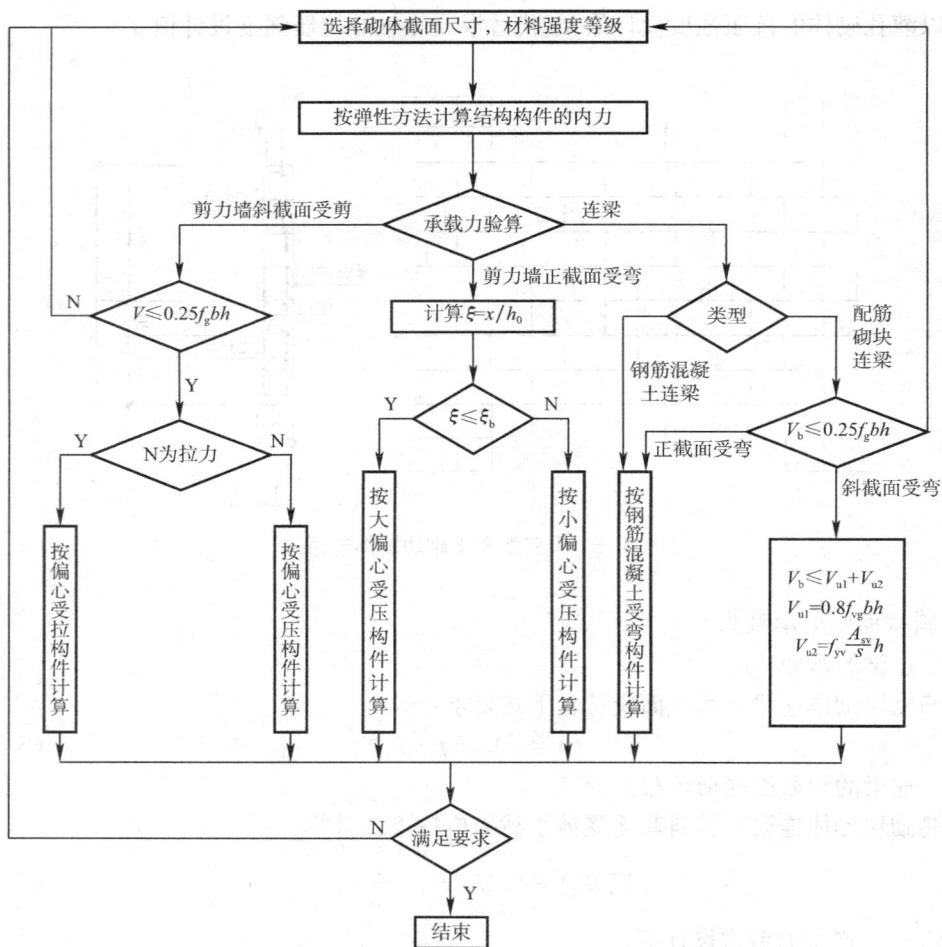

图 5.7.6　配筋砌块砌体剪力墙承载力计算流程

第三节　配筋砌块砌体剪力墙构造措施

5.7.16　配筋砌块砌体中，砌块有哪些块型?

【解析】砌块的基本块型如图 5.7.7 所示。其中 K1 为普通型主规格砌块。K2～K5 为带凹槽的主规格砌块和辅助砌块，施工时用砌刀轻轻敲掉带槽的肋便成为带凹槽砌块，在凹槽内放置水平钢筋，然后灌筑混凝土，形成水平配筋带。为方便纵横墙交接处设置水平钢筋，采用 K3 和 K4。K6 和 K7 为用作清扫孔的砌块。配筋砌块砌体施工时，需在每层底部的第 1 皮砌块有竖向钢筋处设置清扫孔，采用 K6 和 K7 便于绑扎芯柱钢筋、清扫芯柱内的灰渣残屑，并可检查灌孔混凝土的质量。

由于配筋砌块砌体剪力墙中不仅需要各种块型的组合，还要有洞口、配筋、预埋件等，因此对于配筋砌块砌体剪力墙结构施工前应当给出排块图，排块图的主要内容见表 5.7.2。

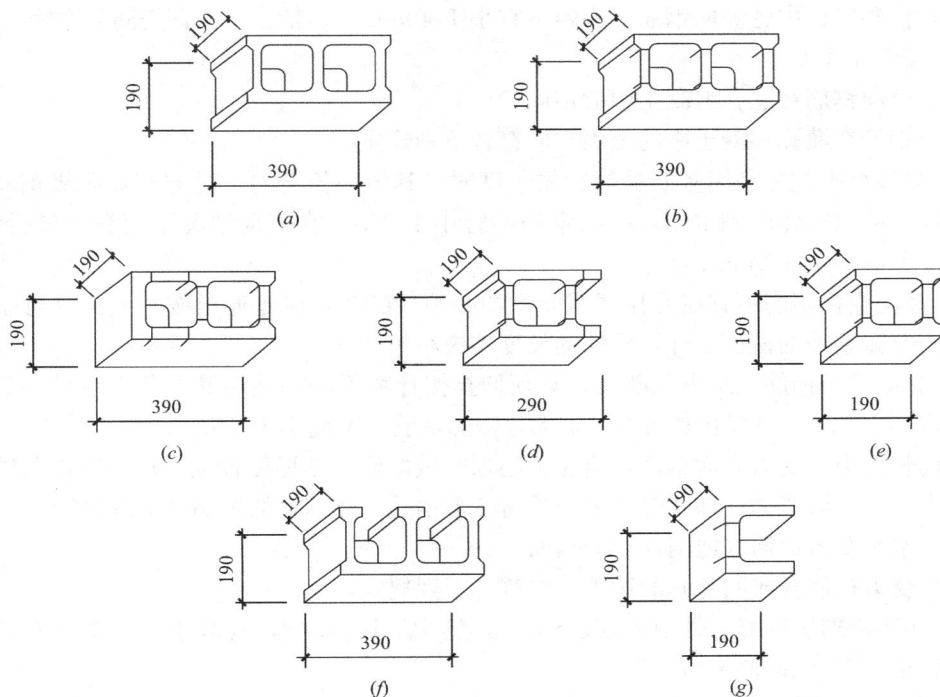

图 5.7.7　配筋混凝土砌块砌体使用的砌块

(a) K1；(b) K2；(c) K3；(d) K4；(e) K5；(f) K6；(g) K7

排块图的主要内容　　　　　　　　　　　　　　　表 5.7.2

项　次	内　容
1	砌体所涉及的所有规格尺寸、块型的排列组合规则
2	门窗洞口、边梁、窗台板、门窗固定砌块、预留锚固孔洞的位置和尺寸
3	管道在墙体内的走向及位置，横穿墙体的孔洞配块及较大洞口的构造处理
4	墙体内竖向钢筋、水平钢筋、配筋带的位置、所用的块型和连接构造
5	各种功能砌块，如预埋螺栓、预埋木砖的位置
6	砌块墙体与周边构件，如屋楼盖、圈梁等的关系和连接

5.7.17　配筋砌块砌体剪力墙中，对钢筋有哪些要求？

【解析】配筋砌块砌体剪力墙中，钢筋应符合下列要求：

1. 钢筋的直径与净距

在配筋混凝土砌块砌体剪力墙中，钢筋的设置受到砌块孔洞和水平灰缝的限制，因而钢筋的直径与钢筋间的净距离应符合下列规定：

（1）钢筋的直径不宜大于 25mm，当设置在灰缝中时不应小于 4mm；

（2）配置在孔洞或空腔中的钢筋面积不应大于孔洞或空腔面积的 6%；

（3）设置在灰缝中钢筋的直径不宜大于灰缝厚度的 1/2；

（4）两平行钢筋间的净距不应小于 25mm；

（5）柱和壁柱中的竖向钢筋的净距不宜小于 40mm（包括接头处钢筋间的净距）。

2. 钢筋的锚固

（1）竖向钢筋在灌孔混凝土中的锚固

竖向钢筋在灌孔混凝土中的锚固，应符合下列规定：

1）当计算中充分利用竖向受拉钢筋强度时，其锚固长度 l_a，对 HRB335 级钢筋不宜小于 $30d$；对 HRB400 和 RRB400 级钢筋不宜小于 $35d$；在任何情况下钢筋（包括钢丝）锚固长度不应小于 300mm；

2）竖向受拉钢筋不宜在受拉区截断。如必须截断时，应延伸至按正截面受弯承载力计算不需要该钢筋的截面以外，延伸的长度不应小于 $20d$；

3）竖向受压钢筋在跨中截断时，必须伸至按计算不需要该钢筋的截面以外，延伸的长度不应小于 $20d$；对绑扎骨架中末端无弯钩的钢筋，不应小于 $25d$；

钢筋骨架中的受力光面钢筋，应在钢筋末端做弯钩，在焊接骨架、焊接网以及轴心受压构件中，可不做弯钩；绑扎骨架中的受力变形钢筋，在钢筋的末端可不做弯钩。

（2）水平受力钢筋（或网片）的锚固

水平受力钢筋（或网片）的锚固，应符合下列规定：

1）在凹槽砌块混凝土带中钢筋的锚固长度不宜小于 $30d$，且其水平或垂直弯折段的长度不宜小于 $15d$ 和 200mm；

2）在砌体水平灰缝中，钢筋的锚固长度不宜小于 $50d$，且其水平或垂直弯折段的长度不宜小于 $20d$ 和 150mm；

3）在隔皮或错缝搭接的灰缝中为 $50d+2h$，d 为灰缝受力钢筋的直径，h 为水平灰缝的间距。

3. 钢筋的连接和搭接

在配筋混凝土砌块砌体墙中，为便于先砌墙后插筋并就位绑扎和灌筑混凝土，钢筋宜采用搭接或非接触搭接接头。钢筋的接头和搭接应符合下列要求：

（1）钢筋的接头位置宜设置在受力较小处；

（2）受拉钢筋的搭接接头长度不应小于 $1.1l_a$，受压钢筋的搭接接头长度不应小于 $0.7l_a$，但不应小于 300mm。

（3）当相邻接头钢筋的间距不大于 75mm 时，其搭接长度应为 $1.2l_a$；当钢筋间的接头错开 $20d$ 时，搭接长度可不增加；

（4）对于水平受力钢筋，当设置在凹槽砌块混凝土带中时，钢筋的搭接长度不宜小于 $35d$；当设置在砌体水平灰缝中时，钢筋的搭接长度不宜小于 $55d$。

当钢筋的直径大于 22mm 时，宜采用机械连接接头，接头的质量应符合有关标准、规范的规定。

4. 钢筋的保护层厚度

基于在正常使用条件下，钢筋不会锈蚀并保证钢筋与砂浆或与灌孔混凝土有较好的握裹力，对砌体中钢筋的最小保护层厚度提出了如下要求：

（1）灰缝中钢筋外露砂浆保护层不宜小于 15mm；

（2）位于砌块孔槽中的钢筋保护层，在室内正常环境不宜小于 20mm；在室外或潮湿环境不宜小于 30mm；

（3）对安全等级为一级或设计使用年限大于 50 年的配筋砌体结构构件，钢筋的保护层应比上述规定的厚度至少增加 5mm，或采用经防腐处理的钢筋、抗渗混凝土砌块等措施。

5.7.18 配筋砌块砌体剪力墙中，对剪力墙有哪些要求？

【解析】配筋砌块砌体剪力墙中，剪力墙应符合下列要求：

1. 材料与墙厚

配筋砌块砌体剪力墙主要用于中高层房屋结构，其材料强度等级的要求较多层结构的要求要高，应符合下列规定：

（1）砌块不应低于 MU10；

（2）砌筑砂浆不应低于 Mb7.5；

（3）灌孔混凝土不应低于 Cb20；

（4）对安全等级为一级或设计使用年限大于 50 年的配筋砌块砌体房屋，所用材料的最低强度等级应较上述要求至少提高一级；

（5）配筋砌块砌体剪力墙厚度、连系梁截面宽度不应小于 190mm。

2. 构造配筋

构造配筋是指配筋混凝土砌块砌体剪力墙中对配置钢筋的最低构造要求，它规定了竖向和水平钢筋的最小配筋率，并对墙体周边和孔洞的削弱部位提出了加强的要求。

（1）应在墙的转角、端部和孔洞的两侧配置竖向连续的钢筋，钢筋直径不宜小于 12mm。

（2）应在洞口的底部和顶部设置不小于 $2\phi10$ 的水平钢筋，其伸入墙内的长度不宜小于 $40d$ 和 600mm。

（3）应在楼（屋）盖的所有纵横墙处设置现浇钢筋混凝土圈梁，圈梁的宽度和高度宜等于墙厚和块高，圈梁主筋不应少于 $4\phi10$，圈梁的混凝土强度等级不宜低于同层混凝土块体强度等级的 2 倍或该层灌孔混凝土的强度等级，也不应低于 C20。

（4）剪力墙其他部位的竖向和水平钢筋的间距不应大于墙长、墙高的 1/3，也不应大于 900mm。对局部灌孔的砌体，竖向钢筋的间距不应大于 600mm。

（5）剪力墙沿竖向和水平方向的构造钢筋配筋率均不宜小于 0.07%。该构造钢筋的作用，一是保证剪力墙具有一定的延性，二是有利于减小砌体的干缩。国内外的研究表明，具有上述最小配筋率的剪力墙，当斜裂缝出现后能限制斜裂缝的扩展，防止砌体开裂后产生脆性破坏，使剪力墙在破坏前有一定的预兆。另外，它对砌体施工时抵抗温度和收缩应力亦有明显效果。配筋混凝土砌块砌体剪力墙的最小配筋率比钢筋混凝土剪力墙规定的最小配筋率要小，其原因在于钢筋混凝土中的混凝土在塑性状态下浇注，在水化过程中产生显著的收缩。而在砌体施工时，作为其主要部分的块体是预制的，尺寸稳定，仅在砌体中加入了塑性的砂浆和灌孔混凝土，使得砌体墙中可收缩的材料要比混凝土墙中的少得多。

3. 按壁式框架设计的配筋砌体窗间墙

随着墙体上洞口的增大，剪力墙成为一种梁柱体系，这种壁式框架结构必须按强柱弱梁的概念进行设计。为此按壁式框架设计的配筋砌体窗间墙，除应符合上述 1、2 要求外，尚应符合下列规定：

（1）窗间墙的截面

1）墙宽不应小于 800mm；

2）墙净高与墙宽之比不宜大于 5。

（2）窗间墙中的竖向钢筋

1）每片窗间墙中沿全高不应少于 4 根钢筋；

2）沿墙的全截面应配置足够的抗弯钢筋；

3）窗间墙的竖向钢筋的配筋率不宜小于 0.2%，也不宜大于 0.8%。

（3）窗间墙中的水平分布钢筋

1）水平分布钢筋应在墙端部纵筋处向下弯折射 $90°$，弯折段长度不小于 $15d$ 和 150mm。

2）水平分布钢筋的间距：在距梁边 1 倍墙宽范围内不应大于 1/4 墙宽，其余部位不应大于 1/2 墙宽；

3）水平分布钢筋的配筋率不宜小于 0.15%。

4. 墙体的边缘构件

配筋混凝土砌块砌体剪力墙的边缘构件，即剪力墙端部设置的暗柱或钢筋混凝土柱。要求在该部位设置一定数量的竖向和水平钢筋（箍筋），有利于提高剪力墙的整体抗弯能力和延性。

（1）当利用剪力墙端部的砌体受力时，应符合下列规定：

1）应在一字墙的端部至少 3 倍墙厚范围内的孔中设置不小于 $\phi12$ 通长竖向钢筋；

2）应在 L、T 或十字形墙交接处 3 或 4 个孔中设置不小于 $\phi12$ 通长竖向钢筋；

3）当剪力墙的轴压比大于 $0.6f_g$ 时，除按上述规定设置竖向钢筋外，尚应设置间距不大于 200mm、直径不小于 6mm 的钢箍。

（2）当在剪力墙墙端设置混凝土柱作为边缘构件时，应符合下列规定：

1）柱的截面宽度宜不小于墙厚，柱的截面高度宜为 1~2 倍的墙厚，并不应小于 200mm；

2）柱的混凝土强度等级不宜低于该墙体块体强度等级的 2 倍，或不低于该墙体灌孔混凝土的强度等级，也不应低于 Cb20；

3）柱的竖向钢筋不宜小于 $4\phi12$，箍筋不宜小于 $\phi6$、间距不宜大于 200mm；

4）墙体中的水平钢筋应在柱中锚固，并应满足钢筋的锚固要求：

5）柱的施工顺序宜为先砌砌块墙体，后浇捣混凝土。

5.7.19　配筋砌块砌体剪力墙中，对连梁有哪些要求？

【解析】配筋砌块砌体剪力墙中，连梁应符合下列要求：

1. 配筋砌块砌体连梁

（1）连梁的截面

1）连梁的高度不应小于两皮砌块的高度和 400mm；

2）连梁应采用 H 形砌块或凹槽砌块组砌，孔洞应全部浇灌混凝土。

（2）连梁的水平钢筋

1）连梁上、下水平受力钢筋宜对称、通长设置，在灌孔砌体内的锚固长度不宜小于 35d 和 400mm；

2）连梁水平受力钢筋的含钢率不宜小于 0.2%，也不宜大于 0.8%。

（3）连梁的箍筋

1）箍筋的直径不应小于 6mm；

2）箍筋的间距不宜大于 1/2 梁高和 660mm；

3）在距支座等于梁高范围内的箍筋间距不应大于 1/4 梁高，距支座表面第一根箍筋的间距不应大于 100mm；

4）箍筋的面积配筋率不宜小于 0.15%；

5）箍筋宜为封闭式，双肢箍末端弯钩为 135°；单肢箍末端的弯钩为 180°，或弯 90°加 12 倍箍筋直径的延长段。

2. 钢筋混凝土连梁

配筋砌块砌体剪力墙中当连梁采用钢筋混凝土时，连梁混凝土的强度等级宜为同层墙体块体强度等级的 2～2.5 倍或同层墙体灌孔混凝土的强度等级，也不应低于 C20；其他构造尚应符合《混凝土结构设计规范》GB 50010 的有关规定要求。

5.7.20 配筋砌块砌体柱的构造，应符合哪些要求？

【解析】配筋砌块砌体柱的构造应符合下列要求：

1. 柱截面边长不宜小于 400mm，柱高度与截面短边之比不宜大于 30；

2. 柱的竖向受力钢筋的直径不宜小于 12mm，数量不应少于 4 根，全部竖向受力钢筋的配筋率不宜小于 0.2%；

3. 柱中箍筋的设置应根据下列情况确定：

（1）当纵向钢筋的配筋率大于 0.25%，且柱承受的轴向力大于受压承载力设计值的 25%时，柱应设箍筋；当配筋率小于等于 0.25%时，或柱承受的轴向力小于受压承载力设计值的 25%时，柱中可不设置箍筋；

（2）箍筋直径不宜小于 6mm；

（3）箍筋的间距不应大于 16 倍的纵向钢筋直径、48 倍箍筋直径及柱截面短边尺寸中较小者；

（4）箍筋应封闭，端部应弯钩或绕纵筋水平弯折 90°，弯折段长度不小于 10d；

（5）箍筋应设置在灰缝或灌孔混凝土中。

4. 配筋砌块砌体柱截面见图 5.7.8。

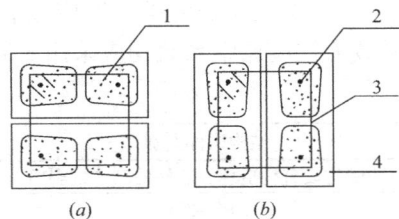

图 5.7.8 配筋砌块砌体柱截面示意

(a) 下皮；(b) 上皮

1—灌孔混凝土；2—钢筋；3—箍筋；4—砌块

第八章 砌体结构抗震设计

第一节 一般规定

5.8.1 抗震设防区砌体结构的应用有何限制?

【解析】甲类设防建筑不宜采用砌体结构,当需采用时,应进行专门研究并采取高于现行国家标准《建筑抗震设计规范》、《砌体结构设计规范》规定的抗震构造措施。

5.8.2 砌体结构抗震设计时,地震作用和结构的截面抗震验算,应符合哪些规定?

【解析】结构抗震设计时,地震作用应按现行国家标准《建筑抗震设计规范》GB 50011的规定计算。结构的截面抗震验算,应符合下列规定:

1. 抗震设防烈度为 6 度时,规则的砌体结构房屋构件,应允许不进行抗震验算,但应有符合现行国家标准《建筑抗震设计规范》GB 50011 和本章规定的抗震措施。

2. 抗震设防烈度为 7 度和 7 度以上的砌体结构房屋,应进行多遇地震作用下的截面抗震验算。6 度时,下列多层砌体结构房屋的构件,应进行多遇地震作用下的截面抗震验算。

(1) 平面不规则的建筑;

(2) 总层数超过三层的底部框架-抗震墙砌体房屋;

(3) 外廊式和单面走廊式底部框架-抗震墙砌体房屋;

(4) 托梁等转换构件。

5.8.3 砌体结构抗震设计承载力抗震调整系数,如何确定?

【解析】考虑地震作用组合的砌体结构构件,其截面承载力应除以承载力抗震调整系数 γ_{RE},承载力抗震调整系数应按表 5.8.1 采用。当仅计算竖向地震作用时,各类结构构件承载力抗震调整系数均应采用 1.0。

承载力抗震调整系数　　　　　　　　　　　　　　　表 5.8.1

结构构件类别	受力状态	γ_{RE}
两端均设有构造柱、芯柱的砌体抗震墙	受剪	0.9
组合砖墙	偏压、大偏拉和受剪	0.9
配筋砌块砌体抗震墙	偏压、大偏拉和受剪	0.85
自承重墙	受剪	1.0
其他砌体	受剪和受压	1.0

5.8.4 砌体结构抗震设计时,材料性能有何要求?

【解析】结构材料性能指标,应符合下列规定:

1. 砌体材料应符合下列规定：

（1）普通砖和多孔砖的强度等级不应低于 MU10，其砌筑砂浆强度等级不应低于 M5；蒸压灰砂普通砖、蒸压粉煤灰普通砖及混凝土砖的强度等级不应低于 MU15，其砌筑砂浆强度等级不应低于 Ms5（Mb5）；

（2）混凝土砌块的强度等级不应低于 MU7.5，其砌筑砂浆强度等级不应低于 Mb7.5；

（3）约束砖砌体墙，其砌筑砂浆强度等级不应低于 M10 或 Mb10；

（4）配筋砌块砌体抗震墙，其混凝土空心砌块的强度等级不应低于 MU10，其砌筑砂浆强度等级不应低于 Mb10。

2. 混凝土材料，应符合下列规定：

（1）托梁，底部框架-抗震墙砌体房屋中的框架梁、框架柱、节点核心区、混凝土墙和过渡层底板，部分框支配筋砌块砌体抗震墙结构中的框支梁和框支柱等转换构件、节点核心区、落地混凝土墙和转换层楼板，其混凝土的强度等级不应低于 C30；

（2）构造柱、圈梁、水平现浇钢筋混凝土带及其他各类构件不应低于 C20，砌块砌体芯柱和配筋砌块砌体抗震墙的灌孔混凝土强度等级不应低于 Cb20。

3. 钢筋材料应符合下列规定：

（1）钢筋宜选用 HRB400 级钢筋和 HRB335 级钢筋，也可采用 HPB300 级钢筋；

（2）托梁、框架梁、框架柱等混凝土构件和落地混凝土墙，其普通受力钢筋宜优先选用 HRB400 钢筋。

第二节 多层砌体房屋

（Ⅰ）抗震设计的基本要求

5.8.5 多层砌体房屋的总高度和层数有什么限制？

【解析】根据地震震害调查，多层砌体房屋的抗震能力与房屋的总高度和层数有直接联系，房屋的破坏程度随高度的增大和层数的增多而加重，其倒塌率与房屋的高度与层数成正比，因此限制多层砌体房屋的高度和层数是减轻地震灾害的经济而有效的措施。多层砌体房屋，总高度和层数的限制见表 5.8.2。

多层砌体房屋的层数和总高度限值（m）   表 5.8.2

房屋类别	最小墙厚度(mm)	设防烈度和设计基本地震加速度											
		6		7				8				9	
		0.05g		0.10g		0.15g		0.20g		0.30g		0.40g	
		高度	层数	高度	层数	高度	层数	高度	层数	高度	层数	高度	层数
普通砖	240	21	7	21	7	21	7	18	6	15	5	12	4
多孔砖	240	21	7	21	7	18	6	18	6	15	5	9	3
多孔砖	190	21	7	18	6	15	5	15	5	12	4	—	—
混凝土砌块	190	21	7	21	7	18	6	18	6	15	5	9	3

采用表 5.8.2 时，应当遵循下列原则：

1. 房屋的总高度指室外地面到主要屋面板板顶或檐口的高度：

（1）平屋顶时不计女儿墙的高度，带阁楼的坡屋面应算到山尖墙的 1/2 高度处。

（2）半地下室层高较大，顶板距室外地面较高，或有大的窗井而无窗井墙或窗井墙不与纵横墙连接，构不成扩大基础底盘的作用，周围的土体不能对多层砖房半地下室层起约束作用，此时半地下室应按一层考虑，并计入房屋总高度。

（3）全地下室时，房屋的高度从室外地坪算起。

2. 房屋的层数应按表 5.8.2 严格控制；房屋的总高度可略有提高，但不应超过 0.5m；当室内外高差大于 0.6m 时，允许房屋的高度比表中数值适当增加，但不应多于 1.0m；当有局部突出屋面的屋顶间等，且当其面积不超过房屋顶层面积的 1/3 时，可不计层数和高度，但计算时应考虑其鞭端效应影响。

3. 横墙较少的房屋是指同一楼层内开间大于 4.2m 的房间占该层总面积 40% 以上的情况（如医院、教学楼等），房屋总高度应比表 5.8.2 降低 3m，层数相应减少一层。对于 6、7 度横墙较少的内夹多层砌体房屋，当按规定采取加强措施并满足抗震承载力要求时，其高度和层数仍可按表 5.8.2 采用。

4. 横墙很少的房屋是指开间不大于 4.2m 的房间占该层总面积不到 20% 且开间大于 4.8m 的房间占该层总面积的 50% 以上，房屋的总层数应比表 5.8.2 降低两层。

5. 采用蒸压灰砂砖和蒸压粉煤灰砖的砌体的房屋，当砌体的抗剪强度仅达到普通黏土砖砌体的 70% 时，房屋的层数应比普通砖房减少一层，总高度应减少 3m；当砌体的抗剪强度达到普通黏土砖砌体的取值时，房屋层数和总高度的要求同普通砖房屋。

6. 多层砌体承重房屋的层高，不应超过 3.6m；当使用功能确有要求时，采用约束砌体等加强措施的普通砖房屋，层高不应超过 3.9m。

5.8.6 多层砌体房屋总高度和总宽度的最大比值有什么限制？

【解析】砌体结构的抗剪强度较低，抗弯能力更差，因此房屋在地震作用下的破坏应是剪切型，以墙体的受剪承载力来抵抗水平地震作用，不得出现过大的整体弯曲变形。为了简化计算，在多层砌体房屋不做整体弯曲验算条件下，为了保证房屋的整体稳定性，减轻弯曲造成的破坏，对房屋的高度和总宽度的比值应有所限制（表 5.8.3）。

房屋最大高宽比　　　　　　　　　　表 5.8.3

烈　　度	6	7	8	9
最大高宽比	2.5	2.5	2.0	1.5

房屋高宽比验算时，应遵循下列原则：

1. 具有规则平面的房屋，按房屋的总宽度计算高宽比，不考虑平面上的局部凸凹。

2. 外廊住宅、外廊中小学教学楼、偏廊办公楼，都是单面布置房间，外廊的砖柱或者偏廊的外墙，因与之联系的楼板竖向抗弯刚度差，不能有效参与房屋的整体弯曲。因此，计算这类房屋的高宽比值时，房屋宽度不应包括外廊在内。

3. 内廊房屋，由于横墙被内廊分成两片，整体作用很差，如果不是换算成相当的整片实体墙来确定高宽比，而仍取房屋的全宽计算高宽比，就应该比表5.8.3的限值控制得再小一些。

4. 对于复杂平面的房屋（如 L 形、工字形等），应取独立抗震单元的短边作为房屋的宽度。

5. 当建筑平面接近正方形时（如点式、墩式建筑），其高宽比宜适当减小。

5.8.7 多层砌体房屋抗震横墙的最大间距有什么限制？

【解析】多层砌体房屋的横向水平地震作用主要由横墙来承受，故横墙必须具有足够的承受横向水平地震作用的能力，且楼盖还必须具备能够传递横向水平地震作用给横墙的水平刚度。所以，对横墙来说，除了要求能满足抗震承载力外，还需使其横墙间距能满足楼盖对传递水平地震作用所需水平刚度的要求。楼盖将水平地震作用传递给横墙的水平刚度与横墙间距和楼盖本身刚度有关。当楼盖水平刚度一定时，楼盖本身刚度大，横墙间距就可以大一些；楼盖本身刚度小，横墙间距就小一些。如果楼盖本身刚度不大，而横墙间距较大，楼盖就会失去将水平地震作用传递到横墙的能力，其结果是楼盖产生较大的侧移变形，地震作用未传到横墙，纵墙就已经破坏（图5.8.1）。

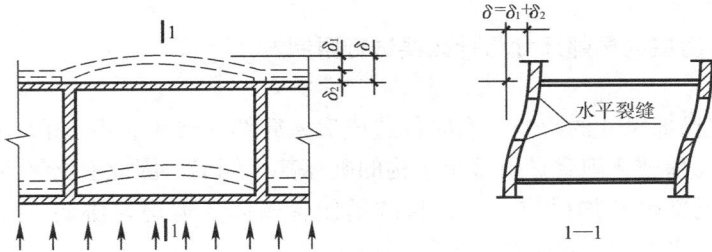

图 5.8.1　外纵墙出平面弯曲

我国地震震害表明：7度区房屋宽度在 12m 以内的现浇钢筋混凝土楼盖，横墙间距为 22m，以及装配式钢筋混凝土楼盖，横墙间距超过五个开间（16.5m）时，纵墙就有不同程度的破坏。根据震害情况，综合考虑技术经济和使用要求，对多层砌体房屋抗震横墙最大间距的限制见表5.8.4。

房屋抗震横墙最大间距（m） 表 5.8.4

房屋类别	烈 度			
	6	7	8	9
现浇或装配整体式钢筋混凝土楼、屋盖	15	15	11	7
装配式钢筋混凝土楼、屋盖	11	11	9	4
木屋盖	9	9	4	—

抗震横墙最大间距确定时，应遵循下列原则：

1. 表5.8.4的规定适用于一栋房屋中部分横墙间距较大的情况，对于整栋房屋的横墙间距都比较大的情况，则应考虑是否按空旷砌体房屋来要求。

2. 抗震横墙应符合表5.8.5的要求。

砌体抗震墙的要求

表5.8.5

砌体类别	最小墙厚 （mm）	块体最低 强度等级	砂浆最低 强度等级	墙体开洞
普通砖	240	MU10	M5	洞口的水平截面面积不应超过横墙水平截面面积的50%
多孔砖	190	MU10	M5	
混凝土砌块	190	MU7.5	M7.5	

3. 多层砌体房屋的顶层，最大横墙间距允许适当放宽。

4. 表5.8.4中木楼、屋盖的规定，不适用于混凝土砌块房屋。

5. 表5.8.4中抗震横墙最大间距的确定，是指在常用进深的情况下，当进深较大时应另行考虑。

6. 对于食堂等单层砌体房屋，抗震横墙的最大间距可不按表5.8.4限制，此时横向水平地震作用可由壁柱来承担。

5.8.8 多层砌体房屋的局部尺寸为什么要进行限制？

【解析】房屋局部尺寸的影响，有时仅造成房屋局部的破坏而不影响结构的整体安全，某些重要部位的局部破坏则会导致整个结构的破坏甚至倒塌。因此有必要对地震区建造的砌体房屋的某些局部尺寸加以控制，其目的是使各墙体受力均匀协调、避免造成各个击破，防止承重构件失稳，避免附属构件脱落伤人。

1. 承重窗间墙的最小宽度。窗间墙的破坏有两种形式：第一种是地震作用下的剪切破坏，产生典型的斜向或对角交叉裂缝。显然，这种地震剪力主要作用在窗间墙的平面之内，即地震作用方向与窗间墙平行。第二种是由于与外墙的窗间墙垂直的内墙的变形和破坏顶推窗间外墙，造成窗间墙的平面外破坏，这时的地震作用主要沿横墙作用。

窗间墙的宽度应首先满足静力设计要求，从抗震安全的角度应有一定的安全储备。从宏观调查中可看到，较窄窗间墙的破坏往往容易造成上部构件的塌落，从而危及整个房屋。而宽度较大的窗间墙虽然在强烈地震作用下也遭损坏，有时裂缝宽度甚至可达数厘米，但裂后仍有一定的承载能力而不致立即倒塌。因此，抗震规范规定窗间墙应有一定宽度，以避免一旦出现裂缝而产生倒塌。

2. 外墙尽端至门窗洞边的最小距离。宏观震害表明，房屋尽端是震害较为严重的部位，这是结构布置上的不对称或地震本身的扭转分量造成的，同时也有"端部效应"动力放大的影响。尽端外横墙一般为山墙，分承重和非承重两种。在实际设计中，一般情况下对于承重山墙，尽端最好不开窗或开小窗，因为这一部位的地震反应敏感，破坏普遍，承重山墙的局部破坏可能导致第一开间的倒塌。为了防止房屋在尽端首先破坏甚至倒塌，对开门窗情况下承重外墙尽端至门窗洞边的尺寸，按不同烈度提出了不同要求。对于非承重的外墙尽端，考虑到破坏后不致影响楼板的塌落，因此对最小距离可以适当放宽要求（图5.8.2）。

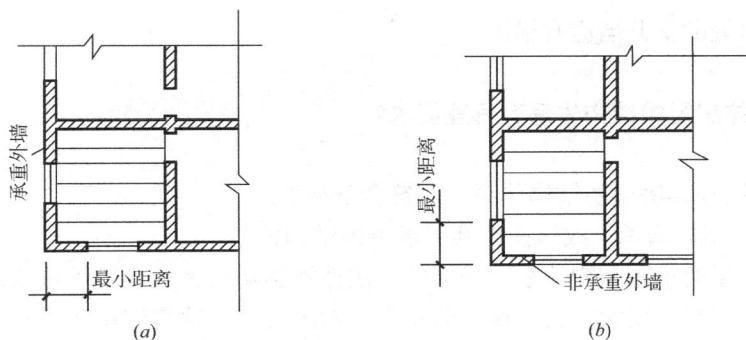

图 5.8.2　外墙尽端至门窗洞边最小距离
(a) 承重外墙尽端至门窗洞边最小距离；(b) 非承重外墙尽端至门窗洞边最小距离

3. 内墙阳角至门窗洞边的最小距离。多层砌体结构房屋中的门厅、楼梯间等的室内拐角墙，常常是地震破坏比较严重的部位。由于门厅或楼梯间处的纵墙或横墙中断，并为支承上层楼盖荷载而设置开间梁或进深梁，从而造成梁支承在室内拐角墙上这些阳角部位的应力容易集中，梁端支承处荷载又较大，如支承长度不足，局部刚度又有变化，破坏往往极为明显。为了避免这些部位的严重破坏，除在构造上加强整体连接，加长梁的支承长度以及墙角适当配置构造钢筋外，还必须限制内墙阳角至洞边的最小距离。

4. 其他局部尺寸限制。地震调查表明，阳台、挑檐、雨篷等悬挑构件的震害较少，一般情况下这些悬挑构件都不会过大，只要通过计算，保证其抗倾覆、锚固及连接构造上的可靠性，以免失稳、脱落即可。悬挑构件中的女儿墙则是比较容易破坏的构件，特别是无锚固的较高女儿墙更是如此，在历次震害中破坏屡有发生。建筑抗震设计规范对仅靠自重平衡的无锚固女儿墙的最大高度作了限制，并规定 9 度区不得用无锚固女儿墙。虽然7～9度时非出入口处无锚固女儿墙高度允许到 500mm，但应考虑一旦倒塌时后果严重，因此宜采取配置水平钢筋或设置混凝土柱的措施来增强悬臂女儿墙的稳定性，并须设置压顶卧梁与立柱相连。

房屋的局部尺寸限制见表 5.8.6。

房屋的局部尺寸限制（m）　　　　　　　表 5.8.6

部　位	6 度	7 度	8 度	9 度
承重窗间墙最小宽度	1.0	1.0	1.2	1.5
承重外墙尽端至门窗洞边的最小距离	1.0	1.0	1.2	1.5
非承重外墙尽端至门窗洞边的最小距离	1.0	1.0	1.0	1.0
内墙阳角至门窗洞边的最小距离	1.0	1.0	1.5	2.0
无锚固女儿墙（非出入口处）的最大高度	0.5	0.5	0.5	0.0

房屋局部尺寸的限制，应遵循下列原则：

（1）房屋局部尺寸的限制是在满足规范构造要求的前提下规定的。当局部尺寸不足时，应采取局部加强措施弥补，且最小宽度不宜小于1/4层高和表5.8.6中所列数据的80%。

（2）出入口处的女儿墙应有锚固。

5.8.9 多层砌体房屋的结构体系有哪些要求？

【解析】多层砌体房屋的结构体系，应符合下列要求：

1. 应优先采用横墙承重或纵横墙共同承重的结构体系。

多层砌体房屋的承重结构体系对房屋的抗震性能影响较大。横墙承重或纵横墙共同承重结构体系具有空间刚度大、整体性好的特点，对抵抗水平地震作用比较有利；纵墙承重结构体系易受弯曲破坏而产生倒塌。根据地震震害调查统计，横墙承重房屋破坏率最低，破坏程度最轻，纵横墙承重房屋次之。纵墙承重房屋破坏率最高，破坏程度最重。所以，在选择结构体系时应优先采用横墙承重或纵横墙共同承重的结构体系。

2. 房屋各层的纵横墙对齐贯通，可以使房屋获得最大的整体抗弯能力，这对于高宽比较大的房屋是十分必要的。墙体对齐贯通，还能减少墙体和楼板等受力构件的中间传力环节，使受损部位减少，震害程度减轻。由于传力简捷，受力明确，也有利于地震作用效应的分析。

地震作用在各墙垛之间按其刚度进行分配，当各墙垛的刚度相差悬殊时，容易造成地震时每个墙垛被各个击破，从而造成较大的震害。因此除房屋尽端墙体外，宜将窗间墙等均匀布置，以利于各墙垛受力均匀，避免应力集中。

纵横向砌体抗震墙的布置应符合下列要求：

（1）宜均匀对称，沿平面内宜对齐，沿竖向应上下连续；且纵横向墙体的数量不宜相差过大；

（2）平面轮廓凹凸尺寸，不应超过典型尺寸的50%；当超过典型尺寸的25%时，房屋转角处应采取加强措施；

（3）楼板局部大洞口的尺寸不宜超过楼板宽度的30%，且不应在墙体两侧同时开洞；

（4）房屋错层的楼板高差超过500mm时，应按两层计算；错层部位的墙体应采取加强措施；

（5）同一轴线上的窗间墙宽度宜均匀；墙面洞口的面积，6、7度时不宜大于墙面总面积的55%，8、9度时不宜大于50%；

（6）在房屋宽度方向的中部应设置内纵墙，其累计长度不宜小于房屋总长度的60%（高宽比大于4的墙段不计入）。

3. 防震缝的设置

房屋的平面最好是矩形的，由于房屋的外墙转角部位的破坏程度比其他部位严重，L形、凵形等非规则平面房屋的外墙转角比矩形多，房屋的震害程度比矩形严重。若由于使用要求，在平面或立面上必须做成复杂体型时，应采用防震缝将复杂的体型分割成若干规整、简单体型的组合，以避免地震时房屋各部分由于振动不谐调产生破坏（图5.8.3、

图 5.8.4）。

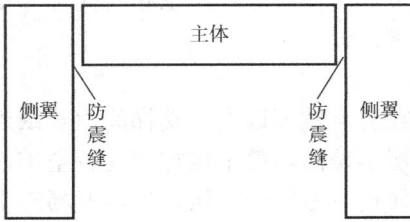

图 5.8.3　通过防震缝把复杂的
平面划分成简单的平面

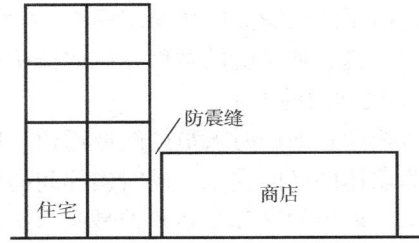

图 5.8.4　在立面上用防震
缝划分开

　　若在平面上，房屋的质量中心与刚度中心不相重合，地震时除在主震方向产生水平振动外，还会产生环绕刚度中心的扭转振动，对结构受力极为不利，从而导致房屋角部的破坏（图 5.8.5）。为了避免这种不利情况的发生，除在建筑布置时就应注意房屋体型对称、刚度的对称和均匀分布外，必要时可采用抗震缝把这两部分各自分开，自成体系来处理。

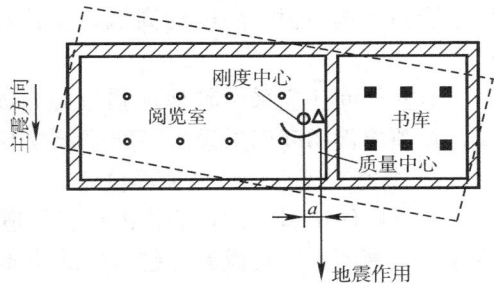

图 5.8.5　由于刚度中心与质量中心
不重合而发生扭转

　　对于复杂体型的砌体建筑，在下列情况下宜设防震缝：

　　（1）房屋立面高差在 6m 以上。地震震害调查表明，未设防震缝的不等高房屋，其连接部分的高差为一层时，就有不同程度的破坏，当高差增大时，破坏更加严重。但高差为一层的受损房屋中，多数为局部突出屋面的楼梯间、电梯间、水箱间，这些部位虽然破坏较普遍，但不影响下部结构的整体安全。所以对于这种震害，不要采用防震缝来解决，而是在结构抗震承载力验算时考虑其鞭端效应。在综合比较不设防震缝所节约的投资和房屋可能造成局部破坏后，抗震规范规定当房屋立面高差在 6m 以上（二层）时，才设防震缝。

　　（2）房屋有错层，且楼板高差大于层高的 1/4 时。当楼板不在同一标高处时，其错层部位在地震中往往受到损坏，在错层处发生水平断裂。其破坏程度与楼板高差大小有关，高差越大，破坏越严重。根据实际震害经验，当房屋有错层且楼板高差较大时，宜采用防震缝将错层两侧分开。

　　（3）房屋各部分结构刚度、质量截然不同时。当房屋各部分结构刚度、质量相差较大时，由于地震的动力反应不一致，以及房屋各连接部分变形突然变化而产生应力集中，造成连接部位的破坏。为此有必要采用防震缝将其分离成各自独立的单元，以避免和减少震害。由于这个问题比较复杂，影响因素较多，难以给出定量的表达，只能给以定性的描述，由设计人员根据具体情况掌握。

　　防震缝宽度的确定应考虑当发生垂直于防震缝方向的振动时，由于相邻两部分振动不谐调产生的碰撞，以及施工时可能落入的砂浆和块体的堵塞，并根据烈度和房屋高度的不同，采用70～100mm。对于避免基础不均匀沉降而设置的沉降缝和温度变化而设置的伸缩缝，由于此类缝宽度比防震缝小，为了避免地震时可能在变形缝处产生相互碰撞，地震区的沉降缝和伸缩缝的宽度，一律按防震缝的宽度要求设置。

4. 楼梯间的设置

楼梯间是地震时人员的疏散通道，应把震害控制在轻度破坏以内。楼梯间由于缺乏楼板作为墙体的横向支承，同时楼梯间的顶层高度为一层半楼高，整个楼梯间比较空旷而缺乏支承。房屋的端部和转角处是应力比较集中和对扭转比较敏感的区域，地震时易产生破坏。若将楼梯间布置在房屋的端部或转角处，对抗震将产生双重不利影响，加剧破坏程度。因此楼梯间不应设置在房屋的终端和转角处。

如果由于建筑功能要求，楼梯间必须设在第一开间或其他外墙转角处，则需采取局部加强措施。例如根据烈度的高低，在楼梯间的四角或仅在外墙转角处设钢筋混凝土构造柱等。

对楼梯间还应采取其他加强措施，如在楼梯间休息平台板标高处增设圈梁或配筋砖带，在顶层楼梯间墙增设水平配筋带或圈梁等。

5. 烟道、风道、垃圾道等设置

多层砌体房屋中常在墙体内设置烟道、风道、垃圾通道等，布置时必须注意不应削弱墙体。震害调查发现设有这些洞口的墙体总是最先破坏，且还会引起整体建筑一定程度上的损坏。原因是在地震作用下墙体被削弱处发生应力集中。若设计中无法避免墙体的削弱，则应采取在砌体中配筋的加强措施，还可以采用安装预制管道来代替墙中通道。同时不宜采用无竖向配筋的附墙烟囱及出屋面烟囱。

6. 钢筋混凝土预制挑檐的设置

震害调查表明，由砖砌女儿墙挑出的檐口，倒塌率很高，不应采用。由屋盖挑出的钢筋混凝土预制挑檐则需采用锚拉措施。

（Ⅱ）抗震承载力验算

5.8.10 多层砌体房屋抗震设计时，计算简图和重力荷载如何确定？

【解析】1. 计算简图

计算多层砌体房屋地震作用时，应取一个结构单元作为计算单元，在计算单元中将各楼层的质量集中到楼、屋盖标高处。多层砌体房屋可视为嵌固于基础顶面的竖向悬臂梁，各质点的计算高度取楼（屋）盖到结构底部的距离（图5.8.6）。

计算简图中结构底部按下列规定取值：当基础埋置较浅时取为基础顶面；当基础埋置较深时，可取为室外地坪下0.5m处；当设有整体刚度很大的全地下室时，则取为地下室顶板顶部；当地下室整体刚度较小或为半地下室时，则应取为地下室室内地坪处。

2. 重力荷载

集中于楼、屋面的重力荷载代表值，应按表5.8.7的规定计算。

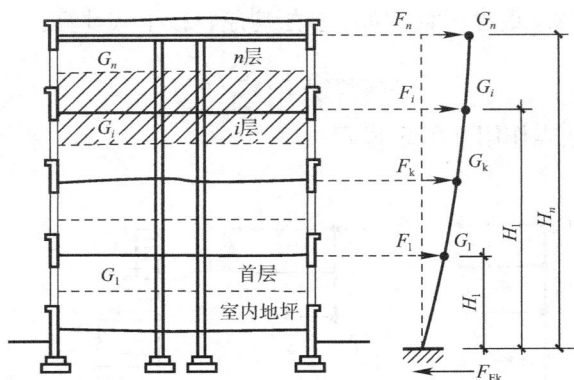

图 5.8.6　多层砌体房屋的计算简图

楼屋面的重力荷载 表 5.8.7

重力荷载分项			组合值系数
楼盖	楼盖自重		1.0
	楼盖上下各半层墙体、门窗重		1.0
	楼面可变荷载	按实际情况考虑	1.0
		按等效均布荷载考虑　藏书库、档案库	0.8
		其他情况	0.5
屋盖	屋面自重		1.0
	突出屋面的屋顶间、女儿墙、烟囱等		1.0
	顶层半层墙体、门窗重		1.0
	屋面积灰、积雪荷载		0.5
	屋面可变荷载	按实际情况考虑	0
		按等效均布荷载考虑	0

5.8.11　多层砌体房屋抗震设计时，水平地震作用和剪力如何计算?

【解析】一般情况下，多层砌体房屋的抗震承载力的验算采用底部剪力法，仅考虑水平地震作用，沿房屋的横向和纵向分别进行验算。对于很不规则的房屋，可采用振型分解反应谱法进行验算。当采用底部剪力法时，水平地震作用和剪力可按下列规定计算：

1. 结构总水平地震作用标准值 F_{Ek}

多层砌体房屋的总水平地震作用标准值按下式计算：

$$F_{Ek} = \alpha_{max} G_{eq} \tag{5.8.1}$$

式中　F_{Ek}——结构总水平地震作用标准值；

α_{max}——水平地震影响系数最大值，6 度、7 度、8 度和 9 度时，分别取 0.04、0.08、0.16 和 0.32；

G_{eq}——结构等效总重力荷载，对于多层房屋，按下式计算：

$$G_{eq} = 0.85 \sum_{i=1}^{n} G_i \tag{5.8.2}$$

2. 各楼层的水平地震作用（图 5.8.7）

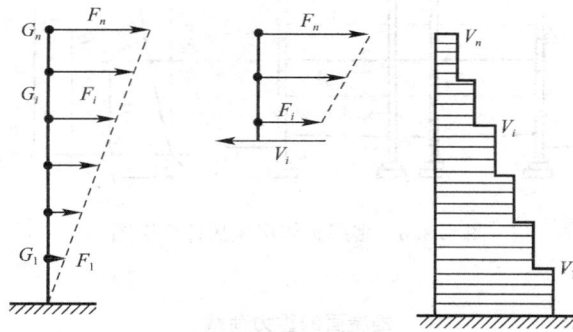

图 5.8.7　水平地震作用和剪力

各楼层的水平地震作用标准值按下式计算：

$$F_i = \frac{G_i H_i}{\sum\limits_{j=1}^{n} G_j H_j} F_{Ek} \tag{5.8.3}$$

式中　F_i——第 i 楼层的水平地震作用标准值；

　　G_i、H_i——第 i 楼层的重力荷载代表值和计算高度。

3. 楼层水平地震剪力标准值

第 i 楼层的水平地震剪力标准值按下式计算：

$$V_i = \sum_{j=i}^{n} F_j \tag{5.8.4}$$

式中　V_i——第 i 楼层的水平地震剪力标准值。

由于突出屋顶的楼梯间、水箱间等小房屋以及女儿墙、烟囱等附属建筑的地震反应强烈，震害严重，验算上述部位构件的抗震承载力时，其水平地震作用效应应取式（5.8.3）计算值的 3 倍，但增大部分不应往下传递，即计算房屋下层层间地震剪力时不考虑地震作用增大部分的影响。

对于图 5.8.8 所示带突出屋顶小房屋的多层砖房，突出屋顶小房屋的层间地震剪力 V_{n+1} 为：

$$F_{n+1} = \frac{G_{n+1} H_{n+1}}{\sum\limits_{k=1}^{n+1} G_k H_k} F_{Ek} \tag{5.8.5}$$

$$V_{n+1} = 3F_{n+1} \tag{5.8.6}$$

房屋下部任意 i 层层间地震剪力 V_i，仍按图 5.8.8（a）所示各层地震作用来计算：

$$V_i = \sum_{k=i}^{n} F_k + F_{n+1} \tag{5.8.7}$$

4. 楼层水平地震剪力标准值

墙体平面内的抗侧力等效刚度很大，而平面外的刚度很小，所以一个方向的楼层水平地震剪力主要由平行于地震作用方向的墙体来承担，而与地震作用相垂直的墙体，承担的楼层水平地震剪力很小。因此，横向楼层地震剪力全部由各横向墙体来承担，而纵向楼层地震剪力由各纵向墙体来承担。

（1）横向地震剪力分配

1）刚性楼盖

刚性楼盖是指现浇钢筋混凝土或装配整体式钢筋混凝土楼盖。在横向水平地震作用下，刚性楼盖在其水平面内产生的变形很小。若房屋楼层的刚度中心和质量中心相重合而不产生扭转，则楼盖仅发生整体相对水平移动，各横墙产生的层间位移相同。若将刚性楼盖视为刚性的水平连续梁，各抗侧力横墙可视为梁的弹性支座（图5.8.9）。各道横墙承受的水平地震剪力，可按抗侧力构件的等效侧向刚度的比例进行分配：

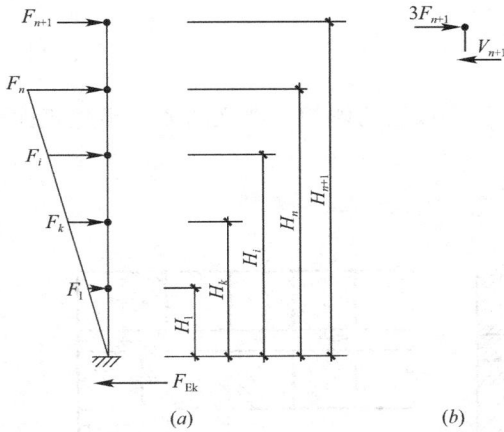

图 5.8.8　突出屋顶小屋的层间
地震剪力计算简图

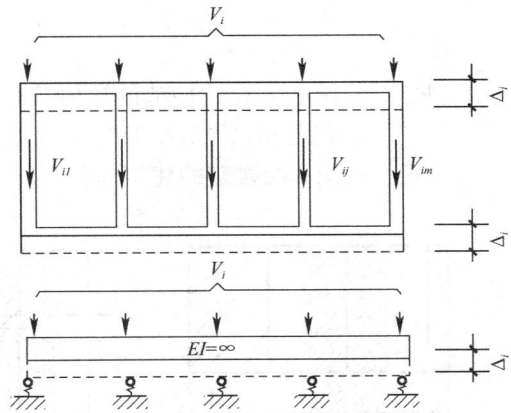

图 5.8.9　刚性楼盖房屋墙体剪
力分配计算模型

$$V_{im} = \frac{K_{im}}{K_i} V_i \qquad (5.8.8)$$

式中　V_{im}——第 i 层第 m 道横墙的水平地震剪力；

　　　K_{im}——第 i 层第 m 道横墙的等效侧向刚度；

　　　K_i——第 i 层横墙等效侧向刚度之和。

当楼层各横向抗侧力墙体高度相同、高宽比均小于1，采用的砌体材料强度等级相同时，则可按各道墙体的水平截面面积比例分配：

$$V_{im} = \frac{A_{im}}{\sum_{k=1}^{n} A_{ik}} V_i \qquad (5.8.9)$$

式中　A_{im}、A_{ik}——第 i 层 m、k 片墙体的水平截面面积。

2）柔性楼盖

柔性楼盖是指木结构楼盖等。由于柔性楼盖的水平刚度很小，在横向水平地震作用

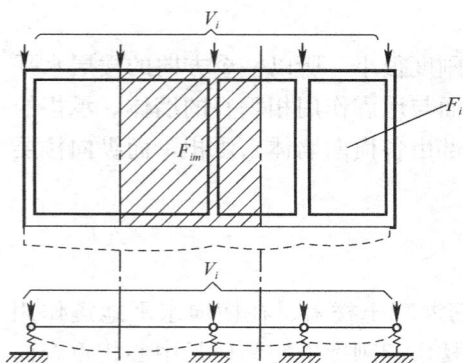

图 5.8.10 柔性楼盖房屋墙
体剪力分配计算模型

下，各片横墙产生的位移，主要取决于邻近从属面积上楼盖重力荷载代表值所引起的地震作用。因而可近似地视整个楼盖为分段简支于各片横墙的多跨简支梁（图 5.8.10），各片横墙可独立地变形。各道横墙所承担的地震剪力，可按该墙从属面积上重力荷载代表值的比例进行分配：

$$V_{im} = \frac{G_{im}}{G_i} V_i \qquad (5.8.10)$$

式中 G_{im}——第 i 层 m 片横墙从属面积上重力荷载代表值；

   G_i——第 i 层楼盖总重力荷载代表值。

当楼盖单位面积上的重力荷载代表值相等时，可按墙体从属荷载面积的比例进行分配：

$$V_{im} = \frac{F_{im}}{F_i} V_i \qquad (5.8.11)$$

式中 F_{im}——第 i 层 m 片横墙的从属荷载面积，等于该墙两侧相邻墙之间各一半建筑面积之和（图5.8.11）；

   F_i——第 i 层楼盖的建筑面积。

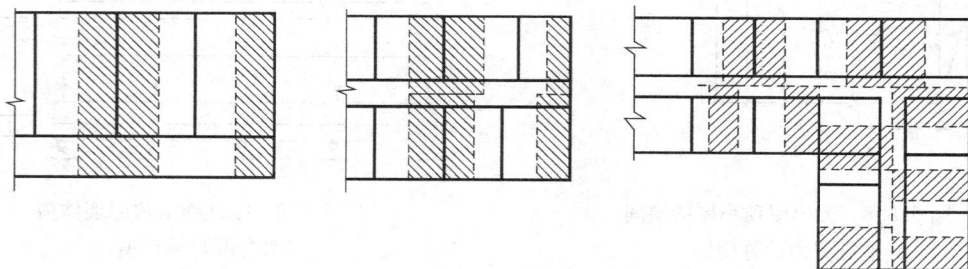

图 5.8.11   地震作用从属面积划分示意图

3）中等刚度楼盖

装配式钢筋混凝土楼盖属于中等刚度楼盖。在横向水平地震力作用下，楼盖的变形状态将不同于刚性楼盖和柔性楼盖，在各片横墙间楼盖将产生一定的相对水平变形，各片横墙产生的位移将不相等。因而各片横墙所承担的地震剪力，不仅与横墙等效侧向刚度有关，而且与楼盖的水平变形有关。可以通过合理地选择楼盖的刚度参数按精确计算模型进行空间分析，从而得到各片横墙所承担的地震剪力。为了简化计算，对于中等刚度楼盖，各道横墙所承担的地震剪力，可取按刚性楼盖和柔性楼盖计算的平均值：

$$V_{im} = \frac{1}{2} \left(\frac{K_{im}}{K_i} + \frac{G_{im}}{G_i} \right) V_i \qquad (5.8.12)$$

（2）纵向地震剪力分配

由于房屋的宽度小而长度大，无论何种类型楼盖，其纵向水平刚度都很大，可视为刚性楼盖。因此，对于柔性楼盖、中等刚度楼盖和刚性楼盖房屋，各片纵墙所承担的地震剪力均按式（5.8.7）计算。

5. 墙体水平地震剪力设计值

墙体水平地震剪力设计值，应按下式计算：

$$V = \gamma_{Eh} V_{im} \tag{5.8.13}$$

式中　V——墙体水平地震剪力设计值；

γ_{Eh}——水平地震作用分项系数，取 1.3。

5.8.12　如何计算墙体等效侧向刚度？

【解析】墙体等效侧向刚度，根据墙体洞口情况按下列方法计算：

1. 无洞口墙体

确定层间等效侧向刚度时，可认为各层墙体或墙肢均为下端固定、上端嵌固的构件，其侧向变形包括层间弯曲变形和剪切变形。

墙肢在单位水平力作用下的弯曲变形和剪切变形（图 5.8.12）可按下式计算：

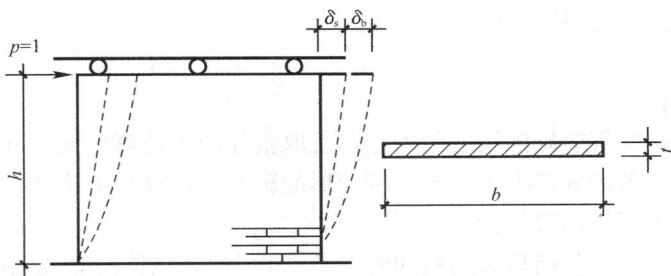

图 5.8.12　墙肢的侧移柔度

$$\delta_b = \frac{h^3}{12EI} \tag{5.8.14}$$

$$\delta_s = \frac{\xi}{AG} h \tag{5.8.15}$$

式中　h——墙肢（或无洞墙片）的高度，对窗间墙取窗洞高；门间墙取门洞高；门窗之间墙取窗洞高；尽端墙取靠尽端的门洞或窗洞高；

A——墙肢（或无洞墙片）的水平截面面积，$A = bt$；

b、t——墙肢（或无洞墙片）的宽度和厚度；

I——墙肢（或无洞墙片）的水平惯性矩，$I = \frac{1}{12} bh^3$；

ξ——剪应变分布不均匀影响系数，对于矩形截面，取 $\xi = 1.2$；

E——砖砌体的弹性模量；

G——砖砌体的剪变模量，一般取 $G = 0.4E$。

墙肢的侧移柔度，即单位水平力作用下的总变形，可按下式计算：

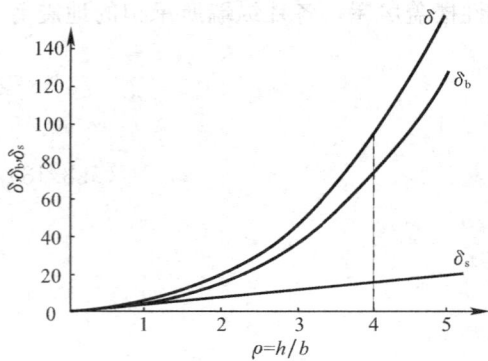

图 5.8.13　墙体剪切变形与弯曲变形的比例

$$\delta = \delta_b + \delta_s = \frac{h_3}{12EI} + \frac{\xi h}{AG} \qquad (5.8.16)$$

墙体等效侧向刚度可按下式计算：

$$K = \frac{1}{\delta} \qquad (5.8.17)$$

当墙体同时受到剪切变形（δ_s）和弯曲变形（δ_b）的影响时，两种变形所占的比例与墙体的高宽比（$\rho = h/b$）有关（图 5.8.13）。

由图 5.8.13 可见：

当 $\rho < 1$ 时，弯曲变形在总变形中所占比例较小，可仅考虑剪切变形的影响：

$$K = \frac{AG}{\xi h} = \frac{Et}{3\rho} \qquad (5.8.18)$$

当 $1 \leqslant \rho \leqslant 4$ 时，应同时考虑剪切变形和弯曲变形的影响：

$$K = \frac{1}{\dfrac{h^3}{12EI} + \dfrac{\xi h}{AG}} = \frac{Et}{\rho^3 + 3\rho} \qquad (5.8.19)$$

当 $\rho > 4$ 时，可不考虑其刚度，取 $K = 0$。

2. 有洞口墙体

（1）大洞口墙体

有洞口墙体的层间等效侧向刚度的确定，可取整片墙为计算单元，除考虑门窗间墙段的变形影响外，还应考虑洞口上下水平墙带变形的影响。计算时可将墙体划分为各个墙肢分别计算，然后求出墙体的等效侧向刚度。

当墙体仅有窗洞，且各洞口标高相同时（图 5.8.14），墙体的等效侧向刚度为：

$$\delta = \delta_1 + \delta_2 + \delta_3 \qquad (5.8.20)$$

$$K = \frac{1}{\delta_1 + \delta_2 + \delta_3} = \frac{1}{\dfrac{1}{K_1} + \dfrac{1}{\Sigma K_2} + \dfrac{1}{K_3}} \qquad (5.8.21)$$

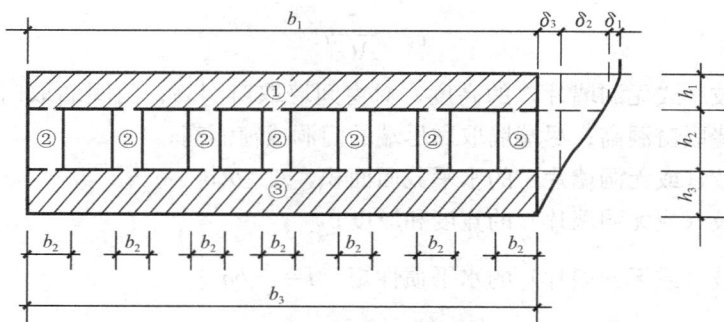

图 5.8.14　开有窗洞时的墙肢划分

当墙体有门窗洞口，且门窗顶标高相同、窗底面标高也相同时（图 5.8.15），墙肢 2

592

和 3 的侧移柔度为 δ_2、δ_3，相应的等效侧向刚度为 $\Sigma\dfrac{1}{\delta_2+\delta_3}$，墙肢 4 的侧移柔度为 δ_4，相应的等效侧向刚度为 $\dfrac{1}{\delta_4}$，墙肢 1 的侧移柔度为 δ_1，相应的等效侧向刚度为 $\dfrac{1}{\delta_1}$，根据各墙肢的并串联关系，可得到开洞墙体的等效侧向刚度为：

$$K=\cfrac{1}{\cfrac{1}{K_1}+\cfrac{1}{K_4+\left(\cfrac{1}{\cfrac{1}{K_2}+\cfrac{1}{K_3}}\right)}}$$

式中 K_1、K_2、K_3、K_4——分别为墙肢 1、2、3、4 的等效侧向刚度。

一般情况下，开洞墙体的等效侧向刚度可按下列原则计算：

水平向的墙肢可采用刚度叠加（并联体），即墙段的总刚度等于该墙段内各墙肢等效侧向刚度之和；

竖直向的墙肢可采用柔度叠加（串联体），即墙段的柔度等于各墙肢柔度之和。

（2）小洞口墙体

小洞口的墙体，当按墙体毛截面计算等效侧向刚度时，可根据墙体开洞率乘以表 5.8.8 的洞口影响系数。

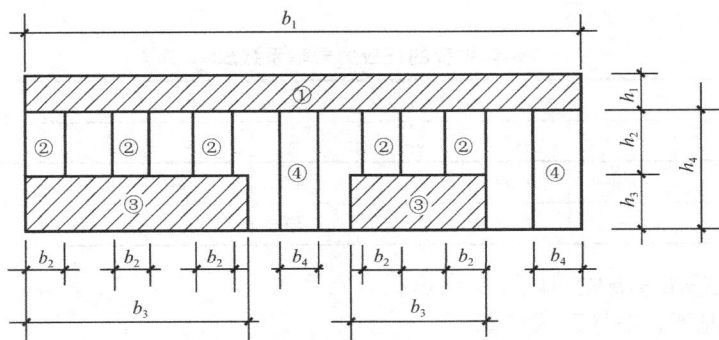

图 5.8.15 有门窗洞口时的墙肢划分

墙段洞口影响系数

表 5.8.8

开洞率	0.10	0.20	0.30
影响系数	0.98	0.94	0.88

注：开洞率为洞口面积与墙段毛面积之比；窗洞高度大于层高 50% 时，按门洞对待。

5.8.13 多层砌体房屋墙体的截面抗震承载力如何验算？

【解析】多层砌体房屋墙体的截面抗震承载力，可按下列方式进行验算：

1. 不利墙段的选择

多层砌体房屋抗震承载力验算时，不利墙段的选择可根据下列原则综合考虑：

（1）竖向荷载从属面积较大的墙段；

（2）承担地震作用较大的墙段；

（3）竖向压应力较小的墙段；

（4）截面面积较小的墙段。

2. 砌体的抗震抗剪强度设计值

各类砌体沿阶梯形截面破坏的抗震抗剪强度设计值，应按下式确定：

$$f_{vE} = \zeta_N f_v \tag{5.8.22}$$

式中　f_{vE}——砌体沿阶梯形截面破坏的抗震抗剪强度设计值；

　　　f_v——非抗震设计的砌体抗剪强度设计值；

　　　ζ_N——砌体抗震抗剪强度正应力影响系数。

各类砌体的正应力影响系数可按表 5.8.9 的公式计算或由表 5.8.10 确定。

砌体强度的正应力影响系数计算公式　　　　　　**表 5.8.9**

砌体类别	计算公式
普通砖、多孔砖	$\zeta_N = \dfrac{1}{1.2}\sqrt{1+0.45\sigma_0/f_v}$
混凝土小砌块	$\zeta_N = \begin{cases} 1+0.25\sigma_0/f_v & (\sigma_0/f_v \leqslant 5.0) \\ 2.25+0.17\,(\sigma_0/f_v-5) & (\sigma_0/f_v > 5.0) \end{cases}$

注：σ_0 为对应于重力荷载代表值的砌体截面平均压应力，计算时重力荷载分项系数 γ_G 取 1.0。

砌体强度的正应力影响系数表　　　　　　**表 5.8.10**

砌体类别	σ_0/f_v							
	0.0	1.0	3.0	5.0	7.0	10.0	12.0	≥16.0
普通砖、多孔砖	0.80	0.99	1.25	1.47	1.65	1.90	2.05	—
混凝土小砌块	—	1.23	1.69	2.15	2.57	3.02	3.32	3.92

3. 普通砖、多孔砖墙体的截面抗震承载力验算

（1）一般情况下，应按下式验算：

$$V \leqslant f_{vE} A / \gamma_{RE} \tag{5.8.23}$$

式中　V——墙体剪力设计值；

　　　f_{vE}——砖砌体沿阶梯形截面破坏的抗震抗剪强度设计值；

　　　A——墙体横截面面积，多孔砖取毛截面面积；

　　　γ_{RE}——承载力抗震调整系数。

（2）采用水平配筋的墙体，应按下式验算：

$$V \leqslant \frac{1}{\gamma_{RE}}(f_{vE}A + \xi_s f_{yh} A_{sh})$$

式中　ξ_s——钢筋参与工作系数，可按表 5.8.11 采用；

　　　f_{yh}——墙体水平纵向钢筋的抗拉强度设计值；

　　　A_{sh}——层间墙体竖向截面的总水平纵向钢筋面积，其配筋率不应小于 0.07% 且不大于 0.17%。

墙体高宽比	0.4	0.6	0.8	1.0	1.2
ξ_s	0.10	0.12	0.14	0.15	0.12

（3）墙段中部基本均匀的设置构造柱，且构造柱的截面不小于 240mm×240mm（当墙厚 190mm 时，亦可采用 240mm×190mm），构造柱间距不大于 4m 时，可计入墙段中部构造柱对墙体受剪承载力的提高作用，并按下式进行验算：

$$V \leqslant \frac{1}{\gamma_{RE}}\left[\eta_c f_{vE}(A-A_c)+\zeta_c f_t A_c + 0.08 f_{yc} A_{sc} + \xi_s f_{yh} A_{sh}\right] \qquad (5.8.24)$$

$$V \leqslant \frac{1}{\gamma_{RE}}\left[\eta_c f_{vE}(A-A_c)+\zeta_c f_t A_c + 0.08 f_{yc} A_{sc} + \xi_s f_{yh} A_{sh}\right] \qquad (5.8.25)$$

式中　A_c——中部构造柱的横截面总面积（对横墙和内纵墙，$A_c>0.15A$ 时，取 $0.15A$；
　　　　　　　对外纵墙：$A_c>0.25A$ 时，取 $0.25A$）；

　　　　f_t——中部构造柱的混凝土轴心抗拉强度设计值；

　　　　A_{sc}——中部构造柱的纵向钢筋截面总面积（配筋率不小于 0.6%，大于 1.4% 时取
　　　　　　　1.4%）；

f_{yh}、f_{yc}——分别为墙体水平钢筋、构造柱钢筋抗拉强度设计值；

　　　　ζ_c——中部构造柱参与工作系数；居中设一根时取 0.5，多于一根时取 0.4；

　　　　η_c——墙体约束修正系数；一般情况取 1.0，构造柱间距不大于 3.0m 时取 1.1；

　　　　A_{sh}——层间墙体竖向截面的总水平钢筋面积，无水平钢筋时取 0.0。

4. 小砌块墙体的截面抗震受剪承载力，应按下式验算：

$$V \leqslant \frac{1}{\gamma_{RE}}\left[f_{vE}A+(0.3f_t A_c + 0.05 f_y A_s)\xi_c\right] \qquad (5.8.26)$$

式中　f_t——芯柱混凝土轴心抗拉强度设计值；

　　　　A_c——芯柱截面总面积；

　　　　A_s——芯柱钢筋截面总面积；

　　　　f_y——芯柱钢筋抗拉强度设计值；

　　　　ξ_c——芯柱参与工作系数，可按表 5.8.12 采用。

注：当同时设置芯柱和构造柱时，构造柱截面可作为芯柱截面，构造柱钢筋可作为芯柱钢筋。

填孔率 ρ	$\rho<0.15$	$0.15\leqslant\rho<0.25$	$0.25\leqslant\rho<0.5$	$\rho\geqslant0.5$
ξ_c	0.0	1.0	1.10	1.15

注：填孔率指芯柱根数（含构造柱和填实孔洞数量）与孔洞总数之比。

5.8.14　多层砌体房屋抗震承载力应按什么流程进行验算？

【解析】多层砌体房屋抗震承载力验算流程见图 5.8.16。

$$\boxed{\text{选择结构方案、构件截面、材料强度}}$$

$$\boxed{\text{结构总水平地震作用标准值}F_{EK}=\alpha_1 G_{ep}}$$

$$\boxed{\text{质点水平地震作用标准值}F_i=\dfrac{G_i H_i}{\sum\limits_{j=i}^{n}G_j H_j}F_{Ek}}$$

$$\boxed{\text{楼层地震剪力标准值}V_i=\sum\limits_{j=i}^{n}F_j}$$

$$\boxed{\text{楼层剪力在各道墙体间分配}}$$

横向 纵向

◇ 楼盖刚度 ◇

刚性 半刚性 柔性

$$V_{im}=\dfrac{K_{im}}{K}V_i \qquad V_{im}=\dfrac{1}{2}\left(\dfrac{K_{im}}{K}+\dfrac{A_{im}}{A}\right)V_i \qquad V_{im}=\dfrac{A_{im}}{A}V_i \qquad V_{in}=\dfrac{K_{im}}{K}V_i$$

$$\boxed{\text{墙体地震剪力在各墙段的分配}}$$

◇ h/b ◇

$h/b<1$ $h/b=1\sim4$ $h/b>4$

$$V_{imk}=\dfrac{Et}{3\rho}\cdot\dfrac{1}{K_{im}}V_{im} \qquad V_{imk}=\dfrac{Et}{\rho^3+3\rho}\cdot\dfrac{1}{K_{im}}\cdot V_{im} \qquad V_{imk}=0$$

$$\boxed{\text{墙体地震剪力设计值}V=1.3V_{imk}}$$

普通砖、多孔砖 灰沙砖、粉煤灰砖 $\boxed{\text{抗震承载力验算}}$ 混凝土砌块

水平配筋

$$V\leqslant f_{vE}A/\gamma_{RE} \qquad V\leqslant(f_{vE}A+\zeta_c f_y A_s)/\gamma_{RE} \qquad V\leqslant[f_{vE}A+(0.03f_c A_c+0.05f_y A_s)]/\gamma_{RE}$$

组合墙

$$V\leqslant[\eta_c f_{vE}(A-A_c)+\zeta f_c A_c+0.08f_y A_s]/\gamma_{RE}$$

◇ 满足要求 ◇ —— N

Y

$$\boxed{\text{结束}}$$

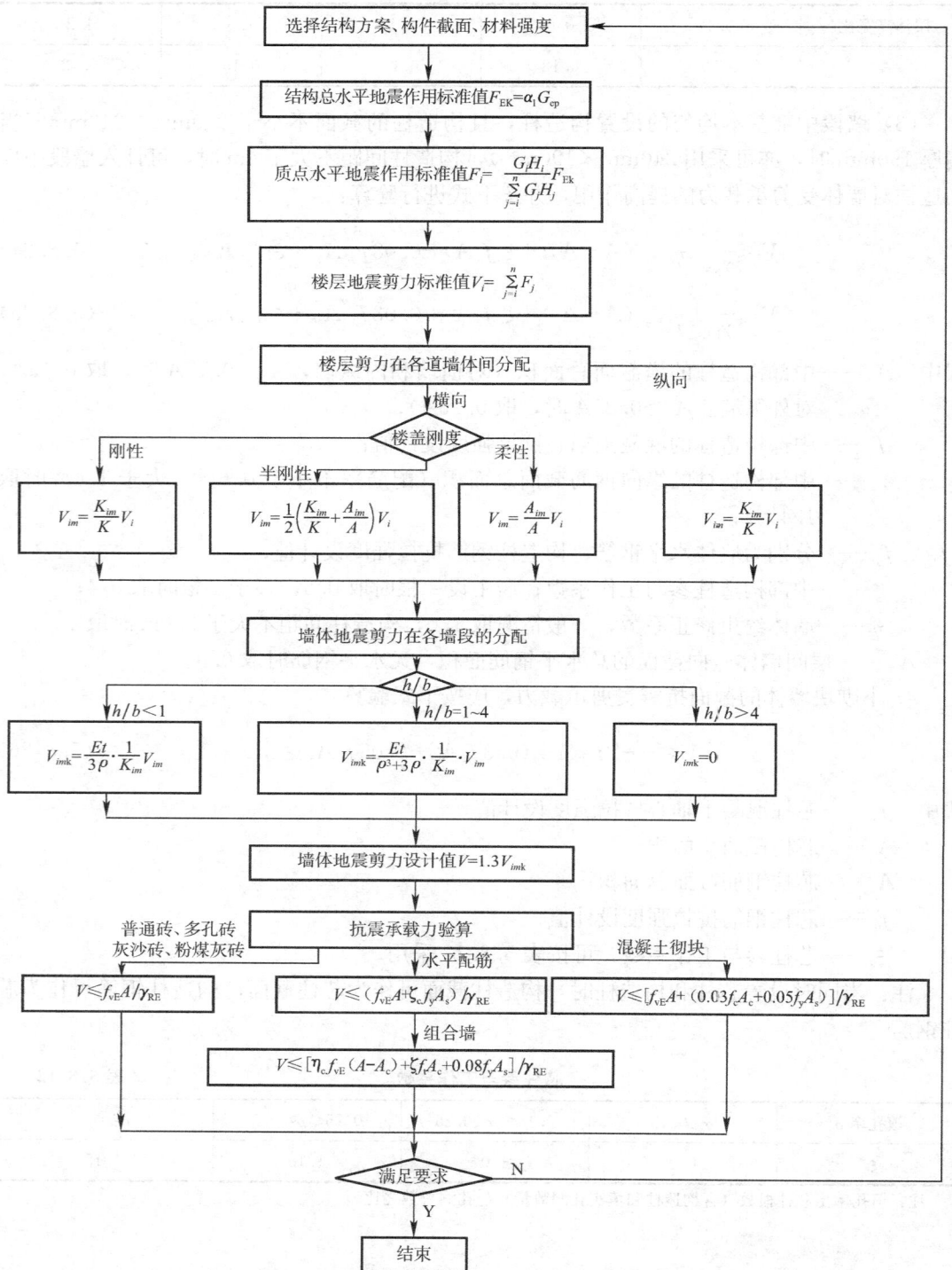

图 5.8.16　多层砌体房屋抗震计算框图

（Ⅲ）抗震构造措施

5.8.15　在多层砌体房屋中，如何设置构造柱？

【解析】多层砌体房屋的构造柱，应符合下列要求：

1. 构造柱设置的原则

（1）构造柱的主要作用在于约束墙体，使开裂后不致破碎倒塌。因此，构造柱应当设置在墙体的端部和墙体的交接处。

（2）构造柱最好是在所有墙体的端部和墙体的连接处都设置，但是考虑到我国目前的建设条件，可根据不同烈度、不同层数、不同部位按不同的要求设置构造柱。

（3）外墙四角，错层部位的纵横墙交接处，以及较大洞口、大房间的内外墙交接处等，都是地震时的易损部位，因此对构造柱的设置要求较高。

2. 构造柱设置的部位

（1）构造柱设置部位，一般情况下应符合表5.8.13的要求。

多层砖砌体房屋构造柱设置要求　　　　　　　　　　　　　表 5.8.13

房屋层数				设置部位	
6 度	7 度	8 度	9 度		
四、五	三、四	二、三		楼、电梯间四角，楼梯斜梯段上下端对应的墙体处； 外墙四角和对应转角； 错层部位横墙与外纵墙交接处； 大房间内外墙交接处； 较大洞口两侧	隔12m或单元横墙与外纵墙交接处； 楼梯间对应的另一侧内横墙与外纵墙交接处
六	五	四	二		隔开间横墙（轴线）与外墙交接处； 山墙与内纵墙交接处
七	≥六	≥五	≥三		内墙（轴线）与外墙交接处； 内墙的局部较小墙垛处； 内纵墙与横墙（轴线）交接处

注：较大洞口，内墙指不小于2.1m的洞口；外墙在内外墙交接处已设置构造柱时应允许适当放宽，但洞侧墙体应加强。

（2）外廊式和单面走廊式的多层房屋，应根据房屋增加一层的层数，按表7.3.1的要求设置构造柱，且单面走廊两侧的纵墙均应按外墙处理。

（3）横墙较少的房屋，应根据房屋增加一层的层数，按表7.3.1的要求设置构造柱。当横墙较少的房屋为外廊式或单面走廊式时，应按本条2款要求设置构造柱，但6度不超过四层、7度不超过三层和8度不超过二层时，应按增加二层的层数对待。

（4）各层横墙很少的房屋，应按增加二层的层数设置构造柱。

（5）采用蒸压灰砂砖和蒸压粉煤灰砖的砌体房屋，当砌体的抗剪强度仅达到普通黏土砖砌体的70%时，应根据增加一层的层数按本条1~4款要求设置构造柱；但6度不超过四层、7度不超过三层和8度不超过二层时，应按增加二层的层数对待。

3. 构造柱的配筋

（1）构造柱的截面和配筋，应符合表5.8.14的要求。

构造柱的截面与配筋 表 5.8.14

内 容			要 求	注
混凝土强度等级			不低于 C20	
最小截面尺寸			240mm×180mm (190mm×180mm)	房屋四角处适当加大
纵向 钢筋	6度、7度不超过六层、8度不超过五层		4ϕ12	房屋四角处适当加大
	7度七层、8度六层、9度		4ϕ14	
箍筋	间距	6度、7度不超过六层、8度不超过五层	不大于 250mm	柱上下端宜适当加密
		7度七层、8度六层、9度	不大于 200mm	
	直径		ϕ4～ϕ6	

（2）构造柱应沿房屋全高设置，沿高度方向可以变化截面和配筋，但构造柱沿高度方向不应中断。

（3）构造柱的竖向钢筋末端应做成弯钩，接头可以采用绑扎，其搭接长度宜为 35 倍钢筋直径，在搭接接头长度范围内的箍筋间距不应大于 100mm，钢筋的搭接接头宜错开。

4. 房屋高度和层数接近表 5.8.2 的限值时，纵、横墙内构造柱间距尚应符合下列规定：

（1）横墙内的构造柱间距不宜大于层高的二倍；下部 1/3 楼层的构造柱间距适当减小；

（2）当外纵墙开间大于 3.9m 时，应另设加强措施。内纵墙的构造柱间距不宜大于 4.2m。

5. 混凝土砌块房屋中替代芯柱的钢筋混凝土构造柱，应符合下列构造要求：

（1）构造柱截面不宜小于 190mm×190mm，纵向钢筋宜采用 4ϕ12，箍筋间距不宜大于 250mm，且在柱上下端应适当加密；6、7 度时超过五层、8 度时超过四层和 9 度时，构造柱纵向钢筋宜采用 4ϕ14，箍筋间距不应大于 200mm；外墙转角的构造柱可适当加大截面及配筋。

（2）构造柱与砌块墙连接处应砌成马牙槎，与构造柱相邻的砌块孔洞，6 度时宜填实，7 度时应填实，8、9 度时应填实并插筋。构造柱与砌块墙之间沿墙高每隔 600mm 设置 ϕ4 点焊拉结钢筋网片，并应沿墙体水平通长设置。6、7 度时底部 1/3 楼层，8 度时底部 1/2 楼层，9 度全部楼层，上述拉结钢筋网片沿墙高间距不大于 400mm。

（3）构造柱与圈梁连接处，构造柱的纵筋应在圈梁纵筋内侧穿过，保证构造柱纵筋上下贯通。

6. 特殊情况下构造柱的设置

（1）大洞口两侧的构造柱

墙体中有较大洞口的两侧增设构造柱时，构造柱应与墙体连接，构造柱的上下端应锚固在圈梁上，钢筋的锚固长度不小于 20d。当洞口有现浇过梁时，过梁钢筋应与洞口侧边构造柱钢筋相连，当洞口有预制过梁，预制过梁伸入洞口两侧构造柱内时，构造柱的主筋不应被切断。

（2）斜交抗震墙交接处的构造柱

斜交抗震墙交接处应增设构造柱，构造柱有效截面面积不小于 240mm×180mm，在斜交抗震墙段内设置的构造柱间距不宜大于抗震墙层间高度。

（3）楼梯间墙体构造柱

楼梯间墙体的构造柱应与每层圈梁有可靠连接，在休息平台标高处墙体宜配置水平钢筋与构造柱相连。

楼梯间顶层楼板标高处和屋面标高处应有封闭圈梁与构造柱相连接。8、9度时，应在层高中部增设拉结钢筋或拉结圈梁。

（4）纵墙中无横墙处的构造柱

对于纵墙承重的多层砌体房屋，当需要在无横墙处的纵墙中设置构造柱时，应在楼板处预留相应构造柱宽度的板缝，并与构造柱混凝土同时浇灌，做成现浇混凝土带。现浇混凝土带的纵向钢筋不少于 $4\phi12$，箍筋间距不宜大于 200mm。

当横墙间距较大，楼盖通过进深梁支承在纵墙上时，纵墙上的梁下构造柱应按组合砖柱设计。

（5）局部尺寸不满足要求时的构造柱

当房屋的局部尺寸难以满足规范要求时，可增设构造柱来满足要求；当该部位已设置构造柱时，构造柱的截面和配筋可适当增大。

5.8.16 在多层砌体房屋中，构造柱的连接有何要求？

【解析】在多层砌体房屋中，构造柱的连接应符合下列要求：

1. 构造柱与墙体的连接

震害调查表明：断面不大、配筋不多的构造柱，之所以能够发挥抗弯和抗剪作用，主要是因为构造柱与墙体之间有密切的连接，保证构造柱早期能与墙体共同工作，后期能阻止墙体的散落。保证墙柱的连接是设置构造柱效果好坏的关键，因此必须先砌墙后浇注。

构造柱与墙的连接处宜砌成马牙槎，每一马牙槎高度不宜超过 300mm，并应沿墙高每隔 500mm 高 $2\phi6$ 水平钢筋和 $\phi4$ 分布短筋平面内点焊组成拉结网片或 $\phi4$ 点焊钢筋网片，每边伸入墙内不宜小于 1m。6、7 度时底部 1/3 接层，8 度时底部 1/2 楼层，9 度时全部楼层，上述拉结钢筋网片应沿墙体水平通长设置。

2. 构造柱与圈梁的连接

（1）构造柱应与圈梁连接；隔层设置圈梁的房屋，应在无圈梁的楼层增设配筋砖带，仅在外墙四角设置构造柱时，在外墙上应伸过一个开间，其他情况应在外纵墙和相应横墙上拉通，其截面高度不应小于四皮砖，砂浆强度等级不应低于 M5。

（2）在构造柱与圈梁相交的节点处，应适当加密构造柱的箍筋，加密范围在圈梁上、下均不应小于 450mm 或 $H/6$（H 为层高），箍筋间距不宜大于 100mm。

（3）圈梁钢筋应伸入构造柱内，并有可靠锚固。伸入顶层圈梁的构造柱钢筋长度不应小于 $35d$。

（4）构造柱与圈梁连接处，构造柱的纵筋应在圈梁纵筋内侧穿过，保证构造柱纵筋上下贯通。

3. 构造柱与进深梁的连接

（1）当构造柱设置在无横墙的进深梁墙垛时，应将构造柱与进深梁连接。

（2）与构造柱连接的进深梁跨度宜小于 6.6m。对截面高度大于 300mm 的进深梁，在梁端各 1.5 倍进深梁截面高度范围内宜加密箍筋。梁端进行局部抗压计算时，宜按砌体抗压强度考虑。当进深梁跨度大于 6.6m 时，应考虑构造柱处节点约束弯矩对墙体的不利影响。

（3）当预制进深梁的宽度大于构造柱的宽度时，构造柱的纵向钢筋可弯曲绕过进深梁，伸入上柱与上柱钢筋搭接。

4. 构造柱与女儿墙的连接

当女儿墙较矮时，构造柱可不通到女儿墙顶；当女儿墙高度大于 500mm 时，下层构造柱必须通到女儿墙顶，并与女儿墙压顶圈梁相连接。

5. 构造柱与基础的连接

（1）构造柱不需单独设置基础或扩大基础面积；

（2）构造柱应伸入室外地面以下 500mm；

（3）构造柱底遇有浅于 500mm 的基础圈梁时，可将构造柱钢筋锚固在该圈梁内；

（4）当墙体附近有管沟时，构造柱埋置深度宜深于沟底深度；

（5）带半地下室房屋设置构造柱的埋置深度应深于半地下室地面。

5.8.17 在多层砌体房屋中，如何设置钢筋混凝土圈梁？

【解析】多层砌体房屋的圈梁，应符合下列要求：

1. 圈梁的分类

根据圈梁和楼盖的相对位置关系，圈梁可分为三种类型：

（1）板侧圈梁（图 5.8.17a）：圈梁设在楼板的侧边，由于圈梁与楼盖在同一平面内工作，房屋的整体性强、抗震效果好，且施工方便。

（2）板底圈梁（图 5.8.17b）：圈梁设在楼板的底部，其构造的适应性强，可用于各种墙厚和各种预制楼盖，这是一种传统的做法。但与预制楼板搁置方向相同外墙上的圈梁，不能与预制板相连接，这对抗震是不利的。

（3）高低圈梁（图 5.8.17c）：内墙上的圈梁设在板底，外墙上的圈梁设在板侧，是板侧圈梁与板底圈梁的结合。施工时，先浇筑内墙上的圈梁，然后安放楼板，再浇筑外墙上的圈梁并与楼板拉结。这种圈梁在内外墙交接处叠合，不在同一水平面上连接，传力不直接。

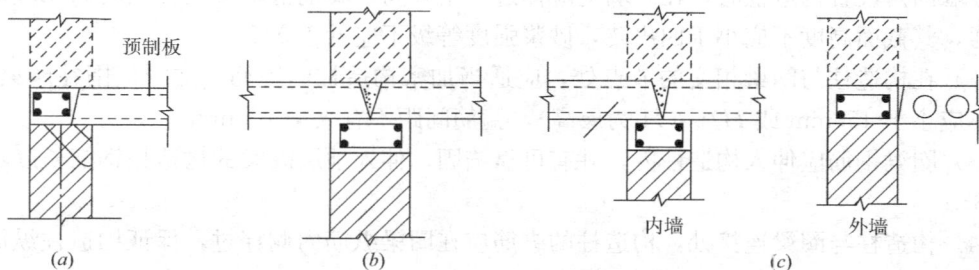

图 5.8.17 圈梁与预制板的位置

（a）板侧圈梁；（b）板底圈梁；（c）高低圈梁

2. 圈梁设置的要求

（1）装配式钢筋混凝土楼、屋盖或木楼、屋盖的砖房，横墙承重时应按表 5.8.15 的要求设置圈梁；纵墙承重时每层均应设置圈梁，且抗震横墙上的圈梁间距应比表内要求适当加密。

砖房现浇钢筋混凝土圈梁设置要求　　　　　　　　　表 5.8.15

墙 类	烈 度		
	6、7	8	9
外墙和内纵墙	屋盖处及每层楼盖处	屋盖处及每层楼盖处	屋盖处及每层楼盖处
内横墙	同上； 屋盖处间距不应大于4.5m； 楼盖处间距不应大于7.2m； 构造柱对应部位	同上； 各层所有横墙且间距不应大于4.5m； 构造柱对应部位	同上； 各层所有横墙

（2）现浇或装配整体式钢筋混凝土楼、屋盖与墙体有可靠连接的房屋，应允许不另设圈梁，但楼板沿墙体周边应加强配筋并应与相应的构造柱钢筋可靠连接。

（3）对于软土地基、液化地基、新近填土地基和严重不均匀地基上的多层砖房，应增设基础圈梁。

3. 圈梁的构造要求

（1）圈梁的截面和配筋

1）多层砖砌体房屋圈梁的截面高度不应小于 120mm，配筋应符合表 5.8.16 的要求。

砖房圈梁配筋要求　　　　　　　　　表 5.8.16

配 筋	烈 度		
	6、7	8	9
最小纵筋	$4\phi10$	$4\phi12$	$4\phi14$
最大箍筋间距（mm）	250	200	150

2）地基为软弱黏性土、液化土、新近填土或严重不均匀土时，增设的基础圈梁截面高度不应小于 180mm，配筋不应少于 $4\phi12$。

（2）对于大开间房屋，当在要求设置圈梁的范围内无横墙时，应利用梁或板缝中的配筋替代圈梁。

（3）圈梁应闭合，遇有洞口时应上下搭接。

5.8.18 约束普通砖墙的构造，应符合哪些要求？

【解析】约束普通砖墙的构造，应符合下列规定：

1. 墙段两端设有符合现行国家标准《建筑抗震设计规范》GB 50011 要求的构造柱，且墙肢两端及中部构造柱的间距不大于层高或 3.0m，较大洞口两侧应设置构造柱；构造柱最小截面尺寸不宜小于 240mm×240mm（墙厚 190mm 时为 240mm×190mm），边柱和角柱的截面宜适当加大；构造柱的纵筋和箍筋设置宜符合表 5.8.17 要求。

位　置	纵向钢筋			箍　筋		
	最大配筋率（%）	最小配筋率（%）	最小直径（mm）	加密区范围（mm）	加密区间距（mm）	最小直径（mm）
角柱	1.8	0.8	14	全高	100	6
边柱			14	上端 700		
中柱	1.4	0.6	12	下端 500		

2. 墙体在楼、屋盖标高处均设置满足现行国家标准《建筑抗震设计规范》GB 50011 要求的圈梁，上部各楼层处圈梁截面高度不宜小于 150mm；圈梁纵向钢筋应采用强度等级不低于 HRB335 的钢筋，6、7 度时不小于 4φ10；8 度时不小于 4φ12；9 度时不小于 4φ14；箍筋不小于 φ6。

5.8.19　丙类多层砖砌体房屋，当横墙较少且高度和层数接近或达到规范规定的限值时，应采取哪些加强措施？

【解析】丙类的多层砖砌体房屋，当横墙较少且总高度和层数接近或达到表 5.8.2 规定限值时，应采取下列加强措施：

1. 房屋的最大开间尺寸不宜大于 6.6m。

2. 同一结构单元内横墙错位数量不宜超过横墙总数的 1/3，且连续错位不宜多于两道；错位的墙体交接处均应增设构造柱，且楼、屋面板应采用现浇钢筋混凝土板。

3. 横墙和内纵墙上洞口的宽度不宜大于 1.5m；外纵墙上洞口的宽度不宜大于 2.1m 或开间尺寸的一半；且内外墙上洞口位置不应影响内外纵墙与横墙的整体连接。

4. 所有纵横墙均应在楼、屋盖标高处设置加强的现浇钢筋混凝土圈梁：圈梁的截面高度不宜小于 150mm，上下纵筋各不应少于 3φ10，箍筋不小于 φ6，间距不大于 300mm。

5. 所有纵横墙交接处及横墙的中部，均应增设满足下列要求的构造柱：在纵、横墙内的柱距不宜大于 3.0m，最小截面尺寸不宜小于 240mm×240mm（墙厚 190mm 时为 240mm×190mm），配筋宜符合表 5.8.18 的要求。

增设构造柱的纵筋和箍筋设置要求　　　表 5.8.18

位　置	纵向钢筋			箍　筋		
	最大配筋率（%）	最小配筋率（%）	最小直径（mm）	加密区范围（mm）	加密区间距（mm）	最小直径（mm）
角柱	1.8	0.8	14	全高	100	6
边柱			14	上端 700		
中柱	1.4	0.6	12	下端 500		

6. 同一结构单元的楼、屋面板应设置在同一标高处。

7. 房屋底层和顶层的窗台标高处，宜设置沿纵横墙通长的水平现浇钢筋混凝土带；

其截面高度不小于 60mm，宽度不小于墙厚，纵向钢筋不少于 2φ10，横向分布筋的直径不小于 φ6 且其间距不大于 200mm。

5.8.20 在多层砌体房屋中，对墙体间的拉结有什么要求？

【解析】多层砌体房屋墙体间的拉结，应符合下列要求：

加强纵横墙体之间的拉结，是保证多层砌体房屋整体刚度的重要措施之一。如果内外墙或纵横墙之间缺乏可靠连接，地震时易使墙体拉开，外墙甩出塌落。在水平地震作用下，当一侧墙体首先倒塌时，则与之相连的另一侧墙体由于失去侧向支承，更易倒塌。因此对于墙体除了满足承载力要求外，墙体间的连接构造应予以足够的重视。

1. 纵横墙交接处应同时咬槎砌筑，否则应留坡槎，不应留直槎或马牙槎。

2. 房屋沿纵、横方向都受到地震作用，房屋转角处墙面常出现斜向裂缝，如地震烈度较高或持续时间较长时，墙角的墙体会因往复错动而被推挤引起倒塌，设置圈梁及加强楼盖与墙体拉结等措施并不能有效地抑制上述斜裂缝的产生。在内外墙交接处，仅仅依靠块体咬槎砌筑也不可靠，地震时常出现内外墙体被拉开，严重时外墙被甩出塌落。因此，抗震规范规定：6、7 度时长度大于 7.2m 的大房间，及 8 度和 9 度时，外墙转角及内外墙交接处，应沿墙高每隔 500mm 配置 2φ6 拉结钢筋，并每边伸入墙内不宜小于 1m。

3. 房屋中后砌的非承重隔墙与承重墙的连接常常被忽视。非承重隔墙厚度一般较薄，若与承重墙之间没有可靠的连接，地震破坏相当普遍且很严重。因此，后砌的非承重隔墙应沿墙高每隔 500mm～600mm 配置 2φ6 拉结钢筋与承重墙或柱拉结，每边伸入墙内不应少于 500mm；8 度和 9 度时，长度大于 5m 的后砌隔墙，墙顶尚应与楼板或梁拉结，独立墙肢端部及大门洞边宜设钢筋混凝土构造柱。

5.8.21 在多层砌体房屋中，对楼、屋盖有什么要求？

【解析】多层砌体房屋的楼、屋盖，应符合下列要求：

1. 为了防止楼板在墙体内搁置长度不足，导致地震时楼板与墙体拉开，甚至楼板塌落，现浇钢筋混凝土楼板或屋面板伸进纵、横墙内的长度，均不应小于 120mm。

2. 装配式钢筋混凝土楼板或屋面板，当圈梁未设在板的同一标高时，板端伸进外墙的长度不应小于 120mm，伸进内墙的长度不应小于 100mm，在梁上不应小于 80mm，这是根据震害调查并考虑到实际墙体的厚度确定的。当上述要求不能满足时，应采取在板缝中铺设钢筋并锚入外墙内等措施，增强楼板与外墙的拉结。

3. 当板的跨度大于 4.8m 并与外墙平行时，靠外墙的预制板侧边应与墙或圈梁拉结。房屋端部大房间的楼盖。

4. 房屋端部大房间的楼盖，6 度时房屋的屋盖和 7～9 度时房屋的楼屋盖，当圈梁没在板底时，钢筋混凝土预制板应相互拉结，并应与梁、墙或圈梁拉结。

5. 楼、屋盖的钢筋混凝土梁或屋架应与墙、柱（包括构造柱）或圈梁可靠连接，梁与砖柱的连接不应削弱柱截面，各层独立砖柱顶部应在两个方向均有可靠连接。

6. 坡屋顶房屋的屋架应与顶层圈梁可靠连接，檩条或屋面板应与墙及屋架可靠连接，房屋出入口处的檐口瓦应与屋面构件锚固；8 度和 9 度时，顶层内纵墙顶宜增砌支承山墙的踏步式墙垛。

5.8.22　多层砌体房屋中，楼梯间的构造有什么要求？

【解析】多层砌体房屋的楼梯间，应符合下列要求：

1. 现浇钢筋混凝土楼板或屋面板伸进纵、横墙内的长度，均不应小于 120mm。

2. 装配式钢筋混凝土楼板或屋面板，当圈梁未设在板的同一标高时，板端伸进外墙的长度不应小于 120mm，伸进内墙的长度不应小于 100mm 或采用硬架支模连接，在梁上不应小于 80mm 或采用硬架支模连接。

3. 当板的跨度大于 4.8m 并与外墙平行时，靠外墙的预制板侧边应与墙或圈梁拉结。

4. 房屋端部大房间的楼盖，6 度时房屋的屋盖和 7～9 度时房屋的楼、屋盖，当圈梁设在板底时，钢筋混凝土预制板应相互拉结，并应与梁、墙或圈梁拉结。

5.8.23　多层砌体房屋中的水平配筋有什么要求？

【解析】多层砌体房屋中的水平钢筋，应符合下列要求：

1. 水平配筋墙体砂浆的强度等级不宜低于 M5。

2. 水平钢筋可采用 HPB235 级热轧钢筋、冷拔低碳钢丝等。水平钢筋配筋率宜为 0.07%～0.17%，钢筋直径不宜大于 6mm；水平钢筋的根数，当墙厚为 240mm 时不宜超过 3 根，当墙厚为 370mm 时不宜超过 4 根；水平钢筋沿高度分布应按计算确定，其间距不宜超过五皮砖。

3. 当水平钢筋不少于 2 根时，宜采用分布钢筋平焊连接，分布钢筋直径不宜大于 4mm，间距不宜大于 300mm。当水平钢筋和分布钢筋组成的钢筋网符合《砌体结构设计规范》中网状配筋砌体的要求时，可同时考虑对砌体抗压强度和抗剪强度的提高作用。

4. 钢筋两端应制成直钩，墙段两端设置构造柱时，横向钢筋应伸入构造柱内，伸入长度不少于 180mm；无构造柱墙段的横向钢筋应伸入与其相交的墙体内，伸入长度不少于 300mm。

5.8.24　多层砌体房屋基础的构造有什么要求？

【解析】多层砌体房屋的基础，应符合下列要求：

1. 房屋的同一独立单元中，宜采用同一类型的基础，底面宜埋置在同一标高上，否则应增设基础圈梁并按 1：2 的台阶逐步放坡。

2. 坡积土、冲填土、高压缩性黄土、饱和松软的黏性土、砂土、粉土及杂填土等作为天然地基时，除采取措施消除地基不均匀沉陷因素外，尚应在外墙及所有承重墙下设置基础圈梁，以增强抵抗不均匀沉陷的能力和加强房屋的整体性。

5.8.25 多层砌块房屋芯柱的设置有什么要求？

【解析】设置钢筋混凝土芯柱，是保证砌块房屋墙体的可靠连接、提高房屋整体性、改善砌体受力状态的有效措施，同时设置芯柱也是提高墙体抗剪承载力和变形能力的重要手段。

1. 芯柱设置的部位和数量

芯柱的设置应符合表 5.8.19 的要求（图 5.8.18）。

多层小砌块房屋芯柱设置要求   表 5.8.19

房屋层数				设置部位	设置数量
6 度	7 度	8 度	9 度		
四、五	三、四	二、三		外墙转角，楼、电梯间四角，楼梯斜梯段上下端对应的墙体处； 大房间内外墙交接处； 错层部位横墙与外纵墙交接处； 隔 12m 或单元横墙与外纵墙交接处	外墙转角，灌实 3 个孔； 内外墙交接处，灌实 4 个孔； 楼梯斜段上下端对应的墙体处，灌实 2 个孔
六	五	四		同上； 隔开间横墙（轴线）与外纵墙交接处	
七	六	五	二	同上； 各内墙（轴线）与外纵墙交接处； 内纵墙与横墙（轴线）交接处和洞口两侧	外墙转角，灌实 5 个孔； 内外墙交接处，灌实 4 个孔； 内墙交接处，灌实 4～5 个孔； 洞口两侧各灌实 1 个孔
	七	≥六	≥三	同上； 横墙内芯柱间距不大于 2m	外墙转角，灌实 7 个孔； 内外墙交接处，灌实 5 个孔； 内墙交接处，灌实 4～5 个孔； 洞口两侧各灌实 1 个孔

注：1. 外墙转角、内外墙交接处、楼电梯间四角等部位，应允许采用钢筋混凝土构造柱替代部分芯柱；
    2. 对外廊式和单面走廊式多层房屋，横墙较少的房屋、各层横墙很少的房屋，尚应按问题 5.8.5 的要求增加层数后，再按表 5.8.19 的要求设置芯柱。

2. 多层砌块房屋的芯柱，应符合下列构造要求：

（1）砌块房屋芯柱截面不宜小于 120mm×120mm。

（2）芯柱混凝土强度等级，不应低于 C20。

（3）芯柱的竖向插筋应贯通墙身且与圈梁连接；插筋不应小于 1ϕ12，6、7 度时超过五层、8 度时超过四层和 9 度时，插筋不应小于 1ϕ14。

（4）芯柱应伸入室外地面下 500mm 或与埋深小于 500mm 的基础圈梁相连。

（5）为提高墙体抗震受剪承载力而设置的芯柱，宜在墙体内均匀布置，最大净距不宜大于 2.0m。

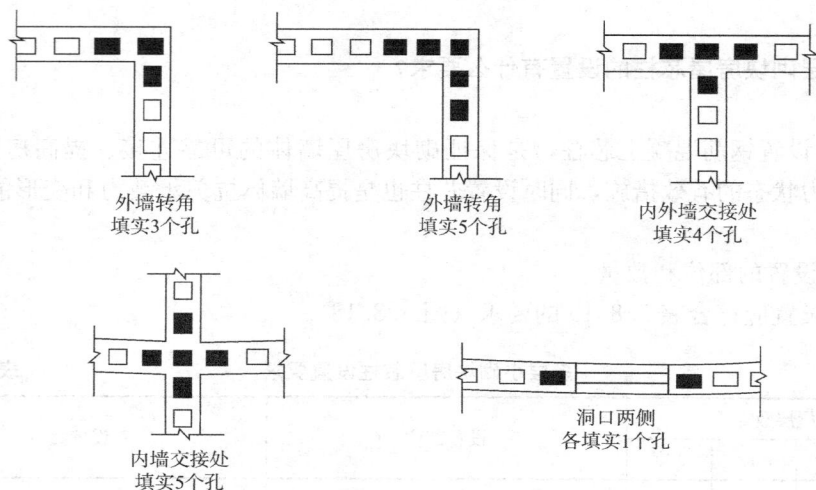

外墙转角
填实3个孔

外墙转角
填实5个孔

内外墙交接处
填实4个孔

内墙交接处
填实5个孔

洞口两侧
各填实1个孔

图 5.8.18　芯柱示意图

（6）混凝土砌块房屋墙体交接处或芯柱与墙体连接处应设置拉结钢筋网片，网片可采用直径 4mm 的钢筋点焊而成，沿墙高每隔 600mm 设置，并应沿墙体水平通长设置。6、7度时底部 1/3 楼层，8 度时底部 1/2 楼层，9 度时全部楼层，上述拉结钢筋网片沿墙高间距不大于 400mm。

5.8.26　多层混凝土砌块房屋圈梁的设置有何要求？

【解析】多层混凝土砌块房屋的现浇钢筋混凝土圈梁的设置位置应按多层砖砌体房屋圈梁的要求执行，圈梁宽度不应小于 190mm，配筋不应小于 $4\phi12$，箍筋间距不应大于 200mm。

5.8.27　多层混凝土砌体房屋设置水平现浇钢筋混凝土带有何要求？

【解析】多层混凝土砌块房屋的层数，6 度时超过五层、7 度时超过四层、8 度时超过三层和 9 度时，在底层和顶层的窗台标高处，沿纵横墙应设置通长的水平现浇钢筋混凝土带；其截面高度不小于 60mm，纵筋不少于 $2\phi10$，并应有分布拉结钢筋；其混凝土强度等级不应低于 C20。

水平现浇混凝土带亦可采用槽形砌块替代模板，其纵筋和拉结钢筋不变。

5.8.28　多层混凝土砌块房屋墙体中采用构造柱代替芯柱时，有何要求？

【解析】丙类的多层小砌块房屋，当横墙较少且总高度和层数接近或达到本规范表 7.1.2 规定限值时，应符合本规范第 7.3.14 条的相关要求；其中，墙体中部的构造柱可采用芯柱替代，芯柱的灌孔数量不应少于 2 孔，每孔插筋的直径不应小于 18mm。

第三节　底部框架-抗震墙房屋

（Ⅰ）抗震设计的基本要求

5.8.29　底部框架-抗震墙房屋的总高度和层数有什么限制？

【解析】底部框架-抗震墙房屋的总高度和层数应符合表5.8.20的要求。

房屋的总高度和层数限值　　　　　表 5.8.20

房屋类别		最小抗震墙厚度(mm)	烈度和设计基本地震加速度								
			6		7				8		
			0.05g		0.10g		0.15g		0.20g		0.30g
			高度	层数	高度	层数	高度	层数	高度	层数	高度	层数
底部框架-抗震墙砌体房屋	普通砖多孔砖	240	22	7	22	7	19	6	16	5	—	—
	多孔砖	190	22	7	19	7	16	5	13	4	—	—
	小砌块	190	22	7	22	7	19	6	16	5	—	—

注：1. 房屋的总高度指室外地面到主要屋面板板顶或檐口的高度，半地下室从地下室室内地面算起；全地下室和嵌固条件好的半地下室应允许从室外地面算起；对带阁楼的坡屋面应算到山尖墙的1/2高度处；
　　2. 室内外高差大于0.6m时，房屋的总高度应允许比表中的数据适当增加，但增加量应少于1.0m；
　　3. 乙类的多层砌体房屋仍按本地区设防烈度查表，其层数应减少一层且总高度应降低3m；不应采用底部框架-抗震墙砌体房屋；
　　4. 本表小砌块砌体房屋不包括配筋混凝土小型空心砌块砌体房屋。

5.8.30　底部框架-抗震墙房屋最大高宽比和抗震横墙的最大间距有什么限制？

【解析】1. 底部框架-抗震墙房屋最大高宽比与多层砌体房屋相同。

2. 底部框架-抗震墙房屋上部各层横墙间距的要求与多层砌体房屋相同，由于上面几层的地震作用要通过底层或第二层的楼盖传至底部框架-抗震墙部分，楼盖产生的水平变形比一般框架-剪力墙房屋分层传递地震作用时楼盖的水平变形大。因此，在相同变形限制条件下，底部框架-抗震墙房屋底部抗震墙的间距要比框架-抗震墙房屋小。抗震横墙的最大间距见表5.8.21。

房屋抗震横墙的间距（m）　　　　　表 5.8.21

房屋类别		烈　度		
		6	7	8
上部各层	现浇或装配整体式钢筋混凝土楼、屋盖	15	15	11
	装配式钢筋混凝土楼、屋盖	11	11	9
	木屋盖	9	9	4
底层或底部两层		18	15	11

注：1. 多层砌体房屋的顶层，除木屋盖外的最大横墙间距应允许适当放宽，但应采取相应加强措施；
　　2. 多孔砖抗震横墙厚度为190mm时，最大横墙间距应比表中数值减少3m。

5.8.31　底部框架-抗震墙房屋侧向刚度比如何控制？

【解析】各层侧向刚度均匀的房屋，在水平地震作用下，弹塑性层间位移也比较均匀，房屋具有较强的整体抗震能力。如果底层的侧向刚度比上部几层小得多，地震时房屋的弹塑性层间位移就会集中在底层，随着第二层与底层侧向刚度比的增大，突出表现在底层弹塑性位移的增大，而且对层间剪力的分布、薄弱楼层的位置和弹塑性变形集中都有很大的影响。如果房屋底层的抗震墙设置过多，也会由于底层过强使房屋的薄弱层转移到上部砌体结构部分，对房屋同样带来不利影响。

为了避免底部框架-抗震墙房屋由于上部与底部侧向刚度的差异对抗震的不利影响，必须在底部框架间合理地设置一定数量的钢筋混凝土或砌体抗震墙，使底部的侧向刚度尽可能与上部各层的层间侧向刚度接近。

因此，对于底层框架-抗震墙房屋的纵横两个方向，第二层与底层侧向刚度的比值，6、7 度时不应大于 2.5，8 度时不应大于 2.0，且均不应小于 1.0。对于底部两层框架-抗震墙房屋，底层与底部第二层的侧向刚度应接近，一般情况下底部第一层与第二层侧向刚度的比值不应小于 0.7；第三层与第二层侧向刚度的比值，6、7 度时不应大于 2.0，8 度时不应大于 1.5，且均不应小于 1.0。

5.8.32　底部框架-抗震墙房屋的结构布置有什么要求？

【解析】底部框架-抗震墙房屋的结构布置，应符合下列要求：

1. 房屋底部抗震墙布置

房屋的底部应沿纵横两方向设置一定数量的抗震墙，抗震墙应均匀对称布置或基本均匀对称布置（图 5.8.19）。底层抗震墙的布置除了考虑底层的均匀对称外，还需考虑上部几层的质量中心位置，使房屋底部纵向和横向的刚度中心尽可能与整个房屋的质量中心相重合。抗震墙之间宜保持一定的距离，最好布置在外围或靠近外墙处，纵横向抗震墙宜连为一体，组成 L 形、T 形、Π 形等。

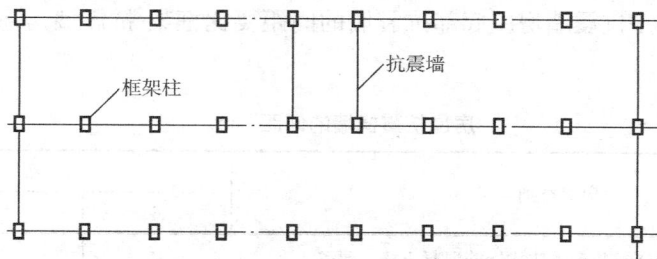

图 5.8.19　底层抗震墙的布置方案

2. 底部框架-抗震墙与上部砌体墙的关系（图 5.8.20）

底部框架-抗震墙房屋，底部开间较大，上部开间较小，墙体的布置有一定的差别，

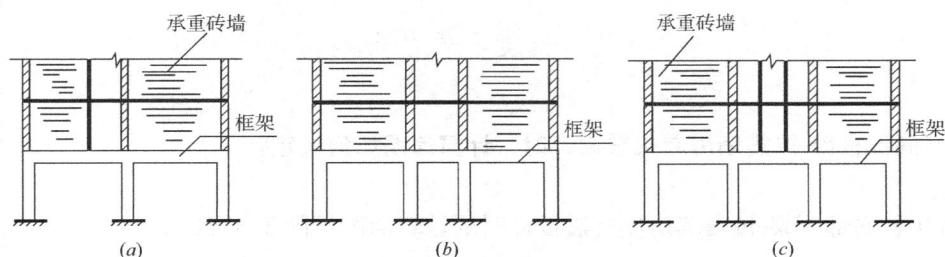

图 5.8.20　柱网布置方案
（a）住宅；（b）办公楼；（c）旅馆

因而底部框架的柱网也不相同。因为上部的地震作用通过各道承重砌体墙传递至底部，一般情况下，除底部有特殊的使用要求对柱子的布置有所限制外，各道纵横向承重砌体墙下应改钢筋混凝土框架或框架-抗震墙。

3. 上部砌体房屋纵横墙的布置

上部砌体房屋的纵横墙布置宜均匀对称，沿平面宜对齐，沿竖向应上下连续；同一轴线上的窗间墙宜均匀。内纵墙宜贯通，对纵墙应严格控制开洞率，6度和7度区开洞率不宜大于55%，8度区不宜大于50%。

4. 适当提高过渡楼层的抗震能力

底部框架-抗震墙房屋的过渡楼层受力比较复杂，一旦过渡楼层的墙体开裂，其破坏状态要比底部更为严重。因此，设计时应提高过渡楼层的抗震能力。

5. 底部框架-抗震墙的选择

6度且总层数不超过四层的底层框架-抗震墙砌体房屋，应允许采用嵌砌于框架之间的约束普通砖砌体或小砌块砌体的砌体抗震墙，但应计入砌体墙对框架的附加轴力和附加剪力并进行底层的抗震验算，且同一方向不应同时采用钢筋混凝土抗震墙和约束砌体抗震墙；其余情况，8度时应采用钢筋混凝土抗震墙，6、7度时应采用钢筋混凝土抗震墙或配筋小砌块砌体抗震墙。

底部框架-抗震墙砌体房屋的抗震墙应设置条形基础、筏形基础等整体性好的基础。

5.8.33　底部框架-抗震墙房屋中，底部框架和抗震墙的抗震等级如何确定？

【解析】底部框架和钢筋混凝土抗震墙的抗震等级与钢筋混凝土房屋的抗震等级要求相同，应从内力调整和抗震构造措施两方面体现不同抗震等级的要求。底部框架和抗震墙的抗震等级见表5.8.22。

底部框架和混凝土抗震墙的抗震等级　　　　　　　　　　　　　　表 5.8.22

烈　　度	6	7	8
混凝土框架	三	二	一
混凝土墙体	三	三	二

（Ⅱ）抗震承载力验算

5.8.34 底部框架-抗震墙房屋抗震设计时，计算简图如何确定？

【解析】底部框架-抗震墙房屋抗震设计时的计算简图见图5.8.21。

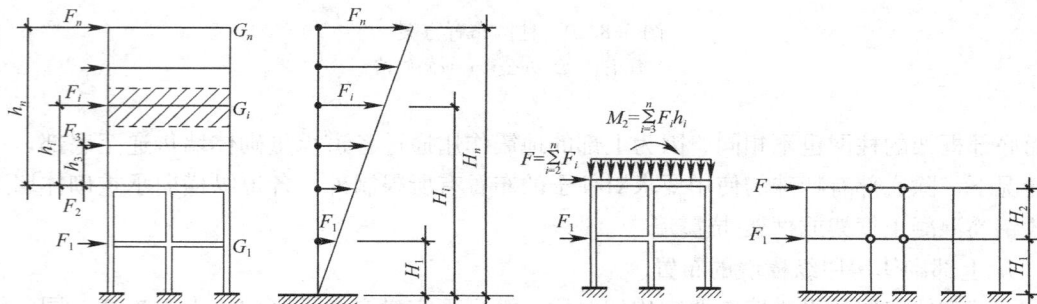

图 5.8.21　底部框架-抗震墙房屋计算简图

5.8.35 底部框架-抗震墙房屋抗震设计时，水平地震作用和剪力如何计算？

【解析】底部框架-抗震墙房屋抗震计算采用底部剪力法时，可按下列规定计算：

1. 水平地震作用的计算

结构总水平地震作用标准值 F_{Ek} 按下式计算：

$$F_{\text{Ek}} = \alpha_{\max} G_{\text{eq}} \tag{5.8.27}$$

楼层地震作用标准值 F_i 按下式计算：

$$F_i = \frac{G_i H_i}{\sum\limits_{j=1}^{n} G_j H_j} F_{\text{Ek}} \tag{5.8.28}$$

2. 地震剪力的计算

（1）上部楼层地震剪力的计算

上部楼层地震剪力的计算与多层砌体房屋相同，可按下式计算：

$$V_i = \sum_{j=i}^{n} F_j \tag{5.8.29}$$

（2）底部地震剪力的计算

由于底部框架-抗震墙房屋的底部相对薄弱，因此应考虑弹塑性变形集中的影响。对于底层框架-抗震墙房屋，底层的纵向和横向地震剪力设计值应乘以增大系数；对于底部二层框架-抗震墙房屋，底层和第二层的纵向和横向地震剪力设计值均应乘以增大系数。

1）底层框架-抗震墙房屋

$$V_1' = \eta_1 V_1 = \eta_1 F_{\text{Ek}} \tag{5.8.30}$$

$$\eta_1 = \sqrt{\lambda_1} \tag{5.8.31}$$

$$\lambda_1 = \frac{K_2}{K_1} = \frac{\Sigma K_{bw2}}{\Sigma K_{f1} + \Sigma K_{cw1} + \Sigma K_{bw1}} \tag{5.8.32}$$

式中　η_1——房屋底层剪力增大系数，$1.2 \leqslant \eta_1 \leqslant 1.5$，第二层与底层侧向刚度比大者取大值；

λ_1——房屋二层与底层侧向刚度之比；

K_1——底层的侧向刚度；

K_2——第二层的侧向刚度；

K_{f1}——底层一榀框架的侧向刚度；

K_{cw1}——底层一片钢筋混凝土抗震墙的侧向刚度；

K_{bw1}——底层一片砌体抗震墙的侧向刚度；

K_{bw2}——二层一片砌体抗震墙的侧向刚度。

2）底部两层框架抗震墙房屋

$$V_1' = \eta_1 V_1 \tag{5.8.33}$$

$$V_2' = \eta_2 V_2 \tag{5.8.34}$$

$$\eta_1 = \sqrt{\lambda_1} \tag{5.8.35}$$

$$\eta_2 = \sqrt{\lambda_2} \tag{5.8.36}$$

$$\lambda_1 = \frac{K_3}{K_1} = \frac{\Sigma K_{bw3}}{\Sigma K_{f1} + \Sigma K_{cw1} + \Sigma K_{bw1}} \tag{5.8.37}$$

$$\lambda_2 = \frac{K_3}{K_2} = \frac{\Sigma K_{bw3}}{\Sigma K_{f2} + \Sigma K_{cw2} + \Sigma K_{bw2}} \tag{5.8.38}$$

式中　η_2——房屋二层剪力增大系数，$1.2 \leqslant \eta_2 \leqslant 1.5$，第三层与第二层侧向刚度比大者取大值；

λ_1——房屋三层与底层侧向刚度之比；

λ_2——房屋三层与二层侧向刚度之比；

K_3——第三层的侧向刚度；

K_{f2}——二层一榀框架的侧向刚度；

K_{cw2}——二层一片钢筋混凝土抗震墙的侧向刚度；

K_{bw2}——二层一片砌体抗震墙的侧向刚度；

K_{bw3}——三层一片砌体抗震墙的侧向刚度。

（3）楼层地震剪力的分配

1）上部楼层地震剪力的分配

上部砌体房屋楼层地震剪力的分配与多层砌体房屋相同。

2）底部地震剪力的分配

底部框架-抗震墙房屋底部地震剪力在各抗侧力构件之间的分配，应考虑在地震过程中剪力墙为结构体系的第一道防线，框架为第二道防线，按各自最大侧向刚度分配。

① 抗震墙的地震剪力

在地震期间，抗震墙开裂前的侧向刚度远远大于框架的侧向刚度，同方向抗震墙所分配的层间地震剪力占该层地震剪力的 90% 以上，为简化计算，底部框架房屋底部的地震剪力全部由该方向的抗震墙承担，并按各侧向刚度比例分配。

一片钢筋混凝土抗震墙承担的水平地震剪力按下式计算：

$$V_{cw} = \frac{K_{cw}}{\Sigma K_{cw} + \Sigma K_{bw}} V_i \quad (i = 1, 2) \tag{5.8.39}$$

一片砖抗震墙承担的水平地震剪力按下式计算：

$$V_{bw} = \frac{K_{bw}}{\Sigma K_{cw} + \Sigma K_{bw}} V_i \quad (i = 1, 2) \tag{5.8.40}$$

式中　V_i——房屋底部的横向或纵向地震剪力；

　　K_{bw}——一片砖抗震墙的侧向刚度；

　　K_{cw}——一片钢筋混凝土抗震墙的侧向刚度。

② 框架的地震剪力

在地震作用下，钢筋混凝土抗震墙的层间位移角为 1/1000 左右时，抗震墙将产生开裂，当层间位移角为 1/500 时，其刚度已降低到弹性刚度的 30% 左右。砌体抗震墙的层间位移角为 1/500 时，将出现对角裂缝，其刚度已降低到弹性刚度的 20% 左右。对于框架分配地震剪力而言，此时比弹性阶段更不利。因此计算底部框架承担的地震剪力时，各抗侧力构件应采用有效侧向刚度。有效侧向刚度的取值，框架不折减，混凝土抗震墙的折减系数取 0.3，砌体抗震墙的折减系数取 0.2。一榀框架承担的地震剪力设计值可按下式计算：

$$V_c = \frac{K_c}{0.3 \Sigma K_{cw} + 0.2 \Sigma K_{bw} + \Sigma K_c} V_i \quad (i = 1, 2) \tag{5.8.41}$$

3. 底部地震倾覆力矩的计算

(1) 地震倾覆力矩的计算

底层框架-抗震墙房屋中，作用于房屋底层的地震倾覆力矩为：

$$M_1 = \sum_{i=2}^{n} F_i (H_i - H_1) \tag{5.8.42}$$

底部两层框架-抗震墙房屋中，作用于房屋底层的地震倾覆力矩为：

$$M_2 = \sum_{i=3}^{n} F_i (H_i - H_2) \tag{5.8.43}$$

(2) 地震倾覆力矩的分配

1) 按框架与抗震墙转动刚度比例分配：

一榀框架承担的地震倾覆力矩：

$$M_f = \frac{K_f'}{\Sigma K_f' + \Sigma K_{cw}' + \Sigma K_{mw}' + \Sigma K_{fw}'} M_1 \tag{5.8.44}$$

一片钢筋混凝土抗震墙承担的地震倾覆力矩：

$$M_{cw} = \frac{K_{cw}'}{\Sigma K_f' + \Sigma K_{cw}' + \Sigma K_{mw}' + \Sigma K_{fw}'} M_1 \tag{5.8.45}$$

一片砖抗震墙承担的地震倾覆力矩：

$$M_{mw} = \frac{K_{bw}'}{\Sigma K_f' + \Sigma K_{cw}' + \Sigma K_{mw}' + \Sigma K_{fw}'} M_1 \tag{5.8.46}$$

一榀框架-抗震墙承担的地震倾覆力矩：

$$M_{fw} = \frac{K_{fw}'}{\Sigma K_f' + \Sigma K_{cw}' + \Sigma K_{mw}' + \Sigma K_{fw}'} M_1 \tag{5.8.47}$$

式中 K'_f——底层一榀框架的转动刚度；

$\quad\quad K'_{cw}$——底层一片钢筋混凝土抗震墙的转动刚度；

$\quad\quad K'_{mw}$——底层一片砖抗震墙的转动刚度；

$\quad\quad K'_{fw}$——底层一榀框架-抗震墙的转动刚度。

2）按框架与抗震墙侧向刚度的比例分配

作用于房屋底部地震倾覆力矩按转动刚度的比例进行分配计算比较复杂。为简化计算，《建筑抗震设计规范》GB 50011 规定，底部各轴线承受的地震倾覆力矩，可近似按底部抗震墙和框架的侧向刚度的比例分配：

$$M_f = \frac{K_f}{\Sigma K_f + 0.3\Sigma K_{cw} + 0.2\Sigma K_{mw}}M_1 \quad\quad (5.8.48)$$

$$M_{cw} = \frac{K_{cw}}{\Sigma K_f + \Sigma K_{cw} + \Sigma K_{mw}}M_1 \qu\quad\quad (5.8.49)$$

$$M_{mw} = \frac{K_{mw}}{\Sigma K_f + \Sigma K_{cw} + \Sigma K_{mw}}M_1 \qu\quad\quad (5.8.50)$$

5.8.36 底部框架-抗震墙房屋中，底部构件的侧向刚度如何计算？

【解析】底部框架-抗震墙房屋中，底部构件的侧向刚度按下列规定计算：

1. 框架的侧向刚度

框架的侧向刚度可按下式计算：

$$K_f = \frac{12E_c\Sigma I_c}{h^3} \qu\quad\quad (5.8.51)$$

式中 E_c——混凝土的弹性模量；

$\quad\quad I_c$——柱的截面惯性矩；

$\quad\quad h$——柱的计算高度。

2. 混凝土抗震墙的侧向刚度

底部混凝土抗震墙侧向刚度的计算，可略去基础侧移的影响，仅考虑抗震墙剪切变形和弯曲变形的影响。

（1）无洞抗震墙的侧向刚度可按下式计算：

$$K_{cw} = \frac{1}{\dfrac{1.2h}{G_cA_{cw}} + \dfrac{h^3}{3E_cI_{cw}}} = \frac{1}{\dfrac{3h}{E_cA_{cw}} + \dfrac{h^3}{3E_cI_{cw}}} \qu\quad (5.8.52)$$

式中 G_c——混凝土的剪变模量，$G_c = 0.4E$；

$\quad\quad A_{cw}$——抗震墙水平截面面积，对工字形截面取轴线间腹板水平截面面积；

$\quad\quad h$——抗震墙的计算高度；

$\quad\quad I_{cw}$——抗震墙和柱的水平截面惯性矩。

（2）开洞抗震墙侧向刚度的计算，当 $\sqrt{\dfrac{bd}{lh}} \leqslant 0.4$ 且洞口位于墙面中央部位时（图 5.8.22），可近似取无洞抗震墙的侧向刚度乘以开洞折减系数，开洞折减系数可按下式计算：

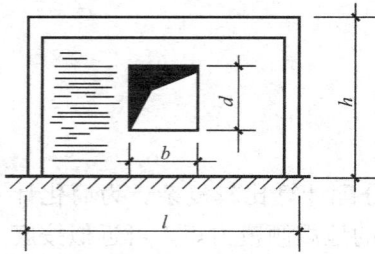

$$\beta_h = \left(1 - 1.2\sqrt{\frac{bd}{lh}}\right) \tag{5.8.53}$$

式中　β_h——开洞折减系数；

b——洞口的高度；

d——洞口的宽度；

h——抗震墙的高度；

l——抗震墙的宽度。

3. 砌体抗震墙的侧向刚度

计算框架内嵌砌砌体抗震墙时，可不考虑抗震墙的弯曲变形，仅考虑剪切变形的影响。

（1）无洞抗震墙的侧向刚度，可按下式计算：

$$K_{mw} = \frac{E_m A_{mw}}{3h} \tag{5.8.54}$$

式中　A_{mw}——抗震墙的水平截面面积；

E_m——砌体的弹性模量；

h——抗震墙的高度。

（2）开洞抗震墙的侧向刚度可按下列规定计算：

1）当 $\sqrt{\frac{bd}{lh}} \leqslant 0.4$ 时，可近似取无洞抗震墙的侧向刚度乘以洞口影响系数，洞口影响系数可按表5.8.23采用。

洞口影响系数　　　　　　　　　　　　　　　表 5.8.23

开洞率	0.10	0.20	0.30	0.40
影响系数	0.98	0.94	0.88	0.76

注：1. 开洞率为洞口水平面积与墙体水平截面面积之比；

2. 窗洞高度大于层高的50%时，按门洞对待；

3. 门洞高度不应超过层高的80%。

2）当 $\sqrt{\frac{bd}{lh}} > 0.4$ 时，可将墙面按洞口划分为若干个无洞单元，分别计算每个单元的柔度，再按串并联体系计算整片墙的柔度和刚度。

当不考虑墙体单元弯曲变形而仅计算剪切变形时（$h/b < 1$），墙体单元的柔度按下式计算：

$$\delta_i = \frac{3h_i}{E_m A_i} \tag{5.8.55}$$

当同时考虑墙体单元的弯曲变形和剪切变形时（$1 \leqslant h/b \leqslant 4$），墙体单元的柔度按下式计算：

$$\delta_i = \frac{3h_i}{E_m A_i} + \frac{h_i^3}{3E_m I_i} \tag{5.8.56}$$

当 n 个墙体并联时，墙体的侧向刚度按下式计算：

$$K = \sum_{i=1}^{n} \frac{1}{\delta_i} \tag{5.8.57}$$

当 n 个墙体串联时，墙体的侧向刚度按下式计算：

$$K = \frac{1}{\sum\limits_{i=1}^{n} \delta_i} \tag{5.8.58}$$

（3）当抗震墙受构造框架约束时，侧向刚度可近似按下式计算：

$$K_{mw} = \varphi \frac{E_m A_{mc}}{3h} \tag{5.8.59}$$

$$A_{mc} = A_{mn} + \Sigma \eta_c \frac{E_c}{E_m} A_c \tag{5.8.60}$$

$$\varphi = \frac{1}{1 + \dfrac{A_{mc}h^2}{36 I_{mc}}} \tag{5.8.61}$$

式中　A_{mc}——抗震墙换算截面面积；

I_{mc}——抗震墙换算截面惯性矩；

A_{mn}——抗震墙扣除洞口和混凝土柱面积后的砌体水平截面净面积；

A_c——构造柱截面面积；

η_c——构造柱参与工作系数，对于端柱和角柱取 0.30，墙中柱取 1.2，墙边柱取 1.5；

φ——弯曲变形影响系数，当 $h/L < 1$ 时，取 $\varphi = 1$；

L——抗震墙的长度；

h——抗震墙的高度。

5.8.37　底部框架-抗震墙房屋中，底部构件的转动刚度如何计算？

【解析】底部框架-抗震墙房屋中，底部构件的转动刚度按下列规定计算：

1. 框架的转动刚度

一榀框架的转动刚度按下式计算（图 5.8.23）：

$$K_f' = \frac{1}{\dfrac{h}{E_c \sum\limits_{i=1}^{n} A_i x_i^2} + \dfrac{1}{C_z \sum\limits_{i=1}^{n} \left(A_{fi} x_i^2 + \dfrac{1}{12} A_{fi} D_i^2 \right)}} \tag{5.8.62}$$

式中　A_i——第 i 根柱的横截面面积；

x_i——第 i 根柱到框架形心 Y 轴的距离；

E_c——混凝土的弹性模量；

A_{fi}——柱基础的底面积；

D_i——验算方向的柱基础边长；

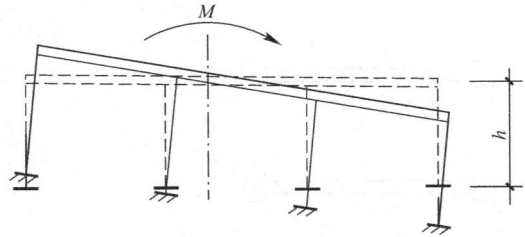

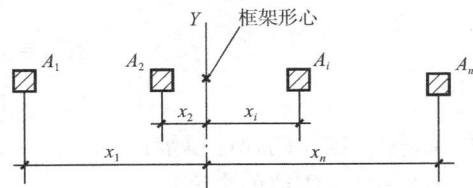

图 5.8.23　框架的整体弯曲变形

C_z——地基抗压刚度系数，按表5.8.24采用。

地基承载力的标准值 f_k（kN/m²）	土的名称		
	黏 性 土	粉　土	砂　土
300	66000	59000	52000
250	55000	49000	44000
200	45000	40000	36000
150	35000	31000	28000
100	25000	22000	18000
80	18000	16000	

注：当基础底面积 A_f 小于 20m² 时，表中 C_z 值应乘以 $\sqrt[3]{\dfrac{20}{A_f}}$。

2. 钢筋混凝土抗震墙的转动刚度

（1）无洞抗震墙

无洞钢筋混凝土抗震墙的转动刚度按下式计算：

$$K'_{cw} = \cfrac{1}{\cfrac{h}{E_c I_{cw}} + \cfrac{1}{C_\varphi I_\varphi}} \tag{5.8.63}$$

式中　E_c——混凝土的弹性模量；

　　　I_{cw}——抗震墙水平截面惯性矩；

　　　I_φ——抗震墙基础底面积惯性矩；

　　　h——抗震墙的高度；

　　　C_φ——地基抗弯刚度系数，$C_\varphi = 2.15 C_z$。

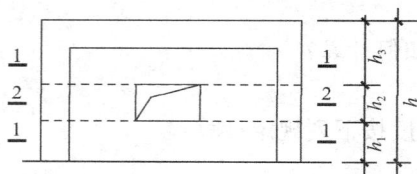

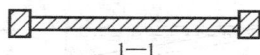

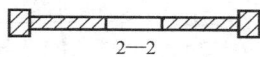

图 5.8.24　有洞抗震墙

（2）有洞抗震墙

有洞钢筋混凝土抗震墙的转动刚度按下式计算：

$$K'_{cw} = \cfrac{1}{\cfrac{h}{E I_{cwh}} + \cfrac{1}{C_\varphi I_\varphi}} \tag{5.8.64}$$

式中　I_{cwh}——有洞抗震墙各水平截面的平均惯性矩，按下式计算（图 5.8.24）：

$$I_{cwh} = 0.85 \frac{I_1(h_1 + h_2) + I_2 h_2}{h} \tag{5.8.65}$$

3. 砌体抗震墙的转动刚度

（1）无洞抗震墙

无洞砌体抗震墙的转动刚度按下式计算：

$$K'_{mw} = \cfrac{1}{\cfrac{12h}{E_m l t} + \cfrac{1}{C_\varphi I'_\varphi}} \tag{5.8.66}$$

式中　E_m——砌体的弹性模量；

　　　h——抗震墙的高度；

　　　l——抗震墙的长度；

t——抗震墙的厚度；

I'_φ——抗震墙及其两端框架柱联合基础的底面积惯性矩。

（2）有洞抗震墙

有洞砌体抗震墙的转动刚度按下式计算：

$$K'_{mw}=\cfrac{1}{\cfrac{h}{E_m I_{mwh}}+\cfrac{1}{C_\varphi I'_\varphi}}\qquad(5.8.67)$$

式中　I_{mwh}——有洞抗震墙的横截面平均惯性矩；当墙面有一个或两个窗洞时，按下式计算：

$$I_{mwh}=0.85\frac{I_1(h_1+h_3)+I_2 h_2}{h}\qquad(5.8.68)$$

当墙面有一个门或一门一窗时，按下式计算：

$$I_{mwh}=0.85\frac{I_1 h_1+I_2 h_2}{h}\qquad(5.8.69)$$

4. 框架-抗震墙并联体的转动刚度

（1）框架与钢筋混凝土抗震墙并联体

框架与钢筋混凝土抗震墙并联体的转动刚度按下式计算：

$$K'_{fw}=\cfrac{1}{\cfrac{h}{E_c(\Sigma A_i x_i^2+I_{cw}+A_{cw}x_{cw}^2)}+\cfrac{h}{C_\varphi(\Sigma A_{fi}x_{fi}^2+I_\varphi+A_\varphi x_{fw}^2)}}\qquad(5.8.70)$$

式中　A_i、x_i——分别为第 i 根柱（不与墙相连）的截面面积及其中心至墙柱并联体中和轴的距离；

A_{cw}、I_{cw}、x_{cw}——分别为墙（包括相连柱）的截面面积、惯性矩及其中心至墙柱并联体中和轴的距离；

A_{fi}、x_{fi}——分别为第 i 柱（不与墙相连）基础底面面积及其中心至墙柱并联体基础底面中和轴的距离；

A_φ、I_φ、x_{fw}——墙与相连柱联合基础底面面积、惯性矩及其中心至墙柱并联体基础底面中和轴的距离。

（2）框架与砌体抗震墙并联体

框架与砌体抗震墙并联体的转动刚度按下式计算：

$$K'_{fw}=\cfrac{1}{\cfrac{h}{E_c\Sigma A_i x_i^2+E_m(I_{mw}+A_{mw}x_{mw}^2)}+\cfrac{1}{C_\varphi(\Sigma A_{fi}x_{fi}^2+I_\varphi+A_\varphi x_{fw}^2)}}\qquad(5.8.71)$$

式中　A_{mw}、I_{mw}、x_{mw}——分别为砖墙（不包括相连柱）截面面积、惯性矩及其中心至墙柱并联体中和轴的距离。

5.8.38　底部框架-抗震墙房屋，框架中嵌砌砖抗震墙的抗震承载力如何验算？

【解析】底部框架-抗震墙房屋，框架嵌砌砖抗震墙的抗震承载力，按下列方法验算：

1. 框架柱的轴向力和剪力

底层框架-抗震墙房屋中嵌砌于框架之间的普通砖抗震墙，对底层框架柱产生附加轴向力和附加剪力（图 5.8.25），其值可按下列公式计算：

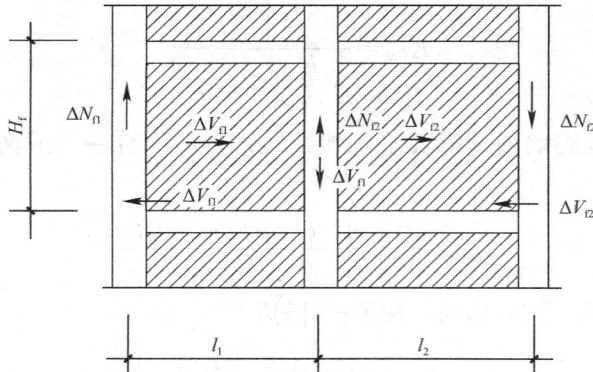

图 5.8.25 填充墙框架柱的附加轴向力和附加剪力

$$N_f = V_w H_f / l \qquad (5.8.72)$$
$$V_f = V_w \qquad (5.8.73)$$

式中　V_w——墙体承担的剪力设计值，柱两侧有墙时可取二者的较大值；

　　　　N_f——框架柱的附加轴压力设计值；

　　　　V_f——框架柱的附加剪力设计值；

　　H_f、l——分别为框架的层高和跨度。

2. 砖抗震墙及两端框架柱抗震受剪承载力

底层框架-抗震墙房屋中嵌砌于框架之间的普通砖抗震墙及两端框架柱，其受剪承载力应按下式验算：

$$V \leqslant \frac{1}{\gamma_{REc}} \Sigma (M_{yc}^u + M_{yc}^l) / H_0 + \frac{1}{\gamma_{REw}} \Sigma f_{vE} A_{w0} \qquad (5.8.74)$$

式中　V——嵌砌普通砖抗震墙及两端框架柱剪力设计值；

　　　A_{w0}——砖墙水平截面的计算面积，无洞口时取实际截面的 1.25 倍，有洞口时取截面净面积，但不计入宽度小于洞口高度 1/4 的墙肢截面面积；

M_{yc}^u、M_{yc}^l——分别为底层框架柱上下端的正截面受弯承载力设计值，可按现行国家标准《混凝土结构设计规范》GB 50010 非抗震设计的有关公式计算；

　　　H_0——底层框架柱的计算高度，两侧均有砖墙时取柱净高的 2/3，其余情况取柱净高；

　　γ_{REc}——底层框架柱承载力抗震调整系数，可采用 0.8；

　　γ_{REw}——嵌砌普通砖抗震墙承载力抗震调整系数，可采用 0.9。

5.8.39　底部框架-抗震墙房屋抗震承载力应按什么流程进行验算？

【解析】底部框架-抗震墙房屋抗震承载力计算流程见图 5.8.26。

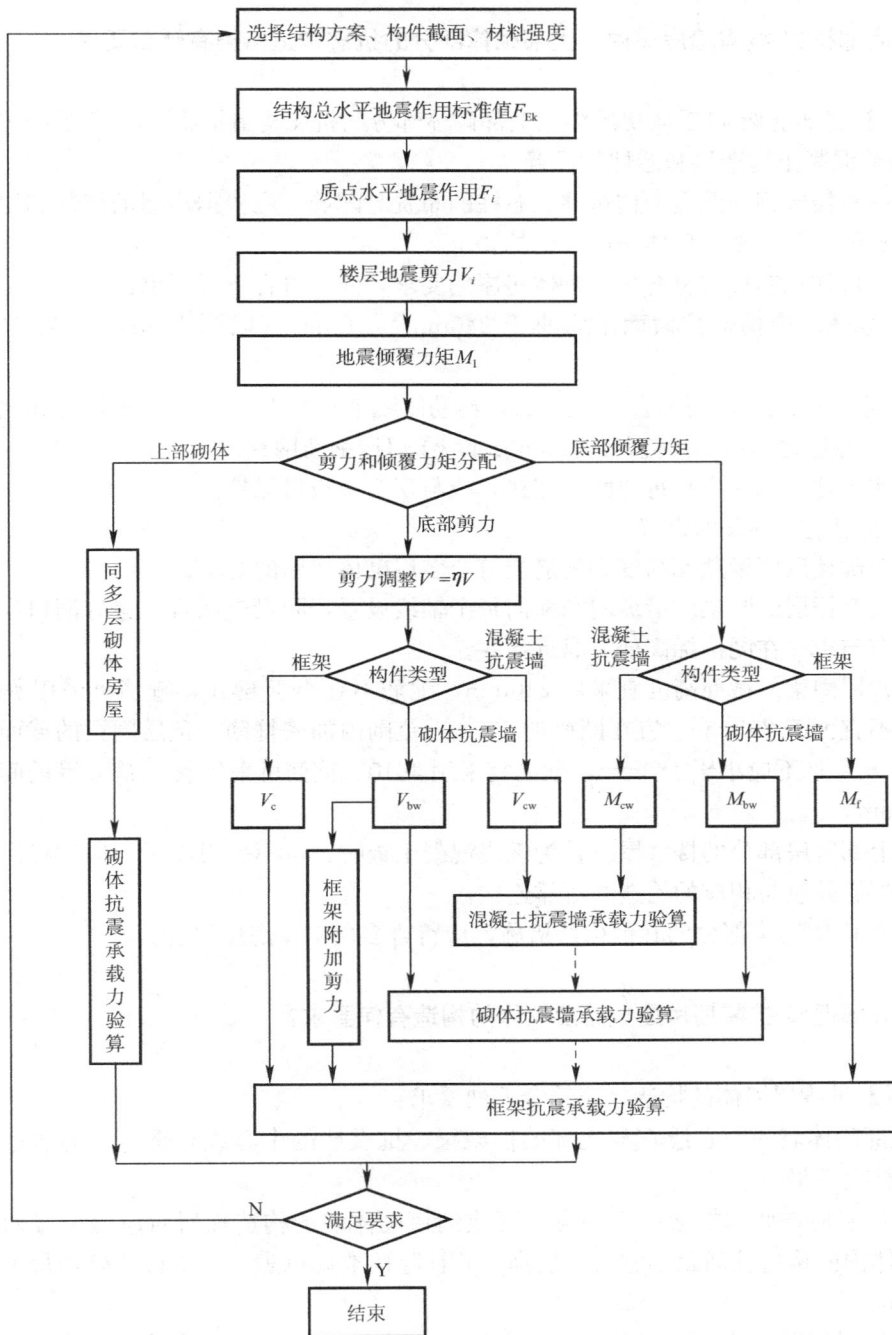

图 5.8.26　底部框架-抗震墙房屋抗震承载力计算流程

（Ⅲ）抗震构造措施

5.8.40 底部框架-抗震墙房屋中，上部砌体部分的抗震构造措施有什么要求？

【解析】底部框架-抗震墙房屋中，上部砌体部分的抗震构造措施，应符合下列要求：

1. 钢筋混凝土构造柱和芯柱的设置

（1）一般楼层钢筋混凝土构造柱和芯柱的布置与配筋，应根据房屋的层数和房屋所在地的设防烈度，符合多层砌体房屋设置的要求。

（2）构造柱和芯柱应符合多层砌体房屋的要求，尚应符合下列要求：

1）砖砌体墙中构造柱截面不宜小于 240mm×240mm（墙厚 190mm 时为 240mm×190mm）；

2）构造柱的纵向钢筋不宜小于 $4\phi14$，箍筋间距不宜大于 200mm；芯柱每孔插筋不应小于 $1\phi14$，芯柱之间沿墙高应每隔 400mm 设 $\phi4$ 焊接钢筋网片。

（3）构造柱、芯柱应与每层圈梁连接，或与现浇楼板可靠拉接。

2. 钢筋混凝土圈梁的设置

（1）上部楼层圈梁截面高度和配筋应符合多层砌体房屋的要求。

（2）过渡楼层的圈梁应沿纵向和横向每个轴线设置，圈梁应闭合，遇有洞口应上下搭接，圈梁宜与板底在同一标高处或靠近板底。

过渡楼层圈梁的截面高度宜采用 240mm，配筋不宜小于 $6\phi10$，箍筋可采用 $\phi6$，最大箍筋间距不宜大于 200mm，宜在圈梁端 500mm 范围内加密箍筋。顶层圈梁的截面高度宜采用 240mm，且不应小于 180mm，配筋宜采用 $4\phi10$，箍筋可采用 $\phi6$，最大箍筋间距不宜大于 200mm。

（3）上部砖房部分的楼（屋）盖为现浇混凝土板时，可不另设圈梁，但楼板沿外墙周边应加强配筋并应与相应的构造柱可靠连接。

3. 上部砌体结构部分的其他构造措施，应符合多层砌体房屋的有关要求。

5.8.41 底部框架-抗震墙房屋过渡层墙体的构造有何要求？

【解析】过渡层墙体的构造，应符合下列要求：

1. 上部砌体墙的中心线宜与底部的框架梁、抗震墙的中心线相重合；构造柱或芯柱宜与框架柱上下贯通。

2. 过渡层应在底部框架柱、混凝土墙或约束砌体墙的构造柱所对应处设置构造柱或芯柱；墙体内的构造柱间距不宜大于层高；芯柱除按本规范表 7.4.1 设置外，最大间距不宜大于 1m。

3. 过渡层构造柱的纵向钢筋，6、7 度时不宜少于 $4\phi16$，8 度时不宜少于 $4\phi18$。过渡层芯柱的纵向钢筋，6、7 度时不宜少于每孔 $1\phi16$，8 度时不宜少于每孔 $1\phi18$。一般情况下，纵向钢筋应锚入下部的框架柱或混凝土墙内；当纵向钢筋锚固在托墙梁内时，托墙梁的相应位置应加强。

620

4. 过渡层的砌体墙在窗台标高处，应设置沿纵横墙通长的水平现浇钢筋混凝土带；其截面高度不小于 60mm，宽度不小于墙厚，纵向钢筋不少于 2φ10，横向分布筋的直径不小于 6mm 且其间距不大于 200mm。此外，砖砌体墙在相邻构造柱间的墙体，应沿墙高每隔 360mm 设置 2φ6 通长水平钢筋和 φ4 分布短筋平面内点焊组成的拉结网片或 φ4 点焊钢筋网片，并锚入构造柱内；小砌块砌体墙芯柱之间沿墙高应每隔 400mm 设置 φ4 通长水平点焊钢筋网片。

5. 过渡层的砌体墙，凡宽度不小于 1.2m 的门洞和 2.1m 的窗洞，洞口两侧宜增设截面不小于 120mm×240mm（墙厚 190mm 时为 120mm×190mm）的构造柱或单孔芯柱。

6. 当过渡层的砌体抗震墙与底部框架梁、墙体不对齐时，应在底部框架内设置托墙转换梁，并且过渡层砖墙或砌块墙应采取比本条 4 款更高的加强措施。

5.8.42　底部框架-抗震墙房屋底部墙体的构造有何要求？

【解析】底部框架-抗震墙房屋底部墙体的构造应符合下列要求：

1. 录用钢筋混凝土墙时，其构造应符合下列要求：

（1）墙体周边应设置梁（或暗梁）和边框柱（或框架柱）组成的边框；边框梁的截面宽度不宜小于墙板厚度的 1.5 倍，截面高度不宜小于墙板厚度的 2.5 倍；边框柱的截面高度不宜小于墙板厚度的 2 倍。

（2）墙板的厚度不宜小于 160mm，且不应小于墙板净高的 1/20；墙体宜开设洞口形成若干墙段，各墙段的高宽比不宜小于 2。

（3）墙体的竖向和横向分布钢筋配筋率均不应小于 0.30%，并应采用双排布置；双排分布钢筋间拉筋的间距不应大于 600mm，直径不应小于 6mm。

（4）墙体的边缘构件可按钢筋混凝土结构抗震墙一般部位的规定设置。

2. 当 6 度设防的底层框架-抗震墙砖房的底层采用约束砖砌体墙时，其构造应符合下列要求：

（1）砖墙厚不应小于 240mm，砌筑砂浆强度等级不应低于 M10，应先砌墙后浇框架。

（2）沿框架柱每隔 300mm 配置 2φ8 水平钢筋和 φ4 分布短筋平面内点焊组成的拉结网片，并沿砖墙水平通长设置；在墙体半高处尚应设置与框架柱相连的钢筋混凝土水平系梁。

（3）墙长大于 4m 时和洞口两侧，应在墙内增设钢筋混凝土构造柱。

3. 当 6 度设防的底层框架-抗震墙砌块房屋的底层采用约束小砌块砌体墙时，其构造应符合下列要求：

（1）墙厚不应小于 190mm，砌筑砂浆强度等级不应低于 Mb10，应先砌墙后浇框架。

（2）沿框架柱每隔 400mm 配置 2φ8 水平钢筋和 φ4 分布短筋平面内点焊组成的拉结网片，并沿砌块墙水平通长设置；在墙体半高处尚应设置与框架柱相连的钢筋混凝土水平系梁，系梁截面不应小于 190mm×190mm，纵筋不应小于 4φ12，箍筋直径不应小于 φ6，间距不应大于 200mm。

（3）墙体在门、窗洞口两侧应设置芯柱，墙长大于 4m 时，应在墙内增设芯柱；其余位置，宜采用钢筋混凝土构造柱替代芯柱。

5.8.43　底部框架-抗震墙砌体房屋框架柱的构造有何要求？

【解析】底部框架-抗震墙砌体房屋的框架柱应符合下列要求：

1. 柱的截面不应小于 400mm×400mm，圆柱直径不应小于 450mm。

2. 柱的轴压比，6 度时不宜大于 0.85，7 度时不宜大于 0.75，8 度时不宜大于 0.65。

3. 柱的纵向钢筋最小总配筋率，当钢筋的强度标准值低于 400MPa 时，中柱在 6、7 度时不应小于 0.9%，8 度时不应小于 1.1%；边柱、角柱和混凝土抗震墙端柱在 6、7 度时不应小于 1.0%，8 度时不应小于 1.2%。

4. 柱的箍筋直径，6、7 度时不应小于 8mm，8 度时不应小于 10mm，并应全高加密箍筋，间距不大于 100mm。

5. 柱的最上端和最下端组合的弯矩设计值应乘以增大系数，一、二、三级的增大系数应分别按 1.5、1.25 和 1.15 采用。

5.8.44　框架底部-抗震墙砌体房屋楼盖的构造有何要求？

【解析】底部框架-抗震墙砌体房屋的楼盖应符合下列要求：

1. 过渡层的底板应采用现浇钢筋混凝土板，板厚不应小于 120mm；并应少开洞、开小洞，当洞口尺寸大于 800mm 时，洞口周边应设置边梁。

2. 其他楼层，采用装配式钢筋混凝土楼板时均应设现浇圈梁；采用现浇钢筋混凝土楼板时应允许不另设圈梁，但楼板沿抗震墙体周边均应加强配筋并应与相应的构造柱可靠连接。

5.8.45　底部框架-抗震墙房屋托墙梁的构造有何要求？

【解析】底部框架-抗震墙砌体房屋的钢筋混凝土托墙梁，其截面和构造应符合下列要求：

1. 梁的截面宽度不应小于 300mm，梁的截面高度不应小于跨度的 1/10。

2. 箍筋的直径不应小于 8mm，间距不应大于 200mm；梁端在 1.5 倍梁高且不小于 1/5 梁净跨范围内，以及上部墙体的洞口处和洞口两侧各 500mm 且不小于梁高的范围内，箍筋间距不应大于 100mm。

3. 沿梁高应设腰筋，数量不应少于 2φ14，间距不应大于 200mm。

4. 梁的纵向受力钢筋和腰筋应按受拉钢筋的要求锚固在柱内，且支座上部的纵向钢筋在柱内的锚固长度应符合钢筋混凝土框支梁的有关要求。

5.8.46　底部框架-抗震墙砌体房屋的材料强度等级有何要求？

【解析】底部框架-抗震墙砌体房屋的材料强度等级，应符合下列要求：

1. 框架柱、混凝土墙和托墙梁的混凝土强度等级，不应低于 C30。

2. 过渡层砌体块材的强度等级不应低于 MU10，砖砌体砌筑砂浆强度的等级不应低于 M10，砌块砌体砌筑砂浆强度的等级不应低于 Mb10。

第四节 配筋砌块砌体抗震墙房屋

（Ⅰ）抗震设计的基本要求

5.8.47 配筋砌块砌体抗震墙房屋的最大高度有何规定？

【解析】配筋砌块砌体结构与无筋砌体相比，具有较高的强度和较好的延性。与混凝土抗震墙结构相比，由于砌体的弹性模量低，结构刚度小，地震作用相对较小；砌块砌体抗震墙中有缝隙存在，其变形能力相对较大。根据国内外对配筋砌块砌体抗震墙结构的试验研究和建造实践，从经济安全、配套材料、施工质量等方面综合考虑，配筋砌块砌体抗震墙房屋适用的最大高度应符合表 5.8.25 的规定。

配筋砌块砌体抗震墙房屋适用的最大高度（m） 表 5.8.25

结构类型最小墙厚（mm）		设防烈度和设计基本地震加速度					
		6 度	7 度		8 度		9 度
		0.05g	0.10g	0.15g	0.20g	0.30g	0.40g
配筋砌块砌体抗震墙	190mm	60	55	45	40	30	24
部分框支抗震墙		55	49	40	31	24	—

注：1. 房屋高度指室外地面到主要屋面板板顶的高度（不包括局部突出屋顶部分）；
　　2. 某层或几层开间大于 6.0m 以上的房间建筑面积占相应层建筑面积 40% 以上时，表中数据相应减少 6m；
　　3. 部分框支抗震墙结构指首层或底部两层为框支层的结构，不包括仅个别框支墙的情况。

应当指出的是，我国对配筋砌块砌体抗震墙房屋适用的最大高度的规定是非常严格的，主要是考虑到该类房屋在我国的工程实践还不多，目前还处在推广应用阶段，在进一步科学研究和工程实践的基础上，配筋砌块砌体抗震墙房屋适用的最大高度会有所提高。在目前当房屋的最大高度超过表 5.8.25 的限值时，要进行专门的研究，在有可靠的研究成果经过充分论证的基础上，采取必要的结构加强措施，通过一定的审批手续，房屋的高度可以适当增加。

5.8.48 配筋砌块砌体抗震墙房屋的最大高宽比有什么限制？

【解析】配筋砌块砌体抗震墙房屋高宽比的限制，是为了保证房屋的整体稳定性，防止房屋发生整体弯曲破坏。高宽比的限值是根据该类房屋的整体抗震性能与抗弯性能，与多层砌体房屋和高层混凝土房屋相比较后给出的。房屋最大高宽比应符合表 5.8.26 的规定，此时房屋的稳定已满足要求，可不进行房屋的整体弯曲验算。

烈　度	6 度	7 度	8 度	9 度
最大高宽比	4.5	4.0	3.0	2.0

注：房屋的平面布置和竖向布置不规则时应当减小最大高宽比。

5.8.49　配筋砌块砌体抗震墙房屋抗震横墙的最大间距有什么限制？

【解析】配筋砌块砌体房屋抗震横墙最大间距的要求是保证楼屋盖具有足够的传递水平地震作用给横墙的水平刚度。由于目前配筋砌块砌体抗震墙房屋主要为多高层住宅，间距一般不会很大，该类房屋抗震横墙最大间距的限制，既保证了楼屋盖传递水平地震作用所需要的刚度要求，也能够满足抗震横墙布置的设计要求和房间灵活划分的使用要求，抗震横墙的最大间距应符合表 5.8.27 的要求。对于纵墙承重的房屋，其抗震横墙的间距仍然要满足规定的要求，以保证横向抗震验算时的水平地震作用能够有效地传递到横墙上。

配筋混凝土砌块砌体抗震横墙的最大间距 表 5. 8. 27

烈　度	6 度	7 度	8 度	9 度
最大间距（m）	15	15	11	7

5.8.50　如何划分配筋砌块砌体抗震墙房屋的抗震等级？

【解析】配筋砌块砌体抗震墙房屋抗震等级的划分，参照了钢筋混凝土抗震墙房屋的要求。根据建筑重要性分类、设防烈度、房屋高度等因素来划分不同抗震等级，以此在抗震验算和构造措施上区别对待。根据配筋混凝土砌块砌体抗震墙房屋的抗震性能，在确定其抗震等级时，对房屋高度的规定比钢筋混凝土抗震墙结构更加严格。配筋砌块砌体抗震墙丙类建筑的抗震等级应符合表 5.8.28 的规定，其他类别建筑采用配筋砌块砌体抗震墙结构时，应通过专门的试验研究来确定抗震等级，保证房屋的使用安全。

配筋砌块砌体抗震墙丙类建筑的抗震等级 表 5. 8. 28

结构类型		设防烈度						
		6		7		8		9
	高度（m）	≤24	>24	≤24	>24	≤24	>24	≤24
配筋砌块砌体抗震墙	抗震墙	四	三	三	二	二		一
部分框支抗震墙	非底部加强部位抗震墙	四	三	三	二	二		
	底部加强部位抗震墙	三	二	二	一	一	不应采用	
	框支框架		二	二	一	一		

注：1. 对于四级抗震等级，除本章有规定外，均按非抗震设计采用；
　　2. 接近或等于高度分界时，可结合房屋不规则程度及场地、地基条件确定抗震等级。

5.8.51　配筋砌块砌体抗震墙结构抗震变形验算的楼层内最大层间弹性位移角有何规定?

【解析】配筋砌块砌体抗震墙结构应进行多遇地震作用下的抗震变形验算,其楼层内最大的层间弹性位移角不宜超过 1/1000。

5.8.52　配筋砌块砌体抗震墙房屋的层高应符合哪些要求?

【解析】配筋砌块砌体抗震墙房屋的层高应符合下列要求:
1. 底部加强部位的层高,一、二级不宜大于 3.2m,三、四级不应大于 3.9m。
2. 其他部位的层高,一、二级不应大于 3.9m,三、四级不应大于 4.8m。
注:底部加强部位指不小于房屋高度的 1/6 且不小于底部二层的高度。

5.8.53　配筋砌块砌体抗震墙房屋的平面和立面布置有什么要求?

【解析】配筋砌块砌体抗震墙房屋的平面和立面布置,应符合下列要求:
1. 房屋的平面形状宜规则、简单、对称,凹凸不宜过大。当平面有局部突出时,突出部分的长度不宜大于其宽度,且不宜大于该方向总长度的 30%,避免房屋产生扭转效应。
2. 房屋的竖向布置宜规则、均匀,避免有过大的外挑和内收。当局部有内收时,内收的长度不宜大于该方向总长度的 25%。当剪力墙沿竖向刚度发生变化时,变化层的刚度不应小于上下楼层刚度的 70%,且连续三层的总刚度降低不应超过 50%,避免产生弹塑性变形集中和应力集中的薄弱部位。
3. 纵、横方向的抗震墙宜拉通过齐,每个独立墙段长度不宜大于 8m,且不宜小于墙厚 5 倍;对于较长的抗震墙,为了避免过大的地震剪力使其产生剪切破坏,可采用楼板或弱连梁将其分为若干独立的墙段,每个独立墙段的总宽度与长度之比不宜小于 2。剪力墙的门窗洞口宜上下对齐,成列布置。
4. 配筋砌块砌体抗震墙房屋的平、立面布置的规则性应比钢筋混凝土抗震墙房屋更加严格,当房屋的平、立面布置不规则、房屋有错层、各部分的刚度或质量截然不同时,可设置防震缝。当房屋高度不超过 24m 时,防震缝的最小宽度为 100mm;超过 24m 时,6、7、8 度相应每增加 6m、5m、4m,防震缝的宽度增加 20mm。

5.8.54　配筋砌块砌体短肢抗震墙及一般抗震墙的设置,应符合哪些规定?

配筋砌块砌体短肢抗震墙及一般抗震墙设置,应符合下列规定:
1. 抗震墙宜沿主轴方向双向布置,各向结构刚度、承载力宜均匀分布。高层建筑不宜采用全部为短肢墙的配筋砌块砌体抗震墙结构,应形成短肢抗震墙与一般抗震墙共同抵抗水平地震作用的抗震墙结构。9 度时不宜采用短肢墙;

2. 纵横方向的抗震墙宜拉通对齐；较长的抗震墙可采用楼板或弱连梁分为若干个独立的墙段，每个独立墙段的总高度与长度之比不宜小于2，墙肢的截面高度也不宜大于8m；

3. 抗震墙的门窗洞口宜上下对齐，成列布置；

4. 一般抗震墙承受的第一振型底部地震倾覆力矩不应小于结构总倾覆力矩的50％，且两个主轴方向，短肢抗震墙截面面积与同一层所有抗震墙截面面积比例不宜大于20％；

5. 短肢抗震墙宜设翼缘。一字形短肢墙平面外不宜布置与之单侧相交的楼面梁；

6. 短肢墙的抗震等级应比表10.1.6的规定提高一级采用；已为一级时，配筋应按9度的要求提高；

7. 配筋砌块砌体抗震墙的墙肢截面高度不宜小于墙肢截面宽度的5倍。

注：短肢抗震墙是指墙肢截面高度与宽度之比为5～8的抗震墙，一般抗震墙是指墙肢截面高度与宽度之比大于8的抗震墙。L形，T形，＋形等多肢墙截面的长短肢性质应由较长一肢确定。

5.8.55 部分框支配筋砌块砌体抗震墙房屋的结构布置，应符合哪些规定？

【解析】部分框支配筋砌块砌体抗震墙房屋的结构布置，应符合下列规定：

1. 上部的配筋砌块砌体抗震墙与框支层落地抗震墙或框架应对齐或基本对齐；

2. 框支层应沿纵横两方向设置一定数量的抗震墙，并均匀布置或基本均匀布置。框支层抗震墙可采用配筋砌块砌体抗震墙或钢筋混凝土抗震墙，但在同一层内不应混用；

3. 矩形平面的部分框支配筋砌块砌体抗震墙房屋结构的楼层侧向刚度比和底层框架部分承担的地震倾覆力矩，应符合现行国家标准《建筑抗震设计规范》中关于多层和高层混凝土结构房屋中抗震墙与框架抗震墙的有关要求。

（Ⅱ）抗震承载力验算

5.8.56 配筋砌块砌体抗震墙房屋地震作用如何进行分析？

【解析】配筋砌块砌体抗震墙房屋的地震作用计算，可采用下列方法：

1. 对于平、立面规则的房屋，可采用底部剪力法或振型分解反应谱法；

2. 对于平面形状或竖向布置不规则的房屋，应采用空间结构计算模型，考虑水平地震作用的扭转影响。

5.8.57 配筋砌块砌体抗震墙房屋抗震计算时，哪些内力需进行调整？

【解析】配筋砌块砌体抗震墙房屋抗震计算时，底部和连梁的剪力设计值应按如下规定进行调整：

1. 底部剪力设计值的调整

配筋砌块砌体房屋的底部，其弯矩和剪力较大，是房屋抗震的薄弱环节。为了保证配筋砌块抗震墙在弯曲破坏之前出现剪切破坏，确保抗震墙为强剪弱弯型，形成延性的破坏机制，应根据计算分析结果，对底部抗震墙的剪力设计值进行调整，以使房屋的最不利截面得到加强。

需要加强的房屋底部高度为房屋总高度的 1/6，且不小于二层楼的高度。底部加强部位的截面组合剪力设计值，应按下列规定进行调整：

一级抗震等级　　$V_w = 1.6V$

二级抗震等级　　$V_w = 1.4V$

三级抗震等级　　$V_w = 1.2V$

四级抗震等级　　$V_w = 1.0V$

式中　V——考虑地震作用组合的抗震墙计算截面的剪力设计值。

2. 连梁剪力设计值的调整

配筋砌块砌体抗震墙连梁的破坏应先于抗震墙，而且连梁本身的斜截面抗剪能力应高于正截面抗剪能力，实现强剪弱弯。连梁的剪力设计值，抗震等级为一、二、三级时，应按下列规定进行调整，四级时可不调整：

$$V_b = \eta_v \frac{M_b^l + M_b^r}{l_n} + V_{Gb} \tag{5.8.75}$$

式中　V_b——连梁的剪力设计值；

　　　η_v——剪力增大系数，一级时取 1.3；二级时取 1.2；三级时取 1.1；

M_b^l、M_b^r——分别为梁左、右端考虑地震作用组合的弯矩设计值；

　　　V_{Gb}——在重力荷载代表值作用下，按简支梁计算的截面剪力设计值；

　　　l_n——连梁净跨。

5.8.58　对配筋砌块砌体抗震墙房屋的剪力墙和连梁的截面有何要求？

【解析】配筋砌块砌体抗震墙和连梁的截面应符合规定的要求，以保证房屋在地震作用下具有较好的变形能力，不至于产生脆性破坏和剪切破坏。

1. 抗震墙的截面应符合下列要求：

（1）当剪跨比大于 2 时

$$V_w \leqslant \frac{1}{\gamma_{RE}} 0.2 f_g bh \tag{5.8.76}$$

（2）当剪跨比小于或等于 2 时

$$V_w \leqslant \frac{1}{\gamma_{RE}} 0.15 f_g bh \tag{5.8.77}$$

式中　f_g——灌孔砌体的抗压强度设计值；

　　　γ_{RE}——承载力抗震调整系数。

2. 连梁的截面应符合下列要求：

（1）当跨高比大于 2.5 时

$$V_{b} \leqslant \frac{1}{\gamma_{RE}} 0.2 f_{g} b h_{0} \qquad (5.8.78)$$

（2）当跨高比小于或等于 2.5 时

$$V_{b} \leqslant \frac{1}{\gamma_{RE}} 0.15 f_{g} b h_{0} \qquad (5.8.79)$$

5.8.59　配筋砌块砌体剪力墙房屋抗震墙的抗震承载力如何验算？

【解析】配筋砌块砌体抗震墙的承载力验算，应符合下列规定：

1. 基本假定

（1）在荷载作用下，截面应变符合平截面假定；

（2）不考虑钢筋与混凝土砌体的相对滑移；

（3）不考虑混凝土砌体的抗拉强度；

（4）混凝土砌体的极限压应变，对偏心受压和受弯构件取 $\varepsilon_{cm} = 0.003$；

（5）当构件处于大偏心受力状态时，不同位置的钢筋应变均由平截面假定计算，构件内竖向钢筋应力数值及性质由该处钢筋应变确定；

（6）当构件处于小偏压或轴心受压状态时，由于构件内分布钢筋对构件的承载能力贡献较小，可不考虑钢筋的作用；

（7）按极限状态设计时，受压区混凝土的应力图形可简化为等效的矩形应力图，其高度 x 可取等于按平截面假定所确定的中和轴受压区高度 x_c 乘以 0.8，矩形应力图的应力取为配筋砌体弯曲抗压强度设计值 $f_{gm} = 1.05 f_{gc}$。

2. 正截面受弯承载力

配筋砌块砌体抗震墙的正截面受弯承载力可按校对法进行设计，先假定纵向钢筋的直径和间距，然后按平截面假定来计算截面的内力，确定钢筋尺寸和受压区高度，使内力与荷载达到平衡。

3. 斜截面受剪承载力

（1）偏心受压配筋混凝土砌块砌体抗震墙，其斜截面受剪承载力应按下列公式计算：

$$V_{w} \leqslant \frac{1}{\gamma_{RE}} \left[\frac{1}{\lambda - 0.5} \left(0.48 f_{vg} b h_{0} + 0.10 N \frac{A_{w}}{A} \right) + 0.72 f_{yh} \frac{A_{sh}}{s} h_{0} \right] \qquad (5.8.80)$$

$$\lambda = \frac{M}{V h_{0}} \qquad (5.8.81)$$

式中　f_{vg}——灌孔砌体的抗剪强度设计值；

M——考虑地震作用组合的抗震墙计算截面的弯矩设计值；

V——考虑地震作用组合的抗震墙计算截面的剪力设计值；

N——考虑地震作用组合的抗震墙计算截面的轴向力设计值，当 $N > 0.2 f_{g} b h$ 时，取 $N = 0.2 f_{g} b h$；

A——剪力墙的截面面积；

A_w——T 形或 I 字形截面抗震墙腹板的截面面积，对于矩形截面取 $A_w = A$；

λ——计算截面的剪跨比，当 $\lambda \leqslant 1.5$ 时，取 $\lambda = 1.5$；当 $\lambda \geqslant 2.2$ 时，取 $\lambda = 2.2$；

A_{sh}——配置在同一截面内的水平分布钢筋的全部截面面积；

f_{yh}——水平钢筋的抗拉强度设计值；

f_g——灌孔砌体的抗压强度设计值；

s——水平分布钢筋的竖向间距；

γ_{RE}——承载力抗震调整系数。

（2）偏心受拉配筋砌块砌体抗震墙，其斜截面受剪承载力应按下式计算：

$$V_w \leqslant \frac{1}{\gamma_{RE}} \left[\frac{1}{\lambda - 0.5} \left(0.48 f_{vg} b h_0 - 0.17 N \frac{A_w}{A} \right) + 0.72 f_{yh} \frac{A_{sh}}{s} h_0 \right] \qquad (5.8.82)$$

注：当 $0.48 f_{vg} b h_0 - 0.17 N \dfrac{A_w}{A} < 0$ 时，取 $0.48 f_{vg} b h_0 - 0.17 N \dfrac{A_w}{A} = 0$。

5.8.60 配筋砌块砌体抗震墙房屋连梁的抗震承载力如何验算？

【解析】配筋砌块砌体抗震墙房屋连梁的抗震承载力验算，应符合下列规定：

1. 连梁正截面受弯承载力

连梁是保证房屋整体性的重要构件，为了保证连梁与抗震墙节点处在弯曲破坏前不会出现剪切破坏，对于跨高比大于 2.5 的连梁应采用受力性能较好的钢筋混凝土连梁。考虑地震作用组合的连梁正截面受弯承载力可按现行国家标准《混凝土结构设计规范》GB 50010 受弯构件的有关规定进行计算。

当采用配筋砌块砌体连梁时，由于全部砌块均要求灌孔，其受力性能与钢筋混凝土连梁类似，考虑地震作用组合的连梁正截面受弯承载力仍可采用钢筋混凝土受弯构件的有关规定计算，但应采用配筋砌块砌体相应的计算参数和指标。

由于地震作用的往复性，连梁设计时往往使截面上下纵筋对称配筋。连梁正截面受弯承载力计算时，应考虑承载力抗震调整系数。

2. 连梁斜截面受剪承载力

（1）当采用钢筋混凝土连梁时，斜截面受剪承载力可按现行国家标准《混凝土结构设计规范》GB 50010 中抗震墙连梁斜截面抗震承载力有关规定计算。

（2）当采用配筋砌块砌体连梁时，斜截面受剪承载力应按下列公式计算：

$$V_b \leqslant \frac{1}{\gamma_{RE}} \left(0.56 f_{vg} b h_0 + 0.7 f_{yv} \frac{A_{sv}}{s} h_0 \right) \qquad (5.8.83)$$

式中 A_{sv}——配置在同一截面内的箍筋各肢的全部截面面积；

f_{yv}——箍筋的抗拉强度设计值。

5.8.61 配筋砌块砌体抗震墙房屋抗震承载力，应按什么流程进行验算？

【解析】配筋砌块砌体抗震墙房屋抗震承载力的计算流程见图 5.8.27。

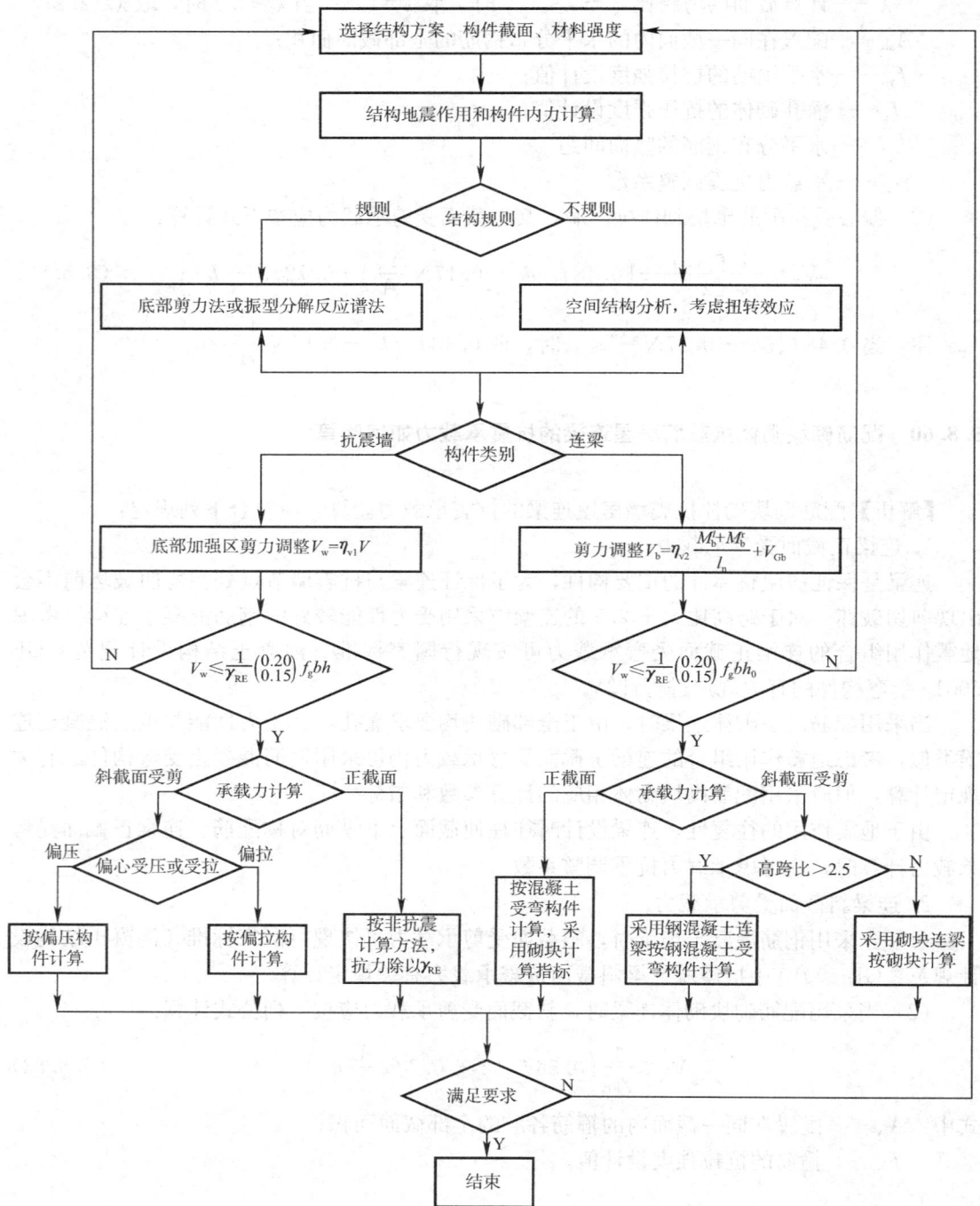

选择结构方案、构件截面、材料强度

结构地震作用和构件内力计算

结构规则 —— 规则 / 不规则

底部剪力法或振型分解反应谱法

空间结构分析，考虑扭转效应

构件类别 —— 抗震墙 / 连梁

底部加强区剪力调整 $V_w = \eta_{v1} V$

剪力调整 $V_b = \eta_{v2} \dfrac{M_b^l + M_b^r}{l_n} + V_{Gb}$

$V_w \leqslant \dfrac{1}{\gamma_{RE}} \left(\begin{matrix} 0.20 \\ 0.15 \end{matrix} \right) f_g bh$ —— N

$V_w \leqslant \dfrac{1}{\gamma_{RE}} \left(\begin{matrix} 0.20 \\ 0.15 \end{matrix} \right) f_g bh_0$ —— N

承载力计算 —— 斜截面受剪 / 正截面

承载力计算 —— 正截面 / 斜截面受剪

偏心受压或受拉 —— 偏压 / 偏拉

高跨比 > 2.5 —— Y / N

按偏压构件计算

按偏拉构件计算

按非抗震计算方法，抗力除以 γ_{RE}

按混凝土受弯构件计算，采用砌块计算指标

采用钢混凝土连梁按钢混凝土受弯构件计算

采用砌块连梁按砌块计算

满足要求 —— N

结束

图 5.8.27　配筋砌块砌体抗震墙房屋抗震承载力计算流程

（Ⅲ） 抗震构造措施

5.8.62　配筋砌块砌体抗震墙房屋中，对抗震墙的横向和竖向分布钢筋有什么要求？

【解析】配筋砌块砌体抗震墙房屋中，抗震墙的横向和竖向分布钢筋应符合下列要求：

抗震墙中配置横向和竖向钢筋，提高了剪力墙的变形能力和承载能力。其中横向钢筋在通过的斜截面上直接受拉和受剪，在抗震墙开裂前横向钢筋受力很小，墙体开裂后水平钢筋直接参与受力，甚至可达到屈服。竖向钢筋主要通过销栓作用参与抗剪，墙体破坏时仅部分竖向钢筋可达到屈服。

抗震墙的横向和竖向钢筋除应满足计算要求外，还应满足下列要求：

1. 横向钢筋宜采用双排布置，双排分布钢筋之间拉结筋的间距不应大于 400mm，直径不应小于 6mm；竖向钢筋宜采用单排布置，直径不应大于 25mm。

2. 横向和竖向钢筋分布钢筋应符合表 5.8.29、表 5.8.30 的要求。

配筋砌块砌体抗震墙横向分布钢筋构造要求　　　　表 5.8.29

抗震等级	最小配筋率（%）		最大间距（mm）	最小直径（mm）
	一般部位	加强部位		
一级	0.13	0.15	400	φ8
二级	0.13	0.13	600	φ8
三级	0.11	0.13	600	φ8
四级	0.10	0.10	600	φ6

注：9 度时配筋率不应小于 0.2%；在顶层和底部加强部位，最大间距不应大于 400mm。

配筋砌块砌体抗震墙竖向分布钢筋构造要求　　　　表 5.8.30

抗震等级	最小配筋率（%）		最大间距（mm）	最小直径（mm）
	一般部位	加强部位		
一级	0.15	0.15	400	φ12
二级	0.13	0.13	600	φ12
三级	0.11	0.15	600	φ12
四级	0.10	0.10	600	φ12

注：9 度时配筋率不应小于 0.2%；在顶层和底部加强部位，最大间距应适当减小。

应当指出的是，配筋砌块砌体抗震墙的最小配筋率比现浇钢筋混凝土抗震墙小得多，这是因为现浇钢筋混凝土结构在塑性状态下浇注，在水化过程中产生显著的收缩，因此要求有相当大的最小配筋率。而配筋砌块砌体剪力墙中，作为主要部分的块体砌筑时收缩已稳定，仅在砌筑时加入了塑性的砂浆和灌孔混凝土，配筋砌块砌体剪力墙的收缩要比钢筋混凝土剪力墙小，因此最小配筋率可相应降低。

表中的加强部位指：抗震墙的顶层、抗震墙底部其高度不小于房屋高度的 1/6 且不小于两层的高度、楼电梯间的墙体。

5.8.63　配筋砌块砌体抗震墙边缘构件的设置有何要求？

【解析】配筋砌块砌体抗震墙墙肢端部应设置边缘构件；底部加强部位的轴压比，一级大于 0.2 和二级大于 0.3 时，应设置约束边缘构件。构造边缘构件的配筋范围：无翼墙端部为 3 孔配筋；"L" 形转角节点为 3 孔配筋；"T" 形转角节点为 4 孔配筋；边缘构件范围内应设置水平箍筋，最小配筋应符合表 5.8.31 的要求。约束边缘构件的范围应沿受力方向比构造边缘构件增加 1 孔，水平箍筋应相应加强，也可采用混凝土边框柱加强。

抗震墙边缘构件的配筋要求　　　　　　　　　表 5.8.31

抗震等级	每孔竖向钢筋最小配筋量		水平箍筋最小直径	水平箍筋最大间距
	底部加强部位	一般部位		
一级	1ϕ20	1ϕ18	ϕ8	200mm
二级	1ϕ18	1ϕ16	ϕ6	200mm
三级	1ϕ16	1ϕ14	ϕ6	200mm
四级	1ϕ14	1ϕ12	ϕ6	200mm

注：1. 边缘构件水平箍筋宜采用搭接点焊网片形式；
　　2. 一、二、三级时，边缘构件箍筋应采用不低于 HRB335 级的热轧钢筋；
　　3. 二级轴压比大于 0.3 时，底部加强部位水平箍筋的最小直径不应小于 8mm。

5.8.64　配筋砌块砌体抗震墙中横向和竖向分布钢筋的搭接和锚固有何要求？

【解析】1. 配筋砌块砌体抗震墙内竖向和横向分布钢筋的搭接长度不应小于 48 倍钢筋直径，锚固长度不应小于 42 倍钢筋直径。

2. 配筋砌块砌体抗震墙的横向分布钢筋，沿墙长应连续设置，两端的锚固应符合下列规定：

（1）一、二级的抗震墙，横向分布钢筋可绕竖向主筋弯 180 度弯钩，弯钩端部直段长度不宜小于 12 倍钢筋直径；横向分布钢筋亦可弯入端部灌孔混凝土中，锚固长度不应小于 30 倍钢筋直径且不应小于 250mm。

（2）三、四级的抗震墙，横向分布钢筋可弯入端部灌孔混凝土中，锚固长度不应小于 25 倍钢筋直径且不应小于 200mm。

5.8.65　配筋砌块砌体抗震墙的轴压比有何限制？

【解析】配筋砌块砌体抗震墙在重力荷载代表值作用下的轴压比，应符合下列要求：

1. 一般墙体的底部加强部位，一级（9 度）不宜大于 0.4，一级（8 度）不宜大于 0.5，二、三级不宜大于 0.6；一般部位，均不宜大于 0.6。

2. 短肢墙体全高范围，一级不宜大于 0.50，二、三级不宜大于 0.60；对于无翼缘的一字形短肢墙，其轴压比限值应相应降低 0.1。

3. 各向墙肢截面均为 $3b<h<5b$ 的独立小墙肢，一级不宜大于 0.4，二、三级不宜大于 0.5；对于无翼缘的一字形独立小墙肢，其轴压比限值应相应降低 0.1。

5.8.66　配筋砌块砌体抗震墙房屋连梁的构造有何要求？

【解析】配筋砌块砌体抗震墙连梁的构造，当采用混凝土连梁时，应符合静力设计的规定和现行国家标准《混凝土结构设计规范》GB 50010 中有关地震区连梁的构造要求；当采用配筋砌块砌体连梁时，除应符合静力设计的规定外，尚应符合下列规定：

1. 连梁上下水平钢筋锚入墙体内的长度，一、二级抗震等级不应小于 $1.1l_a$，三、四级抗震等级不应小于 l_a，且不应小于 600mm；

2. 连梁的箍筋应沿梁长布置，并应符合表 5.8.32 的规定：

连梁箍筋的构造要求　　　　　　　　　　　　　表 5.8.32

抗震等级	箍筋加密区			箍筋非加密区	
	长　度	箍筋最大间距	直　径	间距（mm）	直　径
一级	$2h$	100mm，$6d$，$1/4h$ 中的小值	$\phi10$	200	$\phi10$
二级	$1.5h$	100mm，$8d$，$1/4h$ 中的小值	$\phi8$	200	$\phi8$
三级	$1.5h$	150mm，$8d$，$1/4h$ 中的小值	$\phi8$	200	$\phi8$
四级	$1.5h$	150mm，$8d$，$1/4h$ 中的小值	$\phi8$	200	$\phi8$

注：h 为连梁截面高度；加密区长度不小于 600mm。

3. 在顶层连梁伸入墙体的钢筋长度范围内，应设置间距不大于 200mm 的构造箍筋，箍筋直径应与连梁的箍筋直径相同；

4. 连梁不宜开洞。当需要开洞时，应在跨中梁高 1/3 处预埋外径不大于 200mm 的钢套管，洞口上下的有效高度不应小于 1/3 梁高，且不应小于 200mm，洞口处应配补强钢筋并在洞周边浇筑灌孔混凝土，被洞口削弱的截面应进行受剪承载力验算。

5.8.67　配筋砌块砌体抗震墙房屋圈梁的构造有何要求？

【解析】配筋砌块砌体抗震墙房屋圈梁构造，应符合下列规定：

1. 各楼层标高处，每道配筋砌块砌体抗震墙均应设置现浇钢筋混凝土圈梁，圈梁的宽度应为墙厚，其截面高度不宜小于 200mm；

2. 圈梁混凝土抗压强度不应小于相应灌孔砌块砌体的强度，且不应小于 C20；

3. 圈梁纵向钢筋直径不应小于墙中水平分布钢筋的直径，且不应小于 $4\phi12$；基础圈梁纵筋不应小于 $4\phi12$；圈梁及基础圈梁箍筋直径不应小于 $\phi8$，间距不应大于 200mm；当圈梁高度大于 300mm 时，应沿梁截面高度方向设置腰筋，其间距不应大于 200mm，直径不应小于 $\phi10$；

4. 圈梁底部嵌入墙顶砌块孔洞内，深度不宜小于 30mm；圈梁顶部应是毛面。

5.8.68　配筋砌块砌体抗震墙房屋楼、屋盖有何要求？

【解析】配筋砌块砌体抗震墙房屋的楼、屋盖，高层建筑和 9 度时应采用现浇钢筋混凝土板，多层建筑宜采用现浇钢筋混凝土板；抗震等级为四级时，也可采用装配整体式钢筋混凝土楼盖。

第六篇　地基与基础

第一章　地基承载力

第一节　基本概念及术语符号

6.1.1　何谓地基承载力特征值？

【解析】地基承受荷载的能力称为地基的承载力。通常区分为两种承载力，一种称为极限承载力，是指地基即将丧失稳定性时的承载力。另一种称为容许承载力（允许承载力），是指地基稳定有足够的安全度并且变形控制在建筑物容许范围内时的承载力。然而由于土为大变形材料，当荷载增加时，地基变形相应增加，很难界定出地基承载力的一个真正的"极限值"。对应于不同的变形控制标准，可以得到不同的地基承载力。

另一方面，建筑物的使用有一个功能要求，常常是地基承载力还有潜力可挖，而变形已达到或超过正常使用的限值。因此，地基设计是采用正常使用极限状态这一原则，所选定的地基承载力是允许承载力。采用"特征值"一词，用以表示正常使用极限状态计算时采用的地基承载力和单桩承载力的值，其涵义即为在建筑物发挥正常使用功能时所允许采用的抗力设计值，以避免与过去一律提"标准值"时所带来的混淆。

地基承载力特征值可由载荷试验或其他原位测试、公式计算、并结合工程实践经验等方法综合确定。需要说明的是，所谓的地基承载力特征值，包括 f_{ak} 和 f_a 两个值，地基基础设计时应注意加以区分。

6.1.2　地基承载力术语符号在规范历次版本中有怎样的变化？

【解析】最新版的国家标准《建筑地基基础设计规范》GB 50007—2011，在此之前经历了三个版本，即《工业与民用建筑地基基础设计规范》TJ 7—74，《建筑地基基础设计规范》GBJ 7—89，《建筑地基基础设计规范》GB 50007—2002。在规范历次版本的修订过程中，地基承载力术语及符号曾出现多次变化，为了方便对照和说明，不同时期的地基承载力术语及符号汇总于表 6.1.1。

不同时期地基承载力术语及符号对照表　　　　　表 6.1.1

74 版	89 版	2002 版	2011 版
容许值 $[R]$	基本值 f_0 标准值 f_k	特征值 f_{ak}	特征值 f_{ak}
容许值 R	设计值 f	特征值 f_a	特征值 f_a

所谓的"74 规范"指的是《工业与民用建筑地基基础设计规范》TJ 7—74，所使用的关于地基承载力的术语是地基容许承载力，遵循综合安全系数法。在编制"89 规范"（即《建筑地基基础设计规范》GB J7—89）时，由于强制性执行与国际标准接轨的要求，"人为地将原有的总安全系数法推演为所谓的分项系数法，产生了诸多问题和混乱"。

我国新版《建筑地基基础设计规范》GB 50007（2002 版、2011 版）规定对地基设计采用按变形控制的原则，采用正常使用极限状态的原则，荷载分项系数为 1.0，实际上回归为安全系数法。

6.1.3　通过载荷试验如何确定地基承载力特征值？

【解析】地基承载力特征值可由载荷试验确定。平板载荷试验是确定地基承载力最基本的方法。平板载荷试验方法主要为浅层平板载荷试验、深层平板载荷试验和岩基载荷试验。试验要求应分别符合《建筑地基基础设计规范》GB 50007—2011 附录 C、附录 D 和附录 H 的规定。载荷试验方法标准及其成果指标详见表 6.1.2。

载荷试验方法

表 6.1.2

试验名称	试验方法	成果指标	注意事项
浅层平板载荷试验	附录 C	f_{ak}	可进行深宽修正
深层平板载荷试验	附录 D	f_{ak}	只进行深宽修正
岩基载荷试验	附录 H	f_a	不进行深宽修正

现场平板载荷试验实际上是一种地基受荷的模拟试验。受加载条件所限，荷载板的尺寸较实际基础小，以浅层平板载荷试验为例，其载荷板面积一般为 0.25～1.0m²。

地基的承载性状可以通过现场载荷试验进行研究。通过试验可得到荷载板各级压力 p 及其所对应的沉降量 s 并可绘图得到 $p\text{-}s$ 曲线。若得到如图 6.1.1 所示的载荷试验 $p\text{-}s$ 曲线，则地基破坏过程可分为三个阶段：线性变形段，相当于 oa 段；弹塑性变形段，相当于 ab 段；其后则是破坏阶段。

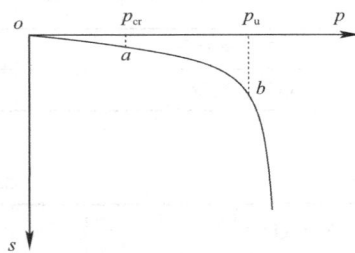

图 6.1.1　载荷试验 $p\text{-}s$ 曲线示意图

如图 6.1.1 所示，在 oa 段，$p\text{-}s$ 曲线接近于直线，土中各点的剪应力均小于土的抗剪强度，可认为土体处于弹性平衡状态，把 $p\text{-}s$ 曲线上相应于 a 点的荷载称为比例界限 p_{cr}。当通过载荷试验确定地基承载力时，地基承载力特征值 f_{ak} 是指由载荷试验测定的地基土压力变形曲线线性变形段内规定的变形所对应的压力值，其最大值为比例界限 p_{cr} 值。

应根据《建筑地基基础设计规范》GB 50007，按照下列要求确定地基承载力特征值 f_{ak} 取值：

1. 当 $p\sim s$ 曲线上有比例界限时，取该比例界限所对应的荷载值，即取 $f_{ak}=p_{cr}$；

2. 当极限荷载 $p_u<2p_{cr}$ 时，取 $f_{ak}=p_u/2$，即 f_{ak} 取 p_{cr} 与 $p_u/2$ 两者的较小值；

3. 当不能按上述二款要求确定 f_{ak} 时，当压板面积为 0.25～0.50m² 时，可取 $s/b=$ 0.01～0.015 所对应的荷载，但同时应符合下列要求：$f_{ak}\leqslant p_{max}/2$；

4. 同一土层参加统计的试验点不应少于三点，当试验实测值的极差不超过其平均值的 30% 时，取此平均值作为该土层的地基承载力特征值 f_{ak}。

6.1.4 根据土的力学性质指标怎样确定地基承载力？

【解析】根据室内试验、原位测试得到的力学指标，即压缩模量、动力触探锤击数、比贯入阻力、标准贯入锤击数，可按地方标准采用查表法确定地基承载力，下面以广东省标准《建筑地基基础设计规范》DBJ 15-31-2003 和《北京地区建筑地基基础勘察设计规范》DBJ 11-501-2009 为例加以说明。

1. 可按广东省标准《建筑地基基础设计规范》DBJ 15-31-2003，表 6.1.3~表 6.1.8 确定砂土、粉土、黏性土及花岗岩残积土的地基承载力特征值 f_{ak}。

砂土承载力特征值 f_{ak} 的经验值（kPa） 表 6.1.3

土的名称	标准贯入锤击数修正值 N'			
	15	20	25	30
中砂、粗砂	180	250	340	500
粉砂、细砂	140	180	250	340

砂土承载力特征值 f_{ak} 的经验值（kPa） 表 6.1.4

土的名称	重型动力触探锤击数修正值 $N'_{63.5}$							
	3	4	5	6	7	8	9	10
中砂、粗砂	120	160	200	240	280	320	360	400
粉砂、细砂	75	100	125	150	175	200	225	250

粉土承载力特征值 f_{ak} 的经验值（kPa） 表 6.1.5

标准贯入锤击数修正值 N'	3	4	5	6	7	8	9	10	11	12	13	14	15
f_{ak}	105	125	145	165	185	205	225	245	265	285	305	325	345

一般黏性土和花岗岩残积土承载力特征值 f_{ak} 的经验值（kPa） 表 6.1.6

标准贯入锤击数修正值 N'	3	5	7	9	11	13	15	17	19	21	23
f_{ak}	100	150	200	240	280	320	360	420	500	580	660

黏性土承载力特征值 f_{ak} 的经验值（kPa） 表 6.1.7

重型动力触探锤击数修正值 $N'_{63.5}$	2	3	4	5	6	7	8	9	10	11	12
f_{ak}	120	150	180	210	240	265	290	320	350	375	400

轻型动力触探锤击数修正值 N'_{10}	15	20	25	30
f_{ak}	100	140	180	220

2. 根据《北京地区建筑地基基础勘察设计规范》DBJ 11-501-2009 采用查表方法，按表 6.1.9～表 6.1.12 可以确定黏性土、粉土、粉砂及细砂的地基承载力标准值 f_{ka}。

一般第四纪黏性土及粉土地基承载力标准值 f_{ka}　　　表 6.1.9

压缩模量 E_s（MPa）	4	6	8	10	12	14	16	18	20	22	24
轻型圆锥动力触探锤击数 N_{10}	10	17	22	29	39	50	60	70	80	90	100
比贯入阻力 p_s（MPa）	1.0	1.3	2.0	3.1	4.6	6.2	7.7	9.2	11.0	12.5	14.0
承载力标准值 f_{ka}（kPa）	120	160	190	210	230	250	270	290	310	330	350

注：1. 对饱和软黏性土，不宜单一采用轻型圆锥动力触探锤击数 N_{10} 确定地基承载力标准值 f_{ka}，应和其他原位测试方法（如静力触探、旁压试验）综合确定；
　　2. 粉土指黏质粉土和塑性指数大于或等于 5 的砂质粉土，塑性指数小于 5 的砂质粉土按粉砂考虑；
　　3. p_s 为单桥静力触探比贯入阻力标准值。

新近沉积黏性土及粉土地基承载力标准值 f_{ka}　　　表 6.1.10

压缩模量 E_s（MPa）	2	3	4	5	6	7	8	9	10	11
轻型圆锥动力触探锤击数 N_{10}	6	8	10	12	14	16	18	20	23	25
比贯入阻力 p_s（MPa）	0.4	0.6	0.9	1.2	1.5	1.8	2.1	2.5	2.9	3.3
承载力标准 f_{ka}（kPa）	50	80	100	110	120	130	150	160	180	190

一般第四纪粉砂、细砂地基承载力标准值 f_{ka}　　　表 6.1.11

标准贯入试验锤击数校正值 N'	15	20	25	30	35	40
比贯入阻力 p_s（MPa）	12	15	18	21	24	27.5
承载力标准值 f_{ka}（kPa）	180	230	280	330	380	420

注：N' 为考虑有效覆盖压力后的校正值。

新近沉积粉砂、细砂地基承载力标准值 f_{ka}　　　表 6.1.12

标准贯入试验锤击数校正值 N'	4	6	9	11	14
比贯入阻力 p_s（MPa）	3.3	4.6	6.5	7.7	10
轻型圆锥动力触探锤击数 N_{10}	22	32	48	59	75
承载力标准值 f_{ka}（kPa）	90	110	140	160	180

6.1.5　根据土的物理性质指标怎样确定地基承载力？

【解析】根据室内试验得到的物理性质指标，即孔隙比、天然含水量、液性指数、含水比，按查表法确定地基承载力。

下面以广东省标准《建筑地基基础设计规范》DBJ 15-31-2003 为例，根据土的物理性质指标，按表 6.1.13～表 6.1.16 可分别确定粉土、黏性土、红黏土以及沿海地区淤泥和淤泥质土的地基承载力特征值 f_{ak} 经验值。

粉土地基承载力特征值 f_{ak} 经验值（kPa）　　　表 6.1.13

第一指标：孔隙比 e ＼ 第二指标：液性指数 I_L	0	0.25	0.50	0.75	1.00	1.20
0.5	350	330	310	290	280	
0.6	300	280	260	240	230	
0.7	250	230	210	200	190	150
0.8	200	180	170	160	150	120
0.9	160	150	140	130	120	100
1.0		130	120	110	100	
1.1			100	90	80	

一般黏性土承载力特征值 f_{ak} 经验值（kPa）　　　表 6.1.14

第一指标：孔隙比 e ＼ 第二指标：液性指数 I_L	0	0.25	0.50	0.75	1.00	1.20
0.5	450	410	370	(340)		
0.6	380	340	310	280	(250)	
0.7	310	280	250	230	190	160
0.8	260	230	210	190	160	130
0.9	220	200	180	160	130	100
1.0	190	170	150	130	110	
1.1		150	130	110	100	

注：有括号者仅供内插用。

红黏土承载力基本值 f_{ak} 经验值（kPa）　　　表 6.1.15

土的名称 ＼ 第一指标：含水比 α_w 第二指标：液塑比 I_r	0.5	0.6	0.7	0.8	0.9	1.0
红黏土　≤1.7	350	260	210	170	130	110
红黏土　≥2.3	260	190	160	120	100	80
次生红黏土	230	180	150	120	100	80

注：1. 含水比 α_w＝天然含水量 w/液限 w_L；
　　2. 液塑比 I_r＝液限 w_L/塑限 w_P。

沿海地区淤泥和淤泥质土地基承载力特征值 f_{ak} 的经验值（kPa）　　　表 6.1.16

天然含水量 w（%）	36	40	45	50	55	65	75
承载力特征值 f_{ak}	100	90	80	70	60	50	40

　　需要注意的是，在湖、塘、沟、谷与河漫滩地段新近沉积的粉土、黏性土，其工程性

能一般较差，其地基承载力特征值应根据当地实践经验取值。第四纪晚更新世（Q_3）及其以前沉积的老黏性土，其工程性能通常较好，其地基承载力特征值均应根据当地实践经验取值。

6.1.6　根据标准贯入锤击数怎样确定砂土的地基承载力？

【解析】根据标准贯入试验的锤击数，可按表 6.1.17 和表 6.1.18 确定砂土地基承载力特征值 f_{ak} 经验值。

砂土地基承载力特征值 f_{ak} 经验值（kPa）　　　表 6.1.17

土的名称		密实度		
		稍密	中密	密实
砾砂、粗砂、中砂		300～500	500～800	800～1000
细砂、粉砂	稍湿	200～400	400～700	700～900
	很湿	200～300	300～500	500～700

砂土地基承载力特征值 f_{ak} 经验值（kPa）　　　表 6.1.18

土的名称	标准贯入锤击数修正值 N'			
	15	20	25	30
中砂、粗砂	180	250	340	500
粉砂、细砂	140	180	250	340

在现场进行原位标准贯入试验，根据锤击数 N，按表 6.1.19 的标准间接判定天然砂土的密实度。

天然状态砂土的密实度判定标准　　　表 6.1.19

标准贯入试验锤击数 N	密实度
$N \leqslant 10$	松散
$10 < N \leqslant 15$	稍密
$15 < N \leqslant 30$	中密
$N > 30$	密实

6.1.7　根据标准贯入试验锤击数怎样确定粉土的地基承载力？

【解析】根据标准贯入试验击数，可采用查表法确定地基承载力。以广东省标准《建筑地基基础设计规范》DBJ 15-31-2003 为例，可据标准贯入锤击数的修正值，可按表 6.1.20 确定粉土的地基承载力特征值 f_{ak} 经验值。

粉土承载力特征值 f_{ak} 的经验值（kPa）　　　表 6.1.20

标准贯入锤击数修正值 N'	3	4	5	6	7	8	9	10	11	12	13	14	15
f_{ak}	105	125	145	165	185	205	225	245	265	285	305	325	345

各土层的标准贯入锤击数修正值由岩土工程勘察报告给出。

6.1.8　根据标准贯入试验锤击数怎样确定一般黏性土及花岗岩残积土的地基承载力？

【解析】一般黏性土及花岗岩残积土的地基承载力特征值 f_{ak} 经验值，可根据标准贯入试验击数，可采用查表法确定地基承载力。以广东省标准《建筑地基基础设计规范》DBJ 15-31-2003 为例，根据标准贯入锤击数的修正值分别按表 6.1.21 确定。

一般黏性土和花岗岩残积土承载力特征值 f_{ak} 的经验值（kPa）　　表 6.1.21

标准贯入锤击数修正值 N'	3	5	7	9	11	13	15	17	19	21	23
f_{ak}	100	150	200	240	280	320	360	420	500	580	660

各土层的标准贯入锤击数修正值由岩土工程勘察报告给出。

6.1.9　根据重型动力触探锤击数怎样确定地基承载力？

【解析】根据重型动力触探锤击数，可采用查表法确定地基承载力。以广东省标准《建筑地基基础设计规范》DBJ 15-31-2003 为例，可按表 6.1.22～表 6.1.24 分别确定碎石土、砂土、黏性土的地基承载力特征值 f_{ak} 的经验值。

碎石土地基承载力特征值 f_{ak} 的经验值（kPa）　　表 6.1.22

土的名称	密实度		
	$5 < N_{63.5} \leqslant 10$	$10 < N_{63.5} \leqslant 20$	$N_{63.5} > 20$
	稍密	中密	密实
卵石	300～500	500～800	800～1000
碎石	200～400	400～700	700～900
圆砾	200～300	300～500	500～700
角砾	150～200	200～400	400～600

砂土承载力特征值 f_{ak} 的经验值（kPa）　　表 6.1.23

土的名称	重型动力触探锤击数修正值 $N'_{63.5}$							
	3	4	5	6	7	8	9	10
中砂、粗砂	120	160	200	240	280	320	360	400
粉砂、细砂	75	100	125	150	175	200	225	250

黏性土承载力特征值 f_{ak} 的经验值（kPa）　　表 6.1.24

重型动力触探锤击数修正值 $N'_{63.5}$	2	3	4	5	6	7	8	9	10	11	12
f_{ak}	120	150	180	210	240	265	290	320	350	375	400

6.1.10　根据轻型动力触探试验锤击数怎样确定地基承载力？

【解析】根据轻型动力触探试验锤击数 N_{10}，可采用查表法确定地基承载力经验值。

以广东省标准《建筑地基基础设计规范》DBJ 15-31-2003 为例，可按表 6.1.25 确定黏性土的地基承载力特征值 f_{ak} 经验值。

黏性土承载力特征值 f_{ak} 的经验值（kPa） 表 6.1.25

轻型动力触探锤击数修正值 N'_{10}	15	20	25	30
f_{ak}	100	140	180	220

根据《北京地区建筑地基基础勘察设计规范》DBJ 11-501-2009，可按表 6.1.26～表 6.1.28 确定黏性土、粉土及新近沉积粉砂、细砂的地基承载力标准值 f_{ka}。

一般第四纪黏性土及粉土地基承载力标准值 f_{ka} 表 6.1.26

轻型圆锥动力触探锤击数 N_{10}	10	17	22	29	39	50	60	70	80	90	100
承载力标准值 f_{ka}（kPa）	120	160	190	210	230	250	270	290	310	330	350

注：1. 对饱和软黏性土，不宜单一采用轻型圆锥动力触探锤击数 N_{10} 确定地基承载力标准值 f_{ka}，应和其他原位测试方法（如静力触探、旁压试验）综合确定；

   2. 粉土指黏质粉土和塑性指数大于或等于 5 的砂质粉土，塑性指数小于 5 的砂质粉土按粉砂考虑。

新近沉积黏性土及粉土地基承载力标准值 f_{ka} 表 6.1.27

轻型圆锥动力触探锤击数 N_{10}	6	8	10	12	14	16	18	20	23	25
承载力标准 f_{ka}（kPa）	50	80	100	110	120	130	150	160	180	190

新近沉积粉砂、细砂地基承载力标准值 f_{ka} 表 6.1.28

轻型圆锥动力触探锤击数 N_{10}	22	32	48	59	75
承载力标准值 f_{ka}（kPa）	90	110	140	160	180

第二节 地基承载力计算

6.1.11 地基承载力验算有哪些要求？

【解析】地基承载力验算的基本要求是通过基础传给地基的基础底面压力不大于地基的容许承载力。地基承载力验算的内容包括地基直接持力层的承载力验算和软弱下卧层的承载力验算。当采用换填垫层法时，尚应进行地基承载力验算。

1. 地基承载力验算

（1）轴心荷载作用时

在轴心荷载作用下，基础底面的压力应满足下列条件：

$$p_k \leqslant f_a \tag{6.1.1}$$

式中 p_k ——相应于作用的标准组合时，基础底面处的平均压力值（kPa）；

f_a——修正后的地基承载力特征值（kPa）。

（2）偏心荷载作用时

当偏心荷载作用时，基础底面的压力应同时满足下列两个条件：

$$p_k \leqslant f_a \tag{6.1.2}$$

$$p_{kmax} \leqslant 1.2 f_a \tag{6.1.3}$$

式中　p_{kmax}——相应于作用的标准组合时，基础底面边缘的最大压力值（kPa）。

2. 软弱下卧层验算

当地基受力层范围内软弱下卧层时，应按下式验算软弱下卧层的地基承载力：

$$p_z + p_{cz} \leqslant f_{az} \tag{6.1.4}$$

式中　p_z——相应于作用的标准组合时，软弱下卧层顶面处的附加压力值（kPa）；

　　　p_{cz}——软弱下卧层顶面处土的自重压力值（kPa）；

　　　f_{az}——软弱下卧层顶面处经深度修正后地基承载力特征值（kPa）。

当上层土与下卧软弱土层的压缩模量比值大于或等于 3 时，对条形基础和矩形基础，式（6.1.4）中的 p_z 值可按下列公式进行简化计算：

条形基础

$$p_z = \frac{b(p_k - p_c)}{b + 2z\tan\theta} \tag{6.1.5}$$

矩形基础

$$p_z = \frac{lb(p_k - p_c)}{(b + 2z\tan\theta)(l + 2z\tan\theta)} \tag{6.1.6}$$

式中　b——矩形基础和条形基础底边的宽度（m）；

　　　l——矩形基础底边的长度（m）；

　　　p_c——基础底面处土的自重压力值（kPa）；

　　　z——基础底面至软弱下卧层顶面的距离（m）；

　　　θ——地基压力扩散线与垂直线的夹角（°），可根据压缩模量比按表 6.1.29 采用。

地基压力扩散角 θ　　　　　　　　　　　　　　　6.1.29

z/b	E_{s1}/E_{s2}		
	3	5	10
0.25	6°	10°	20°
0.50	23°	25°	30°

注：1. E_{s1} 为上层土压缩模量；E_{s2} 为下层土压缩模量；

　　2. z/b＜0.25 时取 θ = 0°，必要时，宜有试验确定；

　　3. z/b＞0.50 时 θ 值不变；

　　4. z/b 在 0.25 与 0.50 之间可插值使用。

3. 换填垫层的地基承载力验算

验算换填垫层地基承载力的计算公式同软弱下卧层验算，需要注意的是，式中 z 为基础底面下垫层的厚度，θ 为垫层的压力扩散角。垫层的压力扩散角，宜通过试验确定，可按表 6.1.30 取值。

z/b	换填材料		
	中砂、粗砂、砾砂、圆砾、角砾、石屑、卵石、碎石、矿渣	粉质黏土、粉煤灰	灰土
<0.25	0°	0°	28°
0.25	20°	6°	
0.25~0.50	θ内插求得		
≥0.50	30°	23°	

压力扩散角 θ 参考值　表 6.1.30

需要注意的是，在下卧层承载力验算时，天然地基和换填地基，压力扩散角取值方法是不同的。

6.1.12　怎样计算基础底面压力？

【解析】地基基础设计时，根据具体工况条件的需要，计算轴心荷载作用和（或）偏心荷载作用下的基础底面压力，计算步骤分别叙述如下：

1. 轴心荷载作用下的基础底面压力

在轴心荷载作用下，按均匀分布计算基础地面处的平均压力值：

$$p_k = \frac{F_k + G_k}{A} \tag{6.1.7}$$

式中　p_k——相应于作用的标准组合时，基础底面处的平均压力值（kPa）；

F_k——相应于作用的标准组合时，上部结构传至基础顶面的竖向力值（kN）；

G_k——基础自重和基础上的回填土重的标准值（kN）；

A——基础底面面积（m²）。

2. 偏心荷载作用下的基础底面压力

在偏心荷载作用下，基础底面的压力按线性分布假定进行计算，由于基础底面的土不能承受拉力，根据偏心距 e 的大小，基础底面的压力可按梯形或三角形分步进行计算。

（1）当偏心距 $e \leqslant \frac{b}{6}$ 时，基础底面压力为梯形分布，这时应按式（6.1.8）和式（6.1.9）分别计算基础底面边缘的最大压力和最小压力：

$$p_{kmax} = \frac{F_k + G_k}{A} + \frac{M_k}{W} \tag{6.1.8}$$

$$p_{kmin} = \frac{F_k + G_k}{A} - \frac{M_k}{W} \tag{6.1.9}$$

式中　M_k——相应于作用的标准组合时，作用于基础底面的力矩值（kN·m）；

W——基础底面的抵抗矩（m³），对矩形基础，$W = \frac{lb^2}{6}$；

b——力矩作用方向的基础底面边长（m）；

l——垂直于力矩作用方向的基础底面边长（m），如图 6.1.3 所示；

p_{kmax}、p_{kmin}——分别为基础底面边缘的最大压力和最小压力值。

（2）当偏心距 $e>\dfrac{b}{6}$ 时，基础底面压力分布为三角形（如图 6.1.2 所示），基础底面边缘最大应力 p_{kmax} 按式（6.1.10）计算：

$$p_{kmax} = \frac{2(F_k + G_k)}{3la} \qquad (6.1.10)$$

式中　l——垂直于力矩作用方向的基础底面边长（m），如图 6.1.3 所示；

　　　a——合力作用点至基础底面最大压力边缘的距离（m）。

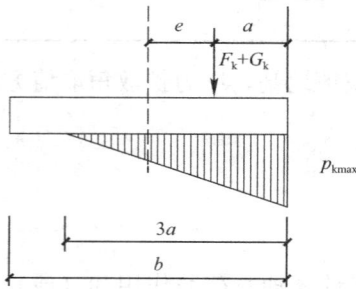

图 6.1.2　偏心荷载（$e>b/6$）下
基底压力计算示意图

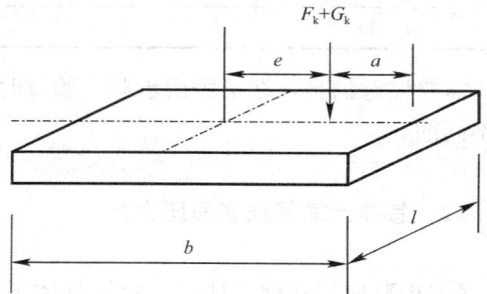

图 6.1.3　偏心荷载下基础底面
边长示意图

需要注意的是，此时 b 表示基础底面的长边边长，因为由图 6.1.3 可知 b 为力矩作用方向的基础底面边长，l 为垂直于力矩作用方向的基础底面边长。

6.1.13　怎样计算地基承载力特征值 f_a 值？

【解析】通过公式计算得出地基承载力特征值 f_a，主要有 3 类方法，其一是结构工程师最为常用的宽度深度修正计算方法，还有两种根据土的抗剪强度指标计算地基承载力特征值 f_a 的方法，设计时可通过不同方法进行地基承载力计算对比并结合工程经验进行分析判断，下面分别进行说明。

1. 地基承载力特征值 f_a 的计算方法（一）

当基础宽度大于 3m 或埋置深度大于 0.5m 时，从载荷试验或其他原位测试、经验值等方法确定的地基承载力特征值 f_{ak}，按式（6.1.11）经过深度宽度修正计算得到地基承载力特征值 f_a 值。

$$f_a = f_{ak} + \eta_b \gamma(b-3) + \eta_d \gamma_m (d-0.5) \qquad (6.1.11)$$

式中　f_a——修正后的地基承载力特征值（kPa）；

　　　f_{ak}——地基承载力特征值（kPa）；

　η_b、η_d——基础宽度和埋置深度的地基承载力修正系数；

　　　γ——基础底面以下土的重度（kN/m³），地下水位以下取浮重度；

　　　b——基础底面宽度（m），当基础底面宽度小于 3m 时按 $b=3$m 取值，大于 6m 时按 $b=6$m 取值；

　　　γ_m——基础底面以上土的加权平均重度（kN/m³），位于地下水位以下的土层取有效重度，有效重度（浮重度）$\gamma' = \gamma_{sat} - \gamma_w$；

d——基础埋置深度（m）。

基础宽度和埋置深度的地基承载力修正系数 η_b、η_d，通常是按基底下土的类别查表 6.1.31 取值，所谓基底下土一般是指地基直接持力层，因此尚应注意地层组合情况。

基础埋置深度，《建筑地基基础设计规范》GB 50007—2011 的规定是，宜自室外地面标高算起。在填方整平地区，可自填土地面标高算起，但填土在上部结构施工后完成时，应从天然地面标高算起。对于地下室，当采用箱形基础或筏基时，基础埋置深度自室外地面标高算起；当采用独立基础或条形基础时，应从室内地面标高算起。

关于基础埋置深度的设计取值的具体解析，详见"6.1.15 地基承载力深宽修正时基础埋置深度 d 如何取值"。

承载力修正系数　　　　　　　　　　　　　　　　表 6.1.31

土的类别		η_b	η_d
淤泥		0	1.0
人工填土		0	1.0
黏性土	e 或 $I_L \geqslant 0.85$	0	1.0
	e 及 $I_L < 0.85$	0.3	1.6
红黏土	含水比 $\alpha_w > 0.8$	0	1.2
	含水比 $\alpha_w \leqslant 0.8$	0.15	1.4
大面积压实填土	压实系数大于 0.95、黏粒含量 $\rho_c \geqslant 10\%$ 的粉土	0	1.5
	最大干密度大于 2100kg/m³ 的级配砂石	0	2.0
粉土	黏粒含量 $\rho_c \geqslant 10\%$ 的粉土	0.3	1.5
	黏粒含量 $\rho_c < 10\%$ 的粉土	0.5	2.0
粉砂、细砂（不包括很湿与饱和时的稍密状态）		2.0	3.0
中砂、粗砂、砾砂和碎石土		3.0	4.4

2. 地基承载力特征值 f_a 的计算方法（二）

当偏心距 e 小于或等于 0.033 倍基础底面宽度时，根据土的抗剪强度指标可按式（6.1.12）计算地基承载力特征值 f_a，并应满足变形要求。

$$f_a = M_b \gamma b + M_d \gamma_m d + M_c c_k \qquad (6.1.12)$$

式中　　　f_a——地基承载力特征值；

M_b、M_d、M_c——承载力系数，按表 6.1.32 确定；

　　　　　b——基础底面宽度，大于 6m 时按 6m 取值，对于砂土小于 3m 时按 3m 取值；

　　　　c_k——基底下一倍短边宽深度内土的黏聚力标准值。

承载力系数 M_b、M_d、M_c　　　　　　　　　表 6.1.32

土的内摩擦角标准值 φ_k（°）	M_b	M_d	M_c
0	0	1.00	3.14
2	0.03	1.12	3.32
4	0.06	1.25	3.51
6	0.10	1.39	3.71

土的内摩擦角标准值 φ_k (°)	M_b	M_d	M_c
8	0.14	1.55	3.93
10	0.18	1.73	4.17
12	0.23	1.94	4.42
14	0.29	2.17	4.69
16	0.36	2.43	5.00
18	0.43	2.72	5.31
20	0.51	3.06	5.66
22	0.61	3.44	6.04
24	0.80	3.87	6.45
26	1.10	4.37	6.90
28	1.40	4.93	7.40
30	1.90	5.59	7.95
32	2.60	6.35	8.55
34	3.40	7.21	9.22
36	4.20	8.25	9.97
38	5.00	9.44	10.80
40	5.80	10.84	11.73

注：φ_k—基底下一倍短边宽深度范围内土的内摩擦角标准值（°）。

根据土的抗剪强度指标确定地基承载力的计算公式，条件原为均布压力。当受到较大的水平荷载而使合力的偏心距过大时，地基反力分布将很不均匀，需要验算是否满足式（6.1.3）的要求，因此增加一个限制条件为：当偏心距 $e \leqslant 0.033b$ 时，方可用式（6.1.12）计算地基承载力特征值 f_a 值。

3. 地基承载力特征值 f_a 的计算方法（三）

地基承载力特征值（容许值）f_a 可按式（6.1.13）计算：

$$f_a = \frac{f_u}{K} \tag{6.1.13}$$

$$f_u = \frac{1}{2} N_\gamma \zeta_\gamma b \gamma + N_q \zeta_q \gamma_0 d + N_c \zeta_c c_k \tag{6.1.14}$$

式中　　f_u——地基承载力极限值；

N_γ、N_q、N_c——地基承载力系数，根据地基持力层代表性内摩擦角标准值 φ_k，可按表6.1.33确定，也可按式（6.1.15）～式（6.1.17）确定；

$$N_q = e^{\pi \tan \varphi_k} \tan^2 \left(45° + \frac{\varphi_k}{2} \right) \tag{6.1.15}$$

$$N_c = (N_q - 1) \cot \varphi_k \tag{6.1.16}$$

$$N_r = 2(N_q + 1) \tan \varphi_k \tag{6.1.17}$$

ζ_γ、ζ_q、ζ_c——基础形状修正系数，按表6.1.34确定；

  b、l——分别为基础（包括箱形基础和筏形基础）底面的宽度与长度（m），当基础宽度大于 6m 时，取 $b=6m$；

  γ_0、γ——分别为基底以上和基底组合持力层的土体平均重度（kN/m³），位于地下水位以下且不属于隔水层的土层取浮重度；当基底土层位于地下水位以下但属于隔水层时，γ 可取天然重度；如基底以上的地下水与基底高程处的地下水之间有隔水层，基底以上土层在计算 γ_0 时可取天然重度；

  c_k——地基持力层代表性黏聚力标准值（kPa）；

  K——安全系数，K 值根据建筑安全等级和土性参数的可靠性在 2～3 之间选取，砂类土的 K 值一般取 3；

  d——基础埋置深度（m）。

  基础埋置深度应根据不同情况按下列规定选取：（1）一般自室外地面高程算起。对于地下室采用箱形或筏形基础时，自室外天然地面起算，采用独立柱基或条形基础时，从室内地面起算；（2）有填方整平时，可自填土地面起算；但若填方在上部结构施工后完成时，自填方前的天然地面起算；（3）当高层建筑周边附属建筑为超补偿基础时，宜分析和考虑周边附属建筑基底压力低于土层自重压力的影响；基础埋置深度的设计取值，详见"6.1.15 地基承载力深宽修正时基础埋置深度 d 如何取值"。

地基承载力系数   表 6.1.33

φ_k (°)	N_c	N_q	N_r	φ_k (°)	N_c	N_q	N_r
0	5.14	1.00	0.00	26	22.25	11.85	12.54
1	5.38	1.09	0.07	27	23.94	13.20	14.47
2	5.63	1.20	0.15	28	25.80	14.72	16.72
3	5.90	1.31	0.24	29	27.86	16.44	19.34
4	6.19	1.43	0.34	30	30.14	18.40	22.40
5	6.49	1.57	0.45				
6	6.81	1.72	0.57	31	32.67	20.63	25.99
7	7.16	1.88	0.71	32	35.49	23.18	30.22
8	7.53	2.06	0.86	33	38.64	26.09	35.19
9	7.92	2.25	1.03	34	42.16	29.44	41.06
10	8.35	2.47	1.22	35	46.12	33.30	48.03
11	8.80	2.71	1.44	36	50.59	37.75	56.31
12	9.28	2.97	1.69	37	55.63	42.92	66.19
13	9.81	3.26	1.97	38	61.35	48.93	78.03
14	10.37	3.59	2.29	39	67.87	55.96	92.25
15	10.98	3.94	2.65	40	75.31	64.20	109.41
16	11.63	4.34	3.06	41	83.86	73.90	130.22
17	12.34	4.77	3.53	42	93.71	85.38	155.55
18	13.10	5.26	4.07	43	105.11	99.02	186.54
19	13.93	5.80	4.68	44	118.37	115.31	224.64
20	14.83	6.40	5.39	45	133.88	134.88	271.76
21	15.82	7.07	6.20	46	152.10	158.51	330.35
22	16.88	7.82	7.13	47	173.64	187.21	403.67
23	18.05	8.66	8.20	48	199.26	222.31	496.01
24	19.32	9.60	9.44	49	229.93	265.51	613.16
25	20.72	10.66	10.88	50	266.89	319.07	762.86

基础形状	ζ_γ	ζ_q	ζ_c
条　形	1.00	1.00	1.00
矩　形	$1-0.4\dfrac{b}{l}$	$1+\dfrac{b}{l}\tan\phi_k$	$1+\dfrac{b}{l}\dfrac{N_q}{N_c}$
圆形或方形	0.60	$1+\tan\phi_k$	$1+\dfrac{N_q}{N_c}$

注：b、l 分别是基础实际的宽度、长度。

6.1.14　地基承载力特征值为什么要进行深宽修正计算？

【解析】这里所说的地基承载力特征值，指的是通过浅层平板载荷试验按照《建筑地基基础设计规范》附录 C 的试验方法标准确定的地基承载力特征值 f_{ak} 值。

地基极限承载力的普遍公式表明，地基极限承载力由以下三部分所组成：

1. 滑裂土体自重所产生的抗力；

2. 基础两侧均布荷载所产生的抗力；

3. 滑裂面上黏聚力所产生的抗力。

地基的极限承载力值不但决定于土的强度特性指标，而且还与基础的宽度 B、基础的埋置深度 D 有密切关系。基础的宽度和埋置深度愈大，地基的极限承载力也愈高（图6.1.4）。

如图 6.1.5 所示，按照《建筑地基基础设计规范》附录 C 规定，试坑宽度应符合 $\geqslant 3$ 倍载荷板宽度 b 的要求。则此条件下，消除了基础两侧超载的影响，同时载荷板宽度小于实际基础宽度。因此当按照实际基础宽度和基础埋置深度计算地基承载力特征值 f_a 值时，应考虑宽度修正、深度修正。

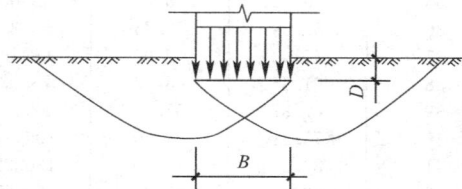

图 6.1.4　地基破坏滑裂面示意图　　　　　图 6.1.5　浅层平板载荷试验示意图

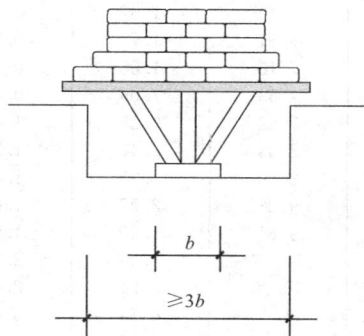

6.1.15　地基承载力深宽修正时基础埋置深度 d 如何取值？

【解析】进行地基承载力深宽修正计算时，基础埋置深度的取值按以下工况分别进行考虑：

1. 如图 6.1.6 所示，由于室内外高差 ΔH，则基础两侧超载不等，从工程安全角度考虑，取小值，基础埋置深度宜自室外地面标高算起，即按 $d=D_1$ 取值。

此工况条件下，不宜按 $d=(D_1+D_1)/2$ 取值，因为当室内外高差 ΔH 较大时，对于软弱土层，偏于不安全。

但当计算基础自重和基础上的土重 G_k 时，则应令 $d=(D_1+D_1)/2$，此时仍是从工程安全角度考虑。

2. 在填方整平地区，分为两种情况：

(1) 提前完成填土施工时，可自填土地面标高算起。如图 6.1.7 所示，当填土地面已经施工至设计室外地面，则可按 $d=D_1+H$ 取值。

(2) 填土在上部结构施工后完成时，应从天然地面标高算起，按 $d=D_1$ 取值。

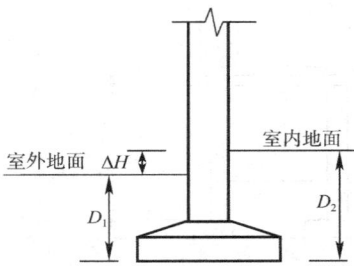

图 6.1.6　基础埋置深度示意图　　　　图 6.1.7　室外填土的基础埋置深度示意图

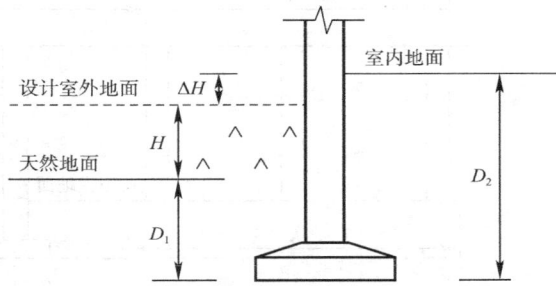

填土的重量，相当于基础侧面的超载，对于提高地基承载能力起着有利作用，但与此同时，不论是先期完成填土，还是结构施工后再完成填土，都会产生附加沉降，对于差异沉降控制会产生不利影响，对此必须要有正确的认识。

3. 对于地下室的基础，按基础形式分为两种情况考虑：

(1) 采用箱形基础或筏基时，基础埋置深度自室外地面标高算起，如图 6.1.8 所示，按 $d=D$ 取值。

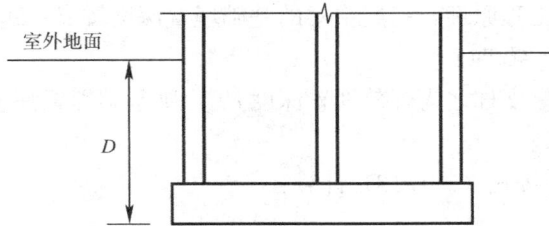

图 6.1.8　筏板基础埋置深度示意图

(2) 采用独立基础或条形基础时，应从室内地面标高算起，如图 6.1.9 所示，按 $d=D_1$ 取值。

4. 对于主裙楼一体的结构形式

目前建筑工程大量存在着主裙楼一体的结构，如图 6.1.10 所示，国家标准《建筑地基基础设计规范》GB 50007 要求："对于主体结构地基承载力的深度修正，宜将基础底面

649

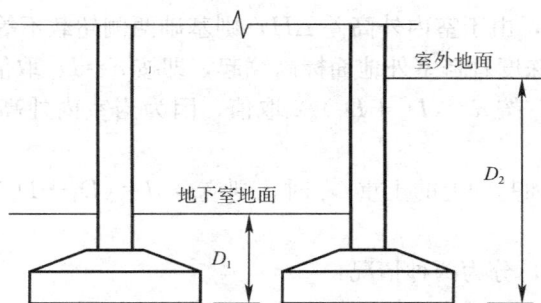

图 6.1.9　独立基础室内外埋置深度示意图

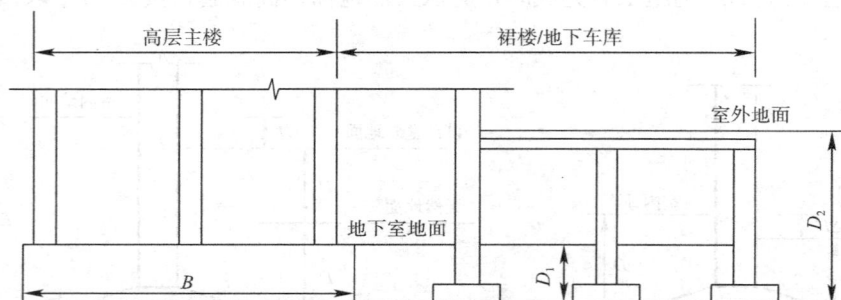

图 6.1.10　主裙楼一体结构基础埋置深度示意图

以上范围内的荷载，按基础两侧的超载考虑，当超载宽度大于基础宽度两倍时，可将超载折算成土层厚度作为基础埋深，基础两侧超载不等时，取小值。"

地基基础设计时，对于高层主楼和裙楼/地下车库的基础埋置深度的设计取值，应按不同工况分别考虑：

（1）对于高层主楼

其基础埋置深度应根据超载宽度的大小分别考虑：

1）当超载宽度小于或等于 $2B$ 时：

根据土力学及基础工程原理，高层主楼的基础埋置深度按 $d=D_2$ 取值。

2）当超载宽度大于 $2B$ 时：

超载折算成的土层厚度称之为等效埋置深度 d_{eq}，则基础埋置深度 d 取 d_{eq1} 与 d_{eq2} 的较小者，如图 6.1.11 所示。

等效埋置深度 d_{eq} 可按式（6.1.18）计算：

$$d_{eq} = \frac{p_k}{\gamma_m} \tag{6.1.18}$$

其中 p_k 为裙房/地下车库的平均基底压力，γ_m 为 D_2 深度范围内的土层加权平均重度。

（2）对于裙楼/地下车库

裙楼/地下车库的基础埋置深度，从偏安全角度考虑，可按 $d=D_1$ 取值；当从变形控制角度考虑时，也可按照《北京地区建筑地基基础勘察设计规范》DBJ 11-501-2009，按式（6.1.19）取值：

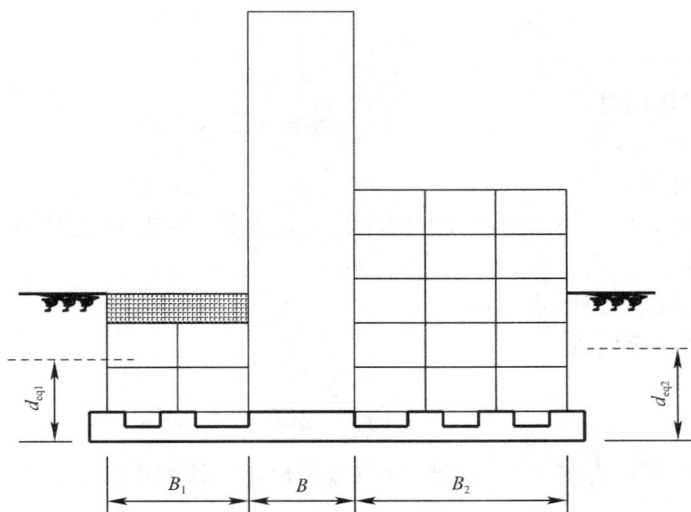

图 6.1.11　等效埋置深度示意图

$$d = \frac{d_1 + d_2}{2} \qquad (6.1.19)$$

需要说明的是，对于主裙楼一体的结构形式，应当按照地基变形控制原则进行地基基础的设计，不仅要控制主楼的总沉降量、挠度和倾斜，而且应控制主裙楼之间的差异沉降量以及裙楼的相邻基础之间的差异沉降量。

6.1.16　确定基础底面尺寸有哪些计算步骤?

【解析】按地基承载力确定基础底面尺寸的计算步骤:

1. 条形基础

（1）轴心荷载作用时:

1）计算按荷载效应标准组合作用在基础顶面的竖向力标准值 F_k；

2）根据地基土质情况，土的冰冻深度及建筑物的要求，确定基础的埋深 d；

3）按深宽修正计算或按承载力公式计算得到持力层地基承载力特征值 f_a；

4）计算确定基础宽度 b；

$$b = \frac{F_k}{f_a - \gamma_G d} \qquad (6.1.20)$$

式中　d——基础埋置深度，详见"基础埋置深度如何确定设计取值"；

　　γ_G——基础自重和基础上的土重的折算平均重度，通常取 $20 \mathrm{kN/m^3}$。

（2）偏心荷载作用时:

1）按轴心受力时的步骤，确定地基承载力特征值 f_a（参见"6.1.13 怎样计算地基承载力特征值 f_a 值"），并初步确定基础的宽度 b；

2）根据初步确定的基础宽度，计算基底边缘的最大压力 p_{kmax}，判断:

若 $p_{kmax} \leqslant 1.2 f_a$，则满足要求；

若 $p_{kmax} > 1.2 f_a$，则应调整基础宽度 b 的设计取值，再计算 p_{kmax}，直至满足 $p_{kmax} \leqslant$

1.2f_a 为止。

2. 矩形基础

（1）轴心荷载作用时：

1）计算竖向力标准值；

2）确定基础埋深 d；

3）计算基底持力层土的地基承载力特征值 f_a，参见"6.1.13 怎样计算地基承载力特征值 f_a 值"；

4）计算确定基础底面尺寸 $a \times b$；

按下式计算基底面积 A：

$$A = \frac{F_k}{f_a - \gamma_G d} \tag{6.1.21}$$

设定 a（或 b）值，再按 $b = \dfrac{A}{a}$ 计算出 b（或算出 a）则确定出基底尺寸。

（2）偏心荷载作用时：

1）计算作用于基础底面的竖向力标准值（$F_k + G_k$）及弯矩标准值；

2）计算持力层地基承载力特征值 f_a；

3）先按竖向力计算基底面积 $A = \dfrac{F_k + G_k}{f_a}$，据此确定基础尺寸 $a \times b$；

4）计算基底边缘的最大压力 p_{kmax}，判断：

若 $p_{kmax} \leqslant 1.2f_a$，则所确定的尺寸 $a \times b$ 满足要求；

若 $p_{kmax} > 1.2f_a$，则应调整 $a \times b$，再计算 p_{kmax}，直至满足 $p_{kmax} \leqslant 1.2f_a$ 为止。

需要说明的是，按地基规范的符号规定，l、b 为基础底面边长的符号，参见"6.1.12 怎样计算基础底面压力"。

第二章 地基变形

第一节 土的压缩性与地基变形

6.2.1 何谓地基变形特征？

【解析】地基变形特征，可分为沉降量、沉降差、倾斜、局部倾斜和挠曲度。下面分别加以说明：

1. 沉降量为基础中心的沉降。

主要用于计算和控制独立柱基和地基变形较均匀的排架结构柱基的沉降量，也可用于预估建筑物在施工期间和使用期间的地基变形量，以预留建筑物有关部分的净空，选择连接方法和施工顺序。

当需要预估建筑物在施工期间和使用期间的地基变形值时，对于一般多层建筑物，在施工期间完成的沉降量，地基持力层为碎石或砂土时，可认为其最终沉降量已完成80%以上，地基持力层为其他低压缩性土时，可认为已完成最终沉降量的50%～80%，地基持力层为中压缩性土时，可认为已完成20%～50%，地基持力层为高压缩性土时，可认为已完成5%～20%。

必要时，尚应控制平均沉降量。如图6.2.1所示，由于中间建筑的沉降量较大，而与两侧建筑之间的差异沉降量明显偏大。

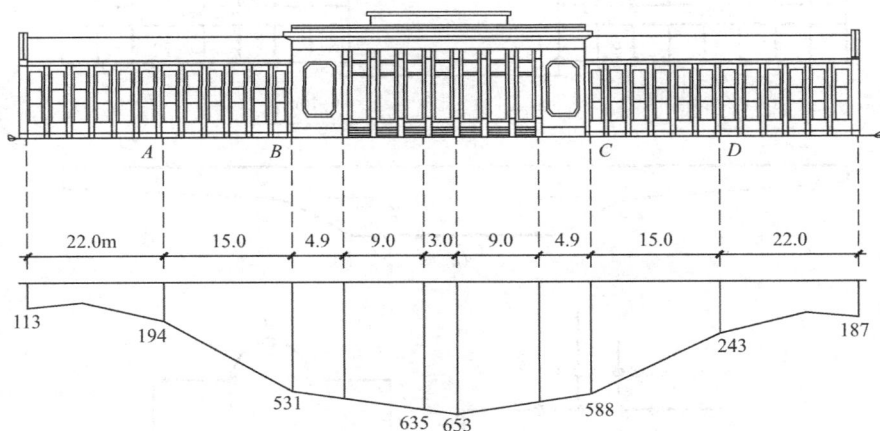

图 6.2.1 某展览馆的沉降

2. 沉降差指两相邻独立基础沉降量的差值。

主要用于计算和控制框架结构和单层排架结构相邻柱基的地基变形差异。

3. 倾斜指基础倾斜方向两端点的沉降差与其距离的比值。

主要用于计算和控制多层或高层建筑和大块式基础上的烟囱、水塔等高耸结构物及受偏心荷载作用或不均匀地基影响的基础整体倾斜，如图 6.2.2 所示。

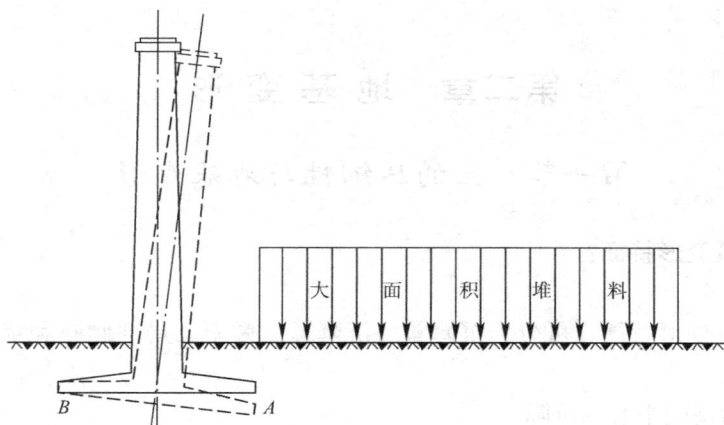

图 6.2.2　一侧堆载引起烟囱的倾斜示意图

　　考虑到具有箱形基础和筏形基础的高层建筑，由于其结构刚度较大，能够较好地调整建筑物的不均匀沉降，这种调整作用随着建筑施工过程中刚度的逐渐形成和加大而逐渐加强，但是基础及建筑物刚度的增加不能调整整体倾斜，因此倾斜值是高层建筑物的一个主要变形控制指标，对此应有正确的概念。

　　4. 局部倾斜一般指砌体承重结构沿纵向 6～10m 内基础两点的沉降差与其距离的比值。

　　主要用于计算和控制砌体承重墙因纵向不均匀沉降引起的倾斜，如图 6.2.3 所示。

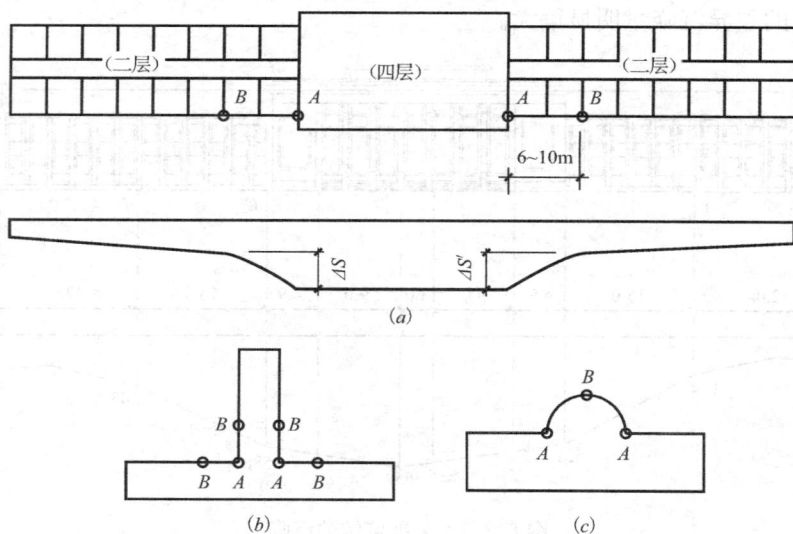

图 6.2.3　局部倾斜计算简图

　　5. 基础挠曲度（挠度）Δ/L 指基础两端沉降的平均值和基础中间最大沉降的差值与基础两端之间的距离的比值。

　　主要用于控制带裙房的高层建筑下的整体筏形基础的沉降差异。

6.2.2 建筑物地基变形允许值有怎样规定？

【解析】建筑物的地基允许变形值是确定地基承载力与设计计算中的一个关键问题。地基变形计算时应采用正常使用极限状态，相应的作用效应为准永久组合的效应设计值，相应的限值应为地基变形允许值。建筑物的地基变形计算值不应大于地基变形允许值，即 $s \leqslant [s]$。

建筑物地基变形允许值 $[s]$ 可采用表 6.2.1 所规定的限值。对表中未包括的建筑物，其地基变形允许值应根据上部结构对地基变形的适应能力和使用上的要求确定。需要注意的是，表 6.2.1 地基变形限值为建筑物地基实际最终变形允许值。

建筑物地基变形允许值 [s] 表 6.2.1

变形特征		地基土类别	
		中、低压缩性土	高压缩性土
砌体承重结构基础的局部倾斜		0.002	0.003
工业与民用建筑相邻柱基的沉降差	框架结构	0.002l	0.003l
	砌体墙填充的边排柱	0.0007l	0.001l
	当基础不均匀沉降时不产生附加应力的结构	0.005l	0.005l
单层排架结构（柱距为6m）柱基的沉降量（mm）		中压缩性土 120mm	200mm
桥式吊车轨面的倾斜（按不调整轨道考虑）	纵向	0.004	
	横向	0.003	
多层和高层建筑的整体倾斜	$H_g \leqslant 24$	0.004	
	$24 < H_g \leqslant 60$	0.003	
	$60 < H_g \leqslant 100$	0.0025	
	$H_g > 100$	0.002	
体型简单的高层建筑基础的平均沉降量		200mm	
高耸结构基础的倾斜	$H_g \leqslant 20$	0.008	
	$20 < H_g \leqslant 50$	0.006	
	$50 < H_g \leqslant 100$	0.005	
	$100 < H_g \leqslant 150$	0.004	
	$150 < H_g \leqslant 200$	0.003	
	$200 < H_g \leqslant 250$	0.002	
高耸结构基础的沉降量	$H_g \leqslant 100$	400mm	
	$100 < H_g \leqslant 200$	300mm	
	$200 < H_g \leqslant 250$	200mm	

注：l 为相邻柱基的中心距离（mm）；H_g 为自室外地面起算的建筑物高度（m）。

带裙房的高层建筑下的整体筏形基础，主楼与相邻的裙房柱的差异沉降，不应大于

0.001l，较之"相邻柱基的沉降差 0.002l"的要求更为严格，其主楼下筏板的整体挠度 Δ/L 值不宜大于 0.05% 的限值。国家标准《建筑地基基础设计规范》给出的基础挠度（挠曲度）Δ/L 的定义为：基础两端沉降的平均值和基础中间最大沉降的差值与基础两端之间的距离的比值。

《北京地区建筑地基基础勘察设计规范》DBJ 11-501-2009 规定：建筑物的地基变形允许值应根据上部结构、基础类型、对地基变形的适应能力及使用要求确定。

1. 多层建筑

对于荷载分布无显著不均匀的一般多层建筑物，当基础置于相同成因年代、基本均匀的土层上时，地基变形允许值用建筑物长期最大沉降量 s_{max} 表示，并应符合表 6.2.2 的要求。对于地基土类别为一般第四纪砂质粉土及粉、细砂，新近沉积砂质粉土及粉、细砂，并且上部结构类型为钢筋混凝土结构的多层建筑物，当分析确认或有工程经验时，s_{max} 可以适当放宽。

北京地区多层建筑物地基变形允许值 [s]　　　　　　　　表 6.2.2

结构类型	基础类型	地基土类别	长期最大沉降量 s_{max}
框架结构、排架结构、砌体承重结构	独立基础、条形基础	一般第四纪砂质粉土及粉、细砂，新近沉积砂质粉土及粉、细砂	30mm
		一般第四纪黏性土及黏质粉土	50mm
		均匀的一般第四纪黏性土及黏质粉土，中密的新近沉积黏性土及黏质粉土	80mm
		均匀的新近沉积软黏性土	120mm

由于建筑物地基变形限值这个问题涉及的因素比较复杂，因此在 20 世纪 60 年代初期编制《北京市平原地区建筑地基设计规定》时，采取了经验统计、协同作用计算及参照国内外规范和有关资料的方法综合解决这一问题。基本思路是，对于荷载分布无显著差别、基础置于基本均匀土层上的一般多层建筑物，在考虑结构刚度调整的条件下，找到其最大沉降量 s_{max} 与差异沉降 Δs 之间的关系，从而达到通过控制最大沉降来控制差异沉降的目的。为此，进行了大量的协同作用计算，把自由沉降量转变为经过结构刚度调整后的沉降量，得到了不同类型建筑物和地基条件建筑物长期最大沉降量 s_{max} 的控制值，即地基变形的限值。

2. 高层建筑

对于重量大、埋置深度大、基础宽度大的高层建筑物，地基不再是均质地基。在北京地区，大部分高层建筑物地基按照压缩层范围内的土层及其压缩性可粗略地划分为黏性土、粉土地基；黏性土、粉土与砂、卵石互层地基和砂、卵石地基三种。

对于荷载分布无显著不均匀的高层建筑箱形基础或筏形基础，当基础宽度大于 10m、基础埋深大于 5m，置于相同成因年代、基本均匀的土层时，地基变形允许值应符合表 6.2.3 的要求。当设计人员有经验时，计算最大沉降量可适当大于表中所列数值。

北京地区高层建筑地基变形允许值 [s]　　　　　　　　　表 6.2.3

结构类型	基础类型	变形特征	建筑物高宽比$\frac{H_g}{b}$或地基土类别	变形允许值
框架、框架-剪力墙、框架-筒体剪力墙	箱形基础、筏形基础	倾斜	$\frac{H_g}{b} \leqslant 3$	0.0020
			$3 < \frac{H_g}{b} \leqslant 5$	0.0015
		长期最大沉降量 s_{max}	一般第四纪黏性土与粉土	160mm
			一般第四纪黏性土、粉土与砂、卵石互层	100mm
			一般第四纪砂、卵石	60 mm

　　在 1992 年版《北京地区建筑地基基础勘察设计规范》编制时，搜集和对比了大量国内外资料，对北京地区比较有代表性的、沉降达到初步稳定条件的 23 幢箱形基础或筏形基础（宽度大于 10m，埋置深度大于 5m）的高层建筑物沉降数据进行了统计分析。

　　考虑到具有箱形基础和筏形基础的高层建筑，由于其结构刚度较大，能够较好地调整建筑物的不均匀沉降，这种调整作用随着建筑施工过程中刚度的逐渐形成和加大而逐渐加强，但是基础及建筑物刚度的增加不能调整整体倾斜，因此倾斜值是高层建筑物的一个主要变形控制指标。建筑物使用状态良好，可以说明按表 6.2.3 规定的高层建筑地基倾斜的变形限值是偏于安全的，国内外资料也证实了这一点。

6.2.3　利用哪些指标如何判定地基土层的压缩性？

　　【解析】由表 6.2.4 可以看出，按照国家标准《建筑地基基础设计规范》的规定是依据压缩系数 a_{1-2} 评价地基土层的压缩性，《北京地区建筑地基基础勘察设计规范》则是依据压缩模量进行压缩性的评价。

地基土层压缩性评价　　　　　　　　　表 6.2.4

国家标准地基规范	土的压缩性	北京地基规范
$a_{1-2} < 0.1\text{MPa}^{-1}$	低压缩性	$E_s > 15\text{MPa}$
$0.1\text{MPa}^{-1} \leqslant a_{1-2} < 0.5\text{MPa}^{-1}$	中压缩性	中低压缩性 $11\text{MPa} < E_s \leqslant 15\text{MPa}$
		中压缩性 $7.5\text{MPa} < E_s \leqslant 11\text{MPa}$
		中高压缩性 $4\text{MPa} < E_s \leqslant 7.5\text{MPa}$
$a_{1-2} \geqslant 0.5\text{MPa}^{-1}$	高压缩性	高压缩性 $E_s \leqslant 4\text{MPa}$

　　a_{1-2} 与 E_{s1-2}（或写为 $E_{s(1-2)}$）的关系可按式（6.2.1）表达。

$$E_{s1-2} = \frac{1+e_1}{a_{1-2}} \tag{6.2.1}$$

　　其中 a_{1-2} 为压力 $p_1 = 100\text{kPa}$ 至压力 $p_2 = 200\text{kPa}$ 压力段的压缩系数（MPa^{-1}）；E_{s1-2} 为对应于 $p_1 = 100\text{kPa}$ 至 $p_2 = 100\text{kPa}$ 压力段的压缩模量（MPa）。

　　需要注意的是，不同于 E_{s1-2}，《北京地区建筑地基基础勘察设计规范》的压缩模量 E_s 均指对应于自重压力（p_c）至自重压力与附加压力之和（$p_{cz} + p_0$）试验压力段的压缩模量。因其压力段不同，故不可直接 a_{1-2} 由计算 E_s，也不可按 E_{s1-2} 判断压缩性。对于压缩模

量 E_s 的解析详见"6.2.4 土的压缩性指标有哪些"。

6.2.4　土的压缩性指标有哪些?

【解析】土的压缩性指标可采用原状土室内压缩试验、原位浅层或深层平板载荷试验、旁压试验确定。压缩性指标与试验方法汇总于表6.2.5。

压缩性指标与试验方法 表 6.2.5

试验方法		压缩性指标
室内试验	原状土有侧限压缩试验	压缩系数 a_{1-2}
		压缩模量 E_s
	高压固结试验 (标准固结试验)	压缩指数 C_c 回弹再压缩指数 C_r 或 C_s
现场试验	载荷试验	变形模量 E_0
	旁压试验	旁压模量 E_m

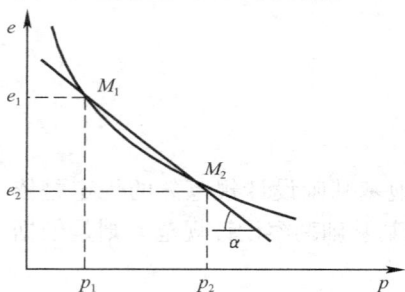

图 6.2.4　压缩试验 e-p 曲线示意图

在进行地基沉降计算时,关注的土的压缩性指标为压缩模量 E_s 和变形模量 E_0。

变形模量 E_0 可由现场载荷试验确定。压缩模量 E_s 和压缩系数 a 由室内试验确定,试验所施加的最大压力应超过土自重压力与预计的附加压力之和,压缩试验 e-p 曲线如图6.2.4所示。压缩模量和变形模量的确定,应符合下列规定:

1. 压缩模量

在现行规范当中,同时存在两种计算方法,需要加以区分。

压缩模量和压缩系数可按式(6.2.1)和式(6.2.2)分别计算:

$$E_{s1-2} = \frac{1 + e_1}{a_{1-2}} \qquad (6.2.1)$$

$$a_{1-2} = \frac{e_1 - e_2}{p_2 - p_1} \qquad (6.2.2)$$

式中　a_{1-2}——对应于 $p_1 = 100\text{kPa}$ 至 $p_2 = 200\text{kPa}$ 压力段的压缩系数（MPa^{-1}）;

E_{s1-2}——对应于 $p_1 = 100\text{kPa}$ 至 $p_2 = 200\text{kPa}$ 压力段的压缩模量（MPa）。

$$E_s = \frac{1 + e_0}{a} \qquad (6.2.3)$$

式中　e_0——土的天然孔隙比,即在土的自重压力下的孔隙比;

a——压缩系数,从土的自重压力至土的自重压力与附加压力之和压力段的压缩系数（MPa^{-1}）,国外文献中常写作 a_v;

E_s——压缩模量（MPa）。

为了正确理解和应用不同方法所确定的压缩模量，需要将 p_1、p_2 分别理解为第一步加载时刻和第二步加载时刻的试验压力，e_1、e_2 则是对应于 p_1 和 p_2 时的孔隙比。压缩模量 E_{s1-2} 的前一级、后一级加荷分别为 100kPa、200kPa。而压缩模量 E_s 的前一级加荷为自重压力，其后一级加荷为自重压力与附加压力之和。

　　用于地基变形计算时采用的压缩模量，不可笼统采用 E_{s1-2}。当采用室内压缩试验确定压缩模量时，试验所施加的最大压力应超过土的自重压力与预计的附加压力之和。

　　2. 变形模量 E_0

　　在室内试验用的土样有不同程度的扰动，对确定压缩模量有影响，采用野外载荷试验资料所得的变形模量 E_0，基本解决了土样的扰动问题，同时土中应力状态在载荷板下与实际情况比较接近。对于碎石土、砂土、粉土、花岗岩残积土、全风化岩、强风岩等，其压缩性指标可采用变形模量。

　　变形模量 E_0 可通过载荷试验按下式计算：

$$E_0 = \omega(1-\mu)\frac{p_{cr}b}{s_1} \tag{6.2.4}$$

式中　ω——形状系数，对于方形压板，取 $\omega=0.88$；对于圆形压板，取 $\omega=0.79$；

　　　　b——方形压板的边长或圆形压板的直径；

　　　　p_{cr}——$p\text{-}s$ 曲线的荷载比例界限值；

　　　　s_1——对应于 p_{cr} 的压板沉降量；

　　　　μ——土的泊松比。

　　土的泊松比的取值，对于粉土、黏性土，取 $\mu=0.25\sim0.42$；对于砂土取 $\mu=0.20\sim0.25$；对于碎石土，取 $\mu=0.15\sim0.20$。

6.2.5　为何控制地基变形是地基设计基本原则？

　　【解析】地基设计的基本原则是控制地基变形。这是因为：

　　1. 与钢、混凝土、砖石等材料相比，土属于大变形材料，且其变形具有长期的时间效应，故由地基变形造成上部结构的破坏和裂缝的事例很多，因此控制地基变形成为地基设计的主要原则。

　　2. 由于土为大变形材料，当荷载增加时，地基变形相应增加，很难界定出地基承载力的一个真正的"极限值"。建筑物的使用有一个功能要求，常常是地基承载力还有潜力可挖，而变形已达到或超过按正常使用的限值，因此地基设计是采用正常使用极限状态这一原则。

　　3. 采用"特征值"一词，用以表示正常使用极限状态计算时采用的地基承载力和单桩承载力的设计使用值，其涵义即为在发挥正常使用功能时所允许采用的抗力设计值，以避免过去一律提"标准值"时所带来的混淆。

　　4. 对应于不同的变形控制标准，可以得到不同的地基承载力。故地基承载力的确定应当是以不使地基中出现长期塑性变形为原则，同时还要考虑在此条件下，各类建筑物可能出现的变形特征及变形量，在满足承载力计算的前提下，应按控制变形的正常使用极限状态设计。

第二节　地基变形计算

6.2.6　天然地基沉降计算方法有哪些？

【解析】地基变形计算是地基设计中的一个重要组成部分。由于土具有压缩性，地基承受建筑物基础荷载之后，必然发生沉降。沉降的大小，一方面取决于建筑物的重量及其分布情况；另一方面取决于地基土层的种类、各层土的厚度以及土的压缩性的大小。地基沉降，特别是建筑物各个基础之间由于荷载不同或土层压缩性不同而引起的差异沉降，会使建筑物上部结构（尤其是超静定结构）产生附加应力，影响建筑物结构的安全和建筑物的正常使用。因此，在地基设计时，必须根据建筑物的情况和岩土工程勘察资料，计算基础可能发生的沉降量和差异沉降，并设法将其控制在建筑物容许范围以内。

常用的天然地基变形简化计算方法有三类：依据压缩模量 E_s 的分层总和法；依据变形模量 E_0 的地基变形计算方法；依据标准固结试验参数指标的地基变形计算方法。下面分别进行说明。

1. 依据压缩模量的分层总和法

分层总和法至今仍被广泛采用，一些地区结合长期沉降观测资料通过反分析积累了地区性的工程经验。

应用分层总和法的注意事项，参见"6.2.7 何谓分层总和法计算的四要素"。

2. 依据变形模量的地基变形计算方法

由于在室内试验用的土样经过扰动，确定的压缩模量一般偏小，计算所得的变形值偏大，不能反映地基变形，特别是高层建筑的地基变形的实际情况。而采用野外载荷试验资料所得的变形模量 E_0，基本解决了土样的扰动问题，同时，土中应力状态在载荷板下与实际情况比较接近。因此，对于不能准确取得压缩模量的地基岩土层，包括碎石土、砂土、粉土、花岗岩残积土、全风化岩、强风化岩等，计算沉降量时，变形参数指标可采用变形模量。

天然地基平均沉降变形量可按式（6.2.5）估算：

$$s = \psi_s pb\eta \sum_{i=1}^{n} \frac{\delta_i - \delta_{i-1}}{E_{0i}} \tag{6.2.5}$$

式中　ψ_s——沉降经验系数，根据地区经验确定，对于花岗岩残积土地基，可取 $\psi_s = 1$；

p——对应于荷载效应准永久组合时的基底平均压力（kPa），地下水位以下扣除水浮力；

b——基础底面宽度（m）；

δ_i、δ_{i-1}——沉降应力系数，与基础长宽比（l/b）及基础底面至第 i 层土和第 $i-1$ 层（岩）土底面的距离 z 有关，可按表 6.2.6 采用；

E_{0i}——基础底面下第 i 层土的变形模量（MPa），可通过载荷试验或地区经验确定；

η——考虑刚性下卧层影响的修正系数，可按表 6.2.7 确定。

按变形模量 E_0 计算地基沉降应力系数 δ_i 表 6.2.6

$m=\dfrac{2z}{b}$	圆形基础 $b=2r$	矩形基础 $n=l/b$						条形基础 $n\geqslant10$
		1.0	1.4	1.8	2.4	3.2	5.0	
0.0	0.000	0.000	0.000	0.000	0.000	0.000	0.000	0.000
0.4	0.067	0.100	0.100	0.100	0.100	0.100	0.100	0.104
0.8	0.163	0.200	0.200	0.200	0.200	0.200	0.200	0.208
1.2	0.262	0.299	0.300	0.300	0.300	0.300	0.300	0.311
1.6	0.346	0.380	0.394	0.397	0.397	0.397	0.397	0.412
2.0	0.411	0.446	0.472	0.482	0.486	0.486	0.486	0.511
2.4	0.461	0.499	0.538	0.556	0.565	0.567	0.567	0.605
2.8	0.501	0.542	0.592	0.618	0.635	0.640	0.640	0.687
3.2	0.532	0.577	0.637	0.671	0.696	0.707	0.709	0.763
3.6	0.558	0.606	0.676	0.717	0.750	0.768	0.772	0.831
4.0	0.579	0.630	0.708	0.756	0.796	0.820	0.830	0.892
4.4	0.596	0.650	0.735	0.789	0.837	0.867	0.883	0.949
4.8	0.611	0.668	0.759	0.819	0.873	0.908	0.932	1.001
5.2	0.624	0.683	0.780	0.884	0.904	0.948	0.977	1.050
5.6	0.635	0.697	0.798	0.867	0.933	0.981	1.018	1.095
6.0	0.645	0.708	0.814	0.887	0.958	1.011	1.056	1.138
6.4	0.653	0.719	0.828	0.904	0.980	1.031	1.092	1.178
6.8	0.661	0.728	0.841	0.920	1.000	1.065	1.122	1.215
7.2	0.668	0.736	0.852	0.935	1.019	1.088	1.152	1.251
7.6	0.674	0.744	0.863	0.948	1.036	1.109	1.180	1.285
8.0	0.679	0.751	0.872	0.960	1.051	1.128	1.205	1.316
8.4	0.684	0.757	0.881	0.970	1.065	1.146	1.229	1.347
8.8	0.689	0.762	0.888	0.980	1.078	1.162	1.251	1.376
9.2	0.693	0.768	0.896	0.989	1.089	1.178	1.272	1.404
9.6	0.697	0.772	0.902	0.998	1.100	1.192	1.291	1.431
10.0	0.700	0.777	0.908	1.005	1.110	1.205	1.309	1.456
11.0	0.705	0.786	0.912	1.022	1.132	1.23	1.349	1.506
12.0	0.710	0.794	0.933	1.037	1.151	1.257	1.384	1.550

注：1. l、b——分别为矩形基础的长度与宽度（m）；

  2. z——为基础底面至该层土底面的距离（m）；

  3. r——圆形基础的半径（m）。

修正系数 η 表 6.2.7

m	$0<m\leqslant0.5$	$0.5<m\leqslant1$	$1<m\leqslant2$	$2<m\leqslant3$	$3<m\leqslant5$	$5<m\leqslant\infty$
η	1.00	0.95	0.90	0.80	0.75	0.70

注：$m=2z_n/b$，z_n 为地基压缩层深度（m），b 为基础宽度（m）。

依据变形模量计算地基变形时，压缩层计算深度 z_n 应按式（6.2.6）计算：

$$z_n=(z_m+\xi b)\beta \qquad (6.2.6)$$

式中 z_m——与基础长宽比有关的经验值，可按表 6.2.8 选用；

  ξ——折减系数，按表 6.2.8 选用；

  β——调整系数，按表 6.2.9 选用。

661

当无相邻荷载影响，基础宽度在 30m 范围内时，基础中点的地基变形计算深度也可按式（6.2.12）计算。

z_m 值和折减系数 ξ 表 6.2.8

l/b	1	2	3	4	5
z_m	11.6	12.4	12.5	12.7	13.2
ξ	0.42	0.49	0.53	0.60	1.00

调整系数 β 表 6.2.9

土　类	碎石土	砂　土	粉　土	黏性土、花岗岩残积土	软　土
β	0.30	0.50	0.60	0.75	1.00

考虑到载荷试验费工费时，《高层建筑岩土工程勘察规程》JGJ 72—1990 曾提出，对于一般黏性土、软土和饱和黄土，当未进行载荷试验时，可用反算综合变形模量 $\bar{E}_{0i}$ 计算沉降量。此时，可用 $\bar{E}_{0i}$ 代替 E_{0i}，得到式（6.2.7）。

$$s = \frac{pb\eta}{\bar{E}_{0i}} \sum_{i=1}^{n} (\delta_i - \delta_{i-1}) \tag{6.2.7}$$

式中　$\bar{E}_0$——根据实测沉降反算的综合变形模量（MPa），可按式（6.2.8）计算：

$$\bar{E}_0 = \alpha \bar{E}_s \tag{6.2.8}$$

　　α——系数，按表 6.2.10 选用；

　　$\bar{E}_s$——沉降计算深度范围内压缩模量的当量值。

α 值 表 6.2.10

$\bar{E}_s$	3.0	5.0	7.5	10.0	12.5	15.0	20.0
α	1.0	1.6	2.6	3.6	4.6	5.6	7.6

虽然 JGJ 72—2004 版未保留此关系式，但在该规程说明中建议各地区仍可通过分析、统计高层建筑实测的沉降资料，反算求得综合变形模量，而后建立本地区的沉降经验公式。

3. 依据标准固结试验参数指标的地基变形计算方法

当地基有饱和土层组成，次固结变形可以忽略不计时，根据标准固结试验（高压固结使用）结果，可采用以下计算方法，分层预测超固结土、正常固结土和欠固结土的沉降变形，然后合计计算地基总沉降变形量，并结合地区经验进行修正和判断。

（1）超固结土

1）当 $p_{0i} + p_{zi} \leqslant p_{ci}$ 时，该层土的固结沉降量按式（6.2.9）计算。

$$s_i = \frac{h_i}{1+e_{0i}} C_{ri} \lg\left(\frac{p_{0i}+p_{zi}}{p_{zi}}\right) \tag{6.2.9}$$

2）当 $p_{0i} + p_{zi} > p_{ci}$ 时，该层土的固结沉降量按式（6.2.10）计算。

$$s_i = \frac{h_i}{1+e_{0i}}\left[C_{ri}\lg\left(\frac{p_{ci}}{p_{zi}}\right) + C_{ci}\lg\left(\frac{p_{0i}+p_{zi}}{p_{ci}}\right)\right] \tag{6.2.10}$$

（2）正常固结土的固结沉降量可按式（6.2.11）计算。

$$s_i = \frac{h_i}{1 + e_{0i}} C_{ci} \lg\left(\frac{p_{0i} + p_{zi}}{p_{zi}}\right) \tag{6.2.11}$$

（3）欠固结土的固结沉降量可按式（6.2.12）计算。

$$s_i = \frac{h_i}{1 + e_{0i}} C_{ci} \lg\left(\frac{p_{0i} + p_{zi}}{p_{ci}}\right) \tag{6.2.12}$$

式中　s_i——第 i 层土的固结沉降量（mm）；

$\quad\quad h_i$——第 i 层土的厚度（mm）；

$\quad\quad e_{0i}$——第 i 层土的初始孔隙比；

$\quad\quad C_{ci}$——第 i 层土的压缩指数；

$\quad\quad C_{ri}$——第 i 层土的回弹再压缩指数；

$\quad\quad p_{0i}$——对应于荷载效应准永久组合时的第 i 层土的附加压力（kPa）；

$\quad\quad p_{zi}$——第 i 层土的有效自重压力（kPa）；

$\quad\quad p_{ci}$——第 i 层土的先期固结压力（kPa）。

超固结比 OCR 是指先期固结压力 p_c 与有效自重压力 p_z 的比值。当 OCR 为 1.0～1.2 时，可视为正常固结土；当 $OCR>1.2$ 时，按超固结土考虑；$OCR<1.0$ 时，为欠固结土。

6.2.7　何谓分层总和法计算的四要素？

【解析】分层总和法仍是目前最为广泛采用的地基沉降计算方法。为了更好地应用分层总和法，应把握好四个要素：压缩模量、附加压力、受压层深度和经验系数。下面分别进行说明：

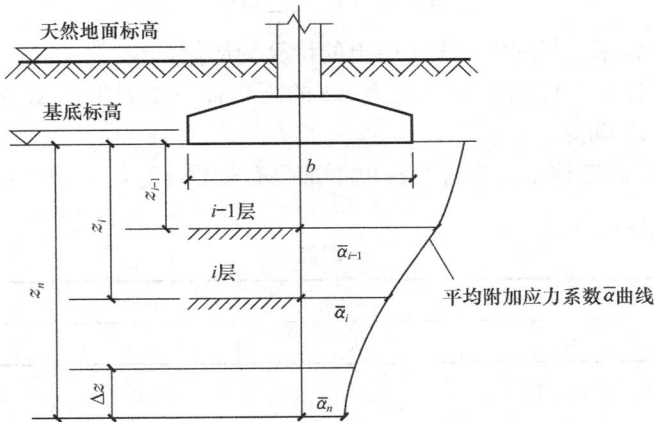

图 6.2.5　基础沉降计算的分层示意图

$$s = \psi_s \cdot s' = \psi_s \sum_{i=1}^{n} \frac{P_0}{E_{si}} (z_i \bar{\alpha} - z_{i-1} \bar{\alpha}_{i-1}) \tag{6.2.13}$$

1. 压缩模量

用于计算地基变形的第 i 层的压缩模量 E_s，应取土的自重压力至土的自重压力与附加压力之和的压力段计算。

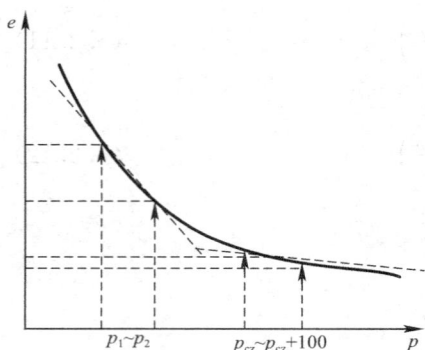

图 6.2.6 压缩试验不同压力段示意图

由图 6.2.6 可以看出，若不考虑土的自重压力，对于浅部土层，压力段相近，但是对于深部土层，压力段差异明显，造成压缩模量 E_s 数值的差异，导致沉降计算值的偏差。因此沉降计算时，不应笼统地使用 E_{s1-2} 值，当有地区工程经验时遵循地方性技术规范。

2. 附加压力

p_0 为对应于荷载效应准永久组合时的基础底面处的附加压力，可按下式计算：

$$p_0 = p - p_c \qquad (6.2.14)$$

若采用标准组合时的基础底面处平均压力值 p_k，有可能会带来一定的计算偏差。

计算土的自重压力时，一般情况下，对于地下水位以下的土层取有效重度，即 $\gamma' = \gamma_{sat} - \gamma_w$，当勘察报告仅提供了土的天然重度时，应换算为饱和重度。

3. 受压层深度

基础底面以下的土层都可能产生变形，由于土中的附加压力随着深度增加而逐渐衰减，对地基变形的影响也相应减少，因此可对一定深度范围的土层（有限压缩层）进行沉降计算。受压层深度，即地基变形计算深度，以符号 z_n 表示（图 6.2.5），可通过应变比法、应力比法、简化公式法进行确定。

（1）应变比法

按应变比法确定地基变形计算深度 z_n 时，应符合式（6.2.15）要求：

$$\Delta s_n' \leqslant 0.025 \sum_{i=1}^{n} \Delta s_i' \qquad (6.2.15)$$

式中　$\Delta s_i'$——在计算深度范围内，第 i 层土的计算变形值；

$\Delta s_n'$——在由计算深度向上取厚度为 Δz 的土层计算变形值，Δz 见图 6.2.5 并按表 6.2.11 确定。

如果按应变比法确定地基变形计算深度下部仍有较软土层时，应继续计算。

Δz 取值 表 6.2.11

b (m)	$\leqslant 2$	$2 < b \leqslant 4$	$4 < b \leqslant 8$	$b > 8$
Δz (m)	0.3	0.6	0.8	1.0

（2）应力比法

按应力比确定地基变形计算深度 z_n 时，应自基础底面算起，算至附加应力等于土层有效自重应力的 20% 深度处，对于软弱土层，取 10% 深度处，计算附加应力时应考虑相邻基础的影响。

（3）简化公式法

当无相邻荷载影响，基础宽度在 1～30m 范围内时，基础中点的地基变形计算深度也可按式（6.2.16）计算：

664

$$z_n = b(2.5 - 0.4\ln b) \tag{6.2.16}$$

式中 b——基础宽度（m）。

在计算深度范围内存在基岩时，z_n 可取至基岩表面；当存在较厚的坚硬黏性土层，其孔隙比小于 0.5、压缩模量大于 50MPa，或存在较厚的密实砂卵石层，其压缩模量大于 80MPa 时，z_n 可取至该层土表面。此时，地基土附加压力分布应考虑相对硬层存在的影响。

4. 经验系数

经验系数，即沉降计算经验系数 ψ_s，应根据地区沉降观测资料及经验确定。表 6.2.12 的数值，是国家标准《建筑地基基础设计规范》根据 132 栋建筑物的资料进行沉降计算并与资料值进行对比得出的沉降计算经验系数。同时表 6.2.13、表 6.2.14 给出了北京地区的沉降计算经验系数 ψ_s。在无地区经验时，根据建筑物的类别、基础类型、基础埋置深度、基础宽度及地基土质情况，经验系数可参照取值。

沉降计算经验系数 ψ_s 　　　　　　　表 6.2.12

基底附加压力	压缩模量当量值 $\bar{E}_s$（MPa）				
	2.5	4.0	7.0	15.0	20.0
$p_0 \geqslant f_{ak}$	1.4	1.3	1.0	0.4	0.2
$p_0 \leqslant 0.75 f_{ak}$	1.1	1.0	0.7	0.4	0.2

在《北京地区建筑地基基础勘察设计规范》DBJ 11—501—2009 编制过程中，共选取从 20 世纪 70 年代初至 2004 年兴建的 43 幢采用天然地基的高层建筑物数据进行统计分析。所选取的工程具备以下共同特点：

（1）有较完整的地基勘察资料和沉降观测记录。绝大部分建筑物基础底板浇筑后埋设测点并开始初始记录，直至沉降基本稳定（1mm/100d）才终止观测。对个别沉降未达稳定的工程，采用时间下沉系数 λ_t 得到稳定沉降值；

（2）建筑结构类型包括框架、框架-剪力墙、剪力墙、框架-筒体等，地上层数集中在 13～28 层（个别工程 31～34 层）、地下层数 2～4 层，基础形式为筏形或箱形基础，基础埋深 7～20 m；

（3）工程地点基本均布于北京市四环路以内，地基持力层既有黏性土、粉土与砂卵石的交互层，也有砂卵石为主的地层，能够代表北京市区和近郊区的工程地质和水文地质条件和特点。

根据建筑物的类别、基础类型、基础埋置深度、基础宽度及地基土质情况，沉降计算经验系数分别按表 6.2.13、表 6.2.14 采用。

多层建筑沉降计算经验系数 ψ_s 值 　　　　　　表 6.2.13

压缩模量的当量值 $\bar{E}_s$（MPa）	5	10	15	20	25
沉降计算经验系数 ψ_s	1.5	1.0	0.7	0.5	0.3

注：1. 本表适用于基础宽度小于或等于 10m，基础埋置深度小于或等于 5m 的多层建筑条形基础和独立基础；
　　2. $\bar{E}_s$ 为地基变形计算深度以内土层压缩模量的当量值，计算中 $\bar{E}_s$ 可按实际应力段取值。

p_0 (kPa)	$\bar{E}_s$ (MPa)						
	10	20	30	40	50	60	70
80	0.70	0.80	0.80	0.90	0.95	1.00	1.00
120	0.60	0.70	0.75	0.80	0.90	0.90	1.00
160	0.50	0.60	0.65	0.70	0.80	0.85	0.90
200	0.45	0.50	0.60	0.65	0.70	0.80	0.85
240	0.40	0.40	0.50	0.55	0.60	0.70	0.80
280	0.30	0.35	0.40	0.50	0.60	0.60	0.70
300	0.30	0.30	0.35	0.40	0.50	0.55	0.60

注：1. 本表适用于基础宽度大于 10m，基础埋深大于 5m 的高层建筑箱形或筏形基础；
　　2. 表中数值可以内插；
　　3. $\bar{E}_s$ 为地基变形计算深度范围内地基土层压缩模量的当量值，$\bar{E}_s$ 按实际应力段取值。

6.2.8　基底附加压力怎样计算？

【解析】建筑物建造前，土中已存在自重应力。一般浅基础总是埋置在天然底面下一定深度处，此处原有的自重应力由于基坑开挖而卸除。因此，从建筑物建造后的基底压力中减去基底标高处原有的自重应力，得到的是基础底面处地基上新增加的附加压力，基底平均附加压力值 p_0 可按式（6.2.17）计算：

$$p_0 = p_k - p_c = p_k - \gamma_m d \tag{6.2.17}$$

式中　p_k——基底平均压力值；

　　　p_c——基底处土的自重应力标准值，也可写作 p_{cz} 或 p_z；

　　　d——基础埋置深度；

　　　γ_m——基础底面标高以上天然土层的加权平均重度，按式（6.2.18）计算：

$$\gamma_m = \frac{\sum \gamma_i h_i}{\sum h_i} \tag{6.2.18}$$

其中地下水位以下取有效重度，h_i 为各土层的重度；γ_i 为各土层的重度。

基础底面与地层、地下水位关系参见图 6.2.7，各土层的饱和重度为 γ_1、γ_2、γ_3，则 γ_m 按式（6.2.19）计算：

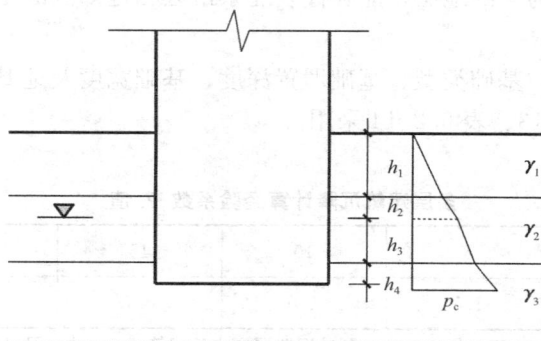

图 6.2.7　自重压力分布示意图

$$\gamma_m = \frac{\gamma_1 h_1 + \gamma_2 h_2 + (\gamma_2 - \gamma_w)h_3 + (\gamma_3 - \gamma_w)h_4}{h_1 + h_2 + h_3 + h_4} \qquad (6.2.19)$$

6.2.9 计算地基变形时如何考虑相邻荷载的影响?

【解析】在计算地基变形时,应考虑相邻荷载的影响,即为相邻基础的互相影响;其影响的附加应力值,可按应力叠加原理,采用角点法计算。

1. 附加应力值计算

下面列出五种情况,在图 6.2.8 中 O 点以下任意深度 z 处应力的计算,计算时,通过 O 点把荷载面积分成若干个矩形面积,这样 O 点就必然是划分出的各个矩形的公共角点,然后计算每个矩形角点下同一深度 z 处的附加应力,并求其代数和。

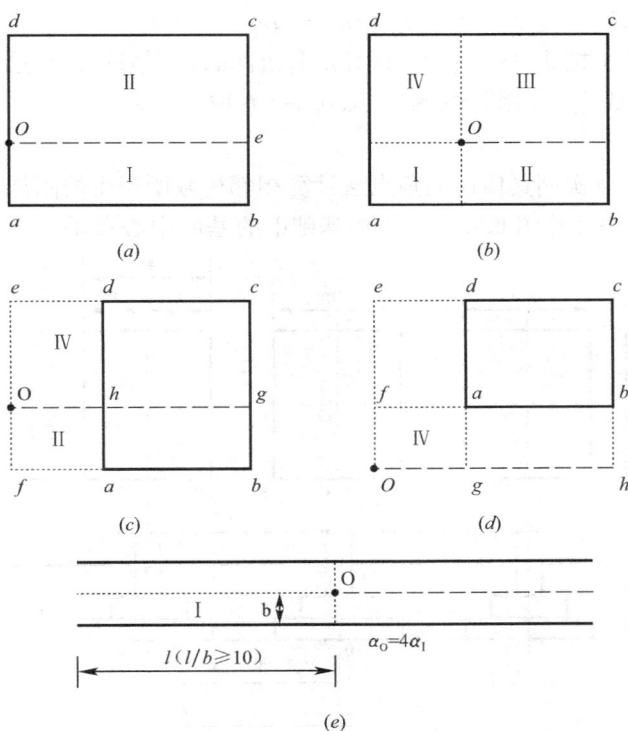

图 6.2.8 角点法示意图

（1）O 点在荷载面边缘时（图 6.2.8a）,按式（6.2.20）计算附加应力值:

$$p_{0z} = (\alpha_{\text{I}} + \alpha_{\text{II}}) p_0 \qquad (6.2.20)$$

式中 α_{I} 和 α_{II} 分别表示相应矩形面积 I 及 II 角点下的竖向附加应力系数,p_0 为基底附加压力。查《建筑地基基础设计规范》附录 K 表 K.0.1-1 时,必须注意所取的边长 l 应为任一矩形荷载面的长度,而 b 则为宽度,以下各种情况同此。例如:

α_{I} 是由 $l/b = \dfrac{\overline{ab}}{aO}$, $z/b = \dfrac{z}{be}$ 查取;

α_{II} 是由 $l/b = \dfrac{\overline{dc}}{Od}$, $z/b = \dfrac{z}{Od}$ 查取。

（2）O点在荷载面内时（图6.2.8b），按式（6.2.21）计算附加应力值：

$$p_{0z} = (\alpha_{\mathrm{I}} + \alpha_{\mathrm{II}} + \alpha_{\mathrm{III}} + \alpha_{\mathrm{IV}}) p_0 \qquad (6.2.21)$$

如果O点位于荷载面的中心，$\alpha_{\mathrm{I}} = \alpha_{\mathrm{II}} = \alpha_{\mathrm{III}} = \alpha_{\mathrm{IV}}$，则$p_{0z} = 4\alpha_{\mathrm{I}} p_0$，条形基础同理（图6.2.8e）。

（3）O点在荷载面边缘外侧时（图6.2.8c），按式（6.2.22）计算附加应力值：

此时荷载面$abcd$可看成是由Ⅰ（$Ofbg$）与Ⅱ（$Ofah$）之差和Ⅲ（$Oecg$）与Ⅳ（$Oedh$）之差合成的，所以

$$p_{0z} = (\alpha_{\mathrm{I}} - \alpha_{\mathrm{II}} + \alpha_{\mathrm{III}} - \alpha_{\mathrm{IV}}) p_0 \qquad (6.2.22)$$

（4）O点在荷载面角点外侧（图6.2.8d），按式（6.2.23）计算附加应力值：

这时把荷载面看成由Ⅰ（$Ohce$）面积中扣除Ⅱ（$Ohbf$）和Ⅲ（$Ogde$），再补偿Ⅳ（$Ogaf$）而成的，所以

$$p_{0z} = (\alpha_{\mathrm{I}} - \alpha_{\mathrm{II}} - \alpha_{\mathrm{III}} + \alpha_{\mathrm{IV}}) p_0 \qquad (6.2.23)$$

当采用分层总和法按式（6.2.13）计算地基沉降时，所采用的土层平均附加应力系数$\bar{\alpha}$亦可采用上述方法确定，$\bar{\alpha}$用附录K表K.0.1-2查取。

2. 计算实例

下面通过两则计算实例具体说明角点法计算相邻荷载所产生的附加沉降。

实例1：以角点法计算图6.2.9示矩形基础甲的基底中心点垂线下不同深度处的地基

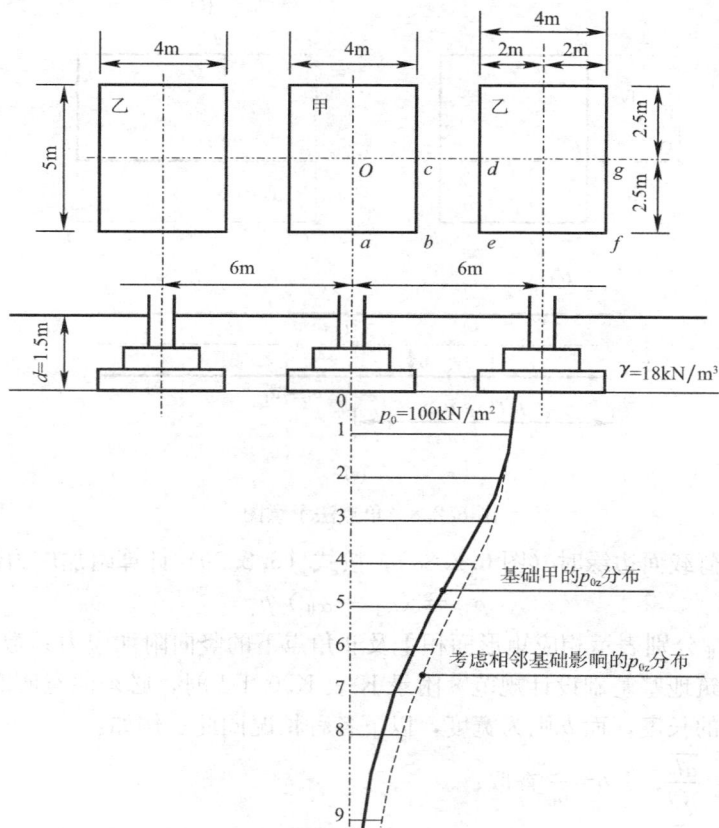

图6.2.9　计算简图

附加应力 p_{0z} 的分布，并考虑相邻基础乙的影响（两相邻柱距均为 6m，荷载及基础底面积均与基础甲相同）。

解：（1）计算基础甲的基底平均附加压力

基础及其上回填土的总重 $G=\gamma_G \cdot A \cdot d=20\times4\times5\times1.5=600\text{kN}$

基底平均压力 $p=\dfrac{F+G}{A}=\dfrac{1940+600}{4\times5}=127\text{kN/m}^2$

基底处的土中自重压力 $p_c=\gamma_p \cdot d=18\times1.5=27\text{kN/m}^2$

基底平均附加压力 $p_0=p-p_c=127-27=100\text{kN/m}^2$

（2）计算基础甲中心点 O 下由本基础荷载引起的附加应力 p_{0z}，基底中心点 O 可看成是四个相等小矩形荷载 I（$Oabc$）的公共交点，其长宽比 $l/b=\dfrac{2.5}{2}=1.25$，取深度 $z=$ 0m、1m、2m、3m、4m、5m、6m、7m、8m、10m 各计算点，相应 $z/b=0$、0.5、1、1.5、2、2.5、3、3.5、4、5，利用《建筑地基基础设计规范》附录 K 表格即可查得地基附加应力系数 α_{I}，算出 p_{0z}，列于表 6.2.15。

甲基础中心点 O 下由本基础荷载引起的附加应力计算表 　　　　表 6.2.15

点　号	l/b	$z(\text{m})$	z/b	α_{I}	$p_{0z}=4\alpha_{\text{I}}\,p_0\ (\text{kN/m}^2)$
0	1.25	0	0	0.2500	$4\times0.25\times100=100$
1	1.25	1	0.5	0.2352	$4\times0.2352\times100=94.1$
2	1.25	2	1	0.1866	$4\times0.1866\times100=74.6$
3	1.25	3	1.5	0.1354	$4\times0.1354\times100=54.2$
4	1.25	4	2	0.0969	$4\times0.0969\times100=38.8$
5	1.25	5	2.5	0.0712	$4\times0.0712\times100=28.5$
6	1.25	6	3	0.0535	$4\times0.0535\times100=21.4$
7	1.25	7	3.5	0.0415	$4\times0.0415\times100=16.6$
8	1.25	8	4	0.0329	$4\times0.0329\times100=13.2$
9	1.25	10	5	0.0220	$4\times0.0220\times100=8.8$

（3）计算基础甲中心点 O 下由两相邻基础乙的荷载引起的 p_{0z}，此时中心点 O 可看成是四个与 I（$Oafg$）相同的矩形和另外四个与 II（$Oade$）相同的矩形的公共角点，其长宽比 l/b 分别为 $8/2.5=3.2$ 和 $4/2.5=1.6$。同样用《建筑地基基础设计规范》附录 K 的表可分别查得各自的 α_{I}、α_{II}，并计算出 p_{0z}，计算结果及分布图见图 6.2.9 及表 6.2.16。

两相邻基础乙荷载对甲基础中心点 O 的影响 　　　　表 6.2.16

点号	l/b I（$Oafg$）	l/b II（$Oade$）	z（m）	z/b	α α_{I}	α α_{II}	$p_{0z}=4\,(\alpha_{\text{I}}-\alpha_{\text{II}})\,p_0$ (kN/m^2)
0			0	0	0.2500	0.2500	$4\times(0.2500-0.2500)\times100=0$
1			1	0.4	0.2443	0.2434	$4\times(0.2443-0.2434)\times100=0.4$
2			2	0.8	0.2193	0.2147	$4\times(0.2193-0.2147)\times100=1.8$
3			3	1.2	0.1873	0.1758	4.6
4			4	1.6	0.1574	0.1396	7.1
5	$8/2.5=$ 3.2	$4/2.5=$ 1.6	5	2.0	0.1324	0.1103	8.8
6			6	2.4	0.1122	0.0879	9.7
7			7	2.8	0.0957	0.0709	9.9
8			8	3.2	0.0823	0.0580	9.7
9			10	4.0	0.0620	0.0403	8.7

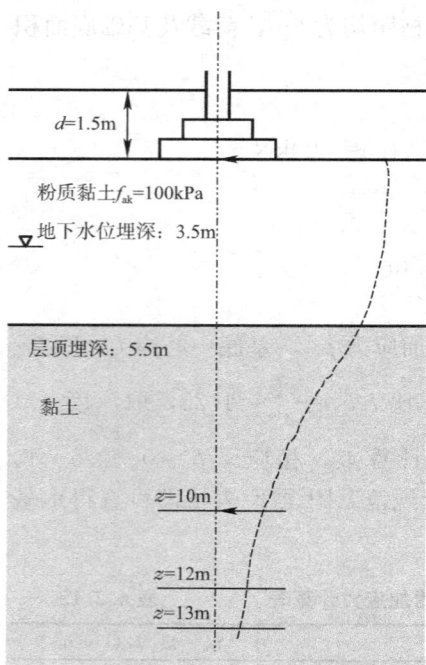

图 6.2.10　计算简图

实例 2：试按规范推荐的方法计算实例 1 中柱基甲的最终沉降量，并应考虑相邻两柱基乙的影响。土层分布、地下水位等计算资料详见图 6.2.10。粉质黏土层的 $\alpha_{1\text{-}2} = 0.43\text{MPa}^{-1}$，$e_1 = 0.771$，黏土层的 $\alpha_{1\text{-}2} = 0.51\ \text{MPa}^{-1}$，$e_1 = 0.896$。

解：1. 计算 p_0（基底附加压力）见实例 1。

$$p_0 = 100\text{kN/m}^2$$

2. 计算 $E_{s(1\text{-}2)}$：

粉质黏土层：$E_{s(1\text{-}2)} = \dfrac{1+e_1}{\alpha_{1\text{-}2}} = \dfrac{1+0.771}{0.43} = 4.12\text{MPa}$

黏土层：$E_{s(1\text{-}2)} = \dfrac{1+e_1}{\alpha_{1\text{-}2}} = \dfrac{1+0.896}{0.43} = 3.72\text{MPa}$

3. 计算 $\bar{\alpha}_i$

当 $z=0$ 时，$\bar{\alpha}$ 虽不为零，但 $\bar{\alpha} \cdot z = 0$。计算 $z = 4$（即基底以下 4m）范围内粉质黏性土层的 $\bar{\alpha}$。

（1）柱基甲（荷载面积为 $Oabc \times 4$）

$l/b = 2.5/2 = 1.25$，$z/b = 4/2 = 2$。查《建筑地基基础设计规范》附录 K 表，从 $l/b = 1.2$，$z/b = 4/2 = 2$，得 $\bar{\alpha} = 0.1822$；从 $l/b = 1.4$，$z/b = 4/2 = 2$，得 $\bar{\alpha} = 0.1875$。

当 $l/b = 2.5/2 = 1.25$，$z/b = 4/2 = 2$ 时，内插得

$$\bar{\alpha} = 0.1822 + \frac{0.1875 - 0.1822}{0.2} \times 0.05 = 0.1853$$

柱基甲下 $z = 4\text{m}$ 范围内 $\bar{\alpha} = 4 \times 0.1835 = 0.7340$

（2）两相邻柱基乙对柱基甲的影响

考虑两个相邻柱基的影响，此时的荷载面积为 $(Oafg - Oaed) \times 2 \times 2$

对荷载面积 $Oafg$，$l/b = 8/2.5 = 3.2$，$z/b = 4/2.5 = 1.6$，查表得 $\bar{\alpha} = 0.2143$。

对荷载面积 $Oaed$，$l/b = 4/2.5 = 1.6$，$z/b = 4/2.5 = 1.6$，查表得 $\bar{\alpha} = 0.2079$。

由于两相邻柱基乙的影响，在 $z = 4\text{m}$ 范围内的平均附加应力系数：

$$\bar{\alpha} = 2 \times 2 \times (0.2143 - 0.2079) = 0.0256$$

（3）考虑两相邻基础影响后，基础甲在 $z = 4\text{m}$ 范围内的平均附加应力系数：

$$\bar{\alpha} = 0.7340 + 0.0256 = 0.7596$$

（4）分别计算基底以下 $z = 10\text{m}$、12m、13m 深度范围内的 $\bar{\alpha}$ 值，列于表 6.2.17 中。

4. 计算 $\Delta s_i'$

粉质黏土层（$z = 0 \sim 4\text{m}$）：

$$\Delta s_i' = \frac{p_0}{E_{s(1\text{-}2)i}} (z_i \bar{\alpha}_i - z_{i-1} \bar{\alpha}_{i-1})$$

$$\Delta s_i' = \frac{100}{4.12} \times (4 \times 0.7596 - 0 \times 1) = 73.7\text{mm}$$

黏土层（$z = 4 \sim 10\text{m}$ 范围内）：

$$\Delta s_i' = \frac{p_0}{E_{s(1-2)i}}(z_i\bar{\alpha}_i - z_{i-1}\bar{\alpha}_{i-1})$$

$$\Delta s_i' = \frac{100}{3.72} \times (10 \times 0.4728 - 4 \times 0.7596) = 45.4\text{mm}$$

其余步骤计算详见表 6.2.17。

5. 确定 z_n（即压缩层深度）

由表 6.2.17，$z = 13\text{m}$ 深度范围内的计算变形值 $\sum\Delta s_i' = 130.8\text{mm}$，相当于 $z = 12 \sim 13\text{m}$ 土层的计算变形值 $\Delta s_i' = 3.3\text{mm}$。根据 $\Delta s_i'/\sum\Delta s_i' = 3.3/130.8 = 0.0252 \approx 0.025$，可认为满足规范规定，故取 $z_n = 13\text{m}$。

6. 确定 ψ_s

计算在 z_n 范围内的侧限压缩模量当量值：

$$\bar{E}_s = \frac{\sum A_i}{\sum \dfrac{A_i}{E_{si}}} = \frac{\sum(z_i\bar{\alpha}_i - z_{i-1}\bar{\alpha}_{i-1})}{\sum \dfrac{z_i\bar{\alpha}_i - z_{i-1}\bar{\alpha}_{i-1}}{E_{si}}}$$

$$\bar{E}_s = \frac{303.84 + 168.96 + 31.20 + 12.36}{\dfrac{303.84}{4.12} + \dfrac{168.96 + 31.20 + 12.36}{3.72}} = 3.94\text{MPa}$$

由 $p_0 = f_{ak}$，按《建筑地基基础设计规范》GB 50007—2011 表 5.3.5 查得：

$$\psi_s = 1.3$$

7. 计算地基最终沉降量 s

$$s = \psi_s \cdot s' = \psi_s \cdot \sum_{i=1}^{n}\Delta s_i' = 1.3 \times 130.8 = 170.0\text{mm}$$

按照本算例给出的条件，还可以进一步验算相邻柱基之间的沉降差。

计算步骤　　　　　　　　　　　　　　　　　　　　表 6.2.17

z (m)	基础甲			两相邻基础乙对基础甲的影响			考虑影响后基础甲 $\bar{\alpha}$	$\bar{\alpha} \cdot z_i - z_{i-1}\bar{\alpha}_{i-1}$	$\bar{E}_{s(1-2)i}$ (MPa)	$\Delta s_i'$ (mm)	$\sum\limits_{i=1}^{n}\Delta s_i'$ (mm)
	l/b	z/b	$\bar{\alpha}$	l/b	z/b	$\bar{\alpha}$					
0	2.5/2= 1.25	0	4×0.2500 =1.00	8/2.5=3.2 4/2.5=1.6	0 0	$4\times(0.2500$ $-0.2500)=0$	1.000	0			
4.0	同上	4/2 =2	4×0.1835 =0.73400	同上	4/2=1.6 4/2.5=1.6	$4\times(0.2143-$ 0.2079)=0.0256	0.7596	303.84	3.0384	4.12	73.7	73.7
10.0	同上	10/2 =5	4×0.1017 =0.4068	同上	10/2.5=4 10/2.5=4	$4\times(0.1459-$ 0.1294)=0.0660	0.4728	472.80	1.6896	3.72	45.4	119.1
12.0	同上	12/2 =6	4×0.0879 =0.3516	同上	12/2.5=4.8 12/2.5=4.8	$4\times(0.1307-$ 0.1136)=0.0684	0.4200	504.00	0.3120	3.72	8.4	127.5
13.0	同上	13/2= 6.5	4×0.0822 =0.3288	同上	13/2.5=5.2 13/2.5=5.2	$4\times(0.1241-$ 0.1070)=0.0684	0.3972	516.36	0.1236	3.72	3.3	130.8

6.2.10　为何要考虑回弹变形与回弹再压缩变形？

【解析】由于地基土大量挖出，使得基坑底部地基土失去自重压力，地基土层产生回弹变形。其后因工程建造，地基土层承受荷载作用而产生再压缩变形。当基础埋置深度较

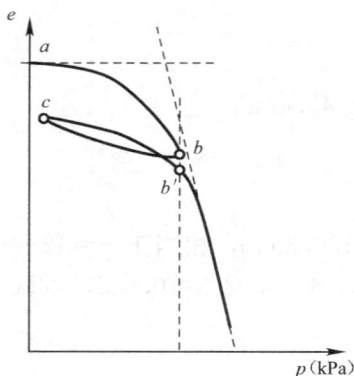

图 6.2.11　回弹再压缩试验曲线

深时，地基回弹再压缩变形往往成为总变形量的重要组成部分，当总荷载等于或小于基础底面处土的自重压力，这时地基变形量将由地基回弹再压缩变形决定。对于深大基坑，地基卸荷回弹效应对已经施工完成的桩基会产生影响。因此，设计时需要考虑回弹变形以及回弹再压缩问题。

根据室内固结试验数据，可绘制土在有侧限条件下的回弹再压缩曲线，如图 6.2.11 所示。a-b 为初始加载段，b-c 为卸荷段，c-b' 为再加载段。由图 6.2.11 可知，由于 b 与 b' 点通常并不重合，b' 点所对应的孔隙比较之 b 点更小，回弹再压缩模量通常小于回弹模量，因此回弹再压缩的变形量要大于回弹变形量，对此应有正确的认识。

北京西苑饭店的基础埋深为 7.5～11.5m，基坑地基回弹量为 4～10mm；北京昆仑饭店基础埋深为 10.1～11.6m，基坑地基回弹量为 29～35mm。

6.2.11　国家标准地基规范中回弹变形计算算例怎样理解?

【解析】在国家标准《建筑地基基础设计规范》GB 50007—2011 及之前的 2002 版都给出了地基回弹变形计算算例，下面列出计算分析过程以便正确理解。

算例的假定条件为某工程采用箱形基础，基础平面尺寸 64.8m×12.8m，基础埋置深度为 5.7m，基础底面以下各土层分别在自重压力下做回弹试验，测得回弹模量见表 6.2.18。基底附加应力为 108kN/m²。

回弹模量　　　　　　　　　　　　　　　　　　表 6.2.18

土　层	层厚（m）	回弹模量 E_c（MPa）			
		$E_{0-0.25}$	$E_{0.25-0.5}$	$E_{0.5-1.0}$	$E_{1.0-2.0}$
③层粉土	1.8	28.7	30.2	49.1	570
④层粉质黏土	5.1	12.8	14.1	22.3	280
⑤层卵石	6.7	100			

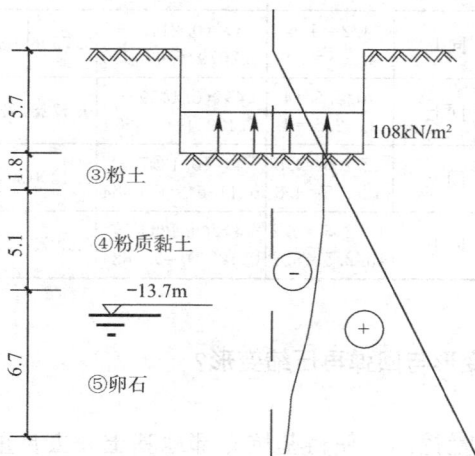

图 6.2.12　计算简图

在计算时，首先还需要增加假定条件：粉土层天然重度为$22kN/m^3$，粉质黏土层天然重度为$20kN/m^3$。

先计算出基础底面以下各土层的附加压力 p_z 及自重压力 p_{cz}，然后根据其压力状况选取相应压力段的回弹模量。

附加压力采用角点法计算，附加应力系数根据 l/b 和 z/b，按《建筑地基基础设计规范》附录 K 的表 K.0.1-1 取值。按角点法计算时，基础底面宽度 $b=12.8/2=6.4m$，基础底面长度 $l=62.8/2=31.4m$。z 为基础底面至计算层底面的距离。计算过程如表 6.2.19 所示。

表 6.2.19

z_i	土 层	$\frac{l}{b}$	$\frac{z}{b}$	α_i	$p_z=4\times\alpha_i\times108$	p_{cz}	$p_{cz}+(-p_z)$	E_{ci}
0			0	0.25	108	108	0	
1.8	③层		0.2813	0.2470	106.7	147.6	40.9	28.7
4.9	④层	$\frac{31.4}{6.4}=5.06$	0.7656	0.2224	96.1	209.6	113.5	22.3
5.9	④层		0.9219	0.2103	90.8	229.6	138.8	280
6.9	④层		1.0781	0.1981	85.6	249.6	164.0	280

正确理解此算例的难点在于如何确定各计算层的回弹模量取值。为此，需要先各计算层所对应的试验压力段，再根据分析过程如表 6.2.20 所示。

需要注意的是，已知条件给出的各层土的回弹模量是通过分级卸荷所确定的，与规范第 4.2.5 条第 2 款 "应在估计的前期固结压力之后进行一次卸荷" 不一致。回弹再压缩模量通常指的是再压缩段的割线模量，与分级模量是有区别的。

按式（6.2.24）及式（6.2.25）计算回弹变形量：

$$\Delta s_i = \frac{p_c}{E_{ci}}(z_i\bar\alpha_i - z_{i-1}\bar\alpha_{i-1}) \qquad (6.2.24)$$

$$s_c = \psi_c \Sigma \Delta s_i \qquad (6.2.25)$$

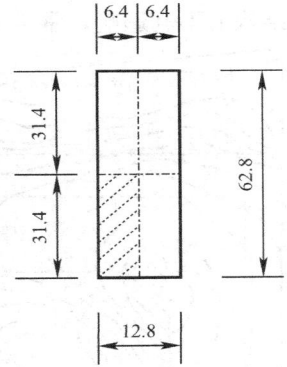

图 6.2.13 角点法示意图

回弹模量取值表　　　　　　　　　　　　　表 6.2.20

土 层	$p_{cz}+(-p_z)$ (kPa)	各计算层中点深度处的压力值（kPa）	试验压力段（MPa）	E_{ci}
③层	0	$\frac{0+40.9}{2}=20.45$	0~0.25	28.7
	40.9	$\frac{40.9+113.5}{2}=77.2$	0.5~1.0	22.3
	113.5			
③层	138.8	$\frac{113.5+138.8}{2}=126.2$	1.0~2.0	280
		$\frac{138.8+164}{2}=151.4$	1.0~2.0	280
	164.0			

考虑回弹影响的沉降计算修正系数 ψ_c 取 1.0。

采用角点法计算，平均附加应力系数按《建筑地基基础设计规范》附录 K 的表 K.0.1-2 取值。计算过程如表 6.2.21 所示。

回弹变形计算表　　　　　　　　　　　　表 6.2.21

z_i	$\dfrac{l}{b}$	$\dfrac{z}{b}$	$\bar{\alpha}_i = 4 \cdot \bar{\alpha}_i$	$z_i\bar{\alpha}_i$	$z_i\bar{\alpha}_i - z_{i-1}\bar{\alpha}_{i-1}$	E_{ci}	Δs_i (mm)
0		0	1				
1.8	$\dfrac{62.8/2}{12.8/2}$ $= 5.06$	0.2813	0.9960	1.7928	1.7928	28.7	6.75
4.9		0.7656	0.9661	4.7339	2.9411	22.3	14.24
5.9		0.9219	0.9490	5.5991	0.8652	280	0.33
6.9		1.0781	0.9298	6.4156	0.8165	280	0.31
合计							21.63

6.2.12　怎样实现高低层之间不设永久沉降缝？

【解析】在一般房屋结构的总体布置中，考虑到沉降、温度收缩和体型复杂性对房屋结构的不利影响，常常采用沉降缝、伸缩缝或防震缝将房屋分成若干独立的部分，从而消除这些因素对结构的危害。因建筑功能上的需要，在高层主楼周边往往配置有低层裙房，由于两者层数、荷载相差大而导致基础出现过大的差异沉降量。起初沿用了设缝这一传统的处理措施。后来发现，设缝未必能提高结构的抗震性能，地震时常因为相互碰撞而造成震害。实际工程中还发现设置沉降缝未必能解决差异沉降的问题。有的工程，根据预估的差异沉降量，特意加高了主楼室内地坪标高，然而沉降差却始终未能消除。北京地区自 1980 年北京市建筑设计研究院设计西苑饭店工程开始（图 6.2.14），已在许多工程设计中，实践了高层建筑与其裙房之间不设沉降缝的设计方法，并都取得了成功，积累了工程经验。

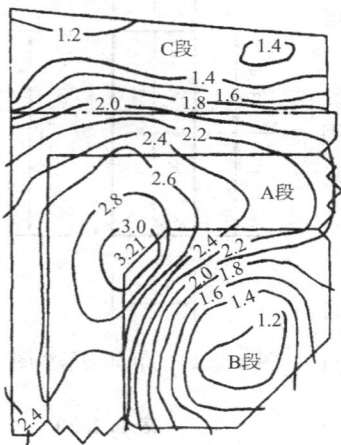

图 6.2.14　北京西苑饭店实测沉降等值线

实现高低层之间不设永久沉降缝，应进行主裙楼基础联合设计，其核心在于减少高低层之间的沉降差，沉降差（差异沉降）可以用式（6.2.26）表达：

$$\Delta s = s_1 - s_2 \qquad\qquad (6.2.26)$$

式中　s_1——高层主楼的沉降量；

　　　s_2——低层裙房的沉降量。

由式（6.2.26）可知，控制和协调差异沉降的有效方法是，采取措施以减少高层建筑的沉降量（s_1），同时应当使裙房的沉降量（s_2）不致过小，从而尽量减少两者之间的沉降差，因此设计时需要统筹兼顾。

1. 减少高层建筑沉降的措施，包括有：

（1）采用压缩模量较高的第四纪中密以上之砂类土或砂卵石为基础持力层，其厚度不

宜小于 4m, 并较均匀且无软弱下卧层;

(2) 适当扩大基础底面积, 以减少基底压力;

(3) 如建筑物层数较多或基础持力层为压缩模量较小、变形较大的土层时, 可以采取高层部分做人工地基的做法, 以减少高层建筑的沉降量。

此时的人工地基形式, 可以采用桩基, 也可以采用地基加固处理的方法, 以减少其沉降量。采用复合地基法, 应条件合适, 并有必要的试验数据。凡采用复合地基方法者, 应进行沉降观测。

2. 使低层建筑 (包括裙房、地下车库) 沉降量不致过小的措施有:

(1) 裙房之柱基础应尽可能减少基底面积, 宜优先选用单独柱基或条形基础, 不宜采用满堂筏形基础。

有防水要求时可采用单独柱基或条形基础另加防水板的方法。此时防水板下应铺设一定厚度之易压缩材料, 其构造可参见图 6.2.15。

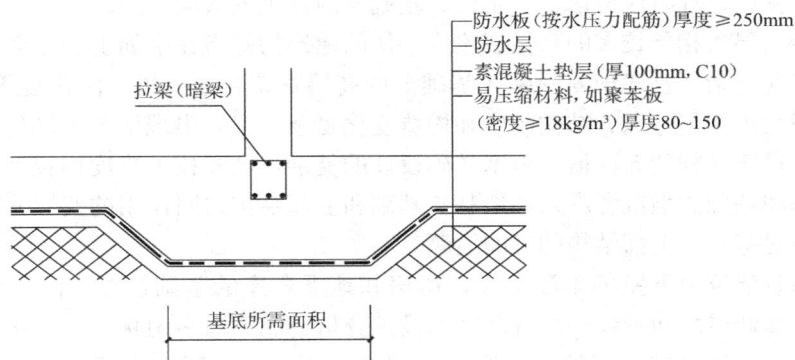

图 6.2.15　防水板构造示意图

(2) 尽量提高裙房地基承载力特征值。

必要时, 可通过平板载荷试验进行地基承载力特征值验证。

(3) 应通过地基承载力计算不同方法进行地基承载力特征值 f_a 计算分析比较。

同时应注意使高层建筑的基底压应力与裙房的基底压应力相差不过大, 此时应进行变形验算, 可以根据具体工程的情况予以放宽。

(4) 裙房基础的埋置深度可以小于高层部分的基础埋置深度, 以使裙房基础持力层土的压缩性高于高层基础受力层土的压缩性。例如: 高层基础持力层为密实的砂类土, 而裙房基础则可以提高 (如果可能) 以黏性土层作为持力层。

工程实例: 北京新世纪饭店高低层相连处不设沉降缝、防震缝, 采用下列措施解决由于不均匀沉降产生的不利影响, 扩大高层部分的筏基面积, 降低地基压力。北楼实际地基压力为 475kPa, 南楼为 350kPa, 而提高裙房单独柱基地基的承载力, 按 600kPa 进行基础设计。

当高层与裙房之间不设置沉降缝时, 则可在施工期间设置沉降后浇带 (以区分温度后浇带等其他施工后浇带) 用于协调沉降差。通常沉降后浇带设于与高层相邻裙房的一侧, 可设在第一跨内, 也可设在第二跨内, 需要根据结构形式、荷载分布、基础形式及地基土质等条件确定。沉降后浇带的浇灌时间, 一般应在高层主体结构完工以后。当沉降实测值和计算确定的后期沉降差满足设计要求后，则可适当提前。

当高层建筑与相连的裙房之间不设置沉降后浇带时，应根据主裙楼的荷载分布、结构刚度、基础形式、基础刚度、地基土质条件以及沉降差的协调和控制要求进行主裙楼基础的联合设计。设计时，需要考虑主楼荷载对于相邻裙房地基应力的影响，影响程度与相邻裙房地上、地下的层数、间距以及基础形式、基础刚度、地基土质等有关，影响范围一般可按三跨以内考虑。相关的结构措施包括：高层建筑及与其紧邻一跨裙房的筏板应采用相同厚度，裙房筏板的厚度宜从第二跨裙房开始逐渐变化，应同时满足主、裙楼基础整体性和基础板的变形要求；应进行地基变形和基础内力的验算，验算时应分析地基与结构间变形的相互影响，并采取有效措施防止产生有不利影响的差异沉降。

对于同一大面积整体筏形基础上有多幢高层和低层建筑以及主裙楼一体的结构，简化方法得出的基础边缘沉降值偏小和基础挠曲度偏大，与沉降观测结果不符，较小的基础边缘沉降值对于差异沉降控制、结构安全是不利的，较大的基础挠曲度则易造成误导而导致设计不合理，基础设计时应考虑上部结构、基础与地基土的共同作用。

体型复杂、层数相差较多的高低层连成一体的建筑物是指在平面上和立面上高度变化较大、体型变化复杂，且建于同一整体基础上的高层宾馆、办公楼、商业建筑等建筑物，由于上部荷载大小相差悬殊、结构刚度和构造变化复杂，很易出现地基不均匀变形，为使地基变形不超过建筑物的允许值，地基基础设计的复杂程度和技术难度均较大，有时需要采用多种地基和基础类型或考虑采用地基与基础和上部结构共同作用的变形分析计算来解决不均匀沉降对基础和上部结构的影响问题。

近年来随着建筑地下室的不断加深，裙房和地下车库的基础抗浮设防问题越来越突显，并且对于高低层之间不设永久沉降缝的设计分析造成了诸多困扰。当裙房、地下车库采用抗拔桩时，会抑制其沉降量，即使得 s_2 过小，不利于控制和协调主楼裙房之间沉降差，由式（6.2.26）可知，此时为了将沉降差 Δs 控制在允许范围内，需要更严格地限制高层主楼的沉降量（s_1），则会造成高层主楼地基基础工程投资加大、工期延长。针对这一问题，应当进行专门的水文地质勘察工作，以保证更为科学合理地确定场地地下水抗浮设计水位。

第三章 桩 基 设 计

第一节   桩 型 选 择

6.3.1 桩基础与浅基础有何区别?

【解析】桩是用于将荷载传递给其侧面土（岩）层和深部土（岩）层的结构构件。桩基础属于深基础的一种形式。由图 6.3.1 可知，相比浅基础，深基础的埋置深度 D 要比其宽度 B 大得多。

桩基础的主要功能是将荷载传至地下较深部的密实岩土层，以满足承载力和沉降的要求。桩基础具有承载力高、沉降量小、沉降速率低等特点，能够承受双向荷载、水平荷载、上拔力以及由机器产生的振动或动力作用等。

6.3.2 桩怎样分类?

【解析】桩的分类，可按承载性状、成桩方法、桩径的大小、桩长的长短等进行。设计时，应正确理解桩分类的内涵。

1. 按承载性状分类

根据在极限承载力状态下，单桩总侧阻力与总端阻力比值是否大于 50% 划分为摩擦型和端承型两个大类，并根据总侧阻力与总端阻力主次情况进一步划分为四个亚类：

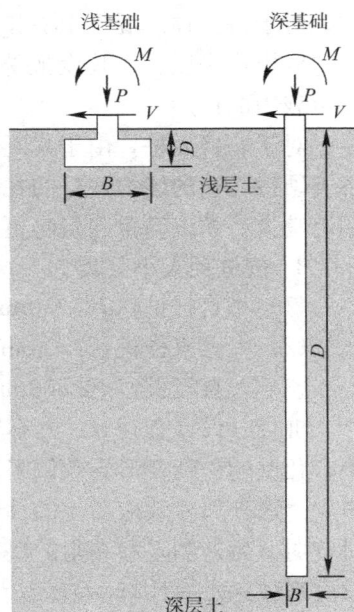

图 6.3.1   浅基础与深基础示意图

（1）摩擦型桩：

摩擦桩：在承载能力极限状态下，桩顶竖向荷载由桩侧阻力承受，桩端阻力小到可以忽略不计；

端承摩擦桩：在承载能力极限状态下，桩顶竖向荷载主要由桩侧阻力承受。

（2）端承型桩：

端承桩：在承载能力极限状态下，桩顶竖向荷载由桩端阻力承受，桩侧阻力小到可以忽略不计；

摩擦端承桩：在承载能力极限状态下，桩顶竖向荷载主要由桩端阻力承受。

承载性状的变化不仅与桩端持力层性质有关，还与桩的长径比、桩周土层性质、成桩工艺等有关。

对于设计而言，应依据基桩竖向承载性状合理配筋、计算负摩阻力引起的下拉荷载、确定沉降计算图式、制定灌注桩沉渣控制标准和预制桩锤击和静压终止标准等。

677

2. 按成桩方法分类

(1) 非挤土桩：干作业法钻（挖）孔灌注桩、泥浆护壁法钻（挖）孔灌注桩、套管护壁法钻（挖）孔灌注桩；

(2) 部分挤土桩：冲孔灌注桩、钻孔挤扩灌注桩、搅拌劲芯桩、预钻孔打入（静压）预制桩、打入（静压）式敞口钢管桩、敞口预应力混凝土空心桩和 H 型钢桩；

(3) 挤土桩：沉管灌注桩、沉管夯（挤）扩灌注桩、打入（静压）预制桩、闭口预应力混凝土空心桩和闭口钢管桩。

按成桩挤土效应分类，经大量工程实践证明是必要的，也是借鉴国外相关标准的规定。成桩过程中有无挤土效应，涉及设计选型、布桩和成桩过程质量控制。

成桩过程的挤土效应在饱和黏性土中是负面的，会引发灌注桩断桩、缩径等质量事故，对于挤土预制混凝土桩和钢桩会导致桩体上浮，降低承载力，增大沉降；挤土效应还会造成周边房屋、市政设施受损；在松散土和非饱和填土中则是正面的，会引起加密、提高承载力的作用。

对于非挤土桩，由于其既不存在挤土负面效应，又具有穿越各种硬夹层、嵌岩和进入各类硬持力层的能力，桩的几何尺寸和单桩的承载力可调空间大。因此钻、挖孔灌注桩使用范围大，尤以高重建筑物更为合适。

3. 按桩径大小分类

(1) 小直径桩：$d \leqslant 250$mm；

(2) 中等直径桩：250mm$< d < 800$mm；

(3) 大直径桩：$d \geqslant 800$mm。

桩径（设计直径 d）大小影响桩的承载力性状，大直径钻（挖、冲）孔桩成孔过程中，孔壁的松弛变形导致侧阻力降低的效应随桩径增大而增大，桩端阻力则随直径增大而减少。这种尺寸效应与土的性质有关，黏性土、粉土与砂土、碎石类土相比，尺寸效应相对较弱。另外侧阻和端阻的尺寸效应与桩身直径 d、桩底直径 D 呈双曲线函数关系，尺寸效应系数：$\psi_{si} = (0.8/d)^m$，$\psi_p = (0.8/D)^n$。

4. 按桩长长短分类

目前关于按桩长（设计桩长 l）的长短进行分类并没有形成统一的认识，按照桩长单一因素进行长桩、短桩的分类并不科学，应综合考虑桩长及其与桩径比值（长径比）的关系。所谓的超长桩，普遍认为是桩长 $l \geqslant 50$m 且长径比 $l/d \geqslant 50$ 的桩。

设计时，应充分考虑桩的长度、长径比及桩径大小对于桩型选择、承载性状、成桩工法选用、施工质量控制等方面的影响。

综合桩端阻力、桩侧阻力的深度效应和上覆压力影响，对于桩的最小长径比，建议按如下原则确定：对于上覆松散、软弱土层的情况，最小长径比宜取不小于 10；对于上下土层变化较小的情况，最小长径比宜取不小于 7；桩端进入持力层的深度不应小于规范规定值，且应考虑桩的长径比接近临界最小值，应适当加深。

6.3.3 常用桩型各自有何特点？

【解析】不同桩型有其特点及适用条件。选择桩型时要做好桩型比选。对于常用桩型的各自主要特点及施工中常见问题，以表格方式列出，方便查阅以及对比分析，参见表6.3.1。

常用桩型的特点及其施工中常见问题

表 6.3.1

桩　型	主要特点	施工中常见问题
泥壁护壁正、反循环灌注桩	可穿透硬夹层进入各种坚硬持力层，桩径、桩长可变范围大；潜水钻正循环在软土层中钻进效率很高	现场泥浆池占地大，外运渣土量大，施工对环境影响大；浆液稠度、相对密度控制失当易产生坍孔、夹泥、沉渣和泥皮厚等质量问题
旋挖成孔灌注桩	可穿透各种地层进入坚硬持力层，成孔效率高，泥浆量少且可重复循环使用，渣土含浆量低，外运量少，施工对环境影响小；漂石中钻进可更换短螺旋钻头，嵌岩时更换嵌岩钻头	成桩直径一般为 800～1200mm，深度限 60m，极软土中成孔易坍孔
长螺旋压灌注桩	适用于在黏性土、粉土、砂土、粒径不超过 100mm 土层中成孔成桩；采取钻孔压灌混凝土，无沉渣、泥皮，质量稳定性好，工效高，造价低，适用于 $\phi500～\phi800$、$l\leqslant25m$ 灌注桩	成桩直径不超过 800mm，深度限 28m，桩端不能进入坚硬碎石层和基岩；采用插钢器后插钢筋笼，保护层厚度控制和确保钢筋笼完全到位难度大；软土中成桩尚无经验
冲击成孔灌注桩	适于含有漂石、碎石土层、岩溶地层中成孔，进尺速度慢，工效低，操作人员少	外运泥浆渣土量大，钻进过程有噪声，遇黏土层钻进效率低，扩孔率大；成孔清底清渣控制不严对桩承载力影响大
人工挖孔灌注桩	适于地面狭小的低水位非软土场地成桩，桩侧桩底土层可直观查验，孔底可清理干净，质量可控性好；桩径可达 5m，最小 1m，桩长不宜超过 30m	易发生人身安全事故，可采用机械成孔条件下应避免采用；当遇有流动性软土夹层和流土流砂时应有可靠应对预案；当孔底有较深积水时，应采用水下灌注混凝土，混凝土初凝前不得于相邻桩孔中抽水
后注浆灌注桩	于钢筋笼上设置桩端和桩侧注浆阀，于灌注混凝土 2d 后实施后注浆，以提高承载力，减小沉降；单桩承载力增幅，对于卵砾、中粗砂持力层为 70%～100%，粉土、黏性土持力层为 40%～70%；桩基沉降可降低 30% 左右；上述 5 种灌注桩均可采用后注浆	后注浆管阀不合格，或浆液水灰比不当，注浆量不够，均会导致注浆效果显著降低；基桩桩身强度低，会导致后注浆的承载力潜能不能发挥
沉管内夯灌注桩	工艺较简单，不排浆排渣，成桩速度快，造价低，但挤土效应的负面影响严重；采用全过程内夯质量稳定性可提高，宜限于墙下单排布桩应用	由于沉管挤土，拔管桩周土回缩，导致桩身缩径、断裂、上涌等现象，在各种桩型中质量事故居于首位，近十年来趋于淘汰；采用全过程内夯可提高桩身密实度
混凝土预制桩	工艺较简单，桩身结构承载力可调幅度大；沉桩挤土效应是设计施工中应考虑的主要因素，在松散土层、可液化土层中应用，合理设计可起到消除湿陷、液化的正面效果	由于沉桩的挤土效应，常发生桩体上涌脱离持力层，增大沉降；桩接头被拉断，桩体倾斜；采取控制沉桩速率、插板排水、设应力释放孔、预钻孔等措施，可提高沉桩质量
预应力混凝土管桩	混凝土强度可达 C60（PC）、C80（PHC），抗裂性能和经济指标较好；可根据地层条件采用敞口桩，降低挤土效应；在松散、液化土中沉桩可收到提高土体密实度的正面效果；应用于 8 度及以上抗震设防区宜根据场地土性分析后确定	挤土效应引发的质量问题与混凝土预制桩相似；由于片面追求经济效益、抢工期，不合理设计和施工而造成的工程事故较多；在基岩面无强风化层和岩面倾斜的情况下，沉桩易出现桩端碎断、滑移

桩 型	主要特点	施工中常见问题
钢管桩	用于土质差、桩很长的情况下有一定技术优势，造价数倍于灌注桩；为提高桩身结构承载力，可采用混凝土灌芯（SCP桩）；对钢材有强腐蚀性的环境下不应采用	挤土效应虽不至于造成断桩、缩径，但引起移位、上涌仍难免；上海中心大厦工程采用C50后注浆灌注桩取代上海超高层钢管桩已取得成功

6.3.4 深厚软土场地选用哪些桩型?

【解析】对于多层、小高层建筑，可选用预制方桩、预应力管桩或空心方桩，其关键是沉桩质量控制，在桩距符合规范要求的前提下要采取消减沉桩挤土效应措施，对于墙下布置单排桩的情况下有利于质量控制。对于抗震设防烈度为 8 度及以上的液化土、深厚软土地区，不宜采用常规的预应力管桩。

由于沉管灌注桩事故频发，PHC 和 PC 管桩迅猛发展，预应力管桩不存在缩径、夹泥等质量问题，其质量稳定性优于沉管灌注桩。需要注意的是：一、沉桩过程的挤土效应常常导致断桩（接头处）、桩端上浮、增大沉降，以及对周边建筑物和市政设施造成破坏等；二、预制桩不能穿透硬夹层，往往使得桩长过短，持力层不理想，导致沉降过大；三、预制桩的桩径、桩长、单桩承载力可调范围小，不能或难于按变刚度调平原则优化设计。因此，预制桩的使用要因地、因工程对象制宜。

对于高层和超高层建筑，宜采用钻孔灌注桩。灌注桩可穿透硬夹层达到较好持力层，可灵活调整桩径、桩长，有利于优化布桩，可采用后注浆增强桩的承载力，尤其适合于荷载极度不均的框-筒、筒-筒结构。如上海浦东新建的高度超 600m 的上海中心大厦，成功采用混凝土强度等级为 C50 的后注浆灌注桩。

6.3.5 扩底桩设计应注意哪些问题?

【解析】扩底桩用于持力层较好、桩较短的端承型灌注桩，可取得较好的技术经济效益。设计时要避免走入误区：一、在桩侧土层较好、桩较长、桩端持力层性质接近于桩侧土层情况下实施扩底，会导致得失相当或失大于得。因为扩底将导致扩底端以上一定范围侧阻力降低，并增加施工难度和费用。这时采取桩底桩侧后注浆增强措施更为有效；二、在存在软弱下卧层的情况下实施扩底，会导致软弱下卧层的压缩量增大、沉降增加；三、多桩承台情况下扩底，将导致桩距加大，承台材料消耗增加。

对于基桩承受上拔力（包括抗拔桩、抗浮桩）的情况，实施扩底是提高抗拔承载力的方法之一，建议与桩侧后注浆进行技术经济效果比较，择优选用。一般说来，当桩侧有砂、粉土层时，桩侧注浆增强效果明显；当桩端以上一定范围土层强度较高时，实施扩底，可为扩底部分提供较大抗拔阻力。

扩底施工方法可采用人工扩底，也可采用机械扩底。在低水位、非饱和土中，人工挖孔、扩底，可进行彻底清孔，直观检查持力层，因此质量稳定性较高。但是，设计时应注意在高水位条件下采用人工挖孔桩所带来的潜在隐患，有的工程边挖边抽水，以致将桩侧细颗粒淘空，引起地面下沉，甚至导致护壁整体滑脱，造成人身事故；有的工程将相邻新灌注混凝土的水泥颗粒带走，造成离析。

6.3.6　嵌岩桩设计时应注意哪些问题？

【解析】场地基岩埋藏深度、建筑物荷载大小与埋深是考虑是否采用嵌岩桩的三个主要因素。

鉴于嵌岩桩嵌岩费用和工时较多，设计应力求充分发挥基岩和桩身材料的潜能，做到桩身抗压承载力与岩土侧阻端阻总承载力匹配，桩身混凝土强度等级不宜低于C40。对于超高层建筑，可采取增加桩身配筋（随深度变截面）、提高混凝土强度等级（大于C40）来提高桩身轴压承载能力。

嵌岩桩的设计要避免走入两个误区：一是凡嵌岩桩必为端承桩，即不计上覆土层的桩侧阻力；二是为提高嵌岩桩的承载力，对于强度高于混凝土的硬质岩也实施扩底。

设计时，不仅要关注岩土工程勘察报告给出的岩石的强度指标，还要注意对岩石的坚硬程度和风化程度的评价，更应注意对于岩体完整程度、岩体结构类型的分析评价，特别要充分考虑节理、裂隙、破碎带、薄弱面等软弱结构面的影响。

对于强风化层厚且土质较好（如花岗岩）的情况，可根据承载力要求、成桩难度等因素，选择强风化层为桩端持力层，入岩部分的侧阻力和端阻力可按其风化层状态按碎石类、砂类土确定，这种情况下，桩属于非嵌岩桩。

某工程的嵌岩桩，通过静载荷试验得出的单桩竖向承载力特征值差别明显，其中TP1单桩承载力特征值仅为TP2和TP3两桩平均值的64%，如图6.3.2所示，究其原因系持力层层顶标高起伏大造成嵌岩深度不稳定加之桩底沉渣控制不理想所致。

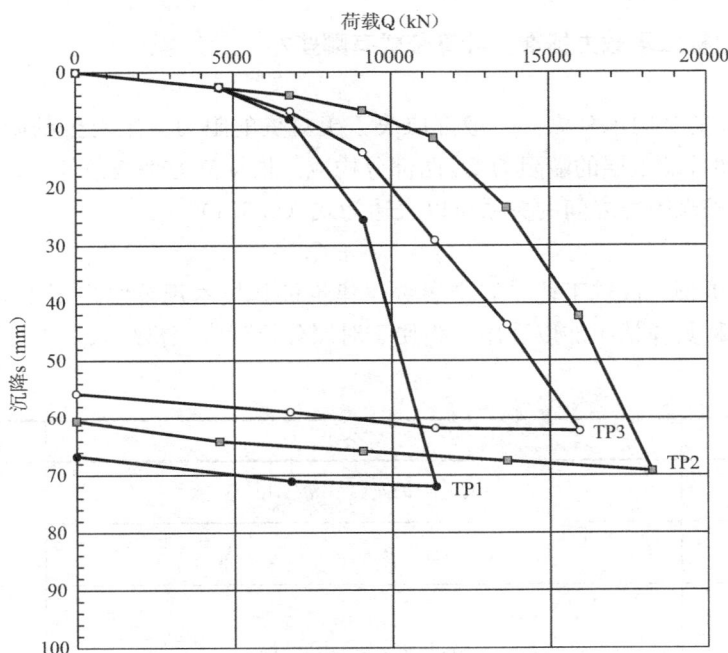

图 6.3.2　某工程嵌岩桩单桩载荷试验曲线

6.3.7 岩溶场地桩基设计需要注意哪些问题？

【解析】岩溶场地不宜选用预制桩，因基岩面起伏变化大，且水溶岩表面往往不存在风化岩，预制桩桩尖无法入岩，导致桩尖处于不稳定状态，且可能在沉桩过程桩尖出现滑移折损。

岩溶地区采用灌注桩是势在必然，但岩溶地质条件变化莫测，成桩过程可能出现十分复杂的问题，使得桩基础施工成为一个复杂的特殊难题，有时甚至是成败的关键所在，要因地制宜地分析应对。如穿过溶洞时的成桩方法有：钢或混凝土套管护壁法；先灌注水泥土后钻孔成桩法等。又如当溶洞之上土层较弱，上下难以连续成桩时，可采用旋喷、搅拌等先行加固软弱上覆土层。又如当洞体跨距较小而上覆土层较厚，桩深较长、灌注混凝土流失量过大时，可考虑将桩调整为直径较小较短的桩，并实施桩底桩侧后注浆，形成整体性强、刚度大的持力层承担建筑物荷载。江西宜春的邮电大厦（高 100m）桩基就是采用这种形式。

对于大直径嵌岩桩，为确保设计可靠性，必须确定桩底面以下一定深度内岩体性状，勘探点应逐桩布置，勘探深度应不小于桩底面以下 3 倍桩径，即 $3d$，或 $3D$（对于扩底桩），并不小于 5m，当相邻桩底的基岩面起伏较大时应适当加深。逐桩勘探的通常做法是一桩一探，对于特殊复杂的岩溶地质条件，则需要一桩多探，确保在桩底端应力扩散范围内不存在岩体临空面并保证岩基的稳定性。应根据逐桩勘探成果资料、岩土工程详细勘察报告进行桩基设计，针对各个桩的持力层选择、入岩深度、承载力取值进行计算分析。

岩溶治理与桩基施工相结合是行之有效的，设计时应全面综合考虑。

6.3.8 单桩竖向极限承载力标准值计算公式有哪些？

【解析】单桩的竖向承载力，一般都取决于土对桩的阻力。土对桩的阻力，由桩侧表面的侧阻力 Q_s 和桩端土层的端阻力 Q_p 两部分构成。根据静力平衡条件，桩上作用的荷载 Q 与桩侧阻力及桩端阻力之间的关系可以表达为式（6.3.1）。

$$Q = Q_s + Q_p \qquad (6.3.1)$$

对应于不同桩型、成桩工艺、岩土参数，建筑桩基技术规范给出了不同的计算公式，设计时应根据工程具体情况加以选用。为便于对照分析列为表格形式，参见表 6.3.2。

表 6.3.2

桩　型	计算公式	关键计算参数
混凝土预制桩	$Q_{uk} = u\sum q_{sik}l_i + \alpha p_{sk}A_p$	单桥探头静力触探资料
混凝土预制桩	$Q_{uk} = u\sum l_i \cdot \beta_i \cdot f_{si} + \alpha \cdot q_c \cdot A_p$	双桥探头静力触探资料
混凝土预制桩泥浆护壁钻孔桩、冲孔桩干作业灌注桩	$Q_{uk} = u\sum q_{sik}l_i + q_{pk}A_p$	经验参数

桩 型	计算公式	关键计算参数
大直径桩	$Q_{uk} = u\Sigma\psi_{si}q_{sik}l_i + \psi_p q_{pk}A_p$	尺寸效应系数
后注浆灌注桩	$Q_{uk} = u\Sigma q_{sjk}l_j + u\Sigma\beta_{si}q_{sik}l_{gi} + \beta_p q_{pk}A_p$	后注浆增强系数
嵌岩桩	$Q_{uk} = u\Sigma q_{sik}l_i + \zeta_r f_{rk}A_p$	岩石饱和抗压强度标准值
敞口预应力混凝土空心桩	$Q_{uk} = u\Sigma q_{sik}l_i + q_{pk}(A_j + \lambda_p A_{p1})$	桩端土塞效应系数

设计时，针对不同桩型，应按照建筑桩基技术规范选择相应计算方法，并应注意适用条件，同时还要注意侧阻力、端阻力的设计取值，参见"6.3.9 侧阻力、端阻力有哪些不同符号"。

6.3.9 侧阻力、端阻力有哪些不同符号?

【解析】不同的规范中所给出的侧阻力、端阻力的术语与符号并不一致，以表格方式列出，方便查阅以及对比分析，参见表 6.3.3。

侧阻力、端阻力符号汇总　　　　　　　　　　　　表 6.3.3

规范简称	侧阻力	端阻力
建筑地基基础设计规范 GB 50007—2011	侧阻力特征值桩周土的摩擦力特征值 q_{sa}	端阻力特征值桩端土的承载力特征值 q_{pa}
建筑桩基技术规范 JGJ 94—2008	极限侧阻力标准值 q_{sk}	极限端阻力标准值 q_{pk}
北京市标准《北京地区建筑地基基础勘察设计规范》DBJ 11—501—2009	桩侧阻力标准值 q_s	桩端阻力标准值 q_p
上海市标准《地基基础设计规范》DGJ 08—11—2010	桩周土的极限摩阻力标准值 f_s	桩端处土的极限端阻力标准值 f_p

在上述规范中，建筑桩基技术规范和上海市地基基础设计规范，侧阻力、端阻力的工程意义相同，国家标准建筑地基基础设计规范和北京地区建筑地基基础勘察设计规范的工程意义相同。设计时，应注意区分。

下面对于《建筑地基基础设计规范》GB 50007—2011 和《建筑桩基技术规范》JGJ 94—2008 加以说明。

建筑桩基技术规范:

$$R_a = Q_{uk}/K \tag{6.3.2}$$

$$Q_{uk} = u\Sigma q_{sik}l_i + q_{pk}A_p \tag{6.3.3}$$

建筑地基基础设计规范:

$$R_a = u\Sigma q_{sia}l_i + q_{pa}A_p \tag{6.3.4}$$

按照建筑桩基技术规范，依据岩土工程勘察报告给出的侧阻力极限标准值 q_{sk} 和端阻力极限标准值 q_{pk}，先计算得到单桩竖向极限承载力标准值 Q_{uk} 的计算值，后得到单桩竖向承载力特征值 R_a 的计算值。

当岩土工程勘察报告给出的是侧阻力特征值 q_{sa} 和端阻力特征值 q_{pa} 时，则可按照国家标准《建筑地基基础设计规范》直接计算得出单桩竖向承载力特征值 R_a 的计算值。北京市标准《北京地区建筑地基基础勘察设计规范》DBJ 11—501—2009 的侧阻力与端阻力的标准值，其工程意义与《建筑地基基础设计规范》GB 50007—2011 的特征值等同。

6.3.10 同一场地同样的桩，其承载力一样吗？

【解析】即便是同一场地的同一桩型，相同设计参数的桩，即同桩径、同桩长的桩，其实际承载力也存在着差别。

造成这种承载力差别的因素有很多：场地内土层分布有变化、各桩的实际入土深度（或进入持力层的深度）不同、各桩的实际桩径不等（尤其对钻孔灌注桩而言）、各桩的垂直度偏差大小不同、灌注桩桩底处沉渣厚度不等、各桩在桩群中的具体位置不同、打入桩的打入次序先后不一以及预制桩打入过程中所受挤土影响不同等因素都会在不同程度上影响着桩的实际承载力。

设计时，不仅需要获得桩承载力的值，更应当关注其在荷载作用下变形量的变化。某项目采用后注浆钻孔灌注桩，在施工完成后，通过单桩静载荷试验所进行的承载力检测，表明工程桩承载力均满足设计要求，但由图 6.3.3 可以看出，对应于最大试验荷载以及等同于承载力特征值的试验荷载，桩顶沉降量均有差别。

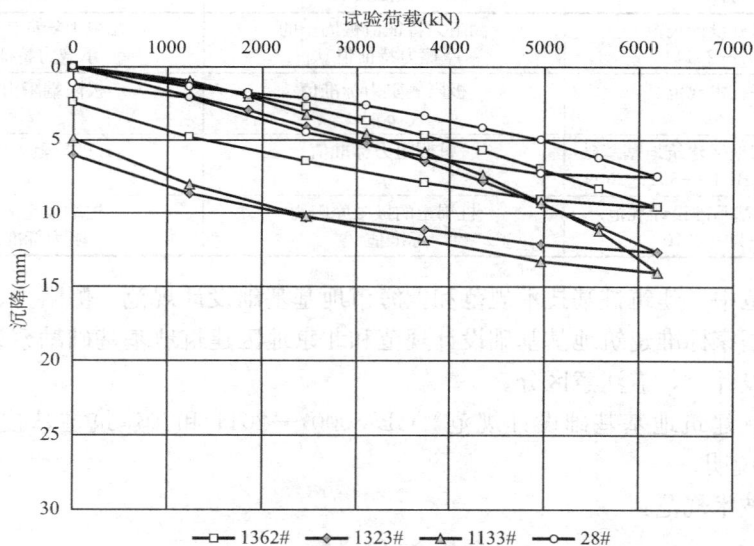

图 6.3.3 某项目的工程桩承载力检测 $Q\text{-}s$ 曲线

桩承载力的离散性目前尚难以准确评估和计算，但它却可以反映施工技术实际水平和施工实际质量的差异。在其他条件相同的情况下，承载力值的离散性大，则往往说明在施工工艺、施工方法、施工机具、施工管理等方面存在着问题。一般情况下，预制桩承载力值的离散性要比灌注桩的小，灌注桩中人工挖孔桩的承载力离散性相对较小。

6.3.11 单桩与群桩中的一根桩承载特性有何不同？

【解析】单桩（$n=1$）的静荷载试验曲线不能代表群桩的静荷载试验曲线，群桩的桩数（n）愈多，与单桩的差别愈大。因此，需要了解单桩与群桩在荷载作用下的异同。

单桩，单根桩（即 Single pile），与一根桩在语义上是有区别的，却常常因混用而混淆，应将"单桩"理解为是"单独一根桩"的简化表达。

单桩试验曲线所得的极限荷载最小，群桩中每一根桩的极限荷载均比单桩的大，所以用单桩试验曲线来推定群桩中每一根桩的极限荷载是偏于安全的。

在相同的平均荷载（Q）作用下，单桩试验曲线所得的沉降量（s）最小，群桩的沉降量均比单桩的大，所以用单桩试验曲线来推定群桩的沉降量是偏于不安全的。桩的群桩效应与天然地基上，在相同基底压力下的基础面积效应一样，对沉降而言，面积愈大则沉降也愈大，对此，必须要有正确的概念。

6.3.12 沉渣厚度控制标准是多少？

【解析】根据灌注桩承载性状研究，对于桩底不同沉渣厚度的试桩结果表明，沉渣厚度大小不仅影响端阻力的发挥，而且也影响侧阻力的发挥值，因此《建筑桩基技术规范》JGJ 94—2008 对于钻孔灌注桩孔底沉渣厚度控制标准进行了修订。

对于钻孔灌注桩，钻孔达到设计深度，灌注混凝土之前，应及时清理孔底沉渣，使其厚度达到表 6.3.4 所列控制标准。

钻孔灌注桩孔底沉渣厚度控制标准 表 6.3.4

桩的类型	孔底沉渣厚度控制标准
端承型桩	≤50mm
摩擦型桩	≤100mm
抗拔桩	≤200mm
抗水平力桩	≤200mm

钢筋笼吊装完毕后，应安置导管或气泵管二次清孔，并应进行孔位、孔径、垂直度、孔深、沉渣厚度等检验，合格后应立即灌注混凝土。

第四章　地基处理

第一节　地基处理方法简介

6.4.1　何谓软弱地基？

【解析】软弱地基是指主要由淤泥、淤泥质土、冲填土、杂填土、松散砂土或其他高压缩性土层构成的地基。在建筑地基的局部范围内有高压缩性土层时，应按局部软弱土层处理。

软弱土的分类与定名：

（1）淤泥与淤泥质土

淤泥为在静水或缓慢的流水环境中沉积，并经生物化学作用形成，其天然含水量大于液限、天然孔隙比大于或等于 1.5 的黏性土。

当天然含水量大于液限而天然孔隙比小于 1.5 但大于或等于 1.0 的黏性土或粉土为淤泥质土，包括淤泥质黏土、淤泥质粉质黏土、淤泥质粉土。

（2）人工填土

根据组成和成因，可分为素填土、压实填土、杂填土、冲填土。

素填土是指有碎石土、砂土、粉土、黏性土等组成的填土。

经过压实夯实的素填土为压实填土。

杂填土是指含有建筑垃圾、工业废料、生活垃圾等杂物的填土。

冲填土是指由水力冲填泥砂形成的填土。

（3）松散砂土是指相对密实度 D_r 低于 1/3，或标准贯入试验锤击数不大于 10 的砂土。饱和松散砂土受振动容易发生液化。

对于软弱地基，勘察时应查明软弱土层的均匀性、组成、分布范围和土质情况。对于冲填土，尚应了解排水固结条件。对于杂填土，应查明堆积历史，明确自重下稳定性、湿陷性等基本因素。

对于软弱地基，设计时应考虑上部结构和地基的共同作用。对建筑体型、荷载情况、结构类型和地质条件进行综合分析，确定合理的建筑措施、结构措施和地基处理方法。

当地基承载力或变形不能满足设计要求时，地基处理可选用机械压实（夯实）、预压法、换填垫层法和复合地基等方法。其中机械压实包括重锤夯实、强夯、振动压实等方法，可用于处理由建筑垃圾或工业废料组成的杂填土地基；预压法适用于处理淤泥、淤泥质土、冲填土地基。

6.4.2　地基处理常用方法有哪些？适用范围如何？

【解析】常用的地基处理方法的定义、适用范围及注意事项，参照《建筑地基处理技术规范》JGJ 79—2012 处理方法的排序，分别说明如下：

1. 换填垫层法

（1）定义：挖除基础底面下一定范围内的软弱土层或不均匀土层，回填其他性能稳定、无侵蚀性、强度较高的材料，并夯压密实形成垫层的地基处理方法。

垫层的材料可选用砂石、粉质黏土、灰土、粉煤灰、矿渣或其他工业废渣。

在垫层材料内铺设单层或多层水平向的土工合成材料作为加筋材料而形成的垫层称为土工合成材料加筋垫层，应采用抗拉强度较高、耐久性好、抗腐蚀的土工带、土工格栅、土工格室、土工垫或土工织物等土工合成材料，垫层填料宜用碎石、角砾、砾砂、粗砂或中砂等材料。

（2）适用范围：适用于浅层软弱地基及不均匀土层的地基处理。

垫层设计应满足建筑地基的承载力和变形要求。在软土地基上使用加筋垫层时，应保证建筑物稳定并满足允许变形的要求。

换填垫层的厚度应根据置换软弱土的深度以及下卧土层的承载力确定，其厚度宜为0.5～3.0m。换填垫层的厚度通常控制在3m以内较为经济合理，不宜大于3m，其原因是考虑到挖方填方施工量大、质量控制要求高以及地下水影响，换填垫层厚度过大时不仅处理工程费用增高、工期拖长而且对周边环境影响增大，此时应进行地基处理多方案的技术经济比选。

2. 预压法

（1）定义：在地基上进行堆载预压或真空预压，或联合使用堆载和真空预压，使地基土固结压密的地基处理方法。包括堆载预压法和真空预压法。

（2）适用范围：适用于处理淤泥质土、淤泥和冲填土等饱和黏性土地基。

3. 用于大面积大厚度填方的压实法

（1）定义：利用平碾、振动碾、冲击碾或其他碾压设备将填土分层碾压密实处理的地基处理方法。

（2）适用范围：开山填谷、炸山填海、围海造田、人工造山等大面积大厚度填方的填土地基工程。

压实填土按设计要求分层压实。对其填料性质和施工质量有严格控制，其承载力和变形需满足地基设计要求。填方下的原有天然地基的承载力、变形和稳定性要经过验算并满足设计要求后方可进行填方的填筑和压实。一般情况下应进行填方地基底面处理。同时，应重视大面积填方工程的排水设计和半挖半填地基上建筑物的不均匀变形问题。

4. 夯实法

（1）定义：反复将夯锤提到高处使其自由落下，给地基以冲击和振动能量，将地基土夯击密实处理或夯击置换形成密实墩体的地基处理方法。夯实法可分为强夯法和强夯置换法。

（2）适用范围

强夯法适用于处理碎石土、砂土、低饱和度的粉土与黏性土、湿陷性黄土、素填土和杂填土等地基，对于软土地基，若未采取辅助措施，一般来说处理效果不好。

强夯置换法适用于高饱和度的粉土与软塑流塑的黏性土地基上对变形要求不严格的工程。

强夯施工前，应在施工现场有代表性的场地上选取试验区进行试夯或试验性施工。强夯置换法必须通过现场试验确定其适用性和处理效果，否则不得采用。

强夯置换墩的深度应由土质条件决定，除厚层饱和粉土外，应穿透软土层，到达较硬土层上，深度不宜超过 10m。

5. 振冲碎石桩法

（1）定义：在振冲孔内加填碎石回填料，制成密实的振冲桩柱，桩间土受到不同程度的挤密和振密进而形成复合地基的地基处理方法。

（2）适用范围：适用于处理砂土、粉土、粉质黏土、素填土和杂填土等地基，以及用于处理可液化地基。

不加填料的振冲挤密法适用于处理黏粒含量不大于 10% 的中砂、粗砂地基。

对于处理不排水抗剪强度不小于 20kPa 的饱和黏性土和饱和黄土地基，应在施工前通过现场试验确定其适用性。

6. 沉管砂石桩法

（1）定义：采用振动或锤击沉管等方式在软弱地基中成孔后，再将砂、碎石或砂石混合料通过桩管挤压入已成的孔中，在成桩过程中逐层挤密、振密，形成大直径的砂石体所构成的密实桩柱体并与其周围土体形成复合地基的地基处理方法。

（2）适用范围：适用于处理松散砂土、粉土、黏性土、可挤密的素填土及杂填土等地基，以及用于处理可液化地基。

对于处理不排水抗剪强度不小于 20kPa 的饱和黏性土和饱和黄土地基，应在施工前通过现场试验确定其适用性。在饱和黏土地基上，对变形控制要求不严的工程，才可采用砂石桩置换处理。

7. 水泥土搅拌桩法

（1）定义：以水泥作为固化剂的主要材料，通过深层搅拌机械，将固化剂和地基土强制搅拌形成竖向增强体进而形成复合地基的地基处理方法。

根据固化剂掺入状态的不同，可分为浆液搅拌和粉体搅拌两种。前者是用浆液和地基土搅拌（简称湿法），例如使用水泥浆作为固化剂的水泥土搅拌桩。后者是用粉体和地基土搅拌（简称干法），例如使用干水泥粉作为固化剂的水泥土搅拌桩（常称作粉喷桩）。

（2）适用范围：适用于处理正常固结的淤泥、淤泥质土、素填土、黏性土（软塑～可塑）、粉土（稍密～中密）、粉细砂（松散～中密）、中粗砂（松散～稍密）、饱和黄土等土层。

当地基土的天然含水量 w 小于 30%（黄土含水量 w 小于 25%）时不宜采用干法（粉体搅拌法）。冬期施工时，应注意负温对处理效果的影响。

用于处理泥炭土、有机质土、pH 值小于 4 的酸性土、黏土（塑性指数 I_P 大于 25），或在腐蚀性环境中以及无工程经验的地区使用时，必须通过现场试验和室内试验确定其适用性。

8. 旋喷桩法

（1）定义：通过钻杆的旋转、提升，高压水泥浆由水平方向的喷嘴喷出，形成喷射流，以此切割土体并与土拌合形成水泥土竖向增强体进而形成复合地基的地基处理方法。

（2）适用范围：适用于处理淤泥、淤泥质土、黏性土（流塑、软塑和可塑）、粉土、砂土、黄土、素填土和碎石土等地基。

对于旋喷桩方案，应结合工程情况进行现场试验，确定施工参数及工艺。对于湿陷性黄土地基因目前试验资料和施工实例较少，亦应预先进行现场试验。

对于土中含有较多的大直径块石、大量植物根茎和高含量的有机质时，以及地下水流速较大的工程，由于处理效果差别较大，应根据现场试验结果确定其适用性。

9. 灰土挤密桩法（土挤密桩法）

（1）定义：用灰土（素土）填入桩孔内分层夯实形成竖向增强体进而形成复合地基的地基处理方法。

（2）适用范围：适用于处理地下水位以上的粉土、黏性土、素填土、杂填土和湿陷性黄土等地基，可处理地基的深度宜为 3～15m。

当以消除地基土的湿陷性为主要目的时，可选用土挤密桩法。

当以提高地基土的承载力或增强其水稳定性为主要目的时，宜选用灰土挤密桩法。

当地基土的含水量（w）大于 24%、饱和度（S_r）大于 65%时，由于在成孔和拔管过程中桩孔及其周边土容易缩径和隆起，挤密效果差，故不宜选用灰土挤密桩法或土挤密桩法，应通过试验确定其适用性。

10. 夯实水泥土桩法

（1）定义：将水泥和土按设计的比例拌合均匀，在桩孔内夯实形成竖向增强体进而形成复合地基的地基处理方法。

（2）适用范围：适用于处理地下水位以上的粉土、黏性土、素填土和杂填土等地基。处理深度不宜大于 15m。当采用人工洛阳铲成孔时，处理深度宜小于 6m。

11. 水泥粉煤灰碎石桩法（CFG 桩法）

（1）定义：在土中灌注形成竖向增强体（CFG 桩）进而与桩间土和褥垫层形成复合地基的地基处理方法。

CFG 桩原是指由水泥（Cement）、粉煤灰（Flyash）、碎石（Gravel）、石屑或砂等混合料加水拌合形成高粘结强度的桩柱体。目前普遍采用的是长螺旋钻机成孔、中心压灌商品混凝土的 CFG 桩成桩工艺，此时 CFG 桩为非挤土（或部分挤土）的素混凝土桩。

（2）适用范围：适用于处理黏性土、粉土、砂土和自重固结已完成的素填土地基。

对淤泥质土应按地区经验或通过现场试验确定其适用性。

12. 柱锤冲扩桩法

（1）定义：用柱锤（柱状重锤）冲击方法成孔并分层夯扩填料形成竖向增强体进而形成复合地基的地基处理方法。

（2）适用范围：适用于地下水位以上的杂填土、粉土、黏性土、素填土和黄土等地基。

对地下水位以下饱和土层处理，应通过现场试验确定其适用性。处理地基的深度不宜超过 10m。

13. 多桩型组合桩法

（1）定义：采用两种或两种以上不同材料增强体，或采用同一材料、不同长度增强体加固形成复合地基的地基处理方法。

（2）适用范围：适用于处理不同深度存在相对硬层的正常固结土，或浅层存在欠固结土、湿陷性黄土、可液化土等特殊土，以及地基承载力和变形要求较高的地基。

对于"地基承载力和变形要求较高的地基"的正确理解，由于场地土具有特殊性，采用一种增强体处理后达不到设计要求的地基承载力和变形要求，如浅部存在相当硬层而短桩复合地基达不到地基承载力和变形的设计要求，需要辅以长桩而复合地基的承载力和变形方可达到设计要求，又如需要采用一种增强体有针对性地处理特殊性土（软土、欠固结土、湿陷性黄土、可液化土），再采用另一种增强体处理，最终使得复合地基达到设计要求。

6.4.3 地基处理方法按哪些步骤确定？

【解析】在选择地基处理方案时，应遵循地基设计原则，经过技术经济比较，选用处理地基或加强上部和处理地基相结合的方案。地基处理方法确定步骤，大体上可分为五个主要步骤，包括：明确要求与条件，初步考虑，初步选定，现场试验，测试与评价。具体说明如下：

1. 明确要求与条件

第一步首先掌握建筑体型、结构类型、荷载大小及使用要求，明确岩土工程条件，包括地形地貌、地层结构、土质条件、地下水特征，了解环境情况和对邻近建筑的影响等因素。

2. 初步考虑

第二步根据已经明确的要求与条件，进行综合分析，初步选出几种可供考虑的地基处理方案，包括选择两种或多种地基处理措施组成的综合处理方案。

3. 初步选定

第三步是对初步选出的各种地基处理方案，分别从加固原理、适用范围、预期处理效果、耗用材料、施工机械、工期要求和对环境的影响等方面进行技术经济分析和对比，初步选定相对最佳的地基处理方法。

4. 现场试验

第四步是对已选定的地基处理方法，应按建筑物地基基础设计等级和场地复杂程度，以及该地基处理方法在本地区使用的成熟程度，在场地有代表性的区域进行相应的现场试验或试验性施工。

5. 测试与评价

第五步是对于试验场地已处理的地基，进行必要的测试，以检验设计参数和评价处理效果。如达不到设计要求时，应查明原因，修改设计参数或调整地基处理方法。

上述确定地基处理方法的步骤，可写作图 6.4.1 所示的步骤框图。

当重新选择地基处理方法时，仍应按照上述五个步骤进行。

对于欠固结土、膨胀土、湿陷性黄土、可液化土等特殊土地基，设计时要综合考虑土体的特殊性质，选用适当的增强体和施工工艺。

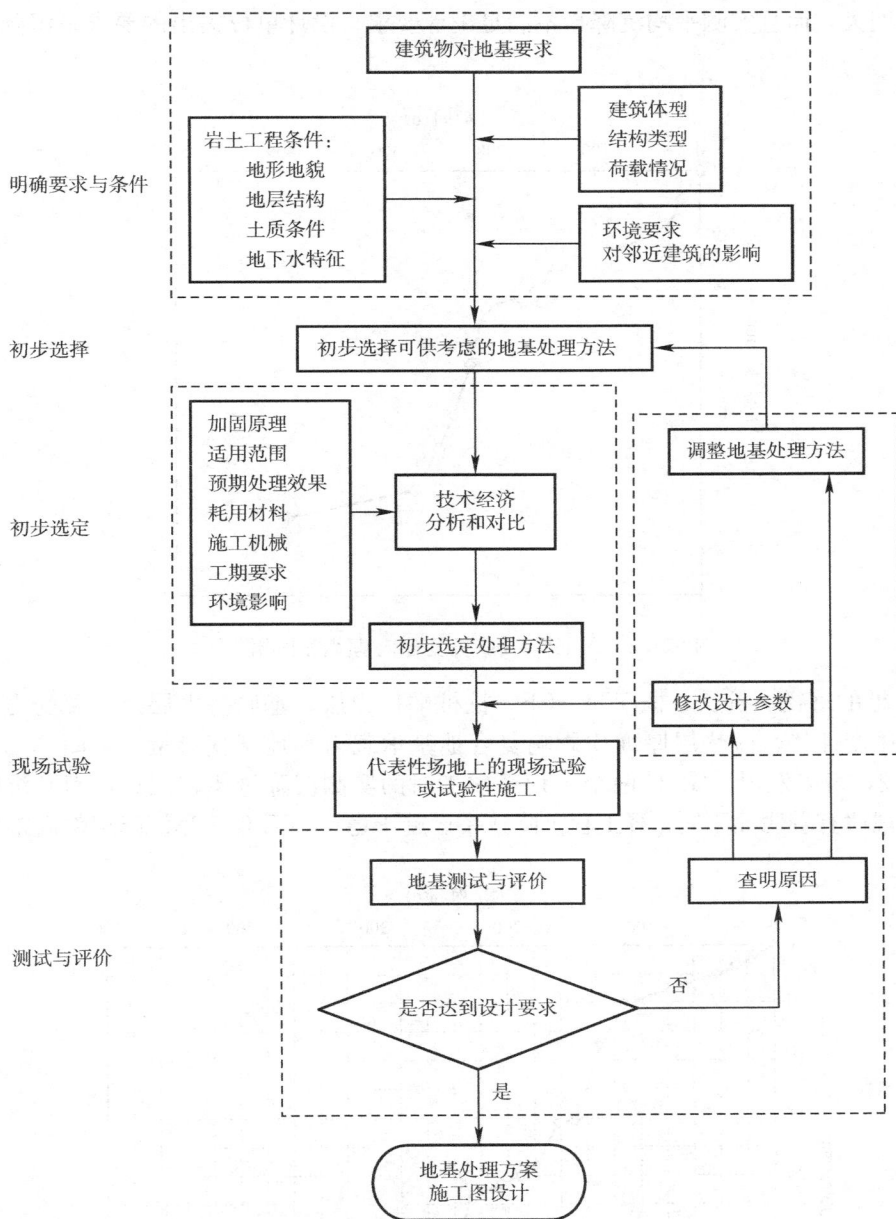

图 6.4.1 地基处理方法确定步骤框图

第二节 CFG 桩复合地基设计

6.4.4 CFG 桩复合地基沉降变形有怎样的特点？

【解析】据现有资料，CFG 桩复合地基目前的沉降计算值往往偏小，其沉降变形，特别是后期沉降量不可忽略。如图 6.4.2 可知，该工程 CFG 桩复合地基的后期沉降量速率明显较前期大，而且实测平均沉降量不满足设计要求，设计单位提出的要求是沉降量不大于 50mm。

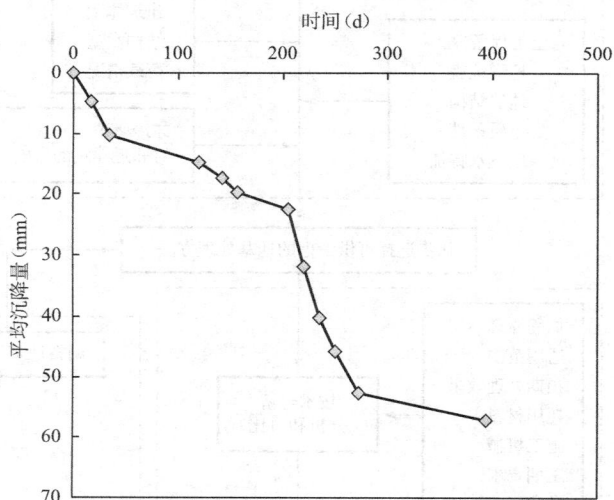

图 6.4.2　A 工程 CFG 桩复合地基实测平均沉降

CFG 桩的桩径、桩长、桩间距，CFG 桩桩端持力层、基底持力层及主要受力层范围内土层的压变性状，褥垫层厚度均影响复合地基承载力和地基变形量。由图 6.4.3 和图 6.4.4 比较，可以发现，B、C 两个工程至竣工时的实测沉降量比较接近，而其沉降随时间的变化规律有着明显不同，B 工程沉降速率已趋于稳定，而 C 工程沉降速率尚未放缓。

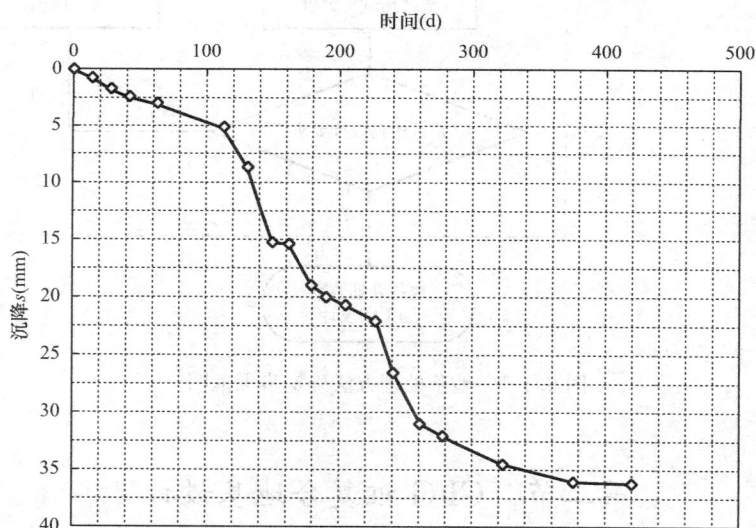

图 6.4.3　B 工程 CFG 桩复合地基实测沉降变形

研究表明采用 CFG 桩法处理后的地基，附加应力分布不再符合布氏解理论，其桩端下的应力分布条件以及相应的沉降规律都应进一步研究。

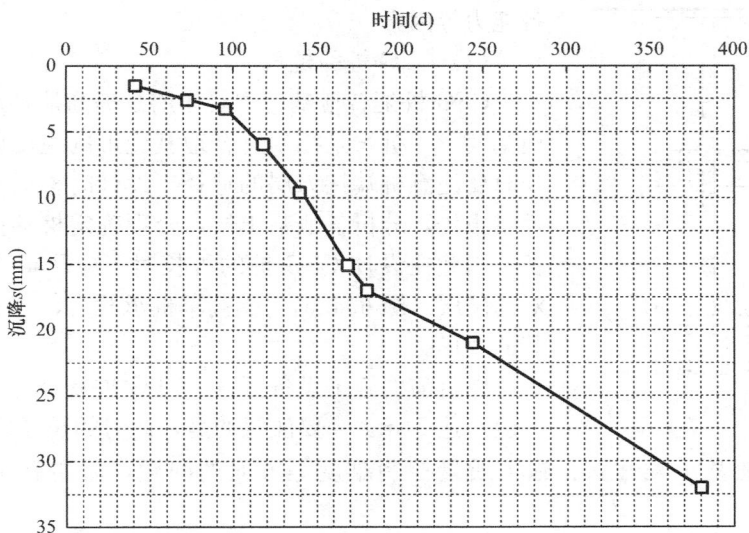

图 6.4.4　C 工程 CFG 桩复合地基实测沉降变形

CFG 桩复合地基沉降变形的长期观测至关重要，应得到有关方面的重视。《建筑地基处理技术规范》JGJ 79—2012 第 10.2.7 条（强制性条文）：处理地基上的建筑物应在施工期间及使用期间进行沉降观测，直至沉降达到稳定为止。

【提示】CFG 桩复合地基的沉降变形的特点，不仅对于其总沉降量的控制，更重要的是对于差异沉降的控制与协调，会产生重要影响，需要深入研究。

6.4.5　CFG 桩复合地基方案如何设计？

【解析】CFG 桩法是目前被广泛采用的地基处理工法。CFG 桩复合地基设计应满足建筑物地基承载力、变形和稳定性要求。CFG 桩复合地基设计应遵循按变形控制的原则。设计时通常将承载力计算与变形计算分开来进行，先根据承载力设计要求确定复合地基设计参数，然后进行变形计算，根据总沉降量、差异沉降量、倾斜等变形特征的限值，再调整复合地基各个参数。

CFG 桩复合地基承载力特征值 f_{spk} 可按式（6.4.1）估算：

$$f_{spk} = m \frac{\lambda R_a}{A_p} + (1 - m) \cdot \beta f_{sk} \tag{6.4.1}$$

由上式，CFG 桩复合地基设计时主要确定 5 个参数，分别为单桩竖向承载力特征值 R_a（包含桩长、桩径）、桩体强度、桩间距、褥垫层厚度、桩间土承载力取值。需要注意的是，要强化概念设计，这 5 个参数并非彼此孤立，若处理得当，则会达到相辅相成的效果，反之则相互掣肘。计算时，需要特别注意 3 个发挥系数，即端阻力的发挥系数 α_p、增强体单桩承载力的发挥系数 λ 以及桩间土承载力的发挥系数 β 的设计取值。

1. R_a 设计取值与桩体强度

单桩竖向承载力特征值 R_a 主要取决于桩径和桩长两个指标。通常采用的桩径规格为 400mm。确定桩长时应考虑建筑物对复合地基的承载力和变形的要求、地基土质条件和设

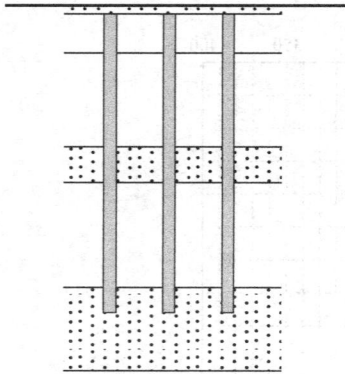

图 6.4.5　CFG桩持力层示意

备能力等因素。

（1）CFG桩的桩长

CFG桩复合地基的主要作用是提高地基承载力和减少地基变形，桩长是控制复合地基变形的主要因素，确定桩长时要注意桩端持力层的选择。设计时根据岩土工程详细勘察报告，分析各地基土层，合理确定桩端持力土层和桩长。因此在设计CFG桩的桩长时，应尽量使桩长达到相对的硬层（图6.4.5），提高单桩承载力，控制减少复合地基的变形。

以目前的施工设备而言，CFG桩复合地基的处理深度一般可达24m。需要注意的是，此时的长径比（l/d）已达60，对于复合地基承载性状、施工质量控制难度等方面的问题，需要有正确的认识和把握。

（2）单桩承载力 R_a 的计算与设计取值

1）计算方法

单桩承载力 R_a 应满足式（6.4.2）和式（6.4.3）的双控要求：

$$R_a = \frac{Q_{uk}}{K} = \frac{u_p \sum_{i=1}^{n} q_{sik} l_{pi} + \alpha_p q_p A_p}{K} \tag{6.4.2}$$

$$R_a \leqslant \frac{f_{cu} A_p}{4\lambda} \tag{6.4.3}$$

R_a 计算时，必须仔细查看勘察报告，注意区分侧阻力及端阻力的参数，究竟是特征值还是按照建筑桩基技术规范提供的极限标准值。同时，应注意合理确定端阻力发挥系数 α_p 取值。端阻力发挥系数 α_p 与增强体的荷载传递性质、增强体长度以及桩土相对刚度密切相关，桩长过长影响桩端承载力发挥时应取较低值。

2）设计取值

计算得出的 R_a 值，不能盲目地直接代入 f_{spk} 的计算公式，应根据地区工程经验、试验资料、地基土质条件、施工工艺及质量保证等因素进行综合考虑，必要时尚应进行适度的折减，合理确定单桩承载力 R_a 的设计取值（即 λR_a），λ 的取值应与 β 取值相协调。

增强体单桩承载力发挥系数 λ 和桩间土承载力发挥系数 β 的取值范围为 0.8～1.0，λ 取高值时则 β 应取低值，反之，β 取高值时则 λ 应取低值。没有充分的工程实践经验时，应通过试验确定设计参数。

2. 桩间距

桩间距 s 一般取 $3d$～$5d$，桩间距的大小取决于复合地基承载力和变形的控制要求、地基土质条件与施工工艺。

在单桩竖向承载力特征值 R_a 一定的情况下，桩间距 s 取值越小则相应得到的承载力 f_{spk} 值越大，但必须考虑施工时相邻桩之间的影响，因此单桩竖向承载力与桩间距应同时综合考虑。

在桩径一定的情况下，桩间距 s 越小则桩土面积置换率 m 越大。《建筑地基处理技术规范》JGJ 79—2012 给出了桩土面积置换率 m 的计算公式：

$$m = d^2/d_e^2 \qquad (6.4.4)$$

式中　d——桩身平均直径；

　　　d_e——一根桩分担的处理地基面积的等效圆直径，

等边三角形布桩：$d_e = 1.05s$ 　　　　　　　　　　　　　(6.4.5)

正方形布桩：$d_e = 1.13s$ 　　　　　　　　　　　　　　(6.4.6)

矩形布桩：$d_e = 1.13\sqrt{s_1 s_2}$ 　　　　　　　　　　　(6.4.7)

其中 s 为桩间距，s_1 为纵向间距，s_2 为横向间距。

对式（6.4.4）～式（6.4.7）不要死记硬背，要了解面积置换率的基本概念。参见图 6.4.6、图 6.4.7，当按照正三角形布桩时，$m = \dfrac{\text{等边三角形内桩的面积}}{\text{等边三角形的面积}}$，当按照矩形布桩时，$m = \dfrac{\text{矩形内桩的面积}}{\text{矩形的面积}}$。

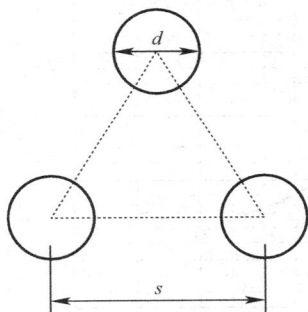

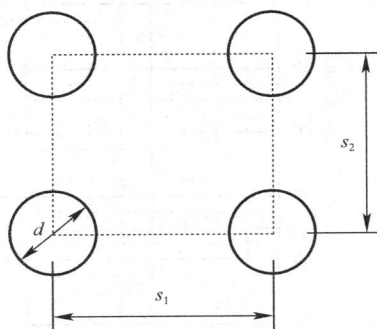

图 6.4.6　正三形布桩　　　　　　图 6.4.7　正方形布桩

3. 褥垫层厚度及材料

（1）褥垫层的作用

褥垫层在复合地基中具有如下的作用：

① 保证桩土共同承担荷载；

② 通过改变褥垫层的厚度，调整桩土荷载的分担，通常褥垫层越薄桩承担的荷载占总荷载的百分比越高；

③ 减少基础底面的应力集中；

④ 调整桩、土水平荷载的分担，褥垫层越厚，土分担的水平荷载占总荷载的百分比越大，桩分担的水平荷载占总荷载的百分比越小。

（2）褥垫层的厚度

当基底持力层及主要受力层范围内土层的地基承载能力较好时，褥垫层厚度适当加大，建议在 200～300mm 之间。

褥垫层材料可采用中砂、粗砂、砾砂、碎石、卵石。当采用碎石、卵石时宜掺入 20%～30%的砂。不宜采用卵石，由于卵石咬合力差，施工时扰动较大、褥垫厚度不容易保证均匀。

需要注意的是，褥垫层厚度以及 CFG 桩的桩径、桩长、桩间距，CFG 桩桩端持力层、基底持力层及主要受力层范围内土层的压变性状，均影响到复合地基承载力和地基变形量。

【提示】当基底持力层及主要受力层范围内土层的地基承载能力较差时，褥垫层厚度适当减小，一般不要大于150mm。根据差异沉降控制与协调的需要，褥垫层厚度可按100mm取值。

4. 地基土承载力 f_{sk} 设计取值

通常，取 $f_{sk}=f_{ak}$，并且 f_{ak} 取岩土工程勘察报告建议值，但应充分考虑地基处理施工以及基坑开挖对桩间土性状的影响，按式（6.4.1）计算时，应根据地区工程经验合理确定桩间土承载力的发挥系数 β 值。

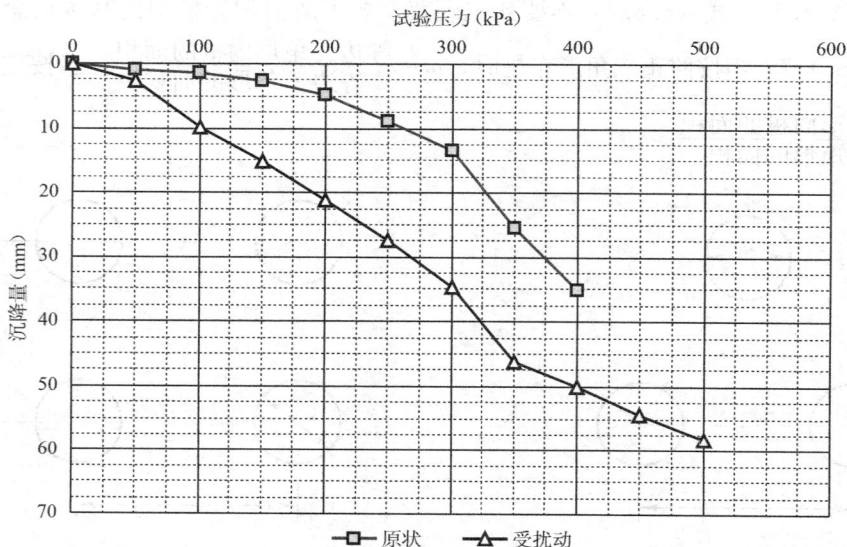

图 6.4.8　基底土层载荷试验结果对比

由图 6.4.8 知，受扰动之后基底土层的地基承载力大大低于原状土层的地基承载力值，可表示为 $f_{sk} < f_{ak}$。

【提示】勘察报告是重要的设计依据，应加强对于勘察报告的检查，并应加强对于基底土质的检验与核查，确保尽早发现问题并及时妥善处理。

5. 变形计算

初步确定桩长、桩径和桩间距等设计参数以后，即在满足复合地基承载力要求后，需要验算此设计参数是否能够满足复合地基变形的控制要求。复合地基的最终变形量可按式（6.4.8）计算：

$$s = \psi_{sp} s' \tag{6.4.8}$$

复合地基沉降计算经验系数 ψ_{sp}，根据地区沉降观测资料经验确定；无地区经验时，可根据变形计算深度范围内压缩模量当量值（$\bar{E}_s$）按表 6.4.1 取值。

复合地基沉降计算经验系数 ψ_{sp}　　　　表 6.4.1

$\bar{E}_s$（MPa）	4.0	7.0	15.0	20.0	35.0
ψ_{sp}	1.0	0.7	0.4	0.25	0.2

需要注意的是，由于采用复合地基的建筑物沉降观测资料较少，一直沿用天然地基的沉降计算经验系数，对复合土层模量较低时符合性较好，对于承载力提高幅度较大的刚性桩复合地基出现计算值小于实测值的现象。

通过对收集到的全国 31 个 CFG 桩复合地基工程沉降观测资料分析，《建筑地基基础设计规范》GB 50007—2011 对于压缩模量当量值大于 15MPa 的沉降计算经验系数进行了调整。

【提示】变形计算时，应注意沉降计算经验系数表的调整，而且由此带来的地基变形计算值有别于以往的变化。

6.4.6 怎样确定 CFG 桩复合地基承载力特征值 f_{spk} 值？

【解析】CFG 桩复合地基承载力特征值 f_{spk} 值，通常是通过载荷试验法、公式计算法进行确定。

1. 载荷试验法

CFG 桩复合地基承载力特征值，可通过现场复合地基载荷试验确定。复合地基载荷试验包括单桩复合地基载荷试验和多桩复合地基载荷试验，具体试验方法参见《建筑地基处理技术规范》JGJ 79—2012 附录 B "复合地基静载荷试验要点"。

2. 公式计算法

CFG 桩复合地基承载力特征值 f_{spk}，也可根据单桩竖向承载力特征值 R_a、单桩的横截面积 A_p、桩土面积置换率 m、桩间土承载力特征值 f_{sk} 按式（6.4.1）估算。

计算时，需要注意端阻力的发挥系数 α_p、增强体单桩承载力的发挥系数 λ 以及桩间土承载力的发挥系数 β 的设计取值，详见 6.4.5 款。

一般情况下，增强体单桩的承载力是主要要素。下面重点说明单桩竖向承载力特征值 R_a 的确定方法：

（1）通过单桩载荷试验确定单桩竖向承载力特征值 R_a。试验方法按《建筑地基处理技术规范》JGJ 79—2012 附录 C。

通过载荷试验得到的单桩竖向极限承载力（Q_{uk}）除以安全系数 K（通常 $K=2$），为单桩竖向承载力特征值 R_a。对于参加统计的试验结果，当满足其极差小于或等于平均值的 30% 时，可取其平均值为单桩竖向极限承载力 Q_{uk}。当极差超过平均值的 30% 时，宜增加试验数量并分析极差过大的原因，结合工程具体情况确定单桩竖向极限承载力 Q_{uk}。

（2）采用公式计算法，依据经验参数，单桩竖向极限承载力 Q_{uk} 可按式（6.4.2）估算，通常取安全系数 $K=2$。

需要注意的是，K 应当理解为综合安全系数，侧阻力的安全系数 K_s 不一定等于 2，端阻力的安全系数 K_p 也不一定等于 2。

（3）在按式（6.4.2）依据经验参数计算得到单桩竖向承载力特征值 R_a 估算值以后，按式（6.4.9）确定桩身强度。需要时，应根据桩体材料试块（边长 150mm 立方体）标准养护 28d 立方体抗压强度平均值 f_{cu}，按式（6.4.3）进行单桩竖向承载力特征值 R_a 的校核。

$$f_{cu} \geqslant 4 \frac{\lambda R_a}{A_p} \tag{6.4.9}$$

当复合地基承载力需要进行深度修正时，单桩竖向承载力特征值 R_a 尚需要按式（6.4.14）进行校核。关于复合地基承载力深度修正的讲解，详见本章 6.4.7 款。

【提示】还应根据变形控制要求确定复合地基承载力设计取值，详见 6.4.8 款。

6.4.7 CFG 桩复合地基承载力特征值能不能进行深度修正计算？

【解析】这里所说的 CFG 桩复合地基承载力特征值指的是 f_{spk} 值。《建筑地基处理技术规范》规定可以对复合地基承载力特征值 f_{spk} 进行深度修正，然而在实际工程中，对于 CFG 桩复合地基承载力能否进行深度修正，目前说法不同、做法不一。如何正确处理，防止处理不当，需要对这一问题加以分析与说明。

CFG 桩复合地基承载力特征值能不能进行深度修正计算的问题，不能一概而论，对于不同的基础侧限条件，应当根据地基变形控制要求，依据地基沉降量、差异沉降量的计算分析进行工程判断。

关于 f_{spk} 深度修正计算的依据，来自《建筑地基处理规范》JGJ 79—2012 第 3.0.4 条，基础宽度的地基承载力修正系数（η_b）应取零，基础埋深的地基承载力修正系数（η_d）应取 1.0。

复合地基承载力的深度修正计算公式可由式（6.4.10）表示：

$$f_a = f_{spk} + 1.0 \times \gamma_m (d - 0.5) \tag{6.4.10}$$

经深度修正的复合地基承载力，在《建筑地基处理规范》JGJ 79—2012 中给出了相应的符号，即 f_{spa}，为了避免与《北京地区建筑地基基础勘察设计规范》DBJ 11—501—2009 复合地基承载力标准值符号混淆，建议采用 f_a 作为深度修正后的复合地基承载力特征值的符号。

将式（6.4.1）代入式（6.4.10），则得到式（6.4.11）：

$$f_a = \left[m\frac{R_a}{A} + \beta(1-m)f_{sk} \right] + 1.0 \times \gamma_m (d - 0.5) \tag{6.4.11}$$

将式（6.4.11）进行整理得出式（6.4.12），进一步可以导出式（6.4.13）。

$$f_a = m\frac{R_a}{A} + \left[\beta(1-m)f_{sk} + 1.0 \times \gamma_m (d - 0.5) \right] \tag{6.4.12}$$

$$f_a = m\frac{R_a}{A} + f'_a \tag{6.4.13}$$

当能够对复合地基承载力进行深度修正时，桩身强度应满足式（6.4.14），单桩竖向承载力特征值 R_a 尚需要按式（6.4.14）进行校核。

$$R_a \leqslant \frac{f_{cu}A_p}{4\lambda} \cdot \frac{f_{spk}}{f_{spa}} \tag{6.4.14}$$

【提示】能否对复合地基承载力特征值 f_{spk} 进行深度修正，还应视地层组合的条件而综合考虑，实质上是要按地基变形控制进行分析。

地层组合是指主要受压层范围内的直接持力层与下卧层的组合模式，下面结合示意图进行说明。

1. 上硬下软

（1）硬层相对较厚时（如图 6.4.9a 所示），可适当考虑深度修正。

698

（2）硬层相对较薄时（如图 6.4.9b 所示），不宜再考虑深度修正，同时对于 f_{sk} 还需要进行适当折减。

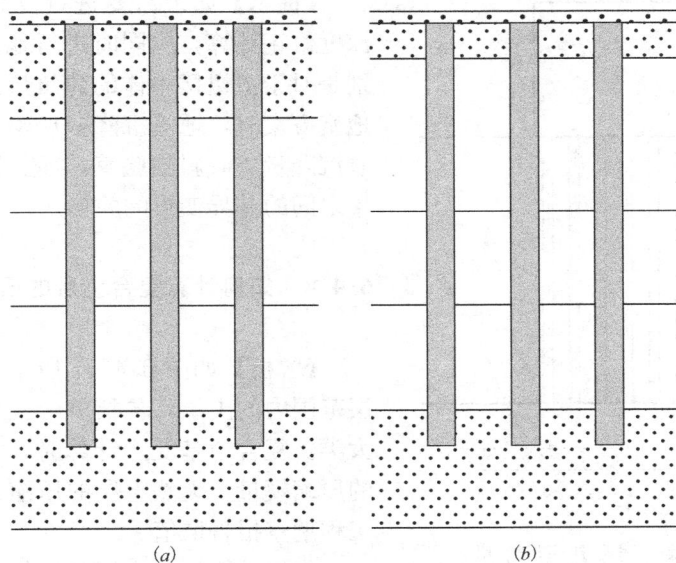

图 6.4.9　地层组合示意

2. 上软下硬

（1）软层相对较薄时（图 6.4.10a 所示），可适当考虑深度修正。

（2）软层相对较厚时（图 6.4.10b 所示），不宜再考虑深度修正，对于 f_{sk} 可不进行折减。

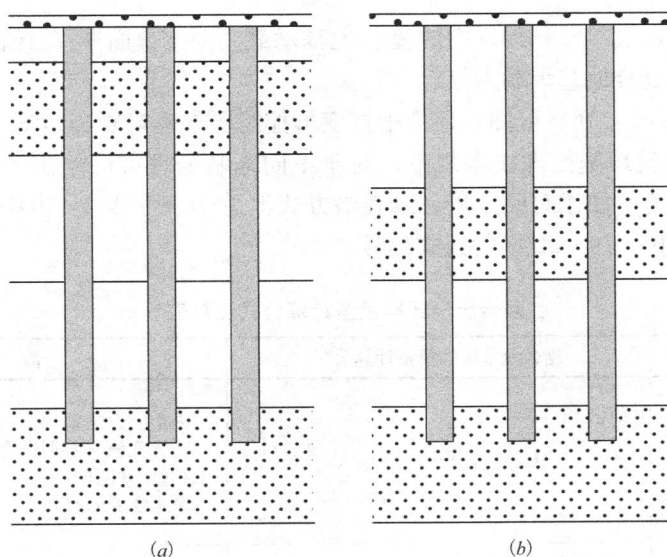

图 6.4.10　地层组合示意

对比式（6.4.1）与式（6.4.13），可以看出，所谓的通过深度修正提高复合地基承载力，相当于在增强体的设计参数不变的情况下，加大了地基土分担荷载的比例，因此地基变形量将会增大，因此当需要严格控制地基变形时，复合地基承载力深度修正要慎重。

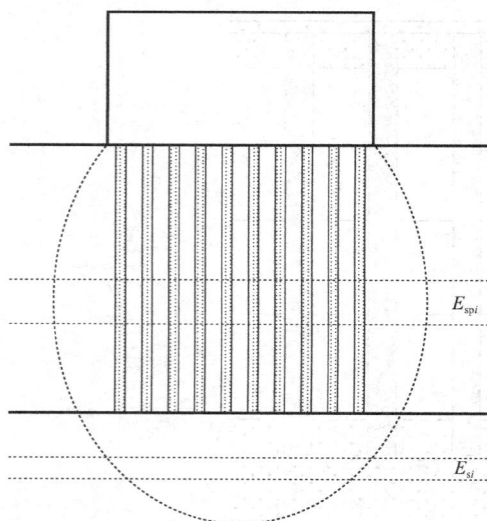

图 6.4.11　复合地基土层及其压缩模量示意

【提示】如果需要进行复合地基承载力的深度修正计算，应同时进行地基变形计算。特别是对于主裙楼一体的建筑形式，当采用复合地基方案时，地基沉降变形验算不仅需要进行总沉降量、倾斜的验算，而且同时应进行主裙楼之间的差异变形的验算。

6.4.8　如何计算复合土层的压缩模量 E_{sp}？

【解析】如图 6.4.11 所示，复合地基受压层范围内的土层，包括复合土层和天然土层两大类。复合地基变形计算时，需要得到各土层的压缩模量。天然土层的压缩模量可按照岩土工程勘察报告取值。

如何计算复合土层的压缩模量？确定复合土层的压缩模量 E_{sp} 的方法，《建筑地基处理技术规范》JGJ 79—2012 给出的方法是，由天然土层的压缩模量 E_s 经考虑提高系数（承载力比）来确定，即按式（6.4.15）确定，压缩模量提高系数按式（6.4.16）确定。

$$E_{sp} = \xi E_s \qquad (6.4.15)$$

$$\xi = \frac{f_{spk}}{f_{sk}} \qquad (6.4.16)$$

需要注意的是，式（6.4.16）中的复合地基承载力是 f_{spk} 而非 f_{spa} 值，即采用的应该是未经深度修正的复合地基承载力值。

【提示】由式（6.4.16）可知，还应根据变形控制要求确定复合地基承载力设计取值。

2002 版的《建筑地基处理技术规范》对于不同地基处理方法给出了不同复合土层压缩模量计算方法，为了便于对照分析，以表格方式汇总于表 6.4.2，表中保留了《建筑地基处理技术规范》JGJ 79—2002 的公式编号。

复合土层压缩模量计算公式汇总表　　　　　　　　表 6.4.2

地基处理方法	复合地基压缩模量计算公式	备　注
强夯置换法	$E_{sp} = [1 + m(n-1)]E_s$　　(7.2.9)	桩土应力比 n： 在无实测资料时，黏性土可取 2～4，粉土和砂土可取 1.5～3 原土强度低取大值，原土强度高取低值
振冲法		
砂石桩法		
柱锤冲扩桩法		
石灰桩法	$E_{sp} = \alpha[1 + m(n-1)]E_s$　　(13.2.10)	系数 α 可取 1.1～1.3 成孔对桩周土挤密效应好或置换率大时取高值

700

地基处理方法	复合地基压缩模量计算公式	备 注
水泥土搅拌法	$E_{sp}=mE_p+(1-m)E_s$ (11.2.9-2)	搅拌桩复合土层的压缩变形: $s_1=\dfrac{(p_z+p_{zl})\cdot l}{2E_{sp}}$
CFG 桩法	$E_{sp}=\xi E_s$	$\xi=\dfrac{f_{spk}}{f_{sk}}$
夯实水泥土桩法		

6.4.9 通过载荷试验怎样确定复合地基承载力特征值？

【解析】复合地基承载力特征值，可通过现场复合地基载荷试验确定，包括单桩复合地基载荷试验和多桩复合地基载荷试验。具体试验方法参见《建筑地基处理技术规范》JGJ 79—2012 附录 B "复合地基静载荷试验要点"。

1. 复合地基承载力特征值的确定方法：

（1）当 p-s 曲线（压力-沉降曲线）上能确定极限荷载时，取极限荷载 p_u 的一半、比例界限 p_{cr} 两者进行比较，取 $0.5p_u$ 与 p_{cr} 的较小值为复合地基承载力特征值。

（2）当 p-s 曲线是平缓、难以确定一个明确的极限荷载时，可取相对变形值（s/b 或 s/d）所对应的压力为复合地基承载力特征值。

其中 s 为静载荷试验承压板的沉降量；b 和 d 分别为承压板宽度和直径，当其值大于 2m 时，按 2m 计。

2. 对于不同的地基处理方法，应按下列相对变形值分别取值：

（1）强夯置换墩：

饱和粉土地基，当处理后墩间土能形成 2.0m 以上厚度的硬层时，其承载力可通过现场单墩复合地基静载荷试验确定，但《建筑地基处理技术规范》未明确给出相对变形值的控制值。这是因为实际工程中，强夯置换墩的承载力往往都非常高，很少有试验做出真正的承载力极限值，大多提出的承载力特征值都是按设计要求值的两倍加载得到满足设计要求的结论，很少是真正按照变形比（s/b 或 s/d）确定的。

【提示】实际工程中，在满足要求的前提下，强夯置换墩静载荷试验达到特征值两倍时的变形量（即载荷板的沉降量 s）一般情况在 20mm 左右，特征值所对应的沉降量在 10mm 左右。设计人员可结合这些实际工程经验分析判断强夯置换墩复合地基承载力。

（2）振冲碎石桩复合地基：

可取 s/b 或 s/d 等于 0.01 所对应的压力。

（3）沉管砂石桩复合地基：

可取 s/b 或 s/d 等于 0.01 所对应的压力。

（4）CFG 桩复合地基：

当以卵石、圆砾、密实粗中砂为主的地基，可取 s/b 或 s/d 等于 0.008 所对应的压力；当以黏性土、粉土为主的地基，可取 s/b 或 s/d 等于 0.01 所对应的压力。

（5）夯实水泥土桩复合地基：

当以卵石、圆砾、密实粗中砂为主的地基，可取 s/b 或 s/d 等于 0.008 所对应的压力；当以黏性土、粉土为主的地基，可取 s/b 或 s/d 等于 0.01 所对应的压力。

（6）水泥土搅拌桩复合地基：

可取 s/b 或 s/d 等于 0.006~0.008 所对应的压力。桩身强度大于 1.0MPa 且桩身质量均匀时，可取高值。

（7）旋喷桩复合地基：

可取 s/b 或 s/d 等于 0.006~0.008 所对应的压力。桩身强度大于 1.0MPa 且桩身质量均匀时，可取高值。

（8）灰土挤密桩复合地基：

可取 s/b 或 s/d 等于 0.008 所对应的压力。

（9）土挤密桩复合地基：

可取 s/b 或 s/d 等于 0.008 所对应的压力。

（10）柱锤冲扩桩复合地基：

可取 s/b 或 s/d 等于 0.01 所对应的压力。

需要注意的是，对有工程实践经验的地区，可按当地经验确定相对变形值，但原地基土为高压缩性土层时，相对变形值的最大值（s/b 或 s/d）不应大于 0.015。为了保证所确定的复合地基承载力具备足够的安全储备，按相对变形值确定的承载力特征值不应大于最大加载压力的一半。

3. 试验数据统计分析

试验点的数量不应少于 3 点。当满足极差小于或等于平均值的 30% 时，可取其平均值为复合地基承载力特征值。以 3 桩的检验为例，即当 $(X_{max} - X_{min}) \leqslant (X_1 + X_2 + X_3)/10$ 时，可取平均值为 f_{spk} 值。

当极差超过平均值的时，应分析离差过大的原因，需要时应增加试验数量，并结合工程具体情况确定复合地基承载力特征值。

工程验收时，应视建筑物结构、基础形式综合评价，对于桩数小于 5 根的独立基础或桩数少于 3 排的条形基础，复合地基承载力特征值应取最低值。

6.4.10 为什么既要检测 CFG 桩复合地基的承载力又要检测单桩的承载力？

【解析】对于 CFG 桩复合地基而言，是否需要进行增强体单桩承载力检验，是否需要既检测 CFG 桩复合地基承载力又检测单桩的承载力，一直以来认识不统一、做法不一致。

CFG 桩的单桩静载荷试验较之复合地基静载荷试验（包括单桩复合地基载荷试验和多桩复合地基载荷试验）能更为及时、准确地发现质量缺陷。如图 6.4.12 所示，北京某工程采用了 CFG 桩复合地基方案，施工完成后通过进行单桩载荷试验发现了质量问题。

CFG 桩复合地基施工质量验收检验内容的有关要求，涉及《建筑地基基础设计规范》GB 50007、《建筑地基处理技术规范》JGJ 79 以及《建筑地基基础工程施工质量验收规范》GB 50202 等多项规范。

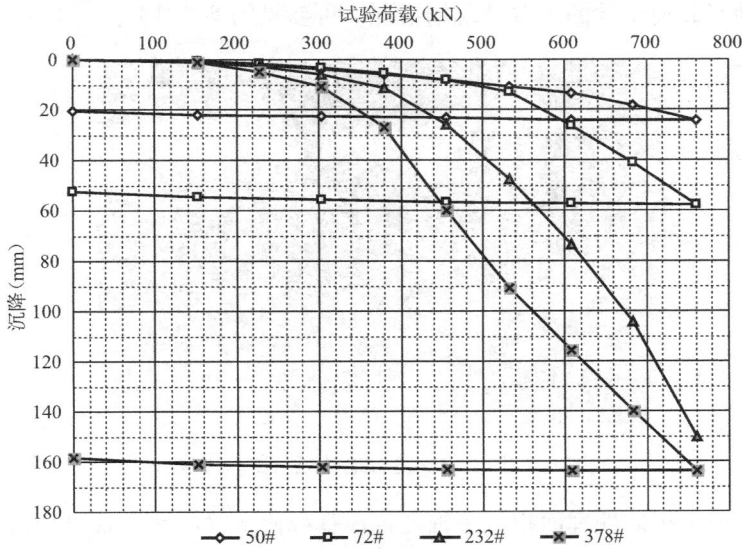

图 6.4.12　北京某工程 CFG 桩单桩载荷试验曲线对比

新修订的《建筑地基基础设计规范》GB 50007—2011 对于复合地基载荷试验及单桩竖向承载力检验提出了明确要求。

CFG 桩施工质量检验要求，应符合下列规定：

1. 复合地基应进行桩身完整性和单桩竖向承载力检验以及单桩或多桩复合地基载荷试验，施工工艺对桩间土承载力有影响时还应进行桩间土承载力检验。这是在《建筑地基基础设计规范》GB 50007—2011 提出的要求。

【提示】复合地基的增强体单桩的竖向承载力检验，按《建筑地基处理技术规范》JGJ 79—2012 附录 C 执行。

2. 质量检验

(1) 竣工验收时，应采用复合地基静载荷试验和单桩静载荷试验。

(2) 承载力检验宜在施工结束 28d 后进行，其桩身强度应满足试验荷载条件。复合地基静载荷试验和单桩静载荷试验的数量不应少于总桩数的 1%，且每个单体工程的复合地基静载荷试验不应少于 3 点。

(3) 采用低应变动力试验检测桩身完整性，检查数量不低于总桩数的 10%。

(1) 至 (3) 是《建筑地基处理技术规范》JGJ 79—2012 提出的质量检验要求。

《建筑地基基础工程施工质量验收规范》GB 50202 规定，采用低应变动力试验检测桩身完整性，至少应抽查总桩数的 20%。

3. 复合地基载荷试验要点

(1) 复合地基载荷试验，包括单桩复合地基载荷试验和多桩复合地基载荷试验，按《建筑地基处理技术规范》JGJ 79—2012 附录 B 执行。

(2) 复合地基载荷试验用于测定承压板下应力主要影响范围内复合土层的承载力和变形参数。复合地基载荷试验承压板应具有足够刚度。单桩复合地基载荷试验的承压板可用圆形或方形。

单桩复合地基载荷试验的装置及现场情况，可参见图 6.4.13。

图 6.4.13　单桩复合地基载荷试验现场

面积为一根桩承担的处理面积；多桩复合地基载荷试验的承压板可用方形或矩形，其尺寸按实际桩数所承担的处理面积确定。桩的中心（或形心）应与承压板中心保持一致，并与荷载作用点相重合。

4. 承载力检测数量的统一要求

由前述可知，CFG 桩复合地基承载力及其增强体单桩承载力检验均应进行，即通过单桩复合地基或多桩复合地基静载荷试验检验复合地基承载力，通过增强体单桩静载荷试验检验单桩竖向承载力。同时，需要给出两类静载荷试验的检验数量的统一要求，即对于《建筑地基处理技术规范》JGJ 79—2012 "复合地基静载荷试验和单桩静载荷试验的数量不应少于总桩数的 1%"，可分解为两项要求：

（1）复合地基承载力的检验数量，可按同一条件的总桩数的 0.5%～1%，但不应少于 3 处。

（2）增强体单桩的承载力检验数量，可按同一条件的总桩数的 0.5%～1%，但不应少于 3 根。

【提示】在此提醒地基处理的设计人员注意，对于 CFG 桩复合地基，需要既检测 CFG 桩复合地基承载力又检测增强体单桩的承载力，应以增强体单桩的静载荷试验作为最基本的质量检验依据。

第五章　基槽勘验与沉降观测

第一节　基槽勘验

6.5.1　验槽时主要检查哪些内容?

【解析】对于采用天然地基的浅基础、采用桩基、进行地基处理的工程,基槽(基坑)开挖到设计深度时,应由建设单位组织并会同勘察、监理、施工和设计以及建设工程质量监督部门进行基槽(基坑)检验。所谓验槽是工程人员对于勘验基槽的简称。

基槽勘验是隐蔽工程检验当中非常重要的一项工作。基槽勘验与检验的主要内容包括:(1)核对基槽(基坑)的施工位置、平面尺寸、槽底标高,是否符合勘察、设计文件。(2)核查地下水情况。(3)核查基槽底部地基岩土性状,详见"6.5.2 验槽时基槽底部地基岩土性状检验内容和方法有哪些?"的解析。(4)检查冬、雨期施工时基槽底的防护措施等。

6.5.2　验槽时基槽底部地基岩土性状检验内容和方法有哪些?

【解析】验槽时,对基槽底部地基岩土性状检验的内容和方法,为下列各项。

1. 检验内容

(1)天然地基持力层的岩土分布及其性质是必须检验的常规内容。

(2)遇下列情况,应着重检验:

① 持力层的岩性、厚度变化较大时;

② 持力层的顶面标高起伏较大时;

③ 基础平面范围内存在两种或两种以上不同地层时;

④ 基础平面范围内存在异常土质,或有坑穴、古墓、古遗址、古井、旧基础时;

⑤ 场地存在破碎带、岩脉以及湮废的河、湖、沟、浜时;

⑥ 在雨期、冬期等不良气候条件下施工,土质可能受到影响时,如因施工不当而使土质扰动、因排水不及时而使土质软化、因保护不当而使土体受冻、浸泡和冲刷、干裂等情况。

2. 基槽底部土质保护措施

基槽开挖后,为防止地基土的松动或软化,应采取下列保护措施:

(1)严防槽底积水;

(2)用机械开挖时,应在设计基坑底标高以上保留300~500mm厚的保护层,保护层用人工开挖清除,严禁局部超挖后用虚土回填;

(3)很湿及饱和的黏性土不宜拍打,不宜将砖石等材料直接抛入,采取防护措施防止地基土受到踩踏;

(4)当气温低于0℃时,应及时对地基土采取保温措施,严防地基土受冻。

3. 检验方法

(1)基槽开挖后,对新鲜的未扰动的岩土直接观察,并与勘察报告核对。在进行直接观察时，可用袖珍贯入仪作为辅助手段。

（2）对地基持力层，应在基槽底普遍用轻型圆锥动力触探进行检验，轻型圆锥动力触探的规格及操作的要求详见"6.5.4 标准钎探操作有哪些规定"，并应符合《岩土工程勘察规范》GB 50021 的规定。

6.5.3 验槽发现地质条件有出入时怎么办？

【解析】当发现地质条件与勘察报告和设计文件不一致、或遇到异常情况时，应查明其范围、深度及影响程度，结合地质条件及实际情况提出处理意见，必要时通过轻型圆锥动力触探试验可以检验地基持力土层的承载力和均匀性，是否有浅部埋藏的软弱下卧层，是否有浅部埋藏而直接观察则难以发现的异常土质等情况。勘察单位应提出对勘察成果的修正意见，并对设计和施工处理提出建议。当地质条件与原勘察报告有较大出入时，或原勘察报告所依据的设计条件与实际情况有较大出入时，应进行补充勘察。

6.5.4 标准钎探操作有哪些规定？

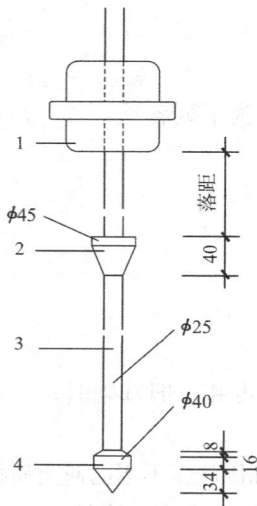

图 6.5.1 轻便触探试验
设备（单位：mm）
1—穿心锤；2—锤垫；3—触探杆；
4—尖锥头（锥角为 60°）

【解析】标准钎探是轻型动力触探试验的通俗称谓，也曾命名为轻便触探试验，是基槽开挖后，检验槽底土质性状的主要测试方法。

1. 设备规格

设备主要由尖锥头、触探杆、穿心锤三部分组成（图6.5.1）。触探杆系用直径 25mm 的金属管，每根长 1.0～1.5m，穿心锤重 10kg。早先工地上常常使用直径 25mm 的光圆钢筋自行加工触探杆，缺省制造尖锥头，为此对于采用符合规范要求的设备所进行的钎探称之为标准钎探，以示区别。目前，工地上常用机械钎探设备取代人工操作。

操作要点如下：

（1）试验时，穿心锤落距为 50cm，使其自由下落，将触探杆竖直打入土层中，每打入土层 30cm 的锤击数即为 N_{10}；

（2）对所需试验土层连续进行触探；

（3）根据《建筑地基基础工程施工质量验收规范》GB 50202—2002 的规定，检验深度（贯入深度）、检验点位的排列方式及间距按表 6.5.1 确定。

2. 土质检验方法

遇到下列情况之一时，应在槽底普遍进行轻型动力触探（标准钎探）：（1）持力层土质明显不均匀；（2）浅部有软弱下卧层；（3）有浅埋的坑穴、古墓、古井等，直接观察难以发现时；（4）勘察报告或设计文件提出进行轻型动力触探要求时。

基槽底部以下有承压含水层，轻型圆锥动力触探可能造成冒水涌砂时，不宜进行轻型圆锥动力触探（标准钎探）。当基底土质确认为密实的碎石土时，可不进行轻型圆锥动力触探。

检验深度、点位排列方式及间距　　　　　　　　　　　　　　表 6.5.1

槽　宽	钎探点位排列方式	检验深度	检验间距
小于 0.8m	中心一排	1.2m	1.0～1.5m 视地层复杂情况而定
0.8～2.0m	两排错开	1.5m	
大于 2.0m	梅花形	2.1m	
柱基	梅花形	2.1m	

第二节　沉　降　观　测

6.5.5　哪些建筑物应进行沉降观测?

【解析】地基设计是采用正常使用极限状态这一原则,为了确保地基变形控制在允许范围内,下列建筑物均应在施工期间及使用期间进行沉降变形观测:

1. 地基基础设计等级为甲级的建筑物;

2. 软弱地基上的设计等级为乙级的建筑物;

3. 处理地基上的建筑物;

4. 加层、扩建、抗震加固的建筑物,荷载增加较多时;

5. 受邻近深基坑开挖施工影响或受场地地下水等环境因素变化影响的建筑物;

6. 受邻近地铁隧道等地下工程施工影响的建筑物;

7. 周边或内部有堆载的建筑物,可能产生较大附加沉降时;

8. 采用新型地基处理或桩基施工工法、新型基础或新型结构的建筑物。

在原有建筑物旁和在地铁、地下隧道、重要地下管道上或旁边新建的建筑物,当新建建筑物对原有工程影响较大时,为保证建筑的安全和正常使用,应进行沉降变形观测。

建筑物沉降变形的实测资料是地基基础工程质量检查的重要依据,故应加强长期观测直到沉降达到稳定标准。

建筑物沉降变形的实测资料为积累建筑物沉降经验、进行工程反分析提供基础性依据。

6.5.6　沉降观测点如何设置?

【解析】目前沉降观测点设置的实际做法常常不统一，为此有必要对于沉降观测点的设置原则以及布点位置的要求加以说明。常用各种类型观测点的构造可参考图 6.5.2 所示进行安装。

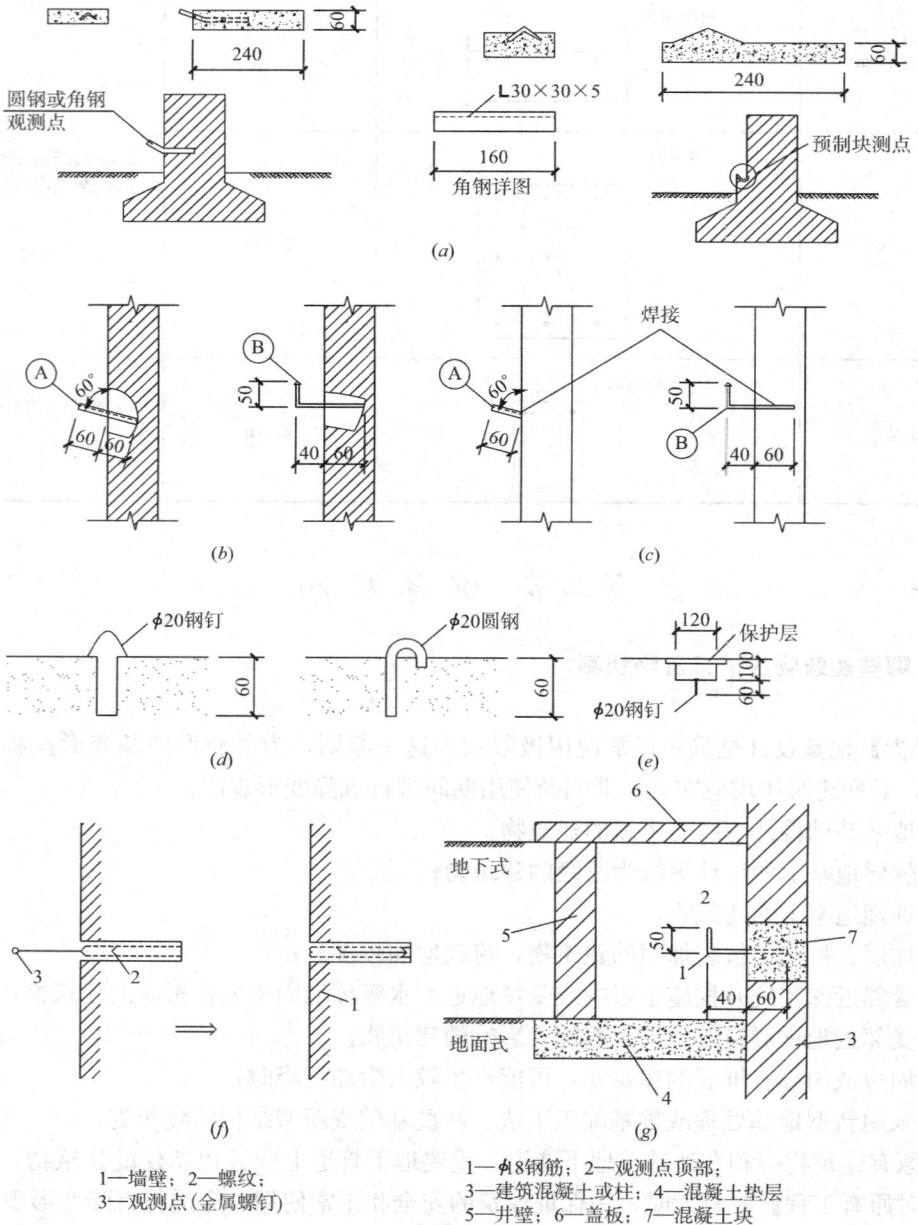

图 6.5.2　各类观测点构造图

(a) 预制式观测点; (b) 墙、柱上的观测点; (c) 永久性平面观测点; (d) 临时性平面观测点;

(e) 永久性平面观测点; (f) 隐蔽式观测点; (g) 地面以下观测点

1. 沉降观测点的设置原则

（1）初始沉降观测点应埋设在基础底板上，随施工逐层向上引测至地面以上。引测点在基础底板上的投影位置宜与初始沉降观测点重合。

（2）观测点的埋设高度应方便观测，并应考虑沉降的影响（不要因沉降而看不到观测点）；

（3）应采取可靠保护措施，保证观测点在施工和使用期间不受到损坏或破坏。

（4）对要求长期观测的建筑物，观测点宜设置在地面以下，以便于长期观测和保护。

2. 沉降观测点位布设位置

宜选择在下列位置布设沉降观测点位：

（1）建筑的四角、核心筒四角、大转角处及沿外墙每 10～20m 处或每隔 2～3 根柱基上；

（2）高低层建筑、新旧建筑、纵横墙等交接处的两侧；

（3）不同结构的分界处、建筑裂缝、后浇带和沉降缝的两侧、基础埋深相差悬殊处；

（4）地质条件或地基条件有变化处，人工地基与天然地基分界处，地基局部加固处理处，填挖方分界处，及基础下掩埋的河、湖、沟、坑塘、暗浜等处的两侧；

（5）对于宽度大于等于 15m 或小于 15m 而地质复杂以及膨胀土地区的建筑，应在承重墙内隔墙设内墙点，并在室内地面中心及四周设地面点；

（6）框架结构建筑的每个或部分柱基上或沿纵横轴线上；

（7）邻近堆置重物处、受振动有显著影响的部位；

（8）筏形基础、箱形基础底板或接近基础的结构部分之四角处及其中部位置；

（9）设计人员认为有必要监测的部位。

6.5.7 沉降观测的周期和观测时间如何确定？

【解析】沉降观测的周期和观测时间，应符合现行行业标准《建筑变形测量规范》JGJ 8 的规定并应符合地区规范要求。建筑物沉降变形观测在达到设计要求的沉降变形稳定标准后方可停止。沉降变形的稳定标准应按照《建筑变形测量规范》JGJ 8 的规定，并应结合地基岩土条件、建筑物的体型、结构形式、基础类型、结构刚度和荷载分布以及差异沉降变形的协调与控制要求等因素综合考虑确定。

上海市工程建设规范《地基基础设计规范》DGJ 08—11—2010 规定：沉降观测应在浇筑基础时开始观测，施工期间观测应随施工进度及时进行，使用阶段观测应视地基基础类型和沉降速率大小而定，一般情况下，第一年内每隔 2～3 个月观测一次，以后每隔 4～6 个月观测一次。沉降停测标准可采用连续两次半年沉降量不超过 2mm。当出现基础附近地面堆载突然增减情况或建筑物突然发生大量沉降、不均匀沉降或严重裂缝时应及时增加观测次数；当工程有特殊要求时，应根据要求进行观测。

《北京地区建筑地基基础勘察设计规范》DBJ 11—501—2009 规定：施工阶段建筑物每一次加载就会产生一定的沉降，所以在沉降观测开始后，施工期间的观测次数可根据施工进度确定，宜按每增加 1～2 层（增加一级荷载）观测一次。竣工后，第一年每隔 2～3 个月观测一次，以后每隔 4～6 个月观测一次。沉降观测应从完成基础底板施工时开始，一般至沉降基本稳定（1mm/100d）终止。

第七篇 木 结 构

第一章 木结构材料

第一节 木 材

7.1.1 木材使用时，要根据木材的材质等级确定木材的用途，木材材质等级的确定。

【解析】木材是一种天然生长的材料，具有很多优良的性能，如轻质高强，有较高的弹性、韧性、耐冲击和振动，易于加工，长期保持干燥或置于水中，均有较高的耐久性。木材也有缺点，如内部构造不均匀，各向异性，易腐朽和虫蛀，天然疵病较多等。因此，承重结构用方木、板材、原木均按照木材中存在的缺陷来确定其材质等级，见表7.1.1、表7.1.2和表7.1.3。

承重结构方木材质标准 表 7.1.1

项 次	缺陷名称	材质等级		
		Ⅰ a	Ⅱ a	Ⅲ a
1	腐朽	不允许	不允许	不允许
2	木节 在构件任何一面任何150mm长度上所有木节尺寸的总和，不得大于所在面宽的	1/3（连接部位为1/4）	2/5	1/2
3	斜纹 任何1m材长上平均倾斜高度，不得大于	50mm	80mm	120mm
4	髓心	应避开受剪面	不限	不限
5	裂缝 (1) 在连接部位的受剪面上 (2) 在连接部位的受剪面附近，其裂缝深度（有对面裂缝时用两者之和）不得大于材宽的	不允许 1/4	不允许 1/3	不允许 不限
6	虫蛀	允许有表面虫沟，不得有虫眼		

注：1. 对于死节（包括松软节和腐朽节），除按一般木节测量外，必要时尚应按缺孔验算；若死节有腐朽迹象，则应经局部防腐处理后使用；
　　2. 木节尺寸按垂直于构件长度方向测量。木节表现为条状时，在条状的一面不量，直径小于10mm的活节不量。

710

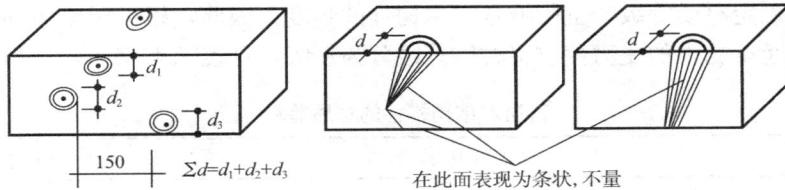

$\Sigma d=d_1+d_2+d_3$

在此面表现为条状，不量

图 7.1.1　木节量法

承重结构板材材质标准　　　　　　　　　　　　　　　表 7.1.2

项　次	缺陷名称	材质等级		
		Ⅰa	Ⅱa	Ⅲa
1	腐朽	不允许	不允许	不允许
2	木节 在构件任一面任何 150mm 长度上所有木节尺寸的总和，不得大于所在面宽的	1/4（连接部位为 1/5）	1/3	2/5
3	斜纹 任何 1m 材长上平均倾斜高度，不得大于	50mm	80mm	120mm
4	髓心	不允许	不允许	不允许
5	裂缝 在连接部位的受剪面及其附近	不允许	不允许	不允许
6	虫蛀	允许有表面虫沟，不得有虫眼		

注：对于死节（包括松软节和腐朽节），除按一般木节测量外，必要时尚应按缺孔验算。若死节有腐朽迹象，则应经局部防腐处理后使用。

承重结构原木材质标准　　　　　　　　　　　　　　　表 7.1.3

项　次	缺陷名称	材质等级		
		Ⅰa	Ⅱa	Ⅲa
1	腐朽	不允许	不允许	不允许
2	木节 （1）在构件任一面任何 150mm 长度上沿周长所有木节尺寸的总和，不得大于所测部位原木周长的 （2）每个木节的最大尺寸，不得大于所测部位原木周长的	1/4 1/10（连接部位为 1/12）	1/3 1/6	不限 1/6
3	扭纹 小头 1m 材长上倾斜高度不得大于	80mm	120mm	150mm
4	髓心	应避开受剪面	不限	不限
5	虫蛀	容许有表面虫沟，不得有虫眼		

注：1. 对于死节（包括松软节和腐朽节），除按一般木节测量外，必要时尚应按缺孔验算；若死节有腐朽迹象，则应经局部防腐处理后使用；
　　2. 木节尺寸按垂直于构件长度方向测量，直径小于 10mm 的活节不量；
　　3. 对于原木的裂缝，可通过调整其方位（使裂缝尽量垂直于构件的受剪面）予以使用。

7.1.2　为什么木材的材质等级要根据构件的受力性质来选择呢？

【解析】由于木材的力学性质是各向异性，木材的顺纹强度高，横纹强度低。而且木材的缺陷不仅确定材质等级，也影响各类木构件的强度。因此，根据历年来的试验研究成果，制定了按承重构件的受力性质将材质等级分为三级，见表7.1.4。

普通木结构构件的材质等级   表 7.1.4

项 次	主要用途	材质等级
1	受拉或拉弯构件	Ⅰa
2	受弯或压弯构件	Ⅱa
3	受压构件及次要受弯构件（如吊顶小龙骨等）	Ⅲa

7.1.3 《木结构设计规范》GB 5005—2003，承重木结构用材中，增加了规格材，规格材的使用。

【解析】规格材是指截面尺寸的宽度和高度按规定尺寸加工的木材，以适应轻型木结构在我国的应用。规格材的使用，应根据构件的用途按表7.1.5要求选用相应的材质等级。规格材的材质标准可查阅《木结构设计规范》表A.3。

轻型木结构用规格材的材质等级   表 7.1.5

项 次	主要用途	材质等级
1	用于对强度、刚度和外观有较高要求的构件	Ⅰc
2		Ⅱc
3	用于对强度、刚度有较高要求而对外观只有一般要求的构件	Ⅲc
4	用于对强度、刚度有较高要求而对外观无要求的普通构件	Ⅳc
5	用于墙骨柱	Ⅴc
6	除上述用途外的构件	Ⅵc
7		Ⅶc

7.1.4 规范规定，制作承重木结构构件时，木材含水率应符合下列要求：

   1. 现场制作的原木或方木结构不应大于 **25%**；

   2. 板材和规格材不应大于 **20%**；

   3. 受拉构件的连接板不应大于 **18%**；

   4. 作为连接件不应大于 **15%**；

   5. 层板胶合木结构不应大于 **15%**，且同一构件各层木板间的含水率差别不应大于 **5%**。

【解析】木材的含水率是指木材中所含水分的质量占烘干后木材质量的百分率。木材的含水率对木材强度有很大的影响，木材强度一般随含水率的增加而降低；而木材含水率的变化会引起木材的不均匀收缩，导致木材产生变形和开裂。因此：

   1. 木结构若采用较干的木材制作，在相当程度上减小了因木材干缩造成的松弛变形和裂缝的危险。

712

2. 原木和方木的含水率沿截面内外分布很不均匀。原西南建筑科学研究所对 30 余根 120mm×160mm 方木进行测定，木材表层 20mm 处含水率 16.2%～19.6%时，截面平均含水率为 24.7%～27.3%。木材截面加大，估计平均含水率会偏低。

3. 根据各地历年来使用湿材总结的经验，以及科研成果，作了湿材只能用于原木和方木构件的规定（其接头的连接板不允许用湿材）。因为这两类构件受木材干裂的危害不如板材严重。

湿材对结构的危害主要是：在结构的关键部位，可能引起危险性的裂缝，促使木材腐朽，易遭虫蛀，使节点松动，结构变形增大等。

7.1.5 中国木材缺口量每年达 **6000 万 m³**，国家每年动用外汇进口木材，并作了下列规定：

1. 选择天然缺陷和干燥缺陷少、耐腐性较好的树种木材；

2. 每根木材上应有经过认可的认证标识，认证等级应附有说明，并应符合我国商检规定，进口的热带木材，还应附有无活虫虫孔的证书；

3. 进口木材应有中文标识，并按国别、等级、规格分批堆放，不得混淆，贮存期间应防止木材霉变、腐朽和虫蛀；

4. 对首次采用的树种，应严格遵守先试验后使用的原则，严禁未经试验就盲目使用。

【解析】前一时期，进口木材在订货、商检、保存和使用等方面，缺乏专门的技术标准，存在不少问题。例如：（1）有的进口木材，订货时任意选择木材的树种与等级，导致应用时增加了处理的工作量与损耗；有的进口木材，不附质量证书或商检报告；有的进口木材，木材的名称与产地不详等。

7.1.6 由于我国常用树种的木材资源已不能满足需要，一些不常用的树种木材，特别是阔叶材中的速生林树种，今后将占一定比例。当采用新树种木材作承重结构时，应如何应用？

【解析】新利用树种木材的主要特性见表 7.1.6。

承重结构中使用新利用树种木材设计要求　　　　　　　　　　表 7.1.6

项　目	内　容
木材的主要特性	槐木：干燥困难，耐腐性强，易受虫蛀
	乌墨（密脉蒲桃）：干燥较慢，耐腐性强
	木麻黄木材：硬而重，干燥易，易受虫蛀，不耐腐
	隆缘桉、柠檬桉和云南蓝桉：干燥困难，易翘裂，云南蓝桉能耐腐，隆缘桉和柠檬桉不耐腐
	檫木：干燥较易，干燥后不易变色，耐腐性较强
	榆木：干燥困难，易翘裂，收缩颇大，耐腐性中等，易受虫蛀
	臭椿：干燥易，不耐腐，易呈蓝变色，木材轻软
	桤木：干燥颇易，不耐腐
	杨木：干燥易，不耐腐，易受虫蛀
	拟赤杨：木材轻、质软，收缩小、强度低、易干燥，不耐腐

注：木材的干燥难易系指板材而言，耐腐性系指心材部分在室外条件下而言，边材一般均不耐腐。在正常的温湿度条件下，用作室内不接触地面的构件，耐腐性并非是最重要的考虑条件。

新利用树种木材的应用范围：

1. 宜在木柱、搁栅、檩条和跨度较小的钢木桁架中先使用，取得成熟经验后，逐步扩大其应用范围。

2. 不耐腐朽和易受虫蛀的树种木材，若无可靠的防腐、防虫处理措施，不得用于露天结构。

第二节 其 他 材 料

7.1.7 承重木结构中使用钢材、焊条等材料时，应遵守哪些规定？

【解析】承重木结构中，用《碳素结构钢》GB 700 规定的 Q235 钢材。主要原因是这种钢材有长期生产和使用经验，材质稳定，性能可靠，经济指标较好，供应也有保证。

考虑到钢木桁架的圆钢下弦，直径 $d \geqslant 20$mm 的钢拉杆（包括连接件）为结构中的重要构件，若材质有问题，易造成重大工程安全事故。因此，钢材应具有抗拉强度、伸长率、屈服点和硫、磷含量的合格保证。$d \geqslant 20$mm 的钢拉杆，应具有冷弯试验的合格保证。

钢构件焊接用的焊条，应符合国家标准《碳钢焊条》GB 5117 及《低合金钢焊条》GB 5118 的规定，焊条的型号与主体金属强度相适应。其原因是工地乱用焊条的现象时有发生，容易导致工程安全事故的发生。因此，有必要加以明确。

7.1.8 对于承重结构用胶，应保证其胶合强度不低于木材顺纹抗剪和横纹抗拉强度。胶连接的耐水性和耐久性，应与结构的用途和使用年限相适应，并应符合环境保护的要求。

【解析】无论是在荷载作用下，或是由木材胀缩引起的内力，胶缝主要是受剪应力和垂直于胶缝方向的正应力作用。通常，胶缝对压应力的作用是能够承受的，因而，关键在于保证胶缝的抗剪和抗拉强度。当胶缝的强度不低于木材顺纹抗剪和横纹抗拉强度时，就意味着胶连接的破坏基本上沿着木材部分发生，保证了胶连接的可靠性。

由于胶的种类很多，其耐水性、耐候性、耐老化以及价格各不相同。因此，应根据木结构的用途和使用年限，来选择胶的耐水性和耐久性。但是，无论使用哪一种胶，对周围环境都不能造成污染。

第二章 木结构基本设计规定

第一节 设计的基本原则

7.2.1 木结构设计采用以概率理论为基础的极限状态设计法，以可靠度指标 β 度量结构构件的可靠度，采用分项系数的设计表达式。

【解析】根据《建筑结构可靠度设计统一标准》GB 50068—2001，木结构采用以概率理论为基础的极限状态设计法。普通房屋和一般构筑物的设计基准期为 50 年，安全等级为二级。按原规范设计的各类构件：受弯木构件的可靠指标 $\beta=3.8$；顺纹受压 $\beta=3.8$；顺纹受拉 $\beta=4.3$；顺纹受剪 $\beta=3.9$。均符合《统一标准》的规定：一般工业与民用建筑的木结构，安全等级二级，对于延性破坏的构件，$\beta=3.2$；对于脆性破坏的构件，$\beta=3.7$。

7.2.2 对于承载能力极限状态设计表达式 $\gamma_0 S \leqslant R$ 中，结构重要性系数 γ_0 分为以下几种情况，见表 7.2.1。

结构重要性系数 γ_0 表 7.2.1

项 次	安全等级	设计使用年限（年）	结构重要性系数 γ_0
1	一级且超过 100		1.2
2	一级或≥100		1.1
3	二级或 50		1.0
4		25	0.95
5	三级或 5		0.90

【解析】根据《统一标准》，木结构的设计使用年限见表 7.2.2；按建筑结构破坏后果严重性，安全等级划分见表 7.2.3。结构重要系数 γ_0 的数值是综合两个因素来确定。

设计使用年限   表 7.2.2

类 别	设计使用年限	示 例
1	5 年	临时性结构
2	25 年	易于替换的结构构件
3	50 年	普通房屋和一般构筑物
4	100 年及以上	纪念性建筑物和特别重要建筑结构

建筑结构的安全等级　　　　　　　　　　　　　　　　　　表 7.2.3

安全等级	破坏后果	建筑物类型
一级	很严重	重要的建筑物
二级	严重	一般的建筑物
三级	不严重	次要的建筑物

注：对有特殊要求的建筑物，其安全等级应根据具体情况另行确定。

第二节　木材强度设计指标和允许值

7.2.3　普通木结构用木材，其树种的强度等级按表 7.2.4 和表 7.2.5 采用。

针叶树种木材适用的强度等级　　　　　　　　　　　　　表 7.2.4

强度等级	组　别	适用树种
TC17	A	柏木　长叶松　湿地松　粗皮落叶松
	B	东北落叶松　欧洲赤松　欧洲落叶松
TC15	A	铁杉　油杉　太平洋海岸黄柏　花旗松—落叶松　西部铁杉　南方松
	B	鱼鳞云杉　西南云杉　南亚松
TC13	A	油松　新疆落叶松　云南松　马尾松　扭叶松　北美落叶松　海岸松
	B	红皮云杉　丽江云杉　樟子松　红松　西加云杉　俄罗斯红松　欧洲云杉　北美山地云杉　北美短叶松
TC11	A	西北云杉　新疆云杉　北美黄松　云杉—松—冷杉　铁—冷杉　东部铁杉　杉木
	B	冷杉　速生杉木　速生马尾松　新西兰辐射松

阔叶树种木材适用的强度等级　　　　　　　　　　　　　表 7.2.5

强度等级	适用树种
TB20	青冈　桐木　门格里斯木　卡普木　沉水稍克隆　绿心木　紫心木　李叶豆　塔特布木
TB17	栎木　达荷玛木　萨佩莱木　苦油树　毛罗藤黄
TB15	锥栗（栲木）　桦木　黄梅兰蒂　梅萨瓦木　水曲柳　红劳罗木
TB13	深红梅兰蒂　浅红梅兰蒂　白梅兰蒂　巴西红厚壳木
TB11	大叶椴　小叶椴

【解析】木材强度等级按表 7.2.4 和表 7.2.5 采用的树种：

1. 树种包括：国内过去常用的木材树种，同时增加了进口木材的树种。

2. 木材的强度等级 TC17、TC15…中的数字为木材的抗弯强度设计值 $f_m = 17N/mm^2$、$f_m = 15N/mm^2$…。

3. 阔叶树种木材增加了 TB13 和 TB11 适用树种，这两种强度等级的树种均为进口木材树种。

7.2.4 木材强度设计值，抗弯 f_m > 顺纹抗压及承压 f_c > 顺纹抗拉 f_t > 顺纹抗剪 f_v。

【解析】1. 构件受弯时受力方向属于顺纹受力，以中和轴为界，截面分为受拉和受压两部分，木材的缺陷对受弯强度的影响，除缺孔和木节的大小外，还取决于它的位置。《木结构设计规范》中对受弯和压弯构件的材质等级的规定采用Ⅱ_a级，即对木材缺陷的限制采用拉、压构件的中间值。在施工时，对受弯构件总是不使受拉边缘有较大的缺孔和木节。所以，对受弯强度设计值 f_m 的取值较高。

2. 木材在压力作用下的内力分布较均匀，且木节亦能承受一些压力，所以木节对受压强度的影响较小。考虑到各种缺陷对木材受压的影响较小，所以《木结构设计规范》中对木材顺纹抗压强度设计值 f_c 取值较高，而且规定受压构件所用的木材采用Ⅲ_a级材质等级，对缺口的限制采用最宽松的限制。

3. 木材顺纹受拉破坏具有明显的脆性破坏，木材中的木节、斜纹等疵病对强度影响较大。木材中的木节类似于孔洞，不仅减少了有效面积，而且孔洞附近的应力集中降低了木材的抗拉强度。板材由于锯割，木节有可能处于构件的边缘，还经常形成贯穿节，使木材偏心受力又断纹，对抗拉强度削弱较多。因此，采用较低的顺纹抗拉强度设计值 f_t，并规定受拉和拉弯构件木材用Ⅰ_a级材质等级，对木材的缺陷采用最严格的限制。

4. 顺纹剪切为剪切力与纤维方向平行。木材顺纹受剪，绝大部分纤维不破坏，只破坏剪切面中的纤维的联结，这种联结破坏是由于纤维间产生纵向位移和受横纹拉力作用。所以木材的顺纹抗剪强度设计值 f_v 很小。

7.2.5 表7.2.6规定了各种强度等级木材的强度设计值和弹性模量，强度设计值和弹性模量的确定方法和使用。

木材的强度设计值和弹性模量（N/mm²）　　　　　表7.2.6

强度等级	组　别	抗弯 f_m	顺纹抗压及承压 f_c	顺纹抗拉 f_t	顺纹抗剪 f_v	横纹承压 $f_{c,90}$			弹性模量 E
						全表面	局部表面和齿面	拉力螺栓垫板下	
TC17	A	17	16	10	1.7	2.3	3.5	4.6	10000
	B		15	9.5	1.6				
TC15	A	15	13	9.0	1.6	2.1	3.1	4.2	10000
	B		12	9.0	1.5				
TC13	A	13	12	8.5	1.5	1.9	2.9	3.8	10000
	B		10	8.0	1.4				9000
TC11	A	11	10	7.5	1.4	1.8	2.7	3.6	9000
	B		10	7.0	1.2				
TB20	—	20	18	12	2.8	4.2	6.3	8.4	12000
TB17	—	17	16	11	2.4	3.8	5.7	7.6	11000

强度等级	组 别	抗弯 f_m	顺纹抗压及承压 f_c	顺纹抗拉 f_t	顺纹抗剪 f_v	横纹承压 $f_{c,90}$			弹性模量 E
						全表面	局部表面和齿面	拉力螺栓垫板下	
TB15	—	15	14	10	2.0	3.1	4.7	6.2	10000
TB13	—	13	12	9.0	1.4	2.4	3.6	4.8	8000
TB11	—	11	10	8.0	1.3	2.1	3.2	4.1	7000

注：计算木构件端部（如接头处）的拉力螺栓垫板时，木材横纹承压强度设计值应按"局部表面和齿面"一栏的数值采用。

【解析】1. 木材强度设计值的确定方法

每一树种强度设计值的原始数据是用含水率 12% 的清材小试件，按《木材物理力学试验方法》GB 1927～1943—91 试验确定的。

清材小试件强度的标准值 f_k 取概率分布的 0.05 分位值。

$$f_k = \mu_f - 1.645\sigma_f \tag{7.2.1}$$

式中　μ_f——木材标准小试件强度平均值；

　　　σ_f——木材标准小试件强度标准差。

木材强度设计值 f 的确定。

$$f = (K_P \times K_A \times K_Q \times f_K)/\gamma_R \tag{7.2.2}$$

$$K_Q = K_{Q1} K_{Q2} K_{Q3} K_{Q4} \tag{7.2.3}$$

式中　γ_R——抗力分项系数，顺纹受拉 $\gamma_R = 1.95$，顺纹受弯 $\gamma_R = 1.60$，顺纹受压 $\gamma_R = 1.45$，顺纹受剪 $\gamma_R = 1.50$；

　　　K_P——方程精确性影响系数；

　　　K_A——尺寸误差影响系数；

　　　K_Q——构件材料强度折减系数；

　　　K_{Q1}——天然缺陷影响系数；

　　　K_{Q2}——干燥缺陷影响系数；

　　　K_{Q3}——长期受荷强度折减系数；

　　　K_{Q4}——尺寸影响系数。

2. 木材强度设计值和弹性模量设计时的使用

在正常情况下，木材强度设计值和弹性模量按表 7.2.6 采用。在下列情况下，表 7.2.6 中的设计指标应按下列规定进行调整。

（1）在不同的使用条件下，木材的强度设计值和弹性模量乘以表 7.2.7 的调整系数。

不同使用条件下木材强度设计值和弹性模量的调整系数　　　　表 7.2.7

使用条件	调整系数	
	强度设计值	弹性模量
露天环境	0.9	0.85
长期生产性高温环境，木材表面温度达 40～50℃	0.8	0.8
按恒荷载验算时	0.8	0.8

使用条件	调整系数	
	强度设计值	弹性模量
用于木构筑物时	0.9	1.0
施工和维修时的短暂情况	1.2	1.0

注：1. 当仅有恒荷载或恒荷载产生的内力超过全部荷载所产生的内力的80%时，应单独以恒荷载进行验算；
2. 当若干条件同时出现时，表列各系数应连乘。

（2）对不同的设计使用年限，木材的强度设计值和弹性模量乘以表7.2.8的调整系数。

不同设计使用年限时木材强度设计值和弹性模量的调整系数　　　　表7.2.8

设计使用年限	调整系数	
	强度设计值	弹性模量
5 年	1.1	1.1
25 年	1.05	1.05
50 年	1.0	1.0
100 年及以上	0.9	0.9

（3）采用不同情况的木材，应按下列规定进行调整：

1）当采用原木、验算部位未经切削时，其顺纹抗压、抗弯强度设计值和弹性模量可提高15%；

2）当构件矩形截面的短边尺寸不小于150mm时，其强度设计值可提高10%；

3）当采用湿材时，各种木材的横纹承压强度设计值以及落叶松木材的抗弯强度设计值宜降低10%。

7.2.6　承重结构中使用新利用树种的设计指标和应用范围。

【解析】在承重结构中，使用新树种的木材，材质等级为 Ⅰ$_a$、Ⅱ$_a$ 和 Ⅲ$_a$ 级，木材含水率符合《木结构设计规范》GB 50005—2003 第 3.1.13 条要求时，木材的强度设计值和弹性模量可按表 7.2.9 采用。

新利用树种木材的强度设计值和弹性模量（N/mm²）　　　　表 7.2.9

强度等级	树种名称	抗弯 f_m	顺纹抗压及承压 f_c	顺纹抗剪 f_v	横纹承压 $f_{c,90}$			弹性模量 E
					全表面	局部表面和齿面	拉力螺栓垫板下	
TB15	槐木　乌墨	15	13	1.8	2.8	4.2	5.6	9000
	木麻黄			1.6				
TB13	柠檬桉　隆缘桉　蓝桉	13	12	1.5	2.4	3.6	4.8	8000
	檫木			1.2				
TB11	榆木　臭椿　桤木	11	10	1.3	2.1	3.2	4.1	7000

注：杨木和拟赤杨顺纹强度设计值和弹性模量可按 TB11 级数值乘以 0.9 采用，横纹强度设计值可按 TB11 级数值乘以 0.6 采用。若当地有使用经验，也可在此基础上作适当调整。

新树种木材的应用范围：

1. 宜先在木柱、搁栅、檩条和较小跨度的钢木桁架中使用，取得成熟经验后，逐步扩大其应用范围；

2. 不耐腐朽和易受虫蛀的树种木材，若无可靠的防腐、防虫处理措施，不得用作露天结构。

7.2.7 关于进口规格材的设计指标。

【解析】进口规格材应由木结构设计管理机构按规定的专门程序确定规格材的强度设计值和弹性模量。

1. 应由木结构设计规范管理机构对规格材所在国的负责分级的机构进行调查认可，经认可的机构所作的分级才能进入木结构设计规范使用；

2. 应对该进口木材的分级规格、设计值确定方法及相关标准的关系进行审查，确定该进口木材设计值与木结构设计规范规定的木材设计值之间的换算关系，并加以换算。

已经换算的部分目测分级进口规格材的强度设计值和弹性模量见表7.2.10，但应乘以表7.2.11的尺寸调整系数。

目测分级进口规格材强度设计值和弹性模量   表7.2.10

名　称	等　级	截面最大尺寸 (mm)	设计值（N/mm²）					
			抗弯 f_m	顺纹抗压 f_c	顺纹抗拉 f_t	顺纹抗剪 f_v	横纹承压 $f_{c,90}$	弹性模量 E
花旗松—落叶松类（南部）	I$_c$	285	16	18	11	1.9	7.3	13000
	II$_c$		11	16	7.2	1.9	7.3	12000
	III$_c$		9.7	15	6.2	1.9	7.3	11000
	IV$_c$、V$_c$		5.6	8.3	3.5	1.9	7.3	10000
	VI$_c$	90	11	18	7.0	1.9	7.3	10000
	VII$_c$		6.2	15	4.0	1.9	7.3	10000
花旗松—落叶松类（北部）	I$_c$	285	15	20	8.8	1.9	7.3	13000
	II$_c$		9.1	15	5.4	1.9	7.3	11000
	III$_c$		9.1	15	5.4	1.9	7.3	11000
	IV$_c$、V$_c$		5.1	8.8	3.2	1.9	7.3	10000
	VI$_c$	90	10	19	6.2	1.9	7.3	10000
	VII$_c$		5.6	16	3.5	1.9	7.3	10000
铁—冷杉（南部）	I$_c$	285	15	16	9.9	1.6	4.7	11000
	II$_c$		11	15	6.7	1.6	4.7	10000
	III$_c$		9.1	14	5.6	1.6	4.7	9000
	IV$_c$、V$_c$		5.4	7.8	3.2	1.6	4.7	8000
	VI$_c$	90	11	17	6.4	1.6	4.7	9000
	VII$_c$		5.9	14	3.5	1.6	4.7	8000
铁—冷杉（北部）	I$_c$	285	14	18	8.3	1.6	4.7	12000
	II$_c$		11	16	6.2	1.6	4.7	11000
	III$_c$		11	16	6.2	1.6	4.7	11000
	IV$_c$、V$_c$		6.2	9.1	3.5	1.6	4.7	10000
	VI$_c$	90	12	19	7.0	1.6	4.7	10000
	VII$_c$		7.0	16	3.8	1.6	4.7	10000

设计值（N/mm²）

名　称	等级	截面最大尺寸(mm)	抗弯 f_m	顺纹抗压 f_c	顺纹抗拉 f_t	顺纹抗剪 f_v	横纹承压 $f_{c,90}$	弹性模量 E
南方松	Ⅰc	285	20	19	11	1.9	6.6	12000
	Ⅱc		13	17	7.2	1.9	6.6	12000
	Ⅲc		11	16	5.9	1.9	6.6	11000
	Ⅳc、Ⅴc		6.2	8.8	3.5	1.9	6.6	10000
	Ⅵc	90	12	19	6.7	1.9	6.6	10000
	Ⅶc		6.7	16	3.8	1.9	6.6	9000
云杉—松—冷杉类	Ⅰc	285	13	15	7.5	1.4	4.9	10300
	Ⅱc		9.4	12	4.8	1.4	4.9	9700
	Ⅲc		9.4	12	4.8	1.4	4.9	9700
	Ⅳc、Ⅴc		5.4	7.0	2.7	1.4	4.9	8300
	Ⅵc	90	11	15	5.4	1.4	4.9	9000
	Ⅶc		5.9	12	2.9	1.4	4.9	8300
其他北美树种	Ⅰc	285	9.7	11	4.3	1.2	3.9	7600
	Ⅱc		6.4	9.1	2.9	1.2	3.9	6900
	Ⅲc		6.4	9.1	2.9	1.2	3.9	6900
	Ⅳc、Ⅴc		3.8	5.4	1.6	1.2	3.9	6200
	Ⅵc	90	7.5	11	3.2	1.2	3.9	6900
	Ⅶc		4.3	9.4	1.9	1.2	3.9	6200

注：当规格材搁栅数量大于3根，且与楼面板、屋面板或其他构件有可靠连接时，设计搁栅的抗弯承载力时，可将表中的抗弯强度设计值 f_m 乘以 1.15 的共同作用系数。

尺寸调整系数　　　　　　　　　　　　　　　　　表 7.2.11

等　级	截面高度(mm)	抗　弯 截面宽度（mm）		顺纹抗压	顺纹抗拉	其　他
		40 和 65	90			
Ⅰc、Ⅱc、Ⅲc、Ⅳc、Ⅴc	≤90	1.5	1.5	1.15	1.5	1.0
	115	1.4	1.4	1.1	1.4	1.0
	140	1.3	1.3	1.1	1.3	1.0
	185	1.2	1.2	1.05	1.2	1.0
	235	1.1	1.2	1.0	1.1	1.0
	285	1.0	1.1	1.0	1.0	1.0
Ⅵc、Ⅶc	≤90	1.0	1.0	1.0	1.0	1.0

北美规格材代码和《木结构设计规范》规格材代码对应关系见表 7.2.12。

北美规格材与《木结构设计规范》规格材对应关系　　　　表 7.2.12

《木结构设计规范》规格材等级	北美规格材等级
Ⅰc	Select structural
Ⅱc	No. 1
Ⅲc	No. 2
Ⅳc	No. 3
Ⅴc	Stud
Ⅵc	Construction
Ⅶc	Standard

第三章 木结构构件计算

第一节 轴心受拉和轴心受压构件

7.3.1 轴心受拉构件用公式 $\dfrac{N}{A_n} \leqslant f_t$ 进行承载力验算时，计算净截面面积 A_n，应扣除分布在 150mm 长度上的缺孔投影面积。

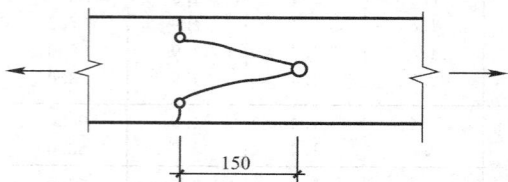

图 7.3.1 受拉构件的"迂回"破坏示意图

【解析】计算受拉构件的净截面面积 A_n 时，考虑有缺孔木材受拉时有"迂回"破坏的特征见图 7.3.1，所以规定应将分布在 150mm 长度上的缺孔投影在同一截面上扣除。其所以规定为 150mm，是考虑到与规范附录表 A.1.1 中有关木节的规定相一致。

因此，如图 7.3.2 所示，受拉构件净截面面积 $A_n = b(h-d_1-d_2-d_3)$。

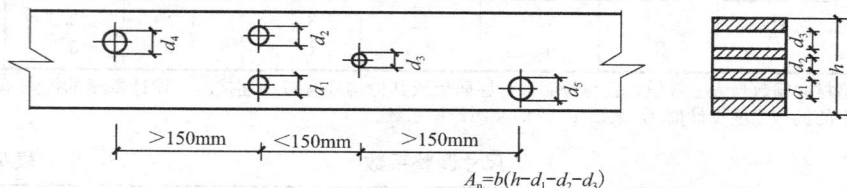

$$A_n = b(h-d_1-d_2-d_3)$$

图 7.3.2 受拉构件净截面面积

7.3.2 轴心受压构件按 $\dfrac{N}{\varphi A_0} \leqslant f_c$ 进行稳定验算时，受压构件截面的计算面积 A_0，在下列情况下取值为：

1. 缺口不在边缘时，取 $A_0 = 0.9A$，A 为构件全截面面积；
2. 螺栓孔可不作为缺口考虑，即 $A_0 = A$。

【解析】1. 有缺口构件的临界力为 N_{cr}^h，可按下式计算：

$$N_{cr}^h = \frac{\pi^2 EI}{l^2}\left[1 - \frac{2}{l}\int_0^l \frac{I_h}{I}\sin^2\frac{\pi z}{l}dz\right] \tag{7.3.1}$$

式中　I——无缺口截面惯性矩；

　　　I_h——缺口截面惯性矩；

　　　l——构件长度。

当缺口宽度等于截面宽度的一半，长度等于构件长度的 1/10 时，见图 7.3.3，根据上式化简，可求得临界力为：

对 x—x 轴　　$N_{crx}^h = 0.975 N_{crx}$ $\tag{7.3.2}$

对 y—y 轴　　$N_{cry}^h = 0.90 N_{cry}$ $\tag{7.3.3}$

式中　N_{crx}、N_{cry}——对 x 轴或对 y 轴失稳时无缺口构件临界力。

为了计算简便，同时也不影响结构安全，对于缺口不在边缘时，一律采用 $A_0 = 0.9A$。

2. 根据结构力学分析，局部缺口对构件的临界荷载的影响甚小，所以螺栓孔不作为缺口考虑，取 $A_0 = A$。

7.3.3 轴心受压构件按 $\dfrac{N}{\varphi_0 A_0} \leqslant f_c$ 公式进行稳定性验算时，轴心受压构件稳定系数 φ 值，应根据不同树种的强度等级和构件的长细比 λ，用不同的 φ 公式进行计算。

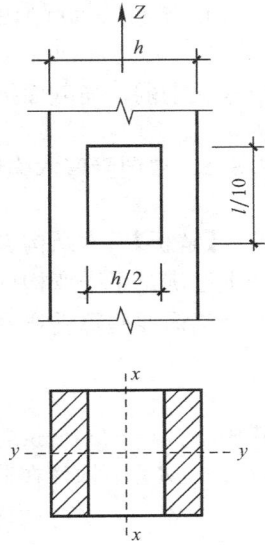

图 7.3.3

【解析】1988 年修订《木结构设计规范》前，对轴心受压构件的可靠度进行反演分析，平均可靠指标 $m_\beta = 2.75$，数值偏低。之后，规范管理组组织一些单位对冷杉木材和阔叶树木材构件进行试验，给出二条 φ 值曲线见图 7.3.4。A 曲线适用于 TC17、TC15 和 TB20 三个强度等级，平均可靠指标 $m_\beta = 3.16$；B 曲线适用于 TC13、TC11、TB17、TB15、TB13 和 TB11 强度等级，$m_\beta = 3.43$。

88 年、2003 年规范给出的 φ 值，不仅解决了 73 年规范按稳定设计可靠指标偏低问题，而且改善了可靠指标一致性程度。

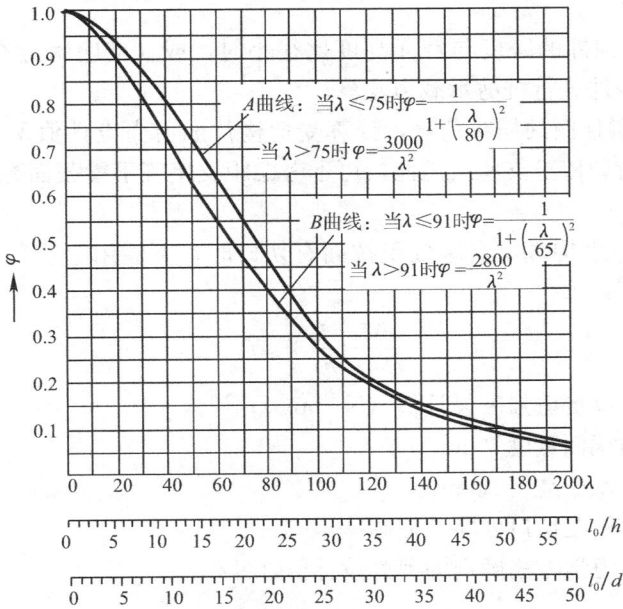

图 7.3.4　规范采用的 φ 值曲线

第二节　受弯构件

7.3.4 单向受弯木构件，应如何进行抗弯承载力验算？

【解析】单向受弯构件承载力，用公式 $\dfrac{M}{W_n} \leqslant f_m$ 进行验算时：

1. 木材的抗弯强度设计值 f_m 取决于木材的树种和强度等级；

2. 验算截面取：（1）用最大弯矩设计值（M_{max}）处的截面进行计算；（2）取构件截面有较大削弱，净截面抵抗矩 W_n 较小处的截面，及相应的弯矩设计值进行计算。

7.3.5 单向受弯木构件，其侧向稳定性应如何考虑？

【解析】《木结构设计规范》中，规定了木构件的截面高宽比的限值和锚固要求，从构造上已满足了受弯构件侧向稳定的要求。

当需要验算受弯木构件的侧向稳定时，可按下式进行验算：

$$\frac{M}{\varphi_l W} \leqslant f_m \tag{7.3.4}$$

式中　f_m——木材抗弯强度设计值（N/mm²）；

　　　　M——构件在荷载设计值作用下的弯矩（N·mm）；

　　　　W——受弯构件的全截面抵抗矩（mm³）；

　　　　φ_l——受弯构件的侧向稳定系数，按《木结构设计规范》第 L.0.2 条和第 L.0.3 条分别确定。

7.3.6 受弯木构件，用 $\frac{VS}{Ib} \leqslant f_v$ 公式进行抗剪承载力验算时，应注意哪些情况？

【解析】1. 当木构件的跨度与截面高度比很小时，或在支座附近有大的集中荷载时，应按上式对受弯木构件进行抗剪承载力验算。

2. 对于作用在梁顶面的均布荷载，计算受弯构件的剪力设计值 V 时，由于构件的刚性，可直接将部分荷载传至支座，因此，可不考虑距支座等于梁截面高度范围内所有荷载的作用。

3. 矩形截面受弯木构件，支座处受拉面有切口时，不能用上述公式进行抗剪承载力验算，应按下式验算：

$$\frac{3V}{2bh_n}\left(\frac{h}{h_n}\right) \leqslant f_v \tag{7.3.5}$$

式中　f_v——木材顺纹抗剪强度设计值（N/mm²）；

　　　　b——构件的截面宽度（mm）；

　　　　h——构件的截面高度（mm）；

　　　　h_n——受弯构件在切口处净截面高度（mm）；

　　　　V——按结构力学方法确定的剪力设计值（N）。

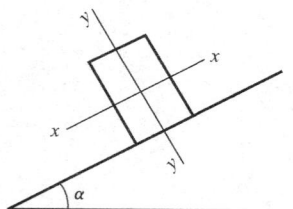

图 7.3.5　双向受弯构件截面

7.3.7 双向受弯木构件，应如何进行验算？

【解析】双向受弯木构件，如木檩条放在屋架的上弦见图 7.3.5。在重力荷载作用下，对构件截面 x 轴和 y 轴产生弯矩设计值 M_x 和 M_y，需进行两方面验算：

1. 用 $\frac{M_x}{W_x f_m} + \frac{M_y}{W_y f_m} \leqslant 1$ 进行抗弯承载力验算，此公式是将

x 轴、y 轴两方向产生的应力进行叠加，小于或等于木材的抗弯强度设计值 f_m。

2. 用 $W=\sqrt{W_x^2+W_y^2}\leqslant[W]$ 进行挠度验算时，W 是双向受弯构件的总挠度，而不是沿截面高度方向的挠度 W_y。W_x、W_y 是按荷载效应的标准组合计算沿构件截面 x 轴、y 轴的挠度。

7.3.8 设计拉弯木构件时，应考虑什么问题？

【解析】拉弯木构件，用 $\dfrac{N}{A_n f_t}+\dfrac{M}{W_n f_m}\leqslant 1$ 进行承载力验算，由于拉力和弯矩的共同作用对木材的工作十分不利。因此设计拉弯木构件，例如三角形桁架的木下弦，应采取净截面对中的方法，防止受拉构件在有缺口最薄弱的截面上产生弯矩。

7.3.9 压弯构件及偏心受压构件用 $\dfrac{N}{\varphi\varphi_m A_0}\leqslant f_c$ 进行稳定性验算时，采用双 φ 系数。

【解析】压弯构件及偏心受压构件进行稳定性验算时，采用二个 φ 值的原因是：

1. 第一个 φ 值是轴心受压构件稳定系数，它是根据不同树种的强度等级，构件的长细比 λ，代入相应的计算公式得到 φ 值。这个 φ 值未考虑轴向力与弯矩共同作用所产生的附加挠度影响，不能全面反映压弯构件的工作特性。

2. 第二个 φ_m 值是考虑轴向力和横向弯矩共同作用的折减系数。

$$\varphi_m=(1-K)^2(1-kK) \tag{7.3.6}$$

$$K=\frac{Ne_0+M_0}{Wf_m\left(1+\sqrt{\dfrac{N}{Af_c}}\right)} \tag{7.3.7}$$

$$k=\frac{Ne_0}{Ne_0+M_0} \tag{7.3.8}$$

式中　N——轴向压力设计值（N）；

　　M_0——横向荷载作用下跨中最大初始弯矩设计值（N·mm）；

　　e_0——构件的初始偏心距（mm）。

从上述公式中可以看出：φ_m 计算过程中不仅考虑了轴向力 N 和弯矩 M 共同作用所产生附加挠度的影响，而且还考虑木材抗弯强度设计值 f_m 和抗压强度设计值 f_c 调整后的作用。

7.3.10 压弯构件或偏心受压构件，弯矩作用平面外的侧向稳定性验算。

【解析】压弯构件或偏心受压构件，在弯矩作用平面外的稳定性验算有两部分组成。

$$\frac{N}{\varphi_y A_0 f_c}+\left(\frac{M}{\varphi_l W f_m}\right)^2\leqslant 1 \tag{7.3.9}$$

公式中一部分由轴向压力设计值 N 作用引起弯矩作用平面外失稳；另一部分由弯矩设计值 M 引起平面外失稳。《木结构设计规范》GBJ 5—88 关于压弯构件或偏心受压构件，在弯矩作用平面外的验算，是不考虑弯矩的影响的，仅在弯矩作用平面外按轴心压杆稳定验算。在 2002 年修订木结构设计规范时，经验算发现在弯矩较大的情况下偏于不安全，故提出了式（7.3.9）验算公式。

第四章 木结构的连接

第一节 齿 连 接

7.4.1 如何正确理解规范对单齿、双齿连接中的构造规定?

【解析】1. 图7.4.1和图7.4.2是单齿和双齿在木桁架支座处的节点。图中上弦杆轴线、下弦杆轴线和支座反力作用线汇交于一点。这样,上弦杆的轴向压力、下弦杆的轴向拉力,在支座处只产生竖向支座反力。使节点处的杆件为抗压杆件,避免产生附加弯矩。

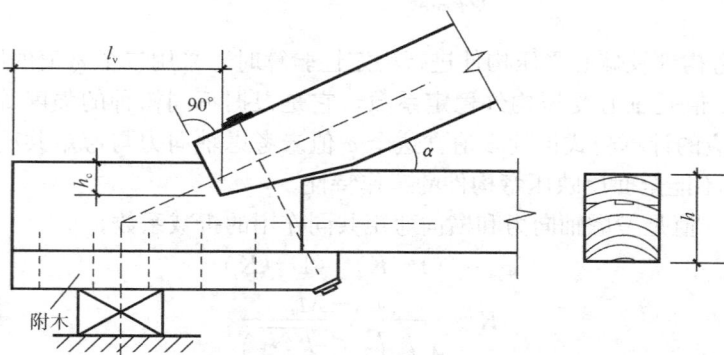

图7.4.1 单齿连接

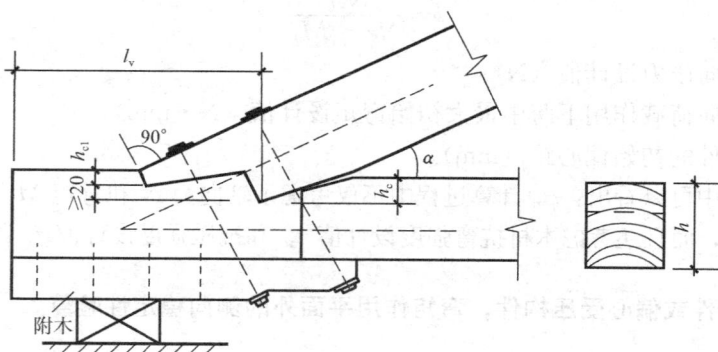

图7.4.2 双齿连接

2. 规范中图示的齿连接为正齿,即齿承压面应与压杆的轴线垂直,使上弦杆传来的压力明确地作用在承压面上,以保证其垂直分力对齿连接受剪面的横向压紧作用,以改善木材的受剪工作条件。

3. 关于齿连接的齿深和齿长的规定,考虑防止因这方面的构造不当,会导致齿连接承载能力的急剧下降。

4. 当采用湿材制作时,齿连接的受剪工作可能受到木材端裂的危害。为此,若干屋架的下弦未采用"破心下料"的方木制作，或直接使用原木时，其受剪面长度应比计算值加大 50mm，以保证实际的受剪面有足够的长度。

7.4.2 木桁架支座节点用齿连接，应如何考虑节点处的受力验算？

【解析】1. 从图 7.4.1 单齿连接可以看出，上弦杆的轴向压力通过上、下弦杆之间的承压面来传递，因此，用式 $\dfrac{N}{A_c} \leqslant f_{ca}$ 进行木材承压验算。

2. 在齿深 h_c 平面上受剪力设计值 V 的作用，其值等于下弦的拉力，用 $\tau = \dfrac{V}{l_v b_v} \leqslant \psi_v f_v$ 进行木材剪切验算，式中 ψ_v 为沿剪面长度应力分布不均匀的强度降低系数，当 $l_v/h_c = 4.0$ 时，$\psi_v = 1.0$，随着 l_v/h_c 值的增大，ψ_v 值相应降低，见表 7.4.1。

单齿连接抗剪强度降低系数　　　　　　　　　　　表 7.4.1

l_v/h_c	4.5	5	6	7	8
ψ_v	0.95	0.89	0.77	0.70	0.64

3. 对下弦杆，用 $N_t \leqslant f_t A_n$ 进行木材受拉验算，式中 A_n 为净截面面积，应考虑在验算截面处刻齿、安设保险螺栓、加附木等造成的截面削弱。

4. 对于图 7.4.2 的双齿连接，承压验算时承压面面积应取两个齿承压面面积之和；但受剪验算时，全部剪力 V 应由第二齿的剪面承受，这样双齿连接的可靠指标 β，可以满足目标可靠指标要求，见表 7.4.2。

齿连接可靠指标 β　　　　　　　　　　　　表 7.4.2

连接形式	m_β	S_β
单齿	3.86	0.39
双齿	3.86	0.39

注：S_β 越小表示 β 的一致性越好。

双齿连接沿剪面长度剪应力分布不均匀的强度降低系数 ψ_v 值，按表 7.4.3 采用。

双齿连接抗剪强度降低系数　　　　　　　　　　表 7.4.3

l_v/h_c	6	7	8	10
ψ_v	1.00	0.93	0.85	0.71

7.4.3 桁架支座节点采用齿连接时，必须设置保险螺栓，但不考虑保险螺栓与齿共同工作。

【解析】1. 在齿连接中，木材抗剪属于脆性工作，其破坏一般无预兆，应采取保险措施。根据长期工程实践经验，在被连接的构件间用螺栓拉结，可以起到保险作用。因为它可使齿连接在其受剪面万一遭到破坏时，不致引起整个结构的坍塌，为抢修提供了必要的时间。

2. 关于螺栓与齿能否共同工作问题，原建筑工程部建筑科学研究院和原四川省建筑科学研究所试验结果均证明，在齿未破坏前，保险螺栓几乎是不受力的。故明确规定在设计中不应考虑二者的共同工作。

7.4.4 在齿连接中，保险螺栓应如何计算？

【解析】1. 尽管保险螺栓受力情况较为复杂，包括螺栓受拉、受弯以及上弦端头在剪面上的摩擦作用等。规范规定：构造符合要求的保险螺栓，其承受拉力的设计值按 $N_b = N\tan(60° - \alpha)$ 的简便公式进行计算。在这种情况下，其计算结果与试验值较为接近，可以满足实用要求。

2. 考虑到木材剪切是突然发生的，对螺栓有一定冲击作用，故规定宜选用延性较好的钢材（Q235 钢）制作。

3. 螺栓的公称直径 d 的选用，可按下式计算有效直径 d_e 或有效面积 A_e，再查表得公称直径 d。

$$N_b = 1.25 \frac{\pi d_e^2}{4} f_t^b = 1.25 A_e f_t^b \tag{7.4.1}$$

式中　f_t^b——螺栓抗拉强度设计值；

　　1.25——考虑螺栓受力短暂性的调整系数；

　　d_e、A_e——分别为螺栓螺纹处的有效直径和有效面积。

第二节　螺栓连接和钉连接

7.4.5 规范规定：螺栓连接和钉连接采用双剪连接和单剪连接时，连接木构件的最小厚度 a 和 c 值应符合表 7.4.4 的规定。

螺栓连接和钉连接中木构件的最小厚度　　　　　　　表 7.4.4

连接形式	螺栓连接		钉连接
	$d < 18mm$	$d \geq 18mm$	
双剪连接 （图 6.4.3）	$c \geq 5d$ $a \geq 2.5d$	$c \geq 5d$ $a \geq 4d$	$c \geq 8d$ $a \geq 4d$
单剪连接 （图 6.4.4）	$c \geq 7d$ $a \geq 2.5d$	$c \geq 7d$ $a \geq 4d$	$c \geq 10d$ $a \geq 4d$

注：表中 c——中部构件的厚度或单剪连接中较厚构件的厚度；
　　a——边部构件的厚度或单剪连接中较薄构件的厚度；
　　d——螺栓或钉的直径。

【解析】1. 试验表明，对称双剪连接（图 7.4.3）时，当螺栓或钉的直径 d 较粗，边部构件 a 较厚，而中部构件 c 较薄时，试件由中部构件被挤压而破坏；

2. 同样，对于螺栓或钉的直径 d 较粗，中部构件 c 较厚，而边部构件 a 较薄时，试件由边部构件的挤压而破坏；

3. 螺栓连接和钉连接的承载能力受木材剪切、劈裂、承压以及螺栓和钉的弯曲条件的控制，其中以充分利用螺栓和钉的抗弯能力最能保证连接的安全。因此，规范规定了螺栓连接和钉连接中木构件的最小厚度，以便从构造上保证连接受力的合理性与可靠性。

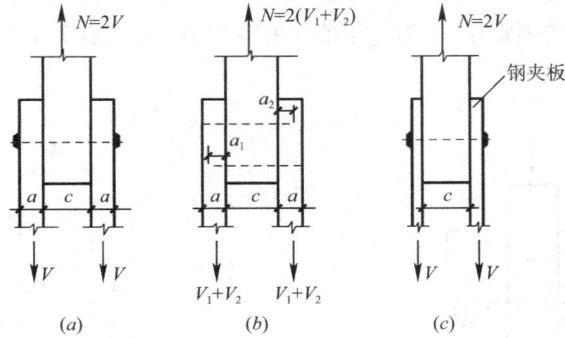

图 7.4.3　双剪连接

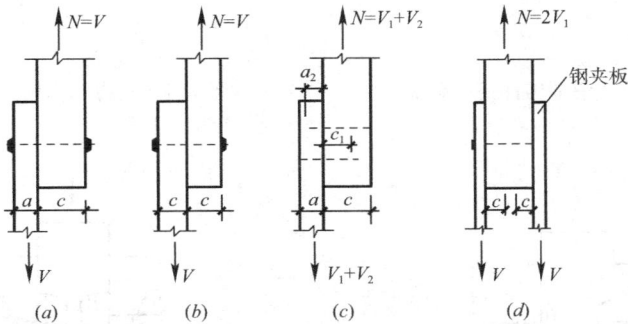

图 7.4.4　单剪连接

7.4.6　在连接木构件满足表 7.4.5 的条件下，螺栓连接或钉连接顺纹受力时，每一剪切面的设计承载力用 $N_v=K_v d^2 \sqrt{f_c}$ 公式进行计算，K_v 值见表 7.4.5。

【解析】按照一般考虑木材弹性工作的假定，用螺栓连接和钉连接对称、双剪的四种情况，见图 7.4.5～图 7.4.8，列出销连接顺纹受力时的计算公式见表 7.4.5。

销连接顺纹受力时的普遍计算公式　　　　　　表 7.4.5

项　次	计算条件		螺　栓		钉	
			对称连接 （见图 7.4.3）	单剪连接 （见图 7.4.4）	对称连接 （见图 7.4.3b）	单剪连接 （见图 7.4.4c）
1 2	按木材承 压条件	中部构件 V_c 边部构件 V_a	$0.45cdf_c$ $0.7adf_c$	$0.3cdf_c$ $0.7adf_c$	$0.4cdf_c$ $0.7adf_c$	$0.3cdf_c$ $0.7adf_c$
3	按销弯 曲条件	出现一个塑性铰 V_{bs}	$k_v d^2 \sqrt{f_c}$			
			$k_v=5.144+0.00525\,(a/d)^2 f_c$		$k_v=8.669+0.003115\,(a/d)^2 f_c$	
4		出现两个塑性铰 V_{max}	$7.5d^2 \sqrt{f_c}$		$11.1d^2 \sqrt{f_c}$	

当中部和边部构件中最小厚度满足表7.4.4的要求，则连接的承载能力由销的弯曲条件控制。现行规范为了简化计算，采用了 $V \leqslant K_v d^2 \sqrt{f_c}$ 简化计算公式，因 K_v 随 a/d 及 f_c 而变化，近似地将影响较小的因素 f_c 取为一定值，并算出 K_v 值（表7.4.5）供设计使用。

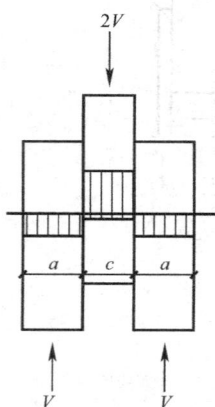

图7.4.5　中部构件挤压破坏

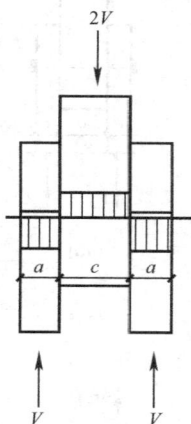

图7.4.6　边部构件挤压破坏

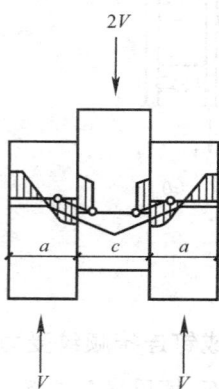

图7.4.7　销弯曲破坏呈波浪形

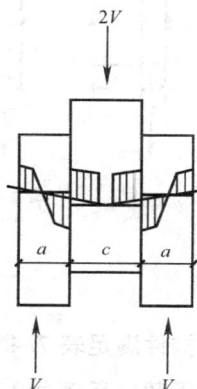

图7.4.8　销弯曲破坏呈折线形

7.4.7　螺栓连接时，应如何设计保证构件受拉接头能够正常受力和减少变形？

【解析】1. 螺栓的排列，可按规范要求，按两纵行齐列（图7.4.9）或两纵行错列（图7.4.10）布置，这些规定是保证木材不致劈裂的重要条件。为避免木材干裂时对螺栓连接强度的影响，下弦受拉接头螺栓连接不应采用单行排列。

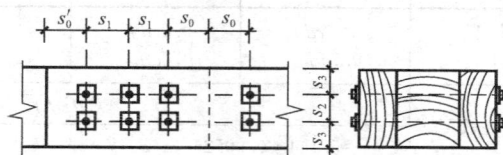

图7.4.9　两纵行齐列

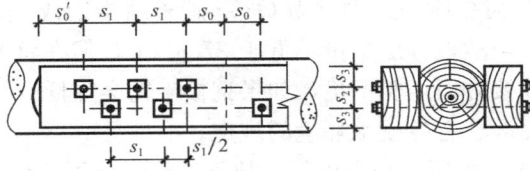

图 7.4.10 两纵行错列

2. 当采用两纵向排列时，螺栓的直径不要超过截面高度的 1/9.5。螺栓的数量不宜过少，特别是受拉下弦接头，每端螺栓的数量不宜少于 6~8 个。这样适当螺栓数量、相应减小螺栓直径，显著改善了连接接头的韧性和承载能力，减少了木材因剪裂和裂开造成的危害。

3. 螺栓排列的最小间距应符合表 7.4.6 的规定；当采用湿材制作时，木构件顺纹端距 s_0 应加长 70mm；当构件成直角相交且力的方向不变时，螺栓排列的横纹最小边距：受力边不小于 $4.5d$、非受力边不小于 $2.5d$（图 7.4.11）；当采用钢夹板时，钢板上的端距 s_0 取螺栓直径的 2 倍，边距 s_3 取螺栓直径的 1.5 倍。

螺栓排列的最小间距　　表 7.4.6

构造特点	顺　纹			横　纹	
	端距		中距	边距	中距
	s_0	s_0'	s_1	s_3	s_2
两纵行齐列	7d		7d	3d	3.5d
两纵行错列			10d		2.5d

注：d——螺栓直径。

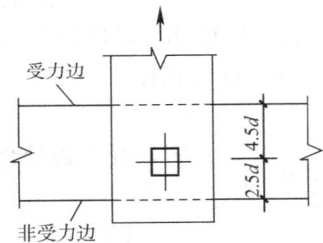

图 7.4.11 横纹受力时螺栓排列

第三节　齿板连接

7.4.8　齿板连接适用于轻型木结构建筑中规格材桁架节点及受拉杆件的接长。不应用于腐蚀环境、潮湿或有冷凝水环境的木桁架，也不得用于传递压力。

【解析】1. 齿板由镀锌薄钢板经单向打齿而成，见图 7.4.12，齿可以有不同的外形。在国外，齿板被广泛用于规格材制成的轻型木桁架节点及受拉杆件的接长、接厚。

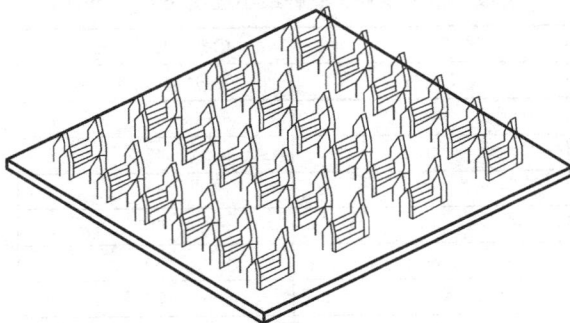

图 7.4.12　典型齿板

2. 为保证齿板质量，齿板所用的钢材为 Q235 碳素结构钢或 Q345 低合金高强度结构钢。由于齿板钢材较薄，虽然镀锌层重量不低于 $275g/m^2$，但在腐蚀、潮湿环境下仍然显得不足，且我国在齿板连接方面经验不足，如果钢板生锈会降低其承载力和耐久性。因此规范有不应用于腐蚀、潮湿、有冷凝水环境的规定。

3. 齿板为薄钢板制成，受压承载力极低，故不能将齿板用于传递压力。

7.4.9　规范规定，齿板连接应按下列两种极限状态进行验算：

1. 按承载能力极限状态荷载效应的基本组合验算齿板连接的板齿承载力、齿板受拉承载力、齿板受剪承载力和剪—拉复合承载力；

2. 按正常使用极限状态标准组合验算板齿的抗滑移承载力。

【解析】1. 齿板存在三种基本破坏形态：（1）板齿屈服并从木料中拔出；（2）齿板净截面受拉破坏；（3）齿板剪切破坏。因此设计齿板连接时，应对板齿承载力、齿板受拉承载力与受剪承载力进行验算。此外，在木桁架节点中，齿板常处于剪—拉复合受力状态，所以应对剪—拉复合承载力进行验算。

2. 当板齿滑移过大时，将导致木桁架产生影响其正常使用的变形。所以应对板齿抗滑承载力进行验算。

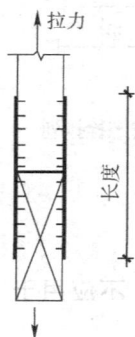

图 7.4.13

7.4.10　设计齿板连接时，在构造和连接制作上应有哪些技术要求？

【解析】1. 齿板连接构造应符合下列要求：

（1）齿板应成对对称设置于构造连接的两侧，连接构件的厚度应不小于齿嵌入构件深度的两倍（图 7.4.13）；

（2）在与桁架弦杆平行及垂直方向，齿板与弦杆的最小连接尺寸，在腹杆轴线方向齿板与腹杆的最小连接尺寸，均应符合表 7.4.7 的规定。避免连接尺寸过小导致木桁架在搬运、安装过程中损坏；

（3）齿板的端距 a 应平行于木纹量测，取 $a=12mm$ 或 1/2 齿长的较大者，边距 e 应垂直于木纹量测，取 $e=6mm$ 或 1/4 齿长的较大者（图 7.4.14）。

齿板与桁架弦杆、腹杆最小连接尺寸（mm）　　　　　　表 7.4.7

规格材截面尺寸	桁架跨度 L（m）		
（mm×mm）	$L \leqslant 12$	$12 < L \leqslant 18$	$18 < L \leqslant 24$
40×65	40	45	—
40×90	40	45	50
40×115	40	45	50
40×140	40	50	60
40×185	50	60	65
40×235	65	70	75
40×285	75	75	85

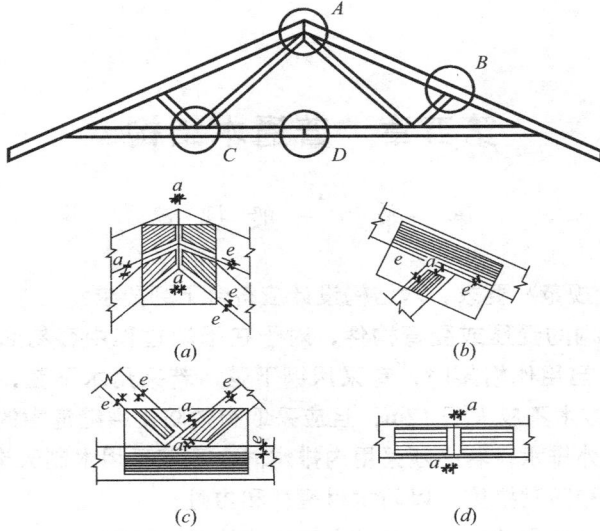

图 7.4.14　齿板的端距和边距

2. 齿板连接的构件应在工厂进行制作，并应符合下列要求：

（1）板齿应与构件表面垂直；

（2）板齿嵌入构件的深度应不小于板齿承载力试验时板齿嵌入试件的深度；

（3）板齿连接处构件无缺棱、木节、木节孔等缺陷；

（4）拼装完成后齿板无变形。

第五章　普通木结构

第一节　一般规定

7.5.1 《木结构设计规范》要求，木结构设计应符合下列要求：

1. 木材宜用于结构的受压或受弯构件，对于在干燥过程中容易翘裂的树种木材（如落叶松、云南松等），当用作桁架时，宜采用钢下弦；若采用木下弦，对于原木，其跨度不宜大于 15m，对于方木不应大于 12m，且应采取有效防止裂缝危害的措施；

2. 木屋盖宜采用外排水，若必须采用内排水时，不应采用木制天沟；

3. 必须采取通风和防潮措施，以防木材腐朽和虫蛀；

4. 合理地减少构件截面的规格，以符合工业化生产的要求；

5. 应保证木结构特别是钢木桁架在运输和安装过程中的强度、刚度和稳定性，必要时应在施工图中提出注意事项；

6. 地震区设计木结构，在构造上应加强构件之间、结构与支承物之间的连接，特别是刚度差别较大的两部分或两个构件（如屋架与柱、檩条与屋架、木柱与基础等）之间的连接必须安全可靠。

【解析】普通木结构是指承重构件采用方木或原木制作的单层或多层木结构。

1. 木材宜用于结构的受压或受弯构件，是基于木材的天然缺陷对构件的受拉性能影响很大，必须选用优质并经过干燥的木材，而优质木材的供应很难办到。因此，规范推荐采用钢木桁架或撑托式结构。在这类结构中，木材仅作为受压或压弯构件，它们对木材材质和含水率的要求均较受拉构件低。这样，既可充分利用材料，又保证工程质量。

2. 对于缺陷较多、干燥中容易翘裂的树种木材（如落叶松、云南松等）。由于这类木材的翘曲变形，过去在跨度较大的房屋中使用，问题比较多。但关键在于使用湿材，而又未采取防止裂缝的措施。因此，规范对桥架原木下弦，跨度限值宜为 15m，方木下弦跨度限值应为 12m，并强调应采取有效的防止裂缝危害的措施。

3. 多跨木屋盖房屋的内排水，常由于天沟构造处理不当或检修不及时产生堵水渗透，使木屋架支座节点易于受潮腐朽，影响屋盖承重木结构的安全。因此，规范推荐木屋盖宜采用外排水。

规范中规定，若必须采用内排水时，不应采用木制天沟。其原因是，木制天沟经常由于天沟刚度不够、变形过大，或因油毡防水层局部损坏，致使天沟腐朽、漏水，直接危害屋架支座节点。

4. 木结构必须从设计上、构造上采取通风、防潮措施，使木结构各部分通风干燥，防止腐朽虫蛀，保证结构安全使用。

5. 木结构具有较好的延性，对抗震是有利的。但是在木结构设计时，必须加强构件之间和木结构与支承物之间的连接，才能符合抗震要求。

7.5.2 在可能造成风灾的台风地区和山区风口地段，木结构设计，应采取哪些有效措施加强建筑物的抗风能力？

【解析】木结构造成风灾危害除因设计计算考虑不周外，一般均由构造处理不当所引起。砖木结构因台风造成的破坏过程一般是：迎风面的门窗框先破坏或屋盖的山墙出檐部分先被掀开缺口，接着大风贯入室内，瓦、屋面板、檩条等相继被刮掉，最后造成山墙和屋盖呈悬臂孤立状态而倒塌。

因此，木结构设计的构造措施，应注意以下几点：

1. 为防止瞬间风吸力超过屋盖各个部件的自重，避免屋瓦等被揭掉，宜采用增加屋面自重和加强瓦材与屋盖木基层整体性的办法（如压砖、坐灰、瓦材固定等）。

2. 防止门窗扇和门窗框被刮掉，除应注意经常维修外，规范强调门窗应予锚固。

3. 应注意局部构造处理，以减小风力的作用。如檐口处出檐要短或做成封闭出檐，见图7.5.1，减小风力体型系数；山墙宜做成硬山墙，在满足采光和通风要求下，尽量减少天窗的高度和跨度等。

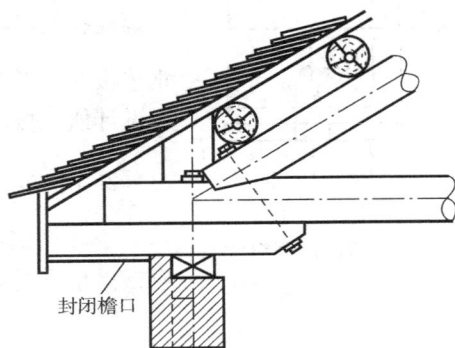

封闭檐口

图 7.5.1　封闭檐口图

4. 应加强房屋的整体性和锚固措施，如木屋架与墙体、木檩与屋架、望板与木檩、木檩与山墙等锚固，来抵御风力的作用。

7.5.3 在木结构的同一节点或接头中，有两种或多种不同的连接方式时，计算时应只考虑一种连接方式传递内力。

【解析】在我国木结构工程中，曾发生过数起因采用齿连接与螺栓连接共同受力而导致齿连接超载破坏的事故。根据工程经验和试验结论，规范规定，有两种或多种不同连接方式时，应只考虑一种连接方式传递内力。

7.5.4 在木桁架中，圆钢拉杆的直径和拉力螺栓的直径，需经计算确定外，方形钢垫板的面积和厚度，也需按下式计算：

1. 垫板面积（mm²）

$$A = \frac{N}{f_{c\alpha}} \tag{7.5.1}$$

2. 垫板厚度（mm）

$$t = \sqrt{\frac{N}{2f}} \tag{7.5.2}$$

式中　N——轴心拉力设计值（N）；

$f_{c\alpha}$——木材斜纹承压强度设计值（N/mm²），根据轴心拉力 N 与垫板下木构件木纹方向的夹角，按《木结构设计规范》第 4.2.6 条的规定确定；

f——钢材抗弯强度设计值（N/mm²）。

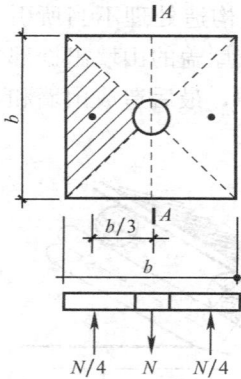

图 7.5.2

【解析】调查发现，一些工程中，拉力螺栓钢垫板有陷入木材的情况，其主要原因之一是钢垫板未经计算，尺寸偏小。因此，规范提出式（7.5.1）和式（7.5.2）计算垫板面积 A 和厚度 t。

1. 假定 N/4 产生的弯矩，由 A—A 截面承受（图 7.5.2），并忽略螺栓孔的影响，得垫板面积 $A=\dfrac{N}{f_{c\alpha}}$。当计算支座节点或脊节点的钢垫板时，考虑到这些部位的木纹不连续，垫板下木材横纹承压强度设计值应按规范表 4.2.1-3 中局部表面及齿面一栏的数值。

2. 由 $\dfrac{b}{3}\times\dfrac{N}{4}=\dfrac{1}{6}bt^2f$，可得垫板厚度 $t=\sqrt{\dfrac{N}{2f}}$。

当计算钢垫板不是方形时，则不能套用上述公式计算 A 和 t，应根据情况另行计算。

第二节　屋面木基层和木梁

7.5.5　如何进行屋面木基层的设计？

【解析】屋面木基层由挂瓦条、屋面板、瓦椽、椽条和檩条等组成。

1. 根据所用屋面防水材料、各地区气象条件以及房屋的使用要求，选择屋面的构造形式（图 7.5.3、图 7.5.4）。

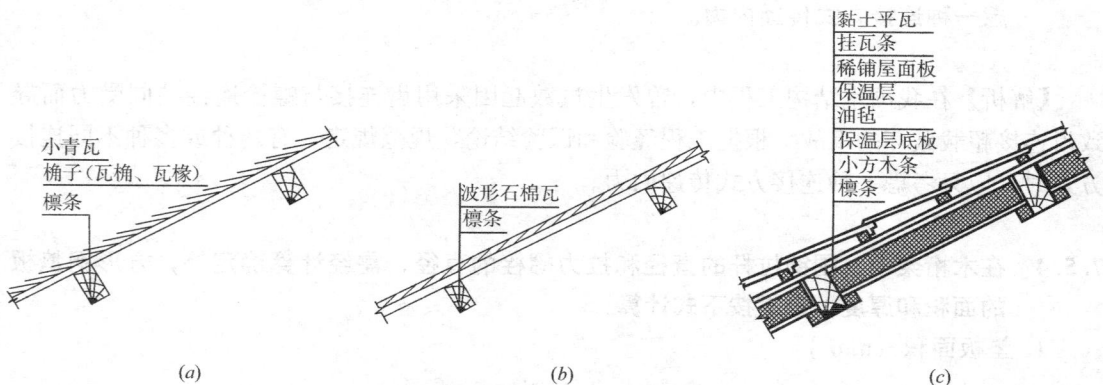

(a)

(b)

(c)

图 7.5.3　常用屋面构造（Ⅰ）

2. 屋面构件的截面和间距宜按表 7.5.1 所列的常用尺寸来选择。

3. 屋面木基层中主要受弯构件，其承载力可按下列两种荷载组合进行验算，而挠度应按第 1 种荷载组合验算。

黏土平瓦或彩色混凝土瓦
挂瓦条
椽条
三角木
檩条

(a)

黏土平瓦或彩色混凝土瓦
挂瓦条
顺水条
油毡
屋面板
檩条

(b)

带保温层的彩钢压型板
檩条

(c)

多彩沥青油毡瓦
空铺防水卷材
木望板20厚
小方木条（之间填保温层）
承托网
檩条

(d)

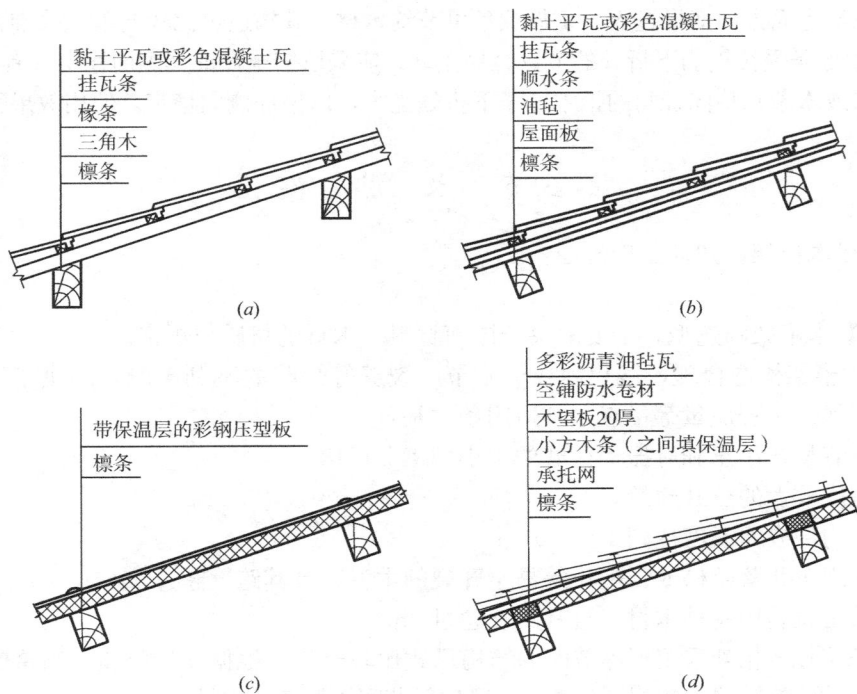

图 7.5.4　常用屋面构造（Ⅱ）

屋面构件常用尺寸　　　　　　　　　　　表 7.5.1

构件	截面（mm×mm）				间距（mm）
挂瓦条	25×25① 45×45	30×30 50×50	35×35	40×40	230～330
屋面板	厚（mm）　12　15　18　20				
瓦桷	80×25	100×25	70×30		220～230 (130～200)
	80×30（或2—40×30）				
椽条	30×60 50×80	40×60 40×100	30×70 50×120	40×80	400～1000
檩条	方木：宽不小于60mm，高宽比：立放时不大于2.5；斜放时不大于2 原木：梢径不小于70mm				500～2500

注：①只宜作构造用。

（1）恒荷载和活荷载（或恒荷载和雪荷载）；

（2）恒荷载和一个 1.0kN 施工集中荷载。

在第 2 种荷载组合作用下，进行施工或维修阶段承载力验算时，木材强度设计值应乘以规范表 4.2.1～4 的调整系数。

7.5.6　方木檩条宜正放，其截面高宽比不宜大于 2.5；方木檩条斜放时，其截面高宽比不宜大于 2.0。当采用钢木檩条时，应采取措施保证受拉钢筋下弦折点处的侧向稳定。

【解析】1. 方木檩条截面高宽比的规定，是根据调查实例结果提出的。其目的是从构造上防止檩条沿屋面方向变形过大。正放檩条可节约木材，其构造也比较简单，故推荐采用。

2. 钢木檩条受拉钢筋下折处的节点容易摆动，应采取措施保证其侧向稳定。有些工程有一根钢筋（或木条）将同开间的钢木檩条下折处连牢，以增加侧向稳定，使用效果很好。

第三节　木　桁　架

7.5.7　关于木桁架，如何正确选型？

【解析】木桁架的选型，主要取决于屋面材料、木材的材质与规格。

1. 钢木桁架构造合理，避免斜纹、木节、裂缝等缺陷的不利影响，解决了下弦选材困难和易于保证工程质量等优点。其适用条件是：

（1）设有悬挂吊车和有振动荷载的中小型工业厂房；

（2）跨度较大的公共建筑；

（3）木构件表面温度达到 40～50℃；

（4）采用东北落叶松或云南松等易于开裂的木材，且其跨度超过 15m；

（5）采用新利用树种木材，且其跨度超过 9m。

2. 三角形原木桁架采用不等节间的结构形式比较经济。根据设计经验，当跨度在 15～18m 之间，开间在 3～4m 的相同条件下，可比等节间桁架节约木材 10%～18%。

7.5.8　桁架中央高度与跨度之比，不应小于表 7.5.2 规定的数值，并要求桁架制作时，按其跨度的 1/200 起拱。

桁架最小高跨比　　　　　　　　　　　　　　　　　　表 7.5.2

序　号	桁架类型	h/l
1	三角形木桁架	1/5
2	三角形钢木桁架；平行弦木桁架；弧形、多边形和梯形木桁架	1/6
3	弧形、多边形和梯形钢木桁架	1/7

注：h——桁架中央高度；
　　l——桁架跨度。

【解析】1. 规范中规定木桁架的最小高跨比，主要考虑桁架的变形问题。桁架的高跨比过小，将使桁架的变形过大。过去在工程中曾发生过这方面引起的质量事故。因此，根据国内外长期使用经验，对各类型木桁架的最小高跨比作出具体的规定。

2. 不论是木桁架还是钢木桁架，在制作时均应起拱。起拱的数值是根据长期使用经验决定的。其原因是保证桁架不产生影响人安全感的挠度。

7.5.9　设计木桁架时，其构造上应符合以下要求：

1. 受拉下弦接头应保证轴心传递拉力。

（1）下弦接头不宜多于两个；

（2）采用螺栓夹板连接时，接头每端的螺栓数由计算确定，但不宜少于 6 个，且不应排成单行；

(3) 当采用木夹板时，应选择优质的气干木材制作，其宽度不应小于下弦宽度的 1/2，若桁架跨度较大，木夹板的厚度不宜小于 100mm，当采用钢夹板时，其厚度不宜小于 6mm。

2. 桁架的上弦受压接头应设在节点附近，并不宜设在支座节间和脊节间内；受压接头应锯平，可用木夹板连接，但接缝每侧至少应有两个螺栓系紧；木夹板的厚度宜取上弦宽度的 1/2，长度宜取上弦宽度的 5 倍。

3. 支座节点采用齿连接时，应使下弦的受剪面避开髓心（图 7.5.5）。

【解析】木桁架的下弦受拉接头、上弦受压接头和支座节点均是桁架结构中的关键部位。为了保证其工作的可靠性，设计时应注意三个要点：(1) 传力明确；(2) 能防止木材裂缝的危害；(3) 接头应有足够的侧向刚度。

1. 在受拉接头中，最忌的是受剪面与木材的主裂缝重合（裂缝尚未出现时，最忌与木材的髓心所在面重合）。为了防止出现这种情况，最好的方法是采用"破心下料"锯成方木，见图 7.5.6；或是在配料时，通过方位的调整，使螺栓的受剪面避开裂缝或髓心。然而，这两项措施并非在所有情况下都能做到。因此，规范进一步采取如下一些保险措施，使接头不至于发生脆性破坏。

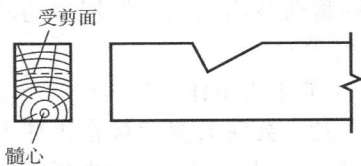

图 7.5.5　受剪面避开髓心示意图　　　　图 7.5.6　"破心下料"的方木

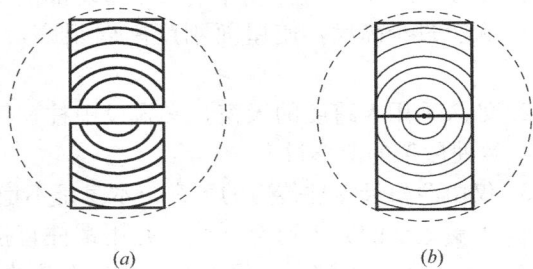

(1) 规定接头每端的螺栓数目不宜少于 6 个，以使连接中的螺栓直径不致过粗，这就从构造上保证了接头受力具有较好的韧性；

(2) 规定螺栓不能排成单行，从而保证了半数以上螺栓的剪面不会与主裂缝重合，其余的螺栓虽仍有可能遇到裂缝，但此时的主裂缝已不在截面高度的中央，很难有贯通的可能，提高了接头的可靠性；

(3) 规定在跨度较大的桁架中，采用较厚的木夹板，目的在于保证螺栓处于良好的受力状态，使接头具有较大的侧向刚度。

2. 大跨度木桁架主要问题是下弦接头多，导致桁架的挠度大。为了减小桁架的变形，规范规定"下弦接头不宜多于两个"。

3. 在上弦接头中，最忌的是接头位置不当和侧向刚度差。因此，规范要求：(1) 上弦受压接头应设在节点附近；(2) 上弦受压接头应锯平对接，防止采用斜搭接，因为斜搭接侧向刚度差，容易使上弦鼓出平面外。

4. 在桁架的支座节点中采用齿连接，只要受剪面避开髓心（或木材的主裂缝），一般就不会出安全事故。

7.5.10 钢木桁架的下弦，可采用圆钢或型钢。规范对钢下弦采取了以下的技术措施：

1. 当跨度较大或有振动影响时，宜采用型钢。圆钢下弦应设有调节松紧的装置；

2. 当下弦节点间距大于 250d（d 为圆钢直径）时，应对圆钢下弦拉杆设置吊杆；

3. 杆端有螺纹的圆钢拉杆，当直径大于 22mm 时，宜将杆端加粗（如焊接一般较粗的短圆钢），其螺纹应由车床加工；

4. 圆钢应经调直，需接长时宜采用对接焊或双帮条焊，不得采用搭接焊。

【解析】钢木桁架具有良好的工作性能，可以解决大跨度木结构，以及木结构工程中使用湿材涉及安全的技术问题。但由于设计、施工水平不同，在应用中也发生了一些工程质量事故。这些事故几乎都是由于构造上不当所造成的，而不是钢木桁架本身的性能问题。因此，规范构造上对钢下弦采取了以上的技术措施。

第四节 天 窗

7.5.11 设计天窗时，如果构造处理不当，容易发生哪些质量事故？

【解析】天窗是屋盖结构中的一个薄弱部位。根据调查，主要有以下几个问题：

1. 天窗过于高大，使屋面刚度削弱很多，加之天窗重心较高，更易导致天窗侧向失稳。

2. 如果采用大跨度的天窗，又未设中柱，仅靠两边柱将荷载集中地传给屋架的两个节点，致使屋架的变形过大。

3. 仅由两根天窗柱传力的天窗，本身是不稳定结构，不能正常工作。

4. 天窗边柱的夹板通至下弦，并用螺柱直接与下弦系紧，会使天窗荷载在边柱上与桁架上弦形成的不良情况传给下弦，导致下弦的木材被撕裂。因此，规范规定夹板不宜与桁架下弦直接连接，见图 7.5.7。

5. 为防止天窗边柱受潮腐朽，边柱处屋架的檩条宜放在边柱内侧（图 7.5.8）。其窗

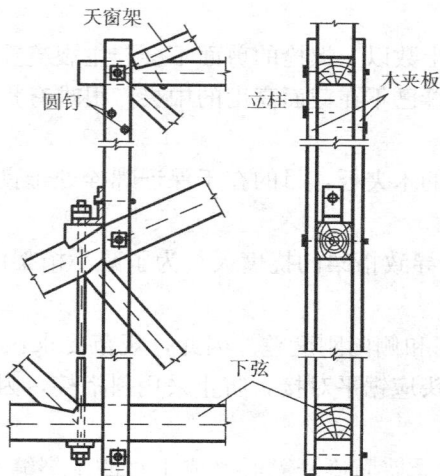

图 7.5.7　立柱的木夹板示意图

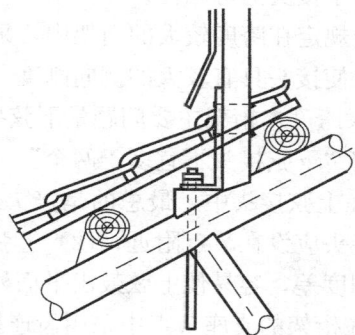

图 7.5.8　边柱柱脚构造示意图

檩和窗扇宜放在边柱外侧，并加设有效的挡雨设施。开敞式天窗应加设有效的挡雨板，并做好泛水处理。避免由于天窗防雨设施不良，引起边柱和屋架的木材受潮腐朽，危及承重结构的安全。

<h2 style="text-align:center">第五节 支 撑</h2>

7.5.12 非开敞式房屋，符合下列情况，规范规定可不设支撑。

1. 有密铺屋面板和山墙，且跨度不大于 9m 时；

2. 房屋为四坡顶，且半屋架与主屋架有可靠连接时；

3. 屋盖两端与其他刚度较大的建筑物相连时。

但当房屋纵向很长时，则应沿纵向每隔 20～30m 设置一道支撑。

【解析】支撑是保证屋盖结构在施工和使用期间的空间稳定，防止屋架侧倾，保证受压弦杆的侧向稳定，承担和传递纵向水平力。

实践和试验证明，不同构造方式的屋面有不同的刚度。普通单层密铺屋面板有相当大的刚度，即使是楞摊瓦屋面也有一定的刚度，并且能将屋面的纵向水平力传递相当远的距离。

规范明确规定屋盖中可不设支撑的范围，其目的是考虑屋面刚度和两端房屋刚度对屋盖空间稳定的作用，也为了防止擅自扩大不设置支撑的范围。

7.5.13 规范要求，根据屋盖的结构形式、跨度、屋面构造和荷载情况来选择横向水平支撑。

当采用上弦横向水平支撑，房屋端部为山墙时，应在端部第二开间内设置上弦横向支撑（图 7.5.9）；房屋端部为轻型挡风板时，应在端开间内设置上弦横向支撑。当房屋纵向很长时，对于冷摊瓦屋面或跨度大的房屋，上弦横向支撑应沿纵向每 20～30m 设置一道。

上弦横向支撑的斜杆如采用圆钢，应有调整松紧的装置。

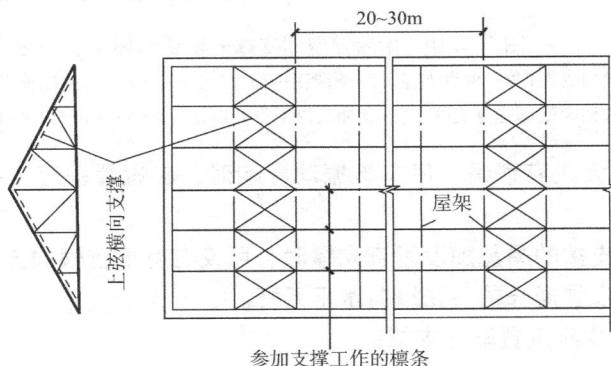

图 7.5.9 上弦横向支撑

【解析】上弦横向水平支撑在参与支撑的檩条与屋架有可靠锚固的条件下，能起着空间桁架的作用。

在一般房屋中（跨度在 12m 或小于 12m），屋盖的纵向水平力主要是房屋两端的风力和屋架上弦出平面产生的水平力。根据试验实例，后一种水平力数值不大，而且力的方向又不一致。因此，在风力不大的情况下，支撑承担的纵向水平力也不大，采用上弦横向支撑能达到保证屋盖空间稳定的要求。若为圆钢下弦的钢木屋架，则选用上弦横向支撑，较容易解决构造问题。

关于上弦横向支撑的设置方法，规范侧重于两端，因为风力的作用主要在两端。当房屋跨度较大（跨度在 12～15m），或为冷摊瓦屋面时，为保证房屋中间部分的屋盖刚度，应在中间每隔 20～30m 设置一道。

7.5.14 关于垂直支撑

1. 根据屋盖的结构的形式和跨度、屋面构造及荷载等情况选用垂直支撑，也可选用横向水平支撑。

当采用垂直支撑时，垂直支撑的设置可根据屋架跨度的大小沿跨度方向设置一道或两道，沿房屋纵向应间隔设置，并在垂直支撑的下端设置通长的屋架下弦纵向水平系杆，见图 7.5.10。

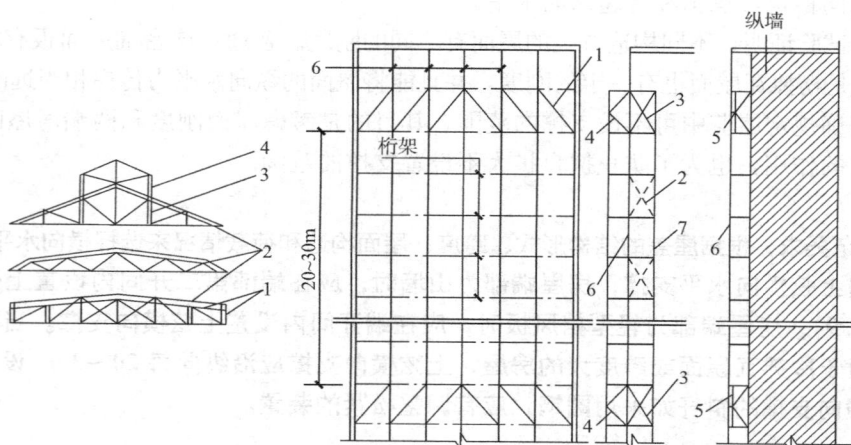

图 7.5.10 木屋盖空间支撑的布置示例

1—上弦横向支撑；2—垂直支撑；3—桁架中间垂直支撑；4—天窗边柱垂直支撑；
5—梯形桁架端部垂直支撑；6—参加支撑工作的檩条；7—纵向通长水平系杆

2. 当房屋跨度较大或有锻锤、吊车等振动影响时，应设置垂直支撑加上弦横向水平支撑。

对上弦设置横向支撑的屋盖加设垂直支撑时，可仅在有上弦横向支撑的开间中设置垂直支撑，在其他开间设置通长的下弦纵向水平系杆。

3. 在下列部位，均应设置垂直支撑：

（1）梯形屋架的支座竖杆处；

（2）下弦低于支座的下沉式屋架的折点处；

（3）设有悬挂吊车的吊轨处；

（4）杆系拱、框架结构的受压部位处；

（5）胶合木大梁的支座处。

【解析】垂直支撑能有效地防止屋架的侧倾，有助于保持屋盖的整体性，也有助于保证屋盖刚度可靠地发挥作用。

1. 在一般房屋中（跨度在 12m 或小于 12m），屋盖的纵向水平力主要由房屋两端的风力产生，在风力不大的情况下，需要支撑承担的纵向水平力亦不大，采用垂直支撑能保证屋盖空间稳定的要求。

工程实例与试验结果表明，只有当垂直支撑能起到竖向桁架体系的作用时，才能收到应有的传力效果。因此，规范规定，凡是垂直支撑均应加设通长的纵向水平系杆，使之与锚固的檩条、交叉的腹杆（或人字形腹杆）共同组成一个不变的桁架体系。仅有交叉腹杆的"剪刀撑"不算垂直支撑。

2. 当房屋跨度较大（跨度 12m、屋面荷载很大，或跨度大于或等于 15m）时，或有较大的风力和吊车振动影响时，应选用垂直支撑和上弦横向水平支撑共同工作。

3. 规范规定某些部位均应设置垂直支撑。其目的是为了保证这些部位的稳定或是为了传递纵向水平力。这些垂直支撑沿房屋纵向的布置间距可根据具体情况决定，但应有通长的系杆互相联系。

7.5.15 地震区的木结构房屋的屋架与柱连接处应设置斜撑，当斜撑采用木夹板时，与木柱及屋架上、下弦应采用螺栓连接；木柱柱顶应设暗榫插入屋架下弦并用 U 形扁钢连接（图 7.5.11）。

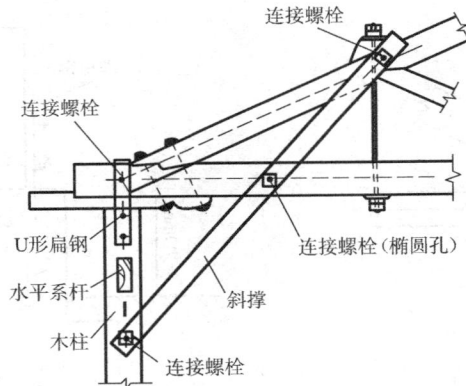

图 7.5.11　木构架端部斜撑连接

【解析】由于木柱房屋在柱顶与屋架的连接处比较薄弱，因此，规范要求在地震区的木柱房屋中，应在屋架与木柱连接处加设斜撑并做好连接。

第六节　锚　固

7.5.16 在木屋盖结构中，为加强木结构的整体性，保证支撑系统正常工作，应对下列构件之间采取锚固措施。

1. 檩条与桁架或墙；

2. 桁架与墙或柱；

3. 柱与基础。

【解析】1. 檩条的锚固。檩条的锚固主要是使屋面与桁架连成整体，保证桁架上弦的侧向稳定及抵抗风吸力的作用。当采用上弦横向支撑时，檩条的锚固尤为重要。因为在无上弦横向支撑的区间内，防止桁架的侧倾和保证上弦的侧向稳定，均需依靠参加支撑工作的通长檩条。

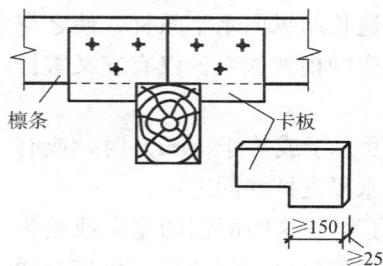

图 7.5.12　卡板锚固示意图

檩条与屋架上弦的锚固，一般采用钉连接能满足要求。当有振动影响或在较大跨度房屋中采用上弦横向水平支撑时，支撑节点处的檩条与屋架上弦用螺栓锚固，或用卡板锚固（图 7.5.12）等，加强屋面的整体性。檩条与山墙外梁的锚固见图 7.9.6 和图 7.9.7。

2. 桁架与墙或柱的锚固。主要是防止风吸力的影响，以及固定桁架与墙或柱的作用。一般情况，桁架支座均用螺栓与墙、柱锚固，见图 7.5.13。但在调查中发现，有若干地区，仅在桁架跨度较大的情况下才加锚固。因此，规范规定为跨度 9m 及 9m 以上的桁架必须锚固；跨度 9m 以下的桁架是否需要锚固，由各地自行处理。

3. 木柱与基础的锚固。地震区的木柱承重房屋中，木柱柱脚应采用螺栓及预埋扁钢锚固在基础上，见图 7.5.14。

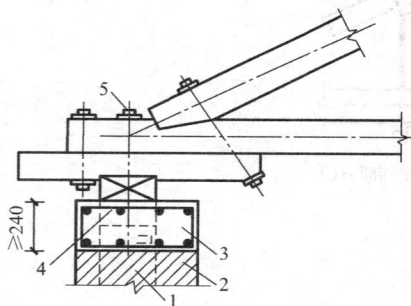

图 7.5.13　屋架端部与柱锚固

1—砖墙；2—砖柱；3—柱顶垫块与圈梁；

4—圈梁；5—≥φ20 螺栓

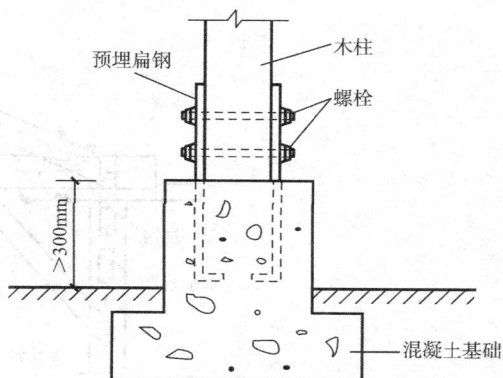

图 7.5.14　木柱与基础锚固和柱脚防潮

第六章　胶合木结构

第一节　一般规定

7.6.1　胶合木结构是用 30～45mm 厚的锯材，经胶合而成的层板木构件制作而成。

【解析】胶合木构件是由二层或二层以上的木板叠层，用胶胶合在一起形成的构件，
见图 7.6.1 截面示意图。制作胶合木的木板是经过干燥、分等级的。当采用一般针叶材和软质阔叶材时，其刨光后的厚度不宜大于 45mm，当采用硬木松或硬质阔叶材时，不宜大于 35mm，木板的宽度不应大于 180mm。

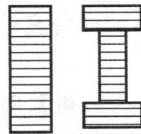

图 7.6.1　胶合木构件截面示意图

生产胶合木构件木板太厚，在胶合时不易压平，造成加工不均匀，可能导致胶缝受力情况各处不均匀，对胶合构件产生不利影响；木板太厚也不利于胶合构件加工定型，且木板越厚，木板含水率达到 15% 也越困难。木板太薄会增加胶合木构件制造工作量和增加胶材用量。

7.6.2　规范要求层板胶合木构件，应用经应力分级标定的木板制作。各层木板的木纹应与构件长度方向一致。

【解析】不同受力的胶合木构件，应采用不同材质等级的木板制作，见表 7.6.1，来满足不同受力构件对材质等级的要求。

胶合木构件的木材材质等级表　　　　　　　　　表 7.6.1

材质等级	木材等级配置图	主要用途
I$_b$		受拉或拉弯构件
III$_b$		受压构件（不包括桁架上弦和拱）
II$_b$ III$_b$		桁架上弦或拱以及高度不大于 500mm 的胶合梁 （1）构件上下缘各 0.1h 区域，且不少于两层板 （2）其余部分
I$_b$ II$_b$ II$_b$ III$_b$		高度大于 500mm 的胶合梁 （1）梁的受拉边缘 0.1h 区域，且不少于两层板 （2）距梁的受拉边缘 0.1h 至 0.2h （3）梁的受压边缘 0.1h 区域，且不少于两层板 （4）其余部分

材质等级	木材等级配置图	主要用途
I b II b III b		侧立腹板工字梁 （1）受拉翼缘板 （2）受压翼缘板 （3）腹板

注：表中各木材等级，其选材标准应符合表 7.1.3 的材质标准的规定。

为了使各层木板在整体工作时协调，要求各层木板的木纹与构件长度方向一致。

7.6.3 如何充分利用胶合木的特点，做成外形美观、受力合理、经济适用的大、中、小跨度结构和构件？

【解析】胶合木的特点：

1. 合理和优化使用木材，能以短小材料制作成几十米、上百米跨度，造型美观、形式多样的各种构件；

2. 剔除木材中木节、裂缝等缺陷，提高了木材的强度；

3. 胶合木构件具有构造简单、制作方便、强度较高、耐火极限高、保温、隔音性能好；

4. 构件自重轻，有利于运输、装卸和现场安装。

因而，国际上用胶合木结构大量用于大体量、大跨度、防火要求高的各种大型公共建筑、体育建筑、会堂、游泳场馆、工厂车间及桥梁等民用与工业建筑物、构筑物（图7.6.2～图 7.6.5）。

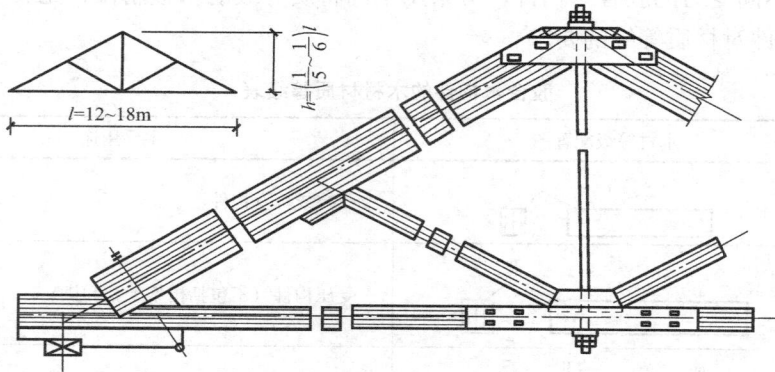

图 7.6.2　三角形层板胶合屋架

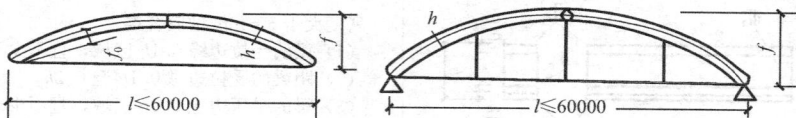

图 7.6.3　弧形缓平拱的结构形式

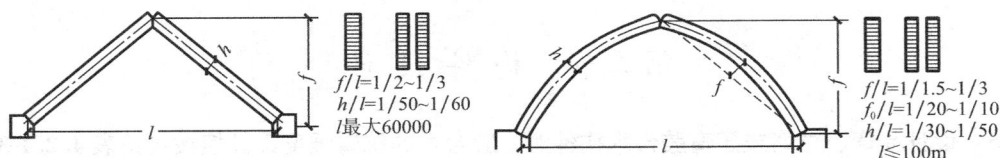

$f/l=1/2\sim1/3$
$h/l=1/50\sim1/60$
l最大60000

$f/l=1/1.5\sim1/3$
$f_0/l=1/20\sim1/10$
$h/l=1/30\sim1/50$
$l\leqslant100m$

图 7.6.4　尖拱的结构形式

(a)　　　　　　　　　　　　　　　(b)

(c)　　　　　　　　　　　　　　　(d)

图 7.6.5　各类胶合木结构的建筑

(a) 木材加工厂；(b) 公路桥梁；(c) 滑冰场；(d) 体育馆

7.6.4　胶合木构件设计，应根据使用环境注明对结构胶的要求。

【解析】对于胶合木构件中的结构胶，应有严格的质量要求：

1. 应保证胶缝的强度不低于木材顺纹抗剪和横纹抗拉强度。

2. 应保证胶缝工作的耐久性。胶缝的耐久性取决于抗老化能力和抗生物侵蚀能力。胶的抗老化能力应与结构的用途和使用年限相适应。为了防止使用变质的胶，对每批胶均应经过胶能力的检验，合格后方可使用。

3. 所有胶种必须符合有关环境保护的规定。

第二节 构件设计

7.6.5 设计受弯、拉弯或压弯胶合木构件时，胶合木的抗弯强度设计值按规范表 4.2.1-3 规定取值，乘以表 7.6.2 的修正系数，工字形和 T 形截面胶合木构件，其抗弯强度设计值除乘以表 7.6.2 的修正系数外，还应乘以截面形状修正系数 0.9。

胶合木构件抗弯强度设计值修正系数 表 7.6.2

宽度 (mm)	截面高度 h (mm)						
	<150	150~500	600	700	800	1000	≥1200
$b<150$	1.0	1.0	0.95	0.90	0.85	0.80	0.75
$b≥150$	1.0	1.15	1.05	1.0	0.90	0.85	0.80

【解析】胶合木构件，靠近截面中和轴附近的木板，以材质较低的材料代替，远离中和轴的材料采用一般材质等级的材料。胶合木构件计算时，可视为整体构件，不考虑胶缝的松弛性。因此，进行胶合木构件计算时，构件木材的强度设计值和弹性模量的取值，与截面相同的实木构件相同，并考虑相应的调整系数，胶合木构件的抗弯强度设计值，还应乘以表 7.6.2 的修正系数。对工字形和 T 形截面胶合木构件，由于规范的构造要求，腹板厚度不应小于 80mm，且不应小于翼缘板宽度的一半，胶合木构件抗弯强度设计值，除考虑调整系数和表 7.6.2 的修正系数外，还应乘以截面形状修正系数 0.9，否则，将会由于腹板过薄而造成胶合木构件受力不安全。

第三节 设计构造要求

7.6.6 制作胶合木构件所用的木板，当采用一般针叶材和软质阔叶材时，刨光后的厚度不宜大于 45mm；当采用硬木松或硬质阔叶材时，不宜大于 35mm。弧形构件曲率半径应大于 300t（t 为木板厚度），木板厚度不大于 30mm，对弯曲特别严重的构件，木板厚度不应大于 25mm。

【解析】制作胶合木构件所用木板的厚度根据材质不同而有所不同，这是为了确保加压时各层木板压平，胶缝密合，保证胶合质量。

弧形胶合木构件制作时需要弯曲成型，板的厚度对弯曲难易有直接影响。因此规定不论硬质木材或软质木材，木板的厚度均不应超过 30mm，且不大于构件曲率半径的 1/300。

7.6.7 规范要求，制作胶合木构件的木板接长应采用指接，见图 7.6.6。同一层木板指接接头间距不应小于 1.5m，相邻上下两层木板层的指接接头距离不应小于 10t（t 为板厚）。胶合木构件所用木板的横向拼宽可采用平接，上下相邻两层木板平接线水平距离不应小于 40mm，见图 7.6.7。

【解析】规范对胶合木构件中接头布置的规定，其原则是既保证构件工作的可靠性，又尽可能充分利用短材。

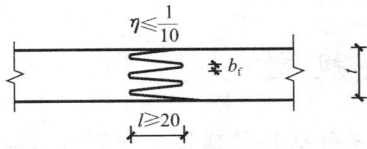

图 7.6.6 木板指接

图 7.6.7 木板拼接

由于指接具有很好的传力性能。过去由于受技术、制作条件的限制，《木结构设计规范》GBJ 5—88 作出当不具备指接条件时，可采用斜搭接。随着我国技术水平的提高和制作手段的进步，取消了这项规定。

当各层木板全部采用指接接头时，国际标准只规定上、下两侧最外层木板上的接头间距不得小于 1.5m，中间层木板接头只要求适当错开，并不规定相邻木板接头间距离的限制。考虑到我国使用指接接头用于工程的经验较少，规定间距不得小于 $10t$（t 为板厚），以保证安全。

第七章 轻型木结构

第一节 一般规定

7.7.1 轻型木结构是一种什么结构体系？它适用于什么样的建筑？轻型木结构对材料有什么要求？并确保其设计使用年限？

【解析】轻型木结构是由竖向承重构件木构架墙和水平承重构件木楼盖和木屋盖系统组成的结构体系。木构件按不大于 600mm 的中距密置而成。结构的承载力、刚度和整体性是通过主要结构构件（骨架构件）和次要结构构件（墙面板、楼面板和屋面板）共同作用得到的。轻型木结构亦称"平台式骨架结构"，这是因为施工时，每层楼面为一个平台，上一层结构的施工作业可在该平台上完成，其基本构造见图 7.7.1。

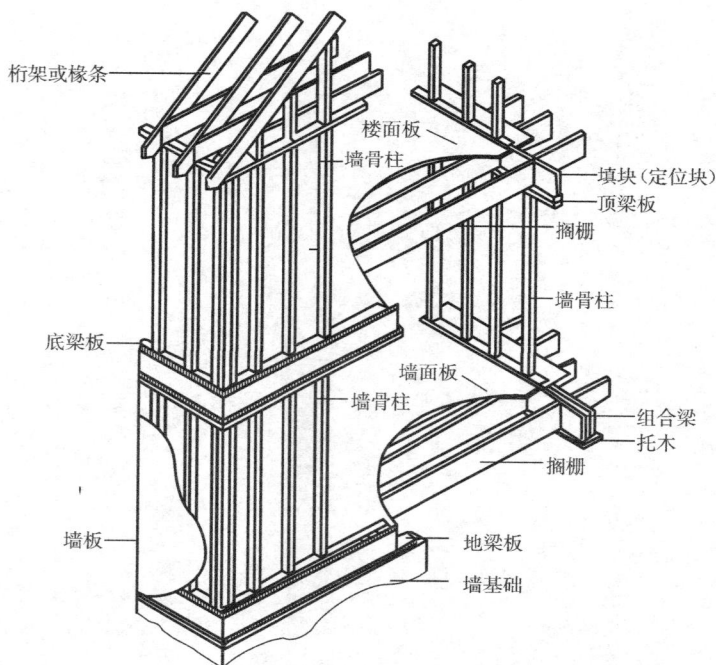

图 7.7.1 轻型木结构基本构造示意图

轻型木结构适用于三层及三层以下的民用建筑。

在轻型木结构中，使用木基结构板、工字形木搁栅和结构复合材时，应遵守规范 3.1.10 条规定；材质等级根据构件的用途按规范表 3.1.11 要求选用。轻型木结构用规格材标准用目测法进行分级，分级时选材应符合规范附录 A 的规定。规范附录 N 给出的规格材截面尺寸,是为了使轻型木结构的设计和施工标准化。

为了确保轻型木结构达到预期的设计使用年限,应采取可靠措施,防止木构件腐朽或被虫蛀。

7.7.2 轻型木结构平面布置应注意什么?如何保证结构的整体性?

【解析】轻型木结构相对质量较轻,因此在地震和风荷载作用下具有很好的延性。尽管如此,轻型木结构的平面布置宜规则,质量刚度变化宜均匀。对于形状不规则、刚度和质量分布不均匀的建筑和有大开口的建筑,仍要注意结构设计的有关要求。

7.7.3 轻型木结构采用的材料、结构规格材的截面尺寸应符合哪些要求?

【解析】轻型木结构用规格材的材质等级见表7.1.5,材质标准见表7.1.2。

结构规格材的截面尺寸见表7.7.1、表7.7.2。

结构规格材截面尺寸表　　　　　　　　表 7.7.1

截面尺寸 宽(mm)×高(mm)	40×40	40×65	40×90	40×115	40×140	40×185	40×235	40×285
截面尺寸 宽(mm)×高(mm)	—	65×65	65×90	65×115	65×140	65×185	65×235	65×285
截面尺寸 宽(mm)×高(mm)	—	—	90×90	90×115	90×140	90×185	90×235	90×285

注:1. 表中截面尺寸均为含水率不大于20%、由工厂加工的干燥木材尺寸;
　　2. 进口规格材截面尺寸与表列规格材尺寸相差不超2mm时,可与其相应规格材等同使用,但在计算时,应按进口规格材实际截面进行计算;
　　3. 不得将不同规格系列的规格材在同一建筑中混合使用。

速生树种结构规格材截面尺寸表　　　　　　表 7.7.2

截面尺寸 宽(mm)×高(mm)	45×75	45×90	45×140	45×190	45×240	45×290

注:同表7.7.1注1及注3。

第二节　设　计　要　求

7.7.4 对于轻型木结构建筑,应如何进行结构设计?

【解析】轻型木结构的构件和连接,在竖向荷载作用下,应根据树种、荷载、连接形式及相关尺寸,按本篇第三章和第四章的计算方法进行设计。

轻型木结构的构件,在地震作用或风荷载的作用下,有两种计算方法:(1)满足规范规定时,轻型木结构的抗侧力设计按构造要求进行;(2)不满足规范规定时,轻型木结构的楼、屋盖和剪力墙应进行抗侧力设计。

7.7.5 轻型木结构建筑，满足规范哪些规定时，轻型木结构的抗侧力设计可按构造要求进行。

【解析】轻型木结构建筑，当满足下列规定时，轻型木结构的抗侧力设计可按构造要求进行。

1. 建筑物每层面积不超过 600m²，层高不大于 3.6m；

2. 抗震设防烈度为 6 度和 7 度（0.10g）时，建筑物的高宽比不大于 1.2；抗震设防烈度为 7 度（0.15g）和 8 度（0.2g）时，建筑物的高宽比不大于 1.0；建筑物高度指室外地面到建筑物坡屋顶二分之一高度处；

3. 楼面活荷载标准值不大于 2.5kN/m²；屋面活荷载标准值不大于 0.5kN/m²；雪荷载按国家标准《建筑结构荷载规范》GB 50009 有关规定取值；

4. 不同抗震设防烈度和风荷载时，剪力墙的最小长度符合表 7.7.3 的规定。

按构造要求设计时剪力墙的最小长度　　　　表 7.7.3

抗震设防烈度	基本风压（kN/m²）地面粗糙度				剪力墙最大间距（m）	最大允许层数	每道剪力墙的最小长度					
							单层 二层或三层的顶层		二层的底层 三层的二层		三层的底层	
	A	B	C	D			面板用木基结构板材	面板用石膏板	面板用木基结构板材	面板用石膏板	面板用木基结构板材	面板用石膏板
6 度	—	0.3	0.4	0.5	7.6	3	0.25L	0.50L	0.40L	0.75L	0.55L	—
7 度 0.10g	—	0.35	0.5	0.6	7.6	3	0.30L	0.60L*	0.45L	0.90L*	0.70L	—
7 度 0.15g	0.35	0.45	0.6	0.7	5.3	3	0.30L	0.60L*	0.45L	0.90L*	0.70L	—
8 度 0.20g	0.40	0.55	0.75	0.8	5.3	2	0.45L	0.90L	0.70L	—	—	—

注：1. 表中建筑物长度 L 指平行于该剪力墙方向的建筑物长度；
　　2. 当墙体用石膏板作面板时，墙体两侧均应采用；当用木基结构板材作面板时，至少墙体一侧采用；
　　3. 位于基础顶面和底层之间的架空层剪力墙的最小长度应与底层要求相同；
　　4. *号表示当楼面有混凝土面层时，面板不允许采用石膏板；
　　5. 采用木基结构板材的剪力墙之间最大间距，抗震设防烈度为 6 度和 7 度（0.10g）时，不得大于 10.5m；抗震设防烈度为 7 度（0.15g）和 8 度（0.20g）时，不得大于 7.6m；
　　6. 所有外墙均应采用木基结构板作面板，当建筑物为三层、平面长宽比大于 2.5：1 时，所有横墙的面板应采用两面木基结构板；当建筑物为二层、平面长宽比大于 2.5：1 时，至少横向外墙的面板应采用两面木基结构板。

7.7.6 轻型木结构楼、屋盖抗侧力设计，楼、屋盖每个单元的长宽比不得大于 4：1；轻型木结构剪力墙抗侧力设计，剪力墙的墙肢不得大于 3.5：1。

【解析】规范规定，轻型木结构楼、屋盖长宽比限制小于或等于 4：1，是为了保证水平力作用下所有剪力墙同时达到设计承载力。

轻型木结构剪力墙的墙肢高宽比限制为 3.5：1，是为了保证所有的墙肢当达到极限承载力时以剪切变形为主。当墙肢的高宽比增加时，墙肢的结构接近于悬臂梁。

第三节 梁、柱和基础的设计

7.7.7 当梁由多根规格材用钉连接做成组合截面梁时：**1.** 组合梁中单根规格材的对接应位于梁的支座上；**2.** 组合梁为连续梁时，梁中单根规格材的对接位置应在位于距支座 1/4 梁净跨附近的范围内；相邻的单根规格材不得在同一位置上对接，在同一截面上对接的规格材数量不得超过梁规格材总数的一半；任一规格材在同一跨内不得有二个或二个以上的接头；边跨内不得对接。

【解析】组合梁中单根规格材的对接位置，应在弯矩为零的部位。因此，对于简支组合梁，单根规格材应在支座上对接；对于连续组合梁，当承受均布荷载时，等跨连续梁最大负弯矩在支座处，最大正弯矩在跨中，在每跨距 1/4 点附近的弯矩几乎为零，所以接缝位置最好设在每跨的 1/4 点附近。

同一截面上接缝数量的限制，主要考虑保证梁的连续性。单根构件的接缝数量，在任何一跨不能超过一个，同样是为保证梁的连续性。横向相邻构件的接缝，也不能出现在同一点上。

7.7.8 规范要求，底层楼板搁栅直接置于混凝土基础上时，构件端部应作防腐、防虫处理；当搁栅搁置在混凝土或砌体基础的预留槽内时，除构件端部应作防腐防虫处理外，尚应在构件端部两侧留出不小于 **20mm** 的空隙，且空隙中不得填充保温或防潮材料。

【解析】当木构件放在砌体或混凝土构件上，而砌体或混凝土构件与地面直接接触时，木构件作防腐处理或采用防腐方法阻止有害生物侵蚀，以防木构件腐烂。图 7.7.2 为基础与楼盖连接详图。

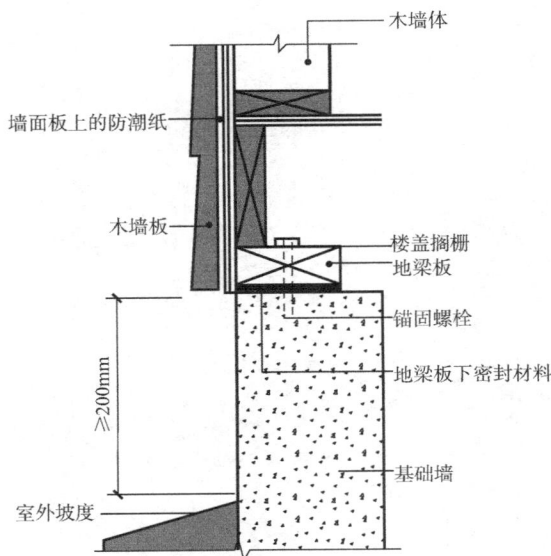

图 7.7.2 基础与楼盖连接详图

未经防腐处理的木材放在混凝土板或基础上时（如地下室木隔墙或木柱），必须采用防潮层（例如聚乙烯薄膜等）将木构件与混凝土分开。当底层木梁或搁栅放在混凝土基础墙的预留槽内时（图7.7.3），尤其当梁底比室外地坪低的时候，应在木构件和支座之间加防潮层，同时在构件端部预留槽内留出空隙，防止木构件与混凝土接触，并保持空气的流动，空隙之间不得用保温材料填充。

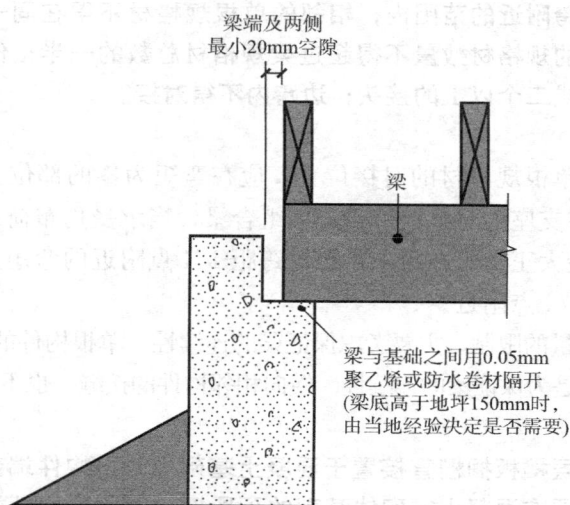

图 7.7.3 支承在基础墙上的木梁

第八章　木结构防火和防护

第一节　木结构防火

7.8.1 木结构建筑的防火设计，按《木结构设计规范》要求，构件的燃烧性能和耐火极限不应低于表7.8.1的规定。

木结构建筑中构件的燃烧性能和耐火极限 　　　　　表7.8.1

构件名称	耐火极限（h）	构件名称	耐火极限（h）
防火墙	不燃烧体 3.00	梁	难燃烧体 1.00
承重墙、分户墙、楼梯和电梯井墙体	难燃烧体 1.00	楼盖	难燃烧体 1.00
非承重外墙、疏散走道两侧的隔墙	难燃烧体 1.00	屋顶承重构件	难燃烧体 1.00
分室隔墙	难燃烧体 0.50	疏散楼梯	难燃烧体 0.50
多层承重柱	难燃烧体 1.00	室内吊顶	难燃烧体 0.25
单层承重柱	难燃烧体 1.00		

注：1. 屋顶表层应采用不可燃材料；
　　2. 当同一座木结构建筑由不同高度组成，较低部分的屋顶承重构件必须是难燃烧体，耐火极限不应小于1.00h。

【解析】木结构建筑中的构件，按建筑材料的燃烧性能，不能采用可燃材料，应为难燃材料或不燃材料。表7.8.1规定木结构建筑构件的燃烧性能和耐火极限是参考国外建筑规范，结合我国《建筑设计防火规范》以及有关防火试验标准要求制定的。表中采用的数据，多为加拿大国家研究院建筑科学研究所提供的实验数据。

木结构建筑火灾发生之后明显特点之一是容易产生飞火。为此，专门提出屋顶表层需采用不燃材料。

当一座木结构建筑有不同高度，考虑到较低的部分发生火灾时，火焰会向较高部分的外墙蔓延，所以要求较低部分的屋盖耐火极限不得低于1h。

7.8.2 木结构建筑的层数，从防火设计要求，不应超过三层。对不同层数的木结构建筑，最大允许长度和防火分区面积不应超过表7.8.2。

木结构建筑的层数、长度和面积 　　　　　表7.8.2

层　数	最大允许长度（m）	每层最大允许面积（m²）
单层	100	1200
两层	80	900
三层	60	600

注：安装有自动喷水灭火系统的木结构建筑，每层楼最大允许长度、面积应允许在表7.8.2的基础上扩大一倍；局部设置时，应按局部面积计算。

【解析】对极易引起火灾危险的建筑和受生产性高温影响，木材表面温度高于50℃的建筑均不应采用木结构。木结构建筑的防火等级介于《建筑设计防火规范》中所规定的三级和四级之间。《建筑设计防火规范》中规定，四级耐火等级的建筑只允许建两层，其针对的主要对象是我国以前的传统木结构。而《木结构设计规范》GB 50005—2003 中，在有关防火条文严格约束下，构件耐火性能优于四级的木结构建筑，故层数为三层。

防火分区面积的大小应考虑建筑物的使用性质、重要性、火灾危险性、建筑物高度、消防扑救能力以及火灾蔓延的速度等因素。防火分区采用一定耐火性能的分隔构件进行划分，能在一定时间内，防止火灾向同一建筑物的其他部分蔓延的局部区域。表 7.8.2 中规定的要求，是在吸收国外有关规范数据的基础上，并对我国《建筑设计防火规范》中有关条文进行分析比较后作出的。

7.8.3 木结构建筑之间、木结构建筑与其他结构建筑之间的防火间距有三种情况：

1. 外墙均无任何门窗洞口时，其防火间距不应小于 **4.0m**；**2.** 外墙的门窗洞口面积之和不超过该外墙面积的 **10%** 时，其防火间距不应小于表 **7.8.3** 的规定；**3.** 外墙的门窗洞口面积之和超过该外墙面积的 **10%** 以上时，其防火间距不应小于表 **7.8.4** 的规定。

外墙开口率小于 10%时的防火间距（m）　　　　　　　　表 7.8.3

建筑种类	一、二、三级建筑	木结构建筑	四级建筑
木结构建筑	5.00	6.00	7.00

木结构建筑的防火间距（m）　　　　　　　　表 7.8.4

建筑种类	一、二级建筑	三级建筑	木结构建筑	四级建筑
木结构建筑	8.00	9.00	10.00	11.00

注：防火间距应按相邻建筑外墙的最近距离计算，当外墙有突出的可燃构件时，应从突出部分的外缘算起。

【解析】防火间距是为了防止火灾大面积蔓延而在建筑物之间留出的防火安全距离。防火间距综合考虑满足消防车扑救火灾的需要，防止火势因热辐射和热对流造成蔓延和节约用地等因素。

火灾试验证明，发生火灾的建筑对相邻建筑的影响，与该建筑物外墙的耐火极限和外墙上门窗开孔率有直接关系。

《木结构设计规范》中有关防火间距的条文，参考了 2000 年美国《国际建筑规范》（IBC）以及 1995 年《加拿大国家建筑规范》中有关要求，结合我国具体情况制定的。

对于相邻建筑外墙无洞口，并且外墙能满足 1h 的耐火极限，防火间距可减少至 4.0m。相邻建筑每一面外墙开孔率不超过 10%时，其防火间距可减少至 6.0m，要求外墙围护材料是难燃材料，耐火极限不小于 1h。

第二节　木结构防护

7.8.4 木结构的下列部位的防腐构造措施，为什么采用防潮和通风措施？

1. 在桁架和大梁的支座下应设置防潮层；

2. 在木柱下应设置柱墩，严禁将木柱直接埋入土中；

3. 桁架、大梁的支座节点或其他承重木构件不得封闭在墙、保温层或通风不良的环境中（图7.8.1和图7.8.2）；

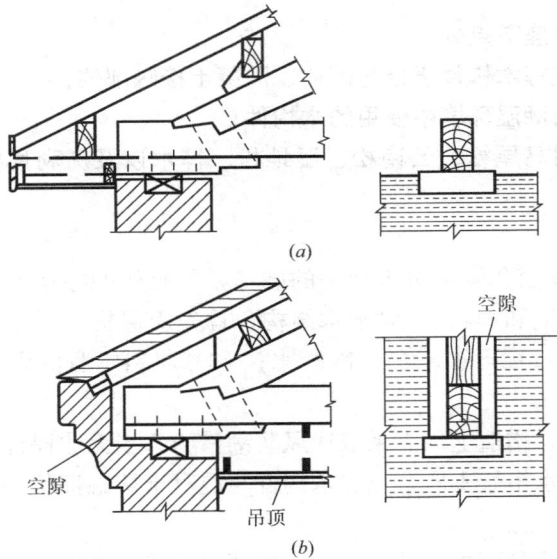

图 7.8.1 外排水屋盖支座节点通风构造示意图

图 7.8.2 内排水屋盖支座节点通风构造示意图

4. 处于房屋隐蔽部分的木结构，应设通风孔洞；

5. 露天结构在构造上应避免任何部分有积水的可能，并应在构件之间留有空隙（连接部位除外）；

6. 当室内外温差很大时，房屋的围护结构（包括保温吊顶），应采取有效的保温和隔气措施。

【解析】木材的腐朽，系受木腐菌侵害所致。木腐菌生长主要依赖潮湿的环境。通常木材含水率超过20%木腐菌就生长，最适宜生长的木材含水率为40%～70%，一般来说，木材含水率在20%以下木腐菌生长就困难。

从各地的调查表明，凡是在结构构造上封闭的部位以及经常受潮的场所，木构件受木腐菌侵害，严重者甚至会发生木结构坍塌。若木结构所处的环境通风干燥良好，木构件的使用年限，即使已逾百年，仍可保持完好无损状态。因此，木结构构造上的防腐措施，主要是通风与防潮，这是既经济又有效的构造措施。

757

7.8.5 木结构处于下列情况时，除构造上采取通风防潮措施外，应进行药剂处理。

　　1. 露天结构；

　　2. 内排水桁架的支座节点处；

　　3. 檩条、搁栅、柱等木构件直接与砌体、混凝土接触部位；

　　4. 白蚁容易繁殖的潮湿环境中使用的木构件；

　　5. 承重结构中使用马尾松、云南松、湿地松、桦木以及新利用树种中易腐朽或易遭虫害的木材。

　　【解析】要防止木腐菌和昆虫对木结构的破坏，最有效的办法是破坏两种生物生存的条件（湿度、空气、温度和养料）。对于木结构，首先应保护木材不受水或潮湿作用。木结构潮湿来源主要有：（1）雨水；（2）冷凝水；（3）材料本身的含水率；（4）基础潮湿作用。

　　木结构的防腐措施，构造上均需采取通风防潮措施。当无法保证木材不受到潮湿作用时，如露天结构、内排水桁架支座节点、木构件与混凝土接触部位，应考虑采用天然耐腐木材或防腐处理木材。

　　对于白蚁容易繁殖或易遭虫害的木构件，则须采用药剂处理。

第九章 木结构的抗震设计

第一节 木结构房屋布置

7.9.1 地震区木结构房屋的结构布置应符合哪些要求？

【解析】1. 房屋的平面布置应避免拐角或突出。形状比较简单、规则的房屋，在地震作用下受力明确、便于进行结构分析，在设计上也易于处理。震害经验也充分表明，简单、规整的房屋在遭遇地震时破坏也相对较轻。

2. 纵、横向承重墙的布置宜均匀对称，在平面内宜对齐，竖向连续是传递地震作用的要求，这样沿两个主轴方向的地震作用能够均匀对称地分配到各个抗侧力构件，避免出现应力集中或因扭转造成部分抗侧力构件受力过大而破坏倒塌。

3. 多层房屋的楼层不应错层，不应采用板式单边悬挑楼梯，避免在墙体开裂后，因嵌固端破坏而失去承载能力。

4. 不应在同一高度内采用不同材料的承重构件，如木柱与砖柱或砖墙混合承重。

5. 屋檐外挑梁上不得砌筑砌体。

7.9.2 木结构房屋高度的确定。

【解析】1. 木柱木屋架和穿斗木构架房屋，6～8度时不宜超过二层，总高度不宜超过6m 见图 7.9.1；9度时宜建单层，高度不应超过3.3m。

2. 木柱木梁房屋宜建单层，高度不宜超过3m。

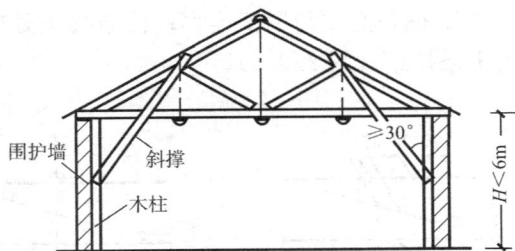

图 7.9.1 木构架

7.9.3 木结构房屋抗震设计。

【解析】木构架房屋在 7 度地震时，一般为山墙和围护墙倒塌或严重开裂，木架节点松动、柱脚滑移。在 8 度地震时，其破坏主要是木构架歪斜，墙体外闪或局部倒塌，个别木柱折断。在 9 度地震时，多数木结构房屋发生严重破坏和倒塌。因此，木结构房屋抗震性能较差，合理的抗震概念十分重要。

1. 合理进行木结构房屋结构布置；

2. 控制房屋的高度和层数；

3. 重视木结构房屋的抗震构造措施。

7.9.4 对木构件选材有什么要求?

【解析】在地震区，木构件应选用干燥、纹理直、节疤少、无腐朽的木材。

第二节 普通木结构的抗震设计和构造措施

7.9.5 木屋盖的抗震设计要求和构造措施

【解析】1. 地震区木屋架不应采用方木或原木作竖拉杆。当设防烈度为 8 度或 9 度、屋架跨度大于 6m 时，屋架中所有的圆钢拉杆和拉力螺栓均应采用双螺帽。

2. 当设防烈度为 8 度或 9 度时，钢木屋架宜采用型钢作下弦。

3. 地震区木屋盖中的屋架宜直接支承在柱上或墙上，不宜采用托架（梁）支承屋架的结构形式。

4. 地震区木屋盖的屋面材料应尽量采用轻质材料，以减轻屋盖的自重，减少地震危害。

5. 为加强屋面整体刚度并防止屋面瓦材受震下落伤人，所有出入口的檐口瓦均应与挂瓦条扎牢，在设防烈度为 8 度或 9 度时，宜设置木质屋面板，檐口瓦最好均与挂瓦条扎牢。

6. 设防烈度为 8 度或 9 度时，为了尽可能增大屋面整体刚度，宜采用斜放的简支檩条；檩条的高宽比不宜大于 2，檩条的最小宽度为 60mm。

7. 檩条必须与屋架连牢；檩条接头处应优先采用斜搭接（图 7.9.2）；双脊檩应相互用木条拉结（图 7.9.3）。

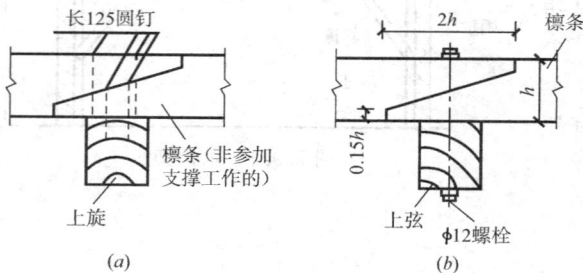

图 7.9.2 方木檩条与屋架上弦用钉或螺栓锚固

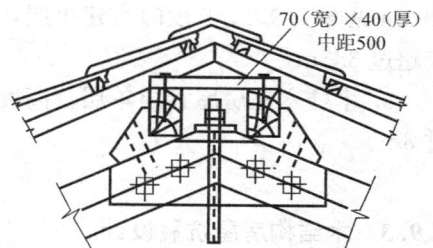

图 7.9.3 双脊檩拉结

8. 木屋架的弦杆与斜腹杆至少要用双面扒钉钉牢。设防烈度为 8 度或 9 度时，一般宜采用螺栓扣紧（图 7.9.4）。

9. 木屋架端部必须用 φ20 锚栓与砖柱锚固。当砖柱顶设有钢筋混凝土圈梁时。锚固用锚栓须埋入圈梁内（图 7.9.5）。

10. 天窗使屋盖的重心提高，且振动时天窗与屋架不易协调，故在地震区应尽量采用侧窗采光的梯形屋架，而不做或少做天窗。如必须设置天窗时，也尽量做得小而轻。

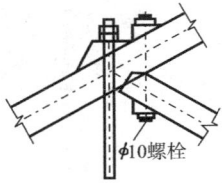

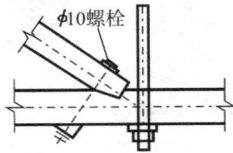

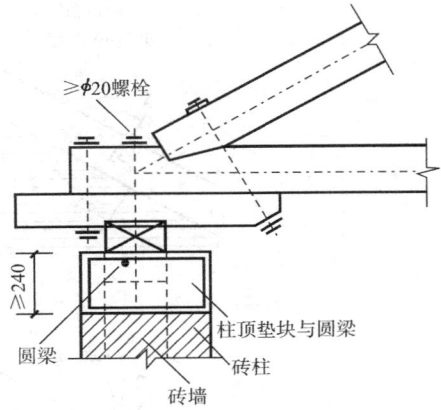

图 7.9.4 腹杆与弦杆用螺栓系紧

图 7.9.5 屋架端部与柱锚固

7.9.6 地震区加强木屋盖空间稳定性的措施。

【解析】1. 上弦节点处（包括脊节点和檐口）的檩条，特别是用作支撑系统构件的檩条，在设防烈度为 8 度及 9 度的地区，必须与屋架上弦用螺栓可靠地锚固，最小支承长度 60mm。

2. 檩条支承在山墙上时，其端部的搁置长度不宜小于 120mm，并应注意使檩条与山墙上的钢筋混凝土卧梁牢固地连接（图 7.9.6）。当设防烈度为 8 度或 9 度时，檩条必须与山墙上的钢筋混凝土卧梁用螺栓锚固（图 7.9.7）。

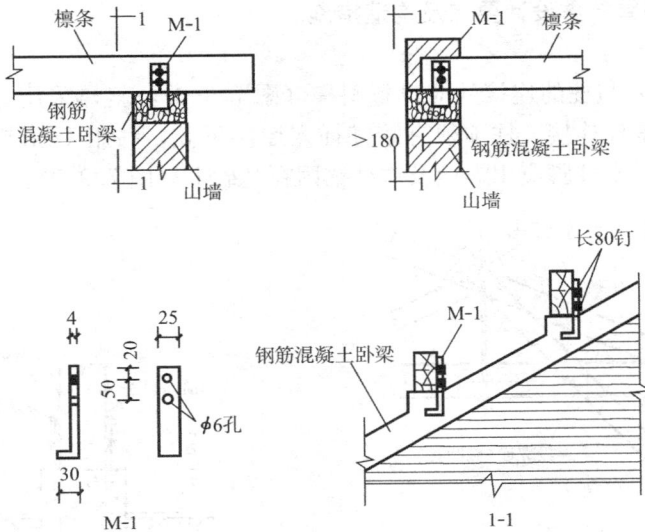

图 7.9.6 檩条与山墙卧梁用钉锚固

3. 屋架的支撑；在烈度为 6、7 度区支撑布置与非抗震设计相同；设防烈度为 8 度时，应按现行抗震设计规范的规定设置上弦横向支撑，其他垂直支撑的设置与非抗震设计相

761

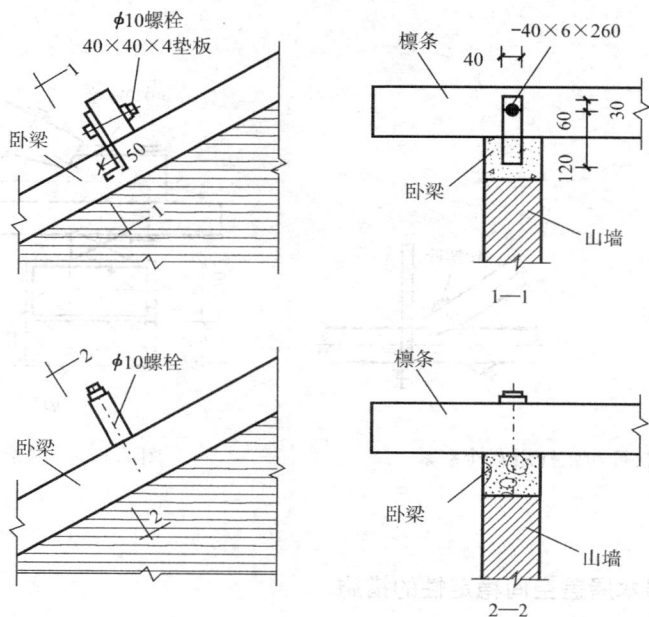

图 7.9.7　檩条与山墙卧梁用螺栓锚固

同；在设防烈度为 9 度时，当有单层密铺屋面板时，支撑的布置可与烈度为 8 度的地区相同，当有稀铺屋面板时支撑应适当加密，至少每隔 20m 设置一道。

4. 天窗的支撑：天窗边柱的垂直支撑在烈度 6 度、7 度和 8 度区的设置与非抗震设置相同；在 9 度区应每隔 20m 设置一道，其位置与屋架上弦横向支撑相应。

7.9.7　木柱承重房屋抗震设计要点及构造措施。

1. 在屋架（梁）与柱的连接处应设置斜撑（图 7.9.8），斜撑采用一对木夹板与木柱及屋架上、下弦用螺栓连接。柱顶须有暗榫插入屋架下弦，并用 U 形铁连接；当设防烈度为 8 度及 9 度时，木柱脚应用螺栓及铁件锚固在基础上（图 7.9.9）。

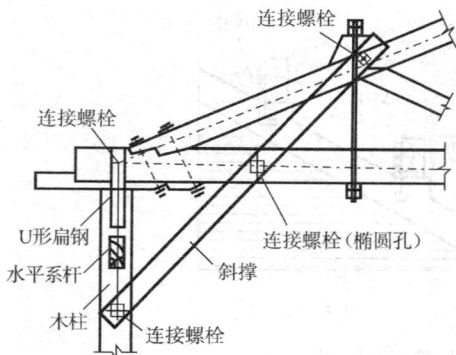

图 7.9.8　木构架端部斜撑连接

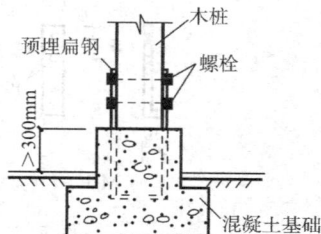

图 7.9.9　木柱与基础锚固和柱脚防潮

2. 在横向水平地震荷载作用下，柱脚处的水平总剪力由两个柱平均分配，在进行强

762

度验算时，木柱应按压弯构件验算；斜撑应考虑由于柱脚水平剪力所产生的轴向力按轴心受压构件验算，见图 7.9.10 双铰框架结构计算简图。

3. 木柱木屋架房屋不宜超过二层，总高度不宜超过 6m，木柱木梁房屋宜建单层，高度不宜超过 3m。对于居住建筑，每隔三个开间在排架平面内，应布置一道能承受水平地震荷载的交叉支撑或具有足够强度的隔墙。

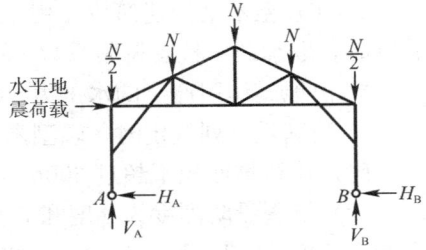

图 7.9.10　双铰框架结构计算简图

4. 不宜采用木柱和独立砖柱混合承重的房屋。

5. 木构架房屋要注意处理好木构架与围护墙之间的连接，砖砌围护墙宜贴砌在木柱外侧，不应将木柱完全包裹，并注意内隔墙与围护墙的抗震措施，避免墙体自身倒塌并对木构架造成不利影响。内隔墙应尽量采用轻质材料（如竹编墙等），外纵墙最好采用下半截为实心墙，窗台以上用轻质材料的墙。

6. 木柱承重的空旷房屋的单层厂房，在纵向柱列间应设置纵向柱间支撑，每隔 20～30m 布置一道，纵向柱间支撑系采用交叉木板及螺栓连接（图 7.9.11），按纵向水平地震荷载计算木板截面及螺栓。

7. 设防烈度为 8 度及 9 度时，木柱承重房屋应在屋盖及楼盖水平处设置通长水平系杆（木圈梁），并将木系杆与木柱用不小于 $\phi 14$ 的螺栓牢固连接。当设防烈度为 9 度时，在窗洞上下口宜设置木穿枋各一道（木穿枋遇门洞断开），其截面不小于 $70 \times 140mm$，木穿枋须用硬木梢牢固定位。

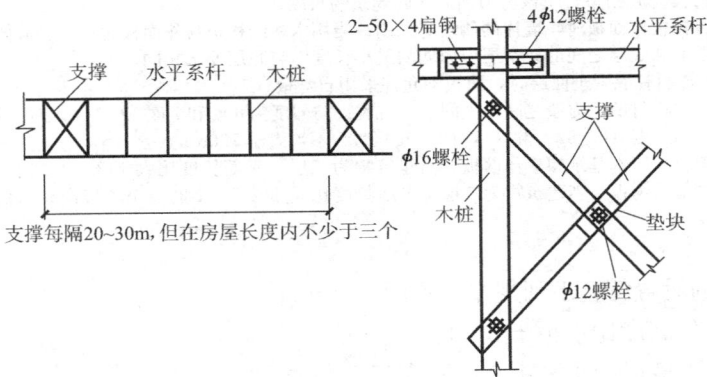

图 7.9.11　纵向柱列支撑

第三节　轻型木结构

7.9.8　轻型木结构建筑抗震设计要求。

【解析】1. 轻型木结构水平地震作用计算可采用底部剪力法，结构基本自振周期可按经验公式 $T = 0.05H^{0.75}$ 估算，H 为基础顶面到建筑物最高点的高度（m）。

2. 在轻型木结构建筑中，由地震作用引起的剪力由剪力墙和楼屋盖承受。进行抗震验算时，取承载力抗震调整系数 $\gamma_{RE}=0.80$，阻尼比取 0.05。

3. 由地震作用产生的水平力，均应由木基结构板材和规格材组成的剪力墙承担。

4. 当满足下列规定时，轻型木结构抗侧力设计可按构造要求进行：

（1）建筑物面积不超过 600m²，层高不大于 3.6m；

（2）抗震设防烈度为 6 度和 7 度（0.10g）时，建筑物的高度比不大于 1.2；抗震设防烈度为 7 度（0.15g）和 8 度（0.20g）时，建筑物高宽比不大于 1.0；建筑高度指室外地面到建筑物坡屋顶二分之一高度处；

（3）不同抗震设防烈度时，剪力墙的最小长度符合表 7.9.1 的规定；

按构造要求设计时剪力墙的最小长度　　　　　　　表 7.9.1

抗震设防烈度		剪力墙最大间距 (m)	最大允许层数	每道剪力墙的最小长度					
				单层 二层或三层的顶层		二层的底层 三层的二层		三层的底层	
				面板用木基结构板材	面板用石膏板	面板用木基结构板材	面板用石膏板	面板用木基结构板材	面板用石膏板
6 度	—	7.6	3	0.25L	0.50L	0.40L	0.75L	0.55L	—
7 度	0.10g	7.6	3	0.30L	0.60L*	0.45L	0.90L*	0.70L	—
	0.15g	5.3	3	0.30L	0.60L*	0.45L	0.90L*	0.70L	—
8 度	0.20g	5.3	2	0.45L	0.90L	0.70L			

注：1. 表中建筑物长度 L 指平行于该剪力墙方向的建筑物长度；
　　2. 当墙体用石膏板作面板时，墙体两侧均应采用；当用木基结构板材作面板时，至少墙体一侧采用；
　　3. 位于基础顶面和底层之间的架空层剪力墙的最小长度应与底层要求相同；
　　4. *号表示当楼面有混凝土面层时，面板不允许采用石膏板；
　　5. 采用木基结构板材的剪力墙之间最大间距：抗震设防烈度为 6 度和 7 度（0.10g）时，不得大于 10.6m；抗震设防烈度为 7 度（0.15g）和 8 度（0.20g）时，不得大于 7.6m；
　　6. 所有外墙均应采用木基结构板作面板，当建筑物为三层、平面长度比大于 2.5∶1 时，所有横墙的面板应采用两面木基结构板；当建筑物为二层、平面长度比大于 2.5∶1 时，至少横向外墙的面板应采用两面木基结构板。

（4）剪力墙的设置符合下列规定（见图 7.9.12）：

1）单个墙段的高度比不小于 2∶1；

2）同一轴线上墙段的水平中心距不大于 7.6m；

3）相邻墙之间横向间距与纵向间距的比值不大于 2.5∶1；

4）墙端与离墙端最近的垂直方向的墙段边的垂直距离不大于 2.4m；

5）一道墙中各墙段轴线错开距离不大于 1.2m。

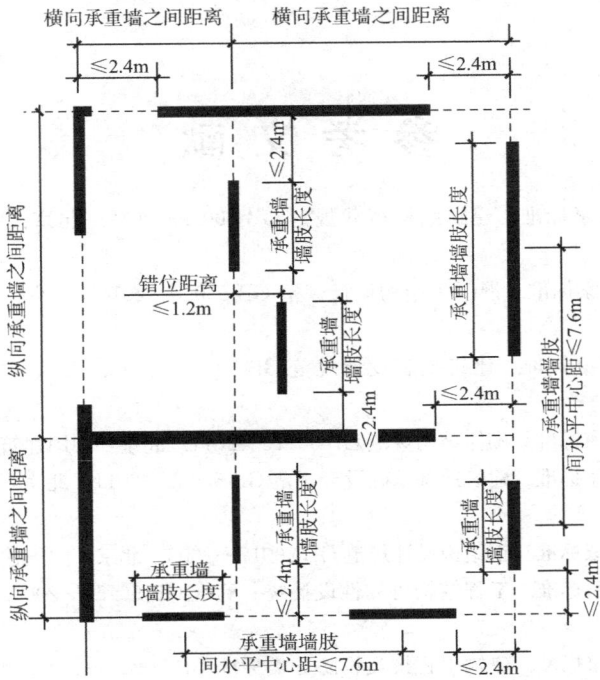

图 7.9.12 剪力墙平面布置要求

参 考 文 献

[1] 中华人民共和国国家标准. 建筑结构荷载规范 GB 50009—2012. 北京：中国建筑工业出版社，2012.

[2] 中华人民共和国国家标准. 混凝土结构设计规范 GB 50010—2010. 北京：中国建筑工业出版社，2011.

[3] 中华人民共和国国家标准. 建筑抗震设计规范 GB 50011—2010. 北京：中国建筑工业出版社，2010.

[4] 中华人民共和国国家标准. 砌体结构规范 GB 50003—2011. 北京：中国建筑工业出版社，2012.

[5] 中华人民共和国国家标准. 建筑地基基础设计规范 GB 50007—2011. 北京：中国建筑工业出版社，2012.

[6] 中华人民共和国国家标准. 钢结构设计规范 GB 50017—2003. 北京：中国建筑工业出版社，2003.

[7] 中华人民共和国国家标准. 工程结构可靠性设计统一标准 GB 50153—2008. 北京：中国建筑工业出版社，2009.

[8] 中华人民共和国国家标准. 建筑工程抗震设防分类标准 GB 50223—2008. 北京：中国建筑工业出版社，2008.

[9] 中华人民共和国国家标准. 给水排水工程构筑物结构设计规范 CB 50069—2002. 北京：中国建筑工业出版社，2002.

[10] 中华人民共和国行业标准. 高层建筑混凝土结构技术规程 JGJ 3—2010. 北京：中国建筑工业出版社，2011.

[11] 中华人民共和国国家标准. 起重机设计规范 GB 3811—2008. 北京：中国建筑工业出版社，2008.

[12] 中华人民共和国行业标准. 建筑基坑工程技术规范 JGJ 120—2012. 北京：中国建筑工业出版社，2012.

[13] 中华人民共和国国家标准. 建筑边坡工程技术规范 GB/T 50330—2002. 北京：中国建筑工业出版社，2002.

[14] 中国工程建设标准化协会标准. 门式刚架轻型房屋钢结构技术规程 CECS 102：2002. 北京：中国建筑工业出版社，2003.

[15] 中国工程建设标准化协会标准. 高层建筑钢—混凝土混合结构设计规程 CECS 230：2008. 北京：中国计划出版社，2008.

[16] 中华人民共和国行业标准. 钢—混凝土组合结构设计规程 DL/T 5085—99. 北京：中国电力出版社，1999.

[17] 中华人民共和国行业标准. 公路钢筋混凝土及预应力混凝土桥涵设计规范 JTG D62—2004. 北京：人民交通出版社，2004.

[18] 中华人民共和国行业标准. 公路桥涵设计通用规范 JTG D60—2004. 北京：人民交通出版社，2004.

[19] 中华人民共和国行业标准. 铁路桥涵设计基本规范 TB 10002—2005. 北京：中国铁道出版社，2005.

[20] 中华人民共和国国家标准. 高耸结构设计规范 GB 50135—2006. 北京：中国建筑工业出版社，2007.

[21] 北京市标准. 北京地区建筑地基基础勘察设计规范 DBJ 11—501—2009. 北京：中国计划出版社，2009.

[22] 超限高层建筑工程抗震设防专项审查技术要点. 建设部文件. 建质 [2010] 109 号.

[23] 北京市建设设计研究院. 建筑结构专业技术措施. 北京：中国建筑工业出版社，2007.

[24] 徐建. 一、二级注册结构工程师专业考试复习教程与应试题解. 北京：中国建筑工业出版社，2012.

[25] 张维斌. 多层及高层钢筋混凝土结构设计释疑及工程实例. 第2版. 北京：中国建筑工业出版社，2012.

[26] 张维斌. 钢筋混凝土带转换层结构设计释疑及工程实例. 北京：中国建筑工业出版社，2008.

[27] 张维斌. 浅谈连梁不满足剪压比时的处理措施. 建筑结构. 技术通讯. 2013年第1期.

[28] 国家标准建筑抗震设计规范管理组编. 建筑抗震设计规范（GB 50011—2010）统一培训教材. 北京：地震出版社，2010.

[29] 王亚勇，罗开海等. 建筑抗震设计规范（GB 50011—2010）问题解答（一）～（五）. 工程抗震与加固改造，2012，（2～6）.

[30] 王亚勇，张海明. 国家标准《建筑抗震设计规范》（GB 50011—2010）疑问解答（一）. 建筑结构，2010，（12）.

[31] Anil K Chopa 著. 谢礼立，吕大刚等译. 结构动力学理论及其在地震工程中的应用. 第2版. 北京：高等教育出版社，2007.

[32] 张相庭. 结构风工程理论·规范·实践. 北京：中国建筑工业出版社，2006.

[33] 陈基发，沙志国编著. 建筑结构荷载设计手册. 第2版. 北京：中国建筑工业出版社，2004.

[34] 《建筑结构荷载规范》（GB 5009—2012）宣贯培训教材（内部资料）. 国家标准《建筑结构荷载规范》管理组. 北京，2012. 9.

[35] 《钢结构设计手册》编辑委员会. 钢结构设计手册（上册）. 第3版. 北京：中国建筑工业出版社，2004.

[36] 《抗震设计新技术》（内部资料）. 建筑抗震设计规范编制组. 北京，2001.

[37] 《混凝土结构设计规范算例》编委会. 混凝土结构设计规范算例. 北京：中国建筑工业出版社，2003.

[38] 施楚贤，徐建，刘桂秋. 砌体结构设计与计算. 北京：中国建筑工业出版社，2003.

[39] 许淑芳，熊仲明. 砌体结构. 北京：科学出版社，2004.

[40] 施楚贤，施宇红. 砌体结构疑难释义. 北京：中国建筑工业出版社，2004.

[41] 樊健生，聂建国，叶清华. 钢-压型钢板混凝土连续组合梁调幅系数的试验研究. 建筑结构学报，2001，22（2）：57-60.

[42] 樊健生，刘晓刚. 基于统计分析的钢管混凝土柱-钢梁组合节点抗震性能对比研究. 建筑结构，2012，42（12）：82-85.

[43] 聂建国，樊健生. 钢与混凝土组合结构设计指导与实例精选. 北京：中国建筑工业出版社，2007.

[44] 聂建国，樊健生. 广义组合结构. 建筑结构学报，2006，27（6）：1-8.

[45] 聂建国，刘明，叶列平. 钢-混凝土组合结构. 北京：中国建筑工业出版社，2005.

[46] 聂建国. 钢-混凝土组合梁结构—试验、理论与应用. 北京：科学出版社，2005.

[47] 陶慕轩，聂建国. 考虑楼板空间组合作用的组合框架体系设计方法. I：极限承载力能力. 土木工程学报，2012，45（11）：39-50.

[48] 陶慕轩，聂建国. 考虑楼板空间组合作用的组合框架体系设计方法. II：刚度及验证. 土木工程学报，2013，46（2）：1-12.

[49] 陶慕轩. 钢-混凝土组合框架体系的楼板空间组合效应. 博士学位论文. 北京：清华大学，2012.

[50] 汪大绥，周建龙. 我国高层建筑钢-混凝土混合结构发展与展望. 建筑结构学报，2010，31（6）：62-70.

[51] 赵鸿铁. 钢与混凝土组合结构. 北京：科学出版社，2001.

[52] 陈仲颐，周景星，王洪瑾. 土力学. 北京：清华大学出版社，1994.

[53] 周景星，李广信，虞石民，王洪瑾. 基础工程. 第2版. 北京：清华大学出版社，2007.

[54] 刘金砺，高文生，邱明兵. 建筑桩基技术规范应用手册. 北京：中国建筑工业出版社，2010.

[55] （美）唐纳德P. 科杜图. 基础设计：理论与实践（英文版）（原著第2版）. 北京：机械工业出版社，2004.

[56] （美）约瑟夫 E. 波勒斯. 基础工程分析与设计（原著第5版）. 北京：中国建筑工业出版社，2004.

[57] 高大钊. 岩土工程勘察与设计——岩土工程疑难问题答疑笔记整理之二. 北京：人民交通出版社，2010.

[58] 刘惠珊，徐攸在. 地基基础工程283问. 北京：中国计划出版社，2002.

[59] 顾晓鲁，钱鸿缙，刘惠珊，汪时敏. 地基与基础. 第3版. 北京：中国建筑工业出版社，2003.

[60] 闫明礼，张东刚. CFG桩复合地基技术及工程实践. 第2版. 北京：中国水利水电出版社，2006.